陈阅增　　Chen Yuezeng BIOLOGY

普通生物学

第5版

"十二五"普通高等教育本科国家级规划教材

陈阅增　Chen Yuezeng BIOLOGY

普通生物学

第5版

主编　赵进东

编者（按姓氏拼音排序）

陈守良　付巧妹　葛明德　顾红雅

林稚兰　罗述金　饶广远　尚玉昌

佟向军　吴相钰　许崇任　姚　蒙

张　博　赵进东

中国教育出版传媒集团

高等教育出版社·北京

内容简介

本书系统、全面介绍了生物学基础知识和最新研究进展。全书共分 7 篇 41 章，内容涵盖细胞、遗传与变异、生物演化、生物多样性的演化、植物的形态与功能、动物的形态与功能、生态学与保护生物学等方面。

第 5 版在第 4 版基础上对全书整体结构进行了较大调整，将遗传学、生物演化和生物多样性等内容前调，使整书的内容更加连贯；并将生命之树与病毒分别独立成章，以适应当前生命科学发展的需求。不少章节进行了较大程度的补充、改写或全部更新，对生物界的系统发生和演化、原核生物、生态学等章节增加了更多篇幅。另外，对近年来出现的多项生物学重要新技术和新方法以“知识窗”的形式进行简要介绍，让读者更好地了解本领域的发展动态。

第 5 版由北京大学“普通生物学”课程团队共同参与撰写和修改，具有较好的广度和深度，深入浅出，可读性强，可作为生命科学类各专业本科生的教材，也可供中学生物教师及相关科研人员参考。

图书在版编目（CIP）数据

陈阅增普通生物学 / 赵进东主编 . --5 版 . -- 北京 ：高等教育出版社，2023.9（2024.12 重印）

ISBN 978-7-04-058315-1

Ⅰ. ①陈… Ⅱ. ①赵… Ⅲ. ①普通生物学 - 高等学校 - 教材 Ⅳ. ① Q1

中国版本图书馆 CIP 数据核字（2022）第 035223 号

Chen Yuezeng Putong Shengwuxue

封面照片摄影：高宝燕

策划编辑 王莉　　责任编辑 张磊 王莉　　封面设计 张申申　　责任印制 耿 轩

出版发行 高等教育出版社
社　　址 北京市西城区德外大街4号
邮政编码 100120
印　　刷 河北信瑞彩印刷有限公司
开　　本 889mm×1194mm 1/16
印　　张 38
字　　数 1120 千字
购书热线 010-58581118
咨询电话 400-810-0598

网　　址 http://www.hep.edu.cn
http://www.hep.com.cn
网上订购 http://www.hepmall.com.cn
http://www.hepmall.com
http://www.hepmall.cn
版　　次 1997 年 7 月第 1 版
2023 年 9 月第 5 版
印　　次 2024 年 12 月第 6 次印刷
定　　价 79.80元

本书如有缺页、倒页、脱页等质量问题，请到所购图书销售部门联系调换

物 料 号 58315-00
审图号：GS（2022）2139号

数字课程（基础版）

陈阅增
普通生物学

（第 5 版）

主编　赵进东

登录方法：

1. 电脑访问 http://abooks.hep.com.cn/58315，或手机微信扫描下方二维码以打开新形态教材小程序。
2. 注册并登录，进入“个人中心”。
3. 刮开封底数字课程账号涂层，手动输入 20 位密码或通过小程序扫描二维码，完成防伪码绑定。
4. 绑定成功后，即可开始本数字课程的学习。

绑定后一年为数字课程使用有效期。如有使用问题，请点击页面下方的“答疑”按钮。

关于我们 | 联系我们　登录/注册

陈阅增普通生物学（第 5 版）

赵进东

开始学习　收藏

本数字课程资源主要包括书中部分插图的彩色版、参考文献等，是对纸质教材的有力补充和拓展，供学生和教师参考。

http://abooks.hep.com.cn/58315

扫描二维码，打开小程序

北京大学生物学教授

陈阅增先生

（1915—1996）

第5版前言

我国已故著名生物学家、北京大学原生物学系主任陈阅增先生亲自主编的《普通生物学——生命科学通论》于 1997 年出版。之后，吴相钰教授、陈守良教授、葛明德教授等根据陈先生的遗愿，于 2005 年修订完成了第 2 版，并将书名更名为《陈阅增普通生物学》。第 2 版对第 1 版的结构做了较大变动，将动物和植物的结构和功能分别讲述；除两章外，更新全部内容，重新编写了各章。2009 年，又根据使用本教材的教师和学生的意见进一步修订改写全书各章，出版了《陈阅增普通生物学》第 3 版。2012 年，全体编者讨论了第 3 版的修订问题，并决定进行进一步修订。《陈阅增普通生物学》第 4 版于 2014 年秋付印。

第 4 版问世后，为本书编写做出巨大贡献的陈守良先生、尚玉昌先生和戴灼华先生不幸先后去世。三位先生学识渊博，有丰富的教学经验和教材编写经验，他们对普通生物学的理解和把握是他人难以替代的。

北京大学生命科学学院领导对《陈阅增普通生物学》的编写工作十分重视。2019 年，院领导将第 5 版修订工作交给了现在这个编写组。考虑到吴相钰先生年事已高，本次编修工作安排由我来主持。

近十年来，生命科学发展非常迅速，同其他学科的融合交叉更加广泛深入。为了更好地将生物学基础知识和最新研究进展系统而准确地介绍给读者，我们对本书的整体结构做了一定调整，将遗传学、生物演化和生物多样性等内容前调，使整书的内容更加连贯。为不少章节增加了内容，有些章节几乎更新了全部内容。对生物界的系统发生和演化、与人类相关性很大的原核生物等章节分配了更多篇幅，生态学部分的篇幅也有所增加。我们还将系统发生（生命之树）与病毒分别独立成章，以适应当前生命科学发展的需求。第 5 版的一个术语调整是有关“evolution”一词的翻译，本版将此英文单词统一译为“演化”。严复先生将赫胥黎著作 *Evolution and Ethics* 翻译为《天演论》，此书在中国产生了广泛影响。我们认为“演化”一词更符合“evolution”原意，也尊重严复先生的翻译。

近些年来，生物学研究中有多项重要的新技术和新方法出现，我们选择了几项有代表意义的技术，如 DNA 测序技术、基因组编辑技术、植物生物技术、免疫疗法、冷冻电镜技术、合成生物学等，以“知识窗”的形式进行介绍，让读者更好地了解这些领域的发展动态。

下面列表为本版撰写和修改人以及相应的审稿人名单。

篇次	章次	章名	撰写和修改人	审稿人
	1	绪论：生物界与生物学	赵进东	
Ⅰ 细胞	2	生命的化学基础	佟向军	陈丹英
	3	细胞结构与物质交换和信息传递	佟向军	陈丹英
	4	细胞代谢	佟向军	陈丹英
	5	细胞分裂和细胞分化	佟向军	陈丹英
Ⅱ 遗传与变异	6	性状传递的基本规律	张博	陈德富
	7	基因与基因组	张博	陈德富
	8	遗传物质的突变	张博	陈德富
	9	性状的决定与形成——从基因型到表型	张博	陈德富
	10	DNA 技术及生物信息学分析简介	赵进东	朱玉贤、高歌、李君一

篇次	章次	章名	撰写和修改人	审稿人
Ⅲ 生物演化	11	演化理论与微演化	顾红雅	葛颂、饶广远
	12	物种形成和灭绝	顾红雅	葛颂、饶广远
	13	生命起源与宏演化	顾红雅	葛颂、饶广远
	14	重构生命之树	顾红雅	葛颂、饶广远
Ⅳ 生物多样性的演化	15	原核生物多样性	赵进东	李猛
	16	病毒	赵进东	李毅
	17	真核生物起源与原生生物多样性	赵进东	缪伟
	18	绿色植物多样性	顾红雅	葛颂、饶广远
	19	真菌多样性	赵进东	刘杏忠
	20	动物多样性	许崇任	程红
	21	人类的演化	付巧妹	金力、邢松、张颖奇、遇赫
Ⅴ 植物的形态与功能	22	植物的结构和生殖	饶广远、顾红雅	贺新强
	23	植物营养	饶广远	贺新强
	24	植物的调控系统	饶广远	贺新强
Ⅵ 动物的形态与功能	25	脊椎动物的结构与功能	姚蒙	王世强
	26	营养与消化	姚蒙	王世强
	27	血液与循环	姚蒙	王世强
	28	气体交换与呼吸	姚蒙	王世强
	29	渗透调节与排泄	姚蒙	王世强
	30	免疫系统与免疫功能	姚蒙	王世强
	31	激素与内分泌系统	姚蒙	王世强
	32	生殖与胚胎发育	姚蒙	王世强
	33	神经系统与神经调节	姚蒙	王世强
	34	感觉器官与感觉	姚蒙	王世强
	35	动物的运动	姚蒙	王世强
	36	动物的行为	姚蒙	李晟
Ⅶ 生态学与保护生物学	37	生物与环境	罗述金	王志恒、王戎疆
	38	种群的结构、动态与数量调节	罗述金	王志恒、王戎疆
	39	群落的结构、类型及演替	罗述金	王志恒、王戎疆
	40	生态系统及其功能	罗述金	王志恒、王戎疆
	41	生物多样性与保护生物学	罗述金	王志恒、王戎疆
知识窗	3	冷冻电镜三维重构技术	高宁	
	10	DNA 测序技术	罗述金	
	16	基因组编辑	张博	
	19	合成生物学	元英进	
	23	植物生物技术	顾红雅	
	30	免疫疗法	姚蒙	

我们特别感谢为本书顺利付印有重要贡献的审稿人。他们在百忙之中抽出时间为本书的章节审阅把关，我们在此表示衷心感谢！

在本书的撰写修订过程中，还有以下人员参与了创作，他们是：李保国、刘逸宸、王宏蕊、李西莹、杜明、邢悦婷、刘珂，这里一并表示感谢！

本次修订涉及范围较广，新增的内容不少。由于我们的水平和能力所限，此次修订中不妥乃至错误之处在所难免，前后不统一或缺乏呼应之处也可能不少。望读者见谅并不吝赐教，提出指正意见和建议。

赵建东

2022 年 12 月 21 日

2—4 版前言

目 录

III 生物演化

IV 生物多样性的演化

V 植物的形态与功能

VI 动物的形态与功能

VII 生态学与保护生物学

1

绪论：生物界与生物学

地球——人类和其他生物共同的家园

宇宙飞船上所拍摄的地球照片。

地球表层空间是生命的家园。从赤道到极地，从雨林到沙漠，到处都有生命的踪迹。地球上的生物有着巨大的多样性。支原体（mycoplasma）是目前已知的最小的单细胞生物，直径仅有 100 nm；北美的一种巨杉（*Sequoia gigantea*）可高达 80 多米，质量超过千吨。从生命个体的寿命看，繁殖快的细菌（bacteria）如大肠杆菌（*Escherichia coli*）可每 20 min 分裂一次；而巨杉的树龄可达 3 200 年。在细胞组成上，变形虫（amoeba）是单细胞生物，而我们人则是多细胞生物。在营养方式上，有些生物是自养的，如绿色植物、红藻、蓝细菌，有的则是异养的，如真菌、原生动物、动物。

横向看，生物遍布全球。纵向看，海平面以上 10 km、海平面以下 12 km 是生物分布的上限和下限。我们现在知道，深渊微生物有极大的生物多样性。不过，大多数海洋生物聚集在 150 m 水深深度以上。在地面以下，生物一般只局限在 50 m 以内的土层中。由此可见，生物主要分布在大气圈的下层、水圈以及岩石圈的表层，它们组成了一个有生物存在的地理圈——生物圈（biosphere）。

1.1 生物的特征

生命是什么？要给生命下一个完整的科学定义比较困难。不同的学者对生命的定义不同，而且几乎任何一种定义都不是完美的，总可以找到例外。目前美国国家航空航天局（NASA）对生命的定义是被使用最多的定义之一：生命是一个可以自身维持并能够进行达尔文演化的化学系统。我们知道，所有的生物体是由不同的并各具特定功能的部分组成的系统，是自然界最复杂的系统。下面通过介绍生物的共同特征来了解生命是什么。

（1）特定的组构

生物的第一个基本特征是：细胞（cell）是生物体组构（organization）的基本单位。所有的生物体都是由一个或多个细胞所组成的。细胞由一层质膜包被。质膜将细胞与环境分隔开来，并成为它与环境之间选择性地进行物质与能量交换的界面。在化学组成上，细胞与无生命物体的不同在于，细胞除了含有大量的水（50% 以上）外，还含有种类繁多的有机分子，特别是起关键作用的生物大分子：核酸、蛋白质、多糖和脂质。由这些分子构成的细胞是结构异常复杂且高度有序的系统，在一个细胞中可以进行生命所需要的全部基本新陈代谢活动。在多细胞生物中，高度分化的细胞除了基本的新陈代谢活动外，还各有特定的功能。整个生物体的生命活动有赖于其组成细胞的功能的整合。

（2）新陈代谢

在生活的生物体和细胞内，存在着无休止的化学变化，一系列的酶促反应组成复杂的反应网络。这些化学反应的总和称为新陈代谢（metabolism）。所有生物都要从外部捕获自由能来驱动化学反应。自养生物从太阳光或者无机物获取能量维持新陈代谢，并利用简单的原料合成复杂的有机分子。异养生物从食物中获得能量，这些食物是其他生物合成的有机物质。异养生物将食物加以分解，释放出其中的能量维持新陈代谢，并将分解形成的小分子作为原料合成所需要的生物大分子。在生物体内随着每一次能的转换，总有一些自由能转变为热，一些富含自由能的大分子转变为简单的代谢物，从而使系统的无序性增加。因此，生物体和细胞要维持其内部的新陈代谢就需要不断地和环境进行能量和物质的交换。因此说生物体是一个开放的系统。

新陈代谢的每一个反应环节是化学反应，遵循化学规律。但在整体上又突显出生命的属性，如它是自主进行的，并能不断更新自己。

（3）稳态和应激性

生物体内新陈代谢所需要的物理、化学条件（如温度、pH 等）被限制在一个很窄的幅度之内。生物体具有许多调节机制，用来保持内部条件的相对稳定，并且在环境发生某些变化时也能做到这一点。这个特性称为稳态（homeostasis）。例如，当某种细胞成分制造得过多时，产生它的过程就会关闭；当细胞中能量的提供不足时，释放能量的过程就会加强。

生物体内或体外的物理或化学变化，如温度、压力的变化，光线的颜色和强度的变化，土壤、水中化学成分的变化等，都可能对生物产生影响。生物体能感受这些变化（刺激）并做出有利于保持其体内稳态、维持生命活动的应答，称为应激性（irritability）。生物界有多种多样感受刺激和作出相应反应的机制。

（4）生殖和遗传

任何一种生物个体都不能永久存活。它们通过生殖（reproduction）产生子代使物种得以延续。子代具有和亲代相似性状的现象称为遗传（heredity）。生物界有多种生殖的模式。细菌这样的单细胞生物采用一个细胞分裂成两个子细胞的方式生殖。大多数生物是通过一种特化的生殖细胞进行生殖。无论哪一种模式，都必须将全部遗传信息通过细胞从亲代准确地传递到子代。生殖和遗传的核心机制是脱氧核糖核酸（DNA）的复制。DNA 所携带的遗传信息，沿着 DNA—RNA（核糖核酸）—蛋白质的途径，表达为性状，从而使亲代性状重现于子代。

（5）生长和发育

某些非生物体也能“生长”，例如，在食盐的过饱和溶液中可以形成食盐晶体，当更多的盐从溶液中析出时，晶体会“生长”。这是同类物质的聚集。生物的生长（growth）是细胞体积或者数量的增长。从生物体吸收的营养物转化为细胞的组分，中间发生了一系列的变化，而且是在精确调控下完成的。发育（development）是和生长密切相关的过程，在多细胞生物的生活史中，发生了一系列结构和功能的变化，包括组织器官的形态建成、性成熟、衰老等。发育也是一种被精确调控的程序性变化过程。

（6）演化和适应

在生殖过程中，遗传物质往往会发生重组和突变，使亲代和子代以及子代不同个体之间出现性状差异。突变、漂变、基因流、非随机交配和选择等使生物种群发生演化（evolution，也称为进化），按达尔文的概念，演化是“有变化的传代”（descent with modification）。选择使生物在代代相传的过程中更加适应它所处的环境。当我们说一个生物对环境是适应的，指的是这种生物和它具有的某些遗传性状提高了它在特定环境中生存和生殖的能力。演化是生物学中一个重要的基本概念，这个概念使我们能够对生物界的多样性、统一性和适应性有全面而合理的理解。

上面的叙述并没有穷尽生物的特征，但是它已经可以用来区分生物和非生物体。综观这些特征，生命（life）只能是生物体和细胞这个复杂系统，而不是其中的任何一种组分的形态和属性。我们可以用这些特征来说明一条狗和一块石头的不同到底在哪里。病毒（virus）是一个特例。病毒由蛋白质和核酸（DNA 或者 RNA）组成，由于没有实现新陈代谢所必需的基本系统，自身不能复制；但是可以侵入宿主细胞内，借助后者的复制系统，按照病毒基因的指令复制并产生新的病毒。今天，许多生物学家认为病毒是一种特殊的非细胞形式的生命存在，处于生物与非生物体的交叉过渡区域。

1.2 生物界是一个多层次的组构系统

生物界的复杂性，首先表现在它是一个多层次的组构系统，每一个层次都建筑在下一个层次之上。总共有 11 个组构层次构成一个有序的阶层，这些层次是：生物大分子、细胞器、细胞、组织、器官、系统、个体、种群、群落、生态系统和生物圈(图 1.1)。

个体(individual/organism)是在自然界能独立存在的基本的生命单位,但它不是孤立的存在物。在一个地区,一群互交繁殖的同种个体,构成种群(population)。种群是物种存在的单位、繁殖的单位和演化的单位。一个物种可以有许多种群,它们分别生活在不同地区。种群之间,由于地理隔离而没有基因交流,由于环境的差异和长期隔离,其中一些种群可能发展成亚种,甚至变成新的物种。在一个地区,不可能只有一个物种的种群,而是同时存在多个物种的种群。在一定空间里,

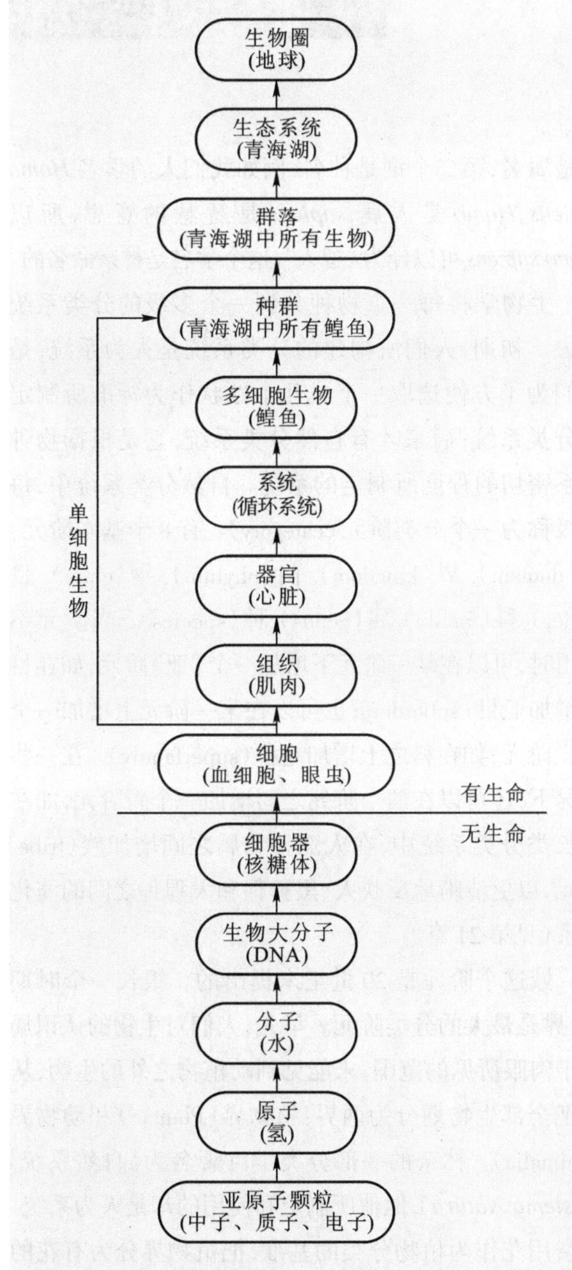

图 1.1 地球上的物质组织起来形成一个多层次的结构系统 图中括号内文字是举例说明。

多种生物种群的集合体称为群落(community)。群落并不是任意物种的随机组合。生活在同一群落中的不同物种种群之间相互制约又相互依存。群落中各个物种适应当地环境并彼此适应。群落和它的环境密不可分,我们不能想象在内蒙古草原会出现西双版纳的热带雨林,在长江三角洲会出现可可西里的高寒苔原。在一定的空间内生物成分和非生物成分通过能量流动和物质循环而构成相互依赖又相互制约的体系,即生态系统(ecosystem)。地球上有许多大大小小的生态系统。碧波荡漾的鄱阳湖是一个生态系统,长白山的原始森林是一个生态系统,一个小小的池塘也是一个生态系统。生态系统是自然界的基本单位。地球上所有生态系统的总和就是生物圈(biosphere),它也是最大的生态系统。

我们可以继续以个体为起点,自上而下地考察个体以下的各个层次。个体可以是由一个细胞所组成,也可以由多个细胞所组成。我们人体就是一个复杂的多细胞生物体。在多细胞生物体下面的一个层次是系统。在本书第Ⅵ篇中将讲到人体至少可以分为 11 个系统(system),每个系统能完成特定的功能,由若干个相关器官(organ)组成。例如神经系统由脑、脊髓以及分别与之相连的脑神经和脊神经组成(见第 33 章)。神经系统的功能是调节各器官各系统,使它们协调一致形成一个整体。脑就是神经系统的一个重要器官。在显微镜下观察脑的切片,可以看到它是由神经细胞(神经元)和对神经细胞起支持作用的神经胶质细胞交织形成的网络,这就是神经组织。组织(tissue)是由一种或几种细胞结合起来的细胞群,人体中除了神经组织外,还有上皮组织、结缔组织和肌肉组织。

提到神经元,我们就接触到生物体组构的基本单位——细胞。在多细胞生物体中有许许多多不同类型的细胞,它们各自有特定的形态和功能,又具有统一的结构模式。以动物细胞为例,它的最外面是细胞膜,也称为质膜。质膜内有细胞核和细胞质,细胞质中又有各种各样的细胞器(organelle),如线粒体、内质网、核糖体、溶酶体、高尔基体等(见第 3 章)。每一种细胞器都有自己特定的功能。例如,线粒体是细胞进行呼吸作用的场所,是细胞的动力站。

在细胞和细胞器下面,我们到了生物界组构阶层中最后一个也是相当重要的层次——分子层次。生物体中化学成分的特征之一是它包含有多种有机化合物,特别是核酸、蛋白质等生物大分子(biomacromolecule)。

例如核酸，它们的分子量很大，堪称自然界中分子量最大的化合物。它们由许多小的单体分子聚合而成，在生命活动中发挥着重要作用。DNA 即为遗传物质，遗传信息就编码在 DNA 长链中核苷酸的排列顺序上。

从生物大分子到生态系统，各个层次复杂性递增。而且每上升一个层次，就会有新的属性出现，称为涌现属性（emergent property）。涌现属性是指若干系统或者元件以某种方式组合在一起时出现的新的属性，这些属性是每一个个别系统或元件所不具有的。比如，将叶绿体中的叶绿素和蛋白质分别抽提出来后，即使在光下也不能进行光合作用，但是这些色素和蛋白质等在叶绿体中正确组装和相互作用，就能够进行光合作用。涌现属性并不仅限于生物界，自行车的零件在正确组装后成为可以载人的自行车，手表零件在组装后成为计时的手表，等等，都是在更复杂层次上出现的新的更高级功能。不过，自行车和手表的组装是由人来完成的，而生物的涌现属性是自组装获得的。目前，我们对生物如何完成这种自组装了解甚少，对于不同元件组合能够带来什么涌现属性也还在探索之中。需要注意的是，在生物化学实验中，常常需要对研究对象进行分离纯化。这是一个十分重要的方法，它可以从分子层面上对一些过程的机理进行研究。然而，这种方法是用分离出的组分来开展实验研究的，常常缺乏高一级层次的属性，所以在用实验结果解释更高层次的生物学特征时需要谨慎。

在从生物大分子到生态系统连续的阶层两端，还可以向外延伸，例如可以从分子向下延伸到原子，从生态系统向上延伸到地球，等等。生物界组构层次是物质结构层次的一个特定的区段。这个区段也就确定了生物学的研究对象和范围。

1.3 生物界的多级分类系统

生物界具有惊人的多样性。生物物种的数量很大，处在百万到千万这个数量级范围。研究生物，首先就要对物种予以鉴定、命名和分类。

猴、猿、鹰、蝇等普通生物名称，在日常生活中是常用的。但同一个名称往往可能包含多个物种，而同一个物种可能有多个名称，因此生物学家需要制定统一的准确的学名。18 世纪瑞典植物学家林奈（Carl von Linné，1707—1778）（图 1.2）制定了双名法（binomial nomenclature），用两个拉丁词作为物种的学名，第一个

➡图 1.2 卡尔·冯·林奈（Carl von Linné，1707—1778）塑像

该塑像由瑞典皇家科学院赠予美国芝加哥大学，现位于芝加哥大学。（照片由龙漫远博士惠赠）

词是属名，第二个词是种名，例如我们人的学名 *Homo sapiens*，*Homo* 是人属，*sapiens* 是智慧的意思，所以 *Homo sapiens* 可以译为“智人”。这个学名是林奈命名的。

生物学将每一个物种分到一个多级的分类系统中去。初期，人们所构建的分类系统是人为系统，是人们为了方便选取一个或几个性状作为标准所制定的分类系统；后来才有自然分类系统，它是根据物种关系密切的程度所制定的系统。自然分类系统中，每一级称为一个分类阶元（category）。有 8 个基本阶元：域（domain）、界（kingdom）、门（phylum）、纲（class）、目（order）、科（family）、属（genus）、种（species）。当阶元不够用时，可以在某一阶元下增加一个“亚”阶元，如在目下增加亚目（suborder）；也可以在某一阶元上增加一个“超”阶元，如在科之上增加超科（superfamily）。在一些情况下，还可以在两个阶元之间增加一个新阶元，如在灵长类分类系统中，在人亚科和属之间增加族（tribe）阶元，以更清晰地反映人、黑猩猩和大猩猩之间的演化关系（见第 21 章）。

域这个阶元是 20 世纪末提出的。很长一个时期内，界是最大的分类阶元。早先，人们对生物的认识局限于肉眼所见的范围，未能见到动植物之外的生物，从而把全部生物划分为两界：植物界（Plantae）和动物界（Animalia）。林奈的一部分类学巨著名为《自然系统》（*Systema Natura*），但他所制定和使用的却是人为系统。林奈用花作为植物分类的基准，把植物界分为有花的（显花植物）和无花的（隐花植物），把显花植物分为两性花和单性花，再把显花植物按雄蕊的数目分为若干

类群,从而形成了一个24纲的庞大的分类系统。林奈把当时处于混乱状态的植物分类,以花为基准加以系统化。由于这个分类法简明适用,适应了当时在世界范围内大规模调查、发现、记录新物种的需要,为植物学的发展做出了重大贡献。

随着显微镜在生物学中的应用,人们发现了一大群庞杂的微小生物。由于一时无法厘清它们之间以及它们和其他生物的关系,生物学家继续使用两界系统的分类方法:将绿藻、硅藻、金藻等单细胞藻类和陆生植物以及多细胞藻类列入植物界;将纤毛虫、变形虫等和多细胞动物一起列入动物界;绝大多数细菌虽然不能进行光合作用,但因为它具有细胞壁而被列入植物界;真菌也不具有一般绿色植物的特征,只因为有细胞壁且子实体营固着生活,也被列入植物界。现在我们不难看出,这是人为分类。

19世纪著名生物学家海克尔(Ernst Haeckel,1834—1919)认为,在这些微小生物中,有些可视为原始动物或者原始植物,也有些兼有植物和动物的属性,动物界和植物界之间的界限在这里是不清楚的。两个界延伸到此相互关联。这从演化论的角度看是不难理解的,但它却成为分类学的难题。1866年海克尔主张增加一个原生生物界。生物学家们普遍接受了他提出的原生生物的概念,但是,直至1976年,没有人在分类学和生物学书籍中应用这个分界方案。

到了20世纪60年代,分子生物学和细胞超微结构的研究成果,使人们看到某些生物类群之间的关系有了厘清的希望。有关细胞超微结构的研究表明,细菌(bacteria)和蓝细菌(cyanobacteria)的细胞与其他生物的细胞有很大的差别。它们的染色体是一个环状的DNA分子,没有核膜,也没有其他具膜的细胞器。这种类型的细胞称为原核细胞(prokaryotic cell)。与之相对应的其他生物的细胞,其染色体由DNA分子、组蛋白和其他蛋白质组成,有双层核膜,细胞内有多种具膜的细胞器,如线粒体、高尔基体等,这就是真核细胞(eukaryotic cell)。从细胞结构上看,植物细胞和动物细胞十分相似,而和细菌、蓝细菌的细胞相差很大。

人们日益感到,很难再将细菌、蓝细菌纳入植物界了。一些生物学家尝试着去构建多于两个界的新的分界系统。其中,1969年美国生态学家惠特克(Robert H. Whittaker,1920—1980)提出的五界系统,由于被一些著名的普通生物学教科书所采用,而被较多的人所知晓。这五界是:原核生物界(Monera)、原生生物界(Protista)、真菌界(Fungi)、植物界(Plantae)和动物界(Animalia)。

分子生物学家伍斯(Carl Woese,1928—2012)和福克斯(George E. Fox,1945—)等人对原核生物和真核生物许多类群的核糖体亚单位,如5S rRNA、16S rRNA以及18S rRNA序列作了比较研究。他们发现极端嗜热菌、甲烷菌的rRNA序列与其他细菌的不同。他们将原核生物界分成两大类:古细菌(archaebacteria)和真细菌(eubacteria),并把它们视为分类学上的两个界:古细菌界和真细菌界。1977年,他们提出生命的三域学说(three domain theory)。他们认为,生物界的共同祖先演化出细菌域(Bacteria)、古菌域(Archaea)和真核生物域(Eukarya)三个域(见第15章)。三域方案的提出是生物分类和系统发生研究中的又一个意义重大的事件(图1.3),使人们对于生命世界的理解有了质的飞跃。图1.4显示细菌域、古菌域和真核生物域的一些代表生物。

1.4 生物和它的环境形成相互联结的网络

生态系统是在一定空间中共同栖居着的所有生物与其环境之间由于不断地进行物质循环和能量流动而形成的统一整体。在所有生态系统中,通常都具有上述三个域的生物,它们各自担当着生产者(producer)、消费者(consumer)、分解者(decomposer)的角色。生态系统中的非生物环境则包括参与系统物质循环的多种无机元素和化合物、气候条件及其他物理条件,如温

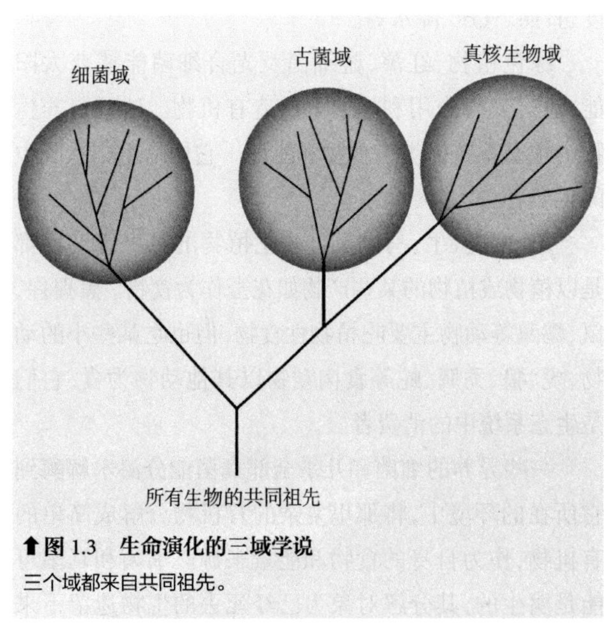

⬆图1.3 生命演化的三域学说
三个域都来自共同祖先。

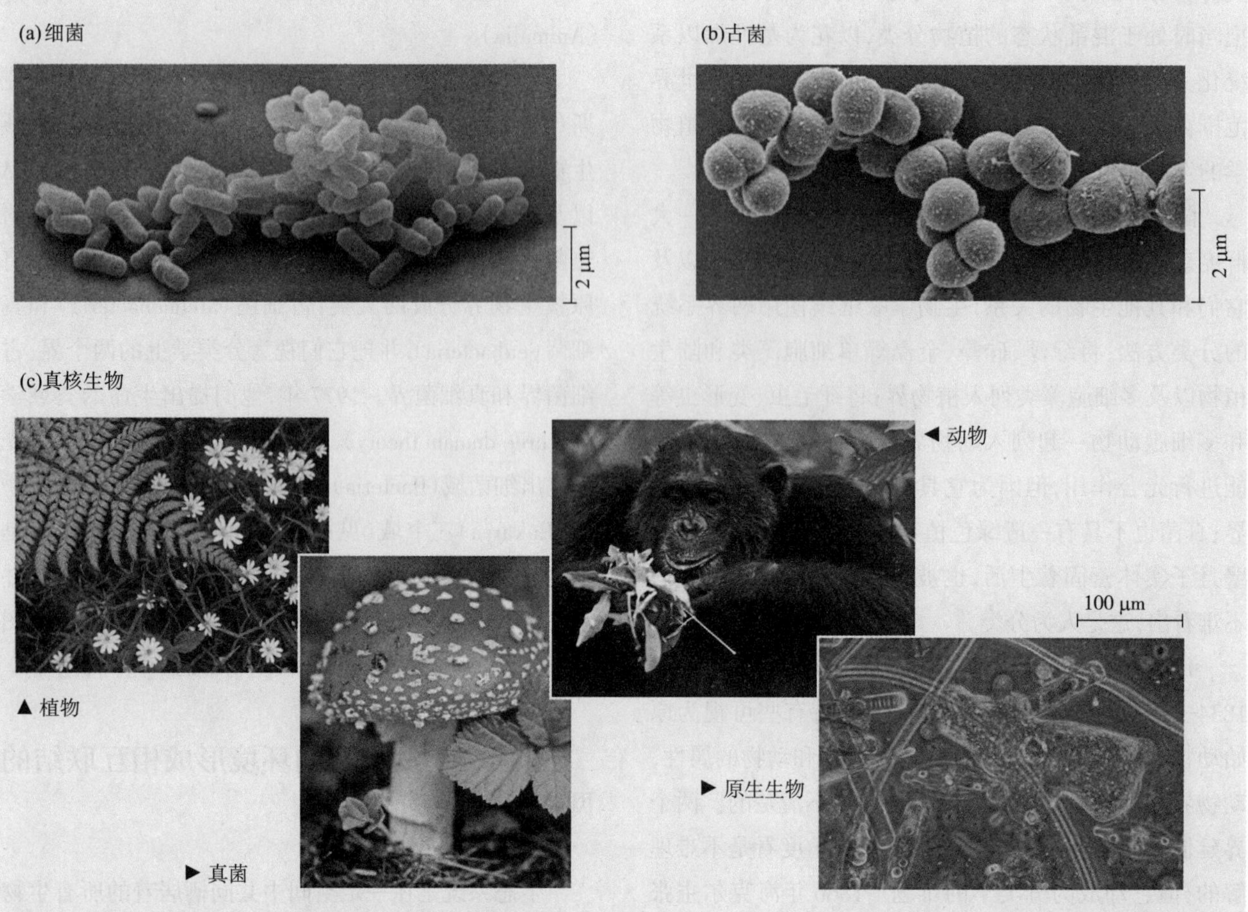

⬆图 1.4　生命的三域代表生物(引自 Reece，2011)

(a) 细菌。细菌是种类繁多、分布极广的原核生物，含多个类群。此图中每个杆状结构是一个细菌细胞。(b) 古菌。许多古菌生活在地球的极端环境中，如盐湖和沸腾的热泉中。古菌含多个类群。此图中每个圆形结构是一个古菌细胞。(c) 真核生物。植物是指那些经过一次内共生而产生叶绿体的藻类和其演化出的多细胞有胚植物（见第 18 章）。真菌是由它们成员的营养模式所定义的（例如蘑菇），它们以寄生或腐生等方式从体外吸收营养物。动物包括以其他生物体为食物的多细胞真核生物。原生生物大部分是单细胞的真核生物以及相对比较简单的多细胞生物，图中所示是生活在池塘中的各式各样的原生生物。

度、日照、气压、降水等。

绿色植物、红藻、蓝细菌及光合细菌能捕获太阳能，通过光合作用利用 CO_2 制造有机物。这些自养生物为生态系统提供了食物和能量。它们是生态系统中的生产者。

象、麋鹿、牛、马以及许多吃植物的昆虫等动物都是以植物或植物的某些产物如花蜜作为食物。黑猩猩、鼠、鹦鹉等动物主要吃植物性食物，但也吃某些小的动物，虎、狼、秃鹰、蛇等食肉动物以其他动物为食，它们是生态系统中的消费者。

一些异养的细菌和几乎全部真菌能分泌水解酶到它所在的环境中，将那里复杂的有机物分解成简单的有机物，作为自身的食物和能量来源。细菌和真菌可能是腐生的，其分解对象为已经死去的生物遗留下来的有机物；也可能是寄生的，它们生活在活的动物、植物体内或体表，直接吸收或者分解宿主的有机组成并吸收分解产生的成分。细菌、真菌作为复杂有机物的分解者在生态系统中起着重要作用。如果没有它们，动物、植物尸体将会堆积成灾，物质不能循环，生态系统将走向毁灭。

生态系统中生物成员之间最主要的联系是营养关系。它们通过这种联系而形成食物链（food chain）。植物—蝴蝶—蜻蜓—蛙—蛇—鹰就是常见的一种食物链。一个生态系统中不止一个食物链。这些食物链彼此交错联结而成食物网（food web）。本书图 40.2 为一个生态系统的简化了的食物网。我们可以把生物与环境的关系再加进去，食物网就变成更为复杂的生物与环境相互联结的网络。正是生态系统中这种生物与环境的相互作用，使生态系统具有两大功能：周而复始的物质循环和永不停息的能量流动。一方面，生命所需要的基本化学物质如CO_2、水和各种无机物从空气和土壤进入植物，循着食物链在生态系统中从一种生物传递给另一种生物，最后再回到空气和土壤。另一方面，植物和其他光合生物捕获太阳能，将它转变成食物分子中的化学能。这些化学能也循着食物网流动，在能量流动过程中，不断有能量转变为热而离开生态系统，可用于做功的能量持续地减少。所以任何生态系统都需要不断得到来自外部的能量补给。如果断绝了能量输入，生态系统将会自行消亡。

1.5 在生物界巨大的多样性中存在着高度的统一性

前面提到的麋鹿是一种鹿科动物。我国有16种鹿科动物，如马鹿、梅花鹿、驯鹿、麝等。它们互有差异又十分相似：它们的趾为4个，中间的一对较大，雄鹿有分叉的鹿角，上颌没有切牙，常具有眶下腺和足腺。生物界大大小小的分类群都是如此。属于同一分类群的生物总有一些性状将它们彼此分开，同时又有某种统一的结构模式将它们包容在一个分类阶元中。

随着细胞的发现和分子生物学的进展，人们对于生物统一性的认识提升到一个又一个新的高度。19世纪，人们发现所有动物或者植物都是由细胞组成的，这些细胞在显微镜下都十分相似，细胞成为生物界统一的基础。分子生物学告诉我们，所有生物的细胞都是由相同的组分如核酸、蛋白质、多糖等分子所构建的。细胞内代谢过程中几乎每一个化学反应都是由酶所催化的，而绝大多数酶是蛋白质。绝大多数蛋白质是由20种氨基酸以肽键的方式连接而成。各种不同蛋白质的性质和功能是由蛋白质长链中氨基酸的序列所决定的。所有生物的遗传物质都是DNA或RNA。所有的DNA都是由4种脱氧核苷酸以磷酸二酯键的方式连接而成的单链，2条互补的单链形成DNA双螺旋结构。编码蛋白质的DNA长链（基因）的核苷酸序列决定蛋白质链上氨基酸的序列，进而为每一个物种、每一个生物体编制蓝图。生物体中的代谢、生长、发育等过程都受到来自DNA信息的调控。在所有的生物中，遗传信息流的方向是相同的，使用的是同一种遗传密码。这些事实使人们进一步认识到，DNA—RNA—蛋白质的遗传系统是生物界统一的基础。这就说明所有生物有一个共同的祖先，各种各样的生物彼此之间都有或近或远的亲缘关系，整个生物界是一个多分支的物种演化谱系。这已经成为现代生物学的一个重要理念。

1.6 研究生物学的方法

科学（science）一词来自拉丁文，原意是“去认识”。科学是一门研究、寻找自然规律的学问。随着时间推移，科学一词的使用范围逐渐拓展，如现在所常见的社会科学、管理科学，等等。以自然规律为研究对象的科学被更精确地称为自然科学，其中包括生物学。和所有的自然科学一样，在生物学研究中，没有一个能被研究者到处套用的一成不变的方法或研究工作程序。但是在研究的方法中，有一些关键要素是相同的。这些要素是：观察（observation）、提问（inquiry或question）、假说（hypothesis）、预测（prediction）和检验（test）。

在科学研究中，观察是为了认识自然所做的有目的的考察和审视，不是漫无目的的观望。对于一个研究者来说，重要的是在观察中有所发现，即发现尚未被人们认识和解释的现象或者尚不能被现有理论所解释的现象。1831年至1836年达尔文乘贝格尔（Beagle）号军舰所做的环球考察，是生物学最著名的科学观察活动之一。他记录下许多发人深省的自然现象。例如，他在加拉帕戈斯群岛（Galápagos，现称为科隆群岛）时发现了一些重要事实并仔细记录下来。在科学研究中，记录下来的观察结果被称为数据（data），比如达尔文观察并记录的生活在加拉帕戈斯群岛上的13种地雀，它们彼此很相似，但它们的喙的大小和形态却互有差异，分别适应各自的食物（见图11.2）。

分析所收集的数据后，达尔文认为，邻近大陆的生物由于某种偶然的原因来到加拉帕戈斯群岛，迁徙者生活在自然条件（包括物理环境及生物之间的关系）与大陆不同且相对隔离的海岛上，逐渐发生变异，形成海岛独有的物种。达尔文由此引申出一个重要概念，那些彼此相似又互有差别的物种来自一个共同祖先，有一个共同来源。同时，他还认为物种不是一成不变的。

当达尔文刚刚提出共同来源的思想时，可以将它称为假说。假说是在一定前提下对已有观察的解释，人们能够根据假说，用推测（inference）和类推（analogy）的方法，对可能发生的事件或实验结果做预测。作为假说，必须是可以进一步在观察或实验中检验的。如果检验的结果不能支持假说，人们就应提出新的假说，做新的探索；如果能够支持假说，它可以作为继续探索的思路；也可能检验的结果对假说在一定程度上支持，又要求作某种修正。任何科学知识都要反复地接受观察和实验的验证。

达尔文和赫胥黎（Thomas H. Huxley，1825—1895）比较分析了人和猿的有关材料得出结论：人与猩猩、大猩猩、黑猩猩有共同来源，它们是从某种古猿演化而来。海克尔提出在猿和人之间有一个中间环节，即类似猿的人，并给这种推测的生物取了一个属名——*Pithecanthropus*，即猿人。在达尔文时代还没有发现任何可以认为是猿人的化石，猿人在化石记录中还是一个“缺环”。我们可以将这些看法，看成是根据人猿共祖假说所作出的一个考古学的预测。

1887年荷兰解剖学家迪布瓦（Eugène Dubois，1858—1940）率先有计划、有目的地去寻找这个“缺环”。在这以后，经过几代科学家100多年的努力，现在人们已经拥有了至少有440万年连续的化石人类的考古记录。其中一些化石人类可以视为人与古猿之间的“缺环”。生活于300多万年前东非大裂谷的南猿阿法种（*Australopithecus afarensis*），既有似猿的性状，又有似人的性状。他的脑量小，仍处于猿的水平，但又有一些重要性状说明他已经能直立行走，如：颅底的枕骨大孔，像人一样位于颅底的中央，而不是像猿那样位于颅底偏后的地方；他的骨盆像人那样短而宽，而不是像猿那样窄而长。虽然南猿阿法种在许多方面还是似猿的，但是直立行走使他的双手变得自由，从而为制造石器提供了一个重要条件，使他具有继续向人的方向演化的潜能。因此，人类学家将他放进人的谱系而不是猿的谱系。正是这些化石人类的发现使人猿共祖理论得到验证，也使共同来源思想得到验证。

观察在科学研究中十分重要，对观察结果进行分析总结，利用归纳法（inductive reasoning），研究者可以得出重要结论。比如“所有生物个体都是由细胞构成的”就是在大量观察后归纳总结得出的重要结论。

生物演化是一个在地质时间尺度内发生的事件，人们用新发掘的考古材料对预测进行验证。如果生物学研究的现象是在短的时间尺度内发生的事件，人们可以更加主动地去根据预测来设计有对照的实验对假说进行验证。孟德尔（Gregor Mendel，1822—1884）的豌豆杂交试验为我们提供了一个范例。

孟德尔将纯合的紫花豌豆和纯合的白花豌豆杂交，子一代为杂合的紫花豌豆。子一代豌豆自交，子二代紫花豌豆和白花豌豆之比为3∶1。孟德尔据此提出假说：在世代之间遗传的不是性状本身而是决定性状的因子。在形成配子时等位因子分离，这种分离在等位因子之间是彼此独立进行的。在受精作用中，不同配子随机结合成为合子。孟德尔认为，如果这个假说是正确的，可以做这样一个预测：将杂合的紫花豌豆（Aa）和纯合的白花豌豆（aa）回交，紫花豌豆（Aa）产生的配子（a 和 A），同白花豌豆（aa）产生的配子（a）随机结合，产生的后代将有一半为杂合紫花豌豆（Aa），一半为白花豌豆（aa）。实际的测交结果和预测的一样，它同 $Aa \times Aa$ 和 $Aa \times AA$ 的结果都不一样。假说得到一个有说服力的验证。

上述实验中，实验 $Aa \times Aa$ 和 $Aa \times AA$ 的结果是用来做参考的，这类实验称为对照（control）。所谓对照，就是实验中用于作为参考进行比较的实验。比如，假如想要知道化合物A是否对酶E的活性有抑制作用，要做一个不加化合物A的酶E活性测定，这就是对照实验。然后在其他条件不变的情况下将化合物A与酶E混合并测定酶活性。这个实验中，唯一的变量就是化合物A的含量。有对照实验作为参考，化合物A的作用才是可信的。在通过实验获得一个结论（化合物A强烈抑制酶E活性）后，还需要进行验证（validation）。如果发现化合物A的结构类似物也能对酶E有相似抑制作用，就是对上述结论的验证。

孟德尔的实验中使用的方法为演绎法（deductive reasoning）。演绎法的基本逻辑思路是“如果……那么……”，即根据观察结果做一个预测，然后开展实验或观察看是否这个预测能够实现。演绎法在生命科学研究中经常被使用，层层递进，最终找到规律。纵观科学方法的各个关键要素，可以看到，科学是一项具有自我修正机制的社会活动。科学方法的精髓就在于坚持任何思想、假说、理论都必须是可以检验的。需要注意的是，一些假说在提出的时候可能因为技术上的困难而无法被检验，但随着科学技术的发展，能够检验该假说的方法手段就可能出现。近年来随着多个学科向生物学领域渗透，这种情况越来越多。一个很好的例子是利用冷冻电镜解析大分子结构这一重大突破，它解决了之前那些不能形成晶体的大分子蛋白质复合体的空间结构解析问题，从而使对许多大分子的生物化学机理研究上升到一个新的高度。

1.7 生物学与现代社会生活的关系

全球变暖、生态平衡、濒危物种、基因工程、转基因作物、试管婴儿、克隆、杂交水稻、有氧运动等已经成为频频见于大众传媒的主题词。为了理解和把握大众传媒上的有关信息,我们就需要掌握一定的生物学基础知识。

生物学与农学、医学有着密切的关系。生物学是农学和医学的重要基础,农学和医学则是生物学最重要的应用领域。长期以来,农学和医学的发展需求和实践是生物学发展的推动力之一。水稻育种尤其是对杂交优势的机理研究,对植物分子遗传学的发展起到了极大的推动作用。牛痘的发明推动了人们对免疫的研究。值得注意的是,随着现代科学的发展,人们愈来愈多地看到,生物学理论的突破转化为农学和医学等方面的新技术,引发了农学和医学的突破。例如,有关生殖生理学的研究成果,使体外受精成为可能,实现了生殖技术的一次突破;关于造血干细胞分化潜能的研究及分离培养技术的发展,推动了运用移植骨髓造血干细胞治疗白血病技术的形成和发展。

20 世纪 70 年代诞生的重组 DNA 技术是当代最重要的一项由生物学理论转化而来的技术(见第 10 章)。通过该技术,一段外源 DNA(目的基因)能被导入宿主细胞,并在宿主细胞中得到表达。利用这种技术,人们通过酵母生产新型疫苗,通过大肠杆菌生产人胰岛素、生长激素、干扰素等。人们可以将外源基因导入作物或家畜家禽细胞,使它们具有人们期望的性状,如培育能抗病的棉花品种。此外还有可能对遗传病进行基因诊断和进一步的基因治疗。

生物学的一个重要应用是帮助我们认识和处理人类所面临的环境问题。今日地球表面的环境,作为人类家园是那么"恰到好处":大气中 CO_2 的浓度正好使地表温度适合生物的生存,并有效地防止了地表液态水的过度蒸发,保持了一个生物生存需要的液态水圈;大气中含有足够的分子态氧,保证了生物的呼吸和岩石的风化,而岩石的风化提供了生命需要的矿物质,并且大气中的氧在紫外线作用下,形成了一个臭氧层,挡住了来自宇宙空间的紫外线辐射,保护了地表生命;氧化性大气圈还能使大多数陨石在到达地表之前燃烧掉;等等。现在我们知道,光合自养生物,先是蓝细菌,后来是浮游藻类和绿色植物,在地球的演变中起到了重要作用。今日贮存于地下的煤、石油、天然气等都是生命活动的产物。因此,目前地表环境是历经 37 亿年之久的生物与其环境协同演化的结果。要维持这种状态,仍然需要地表上具有相当规模和质量的生态系统,而生物的多样性是生态系统存在的前提和基础。现在,人们为了眼前的利益砍伐森林、开垦湿地,毁掉原有的生态系统,使许多物种濒于灭绝。人们向环境排放生活污水、工业废水、废气、废渣,造成污染,可以使大面积的河流、湖泊和海湾成为没有生命的水域。更为严重的是大量燃烧化石燃料,向空气中排放 CO_2 等温室气体使温度增高,导致大气环流和降水格局的变化,这对人类和生物界来说,都是灾难性的。如果人类行为不改弦更张,长此以往,后果不堪设想。

要正确认识和解决我们所面临的环境问题,必须首先认识到这样一个基本事实:今日地球上以生物多样性为基础的生态系统,是这个适合于充当人类家园的地球表层环境得以维持的支持系统。不管人类具有多大的能力,仍然是这个大系统中的一员,人不能离开这个系统,而必须在维护好这个系统的前提下谋取自身的发展。人类既不能被动地受自然支配,也不能任意地去支配自然。人应当回归自然,与自然协同演化。今天,人们所追求的理想社会,必须是环境友好型的和谐社会。生物学与人类命运息息相关,其重要性怎样强调都不过分。

思考题

1 林奈的分类系统对生物学发展的重要性体现在哪些方面?

2 为什么说生物体是一个开放系统?

3 三叶草—蝴蝶—蜻蜓—蛙—蛇—鹰是一种常见的食物链,但其中没有分解者,试将分解者以适当方式加到这个食物链中。

4 分子生物学的发展如何深化和发展了人们关于生物界统一性的认识?

5 怎样理解科学是一项具有自我修正机制的社会活动?

6 为什么说地球上的生态系统是目前使人类生存的地球表层环境得以维持的支持系统?

I 细 胞

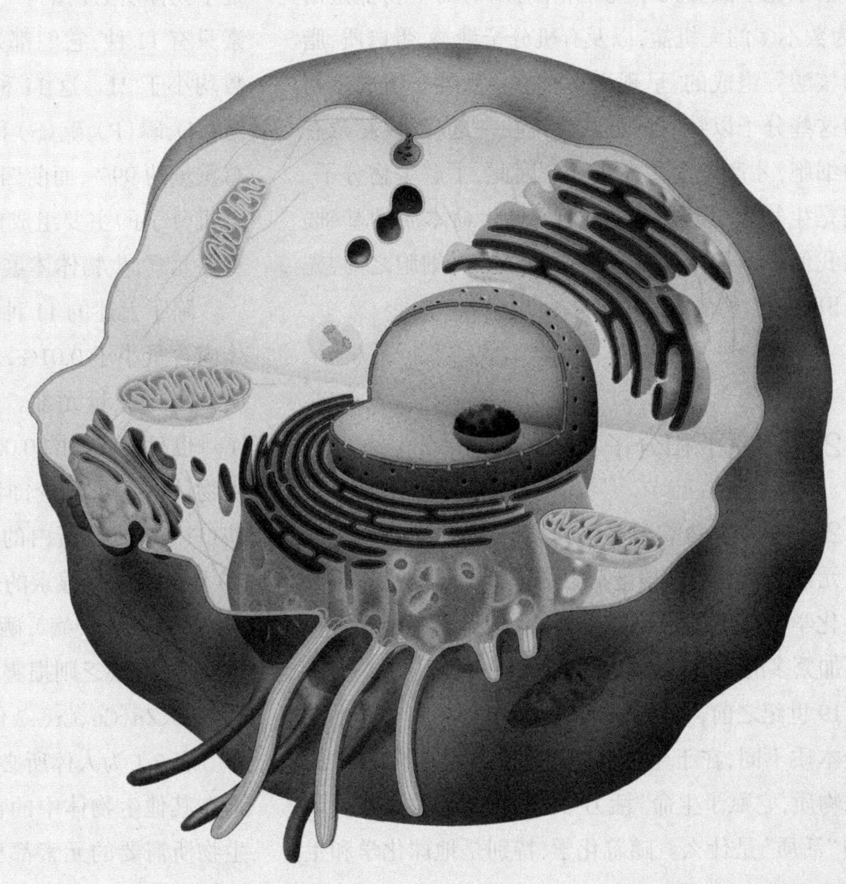

2

生命的化学基础

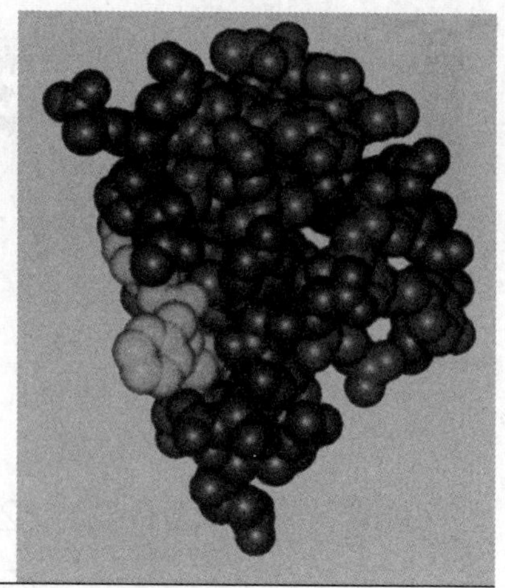

胰岛素分子结构模型图

自然界中的生命形态多种多样，从肉眼看不见的细菌、蓝细菌、阿米巴虫，到参天的桧柏和硕大无朋的蓝鲸，可谓形态各异，千差万别。然而，当我们抛开生命千奇百怪的形态特征和生活方式，就会发现构成生物的基本化学成分几乎完全相同：所有的生物都是由水、为数不多的无机盐，以及有机分子糖类、蛋白质、脂质和核酸等组成的，呈现出高度的一致性。组成生物体的这些分子以特有的方式聚集在一起，形成复杂有序的细胞，才产生了生命现象。因此，了解生物分子，特别是生物大分子的特性，是了解生命本质的基础。所以我们在学习生物体的基本单位——细胞之前，先要认识组成生物的分子。

2.1　原子和分子

2.1.1　生命需要多种元素

元素是具有相同核电荷数的一类原子的总称。原子是化学变化中的最小粒子，各种原子及其形成的种类更加繁多的分子，组成地球表面的各种物质。

19 世纪之前，大多数科学家都坚信，生命与非生命的最本质不同，在于生命体中存在一种称为“活质”的特殊物质，它赋予生命“活力”，但是人们始终无法确认这种“活质”是什么。随着化学，特别是地球化学和生物化学的发展，人们最终证实，组成生物体的元素无一例外也存在于地球的非生命环境中，只是丰度有所不同，所谓特殊的“活质”并不存在。

自然界存在的元素共有 90 多种，其中有 20 多种是生物体所必需的。在生物体内含量大于 0.01% 的元素只有 11 种，它们都是原子量较小的轻元素，原子序数均小于 21。这 11 种元素中，碳(C)、氢(H)、氧(O)、氮(N)、磷(P)、硫(S)和钙(Ca)7 种元素几乎占了细胞总重量的 99%，而前四种元素的占比超过 95%，它们是有机分子的主要组成成分，同时氢和氧也是组成水的重要元素，生物体体重的 60%～90% 是水。

除了上述的 11 种元素外，还有十几种元素在生物体内含量小于 0.01%，这些元素称为痕量元素，即人们所知道的微量元素。人体中含量最高的痕量元素铁(Fe)也只占体重的 0.004%～0.005%。痕量元素虽然在生物体内含量稀少，但它们的作用却不容忽视，例如：铁(Fe)是血红蛋白的重要组分，缺铁会导致贫血；碘(I)是合成甲状腺素的原料，缺碘会引发甲状腺代偿性增生(即大脖子病)；硒(Se)是谷胱甘肽过氧化物酶的重要成分，缺乏则损害心脏，可以造成克山病。其他如 Mn、Mo、Zn、Cu、Cr(+3 价)等是某些酶的重要组成部分。

表 2.1 为人体所必需的重要元素及其含量，这些元素在其他生物体中的含量也大致如此，虽然并非所有生物所需要的元素都相同，例如植物所需要的元素可

表 2.1 组成人体的重要元素

元素	符号	原子序数	占人体总重的百分比 /%	重要性或功能
氧	O	8	64.30	细胞呼吸所需，水的组分
碳	C	6	18.00	有机分子的骨架
氢	H	1	10.00	电子载体；水和很多有机分子的组分
氮	N	7	3.00	一切蛋白质和核酸的成分
磷	P	15	1.00	核酸的骨架；重要的能量中介
硫	S	16	0.25	大部分蛋白质的成分
钙	Ca	20	2.00	骨骼和牙齿的组分，激发肌肉收缩
钾	K	19	0.35	细胞内主要阳离子；对神经功能重要
钠	Na	11	0.15	细胞外主要阳离子；对神经功能重要
氯	Cl	17	0.15	细胞外主要阴离子
镁	Mg	12	0.05	很多能量转移酶的关键成分
铁	Fe	26	痕量	血红蛋白的关键成分
锌	Zn	30	痕量	某些酶的关键成分，广泛参与糖类、脂质、核酸和蛋白质的代谢调节与基因表达调控
铜	Cu	29	痕量	很多酶的重要成分
硒	Se	34	痕量	谷胱甘肽过氧化物酶的关键成分
锰	Mn	25	痕量	某些酶的重要成分
碘	I	53	痕量	甲状腺激素的成分
钴	Co	27	痕量	维生素 B_{12} 的成分
铬	Cr	24	痕量	某些酶的重要成分，调节糖代谢
钼	Mo	42	痕量	某些酶的关键成分
氟	F	9	痕量	牙齿、骨骼的重要成分

能只有 17 种。

原子通过化学反应而结合在一起，就成为分子。组成分子的原子间通过化学键结合，化学键有共价键（即两种原子共用电子对）和离子键（即一种原子从另一种原子夺得电子）两种，其中共价键是形成生物分子最主要的形式，也是很稳定的键。虽然组成生命的主要元素只有 7 种，而且 Ca 通常不会形成共价分子，但其余的这 6 种元素，能够化合形成许多不同的分子，尤其是 C 能同时与 4 种元素形成共价键，还可以彼此相连为长长的链，形成各种复杂的生物有机分子，如糖类、脂质、蛋白质和核酸等。除了有机分子外，无机分子也是生命必不可少的。无机分子中最重要的是水和盐类，而大部分的盐以离子状态存在于生物体内。

2.1.2 水是细胞中不可缺少的物质

水占生物体重的 60%～90%，是生物体内最多的分子。生命起源于水，并且至今细胞（包括人的细胞）仍然生活于水环境（如组织液）中。在寻找地外生命的研究中，液态水的存在是判断生命存在与否的重要指标，可以说，哪里有液态水，哪里就有生命。

为什么水对于生命如此重要呢？这是由它特殊的性质决定的。

第一，水是极性分子。水由两个氢原子和一个氧原子组成，氢和氧共用电子对，形成共价键，但是氢和

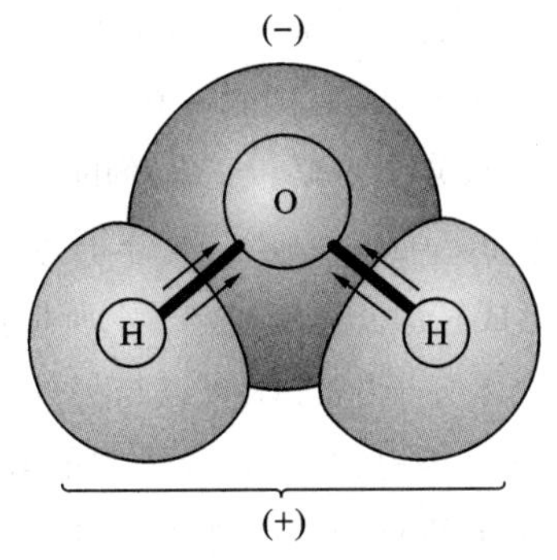

⬆图 2.1 水分子的极性（仿 Campbell 等，1999）

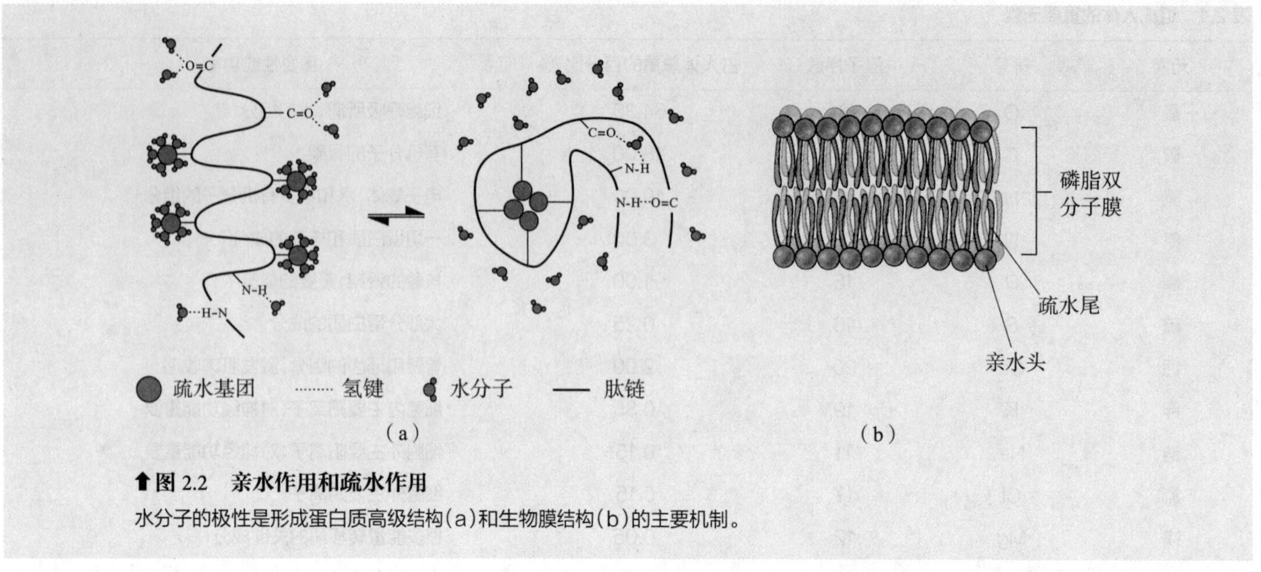

图 2.2 亲水作用和疏水作用

水分子的极性是形成蛋白质高级结构(a)和生物膜结构(b)的主要机制。

氧吸引电子的能力有所不同。一个原子吸引电子的能力称为电负性(electronegativity),吸引电子的能力越强,电负性越大。水分子中氧吸引电子的能力比氢大得多,因而共用电子对离氧原子近得多,这种共价键称为极性共价键。也就是说,水分子中的氧带一点负电荷,氢带一点正电荷,而组成水分子的两个氢原子与氧原子之间形成的共价键之间的夹角为104.5°,并非180°,因此水分子的氢原子一端较正,氧原子一端较负,是一个极性分子(polar molecule)。

水分子的极性使水成为一种很有效的溶剂,能够溶解很多极性物质,如无机盐、简单的糖、氨基酸、很多蛋白质、核酸等等,细胞内多种生物化学反应都是借助水作为溶剂才得以有效进行。另一方面,对于像油一类的非极性分子,水分子会排斥它们,迫使它们聚集在一起,尽可能地避免与水接触,我们称这种性质为疏水性(hydrophobicity)。相对而言,极性分子则具有亲水性(hydrophilicity)。亲水作用和疏水作用,是形成生物膜和蛋白质高级结构的主要机制(图 2.2)。

第二,水分子之间会形成氢键。水是一个极性分子,而且O的电负性很高,因而一个水分子中略带负电荷的O与另一水分子中略带正电荷的H能够相互吸引,形成氢键(hydrogen bond)。水分子与某些其他分子之间也能形成氢键。氢键决定了水所特有的一些重要性质。每个水分子中的O,可以与另外两个水分子中的H形成两个氢键;每个水分子中的H,又可与另外两个水分子中的O形成另外两个氢键。其结果是每个水分子可以通过氢键最多与另外4个水分子连接(图 2.3)。水分子之间氢键的形成,使水常温下保持液态,沸点远高于同族的H_2S。液态水是生命在地球上存在和发展的最根本基础。

水分子的极性和分子间的氢键,大大提高了水分子间的内聚力以及水分子与其他分子间的附着力。水的内聚力对生命极其重要,例如参天大树,水之所以能从地下深处的根上运到叶,就是因为有这种内聚力使之形成连续不断的水柱而被拉上去。水分子之间的内聚力也使水的表面张力很大,水的表面好像覆盖了一层看不见的薄膜。正因为如此,密度比水大的昆虫得以站立在水上,完成产卵,而水黾则可以在水上行走自如。

由于水分子之间形成了大量的氢键,要想让水升

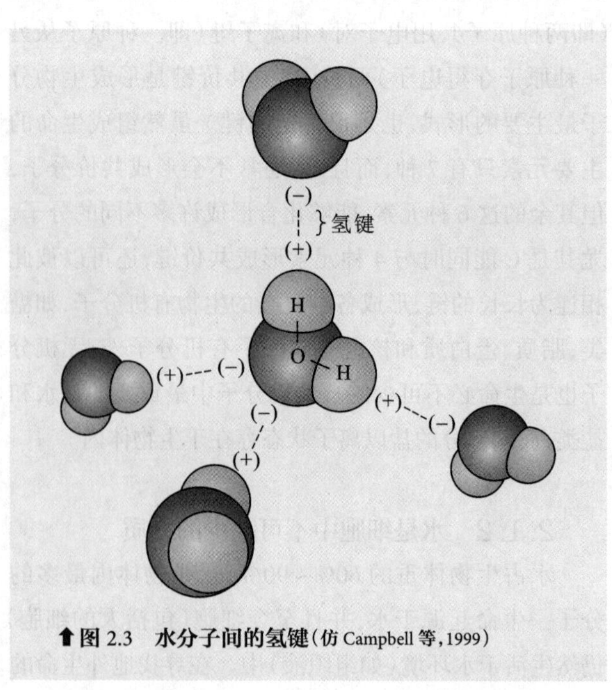

图 2.3 水分子间的氢键(仿 Campbell 等,1999)

高温度，就需要输入很大能量来破坏这些氢键。因此，相比于大多数其他物质，水具有高的比热（specific heat）。比热就是 1 g 物质升高或降低 1℃时所必须吸收或放出的热量，它反映了物质吸热或放热的能力。水的高比热，意味着在吸收或放出一定热量时，水的温度变化比很多其他物质要温和得多。细胞内无时无刻不在进行大量的生物化学反应，这些反应大都伴随着热量的产生，水的比热高，使细胞内化学反应所产生的热量被水吸收后，不会显著改变温度以致破坏细胞。

水的高比热，也使自然界中水的升温和降温都需要更长的时间，沿海的气候较内陆温和，冷热变化较小，原因就在于此。同样，它也使海洋的温度变化不大，适于海洋生物的存活。

氢键也使水有高的蒸发热，水分的蒸发起到高效的冷却作用：出汗使陆生哺乳动物在夏季不致过热，出汗也是人在剧烈运动时调节体温的重要方式。

2.1.3 无机盐和 pH

生物体内的无机盐大多溶解在水中，以离子形式存在，如 Na^+、K^+、Ca^{2+}、Mg^{2+}、Cl^-、HPO_4^{2-}、HCO_3^- 等，它们对于调节细胞渗透压、维持膜电位和调节酸碱度（pH）有重要作用。

pH 是指氢离子浓度的负对数，即 $pH = -lg[H^+]$。纯水在常温下有微弱的电离，电离形成等量的 H^+ 和 OH^-。25℃时纯水中 $[H^+]$ 为 10^{-7} mol/L，所以纯水的 pH 就等于 7。pH 等于 7 的溶液为中性溶液；pH 小于 7，溶液呈酸性；pH 大于 7，溶液呈碱性。

生物体中不同液体的 pH 大不相同，如胃酸的 pH 为 1，柠檬汁为 2，番茄汁为 4，人尿为 6 左右，血液略高于 7；常见液体中，醋的 pH 为 3，啤酒为 4，海水约为 8.5，一些洗涤剂的 pH 在 12 以上。

细胞中 pH 的微小变化都可能影响酶的活性，使代谢发生异常；而细胞中的许多化学反应，都会不断地产生或吸收 H^+，同时许多动物的饮食中也含有大量酸性或碱性物质，比如我们喝的可口可乐，其 pH 可以达到 2。那么生物体是如何保持体内 pH 的稳定呢？我们知道，为使溶液的 pH 保持稳定，人们通常利用缓冲液。缓冲液（buffer）一般是由弱酸及其盐（或弱碱及其盐）按照一定的浓度配制成的溶液，在水中呈现不完全电离的状态，当溶液的 H^+ 浓度降低时，弱酸盐可以进一步电离释放 H^+，而溶液的 H^+ 浓度升高时，这些盐又可以结合多出来的 H^+，使溶液的 pH 维持稳定。生物体也利用缓冲体系来维持 pH 的稳定。大多数的缓冲液都由一对物质组成，它们在溶液中保持电离平衡。如人体血液和组织液中最主要的缓冲体系由 H_2CO_3（酸）和 HCO_3^-（碱）组成，血液过酸时，HCO_3^- 结合 H^+ 形成碳酸，从而降低 H^+ 的浓度：

$$HCO_3^- + H^+ \longrightarrow H_2CO_3$$

血液过碱时，碳酸释放 H^+，与 OH^- 形成水：

$$H_2CO_3 + OH^- \longrightarrow HCO_3^- + H_2O$$

使血液的 pH 保持恒定。碳酸是 CO_2 与水反应形成的，而 CO_2 是呼吸作用的主要产物，人体利用它来调节 pH，不再需要额外的物质，从而节约资源，可以说是物尽其用。

在细胞内，存在另外一种主要的缓冲体系，即磷酸盐缓冲体系：

$$HPO_4^{2-} + H^+ \rightleftharpoons H_2PO_4^-$$

HPO_4^{2-} 和 $H_2PO_4^-$ 是细胞内主要的阴离子。

缓冲液的缓冲能力是有限的，当环境中的 pH 变化太大时，缓冲液就无能为力，生物体也自然会受到伤害。如呼吸中枢受到抑制，致使 CO_2 在体内蓄积，会造成血液 pH 降低，血液酸中毒。

无机盐还是合成有机物的原料，如磷酸盐用来合成磷脂与核苷酸，微生物和植物利用铵盐来合成氨基酸，植物利用硫酸盐合成半胱氨酸，等等。此外，神经冲动的形成和传导，也需要无机阳离子的参与（详见第 33 章）。

2.2 生物大分子

2.2.1 碳是组成细胞中各种大分子的基础

除了水和无机盐外，细胞内还含有种类比无机分子多得多的含碳化合物。因碳原子有 4 个价层电子，还有 4 个电子的空位，所以碳原子很容易与其他原子共用 4 对电子而形成 4 个共价键，碳原子之间也能共价连接成碳骨架，形成各种复杂分子。除 CO、CO_2、碳酸盐和氰化物、硫氰化物等少数简单化合物外，含碳化合物统称为有机化合物。已知的有机化合物有 200 多万种，而且还在不断地合成或有新的有机化合物被发现，所以其数目与日俱增。

图 2.4 是几种常见的有机化合物。图 2.4a 表示碳原子的四面体结构。以甲烷为例，可以把碳原子的 4 个单键分别看成是四面体的 4 个角与中心之间的一条线，4 个氢原子在 4 个单键的一端，另一端则在碳原子

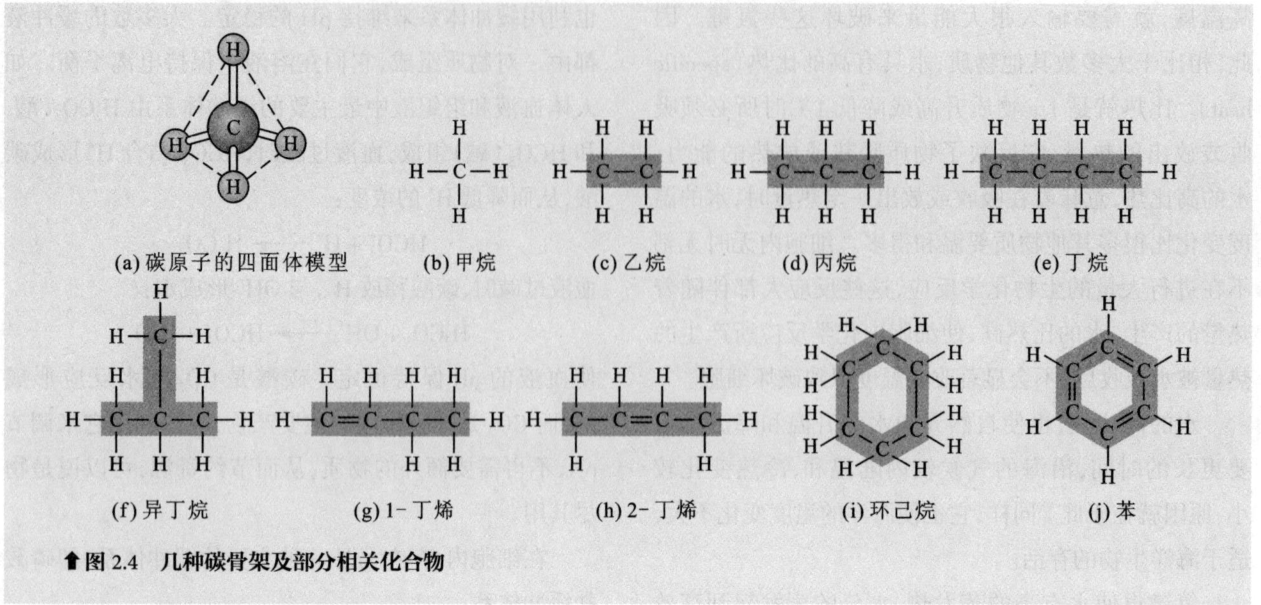

图 2.4 几种碳骨架及部分相关化合物

的中心。单键所表示的是 C 与 H 之间的电子云。甲烷的结构式如图 2.4b 所示。

除去碳原子和氢原子外，有机化合物还可以含有别的原子，其中最常见的是氧和氮，生物体内几乎所有有机分子都含有氧，而蛋白质和核酸等重要生物分子都含有氮。相关原子会组成各种原子团，它们具有独特的化学性质，参与重要的生物化学反应，这类原子团称为官能团(functional group)。组成细胞的分子中，最为重要的官能团有 4 种：羟基(—OH)、羰基($\rangle$CO)，羧基(—COOH)和氨基(—NH_2)。表 2.2 显示了这 4 种官能团的名称、结构、存在形式等。

这 4 种官能团中，羟基(hydroxyl group)是由氢原子和氧原子组成的，氧原子一方面与氢形成单键，另一方面又与碳形成单键。含有羟基的化合物主要包括醇类和糖类。

羰基(carbonyl group)中一个碳原子与一个氧原子形成双键，碳原子的另外两个键可以连在另外的碳上，也可以与氢相连。如果羰基在碳架的末端，化合物就是醛(aldehyde)；如果羰基在碳架中间，化合物就是酮(ketone)。

羧基(carboxyl group)中的碳原子一方面与氧形成双键，另一方面又连接着一个羟基。羧基能解离出 H^+，所以有羧基的化合物称为羧酸(carboxylic acid)。羧酸在生物的能量代谢中起着极为重要的作用。

氨基(amino group)由氮原子和两个氢原子组成，氮原子上的另一个键则可连在碳上。氨基酸是最重要的含有氨基的生物分子。

这 4 种官能团有一个共同特点，就是都有极性，因为其中的氧原子或氮原子都有很强的电负性，能够吸引电子。因此，所有含有这些基团的化合物都是亲水的分子。这是这些化合物能在生物体内起重要作用的必要条件。

许多生物分子中含有两种或更多种官能团。例如糖分子中就有羟基和醛基或酮基，氨基酸中有氨基和羧基。多种官能团的存在有利于它们形成大分子。

2.2.2 细胞利用少数种类小分子合成许多种生物大分子

在生命现象中起着重要作用的分子一般都是分子量很大的分子，称为大分子(macromolecule)。生物分子可分为 4 大类：蛋白质(protein)、核酸(nucleic acid)、

表 2.2 4 种重要的官能团

名称	结构	存在形式
羟基 —OH	—O—H	糖类，甘油，醇
羰基 $\rangle$CO	O ‖ —C—	糖类，醛，酮，多种有机酸
羧基 —COOH	O ‖ —C \\ OH	氨基酸，蛋白质，脂肪酸，各种羧酸，某些维生素
氨基 —NH_2	H / —N \\ H	氨基酸，蛋白质，尿素，某些碱基

多糖(polysaccharide)和脂质(lipid)。这4类分子中的前三类都是多聚体大分子。所谓多聚体(polymer),就是由相同或相似的小分子组成的长链,组成多聚体的小分子称为单体(monomer)。

细胞中所合成的大分子种类极多,每个细胞中仅蛋白质的种类就超过10^4种。然而细胞合成这么多种多聚体所用的单体种类不过几十种,例如:蛋白质就是仅由约20种不同的氨基酸组成的,成百上千个氨基酸残基组成长链,就成了种类繁多的蛋白质;DNA仅由4种不同的单体,即脱氧核苷酸组成。

生物制造多聚体所用的单体是通用的,人、植物、动物和细菌都用同样的20种氨基酸和同样的4种脱氧核苷酸。蛋白质和核酸之所以种类繁多,关键在于其中单体的排列顺序不同。

细胞将单体组成多聚体的方式是脱水合成(dehydration synthesis)。所有的单体都有连接在O、N或P上的H和反应活性高的—OH,每加上一个单体,便有一个H和一个—OH形成水(HOH),产生一个新的共价键,这便是脱水合成。不管具体的单体是什么,这个反应是普遍发生的。假定A—A—A为一个小的多聚体,A′为一个未连接上去的单体,脱水合成可示意如下:

$$\text{HO—A—A—A—H} + \text{HO—A'—H} \longrightarrow \text{HO—A—A—A—A'—H} + H_2O$$

生物体内不仅要合成多聚体,还要使多聚体分解。例如,生物所摄取的食物往往是大分子,要将它们吸收,必须先将它们分解为单体。将多聚体分解为单体的反应很多是脱水合成的逆反应——水解反应(hydrolysis),即加入一个水分子使键断裂,如下式所示:

$$\text{HO—A—A—A—A'—H} \xrightarrow{H_2O} \text{HO—A—A—A—H} + \text{HO—A'—H}$$

水解后水中的H连接到新多聚体的末端单体上,—OH连接到新释放的单体上。

脱水合成和水解是两种反应类型,在细胞中普遍存在。具体到每一种反应,则各自由专一的酶催化。

2.3 糖类

生物学上的糖(saccharide)是一大类化合物,不但包括我们日常生活中称作糖的物质,还包括淀粉、糖原、纤维素和几丁质等没有甜味的物质。大部分糖是光合作用的产物,主要由碳、氢和氧组成,它们的结构通式是$(CH_2O)_n$(n是自然数),因此糖过去又被称为碳水化合物(carbohydrate)。当然,有些糖的组成并不符合这个通式,如DNA的重要组成成分脱氧核糖,分子式为$C_5H_{10}O_4$;而组成为$(CH_2O)_n$的分子也不都是糖,如甲醛HCHO(其4%的水溶液为福尔马林)、乙酸CH_3COOH(醋的有效成分)等。

糖类按照聚合程度,有单糖、寡糖和多糖之分。单糖(monosaccharide)不是聚合物,不能水解为更小的单位,是组成寡糖和多糖的单体;寡糖(oligosaccharide)由几个单糖聚合而成,最常见也最有生理意义的寡糖是二糖(也叫双糖,disaccharide);多糖(polysaccharide)是由糖的单体聚合而成的长链,一般没有甜味。

2.3.1 单糖

最常见的单糖是葡萄糖(glucose)和果糖(fructose),它们在细胞糖代谢中起着核心作用。葡萄糖是生物体内最重要的单糖,被很多细胞用作主要的"燃料"。此外,葡萄糖和糖代谢中形成的一系列中间产物,也是细胞合成氨基酸、核苷酸等其他有机分子的原料。葡萄糖的分子式为$C_6H_{12}O_6$,果糖的分子式也是$C_6H_{12}O_6$,但两者结构式不同(图2.5)。从这两个结构式可以看出单糖分子的两个特点:一是有许多羟基,二是有羰基。羰基或在分子一端(如葡萄糖)成为醛基,或在分子中间,成为酮基(如果糖),所以糖在化学上其实是多羟基醛或多羟基酮。含有醛基的糖称为醛糖(aldose),如葡萄糖;含有酮基的糖称为酮糖(ketose),如果糖。

葡萄糖和果糖是异构体,它们之间的区别仅在于原子的排列不同,具体地说,仅在于羰基的位置不同。

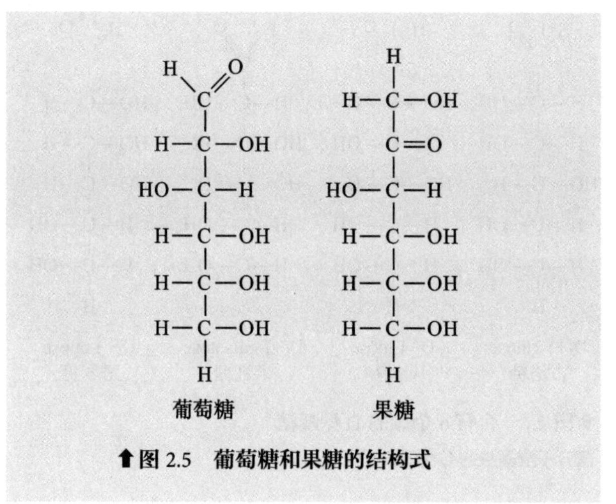

⬆图2.5 葡萄糖和果糖的结构式

这种差别看似不大，但两者的性质却有很大不同。例如：它们与其他分子发生反应的能力不同，糖酵解时，磷酸化的葡萄糖要转变为磷酸化果糖，葡萄糖能形成淀粉和纤维素，果糖则不行；它们的甜度不同，如果将蔗糖甜度定为100，葡萄糖的甜度只有70，而果糖为150，果糖是天然糖类中最甜的，俗话说"我们的生活比蜜甜"，就是因为蜂蜜中含有大量果糖。

与葡萄糖一样含有6个碳原子和5个羟基的醛糖，还有甘露糖（mannose）、半乳糖（galactose）等7种，它们的区别在于第2—4位碳原子上的—OH取向不同（图2.6）。这3个碳原子分别与4个不同的原子或原子团形成共价键，这样的碳原子称为不对称碳原子。由于与碳原子形成4个共价键的4个原子的连线成四面体形状，因此上述8种六碳糖（也称己糖，hexose）中不对称碳原子上所连接的—OH，无法通过单键旋转的方式达到一致，也就是说，这8种糖虽然在组成和官能团上都相同，但它们是不同的分子，有不同的生物学功能。

2.3.2　单糖的旋光异构

除了第2—4位碳原子外，六碳醛糖第5位碳原子也是不对称碳原子，所以六碳醛糖应该有16种异构体；换句话说，葡萄糖应该有一个2—4位构型与其相同、5位碳原子上的羟基与其不同的异构体。从化学上说，确系如此，每个不对称碳原子，都会导致异构体产生。然而在生物学意义上，第5位碳原子的不对称性，与2—4位的不对称性则大不相同。这涉及了一种重要的异构现象——旋光异构（optical isomerism）。

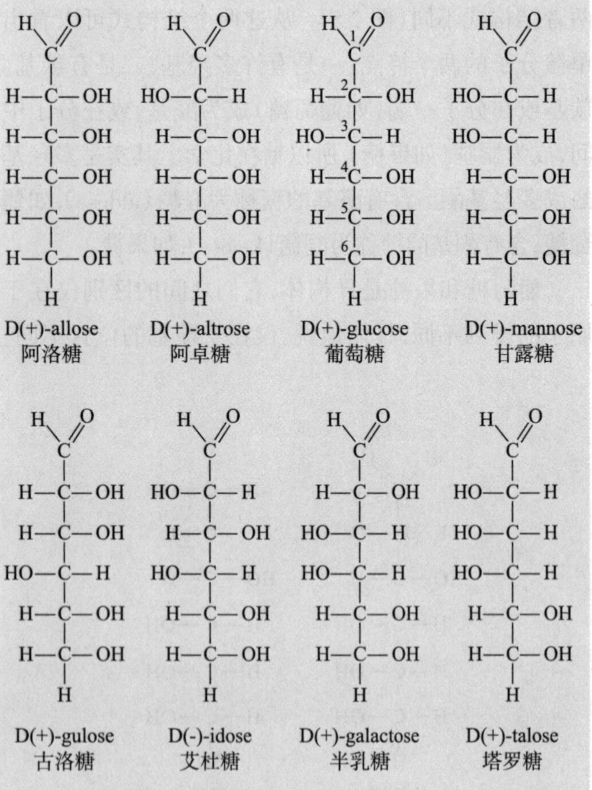

我们知道，光是一种电磁波，属于横波，波本身有一个振动面（一般指电矢量振动面，眼睛和常见光学仪器只对光的电矢量发生反应，对磁矢量无感）。普通光包含各个不同振动面的光线。当普通光通过尼科尔棱镜或类似装置时，只有振动方向与棱镜晶轴平行的光才能通过，其余的光被挡住，从而得到只在一个平面上振动的光，称为平面偏振光。当偏振光穿过某些特定物质或某些物质的溶液时，光的振动平面会发生旋转，这种现象称为旋光性（optical rotation）。1844年，法国微生物学家、现代微生物学的奠基人巴斯德（Louis Pasteur，1822—1895）在研究酒石酸时，发现了生物分子的旋光性。此后人们逐渐意识到，含有不对称碳原子的有机物溶液，均会造成旋光。两个互为镜像的有机分子形成的溶液，一个使偏振光向左旋转（levorotatory，记作L），另一个就会使偏振光向右旋转（dextrorotatory，记作D），这样的分子也叫手性（chirality）分子，就如同我们的左右手一样，互为镜像。

然而，由于在发现旋光性的几十年间，人们难以测定手性分子的真实结构，因此究竟哪种构型对应左旋，哪种对应右旋，人们并不知道。为了标记手性分子，1906年，美国化学家Martin André Rosanoff（1874—1951）提出，以最简单的糖——甘油醛作为标准，人为规定费歇尔投影式中甘油醛的羟基在右的异构体为右旋，称为D-甘油醛，羟基在左的为左旋，称为L-甘油醛。其他手性分子均与甘油醛对比，以确定是D型还是L型（图2.7）。1951年，人们通过X射线晶体分析确认，使偏振光右旋的甘油醛，其构型的确是D型，即羟基向右，与当初的猜测恰好吻合。

葡萄糖含有4个不对称碳原子，一定是手性分子。那么应该用哪个不对称碳原子与甘油醛对比，来确定葡萄糖的构型呢？化学中规定，应比较不对称碳原子编号最大的一个，即第5位碳原子（注：葡萄糖由二羟基丙酮和甘油醛形成，葡萄糖的第5位碳原子来源于甘油醛的不对称碳原子，因此有此规定）。经与甘油醛对比，天然葡萄糖的构型与D-甘油醛一致，即葡萄糖

D(+)-allose 阿洛糖　D(+)-altrose 阿卓糖　D(+)-glucose 葡萄糖　D(+)-mannose 甘露糖

D(+)-gulose 古洛糖　D(-)-idose 艾杜糖　D(+)-galactose 半乳糖　D(+)-talose 塔罗糖

⬆图2.6　含有6个碳的D型醛糖

糖分子醛基中的C为第1位C。

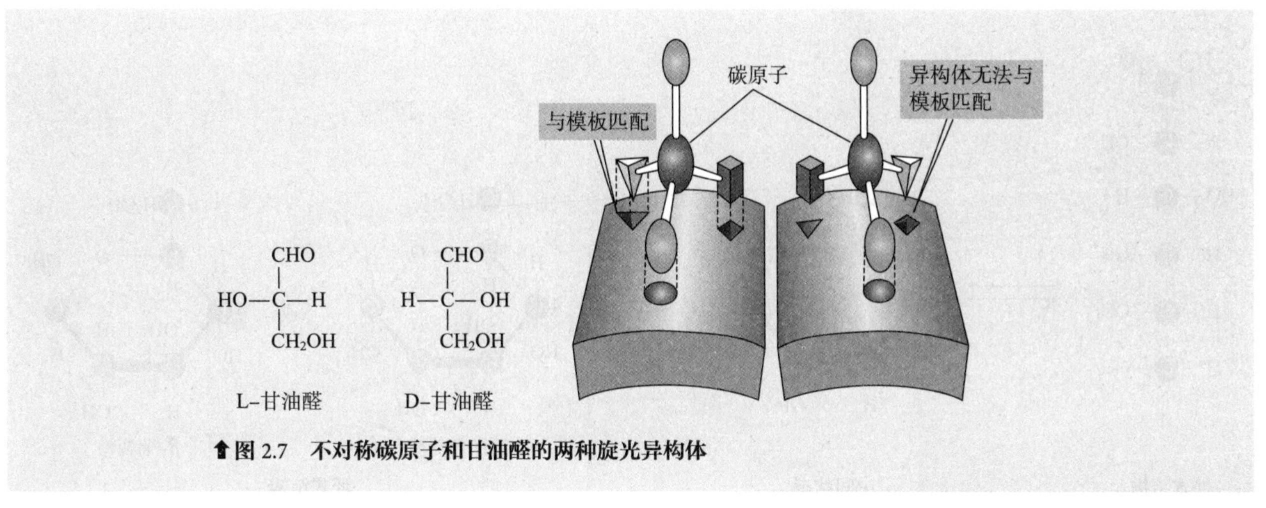

图 2.7 不对称碳原子和甘油醛的两种旋光异构体

为 D 型（图 2.8）。进一步研究表明，生物体内的糖，无论其含有几个碳原子，也不管是酮糖还是醛糖，只要是手性分子，绝大部分构型均为 D 型，极少量 L 型的糖存在于某些藻类植物中。L 型糖和 D 型糖的有机化学性质没有任何区别，但在生物体内的性质却截然不同：L 型糖不能被糖代谢的相关酶所识别和利用，但它们同样有甜味，能够满足我们的口感。因此，这样的甜食吃得再多，也不会发胖，而且不会发生蛀牙，因为细菌同样不会利用它们。

需要注意，单糖是 D 型还是 L 型，只是与甘油醛对比的结果，与单糖实际的旋光性无关。因为分子中的很多基团都影响旋光性，不仅仅是作比较的那个不对称碳原子，所以 D 型糖完全可能使光左旋，如 D- 果糖就是如此。

除了六碳糖外，存在于生物体内的单糖还有由 3、4、5 和 7 个碳原子组成的，分别称为丙糖（triose）、丁糖（tetrose）、戊糖（pentose）和庚糖（heptose）。其中戊糖尤其重要，因为它们是组成核酸的成分；丙糖有两种，即甘油醛和二羟基丙酮，它们是糖酵解和光合作用中重要的中间产物。

D-葡萄糖　　D-甘油醛　　D-果糖

图 2.8 D- 葡萄糖和 D- 果糖

2.3.3 糖的环式结构

五碳糖或六碳糖在溶液中大多以环式结构存在，链式的很少。以葡萄糖为例，它的环式结构是这样形成的：葡萄糖第 1 位碳原子上的醛基与第 5 位碳原子上的羟基相连，醛基的 O 接受后者的 H 形成羟基，这个反应称为半缩醛反应。新形成的羟基有两个可能取向，一种与第 6 位的 CH_2OH 在同一侧，称 β- 葡萄糖；另一种处于 CH_2OH 对侧，称为 α- 葡萄糖。这样一来，D- 葡萄糖就成为一个六元环，包括 1—5 位的 C 和第 5 位碳原子上连接的 O（图 2.9）。两种类型的葡萄糖旋光度不同，α 型为 +112°，β 型为 +18.7°，但它们都是 D 构型。α 型和 β 型可以在溶液中互相转换，最终达到平衡。平衡时 α 型∶β 型∶直链 = 36∶63∶1，溶液旋光度为 52.7°，这就是变旋现象。

2.3.4 二糖

细胞能以单糖为原料，合成寡糖和多糖。如植物光合作用所形成的糖，大部分被转化为蔗糖、淀粉以及纤维素。

由少数几个单糖聚合形成的糖称为寡糖，最常见的寡糖是二糖。二糖由两分子的单糖脱掉一分子的水，结合在一起形成。脱水反应一般发生在其中一个单糖第 1 位碳原子的半缩醛羟基和另一个单糖第 4、2 或 6 位碳原子上的羟基之间。半缩醛羟基提供—OH，羟基提供 H，两者结合成水，同时两个单糖之间依靠氧原子连接起来。由单糖的半缩醛基与另一个分子的羟基脱水后形成的键，叫糖苷键（glycosidic bond）。两个单糖以糖苷键连接起来，形成二糖，也叫双糖。生物体内

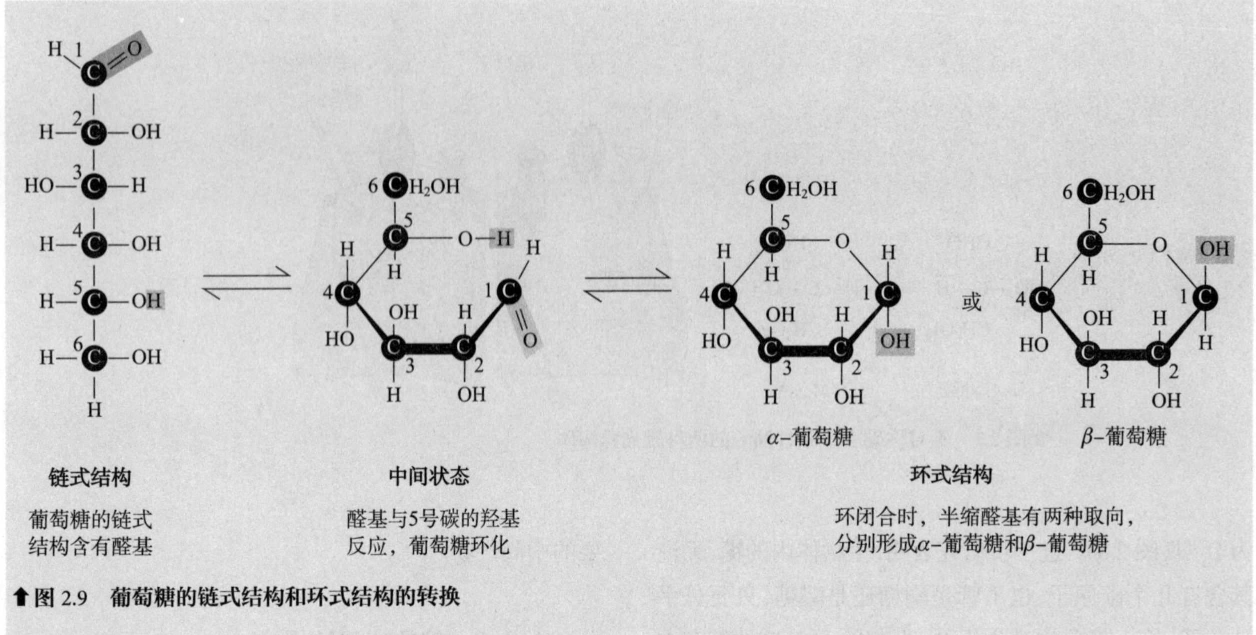

⬆图 2.9　葡萄糖的链式结构和环式结构的转换

主要的二糖有麦芽糖（maltose）、蔗糖（sucrose）和乳糖（lactose）（图 2.10）。

麦芽糖　麦芽糖存在于发芽的谷粒、麦芽等，主要来自淀粉水解，由两分子葡萄糖以 $\alpha(1\rightarrow4)$ 糖苷键连接而成，其中在糖苷键形成过程中提供半缩醛羟基的是 α–D– 葡萄糖。我们嚼干馒头时会感觉有甜味，就是因为唾液淀粉酶将一部分淀粉水解为麦芽糖的缘故。糖瓜（关东糖）、饴糖也主要是麦芽糖，麦芽糖不是很甜，甜度只有 40 多。

蔗糖　日常食用的糖主要是蔗糖，存在于甘蔗、甜菜和各种有甜味的水果中。它是植物中糖的运输形式，也是甘蔗等植物中糖的主要储存形式。人体内糖以葡萄糖形式运输，而植物和许多其他生物中，为减少糖在运输中的损失（氧化），采取二糖形式运输，因为普通的与葡萄糖利用有关的酶无法打开二糖的键。蔗糖由 α–葡萄糖和 β– 果糖以 $\alpha1\rightarrow\beta2$ 糖苷键结合。

乳糖　乳糖是人类和很多哺乳动物乳汁中唯一的糖，牛奶中的含量为 4%，人乳中为 5% ~ 7%。乳糖由 α–葡萄糖和 β– 半乳糖以 $\beta(1\rightarrow4)$ 糖苷键连接。乳糖不太甜，甜度不到 40。乳糖依靠小肠腔内的乳糖酶水解

葡萄糖　葡萄糖　H_2O　$\alpha(1\rightarrow4)$ 糖苷键　麦芽糖

葡萄糖　果糖　蔗糖

半乳糖　葡萄糖　乳糖

⬆图 2.10　几种重要的二糖

为葡萄糖和半乳糖，才能被吸收利用。很多成年人乳糖酶缺乏，导致乳糖无法被分解和吸收而滞留于肠道，渗透压增大，使肠腔充水，造成腹泻。

2.3.5 多糖

多糖是由数十至数千个单糖通过脱水缩合而形成的多聚体，一般没有甜味。最重要的多糖有 3 种：淀粉(starch)、糖原(glycogen)和纤维素(cellulose)(图 2.11)。

淀粉　淀粉是植物光合作用的产物，大量存在于植物种子(如粮食)、块根(如红薯、木薯)、块茎(如马铃薯、荸荠、芋头)和一些干果(如栗子、白果)中，是植物能量储存的一种形式，也是人类能量的重要来源。淀粉是由葡萄糖分子通过 α 糖苷键缩合而成，分为直链淀粉和支链淀粉两种。

直链淀粉由 200 ~ 300 个葡萄糖分子缩合而成，呈卷曲的螺旋形。碘分子可插入其中形成复合物，呈蓝紫色。支链淀粉更大，由 6000 个或更多葡萄糖残基(因为葡萄糖形成糖苷键时脱去一分子的水，所以多糖链内的葡萄糖不再完整，故称为残基)组成。除直链中的 α(1→4)糖苷键外，支链淀粉中每隔 24 ~ 30 个葡萄糖残基，还依靠 α(1→6)糖苷键形成分支，分支上还可以再分支。

粮食中的淀粉，一般都同时含有直链和支链，如玉米中直链占 27%，马铃薯中直链占 22%，其余为支链；但也有例外，如糯米和黏玉米(又称糯玉米，waxy corn)全部为支链，而豆类淀粉则几乎全部为直链。支链淀粉黏性大，而直链淀粉黏性小，所以含支链淀粉高的粳米口感要香糯一些，含直链淀粉高的籼米则较粗砺，不适口。

糖原　糖原是动物体内能量的贮存形式，又叫动物淀粉。有些低等动物和微生物也能合成类似糖原的物质。糖原的化学结构与淀粉相似，只是分支更多，每 8 ~ 12 个葡萄糖残基就有一个分支。动物中合成和储存糖原的器官主要有肝和骨骼肌。肝糖原占肝湿重的 5%，总重量 90 ~ 100 g。进食后血糖升高，肝会将血液中部分葡萄糖以糖原的形式储存起来，待血糖降低时再将肝糖原分解为葡萄糖，释放到血液中，从而调节血

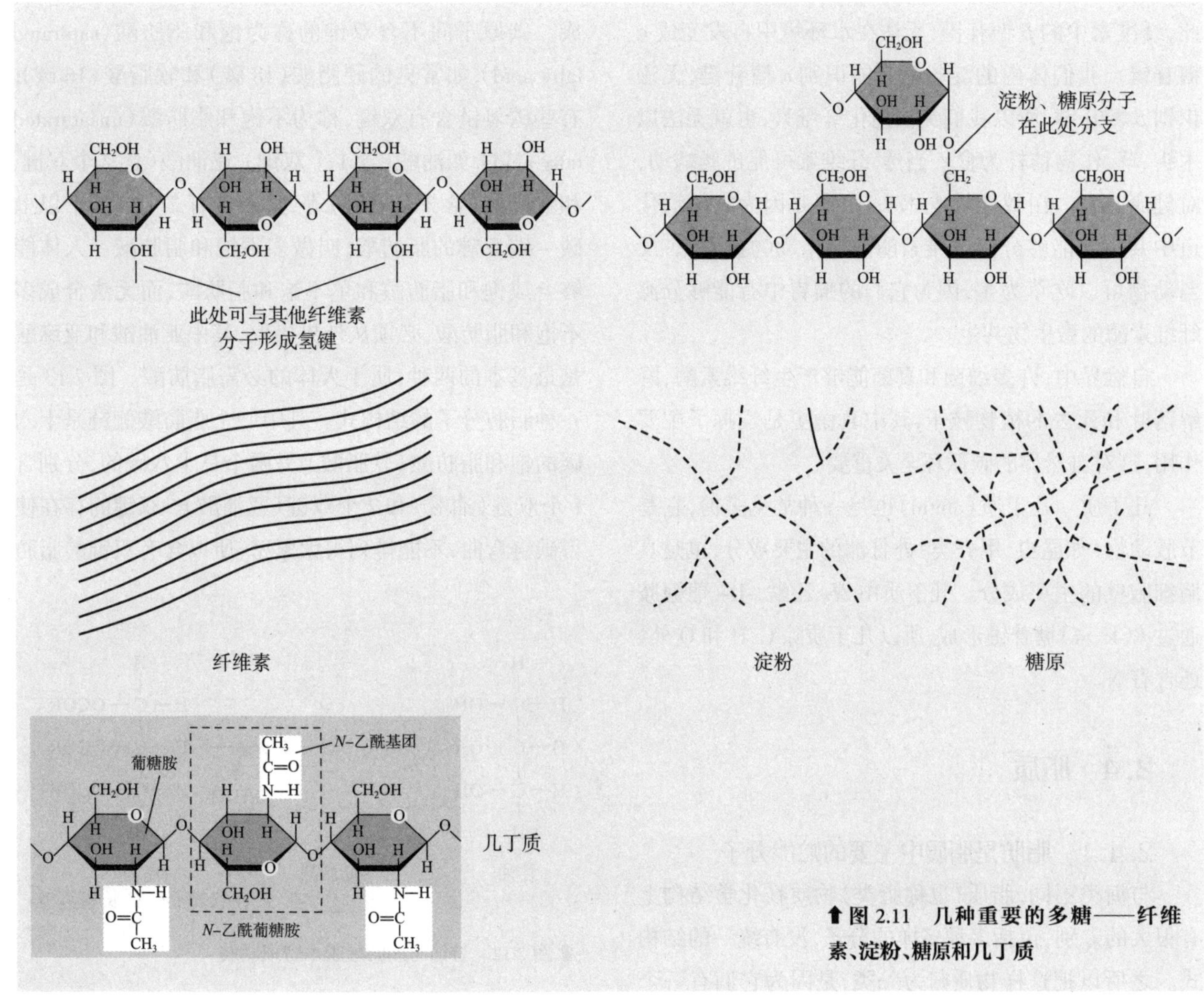

⬆图 2.11　几种重要的多糖——纤维素、淀粉、糖原和几丁质

糖浓度。骨骼肌中的肌糖原占骨骼肌的1%~2%，总重量200~400 g，远高于肝糖原。然而，骨骼肌中的糖原无法直接调节血糖，因为骨骼肌中缺乏6-磷酸葡糖酶，无法将糖原的降解产物6-磷酸葡糖转变为葡萄糖。细胞膜上缺乏6-磷酸葡糖的转运蛋白，而脂膜本身对于带负电的6-磷酸葡糖基本不通透，所以6-磷酸葡糖无法运出细胞，只能供骨骼肌自身利用。

纤维素　纤维素是植物细胞壁的重要成分，主要起结构支撑作用。纤维素组成微纤丝（microfibril），形成坚固的壁保护着细胞。它是地球上最丰富的有机物，占绿色植物碳总量的一半以上。木材中50%是纤维素，棉花和亚麻纤维的纤维素含量达90%以上。

纤维素的基本结构单元也是葡萄糖，但纤维素链没有分支。尤为重要的是，纤维素中葡萄糖单体间的连接方式与淀粉或糖原不同：淀粉中的葡萄糖以α糖苷键连接，而纤维素中的葡萄糖之间以$\beta(1\rightarrow4)$糖苷键连接。虽然单糖的α构型和β构型在溶液中可以相互转换，但在多糖中，由于半缩醛基形成糖苷键，糖环无法再打开成链状，α与β之间的转化无法再进行。因此，纤维素中的β糖苷键，无法在水环境中自发变成α糖苷键。我们体内的淀粉酶只能识别α糖苷键，无法识别β糖苷键，所以我们无法消化纤维素，也就无法以木头、草、作物秸杆为食。当然，纤维素可促进肠蠕动，对健康有益。白蚁能够吃木头，主要是因为它的消化道中共生着能够分泌纤维素酶的原生动物披发虫；反刍动物可以吃草为生，因为它们的瘤胃中有能够分泌纤维素酶的微生物共生。

自然界中，许多细菌和真菌能够产生纤维素酶，降解落叶和死去的植物枝干，其中真菌更是发挥了主要作用，这对自然界的碳循环至关重要。

几丁质　几丁质（chitin）也是一种常见多糖，它是节肢动物（如昆虫、甲壳类）外骨骼的主要成分，也是真菌细胞壁的主要成分。几丁质由*N*-乙酰-D-葡糖胺通过$\beta(1\rightarrow4)$糖苷键形成，所以几丁质除C、H和O外，还含有N。

2.4　脂质

2.4.1　脂肪是脂质中主要的贮能分子

与糖类不同，脂质（也称脂类）物质在化学结构上有很大的差别，包括多种多样的分子，没有统一的结构式。之所以把这样物质归为一类，是因为它们有一个共同特征，即难溶于水，而易溶于氯仿、苯、乙醚等有机溶剂，所以在外观上呈现油的状态。脂质主要由碳和氢两种元素组成，与糖类相比，脂质中氧元素的含量低得多。因此，这些分子大多数是非极性的，与水不相溶，也就是说，脂质是疏水的。与多糖不同，脂质不是由单体连接而成的大分子。

脂质中最常见的是脂肪（fat），脂肪由甘油和脂肪酸通过脱水缩合而形成。脂肪酸羧基中的—OH与甘油羟基中的—H结合而失去一分子水，于是甘油与脂肪酸之间形成酯键，便成为脂肪分子（图2.12）。

脂肪分子中甘油的3个羟基通常与3个脂肪酸分别形成酯键，所以脂肪又叫做甘油三酯（triglyceride）或三酰甘油（triacylglycerol）。脂肪中的3个酰基（脂肪酸失去—OH后剩余部分称为酰基）可以相同，也可以不同，最常见的酰基碳骨架含有16或18个C。因为脂肪中含有很多碳氢链，O含量少，而C和H氧化后都能释放出能量，所以脂肪是含化学能较高的分子。1 g脂肪中所贮存的化学能约为1 g淀粉的两倍。

脂肪酸由一条不分支的碳氢链和链末端的羧基组成。碳原子间不含双键的称为饱和脂肪酸（saturated fatty acid），如常见的硬脂酸（18碳）和软脂酸（16碳）；有些碳氢链含有双键，称为不饱和脂肪酸（unsaturated fatty acid），如油酸（含1个双键）、亚油酸（含2个双键）和亚麻酸（含3个双键）等，其中含有2个或2个以上碳-碳双键的脂肪酸，叫做多不饱和脂肪酸。人体能够合成饱和脂肪酸和单不饱和脂肪酸，而无法合成多不饱和脂肪酸，必须从外界摄取，其中亚油酸和亚麻酸是最基本的两种，属于人体的必需脂肪酸。图2.13是一种脂肪分子的结构式。其中一个脂肪酸侧链是十六碳的饱和脂肪酸（软脂酸），另两个是十八碳的，分别含1个双键（油酸）和2个双键（亚油酸）。双键的存在使得碳链弯曲，不能排列得太紧密，所以含有双键的脂肪

$$\begin{array}{c}\text{H}\\ |\\ \text{H—C—OH}\\ |\\ \text{H—C—OH}\\ |\\ \text{H—C—OH}\\ |\\ \text{H}\end{array} + 3\,\text{HO—}\overset{\overset{\text{O}}{\|}}{\text{C}}\text{—R} \xrightarrow[\searrow 3\,H_2O]{} \begin{array}{c}\text{H}\\ |\\ \text{H—C—OCOR}\\ |\\ \text{H—C—OCOR}\\ |\\ \text{H—C—OCOR}\\ |\\ \text{H}\end{array}$$

甘油　　脂肪酸　　脂肪（R代表不同的长碳氢链）

⬆图2.12　甘油与脂肪酸脱水合成脂肪

$$\mathrm{H_2C{-}O{-}\overset{O}{\overset{\|}{C}}{-}CH_2{-}CH_2{-}CH_2{-}CH_2{-}CH_2{-}CH_2{-}CH_2{-}CH_2{-}CH_2{-}CH_2{-}CH_2{-}CH_2{-}CH_2{-}CH_2{-}CH_3}$$
$$\mathrm{HC{-}O{-}\overset{O}{\overset{\|}{C}}{-}CH_2{-}CH_2{-}CH_2{-}CH_2{-}CH_2{-}CH_2{-}CH_2{-}CH{=}CH{-}CH_2{-}CH_2{-}CH_2{-}CH_2{-}CH_2{-}CH_2{-}CH_2{-}CH_3}$$
$$\mathrm{H_2C{-}O{-}\overset{O}{\overset{\|}{C}}{-}CH_2{-}CH_2{-}CH_2{-}CH_2{-}CH_2{-}CH_2{-}CH_2{-}CH{=}CH{-}CH_2{-}CH{=}CH{-}CH_2{-}CH_2{-}CH_2{-}CH_2{-}CH_3}$$

⬆图 2.13 一种脂肪分子的结构

在常温下是液态。动物的脂肪中不饱和脂肪酸很少,植物油中则较多,所以动物油常温下一般为固态,而植物油则呈液态。膳食中饱和的脂肪太多会引起动脉粥样硬化,因为饱和脂肪酸会刺激胆固醇合成。

长链脂肪酸还可以与一些长链的一元醇形成酯,称为蜡(wax)。蜡的疏水性比脂肪更强,可保护生物体的表面。例如,苹果、梨的表皮上都有一层蜡,可以保护这些果实,避免干燥。有些动物的表面也有蜡,例如,昆虫就有蜡保护着其躯体,避免干燥,蜜蜂用蜡构建蜂巢。

2.4.2 磷脂是形成生物膜的重要脂质

磷酸可以取代脂肪酸,与甘油的羟基形成酯键。三酰甘油中,一个脂肪酸侧链被磷酸取代,形成磷脂酸,磷酸上再连接其他醇类,形成甘油磷脂。如磷酸基团连上胆碱,叫做磷脂酰胆碱,即卵磷脂(图 2.14a),存在于动物各种组织和脏器中,因其首先从卵黄中被发现而得名。卵磷脂是肝脂蛋白合成的原料,若缺乏,则脂蛋白合成发生障碍,脂肪在肝蓄积,发生脂肪肝。

磷脂(phospholipid)的性质大大不同于三酰甘油:三酰甘油是疏水的,而磷脂除了两条疏水的脂肪酸链外,还含有亲水的磷酸基团,形象地说,它含有一个亲水的头和两个疏水的尾。在水环境中,磷脂亲水的头向外,疏水的尾向内,可以形成双层膜,这是细胞膜的基本结构(图 2.14)。

2.4.3 类固醇和萜是不含酯键的脂质

类固醇(steroid)是含有由碳链形成的 4 个环的脂类,其中 3 个为六元环(多氢菲),1 个五元环(环戊烷)。图 2.15 就是一种最常见的类固醇——胆固醇(cholesterol)的结构式。因为胆固醇的一端含有亲水的—OH,因此它也是两亲分子。胆固醇是细胞膜的重要成分,也是动物体内合成其他类固醇的原料。人体需要的胆固醇,一部分从食物中吸收,另一部分由肝合成。胆固醇以低密度脂蛋白的形式运输到细胞中,参

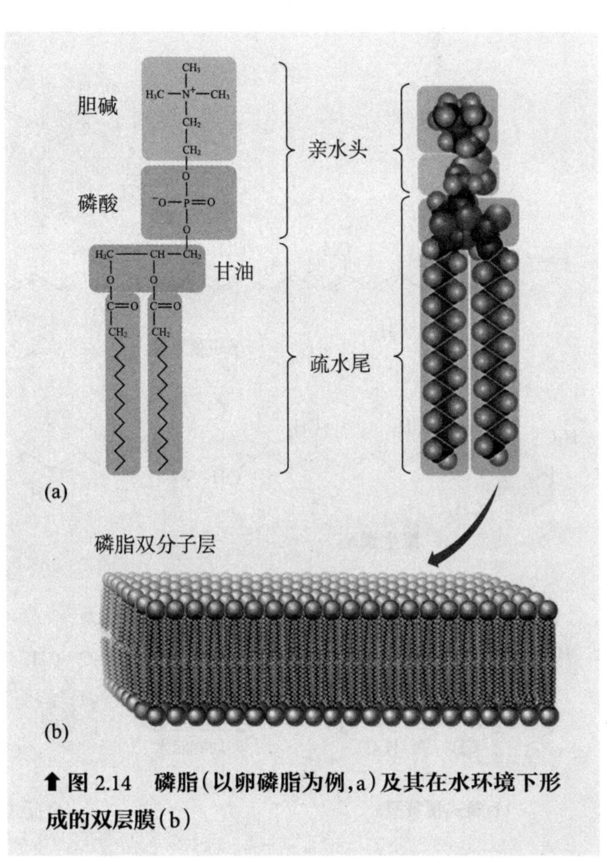

⬆图 2.14 磷脂(以卵磷脂为例,a)及其在水环境下形成的双层膜(b)

图 2.15 胆固醇结构式

与细胞膜的组建。胆固醇摄入量过多，低密度脂蛋白携带胆固醇沉积于血管壁，致使血管内皮增生，血管腔变窄，造成动脉粥样硬化。

动物的性激素、维生素 D 和肾上腺皮质激素等都是类固醇。有一些类固醇药物称为促蛋白合成类固醇(anabolic steroid)，是人工合成的类似雄性激素的药物。它能促进肌肉发达，增强体力，常为一些运动员所服用。这些药物有许多严重的副作用，对运动员身心两方面都有严重影响，所以为许多体育组织所禁用。

萜类(terpene)是异戊二烯的聚合物，由异戊二烯构件分子生物合成，属于单环二萜。天然橡胶以及某些植物有特殊气味的挥发性物质，如薄荷油、樟脑等，都是萜。

β胡萝卜素也属于萜类化合物，它是一种重要的捕光色素，对植物光合作用很重要。动物摄入的β胡萝卜素在体内可以断裂形成两个维生素 A 分子，视黄醛(retinal)是维生素 A 的氧化产物，对眼的感光有重要作用(图 2.16)。从软体动物、昆虫到脊椎动物，虽然眼的结构各不相同，但它们都靠视黄醛感光：结合于视蛋白中的顺式视黄醛在光照时变为反式视黄醛，导致视蛋白构象改变，从而传递信号，这是视觉产生的基础。缺乏维生素 A，会影响眼中视杆细胞对光的感应，导致暗处看不见东西，即夜盲症。

2.5 蛋白质

蛋白质(protein)是由氨基酸(amino acid)组成的多聚体，是重要的生物大分子。人体中有数万种不同的蛋白质，各自有其独特的三维结构，分别执行重要的功能。细胞、组织和机体的结构都与蛋白质有关，生物体内的每一项生理活动都有蛋白质参与，例如：酶的催化作用、抗体的防御作用、载体蛋白的转运作用(如血红蛋白运输氧)、胶原的支持作用、肌动蛋白和肌球蛋白的运动作用以及转录因子对基因表达的调控作用等。

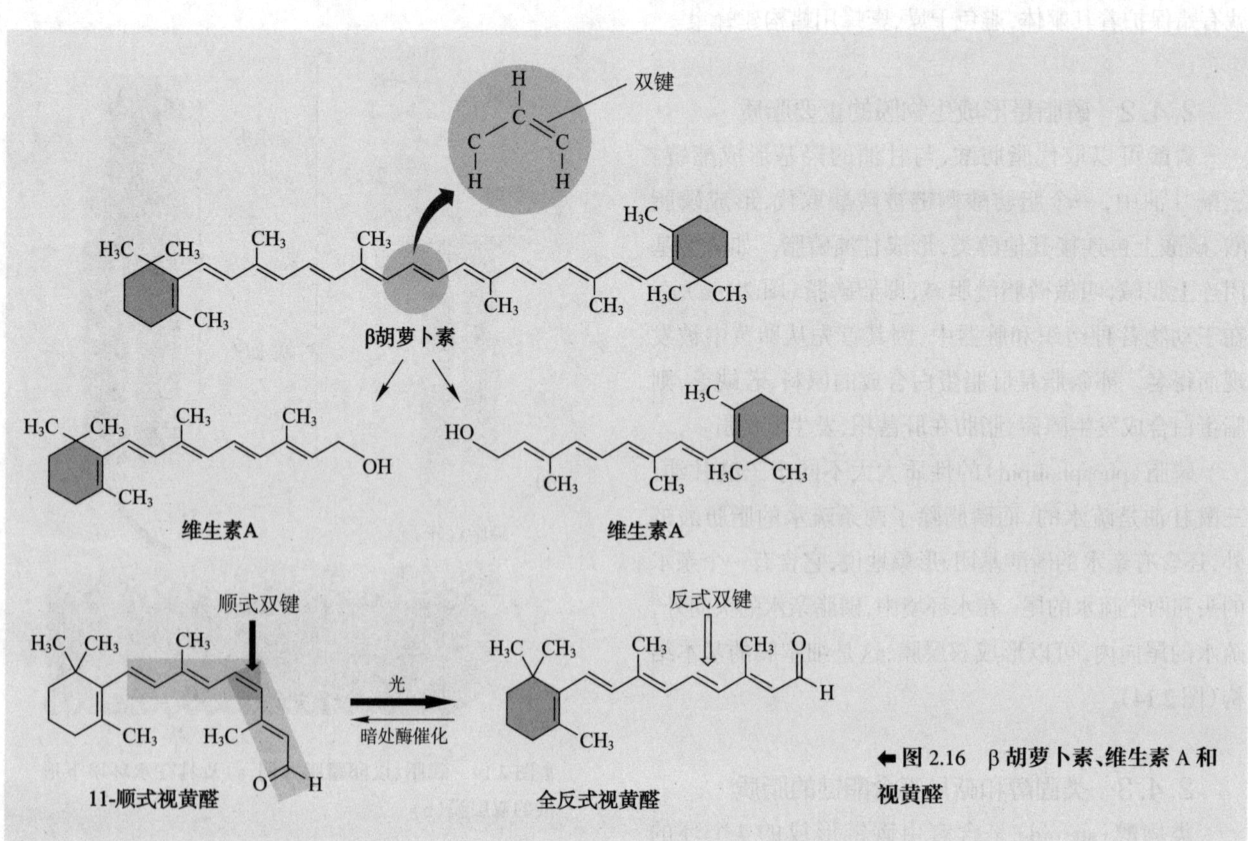

图 2.16 β胡萝卜素、维生素 A 和视黄醛

2.5.1　绝大部分蛋白质由 20 种氨基酸组成

蛋白质是结构和功能都极为多样的分子，然而几乎所有的蛋白质都仅由 20 种氨基酸组成，它们都是 α-氨基酸。蛋白质之所以多种多样，只是由于氨基酸在分子中的组合和排列不同。氨基酸是含有氨基和羧基的化合物，α-氨基酸的通式如下：

$$\mathrm{H_2N}-\underset{\mathrm{R}}{\overset{\mathrm{H}}{\mathrm{C}}}-\mathrm{C}\begin{matrix}\nearrow \mathrm{O}\\ \searrow \mathrm{OH}\end{matrix}$$

氨基　　羧基

每种 α-氨基酸都含有一个氨基（$-NH_2$）、一个羧基（—COOH）和一个氢原子，它们都与一个中心碳原子（称为 α-碳原子）相连，而与 α-碳原子相连的第四个基团 R 则各不相同。在最简单的氨基酸甘氨酸（glycine）中，R 基团是氢原子，在所有其他的氨基酸中，R 是各式各样的基团。由 α-氨基酸的结构通式还可以看出，α-碳原子是一个不对称碳原子（除甘氨酸），所以氨基酸也存在旋光异构，组成蛋白质的氨基酸都是 L 型。

组成蛋白质的 20 种氨基酸的名称、结构和缩写见

表 2.3　组成蛋白质的 20 种常见氨基酸

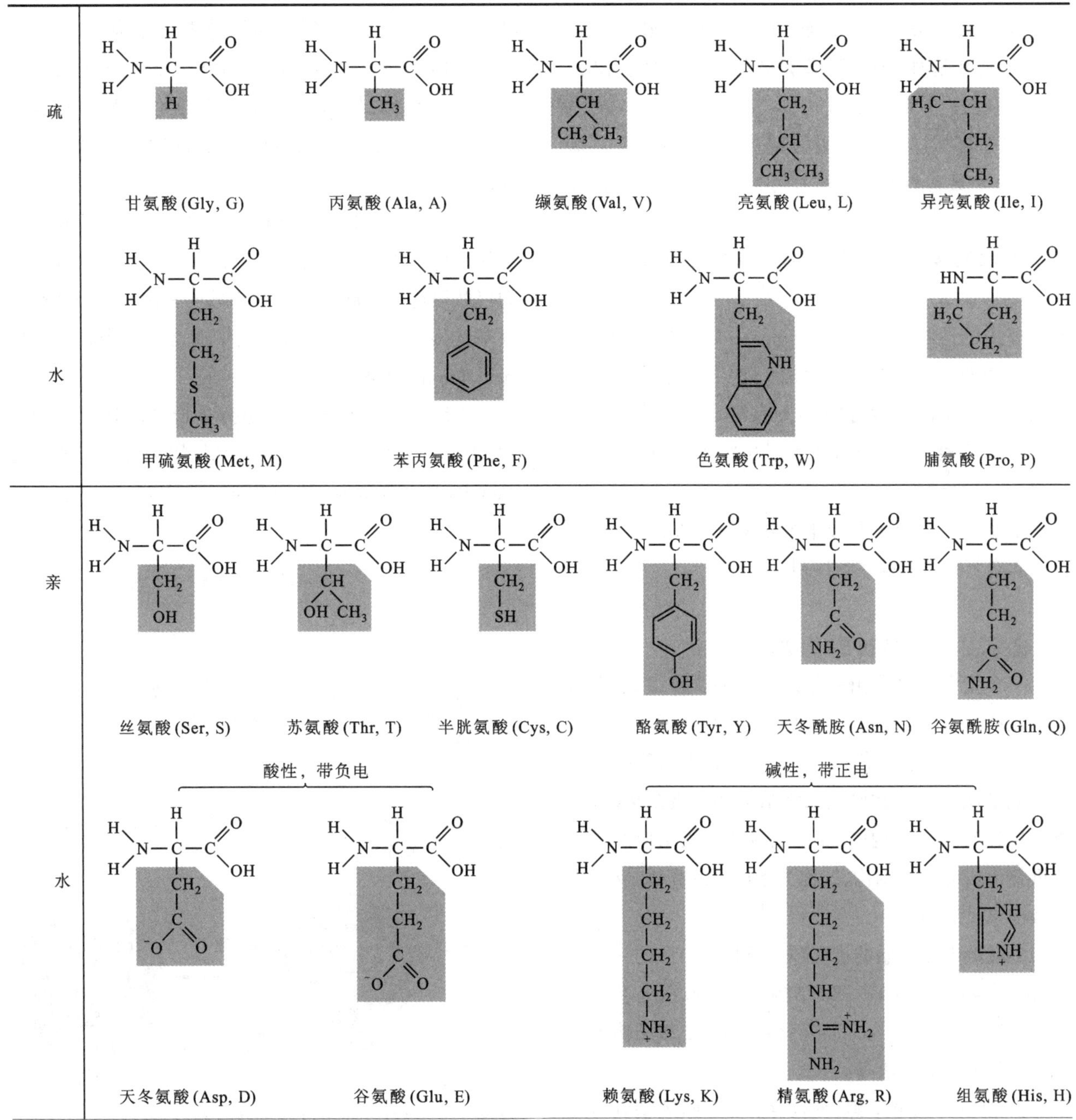

每种氨基酸都有两种符号：三字母的符号和单字母的符号。

羧基 氨基 肽键

$$\underset{\text{氨基酸}}{H_2N-\underset{R}{\overset{H}{C}}-COOH} + \underset{\text{氨基酸}}{H_2N-\underset{R'}{\overset{H}{C}}-COOH} \xrightarrow{\text{脱水合成}} \underset{\text{二肽}}{H_2N-\underset{R}{\overset{H}{C}}-\overset{O}{\overset{\|}{C}}-\underset{H}{N}-\underset{R'}{\overset{H}{C}}-COOH} + H_2O$$

⬆图 2.17 肽的脱水合成

表 2.3。从此表可以看出，这些氨基酸可以分为疏水性氨基酸和亲水性氨基酸两大类。氨基酸的疏水性或亲水性取决于其 R 基团的性质。例如亮氨酸，其 R 基团为—CH_2—CH(CH_3)$_2$，是非极性的，因此是疏水的；又如丝氨酸，其 R 基团上有一羟基，是极性的，因此是亲水的。

氨基酸连接起来的方式也是脱水合成：一个氨基酸的羧基与另一个氨基酸的氨基脱水（图 2.17）。脱水后，一个氨基酸中的羰基 C 与另一个氨基酸中的氨基 N 形成酰胺键$—\overset{O}{\overset{\|}{C}}—\underset{\underset{H}{|}}{N}—$，称为肽键（peptide bond）。上述反应的产物是一个二肽（dipeptide）。更多的氨基酸以同样的方式一个一个地加上去，形成的产物就是多肽（polypeptide）。多肽中的氨基酸因为脱去了一分子的水而不再完整，因而称为氨基酸残基（amino acid residue）。

多肽可以由数个至数千个氨基酸残基组成，每一种多肽有其独特的氨基酸序列。

2.5.2 蛋白质的结构决定其功能

一个蛋白质分子由一条或几条多肽链组成，多肽链必须折叠成特有的空间结构，才具有生理功能。也就是说，蛋白质是有特定结构的肽链。蛋白质的结构分不同层次，即一级结构、二级结构和三级结构，有的蛋白质还有四级结构。二级、三级和四级结构都是肽链折叠形成的三维结构，统称为蛋白质的高级结构，也叫做构象（图 2.18）。

多肽链中氨基酸的排列顺序就是蛋白质的一级结构（primary structure）。一级结构中部分肽链的卷曲或折叠产生二级结构（secondary structure），二级结构主要包括 α 螺旋和 β 折叠等。

α 螺旋中，肽链呈螺旋形盘绕，氨基酸羰基氧与羧基端第四个氨基酸残基 α- 氨基的氢形成的氢键，是维持 α 螺旋的主要力量。α 螺旋是很多纤维状蛋白质的主要结构，如组成指甲、毛发、蹄、角等的 α 角蛋白。

β 折叠依靠平行肽链间的氢键维持，较 α 螺旋要伸展。如蚕丝、蜘蛛丝等主要是 β 折叠结构。

蛋白质的二级结构可以结合成模体（motif），也叫做超二级结构，如：βαβ，它位于很多蛋白质与核酸结合部位的中心；螺旋 - 转角 - 螺旋，许多蛋白质靠它与 DNA 双链结合。

二级结构和超二级结构还可以进一步形成相对独立的结构与功能单元，称为结构域（domain）。结构域之间以肽段连在一起。一个结构域通常由几十至 200 个氨基酸残基组成，在真核生物中通常由一个独立的外显子（exon）编码。

三级结构是指整条肽链折叠形成的特定空间结构，主要依靠疏水氨基酸的疏水作用和称为范德华力（van der Waal's force）的分子间作用力以及离子键、氢键

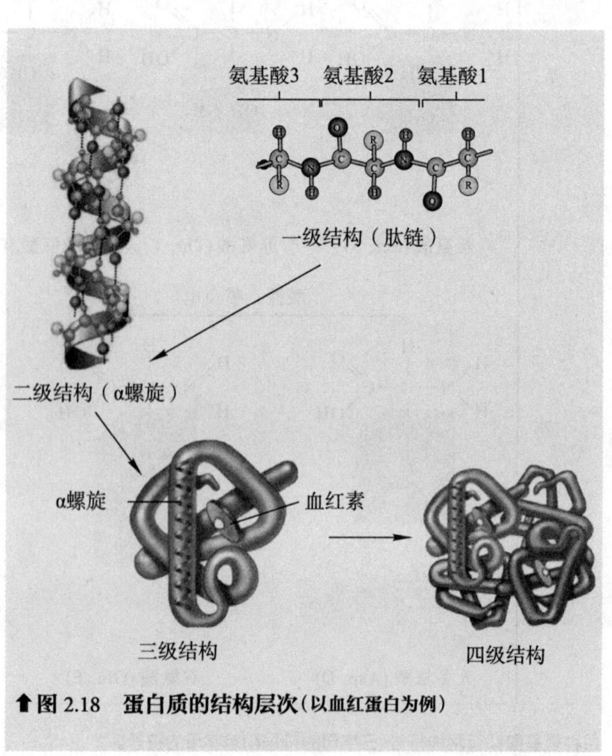

⬆图 2.18 蛋白质的结构层次（以血红蛋白为例）

等非共价键维持。半胱氨酸之间形成的二硫键则起到稳定业已形成的三级结构的作用。对于只含有一条肽链的蛋白质（如溶菌酶），三级结构就是最高级的结构了。

由两条或多条肽链组成的蛋白质，还有四级结构（quaternary structure）。组成这种蛋白质的各个多肽，称为亚基（subunit），蛋白质亚基间的结合方式叫做四级结构。亚基可以相同也可以不同，例如血红蛋白由两个 α 链亚基和两个 β 链亚基构成。

2.5.3 蛋白质的变性和复性

蛋白质的高级结构主要是由氢键、疏水作用和范德华力等非共价键来维系的，这些非共价键都比较脆弱，热、酸、碱和有机溶剂等都能够破坏这些作用力，从而改变蛋白质高级结构，导致蛋白质失去生物学功能，这就是蛋白质的变性。蛋白质变性不是肽键的断裂。人们用腌制的方法保存食物，就是利用高浓度的盐或者醋，使微生物的酶变性，从而抑制它们的生长。

除去变性条件后，蛋白质有时可以恢复生物学活性，叫做复性。并非所有的蛋白质变性后都可以复性。

2.5.4 蛋白质的一级结构决定高级结构

驱动肽链折叠成具有高级结构的蛋白质的机制是什么？20 世纪 60 年代，安芬森（Christian B. Anfinsen，1916—1995）等人做了核糖核酸酶（RNA 酶）变性和复性实验，证明蛋白质的一级结构决定蛋白质的高级结构。

RNA 酶由一条含有 124 个氨基酸残基的肽链折叠而成，其中含有 8 个半胱氨酸，它们以固定的方式形成 4 对二硫键（26/84、40/95、58/110、65/72）。用尿素破坏 RNA 酶的高级结构，再添加 *β*- 巯基乙醇破坏二硫键，可以使 RNA 酶变成无规则的线团状，失去生物活性。此时若透析除去尿素，RNA 酶会完全恢复活性，8 个半胱氨酸也以变性前一样的方式，两两形成二硫键。如果肽链折叠是随机的，8 个半胱氨酸形成 4 个二硫键的方式有 105 种（$\frac{C_8^2 \cdot C_6^2 \cdot C_4^2 \cdot C_2^2}{A_4^4}=105$）之多，而 RNA 酶只采用了天然存在的那一种，可见形成蛋白质高级结构的信息蕴藏在一级结构之中（图 2.19）。

蛋白质天然的高级结构是能量最低的状态，所以较短的肽链依靠其氨基酸残基侧链基团与水的相互作用而自动折叠成天然的构象。对较大的蛋白质，由于其结构的复杂性，在折叠过程中需要其他蛋白质的帮助，以防止折叠中发生错误。这些帮助其他蛋白质折叠的蛋白质，叫做分子伴侣（chaperon）。因此，大的蛋白质变性后，很难自动恢复原先的结构。

2.5.5 与蛋白质构象有关的疾病

蛋白质的活性取决于蛋白质的高级结构，所以蛋白质的正确折叠，是蛋白质发挥正常生理功能的前提和基础。不能正确折叠的蛋白质往往没有正常的生物活性，通常会被细胞降解，但有时也会引发疾病。比如引起人类克 - 雅病（Creutzfeldt-Jakob disease，CJD）（一种海绵状脑病）和疯牛病（牛海绵状脑病）的朊粒（又称朊病毒，prion），是因为神经细胞中正常蛋白 PrP^c 的两条 α 螺旋转变为 β 折叠，导致蛋白质聚集并难以降解，造成神经元肿胀裂解（图 2-20a）；阿尔茨海默病（Alzheimer's disease）是因为分子伴侣的失活，引起不正确折叠的蛋白质在脑细胞中凝集，形成淀粉样斑；镰状细胞贫血（一种遗传病，患者的红细胞在氧含量低时变成镰刀形，易破碎，从而造成贫血），病因在于血红蛋白 β 链第 6 位的谷氨酸被缬氨酸取代，使蛋白质高级结构

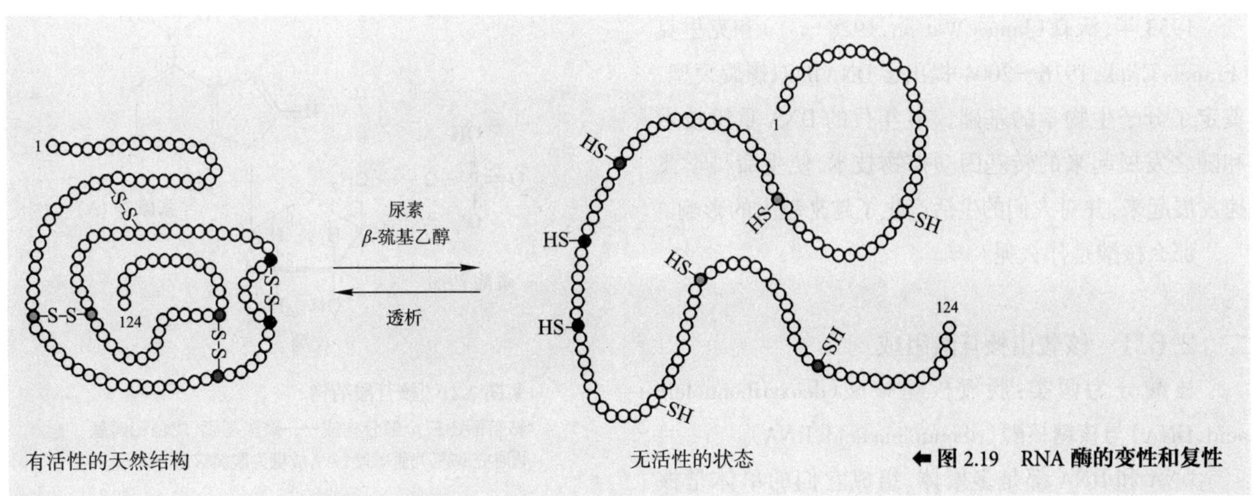

图 2.19 RNA 酶的变性和复性

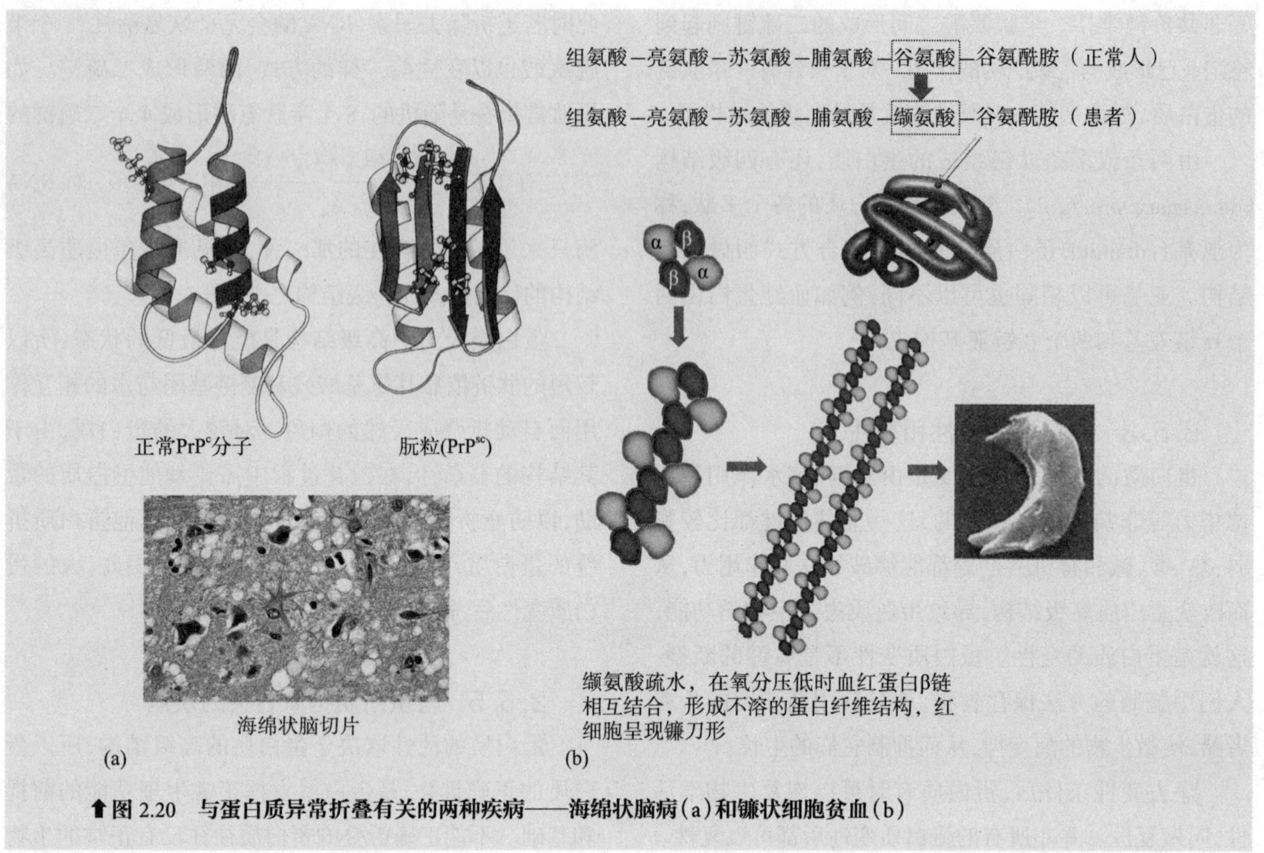

⬆图 2.20　与蛋白质异常折叠有关的两种疾病——海绵状脑病(a)和镰状细胞贫血(b)

改变,在红细胞内形成结晶(图 2.20b)。

2.6 核酸

1868 年,瑞士的青年医生 Friedrich Miescher 从外科绷带的脓细胞(死的白细胞)核中,提取出一种有机物,其含磷量很高,且有很强的酸性,因而被后人命名为核酸(nucleic acid)。核酸发现后很长时间,人们不知道它的功能,直到 76 年后的 1944 年,埃弗里(Oswald Avery, 1877—1955)依靠肺炎链球菌转化实验,证明 DNA 是遗传物质。

1953 年,沃森(James Watson,1928—　)和克里克(Francis Crick,1916—2004)提出了 DNA 的双螺旋模型,奠定了分子生物学的基础。70 年代的 DNA 重组技术和随之发展起来的转基因动植物技术,使生命科学飞速发展起来,并对人们的生活产生了越来越大的影响。

那么核酸是什么呢?

2.6.1　核酸由核苷酸组成

核酸分为两类:脱氧核糖核酸(deoxyribonucleic acid,DNA)与核糖核酸(ribonucleic acid,RNA)。

DNA 和 RNA 都是多聚体,组成它们的单体是核苷酸(nucleotide)。核苷酸由三个部分构成(图 2.21):第一部分是戊糖,DNA 中的戊糖是脱氧核糖(deoxyribose),RNA 中的戊糖是核糖(ribose)(图 2.22);第二部分是磷酸基团,连在戊糖的 5′-C 上;连在戊糖另一端的含氮碱基(nitrogenous base)是核苷酸的第三部分。DNA 中的含氮碱基有 4 种,即腺嘌呤(adenine, A)、胸腺嘧啶(thymine,T)、胞嘧啶(cytosine,C)和鸟嘌呤(guanine,G)。RNA 中的含氮碱基也有 A、C 和 G,但 T 被尿嘧啶(uracil,U)所替代(图 2.22)。

⬆图 2.21　核苷酸结构

核苷酸由三个部分构成——磷酸基团、戊糖和碱基。图中的碱基为腺嘌呤(A),戊糖为脱氧核糖。

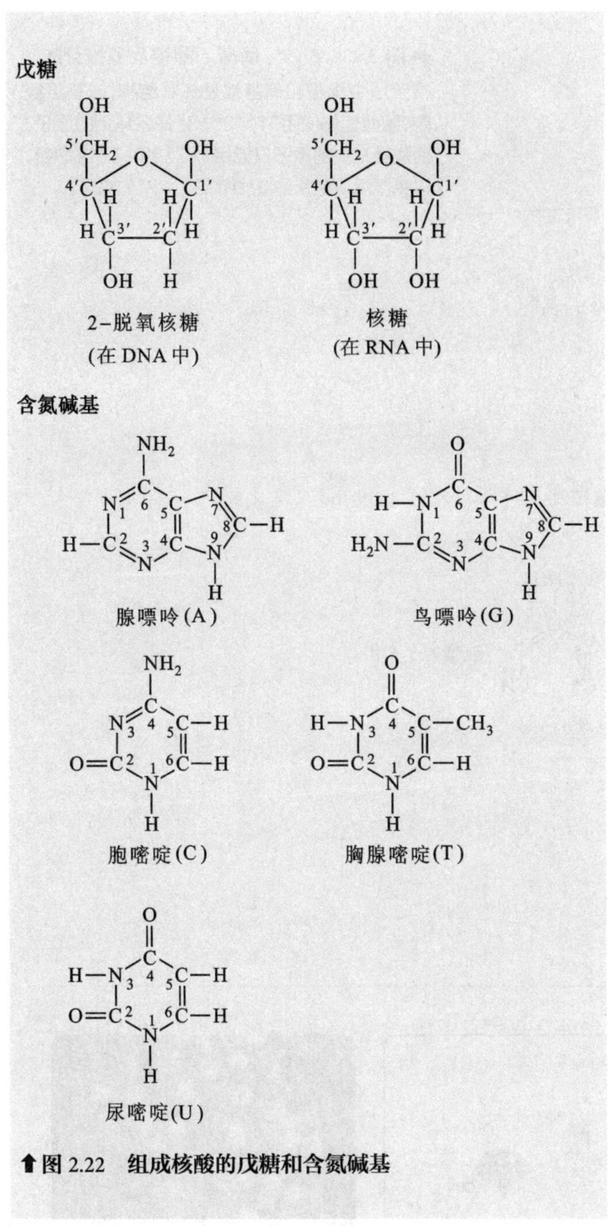

⬆图 2.22 **组成核酸的戊糖和含氮碱基**

核酸是通过核苷酸间脱水连接而形成的。如图 2.23 所示，核苷酸中 3′-C 上的羟基与下一个核苷酸中磷酸基团上一个羟基的氢脱水，形成一个磷酸酯键，从而将两个核苷酸连接起来。这样一个个地连下去，便形成了多核苷酸，即核酸。图 2.23 中显示的便是一段 DNA。脱水后一个核苷酸的磷酸基团与下一个单体的糖相连，其结果是在多核苷酸中形成了一个重复出现的糖 - 磷酸主链，磷酸两端都依靠酯键分别与戊糖的 3′-C 和 5′-C 相连，形成 3′,5′- 磷酸二酯键。

2.6.2 DNA 的双螺旋结构

1953 年沃森和克里克在研究了富兰克林（Rosalind Franklin，1920—1958）和威尔金斯（Maurice Wilkins，1916—2004）所得出的 DNA X 射线衍射图谱后推断出 DNA 分子的双螺旋（double helix）结构，这是生物学史上最光辉的成就之一，因为它开启了人们对生命分子本质的探索之旅。随后各项工作都证明这一模型是正确的，沃森、克里克以及威尔金斯因此于 1962 年获得了诺贝尔奖。不幸的是富兰克林于 1958 年早逝，未获此殊荣。

DNA 双螺旋模型的要点如下（图 2.24）：

（1）多核苷酸链的两个螺旋围绕着一个共同的轴旋转，为右手螺旋。

（2）多核苷酸链通过磷酸和戊糖的 3′-C、5′-C 相连而成，因此长链的一端是与 5′-C 相连的磷酸基团，另一端是与 3′-C 相连的羟基（图 2.23）。双螺旋的多核苷酸长链一条是从 5′到 3′，另一条方向相反，是从 3′到 5′。

（3）嘌呤碱和嘧啶碱在双螺旋内部，而磷酸基团和脱氧核糖则在外部。碱基的平面与轴相垂直，戊糖的平面又与碱基的平面几乎相垂直。

（4）螺旋的直径约为 2 nm，相邻碱基之间相距 0.34 nm 并沿轴旋转 36°。因此，每一螺旋包含 10 个碱基。

（5）由于 DNA 是双螺旋，所以每一圈都包含两条螺旋沟，由于配对碱基与戊糖之间形成的两个糖苷键之间夹角为 120° 而不是 180°，所以两条沟的宽窄和深浅都不同，较深又较宽的叫做大沟，较浅而窄的叫小沟。大沟是蛋白质识别并结合 DNA 分子的地方，这种结合对于基因的表达调控必不可少。

（6）DNA 双螺旋结构的维系，依靠碱基之间形成的氢键。A-T 之间能够形成 2 个氢键，而 G-C 之间会形成 3 个氢键，所以在 DNA 分子中，A 总是与 T 配对，G 则与 C 配对，这种配对是专一的，这就是“碱基互补配对”原则，是 DNA 复制的基础。此外，在 RNA 转录和蛋白质翻译过程中，同样利用碱基互补配对原则来传递遗传信息，所不同的是 RNA 中以尿嘧啶 U 代替胸腺嘧啶 T。因此，碱基互补配对原则是遗传信息得以忠实地复制、转录和翻译的基础。

1950 年，查伽夫（Erwin Chargaff，1905—2002）曾研究许多不同物种的 DNA 中碱基的组成，发现 A 与 T 之比以及 G 与 C 之比总是接近于 1.0，这也是碱基配对专一性的一个佐证。

DNA 分子的长度，一般以碱基对（base pair，bp）的数量来描述。作为遗传物质的 DNA 分子都很长：某些病毒拥有最简单的基因组，但其 DNA 分子也长达几千 bp；细菌基因组的环状 DNA 长达数百万 bp；而人类的一号染色体 DNA 有 24 552 万 bp。一个长的 DNA 分

⬅图 2.23 3′,5′- 磷酸二酯键及多核苷酸

核苷酸中戊糖和碱基都是环状结构，碱基更复杂，因而优先使用“1”“2”“3”命名环上的原子，而戊糖环中的原子只能用“1′”“2′”“3′”来命名，以免混淆。这就是核酸中“3′”“5′”的来历。

胞嘧啶（C）

鸟嘌呤（G）

胸腺嘧啶（T）

腺嘌呤（A）

5′端

3′端

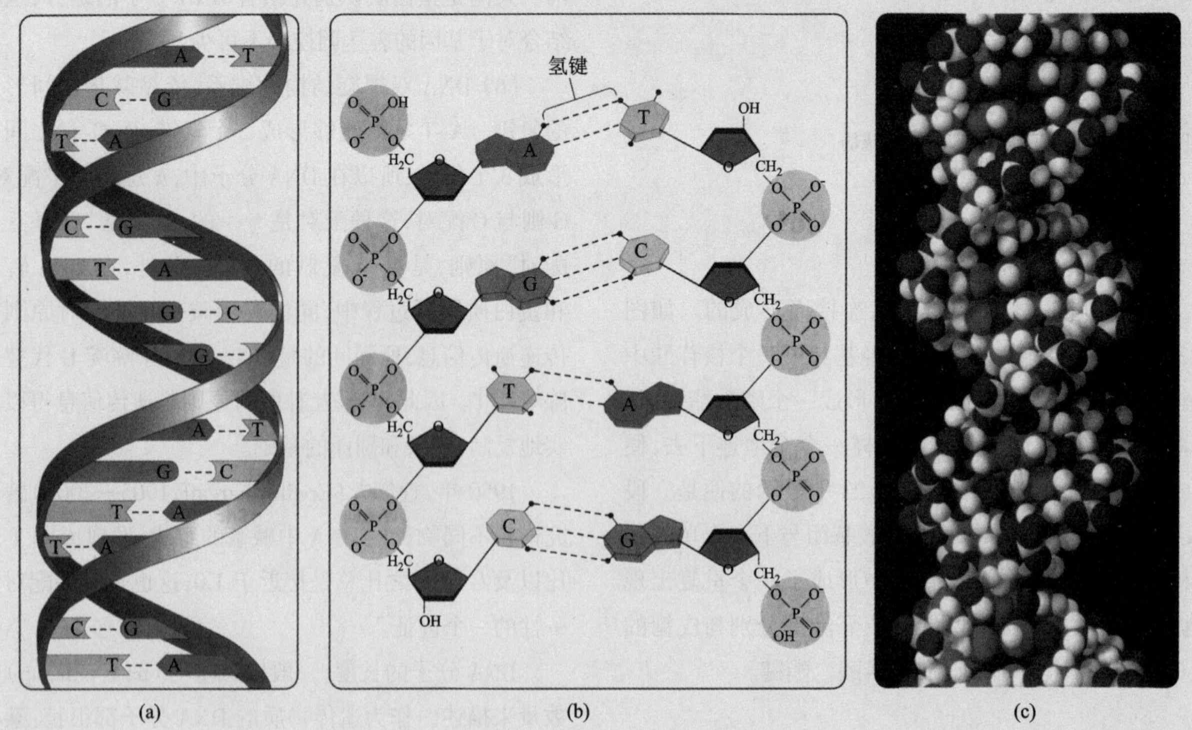

⬆图 2.24 DNA 双螺旋模型的三种表示法（引自 Campbell 等，2000）

（a）该模型中，螺旋状长带表示糖 - 磷酸骨架，深色和浅色的碱基互补。（b）侧重显示化学细节，图中显示氢键（用虚线表示），两条链方向相反，两条链上的糖基的方向彼此相反。（c）空间填充模型，每一原子均为球形。

子中有许多个基因，每个基因则为专一的一段核苷酸序列，由数百至数千（少数情况可至数万）个核苷酸组成，这些基因一般在 DNA 上串联排列。基因中核苷酸的序列就是遗传信息，决定其所编码的功能 RNA 序列或蛋白质的一级结构。

大多数 RNA 是单链的（某些病毒具有双链 RNA，如呼肠孤病毒），但由于链内的某些序列能够互补配对，所以可以形成部分双链结构。细胞内的 RNA 有很多种，其中主要的有三种：核糖体 RNA（ribosomal RNA，rRNA），它是核糖体主要的组成成分，在蛋白质的合成中起重要作用；信使 RNA（messenger RNA，mRNA），负责将 DNA 上的遗传信息转录下来，为蛋白质的合成提供模板；转运 RNA（transfer RNA，tRNA），在蛋白质翻译中负责运送氨基酸，并根据 mRNA 上的序列将氨基酸放在正确的位置上。rRNA 含量最大，占 RNA 总量的 80%，tRNA 占约 15%，mRNA 只占约 5%。近年来，人们发现细胞内存在种类繁多的微 RNA（micro RNA，miRNA），在 RNA 的转录后加工以及基因表达的调控中发挥重要作用。

思考题

1 动物依靠 O_2 将糖（如 $C_6H_{12}O_6$）等有机物氧化产生 CO_2 和 H_2O 而获得能量。假设你想知道所产生的 CO_2 中的氧是来自于糖还是 O_2，试设计一个用 ^{18}O 作为示踪原子的实验来回答你的问题。

2 有人说："不必担心工农业所产生的化学废料会污染环境，因为组成这些废料的原子本来就存在于我们周围的环境中。"你如何驳斥此种论调？

3 兔子吃的草中有叶黄素，但叶黄素仅在兔子的脂肪中积累而不在肌肉中积累。发生这种选择性积累的原因在于这种色素的什么特性？

4 牛能消化草，但人不能，这是因为牛胃中有一种特殊的微生物而人胃中没有。你认为这种微生物进行的是什么生化反应？如果用一种抗生素将牛胃中的所有微生物都消灭掉，牛会怎么样？

5 有一种由 9 种氨基酸组成的多肽，用 3 种不同的酶将此多肽消化后，得到下列 5 个片段（N 代表多肽的氨基端）：
Ala—Leu—Asp—Tyr—Val—Leu；
Tyr—Val—Leu；
N—Gly—Pro—Leu；
Asp—Tyr—Val—Leu；
N—Gly—Pro—Leu—Ala—Leu。
试推测此多肽的一级结构。

3

细胞结构与物质交换和信息传递

施莱登(左)和施旺(右)

通过前面的叙述我们知道,地球上的生命,是由一些无机分子,以及生物所特有的有机分子——糖、脂质、蛋白质和核酸等组成的。然而,单凭这些组成生命的分子,还不足以显示出生命的迹象。如细菌在温和的条件下破碎后,各种生物分子、无机分子都没有发生变化,但生命的特征却已不复存在:无法新陈代谢、无法分裂增殖,原因就是生命的严整结构被破坏。组成生命的分子必须形成一个严整有序的结构,才能表现出生命的特征。这个结构就是细胞。

细胞是所有生物体的基本结构单位和功能单位。细胞一般很小,但其结构之精细复杂,功能之灵巧机便,使任何人造机械都望尘莫及。我们对于细胞的显微结构,虽了解很多,但细胞中所隐藏的生命的奥秘,我们还知之甚少。

有些生物体本身就是一个细胞,如细菌和大部分原生生物。动物、植物和大部分真菌则由亿万个细胞组成,结构和功能相同或相似的细胞构成组织,不同组织有机结合形成执行特定功能的器官,不同的器官再形成系统,执行复杂的生理功能。这些结构的组成和相应生理功能的执行,需要细胞与细胞之间形成微妙和复杂的物质与能量的交换以及信息的交流。

3.1 细胞概述

3.1.1 显微镜揭示了细胞的微观世界

构成生命的基本单位是细胞,人们认识到这一点,要归功于显微镜的发明和应用,这是因为细胞一般都很小,无法用肉眼看到。一般动植物的细胞,直径在几十微米,人类的红细胞只有 7 μm,细菌更小,仅几微米(图 3.1)。原核生物支原体(mycoplasma)的直径只有 100 nm,是能够独立生活的最小的细胞。当然,也有一些特化的细胞,可以用肉眼直接看到:鸟类未受精的卵细胞(如未受精鸡蛋的蛋黄),因储存了大量胚胎发育所需的营养物质——卵黄,而极大地增加了体积;棉花和麻的纤维都是单个细胞,棉花纤维可达 3~4 cm 长,麻纤维甚至长达 10 cm;成熟的西瓜瓤和番茄的果实内有亮晶晶的颗粒状果肉,它们都是圆粒状的细胞,因内部有大的中央液泡而体积膨大;神经细胞的胞体,直径不过 0.1 mm,但从胞体上伸出的神经突起可长达 1 m 以上。

一般说来,多细胞生物体积的增加不是由于细胞体积的增大,而是由于细胞数目的增多:参天大树和矮小灌木的细胞,在大小上并无显著差异;各种动物细胞大小基本相同,大象与老鼠在体积上的巨大差异,取决于细胞的数量,而不是细胞的大小。新生儿的细胞数约为 2×10^{12} 个,而成人的细胞数约为 10^{14} 个。

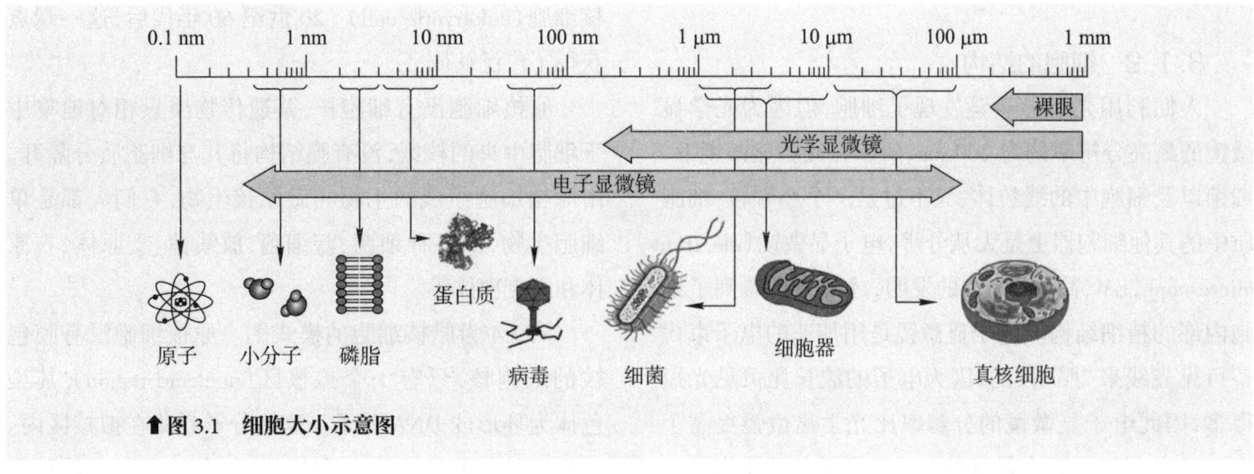

⬆图 3.1 细胞大小示意图

细胞的体积受到大自然规律的限制：最小的细胞必须能容纳维持生命和繁殖所必需的 DNA、蛋白质和内部结构元件；最大的细胞必须有足够的表面积，以便与环境及其他细胞进行有效的物质、能量和信息的交流（图 3.2）。因此，一般真核细胞的直径在几十微米，而原核细胞直径为一至几微米。人眼的分辨率（resolution）只有 0.1 mm，也就是说，如果两条平行线之间的距离小于 0.1 mm，人眼就把它们看成一条线了，因此人眼无法看到一般的细胞。17 世纪显微镜的发明弥补了人眼之不足，科学家们才逐步发现了细胞，并提出了细胞学说。光学显微镜（light microscope，简称光镜）的分辨率可达到 200 nm，为人眼分辨率的 500 倍。利用光学显微镜，科学家才打开了微观领域的大门，能够研究细胞的结构。

第一个用复式显微镜观察软木切片的是英国物理学家胡克（Robert Hooke，1635—1703）（图 3.3 左），他于 1665 年发现软木是由许多微小的蜂房状空腔组成的，他将这种空腔命名为细胞（cell，原意为小室）。后来荷兰的列文虎克（Antonie van Leeuwenhoek，1632—1723）（图 3.3 右）用质量更好的显微镜，观察了许多动植物活细胞和原生动物。1674 年，他在鱼红细胞中发现了细胞核。此后，人们对各种生物进行了广泛的观察，积累了大量的资料。

后来德国植物学家施莱登（Matthias J. Schleiden，1804—1881）于 1838 年根据他多年在显微镜下观察植物组织的结果以及一百多年来积累的相关资料，提出细胞是任何植物体组织结构的基本单位，低等植物可能只是单个细胞，高等植物由许多细胞构成（那时生物学家将生物分为动物、植物两界）。德国动物学家施旺（Theodor Schwann，1810—1882）通过对动物组织的观察，接受了施莱登的看法，于 1839 年提出组成动物组织的基本单位也是细胞。这就形成了细胞学说，即所有的动物和植物都是由细胞构成的。后来，细胞学说又得到了进一步的发展，德国医生和细胞学家菲尔肖（Rudolf Virchow，1821—1902）于 1858 年提出，细胞只能由业已存在的细胞经分裂而产生。

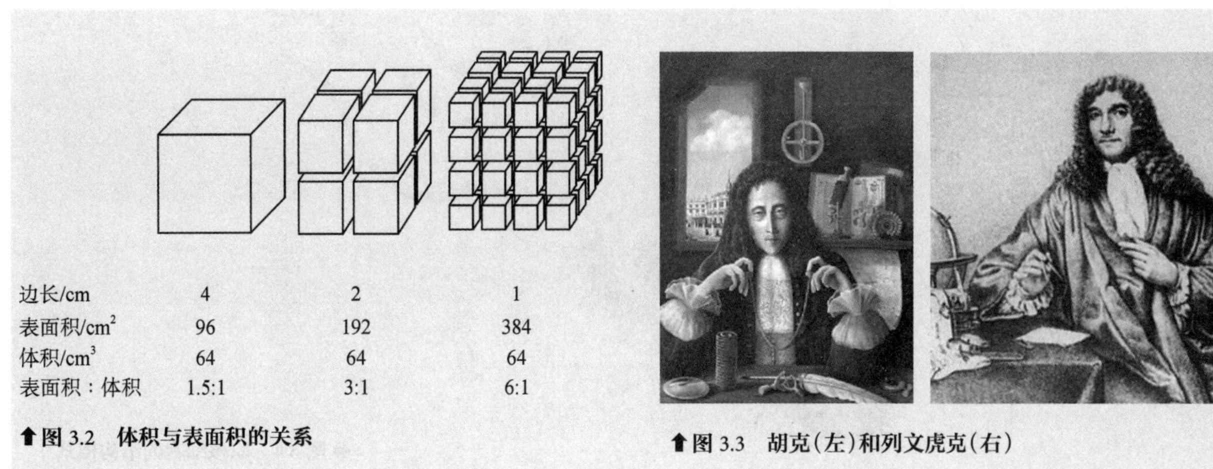

边长/cm	4	2	1
表面积/cm^2	96	192	384
体积/cm^3	64	64	64
表面积：体积	1.5:1	3:1	6:1

⬆图 3.2 体积与表面积的关系

⬆图 3.3 胡克（左）和列文虎克（右）

3.1.2 细胞的结构

人们利用光学显微镜发现了细胞,但因为光学显微镜的最高分辨率约为 200 nm,所以在光学显微镜下,细菌以及细胞中的线粒体,只不过是一个小颗粒,细胞质中的其他细胞器更是无从分辨。电子显微镜(electron microscope,EM,简称电镜)的发明,才使人们看到了细胞内部的精细结构。电子显微镜是用加速的电子束代替可见光线来"照明"的,因为电子的波长比可见光短得多,因此电子显微镜的分辨率比光学显微镜提高了 2~3 个数量级。现在最好的电子显微镜的分辨率已达到 0.2 nm(氢原子的直径为 0.106 nm)。各种电镜技术进一步揭示了细胞的微观领域,人们看见了在光镜下看不到的许多结构,直至看到了一些分子。

电镜有两种类型,一种是透射电镜(transmission EM,TEM),一种是扫描电镜(scanning EM,SEM)。TEM 用于研究样本内部的超微结构(ultrastructure),SEM 则用于观察样本表面的细微结构。电镜观察的生物样本,都需要经过复杂的制备程序,用电镜不能观察活的生物样本。普通电镜对生物大分子结构的解析能力也受到很大限制。目前,对大分子复合物的三维结构解析依赖冷冻电镜技术(cryo-EM)。

3.1.3 两类细胞:原核细胞和真核细胞

人们在显微镜下观察了很多细胞之后,发现并非所有的细胞都有细胞核。1937 年,法国原生生物学家 Edouard Chatton(1883—1947)提出,根据细胞有没有细胞核,可以分为两大类:原核细胞(prokaryotic cell)与真核细胞(eukaryotic cell)。20 世纪 60 年代后,这一观点获得了广泛认同。

原核细胞没有细胞核,其遗传物质只相对地集中于细胞中央的核区,没有膜结构将其与细胞质分隔开。由原核细胞组成的生物叫做原核生物,它们大都是单细胞生物,如各种细菌、蓝细菌、放线菌、支原体、衣原体和立克次体等。

图 3.4 为原核细胞的模式图。原核细胞没有膜包被的细胞核,只有一个拟核区(nucleoid region),其染色体为环形的 DNA 分子。这些分子卷曲在拟核区内。一个原核细胞至少有一个拟核区,有时有两个甚至多个拟核区。细胞质中有许多核糖体,氨基酸在其中按照 DNA 的指令合成为蛋白质。原核细胞的细胞质中没有其他由膜包被起来的细胞器。

真核细胞有核膜围绕起来的细胞核,DNA 位于核内,遗传物质的复制、转录及转录后加工过程与蛋白质的合成过程分开。除此之外,真核生物还具有膜围绕的各类行使特定功能的细胞器和蛋白质组成的细胞骨架。由真核细胞构成的生物,叫做真核生物。真核生物既有单细胞的(如原生生物、酵母),也有多细胞的(如绝大多数真菌、植物和动物)。

原核细胞比真核细胞小得多,大多数细菌的直径为 2~8 μm,约为典型真核细胞的十分之一,只有用电子显微镜才能看见其内部结构。

20 世纪 80 年代之后,人们发现原核生物有两大类群,它们的分子结构特征和某些亚细胞结构有显著的不同。由此,原来的原核生物被划分为细菌和古菌。古菌细胞的一些特征类似于原核细胞,如没有细胞核、

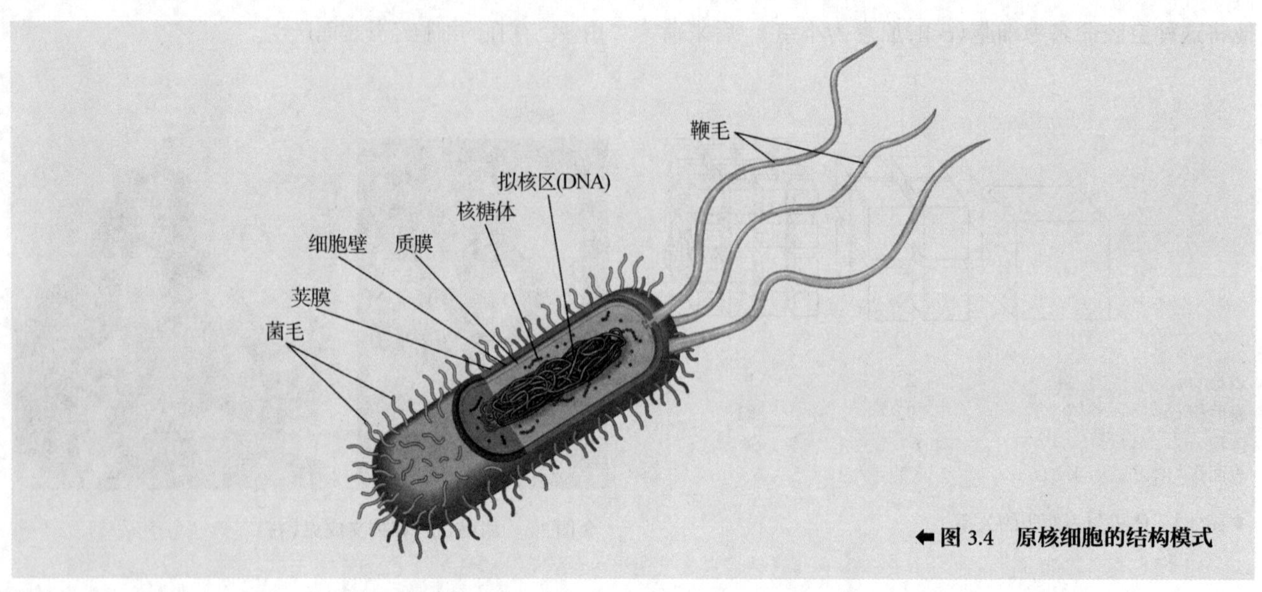

⬅图 3.4 原核细胞的结构模式

知识窗

冷冻电镜三维重构技术

科学家曾设想使用普通电镜对生物样品进行观察，从而获得原子分辨率水平的图像。但使用透射电镜观察生物样品面临几个主要问题：(1)电镜使用高能电子束作为光源，使有机的生物样品极易受到电子的辐照损伤。如果降低电子束剂量，则会降低图像的衬度，无法获得足够的图像信号。(2)透射电镜的光路需要在高真空环境下工作，这种条件下生物样品的水分容易蒸发干燥，导致样品的坍塌和皱缩，不能正确反映其结构和形态。(3)电镜输出的是生物样本沿某个方向投影产生的二维图像，如何构建更能反映其自身结构特征的三维图像也是一个需要解决的关键问题。冷冻电镜三维重构技术正是科学家们为了解决以上问题不断探索和创新，从而发展和完善的一项技术。

20 世纪 60 年代初，Aron Klug 等人就提出样品颗粒的三维结构可以通过颗粒的不同空间取向的二维电镜投影照片计算得出，这也是三维重构方法的理论基础。“冷冻”是冷冻电镜技术的一个关键特征。20 世纪 40 年代，科学家就尝试采用重金属无机盐“负染”的方法处理生物样品后进行电镜观察，利用重金属对电子更强的散射能力反衬样品的图像，但由于重金属盐颗粒大小的限制，负染方法无法获得样品的高分辨率信息。科学家又将水溶液中的样品冷冻后直接以固态形式进行电镜观察，可以防止结构坍塌，但水冷冻后形成的冰晶对样品的生理结构产生破坏，并且影响图像衬度。1974 年，Kenneth Taylor 和 Robert Glaeser 以蛋白质晶体为材料，首次实现了将生物样品直接包埋在非晶态冰中进行电镜观察，获得了超过 0.3 nm 的衍射信号。后来 Jacques Dubochet 等使用了投入式速冻方法，将样品颗粒包埋在一层很薄的非晶态冰中，使“冷冻”样品制备方法普及开来。

为解决低电子剂量导致图像的低信噪比问题，Joachim Frank 等人提出并实现了一种提高颗粒信噪比的方法：获得大量不同取向的分散颗粒的二维投影，通过颗粒比对的计算方法将相同取向的颗粒进行归类、叠加，从而提高颗粒信噪比，然后根据不同取向的二维信号进行三维结构的重构。这种方法也就是目前应用最为广泛的单颗粒冷冻电镜技术。冷冻电镜三维重构技术的关键之一是电镜图像信号记录的质量。直接电子检测相机大大提高了记录质量，使冷冻电镜真正进入了原子分辨率时代。按照实现方法的不同，冷冻电镜三维重构技术主要分为单颗粒冷冻电镜技术（single-particle cryo-EM）和冷冻电子断层扫描技术（cryo-electron tomograph，cryo-ET）。

一、单颗粒冷冻电镜技术

单颗粒方法是对大量分散的随机分布的相同蛋白质复合物颗粒进行结构分析，通过计算，从众多随机取向分布的颗粒投影中将相同取向的投影归类和叠加，从而增强信号。

目前单颗粒冷冻电镜技术的分辨率不断提升，最好记录已经达到 0.12 nm。单颗粒方法非常适合对功能重要的大分子或超大分子复合物进行高分辨率结构解析。

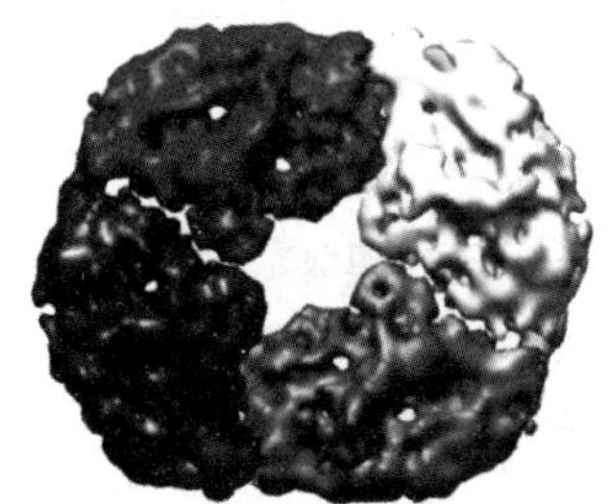

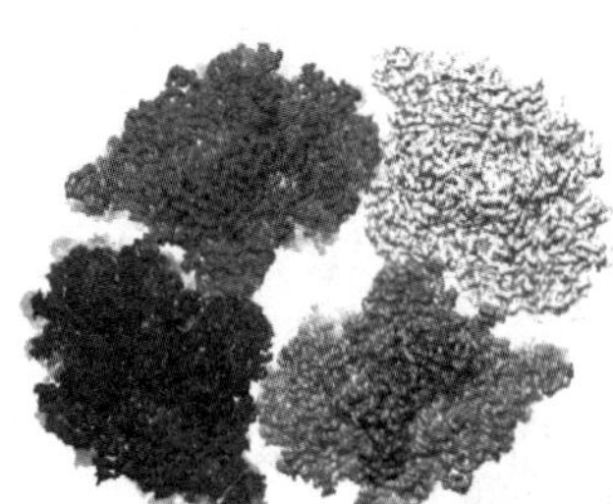

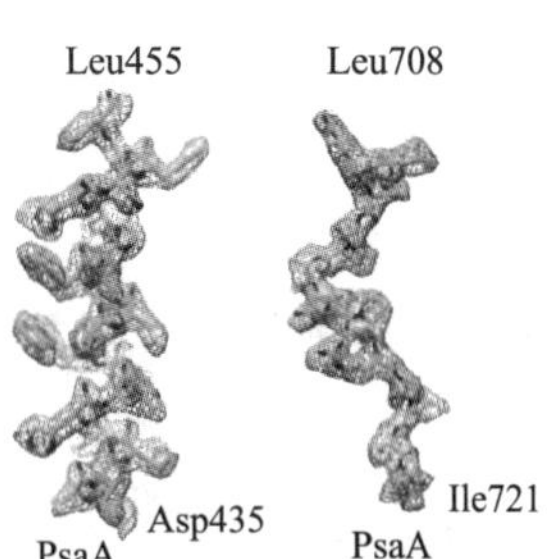

⬆ 用冷冻电镜解析的蓝细菌光系统 I 四聚体的结构

二、冷冻电子断层扫描技术

有些生物样品由于分子量太大不适合纯化，或者状态不均一无法进行颗粒平均，如中心体、核孔复合物、各种细胞器等，从而需要用到 cryo-ET 技术。

cryo-ET 技术同样用到三维重构，但是与单颗粒方法对大量“同质”颗粒进行一次拍照不同，cryo-ET 是对同一个颗粒或细胞器从不同方向多次拍照而获得不同空间取向的投影，进而进行三维重构。

具环状DNA等，另一些特征则与真核细胞类似，如具有基因间隔序列、有类似核小体的结构等。在演化上，细菌、古菌与真核生物是独立的三支，真核生物很可能起源于古菌(见第15章)。

原核细胞在地球上出现最早，最早的原核细胞至少在约35亿年前就已出现。真核细胞则大约17亿~18亿年前出现。

3.2 真核细胞的结构

图3.5和图3.6分别为动物细胞和植物细胞的模式图。这两类细胞的共同特点是都有质膜和细胞核，质膜包被细胞质(cytoplasm)，细胞质指的是细胞膜以内、细胞核以外的所有部分。细胞质中有胞质溶胶(cytosol)，这是一种透明、黏稠并且可能是高度有序并且处于动态平衡的物质，细胞溶胶中有各种细胞器和细胞骨架。

3.2.1 细胞核是真核细胞的控制中心

除了个别的特化细胞，如哺乳动物血液中的红细胞和维管植物的筛管细胞，真核细胞都有完整的细胞核(nucleus)。其实红细胞和筛管细胞最初也有细胞核，后来在发育过程中消失了。有些细胞有多个核，如骨骼肌细胞和肝实质细胞。人体大多数细胞只有一个核。

细胞核是真核细胞里最大的细胞器，近似于球形，动物细胞的细胞核一般位于细胞的中央区域，直径5~10 μm，植物细胞的核更大，直径达10~20 μm。细胞核是储存遗传信息的地方，DNA的复制、RNA的转录和加工都发生在这里。细胞核是细胞的控制中心，

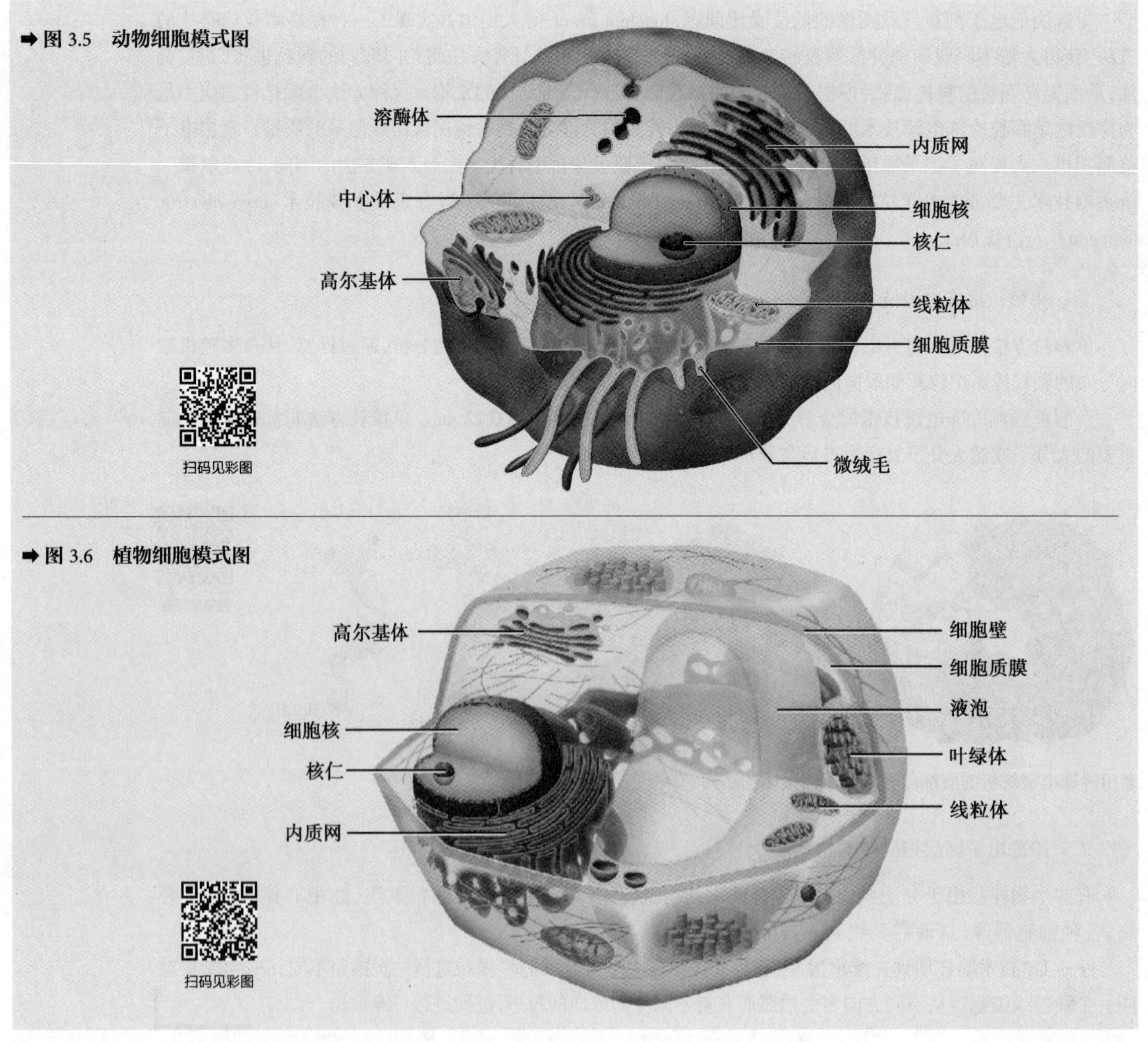

➡图3.5 动物细胞模式图

➡图3.6 植物细胞模式图

在细胞的代谢、生长和分化中起着重要作用。

细胞核包括核被膜、染色质、核仁和核基质等部分。

核被膜　核被膜(nuclear envelope)简称核膜，包在核的外面(图 3.7)，由两层膜组成，每层厚 7 ~ 8 nm。内外两层膜之间为宽 10 ~ 50 nm 的核周腔(perinuclear space)。在多种细胞中，外核膜与细胞质中糙面内质网相连，并与糙面内质网一样，覆盖有许多核糖体颗粒。由此可知，外核膜实际上是围绕核的内质网部分。

大多数动物细胞核被膜的内面有纤维状蛋白组成的核纤层(nuclear lamina)，属于中间纤维的一种，其厚度因不同的细胞而异。哺乳动物中组成核纤层的纤维状蛋白为核纤层蛋白(lamin)，包括 lamin A、lamin B 和 lamin C 三种，其中 lamin A 和 lamin C 为同一基因编码，由不同剪接而形成的两种 mRNA 分别翻译而成。

核被膜上有小孔，称为核孔(nuclear pore)，直径 80 ~ 120 nm，数目不定，一般有 3000 ~ 4000 个。大的细胞，如两栖类的卵母细胞，核孔数可达百万。核孔构造复杂，由 30 多种不同的多肽共 1000 多个亚基组成，呈捕鱼笼形状，称为核孔复合体(nuclear pore complex，NPC)(图 3.8)。组成核孔复合体的蛋白质，统称为核孔蛋白。

核孔复合体在核内外的物质转运中起重要作用。蛋白质分子都是在细胞质中的核糖体上合成的，这些蛋白质包括合成 DNA 和 RNA 所需的各种酶、染色体中的组蛋白以及核糖体蛋白等，它们都必须从细胞质运入细胞核；核内生成的各种 RNA，以及组装好的核糖体亚基等又必须从细胞核内运到细胞质中；一些调控基因表达的转录因子，甚至可以在核—质之间不断穿梭。所有这些大分子，都是通过核孔复合体进出细胞核的。现在已经确定，入核蛋白一般具有核定位序列

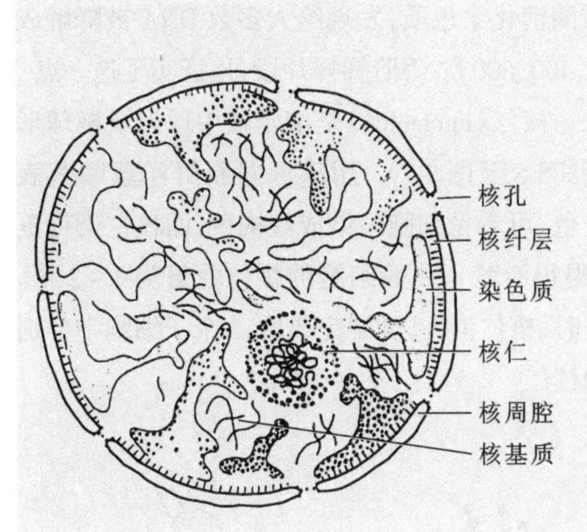

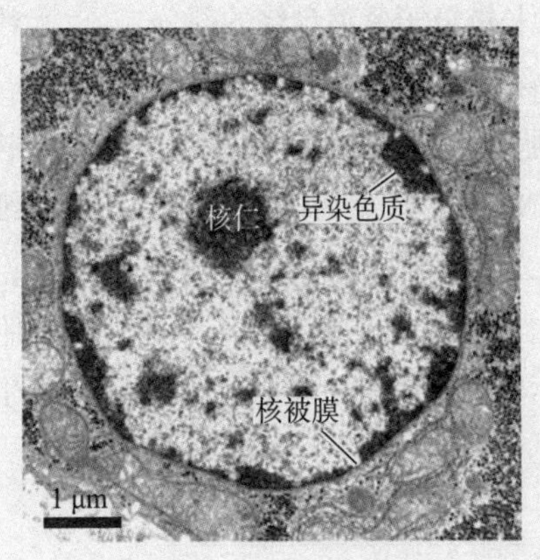

图 3.7　细胞核模式图(左)和肝细胞核的电镜照片(右)

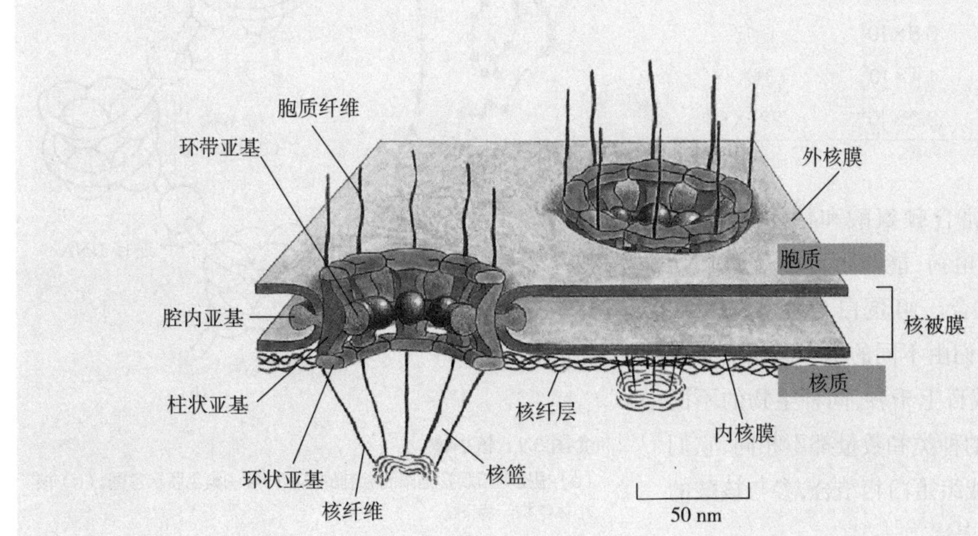

图 3.8　核孔复合体

(nuclear localization sequence, NLS), NLS 与输入蛋白(importin)形成复合物，再与 NPC 结合并使后者改变构象，从而将蛋白质从细胞质运入核内；各种 RNA 则需要在转录并加工完成后，与特殊的蛋白质形成核糖核蛋白复合体(ribonucleoprotein, RNP)，才能从细胞核中被运出。协助 RNA 出核的蛋白质，都含有特异的核输出序列(nuclear export sequence, NES)。大分子出入细胞核不是简单的扩散，而是专一性的主动运输。

染色质　利用苏木精等碱性染料给固定的细胞染色，在光学显微镜下观察，可以看到细胞核中许多或粗或细的长丝交织成网，网上有较粗大、染色更深的团块，这些就是染色质(chromatin)。细丝状的部分称常染色质(euchromatin)，染色更深的团块是异染色质(heterochromatin)。异染色质常附着在核被膜内面。

真核细胞染色质的主要成分是 DNA 和组蛋白(histone)，还含有非组蛋白(nonhistone)和 RNA(DNA 含量的 1/10)。DNA、组蛋白和非组蛋白各占染色质质量的约 1/3。常染色质是 DNA 长链分子展开的部分，染色较淡。异染色质是 DNA 长链分子紧缩盘绕的部分，所以显现为较大的、染色较深的团块。

同一生物体的各种细胞，虽然形态和功能各有不同，但都含有几乎相同的 DNA 分子。生物体内的所有 DNA 分子总称为基因组。二倍体生物有两份同源的基因组，如人的一份基因组包含 22 条常染色体和 X、Y 两条性染色体。几种代表性生物的基因组如表 3.1 所示。

表 3.1　几种生物的基因组

物种	DNA 分子碱基对数	基因数	基因组染色体数
大肠杆菌	4.6×10^6	4.3×10^3	1
酿酒酵母	1.2×10^7	6.3×10^3	17
果蝇	1.4×10^8	1.4×10^4	3+X+Y
人	3.2×10^9	3.0×10^4	22+X+Y

染色质中的组蛋白富含赖氨酸和精氨酸，因此是碱性蛋白质，它们带正电荷，能与带负电荷的 DNA(DNA 上有磷酸基团)结合。组蛋白分为 H1、H2A、H2B、H3 和 H4 共 5 类，它们由不同的基因编码。染色质中的非组蛋白种类有成百上千种，同种生物的不同组织和细胞中，非组蛋白的种类和数量都不相同，它们都能与 DNA 的特定序列或组蛋白相结合，参与核酸的代谢与修饰或调控基因的表达。

用温和的方法将细胞核胀破，使其中染色质流出并铺开，经盐处理后，在电子显微镜下可以看到串珠状的结构(图 3.9a)。这些小珠称为核小体(nucleosome)，其直径略大于 10 nm。核小体之间以直径为 1.5 ~ 2.5 nm 的细丝相连。综合 X 射线衍射、中子散射和电镜三维重建技术的研究结果，现已知道，核小体是直径为 11 nm、高 6.0 nm 的扁圆柱体，具有二分对称性——核小体的核心部分由 4 对组蛋白分子构成(H2A、H2B、H3 和 H4 各 2 个分子)，DNA 链围绕在此核心的外围(图 3.9b)。组蛋白 H1 在核小体核心部分外侧与 DNA 结合，起稳定核小体的作用。同一条染色体的核小体串在同一条 DNA 分子上，相邻核小体之间 DNA 片段的长度在不同物种中不同，在 0 ~ 80 bp 间变化。连接核小体的 DNA 即称为连接 DNA(linker DNA)。缠绕在组蛋白核心上的 DNA 共有 146 bp，在核心蛋白上缠绕 1.75 圈，H1 再结合 20 bp，使得染色质丝的一个单位(核小体和连接 DNA)所占有的 DNA 长度约 200 bp。用微球菌核酸酶消化染色质，发现绝大多数 DNA 被降解成大约 200、400、600 bp 等阶梯样片段，也证实了这一点。

核仁　核仁(nucleolus)是细胞核中球形或椭球形结构(见图 3.5 至图 3.7)。用碘液对新鲜洋葱鳞茎表皮细胞染色，可看见细胞核染成红褐色，而核仁染得更深，显示得很清楚。一般细胞的核仁数目为 1 ~ 2 个。细胞分裂时，核仁消失，分裂完成后，2 个子细胞中分别产生新的核仁。

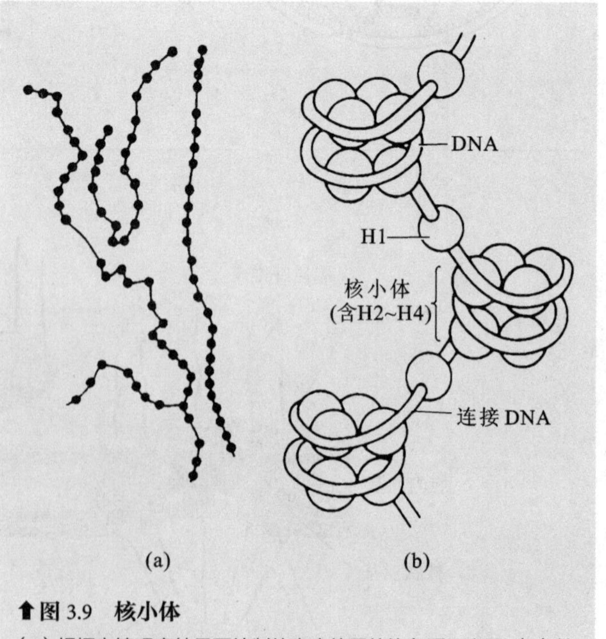

图 3.9　核小体

(a) 根据电镜观察结果而绘制的高度伸展的染色质示意图。(b) 核小体结构示意图。

核仁是转录 rRNA 和装配核糖体大、小亚基的场所。编码 rRNA 的 DNA 称为核糖体 DNA（rDNA），rDNA 一般成簇分布在不同的染色体上，形成染色体的次级缢痕。这些含 rDNA 的区域称为核仁组织者（nucleolus organizer）。人的核仁组织者位于 5 对染色体（第 13、14、15、21 和 22 染色体）的短臂端，所以新产生的核仁可多达 10 个，但很快就融合成 1～2 个大的核仁。

核糖体（ribosome）是由 rRNA 和蛋白质组成的颗粒，是进行蛋白质合成的细胞器。每个核糖体均由大、小 2 个亚基组成，二者在核仁中完成装配后，被运输到细胞质中行使功能。蛋白质合成速率高的细胞中，核糖体特别多。例如，人的胰腺细胞中就有几百万个核糖体，因而蛋白质合成活跃的细胞中核仁也特别大（核仁和核糖体都是没有膜包被的细胞器）。细菌也有核糖体，其结构和组成与真核生物有所不同（图 3.10）。古菌的核糖体在第 15 章介绍。

3.2.2 遗传物质的载体——染色体

细胞分裂时，染色质进一步浓缩而成为光学显微镜下可见的染色体（chromosome）。串珠结构如何形成染色体呢？这个过程很复杂，很多步骤也远未搞清楚。核小体形成染色体的第一步是清楚的：串珠结构的核小体螺旋化，形成直径 30 nm、每圈包括 6 个核小体的螺线管，这就是常染色质的结构（图 3.11）。

有丝分裂中期的染色体由两条姐妹染色单体组成，姐妹染色单体相连的部位叫做着丝粒，是有丝分裂时纺锤丝的附着部位。所有染色体都有着丝粒（图 3.12）。着丝粒位于染色体的一个缢缩的部位，即主缢痕（primary constriction）。着丝粒将染色单体分为两个臂：短臂（p）和长臂（q）。有的着丝粒位于染色体中

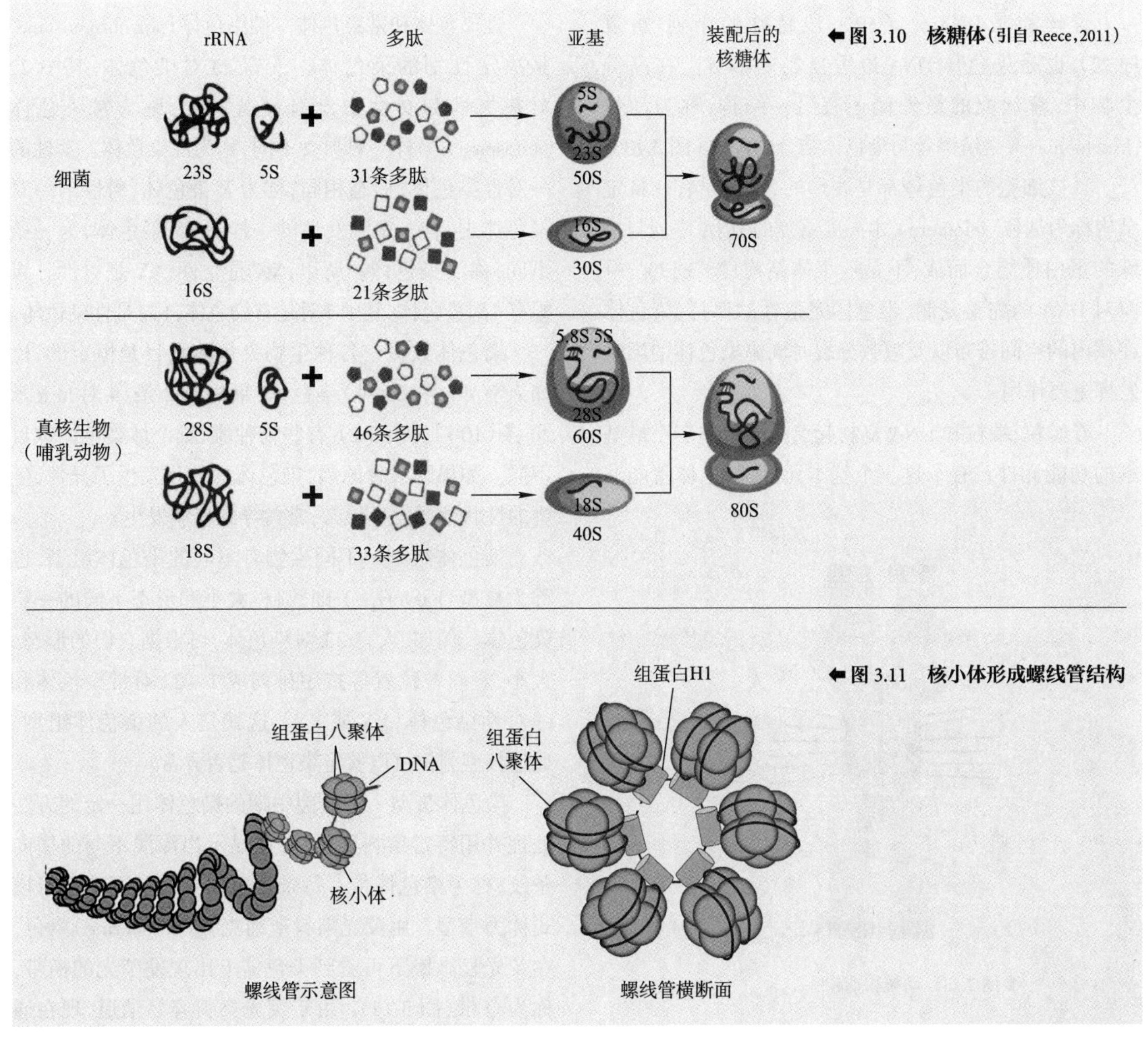

图 3.10 核糖体（引自 Reece，2011）

图 3.11 核小体形成螺线管结构

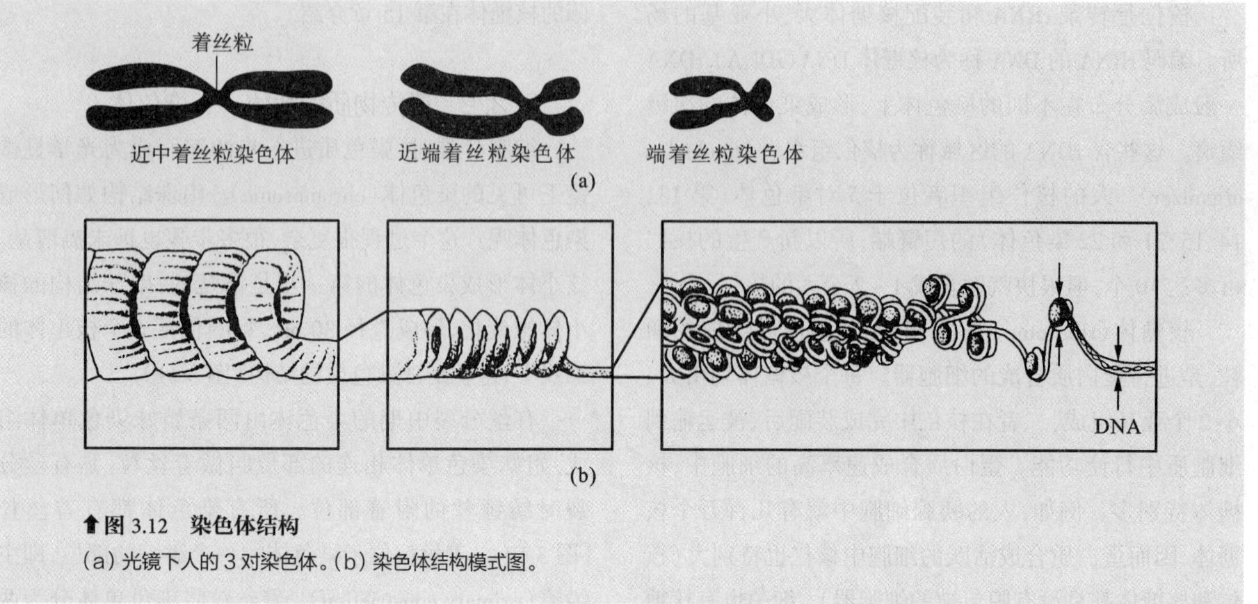

⬆图 3.12 **染色体结构**

(a) 光镜下人的 3 对染色体。(b) 染色体结构模式图。

央而将染色体分为几乎等长的两臂，有的偏于染色体一侧，甚至近于染色体的一端。

着丝粒是 DNA 分子中一段特殊的序列(重复序列)，也是染色体 DNA 最后复制的部分。在高等生物中，着丝粒的最外侧还有另一结构，称为动粒(kinetochore)，是纺锤丝与染色体结合的部位(图 3.13)。

真核细胞的染色体都是线形的，其末端有一特定结构称为端粒(telomere)，由高度重复的 DNA 序列与特殊的蛋白质结合而成，不是核小体结构(图 3.13)。端粒对 DNA 的完整复制、染色体完整性的保持、染色体在核内的空间排布以及减数分裂时同源染色体的配对发挥重要作用。

着丝粒、端粒和 DNA 复制起点是染色体三个最基本的功能元件。有了这三个基本元件，染色体就能够

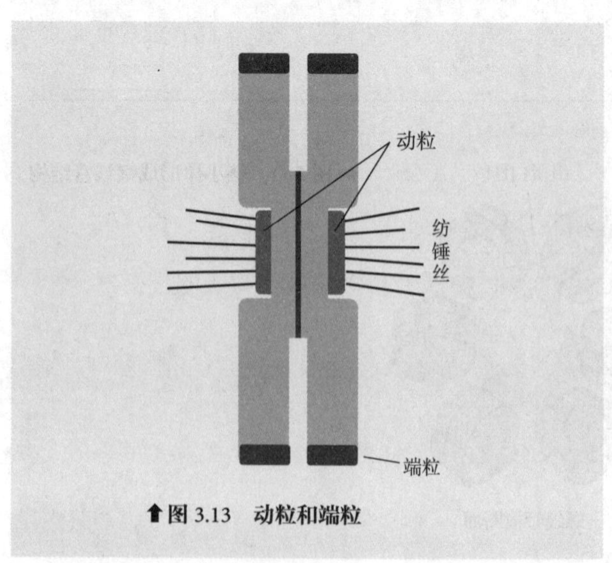

⬆图 3.13 **动粒和端粒**

行使基因载体的功能，保证基因的世代传递。至于"装载"什么基因，不同染色体不一样。

性染色体和常染色体　性染色体(sex chromosome)是决定性别的染色体。人有 23 对染色体，其中 22 对在男性和女性中没有显著不同，称为常染色体(autosome)；另外一对男女不同，称为性染色体。女性的一对性染色体，形态相同，称为 X 染色体；男性的一对染色体中，有一条和女性的一样，是 X 染色体，另一条不同，称 Y 染色体。所以，XX 是女性，XY 是男性。果蝇有 4 对染色体，其中 3 对是常染色体，1 对是性染色体。

染色体数目　各种生物染色体数目是恒定的，比如人有 46 条(23 对)染色体，果蝇有 8 条(4 对)，玉米 20 条(10 对)(表 3.2)，有些物种雌、雄个体染色体数目不同。如果因某种原因，染色体的数目发生了异常，生物的性状就要发生异常，常常导致疾病发生。

染色体组型　不同生物有不同的染色体组型，也称为核型(karyotype)，即数目、大小和形态不同的一组染色体。例如，人有 23 对染色体，可根据它们的形态、大小、着丝粒位置等按序排列成 1 ~ 22 对常染色体和一对性染色体(XX 或 XY)，这就是人的染色体组型。通过核型分析可以鉴定染色体是否异常。

染色体带型　将分裂中期的染色体用一定的方法处理并用特定染料染色后，可显示出深浅不同的横向条纹，称为染色体带。每条染色体具有的固定显带模式称为带型。用荧光染料奎纳克林(quinacrine)染色，在荧光显微镜下可看到染色体上出现发荧光的横带，称为 Q 带(图 3.14)。由于荧光染料容易消退，现在通

表 3.2 某些动植物细胞染色体数

种名	学名	体细胞染色体数
白菜	*Brassica oleracea*	18
黄瓜	*Cucumis sativus*	14
花生	*Arachis hypogaea*	40
向日葵	*Helianthus annuus*	34
番茄	*Lycopersicon esculentum*	24
玉米	*Zea mays*	20
小麦	*Triticum aestivum*	42
家蝇	*Musca domestica*	12
果蝇	*Drosophila melanogaster*	8
蛙	*Rana* spp.	26
蟾蜍	*Bufo* spp.	22
鸡	*Gallus domesticus*	78
大鼠	*Rattus norvegicus*	42
猫	*Felis domestica*	38
狗	*Canis familiaris*	78
人	*Homo sapiens*	46

常使用吉姆萨染色法（Giemsa stain）对染色体进行永久染色。将分裂中期的染色体样本加热或用蛋白水解酶处理，再做吉姆萨染色，染色体上即出现横带，称为G带。如将样本用热碱溶液处理，再做吉姆萨染色，染色体上就会出现另一套横带，称为R带。G带和R带不重叠，这是因为染色体不同的部位对不同的染色方法有不同的反应。吉姆萨染色显示的G带是富含A–T的核苷酸片段，用热碱溶液处理而显示的R带，则是富G–C的核苷酸片段。

用同样的染色方法所得到的带型是稳定的，因此根据带型即可进一步精确地区分不同的染色体。人的23对染色体都可根据带型而区分（图3.14）。不同的物种，染色体的带型各有特点。从演化上看，带型又是一个相当保守的特征，人的各染色体的带型与黑猩猩、猩猩和大猩猩的基本相同。染色体带型的变化也往往是某些遗传疾病和肿瘤等的特征与病因。

3.2.3 内质网

在光学显微镜下，活的真核细胞的细胞质内部是均一透明的，基本看不到什么明显的结构。电子显微镜的诞生以及生物显微样品制备技术的发展，使人们看到，细胞质内除了液态物质外，还充满了各种由膜围绕形成的细胞器（organelle），包括内质网、高尔基体、溶酶体以及分泌泡等，它们或是直接连在一起，或是通过

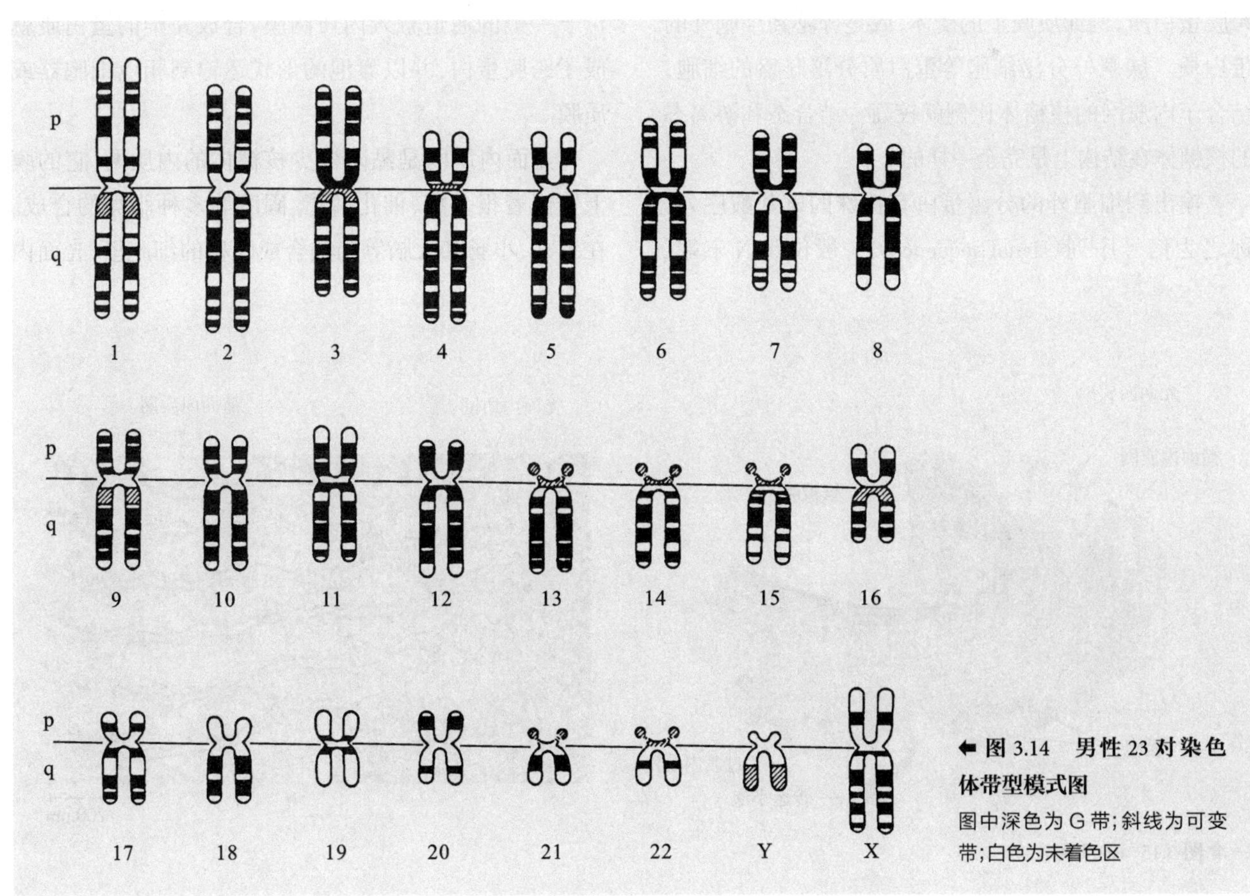

← 图 3.14 男性 23 对染色体带型模式图

图中深色为G带；斜线为可变带；白色为未着色区

形成小的囊泡（vesicle）而相关。它们共同构成细胞的内膜系统。内膜系统把细胞划分成相对独立的很多区域，控制分子在细胞内的分布，还提供合成脂质和某些蛋白质的场所。真核细胞里的这些膜结构，是真核细胞和原核细胞的最根本区别之一。

内质网（endoplasmic reticulum，ER）是由膜形成的小管与小囊所组成的空间网状结构（图 3.15）。内质网膜把这些网状结构围成的内质网腔与细胞质基质（胞质溶胶）分隔开。由于核被膜与内质网膜相连，所以两层核被膜之间的空隙与内质网腔是相连通的。在许多真核细胞中，内质网占全部膜的一半以上。

内质网有两种，光面内质网（smooth ER，sER）和糙面内质网（rough ER，rER），它们互相连通，但结构上和功能上却有所不同。糙面内质网朝向细胞质一面的膜上附着有核糖体，故电镜照片中显得粗糙，光面内质网上无核糖体。糙面内质网多呈扁平囊状，排列整齐，而光面内质网多为分支的管状。

并非所有的核糖体都附着在内质网膜或外层核被膜上，细胞中还有大量的核糖体悬浮于胞质溶胶中，即游离核糖体。游离核糖体合成的蛋白质就在胞质溶胶中起作用，例如催化糖酵解的蛋白质（见第 4 章）就是如此。结合于内质网的核糖体所合成的蛋白质一般是跨膜蛋白质，例如质膜上的受体，或是分泌到细胞外的蛋白质。胰腺外分泌细胞等蛋白质分泌旺盛的细胞，结合于内质网的核糖体比例就较高。结合态和游离态的核糖体在结构上是完全一样的。

输出到细胞外的分泌蛋白有特殊的氨基酸序列，称之为信号序列（signal sequence），一般位于 N 末端。整个分泌过程可分为 8 步（图 3.16）：①当一个新的分泌蛋白在自由核糖体上合成时，首先合成出信号序列（也叫信号肽）；②信号识别颗粒（signal recognition particle，SRP，由 6 种蛋白质和一个 RNA 组成的复合体）识别信号肽并结合，肽链合成暂停；③ SRP 把核糖体、mRNA 连同暂停翻译的蛋白质带到内质网表面，并与这里的停泊蛋白（SRP 受体）结合；④ SRP 受体与内质网膜上的通道蛋白转运体（也称易位子，translocon）并列排布，SRP- 信号肽 - 核糖体复合物进而结合到转运体，使转运体开启，同时 SRP 与信号肽 - 核糖体脱离，返回细胞质基质，结合于转运体的核糖体由于 SRP 的脱离而继续肽链的合成；⑤信号肽被信号肽酶切掉；⑥新合成的肽链通过转运体进入内质网腔；⑦直至翻译完成后，转运体关闭，核糖体释放；⑧新合成的蛋白质在内质网腔内经过适当折叠后，以内质网膜出芽的方式，包在小泡内运输到高尔基体，再由高尔基体以出芽小泡的形式向细胞质膜运输，最后与质膜融合，内含的蛋白质被释放（分泌）到细胞外。此外，内质网还对腔内的蛋白质进行一些修饰，如糖基化、羟基化等。

有些蛋白质，除了信号肽序列外，还包含识别并牢固结合膜的序列，也叫停止转运序列。停止转运序列被合成出后，肽链将停止进入内质网腔，并经由易位子一侧的通道融入内质网膜，合成完毕的蛋白质就成了跨膜蛋白，并以囊泡的形式运输到相应细胞器或质膜。

光面内质网是黏附极少核糖体的内质网，它的膜上镶嵌着很多酶，催化磷脂、固醇等多种脂类的合成。在睾丸、小肠和大脑等脂类合成旺盛的细胞里，光面内

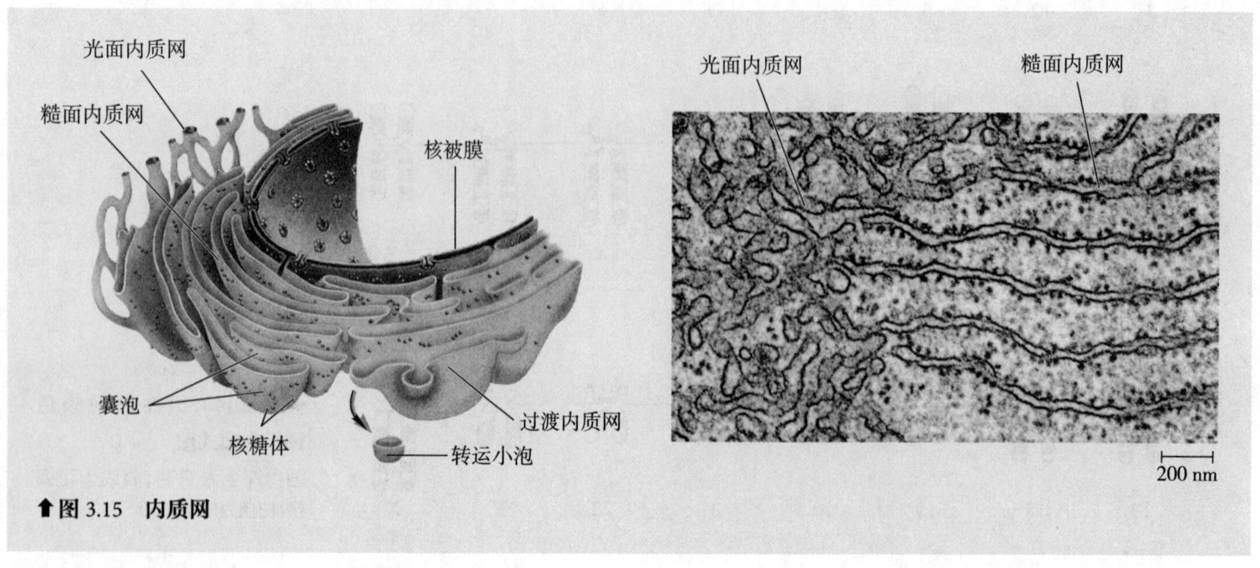

⬆图 3.15　内质网

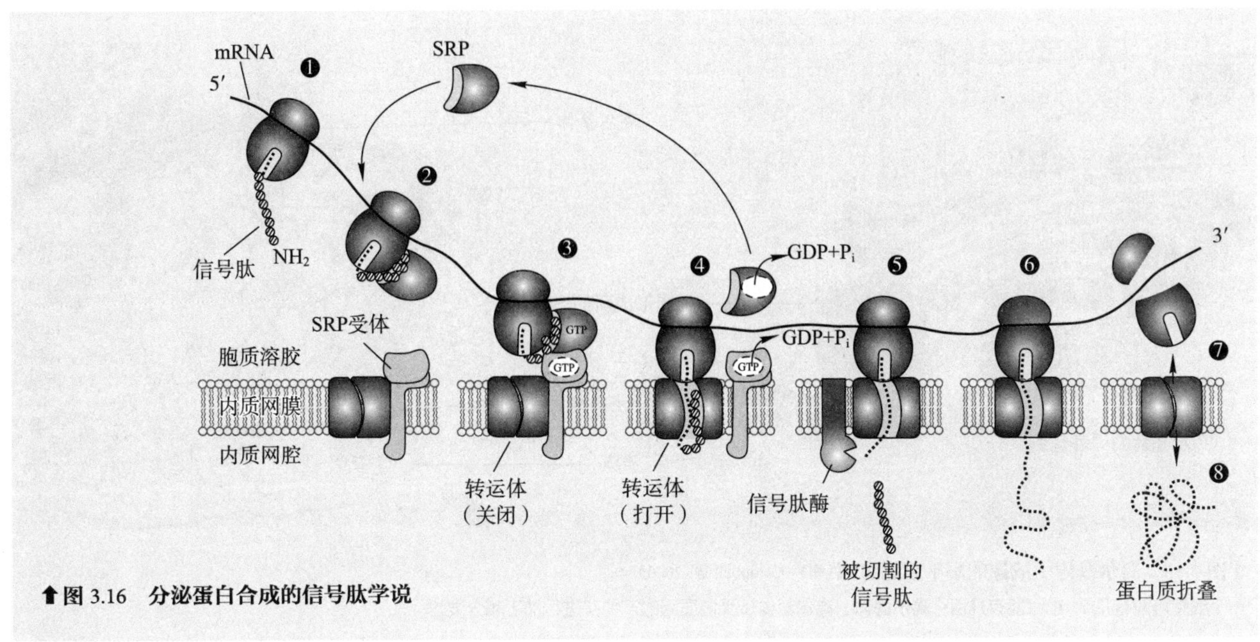

⬆图 3.16 分泌蛋白合成的信号肽学说

质网特别丰富。在肝里，光面内质网上的酶参与吗啡、安非他命（抗抑郁药）、可待因等药物的解毒。

肌细胞中的光面内质网（称为肌质网）还有另一种特殊的功能。内质网膜上的钙泵将钙离子从胞质溶胶泵入内质网腔中，浓度达到 10^{-3} mol/L，而胞质溶胶中仅 10^{-7} mol/L。当神经冲动刺激肌细胞时，内质网膜上的钙通道打开，钙离子迅速回到胞质溶胶中，引发肌细胞的收缩。

3.2.4 高尔基体对物质进行加工和分选

糙面内质网出芽形成的运输小泡，会被运输到高尔基体（Golgi apparatus），这是以意大利神经解剖学家高尔基（Camillo Golgi，1843—1926）的名字命名的细胞器。1898 年，高尔基利用镀银法在神经细胞内观察到一种网状结构，后来人们将其称为高尔基体，也叫高尔基复合体、高尔基器。除红细胞外，几乎所有真核细胞中都有这种细胞器（图 3.17，图 3.18）。高尔基体是细

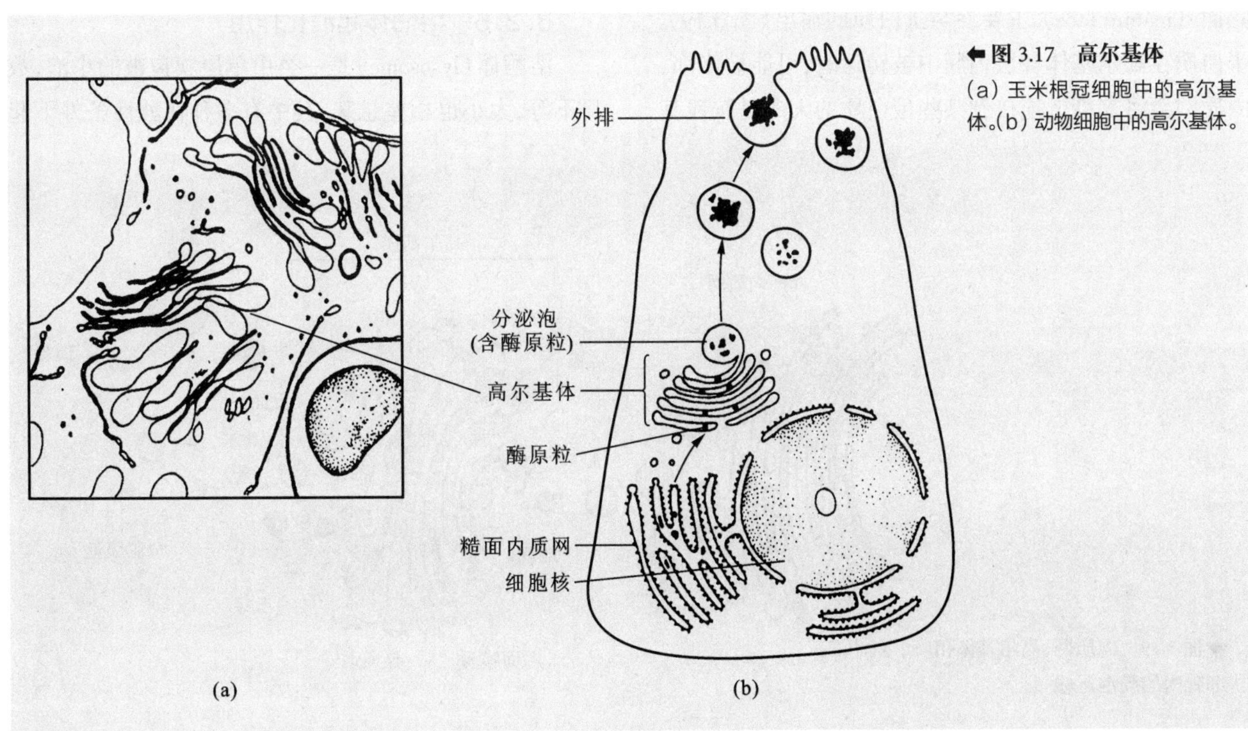

⬅图 3.17 高尔基体
（a）玉米根冠细胞中的高尔基体。（b）动物细胞中的高尔基体。

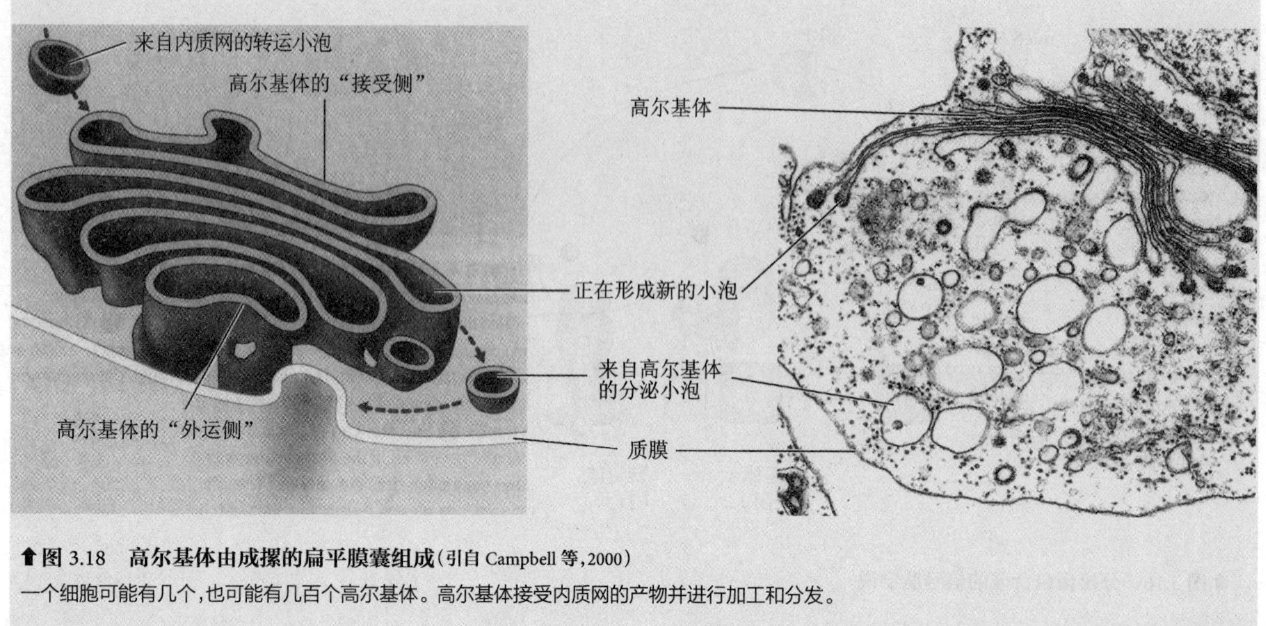

图 3.18　高尔基体由成摞的扁平膜囊组成（引自 Campbell 等，2000）

一个细胞可能有几个，也可能有几百个高尔基体。高尔基体接受内质网的产物并进行加工和分发。

胞内大分子分选和运输的枢纽，它的主要功能是对内质网合成的蛋白质进行加工、贮存、分选，然后分送至各自的目的地（图 3.19）。在分泌作用旺盛的细胞中，高尔基体特别发达。

在电镜下观察，典型的高尔基体由 4 ~ 8 个排列较为整齐的扁平膜囊堆叠在一起形成。扁囊呈弓形，周围还有大量膜泡。高尔基体是有“极性”的：通常靠近细胞核一侧的囊泡弯曲成凸面，称为顺面（*cis*–face），或“形成面”（forming face），接受来自内质网的物质；面向质膜的一侧常呈凹面，称为反面（*trans*–face），或“成熟面”（mature face），主要参与蛋白质的输出（图 3.19）。蛋白质在高尔基体各层内膜中被转运时，可能被修饰。内质网会将寡糖链连接到某些蛋白质的天冬酰胺残基（*N*– 连接糖基化）上，在一系列糖苷酶和糖基转移酶的作用下，这些寡糖链会在高尔基体被修饰，而且高尔基体还可以将糖基连接到丝氨酸或苏氨酸残基的氧原子上（*O*– 连接糖基化），每次加一个糖基，延伸为寡糖链。

高尔基体还具有合成多糖的功能。细胞分泌的多糖，许多都是高尔基体的产物，包括植物的果胶物质和其他非纤维素的多糖。胰岛素原等无活性的蛋白质前体，也是在高尔基体中被切割成有活性的蛋白质。此外，溶酶体也来源于高尔基体。

3.2.5　溶酶体起消化作用

溶酶体（lysosome）是一类由单层膜包被的小泡，数目不等，大小也相差悬殊，其中有多种在酸性条件下起

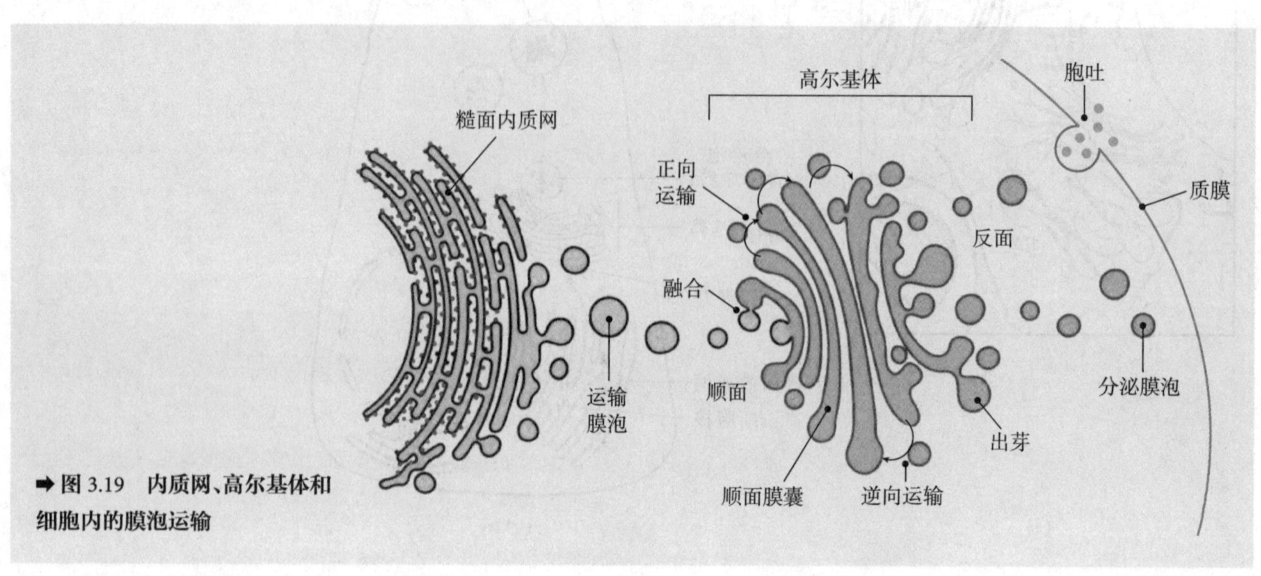

图 3.19　内质网、高尔基体和细胞内的膜泡运输

作用的水解酶类。动物、真菌和一些植物细胞中含有溶酶体。溶酶体通常是由高尔基体的反面出芽而形成。溶酶体一般含有 60 种以上的水解酶,它通过膜上的质子泵使 H^+ 从胞质溶胶进入溶酶体内,保持其 pH 为 5 左右,使水解酶有活性,可催化蛋白质、多糖、脂质以及 DNA 和 RNA 等大分子的降解。溶酶体中的酶如果漏出而进入 pH 约为 7 的胞质溶胶中,则会失去活性。溶酶体的功能是消化从外界吞入的颗粒和细胞本身需要更新的大分子,以及衰老或损坏的细胞器,后一种作用又称为细胞自噬(autophagy)。

很多单细胞生物都依靠溶酶体消化有机物,获得营养。它们从周围环境中吞入食物颗粒,形成膜包裹的食物泡;溶酶体与食物泡融合,水解酶将食物颗粒分解成小分子物质;这些小分子进入细胞质,而完成消化作用的溶酶体则移向细胞表面,与质膜融合,将残余的不能利用的物质排到细胞外(图 3.20)。白细胞和巨噬细胞也依靠类似的过程吞噬病原体。

溶酶体中如果缺少某一种或几种酶,就可能引起疾病。例如,溶酶体内缺乏 α- 葡糖苷酶,导致糖原不能被利用,因而在肝和骨骼肌细胞中大量积累,造成糖原贮积症Ⅱ型(又称蓬佩病,Pompe disease)。患病婴儿多于 2 岁前死亡。泰 - 萨克斯病(Tay-Sachs disease)是由于缺乏 β- 氨基己糖酯酶 A,无法水解神经节苷脂而导致的遗传病。神经节苷脂在患者大脑灰质中沉积,破坏神经元的功能,患者精神呆滞,一般 2 ~ 6 岁死亡。类似的水解酶缺乏症有 40 余种。

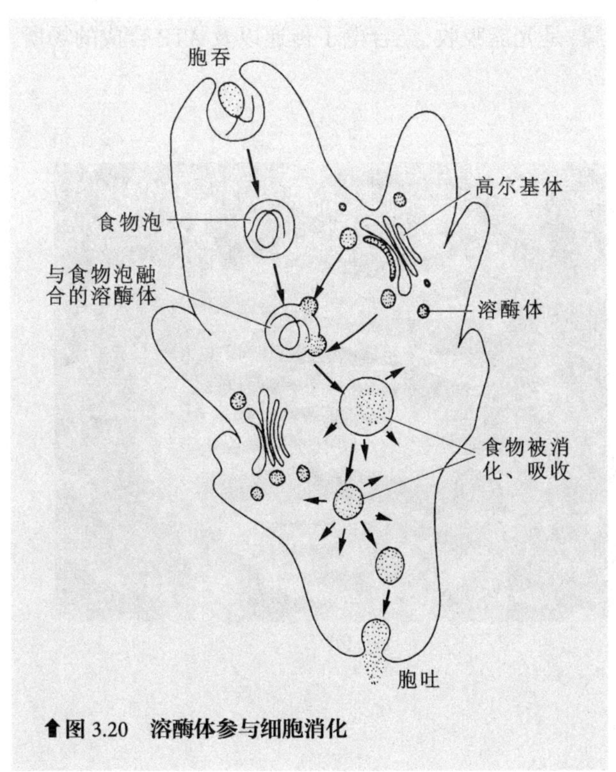

⬆图 3.20 溶酶体参与细胞消化

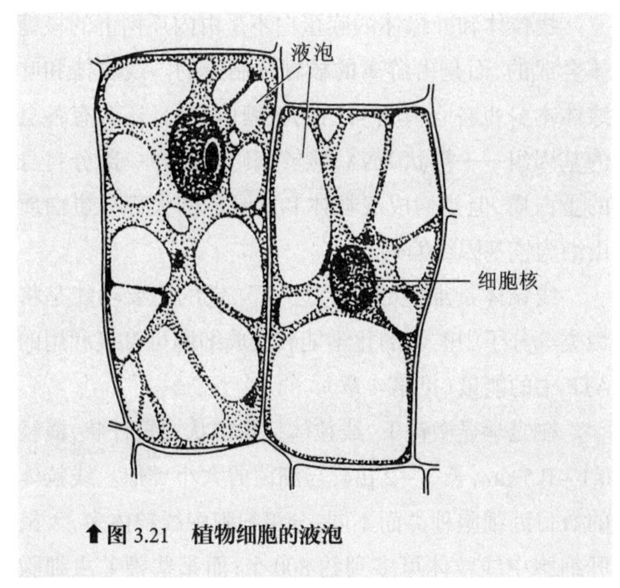

⬆图 3.21 植物细胞的液泡

3.2.6 植物细胞的液泡有多种功能

液泡是由单层膜包被的充满稀溶液的囊泡,普遍存在于植物细胞中(图 3.21)。年幼的植物细胞有几个分散的小液泡,仅占细胞体积的 5%;在细胞生长过程中,这些小液泡逐渐合并成为一个大液泡,占细胞中很大部分,有的可达细胞体积的 95% 以上,而将细胞质和细胞核挤到细胞的周缘。

植物液泡中的液体称为细胞液(cell sap),其中溶有无机盐、氨基酸、糖类以及各种色素,如花色素苷(anthocyanin)。液泡中的色素与花、叶、果实的颜色有关,例如花的蓝、红、紫色均取决于其液泡中的花色素苷。液泡还是植物贮存代谢废物的场所,这些废物有时以晶体状态存在于液泡中。细胞液的高浓度赋予液泡以膨压,这种膨压加上细胞壁对植物原生质体的束缚,使得植物细胞处于充分膨胀的状态,这是幼嫩组织能够挺立的主要因素。干旱使植物打蔫,就是因为液泡失水的缘故。不仅是植物细胞,动物的某些组织(如脊索)及某些原生生物的细胞也有液泡,例如某些原生生物细胞中的收缩泡(contractile vacuole)。

3.2.7 线粒体和叶绿体

有一些细胞器也是由膜包被,但发生上与内质网没有直接关系,如线粒体(mitochondrion,复数 mitochondria)和质体(plastid)。线粒体和质体中的叶绿体(chloroplast)是主要的能量代谢细胞器。

线粒体和叶绿体的膜蛋白不是由内质网上的核糖体合成的，而是由游离的核糖体制造的。线粒体和叶绿体本身也各自具有自己的核糖体，而且还含有各自的基因组——环状DNA，能够编码和翻译一部分自身的蛋白质，但是构成线粒体和叶绿体的大部分蛋白质由细胞核基因组编码。

线粒体是细胞的“动力工厂”，它的主要功能是将糖类等分子中贮藏的化学能转变成细胞可直接利用的ATP中的能量（见第4章）。

在光学显微镜下，线粒体呈颗粒状或短杆状，横径0.1～0.5 μm，长1～2 μm，与细菌的大小类似。线粒体的数目因细胞种类而不同：分泌细胞中线粒体多，大鼠肝细胞中线粒体可多到约800个；而某些鞭毛虫细胞中只有一个线粒体。

线粒体的结构相当复杂。它是由内外两层膜包被的囊状细胞器（图3.22），内外两层膜之间有腔，内膜围成的囊内充有液态的线粒体基质（matrix）。外膜平整无折叠，内膜向内折叠而形成突出于基质中的嵴（crista），嵴使内膜的表面积大为增加，有利于生化反应的进行。用电镜可以看到，内膜上面有许多带柄的、直径约10 nm的小球，这就是ATP合酶（ATP synthase）。线粒体基质中还有与能量代谢相关的多种酶，以及一套自己的遗传系统，包括DNA、RNA和核糖体。

线粒体和细菌大小相似，两者的DNA分子都是环状的，两者的核糖体也相似。细菌没有线粒体，其呼吸链位于细胞膜上。这些事实都使人们设想，真核细胞中的线粒体是由侵入细胞或被细胞吞入的某种细菌经过漫长岁月演变而来的，这就是内共生学说（endosymbiotic theory）。

质体是植物细胞的细胞器，分白色体（leucoplast）和有色体（chromoplast）两类。白色体主要存在于分生组织细胞和不见光的细胞中，可含有淀粉（如马铃薯块茎中）或油脂。菜豆或大豆的白色体中既含有蛋白质和淀粉，又含有油脂。

有色体含有各种色素。有些有色体含有类胡萝卜素（carotenoid），呈现黄、橙、红橙等颜色。花、成熟果实、秋天落叶的颜色就是由这种质体所致。番茄的有色体中除含胡萝卜素外，还含有一种特殊的类胡萝卜素即番茄红素（lycopene）。

最重要的有色体是叶绿体，叶绿体是进行光合作用的细胞器。植物、藻类均含有叶绿体。许多藻类每个细胞中只有一个或少数几个叶绿体；植物细胞中叶绿体数目较多，数十至上百个不等。叶绿体在细胞中的分布与光照有关。光照下，叶绿体常分布在细胞的照光一侧；黑暗时，叶绿体则移向内部。

与线粒体相似，叶绿体也由两层膜包裹（图3.23）。然而，叶绿体比线粒体大而复杂，叶肉细胞叶绿体直径为3～6 μm。叶绿体内膜以内是叶绿体基质（stroma）和一个复杂的膜系统。这个膜系统称为类囊体（thylakoid），是由生物膜折叠形成微小囊状结构，囊内空间称为类囊体腔（lumen）。类囊体膜也称为光合膜，是光能吸收、光合电子传递以及ATP合成的场所。

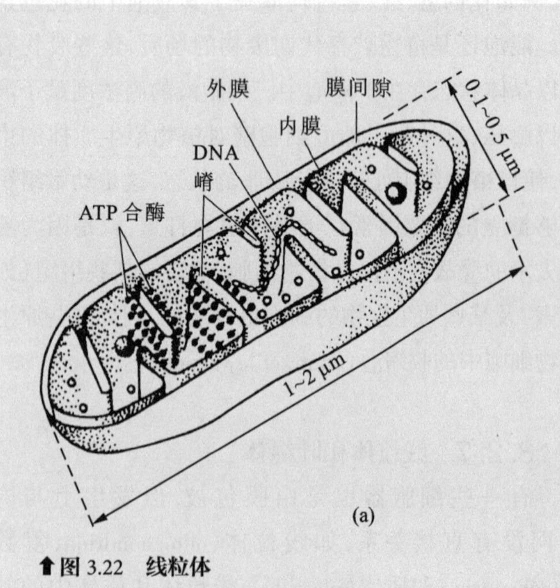

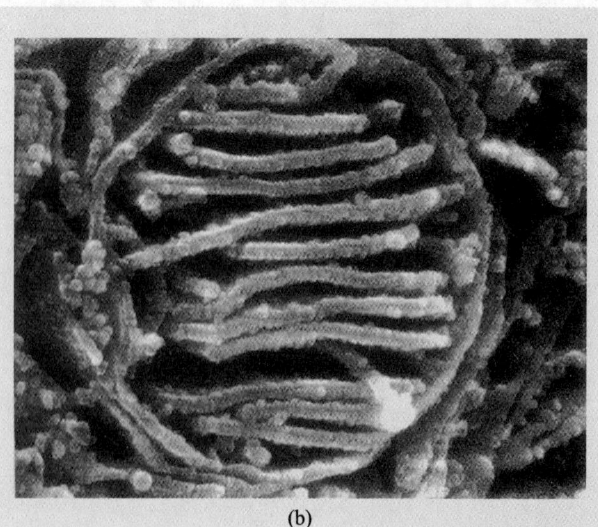

⬆图3.22 线粒体

（a）结构模式图。（b）扫描电镜照片。

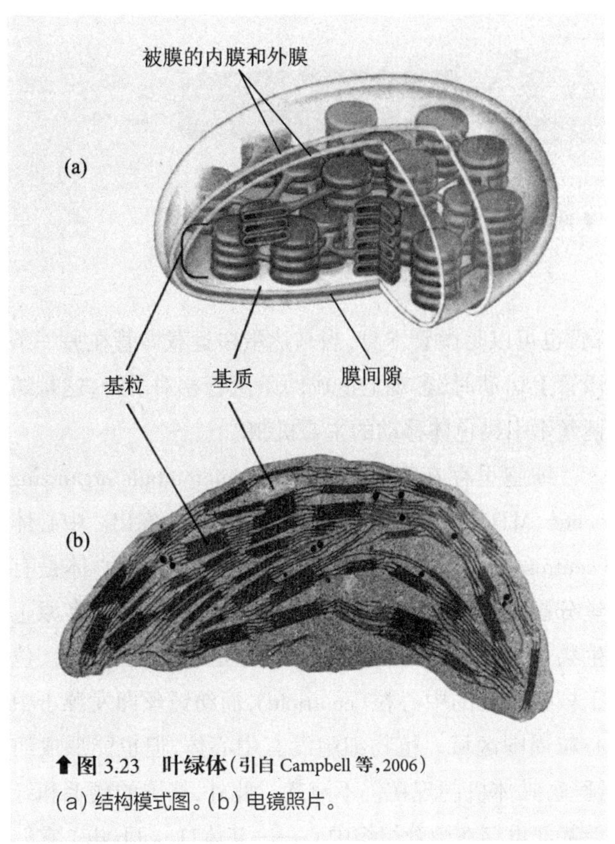

⬆图 3.23　**叶绿体**（引自 Campbell 等，2006）
（a）结构模式图。（b）电镜照片。

类囊体小囊可以形成垛叠，称为基粒，连接基粒的类囊体膜称为基质片层。从空间上看，整个类囊体腔是连通的（图 3.23）。基质是叶绿体中许多生物化学反应进行的场所，如第 4 章要讲述的卡尔文循环就在基质中进行。

和线粒体类似，叶绿体可能起源于远古蓝细菌的内共生。

3.2.8　微体

真核细胞内有一系列含有不同酶系统的小泡，称为微体（microbody）。过氧化物酶体是含有过氧化氢酶的微体，可以把过氧化氢降解成无害的水和氧气。植物细胞含有一种特殊的微体，称为乙醛酸循环体，能够把脂肪酸转变成糖类。

微体和溶酶体一样，也是由单层膜包被的细胞器，不过其中所含的酶不是水解酶。过氧化物酶体（peroxisome）和乙醛酸循环体（glyoxysome）是两种最重要的微体。

过氧化物酶体存在于动植物细胞中，内有氧化酶类。细胞中约有 20% 的脂肪酸是在过氧化物酶体中被氧化分解的，氧化反应的结果产生对细胞有害的 H_2O_2，但过氧化物酶体中的过氧化氢酶能将 H_2O_2 分解为 H_2O 和 O_2。肝细胞中的过氧化物酶体能使酒精等有毒物质解毒，人们饮入的酒精有近 50% 就是在过氧化物酶体中被氧化的。有时可见到过氧化物酶体中尿酸氧化酶（urate oxidase）形成的结晶（图 3.24）。

乙醛酸循环体存在于植物细胞中，植物依靠乙醛酸循环，将脂肪转化为糖。某些油质种子（如大豆、花生、油菜、芝麻等）萌发形成幼苗的某一时期，其细胞中的乙醛酸循环体特别丰富。动物细胞中没有乙醛酸循环体，不能直接将脂肪转化为糖。

与溶酶体不同，微体不是来源于高尔基体，而是靠自我分裂增殖。

3.2.9　细胞骨架

在电子显微术出现的早期，生物学家认为真核细胞中的细胞器是在胞质溶胶中自由移动的，随着显微技术的进步，科学家们发现细胞质内有纵横交错的纤维蛋白——细胞骨架（cytoskeleton），它们构成贯穿在整个细胞质中的网状结构。

组成细胞骨架的有三类蛋白质纤维（表 3.3），分别是微管（microtubule）、微丝（microfilament）和中间丝（也称中间纤维，intermediate filament）。

微管　微管是外径约 25 nm、内径 15 nm 的中空管道，由 13 条蛋白质原丝围成一圈，每根原丝由 α 和 β 两种微管蛋白（tubulin）亚基的二聚体首尾相连形成。微管是动态结构，处于不断地聚合和解聚过程中。因微

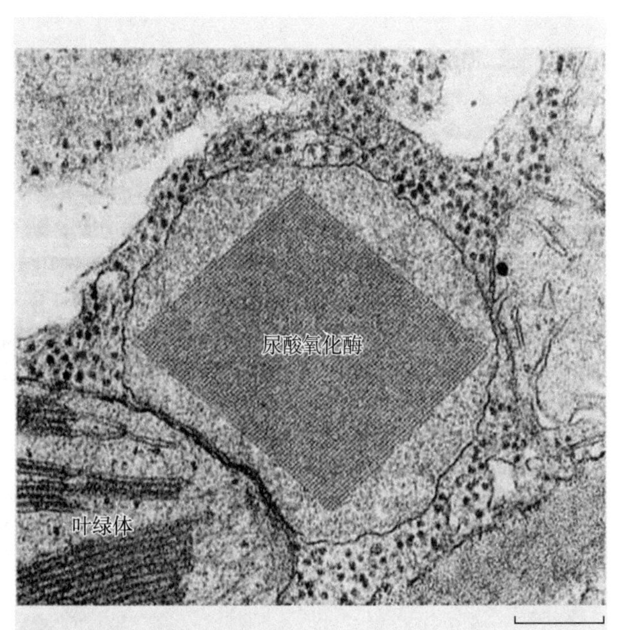

⬆图 3.24　**过氧化物酶体**

表 3.3 细胞骨架的结构和功能

	微管	微丝	中间丝
结构	中空的管；壁由13行微管蛋白分子组成	两条相互缠绕的肌动蛋白丝	纤维状蛋白质分子形成的绳索状结构
直径	25 nm，中有15 nm的空腔	7 nm	8~12 nm
蛋白质亚基	由α微管蛋白和β微管蛋白两种亚基组成	肌动蛋白	中间丝蛋白家族的成员，因细胞类型而异
主要功能	维持细胞形状，细胞运动（纤毛和鞭毛），细胞分裂中染色体的移动，细胞器和生物大分子的运送	维持细胞形状，胞质环流，细胞运动（伪足），细胞分裂（形成裂沟），参与黏着带（斑）形成，肌肉收缩	增强细胞韧性，参与桥粒形成

管蛋白二聚体的加入而不断延长的一端用“+”表示，另一端则由于解聚而不断缩短，用“−”表示（图 3.25）。

微管的主要功能是负责细胞内的物质运输，并且形成细胞分裂的纺锤体，与有丝分裂关系极大。微管上结合有称为马达蛋白（motor protein）的一类结合蛋白，它们沿着微管“轨道”运输细胞器、膜泡和大分子。按照在微管上的移动方向，马达蛋白分为两种类型：驱动蛋白（kinesin）把“货物”移向“+”端，而动力蛋白（dynein）把“货物”移向“−”端（图 3.26）。马达蛋白的“货

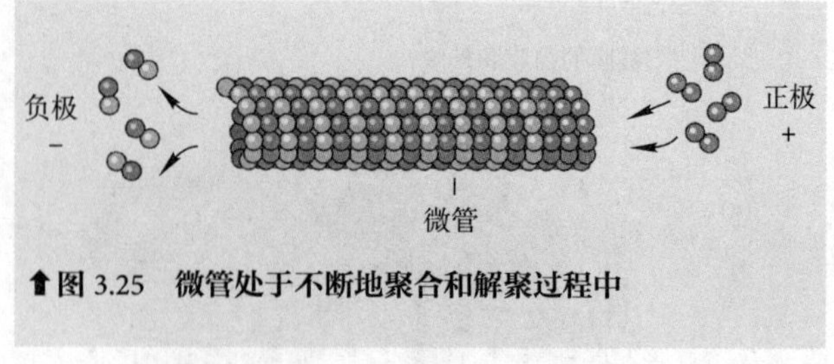

⬆图 3.25 微管处于不断地聚合和解聚过程中

物”也可以是微管本身，当马达蛋白运载微管在另一条微管上运动时，客观上造成两条微管相对滑行，这是纺锤丝牵引染色体移动的主要机制。

细胞里存在微管组织中心（microtubule organizing center，MTOC），微管常常从微管组织中心发出。中心体（centrosome）就是重要的微管组织中心。中心体是有丝分裂时形成纺锤丝的结构，在动物细胞和很多原生生物里都有。中心体的主要成分是一对相互垂直、位于核膜附近的中心粒（centriole），而纺锤丝即发源于中心粒周围区域。植物细胞没有中心体，但也能形成纺锤丝，具体机制现在仍不清楚。此外，细胞的鞭毛和纤毛基部也存在微管组织中心——基体（basal body），它们发出的微管束形成鞭毛和纤毛的主体结构（图 3.27）。

鞭毛（flagellum，复数 flagellae）和纤毛（cilium，复数 cilia）都是细胞表面的附属物，功能都是运动。鞭毛和纤毛的直径约为 0.25 μm，结构也相同，它们的基本

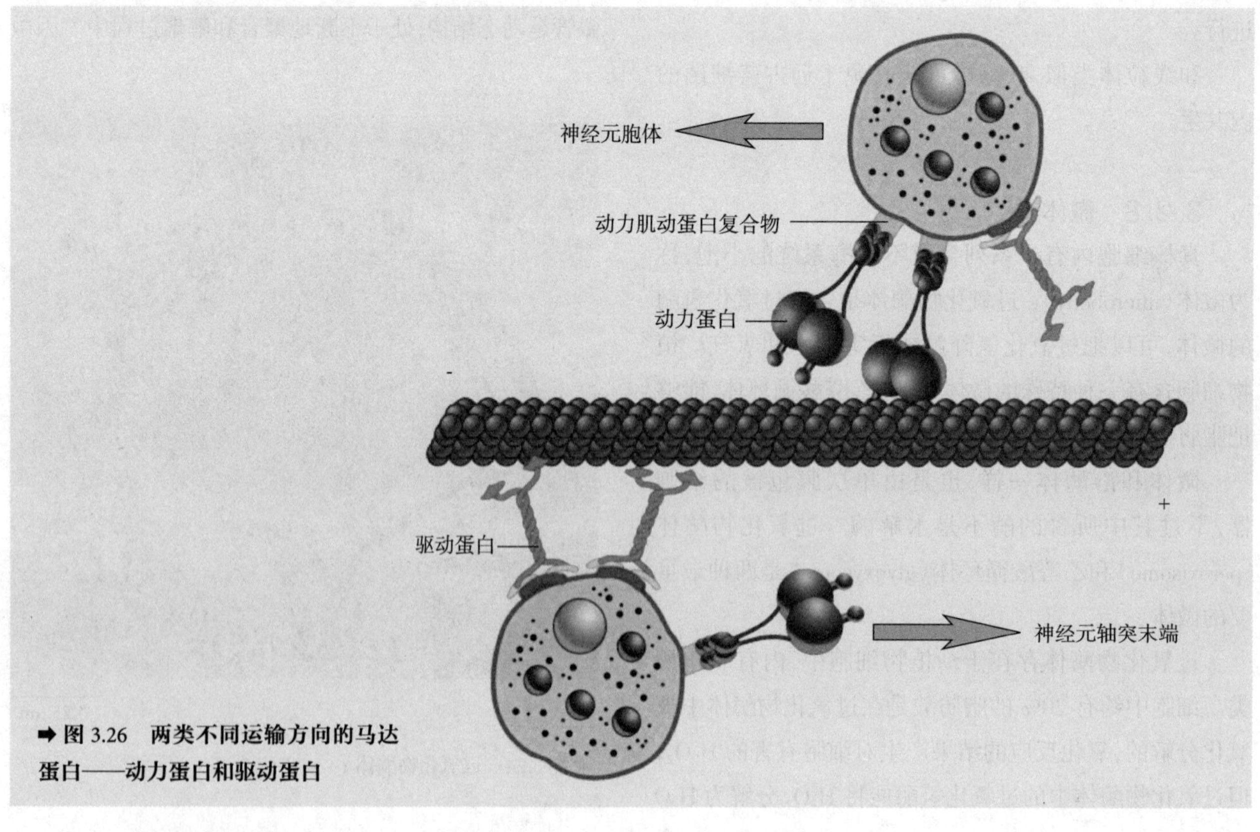

➡图 3.26 两类不同运输方向的马达蛋白——动力蛋白和驱动蛋白

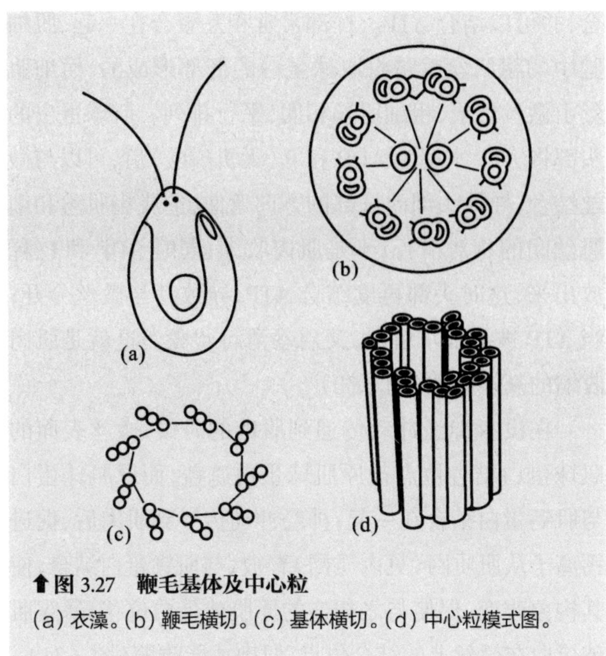

⬆图 3.27 **鞭毛基体及中心粒**

(a)衣藻。(b)鞭毛横切。(c)基体横切。(d)中心粒模式图。

结构成分都是微管。在鞭毛或纤毛的横切面上可看到四周有 9 条微管束，每束由两根微管组成，称为二联体(doublet)微管，中央是两个单体微管，这种结构模式称为 9(2)+2 排列(图 3.27b)。二联体微管中一根(A 管)是完全微管，含有 13 根原丝；另一根(B 管)则只有 10 根原丝，另 3 根原丝与 A 管共用。相邻二联体微管之间结合有动力蛋白，动力蛋白固定于 A 管，在 ATP 的驱动下在 B 管上“行走”，造成相邻二联体微管相对滑动，使鞭毛或纤毛弯曲，产生运动(图 3.28)。

鞭毛和纤毛的基部与埋藏在细胞质中的基体相连。基体也由 9 束微管组成，不过每束含有 3 根微管，称为三联体微管，而且基体中央没有微管。这种结构模式称为 9(3)+0 排列(图 3.27c)，类似于中心粒。

鞭毛和纤毛的明显区别，在于长度和数目：纤毛长 5～10 μm，通常数目较多；鞭毛比纤毛长，一般为 10～200 μm，一个细胞通常只有一条或少数几条鞭毛。鞭毛与纤毛运动的方式也不同：鞭毛以波浪式向前推进，推力方向与鞭毛的主轴一致；纤毛却像桨一样来回摆动，推力方向与纤毛的轴垂直。

许多单细胞的藻类、原生动物以及很多生物的精子都有鞭毛或纤毛。动物的上皮细胞，如人气管上皮细胞表面，也密生纤毛。鞭毛和纤毛的摆动可使细胞移动位置，如草履虫、眼虫的游泳运动；或是使细胞周围的液体或颗粒移动，如气管内表面的上皮细胞的纤毛摆动，可将气管中的尘埃等异物移开。

微丝　微丝直径约 7 nm，又称肌动蛋白丝(actin filament)，由肌动蛋白(actin)组成。肌动蛋白单体是球状蛋白，呈哑铃形，单体相连成串，两串以右手螺旋的形式扭缠成束，即成为肌动蛋白丝(图 3.29)。微丝普遍存在于各种动物和植物细胞中。

微丝与某些结合蛋白相互作用产生张力(拉力)，形成细胞内的应力纤维；微丝与钙黏着蛋白(cadherin)形成的黏着带位于上皮细胞紧密连接的下方，形成相邻细胞间的一种锚定连接(anchoring junction)；成束的微丝也是小肠上皮微绒毛的主要结构。

横纹肌中的细肌丝，主要是由 α 肌动蛋白组成的微丝；β 和 γ 肌动蛋白则存在于包括肌细胞在内的所有细胞中。与微管类似，微丝也是动态结构：它的一端因不断加入新的肌动蛋白而延长，这是正(+)端；另一端则因不断解聚而缩短，这是负(-)端。细胞还通过其他蛋白质来控制微丝的装配，肌肉中的细肌丝因为特定蛋白质的结合而十分稳定，不再是动态结构。

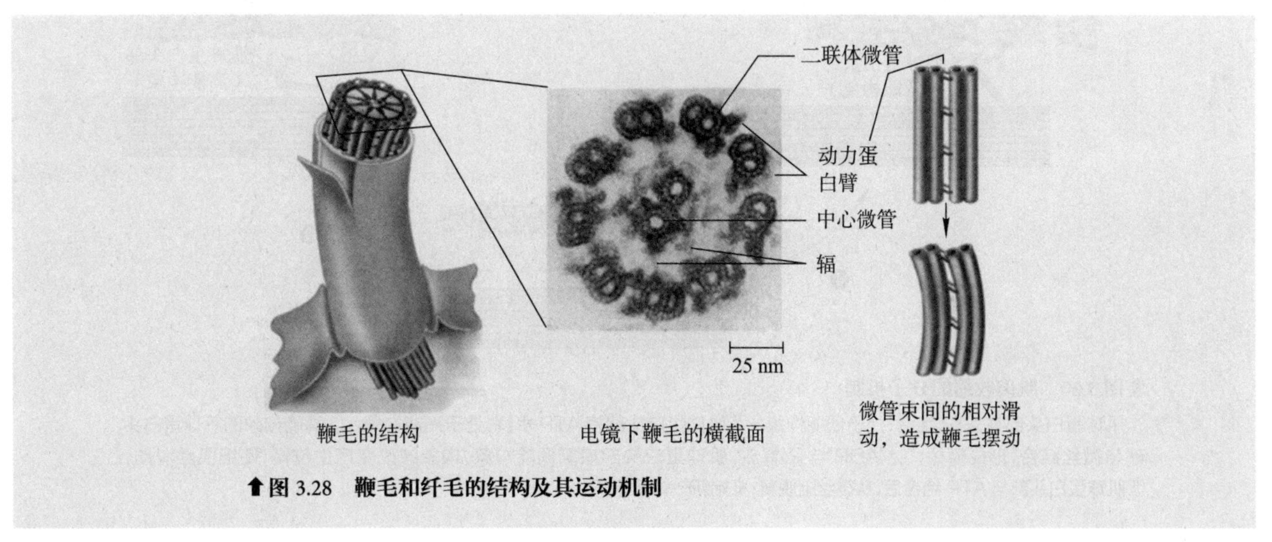

⬆图 3.28 **鞭毛和纤毛的结构及其运动机制**

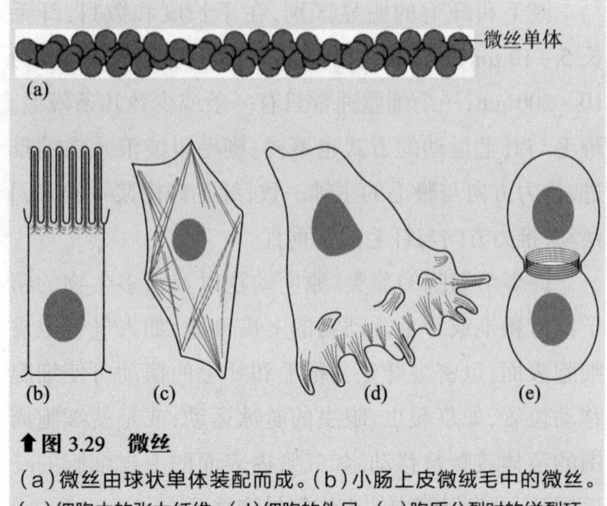

⬆图 3.29 微丝

(a)微丝由球状单体装配而成。(b)小肠上皮微绒毛中的微丝。(c)细胞中的张力纤维。(d)细胞的伪足。(e)胞质分裂时的缢裂环。

微丝负责细胞的运动，最典型的就是肌肉收缩。微丝本身没有运动功能，它与一种称为肌球蛋白(myosin)的蛋白质配合，辅以原肌球蛋白(tropomyosin)和肌钙蛋白(troponin)等，才能完成运动功能。肌球蛋白的形状类似一个高尔夫球杆，其头部与微丝表面结合，并可以结合 ATP。杆部常常相互聚合在一起，肌细胞中的粗肌丝就是由肌球蛋白的杆部形成的，而细肌丝由微丝形成，粗细肌丝相间，平行排列。肌球蛋白的头部将 ATP 水解为 ADP 和 P_i(无机磷酸)后，可以与微丝结合，导致头部向杆部的方向弯曲，造成粗肌丝和细肌丝间的相对滑行，于是肌肉收缩；同时 ADP 和 P_i 释放出来，这时头部再度结合 ATP，导致其与微丝分开；当 ATP 被头部水解时，又启动滑行步骤。这就是肌肉收缩的基本原理(图 3.30)。

在没有神经冲动传递到肌肉的时候，微丝表面的肌球蛋白结合位点被原肌球蛋白遮盖，而原肌球蛋白与肌钙蛋白结合在一起；神经冲动传导到肌肉后，促进钙离子从肌质网(见内质网)释放，与肌钙蛋白结合，使其构象改变，促使与之相连的原肌球蛋白位移，暴露肌球蛋白在微丝上的结合位点，肌肉才能收缩(图 3.31)。

此外，胞质环流(cytoplasmic streaming)、细胞变形运动、动物细胞分裂后期的缢裂、细胞突起和伪足的形成，以及神经元轴突的伸展等，也都是在微丝及其相关蛋白质的作用下实现的。

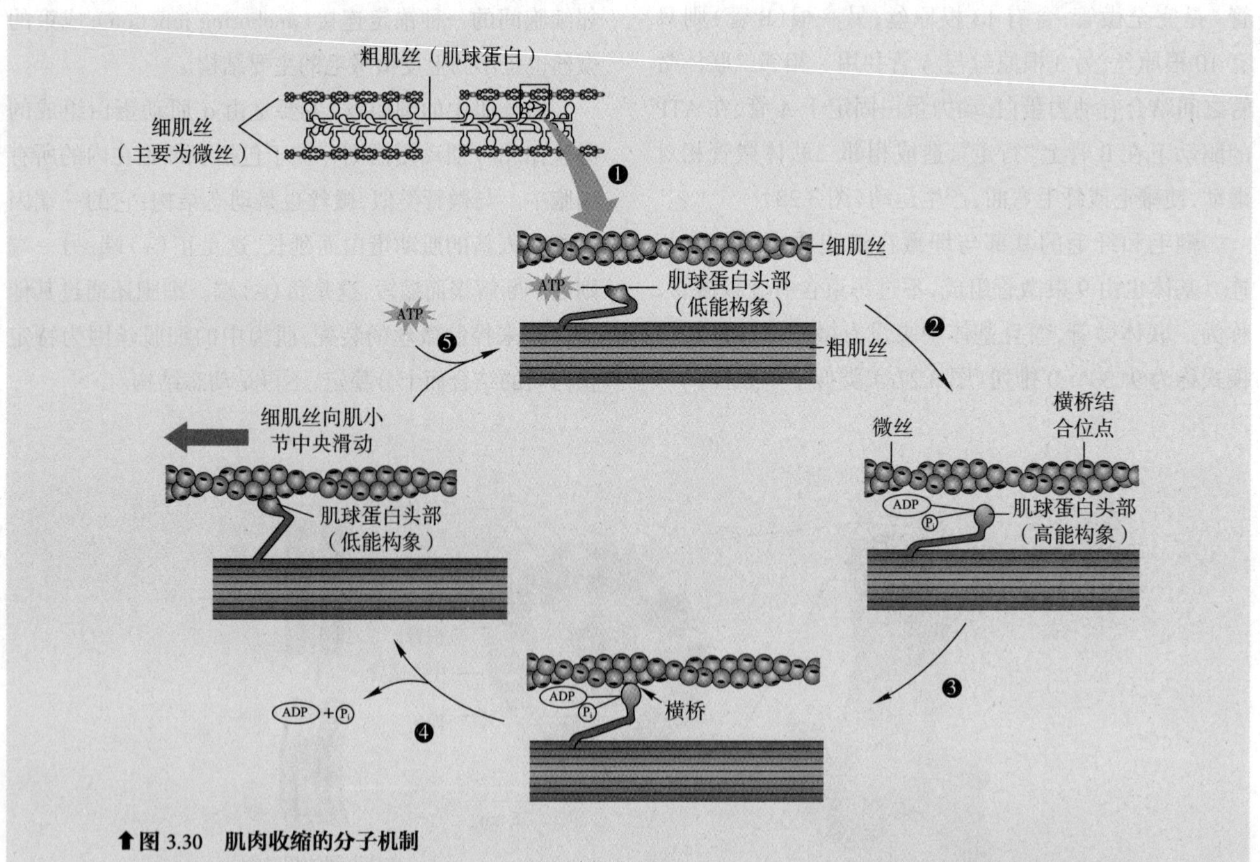

⬆图 3.30 肌肉收缩的分子机制

①肌球蛋白头部与 ATP 结合，处于低能构象；②肌球蛋白头部将 ATP 水解，处于高能构象；③高能构象的肌球蛋白头部与微丝结合，形成横桥；④ ADP 与 P_i 释放，肌球蛋白头部恢复低能构象，构象的改变产生位移，使细肌丝滑动；⑤肌球蛋白头部与 ATP 结合后，从微丝上脱离，开始新一轮循环。

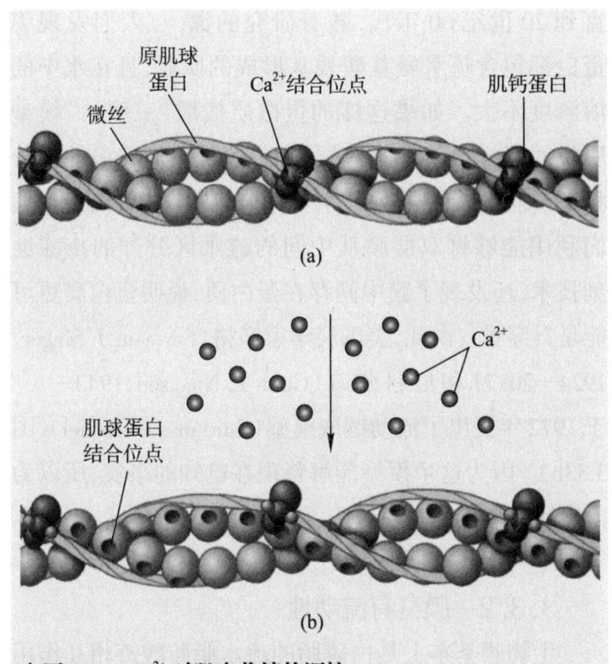

图 3.31　Ca^{2+} 对肌肉收缩的调控

(a) 细肌丝由原肌球蛋白、肌钙蛋白和微丝组成，微丝上肌球蛋白头部的结合位点被原肌球蛋白覆盖。(b) Ca^{2+} 结合于肌钙蛋白，使其构象发生改变，带动原肌球蛋白产生位移，使微丝上肌球蛋白头部的结合位点暴露出来。

某些真菌所产生的细胞松弛素 B(cytochalasin B)，能使肌动蛋白丝解聚；另一种产自有毒真菌的鬼笔环肽(phalloidin)能防止肌动蛋白丝解聚。二者都能使细胞骨架发生变化而引起细胞变形。

中间丝　中间丝是一类直径为 8～12 nm 的纤维，在细胞内形成网络结构(图 3.32)，普遍存在于脊椎动物细胞中。构成中间丝的蛋白质有几十种之多，不同类型的细胞，含有不同的中间丝，如上皮细胞有角蛋白(keratin)，间充质含有波形蛋白(vimentin)，神经元的中间丝称为神经丝(neurofilament)。中间丝可以作为细胞分化的重要标志物。与微管和微丝不同，中间丝是比较稳定的结构。

目前对中间丝的功能仍然了解得不很全面，可以肯定的是，中间丝能够增强细胞的韧性，是重要的细胞连接形式——桥粒的主要成分之一。桥粒由相邻细胞膜内侧各一盘状结构组成，中间丝呈襻状附着于圆盘上，游离端与胞质内的中间丝网络连接在一起，跨膜蛋白将相邻的盘状结构锚定在一起(见图 3.41)。因此，桥粒构成一种坚韧、牢固的细胞连接结构，通过中间丝网络和相应的跨膜蛋白，使相邻的细胞连接成一体，使得细胞可以承受较大的机械力。某些角蛋白(如角蛋白 14)基因突变，会破坏上皮细胞的桥粒，导致单纯型大疱性表皮松解症(epidermolysis bullosa simplex)等遗传病。患有此病的人，皮肤抵抗外源机械力的能力下降，轻微的挤压即可破坏基底细胞，使患者的皮肤起水疱及血疱。

3.3　生物膜及其流动镶嵌模型

生物膜(biomembrane)是细胞膜与细胞内的膜系

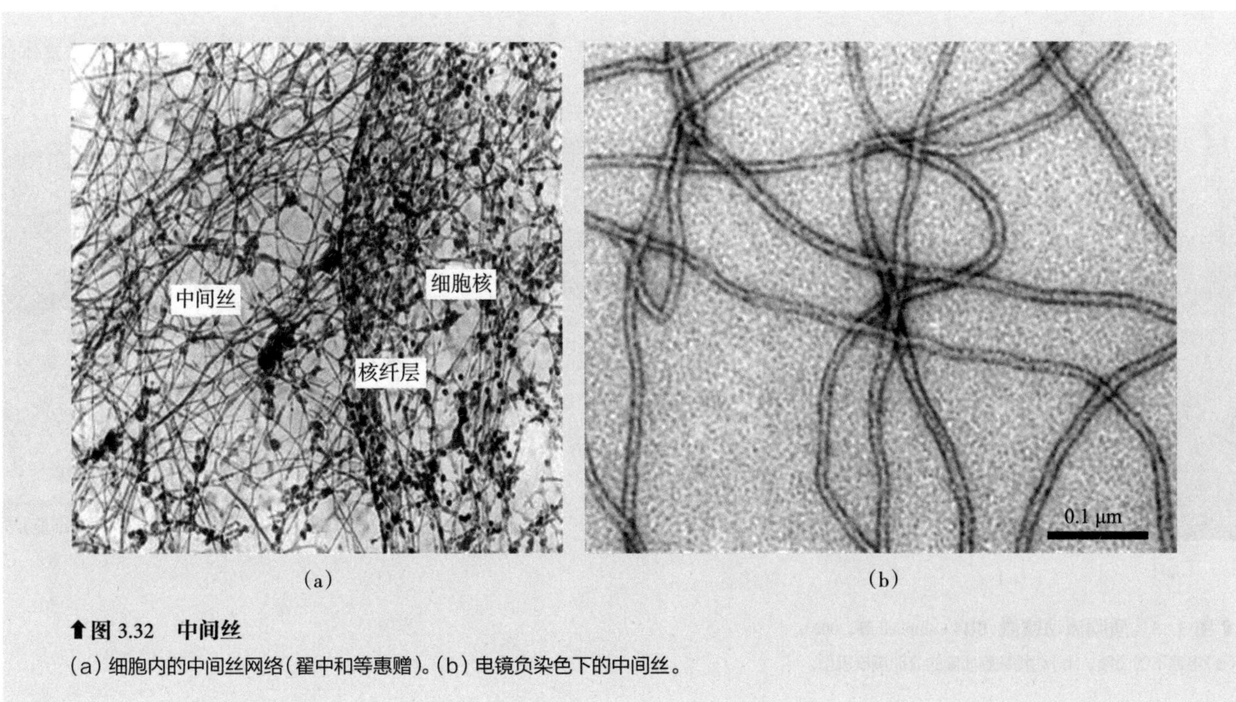

图 3.32　中间丝

(a) 细胞内的中间丝网络(翟中和等惠赠)。(b) 电镜负染色下的中间丝。

统的统称。细胞膜(cell membrane)又称质膜(plasma membrane),是围绕在细胞最外面的膜结构。细胞的膜结构,主体框架是由磷脂形成的双分子层。磷脂分子的一端有两条疏水性的碳氢链,而另一端则是亲水性很强的带有磷酸的基团。在水环境下,每个磷脂分子的极性头都朝向水,非极性尾受到水分子的排斥而远离水。当磷脂的尾面对面形成两层时,疏水部分就不再与水接触,从而形成稳定的结构,这种结构称为脂双层(见图 2.14)。在水溶液中,脂双层能够依靠疏水作用自动形成。

细胞膜脂双层内部的非极性环境,阻碍了亲水性物质的穿透,使膜两侧的物质不能自由交换,维持了细胞内环境的稳定。除了构成脂双层的磷脂外,细胞膜上还含有穿透脂双层的蛋白质,提供了物质跨膜运输和信息跨膜传递的通道和载体。

3.3.1　细胞膜的结构

光学显微镜下,细胞有一个确切的边界,所以人们推测细胞外面应该有一层膜。由于光学显微镜分辨率的限制,这层膜一直没有被观察到。电子显微镜发明后,人们真实地看到了细胞膜。电镜下的细胞膜呈现明显的“暗—亮—暗”三条带,厚度 7 ~ 8 nm(图 3.33a)。开始人们认为暗带代表蛋白质层,亮带代表磷脂,由此提出膜的“三明治”模型:磷脂双层夹在两层球蛋白中间。

“三明治”模型于 1935 年提出,流行了 30 多年。直到 20 世纪 60 年代,随着研究的深入,人们发现膜蛋白都包含疏水氨基酸残基形成的肽段,且在水中的溶解度不大。如果这样的蛋白质按照“三明治”模型所说的那样覆盖在脂双层表面,那么它们非极性部分将把磷脂的极性部分与水分离开,膜将分崩离析!人们利用能够将双层膜从中间的疏水区分开的冷冻蚀刻技术,还发现了膜中间存在蛋白质,说明蛋白质更可能是贯穿膜。由此,美国科学家辛格(Seymour J. Singer, 1924—2017)和尼科尔森(Garth L. Nicolson, 1943—　)于 1972 年提出了流动镶嵌模型(fluid mosaic model)(图 3.33b)。因为这个模型能解释现在已知的事实,所以为大家所普遍接受。

3.3.2　膜具有流动性

生物膜基本上是由磷脂的疏水脂肪酸链相互作用联系在一起的,而疏水相互作用比共价键要弱得多。大多数脂质和一部分蛋白质可以在膜中侧向移动,即在膜的平面内移动。

1970 年,Larry Frye 和 Micheal Edidin 用实验证明了膜的流动性:将小鼠和人类细胞借助灭活的仙台病毒融合,再用绿色荧光(荧光素)标记的能够特异识别小鼠细胞表面蛋白的抗体和红色荧光(罗丹明)标记的能够特异识别人类细胞表面蛋白的抗体对融合后不同时间的杂种细胞进行染色。起初,融合细胞一半表面呈绿色,另一半呈红色;40 min 后,红色、绿色荧光几乎

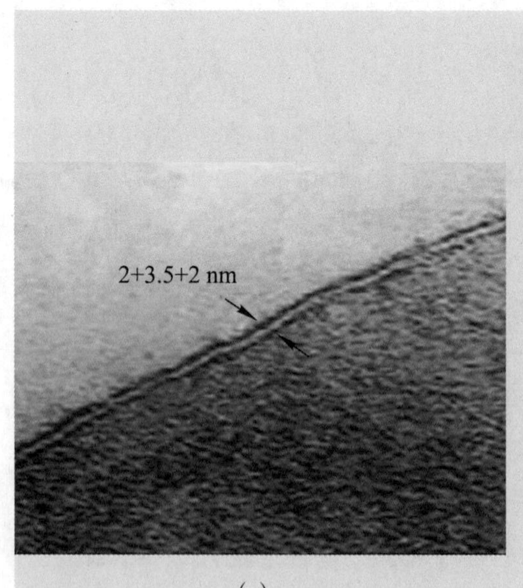

(a)

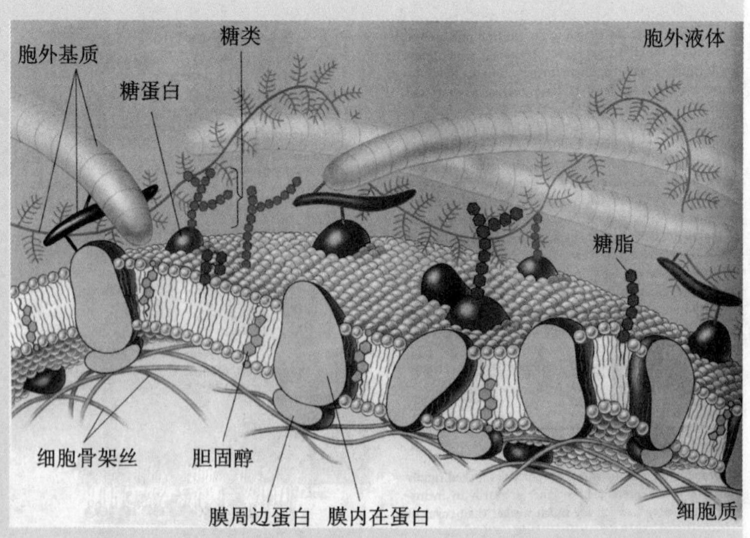

(b)

图 3.33　质膜流动镶嵌(引自 Campbell 等, 2002)
(a)电镜下的质膜。(b)动物细胞质膜的流动镶嵌模型。

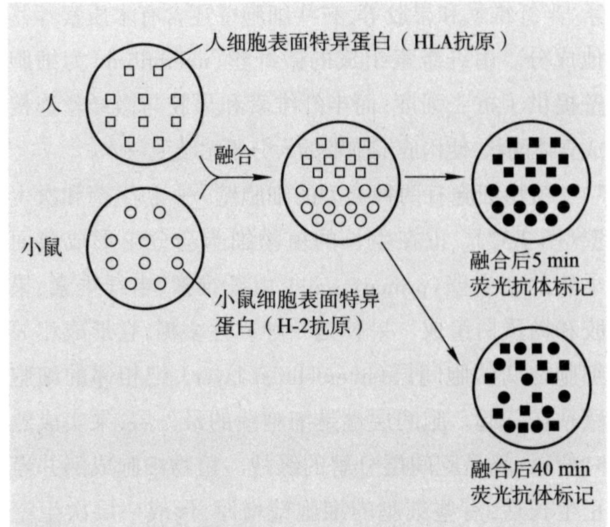

⬆图 3.34 人和小鼠细胞融合时，膜表面蛋白质的移动

都均匀分布于整个融合细胞表面。这一结果说明，小鼠细胞表面的相关蛋白质已经均匀分布到融合细胞表面，即膜蛋白是可以移动的（图 3.34）。

磷脂分子在膜中的侧向移动速率相当快，平均约 2 μm/s。蛋白质分子比脂质分子大得多，所以移动也慢得多。

温度降低则膜的流动性减小，最后磷脂处于紧密排列的状态，膜于是固化，如同猪油或牛油在低温下变成固态一样。如果膜中的磷脂含有丰富的不饱和脂肪酸尾，则固化温度低，这是因为不饱和脂肪酸中有双键，不能像饱和脂肪酸那样紧密排列（见图 2.13）。许多耐寒的植物，如冬小麦，其细胞质膜中不饱和磷脂在秋季增多，避免在冬季固化，这就是对低温的适应。

很多膜还含有胆固醇等类固醇物质，使膜的流动性处于适当的区间。在温度较高时，固醇由于限制了磷脂分子的加速移动而维持了膜的流动性；而在温度较低时，固醇的存在阻碍了磷脂分子形成更紧密的排列，使膜的流动性不会显著降低（图 3.35）。

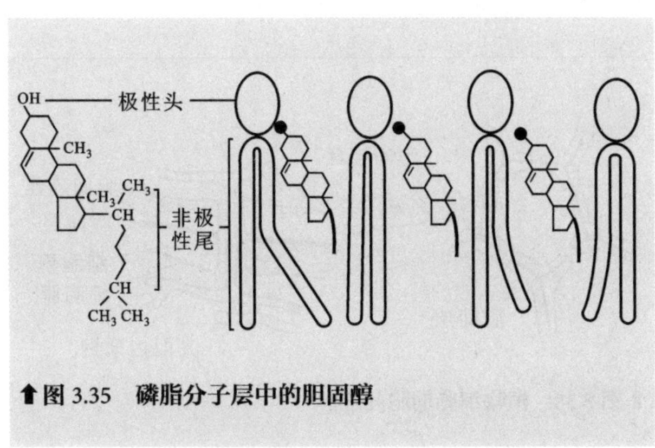

⬆图 3.35 磷脂分子层中的胆固醇

3.3.3 膜是由脂类与蛋白质镶嵌形成的结构

膜中有许多种不同的蛋白质浸埋在液态的脂双层中。脂双层是膜的结构基础，而蛋白质则决定着膜的大多数特定的功能。质膜和各种细胞器的膜都具有它们特有的蛋白质组合。

从图 3.33b 中可以看出，膜蛋白有两大类：膜内在蛋白（integral protein）和膜周边蛋白（peripheral protein）。膜内在蛋白也就是跨膜蛋白，它们一次或几次穿过脂双层的疏水核心，其跨膜区由非极性氨基酸残基组成，通常是 α 螺旋结构，也有 β 折叠。蛋白质分子的亲水区域则暴露在膜两侧的水溶液中。因单次跨膜区仅含 20 个左右的氨基酸残基，且疏水基团向外，所以重金属染色时着色浅，这也是电镜下膜呈现暗—亮—暗结构的一个原因：蛋白质的大部分都在膜两侧。膜周边蛋白完全不埋在脂双层中，它们与膜内在蛋白的膜外部分靠非共价键结合。还有一些蛋白质与膜脂形成共价键，如小 G 蛋白 Ras 等。

在质膜的胞质侧，有些膜蛋白与细胞骨架连接而被固定；在胞外侧，有些膜蛋白连接在胞外基质上。这些连接，使动物细胞有一个比较坚固的外部框架，对机械力的抵抗比单独的质膜要强得多。膜蛋白与胞内外纤维蛋白的结合，阻碍了膜蛋白本身的流动，对细胞极性的维持很重要。

质膜表面含有很多有分支的寡糖链，组成成分主要有半乳糖、甘露糖以及唾液酸等，唾液酸是甘露糖的衍生物。这些寡糖链大部分与膜蛋白以共价键相结合，成为糖蛋白（glycoprotein），还有少部分糖链与膜脂相结合，成为糖脂（glycolipid）。

糖只存在于质膜的外侧，与细胞质接触的一侧没有糖（图 3.36）。质膜外面的寡糖分子因物种、个体而异，甚至在同一个体中也因细胞类型而不同。细胞表面的糖分子及其位置的多样性，使得寡糖成为区分细胞的标志。例如，人的 4 种血型——A、B、AB 和 O 型，其区别就在于红细胞表面一种寡糖链组成的稍许差异。在细胞与细胞的识别中，细胞表面的糖分子十分重要。细胞识别对于生物非常重要，例如：在动物胚胎中，特定的细胞形成组织和器官，要靠细胞识别；免疫系统清除外来细胞（包括器官移植时的排异）而不对自身细胞进行攻击，也靠细胞识别。

质膜是活细胞的边界，它把细胞内的环境与其周围的环境分隔开来。而真核细胞内部，也由生物膜隔

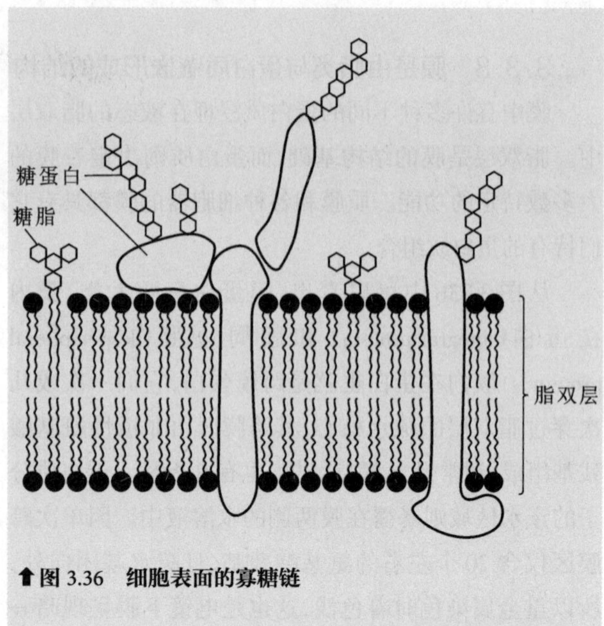

⬆图 3.36 细胞表面的寡糖链

成了一个个区室（compartment），如内膜系统、线粒体、叶绿体等，每个区室执行各自的功能。许多生物过程也是在膜中或膜上完成的，如氧化磷酸化、磷脂合成、G蛋白偶连受体信号途径的激活等。

3.4 细胞外基质和细胞连接

构成生物体的基本结构，除了细胞本身外，还有由细胞分泌到胞外的蛋白质和多糖等成分，这些成分构成了细胞外基质（extracellular matrix，ECM）。植物细胞的胞外基质主要是细胞壁，而动物细胞的胞外基质更加复杂多样。

细胞之间通过细胞通信、细胞连接以及细胞与细胞外基质之间的相互作用，形成复杂的联系。对多细胞生物而言，细胞的这种复杂联系，对组织构建、器官形成以至整个多细胞个体的发育都极为重要。

3.4.1 细胞壁包被着植物细胞

细胞壁（cell wall）是植物细胞区别于动物细胞的显著特点之一。细胞壁保护植物细胞，维持其形状，并使它不能吸收过量的水分。就整株植物而言，特化细胞的坚固细胞壁帮助植物抵抗重力，使植株在空中挺立。原核生物、真菌和某些原生生物也有细胞壁，将在第Ⅳ篇中讨论。

植物的细胞壁比质膜厚得多，在 0.1 μm 至数微米之间。细胞壁的化学成分因物种而异，在同一株植物中则因细胞类型而异，但主要成分为多糖，包括纤维素、半纤维素和果胶等，有些细胞壁还含有木质素等其他成分。由纤维素组成的微纤丝（microfibril）为细胞壁提供了抗张强度；而半纤维素和果胶与微纤丝连接成立体网状，使构成细胞壁的大分子粘结为一体。

植物细胞有两种类型的细胞壁——初生壁和次生壁（图 3.37）。正在生长的植物细胞会分泌形成薄而柔软的初生壁（primary wall），由纤维素、半纤维素、果胶和糖蛋白组成。果胶是一种黏性多糖，它形成相邻细胞之间的胞间层（intercellular layer），把相邻的细胞壁粘在一起。胞间层也是细胞壁的最外层，果实成熟时变软，就是胞间层分解的缘故。植物细胞成熟并停止生长后，有些细胞的细胞壁增厚，形成一层次生壁（secondary wall）。次生壁通常是叠加几层，其纤维素含量高，果胶极少，还有木质素，大大增加了硬度，起到保护和支持的作用。相邻细胞的细胞壁上有小孔，细胞质通过小孔彼此相通。这种细胞间的连接称为胞间连丝（plasmodesma，复数 plasmodesmata）（图 3.38），这是植物细胞间特有的连接方式。

棉花纤维几乎是纯粹的纤维素（图 3.39）。棉花开花时，种子的一些表皮细胞就开始伸长，13～20 天后，细胞的长宽之比可达 1000∶1～3000∶1。此时细胞的初生壁不再生长，细胞合成的纤维素沉积到细胞内侧，形成次生壁。细胞死后留下的次生细胞壁就是棉花纤维。因此，棉花纤维是中空管状的。

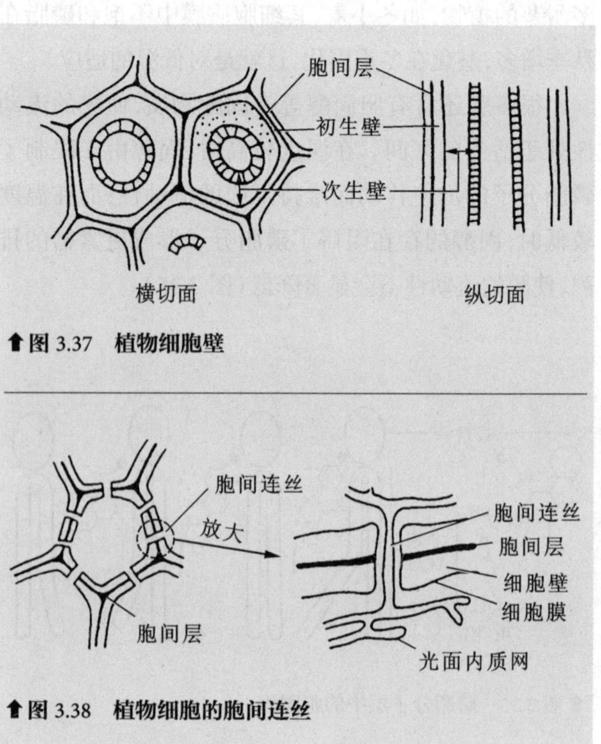

⬆图 3.37 植物细胞壁

⬆图 3.38 植物细胞的胞间连丝

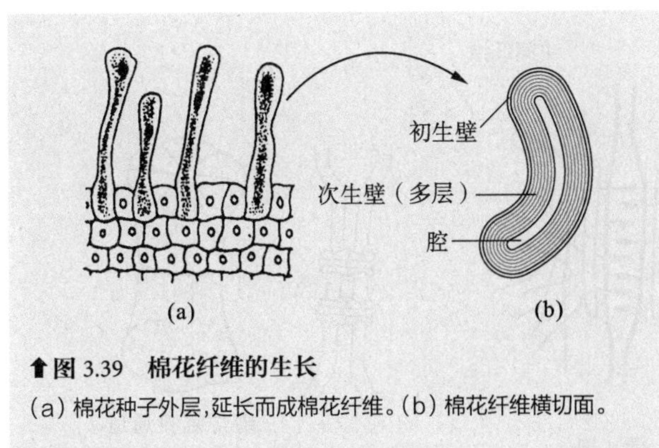

⬆图 3.39　**棉花纤维的生长**

（a）棉花种子外层，延长而成棉花纤维。（b）棉花纤维横切面。

木材是死细胞遗留的细胞壁所组成的，但木材不是纯的纤维素，在纤维素的间隙中充满一种芳香醇类的多聚化合物——木质素（lignin），它使细胞壁坚固耐压，其含量可达木材重量的 50% 以上。

老树干和老树根的表面有许多层“死的木栓化”的树皮，这是细胞遗留下来的细胞壁，其中除纤维外，还含有木栓质（suberin）。软木就是一种栎树的木栓化树皮。由于软木的细胞壁比较薄，空隙较大，所以富有弹性；软木中的木栓质是一种脂质，所以软木不透水。发现细胞的胡克所见到的就是死细胞木栓化的细胞壁。

3.4.2　动物细胞的胞外基质

动物细胞没有细胞壁，但是也有胞外基质（图 3.40）。胞外基质的主要成分是细胞所分泌的糖蛋白，主要是胶原（collagen），它在细胞外形成胶原纤维，占很多脊椎动物全部蛋白质的一半。胶原纤维埋藏在蛋白聚糖（proteoglycan）所形成的网中。蛋白聚糖是一种糖蛋白，含糖量可达 95%，能够形成极大的复合物，如图 3.40 中所示。胞外基质中的另一类糖蛋白——纤连蛋白（fibronectin）与整合在质膜内的整联蛋白（integrin）相连，这样就使细胞与胞外基质连成一体。胞外基质与细胞间存在复杂的相互作用，它不仅为机体提供了机械支持，同时也通过信号转导途径，深刻地影响着细胞的分裂、迁移和分化命运。

3.4.3　细胞连接

细胞连接（cell junction）是指在细胞膜的特化区域，通过膜蛋白、细胞支架蛋白或胞外基质形成的细胞之间或细胞与胞外基质之间的连接。根据功能的不同，细胞连接主要有三种类型，即封闭连接（occluding junction）、锚定连接（anchoring junction）和通信连接（communication junction），分述于下。

封闭连接是指将相邻上皮细胞的质膜紧密连接在一起，阻止溶液中的小分子沿细胞间隙从细胞一侧渗透到另一侧。紧密连接（tight junction）是封闭连接的主要形式，一般存在于上皮细胞之间（图 3.41a）。紧密连接处，两个相邻细胞的细胞膜紧密靠拢，两膜之间不留空隙，从而防止了物质从细胞之间通过。在上皮组织中，紧密连接环绕各个细胞一周成腰带状“焊线”，“焊线”由相邻膜上的跨膜蛋白结合形成，完全封闭了细胞之间的通道，使细胞层成为一个完整的膜系统。例如：脑血管内壁就有这样的屏障——血 - 脑屏障，血液中的物质只能通过细胞而不能从细胞之间直接进入脑；肠壁上皮细胞也有紧密连接，使肠内的杂质不能从

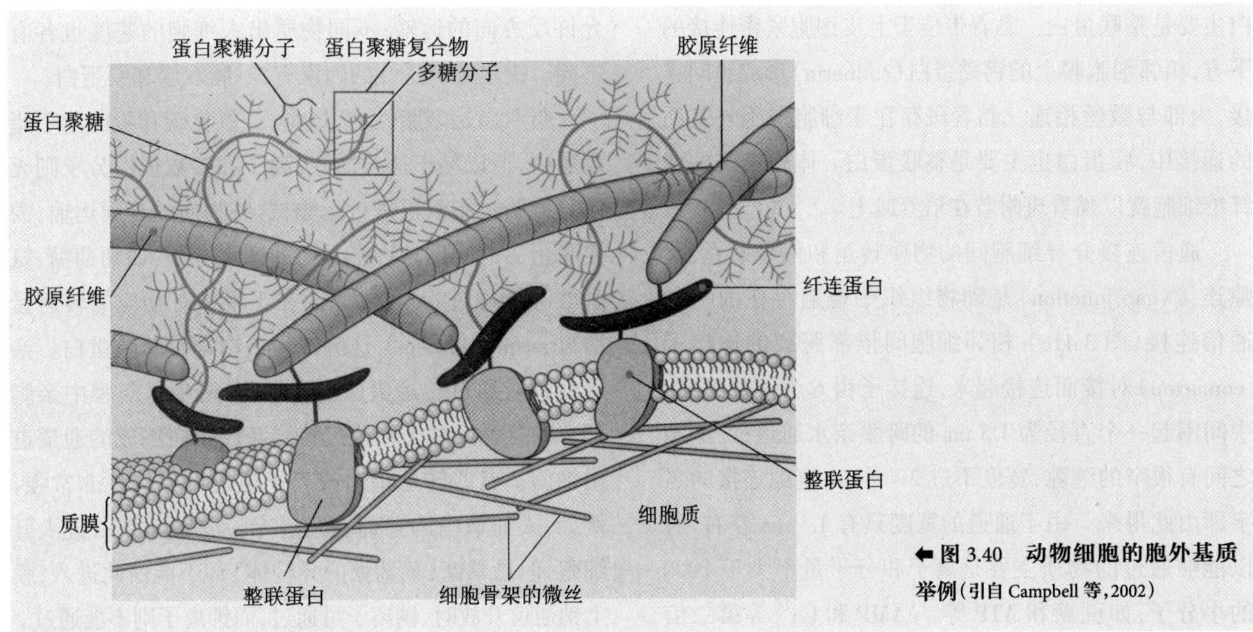

⬅图 3.40　**动物细胞的胞外基质举例**（引自 Campbell 等，2002）

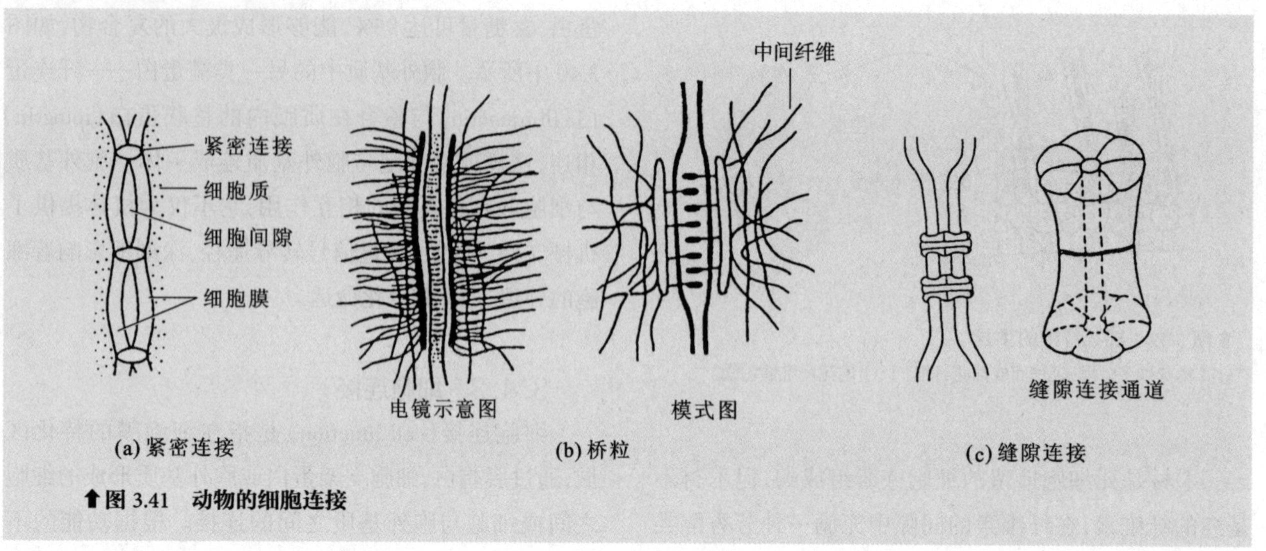

⬆图 3.41 动物的细胞连接

上皮细胞之间穿过，而肠内的消化产物也只能穿过上皮细胞的细胞膜进入细胞。紧密连接还形成膜蛋白和膜脂侧向扩散的屏障，维持上皮细胞的极性。

锚定连接通过细胞骨架系统将相邻细胞或细胞与基质之间连接起来，在机体中广泛分布，能够分散施加于细胞的作用力，使细胞对机械力的承受能力增强。细胞骨架直接参与了锚定连接。根据直接参与细胞连接的骨架纤维不同，锚定连接分为与中间纤维相关的锚定连接和与肌动蛋白（微丝）纤维相关的锚定连接。前者包括桥粒（desmosome）和半桥粒（hemidesmosome），后者主要有黏着带（adhesion belt）和黏着斑（focal adhesion）。桥粒在电镜下呈纽扣状的斑块结构，由桥粒特异性的几种蛋白质组成（图 3.41b）。桥粒的主要功能是机械性的，很像工艺上的铆钉或焊接点。半桥粒存在于细胞与胞外基质的连接中，膜蛋白主要是整联蛋白。黏着带位于上皮细胞紧密连接的下方，相邻细胞膜上的钙黏蛋白（cadherin）形成膜间连接，内部与微丝相连。黏着斑存在于细胞与胞外基质的连接中，膜蛋白也主要是整联蛋白。体外培养的成纤维细胞就以黏着斑附着在培养皿上。

通信连接介导细胞间的物质转运和信号联系，缝隙连接（gap junction）是动物组织中普遍存在的一种通信连接（图 3.41c）：相邻细胞间依靠跨膜的连接子（connexon）对接而连接起来，连接子由 6 个亚基组成，中间围起一个直径为 1.5 nm 的跨膜亲水通道；两细胞之间有很窄的缝隙，宽度不过 2～3 nm，缝隙连接的名字即由此得来。由于通道的宽度只有 1.5 nm 左右，所以能够通过的物质主要是离子和分子量不大于 1000 的小分子，如蔗糖和 ATP 等。cAMP 和 Ca^{2+} 等第二信使，可通过缝隙连接迅速从一个细胞进入周围的多个细胞，从而协调细胞群体的功能。动作电位也可以通过缝隙连接迅速传播，从而协调心脏收缩及小肠蠕动。

化学突触和植物细胞的胞间连丝，也属于通信连接。

3.5 物质的跨膜转运

由磷脂等脂质和膜蛋白组成的细胞质膜，是细胞与细胞外环境之间的选择性通透屏障，细胞通过质膜摄取营养物质，排除代谢废物，同时又要维持细胞内环境的稳定，所以物质的跨膜运输对细胞非常重要。

3.5.1 膜的选择透性源于其分子组成

细胞膜对于物质的通透是有选择性的，例如：膜允许某些营养物质进入细胞，而将代谢“废物”排出，但不允许反方向的运输；不同物质出入细胞的速度也各有不同。决定选择透性的因素有二：脂双层和膜蛋白。

脂双层是亲脂性的，烃类、二氧化碳和氧能溶于脂双层中，所以易于透过质膜；离子和多数极性分子则无法直接跨过脂双层进行运输，这些物质的跨膜运输，需要膜蛋白的协助。许多重要的亲水分子，如葡萄糖、氨基酸等能透过脂双层，原因在于膜中有相应的转运蛋白（transport protein），这些转运蛋白都是跨膜蛋白。亲水性物质通过转运蛋白出入细胞，避免了与膜中亲脂部分的接触。离子则通过特异跨膜蛋白围成的通道进出细胞。有些转运蛋白或离子通道的专一性非常强，例如：人血液中的葡萄糖经过专一的转运蛋白进入肝细胞，但是果糖（葡萄糖的异构体）却不能由此进入；膜上钠通道开放时，钠离子可通过，而钾离子则不能通过。

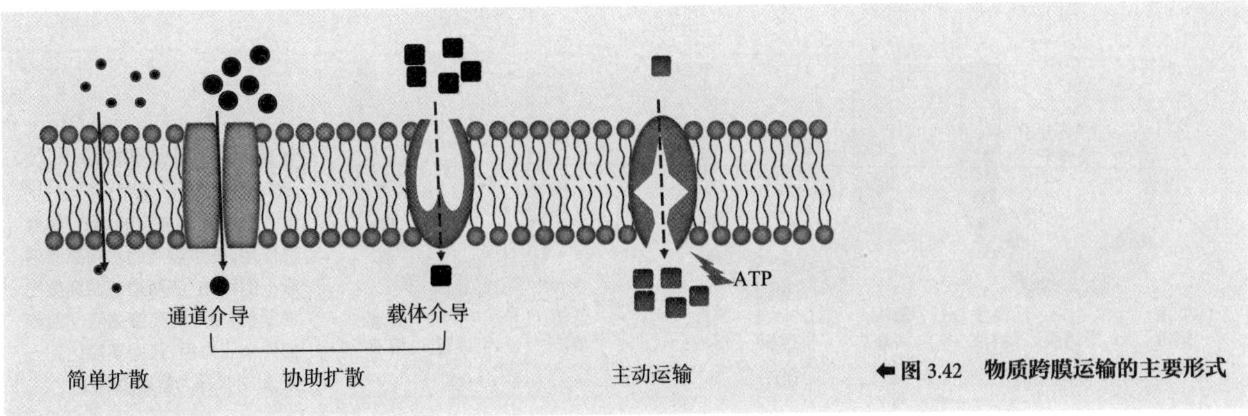

图 3.42 物质跨膜运输的主要形式

由此可见，膜的选择透性取决于脂双层本身的限制和转运蛋白的专一性。那么，决定转运方向的又是什么呢？是什么决定着物质是进入细胞还是由细胞中出来？这里必须区别三种运输方式：简单扩散（simple diffusion）、协助扩散（facilitated diffusion）和主动运输（active transport），影响三者运输方向的因素有很大不同（图 3.42）。

3.5.2 简单扩散和协助扩散是穿过膜的扩散

我们在屋子的一角放一朵玫瑰花，不久便会花香四逸。这就是组成花的香气的分子自由扩散的结果。扩散（diffusion）是由分子热运动造成的。每一个分子的运动是随机的，然而一群分子的运动却是有方向的——扩散的方向决定于扩散物质的浓度梯度（concentration gradient），统计学上看，微观粒子总是从高浓度区域向低浓度区域移动。在跨膜运输中，有些物质也是顺着浓度梯度，由高浓度一侧穿过膜扩散到低浓度的一侧。

一些小分子化合物，如 O_2、CO_2、N_2 等，不需要膜蛋白的协助，可以自由穿过膜进行扩散，这就是简单扩散。例如，进行生物氧化（见 4.3 节）的细胞，不断消耗 O_2，产生 CO_2。因此，细胞内氧的浓度总较细胞外为低，氧不断进入细胞；细胞内 CO_2 浓度比细胞外高，CO_2 不断扩散到细胞外。值得注意的是，当一种溶液中有多种不带电的溶质存在时，某种物质穿过膜的扩散仅与该物质的浓度梯度有关，而与其他任何溶质的浓度均无关。

水分子虽然有极性，但因其体积小，而膜具有流动性，因此也可以通过膜进行自由扩散，缓慢地进行跨膜运输。对于需要迅速进行水的跨膜转运的组织，如肾近曲小管对原尿的重吸收、唾液的分泌和眼泪的形成等，水需要借助膜上的水通道——水孔蛋白（aquaporin）进行运输（图 3.43）。

3.5.3 渗透是水的扩散

溶质相同而浓度不同的两种溶液，溶质浓度较高的，水分子的浓度则相对较低；溶质浓度较低的，水分子的浓度相对较高。如果两种溶液被半透膜（只允许水分子通过，不允许溶质通过）分隔开，则由低溶质浓度一方扩散到高溶质浓度一方的水分子，会多于反方向扩散的水分子，总体效果是水分子由低浓度的溶液扩散到高浓度的溶液，这就是渗透。如果一开始就固定两侧溶液的体积，则随着水分子的不断渗透，高溶质浓度一侧的压强会逐渐增加，形成膨压。随着渗透的进行，两侧水分子的浓度梯度减少，膨压又阻止水分子的渗透，直至膨压完全抵消水分子的浓度梯度，水的净流入（或流出）为 0，渗透便达到平衡。当然，如果一开始就对浓度高的溶液施加适当的压力，就会阻止水分子从低浓度溶液中的净流入，这个压强就是渗透压（osmotic pressure）（图 3.44）。因此，浓度较高的溶液称为高渗溶液（hypertonic solution），浓度较低的则称为低渗溶液（hypotonic solution）。

如果溶液体积随水分子的进入或流出而相应变

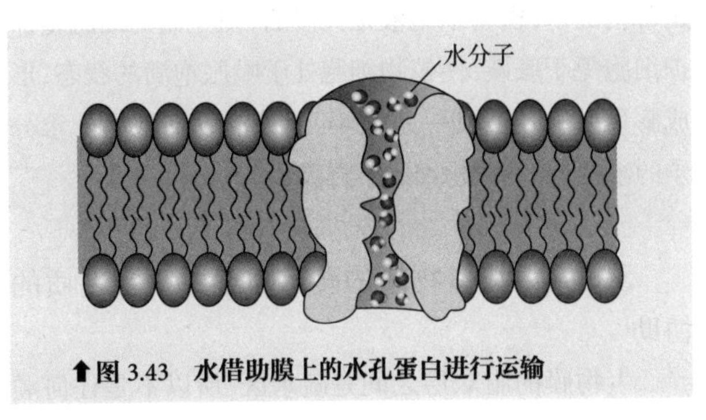

图 3.43 水借助膜上的水孔蛋白进行运输

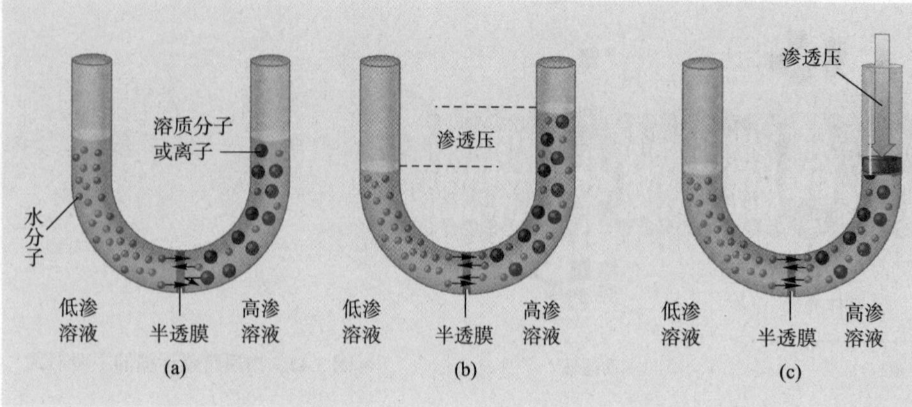

图 3.44 渗透和渗透压

(a)半透膜将U型管分开,分别加入低渗和高渗溶液。(b)因渗透作用,低渗溶液的水向高渗溶液一侧移动,使两边液面高度出现差别。(c)向高渗溶液一端施加外来压力后,液面高度达到一致,此外加压力就是渗透压。

化,膨压就不会形成,这样只有当两侧的水分子浓度一致,即渗透压相等时,水分子的净流动才会停止。这时两侧的溶液称为等渗溶液。

当细胞被放在等渗的环境中时,通过质膜进出细胞的水相等,细胞既不吸收水,也不丢失水,体积稳定;若将细胞放在高渗溶液中,则细胞丢失水而皱缩,这就是人不能喝海水的原因之一;在低渗溶液中,水净流入细胞,细胞若没有保护,则会因膨胀而破裂。

没有坚固细胞壁的动物细胞,既不能耐受过量的水分吸收,也不能耐受过量的水分损失,只能生活在等渗溶液中。许多海生无脊椎动物的体液与海水是等渗的;大多数陆生动物的细胞外液体与细胞内的液体也是等渗的。许多生活在低渗或高渗环境中的动物,都有特殊的渗透调节(osmoregulation)机制,以控制水分平衡。例如:生活在低渗池水中的草履虫,其质膜对水的透性较小,减缓了水进入细胞的速度;此外,草履虫还有一个伸缩泡,可将多余的水排出细胞。

植物、藻类、细菌和真菌的细胞都有细胞壁,它们的水分平衡原理相同。这些细胞在低渗溶液中是膨胀的,在等渗溶液中是萎蔫的,而在高渗溶液中则发生质壁分离(plasmolysis),即细胞质皱缩而与细胞壁分开。如前所述,水分子的渗透,取决于半透膜两侧溶液的水分子浓度差和膨压,渗透作用决定于这两种推动力。正常情况下,植物细胞液是高渗的,但坚韧的细胞壁保护细胞免于胀破,使植物细胞处于吸胀饱满的状态,形成膨压。膨压达到一定大小,则抵消了细胞内外水分子的浓度差,使植物细胞不再吸水。

3.5.4 很多物质的转运需要专一蛋白质的协助

生物膜的脂双层之间是疏水区,所以不是任何顺浓度梯度存在的物质都能顺利地穿过膜,只有非极性的分子和水分子等不带电的小分子,才能通过膜进行自由扩散,而氨基酸、单糖和核苷酸等亲水性小分子,以及带电的离子和小分子是无法凭借自身的力量,跨过细胞膜的。这些物质的跨膜运输,需要特定膜蛋白的帮助。依靠膜蛋白的帮助,这些物质从高浓度的一侧,跨膜运输到低浓度的一侧,这种现象称为协助扩散。参与物质跨膜转运的蛋白质分两类:通道蛋白(channel protein)和载体蛋白(carrier protein)。

通道蛋白 通道蛋白跨膜形成亲水通道,允许特定的分子或离子通过,而不会与膜内磷脂的疏水尾巴接触,如离子通道和上述的水通道。离子可以借由特定的离子通道进行双向扩散,而决定离子净移动方向的有两个因素:它们在膜两边的相对浓度和跨膜电压。离子通道对离子有选择性,每种通道对应着一种特定的离子,如 Ca^{2+}、Na^+、K^+、Cl^- 等离子都各有其通道。某些情况下,一种通道也可以对应几种离子,如二价阳离子通道,可以通过 Cu^{2+}、Zn^{2+}、Fe^{2+}、Mn^{2+} 等多种二价离子。离子通道在神经冲动的形成和传导过程中起着主要的作用。

通道有开、关两种状态,多数情况下通道处于关闭状态,因此称其为“门控通道”(图 3.45)。门控通道只有接受一定的信号时才打开:有的离子通道受电信号控制,叫做电压门控通道,如神经细胞表面的 Na^+ 和 K^+ 通道受电信号控制,形成沿神经突起传播的神经冲动;有的受一些信号分子调控,叫做配体门控通道,如突触后膜的乙酰胆碱受体,本身是 Na^+ 或 Ca^{2+} 通道,结合乙酰胆碱时打开,形成神经冲动;有些通道感受机械力,如内耳的机械门控通道感受声波的压力而开关,形成神经冲动,这是听觉产生的基础。

载体蛋白 载体蛋白是另一种膜蛋白,它不但运

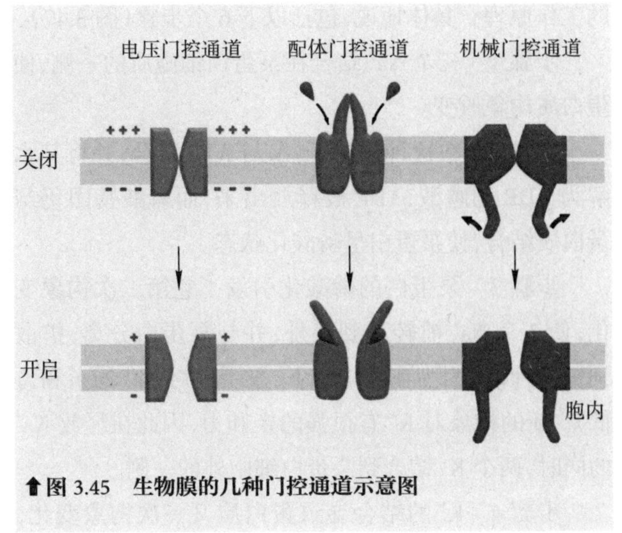

⬆图 3.45　生物膜的几种门控通道示意图

送离子，还运送糖和氨基酸等可溶性小分子。载体蛋白在膜的一侧与特定分子结合，结构发生变化，从而在另一侧把分子释放出来（图 3.46）。小分子更易于在浓度高的一侧与载体蛋白结合，然后在浓度低的另一侧被释放出来，导致小分子的跨膜运输。载体蛋白运输的速度是有上限的，当被运载的物质的浓度升到足够高时，几乎全部载体都将用于运输，运输系统的容量达到饱和。相比而言，离子通道的运输几乎不会饱和，效率也比载体蛋白高得多，达 10^6 个 /s，比任何载体蛋白都要快 1000 倍以上。

有些遗传疾病是由于某种载体的缺陷引起的，例如人的胱氨酸尿症（cystinuria），患者的 *SLC3A1* 或 *SLC7A9* 基因突变，导致肾小管上皮细胞跨膜运输胱氨酸和精氨酸（有时还有赖氨酸）的载体蛋白失活。正常的肾细胞会从尿中重新吸收这些氨基酸，使之进入血液，但此病患者的肾盂或膀胱中却积累这些氨基酸，胱氨酸因溶解度低而形成晶体，产生肾结石和肾绞痛。

3.5.5　主动运输是逆浓度梯度的转运

协助扩散只是提供了一个便利的扩散通道，不能改变转运的方向。有些转运蛋白能使溶质逆浓度梯度跨膜运输，即从低浓度一侧穿过质膜而到达高浓度一侧。这种跨膜转运称为主动运输。主动运输是需要能量的，好像推石头上山一样。为主动运输供应能量的主要是 ATP。

主动运输是细胞膜最重要功能之一。很多情况下，细胞需要将物质逆浓度梯度运输。没有主动运输，肝细胞将不能从血液里摄取葡萄糖，并在细胞内合成糖原，因为肝细胞里的葡萄糖浓度常常比血浆里的浓度高；人类细胞内、外的 K^+ 浓度分别为 140 mmol/L 和 5 mmol/L，而 Na^+ 浓度则分别为 5 ~ 15 mmol/L 和 145 mmol/L，但细胞仍然能够不断向外排出 Na^+，向内吸收 K^+，这也是主动运输的结果。

主动运输是由镶嵌在膜内的载体蛋白完成的，被运输的物质包括离子以及简单的分子，如糖、氨基酸和核苷酸等。主动运输利用 ATP 的方式，可以是直接的，

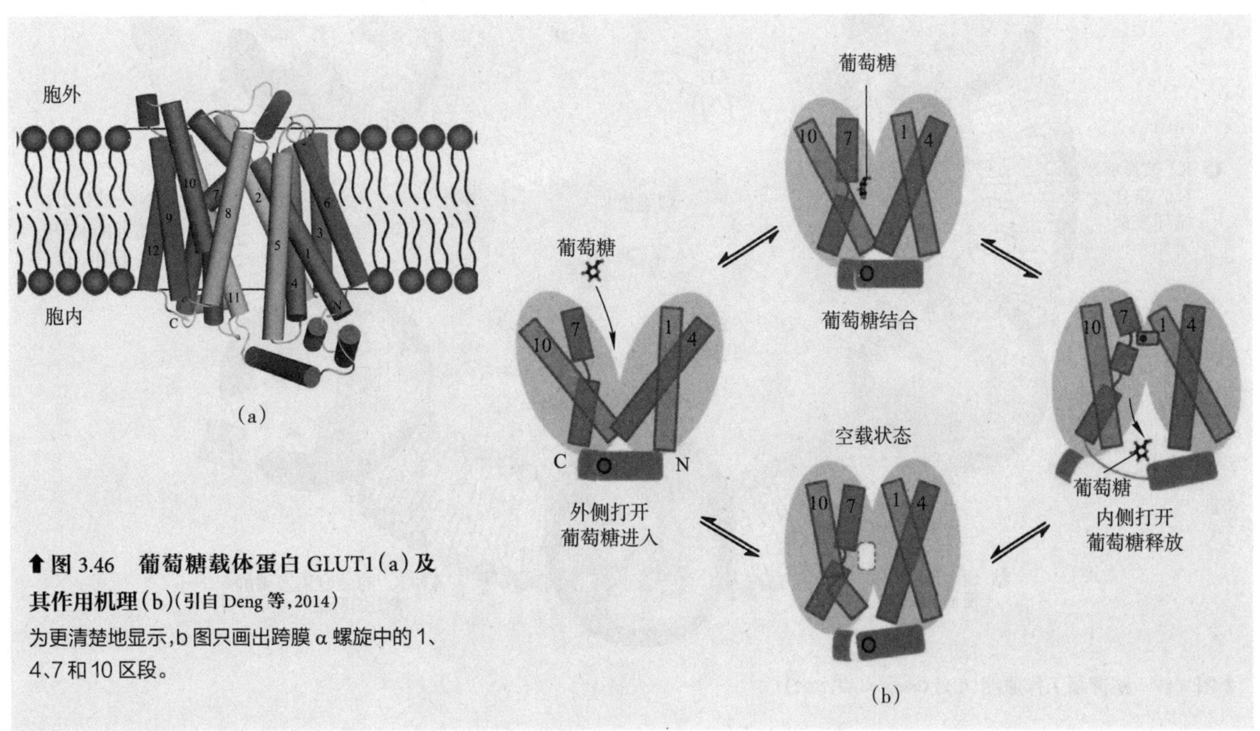

⬆图 3.46　葡萄糖载体蛋白 GLUT1（a）及其作用机理（b）（引自 Deng 等，2014）
为更清楚地显示，b 图只画出跨膜 α 螺旋中的 1、4、7 和 10 区段。

也可以是间接的。

生活中的水泵，是消耗电能或机械能，以克服水的势能，把水从低处抽上来的装置。主动运输离子的载体蛋白，则利用 ATP 的化学能，克服离子的电化学梯度（因为离子是带电的，所以膜两侧的离子存在浓度差的同时，也存在电位差，两者合起来称为电化学梯度）将离子从低浓度一侧运输到高浓度一侧，因此将这类载体蛋白称为离子泵，如运输 Na^+、K^+ 的称为钠钾泵（sodium-potassium pump），运输 Ca^{2+} 的称为钙泵（calcium pump），运输 H^+ 的称为质子泵（proton pump）。

钠钾泵是直接利用 ATP，逆浓度梯度运输 Na^+、K^+ 的载体蛋白。动物细胞内外的 K^+ 和 Na^+ 之所以存在显著的差异，就是由于钠钾泵的存在。钠钾泵将 Na^+ 泵出细胞，将 K^+ 泵入细胞。每消耗一个 ATP，运出 3 个 Na^+，运进 2 个 K^+。因为钠钾泵依靠水解 ATP 获得能量来驱动离子运输，所以钠钾泵又称为 Na^+–K^+ ATP 酶。Na^+ 依赖的载体蛋白（即泵）磷酸化和 K^+ 依赖的去磷酸化交替发生，导致泵的构象交替改变，是钠钾泵的工作原理。具体地说，包括以下 6 个步骤（图 3.47）：

步骤 1　三个 Na^+ 结合在泵蛋白细胞质的一侧，使蛋白质构象改变。

步骤 2　在这种构象下，泵与 ATP 结合，并将其水解为 ADP 和磷酸，ADP 被释放出来，而磷酸基团仍与蛋白质结合，使泵蛋白呈磷酸化状态。

步骤 3　泵蛋白的磷酸化引发了它第二次构象变化，使 3 个 Na^+ 被转移到膜外，并与泵蛋白分离，扩散到细胞外液（因为在新构象下，泵蛋白对 Na^+ 的亲和力低）。新的构象对 K^+ 有很强的亲和力，因此在释放 Na^+ 的同时，两个 K^+ 结合到泵蛋白细胞外的一侧。

步骤 4　K^+ 的结合导致蛋白质又一次构象变化，这次变化使结合在蛋白质上的磷酸基团释放出来，泵蛋白去磷酸化。

步骤 5　去磷酸化的泵蛋白恢复原来的构象，因为这种构象对 K^+ 只有很低的亲和力，两个 K^+ 暴露在细胞质一侧，并从蛋白质上解离下来。

步骤 6　这种构象对 Na^+ 有很强亲和力，当 3 个

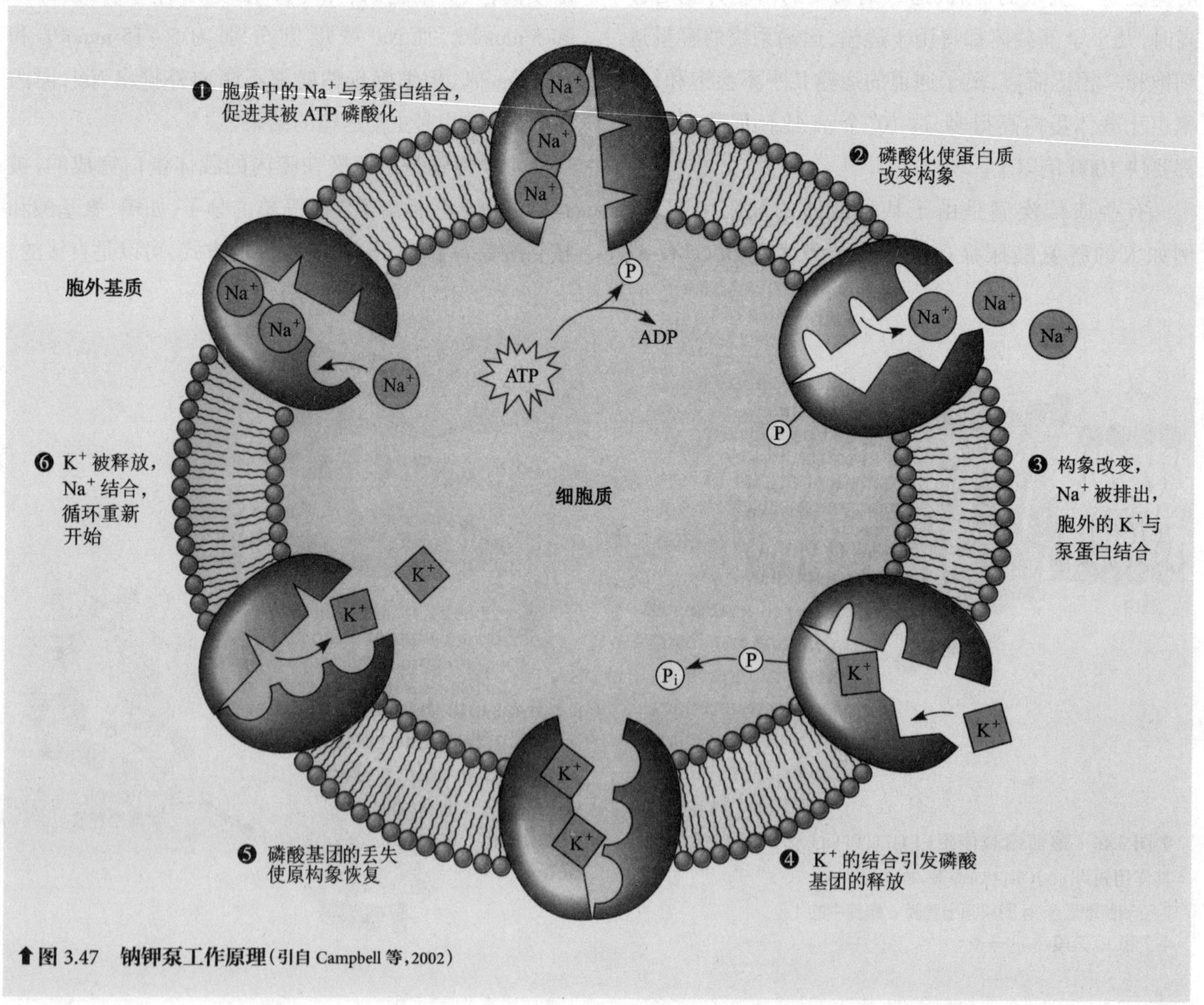

⬆图 3.47　钠钾泵工作原理（引自 Campbell 等，2002）

Na^+ 结合在上面时，又启动了另一次循环。

钠钾泵造成细胞膜两侧 Na^+ 和 K^+ 浓度分布不均，而细胞膜对 K^+ 的通透性远大于 Na^+，使得一部分 K^+ 不断流到膜外，造成细胞膜外正内负。对脊椎动物而言，跨膜电位差大约为 −70 mV，这就是静息电位（resting potential）。任何活细胞都有静息电位，它也是神经冲动（动作电位）产生的基础（详见第 33 章）。

植物细胞和真菌主要利用质子泵，以 ATP 作为能源，将质子（H^+）主动运出细胞，造成膜两侧的电位差和 H^+ 浓度梯度（图 3.48）。无论是膜两侧的 Na^+ 梯度还是 H^+ 梯度，其实都蕴藏了势能，它们再扩散回来时又能做功，就好像被泵上山的水再流下来时又能发电一样，可用于推动其他的耗能过程，如细胞对养分的主动运输，这就是协同转运（cotransport）。

小肠上皮细胞和肾小管上皮细胞吸收葡萄糖和氨基酸，就是依靠 Na^+ 从细胞外流到细胞内来获取能量的协同转运。Na^+ 电化学梯度是钠钾泵通过消耗 ATP 而建立起来的，所以协同转运实际上间接消耗了 ATP。协同转运蛋白（也称为偶联转运蛋白）同时携带一个分子和一个 Na^+，利用 Na^+ 浓度外高内低的梯度，克服分子浓度外低内高的梯度，实现跨膜运输，这称为同向运输（symport）（图 3.49）。有些介导协同转运的转运蛋白与上述不同，例如动物细胞常常通过钠氢交换体（Na^+–H^+ exchange carrier）将 Na^+ 的流入与 H^+ 的输出相偶联，以清除细胞内过量 H^+，维持 pH 稳定，这称为反向运输（antiport）。

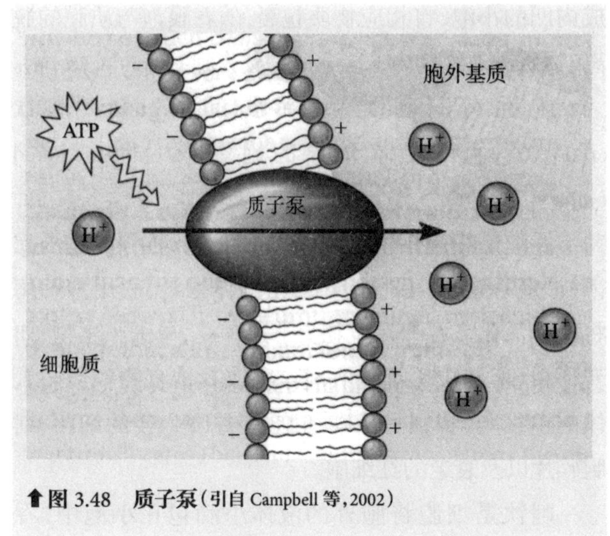

⬆图 3.48 质子泵（引自 Campbell 等，2002）

3.5.6 大分子的转运依靠胞吞和胞吐

蛋白质、多糖等大分子以及更大的颗粒物质，则通过不同的机制进出细胞。运输过程中，被运输物质被包裹在生物膜形成的囊泡中，所以称为膜泡运输。这类运输需要消耗能量，因此属于主动运输的一种。

大分子运出细胞之前，细胞先将其包在小泡内，接着小泡与质膜融合，这些大分子便被分泌到细胞之外，这就是胞吐（exocytosis）。许多分泌细胞都利用胞吐作用将其产物外运。例如，胰腺 β 细胞通过胞吐作用将胰岛素分泌到血液中，神经元（神经细胞）利用胞吐作用释放神经递质，植物细胞通过胞吐分泌纤维素的前体来制造细胞壁。

细胞吸收大分子和颗粒性物质，也是先由质膜形

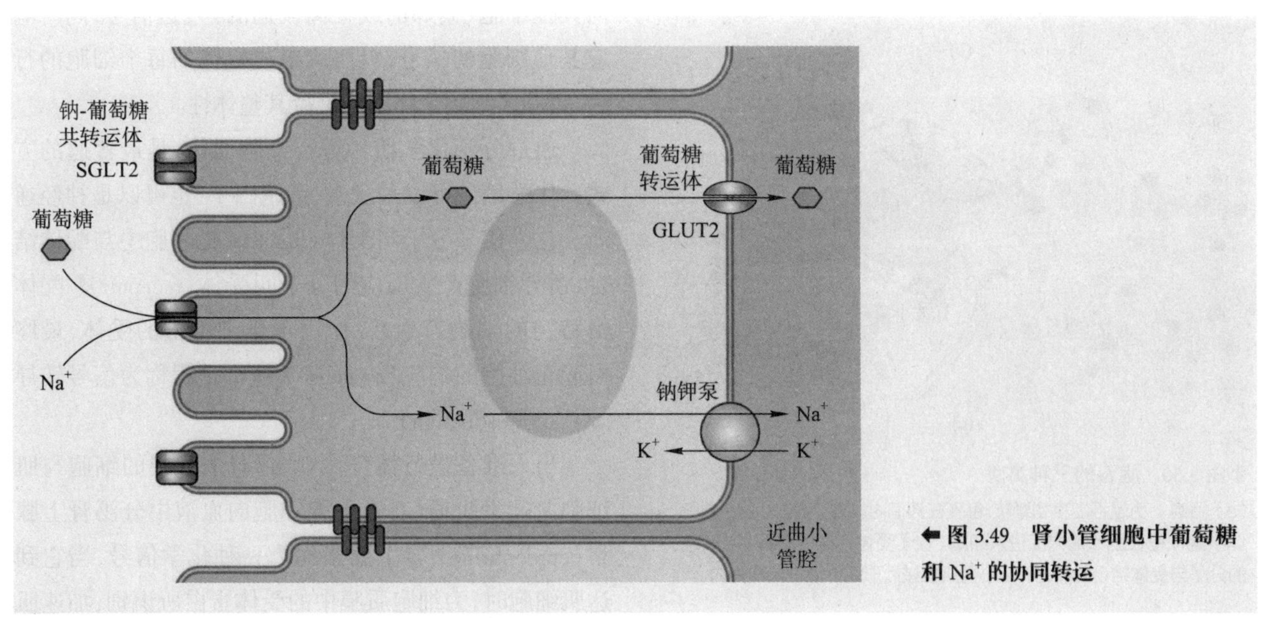

⬅图 3.49 肾小管细胞中葡萄糖和 Na^+ 的协同转运

成内凹的小泡，将相应物质包裹，随着膜泡与质膜的脱离，物质进入细胞内。这个过程称为胞吞（endocytosis）。

胞吞有三种类型：吞噬（phagocytosis）、胞饮（pinocytosis）和受体介导的胞吞（receptor-mediated endocytosis）（图 3.50）。

吞噬是细胞用伪足（pseudopodium）将颗粒包裹起来，形成吞噬泡，吞噬泡再与溶酶体融合，利用水解酶将颗粒消化。吞噬在生物界普遍存在，单细胞生物，如变形虫、草履虫等都能吞噬细菌或其他食物颗粒。人体的白细胞，特别是巨噬细胞，能吞噬入侵的细菌、细胞碎片以及衰老的红细胞。

胞饮是细胞将胞外的液体小滴包在小泡中"吞入"。胞饮在细胞中很普遍，所有真核细胞都在不断地以这种方式吸收胞外的可溶性大分子和悬浮在胞外基质中的小颗粒。由于进入小泡的液体中溶解的或悬浮的任何物质都可能被吞入，所以胞饮没有专一性。

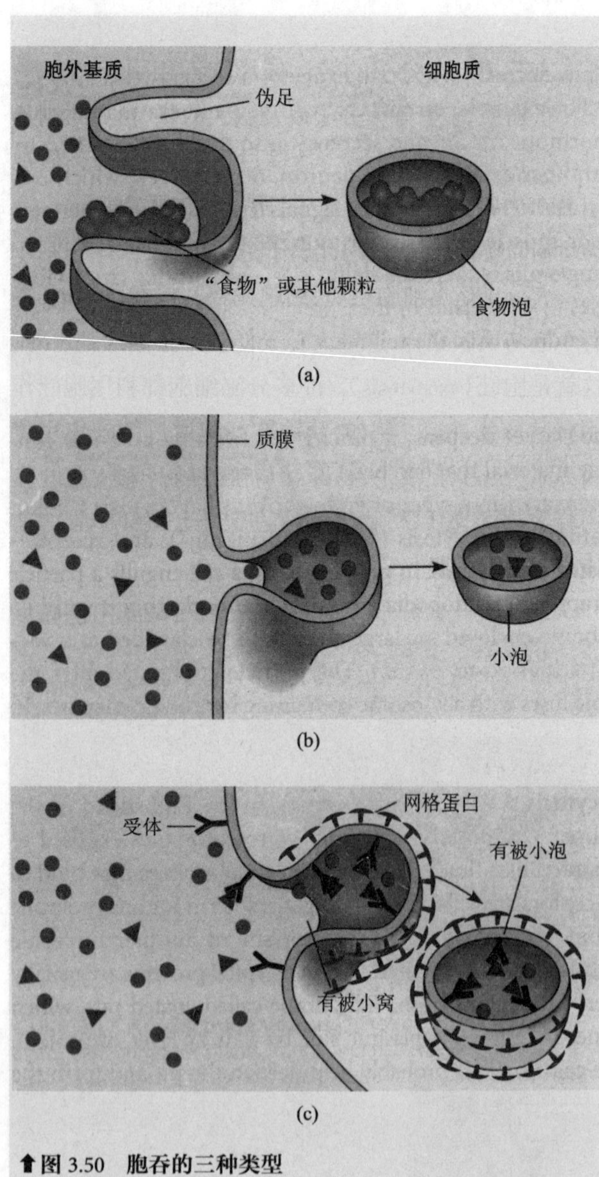

⬆图 3.50　胞吞的三种类型

(a) 吞噬。伪足吞噬食物颗粒，包裹在液泡内。(b) 胞饮。胞外的液体小滴被包在胞饮泡内而进入细胞。(c) 受体介导的胞吞。当专一的分子与受体结合时即为有被小窝所包被而形成小泡进入细胞内。

与胞饮不同，受体介导的胞吞专一性很强。受体蛋白成簇分布在质膜凹陷形成的有被小窝（coated pit）中，小窝的胞质面包有一层组装成网格状的蛋白——网格蛋白（clathrin）；被运输的分子与受体特异结合后，小窝进一步内陷，并封闭起来形成一个内吞泡。当被吞入的物质从小泡中被释放出来而参与代谢时，受体又会回到质膜上，重新被利用。

受体介导的胞吞使得细胞能够获得大量专一的物质，即使这些物质在胞外基质中浓度并不高。人体细胞吸收胆固醇就是利用此过程。胆固醇与特定的蛋白质和磷脂形成的低密度脂蛋白（LDL）颗粒在血液中运输，这些颗粒与细胞表面的 LDL 受体结合，然后通过胞吞进入细胞（图 3.51）。高胆固醇血症是一种家族性遗传病，患者的血液中胆固醇浓度非常高，原因是其 LDL 受体蛋白有缺陷，影响 LDL 颗粒进入细胞，导致胆固醇在血液中积累，引起早期的动脉粥样硬化。

3.6　细胞通信

对于多细胞生物，细胞与细胞之间的通信为其生命活动所必需。细胞通信（cell communication）是指一个细胞发出的信息通过某些介质传递到另外的细胞，并使之产生相应的反应。细胞通信对细胞存活、分裂、分化和凋亡以及协调细胞的功能非常重要。细胞必须向其他细胞（紧邻的或距离较远的）发送信号，同时响应其他细胞的信号，以协调组成机体的每个细胞的行为，否则多细胞生物不能维持其整体性。

通过分泌化学信号进行细胞通信，是最普遍的方式。化学信号可以是激素、细胞因子，也可以是神经递质。化学信号分子叫配体（ligand），靶细胞中与配体结合，诱导细胞产生反应的分子叫受体（receptor）。配体由特定的细胞产生后，作用于靶细胞上的受体，最终引起靶细胞的响应（response），这个过程称为信号转导（signal transduction）。

当人准备进行体育比赛时，肾上腺中的细胞与肌细胞之间发生通信：肾上腺细胞向血液中分泌肾上腺素（epinephrine），肾上腺素作为一种化学信号，当它到达肌细胞时，为细胞质膜中的受体蛋白所识别，加速肌

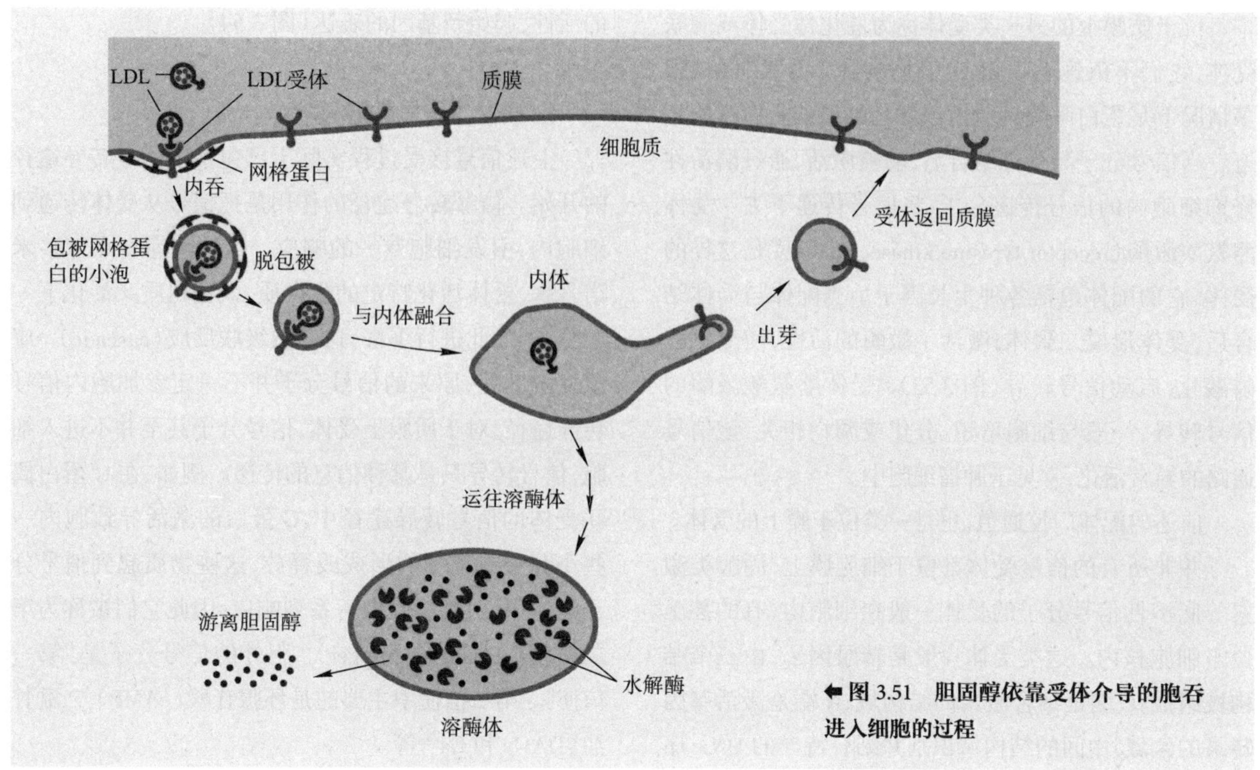

图 3.51 胆固醇依靠受体介导的胞吞进入细胞的过程

细胞中糖原水解为葡萄糖，用作运动的能源。这一连串反应使得运动员为激烈的竞赛做好准备。这就是一个典型的信号转导途径（图 3.52）。可以看出，这个信号途径包括信号接受、信号转导和响应三个阶段。

3.6.1 信号接受

信号分子大部分是能与某种蛋白质（受体）专一结合的较小分子，它与受体结合后往往使受体分子发生构象上的改变，从而引起靶细胞的一系列反应。质膜中最常见的一类受体是 G 蛋白偶联受体。G 蛋白是一类能与 GTP（三磷酸鸟苷）结合的蛋白质，它们结合 GTP 时有活性，能激活某些酶，引发细胞的反应；而 G 蛋白本身又是 GTP 酶，能够将 GTP 水解为 GDP 和 P_i，此时 G 蛋白失活。

G 蛋白松散地连接在质膜的胞质侧，起着开关的作用。当质膜中的受体分子结合信号分子时，构象发生变化，导致胞质侧与受体分子结合的 G 蛋白被活化（与 GTP 相连）；活化的 G 蛋白在质膜上移动并与有关的酶分子结合，从而活化酶分子引起反应，例如糖原水解；接着 GTP 水解，G 蛋白失活（见图 3.55）。人类的视觉、嗅觉和味觉等感受器对外界信号的感知，都是通过 G 蛋白途径。

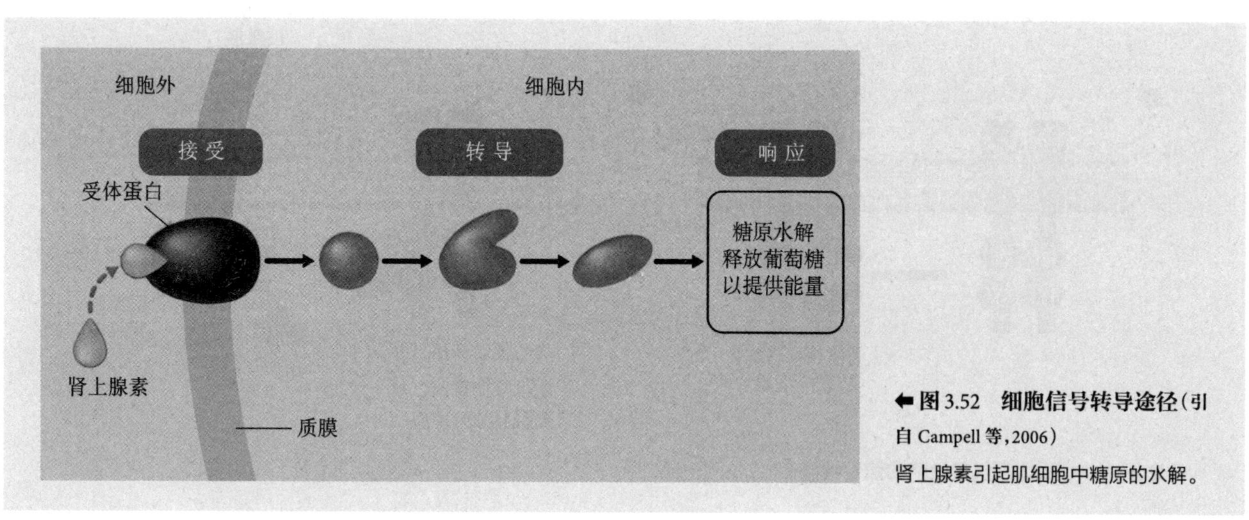

图 3.52 细胞信号转导途径（引自 Campell 等，2006）

肾上腺素引起肌细胞中糖原的水解。

位于质膜上的另一类受体称为催化性受体或酶联受体，它们不依赖于G蛋白，其胞内区本身具有酶（很多情况下是蛋白激酶）活性，或者与酪氨酸蛋白激酶相连。当信号分子与受体结合后，酶被激活，通过酶活性修饰细胞内的信号传递分子，将信号传递下去。受体酪氨酸激酶（receptor tyrosine kinase，RTK）就是这样的受体，它的配体包括各种生长因子。当配体与受体结合后，受体形成二聚体，激活了激酶的活性，使酪氨酸磷酸化，启动信号转导（图3.53）。受体酪氨酸激酶的信号转导，一般与细胞增殖、分化或凋亡相关，该信号通路的异常活化，常见于肿瘤细胞中。

前述的配体门控通道，也是一类位于膜上的受体。

并非所有的信号受体都位于细胞膜上，固醇类激素等脂溶性信号分子的受体一般在细胞内，有的甚至位于细胞核内。这类受体一般是转录因子，由三个结构域组成：C端是结合激素的结构域，N端是激活基因转录的区域，中间的结构域识别并结合特异的DNA序列。没有激素时，中间区域与阻遏蛋白结合，因而无法与DNA结合；当激素存在时，激素与受体蛋白C端的结合改变了受体的空间结构，阻遏蛋白被释放，使得受体可以结合到相应的DNA区域上，调节特定基因转录的活性，起始新基因的表达（图3.54）。

3.6.2 信号转导途径

上述信号接受过程实际上已包括了信号转导途径的开始。信号转导途径的作用是把信号从受体传递到细胞内，引发细胞专一的响应。这种传递有点像多米诺骨牌，受体活化特定的蛋白质，该蛋白质又活化下一个分子，如此进行下去，这叫做级联反应（cascade）。应该注意的是，原来的信号分子并不一定参加胞内信号转导途径，对于质膜上受体，信号分子甚至并不进入细胞，信号转导只是某种信息的传递。例如，在G蛋白偶联受体的信号转导途径中，G蛋白的激活导致胞内一些小分子或离子的形成或释放，这些物质起到信号分子的作用，引起细胞内一系列响应，因此它们被称为第二信使（second messenger）。胞外的信号分子是“第一信使”。第二信使中主要的是环腺苷酸（cAMP）、二酰甘油（DAG）和Ca^{2+}等。

cAMP是由ATP形成的（见图4.1）。例如，当肾上腺素与细胞质膜上的受体结合时，膜内的G蛋白被活化，接下来G蛋白激活质膜中的腺苷酸环化酶（adenylate cyclase），后者使ATP转变为cAMP。cAMP

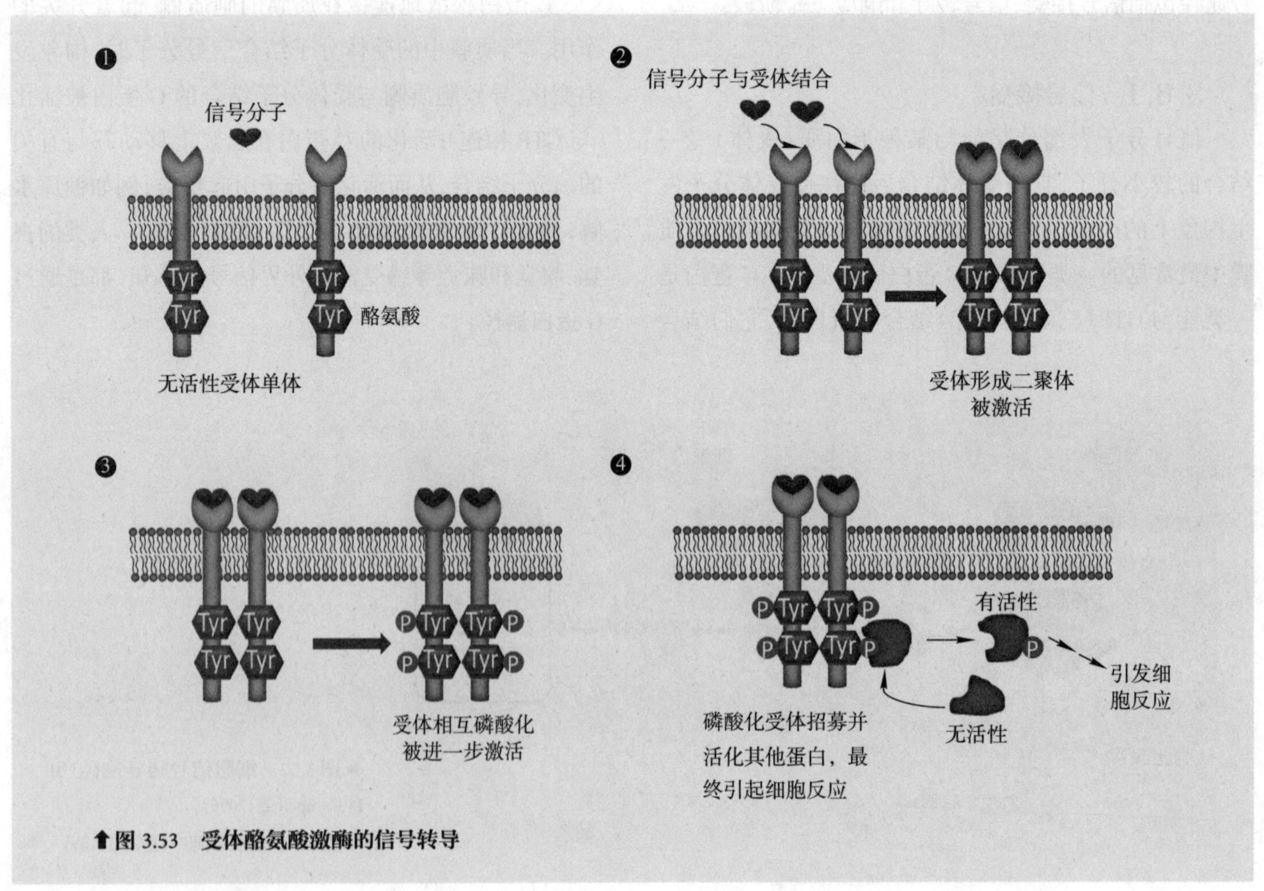

图3.53 受体酪氨酸激酶的信号转导

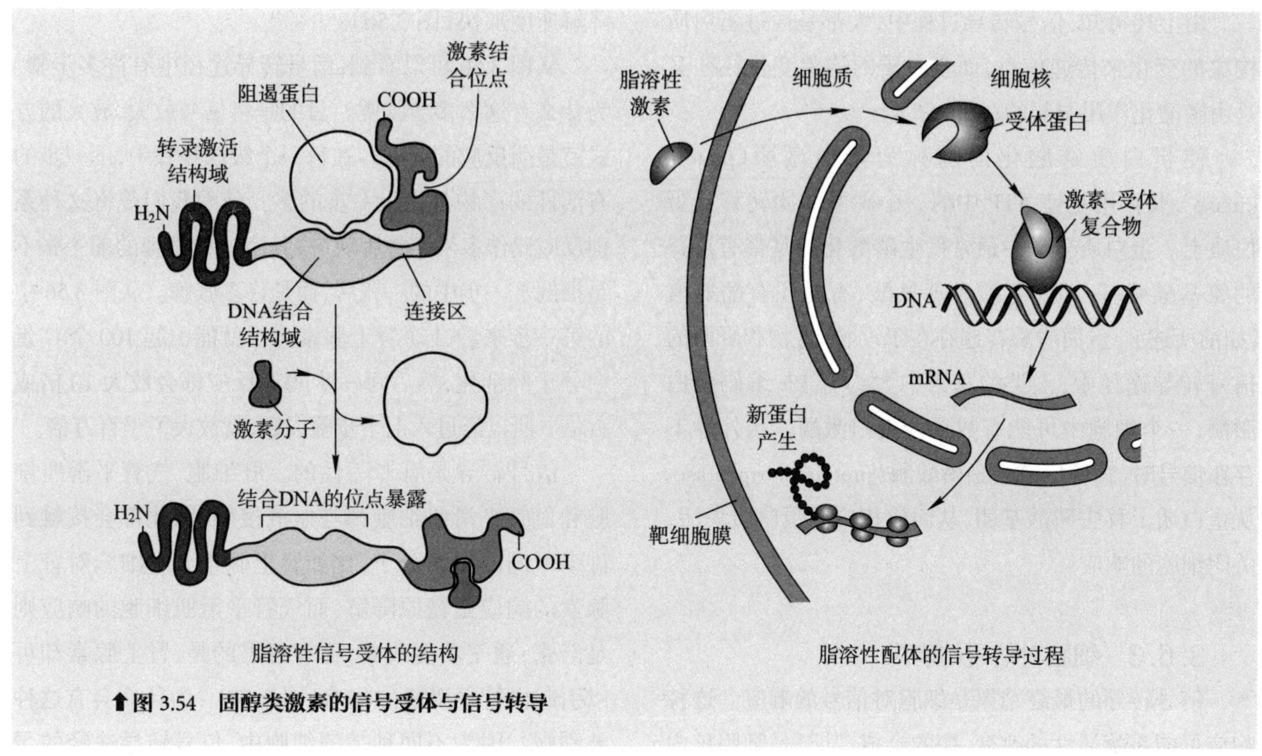

图 3.54 固醇类激素的信号受体与信号转导

作为第二信使，又激活了蛋白激酶 A，后者活化降解糖原的糖原磷酸化酶（图 3.55）。

Ca^{2+} 也是常见的第二信使。细胞溶胶中的 Ca^{2+} 浓度（10^{-7} mol/L）通常比细胞外或内质网腔中（10^{-3} mol/L）低很多，很多信号途径都能促使钙通道打开，由于细胞内外 Ca^{2+} 浓度的巨大差异，钙通道的打开，瞬间即可导致细胞内 Ca^{2+} 浓度的巨大变化。Ca^{2+} 常与钙调蛋白（calmodulin）结合，从而改变钙调蛋白的构象，然后钙调蛋白与其他蛋白质结合，使后者活化或失活。这就是 Ca^{2+} 成为第二信使的原因。

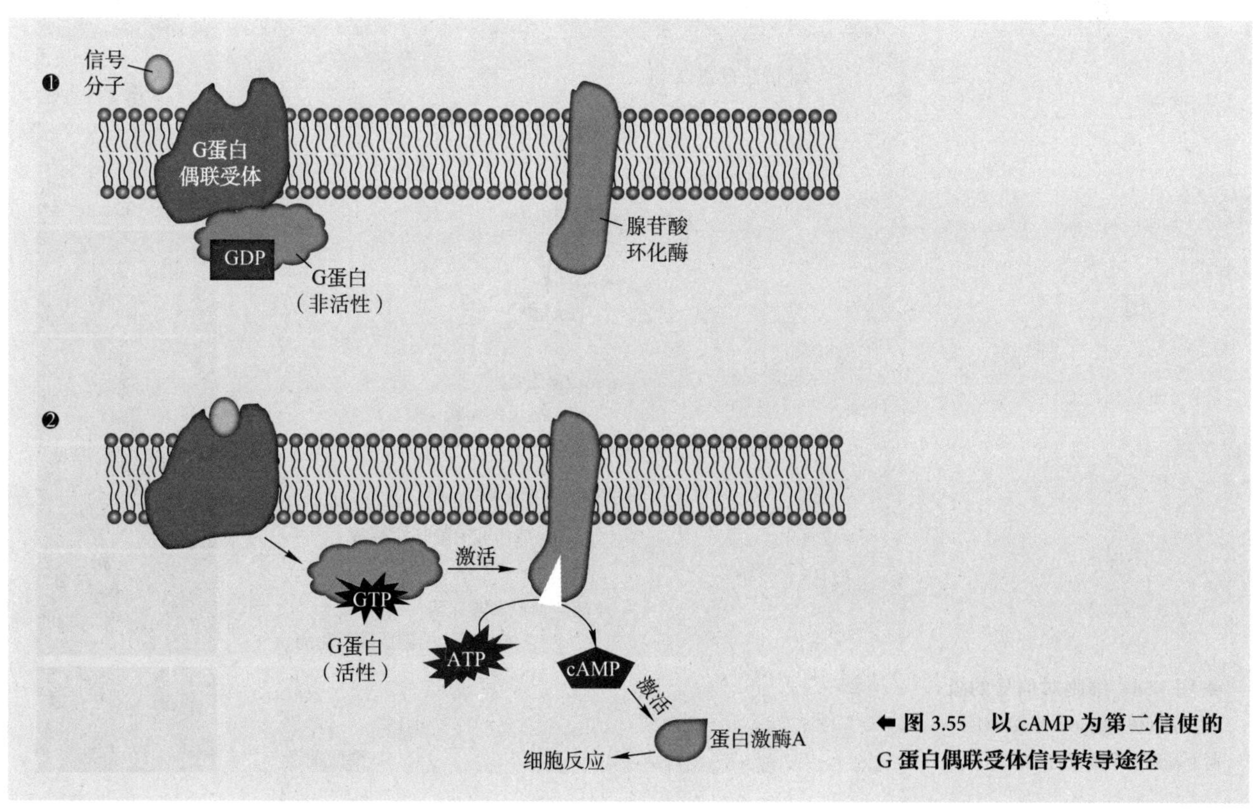

图 3.55 以 cAMP 为第二信使的 G 蛋白偶联受体信号转导途径

由上述可知，信号转导过程中，大都是通过蛋白质构象的变化来传递信息，而蛋白质的构象变化往往又是由磷酸化作用引起的（图 3.56）。

使蛋白质磷酸化的酶称为蛋白激酶（protein kinase），其作用是使 ATP 中的一个磷酸基团转移到蛋白质上。蛋白质分子中最常发生磷酸化的是带有羟基的氨基酸残基，即丝氨酸和苏氨酸，有时还有酪氨酸（如前所述）。蛋白激酶普遍存在于动物、植物和真菌的信号转导途径中，人类的基因中大约有 1% 编码蛋白激酶，一个细胞中可能有数百种蛋白激酶。当外界不存在信号时，细胞依靠蛋白磷酸酶（protein phosphatase）从蛋白质上移去磷酸基团，从而使相应的蛋白质失活，关闭细胞的响应。

3.6.3　细胞对信号的响应

信号转导的最终结果是细胞对信号的响应。这种响应可能是酶活性的改变、酶的合成，甚至是细胞核内的变化。上述肾上腺素的例子中，细胞的响应是糖原降解速度加快（图 3.56）。

从图 3.56 可以看到，信号转导途径中有许多步骤。为什么有这么多步骤呢？目的是将信号放大，放大的方式就是酶反应的级联。在每一个级联步骤中，下一步的有活性的产物都比上一步的多。前面我们曾将这种系列反应比作多米诺骨牌效应，其实这种骨牌的前一张不是推倒下一步中的一张牌，而是许多张牌。从图 3.56 中的第一步来看，1 个肾上腺素分子就能引起 100 个 G 蛋白分子的活化，然后每一步酶促反应都会放大 10 倍或百倍。所以经过六七个步骤以后，就放大了千百万倍。

信号转导是有专一性的。肝细胞、气管平滑肌细胞和血管平滑肌细胞都与血液接触，因此都会接触到许多不同的激素分子，比如肾上腺素。肝细胞对肾上腺素的响应是糖原降解，而气管平滑肌细胞的响应则是舒张，通气功能改善，更有意思的是，肾上腺素却可以引起血管平滑肌的收缩（图 3.57）。为什么会有这种差别呢？因为不同种类的细胞中，信号转导途径的蛋白质有不同的种类和组合。肾上腺素有两类受体，其

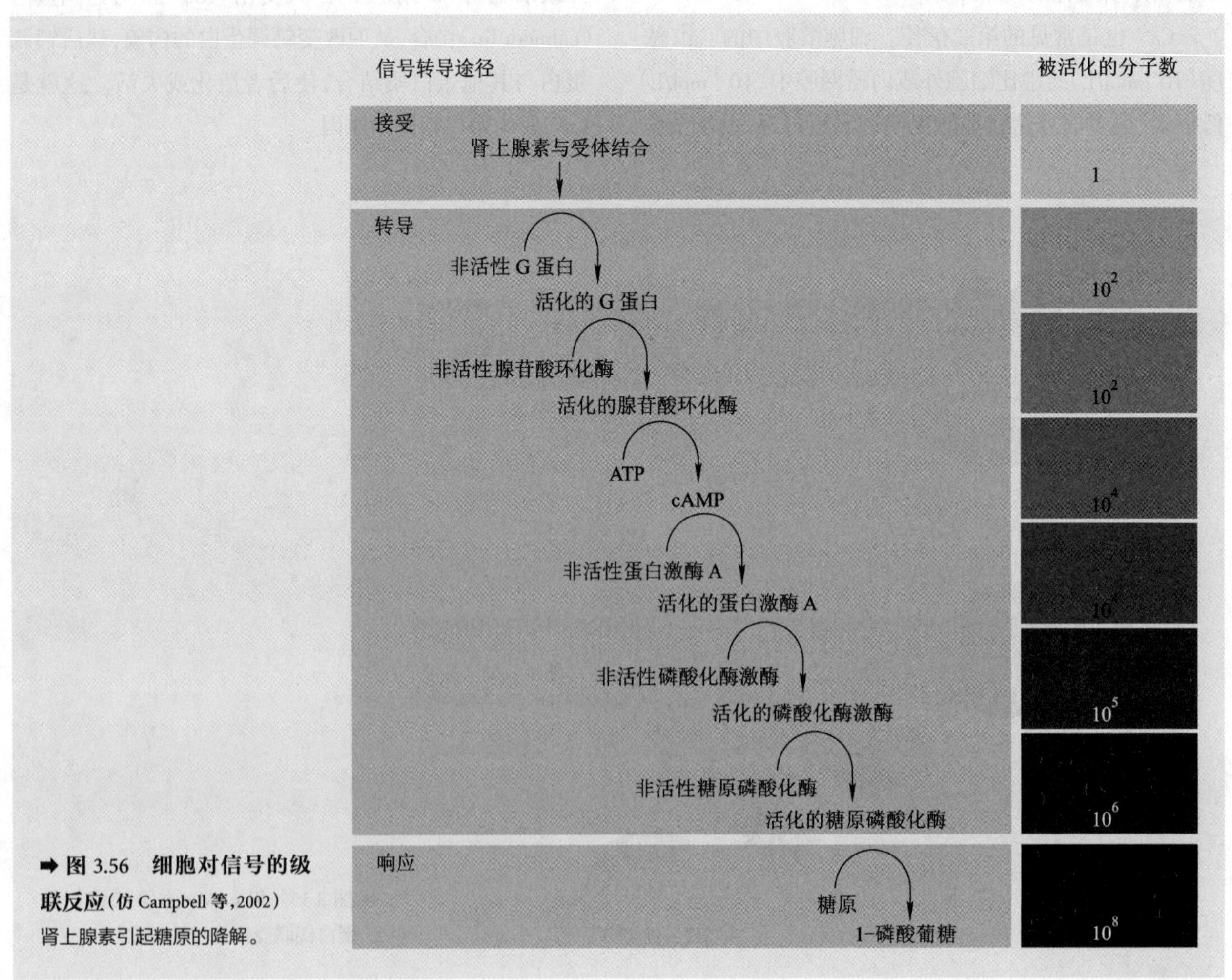

➡ **图 3.56　细胞对信号的级联反应**（仿 Campbell 等，2002）
肾上腺素引起糖原的降解。

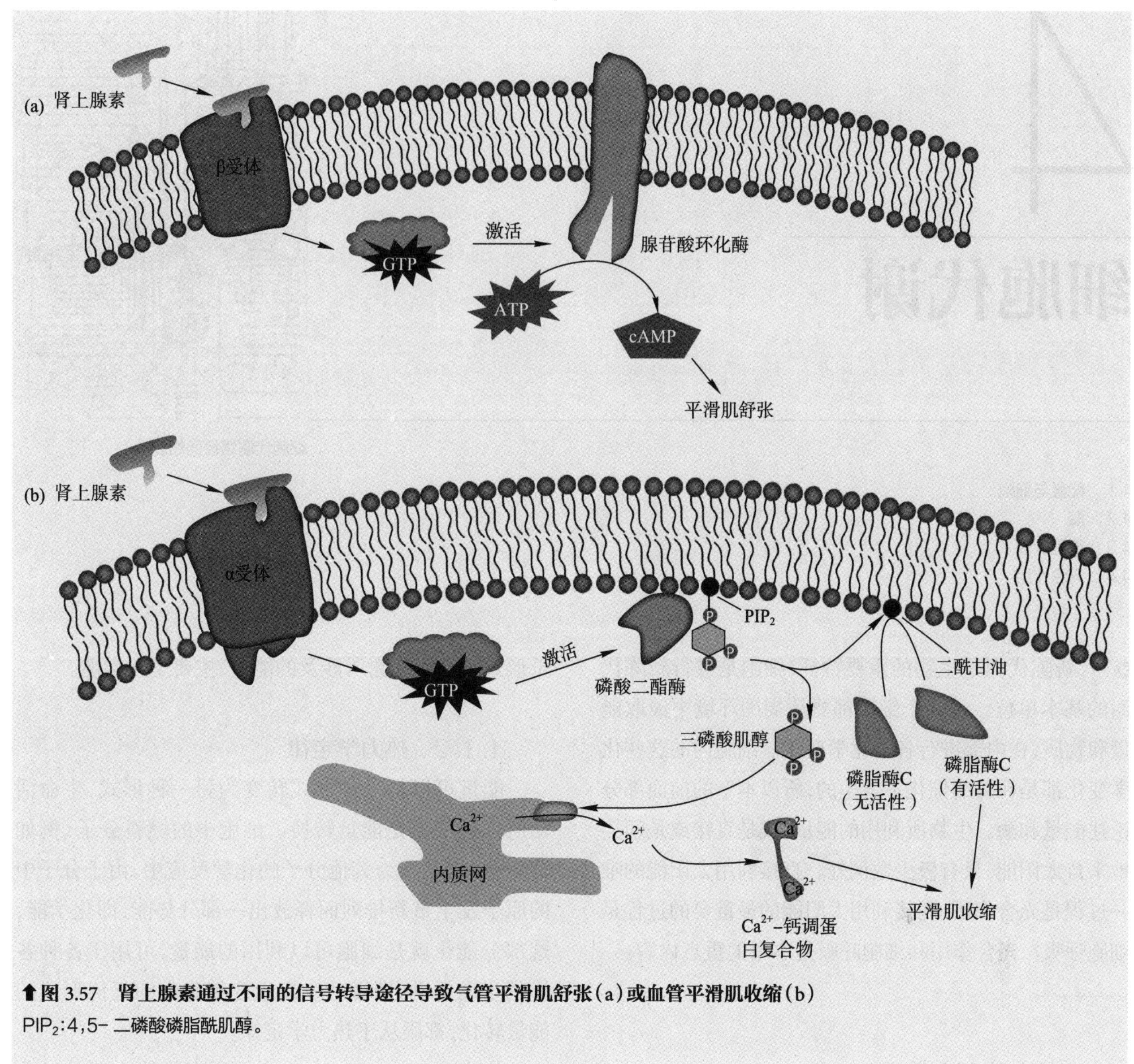

⬆图 3.57 肾上腺素通过不同的信号转导途径导致气管平滑肌舒张(a)或血管平滑肌收缩(b)

PIP_2:4,5-二磷酸磷脂酰肌醇。

中气管、支气管平滑肌上主要是β受体,肾上腺素与之结合后会引起平滑肌舒张;α受体分布在血管平滑肌上,兴奋时引起血管收缩。

思考题

1 为什么低等动物不能单纯靠细胞体积的膨大而演化为高等生物?

2 原核细胞与真核细胞的关键差别何在?

3 植物一般不能运动,其细胞的结构如何适应于这种特性?

4 动物能够运动,其细胞如何适应于这种特性?

5 细胞器的出现和分工与生物由简单演化到复杂有什么关系?

6 动物、植物细胞的质膜在成分和功能上基本相同,其生物学意义何在?

7 食欲肽(orexin)是一种似乎能激发人和动物食欲的信号分子。在饥饿的人体内,可测出血液中食欲肽的浓度较高。请你运用膜受体和信号转导途径的知识,试提出利用食欲肽治疗厌食症和肥胖症的可能疗法的建议。

4

细胞代谢

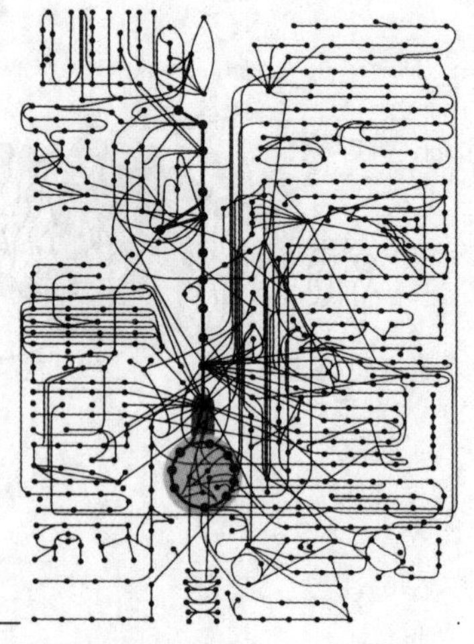

细胞代谢路径网络图

新陈代谢是生物的重要特征，细胞是进行新陈代谢的基本单位。每一个细胞都要从周围环境中汲取能量和物质，在内部进行各种化学变化。细胞内的这些化学变化都是在酶的催化下发生的，所以本章的前面部分论述能量和酶。生物所利用的能量，或是直接或是间接地来自太阳能，只有极少数例外。直接利用太阳能的唯一过程是光合作用，间接利用太阳能的最重要的过程是细胞呼吸。光合作用和细胞呼吸是本章的重点内容。

4.1　能量与细胞

4.1.1　能是做功的本领

能量（energy），简称能，表示做功的本领。生物体内做功的生理生化过程很多，例如血液循环、肌肉收缩、生物体各部分乃至整个生物体的运动、细胞中各式各样物质的合成等，这些过程都需要能量。没有能，生物就不可能存活。

能量可以分为动能（kinetic energy）和势能（potential energy）两种形式。运动的物体都具有动能。势能是物体由于所在位置或本身的排列而具有的能量，在某些情况下也称为位能。绷紧的弹簧、张开的弓都有势能。原子中带负电荷的电子具有势能，因为它存在于电子层中，与带正电荷的原子核有一定距离。活细胞中的分子，由于其中原子的排列而具有势能，这种势能就是化学能（chemical energy），是活的生物体内最重要的能量形式。细胞代谢所涉及的能量，主要是化学能。

4.1.2　热力学定律

能量可以从一种形式转变为另一种形式，生命活动所依赖的正是能量转换。细胞中的燃料分子（例如葡萄糖）在转变为其他分子的化学反应中，由于分子中的原子发生重新排列而释放出一部分势能，即化学能，这部分能量就是细胞可以利用的能量，可用于各种各样的生命活动，即做功。发生在细胞内的任何形式的能量转化，都服从于热力学定律。

热力学（thermodynamics）是研究物体中能量转化规律的科学。热力学第一定律认为宇宙中的总能量是固定不变的，只能从一种形式转变为另一种形式，或从一个物体传递给另一个物体，即能量守恒。热力学第二定律则说明能量在转变过程中所遵从的规律——任何形式的能量转化，例如，化学能转化为动能，必定伴随着无序性的增加。一个体系中无序性的程度称为熵（entropy），代表不可利用的能量。由此可以推知，细胞中能量转化的效率不可能是100%。在细胞中发生化学反应时，化学能在分子之间转移；当光能在叶绿体中被捕获时，它转变为化学能；鞭毛运动时，化学能转变为动能。在所有这些能量转换过程中，总有一部分能量以热的形式逃逸，这是不可避免的。

4.1.3　吸能反应和放能反应

化学反应可分为吸能反应（endergonic reaction）和

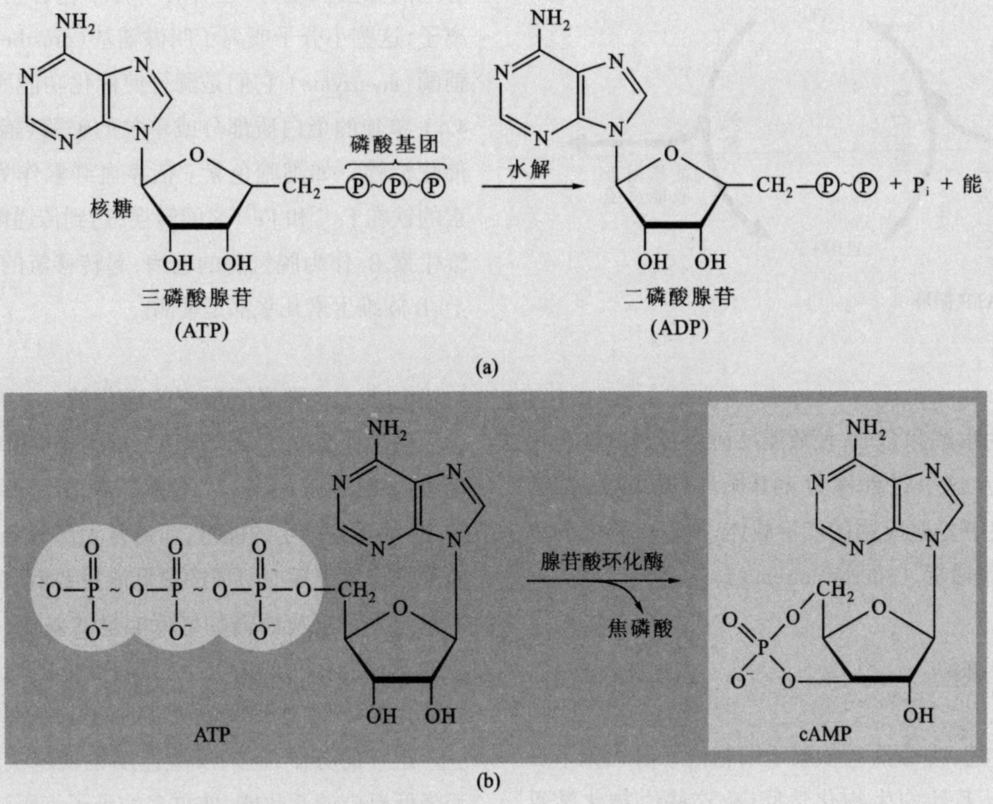

↑图 4.1 ATP 水解(a)以及 ATP 形成 cAMP(b)

放能反应(exergonic reaction)两大类,细胞中发生的化学反应也不例外。

吸能反应是指反应产物分子中的势能比反应物分子中的势能高,发生反应时,周围环境中的特定能量被吸收,贮藏在产物分子中。

光合作用是植物和藻类等利用含化学能较少的反应物(二氧化碳和水),合成含化学能较多的产物(糖)的过程,是生物界最重要的吸能反应,能量来源是太阳能。

放能反应与吸能反应相反,其产物分子中的化学能少于反应物分子中的化学能,在反应过程中向周围环境释放能量。木材的燃烧就是一个放能反应。木材的主要成分纤维素是一种多糖,含很多的化学能,空气中的氧气把多糖氧化,产生含化学能很少的二氧化碳和水,减少的化学能变成光和热,散发到周围环境中去。每一个细胞内部也都发生与此类似的作用,称为细胞呼吸(cellular respiration)。细胞呼吸除了产生热量外,更重要的是生成 ATP。

4.1.4 ATP 是细胞中的能量通货

ATP(adenosine triphosphate,三磷酸腺苷)是一种含有 3 个磷酸基团的核苷酸,由一个戊糖(核糖)、一个含氮碱基(腺嘌呤)和 3 个磷酸基团组成,其中一个磷酸基团连接在糖分子上,其余两个则相继连接。磷酸基团之间的两个磷酸键比较不稳定,称为高能磷酸键(图 4.1a 中以“～”表示),这种键水解时会释放较多的能量。

ATP 发生水解时,形成 ADP(二磷酸腺苷)并释放一个磷酸基团,同时释放能量;少数情况下形成 AMP(单磷酸腺苷)和一个焦磷酸。细胞利用 ATP 水解的能量,完成细胞中的需能过程,如需能化学反应、主动运输、肌肉收缩、神经细胞的活动等等。ATP 的参与常使一个吸能反应能够自发进行,例如谷氨酸与氨直接形成谷氨酰胺的反应是吸能反应,而 ATP 与谷氨酸形成谷氨酰磷酸后,可以自发与氨形成谷氨酰胺(图 4.2)。

在细胞中,ATP 的水解和 ADP 磷酸化形成 ATP,是不断活跃进行的过程,所以 ATP 是源源不断的能源。

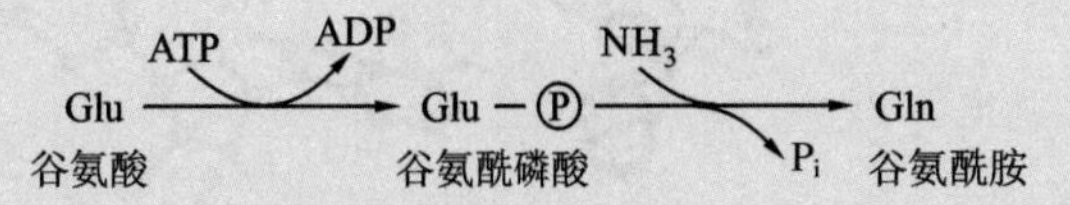

↑图 4.2 由谷氨酸合成谷氨酰胺

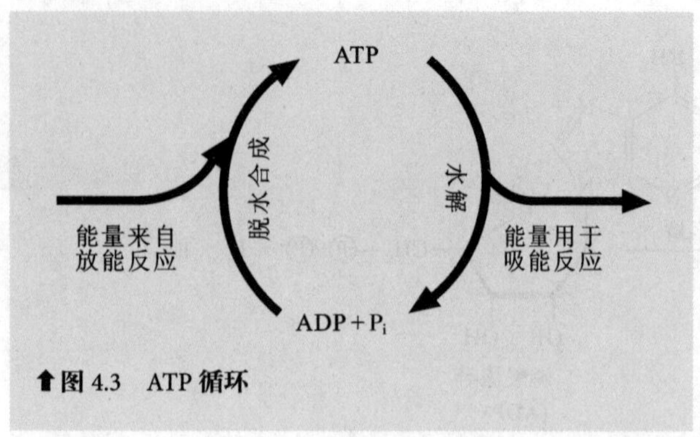

图 4.3 ATP 循环

通过 ATP 的水解和合成，使放能反应所释放的能量用于吸能反应，这一过程称为 ATP 循环(图 4.3)。因为 ATP 是细胞中普遍应用的能量载体，所以常称之为细胞中的“能量通货”(energy currency)。

4.2 酶

如前所述，生命活动依赖于细胞内无时无刻不在进行的数以万计的生物化学反应，这些生物化学反应能够有效且有条不紊地进行，关键在于生物催化剂——酶(enzyme)的功能。绝大多数酶都是蛋白质，有些酶除蛋白质外，还含有小分子化合物或某些金属离子，这些小分子或离子叫做辅基(prosthetic group)或辅酶(coenzyme)，它们是酶行使催化功能所必需的(图 4.4)，单独的蛋白质部分或单独的辅酶(辅基)，都没有催化活性。如细胞色素 c 依靠血红素作为辅基，血红素的铁在 Fe^{2+} 和 Fe^{3+} 之间转换，达到传递电子的作用；维生素 B_2 作为脱氢酶的辅酶，起转移氢的作用。实际上，B 族维生素几乎都是辅酶。

4.2.1 酶降低反应的活化能

酶为什么能使反应加速？因为它能降低反应的活化能(activation energy)。我们知道，分子要发生化学反应，必须具备一定的能量，而通常大部分分子所具有的能量都比发生反应所需的最低能量要低。分子的平均能量与发生反应所需的最低能量的差值，就是这个反应的活化能。一般情况下，只有极个别的分子能够克服活化能障碍，达到反应所需的能量，从而进行化学反应。这样的分子越多，反应速度也就越快。酶能够显著降低反应的活化能，使更多的分子克服活化能障碍，所以反应速度会大大提高。图 4.5 中，实线曲线代表非酶促反应，虚线曲线代表酶促反应。酶促反应的活化

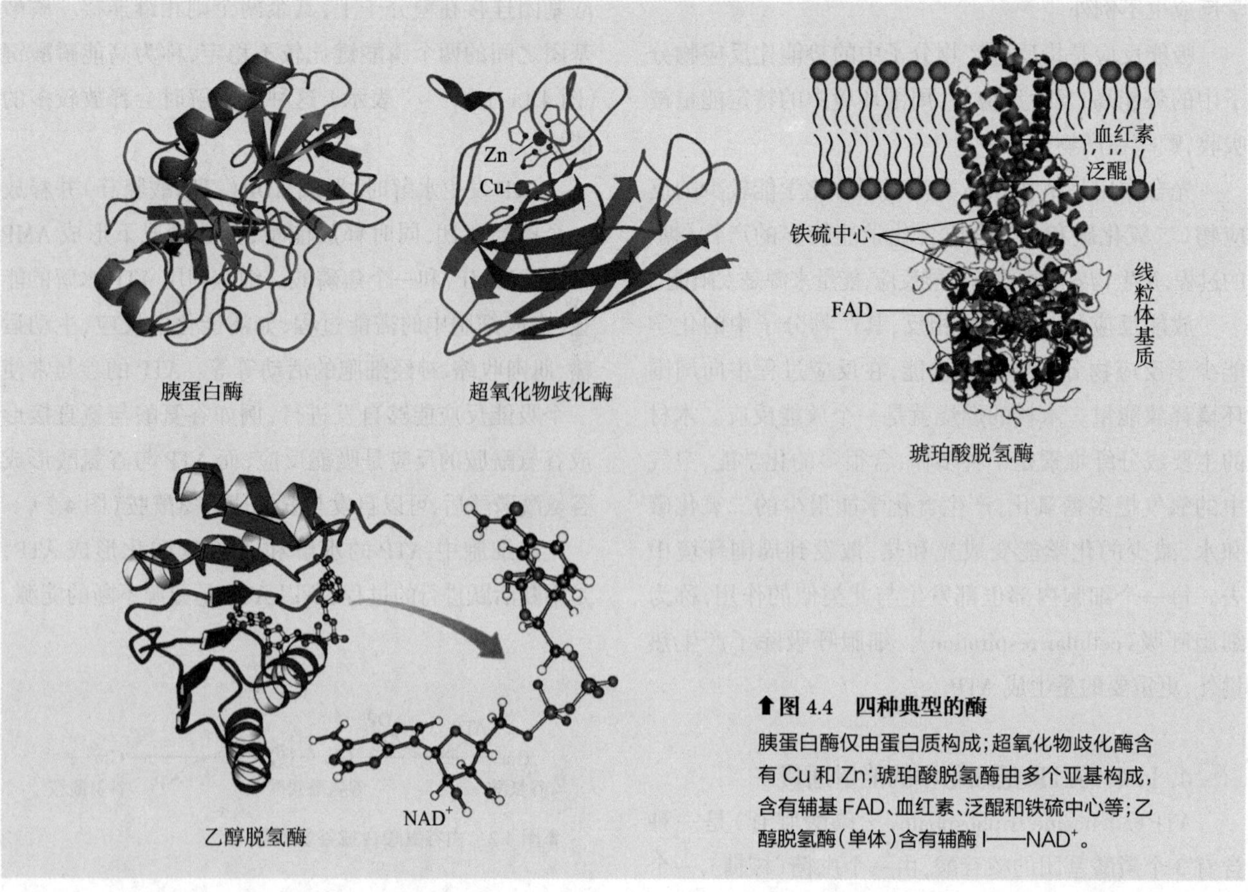

胰蛋白酶

Zn
Cu
超氧化物歧化酶

血红素
泛醌
铁硫中心
FAD
线粒体基质
琥珀酸脱氢酶

NAD⁺
乙醇脱氢酶

图 4.4 四种典型的酶

胰蛋白酶仅由蛋白质构成；超氧化物歧化酶含有 Cu 和 Zn；琥珀酸脱氢酶由多个亚基构成，含有辅基 FAD、血红素、泛醌和铁硫中心等；乙醇脱氢酶(单体)含有辅酶 I——NAD^+。

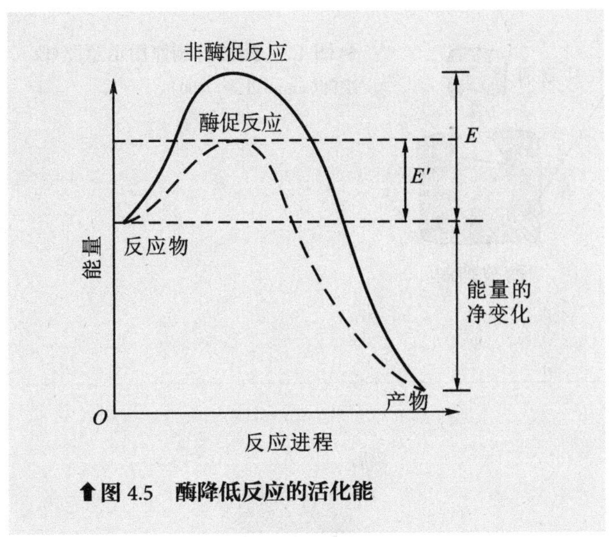

⬆图 4.5 酶降低反应的活化能

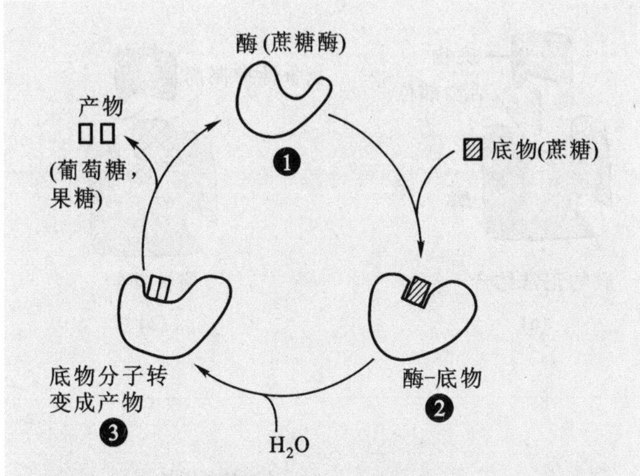

⬆图 4.6 酶作用示意图(以蔗糖酶为例)

①酶分子，其活性部位是空的。②已与底物分子结合的酶分子，这种结合是非共价结合。底物分子与酶分子的相互作用使得酶分子的形状稍有改变，于是酶分子将底物分子“拥抱”得更为妥帖，底物分子所处的新位置使之更易发生反应。③ 底物分子在酶分子上转变成产物，然后酶将产物释放，自身又回到原来的状态，其活性部位又可以接纳一个新的底物分子，开始新一轮的反应。

能(E')比非酶促反应的活化能(E)小，所以反应进行得较快。这就好比障碍物赛跑中有一个栏杆，运动员必须跳过栏杆才能继续跑。现在把栏杆的高度降下来了，跑起来也就比较容易了。

酶对生化反应的催化具有专一性，不同的酶，专一性的强弱也有所不同。酶促反应中的反应物称为底物(substrate)，酶只能识别和催化一种或一类底物进行化学反应，所以细胞中发生的各种反应需要许多种不同的酶催化。

酶促反应中，酶会与其底物结合，并催化底物变成产物。酶分子中只有一个小的局部与底物分子结合，这一部位称为酶的活性部位(active site)。绝大多数酶分子是蛋白质，每种蛋白质都有特定的三维形状，酶的活性部位也具有特定的形状，只适于结合一种或一类底物分子，所以酶有专一性。以蔗糖酶(sucrase)为例，其底物为蔗糖，所催化的反应是蔗糖水解为葡萄糖和果糖(图 4.6)。

当然，活性部位特定形状的维持需要整个酶分子，如果整个分子有损伤，活性部位也会发生变化，甚至完全不起作用，即失活。

酶所催化的反应，大部分是可逆反应，即酶既可以催化底物形成产物，也可以催化其逆反应。

4.2.2 多种因素影响酶的活性

绝大多数酶的本质是蛋白质，酶的催化活性依赖于其空间结构，即构象。因此，凡是影响蛋白质构象的因素，都会影响酶的活性。温度对酶的活性影响很大，只有在最适温度(optimum temperature)下酶活性才最高。因为温度影响分子的运动，温度高则反应物分子与酶分子的活性部位接触频率增加。但温度太高，酶分子又会变性，活性也自然被破坏了。人体内大多数酶的最适温度为 35 ~ 40℃，接近人的体温。

pH 和盐的浓度也影响酶活性。一般酶的最适 pH 为 6 ~ 8，接近于中性。盐浓度太高会干扰酶分子中的某些化学键，从而破坏蛋白质结构，使其活性降低。只有极少数种类的酶能耐受极高的盐浓度。

另一大类影响酶活性的化学物质是酶的抑制剂(inhibitor)，抑制剂的作用是使酶的活力降低或丧失但并不使酶变性。常见的抑制剂有竞争性抑制剂(competitive inhibitor)和非竞争性抑制剂(noncompetitive inhibitor)。

竞争性抑制剂是与酶的正常底物结构相似的化学物质，它与底物分子竞争酶的活性部位，“鹊巢鸠占”，于是底物分子发生反应的机会减少了。图 4.7b 表示的就是竞争性抑制剂的作用。抑制剂占据了酶的活性部位，底物分子被排斥在外，难以发生反应。

磺胺类药物的抗菌作用就是基于酶的竞争性抑制：叶酸是核苷酸合成的重要辅酶，对任何生物都是必需的。细菌需要利用对氨基苯甲酸合成叶酸，而磺胺的主要成分对氨基苯磺酰胺与对氨基苯甲酸结构类似，所以可以竞争性地与催化叶酸合成的二氢叶酸合成酶结合，抑制酶的活性，阻碍叶酸的合成，从而抑制细菌的生长(图 4.8)。人类可以从食物中吸收叶酸，所以磺胺药对人没有毒性。

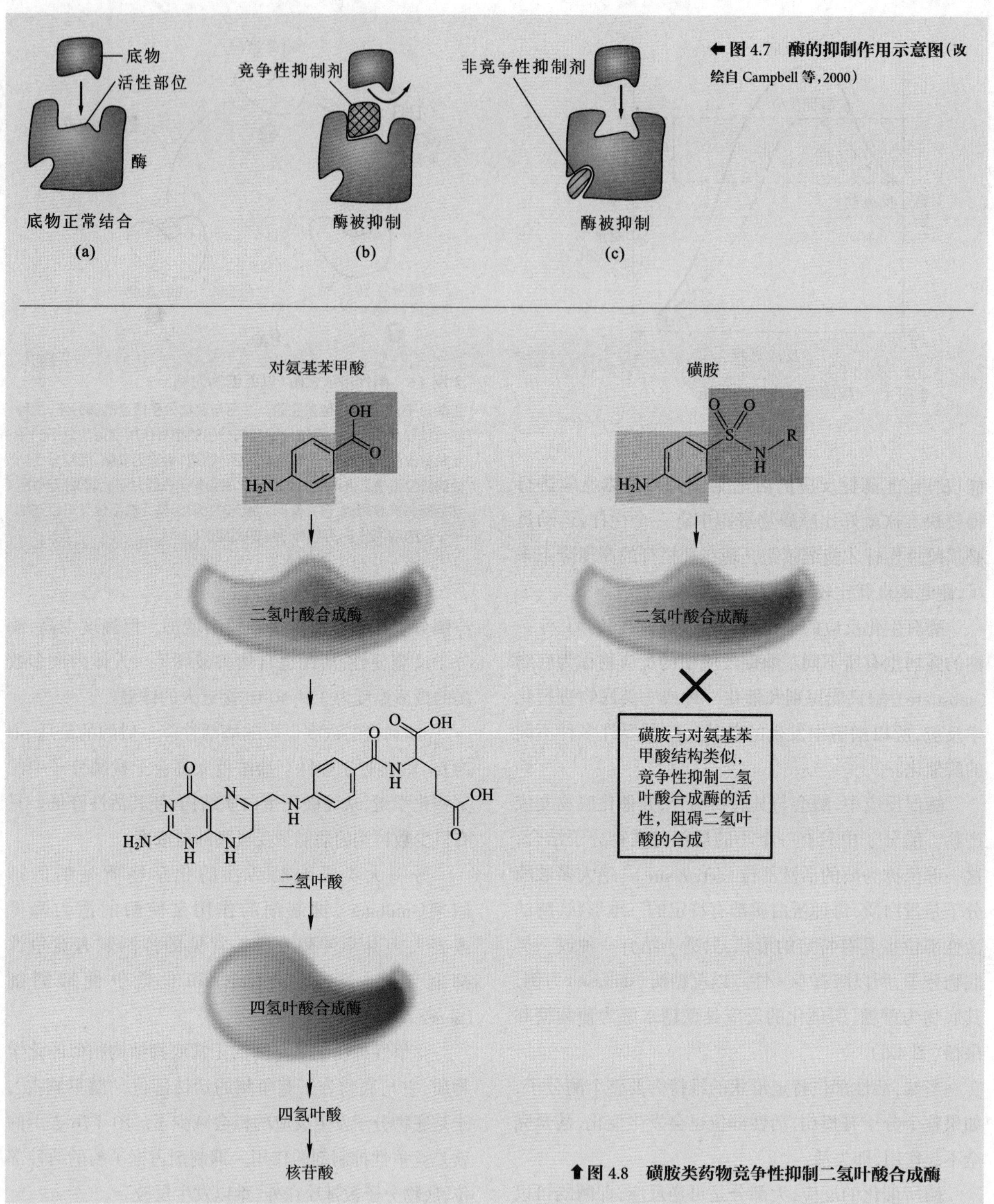

⬅图 4.7 酶的抑制作用示意图（改绘自 Campbell 等，2000）

⬆图 4.8 磺胺类药物竞争性抑制二氢叶酸合成酶

青霉素（penicillin）也是酶的抑制剂。青霉素的结构与细菌细胞壁合成时所需的 D- 丙氨酰 -D- 丙氨酸近似，可与后者竞争转肽酶，阻碍肽聚糖的形成，造成细胞壁的缺损，使细菌失去细胞壁的保护，在低渗环境中胀破。人体细胞没有细胞壁，所以青霉素对人无害。

非竞争性抑制剂并不占据酶的活性部位，它与酶分子结合的部位是活性部位以外的位置，但它的结合使酶分子的形状发生了变化，造成活性部位不再适于催化底物分子（图 4.7c）。

非竞争性抑制在体内生物化学反应的调节中发挥重要作用。细胞中的代谢途径一般是由一系列生物化学反应组成，从底物到产物需要经过一系列的酶促反应。代谢途径的终产物达到一定浓度后，需要降低反应速度，这时往往会抑制催化这一系列反应的第一个

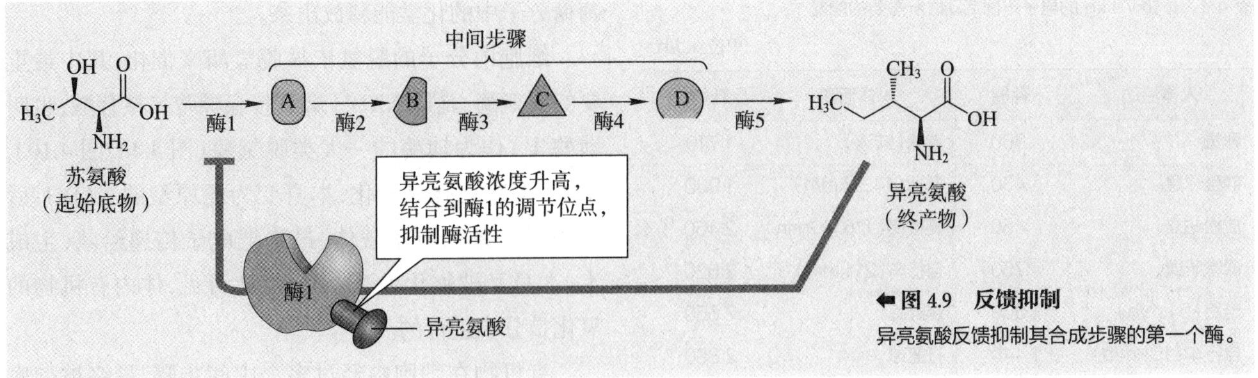

图 4.9 反馈抑制

异亮氨酸反馈抑制其合成步骤的第一个酶。

酶,这种抑制就是非竞争性的,因为终产物不会与第一个酶促反应的底物相似。多酶反应的第一个酶(或者分支处的酶)一般是别构酶,它包括两部分:有催化功能的部分和有调节功能的部分,前者与底物结合,后者与抑制剂(即终产物)结合。抑制剂不结合时,酶有活性,催化反应进行;随着终产物的增加,达到一定浓度时,终产物会结合于调节亚基,酶的空间结构改变,无法再与底物作用,失去催化活性。这种代谢反应为其终产物所抑制的现象,称为负反馈(negative feedback),是调节细胞代谢最主要的机制(图 4.9)。

抑制剂的作用可能是可逆的,也可能是不可逆的,这取决于抑制剂与酶分子之间形成的键是强还是弱。如果所形成的是共价键,那就是不可逆的,如青霉素对转肽酶的抑制;如果所形成的键较弱,如氢键,那就是可逆的。

大部分竞争性抑制剂的作用是可逆的,只要底物的浓度足够高,那么活性部位被抑制剂所占据的比例就低,底物可照常发生反应。生理条件下的非竞争性抑制也是可逆的,随着终产物浓度的下降,抑制会解除。

某些杀虫剂(pesticide)对酶的抑制则是不可逆的。例如,马拉硫磷(malathion)是乙酰胆碱酯酶(acetylcholine esterase)的抑制剂,化学突触传递需要依靠这种酶,及时降解神经冲动传导时所释放的乙酰胆碱,以便传导下一次神经冲动。马拉硫磷以共价结合的方式抑制胆碱酯酶,使乙酰胆碱无法及时降解,一直结合在突触后膜的离子通道上,使通道保持开放,动作电位无法形成,从而阻碍神经冲动的传递,造成动物死亡。

4.2.3 核酶

长期以来,人们一直认为所有的酶都是蛋白质。但随着研究的深入,人们发现生物体内起催化作用的并不仅仅局限于蛋白质。1981 年,美国科学家切赫(Thomas R. Cech,1947—)等发现,四膜虫的 rRNA 进行转录后拼接时,剪下的内含子具有催化该拼接反应的作用,这是发现的第一个非蛋白质生物催化剂,命名为 ribozyme(ribonucleic acid enzyme),中文译为核酶。后来又发现,在另外一种最基本的生物化学反应——蛋白质合成中,rRNA 对肽键的形成也发挥重要的催化功能。人们设想,在生命起源的最初,RNA 可能起了相当重要的作用,它既是遗传信息的载体,又指导蛋白质的合成,还充当了生物催化剂的角色。远古的生命,可能是一个 RNA 的世界。后来随着生物演化,遗传信息载体的角色让给了稳定性和自我修复能力更强的 DNA,而催化剂的角色,则让给了结构更精巧、更多样、更专一而催化效率高得多的蛋白质,RNA 则主要担任 DNA 和蛋白质之间桥梁的角色。现在我们观察到的 RNA 的催化功能,只是远古 RNA 世界的"遗迹"。因此,在当前的生命世界,酶的本质是蛋白质。

4.3 细胞呼吸

任何生物体的每一个细胞,都需要源源不断的能量供应,才能维持生命。表 4.1 所列为人体活动每小时所需要的能量。作为参考,表 4.2 为某些食物所含能量的资料。

细胞依靠氧化有机物获得能量。以糖类氧化为例,糖类在体内氧化和体外氧化(燃烧)的最终结果很相似,都形成水和 CO_2,同时放出能量。但是,燃烧的能量是以光和热的形式释放的,而体内氧化所释放的能量,相当一部分贮存在 ATP 中,而不是放出光和热。

体内氧化与燃烧的另一显著不同在于,生物体内氧化在水环境中由酶催化进行,"燃料"不与氧直接接触。糖类等有机物的氧化,都不是直接由氧完成,而是将氢依次脱去。当葡萄糖分子被氧化时,其中的碳形成了 CO_2,氢形成了水,实际上就是葡萄糖分子失去了

表 4.1 体重 70 kg 的男子不同活动时所需要的能量

单位:kJ/h

人体活动	耗能	人体活动	耗能
睡觉	300	游泳(蛙泳)	1 710
静坐休息	430	滑冰(14.5 km/h)	1 960
放松站立	450	爬楼梯(116 阶 /min)	2 460
课堂听课	750	自行车(21 km/h)	2 520
走路(5 km/h)	1 000	越野跑	2 660
自行车(15 km/h)	1 440	打篮球	2 880
颤抖	1 530	专业自行车赛	6 680
打网球	1 580	短跑冲刺	8 700

表 4.2 100 g 食物所含的热量 *

单位:kJ

食物	热量	食物	热量
大米	1 448	瘦牛肉	1 367
面粉	1 465	鸡蛋	710
玉米面	1 423	带鱼	581
花生仁(生)	1 247	苹果	218
黄豆	1 502	菠菜	100
猪肉	1 654	植物油	3 761

* 指食物完全燃烧时所产生的热量。资料引自中国医学科学院卫生研究所《食物成分表》,1997。

氢,而氧分子获得了氢,如下式所示:

$$C_6H_{12}O_6 + 6O_2 \longrightarrow 6CO_2 + 6H_2O + 能量$$

这种氢原子的得失就是氧化还原作用——葡萄糖分子被氧化,氧分子被还原。被氧化的分子失去氢,被还原的分子得到氢。化学键的变化,使原来存在于葡萄糖分子中的化学能释放出来。

细胞内分子的脱氢依靠脱氢酶来催化,其中最重要的脱氢酶,是以 NAD^+(烟酰胺腺嘌呤二核苷酸,也叫辅酶Ⅰ)作为辅酶的一大类脱氢酶(图 4.4d,图 4.10)。NAD^+ 将底物脱氢氧化,本身变为还原型的 NADH,后者通过一系列电子载体,最终把电子传递给氧,生成水,本身又被氧化为 NAD^+。由此可见,体内有机物的氧化是分步进行的。

有机物在细胞内经过多个中间步骤,最终被彻底氧化为 CO_2 和 H_2O,同时生成 ATP,这个过程被称为细胞呼吸。细胞呼吸的名称是与机体呼吸相类比得来的。机体呼吸的最终目的,是为细胞呼吸的进行提供氧,排出生物氧化所形成的 CO_2。

细胞呼吸是一种有控制的氧化还原作用,包含了许多个化学反应,在糖的氧化过程中,这些反应可归纳为三个阶段:糖酵解(glycolysis)、柠檬酸循环(citric acid cycle)以及电子传递(electron transport)和氧化磷酸化(oxidative phosphorylation)。下面依次叙述这三个阶段。

4.3.1 糖酵解

糖酵解就是葡萄糖的分解,其最终产物是丙酮酸(pyruvic acid),一种三碳酸。葡萄糖转变为丙酮酸的过程,要经过 10 步反应(图 4.11),分别由 10 个不同的酶催化。这 10 步反应中,前 5 个属于准备阶段,将 1 个己糖转变为 2 个丙糖,要消耗 2 分子 ATP;后 5 个反应是产能阶段,由 2 分子丙糖形成 2 分子丙酮酸,同时产生 4 分子 ATP 和 2 分子 NADH。这些反应中大部分属于分子内重排,只有一个脱氢反应(反应 6)(图 4.12)。

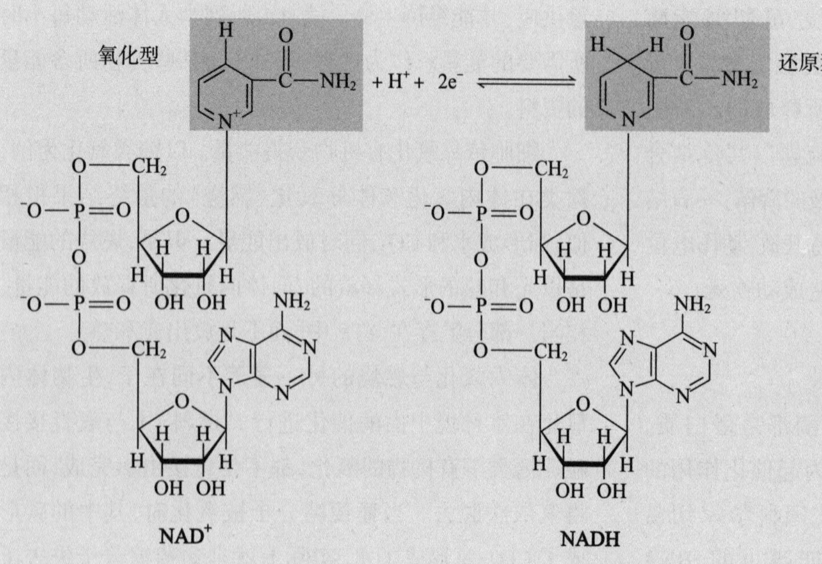

⬅图 4.10 辅酶Ⅰ(NAD^+)

NAD^+ 是脱氢酶的辅酶,参与上千种生理反应,在糖类、脂肪、氨基酸等营养物质的代谢利用过程中具有重要意义。

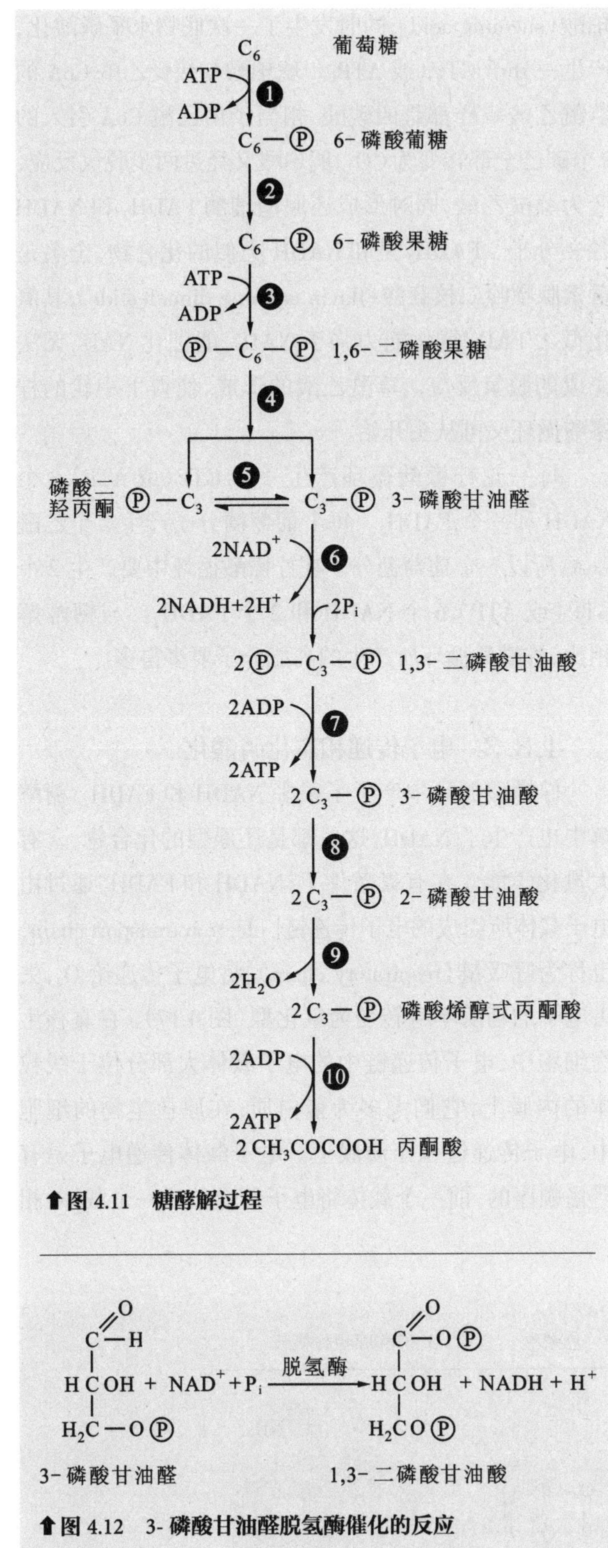

⬆图 4.11 糖酵解过程

⬆图 4.12 3-磷酸甘油醛脱氢酶催化的反应

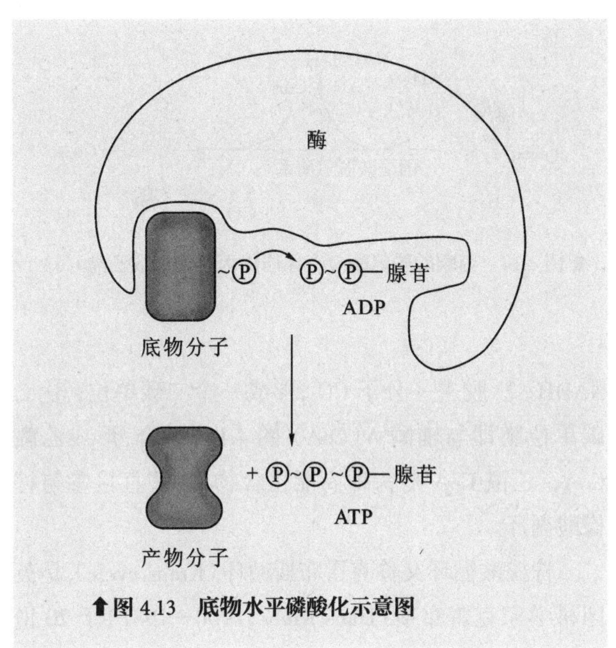

⬆图 4.13 底物水平磷酸化示意图

糖酵解的总反应可表示如下：

$$C_6H_{12}O_6 + 2ADP + 2P_i + 2NAD^+ \longrightarrow 2CH_3COCOOH + 2ATP + 2NADH + 2H^+$$

糖酵解中的反应 7 和反应 10，各产生 2 分子 ATP，这是由已经形成的含有高能键的底物，在酶的催化下，直接将 ADP 磷酸化为 ATP 的反应，称为底物水平磷酸化（substrate level phosphorylation），是细胞合成 ATP 的三种方式之一（图 4.13）。

一个葡萄糖分子经糖酵解，净产生 2 个丙酮酸分子、2 个 NADH 和 2 个 ATP。在有氧条件下，NADH 最终会被分子态氧所氧化，丙酮酸也会进一步被氧化为水和 CO_2。在无氧条件下，NADH 也要转变成 NAD^+，否则糖酵解不能继续进行，因为细胞中 NAD^+/NADH 的含量很低，必须循环使用。这个问题将在 4.3.4 节中讨论。

糖酵解中，每个葡萄糖分子所产生的 2 个 ATP 分子，只相当于葡萄糖分子所含化学能的 5% 左右，大量的能量依旧存在于产物丙酮酸中。糖酵解所形成的 2 分子 NADH 中的能量，相当于葡萄糖分子中所含化学能的 16%，但只是在有氧条件下这些能量才能被细胞利用。

葡萄糖完全氧化会形成水和 CO_2，而糖酵解形成的丙酮酸保留了葡萄糖分子中全部的碳原子，这些碳原子只有在有氧条件下，通过柠檬酸循环才能被氧化为 CO_2。

4.3.2 柠檬酸循环

糖酵解是在细胞质基质中发生的，不需要任何细胞器参与。糖酵解的终产物丙酮酸，会在线粒体内膜上丙酮酸载体蛋白的帮助下，通过协助扩散进入线粒体。柠檬酸循环是在线粒体中发生的，但是丙酮酸并不能直接参加柠檬酸循环，它必须在丙酮酸脱氢酶复合体的作用下，经过复杂的反应形成乙酰 CoA（乙酰辅酶 A，acetyl CoA），才能进入循环（图 4.14）。这一系列的反应包括：① 被 NAD^+ 氧化，脱掉两个氢，同时形成

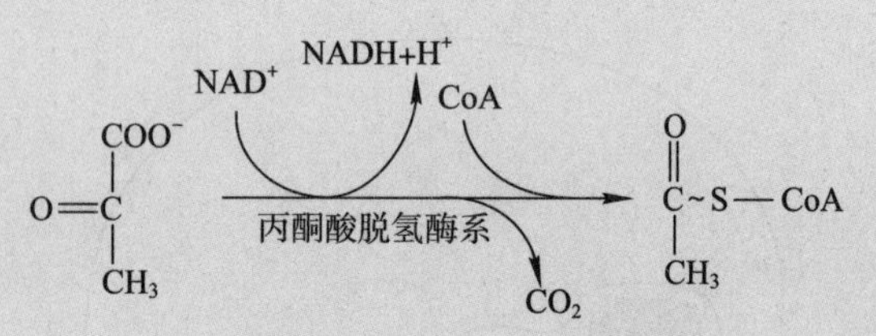

图 4.14 丙酮酸脱氢酶复合体催化丙酮酸形成乙酰 CoA

NADH；② 脱去一分子 CO_2，形成一个二碳单位；③ 二碳单位随即与辅酶 A（CoA）（图 4.15）结合，形成乙酰 CoA。乙酰 CoA 是一种高能化合物，能够直接参与柠檬酸循环。

柠檬酸循环又称克雷布斯循环（Krebs cycle），是英国科学家克雷布斯（Hans Krebs，1900—1981）于 20 世纪 30 年代发现的，他还发现了尿素形成过程中的尿素循环。因为反应开始生成的三种有机酸——柠檬酸、乌头酸和异柠檬酸是含有三个羧基的酸，所以此循环还被称为三羧酸循环（tricarboxylic acid cycle，TCA cycle）。

图 4.16 为柠檬酸循环的全部反应。柠檬酸循环的第一步是乙酰 CoA 与一个四碳酸——草酰乙酸（oxaloacetic acid）在柠檬酸合酶的催化下合成为六碳酸——柠檬酸（citric acid）；柠檬酸转化为异柠檬酸后，经过一步脱氢同时脱羧的反应，产生一分子 CO_2、一分子 NADH，并形成五碳酸——*α*- 酮戊二酸（*α*-ketoglutaric acid）；*α*- 酮戊二酸又经过一步类似丙酮酸形成乙酰 CoA 的反应，形成一分子 CO_2、一分子 NADH 和琥珀酰 CoA，后者分解形成一个四碳酸——琥珀酸（succinic acid），同时发生了一次底物水平磷酸化，产生一分子 GTP（或 ATP）。琥珀酸与接受乙酰 CoA 的草酰乙酸一样都是四碳酸，相当于由乙酰 CoA 引入的 2 个碳已全部转变为 CO_2。琥珀酸又经过两步脱氢反应，变为草酰乙酸，同时形成还原型辅酶 $FADH_2$ 和 NADH 各一分子。$FADH_2$ 是和 NADH 类似的化合物，全名是黄素腺嘌呤二核苷酸（flavin adenine dinucleotide），其氧化型为 FAD，氧化能力强于 NAD^+，能催化 NAD^+ 无法完成的脱氢反应。草酰乙酸的形成，使得下一轮的柠檬酸循环又可从头开始。

每一轮柠檬酸循环产生一个 GTP（或 ATP）、3 个 NADH 和一个 $FADH_2$。每个葡萄糖分子产生 2 个乙酰 CoA，所以一个葡萄糖分子在柠檬酸循环中要产生 2 个 GTP（或 ATP）、6 个 NADH 和 2 个 $FADH_2$。与糖酵解相比，柠檬酸循环所产生的高能分子要多得多。

4.3.3 电子传递和氧化磷酸化

柠檬酸循环中产生了很多 NADH 和 $FADH_2$，糖酵解中也产生了 NADH，这些都是还原型的化合物，含有大量化学能。在有氧条件下，NADH 和 $FADH_2$ 通过由电子载体所组成的电子传递链［electron transport chain，也称为呼吸链（respiratory chain）］将电子传递给 O_2，失去电子的辅酶本身转变为氧化型（图 4.17）。在真核生物细胞中，电子传递链中的电子载体大部分位于线粒体的内膜上，它们大多为蛋白质；在原核生物的细胞中，电子传递链位于质膜上。电子载体传递电子是有严格顺序的，前一个载体将电子传递给后一个载体，相

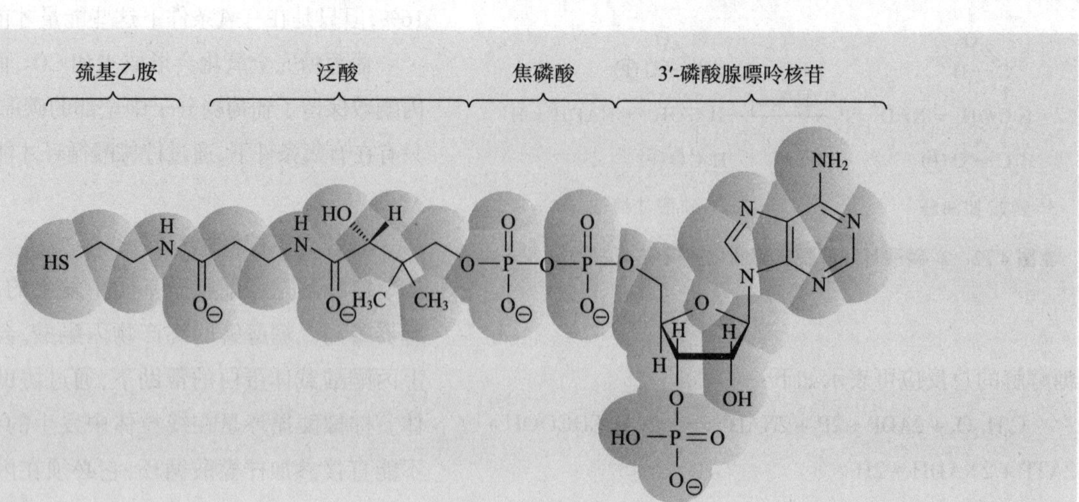

图 4.15 辅酶 A

辅酶 A 是一种含有泛酸（维生素 B_5）的辅酶，在酶促反应中作为酰基的载体，主要参与脂肪酸以及丙酮酸的代谢。

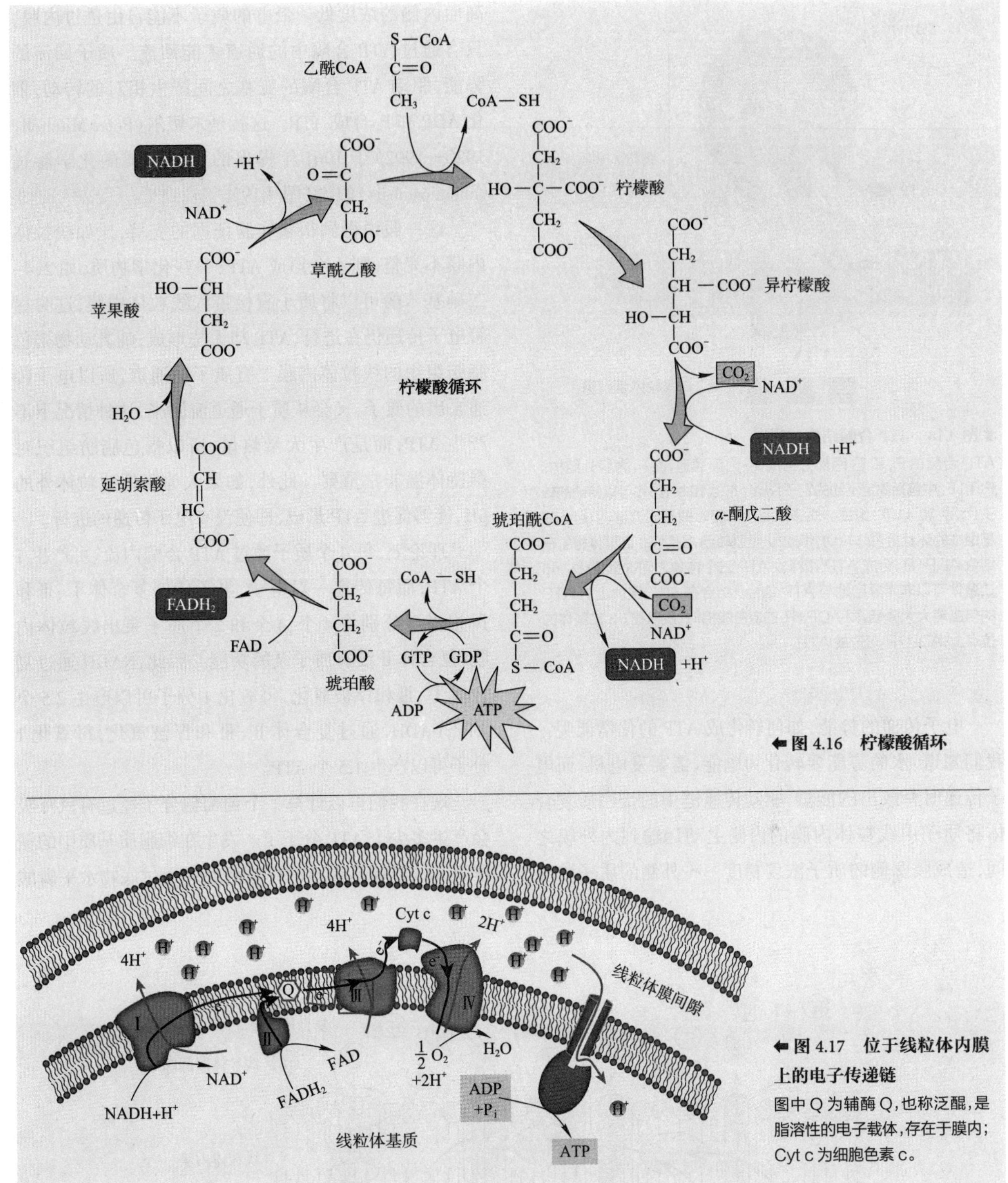

图 4.16 柠檬酸循环

图 4.17 位于线粒体内膜上的电子传递链

图中 Q 为辅酶 Q，也称泛醌，是脂溶性的电子载体，存在于膜内；Cyt c 为细胞色素 c。

当于前一个载体被氧化，后一个被还原。最后一个被还原的电子载体把电子传递给 O_2，形成 H_2O，其中的 2 个 H^+ 来自周围环境中。

组成电子传递链的有 4 种蛋白质复合体，NADH 的一对电子通过复合体Ⅰ、Ⅲ和Ⅳ被传递给氧，而 $FADH_2$ 的一对电子通过复合体Ⅱ、Ⅲ和Ⅳ被传递给氧。随着电子传递的进行，电子的能量逐渐降低，同时 ADP 不断地磷酸化形成 ATP。这种伴随着电子传递过程而合成 ATP 的反应，称为氧化磷酸化，因为电子传递是由还原型的辅酶被氧化而引发的。这是细胞合成 ATP 的第二种方式。催化氧化磷酸化反应的酶是线粒体内膜上的 ATP 合酶（ATP synthase）。电镜下所见的线粒体基粒即 ATP 合酶，是由多个亚基组成的复杂复合体（图 4.18）。

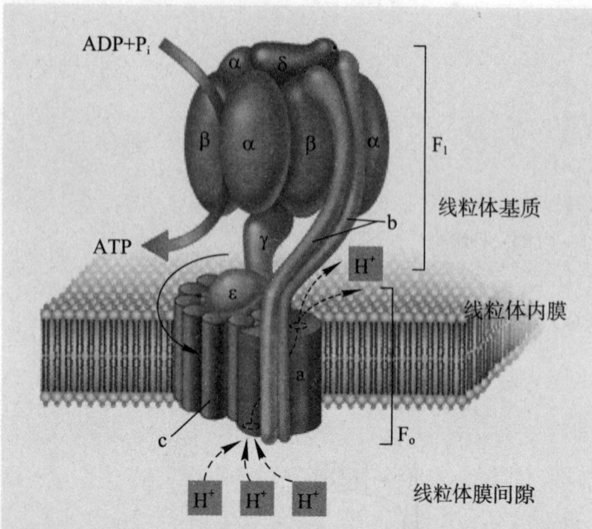

图 4.18 ATP 合酶结构示意图

ATP 合酶由 F_o 和 F_1 两部分构成，F_o 为膜通道，而 F_1 为膜外结构。F_o 和 F_1 中包括固定不动的定子（α、β、δ、a 和 b 等）和可以转动的转子（c、γ 和 ε 等）组成。质子从 a 亚基和 c 亚基间流过，引起 c 亚基组成的环状复合体转动，带动 γ 亚基转动，引起 αβ 二聚体构象在结合 ADP+P_i、合成 ATP 和释放 ATP 三个构象之间次第变化。αβ 二聚体可以非常紧密地与 ATP 结合。结合在 αβ 二聚体上的 ATP 的自由能大大降低，同 ADP+P_i 的自由能相似，所以在 αβ 二聚体的位点上，ADP+P_i 可形成 ATP。

电子传递的势能，如何转化成 ATP 的化学能呢？我们知道，水的势能要转化为电能，需要发电机，而电子传递时释放出的能量，驱动传递链中的蛋白质复合体将质子由线粒体内膜的内侧主动运输到内外膜之间，造成膜两侧的质子浓度梯度——外侧的质子浓度高而内侧的浓度低。带电的质子不能自由透过内膜，只有通过 ATP 合酶中的通道才能回流。质子回流的势能，驱动 ATP 合酶的亚基之间产生相对的转动，催化 ADP 和 P_i 合成 ATP。这就是米切尔（Peter Mitchell，1920—1992）于 1961 年提出的 ATP 形成的化学渗透（chemiosmosis）假说（图 4.19）。

这一假说得到很多实验证据的支持，比如线粒体内膜不完整，则不会形成 ATP；一些化学物质，如 2,4-二硝基苯酚可以将质子直接带入线粒体内膜，这时尽管电子传递仍在进行，ATP 却无法形成；哺乳动物褐色脂肪组织的线粒体内膜上有质子的通道，所以电子传递泵出的质子，又会从质子通道流回来，这种情况下不产生 ATP，而是产生大量热量，所以褐色脂肪组织对维持体温非常重要。此外，如果人为降低线粒体外的 pH，能够促进 ATP 形成，即使没有电子传递的进行。

理论上，每 4 个质子通过 ATP 合酶内流，可产生 1 个 ATP；而每传递一对电子，电子传递复合体Ⅰ、Ⅲ和Ⅳ相当于分别将 4 个、4 个和 2 个质子泵出线粒体内膜，复合体Ⅱ没有质子泵的功能。因此，NADH 通过复合体Ⅰ、Ⅲ和Ⅳ被氧化，每氧化 1 分子可以产生 2.5 个 ATP；$FADH_2$ 通过复合体Ⅱ、Ⅲ和Ⅳ被氧化，每氧化 1 分子可以产生 1.5 个 ATP。

现在我们可以计算一个葡萄糖分子经过有氧呼吸会产生多少个 ATP 分子了。发生在细胞质基质中的糖酵解和线粒体基质中的柠檬酸循环通过底物水平磷酸

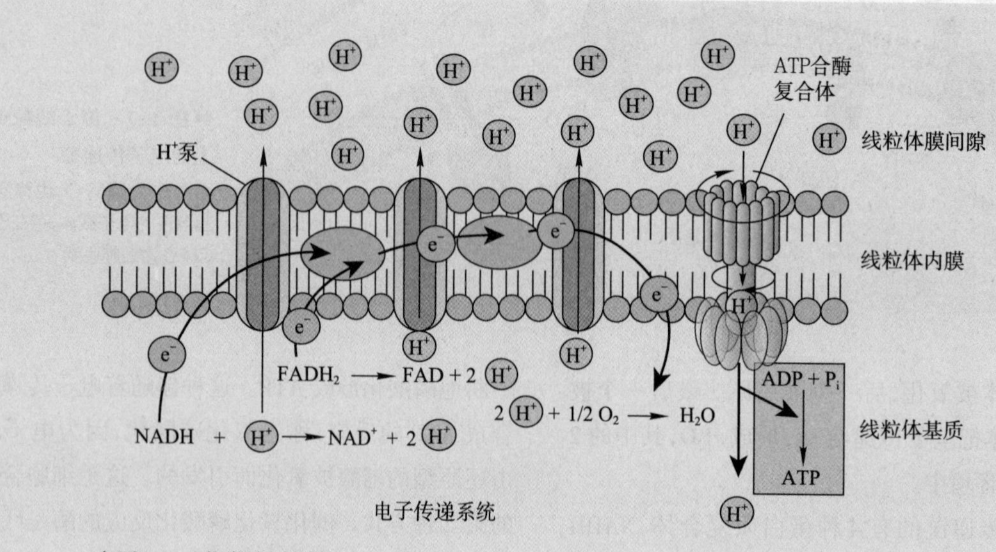

图 4.19 化学渗透假说

伴随着电子传递，质子被泵到线粒体内外膜间隙；质子通过 ATP 合酶顺电化学梯度回流，引起 ATP 合酶发生相对转动，催化 ATP 的合成。

化，总共产生 4 个 ATP。糖酵解、乙酰 CoA 的形成和柠檬酸循环共产生 10 个 NADH 和 2 个 $FADH_2$，上述还原型辅酶通过电子传递链最多可以产生 28 个 ATP。实际上所产生的 ATP 分子数因细胞种类和细胞的状态而不同，可能少于 28。这样计算，细胞中葡萄糖的完全氧化最多可产生 32 个 ATP（图 4.20）。但是糖酵解发生于线粒体之外，有氧条件下，糖酵解产生的 NADH 必须进入线粒体才能被氧化。有的细胞（如昆虫的飞翔肌）要利用相当于 2 个 ATP 的能量把 2 个 NADH 中的电子运入线粒体内，这样，所产生的 ATP 的总数就是 30 而不是 32 了；心脏和肝等的许多细胞将 NADH 中的电子运入线粒体内并不需要损耗 ATP，所以产生的 ATP 的总数仍是 32。

4.3.4 发酵作用

许多厌氧生物能在无氧条件下生活，在有氧条件下反而不能存活。有些生物既能在有氧条件下生活，又能在无氧条件下生活，如酵母。在有氧条件下，酵母通过需氧呼吸从每个葡萄糖分子获取 32 个 ATP，像大多数生物一样。但是在无氧时，它们也能仅仅依靠糖酵解，从每个葡萄糖分子中提取 2 分子 ATP 而生活，不过在这种情况下不能繁殖。糖酵解除产生 ATP 外，还将 NAD^+ 还原成 NADH。细胞中 NAD^+ 的含量有限，酵母必须将 NADH 再氧化为 NAD^+，才能使糖酵解持续进行下去。酵母氧化 NADH 的方法是，在脱羧酶的作用下先将糖酵解的产物丙酮酸脱羧，变成乙醛，再经乙醇脱氢酶催化，将 NADH 的氢原子交给乙醛，形成乙醇（酒精）。这种过程称为乙醇发酵（alcoholic fermentation），如图 4.21 所示。

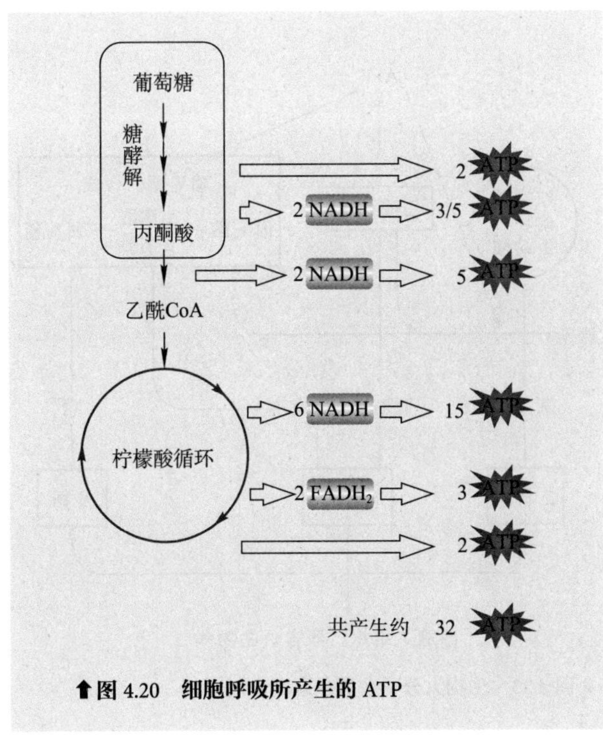

图 4.20 细胞呼吸所产生的 ATP

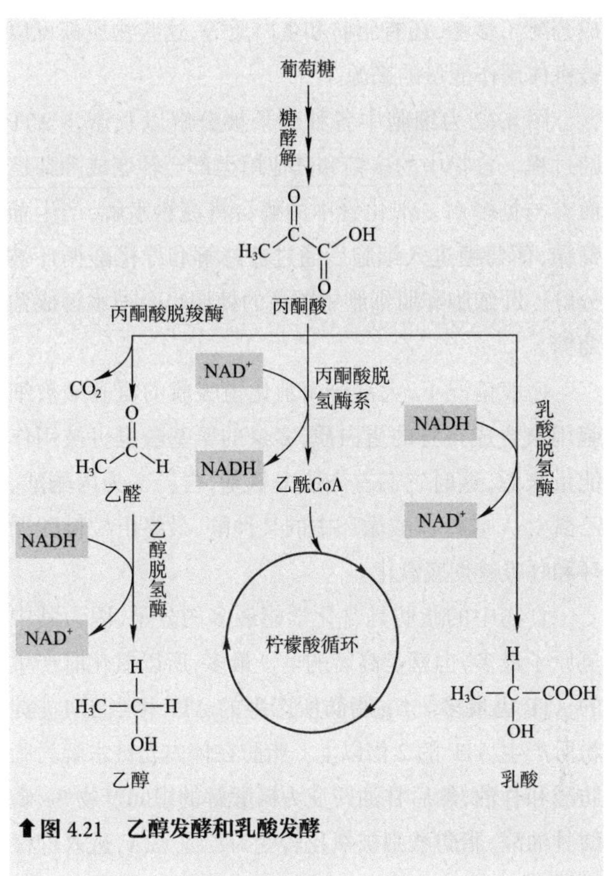

图 4.21 乙醇发酵和乳酸发酵

动物细胞也能进行无氧呼吸，如激烈收缩的骨骼肌。然而，动物细胞中没有丙酮酸脱羧酶，它们的解决方法是将 NADH 的氢原子直接交给丙酮酸，形成乳酸（图 4.21）。某些微生物也可以进行乳酸发酵（lactic acid fermentation）。乳酸发酵中 ATP 的产量和糖酵解中一样，所形成的乳酸仍为三碳化合物，和丙酮酸一样。

乙醇发酵和乳酸发酵都有重要用途。制酒的原理就是利用酵母进行乙醇发酵，制作酸菜、酸奶、奶酪就是利用乳酸菌进行乳酸发酵。

植物在无氧情况下也会发生发酵作用，例如，成熟的苹果中除有香气外，也会有乙醇的气味，就是因为氧供应不足，其中发生了乙醇发酵。被水淹没的植物根中，也可能进行发酵作用，但植物只能利用发酵作用维持短时期的生命。

4.3.5 各种生物分子的分解与合成

细胞呼吸的重要底物是葡萄糖，但食物中的主要成分除了多糖，还有脂肪和蛋白质等，这些物质都可以被机体用作能量的来源。

图 4.22 为细胞中各种分子被分解以及产生 ATP 的过程。食物中的多糖和其他糖类都会转变成葡萄糖而参与糖酵解。消化管中的酶会将淀粉水解，产生葡萄糖，葡萄糖进入细胞后通过糖酵解和柠檬酸循环被分解。肝细胞和肌细胞中贮藏的糖原也会被水解成葡萄糖。

一般情况下，大部分由消化道吸收的氨基酸被细胞用来合成自身的蛋白质，多余的氨基酸也可被用作能量来源，这时它们首先脱去氨基，再转变为丙酮酸、乙酰 CoA 或柠檬酸循环中的某种酸，最终由柠檬酸循环和呼吸链彻底氧化。

食物中的脂肪是含化学能最多的分子，因为其中氢原子最多，也就是高能的电子最多，所以氧化时产生的 ATP 也最多。1 g 脂肪所产生的 ATP 相当于 1 g 淀粉所产生 ATP 的 2 倍以上。脂肪在体内先被水解为脂肪酸和甘油，然后甘油转变为糖酵解的中间产物 3- 磷酸甘油醛，脂肪酸则被氧化转变为乙酰 CoA，进入柠檬酸循环。

食物中的分子并不是都用于氧化而产生 ATP，它们也是细胞用于生物合成的原料。有些存在于食物中或由食物直接转化而成的分子可以直接被细胞利用，例如氨基酸可以直接用于细胞中蛋白质的合成。细胞代谢活动中，还需要许多不存在于食物中或不能由食物直接产生的分子，而糖酵解和柠檬酸循环的中间产物为这些分子的合成提供了基本原料（图 4.23）。

细胞利用糖酵解和柠檬酸循环中的某些小分子为原料，可以进行三大类生物分子的合成，这些合成途径都要消耗 ATP。

代谢是生命现象的核心，它体现在两个方面：一个是细胞呼吸，是从食物中收集能量的过程；另一个是各种生物合成途径，是建造细胞的各种成分的过程。这两个方面既有明显的区别，又有非常密切的关系。细胞中各种分子的代谢构成一个代谢网络，不同的代谢途径，通过网络交叉点上的中间代谢物而相互作用、相互转化。这些中间产物中，以丙酮酸和乙酰 CoA 最为关键：糖代谢过程中的丙酮酸，以及柠檬酸循环中的 α- 酮戊二酸和草酰乙酸，经过加氨基或转氨基，可以成为丙氨酸、谷氨酸和天冬氨酸；氨基酸中甘氨酸、丙氨酸、丝氨酸等 14 种氨基酸，脱氨后能够变成丙酮酸，再生成糖；脂肪中的甘油可以转变为丙酮酸，再接受氨基变成丙氨酸；脂肪酸经过氧化形成的乙酰 CoA 进入柠檬酸循环，形成 α- 酮戊二酸和草酰乙酸，从而与谷氨酸和天冬氨酸相联系。

植物和细菌中存在乙醛酸循环（glyoxylate cycle），能将异柠檬酸裂解为乙醛酸和琥珀酸，乙醛酸与乙酰 CoA 形成苹果酸，再氧化为草酰乙酸，从而补充柠檬酸循环中的有机酸（图 4.24）。草酰乙酸也可以脱羧变成丙酮酸，再生成糖，所以植物可以利用脂肪酸和无机铵

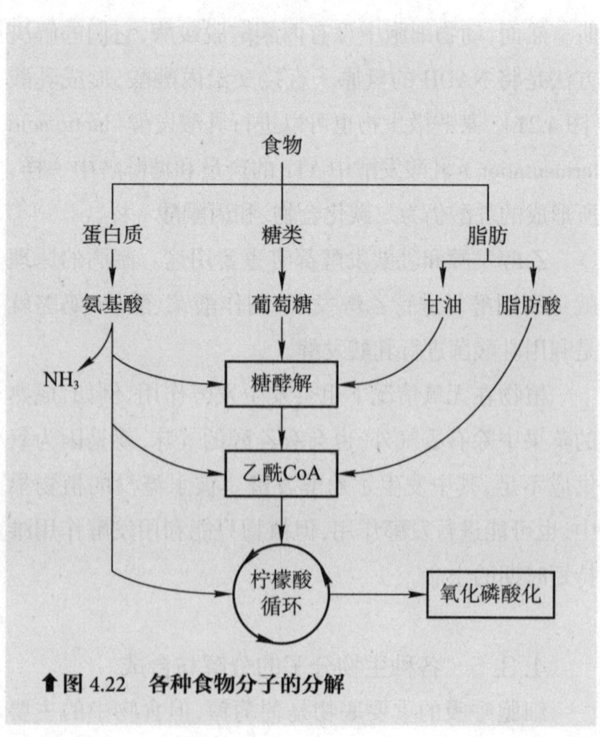

图 4.22 各种食物分子的分解

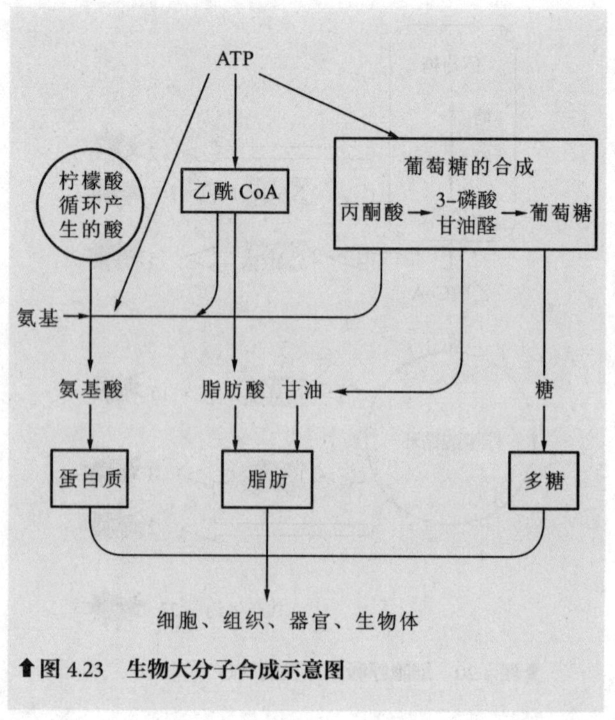

图 4.23 生物大分子合成示意图

图 4.24　乙醛酸循环

盐大量合成氨基酸。

在人体内，葡萄糖经糖酵解形成丙酮酸，再氧化脱羧为乙酰 CoA。如果此时细胞 ATP 含量高，柠檬酸循环就会被抑制，积累的乙酰 CoA 则缩合成脂肪酸，最后形成脂肪。吃淀粉过多，就会有多余的糖类转化为脂肪，将能量储存起来，造成肥胖。动物细胞缺乏乙醛酸循环，所以乙酰 CoA 无法变成丙酮酸，而丙酮酸是生成糖所必需的，所以动物细胞不能把脂肪酸转化为糖。

归根到底，生物所利用的能量和构建自身的物质，最终都来自有机化合物，而能够利用 CO_2 和 H_2O 制造有机化合物的唯一过程是光合作用。

4.4　光合作用

17 世纪以前，人们普遍认为植物生长所需要的物质全部来自土壤。17 世纪中叶，比利时医生海耳蒙特(Jan Baptist van Helmont，1580—1644)对此产生怀疑，便将一株小柳树进行盆栽，只浇水。5 年后柳树长大，重量增加了约 75 kg，而土壤的重量只减少了约 60 g。于是他得出结论，植物生长所用的物质主要不是来自土壤，但是他却错误地认为植物重量的增加主要是由于吸收了水。

17 世纪后叶，人们在显微镜下发现了叶片上的气孔，推测植物生长与空气有关。18 世纪 70 年代，英国牧师兼化学家普里斯特利(Joseph Priestley，1733—1804，图 4.25)发现在密闭玻璃瓶中燃着的蜡烛本来会很快熄灭，但若在瓶中放一枝薄荷，蜡烛便会继续燃烧。他得出结论说，这是因为燃着的蜡烛会使空气“恶

图 4.25　普里斯特利 1794 年的画像

化”,而薄荷枝条却能使空气“净化”。但是他并不能多次重复他的实验,也就是说植物并不总是能够使空气“净化”。

之后,荷兰医生英根豪斯(Jan Ingenhousz,1730—1799)在普里斯特利实验的基础上进行了多次实验,最后发现普里斯特利实验有时成功有时失败的原因在于光——只有植物的绿色部分受到光的照射时,才能“净化”被蜡烛“恶化”了的空气。

以上三位科学家是光合作用研究的先驱。到19世纪末,Charles Barnes使用了光合作用(photosynthesis)一词描述植物利用光能合成有机物这个现象。但是对光合作用的深入认识,直到20世纪初才真正开始。光合作用所利用的原料是空气中的CO_2和土壤中的水,能源是太阳能。其总反应式如下:

$$CO_2 + H_2O \xrightarrow{\text{光}} (CH_2O) + O_2$$

式中,(CH_2O)代表糖。

对于光合作用的许多机理,人们是近几十年才逐步认识到的。例如,光合作用所释放的O_2,究竟是来自水,还是来自CO_2,直到20世纪40年代才弄清楚。当时科学家利用^{18}O标记的H_2O和CO_2进行实验,结果发现,只有供给$H_2{}^{18}O$时,光合作用释放的氧才是$^{18}O_2$,如下式所示:

$$6CO_2 + 12H_2{}^{18}O \xrightarrow{\text{光}} C_6H_{12}O_6 + 6H_2O + 6{}^{18}O_2$$

光合作用的总方程式,如果以葡萄糖为产物,是每6分子CO_2和12分子H_2O发生反应;如果以(CH_2O)代表糖,则为

$$CO_2 + 2H_2O^* \xrightarrow{\text{光}} (CH_2O) + H_2O + O_2^*$$

4.4.1 光合作用概述

光合作用是地球上最重要的化学过程,因为它为绝大多数生物——植物、动物、原生生物、真菌和细菌提供食物。

绝大多数能够进行光合作用的生物是自养生物(autotroph);不进行光合作用,只能依靠光合作用产物生活的生物为异养生物(heterotroph)。自养生物是生物圈中的生产者(producer)。还有一些生物既可以进行光合作用,又可以行异养生长,如我们在第17章中介绍的一种金藻就是这样的生物,我们把行这种营养方式生活的生物称为混合式营养生物(mixotroph)。

能够进行光合作用的生物不仅有植物,还有藻类和光合细菌,它们都是非常重要的生产者。

如前所述,植物和真核藻类细胞中,进行光合作用的细胞器是叶绿体。植物的叶绿体主要分布在叶肉细胞中,每个叶肉细胞有许多个叶绿体。叶绿体的结构参见图3.23。

就光合作用的总反应而言,其过程恰好是有氧呼吸过程的逆转。细胞呼吸是将糖氧化为CO_2,光合作用是将CO_2还原为糖,将H_2O氧化为O_2;细胞呼吸是一个放能反应,而光合作用是一个吸能反应,它利用太阳能把CO_2转变为糖,并将能量贮存在糖分子内。可以看出,光合作用和呼吸作用都是氧化还原过程。

现在我们知道,光合作用是比细胞呼吸作用更为复杂的过程,涉及光能的吸收和传递、电子传递和ATP合成以及CO_2还原等过程。光合作用大致分两个阶段进行:第一个阶段称为光反应(light reaction),主要是将光能变成化学能;第二个阶段称为暗反应(dark reaction),也称为碳反应(carbon reaction),主要是卡尔文循环(Calvin cycle)。暗反应并非一定要在暗处进行,而是反应本身不需要光直接参与,但是参与暗反应的不少酶活性受光调控。

图4.26显示光合作用中光反应和暗反应之间的关系。光反应发生在类囊体膜上,其中的叶绿素分子吸收光能,类囊体膜中的一整套蛋白质(酶)利用这种能量推动$NADP^+$的还原,形成NADPH。$NADP^+$是和NAD^+同一类的电子载体,只是比NAD^+多一个磷酸基团。NADPH和NADH一样,都是高能分子,但NADPH一般不进入呼吸链,而是被用作还原剂,参与生物体内的还原反应,通常也被称为还原力(reducing power)。类囊体膜中的蛋白质还会利用所吸收的光能推动电子传递,产生跨膜的质子梯度,膜上的ATP合酶利用质子梯度的势能将ADP和磷酸合成为ATP。

光能转变成的化学能暂时贮存在NADPH和ATP中,两者对CO_2还原为糖都必不可少,但光反应中并不产生糖,糖是在暗反应中产生的。暗反应发生在叶

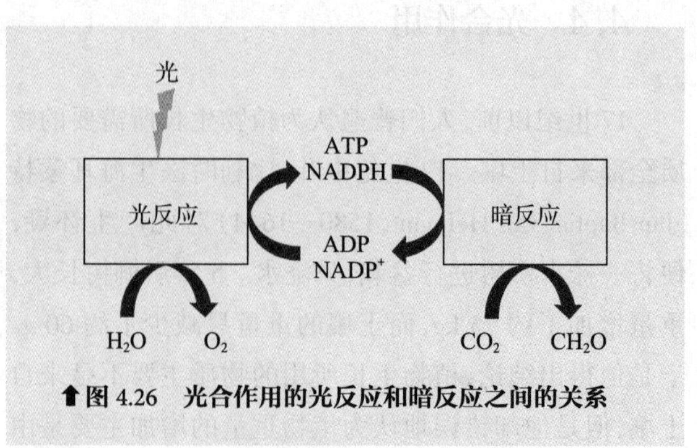

⬆图4.26 光合作用的光反应和暗反应之间的关系

绿体的基质中，主要过程是 CO_2 进入卡尔文循环，利用光反应形成的 NADPH 和 ATP，最终被还原为糖。NADPH 和 ATP 变回为 $NADP^+$ 和 ADP，这种周转保证了光合作用的正常运行。

4.4.2 光反应

(1) 叶绿素对光的吸收

光是一种电磁波，具有波的性质。光除了具有波动性外，还有粒子性，也就是说光的行为也像极小的能量"颗粒"一样，这种"颗粒"称为光子(photon)。不同波长的光，其光子所带的能量不同，同样波长的光，其光子中的能量是固定的。波长越短，光子所具有的能量越多。例如，紫光的光子中所带的能量约为红光光子的两倍。太阳光是由不同波长的光组成的，虽然可见光只是其中极小的一部分，但却是光合作用最主要的光源，因为在光合作用中起最主要作用的色素——叶绿素(chlorophyll)主要吸收可见光。植物叶绿体中的叶绿素主要有两种：叶绿素 a 和叶绿素 b。图 4.27 为叶绿素 a 和叶绿素 b 的化学结构和吸收光谱。从结构上看，叶绿素分子具有一个亲水的"头"部和一个疏水的"尾"部。头部为一个卟啉环，中间有一个镁离子，而尾部是一疏水的长碳氢链。叶绿素 a 分子同叶绿素 b 分子的差别在于其头部的修饰基团有所不同。因为这个差别，它们对光的吸收就有一定差别，这从它们的吸收光谱可以分辨。将一种物质对光的吸收率随波长变化作图得到的曲线就是该物质在这个波长范围的吸收光谱。如图 4.27b 所示，叶绿素 a 吸收可见光中的蓝紫光和红光，叶绿素 b 主要吸收蓝光和橙色光。因为这两种色素都对绿光有较低的吸收，使得太阳光中的绿光或者被叶片反射，或者透射过叶片，所以植物的叶子呈现绿色。

色素吸收光的实质，是色素分子中的一个电子得到了光子的能量，于是从基态进入激发态，使这个色素分子成为受激发状态分子。色素分子吸收光子后的激发态极不稳定，寿命至多只有 10^{-8} s，几乎形成后立即变回为基态。溶液中的叶绿素分子从激发态回到基态时，其所吸收的光能有几种去向，它可以热的形式向周围发散，或转变成荧光(fluorescence)。存在于溶液中的叶绿素在光下产生暗红色的荧光，就是这个原因(图 4.28)。溶液中叶绿素吸收的光能不能转换成可以

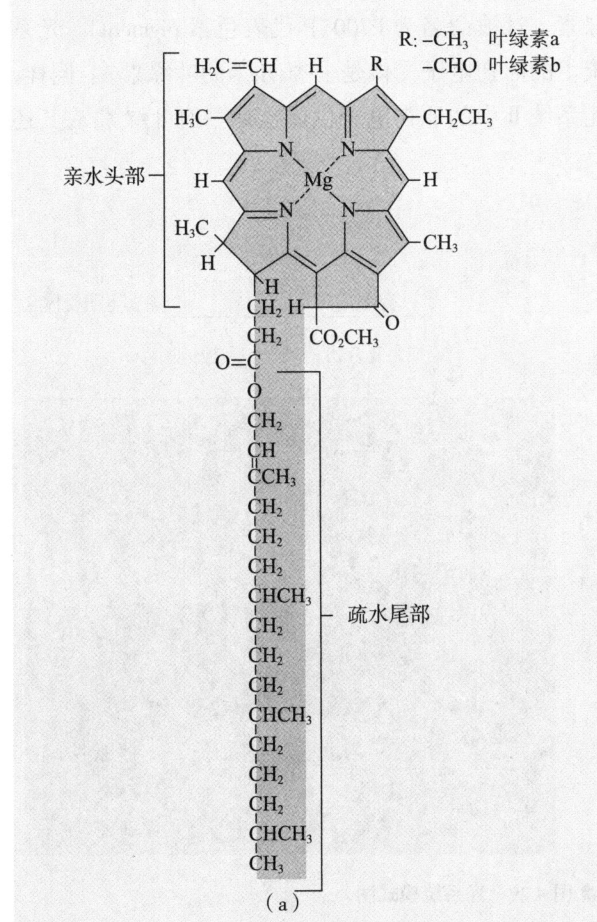

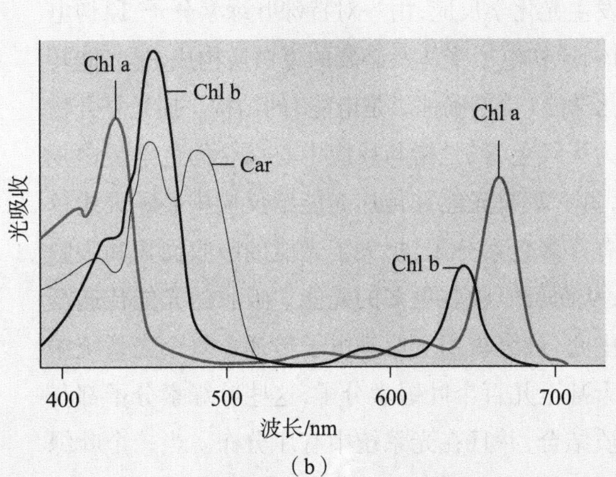

图 4.27 叶绿素 a 和 b 的化学结构和吸收光谱

(a) 叶绿素的结构。叶绿素的亲水头部为一个卟啉环结构，中间有一个镁离子。叶绿素 a 和叶绿素 b 的差别在于卟啉环上的修饰不同，叶绿素 a 的修饰基团为一个甲基，而叶绿素 b 的修饰基团为一个醛基。(b) 叶绿素 a(Chl a)、叶绿素 b(Chl b)和类胡萝卜素(Car)的吸收光谱。

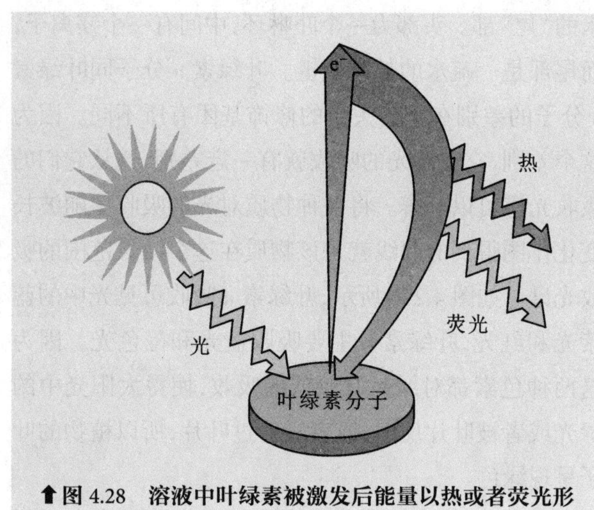

⬆图 4.28 溶液中叶绿素被激发后能量以热或者荧光形式耗散（改绘自 Campbell 等，2000）

被利用的化学能。

（2）光系统

如上所述，溶液中叶绿素分子吸收光后瞬间即变回为基态，那么光合作用中光能如何转变为 NADPH 和 ATP 中的化学能呢？奥妙在于光合膜中的奇妙装置——光系统（photosystem）。

目前已经知道，参与光合作用的色素分子都是与蛋白质分子结合，形成位于光合膜上的色素蛋白复合体而起作用。所谓光系统，就是由多个色素蛋白复合体组织起来的超大复合体。光系统包括两个部分：反应中心（reaction center）和捕光复合物（图 4.29）。反应中心发生光化学反应，由一对特殊叶绿素分子、原初电子供体、原初电子受体及必要的蛋白质构成，是光能转变为化学能（更准确地讲是电能）的结构。捕光复合物又称为天线色素，是指与反应中心结合的色素蛋白复合体，负责吸收光能并传递光能给反应中心。天线色素含有许多色素分子，扩大了光能的吸收面积和吸收范围，从而可以吸收更多的光能。吸收的光能传递至反应中心，最终被用于驱动电子传递。每个光系统中有几十甚至几百个叶绿素分子，这些叶绿素分子都与蛋白质结合，并且在光系统中有序分布。当一个叶绿素分子吸收了一个光子而成为激发态时，它能有效地将吸收的光能传递给相邻的色素分子。这样，光能在光系统中相继传递，最终传递到反应中心的原初电子供体。

原初电子供体是一对叶绿素 a 分子，因为所处的蛋白质微环境的特殊性，在接收光能后，能够将激发的电子传递给电子受体。而接受电子的受体也是叶绿素分子，称为原初电子受体。原初电子供体将一个电子传递给原初电子受体，自身被氧化，而后者被还原。这就是光合作用电子传递中最初的一幕，图 4.29 为这一幕的示意图。以后的反应就是原初电子受体将电子传递给其他电子载体，而原初电子供体则被其他电子供体还原。

原初电子供体和原初电子受体以外的所有各种色素分子，包括其他叶绿素 a 在内，其作用都是将所吸收的光能传递给反应中心驱动电子传递，所以被称为辅助色素。叶绿体中除含有叶绿素外，还含有其他橙黄色的色素，称为类胡萝卜素（carotenoid）。类胡萝卜素有许多种，其中最多的一种为叶黄素（lutein）。类胡萝卜素所吸收的光（图 4.27b）也可以最终传递给叶绿素 a，所以它们也是辅助色素。类胡萝卜素还有保护功能，即在强光下吸收并耗散多余的光能，避免光对叶绿素的破坏。

现在已经充分证明，所有产氧光合作用生物的类囊体膜上有两类光系统，依其发现的先后，分别命名为光系统Ⅰ和光系统Ⅱ。光系统Ⅰ作用中心内的原初电子供体是一对叶绿素 a。还原态叶绿素 a 对的吸收光谱与氧化态叶绿素 a 对的吸收光谱有一些细微差别，在波长为 700 nm 处，两个光谱之间差值最大，因而叶绿素 a 对被命名为 P700（P 代表色素 pigment）。光系统Ⅰ的原初电子受体是去掉 Mg^{2+} 的叶绿素 a。同样，光系统Ⅱ中的原初电子供体也是一对叶绿素 a，其还

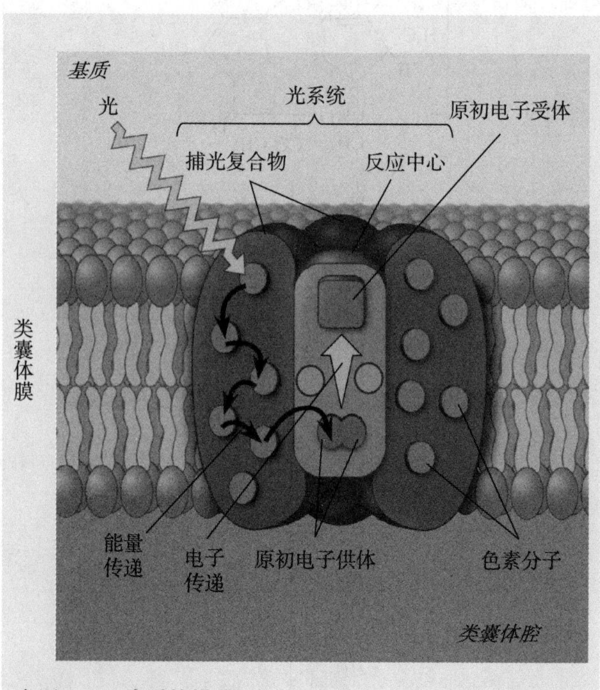

⬆图 4.29 光系统模式图

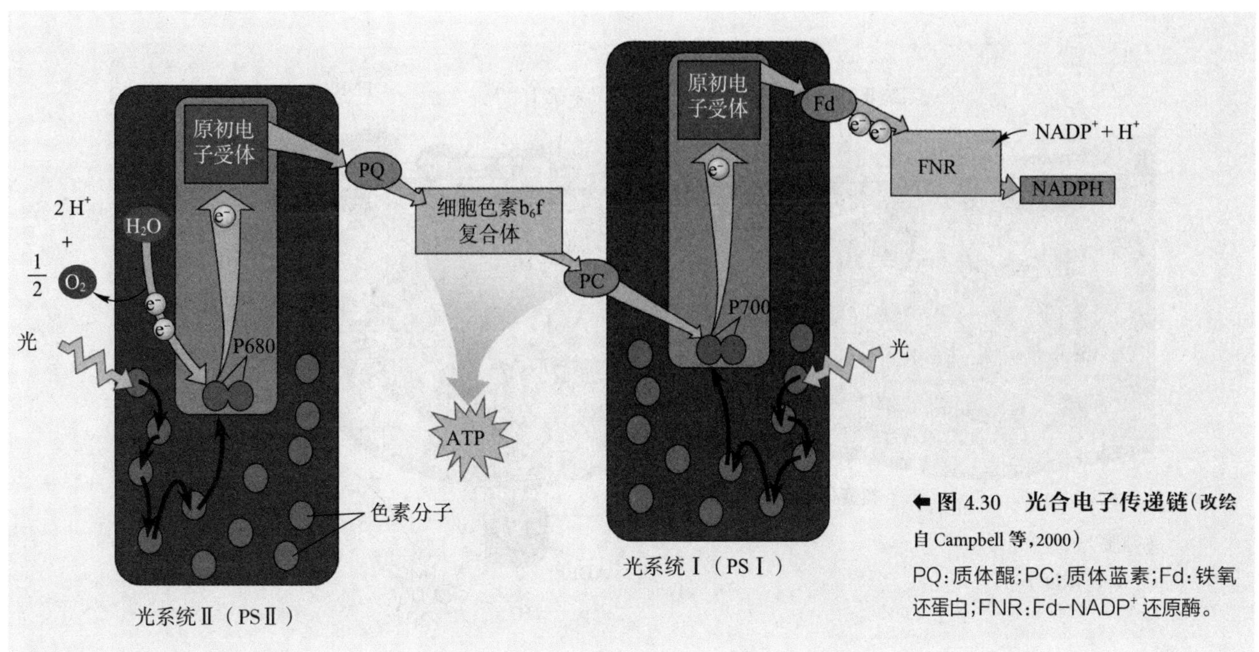

⬅ **图 4.30 光合电子传递链**（改绘自 Campbell 等，2000）

PQ：质体醌；PC：质体蓝素；Fd：铁氧还蛋白；FNR：Fd-$NADP^+$ 还原酶。

原态与氧化态吸收光谱的最大差值在 680 nm，故称为 P680。光系统Ⅱ的原初电子受体也是脱镁叶绿素，即卟啉环中的 Mg^{2+} 丢失的叶绿素 a。

（3）光合电子传递链

图 4.30 为光合电子传递链示意图。从光系统Ⅱ开始，P680 被光激发后将一个电子传递给原初电子受体。P680 本身因为失去了一个电子而成为氧化态 $P680^+$。$P680^+$ 是一种很强的氧化剂，可以将 H_2O 氧化成为 O_2。光合作用中，H_2O 的氧化过程十分复杂，两分子 H_2O 产生 4 个 H^+ 和 4 个电子，并释放出一分子 O_2。产生的 H^+ 释放到类囊体腔内，贡献了跨膜质子梯度，电子则用于还原 $P680^+$。在另一侧，原初电子受体被还原后，依次通过质体醌（plastoquinone，PQ）、细胞色素 b_6f 复合体和质体蓝素（plastocyanin，PC）等一系列电子载体，最终将电子传递给光系统Ⅰ。像呼吸链中的反应一样，光合作用电子传递链中的每一步反应都是氧化还原反应。在传递电子过程中形成跨膜质子梯度，为合成 ATP 提供能量。当电子从光系统Ⅱ传递到光系统Ⅰ的 $P700^+$ 时，能量水平已经不高了，不足以还原 $NADP^+$，这时 P700 被光激发，将电子传递给光系统Ⅰ的原初电子受体，于是电子传递继续进行。经过一系列电子传递载体，最终将电子传递给一个含铁的蛋白，即铁氧还蛋白（ferredoxin，Fd）。还原的 Fd 经过 Fd-$NADP^+$ 还原酶（FNR）催化，将电子传递给 $NADP^+$，形成还原态 NADPH。

光系统Ⅰ和光系统Ⅱ的合作可以比作两个人的合作（图 4.31），第一个人将球打到一定高度，使球向下滚动。当球滚到一个低位时，另一个人再将球打到更高的位置，球继续向下滚动，到达某一个高处。

综上所述，光合电子传递链运行的产物是 O_2、ATP 和 NADPH。O_2 是光合作用的副产物，大气中的 O_2 基本上都来自光合作用。NADPH 和 ATP 是 CO_2 还原为糖所必需的，我们食物中的能量，归根到底，就是来自

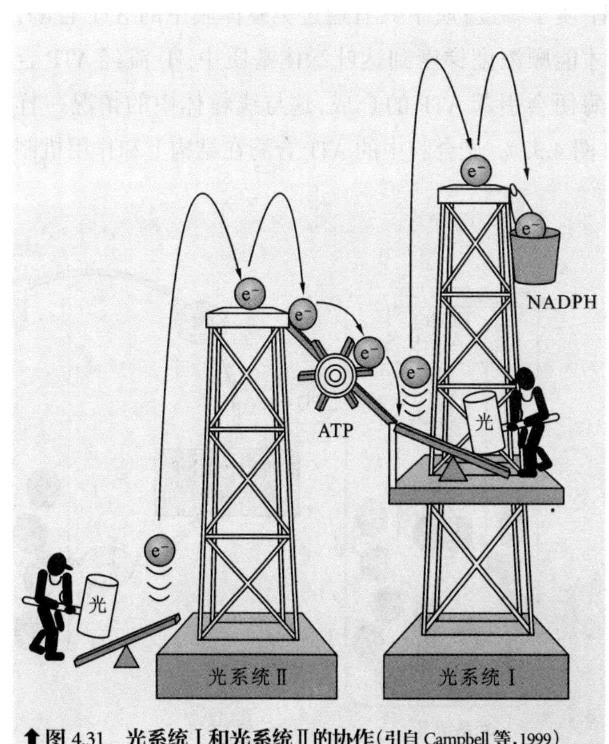

⬆ **图 4.31 光系统Ⅰ和光系统Ⅱ的协作**（引自 Campbell 等，1999）

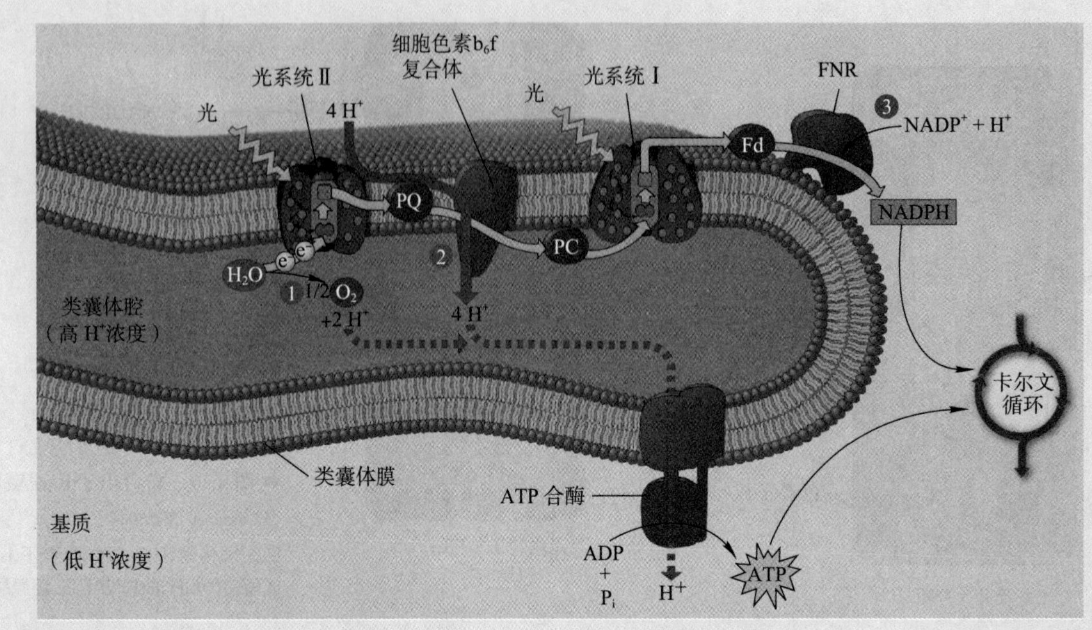

图 4.32　线性（Z 式）光合电子传递与光合磷酸化模式图（引自 Campbell 等，2000）

注意图中 O_2 的释放和 NADPH 及 ATP 形成的部位。

这里的 NADPH 和 ATP。

光反应的电子传递过程中会产生 ATP，因为电子传递的起因是光的激发，所以这种合成 ATP 的过程称为光合磷酸化（photophosphorylation）。光合磷酸化中产生 ATP 的机制也是化学渗透：电子传递造成类囊体腔内的质子浓度远高于叶绿体基质，形成一个质子梯度；质子只有通过类囊体膜中的 ATP 合酶，才能顺浓度梯度到达叶绿体基质中；H^+ 流经 ATP 合酶便会引起 ATP 的合成，这与线粒体中的情况一样（图 4.32）。光合膜中的 ATP 合酶在结构上和作用机制上都与线粒体膜中的非常相似（见图 4.18）。上述过程中，电子从水传递至 $NADP^+$，是一个单方向电子传递，称为线性电子传递（linear electron transfer），电子传递链画为折线形，故称“Z”式（zigzag scheme）电子传递链。

光合作用过程中，细胞对 ATP 的需求明显高于对 NADPH 的需求。当细胞内 ATP 不足时，NADPH 的消耗也常常降低，造成 $NADP^+$ 供应不足。此时，没有足够的 $NADP^+$ 来接收光系统Ⅰ的 P700 传递出来的电子，电子就通过铁氧还蛋白传递给细胞色素 b_6f 复合体，最后又传递回 P700，形成一个闭合的环。这种电子传递

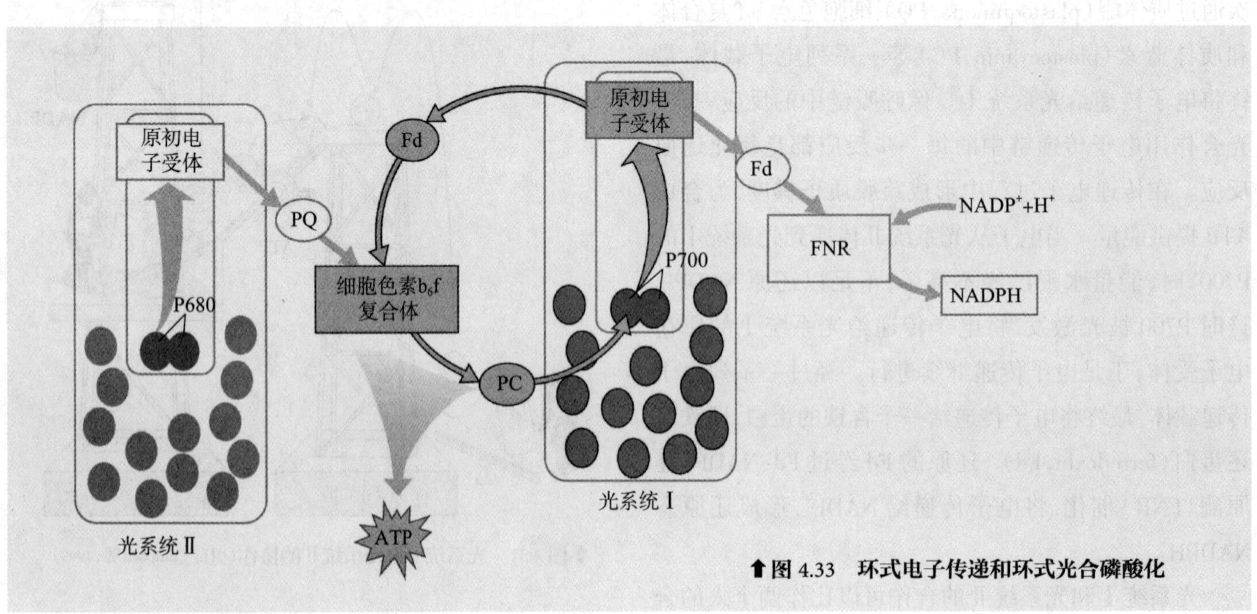

图 4.33　环式电子传递和环式光合磷酸化

称为环式电子传递，而这个合成 ATP 的过程称为环式光合磷酸化（cyclic photophosphorylation）（图 4.33）。植物和藻类的环式光合磷酸化只涉及光系统Ⅰ，不产生 NADPH。环式光合磷酸化也是非产氧光合细菌光能转换的主要形式。

4.4.3 暗反应

（1）卡尔文循环

CO_2 还原为糖，是通过一个循环反应实现的，发现该循环的是美国科学家卡尔文（Melvin Calvin，1911—1997），所以被称为卡尔文循环（Calvin cycle），卡尔文也因此于 1961 年获得了诺贝尔化学奖。

卡尔文循环也称光合碳循环，是叶绿体利用光反应产生的 ATP 和还原力，将 CO_2 转变为磷酸丙糖的复杂生化反应，存在于各种植物和藻类中。循环可分为三个阶段（图 4.34）：① CO_2 固定；② C 还原反应；③ 1，5-二磷酸核酮糖的再生。

第一个阶段是 CO_2 的固定，接受 CO_2 的是含有 5 个 C 的 1，5-二磷酸核酮糖（ribulose-1，5-bisphosphate，RuBP）。RuBP 与 CO_2 形成一个不稳定的六碳羧化产物，后者随即分解形成 2 分子 3-磷酸甘油酸（3-phosphoglyceric acid，3-PGA）。催化这一反应的酶是 1，5-二磷酸核酮糖羧化酶 / 加氧酶（RuBP carboxylase/oxygenase，简称 Rubisco）。Rubisco 含有 8 个相同的大亚基和 8 个相同的小亚基，分别由叶绿体基因组和核基因组编码。此酶约占叶绿体蛋白总量的 50%，是自然界最丰富的蛋白质。

第二个阶段是卡尔文循环中利用能量最多的反应：3-磷酸甘油酸（3-PGA）被还原成三碳糖，即 3-磷酸甘油醛（glyceraldehyde-3-phosphate，G3P），这个过程基本上是糖酵解第 6、7 步的逆转，只是由还原力 NADPH 来提供氢原子，而不是 NADH。G3P 已经是糖，它可以逆糖酵解的步骤，变成葡萄糖，并进一步变为其他的各种糖，如淀粉；G3P 也可以被运出叶绿体，在细胞质基质中合成蔗糖，而蔗糖可以被运输到植物的其他部位。G3P 的这些后续反应不属于卡尔文循环。

第三个阶段是 RuBP 的再生，这个阶段包括许多个反应，对碳骨架进行了复杂的重排，最终由 5 个三碳糖（G3P）变成了 3 个五碳糖（RuBP）。RuBP 的再生需要 ATP。

卡尔文循环的总变化是 3 分子 CO_2 消耗 6 分子 NADPH 和 9 分子 ATP，形成一分子 G3P，而 NADPH 和 ATP 都来自于光反应。卡尔文循环在叶绿体基质中发生，全部有关的酶都存在于基质中，光合作用的产物 G3P 也在叶绿体基质中被利用或转变为其他化合物（图 4.35）。

地球上的光合作用，每年可以产生含（1.5 ~ 1.75）× 10^{14} kg 碳元素的有机物，这些光合作用的产物不仅是植物本身的细胞呼吸和其他生命活动的物质来源，而且是全世界几乎所有其他生物的食物来源。不仅是我们吃的有机物，而且人类社会所消耗的绝大部分能量，归根到底也是通过光合作用形成的。

（2）光呼吸和 C_4 植物

催化光合作用中 CO_2 固定由 1，5-二磷酸核酮糖

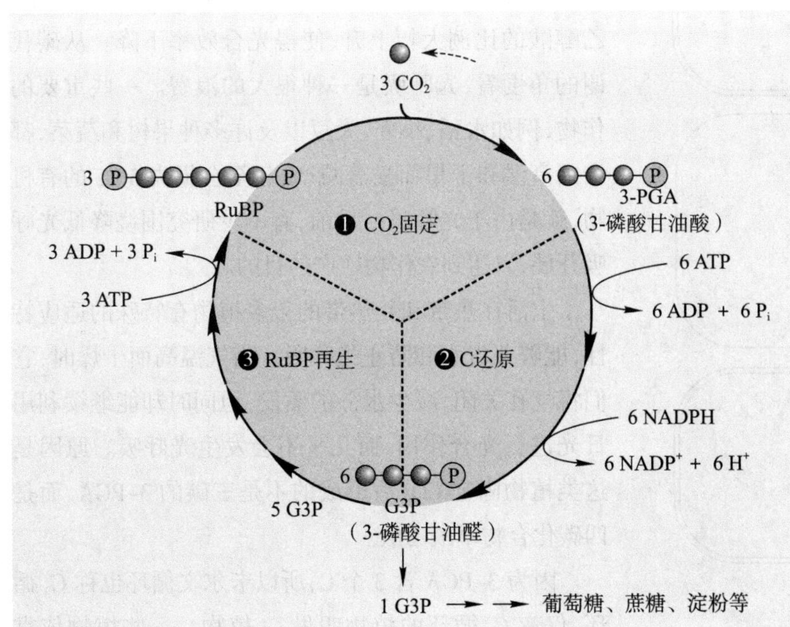

图 4.34 卡尔文循环示意图
卡尔文循环分三步进行：① CO_2 固定；② C 还原；③ RuBP 再生。净反应结果为 3 分子 CO_2 被固定、还原，形成一分子 3-磷酸甘油醛。

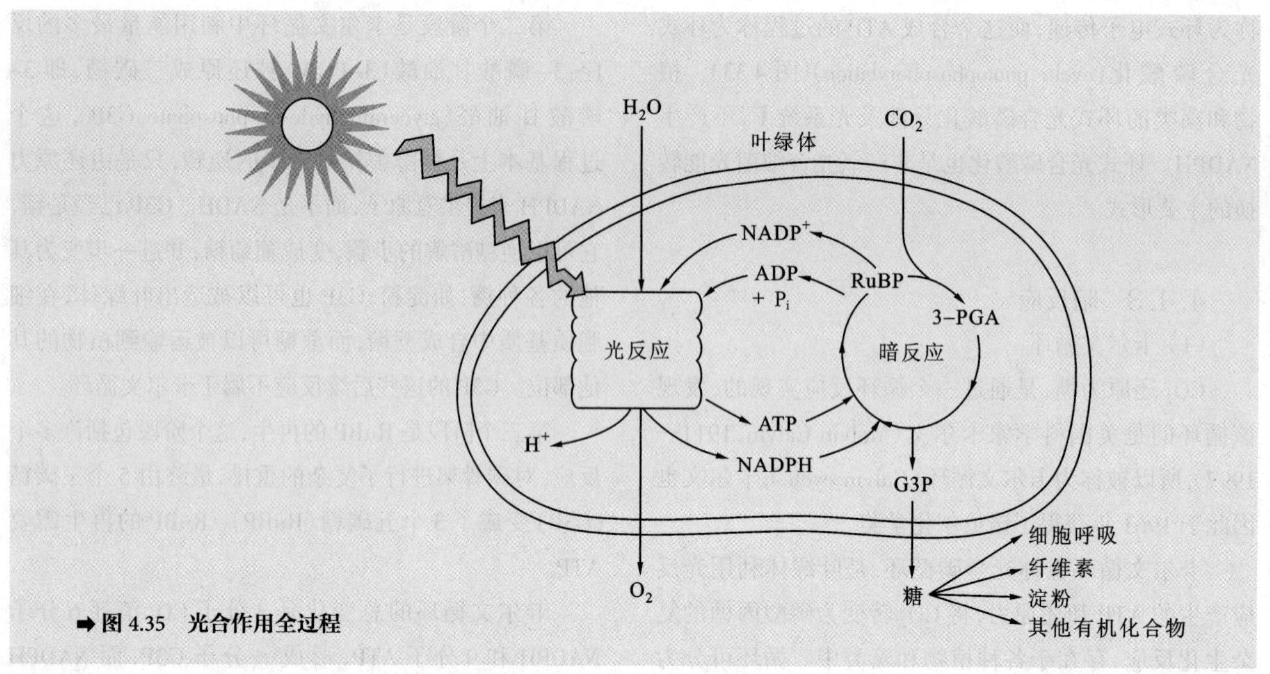

➡ **图 4.35 光合作用全过程**

羧化酶/加氧酶(Rubisco)完成。由名称可知,该酶还有加氧的活性,即可以氧化 RuBP。这个过程产生的现象同呼吸作用相似,它需要氧的参与并释放 CO_2,因为是在光下进行,所以被称为光呼吸(photorespiration)。光呼吸涉及一系列反应,需要叶绿体、过氧化物酶体及线粒体三个细胞器的参与,过程很复杂(图 4.36)。光呼吸的第一步很关键,由 Rubisco 催化,反应结果是将

叶绿体
O_2
CO_2
RuBP
Rubisco
磷酸乙醇酸
3-磷酸甘油酸
乙醇酸
甘油酸
过氧化物体
乙醇酸
甘油酸
乙醛酸
羟基丙酮酸
甘氨酸
丝氨酸
线粒体
甘氨酸
丝氨酸
NAD^+
NADH
CO_2
NH_4^+

⬆ **图 4.36 光呼吸代谢途径和相关的细胞器**

一个五碳糖氧化,形成一个三碳酸和一个乙醇酸。两分子乙醇酸经过一系列代谢过程,最终形成一个三碳糖和一分子 CO_2(一碳)。需要指出,光呼吸虽然产生 CO_2,却不产生 ATP,它实际上是在消耗光合作用所积累的有机物。

RuBP 羧化作用和加氧作用是在 Rubisco 的同一活性位点被催化的,二者相互竞争。在 25℃时,羧化反应的速率是氧化反应速率的 3~4 倍。也就是说,光合固定的碳约 20% 损失在光呼吸中。随着温度升高,加氧反应的速率会上升,而在植物关闭气孔后,会阻止 CO_2 进入叶片和 O_2 逸出叶片,导致叶内 CO_2 减少,而光反应所释放的 O_2 又在叶内积累,最终 Rubisco 的产物中,乙醇酸的比例大幅上升,使得光合效率下降。从碳代谢的角度看,光呼吸是一种很大的浪费。一些重要的作物,例如水稻、小麦、大豆以及许多种果树和蔬菜,都会因高温和干旱而显著减产,甚至会损失 50% 的有机物,就是由于光呼吸。目前,有不少研究围绕降低光呼吸开展,以达到农作物增产的目的。

生活在热带和亚热带的很多植物有特殊的适应特性,能够节省水和防止光呼吸。当气温高而干燥时,它们将气孔关闭,减少水分的蒸发,但同时却能继续利用日光进行光合作用,而几乎不会发生光呼吸。原因是这类植物固定 CO_2 后形成的不是三碳的 3-PGA,而是四碳化合物草酰乙酸。

因为 3-PGA 含 3 个 C,所以卡尔文循环也称 C_3 循环,仅有 C_3 循环的植物叫做 C_3 植物。一些植物依靠

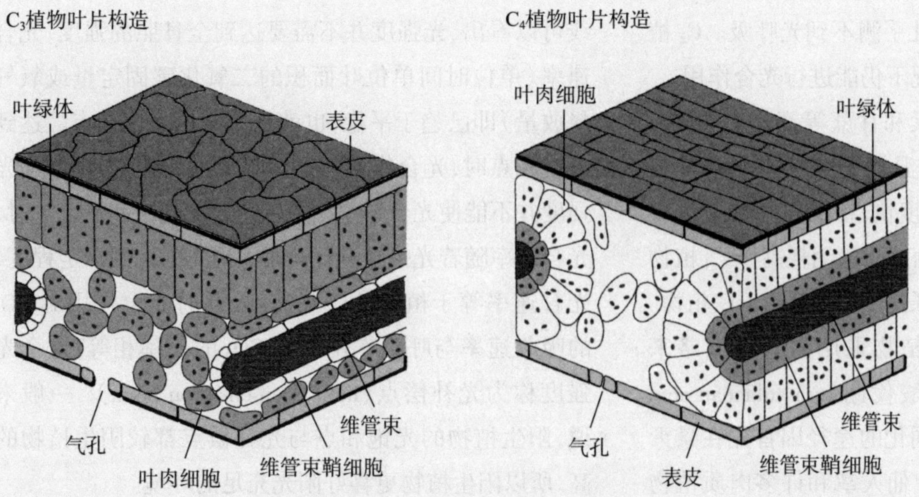

⬅ 图 4.37 C_3 植物和 C_4 植物叶片构造

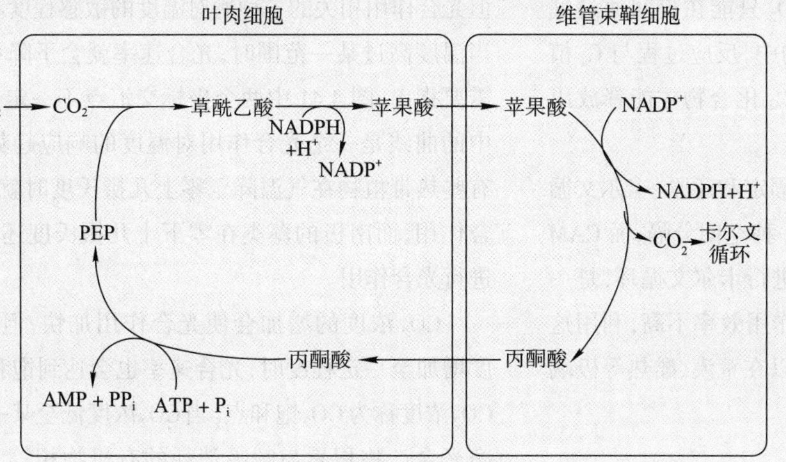

⬅ 图 4.38 C_4 循环的全过程

磷酸烯醇式丙酮酸（PEP）羧化酶固定 CO_2，形成草酰乙酸，草酰乙酸含 4 个 C，所以这类植物叫 C_4 植物。需要指出，C_4 植物的 CO_2 同化同样需要卡尔文循环，只是其最初的 CO_2 固定产物是一个四碳化合物。C_4 植物的叶子有特殊的结构（图 4.37）：叶肉细胞以叶脉（即植物叶片中的维管束）为中心放射状排列；叶肉细胞利用 PEP 羧化酶固定 CO_2，形成草酰乙酸；草酰乙酸转化为苹果酸或天冬氨酸后，进入包围维管束的维管束鞘细胞，分解出 CO_2。维管束鞘细胞中也含有叶绿体，可以进行卡尔文循环。简单过程见图 4.38。

PEP 羧化酶没有加氧的活性，在 CO_2 分压很低的情况下，仍然可以进行羧化反应，羧化产物转变为苹果酸后运进维管束鞘细胞。苹果酸在维管束鞘细胞中释放 CO_2，这样起到浓缩 CO_2 的作用（图 4.39a），加上维管束鞘细胞与空气间被叶肉细胞隔离，本身又几乎没

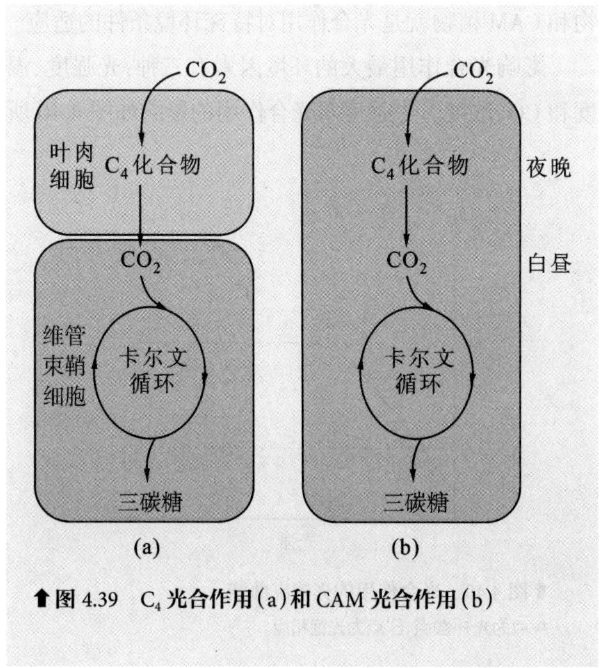

⬆ 图 4.39 C_4 光合作用（a）和 CAM 光合作用（b）

有放氧的光系统Ⅱ,因此,维管束鞘细胞中氧分压低,Rubisco 的加氧作用被抑制,几乎测不到光呼吸。C_4 植物在气孔几乎全部关闭的情况下仍能进行光合作用。

高产的农作物玉米、高粱和甘蔗等都是 C_4 植物,它们都起源于热带,适于在高温、干燥和强光的条件下生长。C_4 植物有机物积累速度快,在炎热气候下占有优势,尽管 C_4 植物形成葡萄糖的能量消耗高于 C_3 植物的能量消耗,但是 C_4 植物的生长速度仍显著高于 C_3 植物。

在炎热地区,还有一些植物采用另一种策略来降低光呼吸作用——景天酸代谢(crassulacean acid metabolism,CAM),这种 CO_2 同化的途径因首先在景天科植物中发现而得名。菠萝、仙人掌和许多肉质植物都进行这种类型的光合作用,这类植物统称为 CAM 植物(图 4.39b)。CAM 植物特别适应于干旱地区,其特点是气孔夜间张开,白天关闭。CO_2 只能在夜间通过气孔进入叶中,被固定在 C_4 化合物中,反应过程与 C_4 植物一样;白天有光时,细胞内的 C_4 化合物才能释放出 CO_2,参与卡尔文循环。

可以看出,C_4 植物将 CO_2 的固定和还原(卡尔文循环)分开在两种细胞中进行,是一种空间分隔;而 CAM 植物则是在晚上固定 CO_2,白天进行卡尔文循环,是一种时间分隔。CAM 途径的光合作用效率不高,利用这种途径的植物生长很缓慢,但可以在荒漠、酷热等极端条件下存活。

4.4.4 环境因素影响光合作用

环境条件对光合作用影响极大,上面提到的 C_4 植物和 CAM 植物就是光合作用对特殊环境条件的适应。

影响光合作用最大的环境因素有三种:光强度、温度和 CO_2 浓度。光强度对光合作用的影响如图 4.40 所示,这种曲线称为光合作用的光响应曲线。从这条曲线可以看出,光强度并不需要达到全日照的强度,光合速率(单位时间单位叶面积的二氧化碳固定量或氧气释放量)即已趋于平稳,也就是达到了光饱和点。达到光饱和点时,光合作用已达到了最大的速率,再增加光强度并不能使光合速率增加。光强在光饱和点以下时,光合速率随着光强上升而增加。当光强低到一定程度,光合速率等于植物的呼吸速率,此时光合作用对 CO_2 的吸收速率与呼吸作用释放 CO_2 的速率相等,这个光强度称为光补偿点(light compensation point)。一般来说,阳生植物的光饱和点与光补偿点都较阴生植物的高,所以阳生植物更喜好阳光充足的环境。

温度对光合作用也有影响,这种影响和温度对酶活性的影响类似:温度增高会使生化反应的速率增高,但光合作用相关的各种酶对温度的敏感程度不一,所以当温度高过某一范围时,光合速率就会下降(图 4.41)。需要指出,图 4.41 中两个坐标交汇点不一定是 0℃,图中的曲线是一个光合作用对温度的响应趋势。例如,有些热带植物在气温降至零上几摄氏度时就停止了光合作用,而南极的藻类在零下十几摄氏度还可以正常进行光合作用。

CO_2 浓度的增加会使光合作用加快,但当 CO_2 浓度增加至一定程度时,光合速率也会达到饱和,这时的 CO_2 浓度称为 CO_2 饱和点。当 CO_2 浓度低至某一浓度时,净光合产物积累与呼吸消耗的有机物相等,这个 CO_2 浓度称为 CO_2 补偿点(图 4.42)。这与光强度对光合作用的影响类似。

以上三种环境因素相互作用,对光合速率产生综合影响。图 4.43 就是光、CO_2 和温度对光合作用的综合影响。当 CO_2 浓度或温度高时,光合作用的光饱和

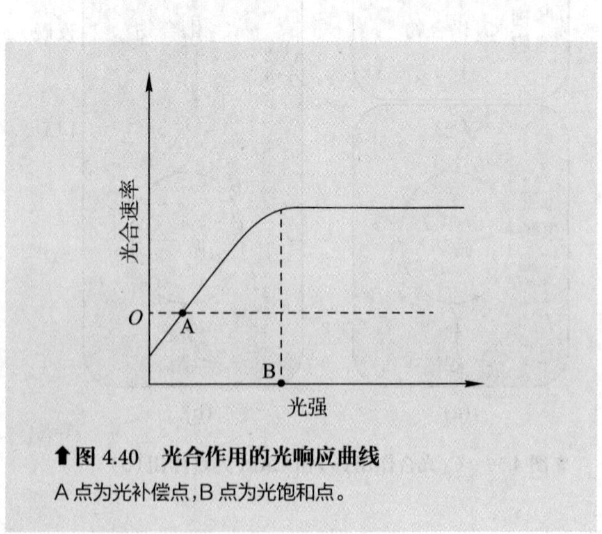

⬆图 4.40 光合作用的光响应曲线

A 点为光补偿点,B 点为光饱和点。

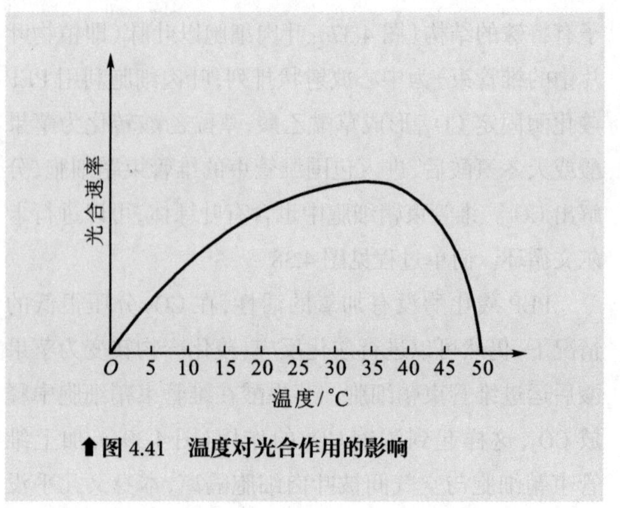

⬆图 4.41 温度对光合作用的影响

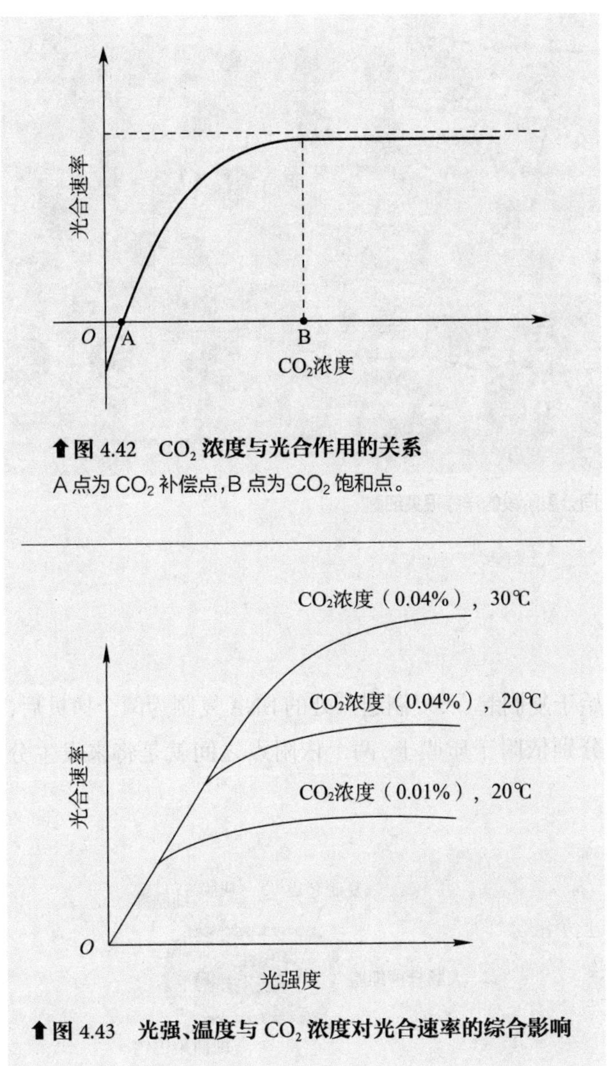

图 4.42　CO_2 浓度与光合作用的关系

A 点为 CO_2 补偿点，B 点为 CO_2 饱和点。

图 4.43　光强、温度与 CO_2 浓度对光合速率的综合影响

点就提高，反之就下降。例如，当温度低时，即使光很充足，植物的生长也不可能快。仙人掌类植物在热带森林不能生长，因为虽然温度足够高，可是它们得不到充足的阳光。

思考题

1　人体的细胞不会用核酸作为能源。试分析其理由。

2　曾一度认为二硝基酚（DNP）有助于人体减肥，后来发现此药不安全，因此禁用。DNP 的作用是使线粒体内膜对 H^+ 的透性增加，从而使磷酸化与电子传递不能偶联。试说明 DNP 何以使人的体重减轻。

3　人体内的 NAD^+ 和 FAD 是由两种 B 族维生素（烟酸和维生素 B_2）合成的。人对维生素的需要量极小，烟酸每天约 20 mg，维生素 B_2 约 1.7 mg。人体所需葡萄糖的量约为这一数量的千万倍。试计算每一分子葡萄糖被完全氧化时需要多少个 NAD^+ 和 FAD 分子，并解释膳食中所需的维生素何以如此之少。

4　柠檬酸循环中，由琥珀酸到苹果酸的反应实际上有两步。现在用菜豆的线粒体悬液研究此反应。已知此反应进行过程中能够使一种蓝色染料褪色，琥珀酸浓度越高，褪色越快。现在将线粒体、染料和不同浓度的琥珀酸（0.1 mg/L、0.2 mg/L、0.3 mg/L）进行实验，测量溶液的颜色深度。你预期应分别得到什么结果？以颜色深度对时间作图表示，并解释原因。

5　某科学家用分离的叶绿体进行下列实验。先将叶绿体浸泡在 pH 4 的溶液中，使类囊体腔中的 pH 为 4。然后将此叶绿体转移到 pH 8 的溶液中。结果此叶绿体在黑暗中就能合成 ATP，试解释此实验结果。

6　热带雨林仅占地球表面积的 3%，但估计它对全球光合作用的贡献超过 20%。因此有一种说法：热带雨林是地球上为其他生物供应氧气的主要来源。然而，大多数专家认为热带雨林对全球氧气的产生并无贡献或贡献很小。试从光合作用和细胞呼吸两个方面评论这种看法。

5 细胞分裂和细胞分化

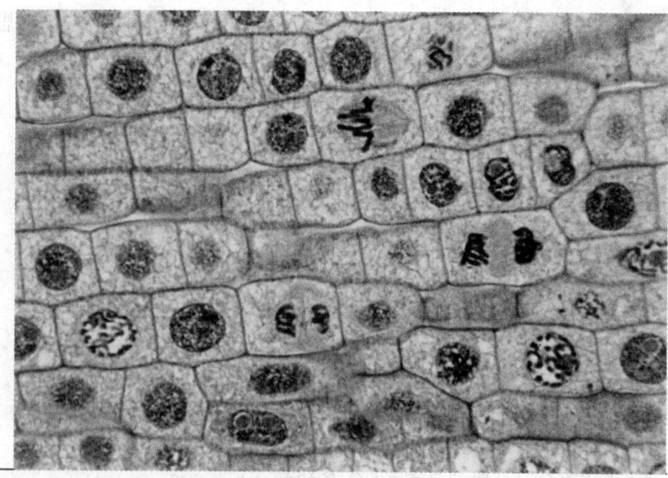

处于不同分裂阶段的洋葱根尖细胞

细胞是生命的基本单位，细胞分裂则是生命延续的基础。细菌、原生动物、酵母等单细胞生物靠细胞分裂产生新的个体，多细胞生物则依靠细胞分裂与分化，从受精卵发育为个体。生殖细胞的形成，也是细胞分裂（减数分裂）的结果，所以细胞分裂同样是多细胞生物繁衍所必需的。即使长到成体，细胞分裂也必不可少，如红细胞更新，伤口愈合，上皮、黏膜等组织中死亡细胞的更新替代等。

5.1 细胞周期与有丝分裂

所有细胞都采用一分为二的方式增殖。原核细胞分裂方式较简单，为二分分裂，分裂过程不形成纺锤体，DNA 复制也并不局限于某一特定时期。真核细胞大都采用有丝分裂的方式，分裂过程中形成有丝分裂器——纺锤体，以保证染色体均分到子代细胞中。真核生物还有一种特殊的有丝分裂——减数分裂，这一过程中染色体复制一次，而细胞连续分裂两次，产生的子细胞染色体减半。此外，某些真核生物中一些类型的细胞还会进行无丝分裂，分裂过程中不形成纺锤体，而是细胞核延长并缢裂或采用碎裂、出芽等方式。

5.1.1 原核细胞以二分分裂方式增殖

原核细胞的分裂采用二分分裂（binary fission）的方式。图 5.1 为大肠杆菌（*Escherichia coli*）细胞的二分分裂。细胞分裂前，首先要进行 DNA 复制。DNA 复制始于复制起点，复制起点处的 DNA 复制为两个拷贝后，分别依附于质膜上，两个依附点之间就是将来发生分

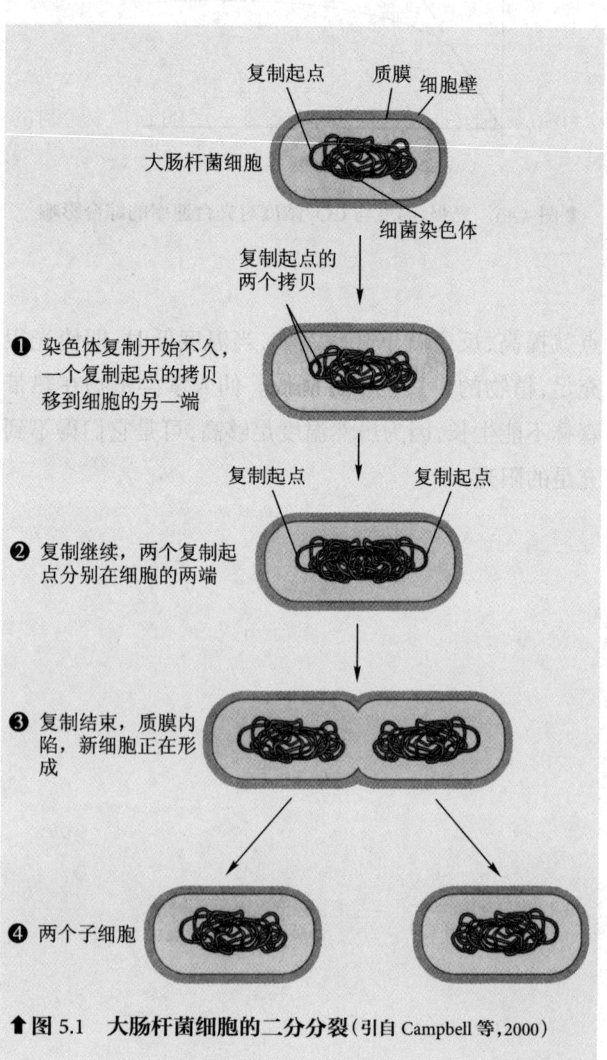

复制起点
质膜
细胞壁
大肠杆菌细胞
细菌染色体
复制起点的两个拷贝
❶ 染色体复制开始不久，一个复制起点的拷贝移到细胞的另一端
复制起点
复制起点
❷ 复制继续，两个复制起点分别在细胞的两端
❸ 复制结束，质膜内陷，新细胞正在形成
❹ 两个子细胞

图 5.1 大肠杆菌细胞的二分分裂（引自 Campbell 等，2000）

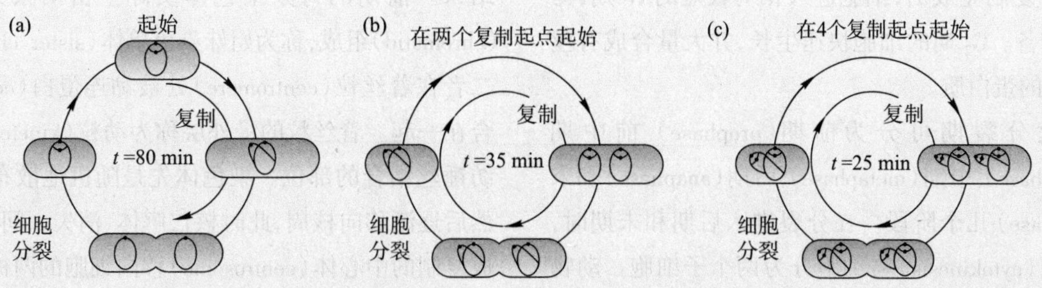

图 5.2 大肠杆菌快速生长时的 DNA 复制

慢速生长时(a),DNA 复制完毕,细胞分裂,DNA 才开始新一轮复制。快速生长状态下,子细胞尚未分开(b)甚至 DNA 复制尚未结束(c)时,下一轮 DNA 复制已经开始,使得细胞周期的时间比 DNA 完成一轮复制的时间还要短。

裂的位置。DNA 的其余部分完成复制后,随着细胞的伸长,在一些蛋白质的协助下,两个子代 DNA 分子分开,形成两个核区,质膜在两个核区之间凹陷,最终将两个子细胞分隔开。

在迅速增殖的细菌中,上一次 DNA 复制尚未完成时,下一次 DNA 复制就已经在子链上开始了。因此,虽然大肠杆菌的基因组 DNA 完成复制需要 40 min,但其细胞每 20 min 即可增殖一代(图 5.2)。细菌的细胞分裂受到严格调控:细菌要长到一定的大小,DNA 才开始复制;细菌也需要伸长到一定的长度,复制的 DNA 才能分开,进而细胞分裂。现在已知,DnaA 蛋白结合在复制起点(OriC),调控 DNA 复制的起始;FtsZ (filamenting temperature-sensitive mutant Z)是真核细胞微管蛋白的同源物,对细胞一分为二至关重要。人们还克隆到与细菌细胞分裂相关的其他很多重要基因,但细菌细胞周期调控的确切机制仍存在很多未知。

除了细菌等原核生物外,硅藻、绿藻和大部分原生动物也都进行二分分裂。对于这些真核生物中的大多数来说,它们的二分分裂一般先是细胞核一分为二,然后细胞质横向或纵向分开,成为两个细胞;虽然分裂过程中会出现纺锤丝,但在不少物种中,核膜一直存在,并没有高等动植物有丝分裂中的核膜崩解现象。

5.1.2 有丝分裂

大多数真核生物的细胞分裂表现出明显的周期性,细胞从一次分裂结束到下一次分裂完成所经历的全过程,称为一个细胞周期(cell cycle)。一个细胞周期包括分裂间期(interphase)和有丝分裂(mitosis)期(M 期)。分裂间期又包括 DNA 合成期(S 期)以及 S 期与 M 期之间的两个间歇期(gap phase)——G_1 期和 G_2 期。暂时脱离细胞周期不再分裂的细胞称为 G_0 期细胞,而自然状态下永久离开细胞周期而不再分裂的细胞,称为终末分化细胞。图 5.3 为细胞周期示意图。

处于间期的细胞在形态上没有明显变化,但在生化反应上却有深刻变化,染色体 DNA 的复制以及多种蛋白质的合成都发生在这一时期。

用 ^{3}H 标记的胸腺嘧啶进行掺入实验证明,分裂过程中 DNA 的合成是在间期的一定时段内完成的,这就是合成期(synthesis phase),简称 S 期。染色体中的组蛋白也在 S 期合成。

前一次细胞分裂结束至 S 期开始之前的这段时期,称为 G_1 期。细胞进入 G_1 期后,细胞体积逐渐增大,并开始为下一次分裂作准备。G_1 期的细胞,内质网更新扩大,高尔基体、溶酶体、线粒体、叶绿体和核糖体也都增多,动物细胞的两个中心粒彼此分离并复制,形成两对中心粒,微管蛋白以及一些与细胞分裂有关的物质也在此时期大量合成,各种与 DNA 复制有关的酶也在 G_1 期增多。

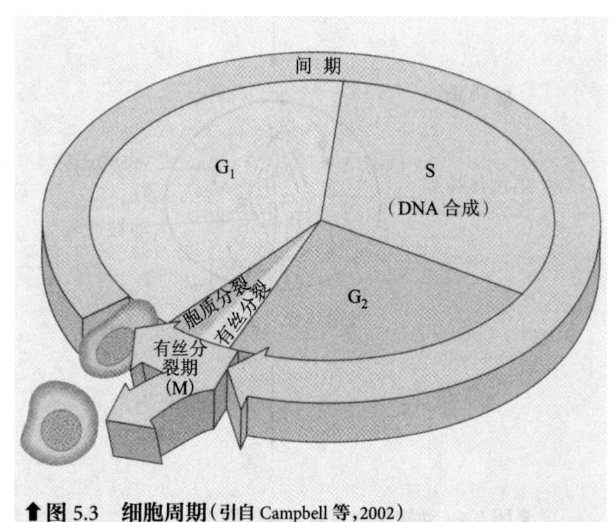

图 5.3 细胞周期(引自 Campbell 等,2002)

DNA复制完成后，细胞进入相对较短的G_2期，为M期做准备。G_2期的细胞快速生长，并大量合成有丝分裂所需的蛋白质。

有丝分裂期可分为前期(prophase)、前中期(prometaphase)、中期(metaphase)、后期(anaphase)和末期(telophase)几个阶段。在分裂进入后期和末期时，胞质分裂(cytokinesis)将细胞分为两个子细胞。动物细胞和植物细胞有丝分裂过程大致一样，仅在细节上有差别。现以动物细胞为例说明如下(图5.4)：

(1) 前期

间期细胞进入前期的最明显变化是染色体(chromosome)的出现，这是染色质丝进一步浓缩的结果。前期的每条染色体实际上由两条染色单体(chromatid)组成，称为姐妹染色单体(sister chromatid)，二者在着丝粒(centromere)处被黏连蛋白(cohesin)结合在一起。着丝粒的最外层称为动粒(kinetochore)，是纺锤丝结合的部位。染色体先是随机地散布于核中，然后逐渐移向核周，此时核仁解体、消失。间期已经完成复制的中心体(centrosome)移向细胞的两极，确立了细胞的分裂方向。在移动过程中，中心体外围开始装配呈辐射状排列的微管，形成光学显微镜下可见的星状丝(asterophysis)，星状丝和中心体合称星体(aster)。随着有丝分裂的进行，两个星体间的微管即极微管(polar microtubule)不断延伸，两个星体被推向相反的两

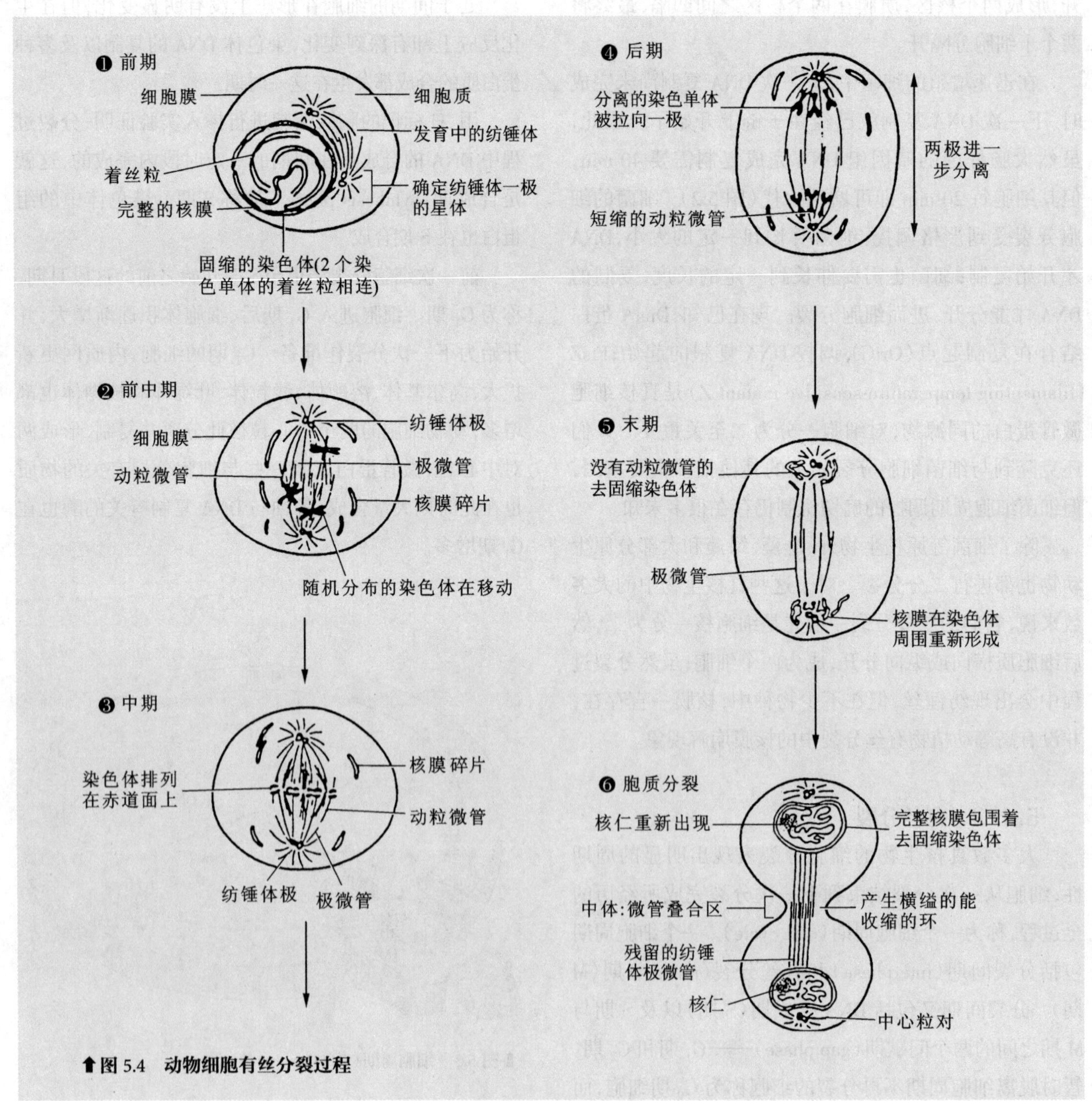

⬆图5.4　动物细胞有丝分裂过程

极，星体和它们之间的微管共同形成纺锤体（spindle）。

（2）前中期

核膜下面的核纤层解聚成核纤层蛋白，双层核膜也随之破碎，形成分散的小泡。核纤层蛋白 B 与核膜小泡结合在一起，在晚期核膜重建过程中起关键作用。

染色体进一步凝集，缩短变粗。随着核膜的崩解，纺锤体两极发出的一些微管通过马达分子与着丝粒外面的动粒相连，这些微管称为动粒微管（kinetochore microtubule）。与动粒结合的动力蛋白和驱动蛋白等马达分子沿动粒微管的外壁运动，同时极微管和动粒微管的长度发生变化——较长的一侧缩短，而较短的一侧则伸长，最后连接两极的微管的长度基本相等，从而牵动染色体向赤道面集合。

（3）中期

各染色体都排列到纺锤体的中央，它们的着丝粒都位于细胞中央的同一个平面，即赤道面（equatorial plane）上，这是细胞到达分裂中期的标识。此时纺锤体微管可以分为三种类型：一是从中心体向纺锤体外侧呈辐射状发出的星体微管；二是连接中心体和染色体的动粒微管，这类微管是染色体向两极移动所必需的；三是极微管，这些微管来自两极，在纺锤体中央赤道面处交会，但不与动粒结合。马达分子在分别来自两极的微管之间运动，来调节两个星体之间的距离。

（4）后期

姐妹染色单体着丝粒之间的黏连蛋白被分离酶（separase）降解，姐妹染色单体在动粒微管的牵引下彼此分开。随着动粒微管的缩短，姐妹染色单体以几乎相同的速度（1 ~ 2 μm/min）分别向两极移动，形成真正独立的染色体。在染色体接近两极时，极微管延长，导致纺锤体两极的距离加长。

（5）末期

分离的两组染色体分别抵达两极时，动粒微管消失，极微管进一步延伸，使两组染色体的距离进一步加大。染色体开始去浓缩，成为染色质；同时在两组染色质的外围，核膜重新组装，形成两个子代细胞的核，核仁也开始出现，细胞核恢复到间期的形态。至此，细胞核的有丝分裂结束，间期中复制的 DNA 以染色体的形式平均分配到两个子细胞核中，每个子细胞都得到了一组与母细胞相同的遗传物质。

进入间期后，中心体的两个中心粒开始复制而形成两对中心粒。每对都是彼此垂直的一大一小两个中心粒。小的是新复制的，在间期和分裂期中逐渐长大。

（6）胞质分裂

在后期至末期，细胞质开始分裂。在动物细胞中，细胞膜在两极之间的“赤道”上形成一个由微丝和肌球蛋白组成的微丝环带（收缩环）。环带收缩使细胞膜以垂直于纺锤体的方向向内凹陷形成环沟，环沟渐渐加深，最后将细胞分割成为两个子细胞（图 5.5）。由于环沟一般都位于细胞长轴的中点，即赤道面上，所以两个子细胞的大小总是相等的。有些细胞在分裂时，环沟的位置偏向一端，因而产生两个大小不等的子细胞。这种不对称的分裂在卵细胞发生过程（极体产生）中以及在某些胚胎的早期发育过程（动物和植物的极细胞）中常常可以见到。

植物细胞的胞质分裂（图 5.6）不是在细胞表面出现环沟，而是在细胞内部形成新的细胞壁，将两个子细胞分隔开来。在细胞分裂的晚后期和末期，残留的纺锤体微管在细胞赤道面的中央密集成圆柱状结构，称为成膜体（phragmoplast），其内部微管平行排列；同时，带有细胞壁前体物质的高尔基体或内质网小泡，也向细胞中央集中，在赤道面上彼此融合而成有膜包围的平板，即早期的细胞板（cell plate）。小泡中的多糖被用来制造初生细胞壁和构成胞间层的果胶质，小泡的膜则在初生细胞壁的两侧形成新的质膜。两个质膜之间有许多管道相通，这些管道就是胞间连丝。高尔基体或内质网小泡继续向赤道面集中、融合，使细胞板不断向外延伸，最后与细胞外周的细胞壁和质膜连接起来。这时，两个子细胞就分隔开了。

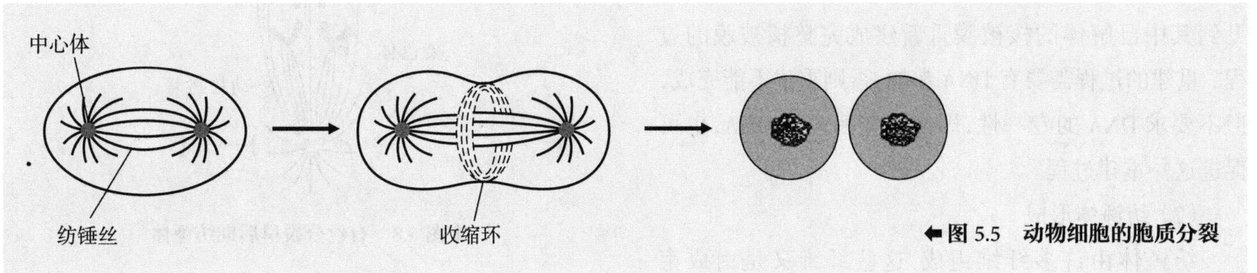

图 5.5　动物细胞的胞质分裂

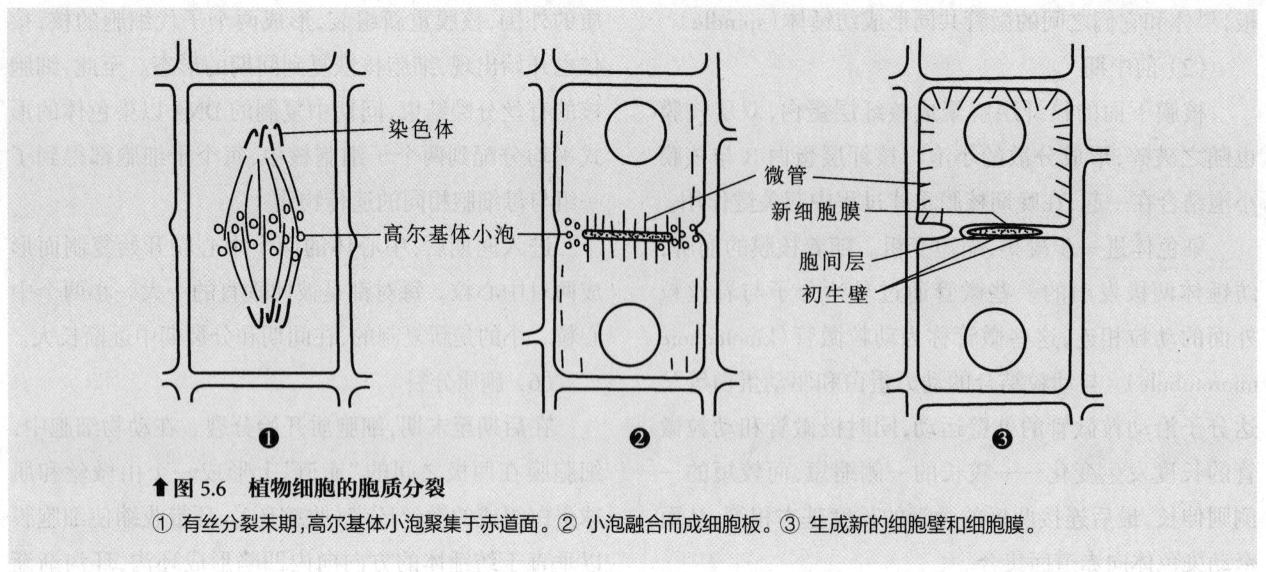

图 5.6 植物细胞的胞质分裂

① 有丝分裂末期,高尔基体小泡聚集于赤道面。② 小泡融合而成细胞板。③ 生成新的细胞壁和细胞膜。

5.1.3 有丝分裂中的核被膜、纺锤体、染色体和细胞器

(1) 核被膜的裂解和再组装

细胞核的解体和重建,是分裂期最标志性的现象。如前所述,细胞核被膜由外核膜和内核膜构成,它们和内质网形成一个连续的整体。核被膜内衬有一个电子密度高的核纤层,其厚度因细胞而异。核纤层由属于中间丝的核纤层蛋白组装形成,其作用是使核被膜保持稳定,并能与染色质的某些部分结合,使染色质有所依附。在细胞分裂的前期,核纤层蛋白被高度磷酸化,于是核纤层结构解体,造成核膜和其上的核孔也分别解体。核被膜破裂成大小不等的封闭小泡,即膜泡,其形状和内质网膜形成的小泡难以区分。核纤层蛋白A和C在核纤层结构解体后以可溶性状态存在,而核纤层蛋白B则仍然与核膜形成的小泡结合。在有丝分裂进入末期时,核纤层蛋白去磷酸化,结合有核纤层蛋白B的核膜小泡在染色质周围聚集,并彼此融合形成完整的核膜结构,核纤层蛋白则重新组装形成核纤层结构(图 5.7)。

用爪蟾卵的粗提取物可以观察核被膜在体外的解体和组装。如果提取物来自M期细胞,在其中即可出现核被膜解体的过程;如果是间期细胞的提取物,则可见到其中已解体的核被膜重新建成完整核被膜的过程。重建的过程需要有DNA参加,否则重建不能完成,但不要求DNA的专一性,即使是噬菌体的DNA,也可促进这一重建过程。

(2) 纺锤体形成

纺锤体由许多纤维组成,这些纤维又是由成束的微管以及与微管结合的蛋白质组成(图 5.8)。微管的组装需要有微管组织中心(microtubule organizing

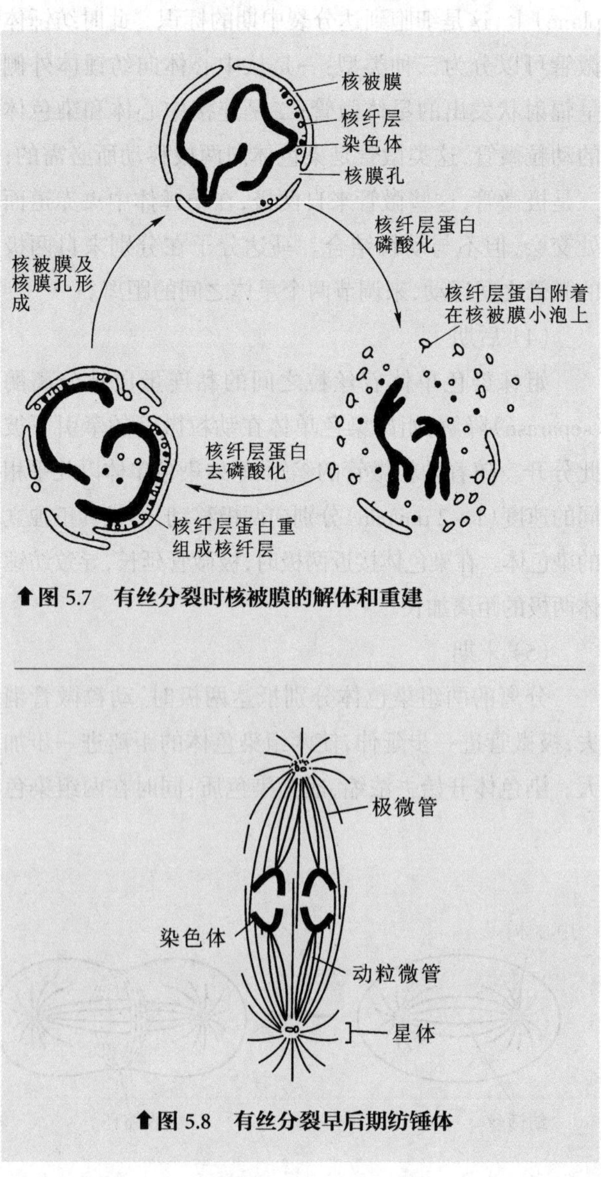

图 5.7 有丝分裂时核被膜的解体和重建

图 5.8 有丝分裂早后期纺锤体

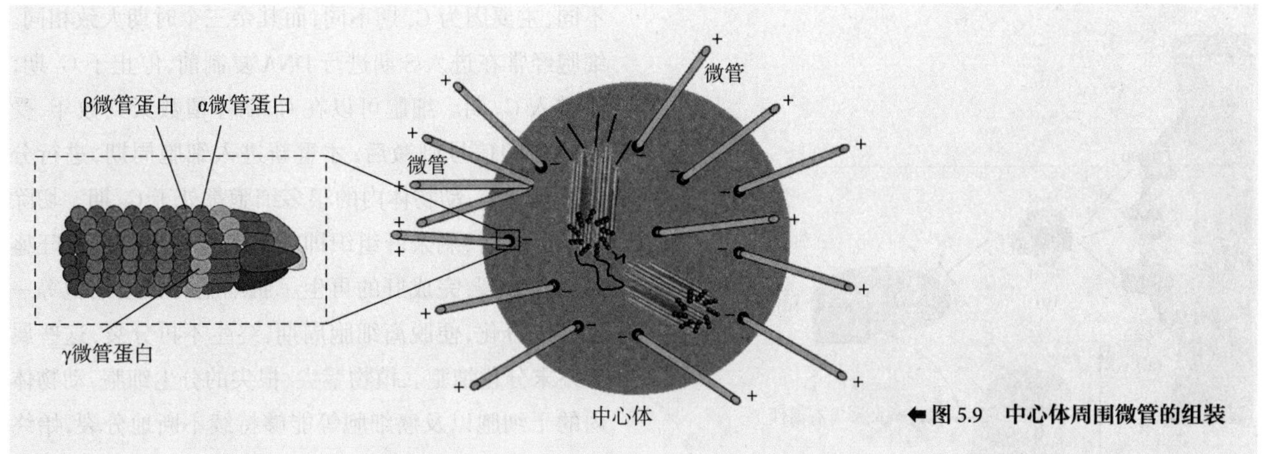

图 5.9 中心体周围微管的组装

center, MTOC), 长期以来,人们一直认为细胞两极的中心粒就是两个 MTOC。但是许多生物,特别是植物并没有中心粒,却能形成正常的纺锤体,而用激光破坏动物细胞的中心粒后,细胞仍能形成正常的纺锤体,所以形成纺锤丝的微管组织中心可能并不是中心粒。

实际上,纺锤丝(即微管)是由 α 微管蛋白和 β 微管蛋白聚合形成的,而微管蛋白的聚合在适当条件下可以自发进行,但是需要成核因子,体内的成核因子是 γ 微管蛋白形成的复合物。中心粒外围的中心体周质含有很多 γ 微管蛋白,所以可以组织微管形成,纺锤丝由此发出,而不是由中心粒发出(图 5.9)。因此,中心体对纺缍丝的形成并不是必需的,但是 γ 微管蛋白复合物却必不可少。高等植物也有 γ 微管蛋白复合物,所以可以形成纺缍体。但高等植物中的纺锤丝为什么能像有中心体一样形成两极,还没有完全搞清楚。可以肯定的是,有许多微管相关蛋白参与调控这个过程,比如蛋白 Asp 突变后,纺锤体的两极就会变得很分散。因此,中心体促进了纺锤体的两极形成,使纺缍体的极几乎集中在中心体所在的那个点。植物细胞纺缍体的极则有一定的宽度,而不是一个点。

(3) 染色体的行为

分裂前期,染色体由两条染色单体组成,两条染色单体由黏连蛋白连在一起。到前期末,染色单体着丝粒的两侧分别出现动粒。至前中期,每一染色单体的动粒各与一组纺锤体的动粒微管相结合(图 5.10),这些动粒微管的功能是使染色体在分裂中期能在纺锤体上正确定位,并使染色单体在后期分别向两极移动。

分裂中期,染色体排列在纺锤体的赤道平面上,表面上似乎是处于静止状态,实际上是两个方向的拉力(极力)处于平衡的结果。要达到这个平衡,需要每个染色体动粒上的每一动粒微管附着位点都结合上动粒微管;如果动粒上还有动粒微管附着位点空着,就不能达到这种平衡,有丝分裂就不会进入到后期。细胞有一套精密系统来检测是否每个动粒微管附着位点都结合了动粒微管(图 5.11)。前面提到,进入后期时,分离酶将黏连蛋白降解,从而两条姐妹染色单体分开。分离酶在进入分裂后期之前是与分离酶抑制蛋白(securin)结合,没有活性。只有在一种蛋白酶 APC/C 将分离酶抑制蛋白降解之后,分离酶才有活性。而 APC/C 的活化需要另一种蛋白——Cdc20。当动粒上还存在没有结合动粒微管的位点时,Mad1(mitotic arrest deficient 1)蛋白会结合到动粒上并活化 Mad2,Mad2 则会同其他蛋白一起结合 Cdc20,防止 APC/C 的活化。这样,只有当所有动粒微管位点都结合了动粒微管后,分离酶才能被活化,有丝分裂的后期才能启动。

分裂后期染色体的移动,是由于发生了两个独立事件:① 动力蛋白分别向两极运动,动粒微管不断解聚缩短,推动了与之相连的染色体的运动,使它们越来越靠近两极;② 稍后,纺锤体之间的极微管延伸并向远端滑动,使两极的距离越来越大。秋水仙碱(colchicine)能破坏微管的组装,阻止纺锤体的正常功能,结果使细胞不能一分为二,而细胞中染色体已经复制,因此成为

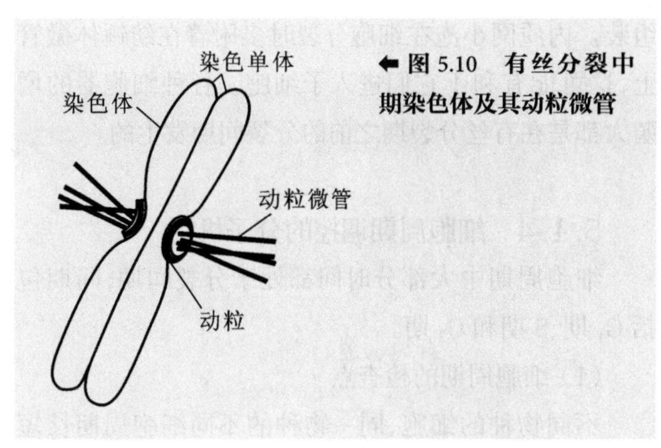

图 5.10 有丝分裂中期染色体及其动粒微管

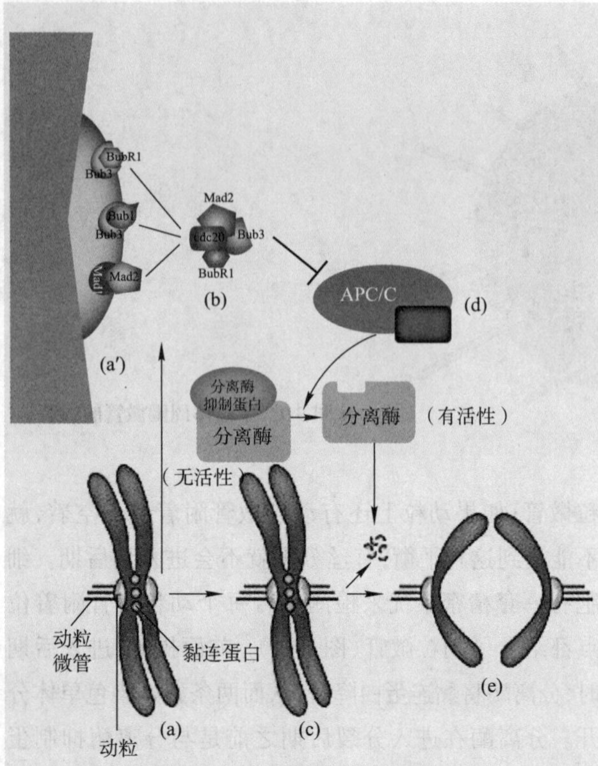

图 5.11　细胞检测动粒被纺锤丝附着的机制

染色体上两个动粒朝向相反方向，其中一个没有结合微管（a）。此时这个动粒（a′）可以结合 Mad1、Bub 等蛋白。结合的 Mad1 活化 Mad2，后者与其他蛋白一起结合 Cdc20（b），防止 Cdc20 与蛋白酶 APC/C 结合。当所有动粒微管附着位点都结合了动粒微管后（c），Cdc20 才会被释放出来与 APC/C 结合（d）。此时 APC/C-Cdc20 降解分离酶抑制蛋白，活化分离酶。分离酶降解黏连蛋白，有丝分裂进入后期（e）。

多倍体细胞（polyploid cell）。

（4）细胞器的增殖

细胞分裂不但要使两个子细胞都获得与母细胞相同的成套染色体，也必须保证它们都能获得细胞中的各种细胞器。线粒体和叶绿体只能通过原有细胞器分裂产生，而不能在细胞质中从头构建，所以子细胞只能从母细胞获得这类细胞器。高尔基体和内质网在细胞分裂时裂解成碎片或小泡，分别进入子细胞中再重新组装。内质网小泡在细胞分裂时多附着在纺锤体微管上，这可能有利于它们进入子细胞。各种细胞器的增殖大都是在有丝分裂期之前的分裂间期发生的。

5.1.4　细胞周期调控的分子机制

细胞周期中大部分时间都处于分裂间期，间期包括 G_1 期、S 期和 G_2 期。

（1）细胞周期的检查点

不同物种的细胞、同一物种的不同细胞周期长短不同，主要因为 G_1 期不同，而其余三个时期大致相同。细胞经常在进入 S 期进行 DNA 复制前，停止于 G_1 期，而进入 G_0 期。细胞可以在 G_0 期停留数天到数年，受到特定的信号刺激后，才重新进入细胞周期，进行分裂。实际上，动物体内的很多细胞都处于 G_0 期。切除一部分肝后，剩余肝组织即能进入细胞周期进行旺盛的细胞分裂，完成肝的再生。肌细胞和神经细胞等一旦完成分化，便脱离细胞周期，终生不再分裂，这些属于终末分化细胞。植物茎尖、根尖的分生细胞，动物体内的干细胞以及癌细胞等能够持续不断地分裂，始终处于细胞周期中。

由此可见，生物体的各种细胞，有的分裂不止，有的一旦生成，终其一生就不再分裂，所以细胞分裂这一复杂过程一定受到严格的调控，从而保证细胞在应该分裂的时候才分裂，而且以适当的速度来分裂。如果细胞分裂失去控制，将导致肿瘤的发生。

那么细胞周期是靠什么来调控呢？人们逐渐认识到，细胞周期的运行是在一系列检查点（checkpoint）的严格监控下进行的，这些检查点，主要检测细胞分裂的物质准备和外部条件是否合适。主要检查点包括 3 个（图 5.12）：

G_1/S 检查点：位于 G_1 期末，决定细胞能否进行 DNA 复制，是细胞周期最关键的控制点。主要检查的事件包括：DNA 是否损伤、细胞外环境是否适宜（营养供应、生长因子等）、细胞体积是否足够大。

G_2/M 检查点：位于 G_2 期和 M 期的交界处，是决定细胞一分为二的控制点。主要检查 DNA 复制是否完成。

M 期检查点：位于 M 期的中后期，也叫纺锤体组装检查点，主要检查是否所有的着丝点都正确连接到纺锤丝上。

对检查点形成机制的深入研究，使人们最终揭开了细胞周期调控的秘密。

（2）细胞周期的时钟——细胞周期蛋白及周期蛋白依赖性激酶

20 世纪 70 年代早期，许多实验已证明调控细胞周期的是细胞质中的一些化学信号。将两个处于不同细胞周期阶段的细胞融合，就会形成一个含有两个核的细胞。假若这两个细胞中，一个处于 S 期，另一个处于 G_1 期，那么 G_1 期的核就会立即进入 S 期，好像第一个细胞的细胞质中的化学物质刺激了第二个细胞。同样，如果处于 M 期的细胞与处于另一阶段的细胞融合，则第二个细胞立即进入 M 期，其染色质凝聚形成

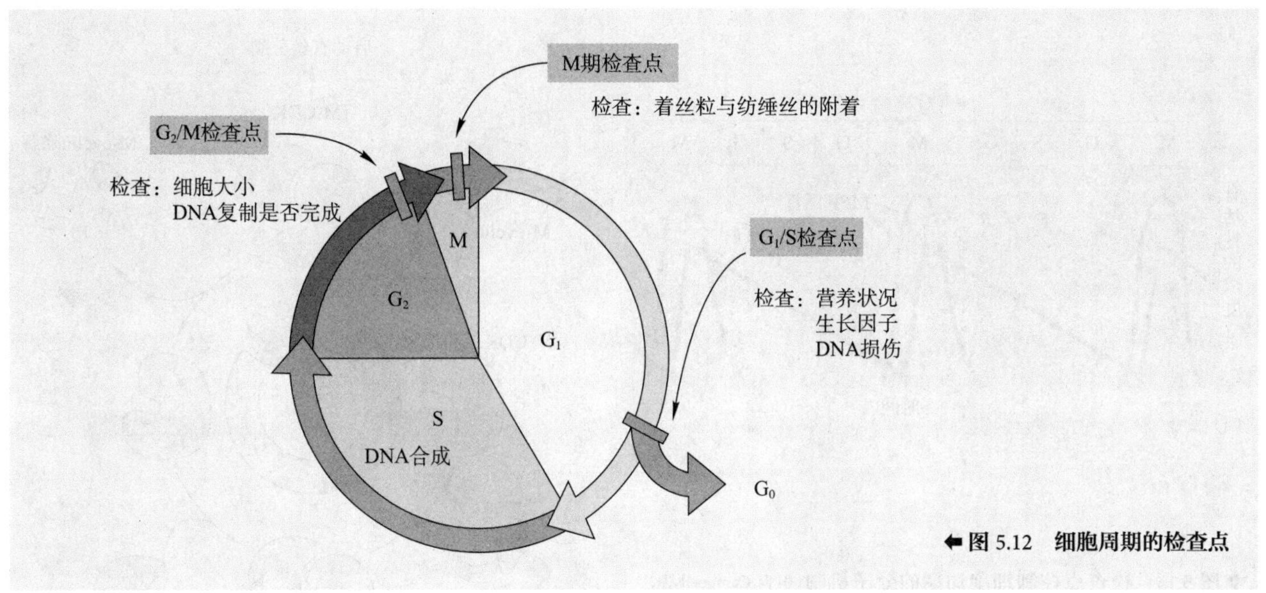

⬅图 5.12 细胞周期的检查点

染色体，这称为早熟凝集染色体（prematurely condensed chromosome，PCC）。进一步研究发现，M 期细胞与不同类的间期细胞融合，也可以诱导 PCC 产生，这说明 M 期细胞中有促染色质凝集的物质。

1971 年，Yoshio Masui 和 Clement Markert 利用非洲爪蟾卵为材料，发现成熟的卵细胞中有刺激初级卵母细胞分裂的物质，他们称之为促成熟因子（maturation promoting factor，MPF），现在也称为 M 期促进因子（M-phase promoting factor，MPF），其作用是促进细胞通过检查点进入 M 期。但这种物质的成分究竟是什么，他们还不清楚。

几乎与此同时，Leland Hartwell 和 Paul Nurse 等人，分别以芽殖酵母和裂殖酵母为实验材料，利用阻断在细胞周期不同阶段的温度敏感突变株，分离出几十个与细胞分裂有关的基因，统称为 CDC（cell division cycle）基因。如芽殖酵母的 *cdc*28 基因，在 G_2/M 检查点发挥重要的功能；裂殖酵母 *cdc2*、*cdc25* 的突变型在限制的温度下无法分裂。进一步的研究发现，*cdc2* 和 *cdc28* 都编码分子质量约为 34 kDa 的蛋白激酶，促进细胞周期的进行。

1983 年，Timothy Hunt 研究海胆受精卵发育时，发现其卵裂过程中有两种蛋白质的浓度随细胞周期剧烈振荡：在每一轮间期开始时合成，G_2/M 时达到高峰，M 期结束后突然消失，下轮间期又重新合成。因此，Hunt 将其分别命名为 cyclinA 和 cyclinB（cyclin 即周期蛋白）。

MPF、CDC 和 cyclin 都直接调控细胞周期，它们之间究竟存在什么关系呢？1988 年，Jim Maller 实验室的 Manfred Lohka 经过艰苦努力，终于从爪蟾卵中分离纯化出微克级的 MPF，发现它由分子质量分别为 32 kDa 和 45 kDa 的两个亚基组成，二者结合在一起时，有激酶活性，可以活化细胞内一系列与细胞分裂有关的酶，促细胞分裂。Nurse 在 1990 年进一步用实验证明，45 kDa 的亚基是 cyclinB 的同源物，而 32 kDa 的亚基实际上是 CDC2 的同源物，即周期蛋白依赖性激酶（cyclin-dependent kinase，CDK）。MPF 实际上是 cyclin 和 CDK 形成的复合物。三组科学家虽然所用实验材料大相径庭，但最后殊途同归，共同揭示了细胞周期的秘密。

在 MPF（即 cyclin/CDK 复合物）中，只有 CDK 与相应的 cyclin 结合，才会表现出激酶的活性，而且 cyclin 决定了 CDK 对底物的特异性。cyclin 降解后，自由的 CDK 随即失活（图 5.13）。

cyclin 有两类，一类是 G_1 期 cyclin（G_1-cyclin），主要是 cyclinD 和 cyclinE，它们与对应的 CDK 结合。被激活的 CDK 通过磷酸化特定的底物，激活特定的转录因子，使 DNA 复制所需的酶得以表达，于是细胞通过 G_1/S 检查点，进入 S 期；在条件不满足的情况下，G_1 期 cyclin 无法合成，对应的 CDK 无活性，检查点无法通过。另一类是 M 期 cyclin（M-cyclin），主要是 cyclinA 和 cyclinB，它们与相应的 CDK 结合，使细胞通过 G_2/M 和 M 期检查点。如 M 期 CDK（M-CDK）被激活后，可以磷酸化核小体，使染色体包装、浓缩；可以磷酸化核纤层，使其解体，核膜随之崩解。

（3）生长因子是细胞分裂必需的外部信号

研究人员培养动物细胞时鉴定出许多种影响细胞

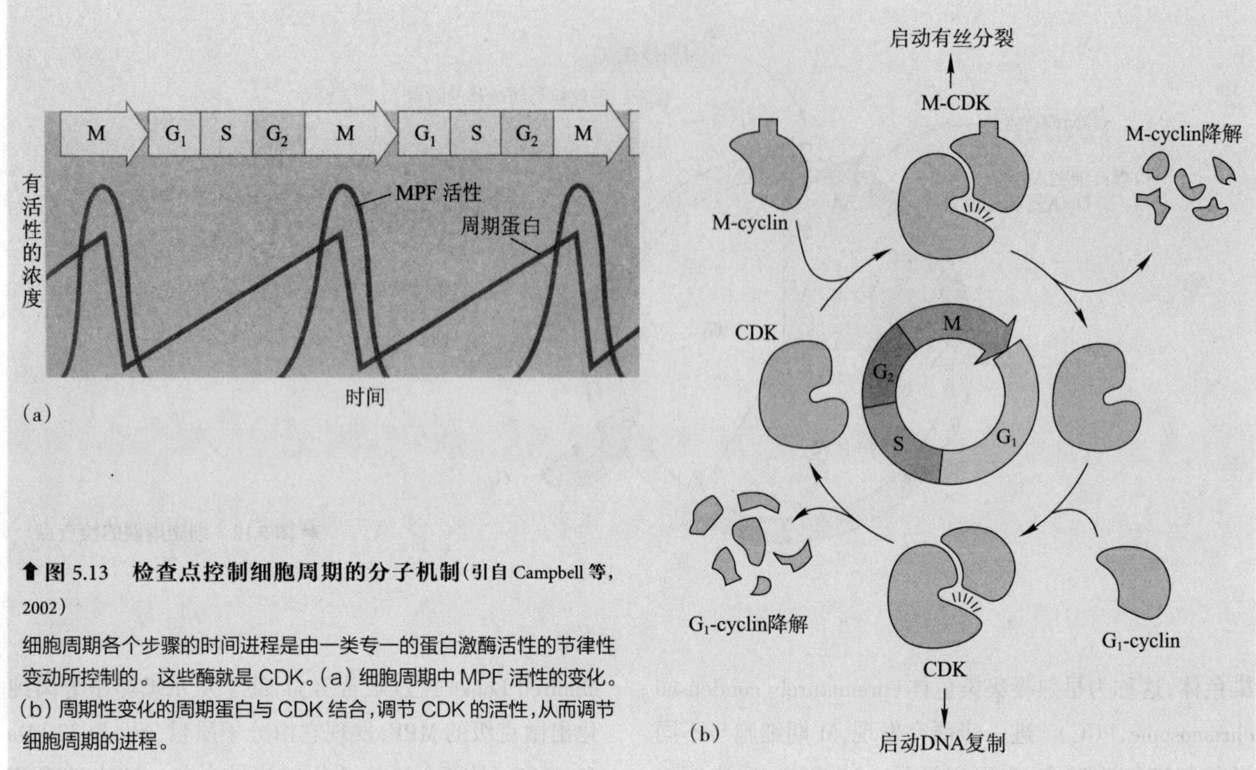

图 5.13 检查点控制细胞周期的分子机制(引自 Campbell 等,2002)

细胞周期各个步骤的时间进程是由一类专一的蛋白激酶活性的节律性变动所控制的。这些酶就是 CDK。(a) 细胞周期中 MPF 活性的变化。(b) 周期性变化的周期蛋白与 CDK 结合,调节 CDK 的活性,从而调节细胞周期的进程。

分裂的外部因素,这些因素既有化学的,也有物理的:细胞排列致密,会抑制分裂;培养基中缺乏某种必需的养分,细胞就不分裂;缺少专一的生长因子,哺乳动物大多数类型的细胞也不分裂。

生长因子(growth factor)是某些体细胞分泌的蛋白质,它作为信号分子,结合于靶细胞膜上特定的受体(受体酪氨酸激酶)上,促进细胞分裂。例如,成纤维细胞(fibroblast)就需要血小板衍生生长因子(platelet derived growth factor,PDGF)才能分裂。PDGF 不仅在人工培养条件下促进成纤维细胞的分裂,而且在动物体内也一样。受伤后,伤口附近的血小板就释放 PDGF,于是成纤维细胞增生,帮助伤口的愈合。

5.2 减数分裂

减数分裂(meiosis)是细胞所进行的特殊的分裂方式,减数分裂时,染色体只复制一次,而细胞进行连续两次分裂,导致分裂产生的细胞所含有的染色体数目减半。减数分裂对保证有性生殖的物种染色体数目的稳定性有决定性作用。

动物的配子由配子母细胞经减数分裂产生。与有丝分裂一样,减数分裂之前要进行染色体的复制。不过,在染色体完成一次复制之后,细胞连续发生两次分裂,分别称为减数分裂Ⅰ和减数分裂Ⅱ,两次分裂之间没有染色体的复制。一个细胞经减数分裂产生 4 个子细胞,每个子细胞中的染色体数都是母细胞的一半。例如,人的体细胞含有 23 对染色体(二倍体,$2n$),每对称为同源染色体(homologous chromosome)染色体的两个成员中,一个来自父方,一个来自母方,除性染色体外,二者形态、大小相同。减数分裂中,同源染色体分开,生成的精子或卵子各含 23 条染色体,即只含每对染色体的一条,是单倍体细胞(n)。

5.2.1 减数分裂的过程

(1) DNA 复制

在减数分裂开始之前间期的 S 期,DNA 复制一次,这是减数分裂全过程中唯一的一次 DNA 复制。

(2) 第一次分裂——减数分裂Ⅰ

此次分裂可分为前期Ⅰ、中期Ⅰ、后期Ⅰ和末期Ⅰ(图 5.14)。

前期Ⅰ很重要,时间很长,又可分为 5 个亚时期(substage):细线期、偶线期、粗线期、双线期和浓缩期或终变期。

细线期(leptotene) 已复制的染色体由两条染色单体组成,即姐妹染色单体,但由于两条染色单体互相并列呈细而长的线状,所以看不出染色体的双重性。

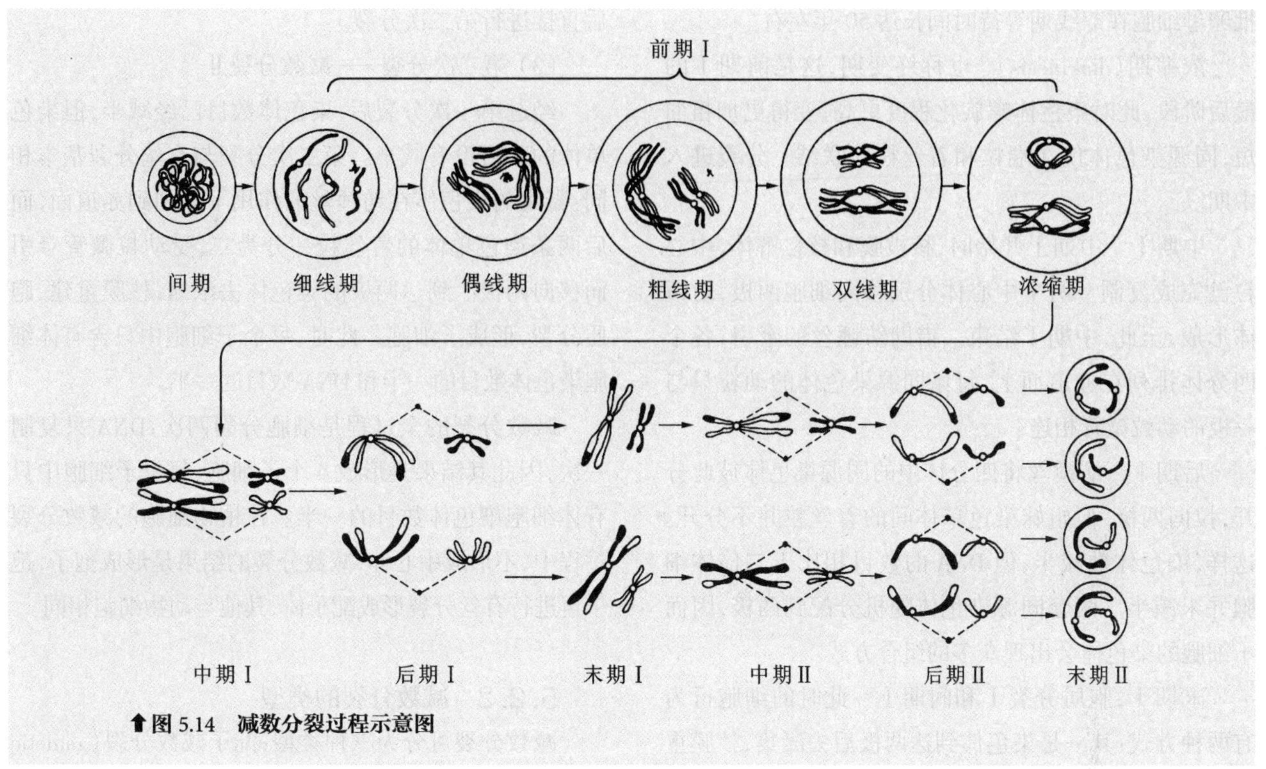

图 5.14 减数分裂过程示意图

偶线期(zygotene) 同源染色体的两个成员逐渐变粗,并侧向靠拢,这种现象称为联会(synapsis)。联会是减数分裂中的重要过程,是减数分裂区别于有丝分裂的一个重要特点。联会始于偶线期,终于双线期。同源染色体联会的部位形成联会复合体(synaptonemal complex)(图 5.15),这是一种同源染色体间形成的梯子样的结构,由两侧的侧生组分、中间区和中央组分组成。通常,联会复合体出现于偶线期,成熟于粗线期,消失于双线期。

粗线期(pachytene) 染色体进一步缩短变粗,同源染色体配对完成,配对完成的同源染色体称为二价体(bivalent)。因为二价体中的每一条染色体含有两条姐妹染色单体,因此每一个二价体含有 4 条染色单体,故又称四分体(tetrad)。在这个时期,染色单体间可能发生交换(crossing over),导致遗传物质发生局部重组。

双线期(diplotene) 染色体继续变短变粗,二价体中配对的同源染色体趋向分开,只留下同源染色体间的几处交叉(chiasma),交叉是染色体发生交换的有形结果(图 5.16)。此时联会复合体消失,只在交叉部位有残留。双线期持续时间很长,比如人的卵母细胞的减数分裂在胚胎期第 5 个月就到达双线期,直到青春期后,才逐次完成减数分裂。到生育期结束前,最后一

图 5.15 联会复合体结构示意图

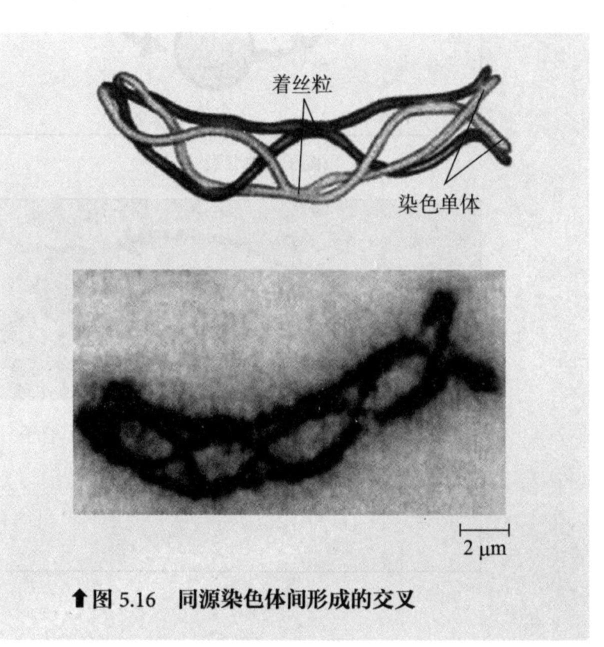

图 5.16 同源染色体间形成的交叉

批卵母细胞在双线期等待时间长达50年左右。

浓缩期(diakinesis) 也称终变期，这是前期Ⅰ的最后阶段，此时染色体螺旋化程度更高，变得更加粗而短，同源染色体仅在端粒和着丝粒处联结。分裂进入中期。

中期Ⅰ 中期Ⅰ开始时，核被膜和核仁解体，中心粒已完成复制。两个中心体分别移向细胞两极，纺锤体形成，至此，中期Ⅰ结束。借助纺锤丝的牵引，各个四分体排列在赤道面上，每条同源染色体的动粒只与一极的动粒微管相连。

后期Ⅰ 纺锤丝将四分体中的同源染色体彼此分开，拉向两极，但姐妹染色单体间的着丝粒并不分开。这样，染色体数减半，但DNA的数目相比于二倍体细胞并未减半。两套同源染色体随机分配到两极，因而子细胞的染色体会出现众多的组合方式。

末期Ⅰ、胞质分裂Ⅰ和间期Ⅰ 此时的细胞行为有两种方式：其一是染色体到达两极后去凝集，核膜重新在染色体周围形成，同时胞质分裂，形成两个间期细胞。当然，因为不再有DNA的复制，间期细胞不再有G_1、S和G_2的划分。间期持续时间比有丝分裂短得多。第二种方式是，细胞并不恢复到间期，而是在末期结束后直接进行第二次分裂。

(3) 第二次分裂——减数分裂Ⅱ

经过第一次分裂后，染色体数目已经减半，但染色单体的数目没有减半。第二次分裂与有丝分裂基本相同：凝集的染色体在纺锤丝的作用下整列到赤道面，而后两条染色单体的着丝粒一分为二，受动粒微管牵引而移向两极。到达两极的染色体去浓缩，核膜重建，胞质分裂，形成子细胞。此时，每个子细胞中只含有体细胞染色体数目的一半和DNA数目的一半。

减数分裂的全过程是细胞分裂两次，DNA只复制一次，因此其结果是形成4个子细胞，每个子细胞中只有体细胞染色体数目的一半。在植物细胞的减数分裂过程中，不形成中心体，减数分裂的结果是形成孢子，孢子再进行有丝分裂形成配子体，其他与动物细胞相同。

5.2.2 减数分裂的类型

减数分裂可分为三种类型：配子减数分裂(gametic meiosis)、合子减数分裂(zygotic meiosis)和孢子减数分裂(sporic meiosis)(图5.17)。

后生动物通过减数分裂直接形成单倍体的配子，称为配子减数分裂，也叫终端减数分裂(terminal

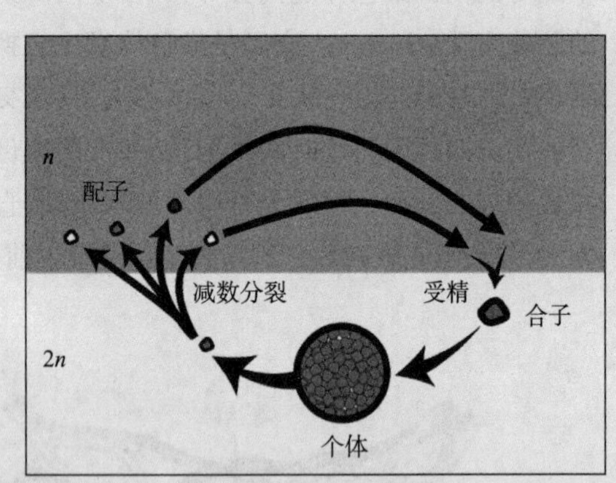

配子减数分裂

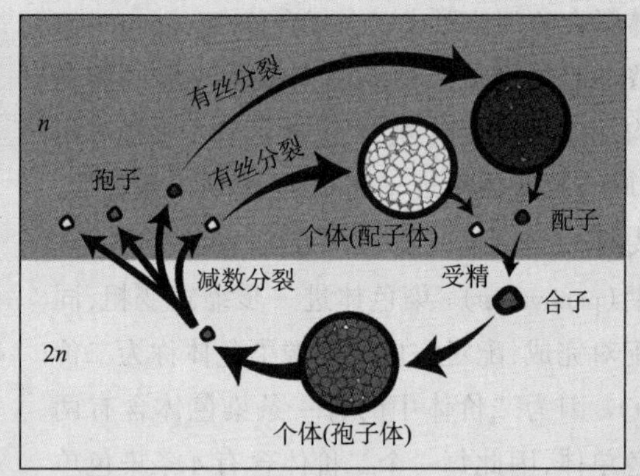

孢子减数分裂

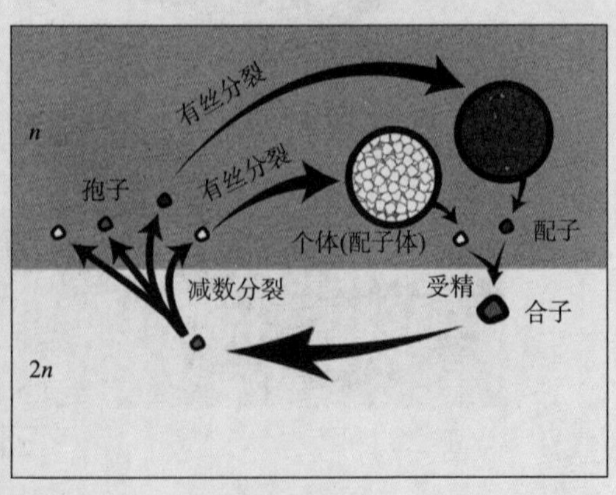

合子减数分裂

图5.17 减数分裂的三种类型

meiosis)。

植物和大部分藻类的减数分裂和配子发生没有直接关系,它们的减数分裂形成单倍体孢子(小孢子和大孢子),这种减数分裂的方式称为孢子减数分裂或中间减数分裂(intermediate meiosis)。植物的合子经过有丝分裂成为二倍体的孢子体,如我们日常见到的蕨类、裸子植物和被子植物的个体。孢子体产生的二倍体孢子母细胞发生减数分裂,形成单倍体孢子,孢子有丝分裂形成配子体,如被子植物的花粉粒或胚囊(n)、苔藓植物常见的绿色植物体。配子体通过有丝分裂和分化产生配子。这些在后面章节中还有阐述。

还有一种减数分裂的方式称为合子减数分裂,也叫初始减数分裂(initial meiosis),仅见于真菌和某些藻类,如衣藻、团藻、丝藻、水绵和轮藻等。它们产生的雌、雄配子结合形成受精卵(合子)后,合子并不发育成二倍体的生物体,而是直接进行减数分裂,产生单倍体的孢子,孢子有丝分裂形成单倍体的个体。个体中某些细胞进行有丝分裂,形成单倍体的配子(n),配子结合又成合子($2n$)。这些生物的二倍体阶段仅限于受精卵(合子)时期。

5.2.3 减数分裂使基因组合多样化

植物和动物都是由受精卵发育而来的,受精卵中有来自父本和母本的2组染色体,每一对同源染色体中一个来自父本,一个来自母本。减数分裂时,每对同源染色体中的2条染色体随机地分配到子细胞中,因而所生的配子,其染色体的组合是多种多样的。没有任何一对同源染色体的基因序列完全相同,那么,一个生物如果有2对染色体($n=2$),减数分裂可产生$2^2=4$种配子,如果有3对染色体($n=3$),减数分裂就可产生$2^3=8$种配子。人有23对染色体($n=23$),人的精子和卵子就各有$2^{23}=8\ 388\ 608$种基因组合。再考虑到同源染色体的交换,基因组合的种类就远不止此数。配子基因型多,后代的多样性自然也多,这就为自然选择提供了丰富的材料,有利于生物的适应与演化。

5.3 发育与细胞分化

多细胞和单细胞真核生物的细胞,在基本结构和代谢活动方面相似,但也有不同。单细胞生物是在单个细胞范围内发展了生命活动所需要的全部结构功能。因此,单细胞真核生物的细胞是最复杂的细胞。单细胞生物的细胞分裂总是和生殖有关,它所产生的子细胞即为新一代的个体或者是形成新一代个体的孢子或配子。多细胞生物则不同,在多细胞生物个体发育过程中,细胞的有丝分裂承担着细胞增殖的功能,细胞分裂后所产生的子细胞要转变成形态、结构和功能特化的细胞,也就是要发生分化(differentiation),这些特化的细胞再组合成执行不同功能的组织、器官和系统。

5.3.1 细胞分化

(1) 细胞分化是构建多细胞生命体的基础

细胞分化是在个体发育过程中,新生的细胞产生形态、结构和功能上的稳定性差异,形成不同类型细胞的过程。我们以植物为例加以说明。植物个体发育早期即胚胎时期,细胞都是有分裂能力的。在继续发育过程中,大多数细胞逐渐分化而失去分裂能力,只有分生组织的细胞仍然保留有分裂能力。处于茎端和根端的分生组织经常处于活跃状态,不断产生新的细胞。

胚胎细胞和分生组织细胞都很幼嫩,它们的细胞壁很薄,细胞质浓厚,没有或只有很小的液泡,彼此紧密相接,没有细胞间隙。由这些幼嫩细胞分化成各种类型的特化细胞,构建成各种组织。如图5.18所示,表皮组织的细胞呈扁平状,彼此交错镶嵌成一层或多层表皮,覆盖于叶、新生根和茎的表面,表皮有一层角质膜,防止水分过度蒸发。叶表皮下的栅栏组织和海绵组织细胞,壁薄、液泡大、排列松散,细胞中含有叶绿体,能进行光合作用。有些细胞,细胞壁局部(如厚角组织的细胞)或全部(如厚壁组织的细胞)加厚,木质化,在植物中起着机械支撑作用。石细胞的壁大大加厚,是死细胞,它们常常出现在坚果和种子的硬壳中。木质部中细长的导管和管胞是运输水的通道,韧皮部中的筛管是运输营养物质的通道,有了这些维管组织细胞,水分、无机盐、营养物质才能在植物体中作远距离的运输。这些内容在22章中还有详述。

(2) 细胞分化是基因的选择性表达

细胞分化是发育的核心问题。同一细胞的后代,为什么会产生分化,形成各不相同的细胞呢?细胞分化的实质在于细胞合成特异性蛋白质,从而形成自身特殊的形态结构,行使自身特定的功能。特异性蛋白质合成的基础在于细胞基因的选择性表达,因此细胞分化的分子机制是基因的选择性表达。

细胞中的基因,并不都与分化有关。按照与分化

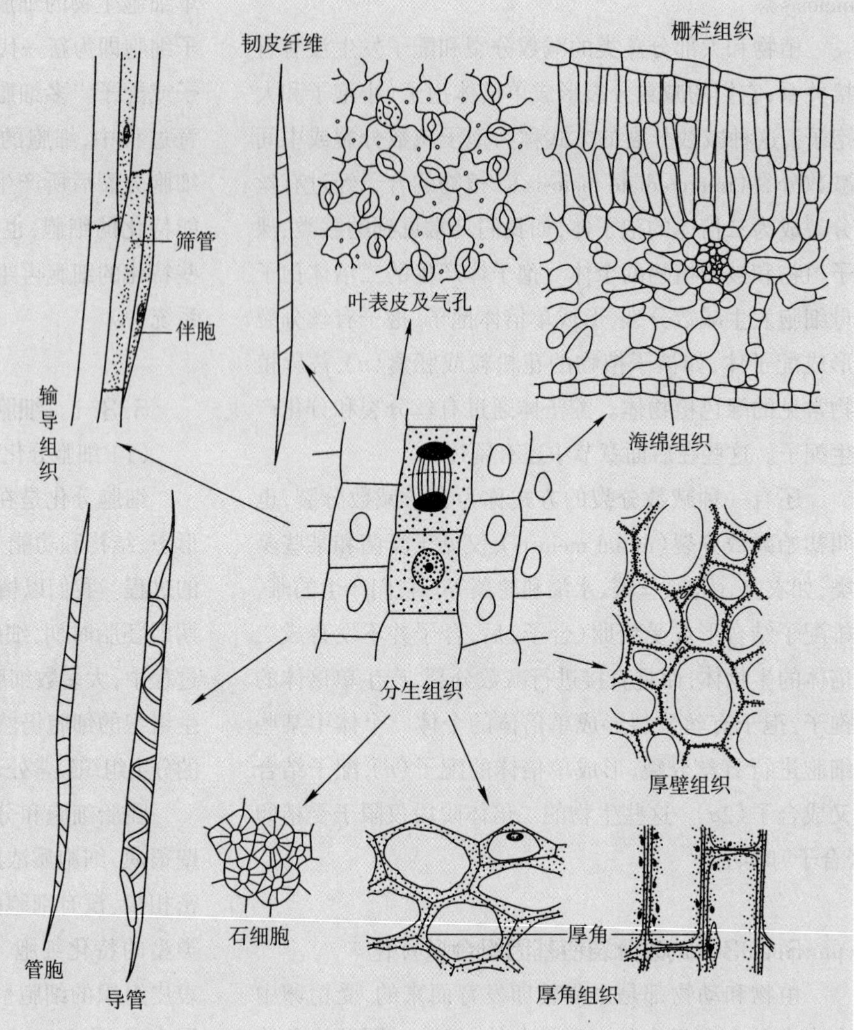

➡ **图 5.18 植物的分生细胞能分化成各式各样的细胞，构建各种植物组织**

这些细胞将在 22 章中详述，此处只是说明植物细胞的多种多样。

的关系，基因可以分为两类（图 5.19）：一类与细胞种类无关，在任何细胞中都表达，是维持细胞基本功能的必需基因，如编码催化糖酵解过程的酶、微管蛋白和组蛋白等，这些基因叫做管家基因（house-keeping gene）。另一类基因与分化细胞的特殊性状有关，如成红细胞中的珠蛋白基因、上皮细胞的角蛋白基因、骨骼肌细胞的 MyoD 基因等，这些基因叫做组织特异性基因（tissue-specific gene），也叫奢侈基因（luxury gene），意思是它们并非细胞生存所必需。组织特异性转录因子的表达，常常是细胞分化的前奏，如前述的 MyoD，这类转录因子所调控表达的下游基因，常常决定了细胞特定的结构与功能，如 MyoD 激活 α 肌动蛋白等表达，组装肌纤维。

5.3.2 干细胞和细胞的全能性

生物体内构建组织和器官，完成组织器官的特定生理功能的细胞，绝大部分都是完成分化的细胞，它们不会再分化为其他类型的细胞，一般也不会再分

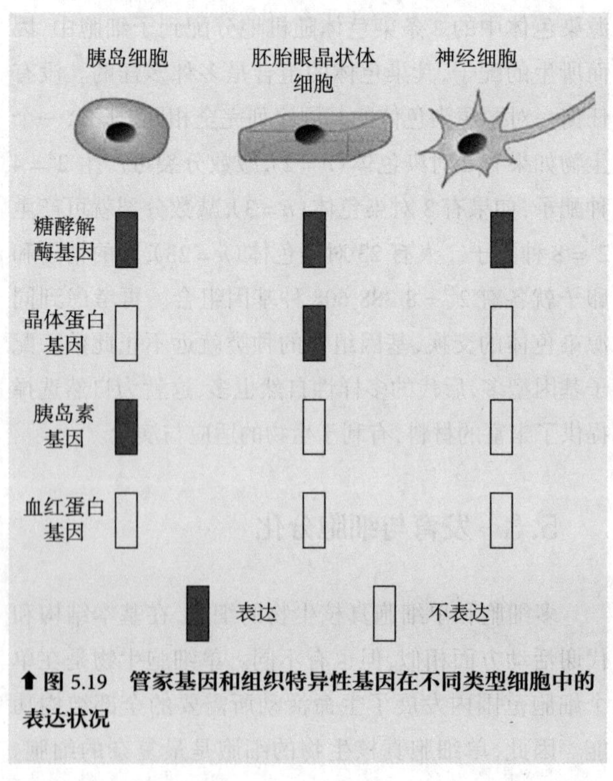

⬆ **图 5.19 管家基因和组织特异性基因在不同类型细胞中的表达状况**

裂，所以称之为终末分化细胞（terminal differentiated cell）。然而，生物体内也存在一些细胞，它们能够分化成具有构建组织潜能的细胞类型，我们称这些细胞为干细胞（stem cell）。干细胞可以来自胚胎[胚胎干细胞（embryonic stem cell，ESC）]、胎儿或成体[成体干细胞（adult stem cell）]，具有持久或终身自我更新的能力，并可通过分化产生特异的细胞类型，以形成生物体组织和器官。

（1）干细胞的分类

干细胞在个体发育、成体细胞和组织更新以及再生等生命过程中，起着关键作用。

干细胞的增殖表现为两种方式：对称性分裂和不对称性分裂。干细胞通过对称性分裂在机体中能进行自身数目的扩增，即产生与自身相同的子代细胞；也通过不对称性分裂，产生一个与自身相同的干细胞和一个走向分化的细胞（图 5.20）。干细胞早期分化后产生的细胞不再具有无限的自我更新能力，只能分裂有限次数，并随着分裂而进行分化，称之为祖细胞（progenitor cell）或前体细胞（precursor cell）。

根据分化潜能的不同，哺乳动物的干细胞可分为全能干细胞（totipotent stem cell）、多潜能干细胞（pluripotent stem cell）、多能干细胞（multipotent stem cell）、双能干细胞（bipotent stem cell）和单能干细胞（unipotent stem cell）（图 5.21）。

全能干细胞具有分化形成包括胚胎外组织在内的完整生命体的潜能，如哺乳动物的受精卵和卵裂早期的细胞（如人类不超过 16 个细胞的卵裂球）。多潜能干细胞能分化产生三个胚层，构建整个胚胎，如胚胎干细胞。多能干细胞仅具有分化形成多种细胞类型的能力，不能构建完整胚胎，如造血干细胞可以分化为淋巴系干细胞（lymphoid stem cell）和髓系干细胞（myeloid stem cell），而淋巴系干细胞分化为 T 细胞和 B 细胞，髓系干细胞分化成红细胞、各种白细胞和血小板。双能干细胞具有向两种类型细胞分化的潜能，如指甲根部的干细胞可分化为指甲和表皮。单能干细胞则只能分化为一种细胞类型，如神经干细胞只能够分化为神经元，皮肤干细胞只能分化为表皮细胞。

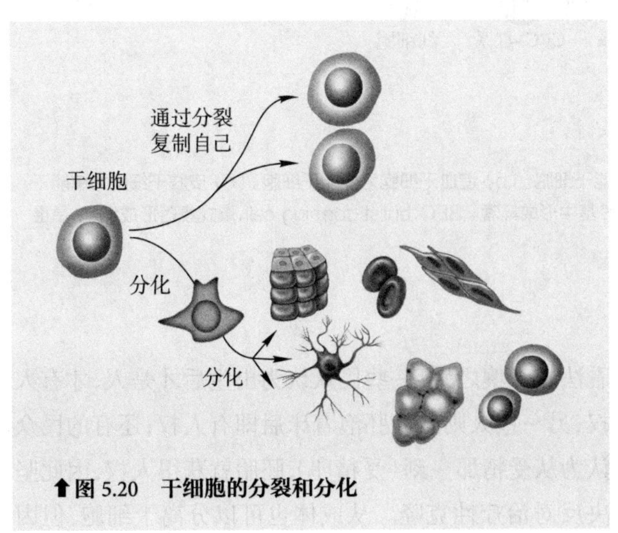

⬆图 5.20　干细胞的分裂和分化

（2）细胞的全能性

有丝分裂的精确机制，使每一个细胞都有一套完整的遗传信息，之所以细胞会产生各种各样的分化，是因为不同细胞中表达的基因不尽相同，也就是同样一套遗传信息，控制其表达的程序不同。那么，已经分化的细胞，能否通过重编程（reprogramming），获得类似于干细胞的基因表达程序，从而获得分化的能力，甚至获得构建完整生命体的能力呢？

在植物的成体中，始终保留有分生组织，即使已分化的细胞在受到刺激后仍会恢复分生能力。例如在受伤面上，薄壁组织恢复细胞分裂，形成愈伤组织。1972 年，科学家在适宜的条件下利用植物的体细胞培养出正常的植株（图 5.22）。

在动物方面，随着胚胎发育，大部分细胞逐渐丧失了发育成个体的能力，成为终末分化细胞。终末分化细胞能否被重编程，从而获得分化能力呢？20 世纪 60 年代，John Gurdon 将蝌蚪肠上皮细胞的细胞核植入去核的卵子中，得到发育正常的蝌蚪，进而发育成蛙。1997 年，英国科学家 Ian Wilmut 等将羊的一种终末分化细胞——乳腺细胞的细胞核，植入去核的卵细胞中，成功地克隆出发育正常的小羊“多莉”（Dolly）（图 5.23）。这些都证明，已经分化的动物细胞，其细胞核仍然具有全能性（totipotency），然而至今尚不能使动物体的体细胞形成一个完整的个体。

（3）干细胞与再生医学

干细胞的研究具有重要意义。理论上，干细胞是研究细胞分化的良好模式；实践上，干细胞研究具有不可估量的医学价值，人们有望利用干细胞修复用传统方法无法再生的器官，如心脏、中枢神经组织，甚至可以克隆器官，进行移植，这称为治疗性克隆（therapeutic cloning），不同于产生克隆人的生殖性克隆（reproductive cloning）（图 5.24）。

获得相应的干细胞，是治疗性克隆的关键。得到干细胞的途径有多种，通过核移植获得囊胚，再由胚胎

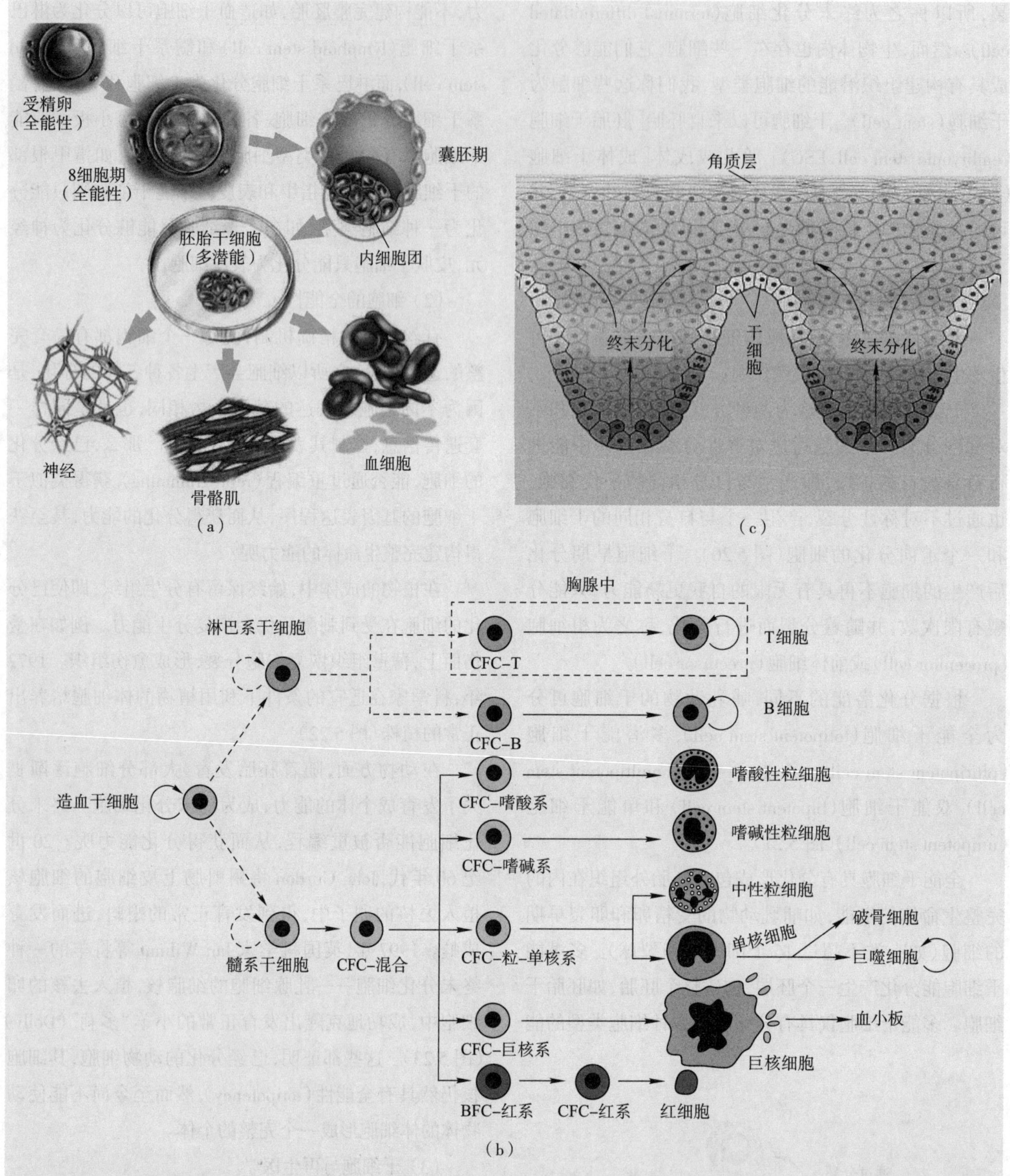

⬆图 5.21　干细胞的不同类型

（a）人类受精卵和 16 细胞期前的卵裂球为全能干细胞，而内细胞团为多潜能干细胞。（b）造血干细胞为多能干细胞。（c）皮肤干细胞为单能干细胞。CFC：colony-forming cell，集落形成细胞，这类细胞可在半固体培养基中形成集落。BFC：burst-forming cell，爆式集落形成细胞，是最早的红细胞的祖细胞。

的内细胞团获得胚胎干细胞，能够分化为各种组织，无疑是一个选择。但对人类而言，则涉及伦理问题——人类胚胎发育过程中，究竟什么时候才有人权，才被看作人？不同文化、不同宗教背景的人群，对这个问题的看法有天壤之别：一些民众认为出生后才是人，才有人权；另一些人则认为胚泡着床后即有人权；还有的民众认为从受精那一刻（受精卵），胚胎就获得人权，因此坚决反对治疗性克隆。从成体也可以分离干细胞，但因

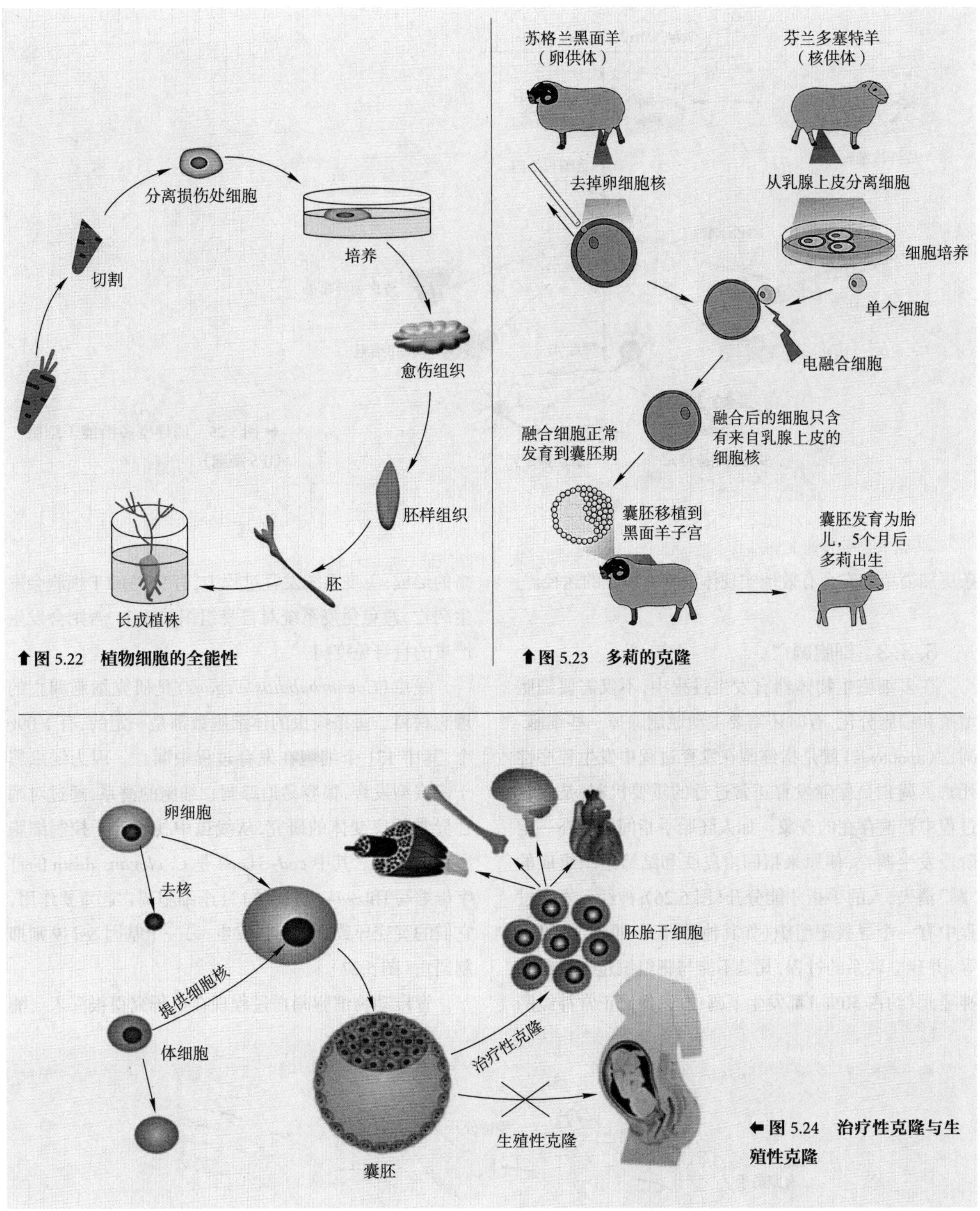

⬆图 5.22 植物细胞的全能性

⬆图 5.23 多莉的克隆

⬅图 5.24 治疗性克隆与生殖性克隆

量极少，又缺乏明显标志物，技术上很困难。

2007 年，日本京都大学山中伸弥（Shinya Yamanaka）研究小组通过向成纤维细胞中转入 4 个基因，成功地将其改造成了几乎可以和胚胎干细胞相媲美的干细胞，即诱导型多潜能干细胞（induced pluripotent stem cell，iPS 细胞）（图 5.25）。这一成果有望使胚胎干细胞研究避开一直以来面临的伦理争议，从而大大推动了与干细胞有关的疾病疗法的研究。2013 年和 2022 年，北京大学邓宏魁实验室首次实现通过小分子化合物的组合，分别诱导小鼠和人类体细胞重编程为多潜能干细胞，称为“化学诱导的多潜能干细胞”（chemically induced pluripotent stem cell，CiPS 细胞），从而开辟了一

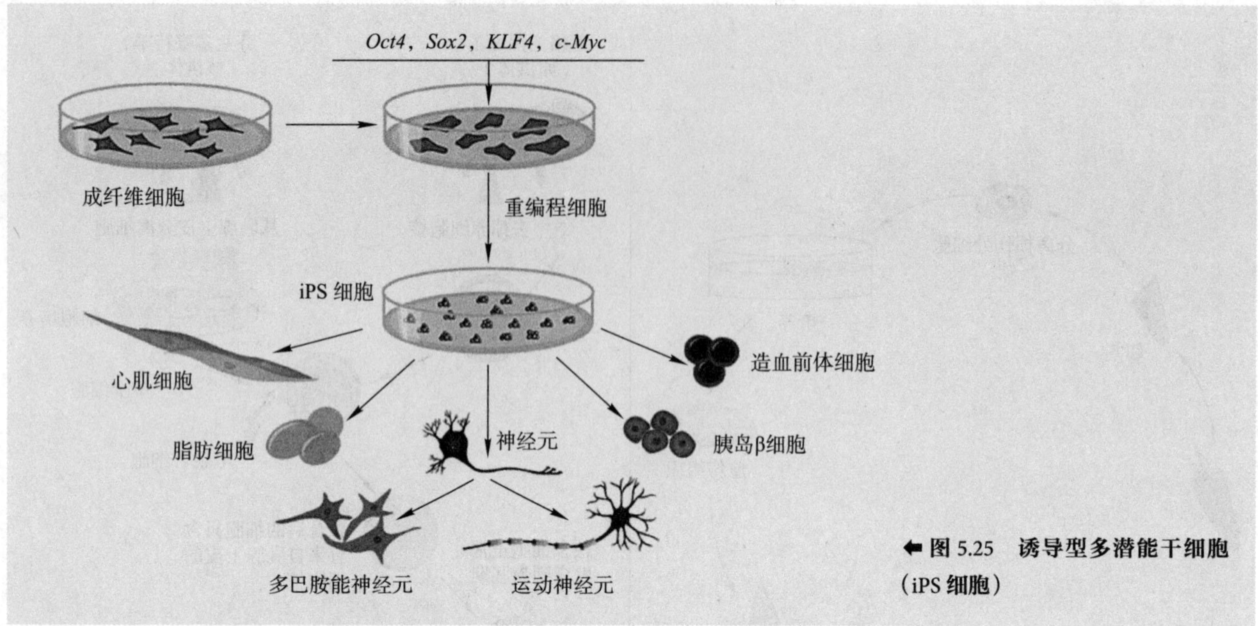

图 5.25　诱导型多潜能干细胞（iPS 细胞）

条更加简单和安全有效地实现体细胞重编程的途径。

5.3.3　细胞凋亡

在多细胞生物体器官发生过程中，不仅需要细胞增殖和细胞分化，有时还需要主动地删除掉一些细胞。凋亡（apoptosis）就是指细胞在发育过程中发生程序性死亡。凋亡是保障发育正常进行的重要机制，是发育过程中普遍存在的现象。如人胚胎手指间细胞在一定阶段发生凋亡，使原来指间由皮肤和结缔组织组成的"蹼"消失，人的手指才能分开（图 5.26）；神经元发育过程中有一个寻找靶组织（如其他神经元、肌肉、分泌腺等）并建立联系的过程，凡是不能与靶组织建立联系的神经元（约占 50%）都发生了凋亡，以保证正常神经网络的形成；免疫系统发育过程中，有 95% 的 T 细胞会发生凋亡，避免免疫系统对自身组织的攻击，否则会发生严重的自身免疫病。

线虫（*Caenorbabditis elegans*）是研究细胞凋亡的理想材料。每条线虫的体细胞数都是一定的，有 1 090 个，其中 131 个细胞在发育过程中凋亡。因为线虫属于镶嵌型发育，很容易追踪凋亡细胞的谱系，通过对凋亡异常的突变体的研究，从线虫中找到若干控制细胞凋亡的基因。其中 *ced-3*（ced 是 *C. elegans* death 的首字母缩写）和 *ced-4* 对诱导 131 个细胞凋亡起重要作用，它们的突变导致凋亡不再发生；另一个基因 *ced-9* 则抑制凋亡（图 5.27）。

脊椎动物细胞凋亡过程现在也研究得很深入。哺

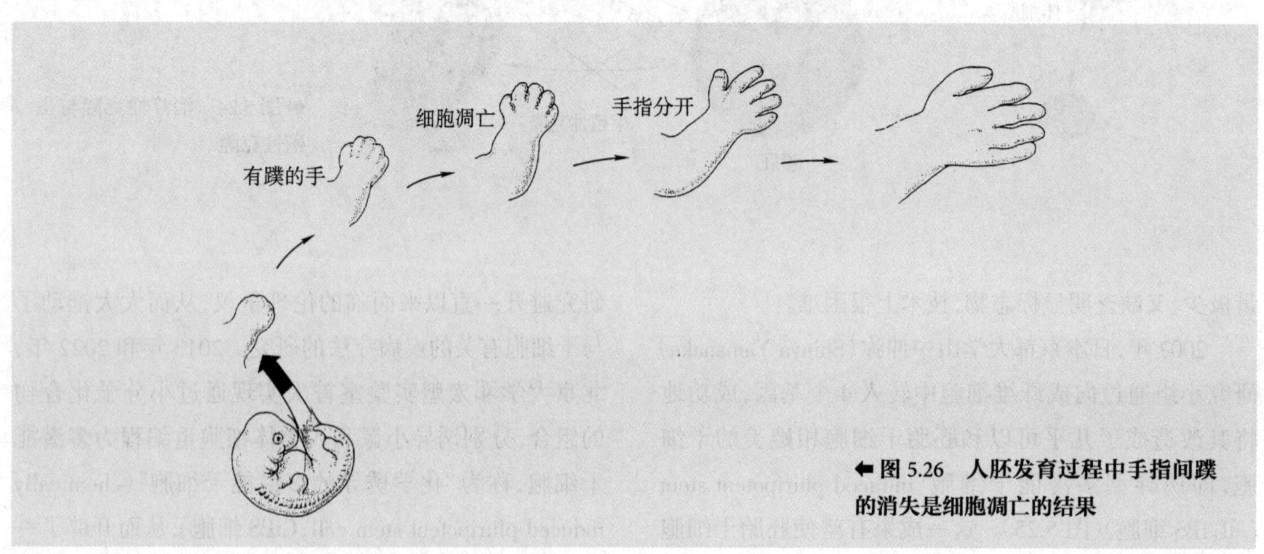

图 5.26　人胚发育过程中手指间蹼的消失是细胞凋亡的结果

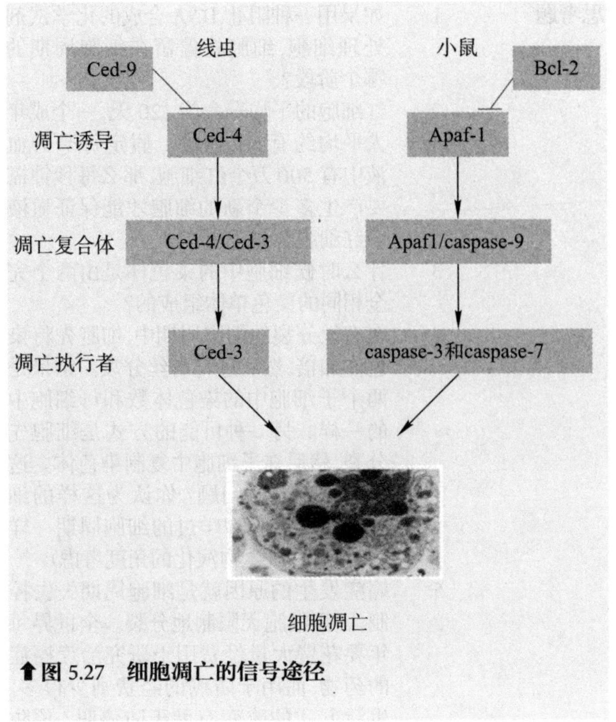

⬆图 5.27 **细胞凋亡的信号途径**

乳动物的细胞凋亡过程可分为两阶段：开始阶段和效应阶段。开始阶段是凋亡的触发阶段，有两种情形：一种是外部信号的触发，一种是内部信号的触发。

外部的凋亡信号结合到特异受体上，最终激活一种特异的蛋白酶 caspase-8。caspase（cysteine aspartic acid specific protease）是一类半胱氨酸蛋白酶，切割位点在天冬氨酸形成的肽键上，包括许多成员，它们与线虫的 Ced-3 有同源性。caspase-8 激活后，会顺序激活下游的一系列 caspase，最终诱导细胞凋亡。

内部凋亡信号与线粒体有关。DNA 的严重损伤激活 *p53* 等抑癌基因，后者激活一些作用于线粒体膜上的蛋白质，使线粒体的细胞色素 c 泄露到胞质中，活化了 caspase-9，最终激活 caspase-3 等效应酶，导致凋亡的发生。

哺乳动物的 *bcl-2* 与线虫的 *ced-9* 同源，能够抑制凋亡（图 5.27）。

5.3.4 细胞衰老

（1）海弗利克极限

多细胞生物体的细胞经过有限次数的分裂以后，进入不可逆转的增殖抑制状态，即细胞发生衰老。1961 年，海弗利克（Leonard Hayflick，1928—　）和 Paul Moorhead 发现，他们培养的人二倍体细胞，经过 40 ~ 60 代的传代后（按照 1 : 2 的稀释倍数传代），出现了明显的衰老、退化和死亡，即使营养条件再好，也无法避免。这就是说，培养细胞的增殖能力有一定的界限，这就是海弗利克极限。同时他们还发现，细胞传代次数，与供体年龄有关：来自胎儿的成纤维细胞可以传代 50 次，而来自成人的同种细胞在同样条件下只能传代 20 次。海弗利克还比较了细胞可传代数与供体寿命的关系，发现龟的平均寿命为 175 岁，细胞传代 90 ~ 125 次；小鼠的平均寿命为 3.5 年，其细胞只能传 14 ~ 28 次。细胞无法传代，说明细胞衰老了。

体内的细胞也在衰老。衰老不仅发生于老年，也发生于青年，甚至胎儿，如上皮细胞、血细胞都在不断衰老，又不断有新的细胞补充。细胞的衰老，也是躯体衰老的基础。

衰老细胞在结构和功能上发生一系列变化，如核被膜内折、染色体固缩、线粒体和内质网减少、膜流动性降低等。

（2）衰老的机理

有关衰老的机理现在还很不清楚。研究者根据实验成果，提出各种假说：① 有人认为突变积累导致衰老，随着年龄的增加，体细胞的 DNA 突变会逐渐积累，但尚无证据表明基因突变会导致衰老，如受辐射的广岛人没有更快衰老。② Howard Cooke 等提出端粒缩短假说，认为细胞每次分裂，端粒会减少 100 bp，因而细胞越老，端粒越短，端粒缩短到一定程度，细胞则不再分裂，进入衰老。有些现象支持这一假说，如干细胞、癌细胞等有端粒酶，可以不断延长端粒，细胞得以无限分裂，从不衰老。然而也有反面的实验证据，如小鼠细胞分裂时，端粒并不缩短，但海弗利克极限仍然存在。③ 有人提出损耗（wear-tear）假说，认为没有遗传机理来决定衰老，衰老只是随着时间的推移，细胞积累了越来越多的损伤，最终无法正常工作，从而导致衰老。

衰老可以认为是生物的一种性状，因此毋庸置疑，至少衰老的某些方面受到基因的调控，相关基因的突变，会造成个体快速衰老或延缓衰老。如编码核纤层蛋白 lamin A 的基因突变，会导致早老症（Hutchinson-Gilford syndrome），患者以常人 10 倍的速度快速衰老，生长、生殖系统的发育和骨骼发育停止，一般在 12 岁左右死于动脉粥样硬化或中风，身体特征与七八十岁的老人极其相似。沃纳综合征（Werner syndrome）是一种成人早老症，患者 8 号染色体的短臂存在突变，影响 DNA 解旋酶活性，妨碍 DNA 修复。果蝇中 *Indy*（I'm not dead yet）基因的突变则可以延缓衰老，其寿命从37天延长到70天。*Indy*与编码人二羧酸共转运体(dicarboxylate co-transporter)蛋白的基因序列有同源性，该蛋白质负责把三羧酸循环中泄漏出线粒体的产物运送回去，提高产能效率。*Indy*突变，意味着果蝇将得到更少的能量，即使它与野生型摄取一样多的食物。热量控制，已经被证明能够增加线虫的寿命，而人群中的调查也初步显示，适当限制能量的摄入，是长寿的“要诀”。

有关衰老和寿命，人们还知之甚少，这方面的研究也存在很大的困难。随着后基因组时代的到来，越来越多的科学家投入到这个领域当中，这方面的突破值得期待。

细胞的增殖、分化、凋亡和衰老都建立在物质代谢和能量转换的基础之上，并受生物体的信息系统的调控。它们紧密关联，使细胞在时间上和空间上整合成一个有序的严格受控的整体。

思考题

1　如果用一种阻止DNA合成的化学试剂处理细胞，细胞将停留在细胞周期的哪个阶段?

2　红细胞的平均寿命为120天，一个成年人平均约有5 L血液。假定每毫升血液中有500万个红细胞，那么每秒钟需要产生多少个新的细胞才能保证血液中红细胞含量正常?

3　什么时候细胞中的染色体是由两个完全相同的染色单体组成的?

4　在有丝分裂的细胞周期中，细胞先将染色体加倍，然后进行有丝分裂。结果是两个子细胞中的染色体数和母细胞中的一样。另一种可能的方式是细胞先分裂，然后在子细胞中复制染色体。这样会发生什么问题?你认为这样的细胞周期是否和你学过的细胞周期一样好?(提示:从生物演化的角度考虑)

5　癌症发生的原因就是细胞周期失去控制，因而细胞无限制地分裂。全世界每年要花费大量经费用于研究治疗癌症的药物，而用于防癌的经费则少得多。生活方式的改变有助于防癌吗?预防癌症的可能途径有哪些?

II 遗传与变异

（张宇博、张蔚惠赠）

6

性状传递的基本规律

野生型（红眼）雌果蝇（左）和白眼突变雄果蝇（右）
（伍洪刚、焦仁杰惠赠）

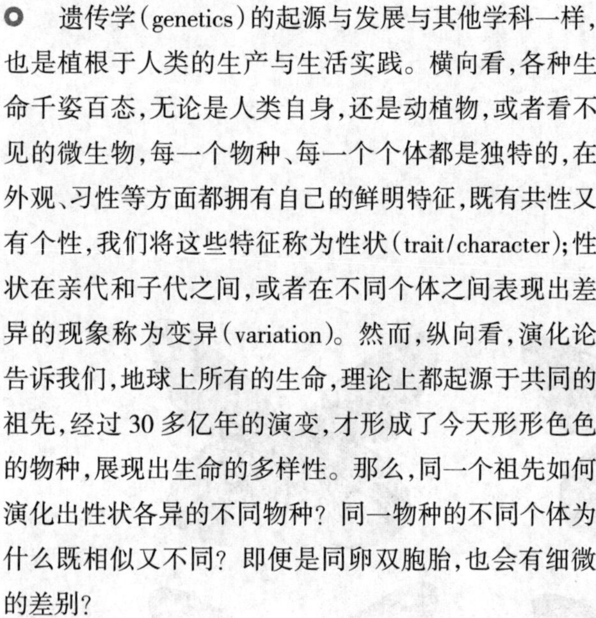

遗传学（genetics）的起源与发展与其他学科一样，也是植根于人类的生产与生活实践。横向看，各种生命千姿百态，无论是人类自身，还是动植物，或者看不见的微生物，每一个物种、每一个个体都是独特的，在外观、习性等方面都拥有自己的鲜明特征，既有共性又有个性，我们将这些特征称为性状（trait/character）；性状在亲代和子代之间，或者在不同个体之间表现出差异的现象称为变异（variation）。然而，纵向看，演化论告诉我们，地球上所有的生命，理论上都起源于共同的祖先，经过30多亿年的演变，才形成了今天形形色色的物种，展现出生命的多样性。那么，同一个祖先如何演化出性状各异的不同物种？同一物种的不同个体为什么既相似又不同？即便是同卵双胞胎，也会有细微的差别？

任何生物体都能繁衍出跟自己相似的后代，或者说，性状是可遗传的。但是，性状的传承往往也是“似而不同”，遗传（inheritance/heredity）与变异相伴而生，子代并没有原原本本地继承亲代的所有特征，而是既继承了本物种、本种群、本家族的共有特征，同时又展现出自身个性化的性状特征。既有“种瓜得瓜，种豆得豆”，也有“一母生九子，九子各不同”。跟没有血缘关系的人相比，子女在相貌、性格等特征上跟父母更为相像，但是又不完全相同；每个孩子都是在某些方面继承了父亲的特征，某些方面又跟母亲更像，还有一些方面又谁都不像。人们一直迷惑不解，性状为什么既能代代相传，同时又伴随着明显的变异？生命的传承、性状的传递是被什么力量控制的？这些现象的物质基础是什么？是否有共同的规律可循？能否预测子代的性状？能否人为地干预/控制性状的遗传与变异，获得并世代保留我们需要的优良性状，避免或去除不需要的性状？人们在长期的生产实践中成功驯化了各种各样的动植物，积累了丰富的育种经验，但是，直到19世纪60年代，奥地利神父孟德尔才真正揭开了性状遗传与变异的神秘面纱，生命科学从此跨入了遗传学时代，改造生命的梦想逐渐插上了科学的翅膀。

6.1　性状的孟德尔式遗传

6.1.1　性状的颗粒式遗传与孟德尔第一定律

遗传学奠基人孟德尔自幼家境贫寒，很早就成为了神职人员，但是一直保持着对植物育种的兴趣，并且在育种实践中逐渐意识到掌握性状世代传递规律的重要性，从而转向了探索遗传规律。1856年，孟德尔利用业余时间在奥地利一座修道院花园中的一小片空地上开始了他“不朽的”豌豆（*Pisum sativum*）杂交试验。经过8年数代的杂交、记录，以及严密的数学统计与归纳、分析，加上天才般的假设，他提出了分离定律（law of segregation）和自由组合定律（又称独立分配定律，law of independent assortment）。分离定律又称孟德尔第一定律（Mendel's first law），自由组合定律又称孟德尔第二定律（Mendel's second law），两者合称孟德尔遗传定律（Mendel's laws of inheritance）。

作为一种受欢迎的食材，人们培育了不少性状各异的豌豆品种，并且都是能够真实遗传的纯种（pure breed/purebred）。更重要的是，豌豆是严格的自花授粉（自交，selfing/self-fertilization）植物，同时，也可以很方便地通过人工操作进行异花授粉，使实验过程严格可控。孟德尔精心选择了7对可稳定遗传并且差异明显的相对性状（纯种），例如种子胚乳（子叶）的颜色（黄色/绿色）、成熟种子的形状（饱满的圆形/皱缩）、花的颜色（紫花/白花）、植株的高度（高茎/矮茎）等，将它们作为亲本（parental generation，P），分别进行两两杂交（人工授粉），统计子一代（first filial generation，F_1）的性状和数量（表6.1）。根据生活经验，当时人们的主流观点认为遗传是"混合式"的，就像子女的肤色或身高等往往介于父母之间，似乎是父母双方性状"混合"而成的。意外的是，孟德尔收获的F_1豌豆们并未混合两个亲本的性状，而是全部只表现出某一方的性状——黄色的胚乳、饱满的种子（圆粒）、紫花、高茎植株等，也就是说，在每一对相对性状中，一个性状完全掩盖了另一个性状（表6.1）。这个现象跟所用的亲本的性别无关，无论是正交（direct cross），例如黄色胚乳母本与绿色胚乳父本杂交，还是反交（reciprocal cross），即跟正交性别相反的杂交方式，例如绿色胚乳母本与黄色胚乳父本杂交，结果都一样。那么，在F_1中被掩盖的那个性状从此就完全被埋没、销声匿迹了吗？成对的两个性状确实不会以混合的方式出现在后代中吗？为了回答这个问题，孟德尔种下了F_1的种子，让它们自交产生子二代（second filial generation，F_2）。在F_2中，除了有F_1中得以保留的那个性状，在F_1中被掩盖的性状也重新出现了（表6.1）！不过，F_2中只出现了两个亲本原有的性状，还是没有出现两种性状的混合。另外，虽然两个亲本的性状都出现了，但是在后代数量上两者并非平均分配，而是呈现出近似于3∶1的比率，在F_1中被掩盖的那个性状明显较少（表6.1）。

为什么会这样呢？孟德尔根据这些现象提出了一个大胆而天才的假设，他认为豌豆植株的花色、高矮等性状是由遗传因子（hereditary factor）控制的，遗传因子在生物体中成对存在，它们共同决定某个性状的形成，其中的一个因子对另一个因子具有优势，能够掩盖另一个因子的作用。例如，假设豌豆胚乳的颜色由Y和

表6.1　孟德尔选取的豌豆7对相对性状纯系杂交及F_1自交结果（引自Klug等，2019）

性状类型	相对性状	F_1表型	F_2表型	F_2比率
种子形状	圆形/皱缩	全部圆形	5474 圆形 1850 皱缩	2.96∶1
种子颜色	黄色/绿色	全部黄色	6022 黄色 2001 绿色	3.01∶1
豆荚形状	饱满/凹陷	全部饱满	882 饱满 299 凹陷	2.95∶1
豆荚颜色	绿色/黄色	全部绿色	428 绿色 152 黄色	2.82∶1
花的颜色	紫花/白花	全部紫花	705 紫花 224 白花	3.15∶1
花的位置	侧生/顶生	全部侧生	651 侧生 207 顶生	3.14∶1
植株高度	高茎/矮茎	全部高茎	787 高茎 277 矮茎	2.84:1

注：在每一对相对性状的杂交中，F_1都是仅出现其中的一种性状（显性性状），另一种性状（隐性性状）在F_2中才重新出现，并且仅占1/4。

扫码见彩图

y 两个遗传因子控制，Y 决定黄色，y 决定绿色；在 YY 和 yy 种子中，胚乳的颜色分别表现为黄色和绿色，而 Yy 的种子则只会表现出 Y 的效果，即为黄色，因为决定绿色的 y 被掩盖了。但是，在向后代传递时，遗传因子则会呈现出相互独立、互不沾染的特性，或者说“颗粒式”遗传的特征。在形成生殖细胞（雌、雄配子）时，成对的遗传因子发生分离，分别进入不同的配子中；随后，在受精过程中雌、雄配子随机结合，形成新的子代个体，相应地，遗传因子也随机结合，在子代中恢复成对的状态。在上述杂交实验中，纯种的黄色种子亲本（YY）和纯种的绿色种子亲本（yy）各自分别只形成一种单一的配子——Y 或 y，杂交后，雌、雄两种配子结合，只会形成 Yy 这种类型的后代（F_1），因此子一代的性状全部表现为由 Y 所决定的黄色胚乳，y 决定绿色的作用被掩盖。F_1 在形成配子时，成对的 Yy 发生分离，形成了 Y 和 y 两种配子，并且数量相等，各占 50%；雌、雄配子随机结合产生 F_2，预期的遗传因子组合结果为 $(1/2\ Y + 1/2\ y)^2$ 的二项展开式，即为 1/4 YY ∶ 1/2 Yy ∶ 1/4 yy；相应地，性状就会表现为 3/4 黄色 ∶ 1/4 绿色，从而产生 3 ∶ 1 的分离比（图 6.1）。至此，孟德尔的理论完美地解释了他的单因子豌豆杂交结果，同时也颠覆了“混合式”遗传的传统观念，提出了全新的“颗粒式”遗传的概念。

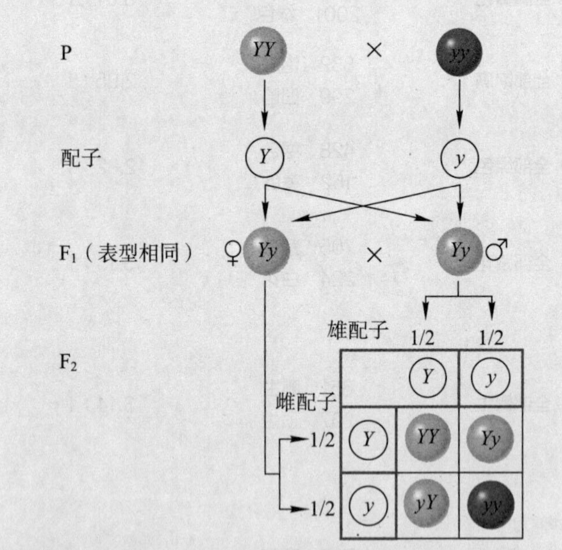

图 6.1　孟德尔对豌豆单因子杂交结果的解释（引自 Goldberg 等，2021）

图示亲本（P）和 F_1 形成配子时遗传因子发生分离，分别产生 Y 和 y 配子；然后雌、雄配子随机结合造成遗传因子重新组合，产生 YY、Yy 和 yy 三种个体。遗传因子的分离和随机组合使 F_2 呈现黄色和绿色 3 ∶ 1 的分离比。

那么，如何检验这个假设的真实性呢？在回答这个问题之前，我们先梳理一下由这个假设所引申出来的一些概念。对于一对相对性状，我们把在 F_1 中表现出来的性状称为显性性状（dominant character），在 F_1 中被掩盖的性状称为隐性性状（recessive character）。1909 年，丹麦遗传学家 Wilhelm L. Johannsen（1857—1927）将孟德尔的遗传因子命名为基因（gene）。由于这个用词简洁、传神，马上受到大家的欢迎，一直沿用至今。后来人们认识到，孟德尔的遗传因子实际上对应的是基因的某种具体存在形式，所谓“成对的遗传因子”，实际上相当于某个基因的两种不同的存在形式。例如，胚乳的颜色有黄色和绿色两种成对的相对性状，这是由同一个基因的两种不同形式决定的，一种决定黄色，另一种决定绿色。为了区分基因的不同存在形式，人们把基因的具体形式称为等位基因（allele）；对应于显性性状的等位基因称为显性等位基因（dominant allele），对应于隐性性状的等位基因则称为隐性等位基因（recessive allele）；不同的基因决定不同的相对性状，它们互为非等位基因。例如 Y 和 y 这一对基因决定胚乳的颜色，它们互为等位基因；决定种子形状圆或皱的则是另一对基因（假设用 R 和 r 表示），它们也互为等位基因；但是 Y（或 y）和 R（或 r）则互为非等位基因。某个细胞或个体所携带的等位基因的组合称为基因型（genotype），带有两个相同等位基因的细胞或个体称为纯合子或纯合体（homozygote），带有不同等位基因的细胞或个体称为杂合子或杂合体（heterozygote）。由基因型所决定的性状称为表现型或表型（phenotype）。例如，豌豆中黄色胚乳为显性性状，绿色胚乳为隐性性状；决定黄色胚乳的基因 Y 为显性等位基因，决定绿色胚乳的 y 则为隐性等位基因；基因型为 YY 和 yy 的细胞或个体为纯合子，其胚乳表型分别为黄色和绿色；基因型为 Yy 的为杂合子，其胚乳表型为黄色。

有了这些概念，我们不难推出，在前述胚乳颜色的杂交实验中，两个起始的纯种亲本分别为基因型 YY（黄色亲本）和 yy（绿色亲本）的纯合子，F_1 则均为基因型 Yy 的杂合子，表型为黄色；F_1 自交产生的 F_2 后代的基因型比率为 1 ∶ 2 ∶ 1，即 1/4 YY ∶ 1/2 Yy ∶ 1/4 yy，表型比率则为 3 ∶ 1，即 3/4 黄色 ∶ 1/4 绿色。杂合子（F_1）自交后基因型和表型均产生了分离，并且分别遵循 1 ∶ 2 ∶ 1 和 3 ∶ 1 的分离比规律。值得注意的是，表型为隐性的个体比较纯粹，均为隐性纯合子，其基因型和表型单一而明确，可以说是表里如一；但是，由于显性纯合子和杂合子均表现出显性性状，因此表型为显性的个体则难以直接判断其基因型。那么，如何区分显性纯合子和杂合子呢？

孟德尔设计了测交实验巧妙地解决了这个问题，同时也用这个方法证明了 F_1 为杂合子。跟隐性纯合个体进行的杂交称为测交（test cross）。黄色胚乳的 F_1 跟绿色胚乳的亲本进行测交后，产生了黄、绿两种后代，各占 50%，这正是孟德尔的假设所预期的结果：F_1 为基因型 *Yy* 的杂合子，应产生数量相等的 *Y* 和 *y* 两种配子；绿色个体仅产生一种 *y* 型配子，两者随机结合，产生数量相等的 *Yy*（黄）和 *yy*（绿）的后代。用其他的性状进行测交实验均证明 F_1 为杂合子。

孟德尔据此提出了性状传递的分离定律，后人又称为孟德尔第一定律，其基本内容为：生物体的性状由遗传因子决定，遗传因子在生物体内成对存在，分别来自父本和母本；在形成生殖细胞时，成对的遗传因子彼此分离，分别进入不同的配子；雌、雄配子随机结合产生子代，恢复为成对的状态，共同决定子代的性状。根据这一定律，F_1 杂合子自交产生的 F_2 的基因型和表型将分别遵循 1∶2∶1 和 3∶1 的分离比。遗传因子在决定性状上虽然有显隐性之分，但是在向后代传递时却是相互独立、机会均等，并无显隐性之分。在对减数分裂（详见第 5 章）有了深入了解后，我们能够比较容易地理解孟德尔第一定律。然而，在孟德尔提出他的理论时，人们对减数分裂和生殖细胞形成的机理一无所知，所以当时几乎无人能够理解他的学说。孟德尔的过人之处在于能够透过表面的现象，借助于统计学的量化思维方式和数据分析手段，洞察出现象背后的本质规律，从而奠定了遗传学基础。

6.1.2 自由组合与孟德尔第二定律

一对相对性状向后代传递时相互分离、随机组合，那么，两对相对性状向后代传递时也会是“颗粒式”的吗？孟德尔将黄色、圆粒的亲本跟绿色、皱粒的亲本杂交，F_1 均为黄色、圆粒，说明黄色和圆粒分别为显性性状。F_1 自交后，F_2 出现了 4 种表型：黄圆、黄皱、绿圆、绿皱，并且比率近似为 9∶3∶3∶1（图 6.2）。其中黄皱和绿圆是亲本没有的表型组合，也就是说表型出现了重组（recombination）。人们将这种新出现的表型称为重组型（recombinant type），相应地，把跟亲本相同的表型称为亲本型（parental type）。如果分别考虑这两对相对性状的话，黄粒和绿粒的比率为 3∶1，跟单因子杂交

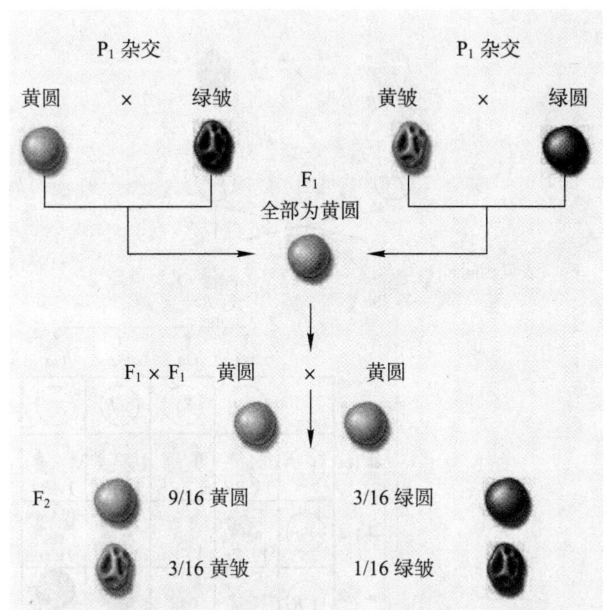

⬆图 6.2 孟德尔豌豆两对相对性状杂交结果（引自 Klug 等，2019）
图示两组性状组合不同的双因子杂交的过程与结果。黄圆和绿皱的亲本杂交，绿圆和黄皱的亲本杂交，得到的 F_1 和 F_2 结果相同，即 F_1 均为黄圆，F_2 均呈现比率为 9∶3∶3∶1 的黄圆、黄皱、绿圆、绿皱。

的预期结果相同，圆粒和皱粒的比率也是 3∶1，也跟单因子杂交的预期结果相符。那么，这个双因子的杂交结果能用“颗粒式”遗传解释吗？

如果将决定圆粒的显性等位基因记为 *R*，决定皱粒的隐性等位基因记为 *r*，那么 9∶3∶3∶1 的 F_2 比率恰好跟 $(3/4 + 1/4)^2$ 二项展开式的系数完全符合，或者说，F_2 的表型和比率可以用（3/4 *Y_* + 1/4 *yy*）（3/4 *R_* + 1/4 *rr*）的结果表示，可视为两个单因子杂交结果随机组合而成。这说明黄 / 绿和圆 / 皱这两对遗传因子在向后代传递时是各自独立、互不干扰的。两个起始亲本的基因型分别为 *YYRR*（黄圆亲本）和 *yyrr*（绿皱亲本）的纯合子，F_1 的基因型则为 *YyRr* 的杂合子，表型为黄圆；F_1 产生配子时，*Yy* 分离产生数量相等的 *Y* 和 *y* 等位基因，*Rr* 分离产生数量相等的 *R* 和 *r* 等位基因，只有这两组等位基因随机组合才能产生 *YR*、*Yr*、*yR*、*yr* 这 4 种数量相等的配子；F_1 自交时，只有 4 种雌配子跟 4 种雄配子随机结合才能产生 9/16 *Y_R_* ∶ 3/16 *Y_rr* ∶ 3/16 *yyR_* ∶ 1/16 *yyrr* 的 F_2 后代（图 6.3）。

采用另一种杂交组合，即黄色、皱粒的亲本跟绿色、圆粒的亲本杂交，结果 F_1 也是均为黄色、圆粒；F_1 自交结果也跟前面的黄圆、绿皱的亲本组合相同（图 6.2）。选择其他性状两两组合同样得到了 9∶3∶3∶1 的 F_2 比率。孟德尔据此提出了性状传递的独立分配定律，或称自由组合定律，后人又命名为孟德尔第二

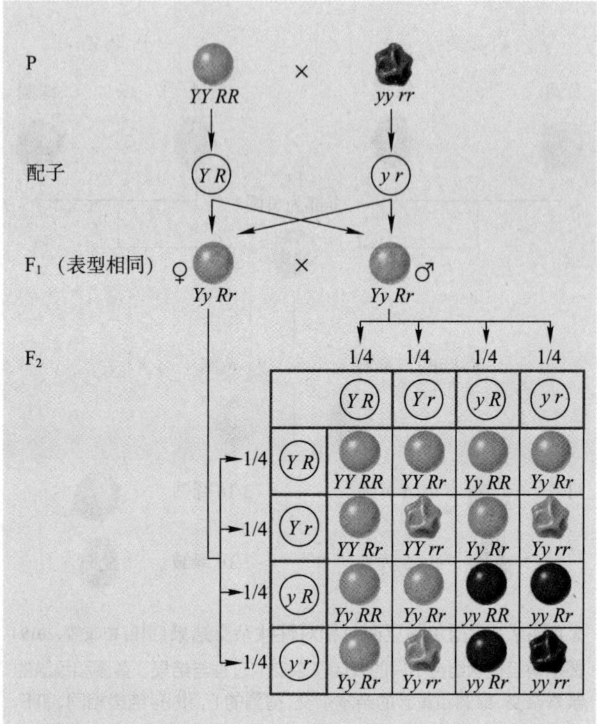

类型	基因型	表型	数量	表型比率
亲本型	$Y\_R\_$	黄、圆	315	9/16
重组型	$yyR\_$	绿、圆	108	3/16
重组型	Y_rr	黄、皱	101	3/16
亲本型	$yyrr$	绿、皱	32	1/16

黄（显性）/绿（隐性）的比率 = 12:4 或 3:1

圆（显性）/皱（隐性）的比率 = 12:4 或 3:1

⬆图 6.3 孟德尔对豌豆两对相对性状杂交结果的解释（引自 Goldberg 等，2021）

图示黄/绿和圆/皱双因子杂交中纯合的亲本和杂合的 F_1 形成配子时两对遗传因子各自独立分离、自由组合，产生 *YR*、*Yr*、*yR*、*yr* 4 种配子；然后雌、雄配子随机组合产生 *YYRR*、*YyRR*、*YYRr*、*YyRr*、*yyRR*、*yyRr*、*YYrr*、*Yyrr* 和 *yyrr* 9 种个体。

定律。其基本内容为：两对或两对以上的遗传因子在向后代传递时，成对的遗传因子互不干扰，各自独立分离，分别进入不同的配子；同时，不同对的非等位基因之间自由组合，从而在配子中形成不同的非等位基因的组合；由不同的非等位基因组合产生不同配子类型的机会均等。不同类型的雌、雄配子随机结合产生子代。根据这一定律，F_1 双杂合子（两对基因杂合）自交产生的 F_2 的基因型和表型将分别遵循 1∶2∶2∶4∶1∶2∶1∶2∶1和9∶3∶3∶1的分离比。跟前面的分离定律结合起来看，孟德尔的两个定律实际上可以合并成一个统一的定律，并简单地表述为：遗传因子成对存在，在向后代传递过程中，等位基因分离，非等位基因自由组合。

经过 8 年的辛勤工作，统计分析了数以万计的豌豆植株和种子，孟德尔于1865年公布了他的实验结果，正式提出了性状颗粒遗传（particulate inheritance）的规律，次年发表了题为《植物杂交试验》的论文。遗憾的是，由于孟德尔的思想太超前，当时的人们并没有认识到他的工作和理论的重要性。人们当时依然沉浸在1859年达尔文发表的演化论所带来的震撼之中，就连达尔文本人都没能意识到，孟德尔的遗传规律恰恰正是他的演化论所需要的理论基石，能够为演化论所依赖的变异的来源提供完美的解释。直到1900年，孟德尔辞世16年后，他的理论才不约而同地被欧洲的三位学者重新发现和验证。可以认为，孟德尔理论将生命科学带入到一个崭新的时代。

6.1.3 人类性状的孟德尔遗传

研究人类性状的遗传常常需要借助于系谱（pedigree）分析（图 6.4），特别是人类遗传性疾病的研究。有一些性状或疾病呈现简单的孟德尔遗传，例如美人尖（widow's peak）呈单基因显性遗传，对苯硫脲（PTC）的尝味能力缺失则呈单基因隐性遗传（图 6.5）。比较图 6.5 同一个家系中两个性状的遗传特征可以发现，显性性状通常在每一代都会出现，而隐性性状则并非代代相传。更多的以孟德尔式遗传方式遗传的人类疾病可查阅“人类孟德尔遗传在线”（Online Mendelian Inheritance in Man，OMIM）网站，迄今已收录 5 000 多种孟德尔遗传的人类疾病相关基因。

6.1.4 孟德尔定律的扩展

孟德尔定律为我们描绘了一个简单的、理想化的遗传学世界，但是，生活经验告诉我们，现实世界似乎并没有那么简单，性状的传递并非总是遵循 3∶1 或者 9∶3∶3∶1 的比率。有很多因素会影响孟德尔遗传比率。那么，简单的孟德尔定律能不能很好地解读复杂的现实世界呢？或者说，孟德尔定律是不是适用于所有的场景呢？后面我们将会逐步看到，并非所有性状的遗传现象都符合孟德尔定律，它是有一定适用范围的，有很多情况会超出孟德尔定律的范畴。从某种意义上说，遗传学就是在不断拓展对孟德尔定律的认识过程中日益发展的。不过，也有一些现象虽然表面上

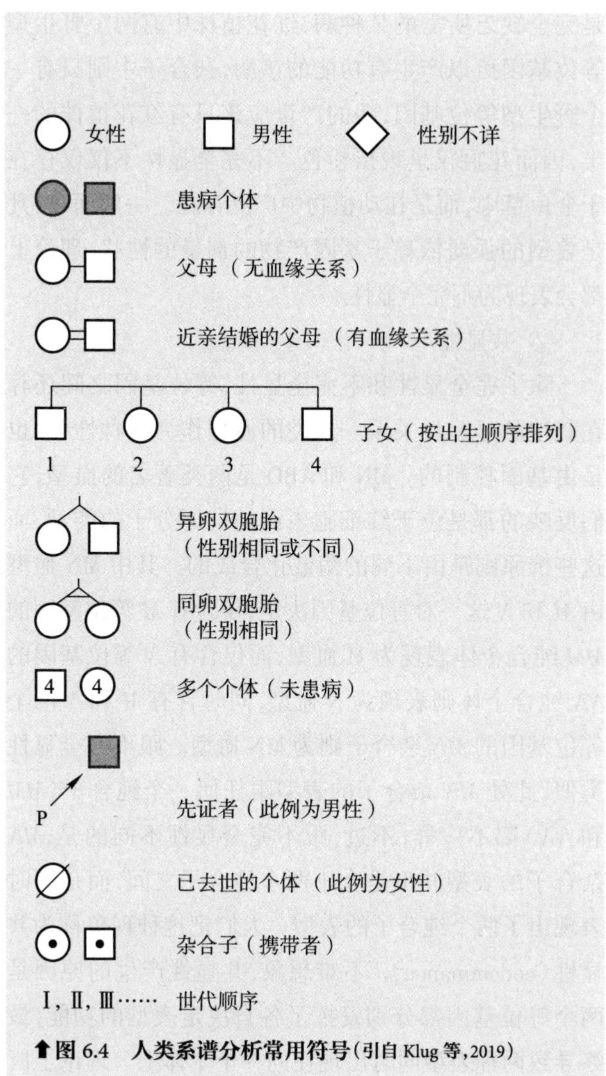

图 6.4 人类系谱分析常用符号（引自 Klug 等，2019）

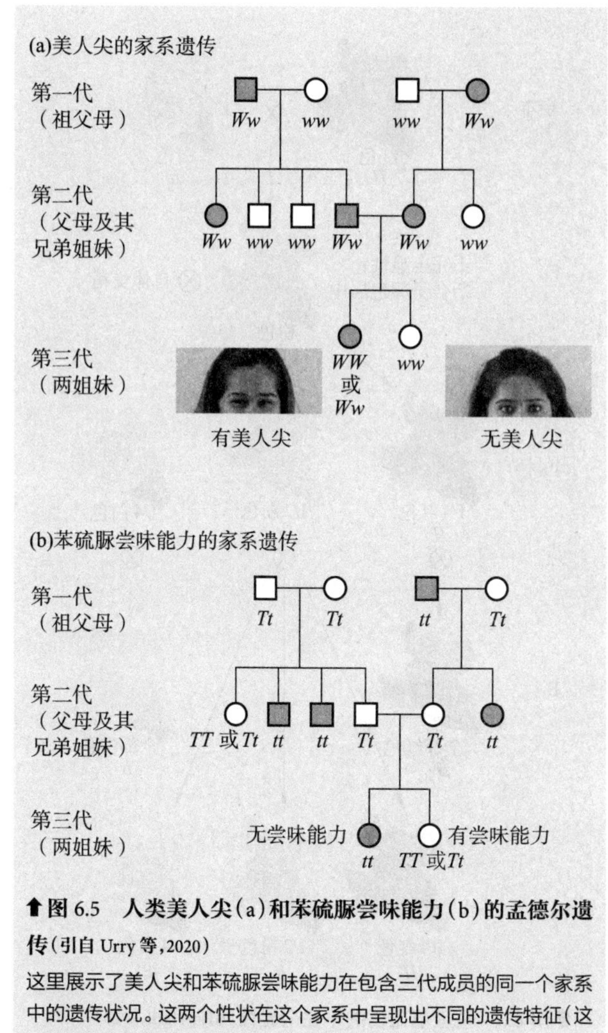

图 6.5 人类美人尖（a）和苯硫脲尝味能力（b）的孟德尔遗传（引自 Urry 等，2020）

这里展示了美人尖和苯硫脲尝味能力在包含三代成员的同一个家系中的遗传状况。这两个性状在这个家系中呈现出不同的遗传特征（这两个性状通常是单基因遗传）。

看上去似乎不符合孟德尔定律，但是本质上却是属于孟德尔式遗传的。我们遵循从简单到复杂的原则，在这一小节和下一小节集中介绍如何用孟德尔定律解读部分复杂性状的遗传规律，然后在随后的章节中讨论在孟德尔定律之外的性状传递规律。

孟德尔定律需要几个先决条件，例如，对于分离定律所描述的单因子的孟德尔式遗传，所需条件是：一个基因决定一个性状；一个基因只有两种等位基因，分别为显性等位基因和隐性等位基因；显性等位基因能够完全掩盖隐性等位基因的表型效应，并且杂合子的表型跟显性纯合子完全相同；所有的等位基因都不会影响个体的生存和繁殖，或者说所有基因型的存活和繁殖能力都相等。对于自由组合定律所描述的多因子的孟德尔式遗传，除了符合上述条件，还默认不同的非等位基因之间在决定性状时相互独立、互不干扰。这显然是理想状态下的性状传递与决定方式，而在现实世界中，大多数性状的形成和呈现都是一个极其复杂的过程，在这个过程中，遗传因子之间、遗传因子与环境之间存在着复杂的相互作用，从而造成性状的世代传递经常会偏离理想的孟德尔比率。那么，有哪些“异常”情况依然能够用孟德尔定律解释，从而使孟德尔定律的内容得到丰富和扩展呢？

（1）等位基因间的相互作用

① 不完全显性

在前面的例子中我们看到，F_1 的表型总是与某一个亲本相同，是不是总是这样呢？在研究金鱼草花冠颜色的遗传时，真实遗传的红花亲本和白花亲本杂交后得到的 F_1 均为粉色花，F_1 自交后得到的 F_2 出现了 22 株红花、52 株粉花和 23 株白花，近似 1∶2∶1 的比率（图 6.6）。F_1 杂合子并没有像孟德尔分离定律所预期的那样表现出某一个亲本（纯合子）的表型，而是跟两个亲本的表型都不一样，介于两个亲本（纯合子）之间。人们把这种现象称为不完全显性（incomplete dominance），而把前面提到的 F_1 杂合子跟其中一个亲

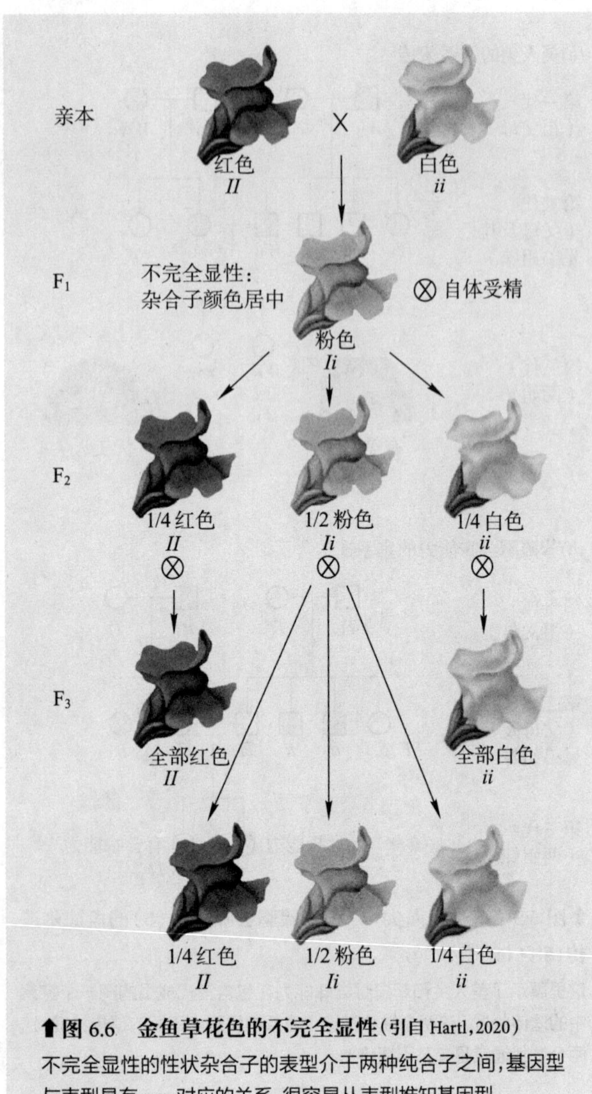

⬆图 6.6 金鱼草花色的不完全显性(引自 Hartl,2020)

不完全显性的性状杂合子的表型介于两种纯合子之间,基因型与表型具有一一对应的关系,很容易从表型推知基因型。

本(纯合子)的表型相同的现象称为完全显性(complete dominance)。F_1 自交的结果进一步证明杂合子的表型跟两种纯合子都不同,3∶1 的孟德尔表型比被修饰为 1∶2∶1,而这恰恰是单因子遗传所预期的 F_2 基因型的分离比;也就是说,基因型的比率并没有偏离孟德尔定律的预期。表型是表象,基因型反映的才是本质。虽然 F_2 的表型比率发生了改变,但是 1∶2∶1 的比率说明,在向后代传递时,等位基因的分离与随机组合在本质上仍然是遵循孟德尔定律的。此例告诉我们,遗传因子在控制性状时,其显性作用可以是不完全的,但是,不完全显性的遗传规律依然符合孟德尔定律,只是会造成表型比率的改变。为什么会出现不完全显性呢?最简单的解释是花冠的颜色由细胞所产生的色素决定,而色素是由一系列的酶促反应合成的,花冠颜色的有无和深浅取决于酶的有无和产量。白花植株应该是完全缺乏所需的某种酶,红花植株中有两个野生型等位基因可以产生有功能的该酶,杂合子中则只有一个野生型等位基因,酶的产量应该只有红花植株的一半,因而花冠仅呈现出粉色。不完全显性不仅仅存在于金鱼草中,而是在动植物中广泛存在。一般而言,凡是表型的强弱依赖于基因产物的剂量的性状,理论上都会表现为不完全显性。

② 共显性

除了完全显性和不完全显性,等位基因之间还存在其他的显隐性关系。人类的血型作为一种性状,也是由基因控制的。MN 和 ABO 是两类著名的血型,它们反映的都是位于红细胞表面的抗原分子的类型,而这些抗原则是由不同的酶催化合成的。其中 MN 血型由 *M* 和 *N* 这一对等位基因决定,仅含有 *M* 等位基因的 *MM* 纯合个体表现为 M 血型,而仅含有 *N* 等位基因的 *NN* 纯合个体则表现为 N 血型,同时含有 *M* 和 *N* 两个等位基因的 *MN* 杂合子则为 MN 血型。跟不完全显性类似,此处 *MN* 杂合子的表型跟任何一个纯合子(*MM* 和 *NN*)都不一样;不过,跟不完全显性不同的是,*MN* 杂合子的表型并不是介于两个纯合子之间,而是同时表现出了两个纯合子的表型。人们把这种现象称为共显性(codominance)。不难想象,共显性产生的原因是两个等位基因都分别发挥了各自决定表型的功能,最终导致两种表型同时出现在同一个个体上。理论上所有的等位基因在分子水平上都应该是共显性的,它们分别位于不同的同源染色体上,各自独立地进行基因的转录、翻译等基因表达活动,互不干涉。只是在决定个体的最终表型时,不同的等位基因的贡献有可能不同,从而造成了完全显性、不完全显性、共显性等现象。跟不完全显性类似,对于呈现共显性的性状,基因型与表型之间具有一一对应的关系,不需测交实验即可直接判断个体的基因型,因而有利于科研和实践应用。

如何理解等位基因之间的显隐性关系变化与孟德尔定律的关系呢?这就涉及孟德尔定律的本质以及基因型和表型之间的关系。孟德尔定律的核心是"独立""平等"的思想,认为遗传因子是颗粒性的,在向后代传递时互不沾染,相互独立,机会平等,并没有显隐性之分。但是,在决定表型时,遗传因子则并不一定是独立、平等的,因此就出现了各种不同的显隐性关系。换句话说,遗传因子在向后代传递时是平等的,但是在控制性状时却不一定是平等的。遗传因子的组成决定了个体的基因型，基因型决定表型，显隐性关系反映的只是遗传因子对表型控制的整体效果。因此，无论是什么样的显隐性关系，遗传因子向后代传递时都会遵循孟德尔定律，F_2 基因型的比率始终没有改变。因此，等位基因之间不同的显隐性相互作用并没有动摇孟德尔定律的根本，遗传因子仍然是独立分离、随机组合的；不同的显隐性只会改变表型的比率，而不会影响基因型的比率。

③ 复等位基因

等位基因之间不仅存在复杂的显隐性关系，而且还存在多于两种等位基因的现象，这样的等位基因群称为复等位基因（multiple alleles）。对于任何一个二倍体生物，每个个体中的每一个基因一般只有两个等位基因，一个父源的和一个母源的。但是，对于一个群体或者整个物种而言，等位基因的类型却往往不止两个。人类的 ABO 血型就是一个例子。人类的 ABO 血型基因座（详见 6.2.4 节）有 3 种等位基因，分别为 I^A、I^B 和 i，可以组合出 6 种基因型：I^AI^A、I^BI^B、I^AI^B、I^Ai、I^Bi 和 ii，对应 4 种血型（表型）：A 型、B 型、AB 型和 O 型。其中 I^A 和 I^B 之间呈共显性，同时它们分别对 i 呈显性。复等位基因现象普遍存在，可以说几乎任何一个基因都有不止两种等位基因。例如，后面将要提到的黑腹果蝇的白眼基因 *white*，自从 1912 年摩尔根团队发现第一只白眼突变以来，目前在该基因座上已报道了 100 多种等位基因，其表型从完全缺失色素的白眼到浅黄色、橙色、深红宝石色等，呈现出一系列深浅不一的丰富变化。又如，人类红细胞中存在大量的血红蛋白，负责携带氧气，并输送给全身各处的组织。该蛋白由 α 珠蛋白和 β 珠蛋白两种多肽链构成，其中 β 珠蛋白由 $Hb\beta$ 基因编码。目前已发现了 400 多种该基因的突变型等位基因，产生多种或轻微或严重的表型，轻微的只是降低血红蛋白的携氧能力，严重的则会导致各种临床症状，例如 β 地中海贫血和镰状细胞贫血（sickle cell anemia）。人们把某个物种或群体中一个基因座出现两种或者两种以上等位基因的现象称为基因多态性（gene polymorphism）。

④ 基因多效性

基因不仅存在复等位现象，每一个基因的功能也不一定是单一的，而是有可能决定多种不同的性状，这种现象称为基因多效性（gene pleiotropy），或称“一因多效”。前述的镰状细胞贫血是由 $Hb\beta^S$ 突变等位基因造成的，该等位基因编码结构异常的 β 珠蛋白，导致纯合个体的红细胞从正常的圆形扭曲成镰刀状，细胞不仅容易破碎，还会堵塞小血管使组织缺氧，从而引起头晕、乏力、贫血等一系列临床症状；另一方面，$Hb\beta^S$ 突变的纯合个体对疟疾却表现出抗性，这是由于疟原虫的侵染会导致镰刀状的红细胞破裂，使疟原虫无法在患者体内繁殖。这就是典型的一因多效现象。值得注意的是，$Hb\beta^S$ 突变等位基因跟其野生型等位基因 $Hb\beta^A$ 之间的显隐性关系对不同的性状是不同的，对于贫血的表型而言，$Hb\beta^S$ 对 $Hb\beta^A$ 是隐性的，因为杂合子表型正常；但是对于疟疾的易感性而言，$Hb\beta^S$ 则对 $Hb\beta^A$ 表现为显性，因为杂合子跟 $Hb\beta^S$ 突变纯合子一样，都对疟疾有抗性，反而是 $Hb\beta^A$ 纯合野生型个体对疟疾易感。可见，同一对等位基因之间的显隐性关系并不是固定的，而是有可能随着性状类型发生改变。因此，在提到显隐性关系时，不仅要明确是针对哪两个等位基因，而且还应该明确是针对什么性状。

从上面的介绍可以看到，孟德尔的遗传因子在向后代传递时是独立、平等的，但是在决定性状时，等位基因之间却存在多种复杂的相互作用。显性可以是不完全的，甚至可以是平等的；等位基因之间在分子层面都是共显性的。所有的基因座都属于复等位基因。每个基因都是“多面手”，可以决定多个性状；在决定不同性状时等位基因之间的显隐性关系可变。此外，不同的基因对个体生存能力的影响有可能存在差异，基因突变有可能具有致死效应。

（2）非等位基因间的相互作用

孟德尔定律在表述多因子的遗传规律时，假设不同的遗传因子各自独立决定不同的性状。不过，这只是一个理想化的或者高度简化的状态，实际上任何性状的产生都是一个十分复杂的过程（详见 9.2 节）。虽然我们在研究某个性状时往往只关注一个或两个基因。但是，每一个基因都不是在孤立地起作用，而是需要跟其他相关的非等位基因相互配合，共同促成某种表型的形成；每个性状都是多个基因共同作用的结果。同时，前面我们看到，一个基因又可以控制多个性状。因此，基因和性状之间并不是简单的一一对应关系，而是相互交叉，呈现复杂的网络关系，既有“一因多效”的现象，也有“多因一效”的现象。例如，对于呈现某种颜色的表型，本质上是由于细胞中形成了某种相应的色素，而色素的形成往往需要从某个无色或有色的底物开始，经由多个不同的酶依次催化合成一系列无色或有色的中间产物，才能产生最终的色素产物。后面我们会看到，这一系列的酶都是由不同的非等位基因编码产生的。只有编码这些酶的基因都带有至少一个野生型等位基因时，才能保证整个色素合成的通路发挥正常功能，从而产生野生型的颜色；不难想象，一旦其中的任何一个基因发生突变，就只能编码出功能有缺陷的酶，或者没有任何酶产生，都会导致无法合成最终的色素，从而呈现突变的表型（无色、白色或者某种中间产物的颜色）。因此，这种颜色的产生是由于编码色素生成的一系列酶的多个非等位基因共同作用的结果。那么，当两个基因共同决定同一个性状时，会对我们所熟悉的9∶3∶3∶1的表型比率产生什么影响呢？在这一小节，我们以上位效应（epistasis/epistatic effect）为例简单介绍非等位基因之间在功能上的互作造成的孟德尔定律的扩展与孟德尔比率的修饰。

在两对非等位基因共同控制同一个性状时，其中的一对非等位基因的表型效应有可能受到另一对非等位基因的影响。例如，拉布拉多猎犬的毛色同时受到基因 *B/b* 和 *E/e* 的控制。在有显性等位基因 *E* 存在时，显性等位基因 *B* 决定黑色，隐性纯合的 *bb* 决定棕色；但是，当 *E/e* 基因座的基因型为隐性纯合的 *ee* 时，则无论 *B/b* 基因座是何种基因型，该猎犬的毛色均呈现为黄色。显然，*ee* 基因型掩盖了 *B/b* 基因座对毛色的决定作用。人们把这种一个基因座掩盖另一个基因座的表型效应的现象称为上位效应。其中起掩盖作用的基因称为上位基因（epistatic gene），表型效应被掩盖的基因称为下位基因（hypostatic gene）。此例中只有隐性纯合的 *ee* 才会掩盖 *B/b* 基因座的表型效应，而显性等位基因 *E* 则并不影响 *B/b* 基因座的功能，因此，这种上位效应称为隐性上位（recessive epistasis）。*BBEE* 和 *bbee* 杂交后得到黑色的双杂合子 *BbEe*（F_1），内交（incross，指具有一定亲缘关系的个体间的杂交，在此特指同胞之间的杂交）得到 F_2；由于 *ee* 的隐性上位效应，F_2 仅产生了3种表型，9∶3∶3∶1的表型比率被修饰为9∶3∶4（图6.7）。但是，此时基因型的比率并没有受到影响，仍然按照孟德尔定律向后代传递。有时一个等位基因在杂合状态下即可掩盖另一个非等位基因的表型效应，这种现象称为显性上位（dominant epistasis），此时表型比率会出现新的变化，读者可自行推导。同样，显性上位也只会改变表型比率，而不会影响基因型比率。

由此可见，在上位效应中，无论表型如何改变，决定性状的基因在世代之间的传递规律依然是符合孟德尔遗传定律的。这种9∶3∶4的“异常”表型比率非但没有否定孟德尔定律，反而更加凸显了孟德尔关于性状“颗粒式”遗传的核心思想。除了上位效应，还存在其他类型的非等位基因之间的功能互作，因篇幅所限，在此不作介绍。

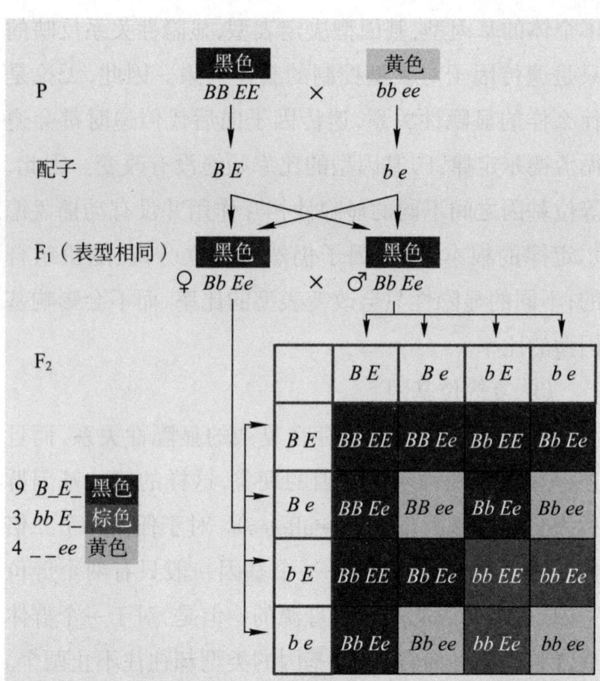

图6.7　拉布拉多猎犬毛色遗传的隐性上位效应（引自Hartwell等，2011）

黄色的拉布拉多猎犬为 *ee* 纯合子，该基因型能够掩盖 *B/b* 基因座的表型效应；只有在 *E_* 基因型中，*B/b* 基因座才能显示出自己的表型效应，*B_ E_* 为黑色，*b_ E_* 呈棕色。因此，隐性上位效应将9∶3∶3∶1的表型比修饰为9∶3∶4。

6.1.5　数量性状的孟德尔式遗传

虽然由于等位基因之间或者非等位基因之间的相互作用，造成孟德尔表型比率出现了各种被修饰的情况，但是，迄今为止我们分析的表型都具有鲜明的特征，同一组性状内不同的表型之间差异明显，并且只有少数几种类型，很容易区分，例如黄对绿、圆粒对皱粒、红/粉/白等。不过，在实际生活中，对照鲜明、呈现两极分化的性状并不常见，有很多性状呈现为连续分布，似乎并不符合颗粒式遗传的规律，而更像是混合式遗传的结果。例如，身高、肤色等性状在人群中呈现出的是连续分布的状态，而并非只有非高即矮，或者非黑即白两种差异明显的表型，这些似乎并不属于由两个等位基因控制的经典孟德尔性状。我们把这种呈现连续或梯度分布的性状称为数量性状（quantitative trait/quantitative character），相应地，把前述的那种差异明显、可以分成两种或少数几种不同类型的非连续分布的性状称为质量性状（qualitative trait/qualitative character）。那么，孟德尔遗传法则适用于数量性状的遗传吗？如何用颗粒式遗传的孟德尔遗传法则解释数量性状的遗传呢？

最简单的解释是数量性状不是由单一的基因决定的，而是受多基因控制的，属于多基因遗传（polygenic inheritance），又称数量遗传（quantitative inheritance），多个基因对表型的贡献有加和的作用。因此，数量性状又称为多基因性状（polygenic trait/polygenic character）。假设有 A、B、C 等多个非等位基因共同控制同一个数量性状，每个基因里分别有野生型（A^1、B^1、C^1）和突变型（A^0、B^0、C^0）两种等位基因，每种野生型等位基因对该性状的贡献在数值上都相等，并且可以叠加，而突变型等位基因则对该性状没有贡献，则每个个体量化的表型值就取决于其所拥有的野生型等位基因的数量之和。例如，假设每个野生型等位基因对表型的贡献为“1”，并且所有的“1”都可以简单相加，那么：单杂合子（例如 A^1A^0）的杂交后代就会有 3 种表型，分别为“0”“1”“2”，并且按 1∶2∶1 的比率分布（图 6.8a）；双杂合子（例如 $A^1A^0B^1B^0$）杂交则可产生从“0”到“4”的 5 种表型，按照 1∶4∶6∶4∶1 的比率分布（图 6.8b）；三杂合子（例如 $A^1A^0B^1B^0C^1C^0$）杂交后代则会出现从“0”到“6”的 7 种表型，按照 1∶6∶15∶20∶15∶6∶1 的比率分布（图 6.8c）；依此类推，假设 A、B 两个基因属于复等位基因，每个基因有 3 种等位基因（A^2、A^1、A^0 和 B^2、B^1、B^0），每个等位基因上的数值表示该等位基因对某种表型的量化贡献，则这两个基因可组合出 9 种基因型的配子、36 种基因型的个体，以及从“0”到“8”的 9 种个体表型；如果 9 种基因型的配子在群体中出现的频率相等且随机组合，则后代个体的 9 种表型就会出现 1∶4∶10∶16∶19∶16∶10∶4∶1 的比率分布（图 6.8d）。可以看出，基因数越多，或者等位基因类型越多，表型类型就越多，表型分布的范围也越广、表型的中间值也越多，同时导致相邻表型之间的差异逐渐减少，表型分布的连续性越来越明显。通过这种简单的表型决定机制，“数字化”、不连续的等位基因，通过不同的组合，就转化为数量化、连续的表型分布。由此可见，孟德尔定律可以很好地解释数量性状的遗传规律。不难想象，如果每一对基因对表型的贡献不同的话，情况就会更为复

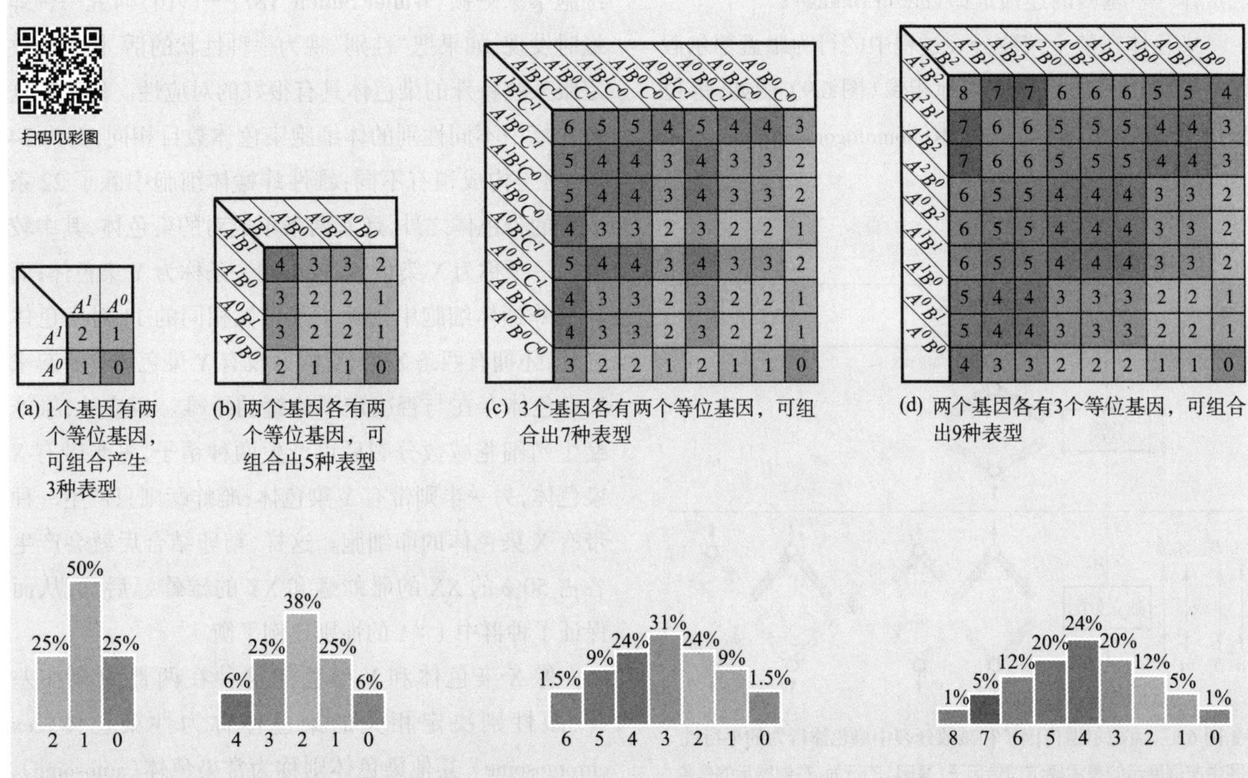

(a) 1个基因有两个等位基因，可组合产生3种表型　(b) 两个基因各有两个等位基因，可组合出5种表型　(c) 3个基因各有两个等位基因，可组合出7种表型　(d) 两个基因各有3个等位基因，可组合出9种表型

图 6.8　不同数量的数量性状基因对表型分布的影响（引自 Goldberg 等，2021）

基因或者等位基因数量越多，表型类型就会越多，表型也就越接近连续分布。此例假设不完全显性的等位基因的表型效应具有加和的效果。下排柱状图上的百分比表示相应的表型在群体中出现的频率。

杂，在此不赘述。

6.2 遗传的染色体学说与遗传第三定律

6.2.1 伴性遗传与遗传的染色体学说

1900年，孟德尔的成果重见天日之后，人们在震惊与赞叹之余，纷纷猜测这个神秘、抽象的遗传因子到底是以什么方式存在于生物体中的。此时，细胞学发挥了关键作用。细胞学比遗传学早发展200多年，它的产生得益于显微镜的发明和显微染色技术的发展。借助于显微镜、组织切片技术和性质各异的染料，人们看到了精彩的微观生命世界，例如在生殖方面，观察到了精子与卵子的结构、精卵结合的受精过程；人们还认识到细胞是生命的基本单位，观察到了细胞的精细结构与生命活动，包括细胞核中能被碱性染料着色的棒状小体结构"染色体"，以及它们在细胞分裂过程中分分合合的动态变化，甚至还区分出了有丝分裂和减数分裂，只是人们并不知道这些结构和动态变化有什么生物学意义。直到遗传学出场，才赋予了这些结构与现象以生命力。细胞学跟遗传学结合，将遗传学推进到细胞遗传学时代，催生了遗传的染色体学说和遗传第三定律——基因的连锁定律（law of linkage）。

染色体在整个减数分裂过程中的行为跟孟德尔假设的遗传因子的性质惊人地相像（图6.9），例如：等位基因成对存在，同源染色体（homologous chromosome）也成对存在；两者都在配子形成过程中相互分离，以平等的机会进入不同的配子；非等位基因之间独立分配、自由组合，非同源染色体（nonhomologous chromosome）之间也是如此；等等（详见5.2节）。1902年，孟德尔定律被重新发现仅仅两年之后，就有学者敏锐地意识到染色体和遗传因子的神奇联系，并相继提出细胞核的染色体很可能就是遗传因子的载体，形成了遗传的染色体学说（chromosome theory of inheritance）的雏形。但是，直到1909年，美国实验胚胎学家摩尔根（Thomas H. Morgan，1866—1945）和他的团队通过详细研究黑腹果蝇（*Drosophila melanogaster*）的遗传与变异，巧妙地抓住偶然得到的一只白眼（突变）雄果蝇，发现了白眼基因的伴性遗传（又称性连锁遗传，sex-linked inheritance）现象，才逐渐真正通过实验证实了这个学说，并据此引申出遗传第三定律。

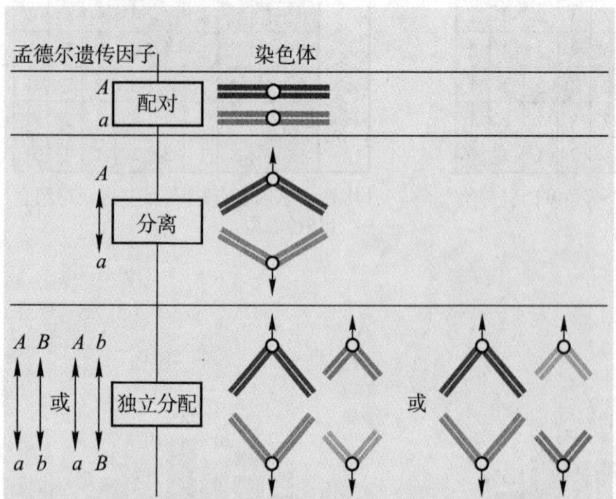

图6.9 孟德尔遗传因子和减数分裂中染色体行为的平行性
图中左侧展示的是孟德尔遗传因子（基因）的行为，右侧展示的是染色体的行为。在减数分裂中，同源染色体联会与*A*、*a*等位基因配对相对应，同源染色体分离与*A*、*a*等位基因分离相对应，同源染色体独立分配、自由组合与*A*、*a*等位基因的独立分配、自由组合相对应。

根据孟德尔定律，遗传因子至少拥有两方面的重要功能，一个是能够稳定地向后代传递，另一个是能够决定生物体的性状，两者缺一不可。减数分裂中染色体的行为能够完美地实现遗传因子稳定传递的功能，但是尚无法证明染色体跟性状决定的关系。那么，能不能找到跟染色体相对应的"性状"呢？1902年，美国细胞学家萨顿（Walter Sutton，1877—1916）研究一种蚱蜢时发现，如果把"性别"视为一种性状的话，性别的决定跟某些特殊的染色体具有很好的对应性。他发现这种蚱蜢中不同性别的体细胞染色体数目相同，都为24条，但是构成稍有不同：雄性蚱蜢体细胞中除了22条成对的染色体之外，还有两条不成对的染色体，其中较大的一条称为X染色体，较小的一条称为Y染色体；而雌性蚱蜢体细胞中则除了跟雄性相同的11对染色体之外，还拥有两条X染色体，并没有Y染色体。看起来Y染色体存在与否决定了蚱蜢的雌雄。相应地，雄蚱蜢生殖细胞减数分裂后可产生两种精子，一半带有X染色体，另一半则带有Y染色体；雌蚱蜢则只产生一种带有X染色体的卵细胞。这样，精卵结合后就会产生各占50%的XX的雌蚱蜢和XY的雄蚱蜢后代，从而保证了种群中1∶1的性别比例平衡。

像X染色体和Y染色体这种在两性中存在差异、跟性别决定相关的染色体称为性染色体（sex chromosome），其他染色体则称为常染色体（autosome）。我们现在知道，性染色体普遍存在于有性生殖的生物中，并且跟性别决定密切相关。其中一个性别拥有两条相同的性染色体，这种性别称为同配性别（homogametic sex),例如前面提到的那种雌蚱蜢;而另一种性别则会拥有两条不同的性染色体,这种性别称为异配性别(heterogametic sex),例如前面提到的那种雄蚱蜢。除了这种蚱蜢以外,还有很多物种也采用XX/XY型的性别决定方式,即雌性为同配性别、雄性为异配性别,例如包括人类在内的哺乳动物、果蝇、多数雌雄异株的植物等。但是,也有相反的情况,即雌性为异配性别、雄性为同配性别,这种性别决定方式通常写作ZZ/ZW类型,以便跟XX/XY的类型相区别。采用ZZ/ZW型性别决定方式的物种包括鸟类、某些鱼类和爬行类、一些昆虫等。

虽然性别和性染色体很好地将性状跟染色体对应了起来,但是仅仅一个例子显然不足以证明遗传的染色体学说。有没有更多的性状能关联到染色体上呢?白眼突变果蝇伴性遗传的发现很好地回答了这个问题。摩尔根团队用他们筛选到的唯一的那只白眼雄果蝇跟红眼的野生型雌果蝇杂交,结果发现F_1均为红眼(图6.10,杂交A),这说明白眼相对于红眼是隐性性状。F_1内交得到的F_2中有2 459只红眼雌蝇、1 011只红眼雄蝇和782只白眼雄蝇(图6.10,杂交A)。这个结果有点儿意外,虽然白眼果蝇占比约为1/4,跟孟德尔单因子杂交的预期结果相符;但是所有的白眼果蝇都是雄性,这显然跟孟德尔定律的预期有明显偏离。难道白眼只跟雄性性别有关?不过,当用某些F_1红眼雌蝇跟最初的白眼亲本回交(backcross,指子代与亲本的杂交)后,则得到了4种后代,既有红眼雌蝇、白眼雄蝇,也有红眼雄蝇、白眼雌蝇,并且4种果蝇的数量相近,各占1/4,这个结果又跟孟德尔定律的预期相符了。有趣的是,将其中的白眼雌蝇跟野生型红眼雄蝇杂交后,得到的后代中雌蝇均为红眼,雄蝇则都是白眼,出现

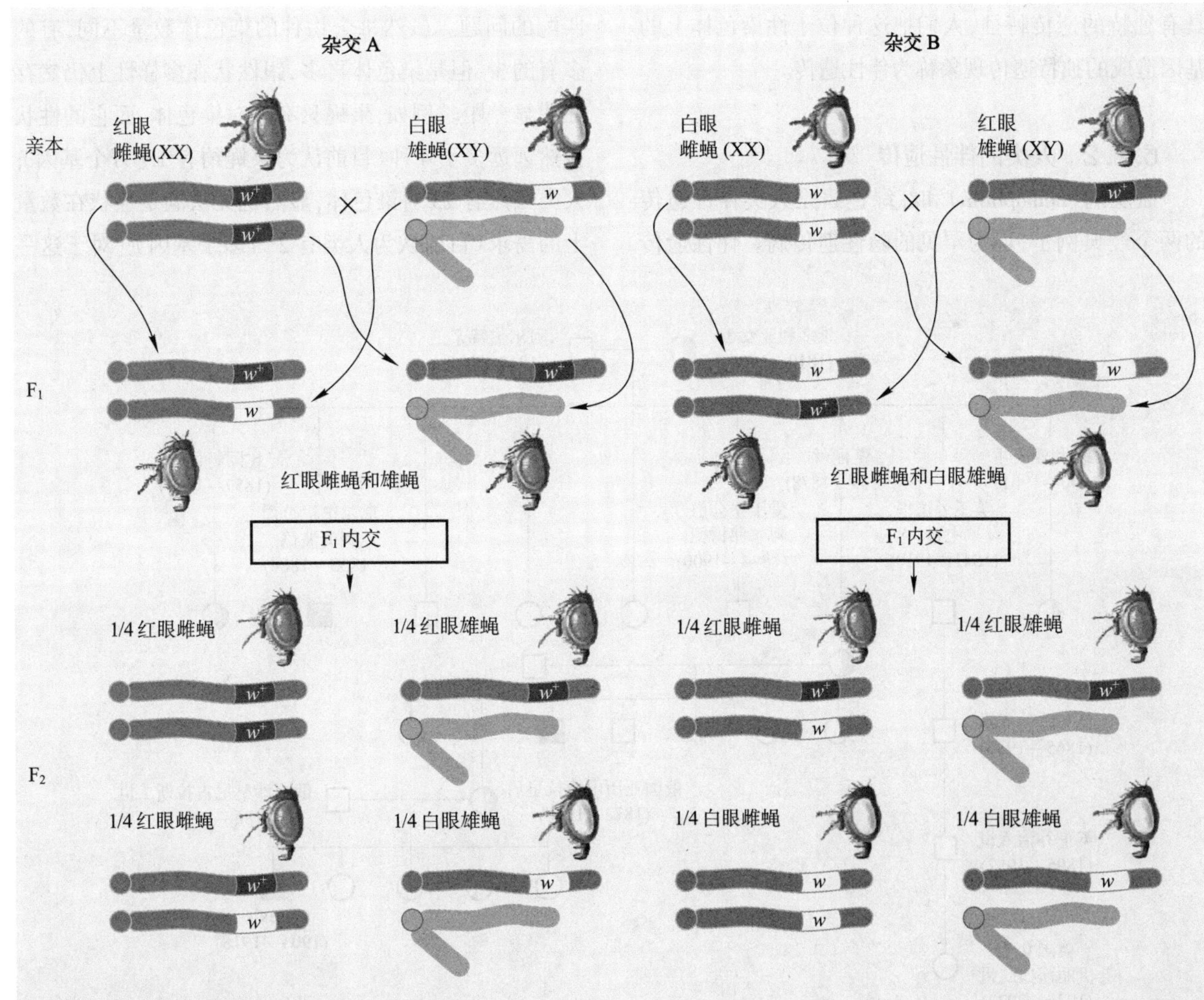

图6.10 白眼突变果蝇杂交结果与解释(引自Hartl,2020)

杂交A为野生型(红眼)雌蝇与白眼(突变)雄蝇的杂交结果,杂交B为白眼雌蝇与野生型雄蝇的杂交结果。X染色体上野生型等位基因用w^+表示,突变型等位基因用w表示。Y染色体上没有红/白眼基因。

了“交叉遗传”(criss-cross inheritance)的现象，即雄性子代像母本，雌性子代像父本(图 6.10,杂交 B)。这个杂交实际上相当于第一个杂交(图 6.10,杂交 A)的反交方式，只是将雌雄亲本的表型互换了一下，却得到了不同的杂交结果，这又是孟德尔定律无法解释的现象。这究竟是怎么回事呢?

摩尔根推测，这样的结果很可能是由于白眼等位基因位于 X 染色体上、而 Y 染色体上缺失相应的控制眼色的等位基因造成的，这样就能很好地解释上面所有的杂交结果。雄蝇只需要得到一个白眼等位基因就会表现为白眼表型，而雌蝇只有两个等位基因都为白眼等位基因时才会出现白眼表型，这样就会造成正反交结果不同和交叉遗传的现象。摩尔根团队的工作将红眼 / 白眼基因跟 X 染色体紧密关联在一起，为遗传的染色体学说提供了重要的新证据。此外，这项工作还告诉我们，位于性染色体上的基因在向后代传递时具有独特的遗传特征，人们把这种位于性染色体上的基因造成的独特遗传现象称为伴性遗传。

6.2.2　人类的伴性遗传

血友病(hemophilia)和红绿色盲是人类伴性遗传的两个经典例子，均为罕见的隐性遗传病。伴性遗传的血友病是由于位于 X 染色体上编码凝血因子Ⅷ的基因突变造成的，患者凝血能力很弱，受伤出血后自身往往无法有效地止血，有时甚至会危及生命。血友病最著名的一个案例来自英国维多利亚女王家族，该突变型等位基因随着欧洲王室之间的联姻扩散到了俄国和西班牙(图 6.11)。不过，目前的英国王室是由维多利亚女王未患病的儿子一脉传下来的，因此已经摆脱了这一疾病。从这一系谱可以看出罕见的 X 连锁隐性遗传病的一些显著特征：一般只有男性发病，女性不发病；但是一些女性会是致病基因的携带者(carrier)，她的儿子中会有一半发病。

6.2.3　连锁交换与遗传第三定律

将遗传因子定位在染色体上，很好地确定了遗传因子向后代传递的物质基础，但是同时也引出了一个显而易见的矛盾，那就是染色体的数目跟性状种类不匹配的问题。虽然每个物种的染色体数量不同，有的多有的少，但是染色体再多，跟性状在多样性上仍然存在明显差距。例如，果蝇只有 4 对染色体，而它的性状显然远远多于 4 种(目前认为果蝇约有 1.7 万个基因)；人类虽然有 23 对染色体，显然也无法满足性状在数量上的需求(目前认为人类有 2 万多个基因)。对于这一

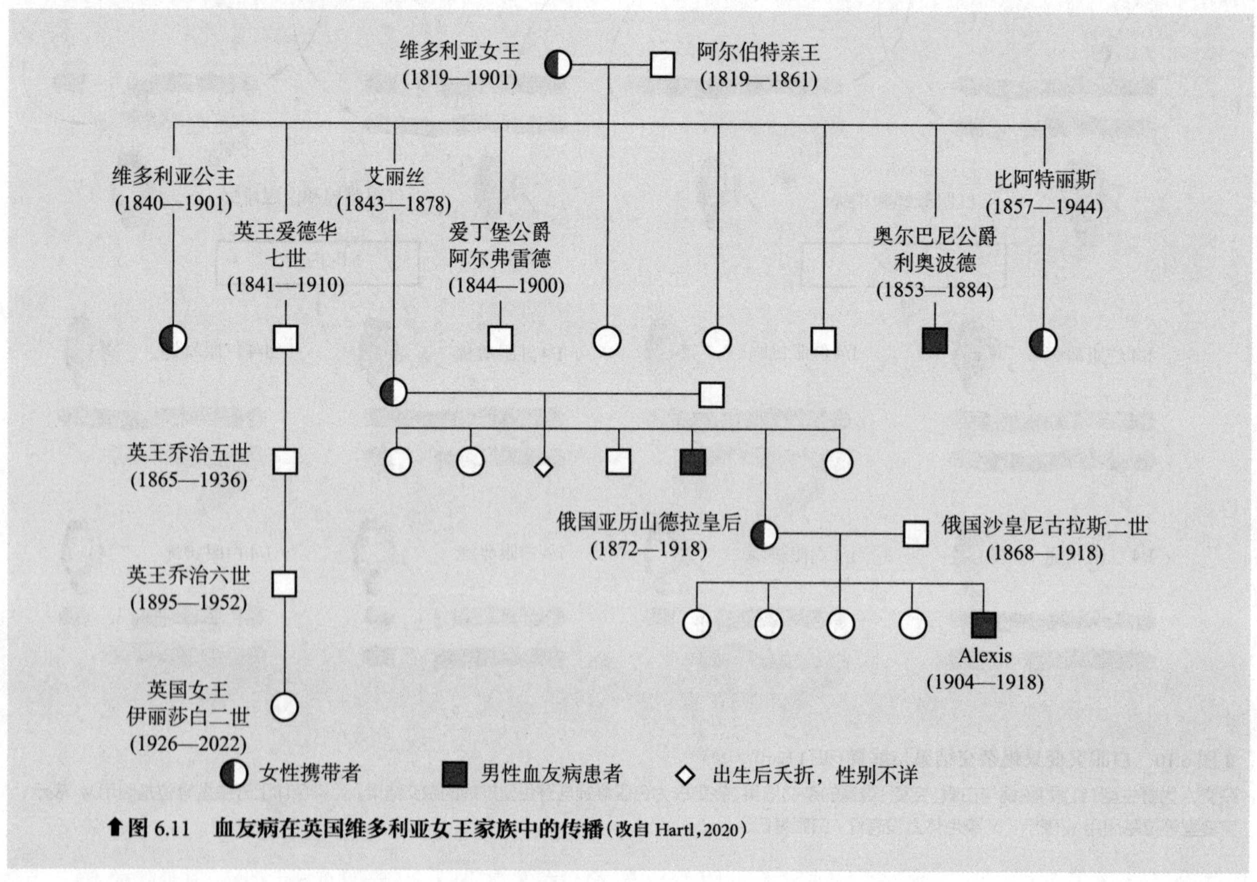

⬆图 6.11　血友病在英国维多利亚女王家族中的传播(改自 Hartl,2020)

问题，最简单的解释就是一条染色体对应多个不同的性状，或者说，一条染色体上包含了多个不同的遗传因子/非等位基因。如果是这样的话，就会马上出现一个新的问题，那就是位于同一条染色体上的不同的遗传因子之间能自由组合吗？减数分裂的机制告诉我们，配子在发生过程中是以染色体为单位发生分离和自由组合的——同源染色体分离，非同源染色体自由组合。位于非同源染色体上的非等位基因之间可以随着染色体被动地完成自由组合，那么，如果一条染色体上容纳了多个非等位基因，这些非等位基因之间的自由组合会受到影响吗？或者说，位于同一条染色体上的非等位基因是如何向后代传递的呢？

为了回答这个问题，摩尔根团队选取了黑体（*black body*）和残翅（*vestigial wing*）这两个位于 2 号染色体上的基因进行杂交实验检验自由组合的情况。野生型果蝇的身体是灰色的，由显性等位基因 *B* 控制，隐性等位基因 *b* 决定黑体；野生型翅膀为长翅，由显性等位基因 *V* 控制，隐性等位基因 *v* 决定残翅。将显性纯合的 *BBVV* 果蝇跟隐性纯合的 *bbvv* 果蝇杂交，F_1 均为灰体长翅，跟 *BBVV* 亲本的表型相同，但是其基因型为 *BbVv* 的双杂合子（图 6.12a）。用隐性纯合的 *bbvv* 雄果蝇对 F_1 雌果蝇进行测交，如果体色和翅形这两对非等位基因之间能够自由组合，则预期会产生两对性状自由组合而来的有 4 种表型的后代，分别为灰体长翅、灰体残翅、黑体长翅、黑体残翅，并且比率应接近 1∶1∶1∶1，或者说每种表型各占 25%；如果把这 4 种表型归纳为亲本型（灰体长翅 + 黑体残翅）和重组型（灰体残翅 + 黑体长翅）两类的话，则亲本型和重组型应该各占 50%。然而，从实际实验结果来看，虽然确实出现了 4 种预期的表型，但是它们的比率却跟预期相差较大，出现了明显的偏差，其中两种亲本型的果蝇大大多于重组型（图 6.12a），约占后代总数的 83%，而重组型后代仅占

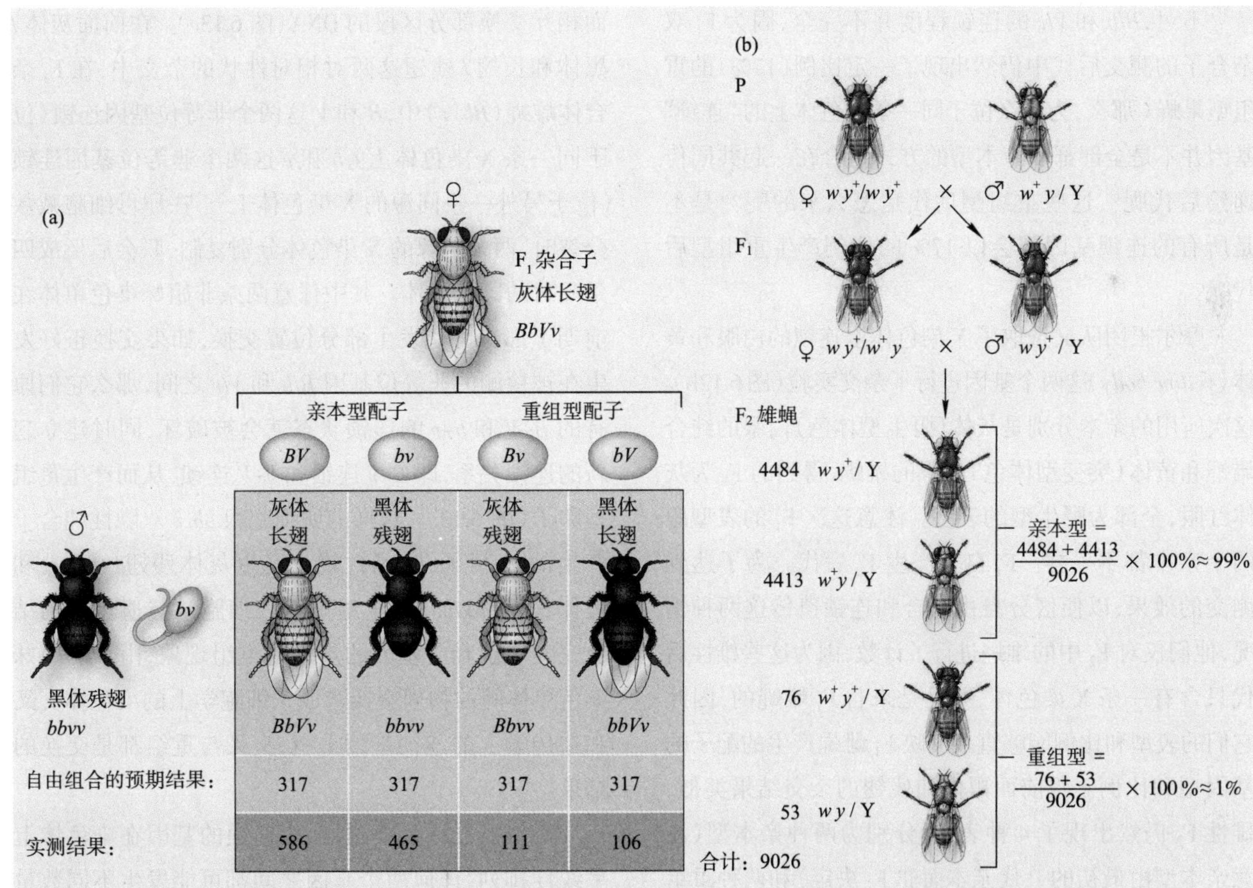

图 6.12 果蝇黑体和残翅基因的杂交结果以及白眼和黄体基因的杂交结果（引自 Solomon 等，2019；Goldberg 等，2021）

（a）灰/黑体基因和长/残翅基因位于果蝇 2 号染色体上。基因型分别为 *BBVV*（灰体长翅）和 *bbvv*（黑体残翅）的果蝇杂交得到基因型为 *BbVv*（灰体长翅）的 F_1，F_1 雌蝇与 *bbvv* 双隐性纯合雄果蝇测交，后代中亲本型（*BbVv* 和 *bbvv*）多于重组型（*Bbvv* 灰体残翅和 *bbVv* 黑体长翅）。（b）灰/黄体基因和红/白眼基因位于果蝇 X 染色体上。基因型为 wy^+/wy^+ 的灰体白眼雌蝇与基因型为 w^+y/Y 的黄体红眼雄蝇杂交得到 wy^+/w^+y 的灰体红眼 F_1 雌蝇和 wy^+/Y 的灰体白眼 F_1 雄蝇，F_1 内交得到的 F_2 雄蝇中亲本型（wy^+/Y 灰体白眼和 w^+y/Y 黄体红眼）占 99%，远远多于重组型（w^+y^+/Y 灰体红眼和 wy/Y 黄体白眼）。

17%，明显小于预期的 50% 的比例。这个结果告诉我们，位于同一条染色体上的基因似乎并不是完全自由的，它们更倾向于集体行动，在减数分裂中共同进入同一个配子，从而产生更多的亲本型后代。虽然这种现象跟孟德尔的遗传因子自由组合定律有冲突，但是无疑更符合遗传因子位于染色体上的论断。人们把这种两个或两个以上的非等位基因更倾向于以跟亲本相同的组合方式传递到下一代的现象称为连锁（linkage），这样的基因互称连锁基因（linked gene），例如前面的 *B*/*b* 和 *V*/*v* 就是两个连锁的非等位基因。出现连锁现象的原因是由于多个基因位于同一条染色体上。因此，人们把位于同一条染色体上的所有基因构成的基因群体称为一个连锁群（linkage group，LG）；连锁群实际上可视为染色体的同义词，反映了染色体作为遗传物质载体的生物学本质属性。生物信息分析中常用的基因组数据库网站，有很多都是采用 LG 作为染色体的标记符号，例如 Ensembl、NCBI 和 UCSC 等。

不过，*B*/*b* 和 *V*/*v* 的连锁程度并不完全，因为 F_1 双杂合子的测交后代中仍然出现了一定比例（17%）的重组型果蝇。那么，为什么位于同一条染色体上的“连锁”基因并不是全部都以亲本型的方式组合在一起共同传递给后代呢？这些重组型后代是怎么来的呢？是不是所有的连锁基因都会以 17% 的比例产生重组型后代呢？

摩尔根团队又选取了 X 染色体上连锁的白眼和黄体（*yellow body*）这两个基因进行了杂交实验（图 6.12b）。这次所用的亲本分别是灰体（野生型体色）白眼的纯合雌蝇和黄体（突变型体色）红眼的雄蝇，得到的 F_1 为灰体红眼，全部为野生型的表型。注意这次 F_1 的表型跟两个亲本都不一样。F_1 自交产生 F_2 后代。为了达到测交的效果，以便区分自由组合和连锁遗传这两种情况，他们仅对 F_2 中的雄蝇进行了计数，因为这些雄性后代只含有一条 X 染色体，并且是来自 F_1 雌蝇的，因此它们的表型和比例能够直接反映 F_1 雌蝇产生的配子的基因型和比例。跟前面黑体和残翅的杂交结果类似，雄性 F_2 仍然出现了 4 种表型，分别为两种亲本型（注意亲本型由最初的 P 代亲本而非 F_1 决定）和两种重组型；不过，重组型所占的比例远远小于前面的例子，在此例中只有 1%。这说明不同的连锁基因组合，它们产生重组型后代的频率是不同的；相应地，重组型后代出现的频率也应该能够在一定程度上反映两个基因之间连锁的程度。为了量化非等位基因之间的这种连锁关系，人们把测交后代中重组型的个体数占全部后代总数的百分比称为重组率（recombination frequency，RF），又称重组频率或重组值（recombination value）。实际上，重组率在本质上反映的是减数分裂中非等位基因之间发生交换（crossing over/crossover）的配子的百分比，或者说减数分裂后重组型配子所占的比例。

使连锁的基因间发生重组的原因是什么？为什么不同的基因之间重组的频率不同呢？这就又需要回到遗传的物质 / 细胞基础来回答这些问题。在此之前，Frans A. Janssens 等细胞学家就注意到，在第一次减数分裂前期，联会的同源染色体之间会形成交叉（chiasma）（详见 5.2 节），在显微镜下清晰可见，但是并不清楚这个现象有什么生物学意义。摩尔根将这个现象跟果蝇的连锁与重组现象联系起来，认为细胞学的交叉显示的应该就是等位基因之间发生位置互换、造成非等位基因之间产生重组的部位（图 6.13）。两条同源的非姐妹染色单体在某个位置发生断裂和重接，从而相互交换部分区段的 DNA（图 6.13c）。在前面灰体 / 黑体和长翅 / 残翅这两对相对性状的杂交中，在 F_1 杂合体雌蝇（*BbVv*）中，*B* 和 *V* 这两个非等位基因连锁（位于同一条 X 染色体上），*b* 和 *v* 这两个非等位基因连锁（位于另外一条同源的 X 染色体上）。在卵母细胞减数分裂时，两条同源的 X 染色体分别复制，联会后形成四条配对的染色单体。其中任意两条非姐妹染色单体在前期 Ⅰ 都有可能发生部分位置交换，如果交换正好发生在被检测的非等位基因 *B*/*b* 和 *V*/*v* 之间，那么它们原有的 *B*–*V* 和 *b*–*v* 的连锁状态就会被破坏，同时建立起新的连锁关系，即 *B*–*v* 连锁和 *b*–*V* 连锁，从而产生重组型卵子（图 6.13）。这样的卵细胞跟 *bbvv* 双隐性纯合子产生的 *bv* 精子结合后，就会产生灰体残翅（*Bv*/*bv*）和黑体长翅（*bV*/*bv*）的重组型 F_2。细胞学与遗传学的结合完美地解释了基因的连锁与重组现象，由于非姐妹染色单体间的物理交换造成了细胞学上的染色体交叉和遗传学上的连锁基因重组，交叉与重组都是交换的结果。

摩尔根进一步推测，互相连锁的基因在染色体上呈线性排列，任何两个基因之间都可能发生不同数量的交换（交换随机发生）；两个基因在物理位置上越靠近，它们之间发生交换、形成交叉、出现重组的可能性越小。这意味着在同一条染色体上的两个基因越靠近，它们的连锁就越紧密，而相距较远的基因则更容易发生交换。因此，不同的基因之间的重组频率不同。一

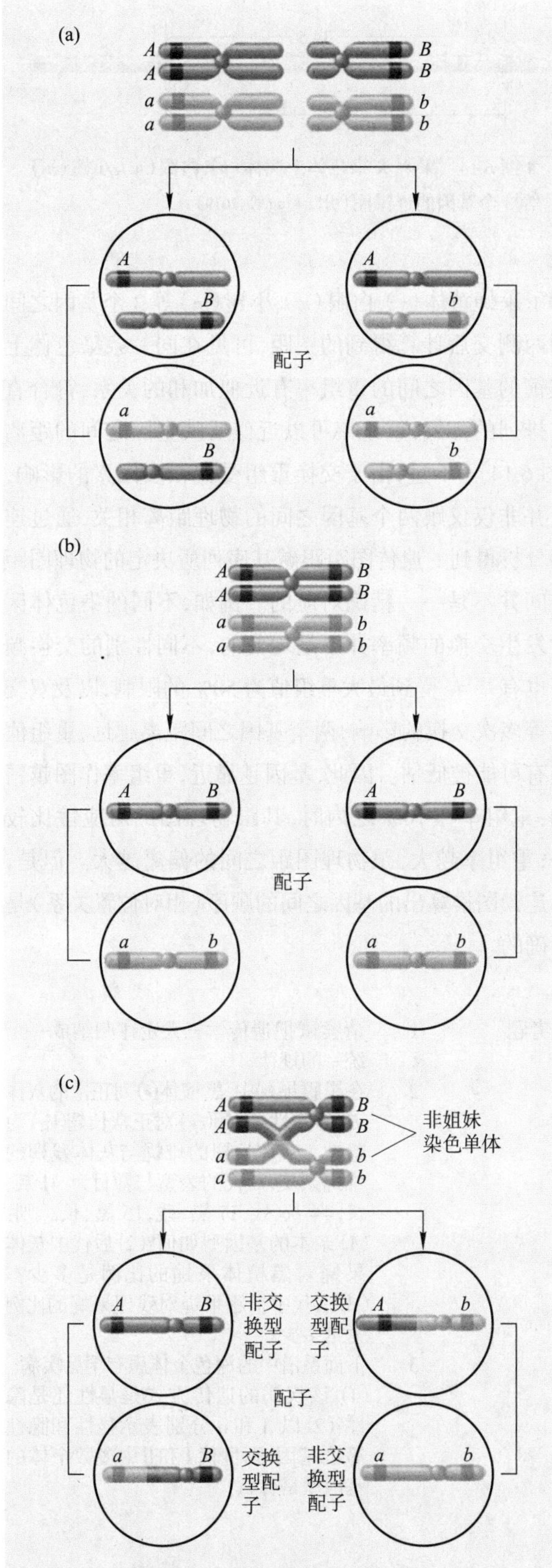

⬆图 6.13　自由组合与连锁交换的比较（引自 Klug 等，2019）

图示 *AaBb* 双杂合子减数分裂后形成的配子类型。(a) 自由组合：两个基因分别位于两条非同源染色体上（非连锁基因）。(b) 连锁：两个基因位于同一条染色体上（连锁基因），但是在减数分裂过程中未发生交换。(c) 连锁：两个基因位于同一条染色体上（连锁基因），在减数分裂过程中两条非姐妹染色单体之间发生一次交换（单交换）。

般而言，两个连锁基因之间发生交换的频率有限，因此重组型后代往往少于亲本型；而且，由于每个交换仅涉及四条染色单体中的两条，因此重组率理论上最高不会超过 50%。值得注意的是，位于不同染色体（非同源染色体）上的基因属于不连锁的基因，它们之间不存在交换的问题，但是由于它们之间可以通过自由组合产生重组型后代，因此同样可以计算两者的重组率；由于自由组合产生的亲本型和重组型后代各占一半，因此位于两条非同源染色体上的任意两个基因之间的重组率理论上都是 50%，这同时也是重组率的最大值。但是，当两个连锁的基因相距足够远或者超出某个距离后，它们之间的重组率也会达到 50%。因此，50% 的重组率只能说明这两个基因在遗传上是不连锁的，但是并不能排除它们位于同一条染色体上，或者说，并不能断定它们位于不同的染色体上。

除了两个基因之间的物理距离之外，还有很多其他因素会对重组频率产生影响，例如碱基序列的复杂程度、染色质的结构（开放 / 凝聚状态）等。连锁与交换现象显然超出了孟德尔分离和自由组合定律所涵盖的范围，摩尔根根据他和他的学生们在果蝇中共同取得的一系列研究成果，对性状的遗传与变异规律进行了补充和完善，提出了遗传的连锁定律，又称遗传第三定律。其基本内容是：在配子形成过程中，位于同一条染色体上的非等位基因倾向于联系在一起向后代传递（连锁）；同时，位于一对同源染色体上的两个等位基因能够发生位置互换（交换），从而导致该基因与其连锁的非等位基因之间发生重新组合（重组）。至此，遗传学三大定律系统地阐明了性状向后代传递的规律、揭示了性状遗传与变异并存的奥秘，奠定了遗传学的重要基石。无论是自由组合，还是连锁交换，都能造成非等位基因之间的重组，为了区分这两种不同的重组方式，人们把非同源染色体之间自由组合造成的重组称为染色体间重组（interchromosomal recombination），把同源染色体之间连锁互换造成的重组称为染色体内重组（intrachromosomal recombination），合称遗传重组（genetic recombination）。

不难想象，就像自由组合定律一样，基因的连锁交换定律同样会造成亲代与子代在性状上的差异，从而大大增加性状组合的多样性。这样，等位基因（同源染色体）之间的分分合合、非同源染色体之间的自由组合、同源染色体之间的连锁交换，共同构成了性状变异的遗传基础。不过，这类性状变异都源于遗传物质在向后代传递过程中发生的正常改变，是由于不同的等位基因之间和 / 或不同的非等位基因之间的重新组合造成的，并未涉及遗传因子自身的变异，或者说基因自身的异常改变。不言而喻，遗传因子自身的异常改变也会造成性状变异（详见第 8 章）。性状的多样性为物种演化提供了丰富的可能性，构成了演化的遗传基础。

6.2.4 基因定位与连锁作图

1913 年，摩尔根的学生 Alfred H. Sturtevant 在做本科论文时意识到，他的导师所提出的基因交换假说有可能用来对基因进行定位、度量连锁基因之间的距离，基因在染色体上呈线性排列，交换在染色体上随机发生，那么重组率应该能反映两个基因之间的物理距离。于是，他很快就做出了世界上第一幅基因连锁图（linkage map），又称遗传图（genetic map）、染色体图（chromosome map）。从此，通过遗传杂交计算基因之间的重组率确定基因在染色体上的相对位置与排列顺序成为遗传分析（genetic analysis）的一个有力工具。人们将这一过程称为基因定位（gene mapping），或称连锁作图（linkage mapping）、遗传作图（genetic mapping）。能够对基因进行定位的前提是，每个基因在染色体上都占据一个特定的位置，称为基因座（locus，复数 loci）。连锁作图时，我们将每个基因座视为染色体上的一个点。现在我们知道，每条染色体都是由很多核苷酸（nucleotide，nt）相互连接、线性排列构成的一个连续的核酸分子，而每个基因都是其中的一段连续的、特定的序列，含有成百上千甚至更多的核苷酸，而并不是一个抽象的点，只是在大多数情况下，将基因近似为一个“点”基本能满足连锁作图的精度要求。虽然现在基因组测序技术已经很成熟，很容易获得一个基因的完整序列，但是只有核苷酸序列并不能直接推知基因的功能，解析基因功能、将特定的表型 / 疾病定位到相关的基因上，依然离不开传统的遗传作图。基因组测序技术为基因定位提供了很大的便利，但是并不能替代遗传作图，两者互为补充，相辅相成。碱基 / 核苷酸序列能够反映基因之间的真实物理距离，由碱基 / 核苷酸序列构成的基因组图谱称为物理图（physical map）。

用重组值推算出的两个连锁基因在染色体上的相对距离称为图距（map distance）。人们将 1% 的重组率定义为 1 个图距单位（map unit），为了纪念摩尔根的贡献，图距单位又称厘摩（centiMorgan，cM）。图 6.14 显示了果蝇黄体（y）、白眼（w）、小翅（m）等 3 个基因之间两两测交后计算得到的图距，可见在同一条染色体上连锁的基因之间的重组率有近似加和的关系，符合直线排列的方式，重组率可以近似反映基因之间的距离（图 6.14）。不过，由于交换重组受到很多因素的影响，而并非仅仅跟两个基因之间的物理距离相关，通过连锁分析得到的遗传图距跟碱基序列所决定的物理图距之间并不是一一精确对应的。例如，不同的染色体区段发生交换的频率并不是均匀的，不同性别的交换频率也有差异；受到最大重组值为 50% 的限制，以及双交换等多次交换的影响，两个基因之间距离越远，重组值越有可能被低估。因此，基因越靠近，重组率作图越精确：重组率在 10% 之内时，其跟物理图的对应性比较好；重组率越大，跟物理图距之间的偏离越大。但是，由连锁图推算出的基因之间的顺序（相对位置关系）是正确的。

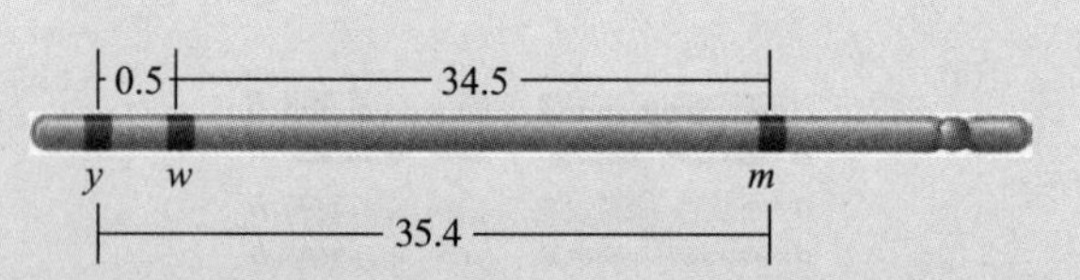

图 6.14 果蝇 X 染色体上黄体（y）、白眼（w）、小翅（m）等 3 个基因的连锁图（引自 Klug 等，2019）

思考题

1 请尝试把遗传学三大定律归纳成一个统一的规律。

2 在黑腹果蝇中，黑檀体(e) 对正常的灰体(E) 为隐性，残翅(vg) 对正常长翅(Vg) 为隐性。灰体长翅的雌蝇与灰体残翅的雄蝇杂交，后代的表型与数目为：41 灰、长，44 灰、残，17 黑、残，15 黑、长。则：(1) 亲本的基因型如何？(2) 后代中灰体果蝇对黑檀体果蝇的比例是多少？(3) 后代中长翅果蝇对残翅果蝇的比例为是多少？

3 下面系谱中的深色个体患有罕见疾病。(1) 该疾病的遗传方式是显性还是隐性？(2) 以 A 和 a 分别表示显性和隐性等位基因，则世代Ⅰ和Ⅱ中多数个体的基因型是什么？

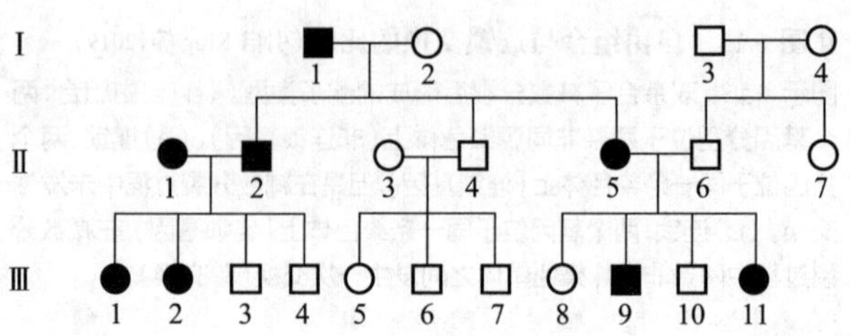

4 已知狐狸的一种铂色突变是银色的显性。铂色狐与银色狐杂交得到 F_1。50 对 F_1 铂色狐之间杂交得到的 F_2 群体中，有 100 只铂色狐和 50 只银色狐。如何解释这种遗传现象？

5 一次事故导致 4 个婴儿的出生记录被弄混了，这 4 个婴儿的血型分别为 O、A、B 和 AB，4 对父母的血型则分别为 AB×O、A×O、A×AB 和 O×O。请帮助他们找到自己的孩子。

6 有人说孟德尔的成功既有偶然性又有必然性，你同意吗？请简要说明你的理由。

7

基因与基因组

北京市海淀区中关村的地标——金色DNA双螺旋“生命”雕塑（焦瑞提供）

遗传的染色体学说和连锁交换定律将抽象的孟德尔遗传因子定位到了染色体上，奠定了遗传与变异的细胞基础。新的理论产生后不仅会解决原有的科学问题，同时也会带来新的科学问题，从而推动更新的理论产生。基因定位到染色体上之后产生的新问题是，染色体中的什么成分是基因？基因到底是什么物质？它的化学本质或者分子基础是什么？基因的连锁交换定律提出后产生的新问题是，交换/重组是如何发生的？具体的生化过程与分子机制是什么？对这些问题的回答得益于遗传学跟微生物学、生物化学和分子生物学的交叉。这三门学科的兴起把遗传学相继推进到了微生物遗传学和分子遗传学时代。

7.1 DNA是遗传物质

早在19世纪60年代，当孟德尔研究豌豆的遗传规律时，瑞士的Miescher在人的白细胞中发现了核酸（主要是DNA）。此后的很长一段时间，人们并不清楚这种存在于细胞核内的酸性物质有什么功能，更没有意识到它会跟性状的遗传变异有什么关系。后来人们发现，绝大部分DNA存在于染色体中，并且每个细胞中的DNA含量都是比较恒定的。除了DNA之外，染色体还含有多种蛋白质，以及少量的RNA。遗传的染色体学说提出之后，当时人们普遍认为其中的蛋白质而非DNA更有可能是遗传物质，因为DNA只是由四种很相似的核苷酸构成的简单分子，而蛋白质则种类繁多，跟性状的多样性更吻合。直到1928年，英国细菌学家格里菲思（Frederick Griffith，1877—1941）发现肺炎链球菌（*Streptococcus pneumoniae*，旧称肺炎双球菌，即*Diplococcus pneumoniae*）存在转化现象；1944年，埃弗里（Oswald Avery，1877—1955）等人证实，起转化作用的是DNA分子，才首次为DNA是遗传物质的观点提供了直接的证据。1952年，美国冷泉港实验室的赫尔希（Alfred Hershey，1908—1997）和蔡斯（Martha Chase，1927—2003）利用噬菌体同位素标记和感染实验，进一步证实DNA是遗传物质。

根据毒性/致病性，肺炎链球菌可分为两类，一类为有毒、对小鼠致死的光滑型（S型），另一类为无毒、不致死的粗糙型（R型）。在体外固体琼脂培养基上，S型菌株可形成大而光滑的菌落，R型菌株的菌落则小且表面粗糙，据此很容易区分这两种菌株。S型菌株可分泌多糖物质、在胞外形成荚膜，保护细菌不被宿主免疫系统清除，得以在宿主中迅速繁殖；R型菌株则缺少荚膜的保护，很容易被宿主清除而无法在宿主体内扩增致病。不过，加热处理可杀死S型菌株，使其丧失毒性。单独向小鼠注射R型菌株，或者经热处理后的S型菌株，小鼠均可健康存活。格里菲思将R型活菌和热处理后的S型菌株混合后注射到小鼠体内，结果意外发现小鼠均发病身亡了。解剖后体外培养发现，小鼠的

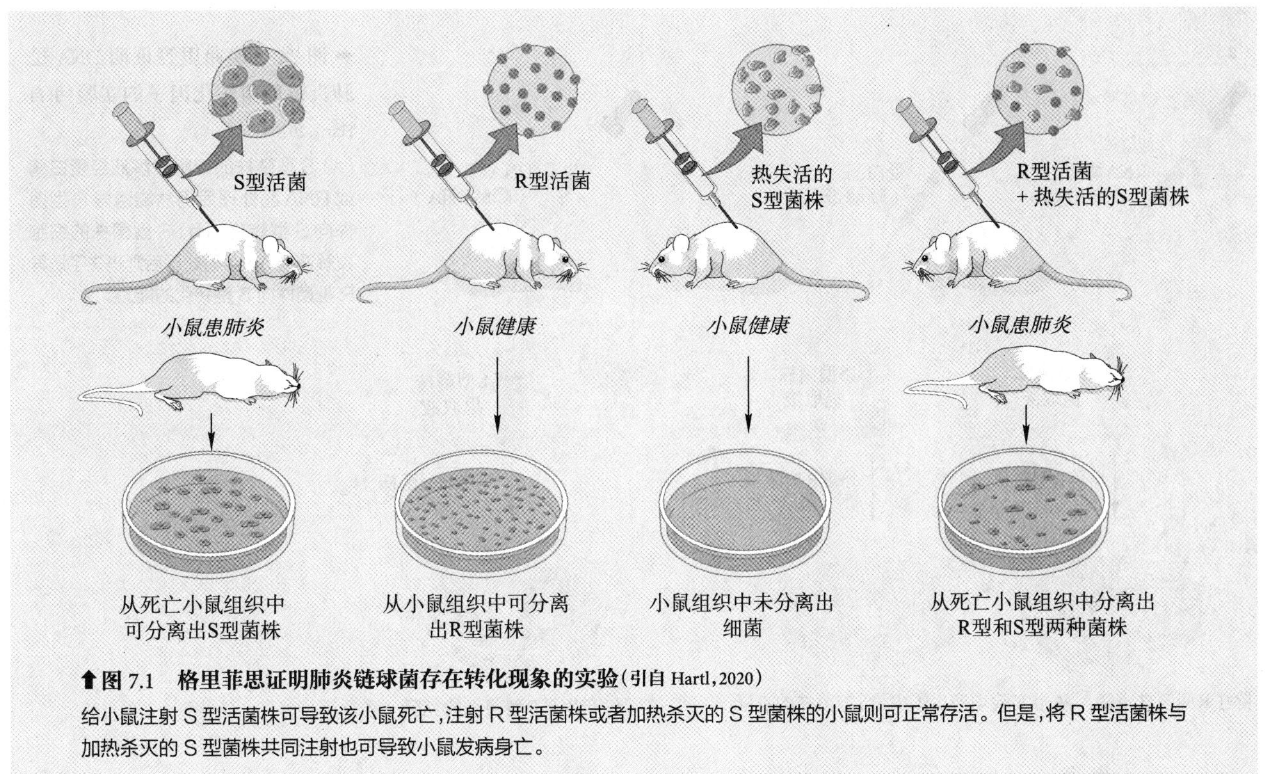

图 7.1 格里菲思证明肺炎链球菌存在转化现象的实验（引自 Hartl，2020）

给小鼠注射 S 型活菌株可导致该小鼠死亡，注射 R 型活菌株或者加热杀灭的 S 型菌株的小鼠则可正常存活。但是，将 R 型活菌株与加热杀灭的 S 型菌株共同注射也可导致小鼠发病身亡。

血液中含有大量的 S 型活菌株（图 7.1）。格里菲思推测失活的 S 型菌株以某种方式将无毒的 R 型活菌转变成了有毒的 S 型活菌，使其获得了合成荚膜的能力，并且这种能力还能够稳定地向后代传递。他将这种现象称为转化（transformation）。

随后，人们发现，热失活的 S 型菌株在体外就可以转化 R 型菌株，进一步发现不需要完整的细胞、只需要将 S 型菌株的细胞裂解液添加到 R 型菌株的培养物中，就能诱导 R 型向 S 型的转化。1944 年，经过 10 年的摸索，埃弗里与合作者从几十升 S 型菌株培养液中分离、纯化得到了含有转化能力的提纯物，发现蛋白酶或 RNA 酶处理对转化能力没有影响，只有 DNA 酶处理才会导致转化能力丧失，证明确实是 DNA 起到了转化的作用（图 7.2）。

噬菌体是可侵染细菌的 DNA 病毒，其病毒颗粒仅由 DNA 和蛋白质构成。侵染宿主时，噬菌体用尾丝吸附到细菌表面，然后将它的某些成分注入宿主细胞，借助于宿主的生物大分子合成机器大量合成噬菌体自身的物质并装配成新的病毒颗粒，最后通过裂解宿主细胞释放出新的噬菌体，以此完成噬菌体的扩增。这些进入宿主细胞的噬菌体成分能够指导噬菌体的繁殖，相当于决定了噬菌体的性状和生命活动，因此，具有遗传物质的属性。不过，人们当时并不知道到底是什么物质进入了宿主细胞。1952 年，赫尔希和蔡斯设计了简单而巧妙的实验解决了这个问题。他们首先用放射性同位素 ^{32}P 和 ^{35}S 分别标记大肠杆菌，然后用 T2 噬菌体侵染，得到分别标记了 DNA 和蛋白质的 T2 噬菌体颗粒。将它们分别感染无标记的大肠杆菌，一段时间后用食物搅拌机剧烈搅拌，以便有效地将宿主细胞跟吸附在其表面的噬菌体分开。结果发现大部分 ^{32}P 标记都留在了大肠杆菌的组分里，而 ^{35}S 标记则很少在大肠杆菌中检测到，反而是大量跟噬菌体空壳（phage “ghost”）留在了一起。这说明 T2 噬菌体向宿主细胞转移的是自己的 DNA 而非蛋白质。更重要的是，将这样的大肠杆菌分离出来继续培养后，其释放出来的子代噬菌体中能检测到 ^{32}P 而非 ^{35}S 信号（图 7.3）。这进一步证明 DNA 而非蛋白质是 T2 噬菌体的遗传物质。

遗憾的是，大部分真核生物无法像原核生物和病毒那样开展快速、大规模的实验。不过，人们还是设法用各种方法证明 DNA 也是真核生物的遗传物质。其中重组 DNA 技术和转基因技术为此提供了毋庸置疑的直接证据。值得注意的是，虽然大部分物种是以 DNA 作为遗传物质，但是某些病毒是以 RNA 作为遗传物质的，例如 2020 年开始肆虐全球、引发新型冠状病毒肺炎（COVID-19）的新型冠状病毒 SARS-CoV-2。

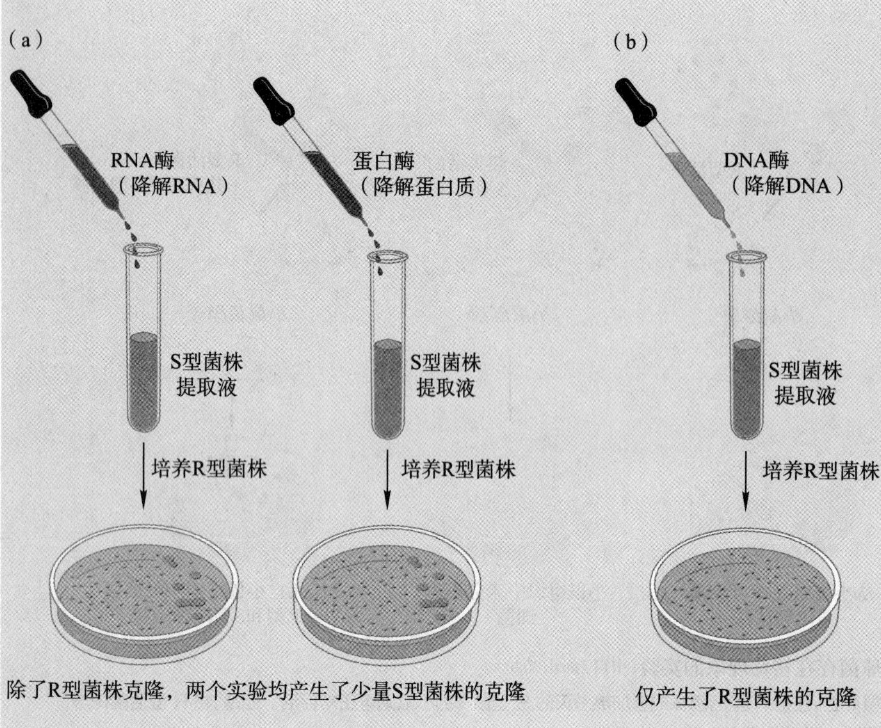

➡ 图 7.2 埃弗里等证明 DNA 是肺炎链球菌转化因子的实验(引自 Hartl，2020)

(a) S 型菌株的细胞裂解液经蛋白酶或 RNA 酶处理后仍然能诱导 R 型菌株向 S 型转化。(b) S 型菌株的细胞裂解液经 DNA 酶处理后则丧失了诱导 R 型菌株向 S 型转化的能力。

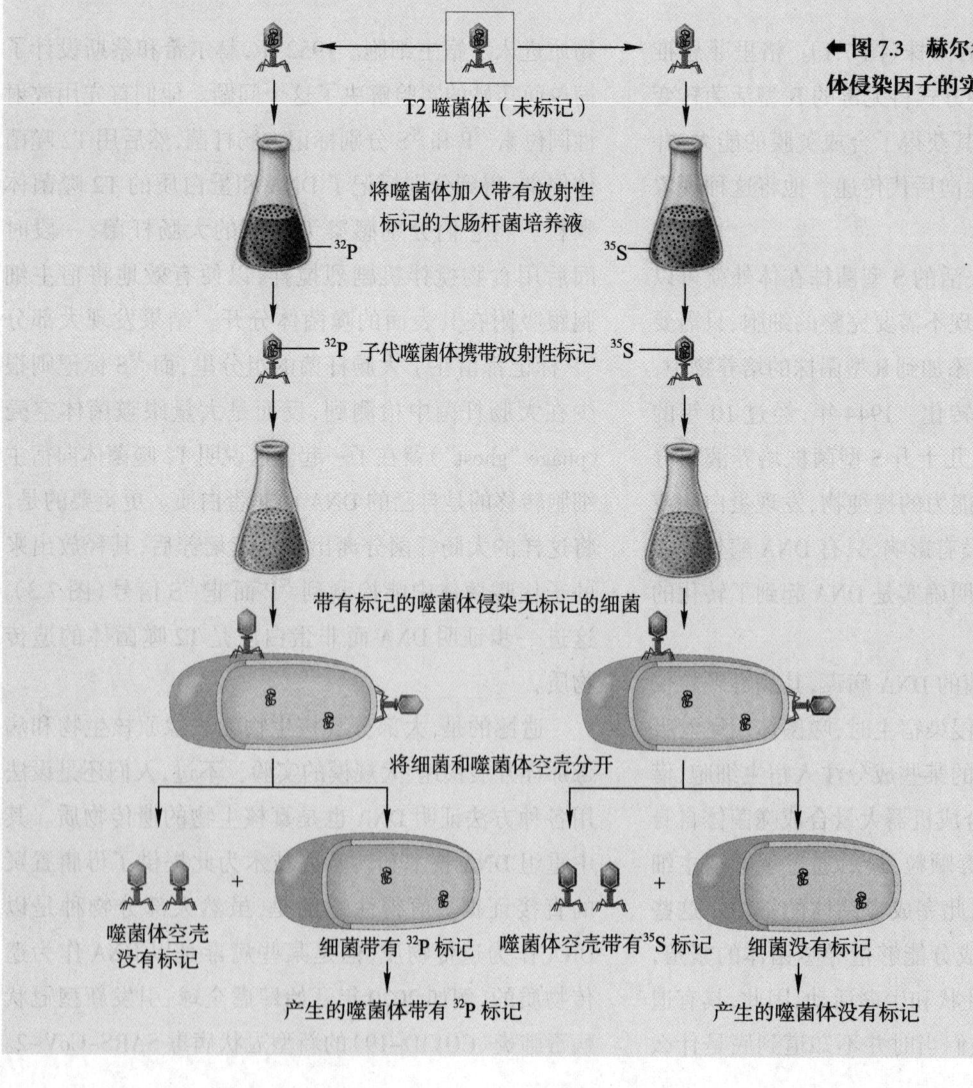

T2 噬菌体（未标记）

将噬菌体加入带有放射性标记的大肠杆菌培养液

^{32}P ^{35}S

^{32}P 子代噬菌体携带放射性标记 ^{35}S

带有标记的噬菌体侵染无标记的细菌

将细菌和噬菌体空壳分开

噬菌体空壳没有标记 + 细菌带有 ^{32}P 标记

噬菌体空壳带有 ^{35}S 标记 + 细菌没有标记

产生的噬菌体带有 ^{32}P 标记

产生的噬菌体没有标记

➡ 图 7.3 赫尔希和蔡斯证明 DNA 是噬菌体侵染因子的实验(引自 Klug 等，2019)

有些 RNA 病毒属于反转录病毒，例如艾滋病的元凶 HIV。更多有关病毒方面的知识参见第 16 章。

7.2 DNA复制

虽然很多实验都证明 DNA 是遗传物质，但是，直到 1953 年，沃森和克里克破解了 DNA 的双螺旋结构，人们才最终接受了这个事实，因为这个以碱基互补配对为基础的结构能够完美地解释遗传物质如何生生不息地完成其忠实、无损地向后代传递的使命。能够精确地自我复制是 DNA 区别于其他生物大分子的一个显著特征，正是这个独有的性质赋予了 DNA 作为遗传物质的通行证。

DNA 以自身为模板，通过碱基互补配对的方式自我拷贝，精确实现数量倍增的过程称为DNA复制（DNA replication）。这是一个复杂的过程，除了 DNA 本身，还需要很多蛋白质（酶）和 RNA 共同参与，包括 DNA 聚合酶、解旋酶、连接酶等。DNA 复制的速度十分惊人，例如，大肠杆菌一条环状的染色体 DNA 大约含有 460 万碱基对，在良好的培养条件下每 20 min 即可完成一次细胞分裂，它可以每秒按模板复制 1000 个碱基的速度复制而几乎不出错。什么样的机制才能保证 DNA 复制的高速与精确呢？

复制开始时，解旋酶首先作用于 DNA，通过打开碱基之间的氢键使两条母链分开，然后以每一条母链分别作为模板，由 DNA 聚合酶逐一添加与母链碱基互补配对的脱氧核苷酸（dNTP），母链和子链的两个碱基之间形成新的氢键，子链中两个相邻的核苷酸之间形成磷酸二酯键，从而逐步聚合形成新的单链（子链）。这样，最终就形成了两条一模一样并且也跟母链完全相同的 DNA 分子，其中每个分子中都含有一条母链和一条子链，也就是说，每个复制出来的双螺旋 DNA 分子中都保留了一条完整的母链，是原有 DNA 分子的一半。人们将这种复制方式称为半保留复制（semiconservative replication）（图 7.4）。

DNA 复制的另一个特点是半不连续性（图 7.5）。

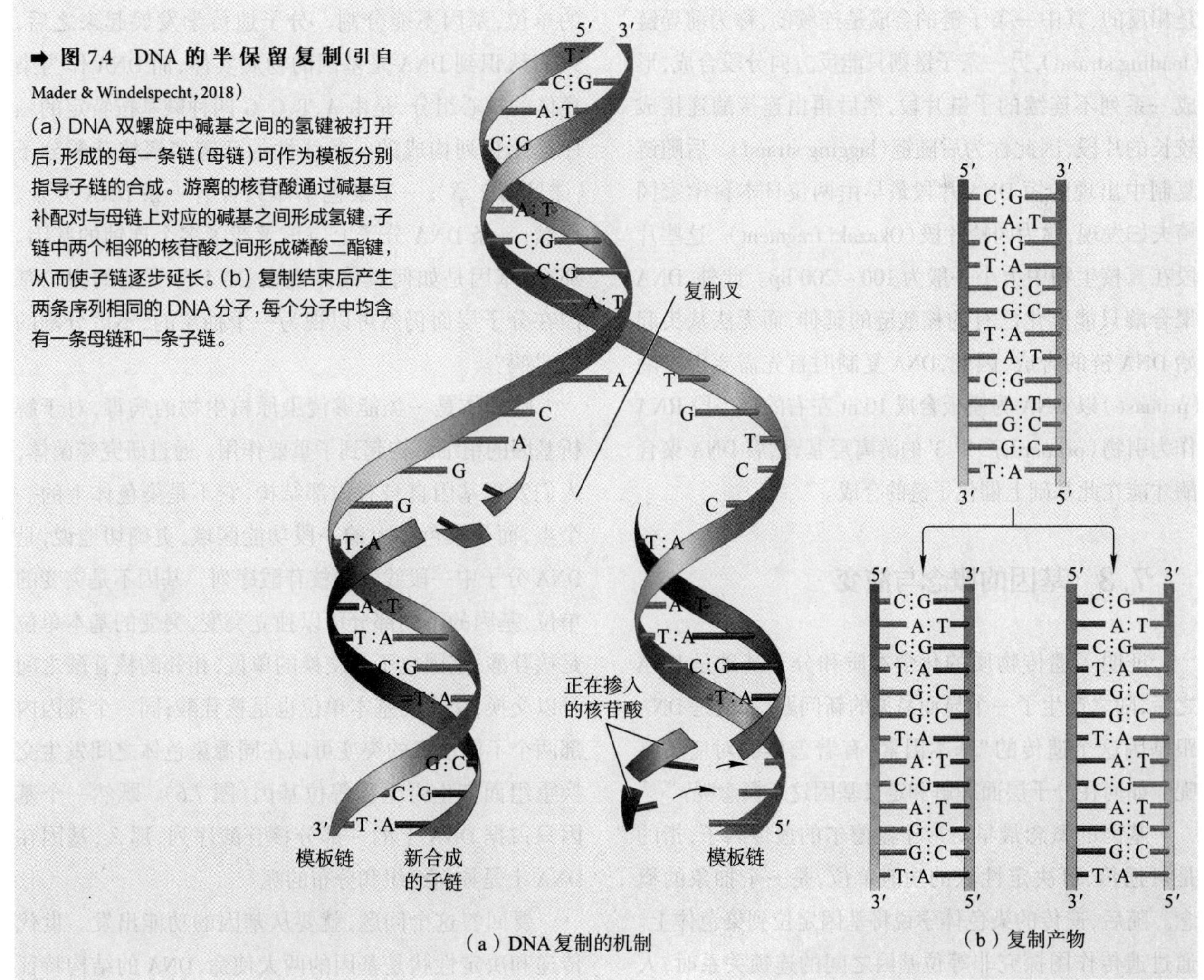

➡ **图 7.4 DNA 的半保留复制**（引自 Mader & Windelspecht，2018）

(a) DNA 双螺旋中碱基之间的氢键被打开后，形成的每一条链（母链）可作为模板分别指导子链的合成。游离的核苷酸通过碱基互补配对与母链上对应的碱基之间形成氢键，子链中两个相邻的核苷酸之间形成磷酸二酯键，从而使子链逐步延长。(b) 复制结束后产生两条序列相同的 DNA 分子，每个分子中均含有一条母链和一条子链。

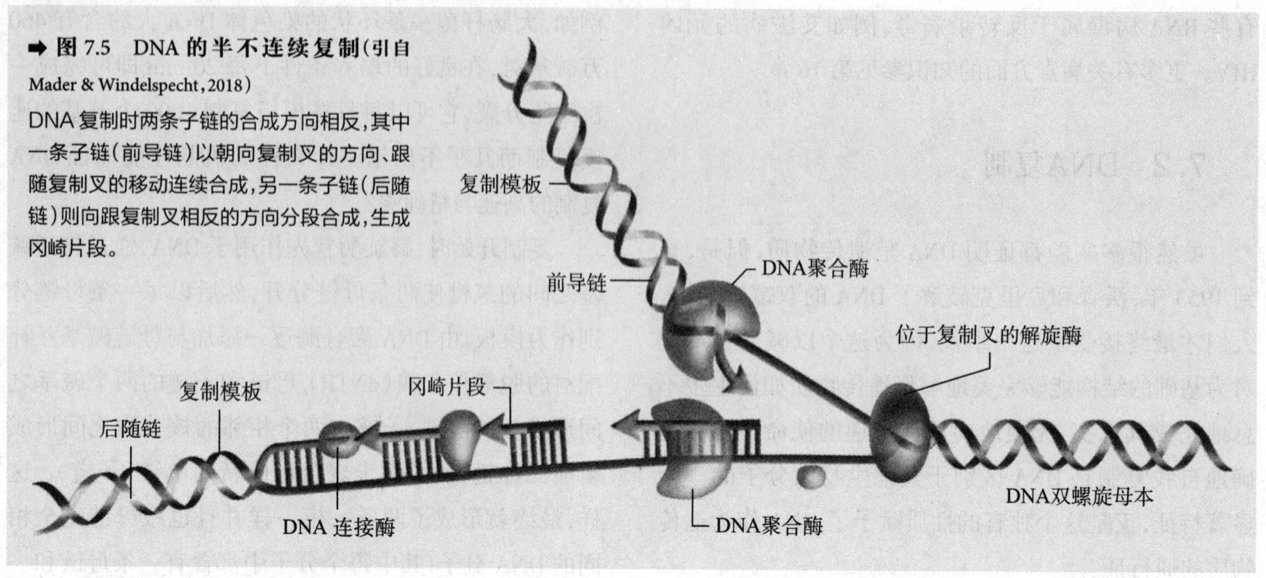

➡ **图 7.5 DNA 的半不连续复制**（引自 Mader & Windelspecht, 2018）

DNA 复制时两条子链的合成方向相反，其中一条子链（前导链）以朝向复制叉的方向、跟随复制叉的移动连续合成，另一条子链（后随链）则向跟复制叉相反的方向分段合成，生成冈崎片段。

DNA 双链打开后，在发生复制的部位母链与子链共同形成一种称为复制叉（replication fork）的结构。DNA 的两条链是以反向平行的方式结合在一起的，而 DNA 只能以 5′→3′ 的方向复制，或者说新碱基只能加在子链的 3′ 端；这样，在 DNA 复制中，两条子链的复制方向是相反的，其中一条子链的合成是连续的，称为前导链（leading strand），另一条子链则只能反方向分段合成，形成一系列不连续的子链片段，然后再由连接酶连接成较长的片段，因此称为后随链（lagging strand）。后随链复制中出现的短 DNA 片段最早由两位日本科学家冈崎夫妇发现，称为冈崎片段（Okazaki fragment）。这些片段在真核生物中大小一般为 100～200 bp。此外，DNA 聚合酶只能催化已有的核酸链的延伸，而无法从头起始 DNA 链的合成，因此，DNA 复制时首先需要引发酶（primase）以 DNA 为模板合成 10 nt 左右的一小段 RNA 作为引物（primer），产生 3′ 的游离羟基，然后 DNA 聚合酶才能在此基础上催化子链的合成。

7.3 基因的概念与演变

证明了遗传物质的化学本质和分子基础是 DNA 之后，随之产生了一个显而易见的新问题，那就是 DNA 跟基因这个遗传的“基本因素”有着怎样的对应关系呢？如何在分子层面理解和定义基因这个概念呢？

基因的概念最早对应于孟德尔的遗传因子，指的是可遗传、可决定性状的功能单位，是一个抽象的概念。随后，遗传的染色体学说将基因定位到染色体上。通过遗传作图探究非等位基因之间的连锁关系时，人们将每个基因视为染色体上一个抽象的点，每条染色体上含有多个连锁的基因，相邻的基因在染色体上依次呈线性排列，基因之间能够通过交换产生重组。由此衍生出经典遗传学“三位一体”的基因概念，认为基因既是决定性状的功能单位，也是突变的单位和重组的单位，基因不能分割。分子遗传学发展起来之后，人们认识到 DNA 是基因的物质实体，而 DNA 作为染色体的核心组分，是由 A、T、C、G 四种碱基按特定的顺序连续排列构成的一条线性的双链多聚核苷酸分子（详见第 2 章）；一条染色单体只含有一条 DNA 分子。显然，一条 DNA 分子上应该承载了多个连锁的基因。那么，基因是如何具体体现在 DNA 分子上的呢？基因在分子层面仍然可以视为一个抽象的、不可分割的“点”吗？

噬菌体是一类能够侵染原核生物的病毒，对于解析基因的精细结构起到了重要作用。通过研究噬菌体，人们发现基因自身有内部结构，它不是染色体上的一个点，而是染色体上的一段功能区域，更确切地说，是 DNA 分子中一段线性的核苷酸序列。基因不是突变的单位，基因的不同部分可以独立突变，突变的基本单位是核苷酸；基因也不是交换的单位，相邻的核苷酸之间可以交换，交换的基本单位也是核苷酸；同一个基因内部两个不同位点的突变可以在同源染色体之间发生交换重组而产生野生型等位基因（图 7.6）。既然一个基因只占据 DNA 上的一部分核苷酸序列，那么，基因在 DNA 上是如何组织和分布的呢？

要回答这个问题，就要从基因的功能出发。世代传递和决定性状是基因的两大使命，DNA 的结构特征

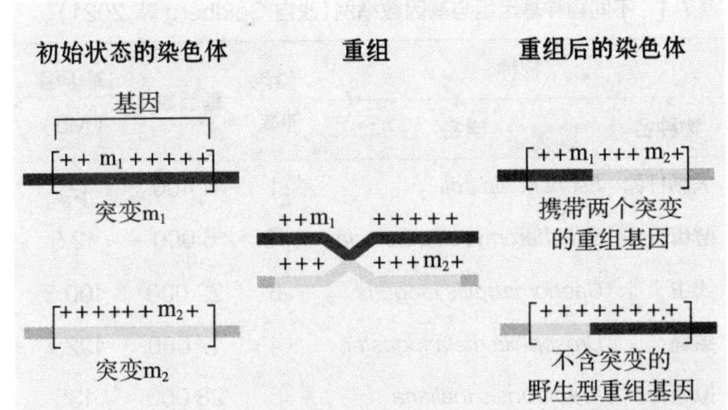

⬆图 7.6 两个不同的突变可通过基因内交换产生野生型等位基因（引自 Goldberg 等，2021）

假设某基因存在 m_1 和 m_2 两个不同位点的突变，若 m_1 和 m_2 之间发生一次交换则可产生一个野生型等位基因和携带两个突变位点的新的突变型等位基因。

使其能够很好地实现世代传递，但是仅由 A、T、C、G 四种碱基线性排列构成的 DNA 分子本身显然无法直接决定五花八门的性状。那么，基因是如何决定性状的呢？或者说，基因型和表型之间是如何建立起联系的呢？1902 年，英国医生 Archibald Garrod 发现并研究了第一例遗传病尿黑酸尿症，将基因突变和先天性代谢紊乱联系起来，提出基因决定酶的形成，认为基因突变造成了酶的缺失，从而引起代谢异常的表型。20 世纪 40 年代，美国遗传学家比德尔（George Beadle，1903—1989）和塔特姆（Edward Tatum，1909—1975）通过研究红色面包霉（*Neurospora crassa*，旧称粗糙脉孢菌）的精氨酸营养缺陷型突变及其代谢通路提出了“一基因一酶”假说（one-gene one-enzyme hypothesis）。这个假说后来被修正为“一基因一多肽”假说（one-gene one-polypeptide hypothesis）。

20 世纪 50 年代 DNA 双螺旋结构的发现引发了破解生命密码的热潮，生化学家和分子生物学家通过大量工作，逐步建立和完善了基因表达的“中心法则”（central dogma），揭示了从 DNA 到 RNA 再到蛋白质的遗传信息的解读过程（详见 9.1 节），同时使基因的概念进一步得到了丰富和发展。简单地说，多肽链氨基酸序列的信息以编码的形式储存在基因的核苷酸序列中，称为遗传密码（genetic code），遗传密码的排列顺序决定了多肽链的氨基酸序列。但是，基因并不直接指导多肽链的合成，而是首先通过转录（transcription）产生单链的 RNA 分子，然后 RNA 在核糖体中通过翻译（translation）指导多肽链的合成。从转录到翻译的整个过程称为基因表达（gene expression），是中心法则的核心内容。不过，并非所有的基因都编码蛋白质，有些基因只转录出 RNA，只以 RNA 分子的形式起作用。能够编码蛋白质的基因称为编码基因（coding gene），其成熟的转录产物称为 mRNA；仅转录产生 RNA 的基因称为非编码基因（noncoding gene），包括 rRNA、tRNA、miRNA 等。此外，编码基因中并非所有被转录出来的 RNA 序列都会编码氨基酸，特别是对于真核生物而言，其基因结构和基因表达过程更为复杂。基因或 RNA 中编码氨基酸的那部分序列称为编码序列。真核生物基因中的编码序列一般都不是连续的，往往会被没有编码功能的序列间隔成数段，具有这种结构的基因称为断裂基因（interrupted gene/split gene）。这样的基因一般会先转录出一个较长的前体 RNA 分子，包括编码序列和不编码的序列，然后经过一个称为 RNA 剪接（splicing）的过程，去掉部分不编码的序列，然后将所有的编码序列连接起来，形成成熟的 mRNA 分子后才能用于翻译（详见 9.1.3 节）。基因中这种转录后被剪接去除的序列片段称为内含子（intron），留在最终的成熟 RNA 分子中的序列片段称为外显子（exon）。断裂基因不仅限于编码基因，非编码基因也存在 RNA 剪接的现象。

可见，随着遗传学的发展，随着人们对遗传与变异规律认识的不断深入，基因的概念一直在丰富和发展，并且仍然会随着遗传学的发展而与时俱进地持续演变。可以说，遗传学的发展史中一直贯穿着基因概念的不断更新和演变。不过，无论怎样发展与演变，基因的本质与核心概念始终如一，那就是：基因是性状遗传的功能单位，或者说是遗传信息的基本单位；基因是具有一定组织结构的 DNA 或 RNA 序列，以 DNA 为基础的基因一般通过转录产生功能性的 RNA 分子或者编码功能性的蛋白质。

7.4 基因组

基因概念的演变，主要涉及基因自身的结构与功能，而并没有涉及基因之间的关系。本小节介绍整体上基因在 DNA 上是如何组织和分布的。

DNA 作为遗传物质，它承载着遗传信息。但是，根据目前对基因的定义，并不是所有的 DNA 都属于基因，只有能够通过表达决定性状的那部分 DNA 才能称为基因，它只是 DNA 分子中的一段序列。那么，基因的序列有多长？基因在 DNA 上占有多大的比例？每个物种或个体含有多少基因和 DNA？不同物种的DNA含量和基因数目有什么特点？对这些问题的回答开辟了遗传学的一个新的研究领域——基因组学(genomics)。一个细胞或者生物体(包括病毒)所携带的一套完整的单倍体遗传物质称为一个基因组(genome),它包括全套的基因以及基因间的间隔序列。对于大多数真核生物而言,一个基因组相当于单倍体配子中所有的染色体或DNA序列。顾名思义,基因组学就是研究并比较基因组的结构、组织、功能、演化等性质与特点的学科。狭义的基因组学一般是指结构基因组学(structural genomics),主要内容是采用重组DNA和测序技术对整个基因组DNA进行序列测定,然后通过生物信息学(bioinformatics)手段组装出完整的基因组序列,同时通过分析所有的DNA序列,结合基因结构、表达、功能等信息对基因组进行注释与预测,勾画出所有基因在基因组上的分布与表达情况。

最著名也是最激动人心的基因组学工作当属对人类自身基因组的测序与解读。人类基因组计划(Human Genome Project,HGP)由美国首先提出,1990年正式启动,随后英国、日本、法国、德国和中国先后加入了这一雄心勃勃的计划;2000年完成了工作草图,2003年完成了基本测序;2006年一号染色体测序完成,标志着进行了16年的人类基因组计划圆满结束。人类基因组计划的实施大大促进了DNA测序技术的发展,迄今已有上万个物种的基因组序列全部完成测序,这个数字目前还在持续更新之中。

一般而言,一个物种的基因组大小和组成是相对固定的,相应地,一个物种的基因组DNA含量也是相对恒定的,基因组DNA的含量通常称为该物种的C值(C value)。不同物种的基因组大小差异很大,不难理解,C值一般会随着物种结构与功能的复杂程度而增加,例如,病毒结构简单,其基因组大小大多在10~100 kb(kilobase,千碱基)之间,细菌的基因组则一般分布在1~10 Mb(megabase,兆碱基)的范围,真核生物的基因组则常见在100~1000 Mb之间。衣笠草(重楼白合)拥有目前已知最大的基因组,含有1500亿左右的碱基对,大约是人类的50倍(表7.1)。不过,真核生物的基因组大小跟物种的复杂程度并不总是相关,不同物种之间的基因组含量在倍数上的差异远远超出其在形态结构方面的差异程度,有时亲缘关系很近、形态结构相似的物种之间的C值也会出现十倍甚至上百倍的差异,这种现象称为C值悖理(C-value paradox)。例如,单细胞的原生动物之间基因组大小的差异可达5000多倍,节肢动物之间和鱼类之间的差异分别可达250和350倍。在植物中,水稻和玉米拥有类似的基因数,但是玉米的基因组有2500 Mb,而水稻只有400 Mb,前者是后者的6倍。

表7.1　不同物种基因组与基因数举例(改自Goldberg等,2021)

物种		染色体数[a]	基因数[b]	基因组(Mb)
物种名	学名			
大肠杆菌	*Escherichia coli*	1	4 400	4.6[c]
酵母	*Saccharomyces cerevisiae*	16	6 000	12.5
线虫	*Caenorhabditis elegans*	6	22 000	100.3
果蝇	*Drosophila melanogaster*	4	17 000	122.7
拟南芥	*Arabidopsis thaliana*	5	28 000	135
小鼠	*Mus musculus*	20	28 000	2 700
人	*Homo sapiens*	23	28 000	3 300
新型冠状病毒	SARS-CoV-2	1	12	30 000 nt
衣笠草	*Paris japonica*	5[d]	不详	152 400

[a] 除非特别说明,此处的染色体数一般指单倍体染色体数。
[b] 包括功能已知但是不编码蛋白质的基因,均为约数。
[c] 大肠杆菌的基因组大小不一,此处给出的4.6 Mb是最具有代表性的一种类型。
[d] 该物种为八倍体,此处给出的是其基本染色体组的数目。

下面以人类基因组为例简单介绍基因组的大致结构与基因在基因组上的分布状况(图7.7)。目前认为人类基因组约有33亿碱基对(3300 Mb),大约含有2.8万个基因,其中1.9万个为蛋白质编码基因,这个数字大大低于人们的预期。整个基因组中仅有约1.5%的序列为外显子,大部分区域为内含子、基因间序列、转座子(transposon),以及着丝粒和端粒等染色体的结构序列。其中,转座子占据了约一半的基因组序列。所谓转座(transposition),是指在特定条件下,有些DNA序列能够从染色体上的一个位置移动到另一个位置,甚至跳跃到另一条染色体上的现象,这样的DNA序列称为转座因子(transposable element)。此外,人类基因组中还含有大量的类似CGCGCGCG这样的简单重复序列。

根据基因组DNA序列数和基因数估算,人类基因组平均基因密度约为每100 kb一个基因,基因的平均大小约为25 kb。不过,基因在不同染色体上和不同染色体区域的分布很不均匀。例如,人类6号染色体短臂上一段700 kb的区域内分布了60个基因,这段区域70%的DNA被转录,是已知人类基因组中基因密度最大的区域。与此形成鲜明对比的是几乎不含任何基

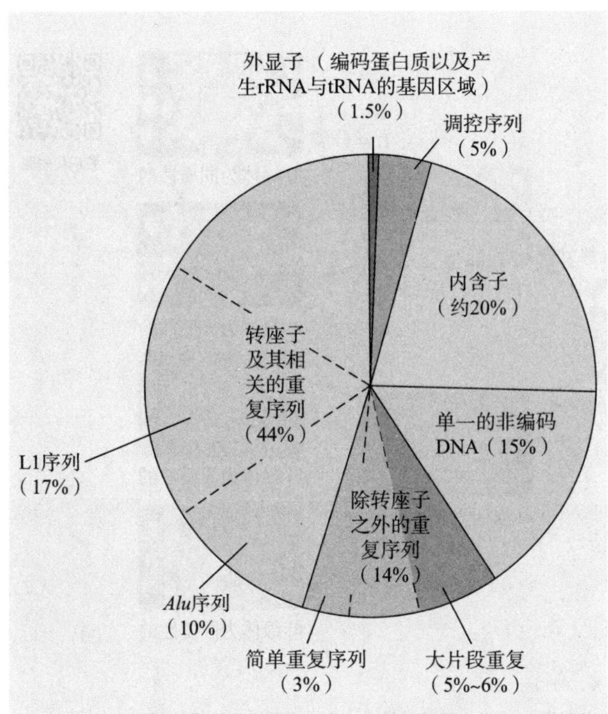

⬆ **图 7.7 人类基因组中不同类型 DNA 序列的分布**（引自 Urry 等，2020）

人类基因组大部分为重复序列，外显子区域（编码蛋白质和可转录为 rRNA 与 tRNA 的序列）仅占 1.5%，内含子和转录调控序列约占基因组的 1/4。

因的“基因沙漠”。人类基因组中有 82 个“基因沙漠”，在连续 1 Mb 或更长的 DNA 序列中未发现基因存在的迹象（有可能存在超大基因），合计大约占整个基因组的 20%。迄今已知人类基因组中最大的“基因沙漠”位于 5 号染色体上一段 5.1 Mb 的区域；迄今已知最大的基因是编码抗肌萎缩蛋白（dystrophin）的基因，长达 2.3 Mb，大部分为内含子序列。

分析、比较不同个体的基因组序列发现，人类的 DNA 序列平均每几百个碱基就会出现多态性位点。也就是说，不同人类个体的基因组 DNA 序列有 99.9% 都是相同的，只有大约千分之一左右的序列不同，相当于 3 Mb。这千分之一的差异决定了人们在身高、体型、肤色等方面的差异，更重要的是决定了人们对于某些疾病的易感性。跨物种比较基因组学研究结果显示，人类和黑猩猩在基因组序列上只有 2% 的差异。

7.5 非孟德尔式遗传

遗传学三大定律主要是基于孟德尔和摩尔根团队的工作，描述的是细胞核内位于染色体上的基因的遗传规律。虽然真核生物的遗传物质主要存在于细胞核内，但是，核外也有 DNA，存在于线粒体和质体（如叶绿体）等细胞器中。严格地说，一个物种的完整基因组除了细胞核的遗传物质之外，还应该包括细胞质 DNA，分别称为核基因组和细胞质基因组。细胞质基因组还可以细分为线粒体基因组和质体基因组。那么，核外遗传物质的世代传递规律会像核内 DNA 那样遵循遗传学三大定律吗？答案是否定的，这是因为核外细胞器中的遗传物质的存在形式和遗传方式不同于核内遗传物质。一个真核细胞通常只有一个细胞核，多为二倍体（两套核基因组），每个基因只有两个等位基因（除了异配性别的性染色体基因之外），分别来自父本和母本，它们向后代传递时彼此分离、进入受精卵的机会均等。然而，一个细胞中细胞器 DNA 分子的拷贝数则远远多于两个，因为每个细胞中不仅每种细胞器的数量众多，而且每个细胞器中通常也会含有多个 DNA 分子，因此，细胞质基因组是多拷贝的。例如，大多数人类细胞含有多个线粒体，每个线粒体含有 2 ~ 10 个 DNA 分子。不过，跟细胞核相比，细胞质基因组通常很小，并且一般是环状的。例如，人类线粒体基因组只有约 17 kb，编码 37 个基因。不言而喻，这些多拷贝的 DNA 分子在序列上可以是相同的，也有可能存在多态性，包括基因突变。如果细胞或个体中某种细胞器仅含有序列相同的一种 DNA 分子，这种细胞或个体就称为同质的（homoplasmic），否则，如果含有两种或两种以上序列不同的 DNA 分子则称为异质的（heteroplasmic）（图 7.8）。线粒体和叶绿体等细胞器自身能够扩增和分裂，其中的 DNA 也会随着细胞器的扩增而复制，并随机分配到新生成的子细胞器中；但是细胞器的扩增相对独立，并不一定跟细胞分裂同步；细胞分裂时这些细胞器则会随机分配到两个子细胞中，并非精确地平均分配。核外遗传物质也会通过有性生殖从亲代向子代传递。细胞器中的核外遗传物质通过无性生殖或有性生殖向后代传递的过程称为核外遗传（extranuclear inheritance），也叫细胞质遗传（cytoplasmic inheritance），或者细胞器遗传（organellar inheritance）。那么，多拷贝、位于细胞质内、随细胞器随机分配，拥有这些特征的细胞质 DNA 向后代传递时会有什么规律和特点呢？

1909 年，德国植物学家科伦斯（Carl Correns，1864—1933）在研究紫茉莉（*Mirabilis jalapa*）中发现，有的枝条和叶片全部为绿色（野生型表型），有的全部呈白色，有的则呈现绿白相间的斑驳状（图 7.8）。白色的部位应该是缺乏叶绿素所导致的。用这三种枝条上

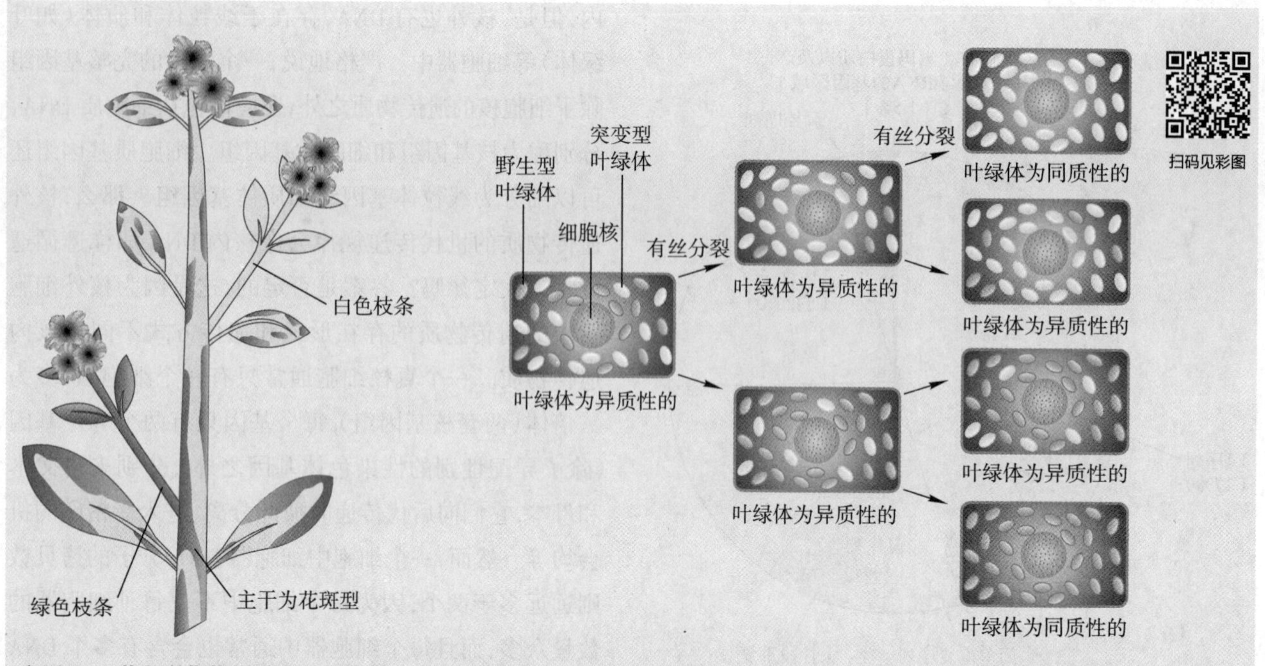

图 7.8 花斑型紫茉莉植株与叶绿体胞质分离示意图(引自 Goldberg 等, 2021)

花斑型植株通常有三种枝条:全部绿色、全部白色、花斑型,其主干往往呈现为花斑型。这是由于该植株含有野生型(绿色叶绿体)和突变型(白色叶绿体,缺失叶绿体功能)两种叶绿体,同时带有这两种叶绿体的细胞(异质性细胞)在有丝分裂过程中叶绿体会随机分配到子细胞中,从而有可能产生仅带有一种叶绿体(野生型或者突变型)的子代细胞。仅含有一种叶绿体的细胞称为同质性细胞。

的花进行相互杂交,发现正反交结果不同,例如,用来自白色枝条的花粉给绿色枝条的花授粉,后代植株全部为绿色;反之,用来自绿色枝条的花粉给白色枝条的花授粉,后代植株则全部为白色(图 7.9)。根据孟德尔定律,雌、雄亲本对后代的贡献是平等的,正反交应该没有区别,上面的结果显然不符合孟德尔遗传法则。这是为什么呢?

进一步分析发现,后代植株的表型总是跟雌性亲本相同,而跟花粉的来源无关:白色枝条上结出的种子,无论是用什么样的花粉授粉而来的,长出的植株均为白色;绿色枝条上结出的种子,无论是用什么样的花粉授粉而来的,长出的植株均为绿色;花斑型枝条上结出的种子,则无论是用什么样的花粉授粉而来的,都会长出绿色、白色和花斑三种类型的植株,但是三者并没有固定的比例(图 7.9)。在这种紫茉莉突变中,植株色素的遗传似乎只受到母方的控制,而跟父方无关,呈现出典型的母体遗传(maternal inheritance)现象。已知母方和父方仅仅分别向后代传递了雌配子和雄配子,母体遗传的奥秘应该就存在于这两种配子的差异之中。而雌、雄配子之间最明显的差异在于体积相差悬殊,在杂交时雄配子一般只提供细胞核,细胞质则是主要由母方的卵子提供。因此,一种顺理成章的解释就是,这种紫茉莉突变株中控制色素形成的基因是通过细胞质传递给后代的,由于细胞质主要由雌配子提供,因此该基因的杂交后代只表现母方的性状。后续研究证实,此例确实是由于紫茉莉细胞质叶绿体 DNA 中控制叶绿素生成的基因发生了突变导致植株呈现白色。

母体遗传不仅限于紫茉莉,也不是叶绿体特有的,而是在大部分真核生物中普遍存在,并且也适用于线粒体。这是由于细胞器及其遗传物质位于胞质中,而受精卵通常只得到了雌配子的细胞质,因此由细胞器基因控制的性状一般会表现为母系单亲遗传。细胞质基因与性状的遗传规律不符合孟德尔定律,正反交结果不同,一般也不出现孟德尔分离比,因此核外遗传又称为非孟德尔式遗传(non-Mendelian inheritance)。

跟核基因类似,人类线粒体基因功能缺陷同样会导致疾病发生。不过,线粒体 DNA 突变往往首先影响到神经或肌肉系统,导致听力和/或视力障碍、中风,或者诱发心脏功能异常等。这是因为线粒体的主要作用是产生 ATP,为细胞的生命活动提供能量,而这两个系统对能量的需求比较大,因而对线粒体这个"能量工厂"受损比较敏感。人类线粒体疾病的遗传表现出典型的母体细胞质遗传特征,即只有母亲患病才可遗传给子女,不分性别;父亲患病则不会遗传。有趣的是,

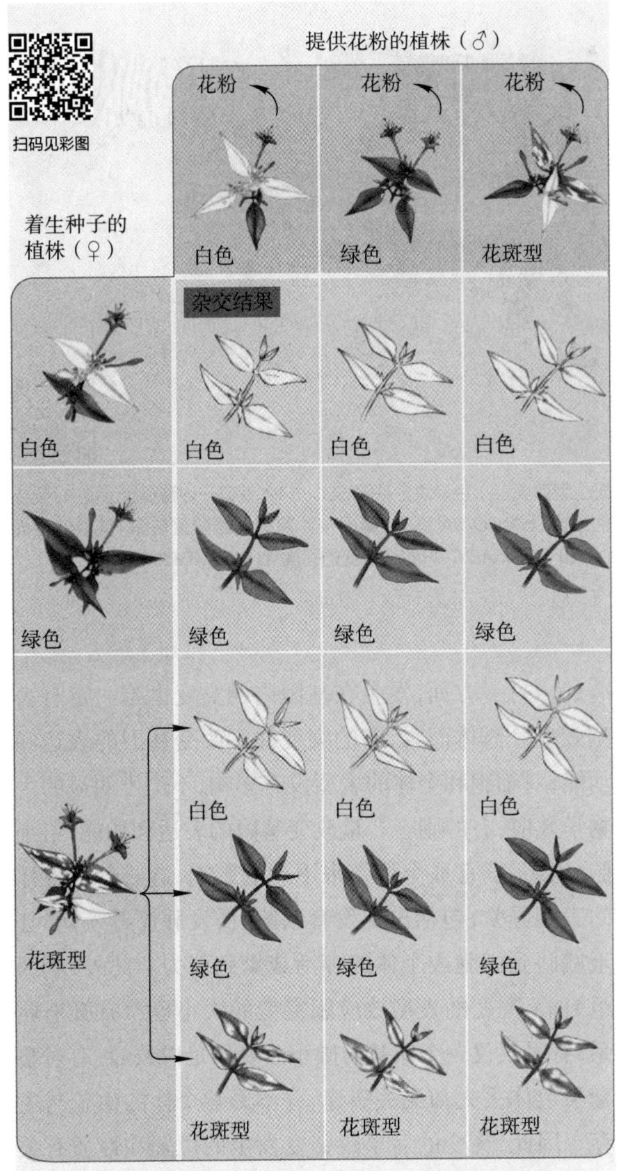

⬆图 7.9　紫茉莉植株杂交显示茎叶的细胞质遗传（引自 Pierce，2021）

杂交子代的表型由母本（结籽的枝条）决定，而跟提供花粉的枝条的表型无关。母本枝条白色，则子代均为白色；母本枝条绿色，则子代均为绿色；若母本枝条为花斑型，则子代会出现三种表型，但是没有固定的比例。

线粒体 DNA 严格母体遗传的特征使人们能够通过追踪线粒体 DNA 的遗传与变异推测人类的亲缘关系与演化历史。令人惊讶的是，目前的研究结果显示，现存人类的线粒体 DNA 全部来自 20 万年前生活在非洲的一位妇女。由于她可以视为现存人类的共同母系祖先，故被称为“线粒体夏娃”（Mitochondrial Eve）。

思考题

1　有哪些重要实验证明了 DNA 是遗传物质？

2　跟其他生物大分子相比，DNA 有哪些特性使其能够担当遗传物质的重任？有哪些不足？请结合本书其他章节综合思考。

3　什么是基因？如何理解基因概念的演变？

4　当代遗传学已经进入了基因组时代，有人认为有了先进的基因组测序技术就不需要连锁作图了，你同意吗？请给出你的理由。

5　简要说明非孟德尔式遗传有什么特征？

遗传物质的突变

野生型黄虎(a)、色素决定基因 *SLC45A2*(编码一种跨膜转运蛋白)突变的白虎(b)、*CORIN* 基因(编码一种跨膜丝氨酸蛋白酶)突变的金虎(c)和 *SLC45A2*/*CORIN* 双突变的雪虎(d)(徐霄、罗述金惠赠)

物种与个体的遗传信息集中在基因组 DNA 的碱基序列中,它一方面通过基因表达控制性状的产生,另一方面通过复制、重组向后代传承,实现性状的遗传与变异。因此,DNA 的序列与基因组的结构需要兼具稳定性和灵活性,其中稳定性更为关键。虽然跟其他生物大分子相比,DNA 已经足够稳定了,但是,它毕竟是一种化学分子,做不到一成不变,在各种复杂的生命活动中难免会出现错误、损伤等意外,导致遗传物质发生种种异常变化,最终表现为 DNA 序列与基因组结构在不同尺度上或大或小、或增或减、或者排列顺序的改变,例如碱基序列的替换、增减、重排等。简单地说,基因组在 DNA 序列、组成与结构上的异常改变称为突变(mutation),属于遗传物质的异常变异;与之相对应的是遗传物质的正常变异,例如减数分裂中非同源染色体的自由组合与同源染色体的交换重组。广义的突变可以归为两大类:小范围的“基因突变”与大尺度的“染色体畸变”(chromosome aberration)。前者的突变范围一般仅涉及单个基因,最小可以到一个碱基对;后者涉及基因组 DNA 大片段的改变,突变范围往往超出单个基因和单个位点,通常会造成染色体的形态结构发生改变,甚至造成整条或者整套染色体的增减。

从生物学效应上看,虽然基因组 DNA 突变属于异常改变,但是它跟基因和表型之间并没有必然的因果关系,这是因为,一方面突变虽然发生在 DNA 上,但是并不一定发生在基因内(基因在整个基因组的占比很小)。需要强调的是,可突变是 DNA 分子的化学本质所决定的,是遗传物质的固有属性,而并不是基因所特有的。另一方面,发生在基因内的突变也不一定有表型效应。具体而言,有的突变并不改变基因的表达和功能,对细胞和个体的表型没有影响,不产生明显的生物学效应;有的则会严重改变基因的表达和功能,给细胞、组织、器官或个体带来不利的影响,造成各种各样的表型异常,包括出现发育缺陷、诱发肿瘤等疾病,甚至威胁到细胞或个体的存活或繁殖能力。此外,基因组 DNA 突变的表型效应跟突变的大小也没有必然联系,有时仅仅一个碱基的微小改变便足以致命,有时整套染色体丢失却无关痛痒,并不影响个体的生长与生存。因此,突变的后果跟突变发生的位置和性质有关(是否伤害了重要基因),而跟突变的大小无关。

从遗传能力上看,对于有性生殖的多细胞生物:如果突变发生在体细胞(somitic cell)中,一般只对生物体自身产生影响,只影响当代个体,不会传递给后代,更不会在群体或物种中扩散;只有发生在生殖细胞的突变才有可能向后代传递,并有可能进一步在群体或物种中扩散,从而被固定下来,成为一个可稳定遗传的突变,造成该群体遗传组成的改变。虽然体细胞突变不会遗传,但是其危害不一定比可遗传的突变小,例如,有不少突变可影响细胞周期,导致突变的细胞因增殖失控而癌变。

导致 DNA 产生突变的因素可以简单地分为内因和外因两个方面。内因主要源于 DNA 自身在复制、分离、重组等生命活动中随机自发产生的失误,例如复制错误、不等交换(unequal crossover/unequal exchange)、染色体不分离(nondisjuction)、染色体丢失等。外因主要是指各种内源或外源的环境因素（包括物理的、化学的、生物的）作用于细胞或个体诱发 DNA 产生损伤，若该损伤未能得到及时和正确地修复，就会造成突变。能够诱导 DNA 损伤从而产生突变的因子称为诱变剂（mutagen），其中有不少诱变剂可致癌，这类诱变剂又称为致癌剂（carcinogen）。值得一提的是，DNA 人工诱变是重要的遗传学研究工具，是基因功能研究最重要、有时候甚至是唯一的研究方法。近几年飞速发展起来的 CRISPR/Cas 系统就是基因组靶向突变技术的一个典型代表（详见第 16 章的知识窗“基因组编辑”）。

8.1 基因突变

突变是 DNA 的固有属性，理论上 DNA 突变可以发生在基因组的任何区域，跟该区域是否存在基因无关。不过，一般只有发生在基因上的突变才有可能影响基因的表达和功能，进而导致表型的改变。本小节简要介绍发生在基因内的小尺度突变的主要类型、来源与生物学效应。基因组小范围的突变根据对碱基类型、数量的影响可主要分为点突变（point mutation）和小片段的插入 / 缺失（insertion/deletion，简写为 indel）突变两种，下面分别介绍。

8.1.1 点突变

狭义的点突变一般是指 DNA 上仅涉及一个碱基的异常改变，包括单个碱基的替换、插入或缺失。更严格的定义仅指单碱基替换。单碱基替换是最简单的一种突变，称为碱基置换（base substitution），或者更确切地说，应该是碱基对置换（base-pair substitution），或者核苷酸对置换（nucleotide-pair substitution）。其中同类型碱基之间的替换，即一个嘌呤转变成另一个嘌呤，或者一个嘧啶转变成另一个嘧啶，这种情况称为转换（transition）；而嘌呤转变为嘧啶，或者嘧啶转变为嘌呤的情况则称为颠换（transversion）（图 8.1）。虽然颠换的种类是转换的两倍，但是自发突变中转换出现的频率明显高于颠换，大概是 2 : 1 的比例。这个应该不难理解，因为嘌呤向嘌呤转变要比向嘧啶转变容易，反之亦然（图 8.1）。

自发的碱基置换一般源于内源性的 DNA 损伤，这些损伤绝大部分都很快得到修复；外源性碱基置换则是由特定的碱基诱变剂诱发，其突变效率一般远远高于自发突变。常见的碱基置换诱因主要有以下几种：水解脱嘌呤作用（depurination），碱基氧化脱氨作用（deamination），不稳定碱基类似物（base analog）的掺入，碱基的羟基化、烷基化等侧基修饰。对碱基进行烷基化修饰的诱变剂称为烷化剂（alkylating agent）。甲基磺酸乙酯（ethyl methane sulfonate，EMS）就是一种常用的烷化剂，它更倾向于造成 G、T 而非 A、C 的乙基化修饰，改变其配对性，最终导致 G : C → A : T 或 A : T → G : C 的转换。由于诱变效率较高，EMS 是生物医学科研实践中常用的 DNA 化学诱变剂之一，一般用来进行大规模的基因组随机诱变，进而筛选出人们感兴趣的表型，以此入手寻找重要的基因并进行功能研究。

点突变仅仅改变了一个碱基，很多情况下这种微小的变化并不足以引起可检测到的生物学效应，但是也有不少点突变会产生很严重的后果，特别是那些发生在基因编码区的突变。根据对蛋白质产物的影响，发生在基因内的点突变可分为以下几类（图 8.2）。

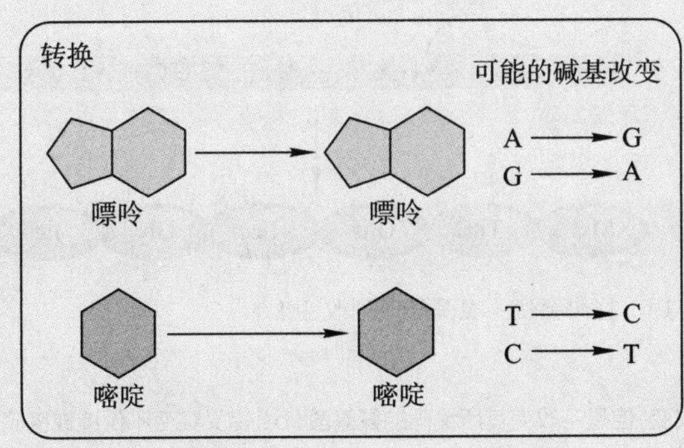

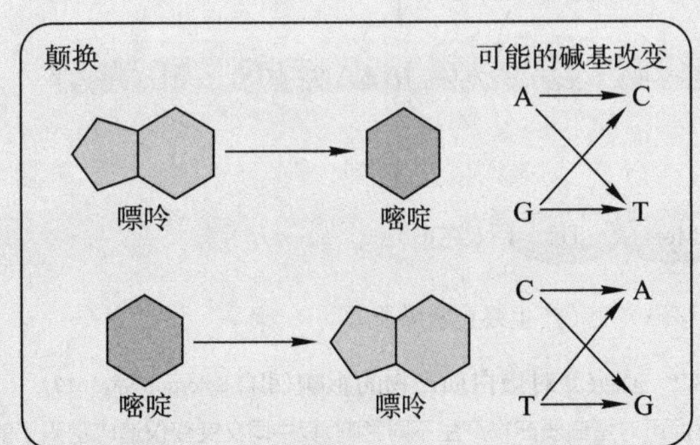

图 8.1 碱基置换的类型

嘌呤之间相互替换或者嘧啶之间相互替换称为转换，嘌呤替换嘧啶或者嘧啶替换嘌呤称为颠换。

① 同义突变（synonymous mutation） 属于一种沉默突变（silent mutation）。由于氨基酸密码子存在简并性（详见 9.1.2 节），有些发生在编码区的碱基置换只是改变了密码子，但是并不改变所编码的氨基酸的性质，因此对蛋白质的氨基酸序列没有任何影响。这是一种最为温和的突变，在大部分情况下不产生表型效应。这类突变一般位于三联体密码的第三位。

② 错义突变（missense mutation） 又称非同义突变（nonsynonymous mutation）。有些碱基置换可导致氨基酸种类发生改变，是编码区最常见的点突变类型。

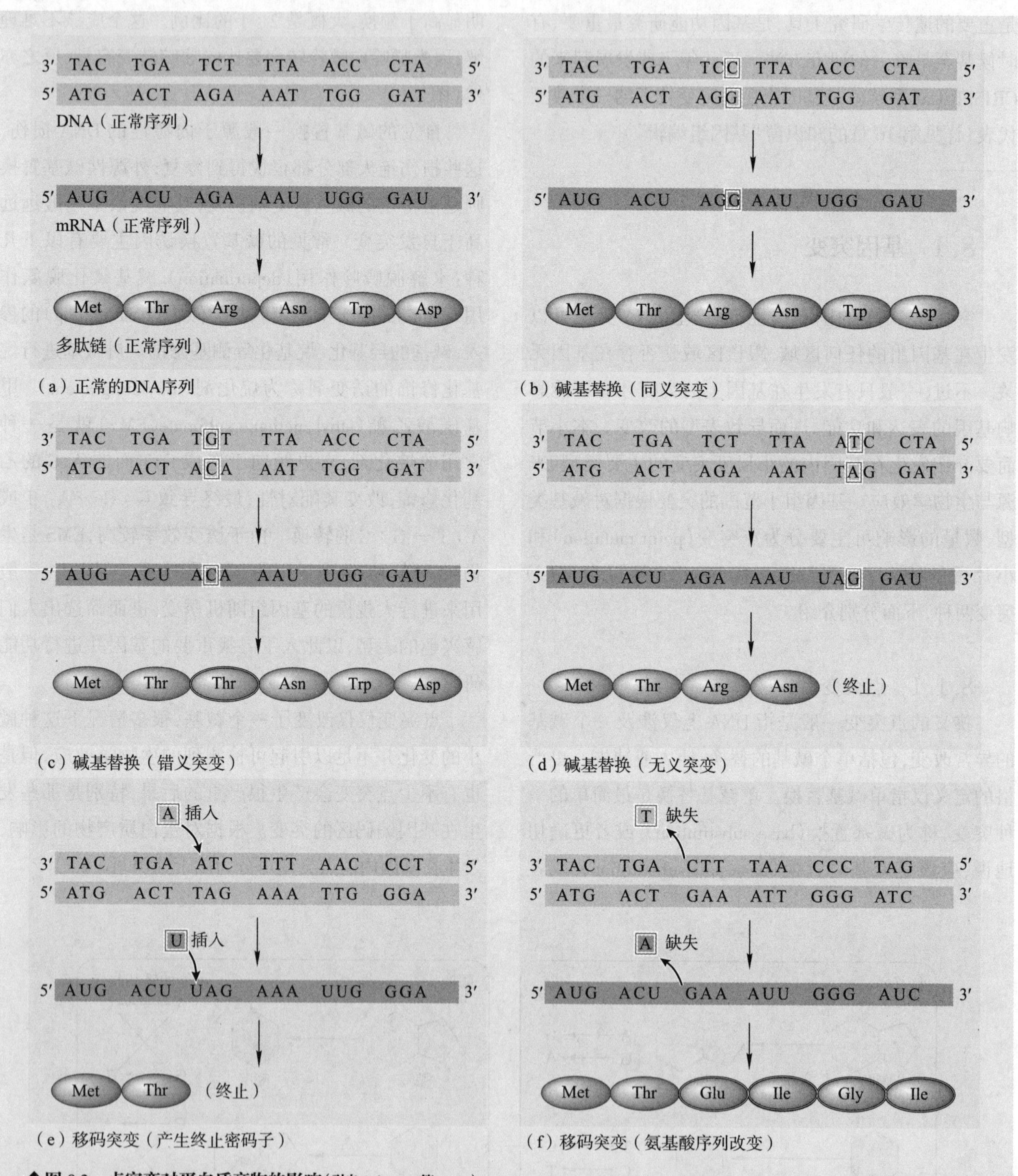

图 8.2 点突变对蛋白质产物的影响（引自 Solomon 等，2019）

碱基置换可对蛋白质产物产生不同影响，其中同义突变仅造成密码子的改变，但是不改变其所编码的氨基酸（b）；错义突变不仅造成密码子的改变，同时也会改变所编码的氨基酸（c）；无义突变则将原有的编码某个氨基酸的密码子突变为终止密码子，造成蛋白质翻译的提前终止（d）。非 3 的倍数的碱基插入和/或缺失会造成移码突变，其中有的会直接产生终止密码子（e），有的则会造成蛋白质产物氨基酸序列的改变（f），两者通常均会造成蛋白质翻译的提前终止。

单个氨基酸改变的生物学效应跨度很大，跟该氨基酸所在的位置密切相关，有的不会影响基因的功能，有的则有可能使基因部分甚至完全失活，特别是那些发生在酶的活性中心等具有重要功能的蛋白结构域的突变。前述的镰状细胞贫血（见 6.1.4 节）就是一个典型的错义突变导致的疾病，其发病原因仅仅是由于 β 珠蛋白基因发生了一个 A：T → T：A 的颠换，造成了一个错义突变，使第 6 个密码子由编码谷氨酸的 GAG 突变为了编码缬氨酸的 GUG。仅仅这一个氨基酸的改变就足以造成 β 珠蛋白多肽链的高级结构和溶解性发生巨大变化，由此引发一系列分子、细胞、组织、个体等多个层面的表型异常以及贫血、乏力等临床症状。

③ 无义突变（nonsense mutation）　在少数情况下，碱基置换会造成新的终止密码子的产生，例如，色氨酸密码子 UGG 中第三位如果发生 G → A 的转换，就会意外产生 UGA 终止密码子。这样的突变会导致蛋白质翻译在该密码子处提前终止，从而产生截短的蛋白质（truncated protein），这样的蛋白质往往无法发挥正常的生物学功能。因此，无义突变往往会破坏基因功能。

④ 移码突变（frameshift mutation）　前面三种突变都是源于碱基置换，单碱基的插入或缺失造成的生物学效应则跟它们有所不同。不难想象，发生在编码区的单个碱基的插入或缺失会导致突变位点之后的 mRNA 的读码框发生改变，从而改变突变位点之后的氨基酸序列（并且往往很快就会出现终止密码子），这类突变因此被称为移码突变。由于移码后的氨基酸序列往往跟野生型蛋白对应的那部分的序列完全不同（往往还会更短），在大多数情况下，这类移码突变编码出来的蛋白质产物会部分甚至全部丧失功能。移码突变不仅限于单碱基的插入或缺失，多个碱基的增加或减少也会造成移码突变。

8.1.2　插入 / 缺失突变

插入 / 缺失突变一般特指基因组某个位点上碱基序列异常增加、异常减少，或者既有增加又有减少的情况。广义的插入 / 缺失突变也包括单个碱基的插入和单个碱基的缺失（图 8.2）。研究发现，插入 / 缺失突变比碱基置换突变更常见。

跟点突变类似，插入 / 缺失突变可以自发产生，也可以被诱变剂诱导产生。产生的原因主要包括链滑动（strand slippage）造成 DNA 复制错误（图 8.3a）、染色体不等交换（图 8.3b）、嵌入剂（intercalating agent）等化学诱变剂，以及 DNA 双链断裂（double-strand break）造成的非同源末端连接（non-homologous end joining）修复错误等。吖啶是一类由三个环构成的扁平状分子，其大小恰好跟嘌呤 – 嘧啶组成的碱基对相似，因此可作为嵌入剂，模拟配对的碱基插入到 DNA 分子中。这种插入可造成相邻碱基之间空间距离发生变化以及 DNA 双螺旋结构扭曲变形，在 DNA 复制时易于造成少数核苷酸的插入或缺失。在生物医学实验室中常用的 DNA 荧光染料吖啶橙（acridine orange）和溴化乙锭（ethidium bromide，EB）就属于这类嵌入剂型化学诱变剂。在受到辐射或者核酸内切酶作用时 DNA 会产生双链断裂，这是一种非常严重的 DNA 损伤，可造成染色体的重排、诱发肿瘤，甚至导致细胞死亡，因此必须尽快修复。

插入 / 缺失突变对基因结构造成的最常见的影响

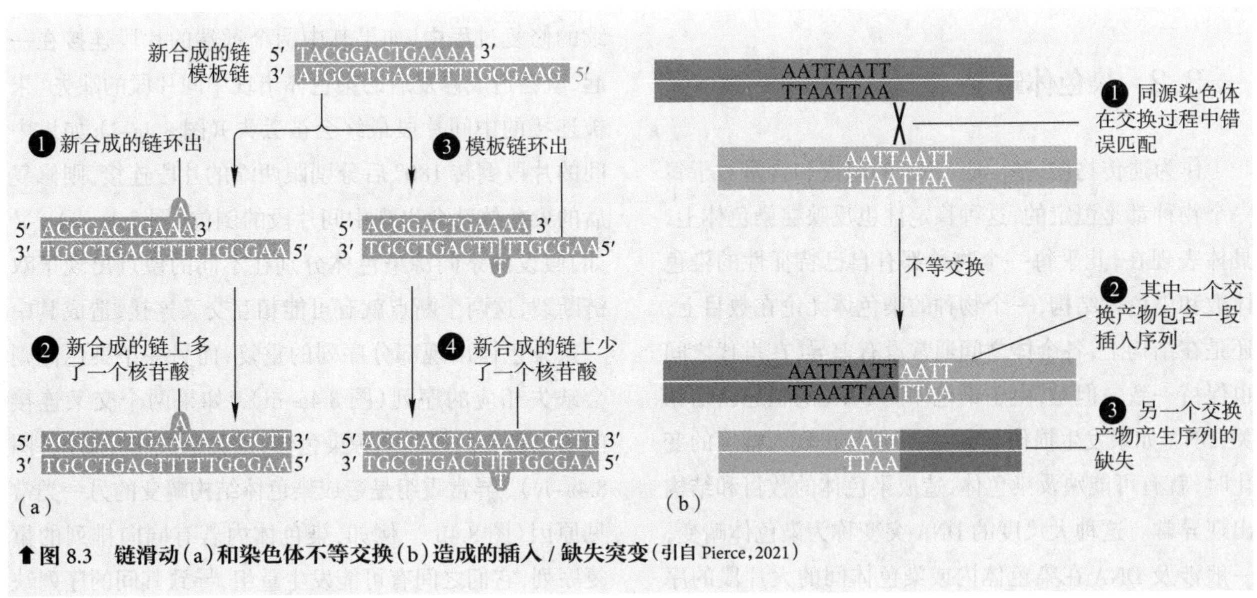

⬆图 8.3　链滑动（a）和染色体不等交换（b）造成的插入 / 缺失突变（引自 Pierce，2021）

是移码突变，该类突变会对蛋白质序列造成两方面的影响：一方面会造成突变位点之后的氨基酸序列跟野生型蛋白质完全不同，另一方面移码后新的读码框很容易在经过少量氨基酸之后就出现终止密码子（这样的密码子称为提前终止密码子），因此往往会造成移码后的蛋白质翻译很快就终止；这样最终不仅会得到一个截短的蛋白质产物，并且该蛋白质的氨基酸序列跟野生型相比也有很大差异，这样的蛋白质很难有正常功能。此外，一般野生型基因的终止密码子都位于最后一个外显子中，如果插入/缺失突变移码后造成的提前终止密码子不在最后一个外显子，其转录出来的 mRNA 就会被识别为异常的转录产物，从而通过一种称为无义介导的 mRNA 衰变（nonsense-mediated mRNA decay，NMD）的途径被降解。因此，这些诸多的效应叠加在一起，导致移码突变一般会在很大程度上破坏基因的功能，甚至使该基因完全失活。这也说明，跟碱基置换相比，插入/缺失突变能够更有效地破坏基因的功能。不过，只有插入和缺失的碱基数合计不是 3 的倍数时才会导致移码突变；如果插入和缺失的碱基数合计是 3 的倍数，则一般不会造成移码，而只会导致蛋白序列中少数氨基酸的增减或改变，这样就不一定会对基因功能产生明显影响。进入 21 世纪后，科学家们正是巧妙地利用了插入/缺失突变可造成移码的特点，逐步挖掘出锌指核酸酶（zinc-finger nuclease，ZFN）、TALE 核酸酶（transcription activator-like effector nuclease，TALEN）、CRISPR/Cas 系统等序列特异性的人工内切核酸酶（engineered endonuclease），实现了简单、高效的 DNA 定点损伤（双链断裂），开创了基因组靶向编辑技术的新时代（详见第 16 章的知识窗“基因组编辑”）。

8.2 染色体畸变

作为遗传物质，基因组 DNA 的组成和含量对于每一个物种都是恒定的，这种稳定性也反映在染色体上，具体表现在，几乎每一个物种都有自己特征性的染色体数和染色体结构，一个物种的染色体无论在数目上，还是在结构上，各个体之间通常没有差异，在世代之间也保持一致。但是，由于染色体同 DNA 的状态密切相关，DNA 如果发生损伤和突变，特别是出现大幅度的变化时，就有可能殃及染色体，造成染色体的数目和结构出现异常。这种大尺度的 DNA 突变称为染色体畸变，一般涉及 DNA 在染色体内或染色体间的大片段的序列重排，以及 DNA 分子的数量变化造成的染色体数目的异常改变。跟基因突变相比，染色体畸变有一些独有的特点和生物学效应。本小节介绍染色体畸变的类型、来源及其表型效应。

8.2.1 染色体的结构畸变

染色体的结构畸变指的是由于基因组序列和结构的大范围变动所导致的部分染色体增加、减少、重排等异常改变，这种畸变往往会造成基因组中基因数目的增减、基因位置的改变，或者基因排列顺序的变化。根据 DNA 序列和染色体结构变化特征，染色体的结构畸变主要分为缺失（deletion/deficiency）、重复（duplication/repeat）、倒位（inversion）和易位（translocation）四种类型（图 8.4）。缺失是指部分染色体片段丢失，重复是指部分染色体片段增加，这两种变异都会造成基因组 DNA 含量的变化，同时还有可能造成基因数目的变化。倒位是指部分染色体片段倒置，可改变基因在染色体上的线性顺序与连锁关系。易位是指部分染色体片段转移到非同源染色体上，或者两个非同源染色体的部分片段相互交换位置，可改变基因在基因组的位置与连锁关系。但是，跟缺失和重复不同，倒位和易位一般不改变基因组的 DNA 含量，也不改变基因的数目。

染色体结构畸变主要源自 DNA 复制、重组、染色体断裂 - 重接（breakage and rejoining/breakage and reunion）等过程中产生的错误（图 8.4）。其中染色体断裂 - 重接的根源往往是为了修复 DNA 损伤造成的双链断裂，如果出现修复错误就会造成染色体结构的异常改变。例如，如果某条染色体内部出现了两个断裂点，就会暂时把这条染色体分割成 3 个片段。在后续的修复过程中，如果其中两个远端的片段连接在一起，就会造成修复后的染色体出现中间片段的缺失（未被连接的中间片段最终会被丢失）（图 8.4a–i）；如果中间的片段倒转 180° 后分别跟两端的片段连接，则修复后的染色体就会出现中间片段的倒位（图 8.4a–ii）。又如，假设两条同源染色体分别在不同的位点出现了双链断裂，这两个断点就有可能相互交叉连接，造成其中一条染色体出现部分序列的重复，而另一条染色体则会缺失相应的序列（图 8.4a–iii）。如果两个交叉连接的断点来自两条非同源染色体，则会造成相互易位（图 8.4a–iv）。异常重组是造成染色体结构畸变的另一类常见原因（图 8.4b）。例如，染色体内若有同向排列的重复序列，它们之间有可能发生重组，导致其间的序列缺失(图 8.4b-i);若重复序列反向排列,它们之间发生重组则会导致其间的序列发生倒位(图 8.4b-ii)。重复序列还有可能造成两条同源染色体之间由于错配而发生不等交换,导致它们分别出现缺失和重复(图 8.4b-iii)。两条非同源染色体上如果含有相同或相似的序列,它们之间的重组则会导致相互易位(图 8.4b-iv)。

染色体结构畸变对生物体性状的影响,一般取决于是否造成了重要基因的增减或突变,没有统一的规律。倒位和易位不改变遗传物质的含量,一般不会引起表型异常,除非倒位或易位的断点或重组位点恰好位于基因内。相对于倒位和易位,缺失和重复会造成遗传物质的减少或增加,更有可能导致表型异常,因为有可能造成重要基因的缺失或者基因剂量的不平衡。就对生物体的影响来说,缺失比重复通常要严重;大片段缺失的后果更严重,甚至会危及生命;有的缺失个体即使在杂合状态下也无法存活;小片段缺失虽然不一定致命,但是有可能导致表型异常,造成病变;缺失纯合体即使是小片段往往也会有表型,甚至致命。

值得注意的是,在许多肿瘤组织中可检测出染色体的结构畸变,其可能的原因有:①缺失有可能造成控制细胞周期的基因丢失或失活;②倒位、缺失和易位有可能使某些肿瘤抑制基因断裂,或融合产生可诱导肿瘤产生的基因突变,或者使基因转移到新的位置,受到新的调控元件的调节。其中,对费城染色体(Philadelphia chromosome)的研究较为清楚,源于 9 号染色体长臂与 22 号染色体长臂的部分片段相互易位。9 号染色体的易位断点位于原癌基因 *c-abl* 的内含子中,22 号染色体的易位断点位于 *bcr* 基因的内含子中,相互易位后产生了 *bcr-abl* 融合基因,其表达产物能够不受控制地促进细胞增殖,最终导致慢性髓细胞性白血病(chronic myelogenous leukemia,CML)(图 8.5)。

值得一提的是,除了产生各种各样的生物学效应,染色体结构畸变对于物种的适应和演化往往会起到推动作用,例如,染色体重复被认为是新基因产生的基础。

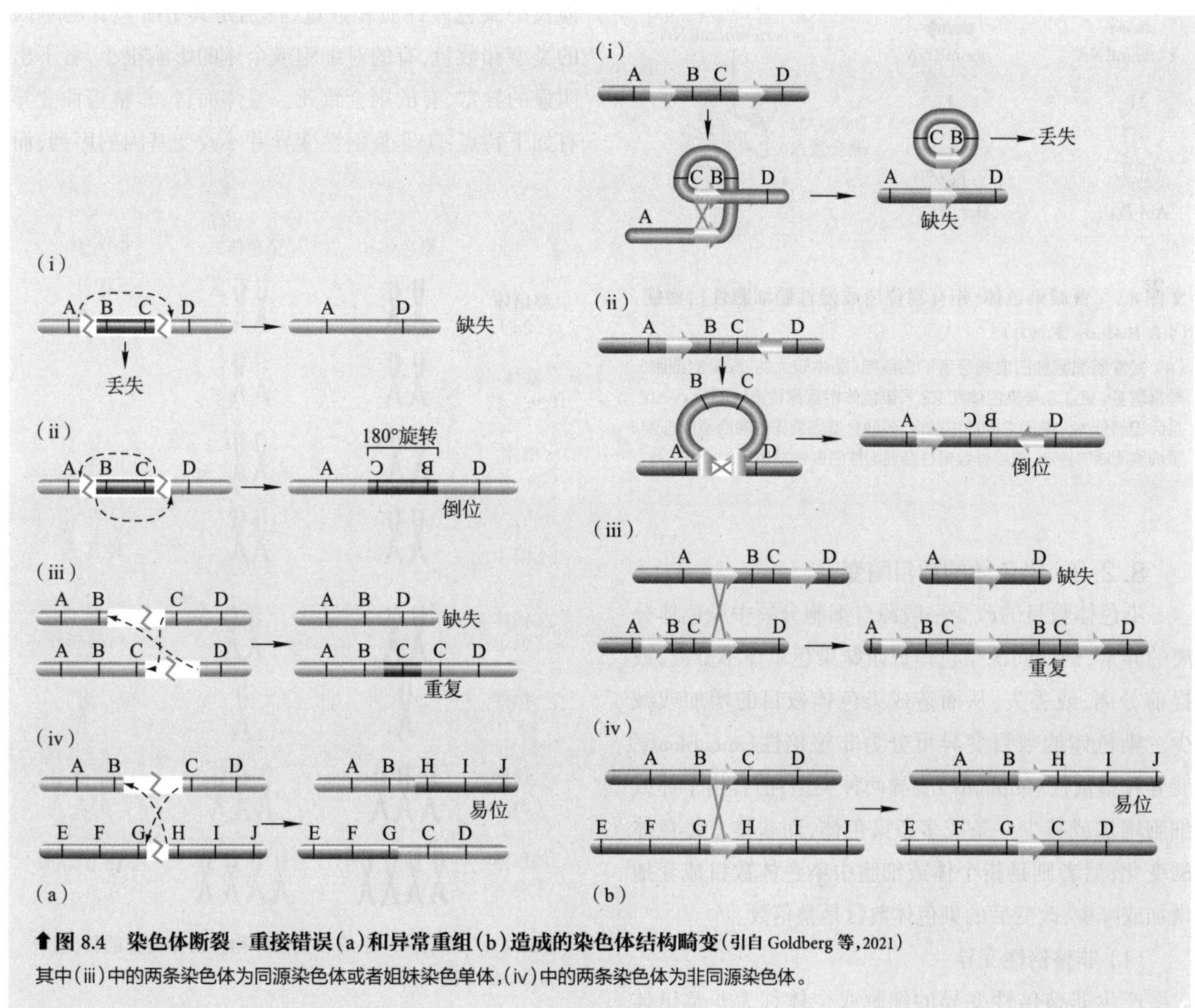

⬆图 8.4　染色体断裂 - 重接错误(a)和异常重组(b)造成的染色体结构畸变(引自 Goldberg 等,2021)

其中(iii)中的两条染色体为同源染色体或者姐妹染色单体,(iv)中的两条染色体为非同源染色体。

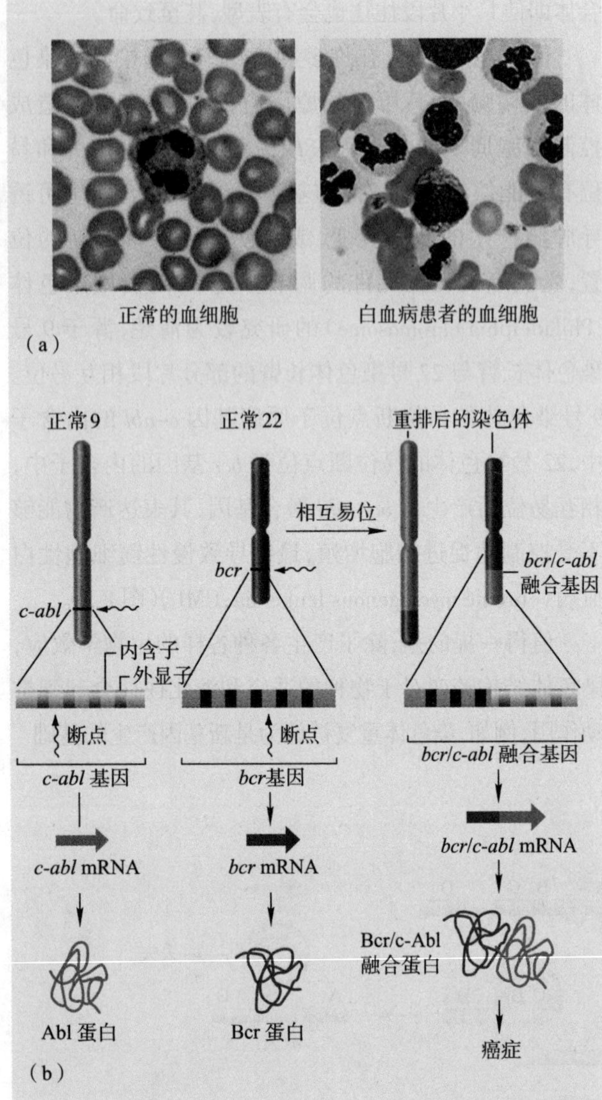

图 8.5　费城染色体：相互易位造成慢性髓细胞性白血病（引自 Goldberg 等，2021）

（a）慢性髓细胞性白血病患者的白细胞（图中较大的、深染的细胞）异常增多。（b）9 号染色体和 22 号染色体相互易位造成部分 *c-abl* 基因和部分 *bcr* 基因之间发生融合，该融合基因编码的融合蛋白逃避了细胞周期的控制，最终导致慢性髓细胞性白血病发生。

8.2.2　染色体的数目畸变

染色体数目的改变一般源自细胞分裂中染色体分离的异常，例如同源染色体或姐妹染色单体不分离，或提前分离，或丢失，从而造成染色体数目的增加或减少。染色体的数目变异可分为非整倍性（aneuploidy）变异和整倍性（euploidy）变异两种类型：前者指个体或细胞增加或减少一条或多条染色体，而非整套染色体的变化；后者则是指个体或细胞中染色体数目成套地增加或减少，改变后的染色体数目是整倍数。

（1）非整倍性变异

产生非整倍性变异的细胞或个体称为非整倍体（aneuploid），又称异倍体（heteroploid）。二倍体生物染色体的非整倍性变异可分为两类（图 8.6）：①缺少一条或几条染色体称为亚二倍体（hypodiploid），其中：丢失一条染色体称为单体（monosome/monosomic），记为 $2n-1$；丢失一对同源染色体称为缺体（nullisome/nullisomic），记为 $2n-2$。②多一条或几条染色体称为超二倍体（hyperdiploid），其中：多一条染色体称为三体（trisome/trisomic），记作 $2n+1$；多一对同源染色体称为四体（tetrasome/tetrasomic），记作 $2n+2$。

非整倍体产生的原因主要源于细胞分裂过程中个别染色体的行为异常，包括染色体不分离和染色体丢失。其中，染色体不分离可以分为有丝分裂不分离和减数分裂不分离；减数分裂不分离还可以进一步分为减数分裂Ⅰ不分离和减数分裂Ⅱ不分离（图 8.7）。减数分裂时染色体不分离或丢失可产生个别染色体增加或减少的非整倍性配子，与正常配子受精后可产生超二倍体或亚二倍体。

非整倍性变异可产生多种生物学效应，取决于所涉及的染色体性质和数量，特别是其中所包含的基因的类型和数量，有的对细胞或个体的影响很小，看不出明显的异常，有的则会致死。整体而言，非整倍性变异有如下特点：①非整倍性变异并不改变基因的序列，而

染色体1　染色体2　染色体3
整倍体（$2n$）
缺体（$2n-2$）
单体（$2n-1$）
三体（$2n+1$）
二倍体（$2x$）
一倍体（x）
三倍体（$3x$）
四倍体（$4x$）

图 8.6　二倍体产生的非整倍体和整倍体变异的种类（引自 Goldberg 等，2021）

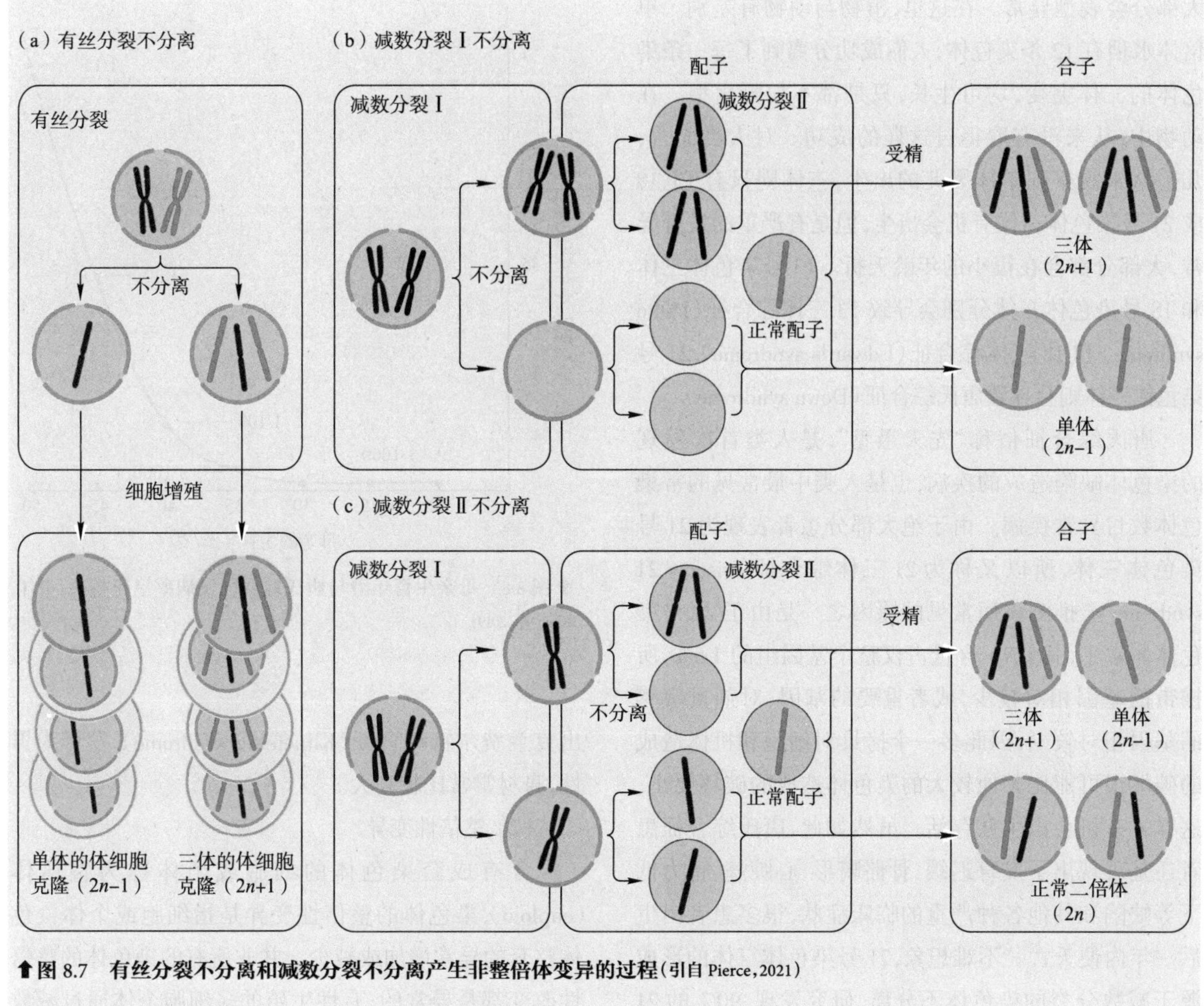

图 8.7 有丝分裂不分离和减数分裂不分离产生非整倍体变异的过程（引自 Pierce，2021）

是造成基因拷贝数的变化；由于整条染色体的增减涉及的基因数量较多，一般都会有表型效应，严重的常常会影响到个体的存活。②一般而言，染色体的异常增加比减少所造成的表型改变相对温和一些，例如，二倍体动物的常染色体单体通常都无法存活，而虽然大部分常染色体三体也是致死的，但是也有一些可短暂存活。③对于不同的物种，非整倍性变异的后果对于动物和植物有明显差异，一般动物对染色体数目的变化更加敏感，植物则相对更能容忍。因此，非整倍性变异在动物中大部分情况是致死的，只有少数非整倍体能存活，但是往往会有多种异常 / 疾病，非整倍体植物则常得以生存。④同一个物种对不同染色体的非整倍性变异的敏感性不一样，最典型的是常染色体和性染色体的区别，常染色体数目变异的表型往往比性染色体严重得多。例如，人类常染色体的任何单体均无法存活，三体中只有少数几种能出生，但是均会表现多种复杂的临床症状，并且很早就会去世；而 X 染色体的非整倍性变异个体则有相对较好的生存情况，只是往往生育能力明显降低。

单体和三体是两种常见的非整倍体变异。二倍体生物的常染色体单体突变一般都无法存活，最简单的解释是每条染色体上都含有很多基因，其中有不少基因会处于杂合状态，缺少了一条染色体后，留下来的那条染色体上携带的有可能是突变的等位基因，其中只要有一个基因是个体生存所必需的，就会导致这个单体无法存活。另一种可能性是，有些基因对剂量比较敏感，需要两个拷贝同时表达才能使个体正常存活，在这种情况下，缺失一条含有这种基因的染色体无疑对个体也是致命的。很多植物是多倍体，对于这样的物种，单体的危害性要相对小一些，例如，小麦是异源六倍体（$2n = 42$），理论上可以产生 21 种不同的单体，实际上人们确实得到了 21 种可以存活和繁殖的单体。

相对于单体，三体存活的可能性会大一些，只是大部分会表型异常。在这里，植物与动物有差别。单倍体水稻有 12 条染色体，人们成功分离到了每一条染色体的三体突变，均可生长，只是都不如野生型。在动物中，从来没有取得过这样的成功。对人类而言，几乎从未观察到单体婴儿的出生，三体则只有 13、18 或 21 号染色体三体有机会出生，但是有严重的发育异常，大部分都会在很小的年龄夭折。13 号染色体三体和 18 号染色体三体分别会导致 13 三体综合征（Patau syndrome）和 18 三体综合征（Edwards syndrome），21 号染色体三体则会导致唐氏综合征（Down syndrome）。

唐氏综合征俗称“先天愚型”，是人类首次发现的染色体缺陷造成的疾病，也是人类中最常见的常染色体数目异常疾病。由于绝大部分患者表现为 21 号染色体三体，所以又称为 21 三体综合征（trisomy 21 syndrome）。推测该病常见的原因之一是由于 21 号染色体非常小，其 DNA 含量占仅整个基因组的 1.5%，所携带的基因相对较少，或者重要的基因、对剂量敏感的基因相对较少，因此多一个拷贝对细胞和机体造成的破坏很可能比其他较大的染色体造成的破坏要小，这样才有机会出生并存活。虽然如此，唐氏综合征患者还是表现出了发育迟缓、骨骼畸形、心脏病、智力低下等缺陷和其他各种严重的临床症状，很多患者出生后一年内便夭亡。不难想象，21 号染色体三体的形成源于减数分裂的染色体不分离，研究发现，90% 的 21 号染色体不分离是母系起源的，即来自患者母亲的卵细胞，并且其中有 75% 的不分离发生在第一次减数分裂。一个惊人的发现是，母亲的生育年龄与孩子唐氏综合征的发病率高度相关，生育年龄在 30 岁左右时发病率约为千分之一，而 40 岁时则提高了十倍，达到了百分之一，随后发病率急剧上升，到 50 岁时可高达 1/15（图 8.8）。

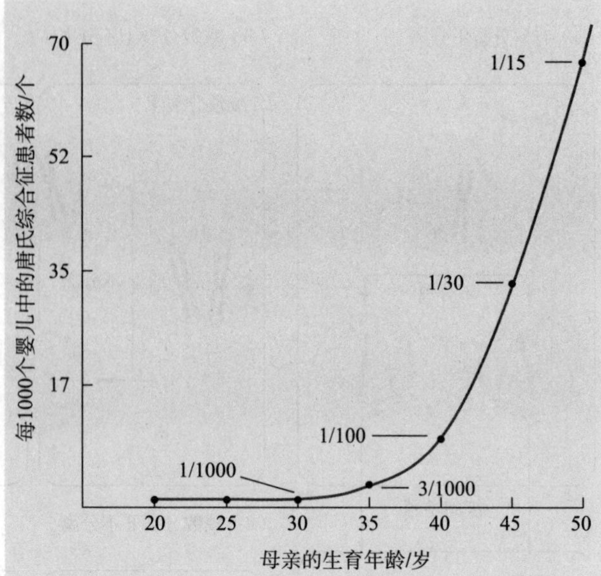

⬆**图 8.8　母亲生育年龄与唐氏综合征发病率呈正相关**（引自 Klug 等，2019）

由 X 或 Y 染色体数目异常所引起的人类疾病统称为性染色体病。跟常染色体形成鲜明对比的是，虽然 X 染色体是人类基因组中最长的染色体之一，占据了约 5% 的基因组，但是，该染色体的非整倍性变异的危害很有限，单体和三体患者本身均能相对正常地生活，主要症状是育性较低，此外，骨骼发育有一定的异常。常见的性染色体数目异常疾病主要有下面两种：①缺少一条性染色体的 XO 单体表现出特纳综合征（Turner syndrome），发育为女性，通常比较矮小。该病的发病率约为 1/2500，是已知人类中唯一的一种可存活的染色体单体变异。②多了一条性染色体的 XXY 三体表现出克兰费尔特综合征（Klinefelter syndrome），发育为男性，身材常常比较高大。

（2）整倍性变异

含有成套染色体的细胞或个体称为整倍体（euploid），染色体的整倍性变异是指细胞或个体染色体整套的异常增加或减少。并非所有的染色体的整倍性改变都是异常的，有性生殖的多细胞个体通过减数分裂形成配子的过程中会发生染色体减半，这是一种典型的染色体倍性的正常变化。人们把配子中所包含的整套染色体称为染色体组（chromosome complement/chromosome set），记为 n；把具有和一个物种的配子染色体数相同的细胞或个体称为单倍体（haploid），即含有一个染色体组（n）的细胞或个体；相应地，有性生殖物种的体细胞或合子的染色体数一般为 $2n$，这样的细胞或个体称为双体或二体（disome），或者 $2n$ 个体。

细胞或个体中染色体的套数状态称为倍性（ploidy）。由于染色体的整倍性变异涉及多倍体（polyploid）的现象，为了更好地介绍染色体的整倍性变异，我们在此引入另外一套从物种演化的角度入手定义染色体倍性的概念。现存的不少物种在漫长的演化历史中都经历过染色体加倍的事件，有的物种还经历过不止一次。在这样的物种中，大小、形态、结构类似的染色体（同源染色体）往往多于两套，从演化上来说属于多倍体。因此，追踪该物种的演化历史，跟该物种的祖先种或基本种相比较，才能准确地反映该物种染色体的真实倍性。一个物种的祖先种(基本种)中的染色体组称为该物种的基本染色体组(basic chromosome complement/basic chromosome set),又称染色体基数(chromosome basic number),记为 x。这实际上指的是一套具有不同大小、形态、结构以及连锁基因的非同源染色体,相当于一套不能配对的染色体。在此基础上,由一套基本染色体组构成的细胞或个体称为一倍体(monoploid),或者单元单倍体(monohaploid);由两套基本染色体组构成的细胞或个体称为二倍体(diploid),可记为 $2x$;由三套或三套以上基本染色体组构成的细胞或个体则称为多倍体。其中由三套和四套基本染色体组构成的细胞或个体分别称为三倍体(triploid,记为 $3x$)和四倍体(tetraploid,记为 $4x$),依此类推(见图 8.6)。一般动物都为二倍体,植物中常见多倍体。

单倍体个体可以是自发产生的,也可以是人工诱导的。动物中天然存在的单倍体非常少见,蜜蜂和蚂蚁是两个著名的例子,它们的雄性都是单倍体,雌性则是二倍体。例如,蜜蜂中的蜂王和工蜂的体细胞中有 32 条染色体,而雄蜂的体细胞中只有 16 条染色体,源于孤雌生殖所产生,为单倍体。植物中,目前已知有 36 个物种中出现过自发单倍体的植株,它们几乎都是无融合生殖(apomixis)的产物。例如,番茄、棉花、咖啡以及小麦中都有过自发的单倍体。多数植物都可通过花药或花粉培养来获得单倍体,也有用子房培养获得的。例如,单倍体的花粉细胞可首先诱导进入有丝分裂,形成胚状体(embryoid),然后采用植物激素处理可使其成长为一个完整的植株。

在动物中,自然发生的同源多倍体非常罕见,仅在雌雄同体的低等动物和个别鱼类中曾有发现。多倍体在植物界则较为常见。多倍体往往比二倍体植株高大、粗壮,花和果实也更大,经济价值高,因此受到育种业的青睐,目前我们日常接触到的经济作物和果蔬、花卉大部分都是多倍体,例如,六倍体的小麦,三倍体的香蕉、水仙,四倍体的番茄、葡萄、花生,八倍体的草莓,等等。不同物种杂交(远缘杂交)可产生异源多倍体(allopolyploid)。异源多倍体是植物育种的常规手段之一。如果将两个不同物种的二倍体植物杂交,可以得到异源的二倍体,但是由于它们的染色体均无法配对,因而是不育的;将这个植株用秋水仙碱进行加倍处理后,就会得到一个异源四倍体,这时所有的染色体均成双成对,就可以像常规的二倍体那样产生育性正常的配子、开花结果、稳定遗传下去,成为一种可育的异源四倍体。由于这个四倍体实际上是由两个不同物种的二倍体染色体组合而成的,因此又称为双二倍体(amphidiploid)。我国遗传育种学家鲍文奎先生采用类似的方法,将小麦和黑麦杂交,历经 30 多年,在 20 世纪 70 年代成功培育出异源八倍体新物种小黑麦(triticale),使其综合了小麦高产、蛋白质含量高和黑麦抗逆性强等优点,在我国高寒山区种植的产量明显高于小麦和黑麦,有力地证明了异源多倍体的杂交优势。

三倍体由于无法产生染色体平衡的配子,往往是不育的,结不出种子,只能依靠营养体繁殖。实际上,所有的倍性为奇数的多倍体都存在不育的问题。不过,很多三倍体植物都具有较强的生活力,营养器官等有经济价值的部位的产量也比较高,没有种子也给人们食用带来了更好的体验,凸显了经济价值,因此受到育种业的欢迎。对于那些不以种子为生产目的的花卉、水果和树木等植物来说,三倍体育种是一条重要的途径。人们利用这些特点已成功培育出一些很有经济价值的新品种,其中三倍体无籽西瓜就是一个成功的例子。

DNA 突变是一把双刃剑,既有可能损害基因的结构与功能,同时又为演化提供了素材,增加了遗传多样性。遗传物质的重组与变异构成了演化的基础。实际上,正是遗传物质的正常改变(遗传重组,包括染色体间重组与染色体内重组)与异常改变(突变),才共同成就了生命的不断演化以及当今丰富多彩的生命世界。

思考题

1. 遗传物质的变异都有哪些类型?这些变异对于性状及其遗传有什么影响?
2. 以自然选择为基础的达尔文演化论的一个重要基础是个体之间存在可遗传的性状差异。如何用遗传学理论帮助演化论解释性状变异的来源与遗传?
3. 狭义的基因突变是如何发生的?有些什么类型?基因突变跟表型有何关系?
4. 染色体畸变有哪些类型?各有什么特点?染色体畸变是不是都是有害的?
5. 突变如何影响人类健康和生活?

性状的决定与形成——从基因型到表型

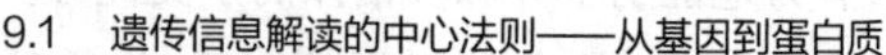

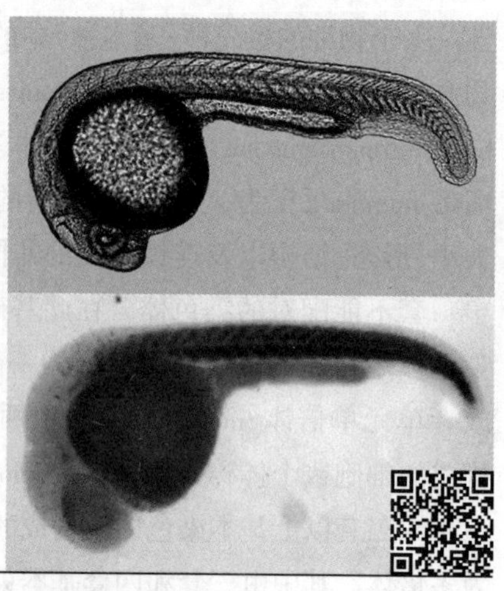

受精后一天的斑马鱼胚胎

上,活体胚胎;下,*myod1* 基因(编码肌细胞分化关键转录因子)的原位杂交结果,体节被特异染色。

在本篇的前三章我们主要介绍了性状(在个体之间)世代传递与变异的规律,本章我们集中介绍性状(在个体内)决定与形成的分子基础与机制。除了控制性状的世代传递之外,决定性状的形成也是遗传物质的一个重要使命。世代传递时涉及所有的遗传物质,或者说是整个基因组。但是,在性状形成过程中,起决定性作用的主要是基因。基因组的研究结果告诉我们,并非所有的遗传物质都属于基因,基因仅占整个基因组的一小部分,或者说基因只是遗传物质的一部分。需要强调的是,前三章介绍的复制、突变、分离、自由组合、交换重组等是作为遗传物质的 DNA 分子本身固有的性质,而并不是基因独有的功能,本章介绍的性状的决定与形成才是属于基因所独有的功能和性质。

9.1 遗传信息解读的中心法则——从基因到蛋白质

9.1.1 性状决定的分子基础——基因主要通过其产物决定性状

一切生命现象皆可视为性状,具体体现在生物体各种层次的结构与功能及其动态变化上。生命现象可以从数学、物理、化学等不同的角度着眼,可以从分子、细胞、组织器官等不同的层次进行解读。生物体的形态建成和功能变化等一切生命活动都属于物质和能量的新陈代谢,它们在分子本质上都是基于生命体的化学反应,或者说生化反应,而生化反应都直接或间接地依赖于蛋白质这种生物大分子。在结构上,蛋白质可以直接作为分子构件形成生物体的各种实体结构,例如毛发、细胞骨架等;在代谢上,基本上所有的生化反应都需要酶来进行催化,而绝大多数的酶是蛋白质。可以简单地说,蛋白质构成了性状的分子基础。那么,基因是如何决定蛋白质的呢?如何揭示基因跟蛋白质之间的关系呢?

20 世纪 40 年代美国遗传学家比德尔和塔特姆关于红色面包霉精氨酸代谢通路的工作,极大地推动了基因和蛋白质关系的研究。红色面包霉作为一种子囊类真菌(见第 19 章),不仅很容易大量、快速培养,而且能够以单倍体的形式生长、增殖,单个等位基因突变即可直接观察表型,便于进行大规模的突变筛选与鉴定。比德尔和塔特姆团队利用 X 射线或紫外线随机诱变红色面包霉的子囊孢子,筛选到一系列无法合成精氨酸的营养缺陷型(auxotroph)菌株。野生型菌株能够在仅含有碳源(一般为葡萄糖)、无机盐和生物素的基本培养基(minimal medium)上生长,又称为原养型(prototroph)菌株;精氨酸营养缺陷型突变菌株则需要额外添加精氨酸才能正常生长。进一步研究发现,不同的精氨酸营养缺陷型突变可以合并为三个不同基因的突变。同时,根据其他学者的研究结果,精氨酸是经过一系列的生化反应合成出来的,在此过程中会产生鸟氨酸(ornithine)和瓜氨酸(citrulline)等中间产物,而每一个中间产物都是由相应的酶催化产生的(图 9.1)。经过精细分析发现,上述三个基因的突变株在对中间产物的需求上表现出不同的表型,据此可分为如下三种类型：Ⅰ类在基本培养基中补充鸟氨酸、瓜氨酸或者精氨酸均可生长；Ⅱ类补充瓜氨酸或精氨酸可生长，但是补充鸟氨酸却无法挽救精氨酸营养缺陷的表型；Ⅲ类则只有补充精氨酸才能生长（图 9.1）。这个结果说明，这三类突变菌株在生化途径上分别被阻断在了鸟氨酸生成、瓜氨酸生成和精氨酸生成这三个不同的代谢步骤，也就是说，每一个基因的突变表现为其中某一个步骤的缺陷，这很可能是因为缺乏了催化相应代谢步骤的酶。换句话说，每一个突变所对应的野生型等位基因的正常功能很可能是控制相应步骤的酶的产生或活性。上述工作构成了“一基因一酶”假说的实验基础，两位科学家于 1958 年获得了诺贝尔生理学或医学奖。随着人们对基因和蛋白质更深入的研究和了解，

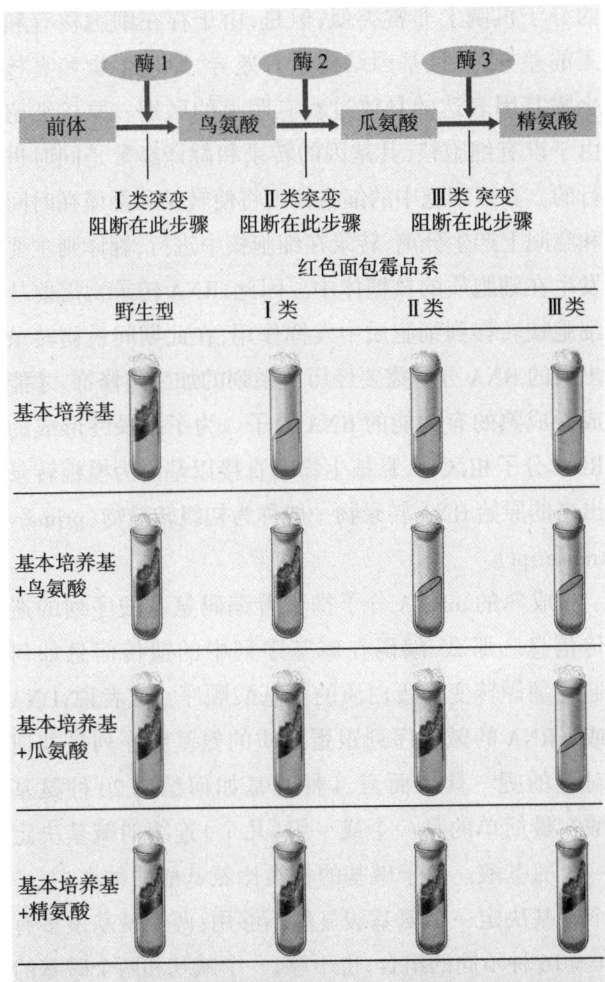

图 9.1 比德尔和塔特姆关于红色面包霉精氨酸代谢通路突变的研究（引自 Solomon 等，2019）

3 类突变菌株均无法在基本培养基上生长，其中Ⅰ类突变菌株补充鸟氨酸、瓜氨酸或者精氨酸均可生长；Ⅱ类补充鸟氨酸无法生长，补充瓜氨酸或精氨酸可生长；Ⅲ类只有补充精氨酸才能生长。据此可推测 3 种突变分别阻断了精氨酸合成通路的 3 个不同步骤，并且按照Ⅰ、Ⅱ、Ⅲ的顺序排列。

“一基因一酶”假说进一步被修正为“一基因一多肽”。不过，如前所述，并非所有的基因都编码蛋白质，有很多基因是以 RNA 转录产物的形式起作用的。基因的概念仍在不断发展之中。

9.1.2 性状决定的分子机制——从基因到蛋白质的中心法则

基因是如何决定蛋白质的合成和序列的呢？20 世纪 50 年代，人们通过放射性同位素标记实验发现，真核细胞中蛋白质的合成是在细胞质中进行的。由于大部分基因位于细胞核内，因此，人们推断在基因和蛋白质之间应该存在一种分子作为中介，负责把基因所携带的遗传信息从细胞核传递到细胞质中，并指导蛋白质的合成。这个中介就是 RNA。以 RNA 为中介，遗传信息的解读主要分为两个步骤：首先以 DNA 的一条链为模板，通过碱基互补配对的方式合成单链 RNA 分子，这个过程称为转录（transcription）；然后，以 RNA 为模板，在核糖体中合成蛋白质（确切地说是多肽链），这个过程称为翻译（translation）。遗传信息通过转录从 DNA 转移到 RNA，再通过翻译指导蛋白质合成的逐步传递的过程称为基因表达的中心法则（图 9.2），1957 年由克里克首先提出。可以说，中心法则简明地描绘了性状决定的分子机制。中心法则所界定的遗传信息流适用于绝大多数物种，生动地体现了生命的共性。

一般而言，转录只发生在 DNA 双螺旋的一条链上。为 RNA 提供序列信息使其通过碱基互补配对完成转录的那条 DNA 链称为模板链（template strand），又称非编码链（non-coding strand）、反义链（antisense strand）或负链（minus strand/negative strand）；跟模板链反向互补的那条链由于跟 RNA 序列相同，因此称为编码链（coding strand），又称为有义链（sense strand）或

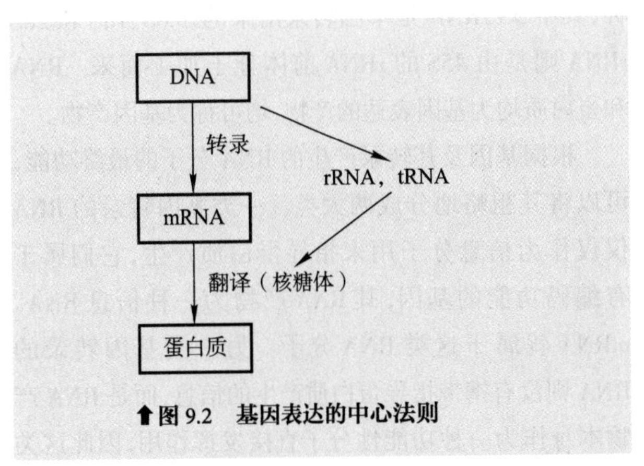

图 9.2 基因表达的中心法则

正链(plus strand/positive strand)。每条染色体(DNA分子)都包含了多个基因,模板链对于每一个基因而言都是固定的,但是不同的基因有可能采用不同的单链作为自己的模板链,也就是说,对于整条DNA分子而言,并没有模板链和非模板链的区分,具体哪条链是模板链因基因而异。不过,基因转录的方向是固定的,跟DNA复制类似,也是从5′端开始,向3′端延伸。为了便于科研交流,作为共识,人们通常采用编码链的序列来表示基因的序列,并且按照5′→3′的顺序书写,跟基因转录的方向一致。转录出来的RNA产物称为转录物(transcript)。最初转录出来的RNA产物通常需要经过进一步的加工和修饰,才能成为成熟的有功能的RNA分子。其中只有mRNA会被翻译成蛋白质。除了mRNA,蛋白质翻译还需要rRNA和tRNA参与,这两类RNA均不编码蛋白质。这三类RNA都是单链线性分子,但是分子内部有可能通过碱基互补配对局部形成二级结构,并进一步折叠形成更复杂的三级结构。每一类RNA都包含多种不同的分子。mRNA是合成蛋白质的指导模板,它的种类跟基因的数量有关,每个基因可以转录出一种或多种mRNA,每种mRNA通常产生一种多肽链。tRNA主要负责转运氨基酸和识别mRNA上的密码子,共有50种左右。每一种tRNA通常只结合一种特定的氨基酸和识别一种特定的密码子,是连接遗传密码和氨基酸的直接桥梁。由于只有20种氨基酸,因此,大多数氨基酸都有多种不同的tRNA与其对应。rRNA是核糖体的重要组成部分,它既可作为核糖体的骨架,又在蛋白质翻译过程中发挥重要的催化作用。rRNA的种类不多,但是需求量很大,因此在细胞中的含量是所有RNA中最高的。此外,原核生物和真核生物的rRNA有区别:原核生物的rRNA有5S、16S和23S三种,由一个30S的rRNA前体分子切割而来;真核生物的rRNA则为5S、5.8S、18S和28S四种,其中5S rRNA是单独转录出来的,5.8S、18S和28S rRNA则是由45S的rRNA前体分子加工而来。RNA和蛋白质均为基因表达的产物,均可称为基因产物。

根据基因及其转录产生的RNA分子的最终功能,可以将其粗略地分成两大类。一类基因转录的RNA仅仅作为信息分子用来指导蛋白质产生,它们属于有编码功能的基因,其RNA产物为一种信息RNA。mRNA就属于这类RNA分子。另一类基因转录的RNA则没有携带指导蛋白质产生的信息,而是RNA产物本身作为一种功能性分子直接发挥作用,因此这类基因称为非编码基因,其RNA产物称为非编码RNA(non-coding RNA)。显然,rRNA、tRNA就属于非编码RNA分子。细胞中大多数基因都属于编码基因,均转录产生mRNA,但是,细胞中非编码的功能性RNA的数量却在总RNA中占有绝对优势。例如,在一个典型的活跃增殖的真核细胞中,rRNA和tRNA加起来合计可以占到总RNA的95%,而mRNA仅占5%。为什么会这样呢?这是因为rRNA和tRNA往往比mRNA稳定,在细胞中存在的时间较长;此外,rRNA和tRNA基因的转录异常活跃,在活跃增殖的真核细胞中,这两种基因的转录占到整个细胞核基因转录活动的一半,在酵母中甚至可高达80%。

细胞是生命活动的基本单位,基因表达也是在细胞中进行的。虽然原核生物和真核生物在转录和翻译的分子机制上非常类似,但是,由于存在细胞核有和无的差异,并且基因结构也有差异,原核生物和真核生物基因表达的具体过程有明显的区别。原核细胞由于没有细胞核,其基因的转录和翻译经常是同时进行的。真核细胞中的细胞核则将使转录和翻译在时间和空间上产生分离,转录在细胞核中进行,翻译则主要发生在细胞质的核糖体中。因此,RNA转录物需要从细胞核转移到细胞质中发挥作用,在此期间最初转录出来的RNA分子需要经历一系列的加工与修饰,才能成为成熟的有功能的RNA分子。为了跟最终形成的RNA分子相区分,真核生物中直接以基因为模板转录出来的原始RNA转录物一般称为初级转录物(primary transcript)。

成熟的mRNA分子携带着编码氨基酸序列的遗传信息。那么,编码在碱基序列中的遗传信息如何通过翻译转变为蛋白质的氨基酸顺序?或者说,DNA或mRNA的碱基序列跟蛋白质的氨基酸序列是如何对应的呢?具体而言,4种碱基如何编码20种氨基酸?最简单的是一个或一组(几个)连续的碱基决定一个氨基酸。由于碱基的种类比氨基酸的种类少,一个碱基决定一个氨基酸显然不够用;两个碱基最多有$4^2=16$种不同的组合,也不够;一个碱基和两个碱基的组合数加起来正好够20个,但是这样在两个组合之间还需要有停顿信号或者间隔信号,用来区分每一个组合,而这20个组合仅够对应20种氨基酸,已经没有多余的组合作为间隔信号了;如果用三个碱基决定一个氨基酸,则会有$4^3=64$种组合,对应20种氨基酸绰绰有余。这个三联体密码(triplet code)的猜想在20世纪

60年代通过一系列巧妙设计的实验得到了证实。美国生化学家尼伦伯格(Marshall W. Nirenberg,1927—2010)及其合作者人工合成了一条多聚尿嘧啶核苷酸链(poly-U),把它加入从大肠杆菌提取的含有20种氨基酸、tRNA、核糖体的体外翻译体系中,发现最终合成了多聚苯丙氨酸,从而破解出了第一个密码子UUU。随后,美国霍拉纳(Har G. Khorana,1922—2011)等更多的学者采用类似或不同的方法参与了破解密码子的工作,到1967年,64种密码子全部被破译(图9.3)。

这些密码子是将DNA上的遗传信息转换为蛋白质上的氨基酸信息的密码,其重要性不言而喻。密码子一般采用mRNA上的碱基序列表示,按照5′→3′的方向书写(跟翻译的方向一致)。三联体密码还具有如下的性质和特点:①密码子具有特异性:一个三联体密码只决定一种氨基酸。②密码子具有简并性(degeneracy):一个氨基酸可以对应多个密码子。除了Met和Trp,其他氨基酸都有两个或以上的密码子;最多的是Arg、Leu、Ser,每一个都有6个密码子。③密码子的排列具有连续性:密码子在mRNA上连续排列,相互之间没有间隔,仅在极少数情况下有重叠。④有一个常用的起始密码子(start codon/initiation codon):AUG,它既编码甲硫氨酸又是起始密码子,决定蛋白质翻译的起始位置。也就是说,多肽链在翻译时第一个氨基酸往往是甲硫氨酸(少数情况下,原核生物也可以利用GUG、UUG作为起始密码子)。起始密码子决定了多肽链的读码框(又称阅读框,reading frame)。理论上每条mRNA都有三种潜在的读码框,一般只有一个是正确的。⑤有三个终止密码子(stop codon/termination codon):UAG、UAA和UGA,它们不编码任何氨基酸,只是作为终止信号用来结束mRNA的翻译。⑥密码子具有保守性或者通用性:不同的物种采用同一套密码子,只有极少数的例外;不过,不同物种在密码子的使用上具有偏好性。⑦根据对氨基酸序列的影响,密码子突变主要可分为4种类型:沉默突变、移码突变、错义突变、无义突变。

9.1.3　基因的转录与RNA的加工

跟复制类似,转录同样是一个复杂的过程,除了需要DNA作为模板和三磷酸核糖核苷(NTP)作为底物,还需要多种蛋白质参与,其中最重要的是RNA聚合酶(RNA polymerase)。真核生物的细胞核里有三类RNA聚合酶,负责催化合成不同种类的RNA分子。大部分rRNA由RNA聚合酶Ⅰ在核仁中合成,编码蛋白质的mRNA由RNA聚合酶Ⅱ合成,tRNA和5S rRNA则由RNA聚合酶Ⅲ合成。细菌则只有一种RNA聚合酶,负责所有RNA的转录。RNA聚合酶并不是一个单一的多肽链,而是由多条不同的多肽链作为亚基组成的巨大而复杂的蛋白质复合物。由于基因或者转录是有方向性的,一般将编码链5′端所在的DNA区域或者

第一位碱基(5′端)	第二位碱基				第三位碱基(3′端)
	U	C	A	G	
U	UUU Phe UUC Phe UUA Leu UUG Leu	UCU Ser UCC Ser UCA Ser UCG Ser	UAU Tyr UAC Tyr UAA 终止 UAG 终止	UGU Cys UGC Cys UGA 终止 UGG Trp	U C A G
C	CUU Leu CUC Leu CUA Leu CUG Leu	CCU Pro CCC Pro CCA Pro CCG Pro	CAU His CAC His CAA Gln CAG Gln	CGU Arg CGC Arg CGA Arg CGG Arg	U C A G
A	AUU Ile AUC Ile AUA Ile AUG Met	ACU Thr ACC Thr ACA Thr ACG Thr	AAU Asn AAC Asn AAA Lys AAG Lys	AGU Ser AGC Ser AGA Arg AGG Arg	U C A G
G	GUU Val GUC Val GUA Val GUG Val	GCU Ala GCC Ala GCA Ala GCG Ala	GAU Asp GAC Asp GAA Glu GAG Glu	GGU Gly GGC Gly GGA Gly GGG Gly	U C A G

图9.3　密码子表
其中AUG既编码甲硫氨酸,同时也是翻译起始密码子。

RNA 的 5′ 端区域称为基因或 RNA 的上游(upstream),编码链 3′ 端所在的区域或者 RNA 的 3′ 端区域称为基因或 RNA 的下游(downstream)(图 9.4)。

以 mRNA 为例,转录主要分为三个步骤,分别是起始(initiation)、延伸(elongation)和终止(termination)。RNA 聚合酶或者真核生物中含有 RNA 聚合酶的转录复合物可以识别并结合到特定的基因区域,这一段 DNA 序列称为启动子(promoter),位于基因的上游区域,长度一般在 20 ~ 200 bp(图 9.4)。RNA 聚合酶或者转录复合物结合到启动子上之后,并不是马上开始合成 RNA,而是沿着 DNA 向基因的下游方向移动,直到遇到转录起始位点(transcription initiation site)或称转录起点(transcriptional start point)才正式开始转录。因此,RNA 聚合酶Ⅱ的启动子本身一般不会被转录。不同基因的启动子序列稍有不同,会影响到其跟 RNA 聚合酶结合的活性,从而影响基因表达的强弱和时空特异性。真核生物中,RNA 聚合酶自身无法直接结合启动子和启动转录,而是需要其他蛋白质的辅助,这些辅助因子称为转录因子(transcription factor)。以 RNA 聚合酶Ⅱ为例,广义的转录因子可以大致分为两大类:一类是对所有的 RNA 聚合酶Ⅱ介导的转录都必需的,称为通用转录因子(general transcription factor);另一类因子仅影响转录的效率和速度,包括转录激活因子(transcriptional activator)和阻遏物(又称阻遏蛋白,repressor)。不同的基因有不同的转录激活因子和阻遏物,对基因的表达具有重要的调控作用。通用转录因子和 RNA 聚合酶按照一定的顺序结合到启动子上,三者共同形成转录起始复合体(transcription initiation complex),决定转录开始的位置。

转录可以从头起始,不需要引物,这是跟 DNA 复制的不同之处。在转录起始位点,RNA 聚合酶根据 DNA 模板链的碱基选择互补配对的几个 NTP 底物与之结合,催化它们之间生成磷酸二酯键,从而合成 RNA 链的最初 2 ~ 9 个核苷酸。转录物的第一个核苷酸通常来自 GTP 或 ATP。转录延伸的生化反应过程跟 DNA 复制类似,只是底物用的是 NTP(DNA 复制使用 dNTP)。RNA 聚合酶的持续合成性(processivity,即在每一次结合和解离 DNA 之间持续不断地延长 RNA 链的能力)很强,原核生物中可达 10^4 个核苷酸,真核生物中可达 10^6 个核苷酸。RNA 聚合酶转录的速率也很快,原核生物可达每秒 70 个核苷酸,真核生物则为每秒 40 个核苷酸。RNA 聚合酶离开启动子起始下游转录后,该启动子往往可以继续结合新的聚合酶,启动新的转录。这个过程可以不断进行,这样就会沿着 DNA 出现一系列正在转录中的 RNA 分子和 RNA 聚合酶,从前到后、RNA 由短到长依次排列,转录起始位点处的 RNA 最短。在电子显微镜下可以捕捉到这一场景,呈现出冷杉样的分枝结构,中间为 DNA,两侧的“树枝”为聚合酶以及从 DNA 转录出来的 RNA。如果 DNA 上串联有多个不同的基因,还可以看到成串排列的“转录树”(图 9.5)。这样的转录方式可以保证基因大量表达,一个基因往往可以产生上千个转录物。

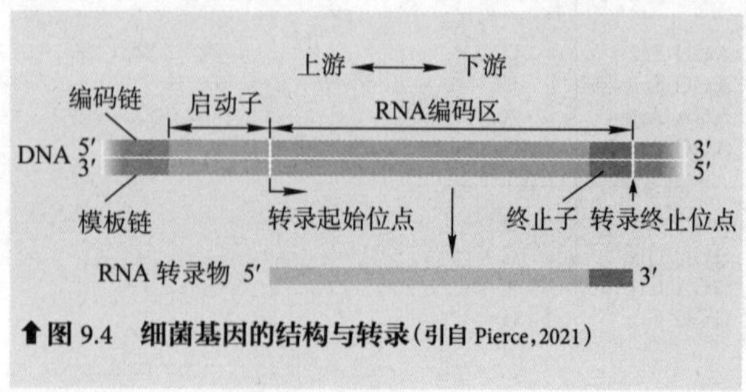

图 9.4 细菌基因的结构与转录(引自 Pierce,2021)

原核生物和真核生物的转录终止机制不同。原核生物的基因中有特定的序列起到转录终止信号的作用,称为终止子(terminator),长度在 40 bp 左右(图 9.4)。细菌的 RNA 聚合酶转录通过终止子后就会马上脱离 DNA 模板,并释放出新合成的 RNA 分子,结束转录。真核生物 RNA 聚合酶Ⅱ转录的基因下游存在一段多腺苷酸化信号序列(polyadenylation signal sequence),转录后产生由 AAUAAA 六核苷酸序列构成的多腺苷酸化信号(polyadenylation signal,poly-A signal)或称加 A 信号、加尾信号,该序列旋即被特定的蛋白质识别并结合,RNA 聚合酶Ⅱ则继续向下游转录。随后,上述特定的蛋白质在 AAUAAA 序列下游 10 ~ 35 个核苷酸附近切断新合成的 RNA 分子,释放出 RNA 转录物;同时,细胞核内的核酸酶将会从新暴露的 5′ 端开始降解下游残留的 RNA 链,在此过程中 RNA 聚合酶Ⅱ会继续转录,直到被核酸酶追上才会从 DNA 上脱离,结束转录。从转录起始到转录终止的整个可被转录的 DNA 区域称为转录单位(transcription unit)。新形成的 RNA 分子中,其 5′ 端的核苷酸带有三个磷酸基团(通常为 pppG 或 pppA),3′ 端的核苷酸则带有羟基。此外,原核生物中操纵子区域的一个转录物中往往包含多个基因,而真核生物的基因一般都是单独转录,每个 RNA 仅对应一个基因。

mRNA 中并非所有的序列都用来翻译蛋白质,转

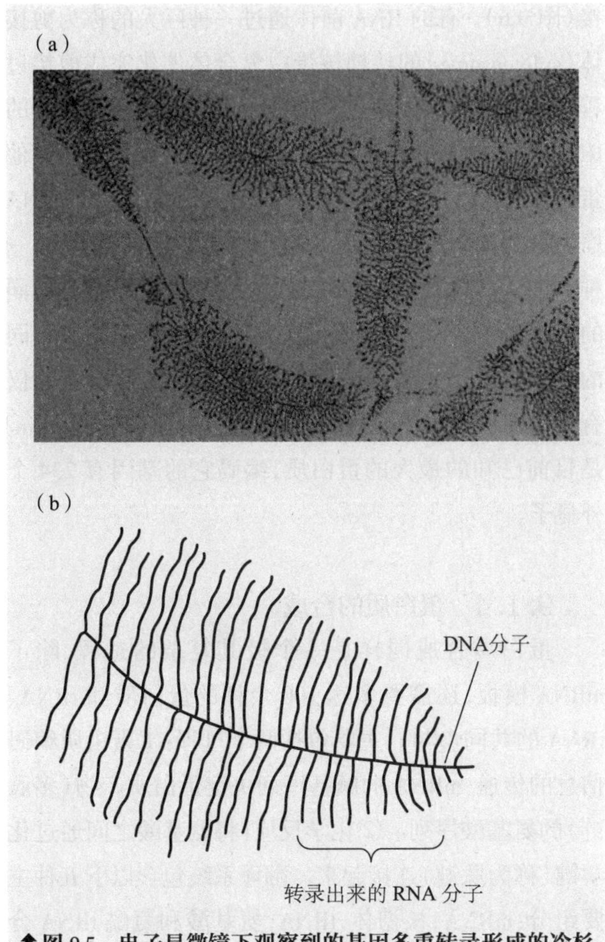

⬆图 9.5 电子显微镜下观察到的基因多重转录形成的冷杉样结构(引自 Pierce,2021)

(a) 电镜下拍到的冷杉样结构。(b) 冷杉样结构的模式图。中间的"树干"为 DNA 分子的一部分(基因区),"树枝"为以 DNA 为模板转录出来的 RNA 分子。随着转录复合体不断沿着 DNA 模板向下移动,RNA 分子依次逐渐变长。

录起始发生在蛋白质编码序列上游(编码序列之前)的某个位置,转录起始位点和翻译起始密码子并不是重合的,两者之间存在一定的距离;同样,转录也并非在翻译终止密码子处终止,而是在其下游某处终止。mRNA 中位于翻译起始密码子上游的 5′ 端非编码序列称为前导序列(leader sequence),又称 5′ 非翻译区(5′-untranslated region, 5′-UTR);相应地,位于蛋白质合成的终止密码子下游的 3′ 端非编码序列称为尾随序列(trailer sequence),又称 3′ 非翻译区(3′-untranslated region, 3′-UTR)(图 9.6)。这些非编码序列虽然不会被翻译,但是它们对于基因的表达往往具有重要作用。例如,前导序列中含有可被核糖体识别并结合的位点。

原核生物中,新转录出来的 mRNA 一般可直接作为模板指导蛋白质的合成,并且通常是在转录的同时就开始翻译。真核生物中,转录和翻译分别在细胞核和细胞质中进行,编码蛋白质的核基因的大部分初级转录物需要在细胞核中经过一系列的修饰和加工,然后才能被转运到细胞质中用于蛋白质翻译,这个过程称为 RNA 的成熟,或者 RNA 的转录后加工(post-transcriptional processing),主要包括两端的修饰和 RNA 剪接(图 9.6)。mRNA 的初级转录物称为前信使 RNA(pre-messenger RNA),或前 mRNA(pre-mRNA),或 mRNA 前体(precursor mRNA)。细胞核中的蛋白质编码基因开始转录出 20~40 个核苷酸,RNA 转录物的 5′ 端即会在特定的酶的催化下发生加帽(capping)反应,在 5′ 端加上一个 7′ 位甲基化的鸟苷酸,跟转录物原有的三磷酸的末端磷酸的羟基基团相连,形成 mRNA 特有的 5′ 帽(5′-cap)结构,通常写作 m7GpppN。这个结构非常重要,没有它核糖体就无法跟 mRNA 结合。5′ 帽结构还能够保护 mRNA 不被降解,这被认为是真核生物的 mRNA 比细菌稳定的原因之一。真核生物

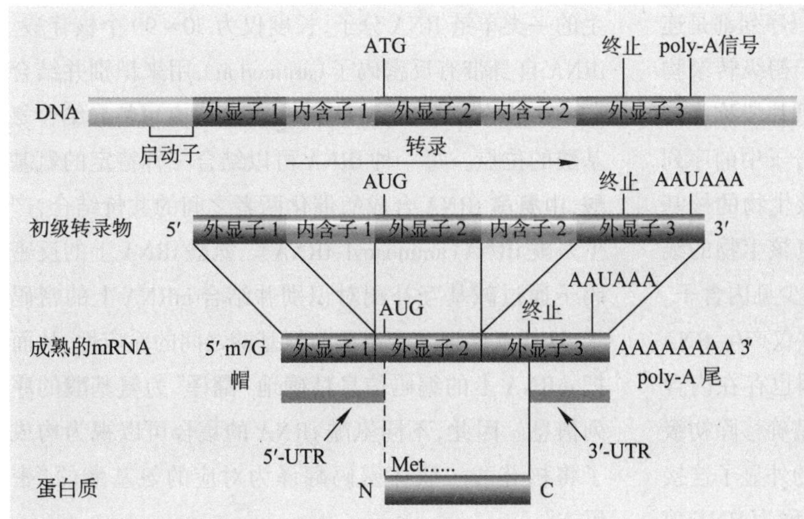

⬅图 9.6 真核生物蛋白质编码基因及表达过程示意图(引自 Goldberg 等,2021)

图示为编码胶原蛋白的基因结构及表达过程。转录后首先产生含有内含子和外显子的初级转录物,随后内含子被切除,外显子连接在一起,同时 5′ 端加上帽结构、3′ 端加上 poly-A 尾,才能成为成熟的 mRNA。mRNA 中起始密码子之前的部分为 5′-UTR,终止密码子之后的部分为 3′-UTR。

mRNA 的半衰期一般为 30 min 到 24 h，哺乳动物细胞 mRNA 的半衰期平均为 10 h，而细菌 mRNA 的半衰期通常只有 2 min。此外，5′ 帽结构还有助于 mRNA 的出核转运。

真核生物 mRNA 的另一种修饰是 3′ 端的多腺苷酸化（polyadenylation）或称加尾。细胞核中有特定的酶可识别 mRNA 转录物中的加尾信号，在加尾信号下游附近切割 mRNA 前体分子，随后加上 50～250 个腺苷酸，称为多 A 尾或 poly-A 尾（poly-A tail）（图 9.6）。跟 5′ 帽类似，poly-A 尾也有多种重要作用，它有助于 mRNA 的出核转运，可以稳定细胞质中的 mRNA，延缓其降解（poly-A 尾越长，mRNA 越稳定），并且还能够帮助核糖体识别 mRNA，从而协助翻译的起始。

除了两端的修饰之外，真核生物的 mRNA 前体还需要在细胞核内经历一个复杂的加工过程才能成为成熟的 mRNA，然后才能被转运出核用于指导蛋白质的合成。人类基因组转录单位（初级转录物）的平均长度为 27 000 个核苷酸，但是多肽链的平均长度为 400 个氨基酸，仅需要 1 200 个核苷酸用来编码，这说明在编码基因的初级转录物中有相当一部分属于非编码序列。人们惊讶地发现，mRNA 除了在其两端存在非编码序列（5′-UTR 和 3′-UTR）之外，在 mRNA 前体的编码序列内部（起始密码子和终止密码子之间）也存在不被翻译的非编码序列，并且这样的非编码序列往往不止一段，而是分成多段，在编码序列之内间隔排列，从而将编码序列分割成多个不连续的片段。这就是著名的断裂基因现象。这些分散在编码序列内部、将编码序列分隔开的非编码序列打乱了读码框，因此，真核生物必须移除 mRNA 前体中的大部分非编码序列，特别是所有位于编码序列内部的那些非编码序列，从而保证最终成熟的 mRNA 分子中所有的编码序列都是连续的，并且具有正确的读码框。仅存在于初级转录物中，在成熟的 RNA 分子中会被切除的序列片段称为内含子，而经加工后被保留在成熟的 RNA 分子中的序列片段则称为外显子（图 9.6）。大部分真核生物的核基因都含有内含子，而原核生物以及某些真核生物的线粒体、叶绿体等核外细胞器的基因中则很少见内含子。真核生物的核基因中，除了编码基因，一些仅产生 RNA 产物（例如 rRNA 和 tRNA）的非编码基因也存在内含子。通过剪切—拼接等多种特殊的机制精确移除初级转录物（RNA 前体）中的内含子，将所有的外显子连接起来，最终形成成熟的 RNA 分子的过程称为 RNA 剪接（图 9.6）。有的 RNA 前体通过一种巨大的称为剪接体（spliceosome）的核糖核蛋白复合体催化完成剪接过程；有的 RNA 前体则在其内含子中含有具催化活性的 RNA 序列，能够催化自身的剪接，不需剪接体或者其他蛋白质性质的酶的参与。这种自带催化活性的 RNA 序列称为核酶（ribozyme）。对于绝大多数真核生物，一种 RNA 前体可以由于不同的剪接方式而产生出不同的外显子组合，形成不同的成熟 mRNA，因而合成不同的蛋白质。不同基因的外显子数目差异很大，有的仅有一个外显子，有的则有上百个。例如，肌联蛋白（titin）是目前已知的最大的蛋白质，编码它的基因有 234 个外显子。

9.1.4　蛋白质的合成

蛋白质合成同样是一个极其复杂的过程，除了 mRNA 模板，还需要多达 100 余种的蛋白质和 rRNA、tRNA 的共同参与。主要包括两个过程：①蛋白质编码信息的传递：mRNA 的碱基序列决定蛋白质产物（多肽链）的氨基酸序列。②化学反应：将氨基酸之间通过化学键（称为肽键）连接起来。翻译系统包含以下五种主要组分：mRNA，核糖体，tRNA，氨基酸和氨酰 tRNA 合成酶（aminoacyl-tRNA synthetase），翻译的起始、延伸、终止因子。原核生物的翻译发生在整个细胞中，往往跟转录偶联；真核生物的翻译则发生在细胞质中，在时间和空间上跟转录是分离的。真核生物的线粒体和叶绿体中拥有自己的翻译系统。

虽然都属于生物大分子，但是 RNA 和蛋白质在结构和性质上完全不同。那么，mRNA 是如何指导与其结构迥异的蛋白质的合成的呢？在 mRNA 和蛋白质之间起到桥梁作用的是 tRNA。tRNA 是由基因转录产生的一类单链 RNA 分子，长度仅为 70～90 个核苷酸。tRNA 自身带有反密码子（anticodon），用来识别并结合 mRNA 上的密码子；tRNA 的 3′ 端还带有可特异结合氨基酸的位点。每一种 tRNA 可以结合一种特定的氨基酸，由氨酰 tRNA 合成酶催化两者之间的共价结合，产生氨酰 tRNA（aminoacyl-tRNA）。氨酰 tRNA 上的反密码子通过碱基互补配对识别并结合 mRNA 上的密码子，这样就保证了密码子与氨基酸之间的对应性，从而把 mRNA 上的编码信息精确地“翻译”为氨基酸的序列信息。因此，不同氨酰 tRNA 的集合可以视为构成了将核苷酸三联体密码翻译为对应的氨基酸的“密码本”。

核糖体是翻译活动进行的场所，是一个巨大的核糖核蛋白复合体，含有约40%的蛋白质和约60%的rRNA。核糖体由大、小两个亚基构成，细菌核糖体的小亚基包含21种蛋白质和1种rRNA（5S rRNA），大亚基则包含34种蛋白质和两种rRNA（16S rRNA和23S rRNA）。核糖体上有一个mRNA的结合位点和三个tRNA的结合位点，分别称为A位点（aminoacyl site）、P位点（peptidyl site）和E位点（exit site）（图9.7a）。A位点可结合携带氨基酸的氨酰tRNA，P位点结合的则是带有新生肽链的tRNA，E位点结合的是已经释放了所携带的氨基酸、准备离开核糖体的tRNA。在真核生物中，很多核糖体并非游离存在，而是结合在糙面内质网上。

跟转录类似，整个翻译过程也可分为起始、延伸和终止三个阶段。翻译始于mRNA分子与核糖体小亚基的结合，随后携带氨基酸的起始tRNA（initiator tRNA，在真核生物中通常是Met-$tRNA^{Met}$）通过其反密码子跟mRNA的起始密码子进行碱基互补配对结合到mRNA上，最后核糖体大亚基结合上去，完成翻译的起始。翻译起始因子（initiation factor）在这个阶段起到了重要作用。在真核生物中，mRNA的5′帽对于翻译起始也至关重要，核糖体小亚基、某些翻译起始因子与起始tRNA共同构成翻译起始复合体（initiation complex），识别并结合mRNA的5′帽结构，随后沿着mRNA移动“扫描”，直到遇到起始密码子。3′端的poly-A尾对翻译起始也有作用，结合在3′端poly-A尾上的蛋白质能够跟结合在5′帽的蛋白因子相互作用，这种互作能够增强核糖体小亚基跟5′帽的结合。

在翻译延伸阶段，氨基酸按照mRNA上密码子决定的顺序依次相连，逐步形成多肽链。翻译起始阶段结束时，完整的核糖体结合在mRNA上，携带氨基酸的起始tRNA结合在核糖体的P位点。延伸阶段的第一步是第二个携带特定氨基酸的tRNA（氨酰tRNA）结合到核糖体的A位点上，该tRNA的反密码子通过碱基互补配对识别并结合mRNA上对应的密码子（图9.7b）。延伸的第二个步骤是分别位于核糖体大亚基的P位点和A位点的两个氨基酸之间形成肽键，该键的形成促使P位点上的氨基酸脱离其tRNA。肽键由A位点氨基酸（新进入核糖体的氨酰tRNA携带的氨基酸）的氨基与P位点氨基酸（肽链C端的氨基酸）的羧基缩合而成。有证据表明催化这一反应的是核糖体大亚基中的rRNA（细菌的23S rRNA和真核生物的28S rRNA），因此，这种rRNA可以视为一种核酶。由于肽键的形成，多肽链中的氨基酸已经不再是完整的氨基酸分子，因此将多肽链/蛋白质中的氨基酸称为氨基酸残基（amino acid residue）更为确切。我们知道，多肽链是有极性或者说方向性的：一端的氨基酸残基带有游离的氨基，称为氨基端（amino terminal）或N端（N-terminal）；另一端的氨基酸则带有游离的羧基，称为羧基端（carboxyl terminal）或C端（C-terminal）。相应地，蛋白质合成也是有方向性的，新生肽链总是从N端向C端延伸。翻译延伸的第三个步骤是核糖体沿着mRNA按照5′→3′的方向向下移动一个密码子的位置，以便接受新的氨酰tRNA，开始新一轮的肽链延伸。由于P位点上的tRNA（已脱离了氨基酸）和A位点上的tRNA（已通过其上的氨基酸跟肽链相连）仍然通过碱基互补配对结合在mRNA上，因此，这两个tRNA并不会随着核糖体向下移动，这样就造成P位点上的tRNA前移到核糖体上的E位点，并最终离开核糖体，成为胞质中游离的tRNA，可被循环利用；A位点上的tRNA则前移到核糖体上的P位点，使A位点空余了出来，可以接受跟下游密码子相匹配的新的氨酰tRNA（图9.7b）。上述步骤重复进行使肽链得以不断延长。可见，除了起始tRNA之外，其他的tRNA都会在翻译延伸的过程中不断经历从胞质→A位点→P位点→E位点→再回到胞质的循环。翻译延伸的第一步和第三步都需要特定的翻译延伸因子（elongation factor，EF）参与。由于核糖体是按照5′→3′的方向在mRNA上移动，mRNA翻译也是按照从5′到3′的方向进行，产生的多肽链则是从N端开始，到C端结束。肽键形成得很快，每秒可以添加2~15个氨基酸；细菌中长度为360个氨基酸残基的肽链（对应于长度约为1 kb的mRNA）只需18 s即可全部完成延伸/合成，在真核细胞中用时也仅需约1 min。

当核糖体移动到mRNA中的终止密码子时翻译终止。由于没有可对应终止密码子的tRNA，当mRNA编码序列终点的终止密码子进入A位点后，并没有tRNA结合到A位点，而是由一类称为释放因子（release factor，RF）的蛋白质识别并结合该终止密码子（图9.7c），它们相当于翻译终止因子。释放因子结合到A位点后，可造成P位点中tRNA与其相结合的氨基酸（新生多肽链中的最后一个氨基酸残基）的化学键水解断裂，使新生肽链从核糖体中被释放出来，并由此引发一系列的事件，包括P位点的tRNA移到E位点被释放，mRNA

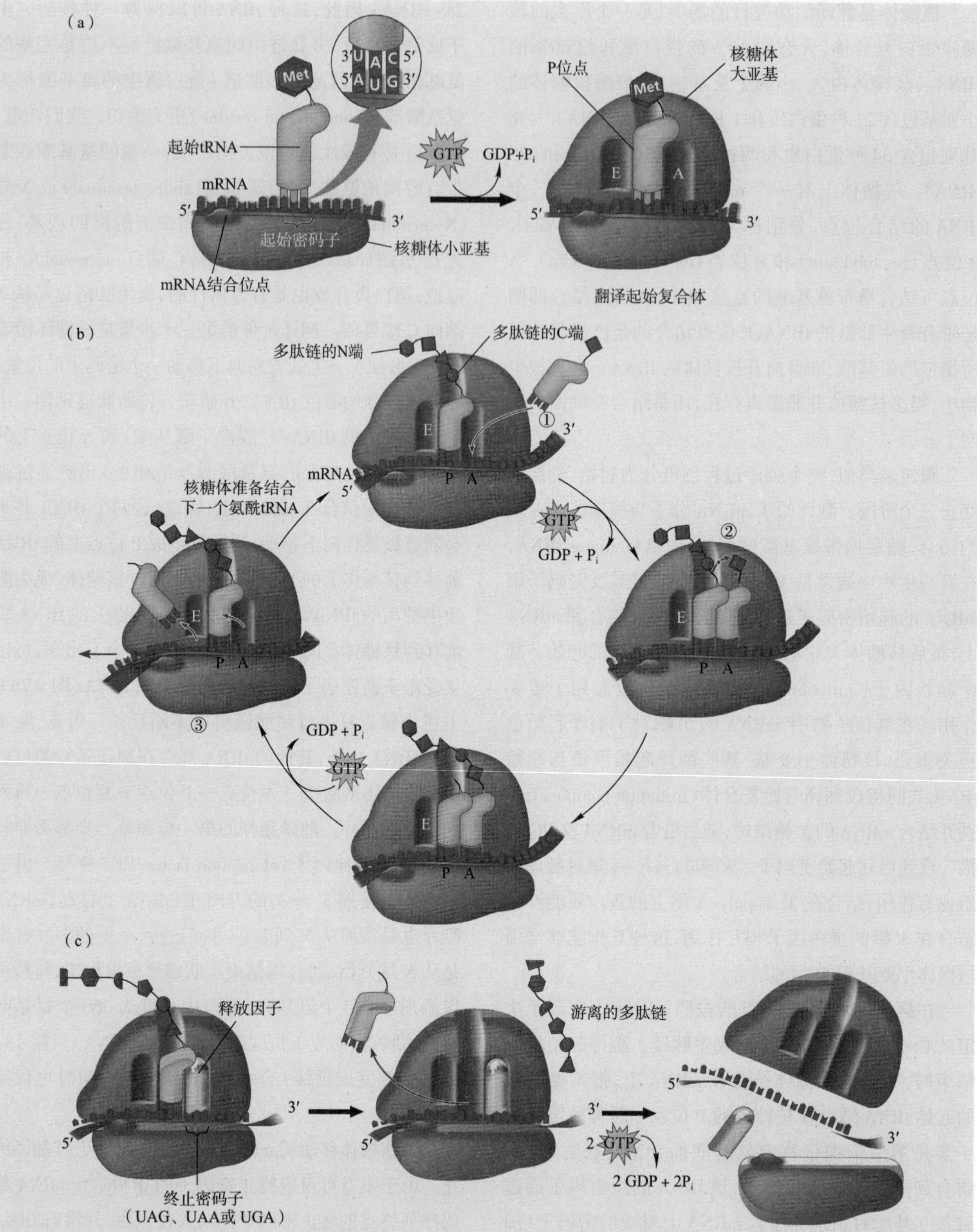

图 9.7 真核生物翻译的起始、延伸与终止(引自 Urry 等，2020)

(a) 翻译起始。第一步：核糖体小亚基首先结合到 mRNA 分子上，起始 tRNA 通过其携带的 UAC 反密码子跟起始密码子 AUG 配对；该起始 tRNA 带有一个甲硫氨酸(Met)。第二步：核糖体大亚基在翻译起始因子的协助下结合上去，完成翻译的起始。起始 tRNA 结合在 P 位点，A 位点供携带特定氨基酸的 tRNA 结合。(b) 翻译延伸。第一步：密码子识别。新进入核糖体的氨酰 tRNA 中的反密码子通过碱基互补配跟 A 位点中的 mRNA 密码子结合。第二步：肽键形成。核糖体大亚基中的 rRNA 催化新 tRNA 上的氨基酸的 N 端与位于 P 位点的新生肽链的 C 端之间形成肽键，同时使新生肽链从 P 位点被转移到 A 位点。第三步：移位。核糖体沿着 mRNA 按照 5′→3′ 的方向向下移动一个密码子的位置，使位于 A 位点的 tRNA 被转移到 P 位点，A 位点上空出了下一个密码子；同时原来位于 P 位点的 tRNA 则被转移到 E 位点，随后被释放出去。(c) 翻译终止。当 A 位点出现终止密码子时，释放因子结合到 A 位点，水解 P 位点的 tRNA 与新生肽链上最后一个氨基酸之间的化学键，从而使新生肽链脱离核糖体，最终 tRNA、mRNA、核糖体的大小亚基以及其他辅助因子也相继分开。

和释放因子离开核糖体，核糖体大小亚基分开等。需要强调的是，终止密码子一般并不位于 mRNA 的末端，其后还有 3′–UTR 序列，该序列往往对于 mRNA 的稳定性和翻译有重要调控作用。

无论是原核生物还是真核生物，一条 mRNA 分子上往往会结合多个核糖体同时进行翻译，这种由一条 mRNA 及串联其上的多个核糖体共同组成的结构称为多核糖体（polyribosome/polysome）。翻译出来的线性多肽链需要正确折叠形成特定的三级立体结构才能稳定存在并发挥功能。多肽链的氨基酸序列决定其最终能够形成的三级结构，有些多肽链可以自发折叠成所需的结构，而有些多肽链的正确折叠则需要一类特殊蛋白质分子的协助，这类蛋白质称为分子伴侣（molecular chaperone）。此外，蛋白质往往还会经历各种加工与翻译后修饰（post-translational modification），例如，有些蛋白质是以前体分子的形式被翻译出来，经过特定蛋白酶的切割与修剪后才能行使正常功能；有些蛋白质需要加上特定的糖基修饰才具有生物学功能，糖基化（glycosylation）也能对许多蛋白质起到保护作用。蛋白质中的不同氨基酸残基还可以分别产生磷酸化（phosphorylation）、乙酰化（acetylation）、甲基化（methylation）等多种化学修饰。这些修饰往往会影响该蛋白质的稳定性和功能状态。

9.2　基因表达的调控

中心法则告诉我们，每一个基因都需要经过转录和翻译（对于编码基因而言）等基因表达过程才能产生 RNA 和蛋白质等基因表达产物，从而行使基因决定性状的功能，这是基因型决定表型的分子基础。理论上有什么样的基因型就会有什么样的表型。那么，一个细胞中所有的基因每时每刻都在不受控制地表达吗？不同基因的表达量有什么不同吗？此外，当外界环境发生变化时，生物体理论上应该调整自己的状态以更好地适应环境条件的改变，这一点对于单细胞生物而言尤为重要。生物体生存或代谢状态的改变也可以视为一种表型上的改变，不过，一般而言生物体的基因型是不会改变的（除非接触到了诱变剂），那么，环境变化造成的生物体表型改变是如何发生的？如何做到在不改变基因型的情况下改变生物体的表型呢？

多细胞生物拥有多种不同的细胞类型，不同类型的细胞之间分工合作，共同保证生物体的正常存活、生长与发育，同时也共同体现生物体的各种性状/表型，例如红眼/白眼、紫花/白花等。除了个体水平，性状/表型也可以体现在细胞层面。不同的细胞类型拥有不同的形态、结构与生物学功能，从某种意义上说，可以认为不同类型的细胞相当于拥有不同的表型。那么，表型各异的不同细胞类型是如何产生的？遗传学原理告诉我们，表型取决于基因型，那么，细胞出现不同的类型/表型是由于它们拥有不同的基因型吗？答案是否定的。多细胞个体中的每一个细胞都源于同一个受精卵，因此，除了个别情况，每一个细胞的遗传组成都是相同的（基因型相同），都携带着完整的基因组序列，或者说拥有整套的基因。那么，对于同一个多细胞个体而言，相同的基因组（相同的基因型）是如何产生表型（类型）不同的细胞的呢？

对上述问题的探究推动了基因表达调控（gene expression regulation）的研究。现在我们知道，基因在需要的时候才会表达，而且，基因的表达是受到严密调控的。无论是单细胞生物还是多细胞生物，无论是原核生物还是真核生物，某个基因是否表达、表达多少、表达多长时间，这些都要根据细胞和个体内外环境的变化而及时调整。单细胞生物编码营养和能量代谢酶类的基因的表达就是一个典型的例子。大肠杆菌能够快速应答外界环境的变化：培养基中没有乳糖时，大肠杆菌只产生屈指可数的 β– 半乳糖苷酶（负责将乳糖分解成葡萄糖和半乳糖），每个细胞平均 0.5 ~ 5 个酶分子；而一旦培养基中的碳源换成乳糖，则仅在 2 ~ 3 min 内，细胞内 β– 半乳糖苷酶的分子数量就会剧增到成千上万个。这种现象称为乳糖诱导（lactose induction）。

基因的表达状态可以受到很多因素的影响。一般而言，单细胞生物的营养状况、外界环境因素对其基因表达具有重要作用，这种基因表达调控可以说主要是外向型的。单细胞生物没有复杂的发育过程，威胁其生存的主要是外界环境变化，因此，单细胞生物最重要的生存策略是适应外界环境，其基因表达调控也就主要体现在针对外界环境变化的适应上，或者说，单细胞生物基因表达调控的主要作用是帮助细胞有效地适应外界环境变化。对于多细胞生物，尤其是高等真核生物，大部分细胞不需要直接面对外界环境，而是需要应对生物体内部环境的变化，因此，胞外信号（例如生长因子、激素水平等）、发育阶段、位置信息（在个体中所处的位置）等内部环境成为调控每个细胞中基因表达状态的主要因素，这种基因表达调控可以说主要是内向型的。有性生殖的多细胞生物都源于单细胞受精卵，精卵结合后经过复杂有序的细胞增殖与分化(differentiation)，形成各种不同类型的细胞，执行不同的功能；不同的细胞相互之间密切合作，有机地组合成不同的组织、器官、系统，从而逐步发育为成熟的多细胞个体。从遗传学的角度来看，这个过程实际上就是性状决定的过程。由于多细胞生物中几乎所有的细胞在遗传上都是平等的（基因型相同），因此，不同的细胞类型（表型不同）主要是通过表达不同的基因形成的。多细胞生物基因表达调控的首要任务是保证个体发育的顺利进行以及维持生物体内环境的稳定性。在细胞层面，多细胞生物基因表达调控的主要作用是在个体性状发育过程中保证细胞的有序增殖与分化，这主要体现在根据发育的进程，通过选择性地表达不同的基因，把每一个细胞在合适的时间、合适的位置塑造成所需要的细胞类型。例如，血液中的红细胞大量表达血红蛋白，用来高效地运输氧气；肌细胞则大量表达肌红蛋白，用来储存氧气。

简单地说，基因表达调控的目的，就是让基因在合适的时间、正确的部位表达适量的基因产物，从而在整体上实现基因对性状的决定作用。任何影响基因表达过程的因素与作用都属于基因表达调控。那么，如何对基因的表达进行调控呢？转录和翻译是我们熟知的基因表达的两个重要步骤，在这个过程中有很多阶段都可以控制基因的表达，调控可以发生在基因表达的任何阶段，或者说，基因表达调控可以分为多个不同的层次（图 9.8）。例如，在转录水平，可以控制转录的启动与关闭、转录的效率；在转录后水平，可以控制 RNA 的降解与稳定性、RNA 的加工与转运；在翻译水平，可以控制翻译的起始与效率；在翻译后水平，可以控制蛋白质的转运与翻译后修饰、蛋白质的降解与稳定性等。其中最关键的是对转录起始的调控，这是基因表达与调控的第一关。对于原核生物，由于转录和翻译同时进行，转录调控就显得更为重要。下面分别以大肠杆菌和果蝇为例简单介绍原核生物和真核生物的基因表达调控机制。

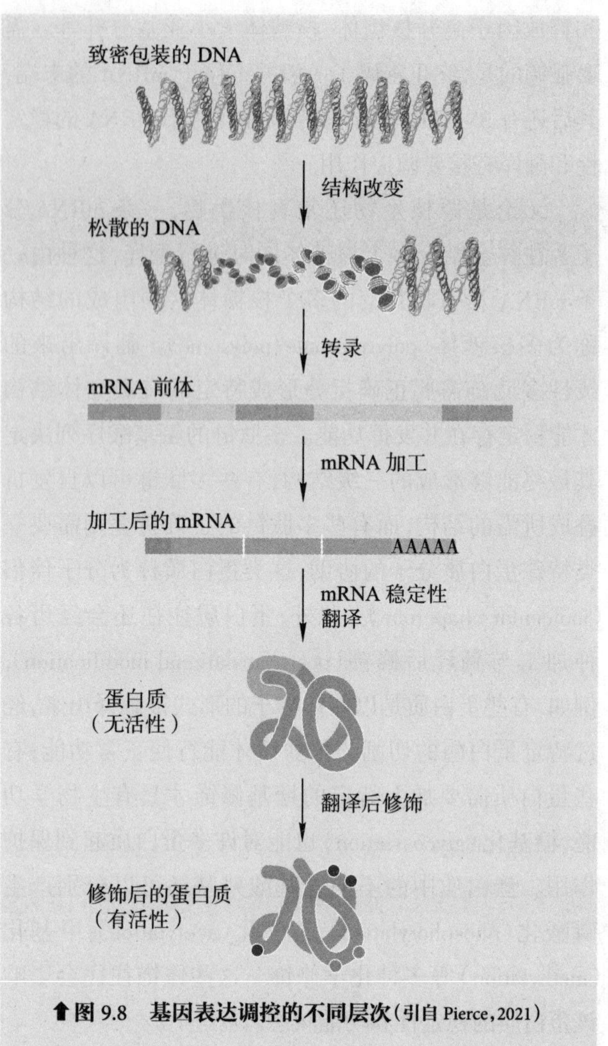

⬆图 9.8　基因表达调控的不同层次（引自 Pierce，2021）

9.2.1　单细胞原核生物的基因表达调控——环境适应

原核生物一般是以单细胞的方式生活。单细胞生物的基因表达调控主要集中在对外界环境的适应上，大肠杆菌对乳糖的利用充分体现了这一点。大肠杆菌是哺乳动物肠道中常见的一类细菌，其基因组中包含有 4000 多个编码蛋白质的基因。其中有一些基因产物是维持大肠杆菌日常存活所必需的，例如参与糖酵解的酶，这类基因通常会持续表达，称为组成型表达(constitutive expression)。另外一些基因产物则只在某些条件下才需要合成，例如前面提到的乳糖代谢相关的酶，这些基因的表达显然是受到调控的。原核生物没有核膜，基因的转录和翻译过程是偶联在一起的，因此，原核生物的基因表达调控主要发生在转录水平。此外，改变细胞的某个生理活动或代谢状态，仅靠一个基因的表达产生变化是不够的，往往需要一连串的基因表达发生变化。因此，一个经济、有效的调控策略就是把这些功能上相关的基因组织起来，调控它们的表达。于是，操纵子(operon)就应运而生。

人们很早就发现，大肠杆菌的乳糖代谢酶类是诱导合成的，只有在有乳糖并且没有葡萄糖存在时，负责分解乳糖的代谢酶类才会大量合成。这是如何实现的呢？法国遗传学家雅各布(François Jacob，1920—2013)

和莫诺(Jacques Monod,1910—1976)通过研究于1961年提出了基因表达调控的乳糖操纵子模型,1965年获得诺贝尔奖。他们提出了结构基因(structural gene)和调节基因(regulatory gene)的概念,把类似β-半乳糖苷酶的编码基因那样表达受到调控的基因称为结构基因,把调控结构基因表达的基因称为调节基因。操纵子模型的基本内容是:功能上相关的结构基因在染色体上串联排列,由位于这些基因上游的一个共同的控制区来操纵这些基因的转录;包含这些结构基因及其控制区的所有核苷酸序列构成操纵子。控制区包含启动子和操纵基因(operator)。调节基因编码调节蛋白(regulatory protein),通过识别并结合操纵基因控制结构基因的转录,从而发生酶(结构基因产物)的诱导(induction)或阻遏(repression)。不难理解,操纵子内的基因是互为紧密连锁的基因,它们共同构成一个基因簇。大肠杆菌乳糖操纵子有三个结构基因,分别称为*lacZ*(简称*Z*,编码β-半乳糖苷酶)、*lacY*(简称*Y*,编码β-半乳糖苷透性酶)和*lacA*(简称*A*,编码巯基半乳糖苷转乙酰酶)。β-半乳糖苷透性酶负责将环境中的乳糖转运到细胞内,β-半乳糖苷酶可将乳糖降解为葡萄糖和半乳糖,以便为细胞能量代谢所利用。这三个结构基因上游有两个调控位点,一个是启动子*lacP*(简称*P*),RNA聚合酶的结合位点;另一个是操纵基因*lacO*(简称*O*)。由于历史原因,operator通常译作“操纵基因”,严格地说,这一名称不够确切,operator并非基因,而只是一段调控序列。*lacO*这段序列是*lacI*(简称*I*)编码的阻遏物的结合位点。*P*、*O*、*Z*、*Y*、*A*共同构成了乳糖操纵子。*lacI*位于乳糖操纵子之外,该基因是组成型表达的。当培养基中没有乳糖时,阻遏物结合到*lacO*上,阻断乳糖操纵子结构基因的转录,细胞无法产生乳糖代谢所需的酶。当培养基中有乳糖时,乳糖与阻遏物结合,使阻遏物变构失活,从而与*lacO*解离,使三个结构基因的转录能够进行,产生相应的酶(图9.9)。乳糖被其诱导合成的β-半乳糖苷酶分解完之后,就不再需要乳糖代谢的酶;这时阻遏物又可以重新结合到*lacO*上,重新阻断乳糖操纵子的转录,避免了基因表达的浪费。人们把基因表达的这种调控方式称为负调控(negative regulation/negative control),可激活操纵子转录的乳糖称为小分子诱导物(inducer)。乳糖操纵子这种通过诱导物结合阻遏物调控基因表达的方式属于一种可诱导的负调控。从乳糖(小分子)对操纵子的作用效果来看,乳糖操纵子也可称为一种可诱导的操纵子(inducible operon)。

需要说明的是,可诱导的操纵子并不仅限于负调控的情况,除了像前面的例子那样通过跟阻遏蛋白结合来激活操纵子的转录,小分子诱导物还可以通过跟激活蛋白(activator)结合来实现对操纵子的诱导作用。前者属于可诱导的负调控,后者则属于可诱导的正调控。也就是说,不管是正调控(positive regulation/positive control),还是负调控,都可以是可诱导型的。可诱导的正调控的具体例子详见后文。此外,还需要说明的是,并非所有的操纵子都是可诱导型的,并非所有的小分子都会激活操纵子的转录,也有一些小分子物质会对操纵子的转录起到抑制作用,这样的操纵子称为可阻遏的操纵子(repressible operon),这样的小分子则称为辅阻遏物(corepressor)。简单地说,操纵子的调控有两种分类方式:一种方式包括正调控和负调控,这是根据调节蛋白对操纵子的调控效应区分的;另一种方式包括可诱导和可阻遏,这是根据小分子对操纵子的调控效应进行区分的。这两种分类方式相互独立,可以两两分别组合,产生四种调控方式,即可诱导的正调控、可诱导的负调控、可阻遏的正调控,以及可阻遏的负调控。

后续研究发现,乳糖操纵子的基因表达还存在一种正调控的方式。人们发现,当培养基中同时存在乳糖与葡萄糖时,大肠杆菌会优先利用葡萄糖,葡萄糖全部消耗完以后才开始高效利用乳糖:葡萄糖似乎对乳糖操纵子有抑制作用。这是如何做到的呢?人们还发现,环腺苷酸(cyclic AMP,cAMP)对乳糖操纵子有诱导作用,当培养基中同时存在乳糖与葡萄糖时,加入cAMP可以提高β-半乳糖苷酶的合成速率,达到培养基中只有乳糖存在时的水平。cAMP对乳糖操纵子的诱导作用与一种蛋白质有关,这种蛋白质称为分解物激活蛋白(catabolite activator protein,CAP)。CAP单独存在时没有活性;它可被cAMP激活,二者结合形成复合物后,可与乳糖操纵子中启动子附近的一段序列结合,增强RNA聚合酶跟启动子的结合,从而增强该操纵子的转录。跟前面介绍的乳糖与阻遏物对乳糖操纵子的可诱导的负调控作用不同,cAMP与CAP对乳糖操纵子是一种可诱导的正调控作用。葡萄糖能抑制腺苷酸环化酶的活性,从而降低cAMP的浓度,抑制CAP-cAMP复合物的形成,造成乳糖操纵子即使在有乳糖存在时也无法有效地被激活;培养基中无葡萄糖时,cAMP水平增加,形成CAP-cAMP复合物,与启动

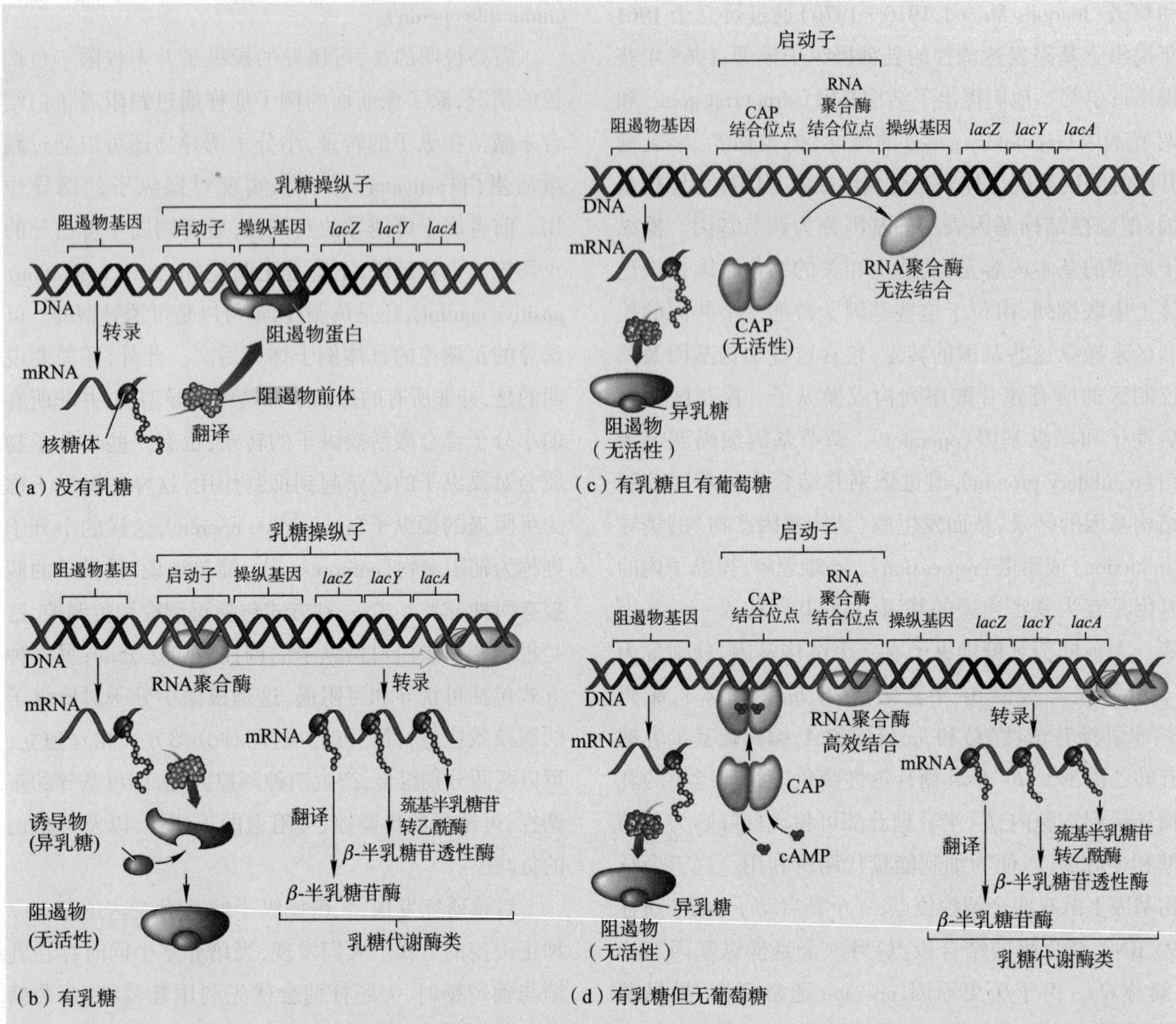

图 9.9 大肠杆菌乳糖操纵子双调控工作模型（引自 Solomon 等，2019）

(a) 当培养基中没有乳糖存在时，由阻遏物基因编码的阻遏物与操纵基因结合，阻止结构基因（*lacZ*、*lacY* 和 *lacA*）的转录。(b) 当培养基中存在乳糖时，乳糖可变构为异乳糖（allolactose），与阻遏物结合，使其无法与操纵基因结合，3 个结构基因得以转录。(c) 当培养基中同时有乳糖和葡萄糖时，葡萄糖可抑制 cAMP 的产生，CAP 因缺乏 cAMP 的结合而失活，无法有效地促进 RNA 聚合酶的转录活性，3 个结构基因的转录效率很低。(d) 当培养基中有乳糖而没有葡萄糖时，cAMP 浓度较高，可有效地结合并激活 CAP，3 个结构基因得以高效转录。

子的 CAP 位点结合，从而使乳糖操纵子的转录效率得到提高（图 9.9）。

可见，乳糖操纵子存在相互制衡的双调控系统，一个是受乳糖与阻遏蛋白监控的、可诱导的负调控系统，另一个是受 cAMP 与 CAP 调节的、可诱导的正调控系统。葡萄糖通过调节 cAMP 的合成间接监控这一过程。跟乳糖相比，葡萄糖显然是更好利用的碳源。通过这个双重调控系统，可以很好地保证大肠杆菌灵活、经济、有效地适应外界环境，只有在必需的时候（只有乳糖，没有葡萄糖）才启动乳糖操纵子的表达。

操纵子是原核生物非常“聪明”的一种基因表达调控机制，目前已发现大肠杆菌中有约 75 个操纵子，包括前面介绍的乳糖操纵子。不过，操纵子主要存在于细菌中，在真核生物基因组内很少发现。真核生物的基因一般是单独调控的，包含多种调控序列，调控机制更为复杂。

9.2.2 多细胞真核生物的基因表达调控——性状发育

(1) 基因表达调控与性状的形成

细胞是生命活动的基本单位，生命的传承和遗传物质的传递作为一项重要的生命活动，也是以细胞为单位进行的，多细胞生物也是如此。多细胞生物的生命传承一般是通过有性生殖实现的，单细胞的精子和单细胞的卵子结合，产生单细胞受精卵，同时完成遗传物质的世代传递。随后，单细胞受精卵经过复杂的发育过程产生成熟的多细胞个体，同时产生属于该个体的各种性状 / 表型。在细胞层面，发育本质上是细胞的有序增殖与分化：单细胞受精卵通过分裂与分化产生多种类型的细胞，不同的细胞再按照特定的程序在特定的位置组合形成不同的组织、器官和系统，逐步形成一个高度有序的多细胞立体结构，从而逐步展现出该个体的表型。在分子层面，发育本质上是基因组的选择性表达。基因组的选择性表达促成了细胞的增殖与分化，决定了个体的表型。可见，性状与个体发育相伴而生，个体发育本质上可以视为性状发育的过程。那么，基因组 / 基因型是如何通过选择性表达决定细胞、组织、器官、系统的产生，进而决定多细胞个体的性状发生的呢？

生物学研究离不开合适的实验材料，在长期的科研实践中，人们逐渐积累了一批体积小、世代周期短、易于在实验室养殖、易于进行实验操作的物种作为实验系统开展研究，这类物种统称为模式生物（model organism）（图 9.10）。其中酿酒酵母（*Saccharomyces cerevisiae*）是单细胞真核生物的模式物种，拟南芥（*Arabidopsis thaliana*）是研究被子植物的模式生物，而秀丽隐杆线虫（*Caenorhabditis elegans*）、黑腹果蝇（*Drosophila melanogaster*）、斑马鱼（*Danio rerio*）和小鼠（*Mus musculus*）是四种最有代表性的用于发育研究的模式动物。虽然这些动物在整体上形态结构差异很大，但是其基本的发育模式、遗传基础和分子机制却十分相似，特别是在最重要的早期胚胎发育阶段。正是由于发育机制存在保守性，人们才能通过研究模式动物的发育深入认识遗传缺陷、发育紊乱所导致的人类疾病，从而一方面采取措施预防出生缺陷，另一方面设法对症下药，实现精准医疗。美国遗传学家路易斯（Edward B. Lewis，1918—2004）、德国遗传学家纽斯林 - 沃尔哈德（Christiane Nüsslein-Volhard，1942— ）与美国发育生物学家威斯乔斯（Eric Wieschaus，1947— ）利用遗传学手段在果蝇发育机制研究中做出了系统性

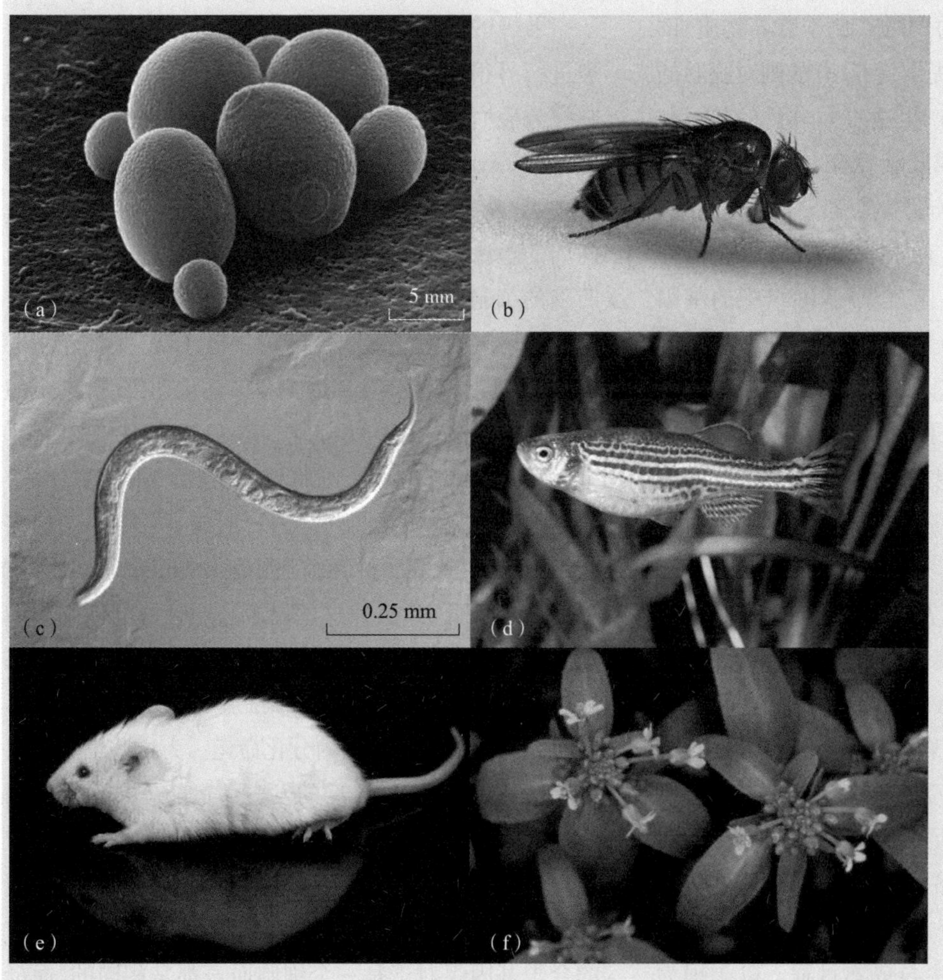

◀ **图 9.10 遗传发育研究中常用的模式生物**（引自 Solomon 等，2019）

(a) 酿酒酵母，发育遗传学研究中单倍体、单细胞真核生物的代表物种。(b) 黑腹果蝇，经典的遗传学与发育生物学无脊椎动物模型。(c) 秀丽隐杆线虫，成体透明、仅有 959 个细胞，可追踪每一个细胞的发育命运与来源。(d) 斑马鱼，作为脊椎动物，跟哺乳动物相比具有诸多独特优势，例如早期胚胎透明，体外受精与发育，成体较小（体长仅 2 ~ 4 cm），易于繁养，后代数量多等，有利于胚胎发育研究和遗传分析。(e) 小鼠，哺乳动物的经典模型。(f) 拟南芥，经典的植物模型，植株和基因组都较小。

开创性的工作，于1995年共同获得了诺贝尔生理学或医学奖。我们今天对果蝇发育机制的了解很多都是植根于他们当时的工作。下面以果蝇为例简单介绍如何用基因表达调控的分子机制解读多细胞生物早期胚胎发育与性状发生的细胞基础。

像大多数多细胞动物一样，成体果蝇的身体是分节的，可以分为头、胸、腹三个部分（图9.11），由胚胎期的体节（segment）发育而来。作为一种两侧对称的动物，成体果蝇还可以明显分辨出三个体轴（axis）：前－后轴（anterior-posterior axis，A–P轴）或称头－尾轴，背－腹轴（dorsal-ventral axis，D–V轴），左－右轴（left-right axis，L–R轴）。体轴的建立对于早期胚胎的正常发育至关重要。有趣的是，在果蝇中，前－后轴和背－腹轴在卵母细胞受精之前就已决定。母体效应基因（maternal effect gene）在其中起到了关键作用。

在进行有性生殖的多细胞生物中，亲代真正传递给后代的“遗产”只有自己的生殖细胞。由于体积巨大，大多数生物的卵母细胞中除了至关重要的遗传物质（包括核内遗传物质和核外遗传物质）之外，更多的实际上是非遗传物质。这些“非遗”本质上都是直接或间接的基因表达的产物。有的“非遗”属于营养物质，例如卵黄，为胚胎的早期发育提供营养；有的则对胚胎的发育具有重要的调控作用，产生这些“非遗”的基因一旦失活或突变一般都会造成胚胎发育出现严重缺陷，甚至致死，因此造成了称为母体效应（maternal effect）的一种特殊的遗传现象。具有母体效应的这类基因称为母体效应基因；与其相对应，合子基因组中的基因称为合子基因（zygotic gene）。本篇前面的章节涉及的遗传现象基本上都是合子基因的作用。合子基因是亲代实实在在传递给子代（合子）的遗传物质，这些基因只会在子代细胞中表达并发挥功能。合子基因一般不会在受精后立刻表达，而是在胚胎发育到一定时期后才开始表达，这种现象称为母源合子转换（maternal zygotic transition）。受精卵以及在母源合子转换之前的胚胎主要依靠消耗由母体提供的、储存在卵母细胞中的基因表达产物（母源mRNA和蛋白质）完成早期发育。

由于存在母体效应，从某种意义上可以说发育始于受精前；雌性生殖系统在受精前就要开始表达母体效应基因，使卵母细胞积累足够的母源因子，为受精后的胚胎发育做好充分的准备。那么，母体效应基因是如何指导/影响子代的发育/表型的呢？这就需要首先了解一下卵母细胞的产生与成熟过程。以果蝇为例，雌蝇的卵巢中有很多卵泡（ovarian follicle），又称卵室（egg chamber）。每一个卵泡中有一个卵原细胞，周围被滤泡细胞（follicle cell）包围。卵原细胞经过4次有丝分裂后产生16个子细胞，其中有一个成为卵母细胞，另外15个则成为滋养细胞（nurse cell）（图9.11a上）。卵母细胞经减数分裂形成卵子，占据卵泡的一端；卵细胞在受精前会停留在第一次减数分裂中期。滋养细胞跟卵细胞是相通的，它们会大量表达母源基因，然后将这些基因的表达产物（mRNA和蛋白质）输送给卵细胞，作为支撑未来胚胎发育的营养和母源调控因子。其中具有调控作用的母体效应基因一般编码转录因子、受体和翻译调节蛋白等，这些母源发育调控因子进入卵母细胞后并非均匀分布，而是各自呈现出特定的分布模式，例如集中在某个特定的区域，或者沿着某种路径产生从高到低或从低到高的浓度梯度，从而使卵细胞出现极性，借此预设了未来胚胎的前－后轴和背－腹轴等基本结构。例如，果蝇决定胚胎前端（头部）的 *bicoid* 基因的mRNA被锚定在跟滋养细胞相邻的一端（图9.11a下），因此，卵细胞的这一端将发育为未来胚胎的头部。

果蝇的卵细胞离开卵泡受精后，最初的13次卵裂进行得很快，每次平均只有5～10 min，并且只有细胞核分裂而细胞质并未分开，这样的早期胚胎称为合胞体（syncytium）。前8次卵裂中细胞核均集中在胚胎的中央，从第9次卵裂开始，细胞核逐渐移动到胚胎四周的边缘区域，同时相互之间逐渐被胚胎表面向内凹陷的细胞膜分割成独立的单层细胞（图9.11b）。位于胚胎后端的一些细胞聚集在一起，形成极细胞（pole cell），这些细胞将会发育成该个体的生殖细胞，其余的细胞则构成该个体的体细胞。第13次卵裂结束后，每个胚胎大约有6 000个细胞核；受精后3 h左右，每个细胞核都被完整的细胞膜包裹，形成了一个一个的完整细胞，此时的胚胎称为细胞胚盘（cellular blastoderm）（图9.11b）。此时，虽然这些位于胚胎表层的体细胞们在大小和形态上看不出有什么区别，绝大多数合子基因也没有开始表达，但是每个细胞由于所处的位置不同而已经被赋予了不同的分化命运。为这些细胞提供位置信息、决定它们今后的发育命运的就是前面提到的母源效应因子。这里的每一个细胞的细胞核都携带着来自两个亲本的合子基因组，而每一个细胞的细胞质则是由富含母源因子的卵母细胞提供的。细胞核中的合子基因组对于每一个细胞而言都是相同的，而母

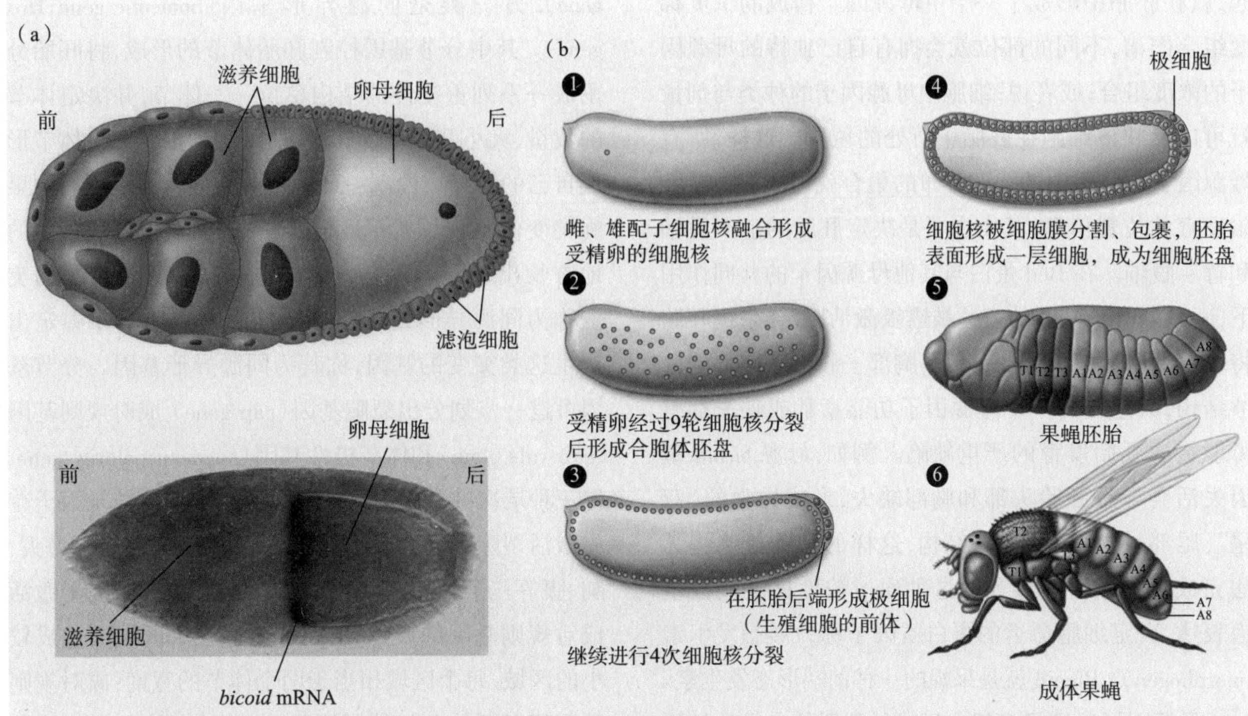

⬆**图 9.11　果蝇的卵室与早期胚胎发育过程**（引自 Hartwell 等，2004；Klug 等，2016）

(a) 果蝇卵室模式图与基因表达。上：果蝇卵室模式图。滋养细胞和卵母细胞被一层滤泡细胞包裹，滋养细胞与卵母细胞相通，滋养细胞大量合成 mRNA 和蛋白质输送给卵母细胞。下：RNA 原位杂交结果，显示 *bicoid* 基因的 mRNA 在卵母细胞中被锚定在靠近滋养细胞的一端，决定了未来胚胎的前端。(b) 果蝇胚胎发育过程。① 刚受精不久的胚胎，雌、雄配子细胞核融合形成合子（受精卵）的细胞核。② 受精卵经过 9 轮细胞核分裂后形成合胞体胚盘。③ 9 次卵裂后，细胞核移动到胚胎边缘，继续进行 4 次卵裂（仅细胞核分裂）；受精后 2.5 h，胚胎后端出现一小团极细胞，这团细胞将来发育为生殖细胞。④ 受精后 3 h 左右，每个细胞核都被包裹到细胞膜内，胚胎周围形成一层细胞，成为细胞胚盘。⑤ 受精后 10 h 左右，胚胎已分化出了明显的体节，最前端为头部体节，T1–T3 为胸部体节，A1–A8 为腹部体节。⑥ 成体果蝇，显示与⑤中对应的体节结构。

源因子在胚胎中的分布则并不均匀。细胞质（母源因子）与细胞核（合子基因组）相互作用，逐步开启了合子基因组的程序性、差异化表达之旅，从而决定了每一个细胞的发育命运。那么，母源因子是如何指导合子基因表达的呢？

母源的 *bicoid* mRNA 在卵细胞受精后数分钟内便开始翻译，由于 *bicoid* mRNA 被局限在胚胎头部的前端，果蝇胚胎只能在前端翻译产生 Bicoid（Bcd）蛋白，该蛋白可通过自由扩散向胚胎的后端移动，结果便在胚胎中形成了沿前 – 后轴从高到低分布的 Bcd 蛋白的浓度梯度（图 9.12）。Bcd 蛋白具有两方面的功能，既作为转录因子激活 *hunchback*（*hb*）、*Krüppel*（*Kr*）等下游合子基因的转录，又作为翻译抑制因子抑制母源基因 *caudal*（*cad*）mRNA 的翻译。Hb 和 Kr 是调控胚胎体节发生的重要转录因子，Cad 则是调控胚胎尾部形态发生的主要转录因子。其他母源因子也会形成类似的浓度梯度，只是有的梯度跟 Bcd 相反，在胚胎的后端浓度最高。不同的母源因子还会调控不同的下游靶基因的表达。各种母源因子的不均匀分布组合在一

（a）*bicoid* mRNA在果蝇胚胎中的分布

（b）Bicoid蛋白在果蝇胚胎中形成浓度梯度

⬆**图 9.12　果蝇母源 *bicoid* 基因产物在早期胚胎中的分布**（引自 Goldberg 等，2021）

(a) 原位杂交结果显示 *bicoid* mRNA 集中分布在胚胎的前端（深染的区域）。(b) Bicoid 抗体免疫荧光染色结果显示 Bicoid 蛋白沿胚胎的前 – 后轴呈梯度分布，前端浓度最高。Bicoid 为转录因子，因此荧光信号集中出现在该合胞体胚盘的细胞核内。

起，就在胚胎中形成了一个由母源因子构成的浓度梯度组合图谱，不同的部位就会拥有自己独特的母源因子的浓度组合；或者说，细胞中母源因子的种类与剂量就可以反映该细胞在胚胎中所处的位置。这样，所有母源因子在胚胎中的梯度分布的集合就构成了指导胚胎发育的位置信息，其中主要是决定胚胎的前－后轴和背－腹轴。在Bcd蛋白与其他母源因子的共同作用下，一系列合子基因的表达被逐级激活，最终果蝇胚胎将从前到后形成顶部—头部—胸部—腹部—尾部的分节结构，其中任何一个母源因子功能紊乱或缺失都有可能造成胚胎发育的严重缺陷。例如，母源 *bicoid* 基因失活会导致胚胎头部和胸部缺失，形成异常的“双尾”（尾部—腹部—尾部）结构，这样的胚胎最终将无法完成正常发育而致死。这种通过浓度梯度调控基因表达、决定细胞命运的蛋白质因子称为形态发生素（morphogen）。Bicoid 就是果蝇的一种前端形态发生素。

母源因子浓度梯度组合形成的位置信息是如何指导胚胎发育的呢？以果蝇胚胎前－后轴的模式形成（pattern formation）为例，母源因子建立的位置信息主要传递给了两类合子基因，一类是分节基因（segmentation gene），另一类是同源异形基因（homeotic gene，Hox gene）。其中分节基因控制胚胎体节的形成，将胚胎分割成一系列重复性的结构单位——体节，并决定体节的数量、大小和极性，同源异形基因则指导每个体节形成自己的特异结构。一百多年前人们就观察到有的果蝇突变体器官长在不该长的地方，如本应该长触角的地方长出了腿。人们当时把这种器官异位生长的突变称为同源异形突变（homeotic mutation），后来鉴定出产生这类突变的基因，称其为同源异形基因。分节基因可进一步划分出裂隙基因（gap gene）、成对规则基因（pair-rule gene）和体节极性基因（segment polarity gene）等三种层次的基因。有一些母源因子作为转录因子首先激活裂隙基因的表达，从而将胚胎粗略地划分为头、胸、腹等三个大的区域；裂隙基因可作为转录因子激活成对规则基因的表达，从而将上述三个区域细化成较小的区域，每个区域相当于两个体节的宽度；成对规则基因可激活体节极性基因的表达，从而将每一个体节内部划分出前端和后端。在此基础上，同源异形基因赋予每一个体节独特的结构与功能（图 9.13）。通过这种以转录因子为基础的级联调控模式，果蝇胚胎得以

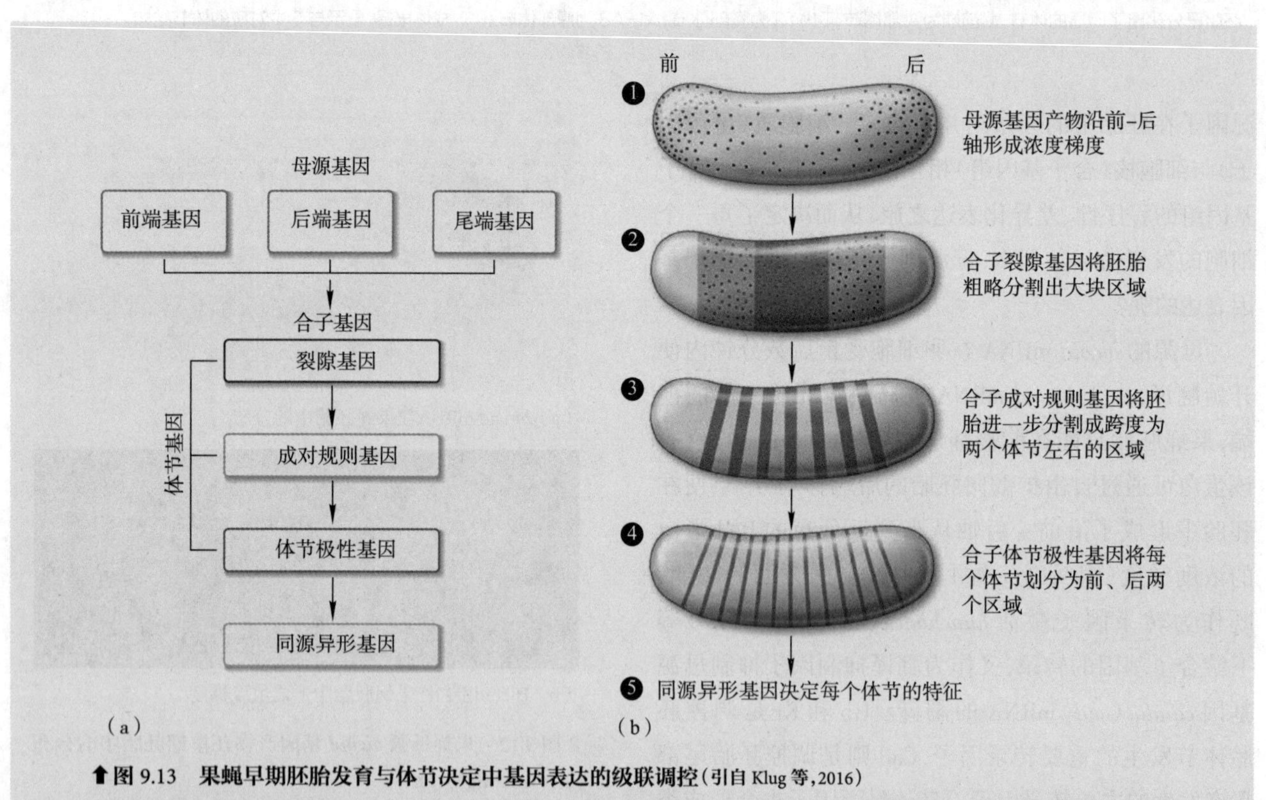

图 9.13 果蝇早期胚胎发育与体节决定中基因表达的级联调控（引自 Klug 等，2016）

(a) 果蝇母源基因对合子基因表达的级联调控。三类母源基因调控裂隙基因、成对规则基因和体节极性基因等三组合子基因的表达，并进而调控同源异形基因的表达。(b) 果蝇胚胎发育过程中细胞命运的逐级决定。① 母源因子的梯度分布决定了胚胎的前－后轴。② 合子的裂隙基因将胚胎分割为较大的区域。③ 合子的成对规则基因将胚胎进一步分割为跨度为两个体节左右的区域。④ 合子的体节极性基因将每个体节内部划分为前、后各半。⑤ 同源异形基因决定每个体节各自的特征。

在母源因子的指导下有序地通过基因表达调控逐级决定细胞的命运与分化，从而保证了个体的正常发育与性状的逐渐形成。

（2）基因表达失调与肿瘤的产生

单细胞生物一般都可以通过无性生殖进行繁殖，理论上在理想的环境条件下都能够一直分裂下去，相当于一个“永生化”的细胞。多细胞生物则不同，多细胞个体中的每一个细胞虽然都拥有完整的基因组，都具有增殖的潜力，但是它隶属于一个有着严密组织的多细胞有机体，其中的每一个细胞都有明确的分工，只在有需要时才能增殖，而不能随心所欲不受控制地分裂。因此，多细胞个体中的每一个细胞时时刻刻都被同宗同祖的其他细胞环绕，它的一举一动都会受到严密的监控，这样才能在整体上保证多细胞个体的正常生长和发育。这一点对于已经发育成熟的成年个体而言尤为重要。成体很多组织器官中细胞的增殖是受到抑制的，一般只在周围的细胞死亡或受损需要补充新细胞时才会启动细胞分裂。这种抑制本质上都是通过严密的基因表达调控实现的。如果抑制细胞增殖的机制失效就会导致细胞异常增殖，引发个体产生肿瘤。有些肿瘤只在原位增殖，仅形成局部的肿块，这样的肿瘤称为良性肿瘤（benign tumor）；这种肿瘤比较容易治疗，一般不会危及生命。然而，有的细胞不满足于在原位增殖，在某些条件下会扩散到其他组织器官中，这种现象称为肿瘤转移（metastasis），这样的肿瘤称为恶性肿瘤（malignant tumor）；通常所说的癌症（cancer）一般指的就是恶性肿瘤。恶性肿瘤会持续入侵多种组织器官，在多处形成肿瘤，难以根除，最终危及个体的生命，已成为威胁人类健康的一大杀手。

目前，人们在分子与细胞机制上对它有了比较系统性的认识。人们发现，引发癌症的基因往往来自调节胚胎发育、免疫应答等重要生物学过程的基因表达调控体系。这些基因在正常情况下一般都是调控细胞生长和分裂的，编码的产物包括各种信号通路的生长因子及其受体，以及该通路的各种胞内因子（例如转录因子）。这些基因发生突变后（异常激活或失活）会导致癌症发生。突变有可能是自发的，也有可能是环境因素诱发的，例如化学诱变剂、X 射线等高能射线；病毒侵染也是细胞癌化的一种重要诱因。目前人们把所有能够导致细胞癌化增殖的基因统称为癌症驱动基因（cancer driver gene），主要可分为癌基因（oncogene）和肿瘤抑制基因（tumor suppressor gene）两类。后者又称抑癌基因或抗癌基因（anti-oncogene）。顾名思义，癌基因是那些能够促进癌症发生的基因，这些基因的正常表达产物很多都是调控细胞生长和分裂的信号通路的组分，一旦因突变或者其他原因被异常激活或异常表达就会导致细胞增殖失控。抑癌基因则是在正常情况下抑制细胞异常增殖的，该类基因失活才会引发癌症。这类基因的正常表达产物往往是调控 DNA 损伤修复、细胞黏附，以及抑制细胞增殖的信号通路的组分。因此，癌基因可以视为癌细胞的“加速器”，而抑癌基因则可视为癌细胞的“刹车”；一般癌基因和抑癌基因同时突变才会导致细胞增殖彻底失控。因此，癌细胞中常常会出现不止一个癌症驱动基因发生突变，例如，乳腺癌、胰腺癌、结直肠癌中通常会见到 3 ~ 6 个突变的癌症驱动基因。

癌基因最早是从病毒中发现的，后来人们在人类和其他动物中找到了它们的同源基因，并且发现这些同源基因在正常情况下是个体生长发育所必需的，只有在突变后才会引发癌症。为了区分这两种癌基因，人们把病毒来源的称为病毒癌基因（viral oncogene），而把细胞原有的正常基因称为细胞癌基因（cellular oncogene），又称原癌基因（proto-oncogene）。染色体畸变常常会导致 DNA 序列重排，是很常见的一种人类癌症的发病机制（详见 8.2.1 节）。

RAS（名称源于 rat sarcoma）是人们最早鉴定出来的细胞癌基因之一，也是目前最常见的致癌基因。在 30% 左右的人类癌症中都能找到该基因的突变，其中胰腺癌中的突变高达 90%。*RAS* 基因的编码产物 Ras 是一种 G 蛋白，通常位于细胞膜上。细胞膜上的生长因子受体（例如 EGFR）结合生长因子（例如 EGF）被激活后，可通过磷酸化激活 Ras 蛋白，进而引发一系列下游蛋白激酶的级联激活反应（图 9.14 中的 Raf、Mek 和 Erk），最终信号传递到细胞核中，导致某些转录因子被激活，启动其靶基因的表达。这些靶基因产物往往是细胞周期的促进因子，因此，生长因子信号通路激活的最终结果一般是促进细胞增殖（图 9.14）。除了 *RAS*，在图 9.14 的信号通路中，编码 EGFR 和 Raf 的基因也属于原癌基因，有报道这两个基因被异常激活后也会造成细胞癌化。

抑癌基因突变也是引发癌症的一个重要因素。一般单一的原癌基因异常激活并不足以使肿瘤恶化，恶性肿瘤的形成往往是一个缓慢的、包含多个阶段的过程，其间需要逐渐积累原癌基因的激活与抑癌基因的

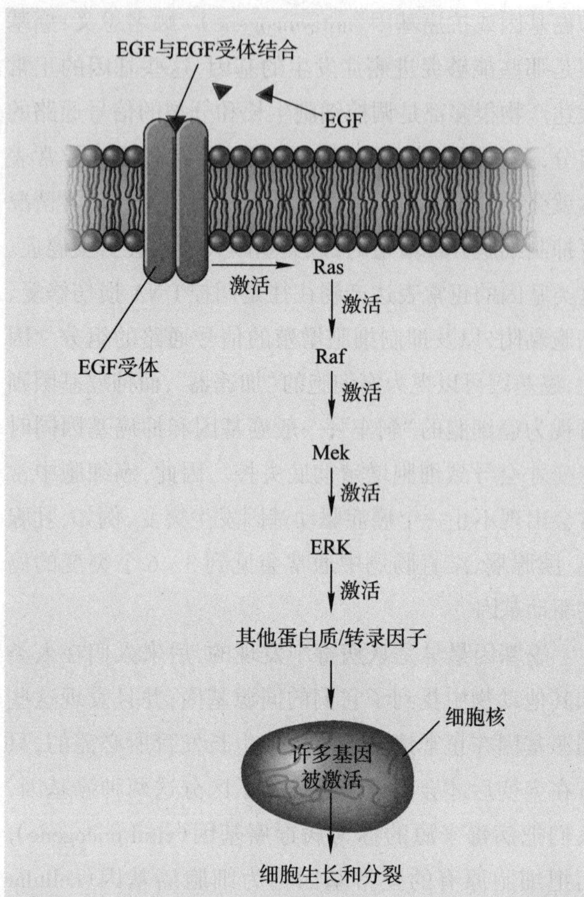

⬆图 9.14 癌基因异常激活细胞增殖信号通路的一种机制（引自 Solomon 等，2019）

很多癌症是由于控制细胞生长和增殖的原癌基因异常激活造成的。EGF 受体、Ras 和 Raf 为 MAP 激酶信号通路的成员，编码它们的基因均属于原癌基因。在多种类型的肿瘤细胞中均发现了这些基因的异常激活突变，从而导致该信号通路异常激活，使这些细胞的增殖失控。

失活等突变或其他原因造成的基因表达的异常改变。抑癌基因通常编码细胞周期的负调控因子，并且很多都是应答并诱导 DNA 损伤修复的。DNA 出现损伤如果不及时修复，就有可能造成基因突变和染色体畸变，增加细胞癌化的风险。*p53*（因其所编码的蛋白质产物大小为 53 kDa 而得名）可以说是最著名也是最重要的抑癌基因，在至少 50% 的人类癌症里都可以检测到该基因的突变。该基因可被多种 DNA 损伤激活，其编码产物是一种转录因子，具有多方面的功能。p53 蛋白可促进细胞周期抑制基因与 DNA 损伤修复基因的转录，为细胞争取修复损伤的宝贵时间。如果 DNA 损伤无法被修复，p53 蛋白则会激活“自杀”基因的转录，诱导细胞凋亡。p53 蛋白这样的“多面手”使其能够通过多种手段防范因 DNA 损伤造成的遗传物质的突变被保留在生物体中，从而杜绝细胞癌化的可能。由此可见，*p53* 基因可谓基因组的“守护天使”。不难想象，这样一个重要的基因一旦失活对于细胞和生物体而言后果将不堪设想。*BRCA1* 和 *BRCA2*（名称源于 breast cancer）是另外两个著名的抑癌基因，它们的失活突变常见于乳腺癌和卵巢癌细胞中。它们的基因产物同样能够检测 DNA 损伤，阻止细胞周期的进程，直到 DNA 损伤被修复。

9.2.3 基因表达的表观遗传调控

前面提到，对于任何生物，每一个细胞的基因组中并不是每一个基因都需要持续表达。转录是基因表达的第一步，也是基因表达调控最重要、最核心的一步。根据基因转录的时空特征，可以把基因粗略地分为三类：①在所有细胞中持续表达（转录）的基因：这些基因的表达产物往往是维持细胞基本结构与功能活动所必需的，因此称为持家基因（house-keeping gene），或者组成性基因（constitutive gene）。例如编码组蛋白、微丝蛋白、RNA 聚合酶、核糖体蛋白的基因等。值得一提的是，虽然会被持续转录，持家基因的表达也是受调控的，只是其调控主要发生在转录后，例如通过翻译后修饰调控蛋白的活性。②在异常条件下被诱导表达的基因：这些基因平时并不表达，只有在外界环境条件发生特定改变时才会启动转录，以便使生物体及时有效地应对突发事件，趋利避害，保证自己的生存。例如，热激、冷休克、低氧、重金属、氧化应激、细菌或病毒侵染等，这些显然都是对生物体非常不利的环境条件，生物体通过特定的方式感知这些外界环境变化（外界信号），并通过特定的信号转导通路及时诱导特定的基因表达、引发一系列的细胞和组织器官结构与功能的改变，使自身适应这种变化，或者化解甚至消除这些有害因素。③受发育调控的基因：这类基因只在某些特定的发育阶段、某些特定的细胞或组织器官中表达，或者说，它们的表达具有鲜明的时空特异性和组织特异性，这主要是通过感知生物体内部的环境信号（发育信号）和细胞所处的位置信息，然后同样是通过特定的信号转导通路实现基因表达的调控。这类基因常被称作奢侈基因（luxury gene），又称组织特异性基因（tissue-specific gene）。

基因表达调控可以发生在基因表达过程中的任何阶段，其中转录是基因表达调控的核心与关键，据此可以把基因表达调控粗略地划分成转录调控和转录后调控（post-transcriptional regulation）两大层级。下面介绍

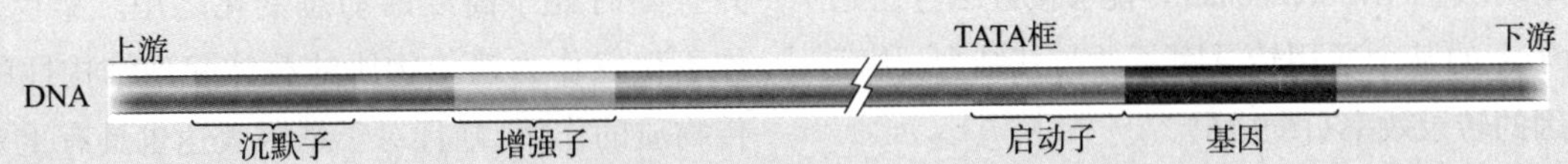

图 9.15 真核生物基因的转录调控元件示意图（引自 Solomon 等，2019）

真核基因的转录调控元件通常包括启动子、增强子和沉默子，其中启动子一般仅为其下游的基因提供基础的转录活性，增强子和沉默子则分别具有提高和降低转录效率的功能。

的表观遗传调控（epigenetic regulation）一般仅指 DNA 化学修饰和染色质结构与组蛋白修饰介导的基因表达调控机制。

（1）基因表达的转录调控

基因在转录水平的调控主要跟基因自身、转录调控因子和染色质结构等三方面的因素密切相关。转录调控首先取决于基因本身的一些结构和序列特征。多细胞真核生物基因的启动子中大部分都带有一段称为 TATA 框（TATA box）的序列（图 9.15），一般为 TATAAA，位于转录起始位点上游 25 ~ 30 bp 处。如果这段序列发生突变，则转录效率就会降低。启动子是结合 RNA 聚合酶的区域，一般只能提供基础的基因转录活性，如果基因需要高效转录，往往还需要有额外的调控元件，这类序列称为增强子（enhancer），它们能够成百上千倍地提高转录效率。虽然理论上每个细胞都带有所有基因的、全部的增强子序列（因为基本上每个细胞都携带完整的基因组），但是每一个特定的增强子一般只在特定的组织器官中起作用（增强基因转录），从而使其所调控的靶基因呈现出组织特异性表达（tissue-specific expression）的现象。基因的组织特异性表达对于个体发育至关重要，正是由于不同的基因在不同的组织器官中特异性 / 差异性表达，才能够分化出不同类型的细胞，构成各种类型的组织器官，保证个体正常有序地发育。增强子的作用非常强大，它们不需要邻近靶基因、也不需要位于靶基因的上游就可以有效地激活靶基因的表达，距其靶基因几千碱基对之外依然能够有效地起作用。此外，启动子的作用通常是有方向性的，只能启动位于其下游的基因的转录；但是增强子却没有方向性，如果把增强子序列切出来再反方向接回去，其仍然能够发挥同样的功能。除了拥有能够促进基因转录的增强子，很多基因还含有一种抑制自身转录的序列，称为沉默子（silencer），该序列同样能够远距离起作用。

启动子、增强子、沉默子，这些调控序列有一个共同的特点，那就是它们都跟所调控的靶基因位于同一条 DNA 分子上，一般位于靶基因的附近或内含子中；它们虽然跟基因一样由核苷酸序列构成，但是这些序列本身并不表达（不转录、不编码），而是只能以 DNA 的形式在原位发挥作用。这样的调控序列称为顺式作用元件（*cis*-acting element）。前面在原核生物基因表达调控中提到的操纵基因也属于这类元件。值得一提的是，这些顺式作用元件的功能是相对独立的，一般不依赖于其靶基因的转录序列或靶基因上与其相连的其他顺式作用元件的存在，如果将它们置于其他基因附近，它们就能够像调控自己原有的靶基因那样调控（促进或抑制）其附近的新基因的转录。人们利用顺式作用元件，特别是增强子的这一特性构建了大量的人工表达载体，使特定的基因按照研究者的意愿在特定的细胞或组织器官中大量表达，为基因功能和发育机制研究以及基因工程产业等生物医学基础理论与应用领域的工作提供了极大的便利。

转录调控因子是基因转录的第二类重要调控因素。跟启动子类似，增强子和沉默子也是通过结合特定的蛋白质因子起作用的，这类因子称为转录调控因子。跟前面在原核生物基因表达调控中提到的乳糖操纵子的阻遏物和分解物激活蛋白 CAP 一样，它们都属于 DNA 结合蛋白（DNA-binding protein）。由于存在很多不同的细胞类型，多细胞生物的转录调控因子远远多于单细胞生物。例如，人类中已经鉴定到 2 000 余种转录调控因子。转录调控因子的氨基酸残基序列往往可以划分出不同的结构域（domain），一般都会含有一个 DNA 结合结构域（DNA-binding domain），以及一个转录激活或抑制结构域。这些结构域往往是模块化的，可以单独起到结合 DNA 或者激活 / 抑制转录的作用，其中每一种 DNA 结合结构域可以识别或结合一段特定的 DNA 序列，因而能够激活或抑制不同的基因。增强子及其转录因子是如何促进基因转录的呢？目前比较公认的作用机制是，转录因子的 DNA 结合结构域识别并结合靶基因上相应的增强子序列，启动子和增强子之间的 DNA 序列弯曲成环（loop），使转录因子的转录激活结构域（activation domain）能够接近结合在靶基因启动子上的某个通用转录因子并与其结合，从而提高靶基因的转录效率（图 9.16）。

转录调控因子本身也由基因编码的，它们属于调节基因，编码调节蛋白。前面提到的在乳糖操纵子中起负调控作用的阻遏物也属于一种调节蛋白。它们的共同特点是，都是由特定基因编码的可扩散的蛋白质产物，它们能离开自己的合成（翻译）位点，相对自由地在细胞内（一般是进入细胞核）移动，寻找其靶基因上的顺式作用元件（例如增强子），并与其特异性结合，发挥调控基因表达的功能。显然，跟顺式作用元件不同，这种蛋白质因子发挥作用时并不需要编码它的调节基因本身跟它所调控的靶基因位于同一条 DNA 分子上，而只需要调节基因编码的蛋白质产物跟靶基因结合即可。因此，人们把这样的调控因子称为反式作用因子（*trans*-acting factor）。

上述转录水平的基因表达调控方式可以简单地概括为顺式作用元件与反式作用因子之间的相互作用：反式作用因子识别靶基因上的顺式作用元件，并与之特异性结合，通过两者的相互作用调节靶基因的转录。这种相互作用本质上也可以视为两个基因之间的相互作用。

除了上述顺式作用元件与反式作用因子，基因在转录水平的表达还有第三类重要调控因素——染色质结构。真核生物具有复杂的染色质和染色体结构，

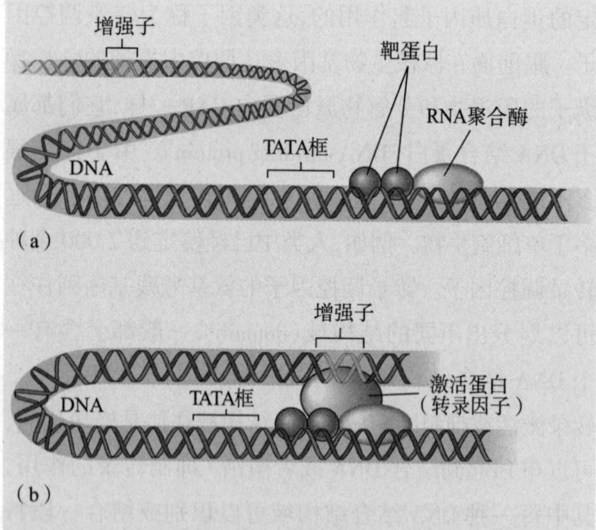

图 9.16　增强子促进基因转录的模式图（引自 Solomon 等，2019）

（a）低效转录。当转录调控序列中仅有启动子区域结合了 RNA 聚合酶和通用转录因子时（增强子区域无转录因子结合），该基因仅具有基础转录活性。（b）高效转录。当转录因子与增强子结合后，启动子与增强子之间的 DNA 回折，使转录因子得以跟通用转录因子接触并相互作用，从而提高转录效率。

并且随时处于高度的动态变化之中。染色质 / 染色体不仅仅作为遗传物质的载体起到结构性的包裹遗传物质的作用，并且对于基因表达也具有重要的调控作用。在多细胞真核生物中，绝大多数细胞虽然都拥有相同的、整套的遗传物质，但是每个细胞只表达很少的一部分基因，大部分基因则是处于转录沉默的状态。这些基因很多位于遗传物质被致密缠绕包装、染色质处于高度凝缩状态的区域，这样的区域可被特定的染料深染，在显微镜下可见。这种区域的染色质称为异染色质（heterochromatin）。位于这种区域的 DNA 通常不被转录。相反，活跃转录的基因往往位于染色质结构比较松散的区域，这样的区域称为常染色质（euchromatin）。不难想象，位于常染色质区域的 DNA 更容易有机会跟转录调控因子相互作用，因而其靶基因就更容易被激活。

表观遗传调控的研究使人们更深刻地了解到染色质结构调控基因表达的分子机制。现在已经知道，DNA 和组蛋白上会被添加一些特定的功能基团，这些化学修饰能够在很大程度上影响染色质的结构，因而影响基因表达，因此被称为表观遗传标记（epigenetic mark），这种调控现象则被称为表观遗传修饰（epigenetic modification）。DNA 的化学修饰通常是发生在胞嘧啶碱基上的甲基化，产生 5- 甲基胞嘧啶。组蛋白的化学修饰通常发生在核小体组蛋白的尾部区域，该区域通常会暴露在核小体结构的外面，常见的修饰是赖氨酸和精氨酸的乙酰化或甲基化，丝氨酸和苏氨酸的糖基化或磷酸化，或者赖氨酸的泛素化（ubiquitination）等。这些修饰是如何影响染色质的结构与基因转录的呢？这里以组蛋白 H3 为例加以说明。H3 中第 9 位赖氨酸（H3K9）的双甲基化或三甲基化可导致染色质因高度螺旋化而形成异染色质，这种染色质区域的 DNA 通常会高度甲基化，最终造成转录因子难以结合到这个染色质区域，使该区域的基因无法转录。相反，组蛋白 H3 中第 27 位赖氨酸（H3K27）的双甲基化或三甲基化则会促进常染色质的形成，从而促进该区域基因的表达。不过，DNA 甲基化不一定总是负调控基因表达，一般只有启动子区域高度甲基化才会抑制基因转录，如果甲基化位于被转录的区域，则往往会对基因表达起到促进作用。可见，在基因转录调控中，靶基因自身的影响因素除了启动子、增强子和沉默子等序列信息，还存在一种不依赖于 DNA 序列而是其化学修饰的调控方式。同时，基因、转录因子和染色质结构这三个因素对基因

表达的调控并不是孤立的，而是相互交织在一起，共同决定基因是否转录以及转录的效率。

（2）基因表达的转录后调控

转录只是基因表达调控的第一步，真核生物mRNA转录出来后还需要经过修饰、加工、转运出核以及翻译和翻译后修饰等一系列后续步骤，才能最终产生有功能的基因表达产物。其中的每一个环节都有可能受到调控，在此我们统称为转录后调控。首先，mRNA本身的结构就可以影响基因表达的效率，例如，较长的多聚腺苷酸链（poly-A）跟较高的翻译效率相关，如果 poly-A 太短则 mRNA 不会被翻译，当增加了 poly-A 的长度后，翻译就会被激活。大部分真核生物的基因都带有内含子和外显子，两者均会被转录出来，形成 mRNA 前体；然后通过 RNA 剪接去除内含子，将外显子连接起来，形成成熟的 mRNA 分子。在这个过程中，RNA 前体有可能出现多种不同的剪接方式，例如，在有些细胞 / 组织中保留某个或某些内含子，从而在不同的细胞 / 组织中形成不同的 mRNA 分子，翻译出不同的蛋白质产物，行使不同的功能。这种调控方式称为 RNA 的选择性剪接（alternative splicing）或者可变剪接（图 9.17）。通过这种方式，可以在不增加基因数量的前提下增加蛋白质产物的多样性，可以说是充分利用已有基因组的一种“聪明”而有效的方法。例如，调控肌肉收缩的肌钙蛋白（troponin）就采用了这样的调控方式，在不同的肌肉组织中通过选择性剪接产生不同形式的肌钙蛋白，很好地满足了不同肌肉组织的需要。

mRNA 稳定性是另一个常见的转录后调控途径，借此可控制蛋白质的产量。有些 mRNA 的半衰期受激素影响，例如，蛙类和鸡等物种的雌性动物肝中会合成卵黄原蛋白（vitellogenin），该蛋白会通过血液循环被运送到输卵管（oviduct）中，用于生成卵母细胞中的卵黄，为后代的早期胚胎发育提供重要的营养。雌二醇（estradiol）对卵黄原蛋白的合成具有重要调控作用。当雌二醇水平较高时，蛙的肝中卵黄原蛋白 mRNA 的半衰期高达 500 h；当雌二醇缺乏时，卵黄原蛋白 mRNA 的半衰期则迅速下降，降至不足 165 h，最终导致卵黄原蛋白的合成大大减少。

近年来，微 RNA（micro RNA，miRNA）被发现成为一类新的非常重要的基因表达调控分子。人类至少一半的基因都受到该类分子的调控。miRNA 基因也是由 RNA 聚合酶 Ⅱ 转录，产生 miRNA 前体（pre-miRNA），经初步加工后被转运到细胞质中，在胞质中再经过 Dicer 酶切割，形成 21 ~ 22 bp 的双链 miRNA；随后其中的一条链被降解，余下的单链 miRNA 跟特定的蛋白质形成复合体，通过碱基互补配对的方式寻找靶 mRNA 并调控其表达，引起与其完全匹配的 mRNA 降解，或者抑制与其不完全匹配的 mRNA 的翻译（图 9.18）。

基因转录和翻译完成后，蛋白质产物的翻译后调节成为基因表达调控的最后环节，这个环节主要包括调节蛋白质产物的活性与稳定性。前面在原核生物基因表达调控中提到的大肠杆菌乳糖操纵子阻遏物的活

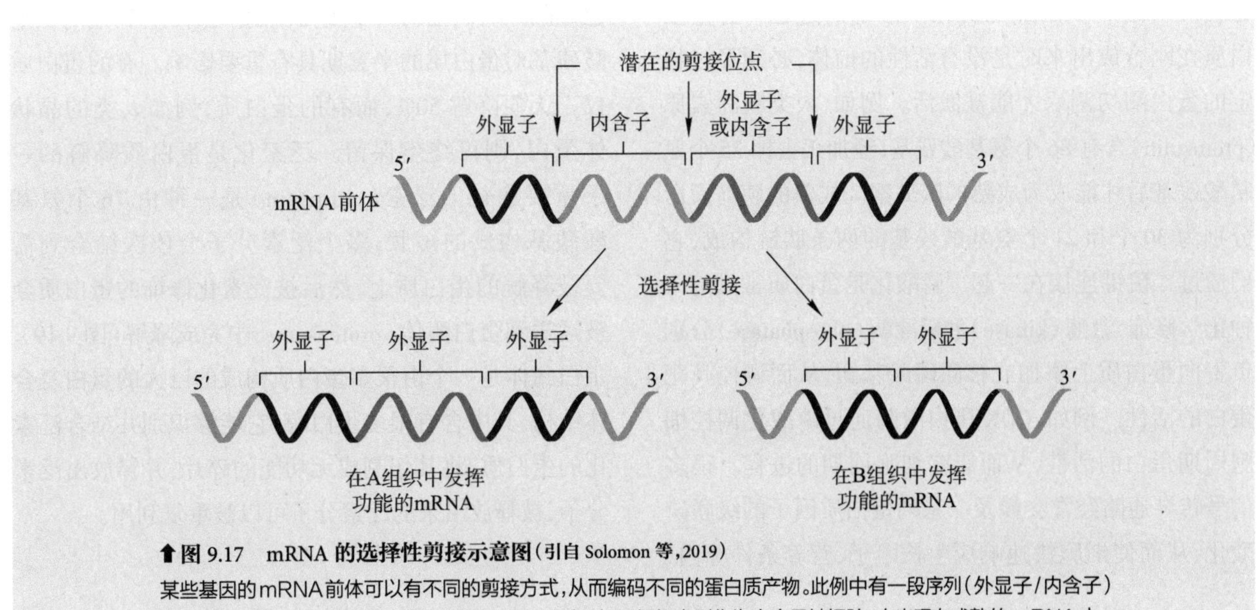

⬆图 9.17　mRNA 的选择性剪接示意图（引自 Solomon 等，2019）

某些基因的mRNA前体可以有不同的剪接方式，从而编码不同的蛋白质产物。此例中有一段序列（外显子/内含子）在A组织中作为外显子被保留在成熟的mRNA中，在B组织中则作为内含子被切除，未出现在成熟的mRNA中。

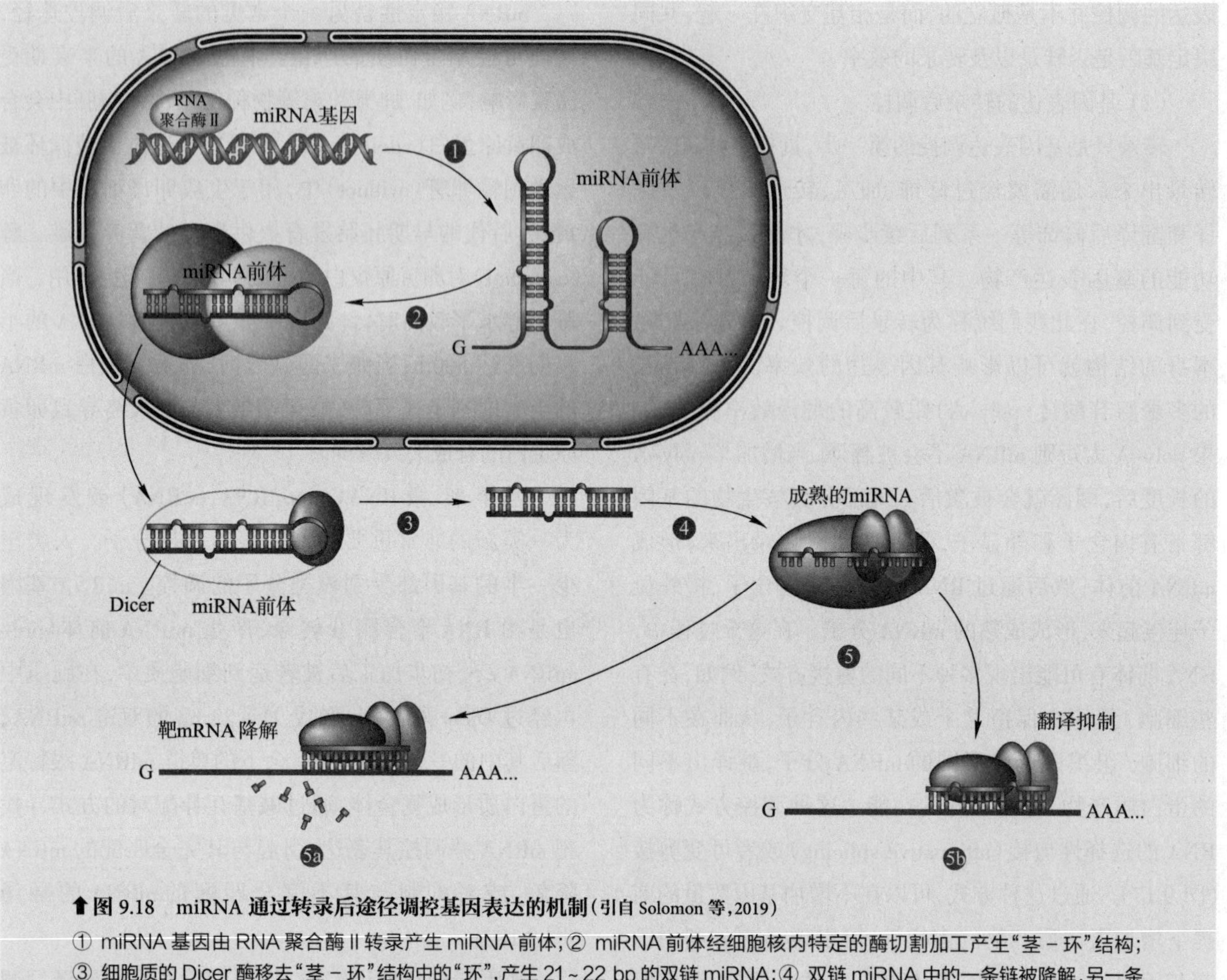

图 9.18　miRNA 通过转录后途径调控基因表达的机制(引自 Solomon 等,2019)

① miRNA 基因由 RNA 聚合酶 Ⅱ 转录产生 miRNA 前体;② miRNA 前体经细胞核内特定的酶切割加工产生"茎 - 环"结构;③ 细胞质的 Dicer 酶移去"茎 - 环"结构中的"环",产生 21 ~ 22 bp 的双链 miRNA;④ 双链 miRNA 中的一条链被降解,另一条链跟特定的蛋白复合体结合;⑤ miRNA- 蛋白复合体识别并结合 mRNA 靶序列;5a miRNA 与 mRNA 靶序列精确匹配可导致 mRNA 降解;5b miRNA 与 mRNA 靶序列不精确匹配则会抑制 mRNA 的翻译。

性受乳糖的调节就是一例。很多蛋白质在翻译出来后还会经历进一步的加工与化学修饰的过程。有些蛋白质在刚合成出来时是没有活性的前体,必须经过特定的蛋白酶切割后才能被激活。例如,人类胰岛素原(proinsulin)含有 86 个氨基酸残基,经加工去掉 35 个氨基酸残基后才能成为成熟的胰岛素。成熟的胰岛素由分别为 30 个和 21 个氨基酸残基的两条肽链构成,它们通过二硫键连接在一起。磷酸化是蛋白质常见的一种化学修饰,激酶(kinase)和磷酸酶(phosphatase)分别负责向蛋白质上添加或移除磷酸基团,从而调控其靶蛋白的活性。例如,CDK 蛋白激酶通过磷酸化调控细胞周期蛋白的活性,从而影响细胞周期的进程。很多信号转导通路经常会涉及一系列蛋白质因子的级联磷酸化,从而使细胞快速响应生长因子、营养条件等内、外环境的改变。此外,蛋白质降解(protein degradation)也是翻译后调控的一个重要机制。蛋白质 N 端的氨基酸残基对蛋白质的半衰期具有重要影响。有的蛋白质仅三天便降解 50%,而有的蛋白质,例如人类的晶状体蛋白,则可终生保留。泛素化是蛋白质降解的一条重要途径。泛素(ubiquitin)是一种由 76 个氨基酸残基构成的短肽;多个泛素分子会依次结合到需要被降解的蛋白质上,然后被泛素化修饰的蛋白质会被运送到蛋白酶体(proteasome)中完成降解(图 9.19)。蛋白酶体是一个由很多蛋白质构成的巨大的蛋白复合体结构,其中含有很多蛋白酶,它能够识别并结合泛素化的蛋白质,将其切割成无功能的碎片,并释放出泛素分子,被释放出来的泛素分子可以被重复利用。

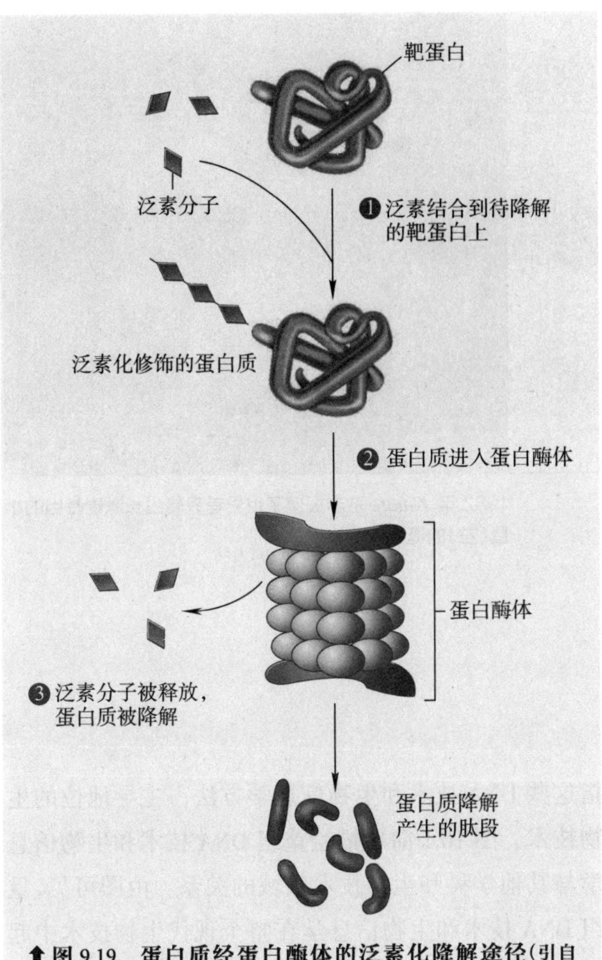
靶蛋白
泛素分子
❶泛素结合到待降解的靶蛋白上
泛素化修饰的蛋白质
❷蛋白质进入蛋白酶体
蛋白酶体
❸泛素分子被释放，蛋白质被降解
蛋白质降解产生的肽段

⬆图 9.19 **蛋白质经蛋白酶体的泛素化降解途径**（引自 Solomon 等，2019）

① 泛素分子结合到待降解的蛋白质分子上；② 带有泛素化修饰的蛋白质进入蛋白酶体；③ 泛素分子被释放出来，蛋白质被降解。

思考题

1. 如何认识遗传物质与基因的关系？哪些性质和功能是基因独有的？
2. 基因表达调控都有哪些层次和方式？
3. 原核生物和真核生物基因表达与调控有何异同？
4. 如何理解遗传与表观遗传的关系？
5. 简述肿瘤发生的遗传基础。

10

DNA 技术及生物信息学分析简介

1982 年，*Nature* 杂志报道了世界首只转生长激素基因的小鼠（左）的诞生

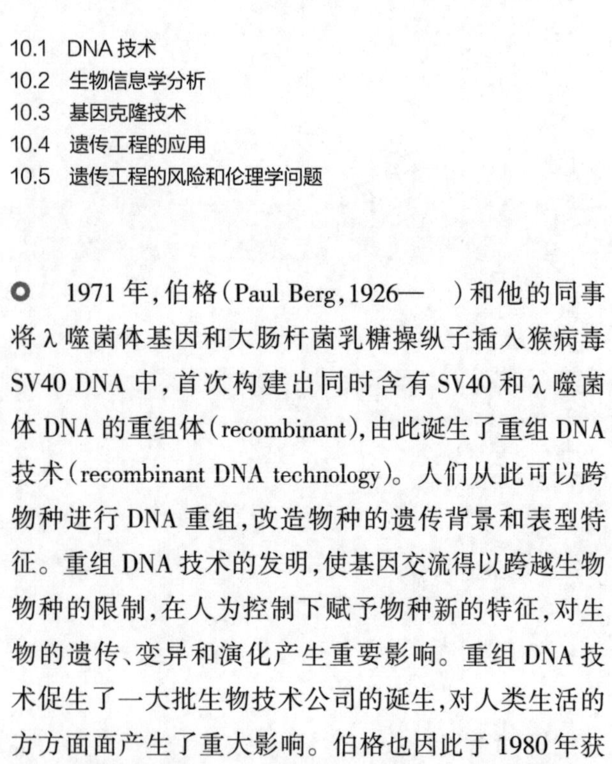

1971 年，伯格（Paul Berg，1926—　）和他的同事将 λ 噬菌体基因和大肠杆菌乳糖操纵子插入猴病毒 SV40 DNA 中，首次构建出同时含有 SV40 和 λ 噬菌体 DNA 的重组体（recombinant），由此诞生了重组 DNA 技术（recombinant DNA technology）。人们从此可以跨物种进行 DNA 重组，改造物种的遗传背景和表型特征。重组 DNA 技术的发明，使基因交流得以跨越生物物种的限制，在人为控制下赋予物种新的特征，对生物的遗传、变异和演化产生重要影响。重组 DNA 技术促生了一大批生物技术公司的诞生，对人类生活的方方面面产生了重大影响。伯格也因此于 1980 年获得诺贝尔化学奖。与伯格分享该诺贝尔化学奖是桑格（Frederick Sanger，1918—2013）和吉尔伯特（Walter Gilbert，1932—　），因为他们二人在 DNA 序列测定研究中做出了杰出贡献。1993 年，穆利斯（Kary Mullis，1944—2019）因发明聚合酶链式反应（polymerase chain reaction，PCR）扩增 DNA 片段获得诺贝尔化学奖。自 DNA 双螺旋结构发现后，上述几项技术的出现给整个生命科学领域带来了许多革命性变化。

生物技术（biotechnology）是在生物学理论基础上建立的多学科交叉的应用技术科学，旨在改造与利用生物或生物的组成部分为人类社会提供有价值的服务。重组 DNA 技术、DNA 序列测定和分析技术以及 PCR 方法的诞生对传统的生物技术产生了巨大影响，有力推动了生物技术领域的发展。现代生物技术主要指这些 DNA 技术和生物信息学方法占主导地位的生物技术。图 10.1 简单描绘重组 DNA 技术和生物信息学与其他学科和生物技术领域的关系。由图可见，重组 DNA 技术和生物信息学在整个现代生物技术中起着关键作用。

10.1　DNA技术

DNA 技术指常用的涉及 DNA 操作的技术方法，如 DNA 合成、DNA 扩增和 DNA 序列测定。本节主要介绍 DNA 扩增技术和 DNA 测序技术。

10.1.1　聚合酶链式反应

聚合酶链式反应（PCR）是一种在体外操作的 DNA 快速扩增方法。这个方法利用 DNA 互补双链特征和 DNA 复制的特性，将特定基因或 DNA 片段进行复制并达到扩增的目的。链式反应是反应产物可以引起同类反应继续发生的反应。在 PCR 中，因为 DNA 的双链结构特征和半保留复制特征，产物数量呈 2^n 增长。运用 PCR 方法在试管中建立反应体系，只需数小时就可将极微量的目的基因（或某一特定的 DNA 片段）扩增数百万乃至数亿倍份拷贝。

细胞中 DNA 复制时，有多个酶参与双链 DNA 分子局部解旋成为单链 DNA，然后利用 DNA 聚合酶按半

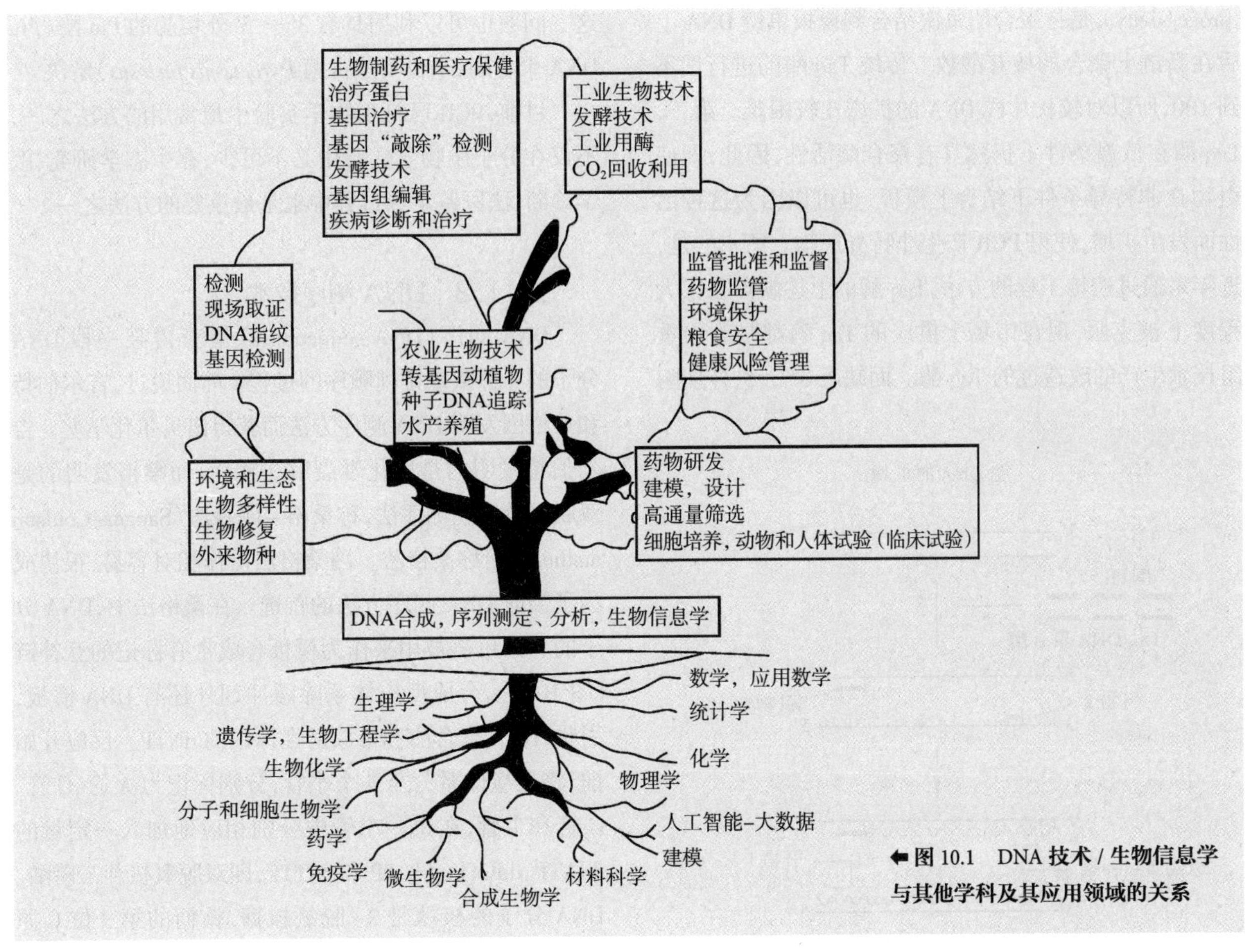

⬅图 10.1　DNA 技术 / 生物信息学与其他学科及其应用领域的关系

保留方式合成 DNA。在体外，双链 DNA 模板分子在高温（一般超过 85℃）下变性，双链被解开成为两条单链 DNA 分子；DNA 聚合酶（通常为 Taq DNA 聚合酶）以单链 DNA 为模板，并利用反应体系中的 4 种脱氧核苷三磷酸（dATP、dTTP、dGTP 和 dCTP，统称为 dNTP）合成新的 DNA 互补链。在此过程中，每一条单链的复制还需要有一小段 DNA（通常为 20 ~ 40 个核苷酸片段）作为引物来“引导”（启动）DNA 聚合酶催化的新链的合成，所以绝大多数 PCR 反应需要两条引物。

一般情况下，一次 PCR 由若干循环构成，每一循环由以下三个基本反应组成（图 10.2）：

① 高温变性　待扩增的 DNA 样品及其反应体系在 95℃高温加热一定时间（几分钟），使双链 DNA 变成单链 DNA。

② 低温退火（annealing）　降低反应温度（至 55℃左右）一分钟左右。因为反应体系中引物浓度远高于靶 DNA 浓度，引物与 2 条单链 DNA 模板分别发生退火作用，并结合在靶 DNA 区段两端的互补序列的位置上。

③ 适温延伸（extension）　将反应体系的温度上升到 72℃保温数分钟。在耐热 DNA 聚合作用下，dNTP 分子便从引物的 3′ 端加入，并沿着模板 DNA 分子按 5′ → 3′ 方向延伸，合成新的 DNA 互补链（图 10.2）。

如此反复加温冷却，只要有聚合酶和足够的 dNTP，新的循环就可以在刚结束的延伸步骤后开始，经 20 ~ 30 个循环之后，就可以大量产生特定的 DNA 分子，其扩增的拷贝数，理论上的最高值应是 $N\cdot 2^n$（N 为起始浓度，n 为 PCR 循环数）。

理论上，任何 DNA 聚合酶都可以用于完成 PCR。事实上，最初的 PCR 实验就是利用大肠杆菌的 DNA 聚合酶完成的。但是因为从普通细胞获得的 DNA 聚合酶不耐高温，所以需要在每一次循环开始后加入新的酶，不仅昂贵，而且费时。后来从水生嗜热菌（*Thermus aquaticus*）中分离纯化了耐热的 DNA 聚合酶（被称为 Taq 酶），从而大大提高了 PCR 效率。虽然传统 Taq 酶因为在高温下的稳定性被当作 PCR 首选聚合酶，可以满足绝大多数 PCR 的需求，但 Taq 酶还是存在一些问题：第一，它没有 3′ → 5′ 外切酶活性（即纠错活性），所以当复制发生错配时无法得到纠正，造成复制的准确度下降。第二，Taq 酶的进行性不高。所谓进行性

(processivity),是指聚合酶每次结合到模板单链 DNA 上后在新链上聚合的核苷酸数。传统 Taq 酶的进行性不到 100,所以对较长片段 DNA 的扩增比较困难。第三,Taq 酶在低温条件下仍然具有聚合酶活性,因此,即使引物在非特异条件下结合上模板,也可以因为这种活性而发生扩增,使得 PCR 产生非特异产物。所幸的是,近年来通过遗传工程的方法,Taq 酶的上述缺点在很大程度上被克服,现在市场上供应的 Taq 酶都是利用重组技术生产的改造过的 Taq 酶。而缺乏 3′→5′ 外切酶这一问题也可以利用具有 3′→5′ 外切酶的 Pfu 酶(Pfu DNA 聚合酶,来自嗜热古菌 *Pyrococcus furiosus*)解决。

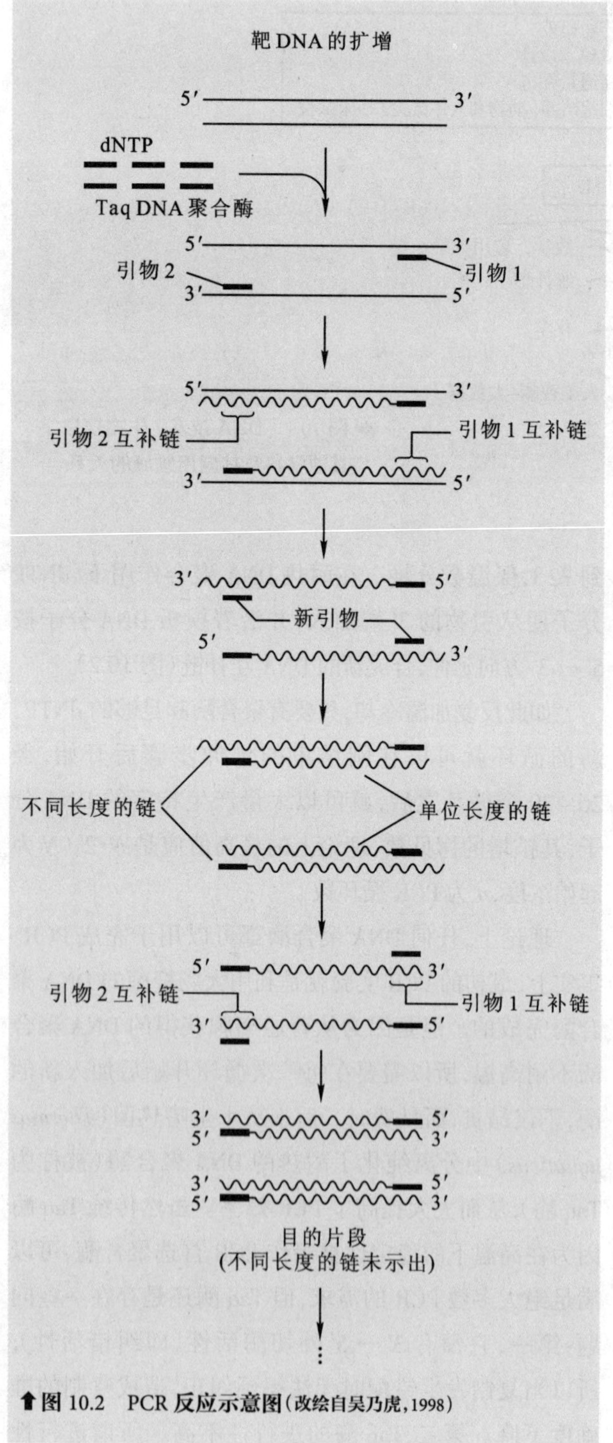

⬆图 10.2 PCR 反应示意图(改绘自吴乃虎,1998)

目前,PCR 已是生物学实验中最常用的方法之一,不仅在分子生物学实验中必不可少,在生态学研究、医学诊断、法医鉴定等过程中也是最重要的方法之一。

10.1.2 DNA 测序技术

DNA 测序(DNA sequencing)指获得某一段 DNA 分子的 4 种碱基排列顺序的过程。前面说过,吉尔伯特和桑格因发明 DNA 测序方法而获得诺贝尔化学奖。吉尔伯特发明的是用化学裂解法测序,而桑格发明的是双脱氧链终止测序法,称桑格 - 库森法(Sanger–Coulson method),简称桑格法。因桑格法操作相对容易,很快成为了当时 DNA 测序方法的首选。在桑格法中,DNA 分子的一条单链被用来作为模板合成带有标记的互补链(图 10.3)。合成反应体系除缓冲剂外还有 DNA 模板,引物,DNA 聚合酶和带放射性标记的 dNTP。反应开始前,将反应体系分至 4 个小管,分别标记为 A 管、C 管、G 管和 T 管,在每一小管中分别相应地加入一定量的 ddATP、ddCTP、ddGTP 和 ddTTP,即双脱氧核苷三磷酸。DNA 分子的核糖是 2- 脱氧核糖,核糖的第 3 位 C 原子上含有一个羟基。如果第 3 位 C 上不含羟基,将无法形成磷酸二酯键,链的延伸将无法进行。这样,当反应开始后,每一小管的 DNA 合成过程中就会有 ddNTP 随机地掺入到带有放射性标记的新生链中,并使得那一条链无法再继续延伸,而每一条终止的链的最末端碱基一定是掺入的相应双脱氧碱基。比如,A 管中加入的是 ddATP,其合成的单链 DNA 长度不一,但是其 3′ 末端一定是 A。对 4 个反应体系的产物先进行高分辨电泳分离,然后进行放射性自显影分析,就可以得到一组(4 个电泳道)从小到大的条带(图 10.3)。因为电泳的分辨率足够高,能够区分相差一个碱基的片段,所以从放射性自显影胶片上就可以直接读出被测序的 DNA 序列。

双脱氧链终止法虽然是一个重大进步,但是总体操作还是比较烦琐,每次测序的长度也在数百个碱基范围。为此,科学家们对这个方法进行了大量改进,首先是利用荧光标记物取代了同位素标记,然后利用毛细管电泳取代了平板电泳,最后实现了自动测序。首个人类基因组序列测定就主要是用自动测序仪完成的。

近年来,人们对测序的需求越来越多,测序的方法也相应地得到进一步改进,出现了第二代测序方法和第三代测序方法。读者可在知识窗“DNA 测序技术”对于

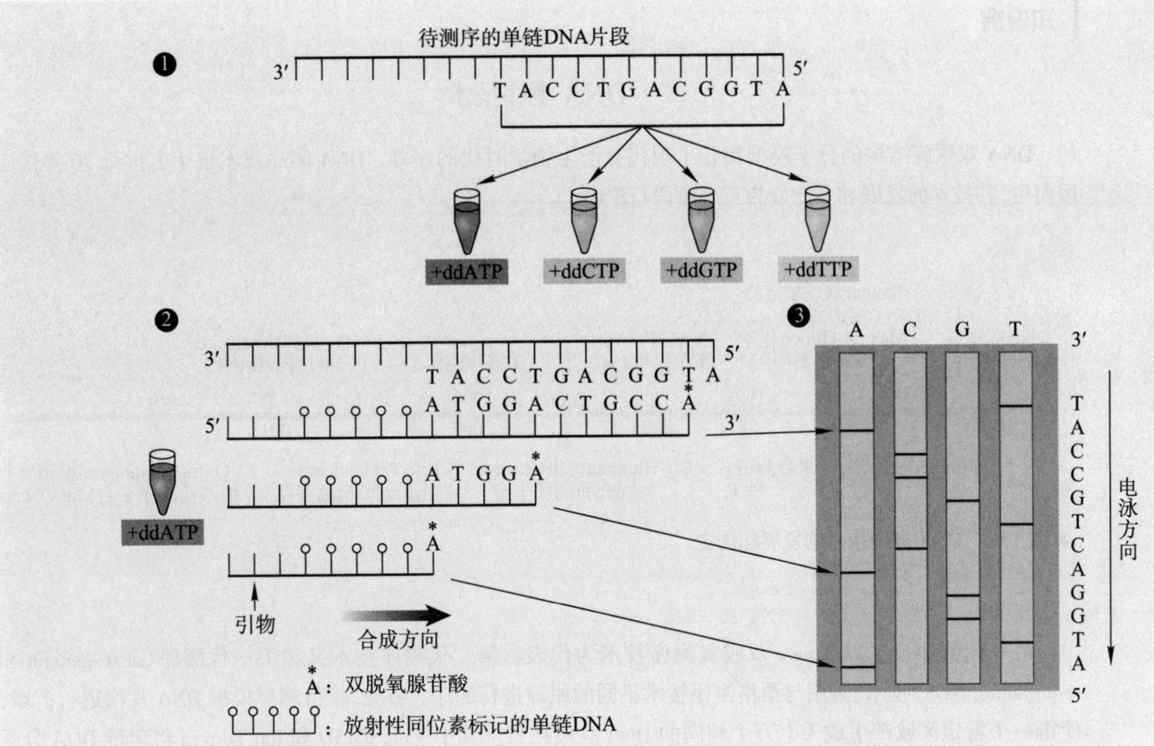

图 10.3 双脱氧测序方法示意图

第一步，以单链 DNA 为模板合成互补链。合成分为 4 个反应进行（标记为 A、C、G、T），每一小管里除了加入引物、DNA 聚合酶和 dNTP 外，还根据标记分别加入少量双脱氧核苷三磷酸，即 ddATP、ddCTP、ddGTP 和 ddTGP。新合成的互补链以含放射性同位素的引物作为标记，或者以含有放射性同位素的 dNTP 标记。第二步，合成的互补链会因为 ddNTP 的随机掺入而终止延长，形成长短不一的互补链，每一条链的末端是相应的双脱氧核苷酸，如在加入 ddATP 的反应管，合成的互补链的末端就是 A。第三步，利用电泳分离反应产物。每一反应的产物分别在各自的电泳泳道分离，链短的互补链在电泳中移动快，链长的移动慢。电泳结束后，将凝胶进行放射性自显影，获得具有新合成链条带的 X 光胶片（如图）。DNA 序列就可以直接从条带在胶片上的相对位置从下往上直接读出。

这些方法有一个初步了解。从总的趋势看，测序的成本越来越低，测序的速度越来越快，对样品的用量也越来越少，而且单细胞序列测定已经逐渐成为一种常态。

10.2 生物信息学分析

生物信息学（bioinformatics）是在数据采集的基础上利用计算与信息科学的方法与手段（包括应用数学、计算机科学以及统计学等）挖掘、分析、解读生物分子、尤其是生物大分子信息的科学，是计算科学和生命科学交叉产生的一个分支科学。生物信息学一词于 20 世纪 80 年代开始在全球学术界使用，这也意味生物信息学作为一个学科正式诞生。30 多年来，随着以测序技术为代表的高通量测量技术不断进步，产生的大分子数据越来越多，对这些数据的分析需求越来越大，从而大大推动了生物信息学发展。如今，生物信息学已经成为生命科学、医学和生物技术等学科发展不可或缺的学科。

目前世界上最大的生物信息学数据库和数据资源是美国 1987 年成立的国家生物技术信息中心（National Center of Biotechnology Information，NCBI）。NCBI 同时还具有强大的生物信息学分析平台，供全世界科研人员使用。此外，NCBI 还包括了生物学和医学的文献数据库 PubMed，登录后可以查阅和下载各类文献。除了美国的 NCBI，世界上还有几个较大的生物信息学数据库，包括欧洲的 EMBL-EBI 和日本的 DNA Data Bank。中国于 1997 年成立了北京大学生物信息中心（Center for Bioinformatics，CBI），并于 2019 年正式建立了中国国家生物信息中心（China National Center for Bioinformation，CNCB）。之外，世界各地还有许多规模小一些、但是更为专业的生物信息学中心，如日本的蓝细菌生物信息中心（Cyanobase）就是专门收集蓝细菌大分子相关信息并进行分析的生物信息中心。这些较小但是更为精细的生物信息网站与上述大型数据库互

知识窗

DNA 测序技术

DNA 双螺旋结构的分子模型揭开了现代分子生物学时代的序幕。DNA 测序技术也于上世纪 70 年代应运而生，其技术的发展和变迁分为三个阶段（图 10.4）。

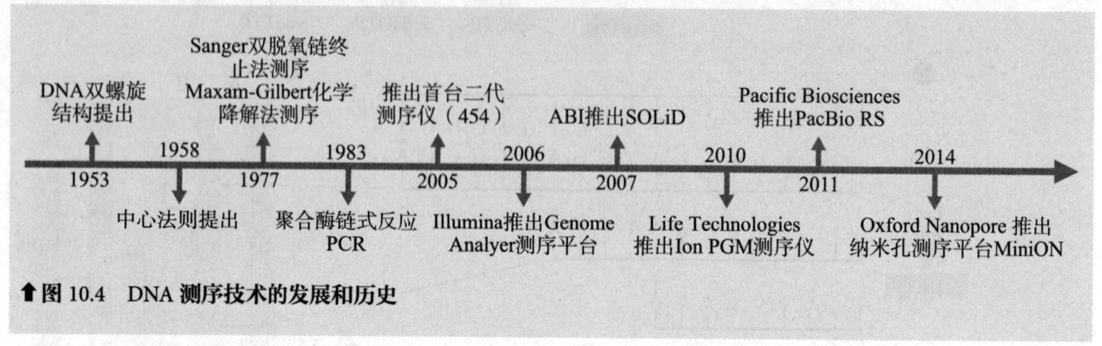

图 10.4　DNA 测序技术的发展和历史

第一代测序技术以 Sanger 双脱氧测序技术为代表。第二代测序技术又称下一代测序（next-generation sequencing, NGS）技术，采用与桑格测序技术不同的原理进行测序。首先，将待测序模板 DNA 片段进行扩增，使得一个特定区域产生成千上万个相同的 DNA 片段拷贝。其中 454、SOLiD 和 Ion Torrent 将单链 DNA 分子结合在水油包被的磁珠上进行 PCR 反应，而 Illumina 则采用桥式 PCR 的方式进行扩增。随后，二代测序基于大规模平行测序的方式，一次对几十万到几百万条 DNA 片段进行测序，使高通量数据的获取成为可能。因此该测序技术又称为高通量测序（high-throughput sequencing, HTS）。

获得上述 PCR 产物后，各个平台的测序原理不尽相同。454 测序平台在测序过程中，每次只加入一种 dNTP，当发生碱基互补配对时，dNTP 与 DNA 链形成磷酸二酯键，并释放一个焦磷酸基团。焦磷酸基团在特定反应体系中激发产生荧光，根据此光学信号就可获取 DNA 模板序列信息。Ion Torrent 测序平台基于 pH 的变化进行测序，而 SOLiD 测序平台基于荧光探针进行测序。

Illumina 测序仪是目前使用最多的测序平台。它基于可逆终止的原理进行测序。用于测序的 dNTP 使用不同的荧光标记，用于区分不同的碱基，且 3′- 羟基带有叠氮基团，该基团在合成链延伸的过程中起到了终止聚合的作用，使得每条链一次只能合成一个碱基。而通过识别荧光的颜色，就可以获得该碱基的序列信息。随后，使用巯基试剂切掉荧光基团和叠氮基团，暴露出脱氧核糖的 3′- 羟基，进行下一步的合成反应。反复进行这一过程就可以完成序列测定。

第三代测序技术最大的特点是单分子测序，测序过程无须 PCR 扩增，从而克服了第二代测序技术中因 PCR 扩增引入的错配等问题。Pacific Biosciences（PacBio）单分子实时测序技术（single molecule real-time sequencing, SMRT）和纳米孔（Oxford Nanopore）测序技术是两个广泛使用的三代测序技术。

SMRT 测序基于边合成边测序的原理。测序过程以 SMRT 芯片作为测序载体进行。SMRT 芯片中有很多零模波导孔（Zero-Mode Waveguide, ZMW），在每个 ZMW 孔底部都锚定着一个 DNA 聚合酶，当单链环状 DNA 模版分子被聚合酶捕获后，4 种用不同荧光标记磷酸基团的 dNTP 随机进入检测区域，并依据碱基互补配对原则与模板 DNA 分子配对，一旦配对成功，该碱基携带的荧光基团就会被激活，其发出的荧光信号被实时检测。根据荧光信号信息，即可获得 DNA 序列信息。

纳米孔测序是一种基于不同碱基通过纳米孔引起电信号变化而进行测序的技术，因此反应体系不需荧光标记的 dNTP，也不需 DNA 聚合酶。该测序技术的核心是纳米孔，其直径很小，只允许单个核苷酸通过。该孔被嵌入到合成膜上，并浸入到电解质溶液中，使离子电流可以通过。在测序过程中，当单链 DNA 分子穿过时，会对电流造成干扰，引起电信号的改变。由于不同碱基引起的电流变化不同，根据电流的变化幅度，即可区分不同的碱基。

补，让数据共享更为广泛。读者可以从本章末的二维码获得常用的数据库及其网址，进一步查阅学习及使用。

当今生物信息学的研究与应用可以大体划分为两个方面，一是数据整合与数据库建设，二是方法开发与信息挖掘。本节主要介绍序列分析、蛋白质分析和基因表达分析。

10.2.1 序列分析

序列分析是生物信息学的重要部分，主要包括双序列比对、多序列比对、构建系统发生树和序列识别等。

(1) 序列比较

① 双序列比对(pairwise sequence alignment) 即只对两个大分子序列进行比对。生物体中最重要的几种生物大分子(蛋白质、DNA、RNA)都具有线性的序列信息。序列比对的基本思想是，基于生物学中序列决定结构、结构决定功能的普遍规律，将核酸和蛋白质一级结构上的序列都看成由基本字符组成的字符串，将这些序列进行比较，就可以检测序列之间的相似性，发现序列中的功能、结构和演化的信息。

双序列比对是序列比较的基础，其基本问题是找出一对 DNA 或者蛋白质序列之间的一致度和相似度。如果一对序列来自一个共同祖先，它们比对的结果会显示出哪些位点是演化中保守的，哪些位点在演化中产生了突变，哪些位点有插入序列或者被删除。下面是两条 DNA 序列，我们怎么判断它们的相似性呢？

序列 1：AGGCTATCACCTGACCTCCAGGCCGATGCCC

序列 2：TAGCTATCACGACCGCGGTCGATTTGCCCGAC

在序列比对时，一般采用一种打分制来判断两个序列的相似性：比对相同的加分，错配(mismatch)的扣分，出现间隔(gap)的扣分。这样将两个序列位点一一比较后得分最高的就是最理想的比对结果，比对的得分也最好地反映了二者的相似性。下面为上述两条序列的最佳比对：

```
-AGGCTATCACCTGACCTCCAGGCCGA-TGCCC---
TAG-CTATCAC--GACCGC--GGTCGATTGCCCGAC
```

这个比对中，黑体的为完全相同的，非黑体的为错配，短横杠为删除序列，而另一条序列上的这个位置就可以视为插入序列。因为这插入和删除二者不容易区分，故使用“indel”来表示，即 insertion 和 deletion 两个词的缩拼。

目前，序列比对分析都是由计算机程序来完成的。不过考虑到数据库中的序列数目和长度，即使采用计算机计算，传统的序列比对方法也非常消耗资源和时间。为此研究者将比对算法做了优化，在几乎不影响对比结果的前提下，大大缩短计算时间。BLAST(Basic Local Alignment Search Tool，基础局部比对搜索工具)就是目前使用最多的搜索程序。它可以用于核酸序列和蛋白质序列的比较。打开 NCBI 网站，进入 BLAST 程序后，可以见到下面几种常见的 BLAST 应用。

Blastp 这是蛋白质序列到蛋白质数据库中的一种查询。即输入蛋白质序列，Blastp 逐一地将输入的待查序列同库中存在的每条已知序列进行双序列比对。

Blastx 这是核酸序列到蛋白质数据库中的一种查询。即输入核酸序列，Blastx 先将待查核酸序列翻译成蛋白质序列(一条核酸序列会被翻译成可能的 6 条蛋白质序列)，再用每一条翻译出的蛋白质序列同库中存在的序列进行一对一的序列比对。

Blastn 这是核酸序列到核酸序列库中的一种查询。即输入核酸序列，Blastn 将待查序列同核酸序列库中每条序列进行一对一的序列比对。

tBlastn 这是蛋白质序列到核酸序列库中的一种查询。与 Blastx 相反，它是将库中的核酸序列翻译成蛋白质序列，再同输入的待查蛋白质序列进行双序列比对。

tBlastx 这是核酸序列到核酸序列库中的一种查询。此种查询将库中的核酸序列和待查的核酸序列都翻译成蛋白质(每条核酸序列会产生 6 条可能的蛋白质序列)，可以有效避免不同物种间密码子使用偏好性(codon usage bias)导致的假阴性，常用于比较基因组研究与注释。

使用者根据查询序列的类型(蛋白质或核酸)来决定选用何种 BLAST 程序。假如是进行核酸—核酸查询，有两种 BLAST 供选择，通常默认为 Blastn。

用 BLAST 进行查询得到的结果按相似性高低排序列出。比如，当从一个新的物种获得了铁氧还蛋白序列，并用 Blastp 进行查询后，会得到一个列表，库中与它相似性高的铁氧还蛋白序列得分高，排在列表前面，相似性较低的得分低，排在后面。从这个表中还可以进一步查看以前对各种铁氧还蛋白开展研究的相关文献信息。同时，还可以对表中的所有序列进行多序列比对，找出保守的区域和氨基酸残基。

② 多序列对比(multiple sequence alignment) 指 3 个和 3 个以上核酸序列或蛋白质序列一起比较。多序列对比是分子生物学中应用最多的生物信息学方

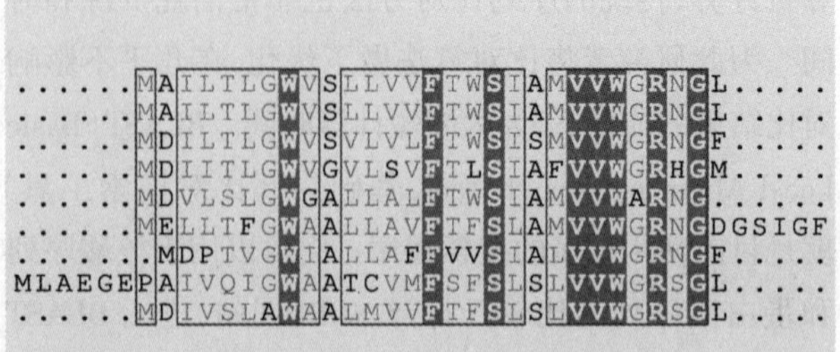

⬆图 10.5　9 个光合生物 PetN 蛋白序列(单字母表示)的多序列对比

完全保守氨基酸残基用深色背景表示,多数保守残基或残基区域用方框显示,间隔用点代表。

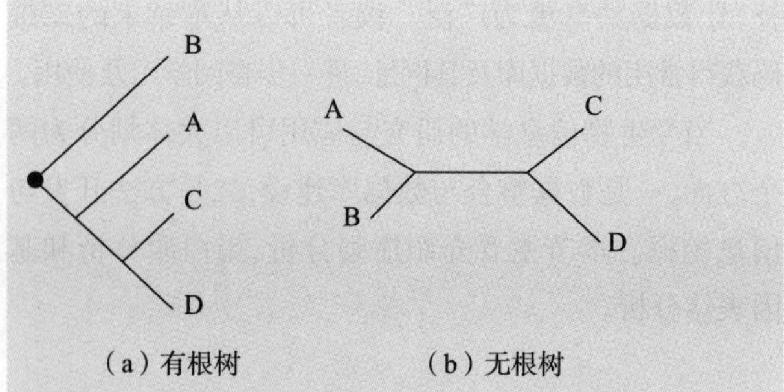

⬆图 10.6　系统发生树示意图

系统发生树分有根树(a)和无根树(b)。有根树中所有物种或基因(A,B,C,D)有一个共同祖先,以基部节点表示,而无根树中不存在祖先,只反映这四个物种或基因间的相互关系。

法,它可以从多个序列中找出保守的序列、隐藏在序列中的特征,各个序列之间的演化关系等等。图 10.5 显示 9 个蛋白质序列的比较。比较结果中,保守的氨基酸残基用方框突出显示。

需要指出,相较双序列比对,多序列对比算法的运算需要更多时间。将 3 个序列长度为 n 的序列进行对比,运算的时间复杂度 * 为 $O(n^3)$。如果将 k 个序列长度为 n 的序列进行对比,则时间复杂度为 $O(2^k n^k)$。可见,运算的时间会随着序列个数的增加而迅速增加。为了解决运算时间过长这个问题,不少启发式算法(heuristic algorithm)被开发出来。这类算法的特点是基于生物学知识在比对中引入额外的约束以缩小搜索空间,把握比对的精确性与运行时间的平衡,从而在合理运行时间范围内获得最佳比对结果。这些算法中最常用的一个程序之一是 Clastal 系列软件,有 ClastalX、ClastalW 等。此外,前面我们提到在 NCBI 用 BLAST 查询获得的相似序列以后,使用者可选中查询结果中的多条序列直接进行多序列对比,免去了结果序列导出再输入这个环节,深受研究者的喜爱。

③ 构建系统发生树(phylogenetic tree)　系统发生(phylogeny)是海克尔于 1868 年首先使用的术语,指研究生物的各种物种从发生到灭绝的形态变化,即种族的历史。现在的系统发生是指物种、细胞器、基因等的起源和演化关系。有关生物演化和系统发生的理论,我们将在第Ⅲ篇详细讲述。本节所讲述的系统发生树,是从大分子序列着手,通过多序列比对,计算各条序列之间的距离或者相似度来构建系统发生树,从而推断每一条序列所代表的不同物种或基因间的演化关系。系统发生分析的结果以"树"的形式展示,其重要信息由树的拓扑结构和分支的长度提供。系统发生树分两类,有根树(rooted tree)和无根树(unrooted tree)(图 10.6)。有根树最基部节点为树上所有物种或基因的祖先,树的分支反映了树上物种或基因的时间顺序和演化关系,而无根树只反映分类单元之间的距离,无关谁是谁的祖先。第 18 章图 18.1 为有根树,反映了目前人们对整个植物界系统发生的理解。

建立系统发生树的方法有多种,其中常用的有近邻相接法(neighbor-joining method)和最大简约法(maximum parsimony method)等。近邻相接法是依赖距离矩阵建立系统发生树的方法。最大简约法基于如下法则建立系统发生树:突变越少的演化关系就越有可能是物种之间的真实的演化关系,系统发生突变越少得到的系统发生结论就越可信。每一种方法都有相应的程序,比如 MEGA 就是使用近邻相接法原理开发出来的一个软件,在建立系统发生树时经常使用。构建系统发生树的方法还有不少,这里不一一介绍。构建系统发生树不仅可以了解物种和基因的演化关系,还可以追溯一个新发现的蛋白质分子各个结构域的起源和推测其生物学功能,所以构建系统发生树已经成为分子生物学研究中非常重要的一个环节。

(2)序列识别与基因组注释

随着测序技术的发展,越来越多生物的基因组被

* 在算法的复杂度评估中,一个算法中的语句执行次数称时间频度,记为 $T(n)$。$T(n)$是问题规模 n 的函数。算法的时间复杂度是指执行算法所需要的计算工作量,也就是算法的时间量度,记作:$T(n)=O(f(n))$,即随问题 n 的增大,算法执行时间的增长随 $f(n)$ 增长。这里,$f(n)$是问题规模 n 的某个函数;$O(\ )$体现算法时间复杂度。

测序完成。在获得这些核苷酸序列后，首先要将测序得到的小片段拼接起来，获得整条染色体核苷酸序列。这个拼接过程由计算程序来完成。获得了完整的染色体序列或者大片段 DNA 序列后，第一步工作就是对基因组进行注释（annotation），其中就包括对核酸序列的读码框、CpG 岛、转录终止信号、启动子、密码子偏好等序列信号进行识别与鉴定。

① 读码框的识别和定位　读码框（open reading frame，ORF），也称为可读框，指从 5′ 端翻译起始密码子（ATG）到终止密码子（TAA、TAG 或 TGA）的蛋白质编码碱基序列。原核生物的 ORF 预测相对简单，而真核生物的 ORF 除外显子外，还含有内含子，其长度变化范围非常大，因此对真核生物基因读码框的预测远比对原核生物的困难。目前常用的基因预测软件 GENSCAN 由斯坦福大学开发，它是针对基因组 DNA 序列预测读码框及基因结构信息的开放式在线资源，尤其适用于高等真核生物 ORF 的预测。进入 GENSCAN 页面，选择物种并上传序列文件，点击 “Submit” 按钮进行运行，就能够获得提交序列中所包含的 ORF 数目，外显子数目和类型，预测单元的长度、方向、位置及得分情况。

需要指出，真核生物的基因结构复杂，转录后剪接方式可以不止一种，上述预测只是根据算法获得的推测结果，最后还是需要开展实验研究才能获得真正可靠的结果。

读码框的识别是基因组注释的最重要环节。此外，人们还开发出多种软件对启动子区、密码使用频率（偏好）及转录终止信号等进行预测。这些软件的预测准确度随着软件的不断改善而提升，已经成为生物信息学中的重要工具，为基因组高通量注释提供了很好的平台。

② 基因注释　从读码框获得基因序列后的基因注释工作从几个方面开展：针对序列数据库进行相似性搜索获得基因信息；查询序列模体（motif，见 10.2.2 节）了解基因产物的特性；对比数据库进行直系同源聚类。所谓直系同源蛋白（ortholog），是指这些蛋白质具有共同祖先且在演化中垂直分布并保留了原来的功能。常用的数据库为 COG（clusters of orthologous group）。COG 数据库是一个通过对多种生物的蛋白质序列大量比较而获得，是经常使用的识别直系同源基因的数据库。GO（gene ontology）数据库也是基因注释方面最重要的数据库之一。GO 实际上是一个编目系统*，从分子功能、细胞定位和生物学过程三个方面定义一个基因的产物，并用标准术语描述来自各个不同数据库的基因，使学术界和数据库对基因的描述更加统一和规范。

③ 非编码序列注释　除了编码基因，一个基因组还有大量非编码序列存在，这些序列中包括结构性非编码区、非编码 RNA 和修饰位点等，识别这些序列对于完善基因组注释，了解其生物学功能有重要意义。

除了单个基因组的注释，还有多个基因组混合测序分析，这在本节末宏基因组部分介绍。

10.2.2　蛋白质序列和结构分析

蛋白质的一级序列决定了蛋白质的二级、三级结构，最终决定蛋白的功能。即线性排列的氨基酸组成的蛋白质经过折叠形成特定的空间结构，才具有相应的生物化学活性和生物学功能。当我们克隆到一个基因并完成了测序后，就可以推断出它编码的蛋白质的氨基酸序列。如果经过对比发现其同源蛋白的三维结构已经被解析出来，我们可以通过建模的方法直接推断其结构。不过，绝大多数蛋白质的三维结构还没有经过实验得到解析，我们在没有可以参考的三维结构的情况下，可以进行结构预测来推断其结构与功能。近年来出现的蛋白质结构预测系统 AlphaFold 就是一个应运而生的蛋白质结构预测平台。

对一个未知蛋白质进行分析预测时，一般从基本性质分析开始，主要包括蛋白质的分子量、氨基酸组成、等电点（pI）、疏水性、跨膜区和信号肽。现在有很多生物信息网站进行这类分析。使用者只要输入氨基酸序列就可以获得以上信息。这些信息中，跨膜螺旋的预测十分有用。它不仅可判断一个蛋白质是否为膜蛋白，还可以判断蛋白在膜上的分布的方向性。常用的软件包括 TMHMM、TMpred，等等。这些软件的基本原理相同，即根据蛋白质的疏水氨基酸残基分布、电荷分布、螺旋长度等综合因素进行预测，准确性基本可以保持在 90% 以上。预测结果显示待查蛋白质是否具有跨膜螺旋、跨膜螺旋数目、每一个跨膜螺旋的起始和结束

* ontology 是哲学术语，是有关存在的一个哲学概念，常译为“本体”。计算科学借用这个术语来规范描述一类事物的概念和关系。所以 GO 可认为是基因的规范化描述和编目。

氨基酸残基位置，以及蛋白质的 N 端和 C 端在膜两边的可能分布情况。

对新发现蛋白质的预测的第二步是二级结构预测。蛋白质二级结构主要为 α 螺旋、β 折叠、无规则卷曲（coil）和序列模体（motif）。前三种二级结构在第 2 章已有讲述。序列模体也称蛋白基序，一般具有两重含义：一是指具有一定功能意义的在不同蛋白质里出现的氨基酸序列，如能够形成锌指结构的氨基酸序列 CXX（XX）CXXXXXXXXXXXXHXXXH（X 为任意氨基酸残基）；二是指由相邻的二级结构形成的具有功能的空间结构，如螺旋 - 转角 - 螺旋结构。Prosite 是最为常用的蛋白基序数据库。二级结构的预测，尤其是对蛋白基序的预测，为我们预测蛋白结构域提供依据。

蛋白结构域（domain）为蛋白质的一个局部结构，是蛋白质结构和功能的基本单元，其折叠和折叠后形成的稳定结构独立于蛋白链的其他部分。一个蛋白质可以具有一个或者多个结构域。蛋白结构域的数据库有多个（如 Pfam、InterPro），不少分析软件（如 InterProsScan）都会根据对这些数据库进行比较的结果给出比较令人满意的预测，我们则可根据一个蛋白质具有的结构域对其功能做出基本判断。

对蛋白质三维结构预测是最富有挑战但也是最重要的分析之一。因为蛋白质折叠的复杂性，多年来这个领域进展较为缓慢。人们常用的方法（如同源建模法、串先法）对蛋白质三维结构的预测效果一直不是很理想。这个状况随着人工智能进入蛋白质结构预测而得到大大改善。2021 年，由 DeepMind 团队利用深度学习算法开发的 AlphaFold2 软件在对蛋白质结构的预测中得到了十分优异的结果。目前，DeepMind 团队公布了生物界所有蛋白质的预测结构。虽然很多蛋白质结构还需要进一步实验来检验，但这项成果让人们看到人工智能在生物信息学中的应用前景十分光明。同样令人期盼的，是这类算法在蛋白质设计方面可能带来的突破。

10.2.3 基因表达分析

基因表达会因为环境变化或者发育阶段的不同而发生变化，从细胞或者个体层面研究这些基因表达的变化对我们了解整个生命过程及其调控十分重要。目前，从细胞、组织、器官或者个体层面研究基因表达及其调控的方法包括基因芯片、RNA 测序（RNA-seq）、定量蛋白质组学等，几乎每个基因的表达变化（上调或者下调）都可以被捕获到。从整体上分析这些基因表达变化从而理解其发育或者生理意义是生物信息学研究的主要方向之一。下面我们简单介绍利用数据库分析代谢途径变化进而了解其生理意义的基本方法。

当研究者获得某一条件下基因显著表达的数据后，首先进行基因富集分析，即利用数据库分析在这一特定条件下细胞或组织中那些表达发生变化的基因属于哪一个（些）代谢通路，然后再判断这条通路或者代谢网络是否参与了相关发育或调控过程。目前最常用的数据库是 KEGG（Kyoto encyclopedia of genes and genomes，京都基因和基因组百科全书）。KEGG 是一个基因和基因组多重信息的数据库，它从生物化学、基因组学和其他功能组学等方面系统性整合有关基因和基因表达信息，尤其在代谢途径及其调控方面有很全面的数据。基因富集分析过程由计算平台来完成。我国科学家开发出的 KOBAS（KEGG ortholog based annotation system）是一个常用的基因富集功能分析平台。KOBAS 因更新速度较快且免费使用而得到研究者的喜爱。

除了利用 KEGG 数据库进行分析外，也可利用 GO 数据库分析基因富集、研究基因表达。

10.2.4 在其他领域的应用

生物信息学分析不仅是基因组学和分子生物学领域不可替代的学科，在其他一些基础研究领域，如生物技术和生物医学领域的研究中也发挥重要作用。

（1）蛋白质组学研究

从判别样本中蛋白质的组成和类别到蛋白质的结构，从蛋白质 - 蛋白质相互作用到蛋白质翻译后修饰的分析，都离不开生物信息学分析。

（2）药物研发

生物信息学在药物研发中的作用将会越来越重要。目前，人类基因组编码的蛋白质中被作为治疗靶标进入市场的数量只有 1000 个左右，很多潜在的靶标蛋白还没有用于治疗。随着人们对疾病机理的研究深入开展，将会有更多的分析和预测药物靶标的生物信息学方法被研发出来。生物信息学对于次生代谢途径分析及调控也十分重要，它有助于更多的次生代谢产物的发现和利用。无论是新药发现还是进一步研发，包括临床前的测试到临床药效分析，都离不开生物信息学分析。

（3）个性化健康管理及精准医疗

完成人类基因组测序及分析意味着我们可以利用

生物信息学方法更好地研究各种疾病发生的分子机理，提前进行诊断并采取预防措施。随着个人测序的逐渐普及和药物基因组学的发展，个性化健康管理和个性化医疗也成为可能。一方面可以根据个人的基因组分析提出预防性健康管理措施，另一方面还可以根据不同个体的遗传信息来分析此人对药物的可能反应来制定最佳医疗方案。

（4）微生物组学研究

生物信息学在宏基因组（metagenomics）研究中起着至关重要的作用。我们知道，能够被培养的微生物只占微生物种类的极少部分。如何研究那些不能被培养或者极难培养的微生物是一个很大的挑战。目前最常用的方法就是将某一环境中的 DNA 分离出来进行测序并进行拼接组装和分析。这是宏基因组学研究的关键部分，完全依赖于生物信息学的分析工具。比如在中国国家自然科学基金委的重大研究计划的实施过程中，科学家对深海、湿地等特殊生境的微生物进行宏基因组学研究，发现多个新的古菌类群和代谢通路。其中，生物信息学研究方法起了关键作用。

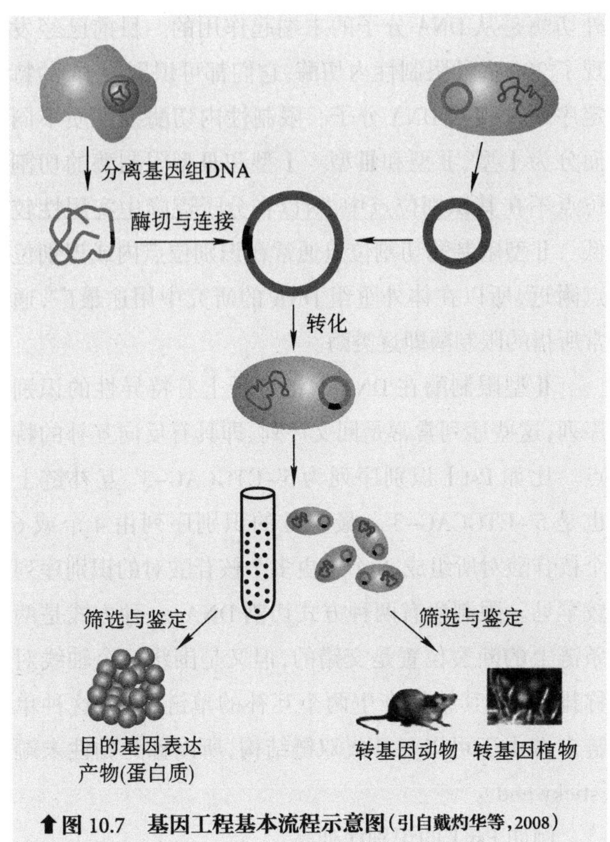

⬆图 10.7　基因工程基本流程示意图（引自戴灼华等，2008）

10.3　基因克隆技术

重组 DNA 技术包括利用分离纯化或人工合成的 DNA（目的基因）在体外与载体 DNA 连接成重组体，并将重组体转入宿主细胞（细菌或其他细胞），进而筛选出含重组 DNA 的活性宿主细胞，然后使之繁殖和扩增，最终达到利用这段 DNA 的目的等一系列操作。该过程类似一个连续、复杂的工程，故又将重组 DNA 技术称为遗传（或基因）工程（genetic engineering），也可称为基因克隆（gene cloning）或分子克隆（molecular cloning）。克隆（clone）是指无性繁殖系，即由一个细胞经过无性繁殖后所形成的子代群体。在基因工程中，克隆即是指含有单一 DNA 重组体的无性系或指将 DNA 重组体引入宿主细胞中建立无性繁殖系的过程。所以，将 DNA 的内切酶酶切片段（或一个基因）插入克隆载体，导入宿主细胞，经过无性繁殖，获得相同的 DNA 扩增分子的过程即为分子克隆（或基因克隆）。上述基因工程技术的重要步骤之一是构建 DNA 重组体，另一重要步骤是 DNA 重组体的扩增和表达。图 10.7 简要显示了基因工程的基本程序。基因工程的目的包括按人们的意图生产基因产物，制取某些 DNA 片段和 DNA 探针（DNA probe）用于基因诊断和基因治疗，通过插入、替换等方法改造基因和探索基因的结构和功能。基因工程的蓬勃发展标志着人类已经进入设计和创造新基因、新蛋白质和生物新性状的时代。基因工程的核心技术之一是 DNA 分子的切割与连接。下面简要说明分子克隆的基本原理与方法。

10.3.1　基因工程主要的工具酶

基因的分离与重组、DNA 分子的体外切割与连接是重组 DNA 技术的重要环节，它涉及一系列相互关联的酶促反应。多种核酸酶在基因克隆中有广泛的用途，而内切核酸酶、DNA 连接酶的发现与应用为基因工程技术的建立与发展产生了决定性作用。下面简要说明这些工具酶的性质与作用原理。

（1）限制性内切核酸酶

限制性内切核酸酶（restriction endonuclease）是一类在特定的 DNA 位点（site）切断 DNA 的酶，简称限制性内切酶，或限制酶。所谓限制性，是指这些酶起到防御外源 DNA 入侵的作用，即对外源 DNA 有限制性，限制性内切酶是细菌防御系统的一部分（参见第 16 章“病毒”）。限制酶能从分子内部水解 DNA 分子骨架的磷酸二酯键，将一个完整的 DNA 分子切割成若干片段。外切酶也能够水解 DNA 分子骨架的磷酸二酯键，但是外切酶是从 DNA 分子的末端起作用的。目前已经发现了 200 多种限制性内切酶，它们都可识别 DNA 的特定序列并切割 DNA 分子。限制性内切酶因性质不同而分为Ⅰ型、Ⅱ型和Ⅲ型。Ⅰ型和Ⅲ型限制酶的切割位点不在其识别位点中，所以在分子克隆中实用性较低。Ⅱ型限制酶切割位点通常在识别位点内或识别位点附近，所以在体外重组 DNA 的研究中用途最广，通常所指的限制酶即这类酶。

Ⅱ型限制酶在 DNA 双链分子上有特异性的识别序列，这些序列常常是回文序列，即具有反向互补的特点。比如 Pst Ⅰ识别序列为 5′-CTGCAG-3′，互补链上也是 5′-CTGCAG-3′。最常见的识别序列由 4 个或 6 个核苷酸对所组成，8 个或更多个核苷酸对的识别序列较罕见。限制酶有两种方式切割 DNA：一种方式是两条链上的断裂位置是交错的，但又是围绕一个轴线对称排列的，其结果产生两个互补的单链末端，这种单链末端由于可以互补成双链结构，所以称为黏性末端(sticky end)。

例如 Pst Ⅰ的识别序列是

5′-NNNNNCTGCAGNNNNN-3′

3′-NNNNNGACGTCNNNNN-5′

其酶切位点在识别序列内部的 AG 之间，即

5′ — CTGCAG — 3′

3′ — GACGTC — 5′

Pst Ⅰ酶切产生的是 3′ 端互补的单链末端（黏性末端）：

5′-NNNNNC**TGCA**　GNNNNN-3′

3′-NNNNNG　**ACGT**CNNNNN-5′

还有一类限制酶切割后产生的黏性末端为 5′ 端突出，如常用的 EcoRI 识别位点为 5′-GAATTC-3′，切割发生在 G 和 A 之间，即：

5′-NNNNNG　**AATT**CNNNNN-3′

3′-NNNNNC**AATT**　GNNNNN-5′

能够产生黏性末端的限制酶在克隆操作过程中使用最多，这是因为目的 DNA 片段在被相同的限制酶酶切后会产生相同的黏性末端，可以同载体（见后）被相同限制酶酶切后产生的黏性末端互补配对，从而大大提高接下来的连接效率。

另一种切割方式是平端切割，即在识别序列内同一位置上的核苷酸处进行切割，产生的 DNA 片段不是黏性末端而是没有单链突出的平端(blunt end)，例如，Sca Ⅰ限制酶的识别序列是

5′—AGTACT—3′

其酶切位点在 T、A 之间：

5′ — AGT ⋮ ACT — 3′　→　5′ — AGT　　ACT — 3′

3′ — TCA ⋮ TGA — 5′　　　3′ — TCA ＋ TGA — 5′

平端

（2）DNA 连接酶

DNA 连接酶是一种能够催化 DNA 中相邻的 3′-羟基（3′-OH）和 5′- 磷酸基团（5′-Ⓟ）末端之间形成磷酸二酯键，从而把两段 DNA 连接起来的酶。

DNA 连接酶能够封闭 DNA 双螺旋骨架上的切口(nick)而不能填充缺口(gap)，也就是说当 3′-OH 和 5′-Ⓟ彼此相邻时，DNA 连接酶才可弥合这个切口。当双链 DNA 中某一条链由于缺失一个或几个核苷酸造成单链断裂，出现缺口时，DNA 连接酶无法连接这样的单链片段（图 10.8）。

目前常用的连接酶有：大肠杆菌 DNA 连接酶，它可以连接具有互补黏性末端的 DNA 片段（图 10.9）；T4 噬菌体的 DNA 连接酶（T4 ligase），它既可以连接黏性末端，也可直接将具有平端的 DNA 片段连接。

（3）逆转录酶

逆转录酶(reverse transcriptase)是从逆转录病毒中制备得到的，该酶能以 RNA 为模板，以具有 3′-OH 的 DNA 或 RNA 为引物，按 5′→3′ 聚合生成 DNA 链。这种酶还具有核糖核酸酶 H（RNase H）活性，专一地以 5′→3′ 外切方式水解 DNA/RNA 杂交分子中的 RNA 链。

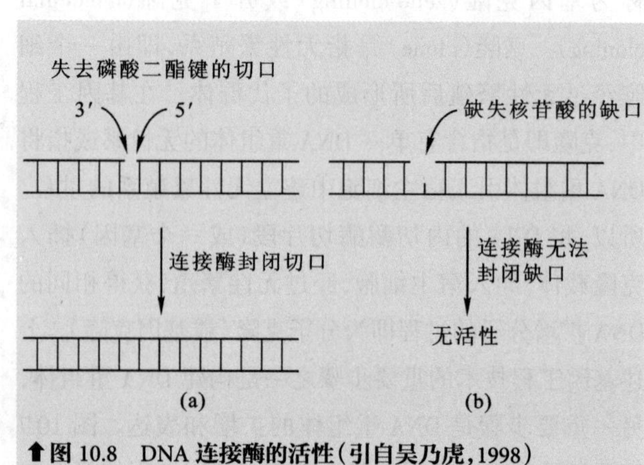

图 10.8　DNA 连接酶的活性（引自吴乃虎，1998）

（a）具有 3′-OH 和 5′-Ⓟ的一个切口被 DNA 连接酶封闭。（b）缺失一个或数个核苷酸的缺口，DNA 连接酶不能将它封闭。

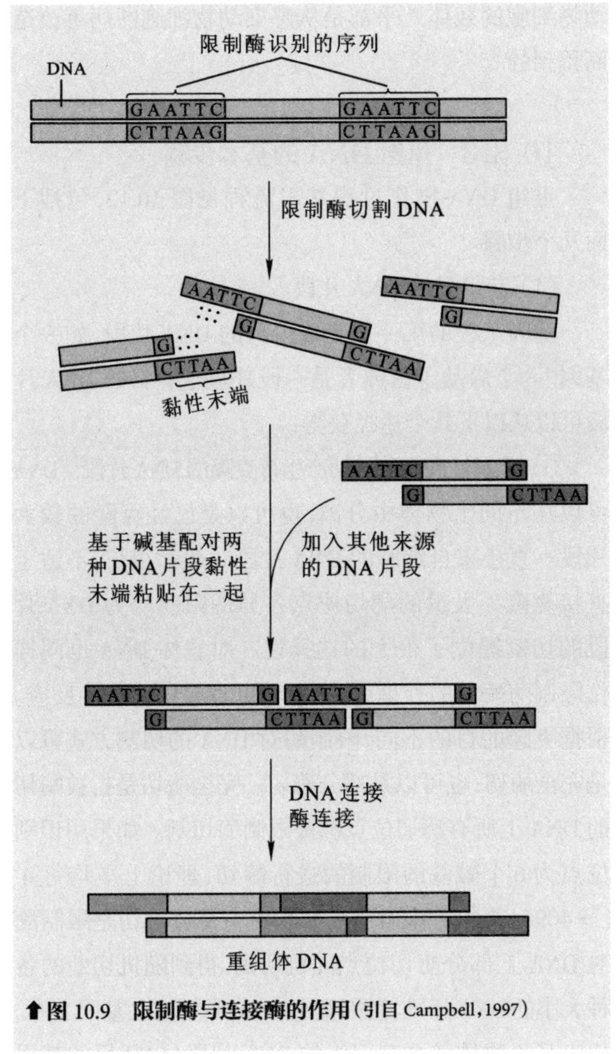

图 10.9　限制酶与连接酶的作用（引自 Campbell，1997）

此外，逆转录酶还具有依赖 DNA 的 DNA 聚合酶活性，能以合成的 DNA 链为模板，利用 dNTP 合成互补的另一条 DNA 单链，形成双链 DNA 分子。

逆转录酶最主要的用途是从 mRNA 逆转录合成互补 DNA（complementary DNA，cDNA）。

在基因工程的操作中，除了限制酶、DNA 连接酶、逆转录酶之外还需要许多其他工具酶，如 DNA 聚合酶、外切及内切核酸酶、磷酸酶等，请参阅有关专著了解学习。

10.3.2　基因克隆的载体

载体（vector）是一种可连接外源 DNA 片段并将其送入宿主细胞进行扩增或表达的运载工具，这种工具通常也是一个 DNA 分子。除了使克隆的 DNA 片段大量扩增功能，一些载体可将外源基因或 DNA 片段在宿主细胞中表达产生蛋白质，这种载体被称为表达载体。常用的克隆载体可分为三类，即质粒、噬菌体及人工染色体。本章重点讲述质粒载体。

质粒（plasmid）是一些在细菌中独立存在于其染色体之外的，能够自主复制的双链环状 DNA 分子。质粒的大小相差可以很大，从 3 kb 到上百 kb 都常见。每个细胞中质粒的拷贝数也不同，从每个细胞含 1 个拷贝到上百拷贝。一般说，较小的质粒拷贝数高一些。

作为高质量的克隆载体的质粒应具有如下特性：

① 具有复制起点。这是质粒在宿主细胞内有自主复制能力的基本条件。在一般情况下，一个质粒只有一个复制起点。可以在不同宿主中进行复制的载体，被称为穿梭载体（shuttle vector）。

② 携带易于筛选的选择标记。目前使用最多的标记是抗生素抗性基因，如抗青霉素、抗链霉素，等等。这样，宿主细胞获得载体后就获得了抗该种抗生素的能力，从而可以在含该抗生素的培养基上生长。

③ 具有多种限制酶的单一识别位点，以供外源基因的插入。

④ 容易判断载体是否已经具有克隆片段插入。

⑤ 具有较小的分子量并便于操作。

⑥ 安全性高。作为克隆载体应当只存在有限范围的宿主，在体内不进行重组，不会发生转移，不产生有害性状，不会离开宿主而自由扩散，因而是相对安全的。

质粒载体 pBR322 是研究得最多、使用最早且应用最广泛的大肠杆菌质粒载体之一。该质粒带有一个复制起点，具有两种抗生素抗性基因。pBR322 具有较高的拷贝数，为 DNA 重组体的制备提供了极大的方便。从 pBR322 衍生而来的载体很多，一些主要用于分子克隆，一些主要用于目的基因的表达。目前最常用的克隆载体含有一种抗性基因，具有多个可选择的限制酶酶切位点，而且可以利用显色原理来判断是否具有插入 DNA 片段。下面简单介绍利用蓝白显色方法进行分子克隆的载体——pBS（pBluescript）。

pBluescript Ⅱ（图 10.10）是使用较多的载体之一。载体的大小为 3.0 kb，含有多个有用的元件。首先，它具有一个可使载体在大肠杆菌复制的复制起点（pUC ori）；其次，它具有氨苄霉素（ampicillin）抗性基因（Amp^r），用于转化子的筛选；第三个特点是它具有 *lacZ'*，这个 *lacZ'* 是编码大肠杆菌半乳糖苷酶 N 端部分的基因，由 lac 启动子驱动。在 *lacZ'* 的读码框中，插入了一个多克隆位点（multiple cloning site，MCS）片段。这个片段含有 20 个单一酶切位点（每一限制酶在整个

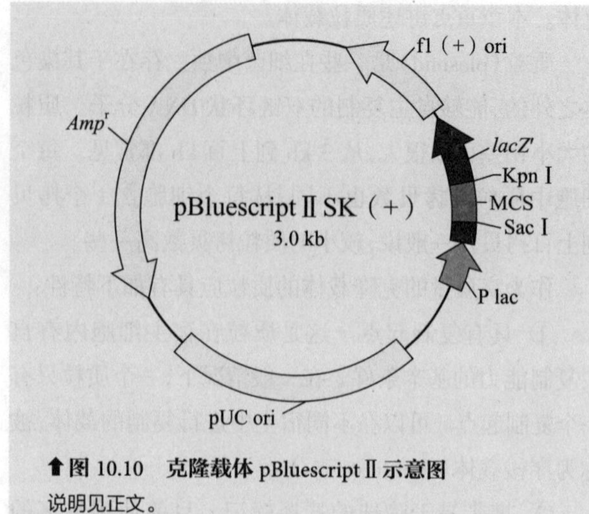

⬆图 10.10 克隆载体 pBluescript Ⅱ 示意图
说明见正文。

载体上仅此一个位点)，使克隆过程中有多种限制酶可以选择。需要指出，该片段的插入并没有破坏 *lacZ'* 的读码框，可以不影响 *lacZ'* 的转录和翻译，所以大肠杆菌在获得这个载体后就获得合成半乳糖苷酶 N 端蛋白的能力。用 pBluescript Ⅱ 载体克隆时，采用的大肠杆菌菌株具有一个突变的 *lacZ* 基因，编码的半乳糖苷酶 C 端蛋白不具有半乳糖苷酶活性。转入 pBluescript Ⅱ 后，由 *lacZ'* 编码的半乳糖苷酶 N 端蛋白可以与大肠杆菌菌株自带的半乳糖苷酶 C 端蛋白互补，从而恢复半乳糖苷酶的活性。当培养基中含有 X-gal(5- 溴 -4- 氯 -3- 吲哚基 -*β*-D- 半乳糖苷)(图 10.11)时，X-gal 会扩散进入细胞，经半乳糖苷酶水解后产生不溶于水的蓝色沉淀，使菌落呈蓝色。如果在克隆过程中成功将目的片段插入到多克隆位点，那么质粒上的 *lacZ'* 基因不能正常表达，从而无法进行上述互补，细胞不能获得半乳糖苷酶活性，因此无法水解 X-gal，菌落因此为白色。这样就可以利用颜色的不同而判断出哪些菌落的载体具有插入的目的 DNA 片段。

pBluescript Ⅱ 载体还有一些其他特征，这里不一一讲述。

利用噬菌体构建的载体也很多，如经过 λ 噬菌体及 M13 噬菌体等改造得到的种类繁多的载体。适用于动物细胞的载体几乎都是从感染动物细胞的病毒改造而得到的。

⬆图 10.11 X-gal 化学结构式

10.3.3 重组 DNA 的基本步骤

重组 DNA 操作过程基本流程见图 10.12，包括下面几个步骤。

(1) 获得目的 DNA 片段

基因工程的第一步是取得目的 DNA 片段，如一个基因、一个启动子区或者是一段外显子。目的 DNA 片段可以从以下几个途径获得：

① 限制性内切酶酶切产生待克隆的 DNA 片段 DNA 可以从不同生物体中分离，也可以是已经克隆的较大片段。直接来自细胞的 DNA 片段一般都很长，不适于直接克隆。大量的酶切位点各异的限制酶为 DNA 片段的切割提供了很大的选择性。对载体 DNA 也同样作限制酶酶切的处理后，两者就可直接用于连接反应。根据克隆的目的不同，限制酶对 DNA 的切割方式可以是完全酶切，也可以是部分酶切。完全酶切是指被酶切的 DNA 上所有酶切位点都被限制酶切割。如果用识别位点为 6 个碱基的限制酶进行酶切，理论上平均每 4^6 (= 4096) 个核苷酸就有一个切点。部分酶切是限制酶对 DNA 上部分酶切位点随机切割，得到随机切断的各种大小的 DNA 片段。基因重组中，常需要建立基因文库。代表某生物体整个基因组的 DNA 片段(包括目的基因在内)插入到载体中，转化大肠杆菌后收集在一起作永久保存的遗传物质库，称作基因文库(gene library)。利用基因文库就可进一步筛选和鉴定目的基因。建立基因文库时对 DNA 的酶切常采用部分酶切方式。

② 人工合成 DNA DNA 化学合成技术的发展特别是 DNA 合成仪的研制成功，使得合成一个基因或一个 DNA 片段成为可能。随着技术的不断改进，化学合成法一次已经可以合成长度为 200 ~ 300 个核苷酸的片段，这些片段可拼接形成更大的片段。

③ 逆转录酶酶促合成法 因为许多真核生物的基因含有内含子，用一般酶切方法不易得到一个有功能的基因。如果目的基因比较大，人工合成有困难。这种情况下，最常见方法是逆转录法获得目的基因。即用 mRNA 为模板，在逆转录酶的作用下，逆转录成该多肽 mRNA 的互补 DNA(cDNA)；再以 cDNA 为模板，在逆转录酶或 DNA 聚合酶作用下，最终合成目的 DNA 片段。

通过上述途径，可以构建包含所有基因编码序列

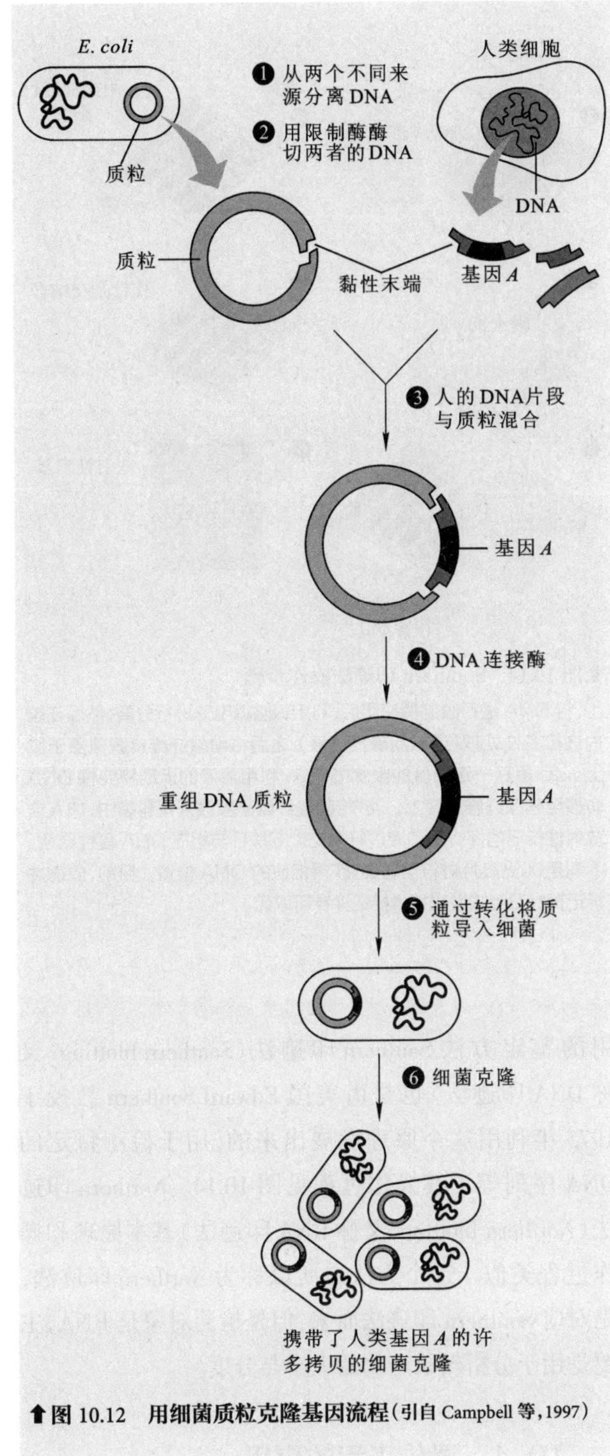
E. coli
人类细胞
❶ 从两个不同来源分离DNA
❷ 用限制酶酶切两者的DNA
质粒
DNA
质粒
黏性末端
基因A
❸ 人的DNA片段与质粒混合
基因A
❹ DNA连接酶
重组DNA质粒
基因A
❺ 通过转化将质粒导入细菌
❻ 细菌克隆
携带了人类基因A的许多拷贝的细菌克隆

⬆图 10.12 用细菌质粒克隆基因流程(引自 Campbell 等,1997)

的 cDNA 文库,供进一步研究应用。

此外,PCR 扩增特定的基因片段是目前最常用的方法,前面已经讲述。

(2) DNA 分子的体外重组

已制备的目的基因(或外源 DNA),如果没有合适的载体的协助,很难进入受体(宿主)细胞,即使能进入,往往也不能进行复制和表达。重组 DNA 分子(或称重组子)就是将外源 DNA(目的基因)插入载体,使两种 DNA 分子连接起来。体外重组连接的常用方法有:

① 黏性末端连接法 选择同一种(或两种)限制酶酶切载体和外源 DNA 分子,可产生相同的黏性末端,这些黏性末端能互补配对,然后用 DNA 连接酶将切口封闭,即可获得重组 DNA 分子。

在克隆过程中,经常将酶切后的载体用磷酸酶处理,除去载体上 5′ 端的磷酸基团。这样处理后连接过程中就可防止载体自己的两个末端自连,而目的片段 DNA 具有 5′ 端磷酸基团,可以与载体连接。这样的连接产物每一条链上会有一个缺口,但这并不影响转化,从而增加克隆效率。

② 平端连接法 用化学合成法、逆转录酶酶促合成法获得的 DNA 片段或 cDNA 片段,以及某些限制酶酶切产生的 DNA 片段,均具有平端。平端可用 T4 DNA 连接酶连接。也可以将平端改造成黏性末端后再行连接。改造的方法是加上含酶切位点的人工接头,然后经酶切产生黏性末端。

③ PCR 同源重组法 利用重组 DNA 技术和 PCR 方法研究出的多种直接扩增和重组的高效构建方法,如 pEASY-Uni 载体系统。

(3) 重组 DNA 分子引入宿主细胞和筛选鉴定

首先将重组 DNA 分子引入宿主细胞,然后对含有重组 DNA 的阳性细菌克隆进行鉴定和筛选。这便是基因工程的第三个重要步骤。

① 重组 DNA 引入宿主细胞 将体外重组 DNA 导入细胞时,常用的原核生物宿主细胞是大肠杆菌,另外还有枯草芽孢杆菌或酵母等。重组 DNA 导入原核细胞一般称为转化(tranformation),导入动物细胞则称为转染(transfection)。由于大肠杆菌具有生长快、易培养以及其遗传学和分子生物学背景十分清楚等突出优点,是当前基因工程首选宿主。大肠杆菌细胞本身能够吸收外源 DNA 的能力很低,一般需要进行一些处理,使之成为能够吸收 DNA 的“感受态”(competent)后,再将重组 DNA 加入进行转化。

另外一种方法是电穿孔法(electroporation)。即将细胞和 DNA 混合,置于一个具有电极的转化池中,当施加一个瞬时高压时,DNA 可以进入细胞。电穿孔法也用于其他细胞,包括动植物细胞。

② 重组体克隆的筛选与鉴定 目前,蓝白斑法是最为常见的鉴定方法之一,前面已经讲述。PCR 鉴定也十分常用,利用设计的特异引物进行 PCR 分析,比较容易地就可以知道一个载体是否插入了想要的 DNA

片段。DNA 杂交方法也是一种比较常用的鉴定方法，下面做一个介绍。

前面章节讲过，破坏 DNA 双链的氢键能使双螺旋的两条链分开成单链，即 DNA 变性。在适当条件下两条彼此分开的链重新缔合成为双螺旋结构的过程称为复性（renaturation）。不同来源的任何两个互补核酸序列也能通过退火相互缔合形成双链分子，这个双链分子称为杂交分子（hybrid molecule），杂交分子的形成过程称为杂交（hybridization）。杂交分子既可以在两条 DNA 分子之间（DNA/DNA），两条 RNA 分子之间（RNA/RNA），也可在一条 DNA 和一条 RNA 分子之间（DNA/RNA）形成。

以分子杂交为基础的技术使用探针（probe，即一种带有标记的单链 DNA 或 RNA 片段）来检测具有互补序列的核酸序列。例如，我们已知一个假想的基因 *A* 上具有核苷酸片段 5′-TAGGCT-3′，合成一段短的 RNA 分子探针，并用放射性同位素标记，该探针具有互补序列 3′-AUCCGA-5′。

图 10.13 显示了 RNA 探针分子是怎样工作的。当探针与从细菌或噬菌体克隆中提取的 DNA 样本单链 DNA 结合的时候，具有放射性的 RNA 会与目的基因 *A* 中的互补序列 TAGGCT 通过碱基配对原则形成双链。一旦带有目的基因的克隆被识别，基因 *A* 就可以被分离出来。当想从上万个转化后菌落中筛选出目的 DNA 片段时，可以将菌落转移到支撑介质（如硝酸纤维素膜）上进行变性，然后用探针进行杂交，根据杂交结果判断哪一个菌落含有目的 DNA 片段。

核酸杂交不仅限于菌落杂交。分子生物学中常

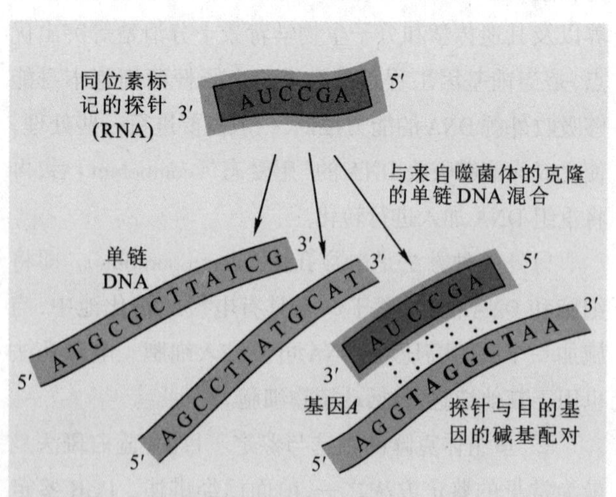

⬆图 10.13 用 RNA 探针探查基因示意图（改绘自 Campbell，1997）

为图示清楚起见，RNA 探针序列按 3′→5′显示。

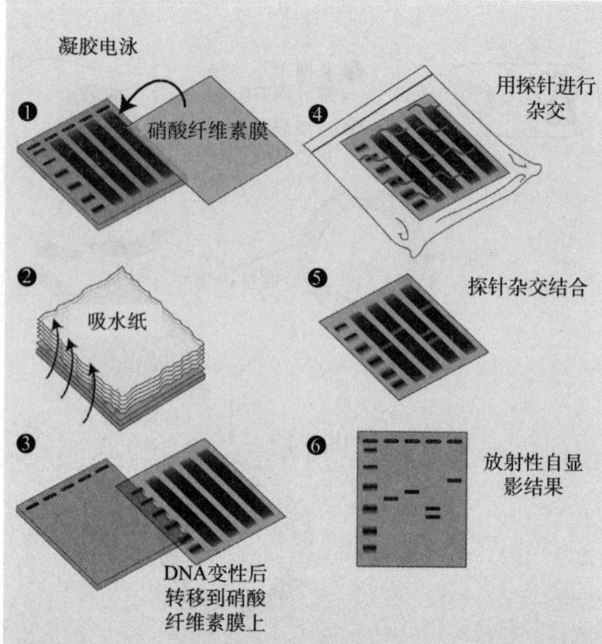

⬆图 10.14 Southern 印迹法操作步骤

① 将 DNA 进行限制酶酶切后，利用琼脂糖电泳进行分离；然后在胶内进行变性处理（通常用碱性溶液）；之后将硝酸纤维素膜覆盖于胶上。② 覆盖一定厚度的吸水纸。③ 利用溶液的运动将变性 DNA 转移至硝酸纤维素膜上。④ 将硝酸纤维素膜放入塑料袋中，加入含放射性标记的探针的溶液进行杂交。⑤探针与相应 DNA 复性结合。⑥利用 X 光胶片进行自显影，获得相应的 DNA 位置。目前，放射性标记探针已经被发光技术标记探针所取代。

用的鉴定方法 Southern 印迹法（Southern blotting，又称 DNA 印迹法）也是由美国 Edward Southern 教授于 1975 年利用这个原理发展出来的，用于检测特定的 DNA 序列等。其操作过程见图 10.14。Northern 印迹法（Northern blotting，又称 RNA 印迹法）基本原理和操作过程类似。这个方法之所以称为 Northern 印迹法，是对应 Southern 印迹法而来，但是检测对象是 RNA，主要是用于分析转录产物的大小与分度。

10.4 遗传工程的应用

自重组 DNA 技术问世以来，基因工程无论在基础研究领域，还是在生产实际应用方面，都已取得了令人瞩目的成就。它不仅使整个生命科学的研究发生了前所未有的深刻变化，而且也为工农业生产和医学研究带来了不可估量的影响。

10.4.1 健康医疗领域与行业

基因工程技术的应用可以替代费用昂贵且效率低

下的传统工艺，生产更有效而安全。胰岛素（insulin）是在胰的胰岛中产生的一种小分子量蛋白质，它能提高机体组织摄取葡萄糖的能力，具有降低血糖的作用，可用于治疗人的糖尿病。1977 年 Walter Gilbert 等人将小鼠的胰岛素基因转移到大肠杆菌中表达成功。1978 年 David V. Goeddel 等人报道了人工合成的胰岛素基因并成功用 pBR322 载体在大肠杆菌中生产出人胰岛素。1982 年，美国食品与药品监督管理局正式批准重组人胰岛素上市，这是世界上第一个重组蛋白药物，从而开启了基因工程制药新时代。

用酵母生产的人乙型肝炎病毒（hepatitis B virus，HBV）疫苗是第一个真核细胞基因工程的商业化产品。

HBV 的被膜中所含的主要病毒抗原称为乙肝表面抗原（HBsAg），其分子量为 2.54×10^7，其中最小的蛋白质由 *s* 基因编码。20 世纪 80 年代初 Pablo Valenzuela 等将 *s* 基因克隆到一种表达载体上，结果在酵母中合成了 HBsAg 蛋白。这种 HBsAg 蛋白可用于乙肝疫苗产生，防止乙肝病毒感染。中国曾经是一个乙肝患者大国，严重时每年有很多患者死于乙肝病毒感染引起的疾病。重组乙肝病毒表面抗原技术从美国引进中国后，对于防止和控制乙肝在中国的传染起到了关键作用。值得一提的是，除了酵母细胞，人细胞株目前也常用于诊断与治疗重组药生产。

重组 DNA 技术现在已被广泛应用于医疗健康行业，图 10.15 显示 2015 年各类重组蛋白类药物所占份额。用于医疗健康的重组蛋白产品在全球已经具有相当规模的市场，并且每年以超过 10% 的速度增长。随着需求增加和各国对医疗健康行业投入增多，更多的重组药物会不断问世，造福人类。特别需要指出，新型冠状病毒 mRNA 疫苗技术并不直接利用 mRNA 在其他宿主生产重组蛋白，而是利用人体细胞产生相应抗原蛋白，诱导机体产生免疫反应。这种 mRNA 技术不仅可以用于疫苗生产，还在癌症治疗等多方面有很好的应用前景。

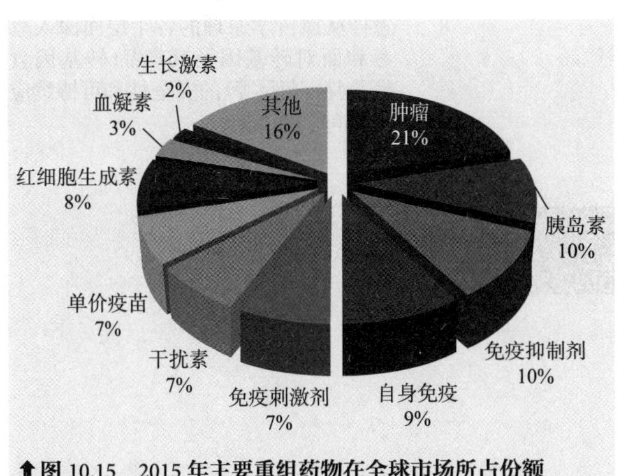

⬆图 10.15　2015 年主要重组药物在全球市场所占份额

10.4.2　动植物基因工程与品种改良

动物基因工程的应用一方面是从育种角度出发用于改造畜、禽的品质；另一方面是作为生物“反应器”，用于生产人们所需要的活性物质如动物生长激素、抗体等。运用基因工程技术将人们需要的目的基因经过分离、重组后导入并整合到动物或植物的基因组中，且通过繁殖而将其获得的新的特征、特性传递给它们的后代，这类生物称为转基因生物（transgenic organism），也称为遗传修饰生物体（genetically modified organism，GMO）。在转基因生物（如转基因动物和转基因植物）中表达的基因称为转基因（transgene）。1982 年首次报道了转生长激素基因的小鼠。中科院水生生物研究所的朱作言 1985 年在国际上首次报道了将小鼠金属硫蛋白基因（*MT*）的启动子和人的生长激素基因（*hGH*）的融合基因用显微注射技术注入金鱼受精卵中，获得转基因金鱼这一成果。接着又将人生长激素基因引入鲫鱼、红鲤等鱼类中，得到相应的转基因鱼。人生长激素基因不仅在转基因鱼体内正常表达，使之生长速度明显加快，而且生长激素基因能够稳定地传给后代。目前，多种转基因鱼在美国、古巴等国已经获得当地有关部门批准，进入了商业运营市场，上了人们的餐桌。另外，研究人员还分别将 *MT*|*hGH* 融合基因、*MT*|*bGH*（*bGH* 为牛的生长激素基因）融合基因注入猪受精卵，获得转基因猪，育成了生长发育快、肉质好的瘦肉型新猪种。

转基因动物还可以成为专门生产一些特殊药物的生物“反应器”。20 世纪 90 年代初，Gavin Wright 等人成功地培育出一种能在其乳腺中分泌 α1 抗胰蛋白酶（α1-antitrypsin，ATT）的转基因绵羊。应用转基因羊（或牛）的乳汁制备这种药用蛋白，能够十分经济地提供治疗慢性肺气肿的药物。

全球转基因农作物的研究与利用正在加速发展，不少产品已经商业化。我国转基因抗虫棉已进入国际市场；美国带有玉米螟抗性基因的玉米已经商业化；一种能产生 β 胡萝卜素的转基因大米，有助于以大米为主要粮食的人群利用 β 胡萝卜素在体内合成维生素 A；我国转基因水稻的研究处于国际先进水平，已经有转基因水稻抗虫品种获得原农业部国家农业转基因生物安全委员会商业化批准;在美国,抗除草剂的转基因玉米和大豆品种成为食品或饲料的主要来源。

转基因方法是一种快速、有效、目标相对明确的育种方法,同传统育种方法一样,是农业、林业、畜牧业品种培育和改进中的重要环节。

近年出现的基因编辑技术对动植物的育种带来前所未有的机遇,将整体上改变传统育种的思路和方式。有关基因编辑技术,我们将在第16章的知识窗“基因组编辑”中介绍。

10.5 遗传工程的风险和伦理学问题

不言而喻,从遗传上改变生物体可以带来巨大的利益。但是,科学家在认识到这种新技术的巨大作用的同时,也注意到了它可能对人类社会带来的潜在威胁。转基因技术同其他很多技术一样,是一把双刃剑。比如,利用遗传工程技术可以制造出新的危险的病原微生物;又如,当具有癌基因的病毒从实验室逃逸时,会有什么风险呢?于是,在遗传工程成果广泛应用的同时,人们开始关注和讨论遗传工程的潜在风险和伦理学问题。

基因工程的安全措施有:制定一系列严格的实验室操作规范,保护研究者们免受工程微生物的感染和致病微生物偶然泄露所带来的严重威胁;必须规定用于DNA重组实验的微生物都应该是遗传上具有缺陷的,以保证它们不能在实验室以外的环境中存活;最后,必须禁止进行那些具有明显危险性的实验。

例如,早期被设计出来的、能够保护农作物免受冰雹损伤的微生物——“驱寒”工程菌(Frostban)在室外实验时可能存在危险,直到安全测试最终在指定地点顺利完成后,Frostban才被允许在商业中流通。

一个范围更大的伦理学问题是:我们应该怎样使用这种曾经只属于自然的伟大力量——制造新的微生物、植物和动物?有些人可能会问:我们拥有改变其他物种的基因或者是在原本和谐的自然环境中加入新的物种的权力吗?人们会担心,带有其他物种基因的动物、植物(主要是农作物)可能危害人类健康或环境。基因工程创造的农作物带有对化学除草剂产生抗性的基因,当它们传播花粉给野生植物(如杂草)时,这些杂草的后代有可能成为“超级杂草”。届时,人们将难以控制这种环境灾难。另外,可能逼使农民选用新的化学除草剂来对付杂草,当这些新的除草剂被广泛使用后,是否会产生对环境的破坏?

重组DNA技术向我们打开的另一扇门就是人类疾病的基因治疗。医学研究者已经在针对特定遗传疾病的基因治疗实验中取得了一定的成功。当基因治疗成为现实以后,将产生怎样的关于安全和伦理学的问题?在近年来出现的基因编辑技术,可以对包括人在内的生物进行遗传改造,这又会带来什么样的风险呢?相信人工智能在不久的将来会开始设计蛋白质,我们在利用它为人类服务的同时,如何防止全新的难以降解有毒蛋白质被合成出来呢?

全世界很多国家从事转基因研究的科学家们、政府监管部门和经销商们都在关注工业、农业和医药中转基因产品的安全性问题。转基因食品进入市场前,都要进行严格的、长期的监测和安全性评估,包括环境安全性、毒性安全性和致敏性安全性评价等等,以保证新的转基因产品及其制造过程的安全性。当前,已投放市场的转基因食品(或饲料)的安全性是有科学保障的。

重组DNA技术带来的问题和挑战是人类面临的共同问题和挑战,我们应该认真思考和对待。

思考题

1. 什么是DNA的变性与复性?分子杂交的原理是怎样的?
2. PCR技术的基本原理是什么?
3. 限制酶酶切DNA有几种方式?平端与黏性末端是怎样产生的?举例说明。
4. 作为克隆载体的质粒应具有什么特性,为什么?
5. 获得目的基因有几种主要方法?
6. 登录NCBI后,可以进行哪些生物信息学分析?
7. 什么是生物“反应器”?举例说明其应用与基因工程成果。
8. 怎样从遗传学原理的各个层面深入思考和面对转基因及其产品(转基因食品、饲料、药品等)的安全性和可持续应用等问题的争论?

常用的生物信息数据库及其网址

III 生物演化

11

演化理论与微演化

几种鸽的品种及野生原鸽(引自 Starr,1997)

正如达尔文所说,如果把不同品种的鸽拿给鸟类学家去看,并告诉他这些都是野鸟,他一定会把它们分别列为不同的物种。

1859 年达尔文(Charles Darwin,1809—1882)在其著名的《物种起源》(*On The Origin of Species*)中提出了生物演化理论,以大量的事实向世人展示生物在不断的变化,其中的一些变化受到了自然选择或人工选择而被保存了下来。这些变异经过长期缓慢的积累,从量变到质变,新的物种不断形成,产生了我们现在看到的千姿百态的生命世界。而在这之前,特创论(creationism)占统治地位。那时人们相信地球上的所有生物是上帝有目的地设计和创造的,是一成不变且天生完美的。因此,达尔文的生物演化理论是作为特创论的对立面而出现的,它对生物学、自然科学乃至人类思想是一次巨大的革命,这里没有超自然的创造,没有预定的目的,没有预先的设计,一个物种是从原先存在的另一个物种演变而来。任何分类群乃至整个生物界都有一个共同起源,即它们来自一个共同祖先。生物按照自身的法则在无休止地变异、繁衍和演化。

达尔文的生物演化理论是生物学的一个重要的统一理论,是生命科学基础的基础。有了这个理论,我们才能对生物的多样性、适应性和统一性作出完整的合乎逻辑的解释;有了这个理论,我们才能把纷繁的生物贯穿起来,形成系统;有了这个理论,我们才能把生物学各分支学科融汇成一个整体,成为统一的生命科学。

11.1 演化理论的创立:历史和证据

11.1.1 达尔文是演化理论的主要创立者

在达尔文以前,仅有少数科学家对圣经创世故事、对物种是固定不变的论断提出疑问。

第一个坚定的演化论者是法国学者拉马克(Jean-Baptiste Lamarck,1744—1829)。拉马克是一位“草根”出身的博物学家。他 17 岁参军打仗,几年之后退伍开始学医,一次皇家植物园之行使他喜欢上了植物。拉马克是一个非常认真、对大自然有敏锐观察力的人,他用了 10 年的时间对法国的植物进行了系统的研究,并于 1778 年在著名法国博物学家布丰(Comte de Buffon,1707—1788)的支持下,出版了《法国植物志》。18 世纪 90 年代后期,拉马克又被“分配”整理巴黎博物馆软体动物的标本。这里既有化石又有现生的软体动物标本。他又一次发挥了他认真、细致的特长,对这些大家都不愿意整理的标本进行了系统的研究,无脊椎动物(invertebrate)这个词就是由拉马克最先提出的。在研究中他发现,这些软体动物的化石标本与现今活着的软体动物很相似,可以将早期化石、较近的第三纪的化石,直到现生的物种排列成一个不间断的种系序列。拉马克由此得出结论:许多动物种系在时间上经历了缓慢而逐渐的变化。

拉马克认为生物演化有两个起因:自然“赋予动物生命不断使其结构复杂化的力量”,以及动物对不断变化的环境的反应能力。关于后者,拉马克认为行为引起的生理过程（“用与不用”）与获得性状遗传的结合，推动了生物的演化。1809年，拉马克的著作《动物学哲学》(*Philosophie Zoologique*)出版，该书系统地阐述了他的演化思想，后人将之总结为“用进废退”和“获得性状遗传”。当时他的演化理论遭到了以比较解剖学权威学者居维叶（Georges Cuvier，1769—1832）为代表的“学院派”出身的博物学家的抨击。地质记录确实记下岩石断裂、扭曲，大批动物群的灭绝等，但那时大多数博物学家不认同地层之间生物的连续性。而拉马克还不能拿出足够多的材料去说服他的同行；更重要的是，当时特创论在社会上仍占统治地位。《动物学哲学》出版后，整个知识界和社会舆论几乎是一面倒地对拉马克提出指责，乃至嘲笑。这一切使刚刚崭露头角的演化思想又归于沉寂。

然而，随着科学的发展，演化理论的创立和发展是一件不可避免的事情。1809年，正是拉马克那本招来非议的《动物学哲学》出版的那一年，一位后来改变了整个生物学的人物——达尔文诞生了。达尔文出生在一个医生世家，他的祖父E. 达尔文（Erasmus Darwin，1731—1802）是一位大夫，同时也是一位诗人；在他的作品中描述了生物变化的现象。青少年时代的达尔文特别喜爱博物学，热衷于打猎、采集动植物标本。在当时的英国，博物学还不是大学里正规的研究学科。达尔文16岁进入爱丁堡大学学医，但他实在不喜欢医学；于是1828年又到剑桥大学学习神学，但他仍然迷恋于博物学。在剑桥大学，他结识了与他有着共同爱好的老师亨斯洛（John S. Henslow）等人，并向他们学习了大量博物学知识。1831年，在亨斯洛的推荐下，年仅22岁的达尔文，以自费博物学家和舰长私人陪同的身份，参加了贝格尔号（Beagle）航海考察。达尔文平时积累的博物学知识和研究方法在这次航海考察过程中派上了大用场。

贝格尔号是一艘皇家军舰，其任务是前往美洲测绘南美洲海岸线。达尔文随舰航行了近5年（1831年12月27日—1836年10月2日），环绕地球一圈（图11.1）。这次航行考察是达尔文一生中有决定意义的事件，对其演化思想的形成非常关键。在航行期间，每到一地，达尔文都将大部分时间用在岸上采集生物标本和化石标本，对标本进行初步鉴定和详细记录，并进行当地风土人情的观察。达尔文还将其采集的标本寄给一些专家鉴定，因此，达尔文得以结识了一些专家，有些成为了他终生的朋友和学术观点的支持者，如植物学家胡克（Joseph D. Hooker，1818—1911）。在航行中，达尔文观察到一系列重要的现象。例如，南美大陆和南半球另外两个大陆——非洲大陆和澳大利亚大陆的气候条件相似但动物区系差别很大。特别是，加拉帕戈斯（Galápagos）群岛等岛屿上的动物与邻近的南美大陆上的动物非常相似，彼此关系很近，而与其他气候条件相似的岛屿（如邻近非洲的佛得角群岛）的动物关系甚远。再例如，南美大陆的化石，比之与其他大陆的化

⬆图11.1 达尔文乘贝格尔号考察的路线

石，与现生的南美洲物种更为相似。怎样解释这些现象呢？这个问题常常萦绕在达尔文的头脑中。但在航行中，达尔文还没有形成明确的物种演化的观念。

结束了近5年的环球航行回到英国后，达尔文对他这一路收集的标本、资料和笔记进行了详细的整理和总结，并于1838—1840年将其收集的动物标本（包括哺乳动物化石标本）发表在其主编的五卷本著作《动物学——贝格尔号航程》（*Zoology of the Voyage of H. M. S. Beagle*）中。在此过程中，达尔文渐渐意识到如果假定物种是逐渐变化的，他在航行考察中所收集到的许多事实，都可以一一得到合乎逻辑的解释。他就着手搜集有关物种演变的证据。1847年达尔文将有关自然变异和选择的论文手稿交请胡克提建议。在这之后，达尔文不断对自己的手稿进行修改和补充。当时他并不急于将其发表，甚至准备到他死后再发表。但一件事的发生，促使他提前发表了他的演化理论。

一位英国生物地理学家华莱士（Alfred R. Wallace，1823—1913）长期在野外进行生物地理学研究，他也看到了大量的生物分布和变异现象，从而构思出一个与达尔文自然选择观点相同的理论。1858年6月达尔文收到华莱士的一封信，附有论文手稿。信中说，如果他认为这篇文章很新颖有趣，就请他送给赖尔（Charles Lyell，1797—1875，著名地质学家）看看。达尔文意识到问题的严重性，因为这涉及新理论的原创性。达尔文立即将华莱士的文章转交给赖尔并告诉了胡克。1858年7月1日，胡克很公正地处理了这件事，他在林奈学会公布了华莱士的文章和达尔文写的说明以及与友人的通信，表明达尔文自然选择的观点早在华莱士的论文之前，而华莱士的观点是独立于达尔文提出的。1858年8月20日这些文章发表在《林奈学会会刊》上。1859年11月达尔文关于生物演化的划时代巨著《物种起源》出版。

《物种起源》的出版使生物学终于摆脱了神学的羁绊，成为一门科学。《物种起源》出版160多年以来，演化生物学有了巨大的发展，但《物种起源》出版引起的争论，至今也没有完全平息下来。尽管如此，达尔文已经被人们认为是人类最伟大的科学家之一而载入史册。在演化生物学范围内，至今无人能和达尔文的贡献相比，没有哪一个研究者对该学科的发展有如此大的推动。虽然有人一次又一次地宣称已经把达尔文驳倒，但达尔文所掌握的证据和他有关生物演化的理论框架至今仍是无法推翻的。

达尔文对演化理论的贡献是多方面的，其核心内容是共同祖先学说和自然选择学说。

11.1.2 多重证据支持共同祖先学说

达尔文比较分析了加拉帕戈斯群岛不同岛屿上地雀（finch）的异同，又分析了这些海岛地雀与邻近南美大陆地雀的异同，指出加拉帕戈斯群岛上的不同地雀是由来自南美大陆的一个共同祖先演变而来。达尔文进而推断所有动物有一个共同祖先，所有植物有一个共同祖先，乃至所有生物有一个单一的起源，这个学说是达尔文演化理论的核心之一。共同祖先学说的提出和发展，不仅仅是缜密而深入的思考得出的结论，而且得到大量证据的支持。

（1）加拉帕戈斯地雀与共同祖先学说

这些证据首先来自生物地理学。加拉帕戈斯群岛动物和邻近南美大陆的关系是这方面的一个经典性例证。加拉帕戈斯群岛位于东太平洋，离厄瓜多尔海岸600 km。这些由火山喷发而形成的岛屿，地跨赤道两侧。它们只有短短100多万年历史，从未和大陆相连过。岛上生物很少，但有一些生物却是岛上独有的物种。达尔文在乘贝格尔号环球航行时，考察了这里的仙人掌、各种陆栖鸟类、巨大的象龟、鬣鳞蜥（iguana）等生物。达尔文最为看重的是13种彼此关系密切的地雀（图11.2）。这是一群像麻雀一样大小的小鸟，同属于地雀亚科（Geospizimae），统称之为加拉帕戈斯地雀（Galápagos finches）。它们的区别主要在喙的形状和大小上。不同的喙适应不同的食物——大小不同的种子、仙人掌和昆虫。这些地雀是从哪里来的呢？

南美洲、非洲、澳洲3个大陆，自然条件相似，但动物区系迥然不同，分属不同的动物地理区。达尔文看到，海岛动物和邻近大陆的动物有着密切的关系。加拉帕戈斯群岛上的动物属于南美大陆的类型，和南美大陆有密切的关系。佛得角群岛（Cape Verde Island）是邻近非洲西海岸的火山岛，那里也有一些独有的物种，却属于非洲大陆类型。加拉帕戈斯群岛和佛得角群岛都是地处热带的火山岛，自然条件相似，但栖居其中的生物却彼此大不相同，而与各自邻近的大陆生物相似。那么，这些海岛上的独有生物，其祖先是否是来自邻近大陆的迁移者呢？

1837年3月鸟类学家古尔德（John Gould）告诉达尔文，从加拉帕戈斯群岛采回来的嘲鸫（mocking bird）标本中，岛与岛之间有着明显的差异，它们是不同的物

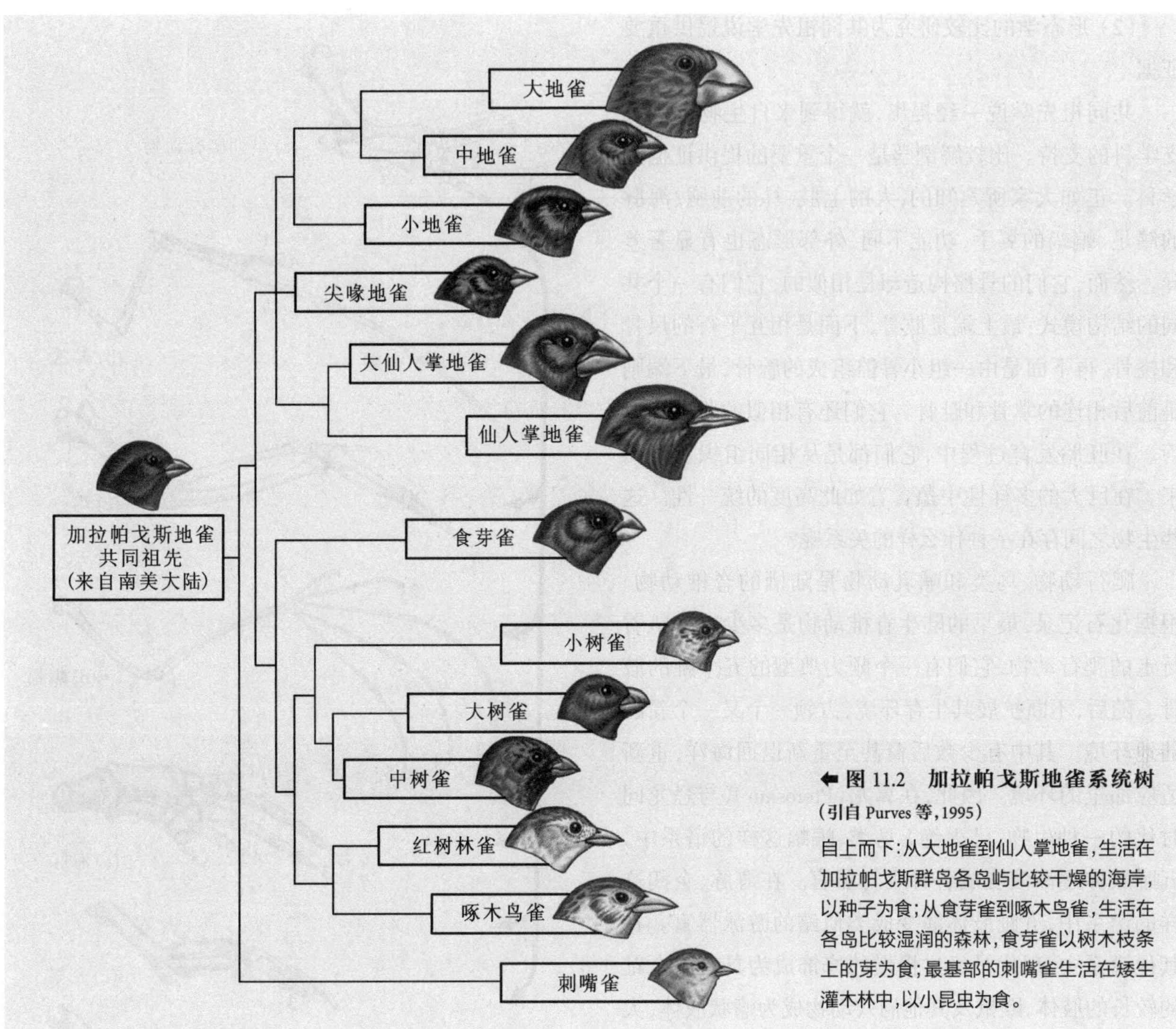

⬅ **图 11.2 加拉帕戈斯地雀系统树**（引自 Purves 等，1995）

自上而下：从大地雀到仙人掌地雀，生活在加拉帕戈斯群岛各岛屿比较干燥的海岸，以种子为食；从食芽雀到啄木鸟雀，生活在各岛比较湿润的森林，食芽雀以树木枝条上的芽为食；最基部的刺嘴雀生活在矮生灌木林中，以小昆虫为食。

种。这使达尔文看到海岛与邻近大陆动物的关系以有趣的形式在同一群岛内部表现出来。那么，一个岛屿独有的物种与邻近岛屿上非常相似而又不同的物种之间有没有什么关系呢？

面对环球考察中产生的问题，达尔文认识到，如果抛弃掉物种不变的陈旧观念，这些现象都可以用自然的原因给予合乎逻辑的解释。大陆的生物由于偶然的原因来到这些新生的岛屿。这些迁移者生活在自然条件与大陆不同而又相对隔离的海岛上，逐渐发生变异，形成海岛独有的物种。同样的道理，当某种迁移者从一个岛屿进入另一个岛屿，由于岛屿之间食物资源及种间关系的不同，而演变成新的物种。加拉帕戈斯地雀就是以这种方式形成的。来自南美大陆的地雀，在群岛内多次迁移，在它们登陆的岛屿上，由于当时可供使用的食物资源不同而发生变异，先后形成 13 种在喙的形状和大小上互有差异的物种（图 11.2）。它们都是群岛独有的物种，而且都是来自南美大陆的同一种地雀的后裔。达尔文由此引申出一个重要概念，那些彼此相似而又互有区别的物种来自一个共同的祖先，它们之间有或近或远的亲缘关系。

达尔文是根据岛屿上和近邻大陆上地雀形态的比较和分析得出了前者是大陆上一个祖先的后代的结论，那么遗传学的证据支持这个结论吗？一百多年来，加拉帕戈斯群岛上的地雀吸引着众多的科学家。随着基因组学技术的快速发展，科学家对这个群岛上十多个物种的基因组序列进行了分析，结果不但证明了达尔文的推测是正确的，而且还发现这些地雀基因组中受到强烈选择的区段含有与喙形态发育相关的基因，这就从遗传学的角度证实了喙的大小是对食物的适应。科学家还发现，一些形态差异较大的地雀物种的基因组序列在演化树上聚在了一起，这就说明了他们之间的遗传隔离并不完全，还存在杂交现象，这也从基因组的角度证实了当时达尔文所说的加拉帕戈斯群岛上地雀的变异“仍在进行中”的推测。

(2) 形态学的比较研究为共同祖先学说提供重要证据

共同祖先学说一经提出,就得到来自生物学各分支学科的支持。比较解剖学是一个重要的提供证据的学科。正如大家所熟知的,人的上肢、马的前腿、海豚的鳍足、蝙蝠的翼手,功能不同,外部形态也有显著差异。然而,它们的骨骼构造却是相似的,它们有一个共同的结构模式:最上端是肱骨,下面是相互平行的尺骨和桡骨,再下面是由一组小骨骼组成的腕骨,最下端则是前后相连的掌骨和趾骨。它们还有相似的肌肉和血管。在胚胎发育过程中,它们都是从相同组织发育而来。在巨大的多样性中蕴含着如此高度的统一性。这些生物之间存在一种什么样的关系呢?

爬行动物、鸟类和哺乳动物是陆栖的脊椎动物。根据化石记录,最早的陆生脊椎动物是多少有些趴着行走的爬行动物,它们有一个颇为典型的五个趾的肢骨。随后,不断扩展其生存环境,占领一个又一个新的陆地环境。其中有少数后裔甚至重新退回海洋,重新适应那里的环境。因此,在翼龙(Pterosaur)(与恐龙同时代的一种生物,已灭绝)、鸟类、蝙蝠这样的谱系中,五趾肢体逐渐演变成各种飞行器官。在海豚、企鹅这样的谱系中,五趾肢体演变成类似鳍的游泳器官。在其他谱系中,现代马经过慢慢的修饰成为具有一个趾的较长的肢体,鼹鼠及其他洞穴动物成为瘤状肢体,大象的肢体成为柱状,而人的灵活的手臂和能自由抓握的手则是能制造和使用工具的器官(图 11.3)。这样功能各异的前肢有一个共同来源,它们都来自原始陆生脊椎动物五趾型的肢体。那些不同物种因为来自共同祖先而具有的相似性的结构称为同源结构(homologous structure)。生物学家对任何两个物种,分析比较它们有哪些同源的结构和性状,有哪些不同源的结构和性状,据此判定其亲缘关系的远近。

胚胎学也为共同祖先学说提供了有力的证据。所有脊椎动物的胚胎,在其发育早期都有这样的一个阶段:没有成对的附肢,却有一个相当大的尾,有鳃囊和鳃弓,脑很小,心脏是两腔的,前端连着通往鳃的动脉弓,后端连着静脉(图 11.4)。在成年的鱼中仍然保留了鳃和两腔心脏,而在其他脊椎动物中,进一步的发育使鳃消失了,心脏的构造也发生了变化。动物个体发育是按规定的途径一步一步完成的。所有的脊椎动物继承了来自远古的相同的发育程序,这使它们具有一个彼此相似的早期胚胎发育阶段。这是所有脊椎动物

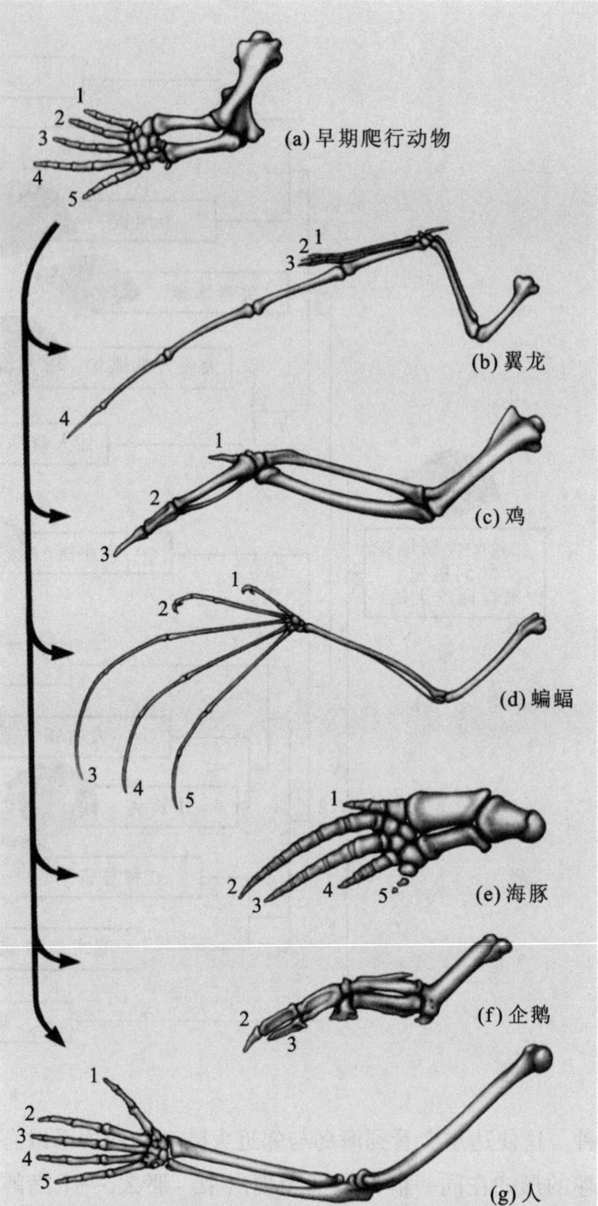

图 11.3 几种脊椎动物前肢结构的比较(引自 Starr 等,1997)
从远古早期爬行动物一般形态开始,演化出脊椎动物的不同前肢,它们具有相似的骨骼结构,保留着原始骨骼的数量和位置。

从共同祖先演化而来的一个有说服力的证据。

(3) 化石纪录为共同祖先学说和生物演化提供了直接证据

保存在不同地质年代的层积岩中的化石生物之间是否存在连续性,这与地球上物种演化的观点有着十分密切的关系。在 19 世纪上半叶,直到达尔文发表《物种起源》前,大多数博物学家认为不同地层中的生物是没有连续性的。

达尔文在南美洲阿根廷发现了巨大的雕齿兽(glyptodont)化石。使他十分感兴趣的是,在地球上所有的生物中,只有犰狳(armadillo)和这种已灭绝的雕

齿兽相似（图 11.5）。它们是哺乳动物，都有很不常见的骨板和鳞板。而且在整个地球上，只有在犰狳生活的同一地区才有可能找到雕齿兽的化石。雕齿兽和犰狳之间性状上的差别说明它们属于不同物种，而它们之间的高度相似说明它们之间有着亲缘关系。如果雕齿兽不是犰狳的直系祖先，也可能是旁系的远祖。

达尔文关于雕齿兽和犰狳的论述是富有洞察力的。但它们还没有能构成一个谱系。一些博物学家声称，如果没有在地层中找到令人信服的、完备的化石生物的谱系，地层中生物的不连续性就是不可动摇的。

马属（*Equus*）物种，如马、驴、斑马，是高度特化的哺乳动物。它有其他动物没有的两个特征：足上仅有一个趾（第三趾）；磨牙的齿冠高，咀嚼面上有复杂的棱脊。1860 年，达尔文发表《物种起源》后一年，人们在地层中发现了三趾马，接着又有许多惊人的发现。到了 19 世纪 80 年代一个相当完整的化石马谱系已经形成。如图 11.6 所示，在最后一个冰期，即一万年前的更新世末期，现代马已经现身。在 180 万年前的上新世地层中，有多种三趾马和单趾马。其中，上新马（*Pliohippus*）是与现代马相似的单趾马，体型比现代马小。人们认为，现代马正是这种小型单趾马的后裔。再向前追溯到 500 万年前的中新世，已不见单趾马的踪影，但在多种三趾马中，有一种草原古马（*Merychippus*），一个趾长，还有两个不着地的短趾。为三趾马和单趾马之间的过渡类型。追溯到 2 400 万年前，渐新世的中马（*Mesohippus*），也是三趾马，但三趾一样长。3 800 万年前的始祖马（*Hyracotherium*）是一种四趾马，大小如犬，这时见不到三趾马。从始祖马到中马到草原古马到上新马再到现代马，人们看到三个明显的演化趋势：体型愈来愈大，趾的数目不断减少，磨牙的咀嚼面愈来愈复杂。如果把 4 000 万年内马科化石都包括进来，正如图 11.6 右边分支图所示，那就是一个多分支的系统树。马科谱系是第一个搞清楚的化石生物谱系，它为演化理论提供了有力的古生物学方面的证据。

鸟类是体表覆盖着羽毛、恒温、能飞翔的脊椎动物。1861 年德国发现一件既有羽毛又有骨架的化石，命名为印板石始祖鸟（*Archaeopteryx lithographica*）。这个化石物种的形态介于恐龙和现代鸟类之间，是对达尔文演化理论强有力的支持。自那以后，在鸟类的起源问题上产生了很多学派，如“恐龙起源假说”“槽齿类起源假说”“鳄类起源假说”等，其主要原因就是化石证据很少。自 20 世纪 80 年代开始，“恐龙起源假说”逐渐占据上风。特别是近 20 年来，中国科学家在中国发现了大量带羽毛的恐龙和早期鸟类的化石，对这些化石的研究得出了一个鸟类演化谱系（图 11.7），支持了小型兽脚类恐龙是鸟类祖先的学说。

(a) 鱼 爬行类 鸟类 哺乳类(人)

动脉弓

(b) 成年鲨鱼 人胚胎(3 cm)

两个腔的心脏

⬆图 11.4 脊椎动物的早期胚胎（引自 Starr 等，1997）

（a）成年脊椎动物有着巨大的多样性，而早期胚胎却非常相似。（b）人类的早期胚胎仍有似鱼的结构。

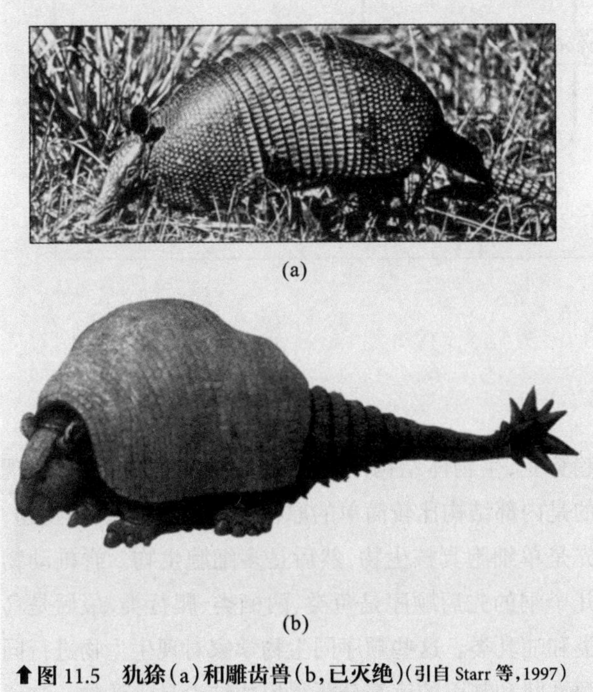

⬆图 11.5 犰狳（a）和雕齿兽（b，已灭绝）（引自 Starr 等，1997）

这两种动物都有不常见的骨板和鳞板，并分布于同一区域。

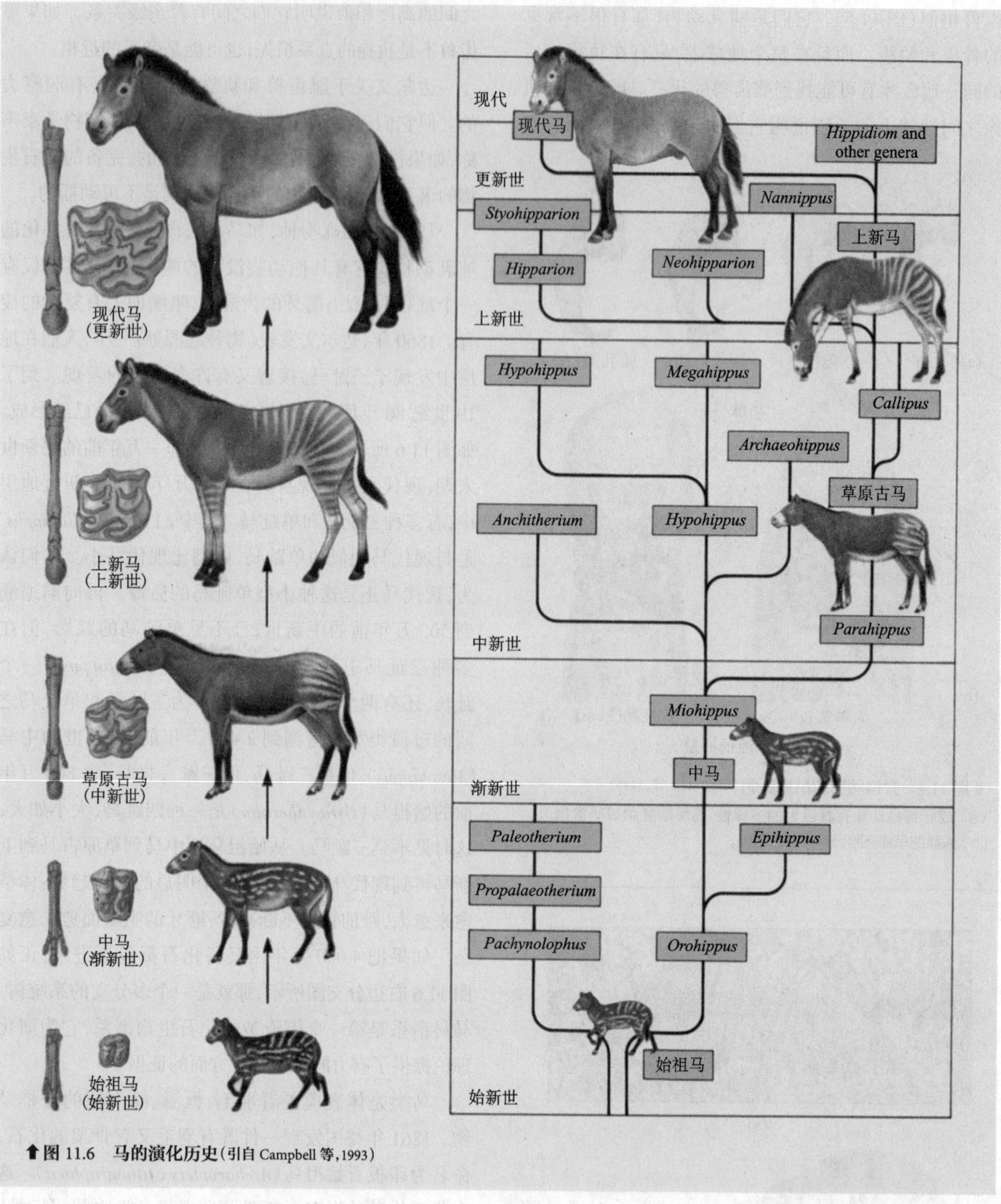

图 11.6　马的演化历史(引自 Campbell 等,1993)

图 11.7 谱系图中提及的冠群(crown group)是系统发生重建研究中的一个术语,定义为最近共同祖先及其衍生的所有后代(包括现存和已经灭绝的所有成员)所组成的一个单系类群(详见 14.3 节)。现今“恐龙起源假说”已得到普遍认可,这是中国科学家对脊椎动物演化理论的重要贡献。

值得注意的是,纵观各个地层化石,生物演化的总趋势是,生物体结构的复杂性在逐渐增加。最早出现的是内部结构比较简单的原核生物,然后是真核生物;先是单细胞真核生物,然后是多细胞生物。脊椎动物几个纲的先后顺序是鱼类、两栖类、爬行类,最后是鸟类和哺乳类。这些顺序同生物学家对现生生物进行同源性状和基因的谱系分析得出的结论是一致的。这说明,化石记录和来自生物地理学、比较解剖学、胚胎学、

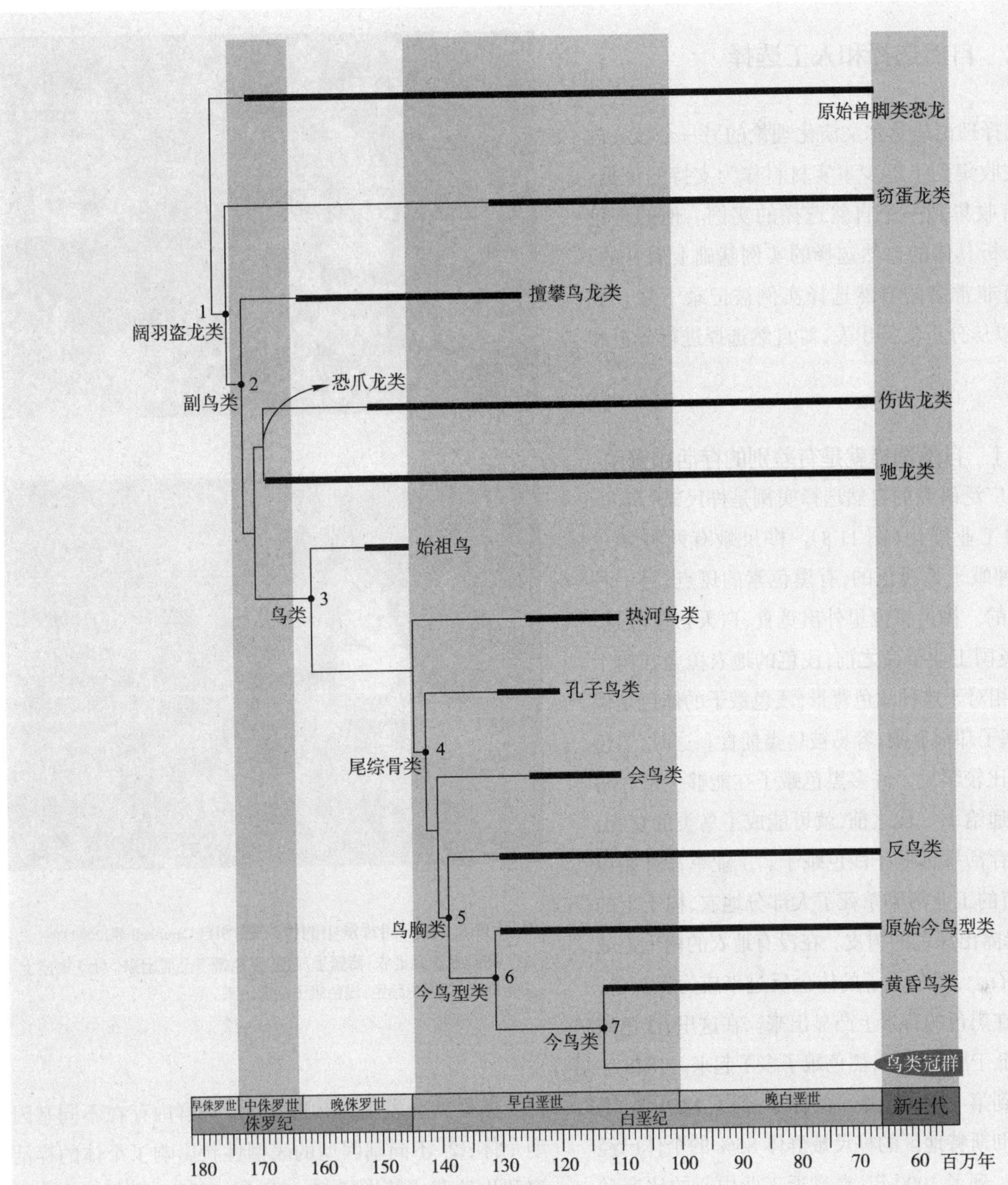

⬆**图 11.7 早期鸟类及其祖先类群的谱系图(周忠和博士和王敏博士惠赠)**

图中的阿拉伯数字为每个演化节点上形态或生理变化:1. 基础代谢率提高;V 型锁骨;三指型指;指向外侧褶曲的能力提高;前肢具初步扇动翅膀的能力;出现对称的叶片状羽毛;耻骨略微向尾部偏转;尾骨缩短;肺部气体交换功能提升;蛋的体积增大且外形略微不对称;单次仅产一枚蛋;通过接触式孵蛋。2. 部分后肢活动由膝关节驱动;初步的飞行能力;出现不对称的叶片状羽毛;体型小型化;前肢长度增加且变得粗壮;与视觉有关的脑部区域进一步完善;蛋的不对称性增加;蛋壳表面纹饰减少;蛋壳孔隙度降低,且发育覆盖层;通过接触式孵化。3. 扇动前肢的能力和飞行能力进一步提高;前肢长度增加且变得粗壮;部分腰带骨骼发生愈合。4. 末端部分尾椎愈合而成尾综骨;耻骨向尾侧延伸;蛋的体积进一步增大;仅身体一侧的卵巢和输卵管具有生殖功能。5. 出现小翼羽;胸骨发育龙骨突;愈合荐椎包含 8 枚及以上的椎体。6. 三指型指能够完全向外侧对折;犁状尾综骨;在头骨可动性、扇动翅膀以及腰带骨骼愈合程度上与现代鸟类接近。7. 与现代早熟型鸟类相似的基础代谢率和生长速率;后肢活动完全由膝关节驱动;个体不到一年即可达到成年阶段;蛋的体积接近现代鸟类;蛋窝脱离覆盖物。鸟类冠群:现有的所有鸟类与它们的共同祖先以及这个祖先的所有后代(包括可能已经灭绝的)所构成的一个单系类群。图中粗黑线代表了保存相应类群化石的地层的时间。

分子生物学等方面的证据之间可以而且应该相互补充、相互印证,并构成完整的证据链,为共同祖先学说奠定了坚实的基础。演化论的巨大魅力就在于,每一个生命科学的分支领域(如生物化学、植物学)所发生的现象,都印证了共同祖先学说的正确性。除了演化论外,没有一种理论能够解释生命世界的这些现象。

11.2 自然选择和人工选择

自然选择理论是达尔文演化理论的另一个核心内容。达尔文收集到了不少事实材料作为支持的证据，但他还没有收集到一个自然选择的实例。他的理论并不是在分析具体的自然选择的实例基础上展开的。现在已经有非常多的自然选择实例被记录下来。如今，我们可以从分析实例出发，对自然选择进行分析和讨论。

11.2.1 自然选择就是有差别的存活和繁殖

一个被广泛研究的自然选择实例是桦尺蛾（*Biston betularia*）的工业黑化（图 11.8）。桦尺蛾有两种体色的蛾子：一种蛾子是浅色的，有黑色素的斑点；另一种完全是黑色的。桦尺蛾夜里外出觅食，白天常常静息。在 19 世纪英国工业革命之前，浅色的地衣覆盖在树干和岩石上。相对于这种浅色背景，浅色蛾子的体色是保护色，黑色蛾子却很显眼，容易被鸟类捕食。这时，黑色蛾子在英国比较罕见。许多黑色蛾子在能够生殖并将黑色基因传递给下一代之前，就可能成了鸟类的食物。黑色蛾子的存活率远低于浅色蛾子。工业革命开始以后，一些城市的工业污染杀死了大部分地衣，树干上的地衣消失，暴露出深色的树皮。在没有地衣的树干上或被污染的岩石上，黑色蛾子的体色反过来成为保护色，而浅色蛾子在黑色的背景上凸显出来。在这里，浅色蛾子的存活率低于黑色蛾子，黑色蛾子多了起来。1848 年人们才采集到第一个黑色蛾子的标本；到了 1859 年，工业化城市曼彻斯特地区的桦尺蛾群体 85% 的个体已经是黑色的了。到了 1900 年，在靠近工业中心的比斯顿地区桦尺蛾种群几乎全是由黑色蛾子组成。

对桦尺蛾群体进行分子遗传学分析表明，其体色的深浅由一个基因座位的等位基因所控制，黑翅表型是由于转座子插入造成的，黑色等位基因对浅色等位基因呈显性。浅色的、黑色的个体在不同条件下以不同的频率存在。在工业区放飞浅色的和黑色的蛾子，并跟踪观察其命运，证明浅色蛾子被天敌捕杀的概率比黑色蛾子要大得多。人们曾预测，假如灰白色地衣重新覆盖在树干和岩石上，浅色蛾子的比例将再度上升。在 20 世纪七八十年代，当地的工业污染得到控制，灰白色地衣重现，不出所料，浅色蛾子又多了起来。

(a)

(b)

图 11.8 在不同背景中的桦尺蛾（引自 Campbell 等，2000）
(a) 树皮上长满地衣，背景呈灰色，黑色蛾子凸显出来。(b) 树皮上没有地衣，背景呈暗色，浅色蛾子凸显出来。

桦尺蛾工业黑化这样的实例告诉我们，有了以下三个条件就会发生自然选择：① 种群内存在不同基因型个体；② 不同基因型的表型性状影响了个体的存活率和生殖率或其中任何一项；③ 不同基因型个体世代之间的增长率产生了差异。增长率高的基因型个体，相比于增长率低的基因型个体，给下一代种群留下相对多的后代，从而导致种群的基因频率和基因型频率发生变化。总之，只要不同基因型的个体之间，在存活率和生殖率方面出现差异，因而在增长率上出现差异，哪怕这个差异是很轻微的，选择就会发生。自然选择就是由不同基因型导致的具有不同表型的个体之间有差别的延续，或者说是有差别的存活和繁殖（differential survival and reproduction）。

11.2.2 适合度和选择系数

自然选择的前提是生物本身所提供的大量变异。

无论是出于突变，还是出于重组，变异的产生都是不定的和随机的。然而，由不同的基因型所控制的表型性状对个体存活率和生殖率的影响和作用，其性质是正面的还是负面的，其程度是大还是小，却是非随机的。在上述桦尺蛾工业黑化的例子中，在灰色的背景下，浅色蛾子的存活率高于黑色蛾子；反之，在黑色的背景下，黑色蛾子的存活率高于浅色蛾子，这些变化都是非随机的。自然选择乃是这些随机的（不定的）变异的非随机的保留和淘汰。

不同基因型在存活率和繁殖率方面的差别，可能很大也可能很小，常常是程度上的差别，而很少是“要么存活，要么死亡”的“全或无”式的差别。为了表述这种差别的程度，引出了适合度（fitness，f）这个概念。适合度一般定义为生物在特定环境条件下能存活，并把它的基因传给下一代的能力。适合度一般以一种表型或基因型在特定环境中的生存和生殖能力与相应的其他表型或基因型相比较后得到的数值表示，其范围是 1 ~ 0。

在计算适合度时，通常将产生后代最多的表型或基因型的适合度定为 1，并以此为基准，再算出其他表型或基因型的适合度。以水稻为例，若具有抗病基因（R）和该基因失去抗病能力（r）的水稻品种在大田中同时遇到了病原菌的侵染，前者每株平均产生约 5 000 粒种子，而后者因失去抵抗病原菌的能力，每株平均种子数约为 800 粒。我们将具有 R 基因的水稻品种适合度定为 1（5 000/5 000），而具有 r 基因的水稻品种适合度则为 800/5 000 = 0.16。简单来说，当病原菌来袭时，R 基因水稻品种产生后代的概率为 100%，而 r 基因水稻品种则为 16%。

与适合度相反的一个概念是选择系数（selection coefficient，s）。选择系数可以理解为被淘汰的概率，其范围为 0 ~ 1，它与适合度的关系是：$s = 1 - f$。上述具有 R 基因的水稻品种在受到病原菌侵染时的选择系数 $s = 1 - 1 = 0$，而具有 r 基因的水稻品种的选择系数 $s = 1 - 0.16 = 0.84$。也就是说，当病原菌来袭时，R 基因水稻品种被淘汰的概率为零，而 r 基因水稻品种被淘汰的概率则为 84%。

适合度和选择系数都是一种相对概念，是两种或两种以上表型或基因型相比较的结果，用来定量地描述不同表型或基因型在自然选择作用下对特定环境适应的程度。

11.2.3 自然选择作用于表型

我们观察到的生物体的性状是它的表型——它的外表、体质、代谢和行为等，而不是它的基因型。自然选择的靶子是表型，然而，当它较多地选取了具有某些表型性状的个体时，也就选取了决定这些表型的某些基因型；同样，当它剔除了那些适合度较小的个体时，也就剔除了相应的某些基因型。自然选择通过直接作用于表型而选取或者剔除基因型。

每一个生物体都是由许多表型性状整合起来的综合体。它具有若干与环境条件和生存方式相适应的机制。而每一种适应机制也往往是由多种表型性状整合而成。

加拉帕戈斯群岛有两种鬣鳞蜥：海洋鬣鳞蜥（图 11.9）和陆生鬣鳞蜥。一些科学家认为，海洋鬣鳞蜥的祖先可能是来自南美大陆的陆生鬣鳞蜥。

海洋鬣鳞蜥能潜入海底，以海藻为食物，而陆生鬣鳞蜥则不能。海洋鬣鳞蜥具有 4 个特有性状使它能

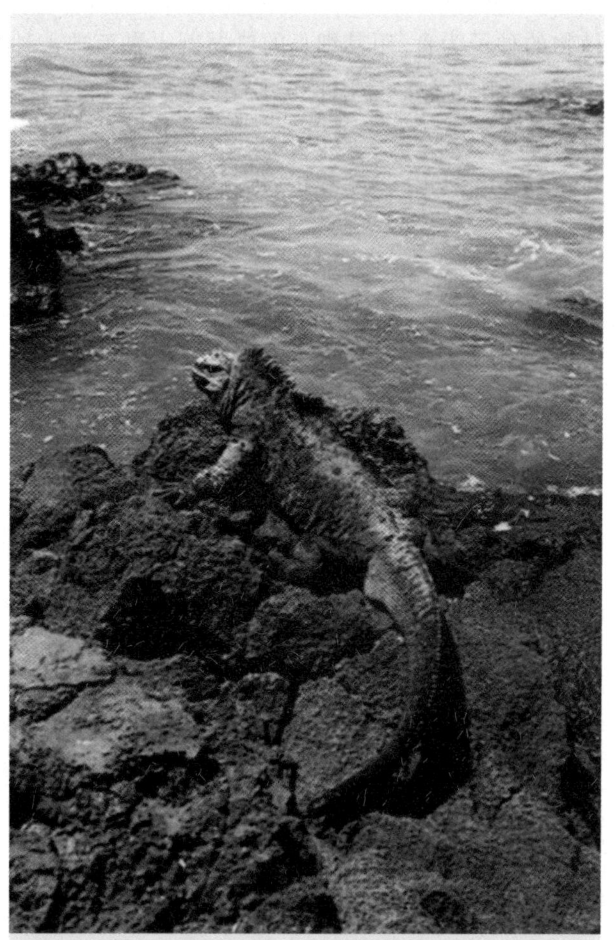

⬆图 11.9 海洋鬣鳞蜥（引自 Campbell 等，2004）
具有部分足蹼和扁尾等性状，以适应在海底觅食。

做到这一点。第一,它的足有部分足蹼而陆生的没有。第二,它的尾是扁的而陆生的是圆的。第三,在它的眼上方有一个能分泌盐分的腺体。当它因吃下大量海藻的同时吃下过多的盐分时,盐分可由此排泄出体外。第四,加拉帕戈斯群岛周围海水的温度对海洋鬣鳞蜥来说太低了,它用控制血液流到皮下的方法来解决这个问题。当它爬上岸,匍匐在黑色的火山岩上晒太阳时,皮下血管舒张,流经皮下的血液迅速地吸收热量,心跳加快,推动热量随着血流分配到全身;当它潜入海底时,体表血管收缩,心率变慢,使深部组织保持一定热量,从而使它不致因海水温度低、体温下降、动作变慢遭到海洋食肉动物的袭击。观察海洋鬣鳞蜥适应海底取食的适应机制不难看到,任何一种基因型的适合度都在一定程度上依赖于其他的基因。如果缺少除去过多盐分的表型性状及控制它的基因,缺少在低温环境中保持体温的基因,蹼足基因是没有用处的。

自然选择的作用也在一些新引进物种与环境的互作中被观察到。例如,俗称无患子甲虫的红肩美姬缘椿象(*Jadera haematoloma*)以无患子科(Sapindaceae)植物的种子为食,用其细长的口器刺入果荚进入种子吸取其中的汁液(图 11.10a),口器的长度一般与外果皮到种子中部的距离相同。当原产于亚洲的栾树(*Koelreuteria paniculata*)和台湾栾树(*K. elegans*)引入美国后,它们逐渐成了当地无患子甲虫的寄主。前者果实长圆形,果皮到种子的距离长,后者果实扁平,果皮到种子的距离短;科学家们预测无患子甲虫改换了寄主后,其口器的长短会发生适应性演化。人们分别对美国中南部和佛罗里达州以当地无患子科植物和引进物种果实为食的无患子甲虫口器进行了测量,结果证实了这个预测。在中南部引进栾树果实上的甲虫种群口器长于以当地物种果实为食的甲虫;而在佛罗里达州则恰恰相反,以引进台湾栾树为食的无患子虫口器变短了(图 11.10b)。这些引进树种进入美国只有 50 年左右的时间,这个甲虫物种对环境变化(新寄主的引入)的适应性演化导致了在其形态上非常明显且迅速的改变,充分展示了自然选择的巨大力量。

11.2.4 自然选择的主要模式

自然选择对群体遗传结构会产生什么影响,依赖于适合度与表型差异之间的关系。我们可以据此将自然选择模式大致划分为三种主要类型(图 11.11)。

第一种是定向选择(directional selection)。适合度从一种极端类型到中间类型再到另一种极端类型逐渐升高时,适合度低的极端类型被淘汰。选择使表型差异的频率曲线的平均值移向适合度大的一侧(图 11.11a)。这种类型的选择在环境发生趋向性变化

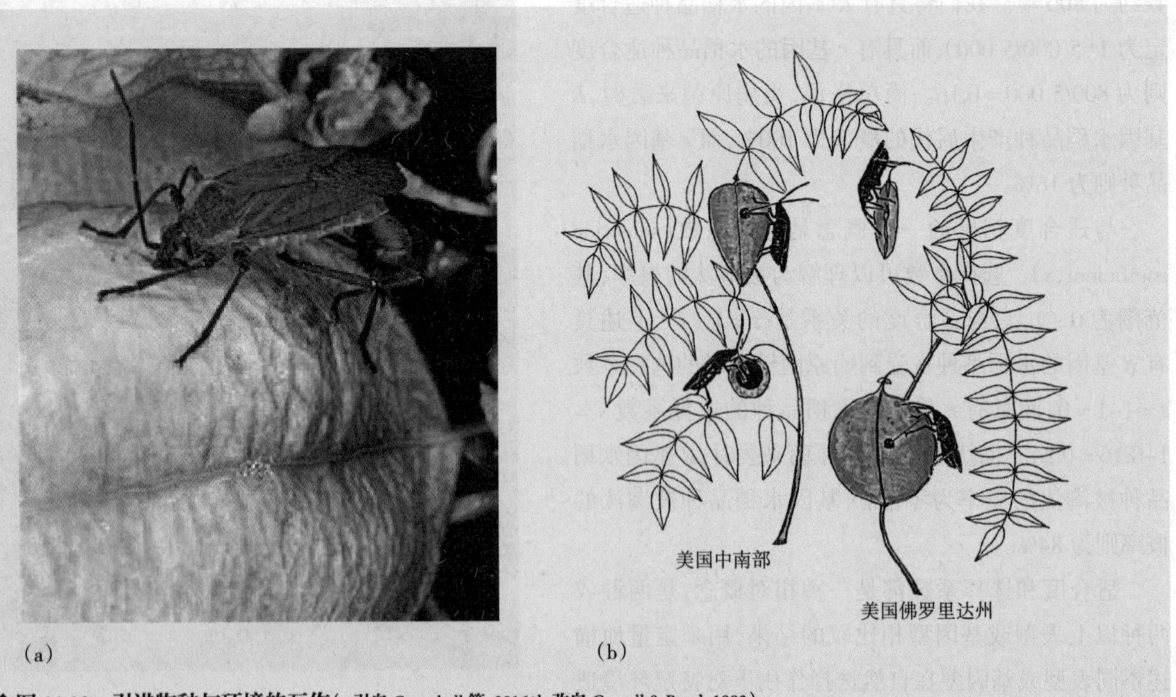

图 11.10 引进物种与环境的互作(a 引自 Campbell 等,2016;b 改自 Carroll & Boyd,1992)

(a) 无患子甲虫正在吸食无患子科倒地铃果实的汁液。(b) 无患子甲虫以无患子科不同植物物种果实为食时口器长短的变化。

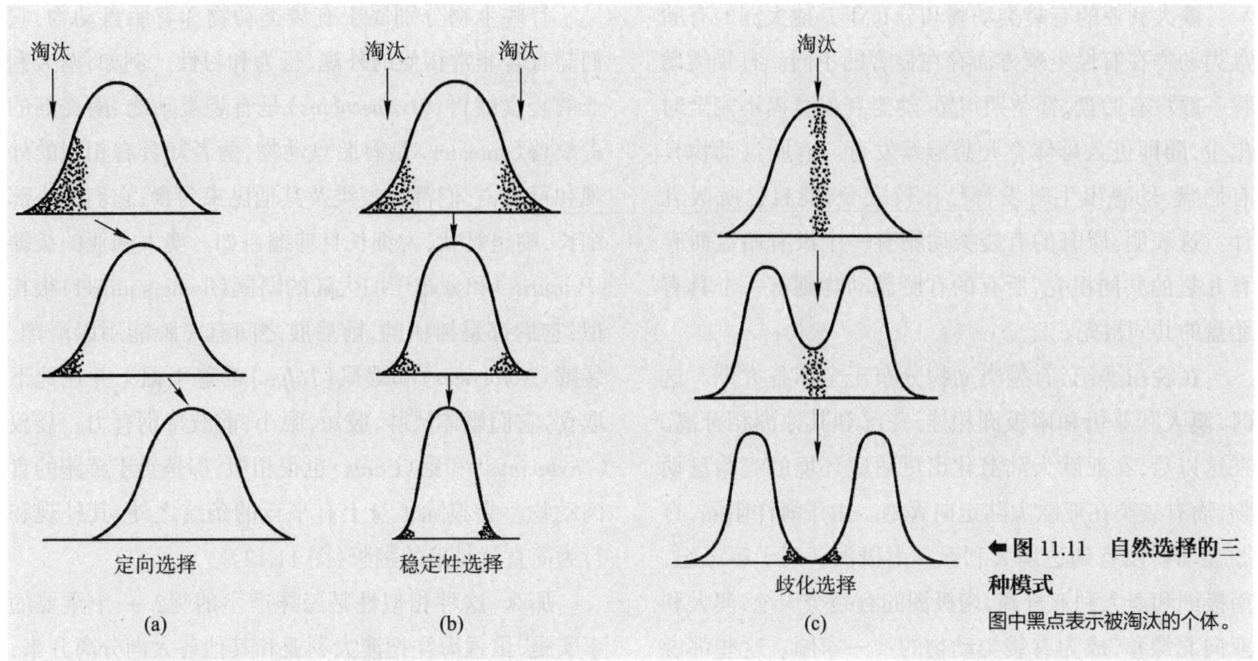

⬅**图 11.11 自然选择的三种模式**

图中黑点表示被淘汰的个体。

时,或者当物种成员迁徙到新的环境时是相当普遍的。工业污染杀死了树木和岩石上的地衣,黑色桦尺蛾的基因频率增高就属于定向选择。来自同一原始种群的若干个种群,它们生活在不同的环境,各自向适应所在环境的方向演化,经多个世代的积累彼此之间产生显著的差异,称之为适应性辐射(adaptive radiation),如前面提到的达尔文雀的例子。

第二种称之为稳定性选择(stabilizing selection)。图 11.11b 横坐标表示表型差异,中线附近为中间类型,远离中线为极端类型。如果中间类型适合度高,两个极端类型适合度低,选择将淘汰两个极端类型。结果是平均值不变,中间类型数量有所增加。这种类型的选择常出现在相对稳定的环境中,那里的条件倾向于减少表型的变异性,故称之为稳定性选择。例如,人类出生体重大多数保持在 3～4 kg 的范围之内。新生儿的体重比这个中间值轻很多或者重很多时,婴儿死亡率都比较高。

第三种类型为歧化选择(disruptive selection)。当环境条件使两个极端类型有较高适合度,中间类型适合度较低,而淘汰中间类型时,选择结果使中间类型频率降低,在两个极端类型区域各出现一个频率的峰值(图 11.11c)。海洋中的一些小岛上,飞翔能力不同的昆虫个体命运各不相同。当大风从岛上刮过时,飞翔能力弱的昆虫由于离地面很近,很快地栖息于树枝或岩石上而不被风吹向海洋。飞翔能力中等和飞翔能力强的个体被风吹向海洋。在风停以后,飞翔能力强的个体可飞回岛屿而被保留下来,飞翔能力中等的个体无力飞回小岛而死于水中。选择的结果,有很强的飞翔能力和飞翔能力很弱甚至是失去飞翔能力的都能保存下来,表型频率曲线出现两个峰。

在达尔文的演化理论中,可遗传变异和繁殖过剩是自然选择学说的两个重要事实根据。达尔文关于种群内普遍存在可遗传变异的论述已经为现代群体遗传学所证实。正如 20 世纪美国著名的演化生物学家迈尔(Ernst W. Mayr,1904—2005)所指出的,这是自然选择的前提,也是整个演化思想的前提。也就是说,在某些种群中,自然选择需要个体之间为争夺生活资源而进行的斗争。然而,情况并非总是如此。群体遗传学认为只要种群内存在不同基因型个体,而这些不同基因型个体在存活和繁殖方面出现差异,不管有没有繁殖过剩和生存斗争,都会发生自然选择。

时至今日,在自然界存在自然选择,并且是生物演化的一个重要驱动力,已经是不争的事实。而在达尔文提出这一学说时,它却是一个惊世骇俗的思想。根据达尔文的论述,演化的动因完全是自然的,与上帝无关。这无疑是在生物学领域废黜了上帝的作用。

11.2.5 趋同演化彰显自然选择的巨大作用

两种亲缘关系很远的物种有时会具有非常相似的外观和行为,这种相似性不是由它们之间的同源性造成的,而是由于它们在各自的演化过程中有相似的演化趋势。这种现象称为趋同演化(convergent evolution)。

澳大利亚的有袋类动物和分布于其他大洲的有胎盘类动物在有性生殖方面存在显著的不同。有袋类动物一般没有胎盘，怀孕期很短，幼崽在发育尚不完全时出生，随即进入母体育儿袋继续发育。有胎盘动物具有胎盘，幼崽出生时发育已比较完全，能自己吮吸乳汁。这表明，所有的有袋类动物有一个没有胎盘而有育儿袋的共同祖先，所有的有胎盘动物则有一个具有胎盘的共同祖先。

在晚白垩纪，有袋类动物分布于全球各大洲。这时，澳大利亚仍和南极洲相连，并已和其他洲相分离。在这以后，在亚欧大陆演化出更适应环境的有胎盘动物，而有袋类在亚欧大陆走向灭绝。由于海洋阻隔，有胎盘动物没有到达澳大利亚-南极洲。到了第三纪，南极洲和澳大利亚分离，南极洲的有袋类灭绝，澳大利亚向北漂移，成为有袋类动物的唯一家园。这些都说明有袋类动物和有胎盘动物，早在6 000万年以前已经彼此分离，分道扬镳了。

有些生物分别属于有袋类动物和有胎盘动物，它们却有着非常相似的外观、行为和习性。例如，澳大利亚的袋食蚁兽（*Myrmecobius*）是有袋类动物，南美洲的食蚁兽（anteater）是有胎盘动物，两者却具有相似的外观和行为：它们都以蚁类及其他昆虫为食；它们的头部细长，吻呈管状，舌细长且伸缩自如。澳大利亚的袋鼯（*Petaurus*）和分布于旧大陆的鼯鼠（flying squirrel）很相似，它们都是树栖的，前后肢之间有飞膜能用以滑翔。袋鼹（*Notoryetes*）和鼹鼠（*Talpa*）都善于掘土并在地下取食，它们躯体矮胖，肢短，眼小，前肢特别有力。袋狼（*Thylacinus*）和狼（*Canis*）也很相似，都是善于奔跑的食肉动物。袋狼除了身上有平行的条纹之外，其外观和行为简直就是狼的翻版（图11.12）。

那么，这种相似性是怎样产生的呢？一个重要的事实是，虽说海洋把澳大利亚和其他各大洲分离开来，但是它们之间并不缺少相似的可供动物栖息的环境。在这里不仅生态因子是相似的，而且有关动物所占据

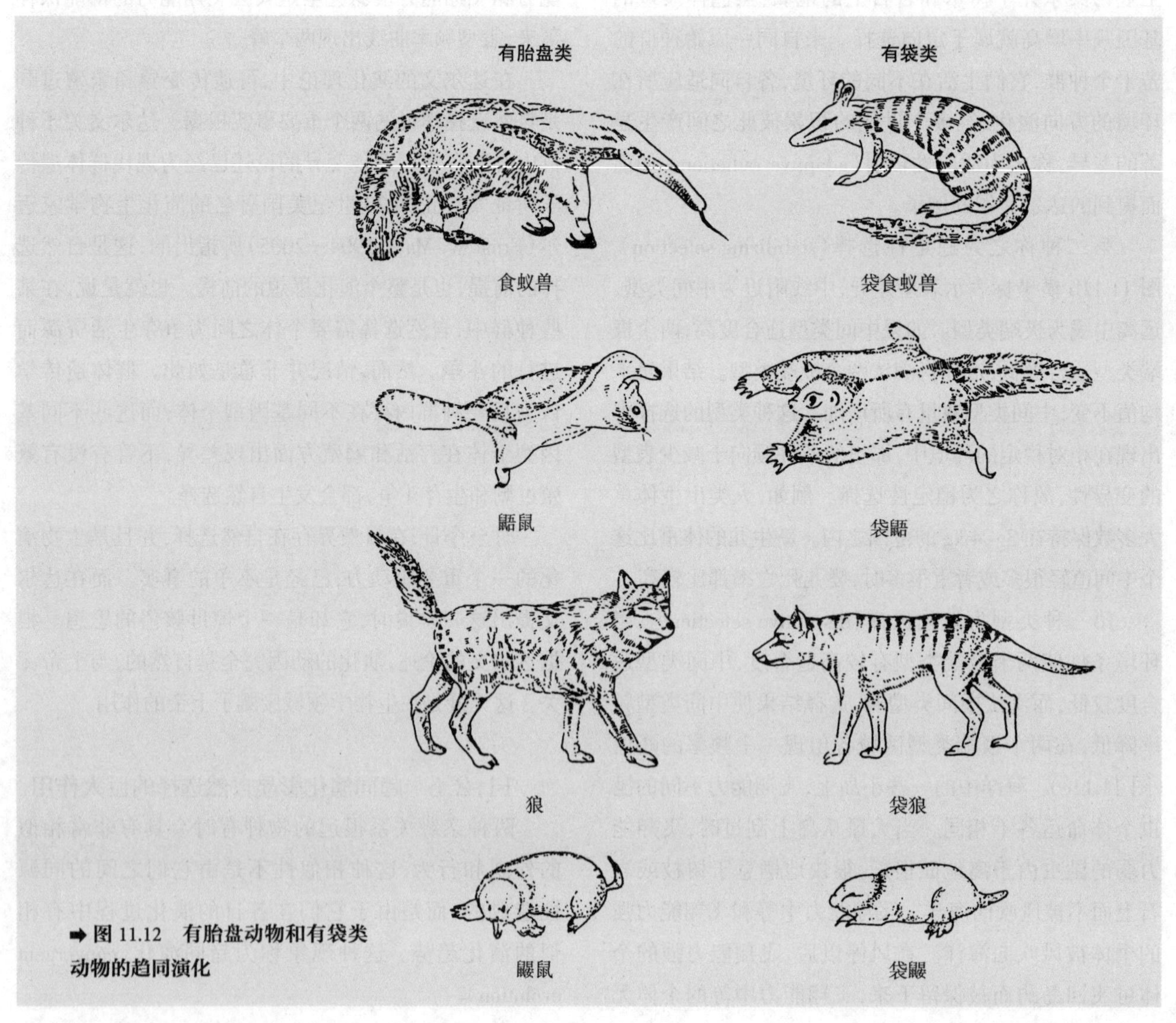

➡图11.12　有胎盘动物和有袋类动物的趋同演化

的生态位也是相似的，就是说在它们与食物、天敌和其他生物的关系上也是相似的。自然选择的作用就在于，使物种能愈益适应它所处的环境。亲缘关系较远的动物，生活在相似的环境条件下，自然选择的作用可以使它们形成相似的适应性。譬如说，某种动物在地下取食，并因此而生存和繁衍得更好，自然选择将导致它弱化的视力、有力的前肢、适宜于掘土的爪子等特征被选择下来，不管是有袋类动物，还是有胎盘动物都是如此。趋同演化彰显了自然选择的巨大作用。

平行演化（parallel evolution）则是指由亲缘关系很近的物种独立演化出相似的特征。将在 12.2.2 节中提到的非洲丽鱼就是平行演化的著名例子。

11.2.6 自然选择与复杂器官的演化

脊椎动物和章鱼、枪乌贼等软体动物的眼是一个复杂的感觉器官。光线从角膜进入眼，经过晶状体这个可调节的聚焦透镜，在视网膜上形成影像。神经系统把光的信息传入脑中，形成视觉。如此复杂的摄像眼是演化的产物吗？复杂而完善的眼是从简单又不够完善的眼，由于突变和自然选择的作用，逐步演化而成的吗？有人认为在摄像眼中，只有当角膜、晶状体、视网膜等一起工作才能产生影像，从而断言一个简单的眼不可能借助自然选择的作用逐步演变为复杂的摄像眼。

事实上，在动物界存在着多种多样的、复杂和完善程度各不相同的眼，它们都有一定的感光功能，并且对有关动物都是有用的。生物学家将各种眼串联起来，提出了从最简单的眼到摄像眼的一步步复杂化、完善化的序列。

如图 11.13 所示，(a)在扁形动物三角涡虫（planarian）的头部，可以看到具有感光能力的色素细胞汇集排列成片。这是多细胞动物最简单的眼，可看成眼演化的起点。(b)在软体动物帽贝（limpet）那里，成片色素细胞内陷成杯状。由于单位面积上聚集的色素细胞增多，感光能力增强；又由于杯状眼有一定深度，眼不仅能感受光的强度，而且能感受到光进入眼的方向。(c)软体动物鹦鹉螺（*Nautilus*）杯状眼的上口收窄，形成针孔暗箱眼。同时，水进入眼腔。按小孔成像原理，外部景象可通过针孔暗箱在视网膜上生成映像。(d)再进一步，眼腔中的水为细胞液所取代，使视网膜得到更好的保护。(e)在环节动物沙蚕（*Nereis*）中，一种薄膜即透明的皮肤（角膜）覆盖眼的表面，增加对眼的保护；同时，

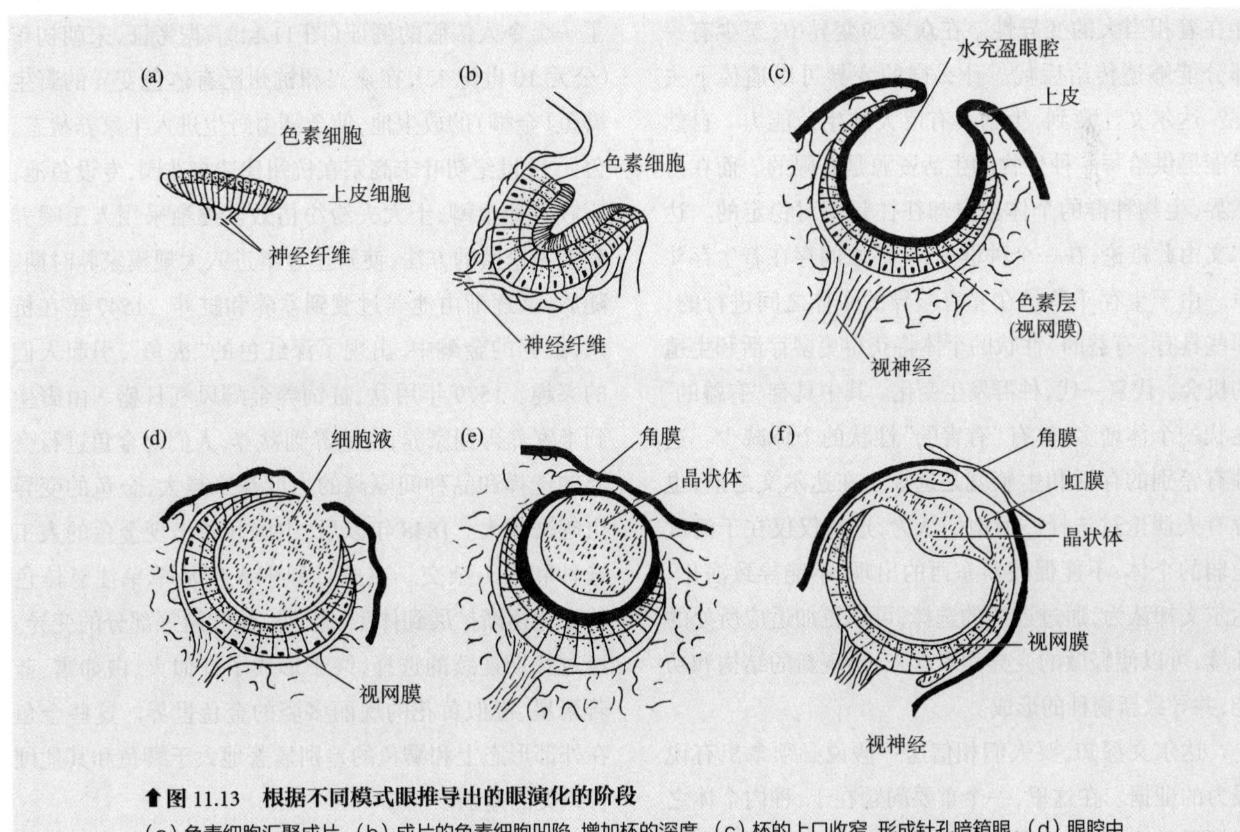

⬆图 11.13 根据不同模式眼推导出的眼演化的阶段

(a) 色素细胞汇聚成片。(b) 成片的色素细胞凹陷，增加杯的深度。(c) 杯的上口收窄，形成针孔暗箱眼。(d) 眼腔中的水为细胞液所取代。(e) 形成角膜和晶状体。(f) 可调节焦距的摄像眼。

眼腔中的部分细胞液凝结成晶状体，用以聚焦光线。(f)在软体动物头足纲的一些动物如乌贼(cuttlefish)、章鱼(octopus)的眼中，晶状体和虹膜与肌肉相连，从而可以对之进行调节，这已经是比较完善的摄像眼了。

上述序列中的每一步都是可行的。这是因为每一步都只是一个相对小的变异，然而每一步都能让眼采集到更多的光线或者形成更清晰的影像。这些对生物的生存和生殖都是有利的。因此，每一步所发生的有利于视觉功能的变异，都能为自然选择所保留。每一步是如此，整个序列也是如此。只要保持一定的环境压力，经过一定的时间历程，借助突变和自然选择的力量，就可以使一块色素细胞组成的斑点，逐步演化成复杂的摄像眼。由此可见，像眼这样的复杂器官的演变并没有对演化论构成威胁，我们在这里看到的是自然选择的巨大效应。

11.2.7 人工选择

如上所述，在达尔文提出自然选择学说时，自然选择还只是达尔文根据若干生物界普遍存在的事实所做出的推论。

达尔文根据观察提出，自然界没有两个生物个体是完全一样的。种群是由同种个体组成的。在种群中存在着相当大的变异性。在众多的变异中，至少有一部分能够遗传给后代。什么样的变异可以遗传下去呢？达尔文注意到，生物具有巨大的生殖能力。自然界能提供给每一种生物的生活资源是有限的。而在自然界，生物种群的个体数量却往往是相对稳定的。达尔文由此推论，在一个种群中，个体之间存在着生存斗争。由于生存斗争是在互有差异的个体之间进行的，那些具有“有益的”性状的个体将获得更多存活和生殖的机会。代复一代，种群发生变化。其中具有“有益的”性状的个体增多，具有“有害的”性状的个体减少。这种有差别的存活和生殖就是选择。在达尔文之前，也曾有人谈论过选择。但他们认为，选择仅仅在于淘汰脆弱的个体，不能促使新东西的出现，不能导致演化。达尔文却认为，通过连续的选择，可以更加适应所处的环境，可以使轻微的变异积累起来，出现新的结构和功能，并导致新物种的形成。

达尔文深知，要人们相信这一假说必须拿出有说服力的证据。在这里，一个重要问题在于，种内个体之间轻微的变异，能不能以及怎样才能够变成变种之间乃至物种之间的显著的变异。自然界中的演化太缓慢了，达尔文把目光投向动物和植物培育者的活动。他认为，人工选择(artificial selection)和自然选择极为相似，人们可以从这里观察到选择的效应，而且人工选择的例子更容易让大众理解和接受。

在家养动物和栽培植物的培育中，人们根据经济的或观赏的要求，选择那种具有目标性状的个体作为亲本来繁育后代。经过连续的选择，培育对象发生巨大变化，以至于和它们作为祖先的野生物种很少相似。由于选择目标的不同，在家养动物和栽培植物的不同品种间，也表现出巨大的差异。达尔文曾收集并研究多种鸽的品种。达尔文认为，如果把它们拿给鸟类学家去看，并且告诉他，这些都是野鸟，他一定会把它们列为界限分明的物种(见本章章首图)。

金鱼是起源于我国的著名观赏鱼类。金鱼和鲫鱼的染色体数目是相同的，它们的二倍体染色体数都是100条($2n = 100$)。实验证明，无论哪一种金鱼都能够和野生的鲫鱼交配，其后代具有正常生殖能力。尽管金鱼在体色、体型、眼、鼻、鳍和鳞等方面都发生了显著的变异，但它和鲫鱼仍属于同一物种：*Carassius auratus*。这些事实也证明了野生鲫鱼是现代金鱼的祖先。

我国学者陈桢(1894—1957)追溯了鲫鱼在家养条件下演变成金鱼的历史，为说明人工选择的效应提供了一个令人信服的例证(图 11.14)。据考证，宋朝初年(公元 10 世纪末)，在嘉兴和杭州已有体色变异的野生鲫鱼(金鲫)的放生池，使金鲫由野生进入半家养状态。公元 12 世纪初叶宋高宗在杭州建造御花园，专设鱼池，广收各地金鲫，士大夫纷纷仿效。逐渐采用人工喂养和人工繁殖的方法，使野生金鲫进入大规模家养时期。随后，又逐渐由池养过渡到盆养和缸养。1547 年在杭州，缸养的金鲫中，出现了深红色的“火鱼”，引起人们的兴趣。1579 年用盆、缸饲养金鲫风气日盛。由野生到半家养再到家养，由池养到盆养，人们对金鱼进行变异的选择和品种间隔离的力度越来越大，金鱼的变异也越来越大。1848 年以后，中国开始出现金鱼的人工选种和人工杂交。在此过程中人们从单单注意体色的变化逐渐扩展到体型、眼、鼻、鳍和鳞等部分的变异。经过长期连续的选择，终于形成了红似火、白如雪、蓝若繁星、橙似黄花的瑰丽多姿的金鱼世界。这些金鱼在外部形态上和鲫鱼的差别显著地大于鲫鱼和其他硬骨鱼类的差别。

达尔文将自然选择学说看成是人工选择原理在自然界的应用。他认为，由于家养生物普遍具有变异，而

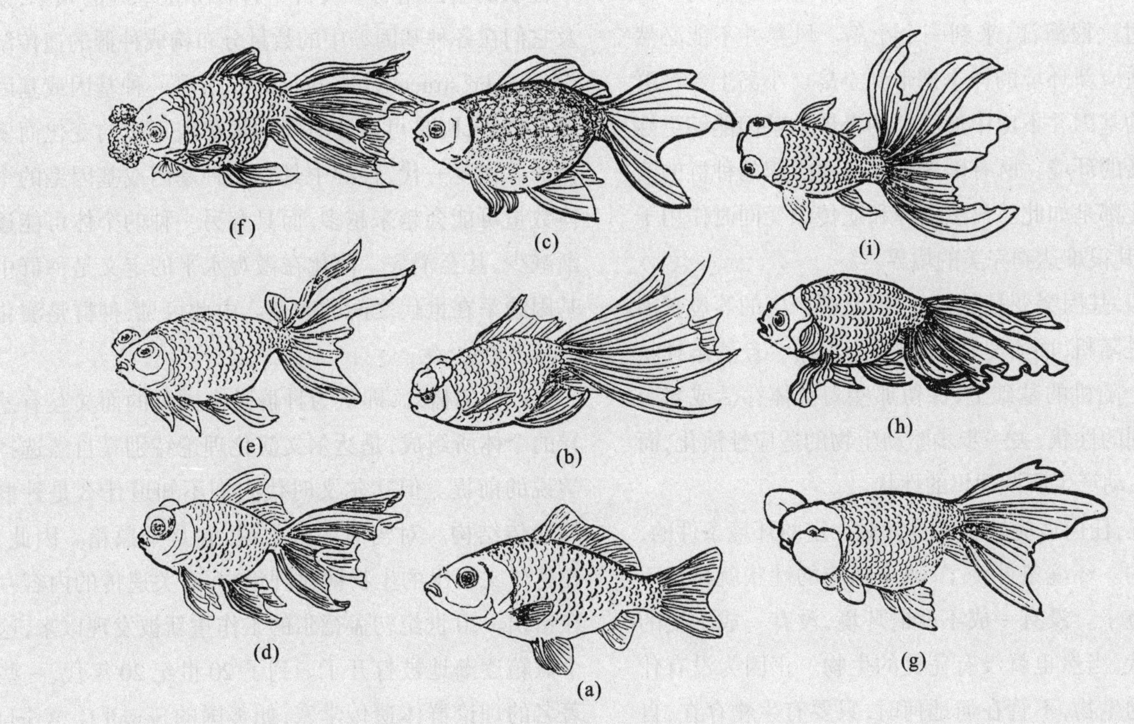

⬆图 11.14 人工选择：几种观赏金鱼及其近祖金鲫鱼（引自张瑞清，1985）

(a) 金鲫鱼，金鱼较近的野生祖先。(b) 鹅头鱼。(c) 珍珠鱼。(d) 龙睛鱼。(e) 望天鱼。(f) 绒球鱼。(g) 水泡眼。(h) 翻鳃鱼。(i) 蛙头鱼。(b、c 为丹凤鱼系，d、e、f 为龙睛鱼系，g、h、i 为蛋形鱼系。)

且很多变异是可以遗传的，那么人们根据自己的嗜好，把某些比较符合要求的变异挑选出来，让它们传留后代，把其他变异淘汰掉，久而久之，经过累积过程，微小变异就可以变成显著变异，成为能满足人们某种需要的品种。自然界的生物也普遍存在轻微变异和个体差异，许多变异也是有遗传倾向的，自然选择也在每一个世代中挑选用来繁殖传代的个体，而淘汰掉其他个体。经过长时间反复的选择，在自然界也会出现类似人工选择那样的效应：微小变异积累成显著变异。生物因此变得更加适应其生存的环境。

11.2.8 自然选择与造就完美生物的可能性

自然选择可以使生物群体适应它所处的环境。如前所述，在一定的环境压力下，突变和自然选择可以使一个简单的眼的前体，经过一系列漫长的变化过程，演变成摄像眼那样的复杂器官。自然选择的作用不可谓不大。那么，有没有一种生物在适应环境方面能做到尽善尽美呢？自然选择能造就这种完美的生物吗？我们的答案是否定的。

第一，任何一种生物都是长期演化的产物，在漫长的演化过程中逐渐形成的结构，作为遗产被传承下来，自然选择不能清除掉祖先的解剖结构从零开始，建造新的适应性。它只能在原有结构的基础上，经过可能的修饰，产生新的功能，以适应新的环境、新的功能。这种适应必然受到原有结构的局限，常常是不充分的。例如，大熊猫现在主要以竹子为食物，但它的肠很短，并不适合吃竹子。这是由于它们的祖先是食肉的，后来由于冰川作用，气候发生大的变化，大熊猫只残存在我国四川、秦岭一带。这些地方生长着大量的竹子，却很难找到活的猎物。大熊猫只有改吃竹子才能生存下去，但它仍然保留了食肉动物那种短的肠道系统。

第二，生物的器官常常具有多种功能，它不可能专门适应某一种功能，而不顾及其他，但又不可能面面俱到。例如，海豹的鳍肢主要用于游泳，也用来在陆地爬行。鳍肢对游泳是比较适应的，对爬行则是勉强可行的和笨拙的。假如用正常的肢体来代替鳍肢，爬行的功能将得到改善，游泳的功能就会下降。由于海豹靠游泳获取食物，这样反而不利于海豹的生存。一种器官的两种功能不可能同时达到某种理想状态，可以达到的仅是它们之间的某种折中，以做到在总体上利多弊少。

第三，自然选择固然可以影响种群的遗传结构，而偶然因素对遗传结构的影响比我们想象的要大，后者并不能提高种群的适应性。例如,暴风雨来临,将一群昆虫吹过一段海洋,来到一个小岛。风暴并不能必然地把最适应新环境的样本携带到小岛。小岛上新种群奠基者的基因并不比中途丢掉的个体的基因能够更好地适应新的环境。所有因遗传漂变而引起的种群的演化性变化都是如此。自然选择和遗传漂变同时作用于种群,使其很难达到完美的境界。

第四,基因突变是随机的,因此新产生的等位基因的变异是随机,而不是按"需要"产生的。自然选择只能在这个随机的基础上,保留那些对个体存活或繁殖相对有利的性状,去一步步驱动生物的适应性演化,而不是去主动产生所谓理想的性状。

第五,任何适应性状都是针对一定的环境条件的,是相对的。环境条件变了,原来适应的性状就显得不那么适应了。没有一成不变的环境,没有一成不变的适应性状,当然也就没有完美的生物。正因为没有什么完美的生物,不管在何地何时,只要有生物存在,自然选择就会发挥作用。

11.3 微演化与中性理论

现代演化生物学将生物演化区分为微演化(microevolution)和宏演化(macroevolution)。微演化是指物种以下水平,随时间的推移,种群遗传结构发生的变化。这类变化可能是新物种产生的前兆。实验室的试验(如对模式生物所作的实验研究)和野外考察(如对曼彻斯特地区桦尺蛾体色的观察研究)都证实了微演化的存在。宏演化是研究物种及物种以上的分类群是如何演变的。它的证据通常来自化石记录以及为重构生物之间的关系而进行表型性状或 DNA/氨基酸序列比较分析。

11.3.1 种群是微演化的基本单位

一群在特定时间和空间、能互相交配产生可育后代的个体组成种群(population)。生物个体的生命周期是有限的,个体死亡,其携带的基因就消失了,因此个体不是演化的单位。种群则不然,种群是可以一代一代延续下去。种群中全部个体携带的基因总和称为基因库(gene pool)。一个基因座上不同等位基因在种群中的频率称为等位基因频率(allele frequency),常称为基因频率(gene frequency);基因型(genotype)是一个生物全部基因组合的总称,在遗传学中,往往是指决定某个性状的基因组合。种群中各种等位基因的频率,以及它们在各种基因型中的数量分布构成种群的遗传结构(genetic structure of population)。哪一种基因或基因型占优势,则是可以随时间的推移或环境的变化而变化的。代复一代,种群中具有某种基因或基因型的个体数量可能会越来越多,而具有另一种的个体可能逐渐减少,甚至消失。演化在微观水平的定义是种群中基因频率在世代之间的改变。由此可见,种群是演化的基本单位。

种群的概念,即认为种群是由同种的而又互有差异的个体所组成,是达尔文演化理论特别是自然选择学说的前提。但达尔文时代人们不知道什么是种群的遗传结构。对当时的人来说,它是个黑箱。因此,在达尔文提出的生物演化理论中,有关遗传的内容存在错误。20 世纪初孟德尔的工作重新被发现以来,这个黑箱逐渐地被打开了。到了 20 世纪 20 年代,一些著名的理论群体遗传学家,如美国的 Sewall G. Wright(1889—1988),英国的 Ronald A. Fisher(1890—1962)和 John B. S. Haldane(1892—1964)以孟德尔的遗传定律为基础,将统计学应用于遗传学,对一些驱动演化的因素进行量化分析,创建了群体遗传学,并将演化论和遗传学结合了起来。在一批优秀的群体遗传学家和演化生物学家的共同努力下,现代综合演化论(the modern synthesis evolution)形成了,它继承了达尔文理论的主要框架,纠正了其中有关遗传方面的错误内容,并从群体遗传结构的角度给予了新的诠释。

11.3.2 遗传变异与演化

在自然种群中,不仅储存有大量的变异,而且能将这些变异进行重组。在有性生殖过程中,通过以下三个环节实现遗传重组:一是减数分裂中同源染色体的独立分配,二是减数分裂中非姐妹染色单体的交换,三是精子和卵的随机结合。原先在不同个体中的两个同源染色体上的等位基因,都有可能在有性生殖过程中重组在一个新的个体上。如果不考虑复等位基因,一对等位基因(A、a)经重组可形成 3 种基因型:AA、Aa、aa。两对等位基因(A、a、B、b),可以形成 9 种(即 3^2)不同的基因型:$AABB$、$AABb$、$AAbb$、$AaBB$、$AaBb$、$Aabb$、$aaBB$、$aaBb$、$aabb$。总的基因型数是 3^n,n 是具有一对等位基因的座位数。由于在自然种群中,有一对或一对以上等位基因的基因座位数以千计,可能形成的基因型的数目将是一个天文数字。由此,我们不难理解,每个生物个体在遗传上都是独特的。

我们来看看如何从遗传学和选择的角度来解释上节中提到的海洋鬣鳞蜥的演化。从来自南美大陆的陆生鬣鳞蜥演变成海洋鬣鳞蜥，这些适应海底取食的表型性状的基因，可能在原始群体中已经存在，也可能是在演变过程中经突变而产生的。无论哪一种情况，开始时，它们的基因频率是很低的，往往为不同的个体所携带。如何才能将这些基因稳定地整合到同一个体上呢？那就只有在许多世代中持续发生重组与选择的交替才可能做到这一点。演化生物学家迈尔指出，选择是含有两个阶段的过程。第一阶段是产生无限的新的变异，即产生新的基因型和表型。在这里，主要是通过遗传重组而不是突变。第二个阶段是考验第一阶段产生的产物。只有能够通过严格考验的个体才能变成下一代基因的贡献者。在自然选择过程中，两个阶段往复交替地进行，不仅使有利性状的基因的频率逐代增大，而且使原先分别为不同个体所具有的有利变异，通过重组整合到一个新的个体上，形成新的遗传组合。每一轮选择和重组的往复都为更好地形成新的遗传组合提供了新的起点和新的机会。有了新的遗传组合，就可能有新的多种有利性状的综合、新的适应机制的出现，演化中新的东西因此脱颖而出。迈尔指出，遗传重组和选择的往复实际上就是一种创造作用。

一个物种的遗传多样性是指这个物种所有个体携带遗传变异的总和。多种基因型及与之对应的多种表型，能分别适应可能遇到的多种环境条件，这在整体上对物种的生存和延续是有利的。物种的遗传多样性受很多因素影响，有内部的，也有外部的。对一些濒危物种来说，由于经历了严酷的环境剧变，大量个体死亡，种群的遗传多样性大为衰减。例如，猎豹（*Acinonyx jubatus*）现在仅仅在东非、南非和伊朗北部各有一个很小的群体。东非群体的基因座位只有 1.4% 是杂合的，与其他猫科动物相比是一个非常低的数字。南非群体仅仅有 0.04% 的基因座位是杂合的。这是一个很极端的例子，它不仅远低于人类和狗的平均杂合度（图 11.15），甚至低于某些实验鼠的高度自交的品系。失去栖息地是导致猎豹濒危的重要因素，而在遗传上如此小的变异性对这个物种的生存和延续也是十分危险的。

11.3.3 正、负选择压

多数基因对表型会产生不同的效应。若一个特定基因的某些效应，对生物体的生存和生殖是有利的，则

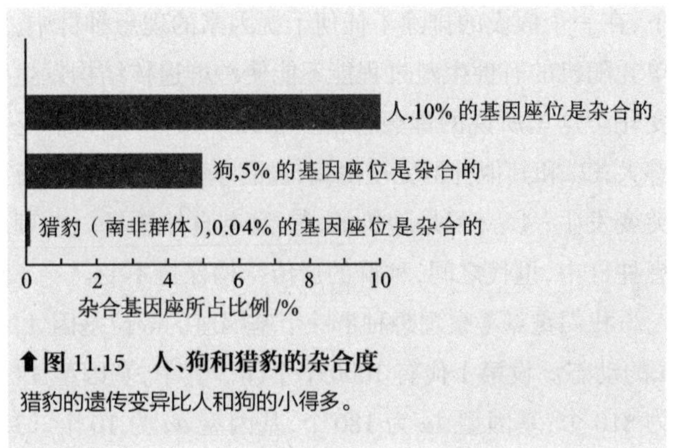

⬆图 11.15 人、狗和猎豹的杂合度
猎豹的遗传变异比人和狗的小得多。

它所发挥的影响是正面的，将之称为正选择压（positive selection pressure）；而另外的一些效应是不利的，则称之为负选择压（negative selection pressure）。一个特定基因的频率在世代之间是增加还是减低取决于它的正选择压之和是大于还是小于负选择压之和。

雄鸭的羽毛有美羽和素羽之分，设定一对等位基因 *Bb* 控制雄鸭的羽毛性状，*B* 决定美羽，*b* 决定素羽。美羽雄鸭羽毛艳丽易为天敌发现，为天敌掠食，而素羽雄鸭不易为天敌发现，有利于躲避天敌的掠食：就这一点而言，基因 *B* 具有负选择压，基因 *b* 具有正选择压。同时，美羽有利于雌鸭的识别，避免与近似鸭种错交，使生殖失败，而素羽不利于雌鸭的识别，与近似鸭种错交的机会增大：在这一点上，基因 *B* 具有正选择压，而基因 *b* 具有负选择压。

种群的基因频率沿着什么方向发展和环境条件有很大的关系。在近似鸭种多而天敌少的地区，基因 *B* 的正选择压大于负选择压，基因 *b* 的正选择压小于负选择压，基因 *B* 对基因 *b* 具有选择优势，*B* 的基因频率增加，*b* 的基因频率减少。在近似鸭种少而天敌多的地区，基因 *b* 对基因 *B* 具有选择优势。*b* 的基因频率增加，*B* 的基因频率减少。在食物比较丰富，近似鸭种少，天敌也少的地区，*B* 和 *b* 的正、负选择压均减弱，它们之间没有明显的选择优势，这时种群的多样性增加。当食物比较贫乏，没有近似鸭种，而天敌数量剧增时，选择压加大，只有基因型 *bb* 能生存而被保留下来，这将使群体多样性减少，并向特化的方向发展，即定向选择。在自然界，正负选择压是相对的，与当时的环境密切相关，其中一个压力的增加和另一个的减弱往往是交替发生的。

11.3.4 理想种群的哈迪－温伯格平衡

为了探讨种群遗传结构变化规律，我们先考察一

下，在一个假设的排除了任何干扰因素的理想种群中，单凭随机的有性生殖过程能不能使种群遗传结构发生变化。这里所说的理想种群具备以下条件：①种群足够大；② 和其他种群完全隔离，没有基因交流；③ 没有突变发生；④ 交配是随机的；⑤ 没有自然选择。在理想种群中，世代之间，种群的遗传结构保持不变。

我们重点考察理想种群一个基因座的等位基因 A、a 的动态。设第 1 代有 1000 个个体。其中，基因型 AA 为 810 个，基因型 Aa 为 180 个，基因型 aa 为 10 个。3 个基因型的频率是：AA 为 $810/1000=0.81$，Aa 为 0.18，aa 为 0.01。根据基因型频率，可以计算出等位基因频率。在二倍体有机体中，每个基因座有 2 个同源基因，该种群的每个基因座上共有 2000 个同源基因。我们将基因型 AA 个体数乘以 2 即 $810\times 2=1620$，加上基因型 Aa 个体数 180，就是等位基因 A 的数目，$1620+180=1800$。等位基因 A 的频率，用字母 p 代表，$p=1800/2000=0.9$。同理，等位基因 a，其频率用字母 q 代表，为 0.1。

当第 1 代个体形成配子时，由于所有的个体获得生殖成功的机会是相等的，配子中两个等位基因的频率和亲本种群中的频率应该是相同的，即基因 A 的频率为 0.9，a 为 0.1。当雌雄配子结合产生合子时，由于交配是随机的，在第二代中，产生基因型 AA 个体，即从雌、雄配子库中各取一个等位基因 A 的概率为 $p\times p=0.81$。因而，基因型 AA 的频率即为 81%。同理，基因型 aa 的频率 $q\times q=0.01$。产生杂合的基因型 Aa 有两个途径：携带 A 的卵子和携带 a 的精子结合，或者携带 a 的卵子和携带 A 的精子结合。所以基因型 Aa 的频率为 $2pq=0.18$。3 种基因型的频率的总和应为 1，因而：

$$\underset{AA\text{ 频率}}{p^2} + \underset{Aa\text{ 频率}}{2pq} + \underset{aa\text{ 频率}}{q^2} = 1$$

如果一个种群能满足上述公式的要求，即基因型 AA 频率为 p^2、Aa 为 $2pq$、aa 为 q^2，则第 2 代的等位基因频率和第 1 代相同。设第 2 代等位基因 A 和 a 的频率分别为 p' 和 q'，则有：

$$p'=p^2+pq=p^2+p(1-p)=p^2+p-p^2=p$$

理想种群从一个世代到下一个世代遗传结构不变，说明了如果没有其他因素作用，单凭有性生殖过程不能导致种群遗传结构发生变化。不管经过多少代，在有性生殖过程中，等位基因随机地被分配到不同配子，经过受精作用又被结合到不同基因型中，等位基因的频率保持稳定。种群处于这种状态，称为哈迪－温伯格平衡（Hardy-Weinberg equilibrium）。上面的公式则被称为哈迪－温伯格平衡公式。

11.3.5　5 种因素导致种群遗传结构的变化

在理想种群必须具备的 5 个条件中，任何一个发生了偏离都会打破平衡，都能引起种群遗传结构的变化。与这 5 个条件相对应的有 5 种导致种群遗传结构发生变化的因素。这些因素是：遗传漂变、基因流、突变、非随机交配和自然选择。

遗传漂变（genetic drift）是指基因频率在小种群里随机增减的现象。在一个大的种群中，个体数量很大，极少数个体，由于偶然的原因从种群中消失，不会引起基因频率发生较大的波动，其影响可以忽略不计。如果种群很小，小到只有 100 或更少的个体时，种群遗传结构将会产生漂移。

例如，从一个种群分出少量个体迁徙到新的地方形成新的种群，所有基因都来自少数个体，新种群的遗传结构往往和原种群有显著差异。美国宾夕法尼亚州有一个被称为 Dunkers 的人群，他们从德国的黑森（Hesse）州迁来。他们遵奉的宗教不允许和外族人婚配，从而构成了一个隔离的交配群体。研究者调查了 Dunkers 人的体质特征，诸如 ABO、Rh 和 MN 血型，左利手或右利手等，发现 Dunkers 人某些基因的频率既和现在黑森州的人不同，也和周围的美国人相异。例如，Dunkers 人的 M 血型等位基因频率比黑森州人和当地美国人的要高，而他们的 N 血型等位基因频率又比黑森州人和当地美国人低。研究者认为这是由于从黑森州迁来的人数较少，而这些人所携带的 M 和 N 等位基因频率偏离了原种群中的基因频率。

同一物种的不同种群之间的遗传隔离往往是不完全的，存在程度不同的基因流动，称为基因流（gene flow）。基因从一个种群到另一个种群，既能被可移动的生物个体（包括植物的种子）所携带，也能被可移动的配子（如花粉粒中的精细胞）所携带。由于诸多因素，迁入者不一定能在繁殖上取得成功，因此，遗传上有效的移动者往往比实际上的移动者在数量上要小得多。单向的迁出，造成基因的流失；单向的迁入，引入外来基因：二者都会使种群遗传结构发生变动。种群之间双向迁移，即种群间互有迁出和迁入，会引起种群间遗传差异的减少，产生两个种群的遗传结构均一化的效果。

突变（mutation）是驱动演化的又一个因素。突变有两种主要类型:一类是单个基因的突变。基因组单个碱基的替换,造成单核苷酸多态性(single nucleotide polymorphism,SNP),如果发生在某一基因内,则可形成基因突变。另外,单个碱基或少数几个碱基的插入或缺失(insertion/deletion,简称 indel),或整个基因的重复或丢失(gene duplication or loss),都可带来基因突变。另一类是染色体水平的突变,如染色体片段(大片段 DNA)的插入或缺失,染色体断裂后错接,整条染色体的重复或丢失等。基因突变产生等位基因,经过有性生殖过程产生各种基因组合。基因突变还可以产生复等位基因,它的广泛存在进一步丰富了生物的多样性。

基因的突变率一般是很低的。就一个基因座位而言,平均 $10^5 \sim 10^6$ 个配子中有一个发生突变。在一个大的种群中,短期内基因突变很难显著地改变基因频率。但突变加上基因漂变或自然选择的作用,突变基因可以迅速地增大它在种群中的频率。农业害虫、病原菌以及危害人体的原生生物(如疟原虫)对杀虫剂或抗生素的抗性演化就是一例(图 11.16)。当一种新的杀虫剂或抗生素第一次使用时,很少剂量能将几乎所有个体杀死,但会有极少数个体保留下来。保留下来个体可能具有抗性基因。这种抗性基因往往是一种突变形式,在正常条件下是不利于含有这个基因的个体生存或繁殖的,所以在原来的种群中以非常低的频率存在。但当施用杀虫剂或抗生素后,大多数没有抗性基因的个体被杀死,而拥有抗性基因的个体,阻止了药物的毒杀,因而得以继续生存和繁衍。杀虫剂或抗生素使用的浓度越大、范围越广,害虫或病原菌产生抗性的速度就越快,在以后的世代中,敏感个体很快被抗性个体所取代,杀虫剂或抗生素将逐渐失去效力。明白了这个原理,就能理解为什么不能滥用杀虫剂或抗生素了。

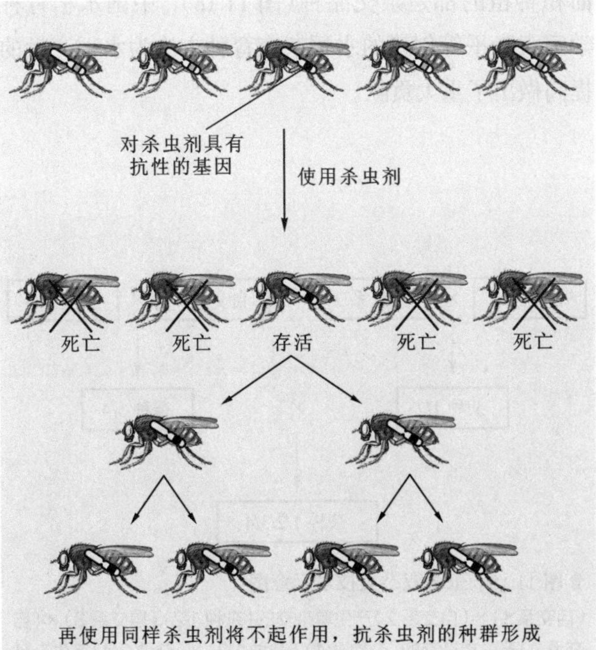

对杀虫剂具有抗性的基因

使用杀虫剂

死亡 死亡 存活 死亡 死亡

再使用同样杀虫剂将不起作用，抗杀虫剂的种群形成

⬆图 11.16 昆虫对杀虫剂抗性的演化

雌雄配子间发生非随机交配(nonrandom mating),是第 4 种能改变种群遗传结构的因素。例如,在种群中常常会出现非随机的近交、非随机的远交,或有偏好性的交配,这些都将对种群的基因型频率产生影响,这个问题将在下一节中与杂种优势问题一并进行讨论。

自然选择是导致种群的基因库变化的最重要的因素。自然选择作用的靶子是种群内遗传组成上有差异的个体。那些能较好适应环境的个体将具有较强的存活能力和繁殖能力,会留下较多的后代;那些适应性较差的个体具有较弱的存活能力和繁殖能力,留下较少的后代,从而改变下一代的基因频率和基因型频率。自然选择并不是驱动演化的唯一因素,但却是造成生物适应性的最重要的因素和过程。

从上述讨论内容我们可以看到,凡能打破哈迪－温伯格平衡的因素都是驱动演化的因素,即突变、小种群(遗传漂变)、个体在种群之间的迁移(基因流)、非随机交配、自然选择。其中自然选择是最重要的驱动力。

11.3.6 近交、远交与杂种优势

要维持一个种群的哈迪－温伯格平衡,个体之间的交配必须是随机的。然而,种群中的个体总是更多地和邻近的其他个体交配,而不是和距离较远的个体交配。在一个大的种群中,邻近的个体往往有比较密切的亲缘关系。此外,某些物种的个体总是选择在某些表型性状和自己相似的个体作为配偶(偏好性交配)。这些都助长了近交(inbreeding),即在两个亲缘关系密切的个体之间的交配。近交的最极端形式是自体受精(self-fertilization),水稻、小麦都是自交繁殖的作物。因此,在生物种群中都不同程度地存在着非随机的近交繁殖。

近交最主要的遗传效应是种群中纯合基因型增多(图 11.17),其中包括隐性纯合子增多,隐性性状因此更多地表达出来。由于隐性性状在正常环境下往往是有害的,容易在自然选择中被剔除。近交本身并没有改变基因频率。但是近交和自然选择协同作用会使隐性

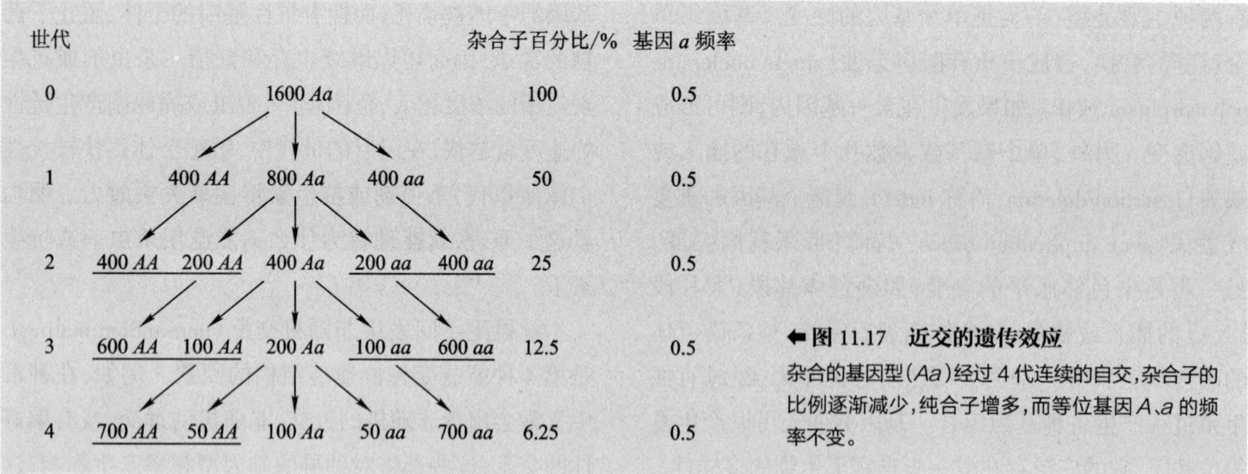

⬅图 11.17 近交的遗传效应

杂合的基因型（*Aa*）经过 4 代连续的自交，杂合子的比例逐渐减少，纯合子增多，而等位基因 *A*、*a* 的频率不变。

等位基因频率下降，这对种群基因库有有利的一面，也有不利的一面。淘汰有害的隐性基因是有利的，但它同时降低了种群的变异性和遗传多样性。不过，当环境发生了变化，这个不利因素就有可能转变成有利的。前面 11.2.3 节提到过的鬣鳞蜥，当它营陆地生活时，扁尾是一个不利性状；而当它转而要适应深海采食时，扁尾就是一个有利性状。但总体来说，基因库多样性的降低对于生物适应变化的环境是不利的。

近交，特别是以自交方式繁殖的生物，由于大量不利的隐性性状的表达，其后代往往出现衰退现象：个体生活力低下，抗逆性减低，常常出现畸形，存活率和繁殖率下降。事实上，自然界的生物采取多种方式来减少近交。例如，在蚯蚓这样雌雄同体的动物，卵巢和睾丸成熟期不同，使它们必须和其他个体交配。一些两性花植物，以自交不亲和来避免自交。如梨花的花粉粒在同一朵花的柱头上就不能萌发，从而避免了自交，这种现象称为“自交不亲和”，是由基因控制的。而水稻、小麦这些重要作物在人们对其长期驯化和培育的过程中，逐渐演化成自交繁殖的植物，但它们也有一定比例的异花授粉，基因型上完全一致的情况是很少见的。

远交（outbreeding），又称杂交（crossbreeding）是指亲缘关系较远的个体的相互交配。远交的遗传效应是增加种群的杂合性。在杂合的基因型中，隐性基因被显性基因所掩盖。杂合性增加有利于维持基因库的多样性。不仅如此，在某些基因座上，杂合基因型的有利效应甚至超过了显性纯合的基因型。一个有趣的例子是控制血红蛋白形成的基因座上的两个等位基因，*HbA* 和 *HbS*。纯合子（*HbSHbS*）会罹患镰状细胞贫血，这个病是致死的。纯合子（*HbAHbA*）和杂合子（*HbAHbS*）不会患贫血病。值得注意的是杂合子（*HbAHbS*）还对疟疾有抗性。在非洲、南亚、东南亚等疟疾流行地区，杂合子（*HbAHbS*）既不为镰状细胞贫血所累，又对疟疾有抗性，有最高的适合度：这种现象被称为平衡选择（balancing selection）。

由于杂交，大量的隐性基因被掩盖，显性基因集中地表达出来。由于某些杂合基因型有超过显性纯合基因型的有利效应，还可能有一些我们尚未认识到的原因，杂种一代在生长势、生活力、繁殖力、抗逆性、产量和品质上表现比其双亲优越，这种现象称为杂种优势（hybrid vigor/heterosis）。利用杂种优势已经成为提高农作物产量和质量的主要途径之一。一些重要的农作物，如玉米、水稻，就是采用了杂交育种的方法，很多大面积种植的都是杂交品种（图 11.18）。中国水稻育种学家袁隆平等创建的水稻杂交育种方法为水稻产量的提高做出了重大贡献。

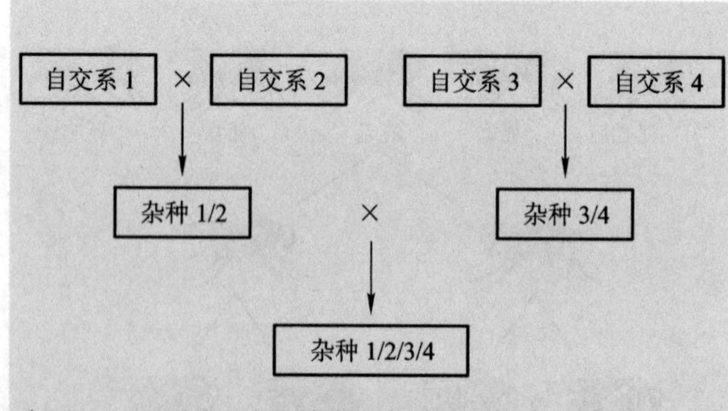

⬆图 11.18 玉米双杂交技术示意图

（自交系 1）×（自交系 2）产生单杂交的（杂种 1/2），（自交系 3）×（自交系 4）产生单杂交的（杂种 3/4），（杂种 1/2）×（杂种 3/4）产生杂种优势很强的双杂交的（杂种 1/2/3/4）并用于大田生产。

11.3.7 中性演化理论

达尔文用大量事实告诉人们，生物是不断变异的；孟德尔的实验则告诉人们生物中的变异是以怎样的规律传递给下一代的。达尔文的自然选择学说认为只有那些对生物体生存和繁殖有利的变异才会被选留下来，而且这个过程是非常漫长的。那么，在自然界的种群中，遗传变异以何种形式存在？那些被选留下来的变异都是对生物有利的吗？

20 世纪 50 年代，科学家发明了蛋白质凝胶电泳技术，用该技术人们发现在动植物的自然种群中存在大量的等位酶变异。如美国群体遗传学家 Richard C. Lewontin（1929—2021）发现果蝇自然种群中存在 12% 的杂合性，在随机选择的 18 个基因座上存在高达 30% 的多态性。日本著名群体遗传学家木村资生（Motoo Kimura，1924—1994）则推测，一个物种所有个体中存在成千上万具有多态性的基因座。等位酶由等位基因编码，也就是说，在自然种群中有大量的遗传变异。这是否能用达尔文的演化理论来解释？

木村资生从群体遗传学的角度，通过一系列假设和计算，最后提出了中性选择的理论，即种群中的基因突变是随机出现的，而最终被固定下来的大多数突变基因是由随机因素造成的，而不是自然选择的结果。也就是说，这些突变对生物体的生存和繁殖既非有利也非不利，而是中性的，因而称为中性突变（neutral mutation）；这些突变的基因在种群中的频率由突变率和遗传漂变而定，甚至与种群的大小都没有关系。木村资生的中性理论在 1968 年发表后，美国演化生物学家 Jack L. King（1934—1983）和 Thomas H. Jukes（1906—1999）在 1969 年以“Non-Darwinian Evolution”为题也提出了类似的观点，并预测遗传密码子的第 3 位最不保守（当时还没有 DNA 测序技术）。中性理论提出后，在学术界引起了很大的争论，在此过程中，日本另一位著名的群体遗传学家太田朋子（Tomoko Ohto，1933—　）提出了近中性（nearly neutral）理论，认为种群中存在大量对生物体生存或繁殖有着微小益处或害处的突变，而这些突变基因在种群中的频率与种群大小有关。现在大家都认为，太田朋子的近中性理论完善了木村资生最早提出的“严格”中性理论。

随着分子生物学和生物信息学技术的发展，人们现在已经可以对整个基因组的 DNA 序列进行测序和分析，King 和 Jukes 当初的预测已被大量基因 DNA 序列分析所证实。中性理论在分子水平的演化研究中得到了广泛的应用，该理论并没有取代达尔文的演化理论，而是从分子水平对达尔文演化理论进行了重要的补充。

思考题

1　为什么说达尔文是位伟大的博物学家？

2　为什么说种群这一概念对自然选择学说十分重要？

3　综合演化论关于适合度的定义对“生存斗争，适者生存”的提法做了哪些修正？

4　遗传学家研究一种生活在雨量不稳定地区的草本植物种群。他发现在干旱年份，具有卷曲叶子基因的植株得到很好的繁殖，而在潮湿的年份，具有平展叶子基因的植株得到很好的繁殖。这说明种群基因多样性有什么特点？它有什么意义？

5　镰状细胞贫血是由隐性等位基因引起的，大约每 500 名非洲裔美国人中有一人（0.2%）患镰状细胞贫血。在非洲裔美国人中携带镰状细胞贫血等位基因的人占百分之几？（提示：$0.002 = q^2$）

6　为什么必须将自然选择过程理解为重组与选择交替进行的过程，才能认识自然选择在创造新类型、新物种中的意义？

12

物种形成和灭绝

人工合成新物种——八倍体小黑麦(孙元枢惠赠)

图中中图为八倍体小黑麦,左边为亲本小麦,右边为亲本黑麦

正如大家所熟知的,物种是分类学上的基本单位,物种以上的分类阶元——属、科、目、纲、门、界都是不同物种的组合。物种形成(speciation)是演化生物学的一个重要研究领域。它一方面和微演化有关,因为微演化是物种形成的基础和先兆,物种形成则是微演化的延伸和发展;另一方面,它又同宏演化有关,因为宏演化的研究涉及在大的时空尺度中物种的更替,而物种的更替就包括物种的形成和物种的灭绝。物种是宏演化的基本单位。物种形成问题正处于微演化和宏演化的连接点上。

12.1 物种概念

12.1.1 什么是物种

人们可以从不同角度来界定物种。分类学家强调形态特征,生态学家强调生态属性,而演化生物学家根据有性生殖生物的遗传学特征,给出了这样一个定义:物种是互交繁殖的自然种群,一个物种和其他物种在生殖上互相隔离。实际上,早在17世纪雷(John Ray, 1627—1705)和18世纪林奈已经在分类学中应用种间生殖隔离的概念了。现代演化生物学家所做的是将物种概念放到群体遗传学的理论框架中,揭示了种间生殖隔离的意义和作用。首先,由于存在种间生殖隔离,个体之间的互交繁殖被限制在物种的范围之内。有性生殖带来的个体间基因交流,使这些个体共有一个基因库。其次,由于存在种间生殖隔离,物种作为自然种群的集合体,排除了来自其他物种的干扰,有利于保持自身基因组成的特性。最后,把物种定义为这样的自然种群,它就不仅仅是一种具有相似表型特征的最基本的生物类群,而且是自然界真实存在的单位。物种形成的一个重要课题就是探讨在原有的物种内如何产生新的生殖隔离,分化出新的物种。

生殖隔离成为有性生殖物种之间一条明确的界限。可惜它不能应用于所有情况。例如,保存在地层中已经绝灭的生命形态的分类,只能依靠化石的形态和化学分析来确定物种。两个在地理上隔离的种群,因为看起来是高度相似的而放到一个物种之中,但是要确定它们在自然界是否真的有互交繁殖的潜力,并非易事。互交繁殖的标准不能应用到完全行使无性生殖的生物中,如细菌和一些单细胞的原生生物。对于这些无性生殖的生物,我们只能将一群具有共同形态和生化性质的家系放在一个物种中。

12.1.2 生殖障碍造成物种分化

造成物种之间生殖隔离的原因是多种多样的。在生殖过程中,从亲代交配到合子发育,任何一个环节发生障碍都足以造成生殖隔离。通常将这些障碍分为合子前障碍和合子后障碍两种。

发生在合子前的障碍,其作用在于阻止物种之间的交配和受精。有多种因素导致合子前障碍。第一,不同物种在生殖时间(季节或一天的时间)上的差异阻止了彼此间的交配。例如,在同一地区,蛙属(*Rana*)的某些物种，由于繁殖期的不同而不能相互交配；分布区重叠的栾树和复羽叶栾树（*Koelreuteria bipinnata*）花期不同，前者在5—6月开花，而后者在7—9月开花，因此不能相互杂交。第二，不同物种因为生活在不同的生境中，不能相互交配。例如棕熊和北极熊在动物园是可以相互交配的，而在阿拉斯加地区，棕熊生活在树林里，北极熊生活在雪原和巨大的浮冰上，不同的生境把它们隔离开来，使它们不能相互交配。第三，一些物种彼此之间在表型上（体质和行为）的某些差异也不能相互交配。例如不同种的雄萤火虫给雌虫发出各自特有波长的闪光作为信号，雌虫仅仅对同种雄虫发出的闪光作出反应，并与之接触；玉米的花柱很长，拟假蜀黍属（*Tripsacum*）的花粉在玉米柱头上能萌发，但花粉管不能到达子房，二者不能杂交；将玉米的花柱切去一段，然后授以拟假蜀黍的花粉就能成功地克服这个障碍使杂交成功。图12.1表示舞虻的雄虫有一套特有的求偶仪式，使它只能和同种雌虫交配，而不能被其他物种的雌虫识别。这属于行为的差异造成的障碍。第四，来自两个不同物种的配子能相遇但不能融合成合子。例如，雄性和雌性海胆将精子和卵释放到海水中，但只有表面具有同一物种特有分子的精子和卵才能彼此接触、识别、融合而受精。

发生在合子后的生殖障碍都与杂种合子的命运有关。两个不同物种的配子融合成为杂种合子。第一种合子后的生殖障碍是杂种无生活力（hybrid inviability），即杂种合子不能发育，或者不能发育到性成熟而死亡。

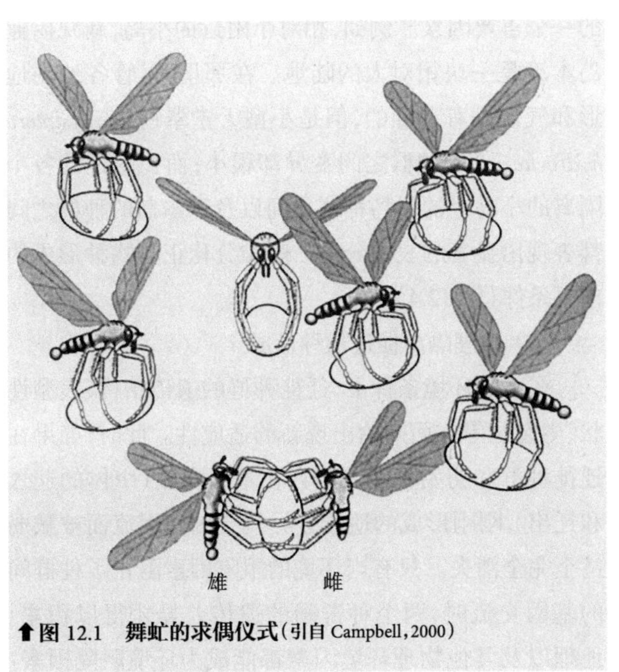

⬆图12.1 舞虻的求偶仪式（引自Campbell，2000）

牛蛙（*Rana catesbeiana*）的卵和豹蛙（*R. pipiens*）的精子能融合成合子，还能发育一段时间，但不久就死亡。第二种障碍是杂种不育性（hybrid sterility）。杂种合子能发育，个体能达到性成熟，并且是强壮的，但却是不育的。著名的例子是雌马和雄驴产生强壮的后代马骡，雌驴和雄马产生后代驴骡。而马骡和驴骡是不育的，它们之间不能交配产生下一代，也不能和马或驴杂交产生下一代，所以马和驴的基因库仍然是隔离的。第三种障碍是杂种崩溃（hybrid breakdown）。第一代杂种是能存活的而且是能育的，但当这些杂种彼此间交配或同任一亲本交配，其子代却是衰弱的或者是不育的。例如，棉属（*Gossypium*）的不同物种能杂交并产生F_1可育的后代，但在再下一代就出现崩溃：在种子阶段，杂种就死亡，或者生长出衰弱而残缺的植株。

12.1.3 在同一空间物种之间是不连续的，而在时间上它们之间是连续的

生殖隔离使物种间有了明显的界限。两个同时存在于同一地域的物种不管它们之间如何的相似，它们在遗传上不会相混。除了横向基因转移，物种与物种之间是不连续的。

在同一空间，物种之间的不连续性有着重大的生物学意义。真核生物的有性生殖带来演化上的巨大利益是通过基因重组而增大变异量，同时也使个体基因型在有性生殖情况下不能稳定地传递到后代。而物种间的不连续性却能使种群的遗传结构保持相对稳定。个体基因型的不稳定性和种群遗传结构的相对稳定，二者相辅相成：一方面使演化不会停滞，另一方面又使已获得的适应不致因种间杂交而丢失。

每一个物种都生活在一定的环境之中，从环境中获取赖以生存和繁衍后代所需要的生物和非生物的资源，和其他各种各样的生物发生一定的关系。一个物种在生态系统中所处的位置、作用和功能称为该物种的生态位（niche）。不同物种在各自的生态位上行使不同的功能，并由于它们的协同作用维持着生态系统中能量、物质和信息的有序流动，维持着生态系统的稳定性。因此，没有物种的相对稳定性也就没有生态系统的稳定性。

然而，在自然界中，物种之间的界限并非总是十分明确的。一个物种可能包含若干亚种（subspecies）或变种（variety）。一个物种位于不同区域的种群之间的变异如果大得足以把它们区别开来，这些有特色的种群称为亚种。亚种是种内的分异群。亚种之间有明显

的遗传差异，但无生殖隔离。在两个亚种分布区之间可能存在中间类型的种群，它与两个亚种种群相连接，它的个体表现为两个亚种性状特征的组合（图 12.2）。在自然界中，常常可以看到，同一物种的不同亚种在地理上呈连续的带状分布，形成分布链。

本书第 11 章介绍了达尔文的共同祖先学说。在生物巨大的多样性后面存在着高度的统一性。达尔文用比较解剖学、胚胎学、生物地理学、古生物学等方面的材料证明，每一个分类群的物种都有共同祖先。在历史上，亲缘关系的纽带将各个物种连接起来，因此，在物种之间存在着历史的或时间上的连续性。

物种之间在空间上是不连续的，在时间上是连续的（图 12.3）。建立起这个观点对认识生物物种是重要的。

东部密尔克蛇
(Lampropeltis triangulum triangulum)
逐渐过渡类型
红色密尔克蛇
(Lampropeltis triangulum syspila)
鲜红色王蛇
(Lampropeltis triangulum elapsoides)

图 12.2 密尔克蛇的地理变异

虽然亚种之间表型显著不同，它们都与中间类型的种群相连接。

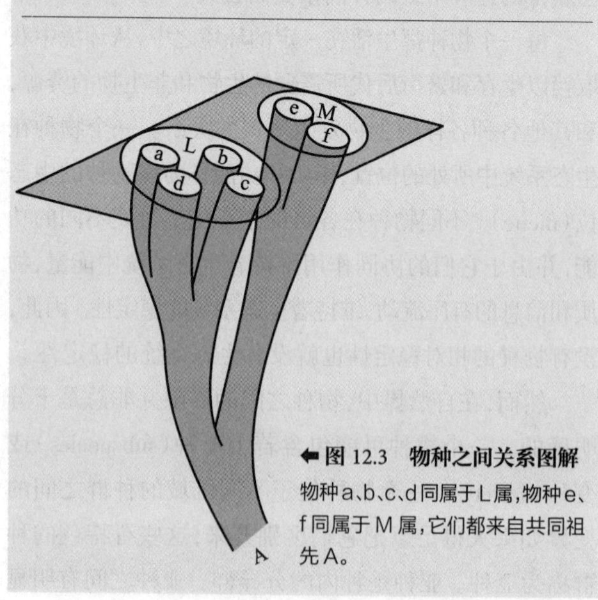

图 12.3 物种之间关系图解

物种 a、b、c、d 同属于 L 属，物种 e、f 同属于 M 属，它们都来自共同祖先 A。

12.2 物种形成的方式

12.2.1 地理隔离下的物种形成

北大西洋中的帕托桑托岛（Porto Santo）上兔子的演化就是一个例子。该岛位于马德拉岛（Medeira）附近。15 世纪时，有人将一窝欧洲家兔释放到岛上。这时岛上没有其他兔子。迁徙来的兔子迅速繁殖，处于和大陆兔子种群隔离的状态。到了 19 世纪，人们惊奇地发现，帕托桑托岛上的兔子已经和欧洲兔子有了很大不同，它们只有欧洲近亲的一半大小，更喜欢夜间活动。当它和欧洲兔子交配后，已经不能产生后代。因此，经过 400 年，迁徙到帕托桑托的兔子种群，不仅发生显著的变异，而且演化成新的物种。

按照微演化的规律，一个种群的少量个体向外迁徙形成另一个种群，由于遗传漂变，新种群的遗传结构已经与初始种群有所不同。在新的环境中，那里的气候、土壤、食物资源、捕食者和竞争者等方面与原住地不尽相同，由于自然选择的作用，迁徙种群的遗传结构朝着适应当地环境条件的方向变化。它和初始种群之间出现愈来愈大的遗传差异。这些遗传差异在表型上的表现，即为两个种群之间的性状分歧。然而，要使种群之间的遗传差异发展成为物种之间的遗传差异，需要一定程度的遗传差异的积累，而隔离则是这种差异有效积累的一个重要条件。

事实证明，地理隔离是推动形成种群间表型分化的一个重要因素。例如，相对于附近的小岛，新几内亚岛本岛是一块相对大的陆地。在那里，尽管各地的地形和气候是有差异的，但是小型天堂翠鸟（*Tanysiptera hydrocharis*）的种群之间变异却很小；而在附近的各个隔离的小岛上的翠鸟种群之间以及和本岛的种群之间都表现出显著的表型分化。表型分化正是物种形成的前提条件（图 12.4）。

（1）地理隔离促进物种形成

在新的环境条件下，迁徙种群的遗传结构、表型性状、生态位等方面开始出现新的适应性。此时，如果在迁徙种群和初始种群之间存在基因交流（个体的迁入和迁出），刚刚形成的遗传差异就会因基因流而被减弱甚至完全消失。只有当环境的阻隔因素阻止了种群间的基因交流时，两个种群间的遗传差异才得以积累。地理以及其他物理环境因素都能成为环境阻隔因素。

⬆图 12.4 新几内亚岛地区小型天堂翠鸟的表型分化

隔离小岛的种群有显著的差异，它们在尾羽的结构、长度，羽毛的颜色，喙的大小上均有不同；而在本岛上的翠鸟只有较小的差别。

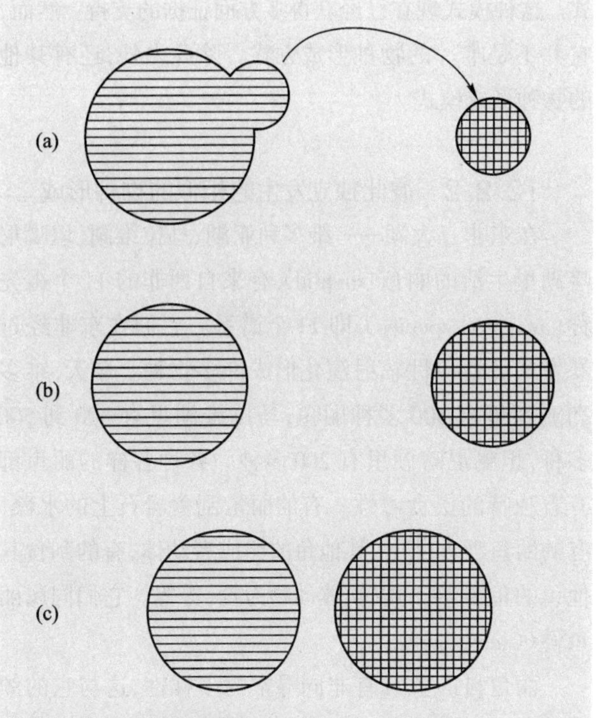

⬆图 12.5 岛屿物种形成

(a) 一部分大陆个体迁移到岛屿环境，建立了一个分离的种群，由于遗传漂变，新的种群的遗传结构已经发生了变化。(b) 由于自然选择等因素的作用，分离种群的基因库发生进一步变化。(c) 当分离群体再度和亲本群体相遇，它们之间已经不能互交繁殖，一个新的物种就形成了。

对于陆生生物来说，海洋、湖泊、河流构成阻隔；对于海洋和水生生物来说，陆地是阻隔因素。在陆地上，高山、沙漠、不均匀分布的温度和盐度等有时也可以构成阻隔。

在地理及其他因素的阻隔下，新种群中适应当地环境条件的遗传变异，以及与初始种群之间的性状分歧，可能直接造成两个种群的生殖隔离。比如说，种群遗传结构的变异使繁殖季节提前或推迟，就会使两个种群产生生殖隔离。两个种群的分布区即使再重叠，也不会融为一体了（图 12.5）。

(2) 生殖隔离与自然选择

然而，在地理隔离条件下，两个种群遗传差异的积累，并不一定导致生殖隔离的形成，它们相遇后仍然有可能相互交配，产生可育后代。这时如果两个种群所处的生态位已经有显著差异，而它们对各自的条件又都是高度适应的，那么，其杂交后代的适应性发生的变化将会推动在它们之间产生生殖隔离。

由于这两个种群已经分别适应不同的生态位，其杂交后代对于无论哪一种生态位来说，都可能保留了一些适应性状，也失去一些适应性状，还有些适应性状可能会彼此干扰、稀释、抵消甚至消失。不难设想，杂交后代往往对无论哪一种生态位都不是很适应。这种交配无异于把配子浪费在适应性不如亲本的后代上。在这种条件下，如果两个种群的某些基因型个体在彼此交配上存在一定障碍，将避免配子的浪费。自然选择将淘汰那些彼此之间没有生殖障碍的个体，而保留那些彼此之间存在一定生殖障碍的个体，从而使生殖障碍因素得以积累和不断增强，最终形成完全的生殖隔离机制。

两种果蝇 *Drosophila arigonencic* 和 *D. mojarencic* 是一对亲缘关系密切的姐妹种。来自同一地区的两种果蝇个体，相聚一处，很少发生种间杂交。在总共 377 次交配中只有 14 次是 *arigonencic*–*mojarencic* 杂交。而在来自不同地区的个体，相聚一处，在总共 475 次交配中，有 119 次为种间杂交。实验证明，这两个物种生活在同一地区的个体之间有更强的生殖隔离。

上述的物种形成过程，新物种与老物种之间的性状分歧和生殖隔离是在它们被隔离在不同的环境条件下形成的，这个过程统称为异域物种形成（allopatric speciation）。在这里自然选择起了主要作用。自然选择使原先轻微的变异汇集、积累而演变成显著的差异，因而是一种渐进式物种形成过程（gradual speciation）。这正是达尔文在创立演化理论时提出的那种物种形成模式。这种模式现在已经获得多方面证据的支持。然而，它并不是唯一的物种形成方式。除此之外，还有其他的物种形成模式。

12.2.2 彼此独立发生的相似的物种形成

在东非三大湖——维多利亚湖、马拉维湖、坦噶尼喀湖里生活的丽鱼(cichlid),有来自西非的 11 个祖先种(ancestral species),即 11 个谱系。它们在东非经过暴发式的适应性辐射演化形成许多物种。今天,维多利亚湖里有 500 多种丽鱼,马拉维湖里有 300 到 500 多种,坦噶尼喀湖里有 200 多种。各种各样的丽鱼都有着独特的摄食习性。有的丽鱼刮食岩石上的水藻,有的丽鱼吸食昆虫、其他鱼的卵或者幼体,有的刮食其他鱼的鱼鳞,有的以软体动物为食,等等。它们同属丽鱼科(Cichilidae)。

丽鱼科的鱼具有非同寻常的多样性,这与它的颌的结构有关。丽鱼有两组颌。一组在嘴里,其功能是吸吮、刮下或咬住食物。另一组在喉部,其作用是在咽下食物之前,把它压碎、撕碎、切开或咬穿。在淡水鱼中唯有丽鱼有这样一组变形的颌。这两组颌均有极强的适应性。每一种丽鱼都有一个与其摄食习性相适应的高度特化的颌。它们凭借着这种特殊的适应占据着非常特殊的生态位,从而使数百种丽鱼可以在大的湖泊中和平共处。一群 *Eretmodus* 属的丽鱼在湖底岩石表面刮食水藻,而它的邻居 *Tangenicodue* 属丽鱼,用尖吻从岩石缝隙中吸食昆虫的幼虫,彼此相安无事。分别在三大湖中占据了相同生态位的丽鱼往往有高度相似的结构。一些生物学家曾推测,各种丽鱼的颌是如此的特化,想必是一次演化的产物。在不同湖泊中有着相同特化的颌的鱼,应当具有密切的亲缘关系。

古气候学的资料证明,在大约 12 500 年前,维多利亚湖几乎完全干涸了。能从这样一场劫难中死里逃生,仅是原有丽鱼的极少一部分。那么,在维多利亚湖重新变得碧波荡漾以后,数以百计的丽鱼物种是从哪里来的呢?

迈耶等人对三个湖中丽鱼的线粒体 DNA 进行了比较研究。结果表明,维多利亚湖中丽鱼彼此之间的亲缘关系非常密切,远比和其他两个湖中的形态结构相似的丽鱼的关系要密切得多。马拉维湖和坦噶尼喀湖中丽鱼的关系也是如此。马拉维湖所有丽鱼相互之间亲缘关系都比它们与坦噶尼喀湖的任何一种丽鱼的亲缘关系要密切(图 12.6)。三大湖中最古老的湖是坦噶尼喀湖。在坦噶尼喀湖中有最初 11 个谱系的后裔,而在维多利亚湖和马拉维湖中的丽鱼几乎完全由其中的一个谱系衍生而来。

上述情况说明,维多利亚湖在经历了一段干涸期后,再现于浩渺湖水中的 500 多种丽鱼,并非来自别处,而是由本地劫后余生的少数丽鱼演化而来。这个事实一方面说明,丽鱼科物种形成的速度确实快得惊人,同时它还说明,在东非三大湖中,几乎完全相同的适应性演化,相互独立地发生过多次。比如说,维多利亚湖中有刮食水藻偏好的丽鱼的起源独立于坦噶尼喀湖的食藻鱼类,即由具有相似演化能力、但不一样的祖先演变而来。生物的变异,包括突变和重组,是随机的、无方向的,而选择则是非随机的,有方向的。对于不同区域相同的生态学问题,生物在自然选择的作用下“找到”了相同的解决方法。

维多利亚湖是一个巨大的水体,这里并没有物理上的障碍可以防止不同种群的丽鱼杂交。在没有地理隔离条件下,这么多的丽鱼物种是如何在同一地域形成的呢?性选择可能是关键因素。各种不同颜色的雄丽鱼专挑有特定颜色的雌鱼作交配对象,从而形成了一个个在生殖上相对隔离的种群。广阔的维多利亚湖为丽鱼提供了多种多样的食物,不同种群适应不同食物,导致新物种的形成。

在物种形成问题上,东非三大湖丽鱼的演化给了我们两点重要的启示:第一,“平行的物种形成”,即同一物种的后裔在不同地方彼此独立地形成有相似适应性状的物种(平行演化),有力地彰显生态因素的选择力量;第二,三大湖丽鱼的物种形成,说明新物种也可以在没有地理隔离的条件下形成。我们可以将地理隔离条件下的物种形成称为异域物种形成,那么,可以将三大湖丽鱼物种形成方式归入同域物种形成(sympatric speciation)。

12.2.3 植物中很多新物种是由基因组加倍形成的

多数真核生物的体细胞具有两套染色体,称为二倍体细胞,具有两套以上染色体的就是多倍体细胞(polyploid cell)。在自然条件下,二倍体植物在配子形成时,假如减数分裂失败,代之以一次有丝分裂,染色体数目没有减半,形成的配子是二倍体的而不是单倍体;又假如紧跟着进行一次自花授粉,两个二倍体配子融合,形成四倍体合子(图 12.7)。这种合子发育成为

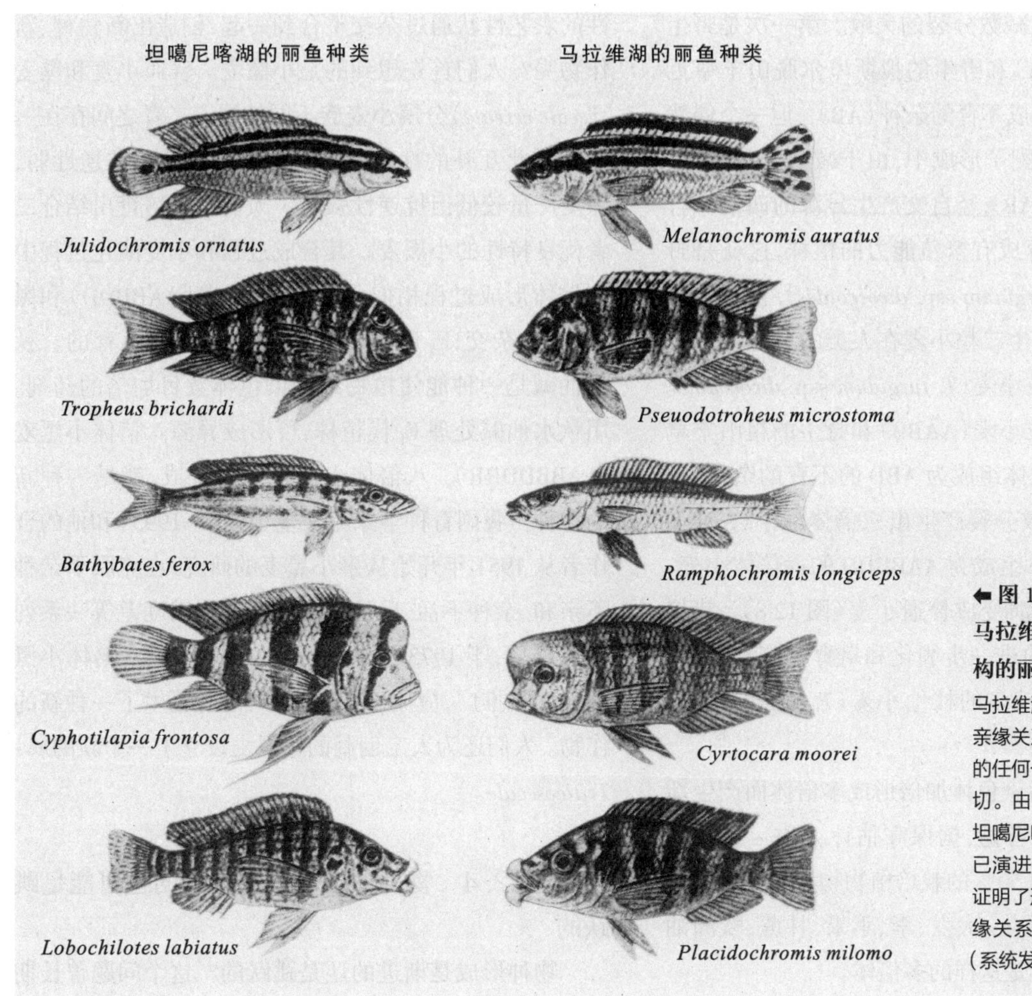

⬅ **图 12.6 在坦噶尼喀湖和马拉维湖中具有相似形态结构的丽鱼**(引自 Stiaseny, 1999)

马拉维湖的所有丽鱼相互之间的亲缘关系都比它们与坦噶尼喀湖的任何一种丽鱼的亲缘关系要密切。由于生活在相似的生境中，坦噶尼喀湖和马拉维湖的丽鱼科已演进得极其相似了，上述丽鱼证明了形态结构的相似可能与亲缘关系的密切程度或演化谱系（系统发生关系）没有联系。

成熟植株，并借助自花授粉繁殖，就形成了一个四倍体植株。来自同一个个体未减数的配子融合产生的多倍体称为同源多倍体。马铃薯就是一个同源四倍体作物。

这种新的四倍体植物一经形成，原则上来说，就与它的二倍体亲本之间存在生殖隔离。因为将四倍体植物和原先的二倍体植物交配，来自四倍体植物的二倍体配子和来自二倍体植物的单倍体配子相互融合，产生的是三倍体的合子；由于奇数倍性的染色体不能在减数分裂时正常地进行同源染色体的配对分离，不能产生正常的配子，因此三倍体植株是不育的。四倍体植物一旦形成，很可能就会产生一个新的物种。由于它们是在亲本物种所在的同一地区产生的，也属于同域物种形成的范畴。

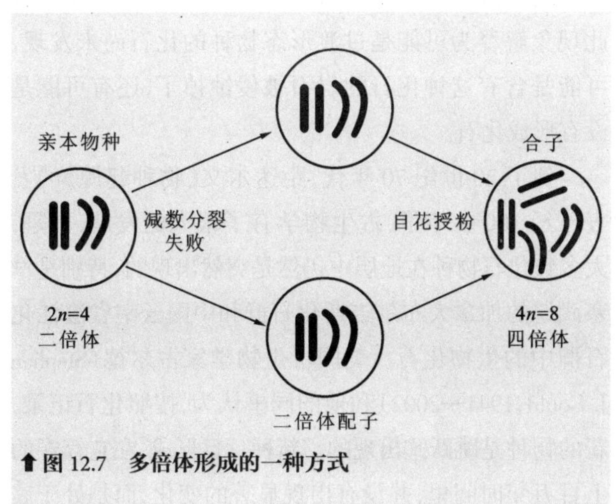

⬆ **图 12.7 多倍体形成的一种方式**

普通小麦（*Triticum aestivum*）是重要的粮食作物，它具有 42 条染色体。早期人们根据对普通小麦及其近缘植物的染色体和基因片段进行比较研究，将小麦的 42 条染色体分为 A、B、D 三个染色体组，即小麦体细胞中染色体组成是 AABBDD。现在得益于基因组测序技术的快速发展，科学家对普通小麦及与其祖先物种近缘的多个物种进行了基因组的测序和分析，确认 A 染色体组来自野生的乌拉尔图小麦（*T. urartu*），B 染色体组来自野生的拟斯卑尔脱山羊草（*Aegilops speltoides*）的近缘祖先，D 染色体组来自野生的粗山羊草（*A. tauschii*）。人们推测普通小麦的演化过程经历了两次物种间的杂交和随后减数分裂的失败。第一次是野生的乌拉尔图小麦(AA)和野生的拟斯卑尔脱山羊草近缘祖先(BB)杂交,形成不育的杂种(AB)。但一个偶然的机会,杂种植物在配子形成中,由于减数分裂失败,形成不减数的配子(AB),经自交产生异源的四倍体合子。这种合子能发育成有繁殖能力的植株,这就是野生的二粒小麦(*T. turgidum* ssp. *dicoccoides*),它的染色体组成是AABB。野生二粒小麦在人类的驯化和选育下演变为栽培的二粒小麦(*T. turgidum* ssp. *dicoccum*)。第二次是栽培的二粒小麦(AABB)和野生的粗山羊草(DD)杂交,产生染色体组成为ABD的不育的杂种,同样由于不成功的减数分裂产生出三倍体配子(ABD),经自交产生出染色体组成为AABBDD的六倍体小麦,经人类驯化和培育,演变成普通小麦(图12.8)。栽培的二粒小麦经人类的进一步驯化和培育,演变成了当今在北美地区栽培较多的杜伦小麦(*T. turgidum* ssp. *durum*)。

不同物种杂交后染色体加倍形成多倍体而产生新物种,在植物界相当普遍,据保守估计,25%~35%的野生被子植物物种和50%的栽培植物物种就是这样形成的。小麦、燕麦、花生、大麦、李、苹果、甘蔗、欧洲油菜和陆地棉等作物都是这样的多倍体。

人们从小麦演化过程中得到启发:既然小麦在自然演变中形成异源多倍体新物种,那么,人们能否按照异源多倍体形成的规律,将不同物种中高产量和高抗

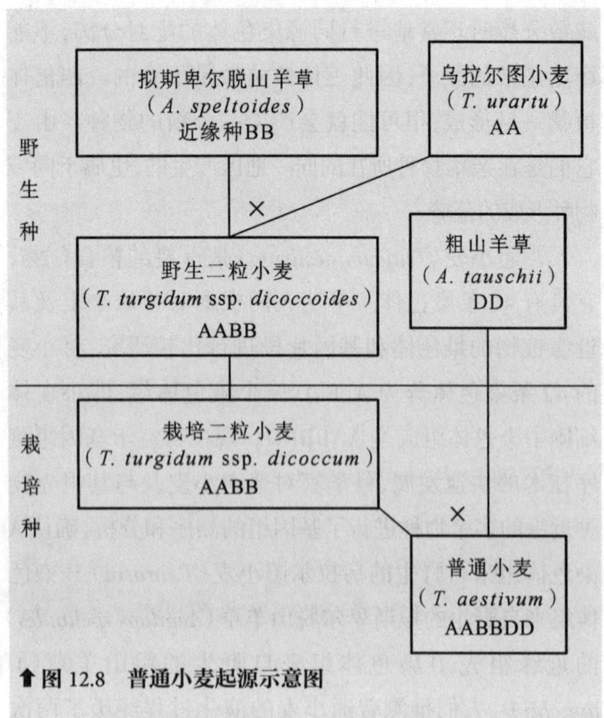

图12.8 普通小麦起源示意图

性的农艺性状通过杂交整合到一起,创造出新物种、新作物呢?人们首先想到的是小黑麦。普通小麦和黑麦(*Secale cereale*)分属小麦族不同的属。二者之间存在一些能彼此互补的性状,例如,小麦产量高而抗逆性弱,黑麦产量较低但抗逆性强等。人们希望培育出结合二者优良特性的小黑麦。其合成过程和小麦演化过程中多倍体形成过程相似。首先,将小麦(AABBDD)和黑麦(RR)杂交,F_1代的核型是ABDR,它是不育的。秋水仙碱是一种能使植物细胞染色体数目加倍的药剂。用秋水仙碱处理F_1代植株,可形成异源八倍体小黑麦(AABBDDRR)。八倍体小黑麦一经育成,就是一种新的物种。我国育种学家鲍文奎(1916—1995)和他的合作者从1951年开始从事小黑麦的研究,在克服了杂种不亲和、杂种不活、后代结实率低及饱满度差等一系列难关以后,于1973年试种成功,1978年把八倍体小黑麦大面积推广,应用于农业生产,由此诞生了一种新的作物。人们还为人工创制的小黑麦设立了一个新的属:*Triticosecale*。

12.2.4 物种形成可能是渐进的也可能是跳跃的

物种形成是渐进的还是跳跃的?这个问题曾长期困扰着演化生物学家。在20世纪七八十年代,围绕这个问题曾发生激烈的辩论。现在,辩论已经沉寂下来,一些问题也开始得到澄清。

有关物种形成到底是渐进的还是跳跃的争论,是由化石记录所引起的。

许多演化生物学家诧异于在地层中能说明渐进式演化的化石系列并不多见。相反,多数化石物种的出现是突然的,没有过渡形态。它们一经出现就很少发生变化,直到它们在岩层中消失。长期以来,科学家将此现象解释为可能是过渡形态物种的化石尚未发现,可能是含有这种化石的岩石被侵蚀掉了,还有可能是没有形成化石。

到了20世纪70年代,距达尔文《物种起源》的发表已经100多年了,古生物学有了很大的发展,但是,大多数化石物种在地层中仍然是突然出现的,特别是早寒武纪的加拿大布尔吉斯化石群和中国云南省澄江化石群中的生物化石。美国古生物学家古尔德(Stephen J. Gould,1941—2002)和他的同事认为,按照化石记录,新的物种是跳跃式出现的。新种一旦形成,在它存在的上百万年时间里,并没有出现显著的变化,而是处于表

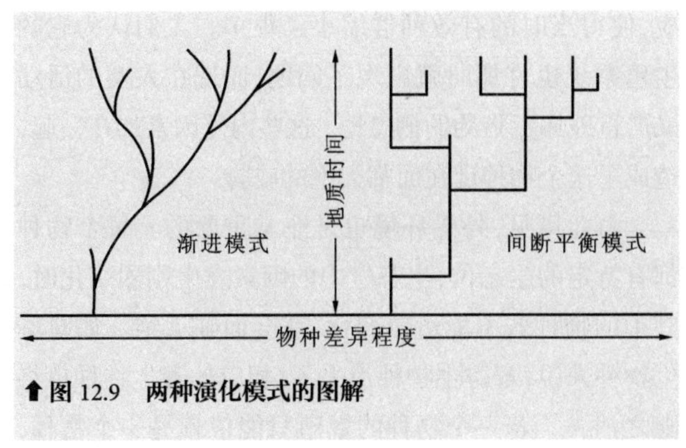

⬆图 12.9 两种演化模式的图解

型平衡状态，直到下一次物种形成事件的突然出现。他们就此提出了间断平衡(punctuated equilibrium)学说(图 12.9)。

间断平衡模式揭示了一个重要的生物学现象：物种的演化是非匀速的，它并不像过去所设想的那样，始终是一个渐变的演化过程。用这个模式可以比较好地解释我们在化石记录中观察到的现象，因此得到了古生物学家的认可。但是这并不意味着在生物演化的历史上只有跳跃的物种形成，没有渐变的物种形成。在化石记录上，物种形成是在相对短暂的时期内发生的。这里的“短暂”是地质时间尺度上的“短暂”，而不是生物学尺度上的“短暂”。地层时间尺度上的“短暂”可能有数百万年至上千万年之久。

事实上，只要有一定强度且稳定的选择压力，经过几百代或上千代就可以完成符合渐进式的物种形成过程。大约在 5 万年前，美国加利福尼亚州和内华达州的死亡山谷(Death Valley)地区，气候潮湿，有一个由湖泊和河流连接而成的水系。在 1 万年前开始干旱，4 000 年前成为沙漠。今天，昔日的湖泊和河流留下来的仅仅是分散在沙漠中彼此隔离的泉眼。这些泉眼大多数在岩裂之间深深的裂缝下面，水温和盐浓度彼此很不相同。在其中的一些泉眼中生活着特有的小型鱼。世界上没有任何其他地方发现过这些鱼。很明显，这些沙漠泉水中的鱼是从昔日生活在此地庞大水系中的某个物种演化而来。当环境变得干燥时，它们的分布区被打碎，分割成若干个小的种群，仅仅在几千年里，由于自然选择、遗传漂变和突变，这些隔离的种群发生分化，演化成今日生活在泉眼中的小型鱼。

我们能将几千年里发生的物种形成过程称为“突然”的事件吗？如果用世代数来衡量，即用生物学时间来衡量，这是缓慢的过程；如果用地质年代学时间来衡量，情况就不同了。一个成功的物种平均存在几百万年。让我们设想一下，一个物种存在 500 万年，而物种形成的表型分歧是在第一个 5 万年里完成的。物种形成仅仅占物种全部历史的 1%。相对于长达数百万年的物种历史，新物种看起来是突然出现的。从这个角度来看，多数物种总的历史符合间断平衡学说的描述。而在这模式中也可能包含了一个渐进变化的阶段。因此，渐进模式和间断平衡模式是相对的。可以说，间断平衡学说从化石的角度对达尔文生物演化理论进行了补充。

12.3 物种的灭绝

有生就有死。一个物种也像一个生物体一样，会经历从生(物种形成)到死(物种灭绝)的过程。这个过程的长短既受物种生物学特性的影响，也与该物种所处的环境密不可分。

12.3.1 物种灭绝的定义和分类

物种灭绝(species extinction)有两个定义：一个是广义的定义，即当物种的最后一个个体死亡即标志着该物种的灭绝；另一个是狭义的定义，即在过去的 50 年里，在野外再也没有发现这个物种的个体。第一个定义是一个绝对的定义，一旦符合这个定义，就意味着这个物种从地球上永远消失了，如猛犸象、渡渡鸟等，人们只能从化石或历史资料中了解它们了。第二个定义是相对的，一些物种虽然从野外消失，但还有一些个体在人类建立的保护环境中生存，如动物园、植物园、自然保护区等，其中有些物种的个体还有可能在人类的帮助下重返自然界，如俗称“四不像”的麋鹿就是这样一个著名的例子。

为了科学地对自然界的物种进行有效的保护，人们从不同的角度对物种灭绝的类型进行了归纳，主要有以下几种：

(1) 从谱系角度：真灭绝和假灭绝

谱系即为来自一个祖先的所有后代及其相互关系。真灭绝是指整个谱系中所有成员的灭绝；而假灭绝是指一个谱系中一些成员虽然灭绝了，但其中一个或多个支系演化出的新类群延续至今。我们可以用图 11.7 “早期鸟类及其祖先类群的谱系图”来解释一下。在这个谱系图中，原始兽脚类恐龙是最基部的类群，这些恐龙均已灭绝；谱系图中最后分出的是鸟类冠群，其中很多为现生鸟类。因此，从谱系的角度来说，兽脚类恐龙是假灭绝,因为其中一支演化为现生鸟类。

(2) 从群体遗传学角度:生态灭绝

生态灭绝是指当一个物种或亚种的数量变得非常少时,其遗传多样性也会非常少,这样的物种或亚种基本上失去了演化的潜力,很可能将走向灭绝。如华南虎是虎的一个亚种,据估计在野外只有不到20只,对于这样一个大型独居的兽类来说,已达到了生态灭绝的阶段,前景很不乐观。

(3) 从物种角度:全部灭绝、野外灭绝、局部灭绝和亚种灭绝

顾名思义,物种的全部灭绝是指一个物种的所有个体都已死亡,如前面提到的猛犸象和渡渡鸟。野外灭绝是指一个物种的个体在野外已不存在了,但还在人工环境中被饲养或种植;如普氏野马(*Equus przewalskii*),这个物种现在只存在于人工饲养场。局部灭绝是指一个物种在其自然分布区的局部不再存在了,而且其他地区还存在;如高鼻羚羊(*Saiga tatarica*),这个牛科物种原分布于俄罗斯南部、蒙古国及中国新疆北部,现仅见于俄罗斯,在中国和蒙古国的种群已灭绝。亚种灭绝是指具有多个亚种的物种中,一个(些)亚种的个体在野外或饲养条件下都不复存在了;最著名的例子是虎,虎有多个亚种,巴厘虎就是其中之一,该亚种原分布在印度尼西亚的巴厘岛上,20世纪30年代就已灭绝。

12.3.2 物种灭绝的原因

每个物种都不会永远存活在地球上,影响物种存活时间的因素无外乎内因和外因。这两个因素往往是相互影响、密不可分的。

一个物种若种群很小、个体数很少,且遗传多样性很低时,就非常危险了。例如在11.3.2节中提到的非洲猎豹的例子,除了个体数很少和遗传多样性严重降低外,这个美丽的物种还存在生殖系统的缺陷,无论是野外个体还是饲养在动物园中的个体,其成熟雄性的精子中70%是畸形的,也就是说,非洲猎豹繁殖后代的能力因其内在的因素严重受损;而很低的遗传多样性则使得这个物种应对环境变化的能力非常弱。

造成非洲猎豹内因出问题的有历史性的外界因素,也有现在因人类活动造成的外部因素。研究发现,大约在1万年前,非洲猎豹经历了一次严重的瓶颈效应,使得当时的有效种群缩小了很多。人们认为它的生殖系统也许那时就出现了问题,而现在人类的活动又严重破坏了猎豹的栖息地。这些内外因素加在一起,造成了这个物种现在面临灭绝的威胁。

由此可见,外界环境也是非常重要的。每个物种都有特定的生态位,生态位中的因素发生剧烈变化时,其中的物种若不能适应变化,就会面临灭绝。如对寄生物种来说,若寄主物种消失了;相应的寄生物种也将随之消失。若一个物种的繁殖只能依赖另一个物种,当其所依赖的物种消失后,它也很难继续存在。兰科(Orchidaceae)植物的花部结构非常独特,有些物种花的结构只适应一种昆虫为其传粉:这种一对一的关系使得传粉效率很高,不会产生杂交或花粉浪费现象;但一旦传粉昆虫消失了,这个兰花物种就面临无法进行有性生殖的困境。

地球的演变是伴随着生物的演化同时发生的,地球上环境的巨大变化,或发生的重大灾难造成了生物五次大规模灭绝(详见13.3.3节)。每次大规模灭绝事件之后,地球上生物的组成就会发生很大的改变,灭绝物种原先占据的生态位就会让给新产生的物种。白垩纪恐龙的灭绝就为哺乳类动物提供了发展的空间。现在由于人类过度地改变自然环境,破坏了很多生物的自然栖息地,造成了很多物种的灭绝,因此有人提出地球现在正在经历着生物的第六次大灭绝,因为现在物种灭绝的速度远远超过了物种自然灭绝的速度。我们应该重视这个问题,保护自然环境,让每个物种都回归到其适应的生境中。

思考题

1. 什么是物种?什么因素使有性生殖物种的自身演化不致停滞,其已获得的适应又不因种间杂交而失去?
2. 为什么一个小的隔离的种群比一个大的种群更有利于物种形成?
3. 一个物种有两个亚种。生活在不同地区的两个亚种种群相遇后,不同亚种个体容易交配生殖,而生活在同一地区的不同亚种个体之间比较难于交配生殖。这个差别是什么原因产生的?
4. 小黑麦是人工培育的多倍体植物。小黑麦总共有28对染色体($2n$=56),其中7对为黑麦染色体,21对为小麦染色体。试列出小黑麦培育过程。
5. 如何用物种形成的渐进模式和间断平衡模式来解释化石记录?
6. 如何科学地保护珍稀濒危物种?

13

生命起源与宏演化

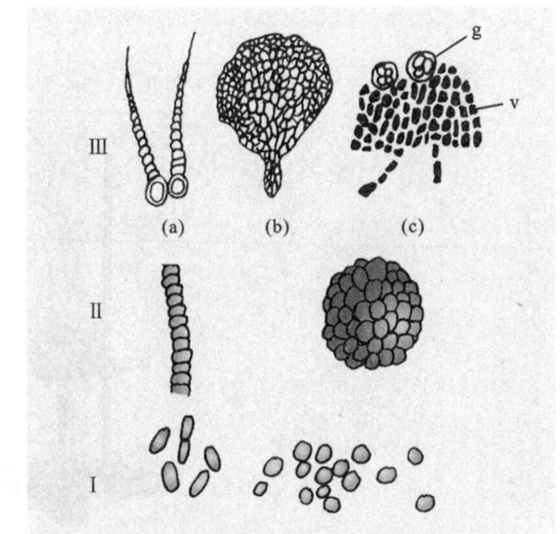

元古宙原核生物蓝细菌的多细胞化趋势（张昀根据河北庞家堡长城群蓝细菌化石的研究资料绘制）

由单个细胞（Ⅰ）到非极性集群（Ⅱ），发展到有两极（上部和下部）分化的极性集群（Ⅲ a,b），以及有生殖细胞（g）和营养细胞（v）分化的极性集群（Ⅲ c）。

现代演化生物学将种内或者亲缘关系很近的物种复合体的演化称为微演化，而将物种以上分类群的演化称为宏演化。为什么要做这样的划分呢？首先，这两种演化是在不同的时间尺度里发生的。微演化是在以生物世代为单位的生物学时间尺度里发生的演化事件。人们可以对这类演化事件进行直接观测。而宏演化的时间尺度，少则几千年（如在自然界中发生的物种形成过程），多则几百万年。多数的宏演化事件是在地质时间尺度里发生的演化事件，人们不能对它进行完整的直接观测。其次，研究这两种演化的方法也有所区别。对于微演化，人们可以用实验的方法探讨其演化的机制和规律；对于宏演化，人们主要依靠化石纪录、经典的形态解剖学的比较和 DNA 等生物大分子的比较来进行研究。

微演化是宏演化的基础，但是我们又不能把宏演化简单地归结为微演化。在地质时间尺度上，常常能观察到那些在短时间和小范围里不会显现出来的事件。例如，板块移动对生物演化的影响、生物和地球环境的协同演化、集群性灭绝、非匀速的演化等。

13.1 生命的起源

13.1.1 生命的起源是自然的历史事件

自古以来，就有人认为地球上的一切生命都是由上帝（神）设计和创造的。《旧约·创世记》中描述了上帝在一周内创造了宇宙，创造了光、陆地、海洋、动物、植物、男人、女人等。19 世纪下半叶以来，自然科学在探讨和研究生命起源这个问题中逐渐与神学分开，真正开始了生命起源的科学研究。

“自生论”（自然发生说）是 19 世纪以前广为流传的一种理论，认为生命可以自发地从非生命物质直接产生出来。例如，中国古人相信“腐草化为萤，腐肉生蛆”，亚里士多德说的“有些鱼由淤泥及沙砾发育而成”，等等。到了 17 世纪，经过雷迪（Francesco Redi，1626—1697）等人精确地观察和实验，人们才逐渐相信较大的生物如蝇、鼠、象等是不能自然发生的。但是，由于列文虎克（Antonie van Leeuwenhoek，1632—1723）用自制的显微镜发现了到处都有的小生物，如纤毛虫和细菌等，人们觉得这些小生物是可以自然发生的，其他生物则是从这些小生物演化发展而来的。这种观念一直到 1864 年巴斯德发表了著名的“鹅颈瓶”试验，才被彻底否定（图 13.1）。

巴斯德将营养液（如肉汤）装入带有弯曲细管的瓶中，弯管是开口的，空气可无阻碍地进入瓶中，而空气中的微生物则受阻而沉积于弯管底部，不能进入瓶中。巴斯德将瓶中液体煮沸，使液体中的微生物全被杀死，然后静置冷却。结果瓶中不出现微生物，肉汤不腐败变质。如果将曲颈管打断，管外空气不经弯管的沉积处理而直接进入瓶中，不久肉汤中出现微生物。可见微生物不是从营养液中自然发生的，而是来自空气中原已存在的微生物（孢子）。

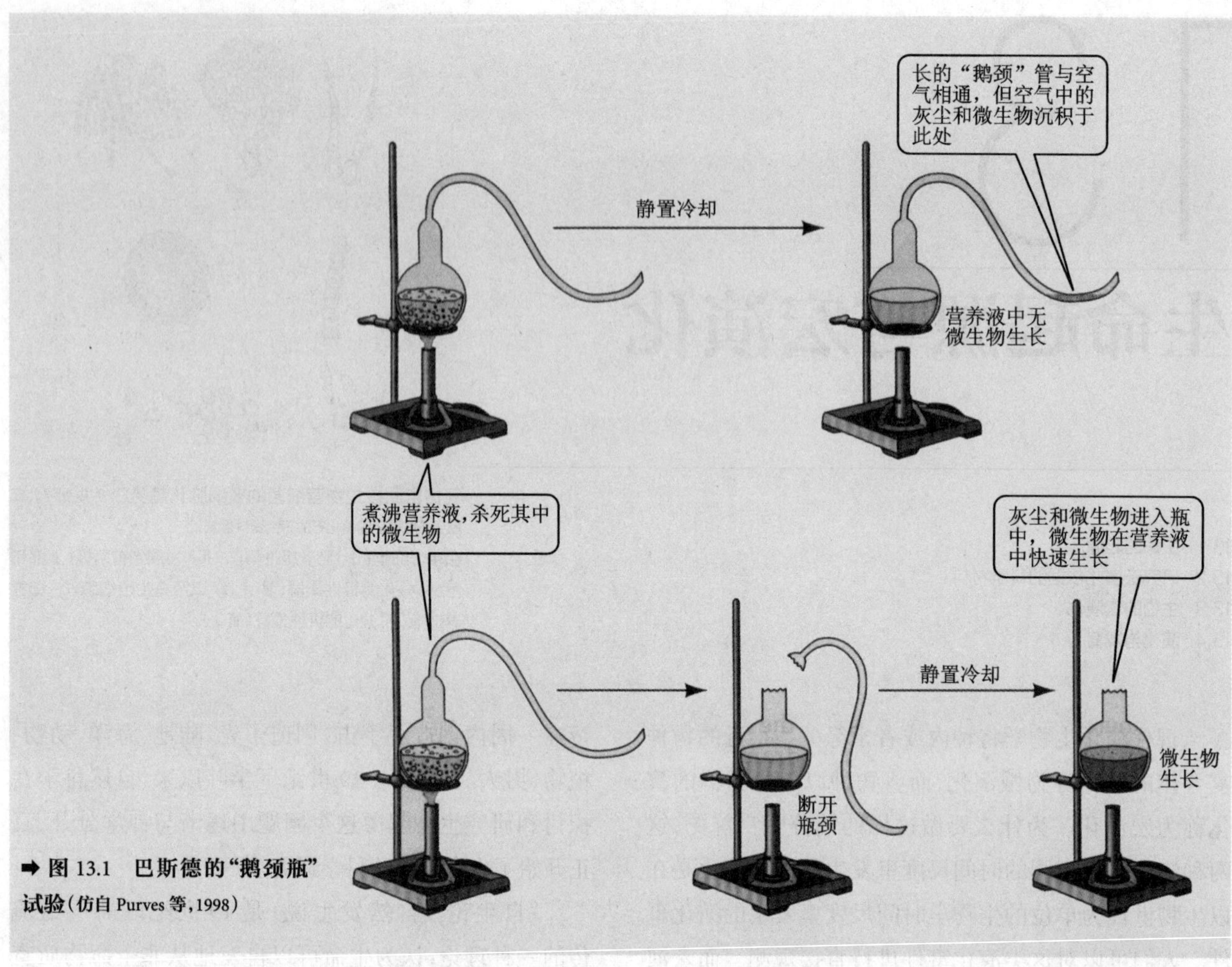
长的"鹅颈"管与空气相通，但空气中的灰尘和微生物沉积于此处
静置冷却
营养液中无微生物生长
煮沸营养液,杀死其中的微生物
灰尘和微生物进入瓶中，微生物在营养液中快速生长
静置冷却
断开瓶颈
微生物生长

➡ **图 13.1　巴斯德的"鹅颈瓶"试验**(仿自 Purves 等,1998)

巴斯德以精确的实验证明,即使最简单的生命也不能在今日的地球上从非生命物质中自发地产生出来。自生论被彻底否定了,因此提出了一个生物学命题:生命来自生命。然而,这个命题有一个不可缺少的限制条件:也就是说,生命不是在现在的条件下由非生命的物质突然产生的。

13.1.2　生命起源——原始汤学说与热液喷口学说

生命为什么能在年轻的地球上诞生呢？因为地球最初形成时的环境条件与现在完全不同。我们现在知道,宇宙起源于 137 ~ 140 亿年前的一次大爆炸,银河系起源于 130 亿年前,太阳系的形成约在 50 亿年前,而地球的年龄约为 46 亿年。

(1)原始汤学说

地球形成之初为炙热的气体团,约在 38 亿年前,地球表面温度逐渐下降至 49 ~ 85℃,地球内部温度仍然很高,物质分解产生的大量气体,通过频繁的火山活动喷射出地表。苏联生物化学家奥巴林(Alexander I. Oparin,1894—1980)在 1924 年主张,应该按物质运动变化的规律来研究生命的起源。他认为在地球历史的早期,大气中缺氧,是还原性的,主要由氢的化合物,如 H_2O、NH_3、CH_4、H_2S 等组成。在原始地球的条件下,无机物可以转变为有机物,有机小分子可以发展为生物大分子和多分子体系,最后出现原始的生命。1928 年英国演化生物学家霍尔丹(J. B. S. Haldane,1892—1964)也提出类似的观点。他们都认为地球上的生命是由非生命物质经过长期演化而来的,这一过程被称为化学演化。在原始海洋里积累了许多溶解到雨水中的大气和地壳表层的一些物质,包括最原始的有机化合物(CH_4),原始海洋可能含有这类有机物,被称为原始汤(primordial soup)。他们认为这里可能就是原始生命的诞生地。原始生命发生所需的能量,可能是紫外线、闪电、地壳放射性同位素衰变的辐射能以及火山、温泉散发的热能。这些可溶性的化合物在外界高能作用下,打破原始有机分子间的共价键,合成一系列小分子的有机化合物,如氨基酸、核苷酸、单糖、脂肪酸和卟啉等。这是化学演化的第一阶段,有机小分子的非生物合成。

1953年美国芝加哥大学研究生米勒(Stanley L. Miller)在导师尤里(Harold C. Urey)指导下，进行了模拟原始大气中雷鸣闪电的实验，获得了20种有机化合物，其中有4种氨基酸是生物体的蛋白质所含有的(图13.2)。其后，许多学者模拟原始地球的环境条件，使用不同成分的混合气体(如CH_4、CO、CO_2、NH_3及N_2和H_2等)、采用不同的能源(如放电、紫外线和电离辐射、加热等)及选用不同的催化物(重金属、黏土等)，成功地进行了多种非生物有机合成模拟实验，获得了包括生物体中常见的20种氨基酸、C_2 ~ C_{12}的单羧酸、核糖、脱氧核糖、脂肪酸、核苷酸，以及核酸中的碱基，甚至ATP等。上述模拟实验表明，地球上生命发生之前可能存在非生物的化学演化过程。更有趣的是从坠落在澳大利亚的陨石和月球样品的热水抽提物中，也都检测出了包括20种氨基酸在内的复杂有机物；在太阳系的星际分子中也发现有很多如氨、氰化氢、甲醛、甲酸、甲酮、乙醛、乙醇、苯醌、羧酸、胺、酰胺、碱基等化合物存在。有些学者推测也许生命起源的基础和条件不在宇宙空间，但形成生命的原料也可能来自太空，另外宇宙空间也可能存在生命发生之前的化学演化过程。

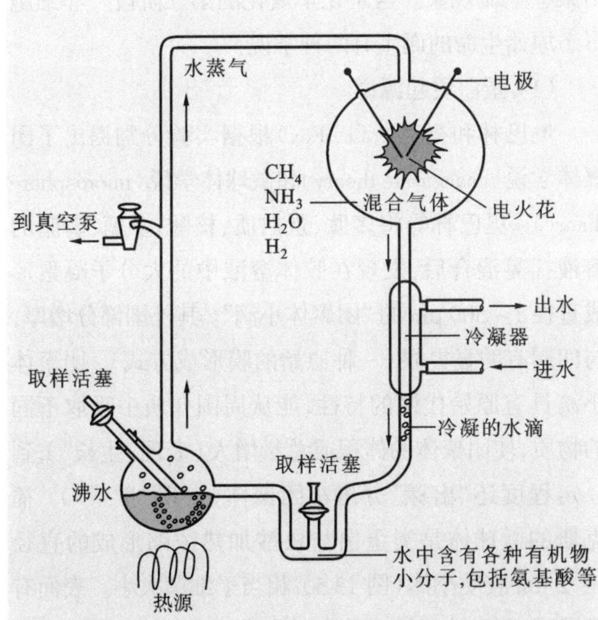

⬆图13.2 米勒设计的有机小分子的非生物合成模拟实验(仿自Starr,1991)

在无氧密闭循环装置中，模拟原始海洋生命诞生地的条件(往烧瓶内经过加热产生的热水蒸气中通入CH_4、NH_3、H_2形成混合气体)，模拟原始生命发生时所需的能量(管中装上电极连续火花放电，模拟原始天空闪电)，在烧瓶底部收集反应物并进行分析。

(2) 热液喷口学说

20世纪70年代末，太平洋东部洋嵴上发现“硫化物烟囱”，即热液喷口(图13.3)。在水深2000 ~ 3000 m、压力2.65×10^7 ~ 3×10^7 Pa的喷口附近，水温

(a)

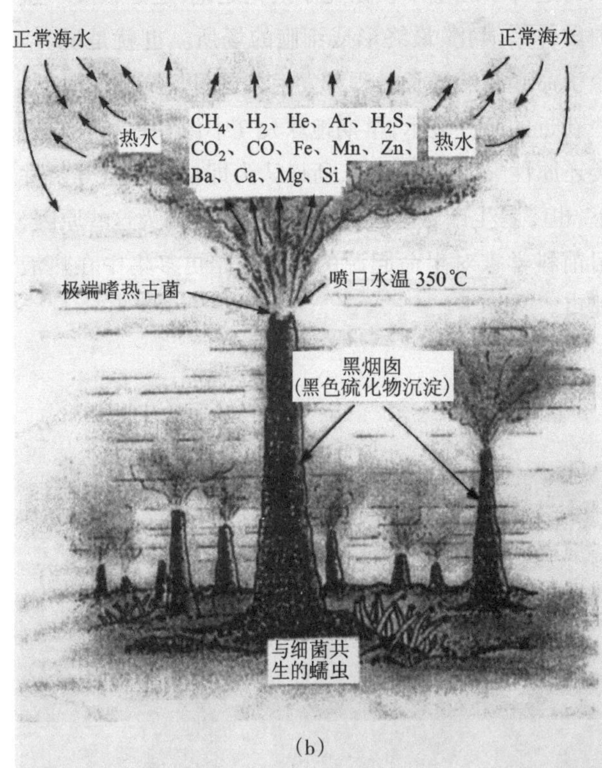

(b)

⬆图13.3 海底洋嵴上的热液喷口(仿自张昀,1998)

(a)从热液喷口中喷出高温热水、还原性气体(H_2S、H_2、CH_4)和多种金属。金属硫化物沉淀积聚在喷口附近并堆积成“黑烟囱”。(b)热液喷口及其周围环境示意图。这里生存着极端嗜热古菌和其他生物。由喷口向外形成的温度梯度和化学梯度以及高温、还原性环境很接近地球早期化学演化与生命起源所要求的条件。

最高达350℃。这里不但有各种极端嗜热古菌生存，而且喷出的水中有CH_4、CN^-等有机分子。让当时发现热液喷口的探险家们吃惊的是，热液喷口是一个特殊的生态环境，生活着形形色色的生物，包括一些极端嗜热古菌（见15.2.4节）。有些学者认为这种还原性水热环境（高温、高压、高盐、低pH、没有阳光和严格厌氧）很接近地球早期化学演化和生命起源的条件，这类极端嗜热古菌，以化能无机自养方式代谢，可能是最原始的古老生命形式。在随后的不断探索中，人们又发现了新的热液喷口形式，被称为白烟囱（图13.4）。这类热液喷口的温度要低一些，其热液温度在50～90℃之间，更加适合生命的诞生。喷口的岩石主要为蛇纹石，其结构上富含微孔，化学成分主要为含镁的硅酸盐石，亦含有铁和镍等过渡金属。热液口喷出的热液为碱性液体，pH在9左右。此外，热液还有大量非生物合成的氢气和CO_2。最近的模拟研究发现，在这类热液喷口环境中，镍和铁等金属可以催化CO_2还原成为有机物。这类蛇纹石富含微米级小腔室，类似细胞，是许多化学反应的理想场所。一些研究生命起源的学者认为这种小腔室不仅是化学演化之地，还是核酸－蛋白质体系演化、最终形成细胞的场所。也就是说，整个生命起源的漫长过程都发生在这里。与此同时，一些新近的研究显示，早期地球大气中像CH_4和NH_3这类还原性气体含量很低，所以认为即使在放电等条件下，也不易生产氨基酸这类有机物质。因为这些原因，目前科学家对生命起源的研究开始更多集中在热液喷口。

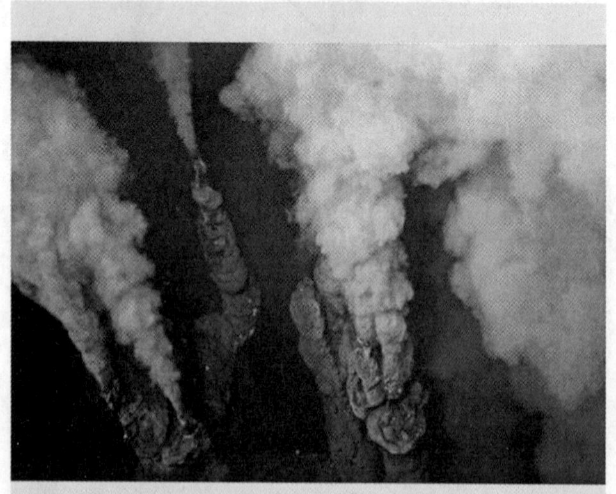

⬆图13.4　海底白烟囱

13.1.3　化学演化的第二阶段——生物大分子的非生物合成

生命的主要物质基础是蛋白质与核酸。化学演化的第二阶段，就必定是生命出现之前的有机小分子的聚合作用。在活细胞中蛋白质与核酸的合成，一定要经过相关酶的催化脱水而使单体连接成链，但低浓度的氨基酸和核苷酸单体不易自发脱水。对于蛋白质和核酸的聚合主要有两种观点：① 陆相起源说。在火山的局部高温地区发生聚合反应生成的生物大分子，经雨水冲刷汇集到海洋。② 海相起源说。溶解在原始海洋中的氨基酸与核苷酸经过长期的积累与浓缩，波涛或大雨可将有机单体分子带到新生的岩浆或滚烫的石块上，从而发生聚合作用。有些学者模拟原始地球形成时的条件，将混合的氨基酸溶液倒入160～200℃的热砂粒或热黏土中，溶液中的水蒸发，氨基酸浓缩，再经0.5～3.0 h后，混合氨基酸形成“类蛋白”（proteinoid）；单核苷酸高温加热也可聚合成多聚核苷酸。

13.1.4　核酸－蛋白质等多分子体系的建成

生物大分子还不是原始生命。只有核酸与蛋白质精巧地组成高度有序的独立多分子体系时，方可表现出某些生命现象。这是化学演化的第三阶段。非细胞形态原始生命的诞生有两种学说：

（1）蛋白质起源说

奥巴林和福克斯（F. Fox）根据实验分别提出了团聚体学说（coacervate theory）和微球体学说（microsphere theory）。奥巴林等将多肽、蛋白质、核酸、多糖、磷脂的溶液摇晃混合后，发现在胶体溶液中的大分子凝聚形成直径1～500 μm的“团聚体小滴”。其外围部分增厚，与四周有明显界限（一种原始的膜形成方式）。团聚体小滴具有原始代谢的特性，能从周围介质中吸取不同的物质，使团聚体的体积或总量增大（表现“生长”），到一定程度还“出芽”分出小团聚体（表现“生殖”）。福克斯的微球体是类蛋白与核酸加热浓缩形成的直径1～2 μm胶质小体（图13.5），相当于细菌大小。表面有双层膜，可以选择性吸收介质中类蛋白而“生长”和“繁殖”，微球体也体现了某些生命的特征。

（2）核酸起源说

米勒曾提出：“生命和非生命之间最基本的差别是复制。”大多数生物细胞靠DNA的自我复制在细胞世代间传递遗传信息，DNA将遗传信息转录给RNA，

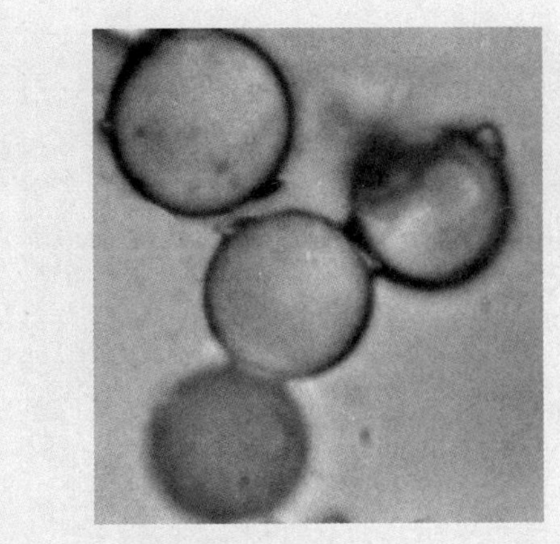

⬆图 13.5 **微球体(福克斯实验)**(引自 Campbell 等,1996)

⬆图 13.6 **RNA 的自我复制**(仿自 Campbell,1996)

(a) 核苷酸单体。(b) 短链 RNA 分子(第一批基因)。(c) 正在与原始RNA分子互补配对的新合成的RNA分子(RNA基因的自我复制)。

以 RNA 为模板翻译成蛋白质,包括各种酶类。但少数 RNA 病毒靠 RNA 自我复制传递遗传信息;某些 RNA 也可在一定条件下充当酶(核酶)的角色,催化蛋白质合成,还能催化新的 RNA(rRNA、tRNA 和 mRNA)合成;核酶对 RNA 的剪切和短链 RNA 的聚合也有催化作用。由于 RNA 有多重功能,现在多数学者认为地球上出现的第一批基因和酶,不是 DNA 和具催化功能的蛋白质,而是在非生物世界中能开始自我复制的短链 RNA。实验也证实核苷酸单体在黏土表面可形成短链 RNA 分子,新合成的 RNA 分子还可与原始 RNA 分子互补配对。人们推测某些混合的核苷酸单体,可自发结合成短链 RNA,短链 RNA 作为第一基因,又以自身编码的信息为模板,依靠 RNA 的催化功能进行自我复制(图 13.6)。这种以 RNA 同时作为第一批基因和唯一具有催化功能的分子的学说,被称为"RNA 世界假说"(RNA world theory)。

13.1.5 原始细胞的起源

上述能自我复制的 RNA 和蛋白质分子,还不能成为原始的细胞。这种有复杂结构的核酸和蛋白质首先必须成为相互依赖、相互调控的多分子体系,方能成为有生命的细胞;另外,这种多分子体系表面必须有与外界介质分开的膜,才可成为独立的稳定体系,选择性地从外界吸收所需分子和防止有害分子进入。人们认为核酸基因组出现后,可能存在与现在不同的没有 mRNA 和 tRNA 参与的原始模式的基因转录和翻译系统,它们利用原始海洋中的氨基酸合成出第一批蛋白质(或多肽)。这些蛋白质比 RNA 的酶活性更高,在演化中第二代酶(蛋白质酶)便取代了 RNA 酶,帮助核酸复制。这种核酸与多肽分子之间相互调控作用,可能普遍存在于"前细胞"中(图 13.7a)。早期地球上在这些类似于细胞的实体内,可能存在着由膜包围的 RNA 多肽(图 13.7b)。这个阶段是化学演化的第四阶段。

以上 4 个阶段都是化学演化的过程。应该认为它们都是有一定根据的假说。如果早期的地球上确实存在过这种"前细胞",它们就可能受到自然选择的作用,即进入达尔文演化,而逐渐形成真正的细胞。这种前细胞即使与最简单的原核细胞相比,也相差甚远。通

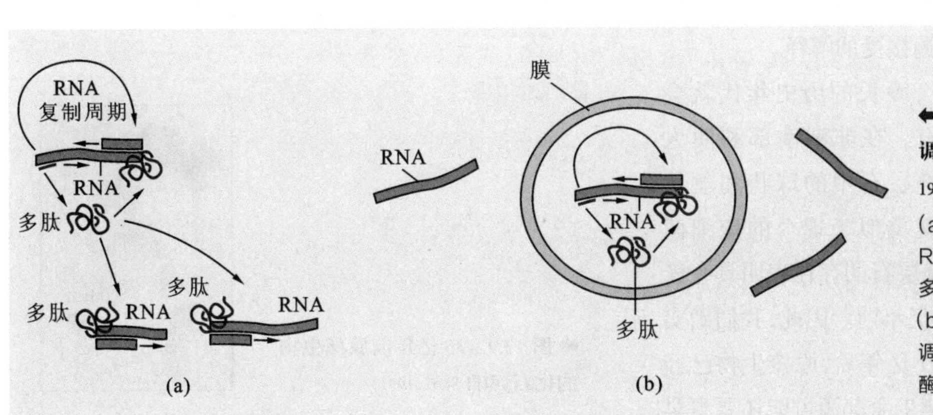

⬅图 13.7 **核酸与多肽分子间相互调控作用模式图**(改绘自 Campbell 等,1996)

(a) 没有膜包裹的大分子协调作用。RNA 复制周期合成出第一批多肽,多肽作为原始的酶帮助 RNA 复制。(b) 有膜包裹的"前细胞"中大分子协调作用。在前细胞中多肽作为原始的酶帮助 RNA 复制。

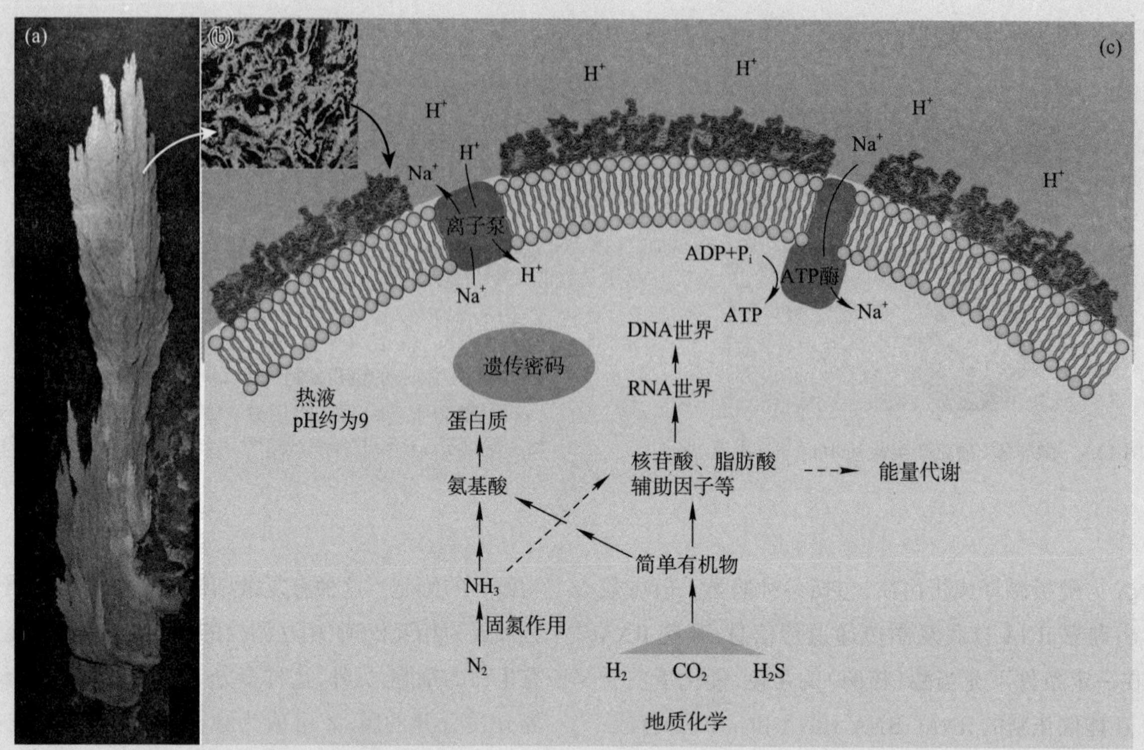

图 13.8 热液喷口的蛇纹石与生命起源假说

(a)蛇纹石。(b)蛇纹石细微结构。(c)推测的生命起源过程:简单无机物在多种催化剂作用下形成简单有机物;简单有机物进一步形成较为复杂的有机物如氨基酸、核苷酸等;经聚合反应形成更复杂的大分子,其中最重要的是经历一个"RNA 世界"阶段,最终形成第一个细胞。蛇纹石小腔不仅可提供各种反应场所,还为脂类提供附着支撑,最终形成细胞膜。能量的重要来源之一是热液的高 pH(pH 9 左右)与海水低 pH 之间形成的质子梯度。

过自然选择,这类前细胞会越来越像细胞。

目前一种观点认为,热液喷口发现的具有丰富微孔的蛇纹石在细胞起源中起了重要作用(图 13.8)。图 13.8 中的假说强调在细胞起源中能量流动的重要性,即海水的低 pH 与碱性热液之间的质子梯度是能量的主要来源之一。此外,过渡金属在催化早期代谢过程中起着重要作用。根据这个假说,第一个细胞是化能自养细胞,而不是异养细胞。但究竟什么时候才成为真正的细胞,现在还不能定论,细胞起源仍是一个有待解决的问题。其中,遗传密码的起源是一个巨大的悬案,目前还没有一个被人们普遍接受的解释。

生命既然在地球上发生,漫长的历史年代就会遗留下来大量的古生物化石。在非洲南部和澳大利亚西部发现的 35 亿年前叠层石中的球状和丝状的原核生物化石(图 13.9),就类似于现今的蓝细菌(cyanobacteria,或称蓝藻)。叠层石的存在表明具有光合能力的原核生物诞生于 35 亿年前。因此,我们确实知道的是,地球诞生 10 亿 ~ 11 亿年后,原核生物已经在地球上广泛存在。由此推测生命起源可能还要更早些(38 亿 ~ 40 亿年前)。根据目前的研究,所有细胞的基本特征是非常接近的,因此所有生物的祖先只有一个,被称为全生物共同祖先(the last universal common ancestor,LUCA)。这里所指的生物是以细胞为基本单位的生物,即细胞形态的生物。从 LUCA 的出现至今,生命经历了漫长的演化,许多生命出现又灭绝了,而一些生命形式在地球上不断繁衍,使我们的地球充满生机。生物学想要回答的许多问题之一,就是地球上生命历史是怎样写成的,其中最为重要的是生物演化的历程和各种事件发生的原因。下面我们首先介绍

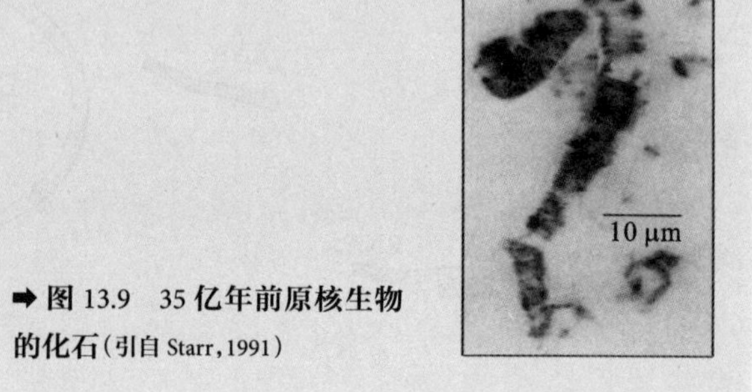

图 13.9 35 亿年前原核生物的化石(引自 Starr,1991)

研究宏演化的科学方法。

13.2　研究宏演化依据的科学材料

13.2.1　化石的形成和年代测定

化石（fossil）是先前生活的生物被保存在地层中的遗留物或者它的印迹。生物被漂流的砂石、河流沉淀出的泥浆或者火山灰包埋，生物体的有机物质通常会迅速地腐烂，而比较坚硬的部分，如动物的骨骼和牙齿、软体动物的壳、植物的树干都可能成为化石。图13.10是北京猿人的头盖骨化石。北京猿人属于直立人（*Homo erectus*），生活在40万～78万年前北京的周口店一带。在极为稀少的情况下，一个完整的生物，包括其软组织都成为化石。一只昆虫被包埋在树脂中，经历漫长的地质年代，树脂变成琥珀，这只昆虫被完整地保存下来。

被包埋在砂石、泥浆中的生物遗留物能否成为化石，关键在于土壤的性质。在潮湿酸性的土壤里，骨骼里的矿物质被溶解，不能成为化石。在泥炭中，那里潮湿的酸性土壤里不含氧，动物的骨骼和软组织都可能保存下来。在碱性土壤中，骨中的矿物质，不会被溶解，新的矿物质，常常是石灰质和氧化铁会沉积到骨骼的孔隙中，置换出原来的物质，达到骨骼重量的35%，成为石化的生物遗骸，这就是我们常见的一类化石。有时沉积岩中的化石不是生物的遗留物而是它的印迹。腕足动物的壳被包埋在海底的泥浆中，壳腐烂了，留有壳的凹痕的泥浆却保留下来。凹痕中充满水及溶于其中的矿物质。矿物质从水中沉积到凹痕的表面，使它硬化而成为印迹化石。

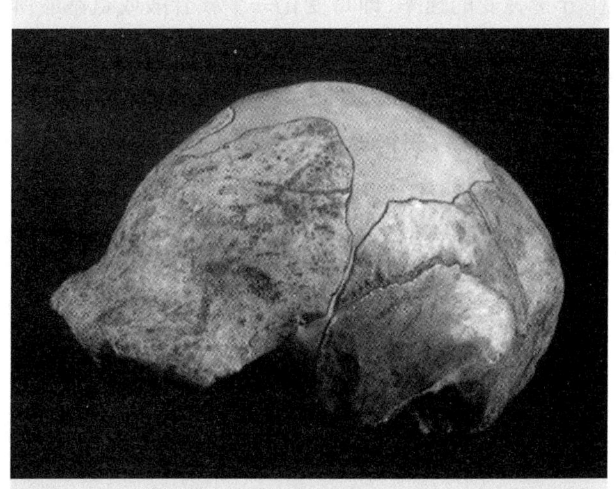

⬆图13.10　北京猿人头盖骨化石

在沉积岩中，上部的地层比下部的地层要年轻一些，因而任何化石及其他考古材料（如古人类制造的石器），发现在下层的比上层的要古老。除非由于地壳扭曲，岩层上下可能发生翻转。一般来说，根据上下层关系可以确定地层及其中化石的相对年代。如果要测定其绝对年龄则需要用另外的方法，最常用的是放射性同位素测定法。

用放射性同位素 ^{14}C 测定年代是建立在 ^{14}C 以恒定的速率衰变为 ^{14}N 的基础之上的。在大气中每 10^{12} 个稳定性同位素 ^{12}C 中有一个 ^{14}C 原子。绿色植物在进行光合作用时利用大气中的 CO_2，每结合进植物组织 10^{12} 个碳原子，就有一个是放射性的。植物被动物吃掉，^{14}C 成比例地成为动物的一部分。生物死亡后，生物停止吸入 ^{14}C，而已经在生物组织中的 ^{14}C 则继续以恒定的速率衰变，使 ^{14}C 对 ^{12}C 的比例下降。测定样本中放射性同位素的数量，确定 ^{14}C 对 ^{12}C 的比例，就可以计算出样本的年代。

^{14}C 的半衰期是 5730 ± 30 年。经过大约7万年，剩下的 ^{14}C 的量已经微乎其微了。因此 ^{14}C 测定年代的方法不能用于7万年以前的化石。要测定更加古老的化石的年代就要使用半衰期更长的放射性同位素。

放射性同位素 ^{40}K 以极慢而又稳定的速率衰变为 ^{40}Ca 和 ^{40}Ar，半衰期为13亿年。Ar是惰性气体。在火成岩形成时，由于高温，岩石中不可能留有Ar。冷却后，^{40}K 衰变为 ^{40}Ar，才逐渐在岩石中积累Ar，因此只要测出岩石中的 ^{40}K 和 ^{40}Ar 的含量就可以确定该岩石形成的年代。用此法测定化石年代，必须有和化石同年代的可用的火成岩，也就是有和生物遗留物同时埋葬的火山喷发的岩石。尽管有这些限制，这种方法还是非常有用的。

化石是研究宏演化最直接也是最重要的证据。在宏演化方面得到的一切结论都应该与化石记录一致，并能对化石记录作出科学的解释。

13.2.2　分子生物学是研究宏演化的有力工具

生物界既存在着巨大的多样性，又存在着高度的统一性。将任何两个物种进行比较，都可以找到一些性状是它们所共有的，一些性状是各自独有的。分析和比较这些共有的和独特的性状的类型和数目就能够知道两个物种亲缘关系的远近。我们可以用经典的形态解剖学的方法对两个物种的表型特征进行分析来做到这一点，也可以用分子生物学的方法对二者的生物大分子的结构进行分析来判定其亲缘关系。

20 世纪 50 年代，分子生物学兴起，人们发现，所有生物在基本的组成成分和基本的生命过程上存在着高度的统一性。从大肠杆菌到人，其核酸、蛋白质等生物大分子的序列、结构与功能以及遗传信息的复制、转录和翻译均遵循着相同的模式，遗传密码在很大程度上是通用的。这些都有力地证明，整个生物界有一个共同的祖先。另一方面，蛋白质、核酸又是地球上已知最复杂的大分子化合物。在各种生物的蛋白质、核酸分子中蕴含着大量有关生物多样性的信息。对不同生物的蛋白质、核酸进行比较研究已经成为研究生物演化的重要内容和有力工具。

(1) 中性突变与同源蛋白质的比较

在不同的生物类群中，由一个共同的祖先蛋白衍生出来的两个或两个以上的蛋白称为同源蛋白质(homologous protein)，它们通常行使相同或相似的功能，并具有明显相似的氨基酸序列。例如，从需氧的原核生物，到单细胞真核生物，再到真菌、植物和动物，直到人，都有细胞色素 c(cytochrome c)，这是一种在生物氧化过程中起电子传递作用的蛋白质。不同生物的细胞色素 c 具有相同的功能和相似的氨基酸序列。然而，不同生物的细胞色素 c 在结构上仍然是有差异的，而这些差异常常既不增强也不减弱它们的功能，即它们在选择上是中性的。大多数中性突变，经历不多几代的遗传漂变而随机地湮没了；只有很少突变经历长时间的遗传漂变而在整个群体中被固定下来(详见 11.3 节)。

同源蛋白质的存在，证明了有关生物具有共同祖先。同时，可以通过比较它们的相似和差别的程度，判定它们亲缘关系的远近，即演化距离(evolutionary distance)。例如，细胞色素 c 由 104 个氨基酸组成。现在已经弄清楚了多种真核生物细胞色素 c 的化学结构。它们的氨基酸序列是很相似的。在选取的 104 个氨基酸的位置中有 35 个完全不变，有 23 个位置在 2 种很相似的氨基酸中互换，还有 17 个位置在 3 种氨基酸中互换。人与酵母的差别够大了，但它们的细胞色素 c 也仅有 45 个位置的氨基酸不同，其他 59 个位置的氨基酸是相同的。多种真核生物的细胞色素 c 的结构有相似的一面，从分子层次上说明它们有共同祖先。而不同生物细胞色素 c 的差异则和这些生物之间的演化距离相关。例如，人类细胞色素 c 的序列和黑猩猩完全相同，和猕猴有一个位置不同，和狗有 11 个位置不同，和鸡有 13 个位置不同，和金枪鱼有 21 个位置不同，等等。这与根据形态学性状的差异判定的亲缘关系是一致的(图 13.11)。

(2) 同源 DNA 的比较

我们不仅可以通过同源蛋白质的比较，还可以通过同源基因的比较来判定有关生物的演化距离。

生物的特征最终是由 DNA 中的遗传信息决定的，也就是由 DNA 中核苷酸序列决定的。对不同生物的同源 DNA 序列进行比较无疑是一种精确的测定亲缘关系距离的方法。

随着 DNA 测序技术的快速发展和大数据比较分析方法的不断改进，用基因或基因组序列研究生物类群的起源和演化已逐渐成为一种常规手段。用这种方法得到的研究结果一般都能正确地反映生物的亲缘关系。例如，对人和多种灵长类动物中编码碳酸酐酶的 DNA 进行了测序和比较，以人为标准，黑猩猩核苷酸差异数为 1，猩猩为 4，猕猴为 6，狒狒为 7，这与有关化石在地层中出现年代的前后也是一致的，人们可以据此判定有关动物的演化距离。

(3) 分子钟

20 世纪 60 年代中期，美国科学家鲍林(Linus C. Pauling，1922—2013)在研究蛋白质序列时发现，不同物种的同源蛋白质突变的速率是恒定的，因此提出了分子钟(molecular clock)学说，即一个特定的蛋白质或 DNA 分子在所有的生物谱系中具有恒定的演化速率。根据此学说，当我们算出同源 DNA 中核苷酸或蛋白质中氨基酸的平均替换数，再从化石记录中得知两个相关谱系从共同祖先产生分歧的时期，就可以计算出这些分子突变的速率，即每变化一个核苷酸或氨基酸所需要的时间。也可以在得知平均替换数和突变速率的基础上推算出有关谱系的分歧时间。虽然中性突变的速率不可能是严格恒定的，但在研究生物演化过程时，即使是粗略地估计分歧时间也是很有意义的。

13.3 生物的宏演化

13.3.1 地层中的化石记录了生物演化的历程

如果我们将沉积形成的地层比喻成一本书，化石就是其中的文字，它记录下 35 亿多年地球上的生物及其环境演化的历史。地质学家把地球形成以来的 46

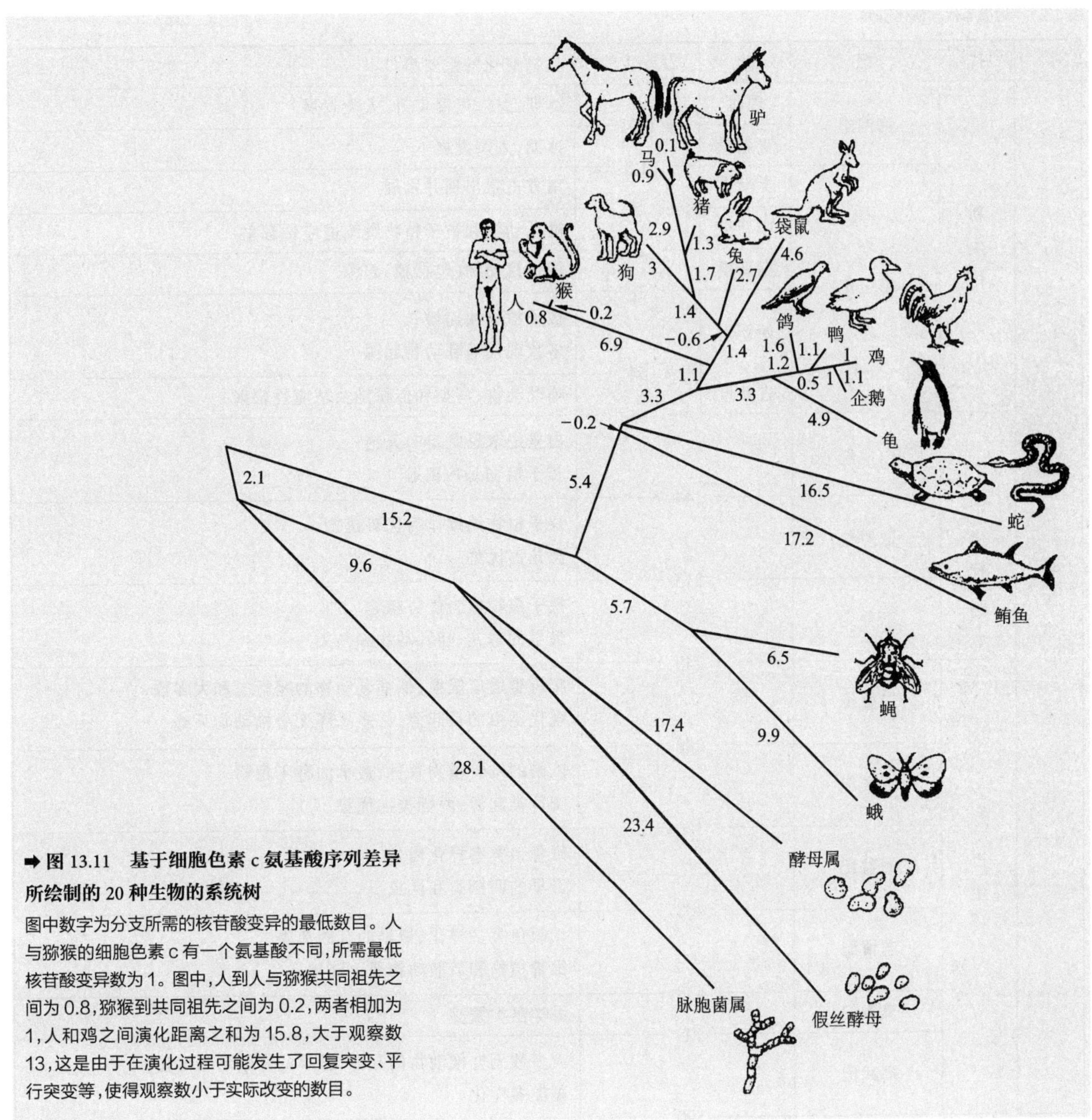

➡图 13.11 基于细胞色素 c 氨基酸序列差异所绘制的 20 种生物的系统树

图中数字为分支所需的核苷酸变异的最低数目。人与猕猴的细胞色素 c 有一个氨基酸不同，所需最低核苷酸变异数为 1。图中，人到人与猕猴共同祖先之间为 0.8，猕猴到共同祖先之间为 0.2，两者相加为 1，人和鸡之间演化距离之和为 15.8，大于观察数 13，这是由于在演化过程可能发生了回复突变、平行突变等，使得观察数小于实际改变的数目。

亿年漫长岁月划分为 4 个大的阶段，即 4 个宙(eon)。最早的是冥古宙(Hadean，46 亿年前至 38 亿年前)，以后依次为太古宙(Archean，38 亿年前至 25 亿年前)、元古宙(Proterozoic，25 亿年前至 6 亿年前)和显生宙(Phanerozoic，6 亿年前至今)(表 13.1)。

(1) 太古宙的生命印记

冥古宙是地球历史的第一个大的地质阶段。这个阶段地球演变的主要事件是地球的形成、地壳的形成以及化学演化。随着生命起源和细胞形态的生命的出现，地球进入了太古宙。这个阶段距今 38 亿年至 25 亿年。在漫长的时间长河里，沉积岩连带其中的生命痕迹，时而深埋于地下，时而被推出地面，多次经历了高温高压炼狱般的环境条件，在这里已经很少有能留下成为化石的细胞。科学家转而去寻找其他形式的生命遗迹，即所谓生命印记(biosignature)。

二氧化碳是火山排出的气体之一。来自火山喷发的二氧化碳，约有 1% 是 ^{13}C，其余的是 ^{12}C。生命活动对碳的稳定性同位素 ^{12}C 和 ^{13}C 有“分馏”作用。它能使 ^{12}C 更多地进入有机碳化合物，使生物有机碳中 ^{12}C 相对于 ^{13}C 的比例显著地比没有被生物利用过的碳要高。在格陵兰的伊苏瓦(Isua)，有太古宙岩层，其中的碳斑点中 ^{12}C 与 ^{13}C 的比例与生物来源的数值非常接近。这些古老岩石的年龄超过了 37 亿年。这是目前没有疑义的最古老的生命印记。叠层石(stromatolite)

表 13.1 地质年代与演化事件

宙	代	纪	世	百万年前	生物演化的主要事件
显生宙	新生代	第四纪	现代	0.01	冰期已过，气温上升，人类发展
			更新世	1.8	冰期，人属发展
		第三纪	上新世	5	南方古猿出现并发展
			中新世	24	哺乳动物和被子植物继续适应性辐射
			渐新世	38	灵长目动物(包括猿)起源
			始新世	54	被子植物快速增长 多数现代哺乳动物起源
			古新世	65	哺乳动物、鸟类和传粉昆虫适应性辐射
	中生代	白垩纪		144	白垩纪末恐龙走向灭绝 被子植物适应辐射
		侏罗纪		213	裸子植物继续作为优势植物 恐龙占优势
		三叠纪		248	裸子植物成为优势植物 最早的恐龙、哺乳动物和鸟类
	古生代	二叠纪		286	爬行类适应辐射；似哺乳动物的爬行类和大多数现代昆虫的目起源，许多海洋无脊椎动物灭绝
		石炭纪		360	广阔的维管植物森林，最早的种子植物 爬行类起源，两栖类占优势
		泥盆纪		408	硬骨鱼类多样化增长 最早的两栖类和昆虫
		志留纪		438	无颌鱼类多样化，最早的有颌鱼类 维管植物和节肢动物登上陆地
		奥陶纪		505	海洋藻类繁盛
		寒武纪		590	大多数无脊椎动物门起源，最早的脊索动物出现 藻类多样化
元古宙				2 500	蓝细菌在元古宙占优势，但在元古宙末衰落 最早的动物，最早的多细胞藻类 真核生物起源
太古宙				3 800	大气中氧开始积累 光合作用起源 最早的叠层石和微生物化石记录 生命起源和细胞起源
冥古宙					地球起源于46亿年前，经过地核与地幔分异，地球形成，化学演化

是另一种常见的远古时代的生命印记(图 13.12)。它是微生物群体构建的一种生物礁，呈圆丘形的层状结构。现存于澳大利亚西海岸中部的叠层石，大约形成于35亿年前。这是又一个未遭质疑的最古老的生命印记之一。也曾有人报道，在太古宙地层中曾发现过微体化石，但它们常常遭到质疑。

(2) 蓝细菌在元古宙走向繁盛

太古宙时期的地球表面状态与今天的截然不同：

⬆图 13.12 叠层石(引自 Starr,1997)
位于澳大利亚西海岸沙克湾。

地球演化初期的还原性大气圈已经转变成以 CO_2 为主的酸性大气圈。地壳刚刚形成。由于 CO_2 的温室效应,平均温度很高,地壳构造活动强烈,地幔与地壳之间有较大规模的物质交换。大气中缺少氧,高空没有臭氧层,宇宙辐射直达地面。原始生物只能存在于海洋深处。

元古宙时期的一大地质特色是存在大规模的叠层石碳酸盐沉淀。在元古宙的叠层石和燧石中常常能找到蓝细菌的微体化石。蓝细菌的种群和群落有时可以原地原位地保存在硅化的叠层石中,这表明蓝细菌是这时期叠层石的主要造礁生物。研究证明,底栖的由蓝细菌及其他细菌组成的席状细菌群落层层叠加,在其中沉淀大量碳酸钙和碳酸镁等沉淀物,逐渐形成层积岩,即为叠层石。在世界各地的元古宙碳酸盐岩中,到处可见叠层石生物礁,这标志着蓝细菌逐步走向繁盛。在 20 亿年前,大气圈中开始有自由氧的积累。这标志着在元古宙蓝细菌的光合作用已经是放氧的光合作用。

在元古宙悠长的历史时期里,地球表面状态发生了巨大变化。由于蓝细菌的代谢作用和当时海水的物理化学状态,引起大规模的碳酸盐沉积,形成巨大的生物礁,从而将大量的 CO_2 移出大气。大气中 CO_2 含量下降导致全球平均温度下降,大面积稳定的地块形成和发展。与此同时,蓝细菌作为放氧的光合自养生物,在光合作用中释放出氧气,导致大气中氧的积累,臭氧层的形成,使到达地面的紫外辐射强度逐渐减弱。蓝细菌的活动改造了岩石圈,也改造了大气圈。

蓝细菌 10 多亿年的繁盛改变了环境,又反过来影响生物演化。臭氧层的形成使生物可以进入水圈表层。氧的积累为真核生物的出现创造了条件,最早的真核单细胞生物化石是发现于加拿大冈弗林特(Gunflint)燧石层中的球状微生物,为 18 亿~19 亿年前。元古宙末期出现了真核生物的多细胞化。在我国贵州中部的磷块岩中发现 6 亿至 6.5 亿年前有细胞分化的植物化石。蓝细菌的繁盛最终导致自身的衰落,6 亿~7 亿年前叠层石的丰度和形态多样性显著下降,这标志着蓝细菌统治时代将结束。有分化的叶状体植物大量涌现,多细胞后生动物的多样性明显增长。

(3) 显生宙宏体多细胞真核生物的演化

约 6 亿年前,以蓝细菌为代表的微体单细胞生命在生态系统中占据的优势地位逐渐被宏体真核多细胞生物所替代,地球进入显生宙时代。显生宙的主要演化事件是多细胞真核生物的演化。显生宙包括三个代(era),即古生代(Paleozoic)、中生代(Mesozoic)和新生代(Cenozoic)。寒武纪(Cambrian)是古生代的第一个纪。刚刚进入寒武纪,在长约 500 万年的时间里,几乎是突然地出现了许多门类的无脊椎动物和原始的脊索动物。这一次动物类型的快速辐射式演化,称为寒武纪大爆发(Cambrian explosion),在动物演化史上没有哪个时期能与之相比。在寒武纪初期,各大类群的藻类的演化趋势也基本上形成。

在古生代的前三个纪,即寒武纪、奥陶纪(Ordovician)和志留纪(Silurian),所有生物都是水生的。在志留纪末期,4 亿多年前,大气圈氧含量继续上升,达到现代大气氧含量的 10%。地面上空 20~40 km 处的臭氧层已能吸收相当一部分紫外线。加之这一段时间,陆地上升,海水后退,一些地区的海变成低湿平原,形成大大小小的洼地,为生物从水域向陆地发展创造了条件。率先登陆的是苔藓类和无种子维管植物、真菌和节肢动物。维管植物作为生产者,在利用环境中的能量和物质的效率、对环境的适应能力等方面都是蓝细菌或苔藓类所不能比拟的。2.8 亿年前至 3.6 亿年前的石炭纪,在欧亚大陆覆盖着大片主要由高大的无种子维管植物组成的湿地森林。这些森林是地质史上最大的"成煤森林"。无种子维管植物生活史中的有性生殖这个环节还离不开水。人们将无种子维管植物称为植物界的"两栖类"。到了石炭纪末,出现了种子植物。最先出现的是裸子植物,其有性生殖摆脱了对水的依赖,成为完全的陆生植物。维管植物是继蓝细菌之后又一类对环境产生巨大影响的生物,由于维管植物以及海洋中浮游藻类的光合生物的共同作用,大气中氧含量继续上升,臭氧层对紫外线的屏蔽作用进一步加强，CO_2 含量进一步下降，这就为脊椎动物的登陆准备了条件。

脊椎动物从水生到陆生的演化比维管植物要晚一拍。在志留纪的末期，无种子维管植物已开始登陆，这时才出现最早的硬骨鱼。在泥盆纪末，出现了从水生到陆生的过渡性动物两栖类。从鱼类到两栖类，呼吸器官和运动器官发生了适应陆地生活的改变，但有性生殖还必须在水中进行。脊椎动物出现了羊膜卵，才获得在陆地上的繁殖能力。最早具羊膜卵的爬行类出现于3.4亿年前的石炭纪。和裸子植物一样，爬行类是生活史的各个环节都适应了陆地生活的脊椎动物。

到了中生代，裸子植物和爬行类走向繁盛。这是裸子植物和爬行类（更确切说是恐龙）的时代。6500万年前，白垩纪末，恐龙灭绝，物种发生了一次大的更替，地球步入了新生代。这是哺乳动物、鸟类和被子植物占优势的时代。

纵观生物的演化历史，我们可以看到，现今地球表层适合于生命存在的环境条件是长达38亿年之久的生物与地球环境相互作用、协同演化的结果，地球的这种状态仍然靠生物来维持、支持和调控。我们还可以看到：具有相对简单结构的生物类型在生命史上出现较早，具有复杂结构的出现较晚；生物结构越复杂，出现的时间越晚。在生命史早期，生物圈的生物组成相对单调；晚期生物圈的生物，其形态结构上的分异性（多样性），随着生境的扩展而增大。换句话说，从大的时间尺度上看，生物个体结构的复杂性和多样性，呈增长趋势。

需要指出，复杂生命形式的繁荣并未取代微生物在生态系统中的作用，整个生物圈的物质循环和能量流动离不开细菌、古菌以及真核微生物。以碳循环为例，地球空气中50%的 CO_2 是由蓝细菌和硅藻固定的。

13.3.2　地壳板块的移动影响了生物演化

我们脚下的陆地是组成地壳板块的一部分。板块总是以极其缓慢的速度在漂移。在生物学时间尺度里，漂移距离很小，它对环境和生物的影响也很小，可以忽略不计；而在地质时间尺度上，地球上的陆地曾经大合大分，它对环境和生物演化带来的影响不可低估。

早在1912年，德国气象学家和地球物理学家魏格纳（Alfred Wegener，1880—1930）提出大陆漂移学说（theory of continental drift）。他认为，地球上所有陆地曾经连成一个称之为泛大陆（Pangaea）的超级大陆。这个泛大陆后来破裂为若干块，像木排一样漂移到现在的位置，成为如今的几个大陆。魏格纳的假说在当时没有被多数科学家接受。到了20世纪最后20多年，由于积累了大量的材料，多数地质学家、考古学家和生物学家转向支持大陆漂移的观点。

现在知道，地球这个行星有一个薄薄的外层，称之为地壳（crust）。地壳分成若干个巨大的不规则的板块（plate）。陆地是板块上最高的部分。不同板块彼此衔接的界面称为嵴（ridge）。地壳下面是一团炽热的物质，称为地幔（mantle）。由于地幔中的熔岩不断地环流，地壳板块缓慢地不停顿地移动。它不仅使大陆移动，还使两个邻近的陆块碰撞，使山脉升起，在彼此滑动的地方形成火山和发生地震。

寒武纪以来，地球上的陆块经历了分久必合、合久必分的演变。在寒武纪，地球上有4块大的和2块小的陆块，它们彼此相向移动。大约在2.5亿年前，接近古生代的末尾，板块移动使所有大陆连接在一起构成泛大陆。这一次大陆的大融合，给环境带来巨大的影响。海岸线减少了，洋流改变了，海平面降低，许多浅滩消失，在这个超级大陆上出现了沙漠。原先被隔离的生物，现在走到一起，出现了新的竞争。这一切对生物界产生了深刻的影响。

中生代早期，大约在1.8亿年前，泛大陆开始再一次破碎分开。在1.35亿年前，泛大陆分裂成两个陆块：北边的劳亚古陆（Laurasia）和南边的冈瓦那古陆（Gondwana）。在6 500万年前，现代大陆开始成形。然后，在1 000万年前，印度次大陆和亚欧大陆连接，印度–澳大利亚板块和亚欧板块缓慢而持久地挤压形成喜马拉雅山，这是地球上最高和最年轻的山脉。今天，印度–澳大利亚板块已经分裂为二，澳大利亚板块独立于印度次大陆板块（图13.13）。

大陆漂移学说解决了许多化石物种和现生生物分布的难题。澳大利亚动物区系是现今所有动物区系中最古老的区系。它最突出的特点是缺少在现代地球其他地区已占统治地位的胎盘类哺乳动物，即真兽亚纲，而保存着原始的哺乳类——原兽亚纲和后兽亚纲。这种现象是怎样产生的呢？在侏罗纪，哺乳动物演化产生了原兽亚纲（如针鼠鼹和鸭嘴兽）和后兽亚纲（有袋类），它们分布于泛大陆许多地方，向南一直到达南极和澳大利亚。到了晚白垩纪，澳大利亚仍然和南极洲相连，但已经和其他大陆分离。在这以后，在欧亚大陆、非洲等地演化产生了更为适应新环境的真兽亚纲。由

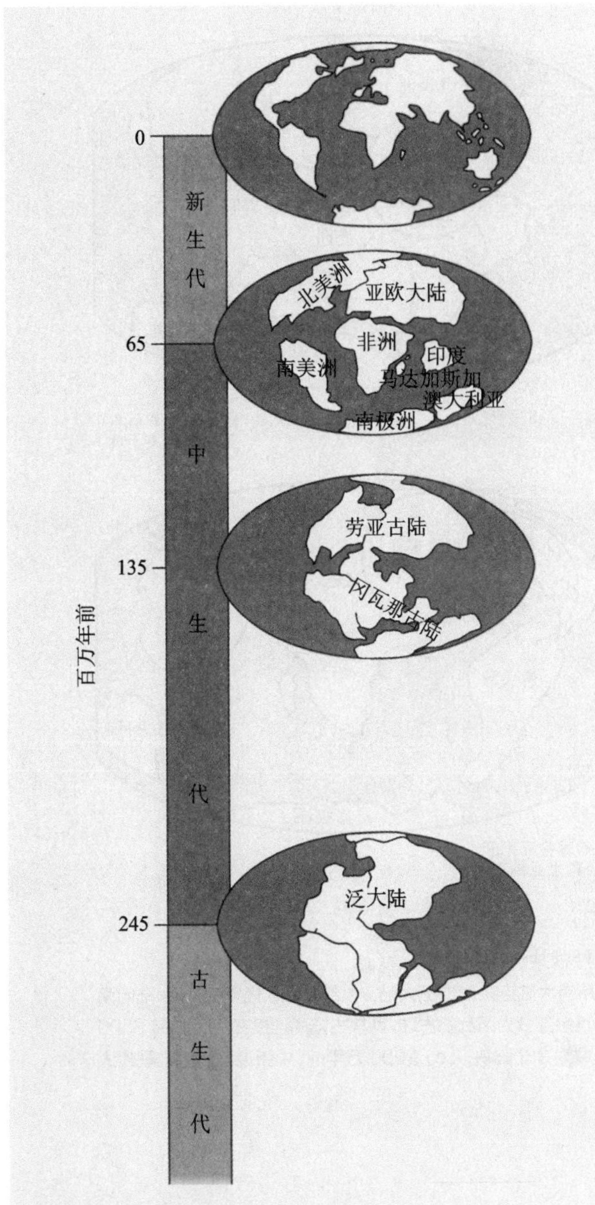

⬆图 13.13 大陆漂移的历史(引自 Campbell 等,2004)

泛大陆在大约 2.5 亿年前形成。在大约 1.8 亿年前,泛大陆开始分为北部(劳亚大陆)和南部(冈瓦那大陆)两块大陆,它们后来分裂成为现代的大陆。印度 - 澳大利亚板块和亚欧板块在 1000 万年前相互碰撞形成世界上最高、最年轻的山脉——喜马拉雅山。虽然并非以使人们眩晕的速度进行,但大陆还在持续漂移着。

于海洋阻隔,它们不能到达澳大利亚和南极洲。到了第三纪,南极洲和澳大利亚分离,南极洲上的哺乳动物灭绝,澳大利亚向北漂移。澳大利亚作为一个隔离的演化区域,一直是原兽和后兽动物的家园(图 13.14)。

13.3.3 集群性灭绝掀开生命史新的一页

当环境发生变化时,原有物种或者朝着适应新的环境条件方向演化,形成新的物种,或者走向灭绝。地球上可利用资源是有限的,物种数量不可能无限地增长。常规性的灭绝总是以一定规模经常地发生着。此外,在地球生命史上也发生过这样的事件:在一个相对短的时间里,有大批物种灭绝,称之为集群性灭绝(mass extinction)。这样的灭绝达 5 次之多。它们依次发生在晚奥陶纪、晚泥盆纪、晚二叠纪、晚三叠纪和晚白垩纪。人们研究得最清楚的是白垩纪末的大灭绝。

从侏罗纪到白垩纪末(6500 万年前),在大约 1.5 亿年的时间里,恐龙是在陆地和空中占优势的动物。然而在白垩纪末的一个相对短暂时间里,除了其中一支作为鸟类延续到现代,其余均归于灭绝。这次集群性灭绝丧失了多于一半的海洋动物和大量的陆地动物和植物。现在多数科学家相信,造成白垩纪末大灭绝的一个重要原因是一次小行星对地球的撞击。

铱是一种在地表岩石中罕见而在许多陨石中常见的化学元素。陨石撞击地球后,其中所含有的铱可能在沉降层中保存下来。1980 年阿尔瓦雷兹(Luis Alvarez)和他的儿子在意大利发现某些地区黏土层中铱的含量很高。他们推测,这是一颗直径 10 ~ 14 km 的小行星撞击地球,产生猛烈爆炸后的沉降物。更奇怪的是,该黏土层恰好形成于地球上发生恐龙集群性灭绝的时候。他们做了一个有划时代意义的猜测:一次小行星对地球的撞击结束了恐龙在地球上的统治。

白垩纪末小行星撞击假说已经得到多方面的支持。最有说服力的证据是在墨西哥尤卡坦半岛(Yucatan peninsula)和墨西哥湾先后发现了撞击坑。地质学家在这里搜寻到多种撞击示踪物。例如,在撞击坑的底部可找到角砾岩,部分抛射出的碎屑重新沉降后形成的微球柱,以及变形的石英晶体等。现在几乎没有科学家怀疑,在白垩纪末期发生过一次大撞击,并成为恐龙灭绝的最重要原因。虽然,并不因此排斥其他因素如火山喷发、地震的影响。

根据模拟推测,如果一颗直径 10 km 的小行星撞进一条海岸线,能产生数千摄氏度的高温和 100 万个标准大气压(1 标准大气压约为 101 kPa)的压力,抛射出约 21 000 km^3 的碎屑。这些碎屑穿过大气层,在几个月的时间里遮天蔽日,使阳光几乎无法到达地面。气温将在长达半年的时间里保持在冰点以下。撞击产生的海啸能掀起高达 90 m 的巨浪,将引发一场 13 级的地震。一瞬间抛射出来的大量污染物——灰尘、二氧化硫和二氧化碳等,使气候发生重大变化,导致众多物种在数千年或更短的时间里走向消亡。小行星和地球碰撞是非常罕见的事件,但一旦发生将会对生物

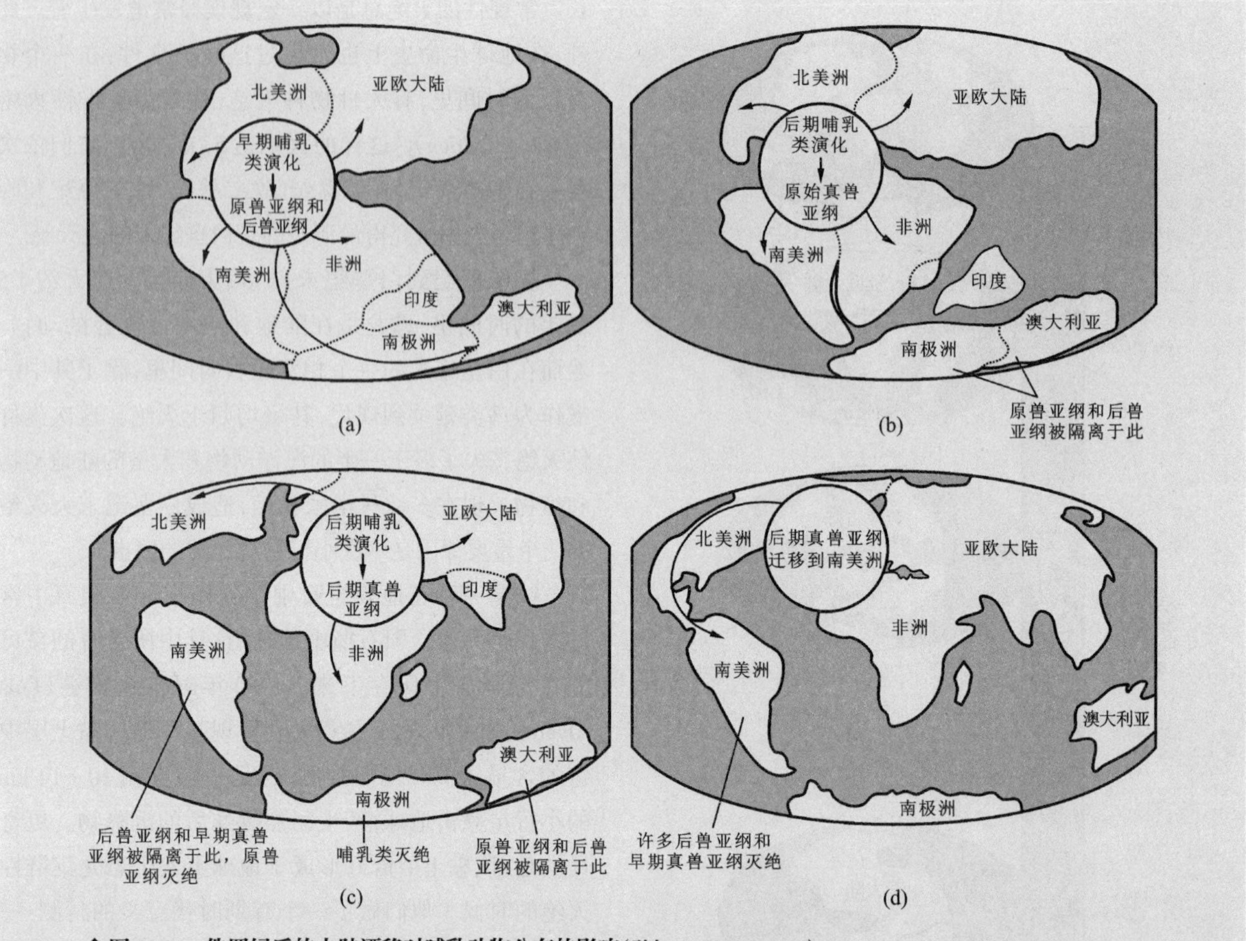

⬆**图 13.14　侏罗纪后的大陆漂移对哺乳动物分布的影响**(引自 Strickberger，1995)

(a) 1.45 亿～1.60 亿年前(侏罗纪)的地球。在 2.5 亿年前，地球上所有大陆连接形成泛大陆。大约在 1.8 亿年前，泛大陆向南北两个方向分裂。在地图上，北美洲和亚欧大陆即为北方的劳亚古陆，其余部分为冈瓦那古陆。两块古陆尚连接在一起。(b) 8500 万～1 亿年前(白垩纪)的地球。两块古陆进一步分离，冈瓦那古陆分裂为 3 个陆块。(c) 2000 万年前(中新世)的地球，现代大陆基本形成。(d) 500 万年前(上新世)的地球，现代大陆完全成形。

的演化产生巨大的影响。

一些科学家一直在搜寻其他几次集群性灭绝的撞击坝石坑和示踪物。人们也获得一些撞击的证据线索，但还没有像白垩纪末期那么有说服力。我们还必须考虑造成大灭绝的其他因素。在古生代和中生代交替的二叠纪末有一次大的集群性灭绝，正值各大陆融合为超级的泛大陆之时，这二者也可能有一定关系。

集群性灭绝对生物界来说是破坏性极强的飞来横祸，但也有创造性的一面。例如，恐龙的灭绝为哺乳类的发展提供了机会。在白垩纪末大灭绝之前，哺乳动物至少已经存在了 7500 万年。然而，那时陆地上的生存空间几乎都被恐龙占据，弱小的哺乳动物无法与之抗衡。哺乳动物在新生代的崛起无疑和恐龙灭绝留下生存空间有关。在每一次大的集群性灭绝之后，接踵而至的往往是生物多样性的一次新的爆发。

当导致集群性灭绝的灾难来临时，一些生物如果具有一些关键性适应性状，使之能耐受集群性灭绝时发生的巨大变化，在其他动物死亡之后仍能生存繁殖，就有可能产生适应性辐射(adaptive radiation)，导致物种数量的激增。该现象是指一个祖先物种适应多种不同的环境而分化成多个在形态、生理和行为上不相同的物种，形成一个同源的辐射状的演化系统。例如，体表有毛发和用乳汁去养育幼崽是哺乳动物独特的性状，在白垩纪集群性灭绝前就演化出来。这些性状使一些哺乳动物逃过了白垩纪末的劫难，成为新生代地球上的优势动物(图 13.15)。羽毛对于鸟类也是如此。当绝大多数恐龙在一个巨大变化的环境中不能生存时，这些性状帮助哺乳动物和鸟类逃避了灭顶之灾而保存了下来。达尔文在加拉帕戈斯群岛上发现的 13 种地雀也是适应性辐射的产物。

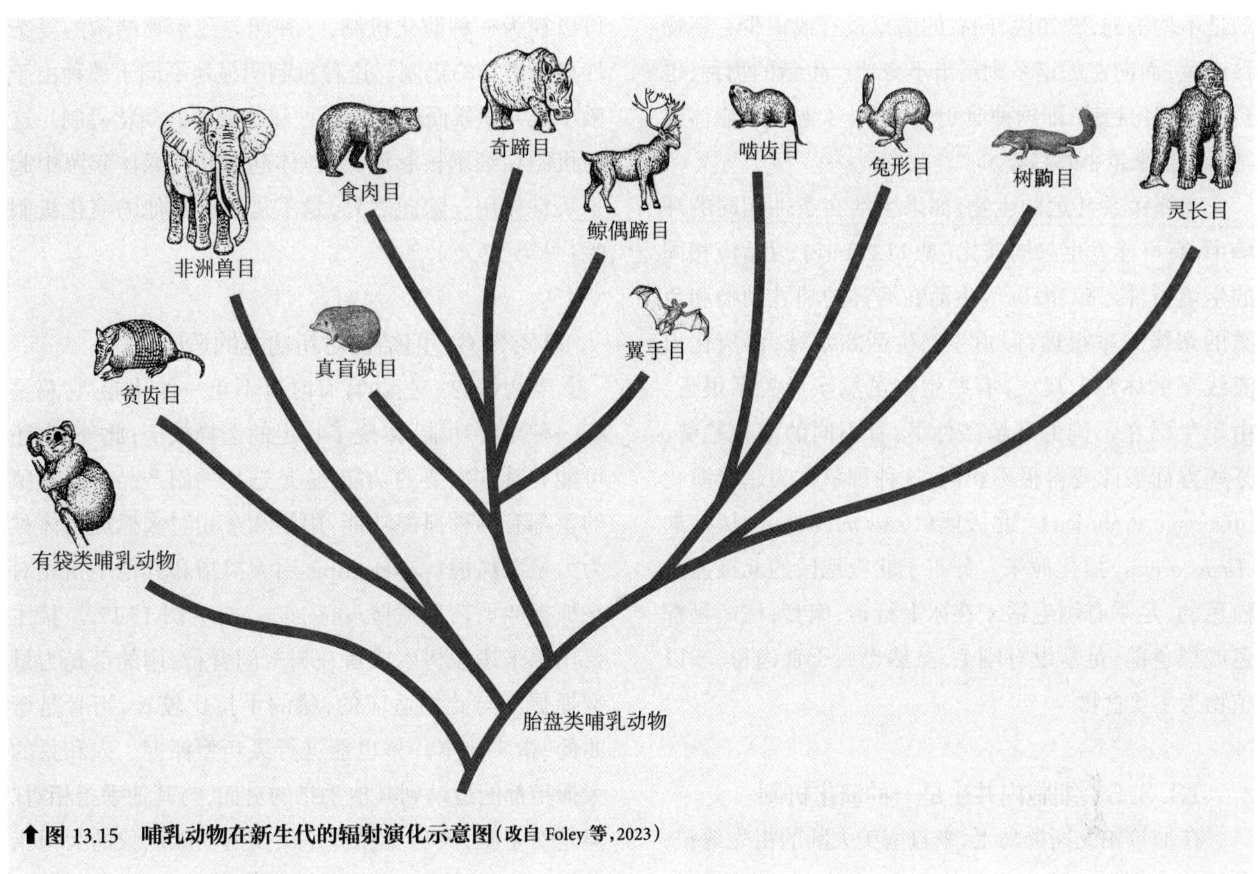

图 13.15 哺乳动物在新生代的辐射演化示意图（改自 Foley 等，2023）

13.3.4 演化趋势是如何产生的

在物种谱系的演化中，化石记录常常显示出某种趋势。例如，在人属演化中，脑容量越来越大而牙齿却越来越小。能人的脑容量为 660 cm^3，直立人的为 935 cm^3，而现代人的则为 1400 cm^3。能人的前臼齿嚼面为 109 mm^2，直立人为 99.3 mm^2，而现代人的只有 69 mm^2。生物演化并没有预定目的或目标，那么，演化趋势（evolutionary trend）是如何产生的呢？

图 13.16 表示一个谱系中物种躯体或某种器官的大小变化趋势的形成过程。分支的每一条横线代表新的物种从亲代谱系演化出来，横线的长短表示新物种比它的直接祖先大多少（向右分支）或者小多少（向左分支）。竖线代表每一个物种存在时间的长短，其盲端代表物种灭绝。自然选择是有方向的，但这种方向不是在生物和环境之间发生相互作用之前被预定的，而是自然选择的结果。一个种群，在每一个世代都可能面临新的选择、新的机遇和新的挑战。不同的种群由于所处环境不同，它们经受的选择压力不同，向适应各自环境的方向演化，形成不同的新物种。新物种的躯体或其器官比之于亲本物种可能增大（向右），也可能出现变小（向左）。假定向左演化的物种灭绝的概率比向右的要高，大部分向左的谱系灭绝了，同时却不断向右演化出新的物种，从而总的趋势是朝向右边的，即躯体和某种器官不断增大。由此可见，在一个谱系中，不同物种之间存在不均等的存活（unequal survival），就能够产生演化趋势。如果存活机会是相等的，物种形成

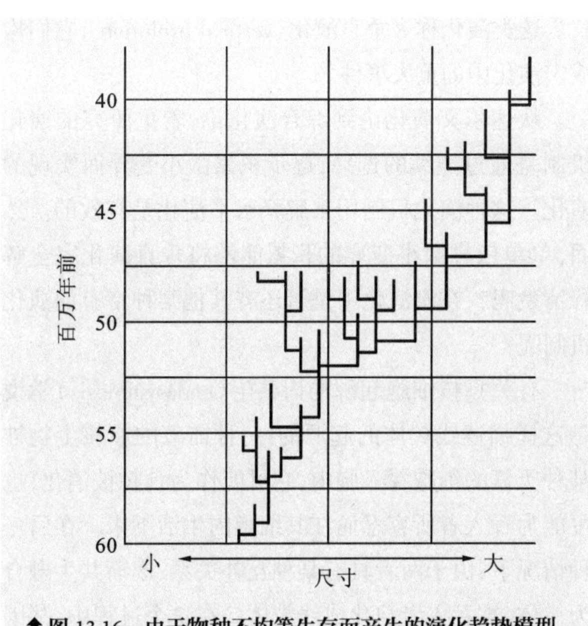

图 13.16 由于物种不均等生存而产生的演化趋势模型

却是不均等的，譬如说，向右的谱系没有或很少有新物种产生，而向左的谱系则层出不穷地产生新的物种，也会呈现演化趋势，即物种演变在总体上会显现出躯体或其器官越来越小的趋势。

亲缘关系甚远的生物，如果生活在条件相同的环境中，有可能发生趋同演化（见 11.2.5 节），以适应相同的生境条件。鲸、海豚等生活在海洋的哺乳动物和鱼类的亲缘关系很远，但由于都生活在水域，都演化出流线型的体型。反之，有些生物虽然亲缘关系很近，由于生活在不同的环境条件下，有不同的演化趋势，某些方面彼此变得很不相同，这种现象称为趋异演化（divergent evolution）。北极熊（*Ursus maritimus*）从棕熊（*Ursus arctos*）演化而来。分布于北极地区的北极熊是白色的，足掌有刚毛适于在冰上行走，肉食；棕熊是棕色或黑色的，足掌没有刚毛，虽然也属于食肉目，却以植物为主要食物。

13.3.5 细胞内共生是一种演化机制

在加拉帕戈斯群岛上，来自南美大陆的祖先地雀，其后代在群岛上适应不同的食物，喙的大小和形状发生了变异，分别演化成 13 种不同的地雀。从一个祖先地雀到 13 种地雀，生物多样性增加了，但其结构的复杂性并没有显著变化。这种演化称为水平演化（horizontal evolution）。一些创新性性状的出现，如真核细胞细胞器的起源，脊椎动物脊索与脊椎骨的起源，维管植物维管系统的起源，两栖类呼吸器官的出现，陆生动物羊膜卵的出现等，它们往往导致生物结构明显呈复杂性增长。这类演化称为垂直演化（vertical evolution），它们构成宏演化中的重大事件。

从达尔文演化论到综合演化论，着重研究的演化机制是通过连续的选择，逐步积累微小变异而实现的演化。这种演化机制用来解释水平演化是有效的。然而，单单依靠微小变异的积累能够将垂直演化完全解释清楚吗？在宏演化中是否还有其他某种特有的演化机制呢？

有关真核细胞起源的内共生（endosymbiosis）学说是这样描述线粒体的起源的：一种需氧的原核生物被某种厌氧的细胞吞入胞内，它可能作为食物被消化，也可能为吞入者所容忍而在其细胞内生活下来。在后一种情况下，由于两者具有某种互补关系，逐渐共生融合为一体，被吞入者演化成线粒体。在这个过程中，基因转移是大量而频繁的，因此这种内共生融合过程完全可以视为一种演化机制，一种能导致生物结构的复杂性显著增长的机制。这种机制明显地不同于那种由于微小变异积累而产生新变种和新物种的演化机制。这种机制在细胞核起源、线粒体起源和叶绿体起源中起了关键作用。除此之外，是不是还有其他的演化机制呢（见第 17 章）？

13.3.6 旧结构对新功能的适应

生物体的一些器官有时有不止一种功能，它总是有一种主要功能，体现了特定的选择效应；此外，它还可能有某些次要的功能，这是选择的副产品。人和猿的手都有两种抓握功能：用指和掌相对来抓握物体称为力量型抓握（power grip），用大拇指和其他手指相对来抓握叫灵巧型抓握（precision grip）（图 13.17）。猿主要用手来攀援树木或者在树冠间臂行，用的都是力量型抓握。与此相适应的，猿的手指比较长，指骨是弯曲的，指尖狭窄。猿也能进行灵巧型抓握。人和猿的大拇指都能运动到其他手指的对面，与其他手指相对。但是对于猿，灵巧型抓握是次要的功能。猿的大拇指是简缩的，猿的灵巧型抓握远没有人那样灵活和精确。与猿形成鲜明对照，人也能做力量型抓握，但已不如树栖的猿那么重要，对人的生存至关重要的是用灵巧型抓握去精确地操作工具。人的手似乎是专门为此“打造”的：人的手短而宽，指骨不再弯曲，指端比较宽，特别是有一个发育良好的大拇指。

当人类祖先从树上走下来，力量型抓握对生存的重要性下降了。他们愈来愈多地应用工具谋生，他们用石刀切开兽皮获取皮下红肉，用石刀削尖木棍去挖掘地下根茎……这些都需要借助灵巧型抓握精确地操作工具。他们不可能等到大拇指变得粗壮了以后再从事这些营生。开始时，他们只好因陋就简地用简缩的

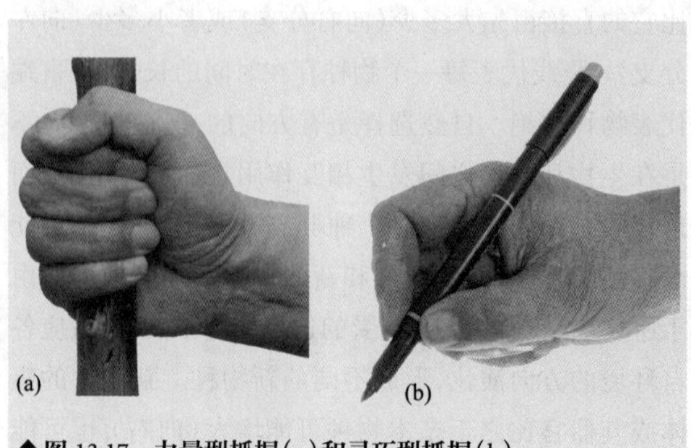

图 13.17 力量型抓握（a）和灵巧型抓握（b）

大拇指去完成这一切。尽管这样做是笨拙的，费劲的，仅仅是勉强可行的。这时，哪怕大拇指稍微粗壮一点，其他指稍微短一点，大拇指的指头和其他指的指头的距离稍微近一点，都会有利于提高灵巧型抓握的效率。由于用灵巧型抓握工具已经成为古人类谋生手段的一个重要因素，这些有利于灵巧型抓握的性状被保存下来，经过长期持续的选择，猿手被“改造”成为人手。

由于环境和动物行为的变化，原先主要适合于某种功能的器官结构，通过自然选择而改变为更好地适合另一种功能的结构，这是一种在演化史中常见的演化革新机制。某些鱼类的鳔，其主要功能是调节身体的密度，同时也具有某种程度的呼吸功能，后来演变成以呼吸为主要功能的器官。鸟类羽毛最初的功能可能是保持体温，后来演化为翅羽，用于飞翔。

器官功能的变化，改变了器官适应性演化的方向，无疑是重要的宏演化事件，古尔德和维芭（E. Vrba）将自然选择所形成的某些特征获得新的功能的过程称为拓展适应（exaptation）。在拓展适应过程可能使结构更好地适合新的需求。有了拓展适应的概念，宏演化中的许多现象可以获得合理的解释。不过需要指出，拓展适应形成的新功能也是在自然选择中形成的，比如鸟的羽毛在飞翔中的作用也是经过长期自然选择而形成的。

13.4 演化与发育

多细胞生物展现出了巨大的形态多样性和复杂性，这些特性都是通过一系列发育过程产生的，这个过程贯穿了生物的整个生命历程。这个过程也在不断地演化，其演化的驱动力和遗传机制一直是生物演化研究领域的重要问题。由此产生了一门生物演化和发育生物学交叉的学科——演化发育生物学（evolutionary developmental biology，简称 evo-devo）。该学科需要整合有关基因、基因表达、发育和演化的知识，从发育和演化两个方面来阐述特定类群中新的形态性状产生的遗传和分子机制及其驱动力，以及它们的适应意义。

13.4.1 编码某些转录因子的基因在发育中起着重要作用

某些转录因子是协调发育的重要因素。如在第 9 章中提到的，同源异形基因编码的就是一类转录因子，它是高度保守的。在信号转导途径上，同源异形基因很小的变化都能改变其下游基因的表达是被激活还是抑制。任何这样的变化都可能使机体的发育产生显著效应。转录因子，特别是同源异形基因编码的转录因子调控着生物的发育。

同源异形基因在植物和动物分化之前就已存在。这些基因编码的蛋白质，接合在其他基因的调节区，激活或者抑制这些基因的表达，调控靶基因在什么时间和什么部位表达。如 *MADS* box 基因家族，其编码蛋白都含有 MADS 结构域，在整个真核生物中都存在。*MADS* box 基因也编码一个 DNA 结合的结构域。植物中的一些 *MADS* box 家族成员决定了花中各个器官的起始和发育（详见 22.3.1）。

13.4.2 发育机理和发育的变化

发育的改变有两种主要类型：异时性突变（heterochrony mutation）和同源异形突变（homeotic mutation）。由于遗传突变，发育事件在时间上发生变化，称为异时性。一个异时性突变能改变植物从幼体转变为成体的时间。一个决定开花的基因发生突变，能导致植物提前数月或一年多的时间开花。同源异形突变则改变了基因表达的空间分布型。如双胸复合体基因的突变，使两个翅的果蝇变成四个翅的果蝇。需要说明的是，除了同源异形基因外，其他转录因子基因也能引起同源异形突变。

转录因子调节的变化是发育变化的重要原因。转录因子调节发育基因表达的一般进程是：首先是编码转录因子的基因转录和翻译形成转录因子；转录因子在靶基因的调节区与 RNA 聚合酶结合形成转录复合体，启动发育基因的转录，再经过翻译表达为蛋白质。在这里，任何方面发生变化都可能对发育造成影响。如果转录因子发生变化，就不可能很好地和靶基因结合，原来的发育途径将会终止。或者，改变了的转录因子结合到其他的靶基因上，开始另外的发育事件。这些都可能对表型产生重大影响。

转录因子调节区序列也可能发生改变。它将导致在调节区形成的转录复合体发生改变，从而使基因表达的时间或位置受到影响。在这种情况下，下游的靶基因可能是相同的，但靶基因表达的细胞或者表达的时间可能变化。这样也可能对表型产生重大影响。

信号分子和转导途径的变化是发育改变的另一个重要原因。从第 9 章我们已经知道，确定果蝇胚胎前 - 后轴的发育事件，是从卵细胞和滤泡细胞之间的信号转导开始的。具体地说，一个细胞产生的蛋白质，作为信号分子，到达另一个细胞与其上的受体结合，启动细胞内的信号途径直到靶基因的表达。一个稳定不变的信号分子对于细胞之间的通信是非常重要的。假如信号分子的结构发生轻微变化，它可能不与它的靶受体结合，或者结合到不同的受体上，结果就发生遗传变化。在信号分子上的小的变化也能使与它结合的靶受体发生改变，使后续的信号转导途径发生变化，最终使表型发生变化。

下面我们将举一些具体的例子，来说明发育的机理是如何改变的，以及结果是什么。一般说来，由于发育机理方面的变化而引发的形态上的变化往往很大而且产生很快，不大可能提高适合度，而是造成致死或不育的后果。但也有可能因适应特定的环境或需求而被自然选择或人工选择所保留。

13.4.3 花椰菜和绿菜花的花序变化源于一个终止密码子

甘蓝（*Brassica oleracea*）这个物种是特别迷人的，因为其成员表型的多样性非常丰富，它们被分成若干亚种。野生甘蓝、羽衣甘蓝、树状羽衣甘蓝、红甘蓝、绿甘蓝、芽甘蓝、绿菜花和花椰菜都属于这个物种。这些品种有的开花早，有的开花晚；某些茎长，某些茎短；某些仅形成少量的花，另外一些如绿菜花和花椰菜有很多"花"，但这些花在正常情况下均不能产生种子。

这个使人迷惑不解的现象，部分原因归之于基因 *CAL*，它首先是在与甘蓝亲缘关系密切的拟南芥（*Arabidopsis thaliana*）上发现的，是由一个古老基因重复后分化产生的两个基因之一。另外一个基因突变形成 *Apetalal* 基因。*CAL* 和 *Apetalal* 一起，使拟南芥的总状花序突变成具有一团败育的花分生组织或花芽的类头状花序。在甘蓝类群中的这两个同源基因都与花的形成有关。当它们缺失时，花序分生组织不断形成分枝产生了一个大的类头状花序，但其中所有的花都是败育的。

科学家已经从大量的甘蓝亚种中克隆出 *CAL* 基因，并且在绿菜花和花椰菜 *CAL* 的编码序列中发现了一个点突变，正是这个点突变，使一个编码氨基酸的密码子转变成终止密码子，使得该蛋白质的翻译提前停止，结果形成大量不育的生殖枝。序列比对表明，这个提前出现的终止密码子出现在绿菜花和花椰菜的共同祖先中。经过人工选择，这个祖先演化成两种蔬菜作物：花椰菜和绿菜花（图 13.18）。

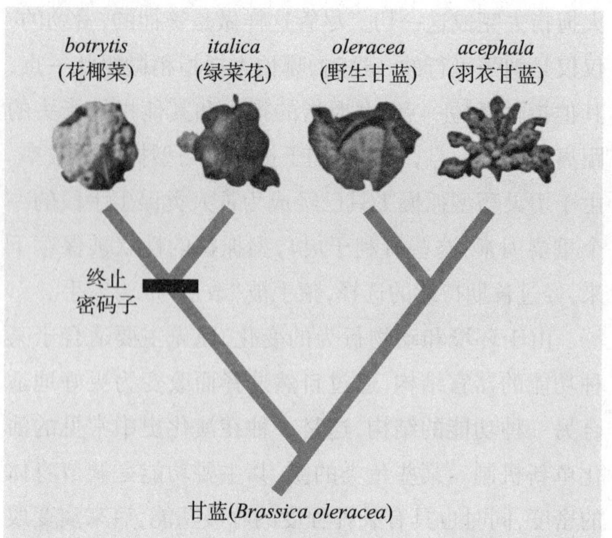

图 13.18 花椰菜和绿菜花的演化

一次点突变，使一个编码氨基酸的密码子变成终止密码子，结果形成大量不育的生殖枝，经人工选择成为两个栽培的甘蓝品种。

13.4.4 基因重复与趋异演化

基因重复（gene duplication）是基因组中非常常见的现象，基因组加倍、不均等基因重组、转座子的活动等都能造成基因重复。重复基因为生物演化提供了新的材料，使生物发育产生新的模式成为可能。重复基因功能分化的演化过程是分子演化领域的重要研究内容。

在被子植物起源之前，*MADS* box 基因经重复产生了 *PI* 和 *PaleoAP3* 基因。在原始的被子植物中，这些基因控制雄蕊的发育。这个功能以后一直被保存下来。在真双子叶植物中，有一个演化支在花瓣的发育上有自己独立的起源，它包括苹果、番茄、拟南芥等物种。如图 13.19 所示，这个演化支与罂粟科分开之后，*PaleoAP3* 经重复产生了两个 *AP3* 基因，这已经在基因组水平上被辨认出来。实验表明 *AP3* 演化出了控制花瓣发育的功能。*AP3* 对于雄蕊和花瓣的发育都是必需的。缺少了 *AP3*，该演化支植物的雄蕊和花瓣的发育都异常，造成了雄蕊败育。

这个例子说明，通过基因重复后产生具有新功能的基因，是推动生物趋异演化的因素之一。

13.4.5 四肢的发育和转录调节的改变

大部分四足动物有四肢，两个后肢和两个前肢。鸟类的前肢是翅膀，人类的前肢是手臂。诚然，各种脊

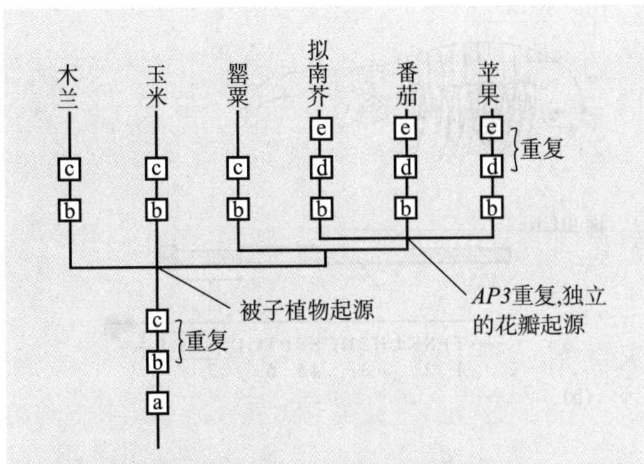

图 13.19 通过基因重复而实现的花瓣的演化

在被子植物起源之前,*MADS* box 基因经重复产生了 *PI* 和 *PaleoAP3* 基因。包括苹果、番茄、拟南芥等物种在内的演化支在与罂粟科产生分歧以后,*PaleoAP3* 重复产生了两个 *AP3* 基因。实验证明,*AP3* 具有控制花瓣发育的功能。a:祖先基因;b:*PI*;c:*PaleoAP3*;d-e:*AP3*。

椎动物的四肢各自演化出了其特定的结构和功能,但它们有一个共同的演化起源,这是一种同源异形现象。

在遗传层次上,人和鸟两者都是 *Tbx5* 基因在发育中的前肢芽体上表达,*Tbx5* 是编码一类转录因子的基因家族的一员,肢体的形成需要 *Tbx5* 编码的蛋白质去启动一个靶基因或几个靶基因。如果在人体中 *Tbx5* 基因发生突变,则会罹患 Holt-Oram 综合征,导致前肢和心脏畸形。

现已发现,在鸟类和人类肢体发育过程中,Tbx5 蛋白结合了不同的靶基因。如图 13.20 所示,在古老的四足动物中,Tbx5 蛋白仅仅和一个靶基因结合,并启动它的转录。而在鸟类和人中,Tbx5 蛋白分别和三个不同的靶基因结合,并启动它们的转录。在 *Tbx5* 功能演化过程中,不同类群中 *Tbx5* 基因的编码序列发生了相应的变化。

13.4.6 Ubx 蛋白 C 端的变化与昆虫的演化

六足的果蝇是昆虫纲动物,多附肢的卤虫是甲壳纲动物。大约在 4 亿年前,从拟甲壳纲的节肢动物祖先演化出昆虫。在这个过程中,同源异形基因中的超双胸基因(*Ubx*)的一个功能发生变化。在卤虫等甲壳纲动物中,*Ubx* 不抑制胚胎胸部附肢的发育;而在果蝇及其他昆虫中,*Ubx* 强烈地抑制胚胎附肢的发育。

分析卤虫和果蝇 Ubx 蛋白的序列后发现,卤虫 Ubx C 端 29 个氨基酸中有 7 个是丝氨酸或者苏氨酸。不仅如此,在节肢动物中,所有已知对胚胎附肢缺少抑制功能的 Ubx 蛋白,其 C 端都有多个丝氨酸或苏氨酸。反之,果蝇及所有昆虫的 Ubx 蛋白 C 端都没有丝氨酸或苏氨酸(图 13.21)。

为了查明卤虫和果蝇 Ubx 在抑制胚胎胸部附肢

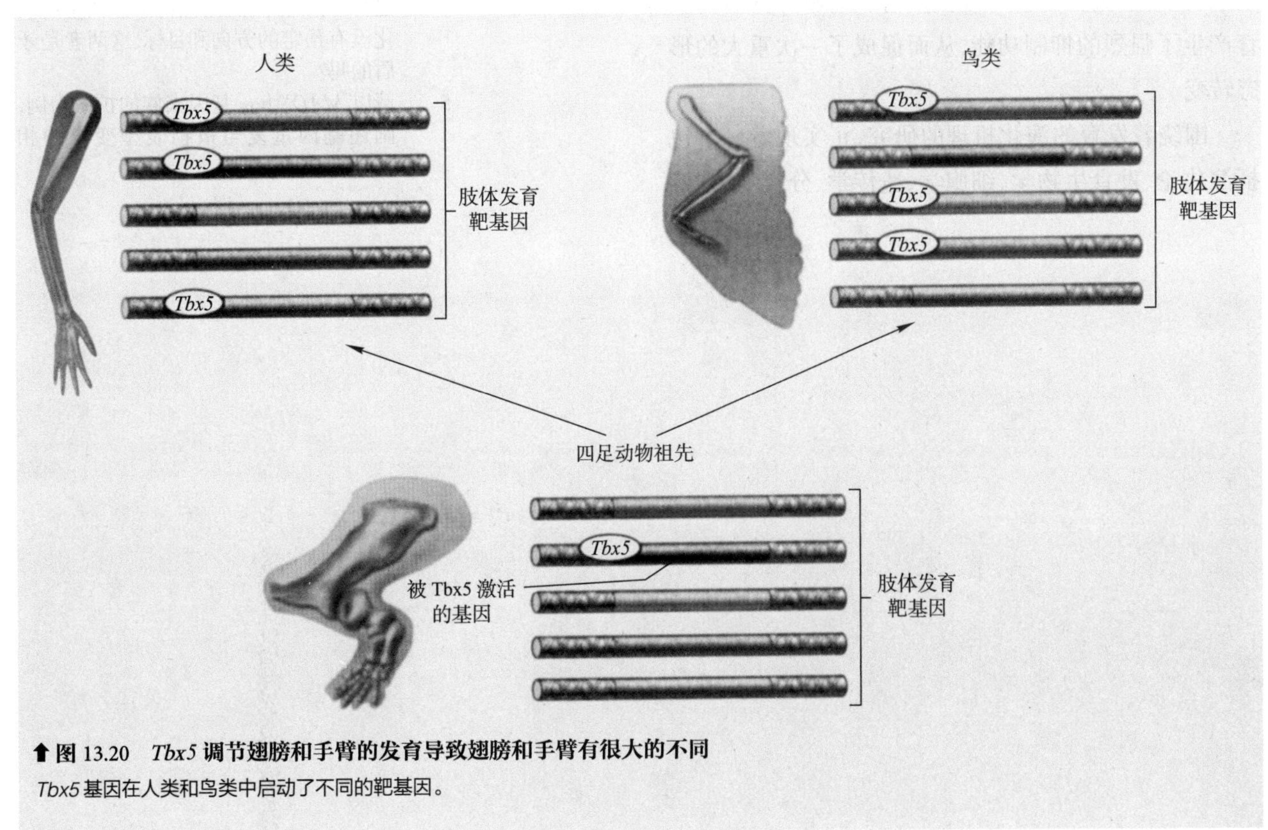

图 13.20 *Tbx5* 调节翅膀和手臂的发育导致翅膀和手臂有很大的不同

Tbx5 基因在人类和鸟类中启动了不同的靶基因。

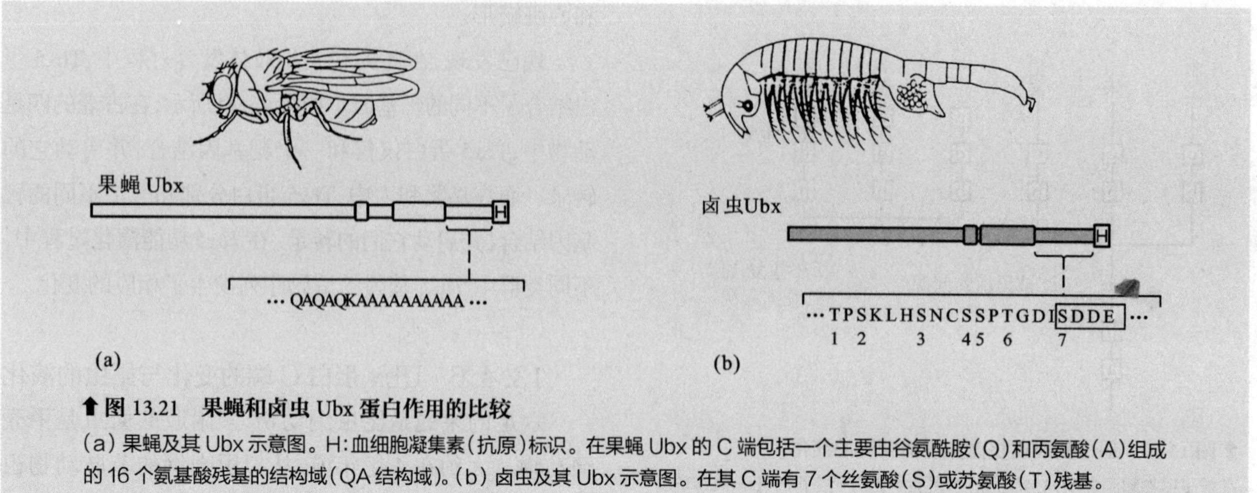

图 13.21　果蝇和卤虫 Ubx 蛋白作用的比较

(a) 果蝇及其 Ubx 示意图。H: 血细胞凝集素(抗原)标识。在果蝇 Ubx 的 C 端包括一个主要由谷氨酰胺(Q)和丙氨酸(A)组成的 16 个氨基酸残基的结构域(QA 结构域)。(b) 卤虫及其 Ubx 示意图。在其 C 端有 7 个丝氨酸(S)或苏氨酸(T)残基。

上功能的不同与其氨基酸序列的关系,科学家以果蝇胚胎作为实验材料,用转基因的方法,让卤虫和果蝇的 Ubx 蛋白在果蝇胚胎中表达。实验结果表明:卤虫 Ubx 蛋白对胚胎附肢没有或很少有抑制作用,如果切除其 C 端,或者把它的丝氨酸和苏氨酸置换掉,就有了较强的抑制能力。果蝇的 Ubx 蛋白对胚胎附肢有较强的抑制能力,如果把它的 C 端置换成卤虫的 C 端,抑制作用就会显著降低。

根据上述实验推断,历史上某种甲壳纲的祖先物种,由于其 Ubx 蛋白 C 端的丝氨酸和苏氨酸为其他氨基酸所取代,突变了的 Ubx 蛋白对胚胎胸部附肢的发育产生了强烈的抑制功能,从而促成了一次重大的形态转变。

围绕着发育的演化机理的研究,正实现着一个包括演化论、发育生物学、细胞学、遗传学、分类学、系统学等学科的大综合。这将给演化发育生物学带来更多更大的进展。

思考题

1　20 世纪 50 年代分子生物学的兴起对宏演化和生物系统发育的研究产生了何种影响?

2　印度的动物、植物和邻近的南亚地区动物、植物有很大不同。试从地球板块移动方面作出解释。

3　已经测出一块火山岩含有 0.99 g Ar 和 3 g 放射性 ^{40}K。^{40}K 的半衰期为 13 亿年。该岩石是在何时形成的?

4　一方面化石记录往往表现出某种演化趋势,另一方面演化生物学强调生物演化没有预定的方向和目标,这两者是矛盾的吗?

5　请以 *MADS* box 基因家族的扩张为例,阐述基因重复与植物表型变异的相关性。

14 重构生命之树

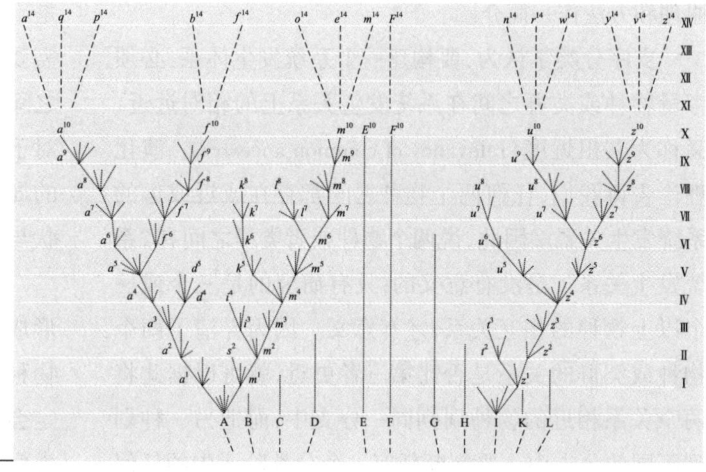

达尔文生命之树

这张图是达尔文的手绘图，在《物种起源》发表之前绘制，并作为插图放在该书的第四章中，简单地展示了一个属中物种的起源、演化和灭绝。

达尔文在《物种起源》的第四章用树的形态和生长来形容生命之树（Tree of Life），即那些连续生长的枝条代表了现生的物种，而那些盲枝则代表了在长期演化过程中灭绝了的物种；在每个生长季节，所有新生枝条都试图向各个方向萌生出新的枝条，去抑制其周围的枝条，就像物种之间进行着的相互竞争。达尔文生命之树原理的基本点就是所有的生命形式源自一个共同的祖先（参见 11.1.2 节）。现在越来越多的证据表明了这个观点是正确的，人们利用这个原理可以追溯生物类群的起源，重建其演化历史，从而形成了生物演化的一个分支——系统发生学（phylogenesis）。

14.1 演化理论赋予分类学新的目标

通常意义的分类学（taxonomy）是一门对生物进行识别、鉴定、描述、命名和归类的学科。分类学的任务有两个：第一是物种的识别、鉴定、描述与命名；第二是归类和建立分类系统，即给每一个被鉴定的物种在分类系统中安排一个合适的位置。

达尔文以前的分类学以物种不变论为指导思想，生物分类同图书分类编目、商品归类之间没有什么本质上的不同。林奈的逐级归类系统并不是为了揭示物种间的演化关系，而是为了便于识别、记录和整理自然界形形色色的物种。

达尔文的演化理论给分类学带来了新思想，分类的目标也随之发生了改变。从演化的角度来看，同一分类群的物种具有某些共同特征是由于它们来自共同祖先。这些物种之间存在着或近或远的亲缘关系。

在演化理论的指导下，分类学突破了传统的范畴，衍生出一个新的学科——系统学（systematics）。系统学的任务在于比较研究生物所有可用于分类的特征，包括解剖学、胚胎学、生理学、分子生物学以及化石记录等方面的材料，建立可以反映生物类群演化历史的分类系统。与分类学和系统学密切相关的另一个分支是系统发生学，该分支的主要研究内容是通过各种方法分析各类生物之间的亲缘关系，推断其演化历史，试图尽量真实地重现生物类群的起源、演化过程中发生的一些事件，以及它们的演化历史。分类学、系统学和系统发生学相互交叉、相互重叠，彼此密不可分。

14.2 系统发生树的构建

20 世纪中期，一些演化生物学家和分类学家努力探索生物分类的原理和方法，他们用统计学方法重建生物类群的系统发生关系（phylogenetic relationship），用图形来展示这种关系，即系统发生树（phylogenetic tree）。如美国生物学家 Robert Sokal（1926—2012）和英国生物学家 Peter Sneath（1923—2011）将形态学特征数值化，创立了数值分类（numerical taxonomy）。德国昆虫学家和系统学家亨尼基（Willi Hennig，1913—1976）创立了支序分类学（cladistics）。下面对支序分类学的原理和方法作一简介。

支序分类学认为，要构建一个系统发生体系，必须考量物种或类群之间在系统发生关系上的相对远近，又称为共祖近度（relevancy of common ancestry）。演化理论告诉我们，任何两个物种之间都存在或近或远的系统发生关系。因此，说两个物种或者类群之间有"系统发生关系"，是没有意义的；只有研究的是三个或三个以上物种的相互关系，才有意义。因为弄清了两个物种或类群的关系是否比第三者更近，就可以据此将两个关系相近的物种划到同一分支中，而把另一种划到不同的分支中。要判断任何一个分类阶元中的任何一个类群，是自然的或客观的，还是人为的或主观的，其方法之一就是要看同一个类群中物种之间的系统发生关系是否比类群以外的物种要近：如果是，就是自然类群；否则，就是人为类群。

传统的分类学根据表型特征识别和区分物种，并根据形态相似性逐级归类，以构建一个分类系统。可以说，它们是根据形态相似性来考量物种之间的共祖近度的。然而，不同生物之间的形态相似性，究其来源，往往并不相同。传统分类学并不特意地区分不同类型的相似性，并在归类时予以区别对待。而支序分类学则认为，不能简单地、不加分析地用种间的形态相似性作为考量系统发生关系的依据。形态相似性可被区分为趋同现象、共祖征（symplesiomorphy）、共衍征（synapomorphy）三种类型，其中只有共衍征才能被用作考量系统发生关系的依据。

趋同现象所造成的相似性不是同源的相似性。第11章中我们曾谈到有袋类动物和有胎盘动物之间的趋同现象。例如，有袋类的袋鼯和有胎盘类的鼯鼠，在前后肢之间均有宽大的飞膜，适应在树枝间滑翔，彼此十分相似。假如我们据此把袋鼯和鼯鼠划归为一个类群，那么，在这个类群中袋鼯和鼯鼠之间的系统发生关系，比起袋鼯和其他有袋类如袋鼹之间的关系不是更远，而是更近，但实际情况恰恰相反。因为究其起源，袋鼯源自有袋类的共同祖先，而鼯鼠则起源于有胎盘类的共同祖先；在系统发生上，袋鼯应该与同是起源于有袋类共同祖先的袋鼹更近，而不是与起源于有胎盘类共同祖先的鼯鼠更近。因此，由袋鼯和鼯鼠组成的一个类群不是自然的类群，而是人为的类群。

某些演化学家认为，在构建物种系统发生关系时，把趋同现象排除之外，就不再是传统的分类学工作而是系统学工作了。支序分类学认为，做到这一点仍然是不够的。共祖征和共衍征都是同源相似性，我们还需要对它们进行分析。演化理论告诉我们，各种生物之间的差异是由演化进程中性状变化而产生的。所以，对于研究系统发生关系有意义的不仅是各种生物之间的异同程度，更重要的是它们之间一致的和分异的性状与先前性状的关联。

一个物种的部分种群，经过异域的或同域的物种形成过程，产生了一个新的物种。如图14.1所示，从物种a中产生了物种b。后者作为一个新的物种，必定会有一些新的衍生性状（derived character），支序分类学给它起了一个专门术语：衍征（apomorphy），而物种b所保留的许多与物种a共享的原有性状则称之为祖征（plesiomorphy）。物种b再一次分化形成新的物种，即现生种B和C。物种B和C都具有物种b的衍征。其中，物种C又具有新的独特的衍征，称为自衍征（autapomorphy），并以此和物种B分开。祖先种a的另一部分种群则分化为现生物种A。三种现生物种A、B、C成为我们进行系统发生关系分析的对象。

如何根据祖征和衍征来判断A、B、C三个现生近缘种的关系呢？经过分析可以看到，物种B和C有一个共同衍征，而物种A没有这个衍征。据此，可以把物种B和C同物种A分开，分属两个不同的分支，即物种B、C和物种A为两个姐妹分支。物种B、C有共同衍征（衍征1），表明它们有一个最近共同祖先物种b，这个已不存在的物种b具有物种B和C的所有祖征和共衍征，B和C是从b分化出的姐妹分支；物种C有一个特有的自衍征（衍征2），把它和物种B分开。至此，我们厘清了现生物种A、B、C的全部系统发生关系（图14.1）。

以人、黑猩猩、猕猴、狒狒和叶猴为对象，应用支序分类学的原理和方法进行类群的划分。这五个物种同

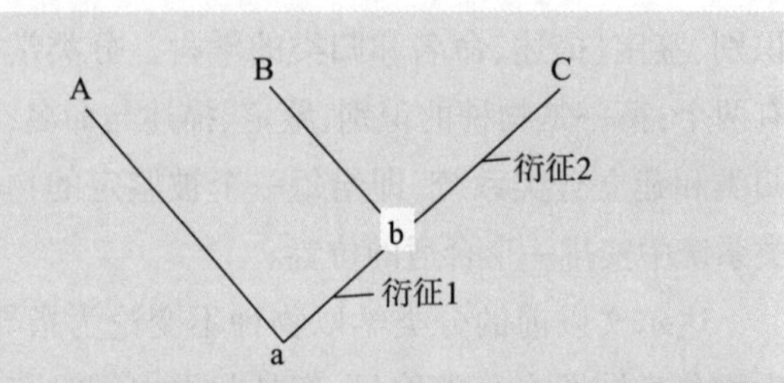

⬆图14.1　分支系统与衍征

物种A、B、C是三个现生的近缘种。在把握了它们之间一致的和分异的性状之后，衍征1为物种B、C的共衍征，而物种A没有这个特征，据此将物种B、C和物种A分为二个姐妹分支。衍征2是物种C的自衍征，据此可判断物种B和C是从共同祖先物种b分开来的姐妹分支。

属灵长目、简鼻猴亚目、狭鼻猴小目。它们有两个共同衍征:外鼻进一步简化,两个鼻孔之间只有一个很窄的鼻中隔;牙齿比其他的简鼻猴少一个前磨牙。它们是一个自然的演化支。我们现在的任务是分析这一个大的演化支是如何进一步分化的。

对这五个物种进行支序分析的第一步是列出它们之间有差异的性状。只要是解剖学、行为、分子结构、化石记录上的比较可靠的材料都可以使用。这里,为了简单明了地说明问题,仅仅使用了5个容易观察到的解剖性状。

在表14.1中所列的每个性状,正好都各有两种状态。例如“尾”这个性状,有“有”和“缺”两种状态。下一步要确定哪种状态是祖征,哪种状态是衍征。在支序分析中,常常用参照外类群(out group)的方法。所谓外类群,是所研究对象以外的一个类群,一般要与所研究的对象有较近的亲缘关系,最好更古老些。因此,外类群具有的特征代表了祖征。有外类群的系统发生树称为有根树(rooted tree),而无外类群的树称为无根树(unrooted tree)。在这里,我们选狐猴作为外类群。狐猴属于曲鼻猴亚目,该亚目中物种的化石出现得比简鼻猴亚目中的物种要早。狐猴是有尾的,因此可以确定上述五个物种的共同祖先是有尾的,有尾是祖征,无尾是衍征;狐猴没有颊囊,因此没有颊囊是祖征,有颊囊是衍征;等等。

第三步是寻找哪几个物种具有共衍征。狒狒、猕猴、叶猴有一个共衍征:下面的磨牙是4个而不是5个。这个共衍征把它们连接起来形成一个演化支,而把它们同人与黑猩猩分开。这表明狒狒、猕猴、叶猴有一个共同分支点,代表它们的最近共同祖先。再看人和黑猩猩,它们有两个共衍征:无尾和有宽的胸廓。人和黑猩猩也因此连接成一个演化支。现在,我们将五个分类对象分成两个演化支:一支是狒狒、猕猴和叶猴,一支是人和黑猩猩。在狒狒-猕猴-叶猴演化支中,狒狒和猕猴有一个共衍征:有颊囊,又彼此连接成一个小

表14.1 五种灵长类动物的支序分析(引自Jolly,1995)

性状	人	黑猩猩	狒狒	猕猴	叶猴	祖先状态
①尾	缺	缺	有	有	有	有
②下磨牙齿尖	5	5	4	4	4	5
③胸郭形状	宽	宽	窄深	窄深	窄深	窄深
④颊囊	缺	缺	有	有	缺	缺
⑤骨盆	短宽	长窄	长窄	长窄	长窄	长窄

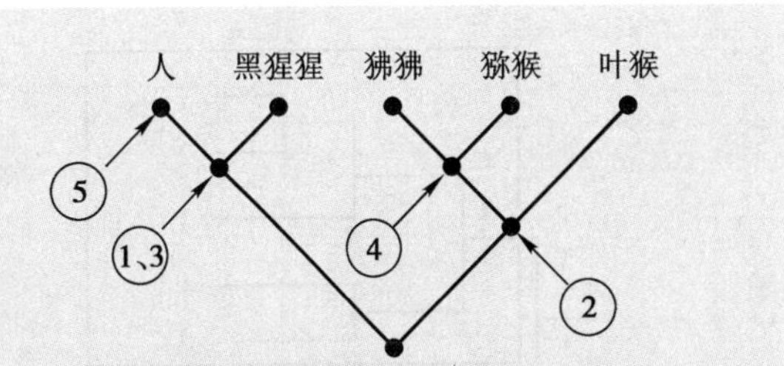

图14.2 五种灵长类动物的支序图(引自Jolly,1995)
图中分支点上所注数字即为表14.1中所列性状序号。

的演化支,并同叶猴分开。在人-黑猩猩演化支中,骨盆短而宽是人的衍征,它把人和黑猩猩分开。根据以上分析我们就可以绘制出这5种分析对象的支序图(cladogram)(图14.2)。用支序分析的方法推断的支序图,又称系统发生树,是有方向的。这是因为可以用外类群来确定祖征,祖征在前,衍征在后;共衍征在前,自衍征在后。因此,支序图不仅能够反映物种在谱系发生中的系统发生关系,而且能够反映它们在起源时间上的先后。

14.3 单系类群、并系类群和多系类群

根据祖征和衍征等特性构建的系统发生树,除了能展示各个物种、类群或生物大分子之间的亲缘关系,还能告诉我们什么其他的信息?

如上节所述,判断一个类群是否自然,可以看这个类群中各个成员之间的亲缘关系与类群以外成员的亲缘关系的远近。因此,在构建系统发生树时一般都会选择一些所要研究类群之外的物种作为外类群。从系统发生树的分支顺序来看,这些外类群将最先从树上分出来。举例来说,要重建现代人类的系统发生树,一般选黑猩猩为外类群,因为现在普遍认为这两个物种拥有一个最近的共同祖先,且黑猩猩较现代人类更古老。

我们也可以通过有根树来判断一个类群是否属于自然类群。科学家对一个类群进行研究时,他们一般都希望这个类群是一个自然类群,即单系类群(monophyletic group)。单系类群是由一个最近共同祖先及其衍生的所有后代所组成,图14.3a中的1~5就是一个单系类群,它们是其最近共同祖先A衍生出的所有后代;包含所有现存和已灭绝成员的单系类群又称冠群(见11.1.2节)。图14.3b中黑框之内的类群就是并系类群(paraphyletic group),即一个类群起源于一个最

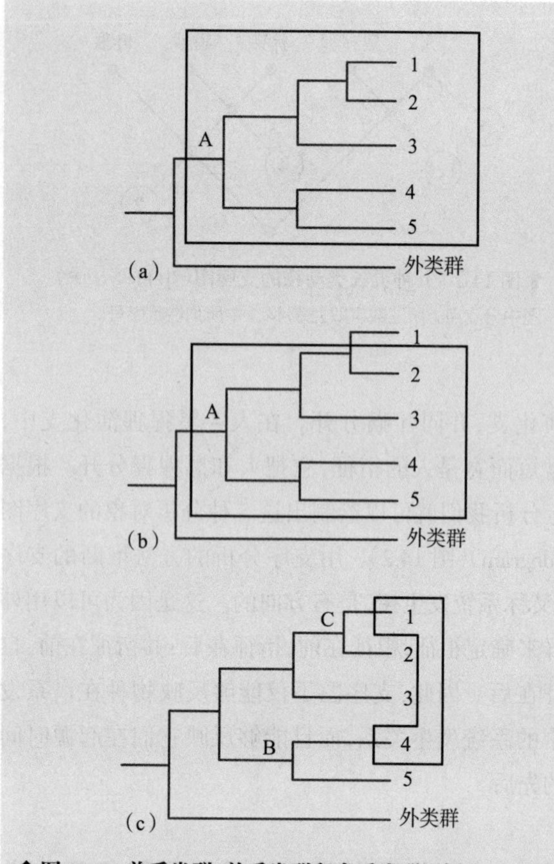

⬆图 14.3 单系类群、并系类群和多系类群图解
(a)系统发生树图示,最先分出的一支为外类群,黑框内的成员组成一个单系类群,它包含了最近共同祖先A及其衍生的所有后代(1~5)。(b)黑框内的成员(2~5)组成了一个并系类群,它们来自一个最近的共同祖先A,但没有包括这个祖先衍生出来的所有后代。(c)黑框内的成员(1和4)为多系类群,它们分别来自不同的最近共同祖先B和C。

近共同祖先A,但却没有将这个祖先衍生的所有后代都包含在内,而将成员1排除在外了。而来自两个或两个以上最近共同祖先衍生的后代组成的类群则为多系类群(polyphyletic group)(图 14.3c)。一般认为并系类群和多系类群都不是自然类群。特别是多系类群,之所以能组在一起,是因为其成员有些共同的特征;如图 14.3c,将1和4组成一个类群,可能因为一些特征是这2个成员所共有的,但这些特征分别由其最近的共同祖先B和C分化产生。从演化的角度来说,这些特征是趋同演化的结果,也就是说,这些特征在演化过程中独立地发生了多次。

14.4 重建系统发生面临的挑战

随着分子生物学和基因组技术以及数据分析方法的发展,用于重建系统发生关系的数据迅速增加,分析的物种数量也在不断增加,建立能够反映真实演化历史的系统发生树的难度也随之增加。当涉及3个物种时,只有3种可能的演化树,涉及4个物种时,就有15种可能的演化树,当涉及10个物种时,可能的演化树的数量是34 459 425个!所以现在的系统发生分析都是由计算机运行特定的程序来完成的。这些方法我们在第10章进行了介绍,总的来说,有多种统计学方法可以用于重建系统发生树,通常使用的方法被分为三大类:距离法(distance method)、最大简约法(maximum parsimony method)和最大似然法(maximum likelihood method)。距离法是通过性状(可以是形态性状,也可以是核苷酸或氨基酸的序列)成对排列后经计算得出一个距离矩阵,距离最短的类群聚在一起,依此类推而获得系统发生树。简约法中最常用的是最大简约法,建立在简约性的原理之上,即首先选择用最简单步骤获得的合理结果(系统发生树):如果用物种的形态特征构建系统发生树,那么需要性状变化最少的演化树就是最简约的,也就是最佳的系统发生树;如果用DNA或氨基酸序列构建系统发生树,那么需要最少碱基或氨基酸改变而获得的系统发生树就是最简约的,也就是最佳的系统发生树。最大似然法是首先建立演化模型,用模型去比较可能的系统发生树,然后将最有可能产生现有数据的树确定为最佳系统发生树。

无论用什么方法构建系统发生树,其目的都是从系统发生树获得各个分类单元之间的系统发生关系,最终厘清整个生物界的演化关系,即构建生命之树。生命之树有两大要素,一是分类单元之间的演化关系,二是各个分支点发生的时间。所以构建包括所有生物类群的生命之树是一个巨大的挑战。不仅是物种的代表性、计算方法、数据的异质性等问题,还有选择什么样的DNA或蛋白质分子的问题。比如用DNA数据构建系统发生树时,我们假定后代的DNA来自亲代(父母),即DNA传递的方向是纵向的。然而,现代生物学研究发现,水平基因转移(horizontal gene transfer)在自然界普遍发生,即一段DNA从一个物种转移到另外一个物种。因为有水平基因转移,一个物种可以快速获得某种性状,在自然选择中获得一定的优势。但在利用DNA数据构建系统发生树时就会发生采用不同基因得到不同的系统发生树的现象。还有一个问题就是两个物种杂交后形成了新的物种,这个现象在植物中非常普遍,杂种含有来自父本和母本双方的性状,选用不同的性状或不同的DNA片段也可能会得到不同的系统发生关系。如何解决这些问题，都是研究重建生物系统发生关系时所面临的挑战。有关生命之树，我们在后面的章节中还会继续讲述。

思考题

1 重构生物的系统发生所依据的科学原理是什么?

2 有根树和无根树分别可以说明什么演化问题，为什么?

3 根据分支顺序和化石记录，鸟类和鳄鱼的关系较近而同蜥蜴和蛇的关系较远，这个现象为什么会给分类学带来难题?

4 是否可以用化石物种和现生物种混合构建系统发生树，为什么?

5 为什么现在科学家倾向于选择用基因组的数据来构建生物的系统发生树?

IV 生物多样性的演化

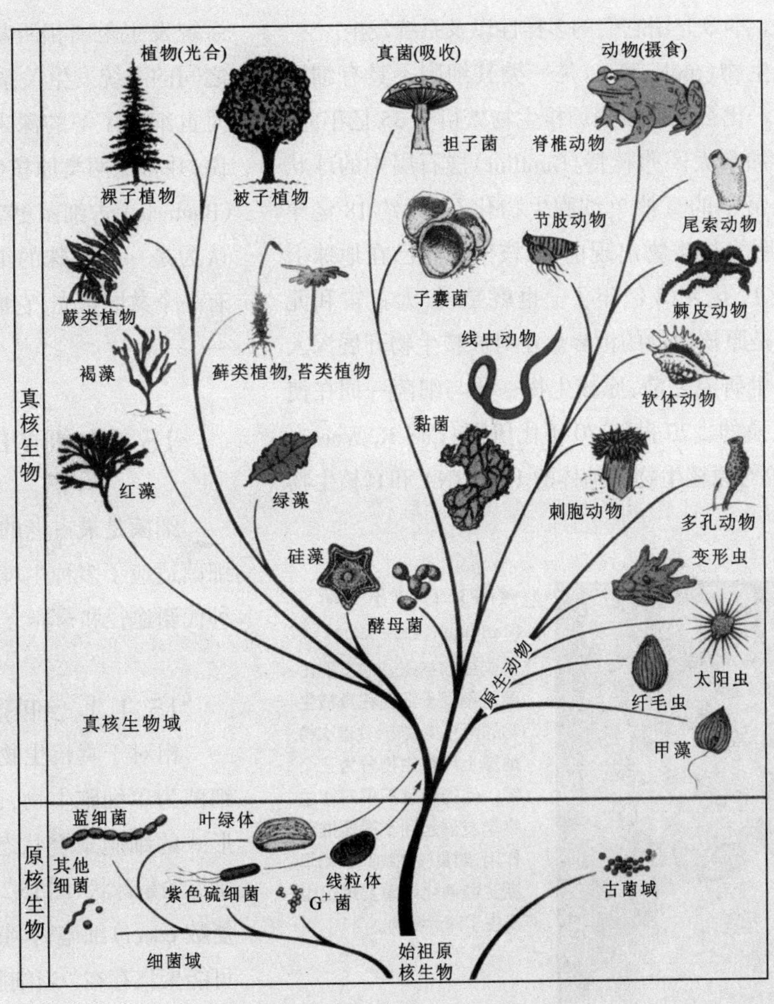

植物(光合)
真菌(吸收)
动物(摄食)
裸子植物
被子植物
担子菌
脊椎动物
尾索动物
节肢动物
子囊菌
棘皮动物
蕨类植物
线虫动物
褐藻
藓类植物,苔类植物
软体动物
黏菌
真核生物
红藻
绿藻
刺胞动物
多孔动物
硅藻
变形虫
酵母菌
原生动物
太阳虫
纤毛虫
真核生物域
甲藻
蓝细菌
叶绿体
原核生物
其他细菌
线粒体
紫色硫细菌
G+菌
古菌域
细菌域
始祖原核生物

15 原核生物多样性

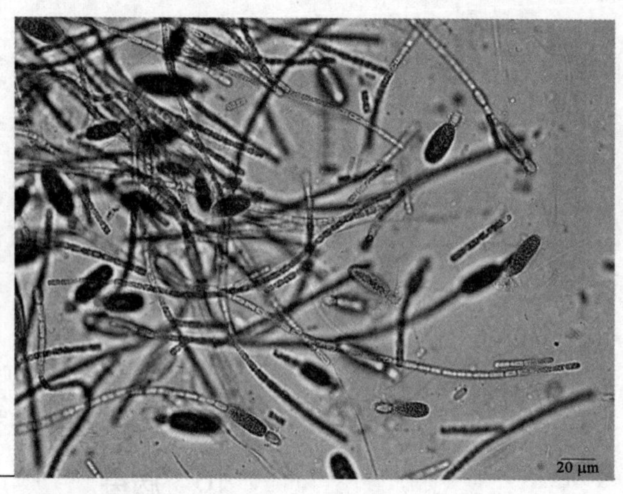

柱胞藻，一种蓝细菌

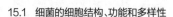

蓝细菌是原核生物中的一个大类群，它们以太阳能为能源进行光合作用。一些蓝细菌（如柱胞藻）还可以进行固氮作用。

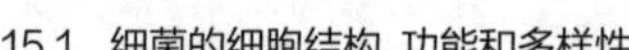

在 20 世纪，原核生物与细菌被认为是同义词。随着研究不断深入，人们了解到原来所指的原核生物其实包含了两个系统发生上距离相差巨大的类群——细菌和古菌。本章介绍它们的多样性以及系统发生。

原核生物（prokaryote）是一类其细胞不具有细胞核的生物。化石证据表明原核生物繁衍于 35 亿年前。而发现于加拿大冈弗林特（Gunflint）燧石层中的球状微生物是最早的真核单细胞生物化石（大约 18 亿年前），这表明真核生物出现前，原核生物就已在地球上独领风骚 17 亿～18 亿年了。也就是说，太古宙和元古宙时期是原核生物的世界。在对原核生物开展深入的系统发生研究之前，原核生物一词与细菌一词在使用上是互换的。20 世纪 70 年代伍斯（Carl R. Woese，图 15.1）等对原核生物核糖体的 16S rRNA 和真核生物核糖体的 18S rRNA 序列比较后发现原核生物分为两大类，一类称为真细菌（Eubacteria），另一类称为古细菌（Archaebacteria）。这两类原核生物都同真核生物的系统发生距离相距甚远。更令人吃惊的是，它们彼此之间的系统发生关系也相距甚远。随着研究的深入和对古细菌了解的深入，伍斯等人提出了生物的三域假说，并将这两类原核生物重新命名，真细菌更名为细菌（Bacteria），古细菌更名为古菌（Archaea），以避免古菌被认为是一种特殊的细菌。不过，因为这两类原核生物有一个共同祖先，它们之间存在不少相似之处。

⬅图 15.1 卡尔·伍斯（Carl Woese，1928—2012）
美国生物学家。他发现古菌是不同于细菌和真核生物的第三类生物，并首次将地球上所有生物分为三个域。他的贡献不仅对微生物学发展起到了重要推动作用，对真核生物起源和早期生命演化等重要理论也产生了深远影响。

15.1 细菌的细胞结构、功能和多样性

细菌是最古老的生物之一，在漫长的演化过程中，细菌适应了多种生境，演化出形形色色的形态结构、多种代谢途径和营养方式。

15.1.1 细菌的形态、细胞膜和细胞壁

相对于真核生物，细菌的形态简单很多。大多数细菌为单细胞生物，也有细菌为多细胞丝状体或其他形式的细胞聚合状态。细菌的形态多样（图 15.2），最常见的是球状（图 15.2a）和杆状（图 15.2b）。球菌（coccus，复数 cocci）细胞为圆球形或椭圆形，可以单独存在，也可能聚集存在。当细胞分裂面始终保持在一个分裂面，分裂后子细胞不分离开，细菌就呈链球状，如肺炎链球

菌(*Streptococcus pneumoniae*);如果分裂面是随机的,分裂后细胞不分离开,就会形成葡萄串一样的形态,如引起感染的金黄色葡萄球菌(*Staphylococcus aureus*)。杆状细菌的长度远大于宽度,称为杆菌(bacillus,复数bacilli)。多数杆菌为单细胞细菌,但也有成对和成链状的杆菌。在分子生物学实验中常使用的大肠杆菌(*Escherichia coli*)就是杆菌。此外,呈弧形的弧菌(Vibrio)(图 15.2c)和呈螺旋状的螺旋体(Spirilla)(图 15.2d)也常见。除了细胞的形态变化多样,细菌的细胞大小也变化很大,最小的细胞直径不到 0.1 μm,而最大的细菌(*Epulopiscium fishelsoni*)细胞长度达到 0.5 cm,肉眼可见。

细菌细胞同所有细胞一样,有细胞质膜。质膜将细胞质与外界环境隔离开来,同时又保证细胞同环境有正常的物质与能量交换(见第 3 章)。细胞质膜外是细菌的细胞壁。与植物的细胞壁不同,细菌的细胞壁主要由肽聚糖(peptidoglycan)构成。肽聚糖的"聚糖"部分由经过修饰的糖分子以共价键聚合而形成的多聚体大分子构成,多聚体大分子之间由短肽连接,形成一个稳定的网状结构。溶菌酶就是因为它可以降解肽聚糖层而起到"溶菌"作用的。细胞壁肽聚糖层的主要作用是对细胞起到保护作用,它对维持细胞形态和防止细胞因渗透压而破裂也十分重要。细菌可以根据革兰氏染色(Gram staining)而分为革兰氏阳性菌和革兰氏阴性菌。革兰氏染色方法是根据发明人丹麦科学家 Hans Christian Gram 而命名。这个染色方法简单而实用,一直使用至今。染色时,先用结晶紫和碘液染色,水洗后用乙醇脱色,然后用其他染料如番红复染。镜检结果为紫色的细菌为革兰氏阳性,结果为红色的细菌为革兰氏阴性。染色颜色不同的原因是这两类细菌的细胞壁结构不同(图 15.3)。革兰氏阳性菌的肽聚糖层较厚(图 15.3a),而且位于细胞壁的最外层;革兰氏阴性菌细胞壁的肽聚糖层较薄,在肽聚糖层外还有一层双脂层膜,称为外膜(outer membrane)(图 15.3b)。革

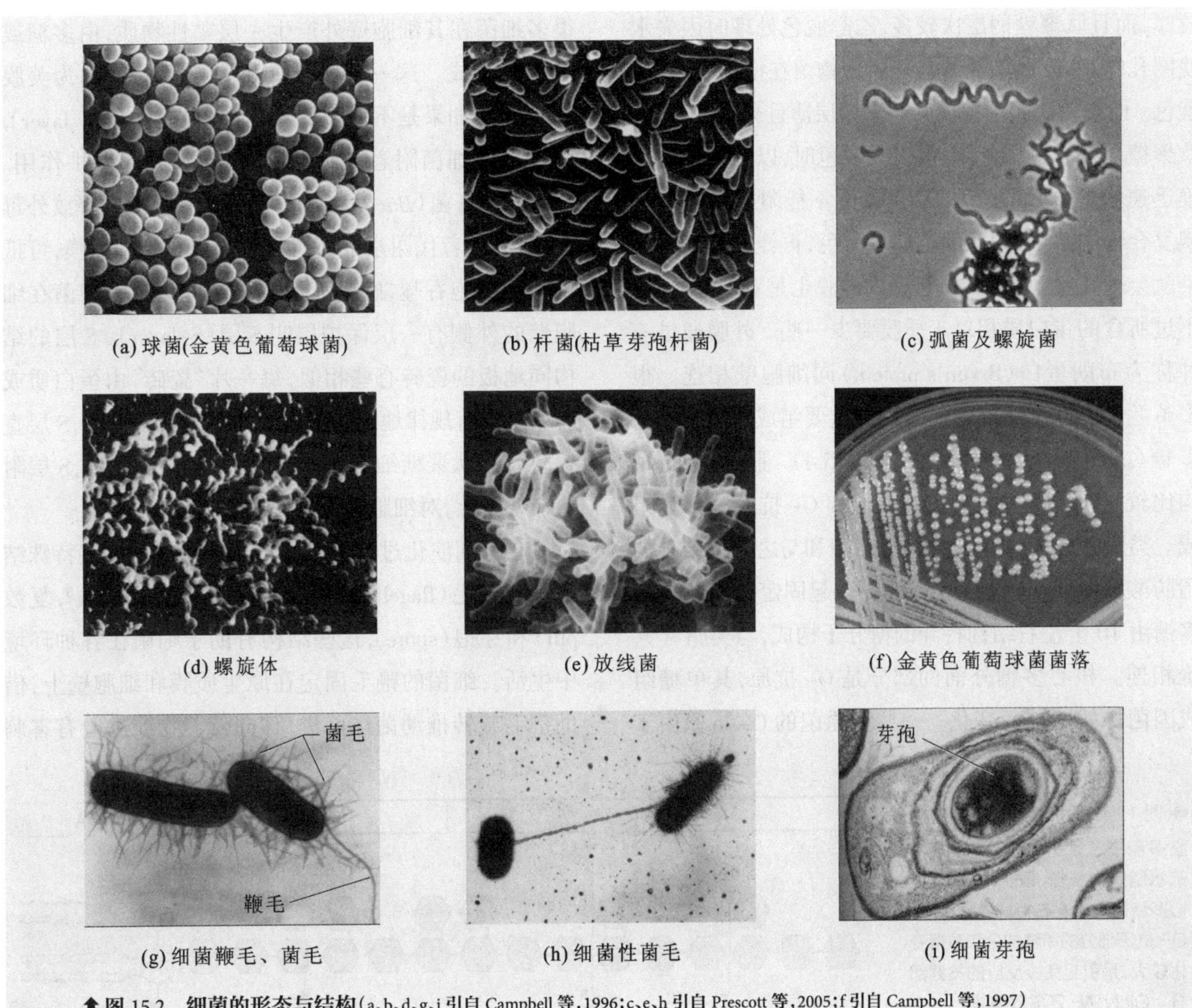

图 15.2 细菌的形态与结构(a、b、d、g、i 引自 Campbell 等,1996;c、e、h 引自 Prescott 等,2005;f 引自 Campbell 等,1997)

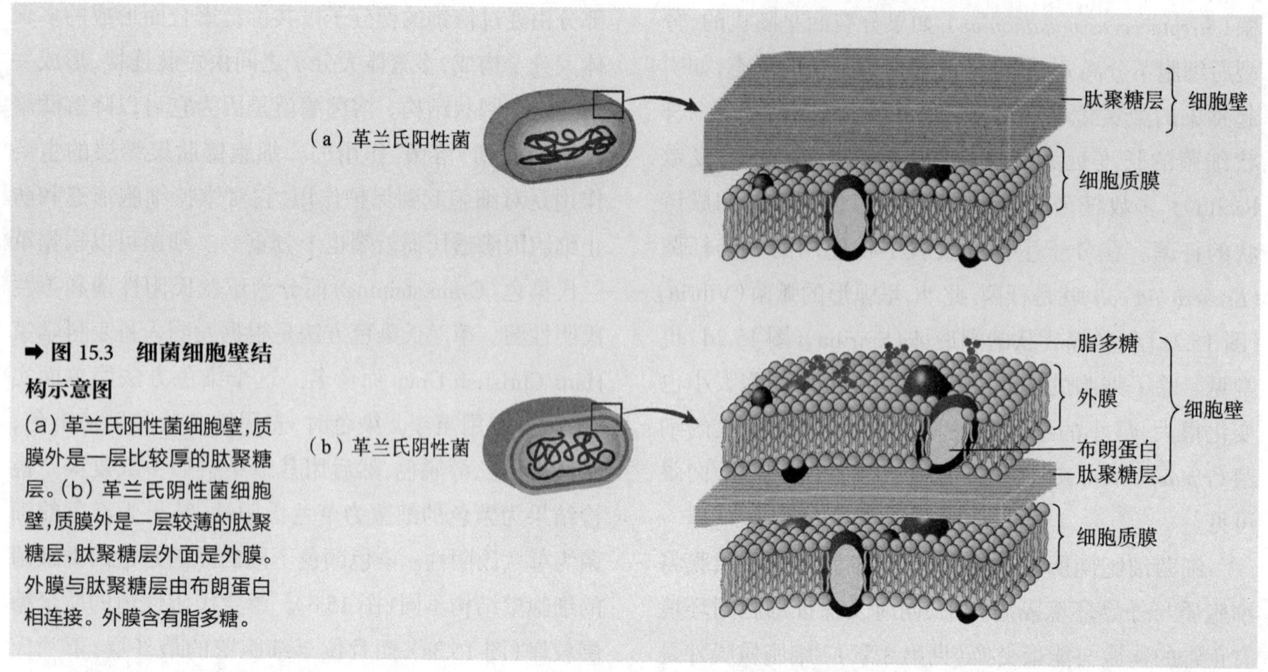

➡图 15.3 细菌细胞壁结构示意图

（a）革兰氏阳性菌细胞壁，质膜外是一层比较厚的肽聚糖层。（b）革兰氏阴性菌细胞壁，质膜外是一层较薄的肽聚糖层，肽聚糖层外面是外膜。外膜与肽聚糖层由布朗蛋白相连接。外膜含有脂多糖。

兰氏染色中，结晶紫和碘在细胞壁内形成了不溶于水的结晶紫与碘的复合物。革兰氏阳性菌由于其细胞壁较厚，而且肽聚糖网层次较多，乙醇脱色处理时因失水使网孔缩小，因此结晶紫与碘复合物留在壁内，使其呈紫色。而革兰氏阴性菌因其肽聚糖层薄且交联度不高，肽聚糖层外有一层外膜，所以在脱色时，以脂为主的外膜迅速溶解，薄而松散的肽聚糖网不能阻挡结晶紫与碘复合物的溶出，因此脱色后呈无色，再经红色染料复染就会呈红色。革兰氏阴性菌的外膜也是双层脂质膜，不过所含的蛋白质相对于质膜要少一些。外膜通过一种称为布朗蛋白（Braun's protein）同细胞壁相连。很多革兰氏阴性菌的外膜还有一种重要组成成分——脂多糖（lipopolysaccharide，LPS）（图 15.4）。脂多糖的结构比较复杂，由类脂 A、核心多糖和 O- 抗原三部分组成。类脂 A 含有两个修饰的葡萄糖和与之共价结合的脂肪酸。脂肪酸长链埋于外膜内，起固定作用。核心多糖由 10 个左右结构特异的糖分子构成，与类脂 A 共价相连。核心多糖外面的部分是 O- 抗原，其单糖组成因菌株的不同而变化。一些病原菌的 O- 抗原由于可以诱发宿主的免疫反应而得名。脂多糖不仅可以让外膜的结构更为稳定，也可以防止有害物质进入细胞。很多细菌在其细胞壁外产生一层黏性物质，由多糖或蛋白质组成。这一层物质如果是定型的就称为荚膜（capsule），如果是不定型的就称为黏质层（slimy layer），可以帮助细菌附着在物体上，也对细胞起保护作用。炭疽芽孢杆菌（*Bacillus anthracis*）可在血液中释放外毒素，造成患者代谢紊乱而休克致死。它具有荚膜，可抵抗巨噬细胞吞噬，感染人后不易治疗。很多细菌在细胞壁的外侧有一层保护层叫 S 层（S-layer）。S 层的结构同地板的瓷砖有些相似，每一片“瓷砖”由蛋白质或者糖蛋白有规律地组构而成。在革兰氏阳性菌，S 层直接附着在肽聚糖细胞壁上，而在革兰氏阴性菌，S 层附着在外膜上，对细胞起保护作用。

在长期演化过程中某些细菌还形成了一些特殊结构——鞭毛（flagellum，复数 flagella）、菌毛（pilus，复数 pili）和芽孢（spore），这些结构有助于细菌在各种环境中生活。细菌的鞭毛固定在原生质膜和细胞壁上，借助鞭毛旋转推动菌体前进，移向营养物或逃避有害刺

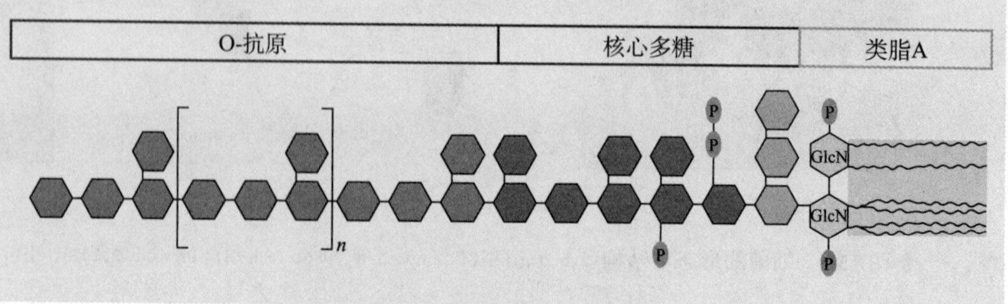

➡图 15.4 脂多糖的结构

脂多糖由三部分构成：类脂 A 含疏水脂肪酸长链，埋于外膜中；核心多糖由十个左右特殊多糖组成；O- 抗原部分的单糖成分和数量变化较大，是引起免疫反应的关键部分。GlcN：*N*- 乙酰葡糖胺。

激（见图 15.2g）。菌体表面有比鞭毛短、直、数目多的菌毛（见图 15.2g），帮助细菌黏附在人和动物的肠壁上或流水中石头的表面。而执行“交配”功能的菌毛称为性菌毛（sex pili）（见图 15.2h），可将两个细菌结合在一起进行遗传物质传递。有些细菌在生活史的一定阶段产生特殊结构的休眠体，称芽孢（见图 15.2i）。芽孢壁厚，有抗干燥、抗热、抗辐射、抗化学药物等特性，使细菌能在恶劣环境下存活，某些芽孢甚至可保持休眠状态几个世纪。

15.1.2 细菌的细胞质和染色体

细菌的细胞质相对于真核细胞的细胞质要简单一些，它没有生物膜包被起来的细胞器，所以没有明确的分区。不过细菌的细胞质不是一个均一的系统。随着观察研究方法的进步，很多细菌细胞质的细微结构被逐步揭示出来，使人们认识到细菌细胞质其实比以往想象的更复杂。有一些细菌细胞质含有内膜系统，比如蓝细菌的细胞质含有由单层膜围成的扁平囊结构——类囊体（thylakoid），是蓝细菌进行光能吸收和光合电子传递的场所。几乎所有细菌细胞质都有某种形式的内含体（inclusion，也称包涵体）。内含体可以是某种形式的储藏物质，也可以是行使特殊生物学功能的一种结构。储藏内含体（storage inclusion）包括糖原颗粒（glycogen inclusion）、聚羟基烷酯颗粒[polyhydroxyalkonate（PHA）granule]和多磷体（polyphosphate granule）。这类内含体经常是在一种营养物供应充足而另外的营养物供应不足时出现。糖原为葡萄糖多聚体。聚羟基烷酯是一类聚合物的总称，其中以聚羟基丁酸酯（PHB）最为常见。因为聚羟基烷酯可以被用于合成生物可降解塑料，所以这类物质不仅是微生物领域的热点研究对象，也是工业生产中备受关注的化学原料。多磷体是细胞在磷供应充足时合成的磷酸聚合体，在细胞需要时可以分解释放，作为合成核酸等化合物的原料。细胞中另外一类内含体具有特殊功能，称为微隔室或者微室（microcompartment）。已经发现的几种微隔室有几个共同特征，它们一般为体积较大的多角形体，外面是一层蛋白质构成的外壳，内部是起催化作用的酶。目前研究最多也是了解得最清楚的是羧化体（也称羧酶体，carboxysome）（图 15.5）。羧化体是固定 CO_2 的场所，广泛分布于光合细菌，如蓝细菌。羧化体的直径在 100 nm 左右，它有数种外壳蛋白构成严密的外壳。与外壳蛋白相连的是碳酸酐酶，将 HCO_3^-转化为 CO_2。因为外壳阻止 CO_2 的扩散，所以羧化体起到浓缩 CO_2 的作用，其内部的 CO_2 浓度较高。羧化体含有大量 1，5- 二磷酸核酮糖羧化酶 / 加氧酶（Rubisco），能有效地将 CO_2 固定形成三碳糖而进入卡尔文循环（见 4.4 节）。除了上述的内含体，一些细菌还有某些特殊而有趣的内含体，如磁小体（magnetosome）和伪空胞（gas vesicle）。磁小体在一些磁场感应细菌的细胞质里出现，由一系列微小的磁铁颗粒沿细胞骨架蛋白构成的网络呈线性排列，帮助细胞在磁场中定向。伪空胞是一些光合细菌调节细菌在水体中上下浮动的内含体，由很多柱状气泡囊紧密排列组成。每一个气泡囊的壁含气泡囊蛋白，这种蛋白质平行排列而形成一个内部含有

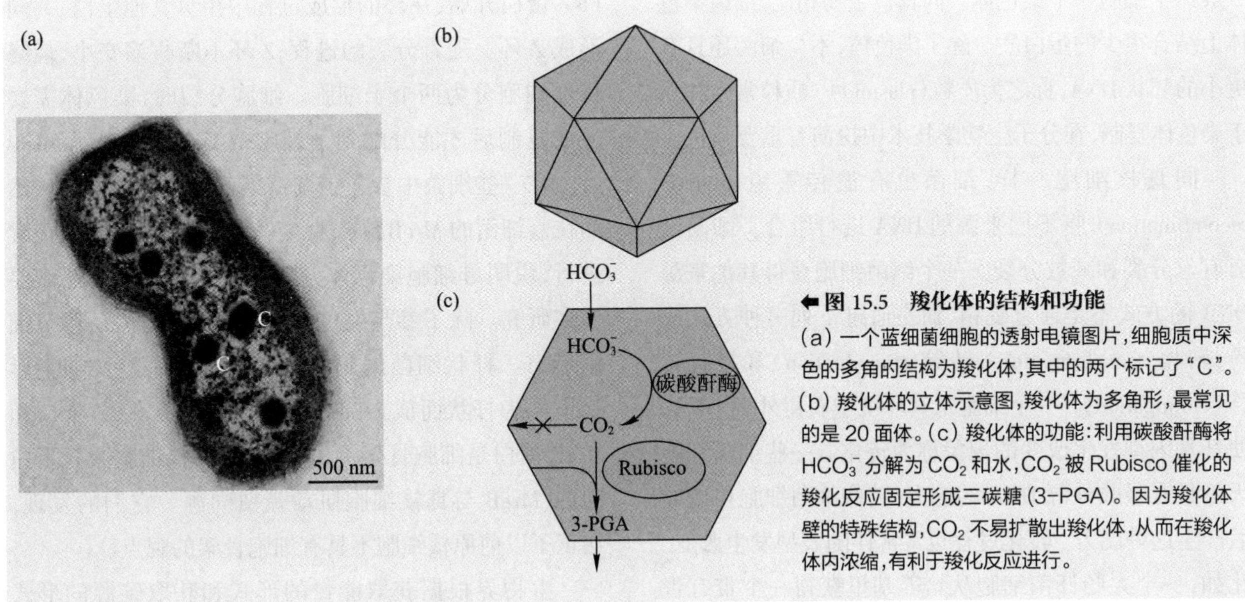

⬅ **图 15.5 羧化体的结构和功能**
（a）一个蓝细菌细胞的透射电镜图片，细胞质中深色的多角的结构为羧化体，其中的两个标记了“C”。（b）羧化体的立体示意图，羧化体为多角形，最常见的是 20 面体。（c）羧化体的功能：利用碳酸酐酶将 HCO_3^- 分解为 CO_2 和水，CO_2 被 Rubisco 催化的羧化反应固定形成三碳糖（3-PGA）。因为羧化体壁的特殊结构，CO_2 不易扩散出羧化体，从而在羧化体内浓缩，有利于羧化反应进行。

气体的气泡囊。伪空胞形成后细胞浮力增加，使细胞在水体中上浮。我国长江中下游的淡水湖泊每年夏季发生的蓝细菌水华，很多就是湖泊中过度生长的优势蓝细菌——微囊藻（*Microcystis* sp.）利用伪空胞漂浮至水面形成的。

细菌的蛋白质合成场所是核糖体（ribosome）。细菌细胞里含有许多核糖体，大多数分布在细胞质里，也有部分与质膜松散地联系。一般来说，细胞质核糖体合成的蛋白质分布在细胞质里，而附着在细胞膜上的核糖体更多地合成膜蛋白，或者是被运输到细胞外的蛋白质。在前面章节介绍过，蛋白质合成是一个非常复杂的过程，这从核糖体的结构也能反映出来。细菌的核糖体是最早被解析出三维结构的蛋白核酸复合体之一，也是近年来冷冻电镜（见第3章知识窗“冷冻电镜三维重构技术”）研究的热点之一。细菌核糖体为70S核糖体，由一个50S大亚基和一个30S小亚基组成。这里的50和30分别代表大小亚基的沉降系数，其单位为S，S为斯韦德贝里单位（Svedberg unit），它反映一种颗粒物在超速离心时的沉降速率。沉降系数决定于颗粒物的质量、体积和形状，沉降系数越大，在离心时下沉越快，移动距离越长。核糖体的大亚基和小亚基都由核糖体RNA（rRNA）和核糖体蛋白构成。细菌的核糖体小亚基的rRNA为16S rRNA，其大亚基的rRNA有23S rRNA和5S rRNA两种。一般细菌核糖体小亚基含21个核糖体蛋白，大亚基含34个核糖体蛋白，总共55个核糖体蛋白。

细胞质含有染色体的区域称为拟核（nucleoid），它没有核膜包被，不是细胞核。细菌的染色体是环状的，一般每个细胞一个染色体。同真核生物相比，细菌染色体上结合很少的蛋白质。除了染色体，不少细菌还具有更小的环状DNA，称之为质粒（plasmid）。质粒常常独立于染色体复制，在分子生物学技术中扮演着重要角色。

同真核细胞一样，细菌也有遗传重组（genetic recombination），将不同来源的DNA进行组合。细菌没有有丝分裂和减数分裂。一个细菌细胞获得其他来源DNA的方式不是通过受精，而是通过下列三种方式进行：转化（transformation）、转导（transduction）和接合转移（conjugation）。一个细胞从其环境中获得外源DNA，使其基因型发生改变的现象称为转化。一些细菌细胞天然具有吸收外源DNA的能力，一些细菌细胞在诱导后产生这种能力。转化过程也常常伴随表型发生改变。比如，一个大肠杆菌细胞从培养基里获得一个带有青霉素抗性基因的质粒后，表现出对青霉素产生抗性就是一个例子。转导是通过病毒完成的过程。一个侵染了细菌的病毒[噬菌体（phage）]可能因为多种原因而在病毒的核酸上携带了一段细菌的DNA。该噬菌体在细菌细胞内组装并从细胞中释放出来后再次感染别的细菌时，就可能将这段DNA注入另一个细菌细胞，然后完成遗传重组。接合转移发生在两个细菌细胞之间，其DNA移动的方向是从供体细胞到受体细胞。首先，供体细胞的菌毛与受体细胞表面相连（见图15.2h）。接着菌毛收缩，使两个细胞的距离变小，细胞之间形成一种类似“通道”的结构，使得DNA可以从供体细胞转移到受体细胞。虽然受体和供体细胞一般是来自同一个种，但异种之间的接合转移也可以发生，这在遗传实验操作中经常使用。在自然界，不同物种之间发生的DNA转移被称作横向基因转移（lateral gene transfer）或水平基因转移（horizontal gene transfer）。因为存在横向基因转移现象，从DNA序列比较来研究物种之间的演化关系变得更加复杂。

15.1.3 细菌的营养和生长

细菌的生长包括细胞体积增大和细胞数量增多，二者都离不开细胞从环境获得能量和碳源。

细菌的数量增加是通过细菌的繁殖实现的。细菌细胞分裂以裂殖（binary fission）方式进行，即一个细胞分裂为两个子细胞。细菌的分裂速度因细菌种类和营养状况而异，繁殖快的细菌（如大肠杆菌）在营养充分的条件下每20分钟可以分裂一次。细菌细胞分裂时，会在细胞中间首先形成一个环，称为Z环。它首先由FtsZ蛋白开始，在环的形成过程中招募其他蛋白，共同形成Z环。随着分裂的进程，Z环不断收缩变小，最终将母细胞分为两个子细胞。细胞分裂时，染色体需要完成复制后才能分配到子细胞中。有证据显示MreB蛋白在一些细菌中参与了调控染色体分配的过程。然而在蓝细菌的MreB缺失突变体，染色体分配仍能正常进行，说明母细胞染色体分配到子细胞的机制还需要更多研究。除了参与染色体分离，MreB蛋白还调节细胞形态。杆状细菌编码MreB的基因突变后，细胞形状不再为杆状而成为圆球形。需要指出，FtsZ蛋白和MreB蛋白是细胞骨架蛋白，FtsZ与真核细胞微管蛋白同源，MreB与真核细胞肌动蛋白同源。它们的发现，纠正了以前原核细胞不具有细胞骨架的观点。

生物界根据获取能量的形式和获取碳源的形式

而分为不同营养类型。细菌和其他生物一样，根据其能量来源可以分为光合生物（phototroph）与化能生物（chemotroph）。光合生物利用光能生长，而化能生物利用化合物（如 H_2S、NH_3）所含能量生长。另一方面，根据其营养类型可以分为自养（autotrophy）和异养（heterotrophy）。自养生物生长所需碳源为无机碳，如 CO_2 或 HCO_3^-；异养生物生长所需碳源为有机碳，它们至少需要一种有机分子来制造其他有机分子。这样，根据生长所需的能源和碳源进行组合，我们得到不同生长类型：光能自养（photoautotrophy）、化能自养（chemoautotrophy）、光能异养（photoheterotrophy）和化能异养（chemoheterotrophy）（表 15.1）。

营养关系中还有一种特殊形式，就是代谢共生（syntrophy），也称互养共栖。当两种或两种以上微生物生活在同一空间，且代谢上彼此依赖互利，就形成了代谢共生关系。这种关系同共生关系相似，但是代谢共生更强调代谢途径和代谢产物。比如，物种 A 可以和物种 B1 形成代谢共生关系，也可以同另外一个物种 B2 形成代谢共生关系，虽然物种 B1 和 B2 是不同物种，但是它们都有物种 A 所需的代谢途径和产物，所以就都可以形成这种代谢共生关系。在自然界，这种代谢共生的关系极为普遍，可在细菌之间发生，可在古菌之间发生，也可在细菌和古菌之间发生。

除了上述营养类型的差别，细菌的代谢与氧气的关系也比较复杂。专性好氧菌（obligate aerobe）只能在有氧环境中才能生长繁殖，其细胞呼吸电子传递中必须用氧气作为末端电子受体；专性厌氧菌（obligate anaerobe）只能在没有氧气的环境生存，氧气对这类细菌有毒性。它们不少以发酵来获得维持生命的能量，但也有一些厌氧菌可以利用化合物（如 NO_3^-、SO_4^{2-}）作为末端电子受体接受呼吸电子传递链的电子，称为厌氧呼吸（anaerobic respiration）。

表 15.1 主要营养类型

模式	能量来源	碳源	生物类型
光能自养	光能	CO_2，HCO_3^-	光合细菌，植物，藻类
化能自养	无机化合物（如 H_2S、NH_3）	CO_2，HCO_3^-	化能自养原核生物
光能异养	光能	有机物	一些光合细菌等
化能异养	有机物	有机物	很多原核生物，原生生物，真菌，动物，一些植物

早期地球没有氧气积累，是一个还原的环境。大气中氧气的积累是在蓝细菌出现之后，是一个很长的过程，约从 25 亿年前开始积累，5 亿年前才到达到现在的氧气含量。但是整个积累过程中明显有两次快速增加：第一次由原核生物蓝细菌完成，在 20 亿～25 亿年前，这次氧气积累增加速度很快，被称为“氧气革命”（图 15.6）；第二次主要由真核光合生物完成，发生在 5 亿年前。大约 17 亿年前大气中氧气浓度达到 1.5% 左右，这个浓度相当于现今氧气浓度的 7%。对于当时的绝大多数生物，这个氧气浓度危害极大，很多细菌只能“选择”在氧气不能到达的生境生存并延续至今，成为现在的厌氧菌。一部分细菌最终适应了氧气的存在，在有氧条件下可以生存，而后进一步演化出对氧气依赖的代谢途径，这些就是现在我们观察到的好氧菌。

氧气对厌氧菌的毒害是多方面的，可以给膜脂带来氧化破坏，也可以使蛋白质损伤。固氮酶（nitrogenase）是一种仅在低氧条件下才能工作的酶。固氮酶的功能是将空气中的氮气还原为氨，它含有的铁硫中心很容易被氧分子氧化而失活，所以固氮生物采取各种方式保护固氮酶。绝大多数固氮生物是厌氧菌，在没有氧气的环境才能进行生物固氮。目前，发现能进行生物固氮的生物都是原核生物，尚未发现具有生物固氮能力的真核生物。不过，不少真核生物可以与能够固氮的细菌共生，形成共生固氮，如大豆的根瘤就是根瘤菌与大豆根共生形成的固氮场所。

15.1.4 细菌的多样性

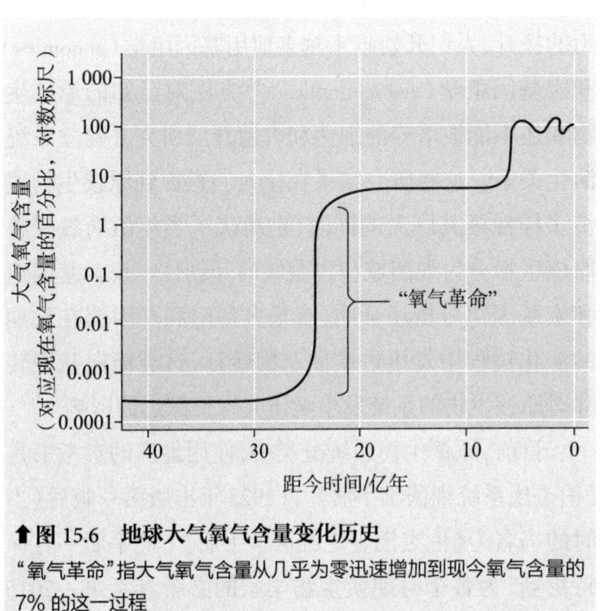

⬆图 15.6 地球大气氧气含量变化历史

“氧气革命”指大气氧气含量从几乎为零迅速增加到现今氧气含量的 7% 的这一过程

人们发现,经过30多亿年的演化,细菌的形态、代谢途径和生长方式有极大多样性和复杂性。自细菌发现到20世纪90年代,对细菌的研究大多是通过培养来确定其表型,然后根据鉴定的各种特征对细菌进行分类并开展进一步研究。长期以来人们利用形态学特征、生理学、生化代谢特征以及生态学特征对细菌进行分类。形态学特征主要从光学显微镜与电子显微镜观察获得,包括细胞形态、细胞大小、芽孢形态、鞭毛或菌毛的存在与否及数量,等等。生理学和代谢特征包括生长所需能量的来源与种类、营养类型、细胞壁组成成分以及色素类型,等等。生态学特征包括生长最佳温度、pH、耐盐度,等等。因为方便快捷,而且非常实用,这些传统的分类指标一直沿用至今。目前有一万多种细菌是以这些特征进行分类和正式命名的。不过,越来越多的研究显示,自然界绝大多数原核生物还不能被人工培养,因而使用传统方法对这些原核生物进行分类具有很大挑战。

随着人们对核酸研究的不断深入和基因组时代的到来,人们越来越多地将核酸和蛋白质这种分子水平的特征用于现代分类和研究系统发生。一个常用的分子水平的特征是物种或菌株的"G+C含量",即DNA碱基G+C在四种DNA碱基(G+C+A+T)中的百分比。动物和植物的G+C含量变化范围不大,都在40%左右。原核生物的G+C含量变化范围很大,从25%到80%。不过一个物种乃至一个属的原核生物G+C含量相对变化很小,所以可以在属以下的分类单位使用G+C含量进行分类鉴定。

随着DNA测序能力的增强和生物信息学分析能力的提升,人们开始越来越多地用基因组学(genomics)和宏基因组学(metagenomics)等方法对已知的原核生物和还不能被培养的细菌和古菌开展研究并建立系统演化关系。这些研究结果在让人们意识到原核生物遗传多样性极其巨大的同时,也确认了当年伍斯教授将原核生物分为细菌域和古菌域的开创性学说。基因组和宏基因组分析还证明,有很多基因和基因簇在长期的演化过程中发生过横向基因转移,这类横向基因转移对原核生物的系统发生学研究有很深远的影响。

目前,原核生物系统分类中,使用最广的参考书是《伯杰氏系统细菌学手册》。自1923年出版第一版后(当时的书名为《伯杰氏鉴定细菌学手册》),此手册一直保持更新,为各个时期微生物学家的必备参考书。2015年,此手册再次更名,将书名更改为《伯杰氏古菌和细菌系统学手册》,更加强调了古菌的分类系统。对各个门类的细菌进行介绍超出了本书的范围,这里简要介绍细菌的几个重要门类。

变形菌(proteobacteria) 变形菌是一大类革兰氏阴性菌,营养方式多样,包括光能自养、化能自养和异养。根据16S rRNA序列特征,变形菌分为5个亚类,即α、β、γ、δ和ε变形菌。α变形菌中有不少是常见的细菌,如根瘤菌(*Rhizobium*),可以侵染豆科植物根部而形成根瘤进行共生固氮。农杆菌(*Agrobacterium*)侵染植物形成瘤状物。在植物的遗传操作中,利用农杆菌转化植物是最为常见的方法之一(见第23章知识窗"植物生物技术")。α变形菌在真核生物起源中也可能起重要作用。现在的观点认为,线粒体的祖先为一种α变形菌(见第17章)。β变形菌同α变形菌一样,营养方式多样,有能够氧化氨而形成亚硝酸的亚硝化单胞菌(*Nitrosomonas*),也有异养致病菌,如引起性传染病淋病的淋病奈瑟菌(*Neisseria gonorrhoeae*)。γ变形菌有不少是常见细菌,如引起霍乱的霍乱弧菌(*Vibrio cholerae*),引起食物中毒的沙门氏菌(*Salmonella*)和最常使用于遗传操作的大肠杆菌(*Escherichia coli*)(图15.7)。这个亚类中还包括一些能够氧化H_2S的硫细菌,它们在生态系统的硫循环中扮演重要角色。δ变形菌的代表之一为黏细菌(Myxobacteria)。黏细菌在土壤干涸或者食物匮乏时,细胞可以聚集形成黏细菌子实体散发出黏孢子(myxospore),以寻求新的生长环境而存活。ε变形菌有多种形态,包括螺旋型细胞,如引起胃溃疡的幽门螺杆菌(*Helicobacter pylori*)。

光合细菌(photosynthetic bacteria) 光合细菌是能够利用叶绿素和细菌叶绿素进行光合作用的几类细菌的总称,本身不是一个自然分类群。根据最新的分类,细菌域的7个不同的门含有光合细菌。其中以蓝细菌最为常见和重要。

蓝细菌(cyanobacteria)在很长一段时间里一直被称为蓝藻或者蓝绿藻(blue-green algae),主要原因是蓝细菌同植物和其他藻类一样,可以进行放氧型光合作用。蓝细菌为革兰氏阴性细菌,是地球上最早出现的生物之一。蓝细菌进行的光合作用,将水分子裂解放出氧气,致使地球从无氧状态转变为有氧状态,彻底改变了地球的生物圈。蓝细菌同叶绿体有很多相似之处,现在普遍认为是一个古老的真核细胞吞噬了蓝细菌,形成内共生关系,然后演化成为叶绿体。所以蓝细菌可以被认为是叶绿体的祖先(见第17、18章)。蓝细菌

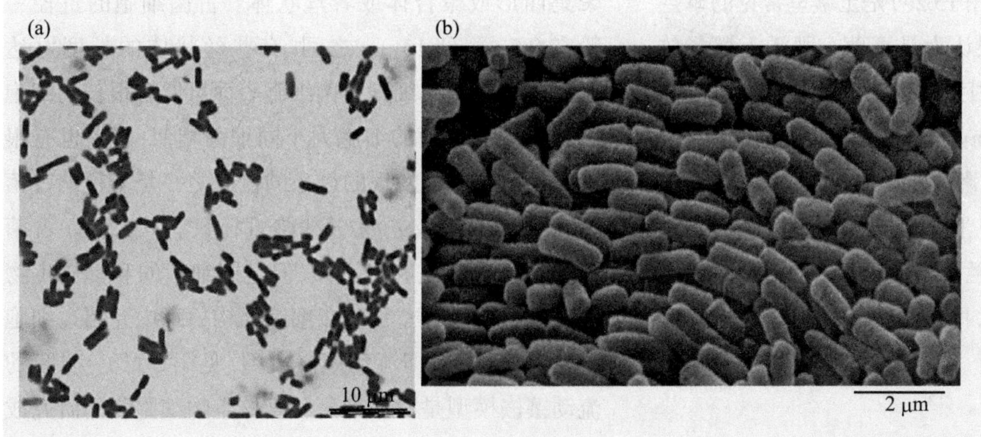

⬅图 15.7 大肠杆菌显微图像

(a) 光学显微镜成像。(b) 扫描电镜成像。

形态多样，有多细胞丝状体和单细胞个体，单细胞蓝细菌细胞分裂后子细胞不再相连，丝状蓝细菌在细胞分裂后，子细胞由细胞壁连在一起而成为丝状体。海洋中浮游单细胞蓝细菌在地球上分布广泛，虽然在水体中的浓度不高，但总体生物量巨大，加上其光合速率很高，所以对地球上的碳循环贡献很大。分布在地球各种生境的蓝细菌是在地球碳素循环中起最重要作用的类群之一。

一些多细胞蓝细菌还能在缺乏氮素的情况下形成特殊异型胞(heterocyst)进行生物固氮。能够进行固氮的蓝细菌与别的固氮生物不同，因为本身进行放氧光合作用，所以不能用选择厌氧环境保护固氮酶的方式进行生物固氮。蓝细菌采取不同的策略将固氮作用和光合作用从空间或时间上分开来解决这个矛盾。丝状蓝细菌是多细胞生物，细胞分裂后子细胞保持联系而形成丝状体，细胞之间保持物质和信息的交换通道。当需要固氮的时候，丝状体上一部分细胞可以分化形成异型胞(图 15.8a)。而其他细胞保持不变，仍然为进行光合作用的营养细胞。异型胞不能进行光合放氧，加上有厚的细胞壁包被限制氧气进入细胞，所以异型胞可以形成一个低氧环境，使固氮酶不受氧气破坏，从而可以作为固氮场所进行生物固氮。营养细胞则继续进行放氧光合作用，为整个丝状体的生长提供能量。一些单细胞蓝细菌也可以进行生物固氮。这些蓝细菌所采用的策略是将光合作用和固氮作用在时间上分隔，白天进行光合作用，晚上光合作用停止后，细胞利用白天光合作用中储存下来的有机物进行呼吸作用，一方面可以消耗细胞中的氧气，另一方面可以提供生物固氮所需的能量。

一些蓝细菌在环境中营养盐丰富的时候，可以快速增长，并合成伪空胞，使细胞上浮，如微囊藻合成伪空胞使细胞上浮在湖泊表面并聚集形成水华(图 15.8b)。

革兰氏阳性菌(Gram positive bacteria) 同变形菌一样，革兰氏阳性菌的种类非常多，同人类的关系也很密切。枯草芽孢杆菌(*Bacillus subtilis*)是最为常见的革兰氏阳性菌，在遗传操作和工业生产中都应用广泛。

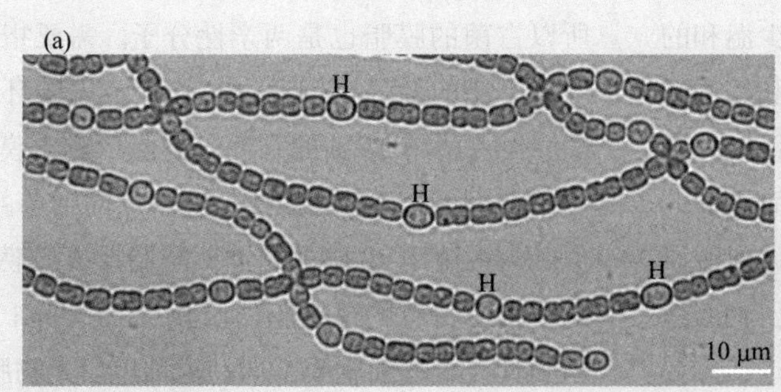

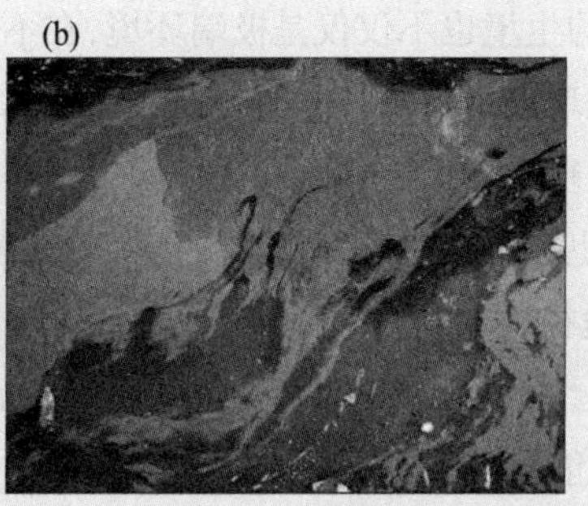

⬆图 15.8 蓝细菌

(a) 蓝细菌鱼腥藻丝状体的光学显微照片。生长培养基不含可直接利用的氮素，鱼腥藻通过生物固氮获得可利用氮素。固氮的场所是异型胞(H)，而其他细胞为光合细胞或营养细胞。固氮产物向营养细胞运输，而营养细胞的光合产物糖类向异型胞输送。(b) 微囊藻形成的水华。微囊藻细胞群体借浮力漂浮在湖泊水面。

放线菌（*Actinomyces*）（见图 15.2e）是土壤里常见的革兰氏阳性菌，早年曾经被误认为是真菌。肥沃土壤释放出的浓郁土壤味通常是因为放线菌分解有机物产生和释放的。链霉菌（*Streptomyces*）是另一类土壤生革兰氏阳性菌，因为其产生抗生素的能力而备受人们的关注，链霉素就是因此得名的。世界上最小的细胞来自支原体（*Mycoplasma*），也是革兰氏阳性菌，其直径仅 0.1 μm。支原体的基因组也很小，目前已知的最小基因组仅含 517 个基因。

15.2 古菌的细胞结构、功能和多样性

伍斯等人在他们 1977 年的著名论文中描述被研究的古细菌的时候，并不是他们刚刚发现了这类原核生物，也不仅仅因为这类原核生物有独特的代谢特征。这类原核生物在当时早就被研究人员发现和研究了。这类原核生物可能是产甲烷菌，也可能是嗜盐菌，或者是嗜热菌，虽然后来发现这类原核生物同一般细菌有很大不同，但当时人们只是把它们当作特殊的一类细菌。伍斯等人采用核酸序列编目对比的方法仔细研究了这些原核生物同其他细菌和真核生物的系统发生关系后发现，与其他细菌相比，这类原核生物在演化上有独立的系统发生关系（详见 15.3 节）。他们发现，这类原核生物同普通细菌彼此之间的演化距离同它们与真核生物的演化距离相似，即细菌同这类原核生物从演化上看有很大差异。为了强调这一关系，他们当时把这类原核生物称为古细菌，后来又改称为古菌。由于在比较早的研究中发现古菌的生境多为极端环境，而这些环境可能更像早期地球的环境，故很长一段时间内人们认为古菌可能更为古老，其生境更为极端。现在我们知道，古菌从演化上看并不一定比细菌古老。而且，古菌的生境也不仅仅是极端环境，在不少温和的生境中也发现大量古菌，比如在土壤、污水池和动物的肠道中都发现了古菌。这些发现说明古菌有巨大的多样性，同时也提示还有许多尚未被认知的古菌，它们的特殊代谢途径也有待发现和研究。目前，对古菌的研究进展很快，人们对这类原核生物的细胞特征、代谢途径和生态功能等必将有更深入的了解。

15.2.1 古菌的形态、细胞膜和细胞壁

同细菌一样，古菌的形态多种多样，有球状、杆状、螺旋状或者板状。单细胞古菌更常见，但是细胞可以聚集而形成聚合体或者丝状体。古菌细胞的直径一般在 0.5 μm 到 15 μm 之间，有些丝状体的长度可达 200 μm。一些单细胞古菌细胞表面可以有很长的细胞突出。一般古菌的细胞大小同细菌相似，但是也有很小的古菌。目前发现的最小的古菌之一是骑行纳古菌（*Nanoarchaeum equitans*），细胞直径只有 0.3 μm。古菌的细胞膜含脂质和蛋白质，但是同细菌的和真核生物的细胞膜有较大差别。在细胞结构一章中介绍过细胞膜的基本模型，即流动镶嵌模型（见第 3 章）。质膜的流动镶嵌模型是根据细菌和真核生物细胞膜的研究成果提出的，按照这个模型，质膜由脂双层和镶嵌在脂双层的蛋白质构成。质膜最常见的脂是磷脂，由脂肪酸与甘油以酯键共价连接，甘油分子上的另一个羟基则与磷酸共价连接，从而形成磷脂。

科学家研究古菌的细胞膜时发现，古菌的膜脂化学成分和结构有很大不同。首先，形成脂质的疏水部分不是脂肪酸，而是异戊二烯衍生的烯烃。异戊二烯是一个含有 5 个碳原子的分支化合物（图 15.9a），所以由它形成的烯烃长链也含有分支，这对膜的流动性、通透性和其他性质都有很大影响。第二，这些烯烃不是以酯键与甘油连接，而是以醚键与甘油共价连接。从化学性质看，醚键比酯键更为稳定，这对在高温条件下生存的那些古菌尤其重要。目前发现有两类古菌膜脂质——甘油四醚脂和甘油二醚脂。甘油四醚脂（glycerol tetraether lipid）的烯烃是含有 40 个碳原子的长链，由两个甘油分子的 4 个羟基与两个长链烯烃分子通过 4 个醚键相连而成，每个甘油分子的两个羟基参与醚键形成（图 15.9b–i、ii）。甘油二醚脂（glycerol diether lipid）由两个烯烃分子与甘油分子的两个羟基共价连接而成，烯烃一般含有 20 个碳原子（图 15.9b–iii）。同细菌的细胞膜相似，磷酸等亲水基团可以与甘油相连，所以古菌的膜脂也是两亲性分子。需要指出的是，甘油四醚脂的烯烃可以通过环化形成五碳环（图 15.9b–ii）。当古菌用 20 碳的甘油二醚脂形成质膜时，会产生一个典型的脂双层膜结构，这一点同细菌的细胞膜相似。当古菌用 40 碳的甘油四醚脂形成质膜时，会产生一个古菌特有的单层脂的质膜（图 15.9b–i、ii），这与细菌和真核生物细胞膜不同。这种单层生物膜的刚性更强，也更稳定，生活在 85℃以上的嗜热古菌的细胞膜几乎全部是这种单层脂质膜。不论是脂双层膜还是单层膜，古菌的生物膜的基本结构同细菌有很多相似之处，功能上的相似就更普遍。古菌细胞膜上的蛋白质形式

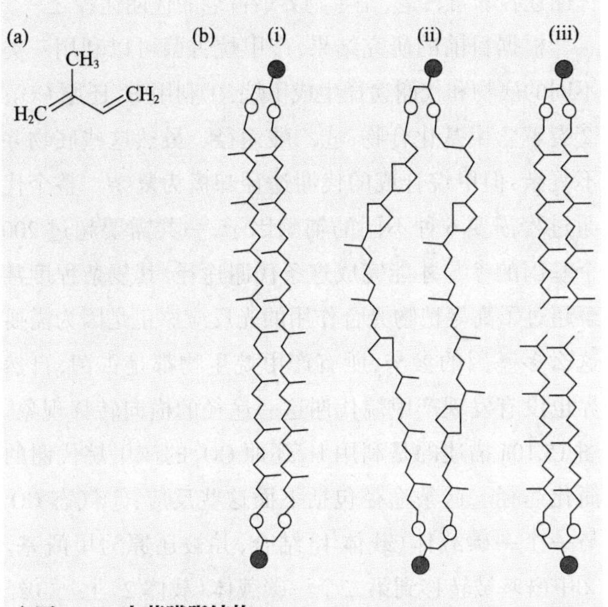

⬆图 15.9 古菌膜脂结构

(a) 异戊二烯是一个五碳分支分子，是古菌脂肪的基本构成单位。(b) 古菌膜脂结构，实心圆代表亲水头。(i)和(ii)为四醚膜脂，其中(ii)的长链中含有环状结构。(iii)为二醚膜脂。

和功能同细菌的非常相似，它们在细胞内外的物质交流中起着重要作用。

古菌的细胞壁结构同细菌的细胞壁结构有很大不同，古菌细胞壁不含肽聚糖。古菌中最常见的细胞壁由糖蛋白或蛋白质形成的S层构成。S层质地紧密，可以达到20～40 nm的厚度。有的古菌在S层外还覆盖了一层蛋白质层，而有的古菌则在S层外覆盖一层多糖层，都是起保护作用。也有的古菌完全不含S层，比如在深海热液口发现的一种燃球菌(*Ignicoccus* sp.)，其细胞质膜外只有一层膜，称为外层膜(outermost membrane)，它的性质同革兰氏阴性菌的细胞壁外膜有相似之处。

15.2.2 古菌的细胞质和染色体

古菌的细胞质同细菌的细胞质很相似。细菌细胞质中发现的内含体在古菌的细胞质中也被发现，如糖原颗粒、多磷酸颗粒、聚羟烷酯以及伪空胞。只是迄今尚未在古菌中发现羧化体。原核生物的细胞骨架蛋白也在古菌中发现。如发现FtsZ蛋白(微管蛋白)参与细胞分裂，MreB蛋白(肌动蛋白)参与决定细胞形状，这些同细菌的细胞骨架蛋白十分相似。另一方面，古菌的核糖体与拟核同细菌的核糖体与拟核虽然在功能上起同样作用，但是在构成上有很大差别，反映出古菌特殊的系统发生关系。

古菌核糖体也是70S核糖体，同样由50S大亚基和30S小亚基构成，50S大亚基含23S rRNA和5S rRNA，30S小亚基含16S rRNA。但是，古菌与细菌相比，构成核糖体的蛋白质有差别，rRNA序列也有很大差别。事实上，正是因为发现古菌rRNA同细菌rRNA序列上的差别，伍斯等人提出了生命的三域学说(详见15.3节)。古菌和细菌的核糖体蛋白组成不一样，细菌核糖体蛋白为55个左右，而古菌核糖体蛋白数量更多，约为68个。与细菌核糖体蛋白和真核细胞核糖体蛋白比较，古菌核糖体蛋白大致可以分为三类：第一类核糖体蛋白在所有生物中都存在；第二类核糖体蛋白为古菌所特有，细菌和真核生物不具有，这类蛋白质比较少；第三类核糖体蛋白则存在于古菌和真核细胞。特别需要指出的是，没有所谓原核生物所特有的核糖体蛋白，即没有一种核糖体蛋白仅存在于细菌和古菌，而不存在于真核细胞。这也是那些特异性抑制细菌核糖体功能的抗生素对古菌没有效果的原因。

同细菌染色体一样，古菌的染色体为环状DNA分子。古菌的拟核是细胞质内含有染色体的区域。不过研究发现，古菌的染色体同细菌的染色体有很大差别。细菌染色体含有较少的蛋白质，染色体在拟核的缠绕是由拟核结合蛋白完成的。迄今为止没有发现细菌有组蛋白。在不少古菌中，染色体的结构同真核细胞染色体的相似，即基本结构单位是组蛋白和一段DNA组成的核小体。真核细胞的核小体由四种同源的组蛋白组成的八聚体缠绕大约150 bp的DNA片段组成(见图3.9)。而古菌的组蛋白基因只有一个或者两个。如果同一古菌含有两个组蛋白基因，二者的氨基酸序列也十分相似。古菌的组蛋白同真核生物一样，也形成二聚体，且主要为同源二聚体。这种同源二聚体为古菌组蛋白的基本单位，由它来完成染色质的组装。目前，两个同源二聚体组成的四聚体和三个同源二聚体组成的六聚体都有发现，二者缠绕不同长度的DNA。最近解析的古菌核小体三维结构显示，构成真核生物的核小体与古菌的核小体的基本结构原理是一致的，这种染色质的基本结构在真核生物出现之前就已经存在了。当然，不是所有古菌都有核小体结构，比如大多数泉古菌门(见15.2.4节)的古菌就没有组蛋白，它们的染色体紧密缠绕是由拟核结合蛋白完成的。

15.2.3　古菌的代谢

古菌适应的生境极为广泛，其中包括一些极端生境，这注定了古菌的代谢生理类型多样。不同的古菌具有各自不同的特殊代谢途径和调节机制。如果不考虑古菌的系统发生，古菌可根据其生理特征分为几大类，其中包括产甲烷古菌、极端嗜盐古菌、极端嗜热古菌，等等。下面主要介绍古菌生产甲烷的途径和甲烷代谢利用。

甲烷是含一个碳原子和四个氢原子的稳定的一碳分子，是温室气体分子。自工业革命以来，甲烷在大气中的含量增加了约 1.5 倍，是所有温室气体分子中增加幅度最大的。据估计，对当前全球变暖的贡献中，甲烷含量增加导致的升温占 20% 左右，仅次于 CO_2。目前，地球上每年产生的甲烷为 $5\times10^9\sim6\times10^9$ t，其中 4×10^9 t 为各种生境的生物产生。根据目前的研究，古菌在生物产甲烷（methanogenesis）中起重要作用。产甲烷古菌全部都是专性产甲烷古菌，这类古菌不能用发酵或者别的电子受体进行呼吸电子传递。产甲烷古菌都是严格厌氧生物，只有极少数的产甲烷古菌有一定的低浓度氧气耐受能力，但是不能利用氧分子。很长一个时期内，人们认为产甲烷代谢局限在一个很窄的古菌类群内，后来随着宏基因组学等研究的不断深入，人们发现具备产甲烷潜能的古菌种类越来越多，它们彼此之间系统发生关系可以相距很远，说明产甲烷代谢途径非常古老，是生物界最古老的代谢途径之一。

根据目前的研究结果，产甲烷古菌可以利用三类不同的底物和代谢途径生成甲烷：①利用 H_2 还原 CO_2；②裂解含甲基化合物；③乙酸途径。虽然这些底物并不复杂，但甲烷合成的代谢途径却极为复杂。整个代谢过程需要 6 种不同的辅酶因子，一共需要超过 200 个基因的参与才能完成这条代谢途径，其复杂程度甚至超过了高等植物光合作用的光反应。正是因为需要这么多基因的参与，所有产甲烷生物都是古菌，自然界也没有发现产甲烷代谢这一途径的横向转移现象。图 15.10a 描述的是利用 H_2 还原 CO_2 的产甲烷代谢的简化途径。这条途径包括下面这些反应：①气态 CO_2 与一个一碳载体（载体 1）结合，并被还原为甲酰基。②甲酰基被转移到第二个一碳载体（载体 2）上。③经过脱水、还原，形成甲基－载体 2。④甲基被转移到辅酶 M（CoM，图 15.10b），一碳载体（载体 2）完成一次循环。需要指出，这一步反应释放出细胞可以利用的能量。⑤释放甲烷，这个反应是所有产甲烷途径共有的反应，由甲基 CoM 还原酶（MCR）催化。反应中，另一个辅酶［辅酶 B（CoB），图 15.10c］取代甲基 CoM 的甲基，释放甲烷的同时，形成一个含二硫键的双辅酶化合物，CoM-S-S-CoB。甲基 CoM 还原酶是一个十分复杂的酶，它的辅基是一个含镍原子的四吡咯分子，其氧化还原电位非常低，所以对氧气十分敏感。⑥反应生成的异源二硫化物（CoM-S-S-CoB）在异源二硫化物还原

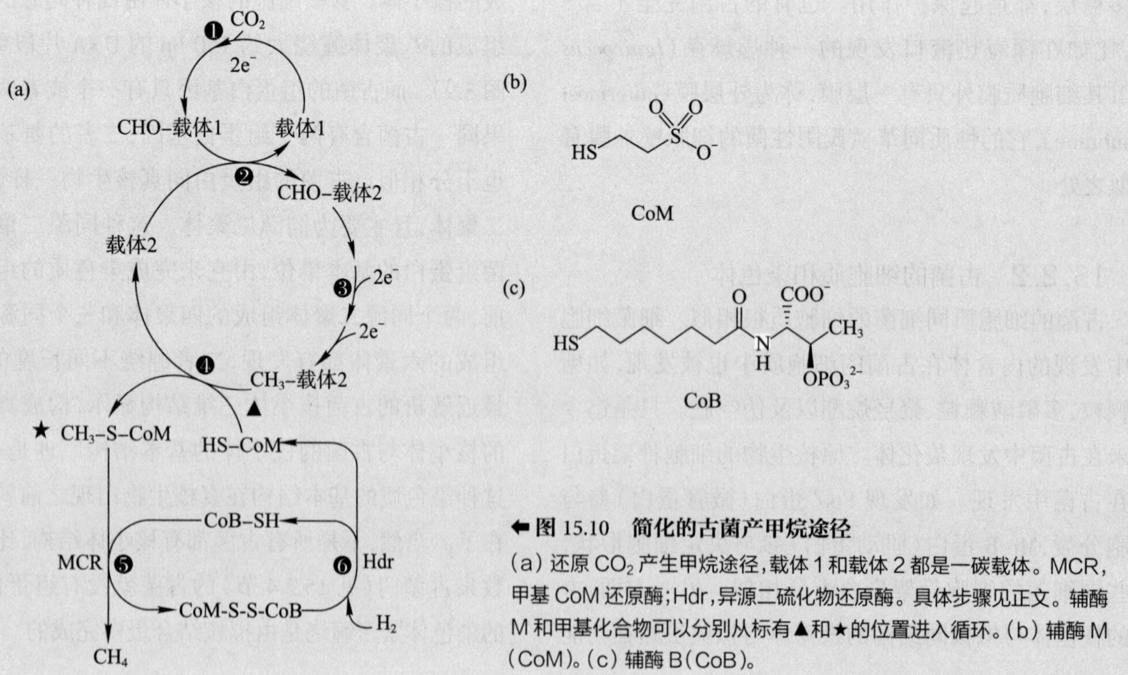

图 15.10　简化的古菌产甲烷途径

（a）还原 CO_2 产生甲烷途径，载体 1 和载体 2 都是一碳载体。MCR，甲基 CoM 还原酶；Hdr，异源二硫化物还原酶。具体步骤见正文。辅酶 M 和甲基化合物可以分别从标有▲和★的位置进入循环。（b）辅酶 M（CoM）。（c）辅酶 B（CoB）。

酶(heterodisulfide reductase)的作用下,被 H_2 还原形成还原态的 CoM 和 CoB,进行下一次反应。伴随着甲烷的生成,H_2 氧化得到的 H^+ 被泵到膜外,形成 H^+ 浓度梯度,最后由 ATP 合酶生成 ATP,为细胞提供能量。

前面讲过,产甲烷古菌除了利用 H_2 还原 CO_2 的途径生成甲烷外,还有两种底物用于生产甲烷:一种是乙酸;另一类为甲基化合物(CH_3–R),如甲醇、甲酸和甲胺。这两类化合物在上面所述的代谢途径(图 15.10a)中进入甲烷生成过程,最终由甲基 CoM 还原酶催化释放甲烷。需要指出的是,产甲烷代谢是一个产能效率非常低的途径,每释放一分子甲烷,仅能合成不到一分子 ATP,所以产甲烷古菌的生长速度一般比较缓慢。

值得指出的是,很长一段时间以来,人们一直认为只有古菌能够产生甲烷。然而最近一项研究显示,蓝细菌可以在多种条件下生产甲烷,从而极大地拓宽了甲烷生成生物的范围。目前尚不清楚蓝细菌通过什么代谢途径生产甲烷,其环境生态学意义也有待进一步研究。

如果生物所生产的甲烷全部释放到大气中,其温室效应会使地球成为一个不适合生存的环境。所幸的是,古菌和细菌中有不少成员可以利用甲烷作为能源和碳源,将大部分产甲烷古菌释放出来的甲烷消耗利用掉。利用甲烷的细菌几乎全部是好氧性变形菌,它们先将甲烷氧化为甲醇,然后继续氧化最终生成 CO_2。这在很长一段时间内被认为是微生物分解甲烷的唯一方式。20 世纪 80 年代,人们发现一些古菌也可以氧化甲烷,而且是在严格厌氧条件下进行的甲烷氧化。目前估计 90% 的海底沉积中生成的甲烷是被这类古菌氧化的。这个过程称为甲烷厌氧氧化(anaerobic oxidation of methane, AOM),这类古菌称为厌氧甲烷古菌(anaerobic methanotrophic archaea, ANME)。虽然目前尚没有 ANME 在实验室培养成功,但对于甲烷厌氧氧化代谢的研究已经相当深入。从系统发生看,ANME 与产甲烷古菌相近,而且几乎都有产甲烷代谢途径的所有基因。这提示厌氧氧化甲烷是依赖逆向运行产甲烷代谢途径完成的。第一步由甲基 CoM 还原酶催化一分子甲烷和一分子 CoM 形成甲基 CoM。整个途径的反应最终结果是将甲烷氧化为 CO_2。因为产甲烷途径可以为细胞提供生长所需的能量,那么从能量的角度看这条途径的逆向运行需要有外源能量输入,或者同别的过程偶联才能进行。所以 ANME 常常同一些细菌形成共生体,以完成甲烷的厌氧氧化。最常见的共生细菌为硫酸盐还原菌,氧化甲烷与还原硫酸偶联进行,同时为细胞提供能量。

前面讲过,产甲烷古菌是一大类系统发生差距很大的古菌,它们的生境也有较大差别。它们在地球的碳素循环和全球变化中的作用,我们在以后的章节还将有所叙述。

15.2.4 古菌的多样性

随着越来越多的科学家加入到古菌的研究领域以及研究方法的不断改进,更多的古菌被发现。目前对古菌多样性的了解同 20 年前相比,有了非常巨大的变化。图 15.11 是对古菌分类及系统发生研究的一个总结。20 世纪 70 年代,伍斯开始研究古菌的系统发生并认识到这是一类演化上十分特殊的原核生物时,整个古菌域被粗放地认为是一个类群。到 1990 年后,人们发现了更多的古菌,根据其系统发生关系将古菌分为两个门,即广古菌门(Euryarchaeota)和泉古菌门(Crenarchaeota)。进入 21 世纪,人们发现了若干与泉古菌相近的古菌,为此分别设立了三个门,即奇古菌门(Thaumarchaeota)、曙古菌门(Aigarchaeota)和幼古菌门(Korarchaeota)。这三个门加上泉古菌门一起形成一个超门(superphylum),即 TACK 超门。TACK 来自四个门拉丁名的第一个字母。进入 21 世纪第二个十年以来,古菌的研究发展更为迅速,在前面分类的基础上,又增加了两个超门,即 DPANN 超门和阿斯加德(Asgard)超门(图 15.11c)。DPANN 来自五个门的拉丁名第一个字母,即差异古菌门(Diapherotrites)、小古菌门(Parvarchaeota)、谜古菌门(Aenigmarchaeota)、纳盐古菌门(Nanohaloarchaeota)和纳古菌门(Nanoarchaeota)。阿斯加德超门的古菌最早是在大西洋海底一个叫洛基城堡(Loki's Castle)的地方发现的,洛基是北欧神话中的一个神,研究者就以此命名,而且之后发现的这个超门的古菌也以神话中神的名字命名,而超门则以阿斯加德(神祇)命名。这个超门开始含有四个门,即洛基古菌门(Lokiarchaeota)、索尔古菌门(Thorarchaeota)、奥丁古菌门(Odinarchaeota)和海姆达尔古菌门(Heimdallarchaeota)。从目前的研究结果看,阿斯加德超门的成员同真核生物的演化关系最为密切,很可能是真核生物的祖先。需要指出,虽然目前已经列出了将近 20 个古菌门,但是古菌系统发生关系的研究是动态很强的领域,最近中国科学家发现的阿斯加德古菌新门——悟空古菌门就是一个例子。不过,这些古菌

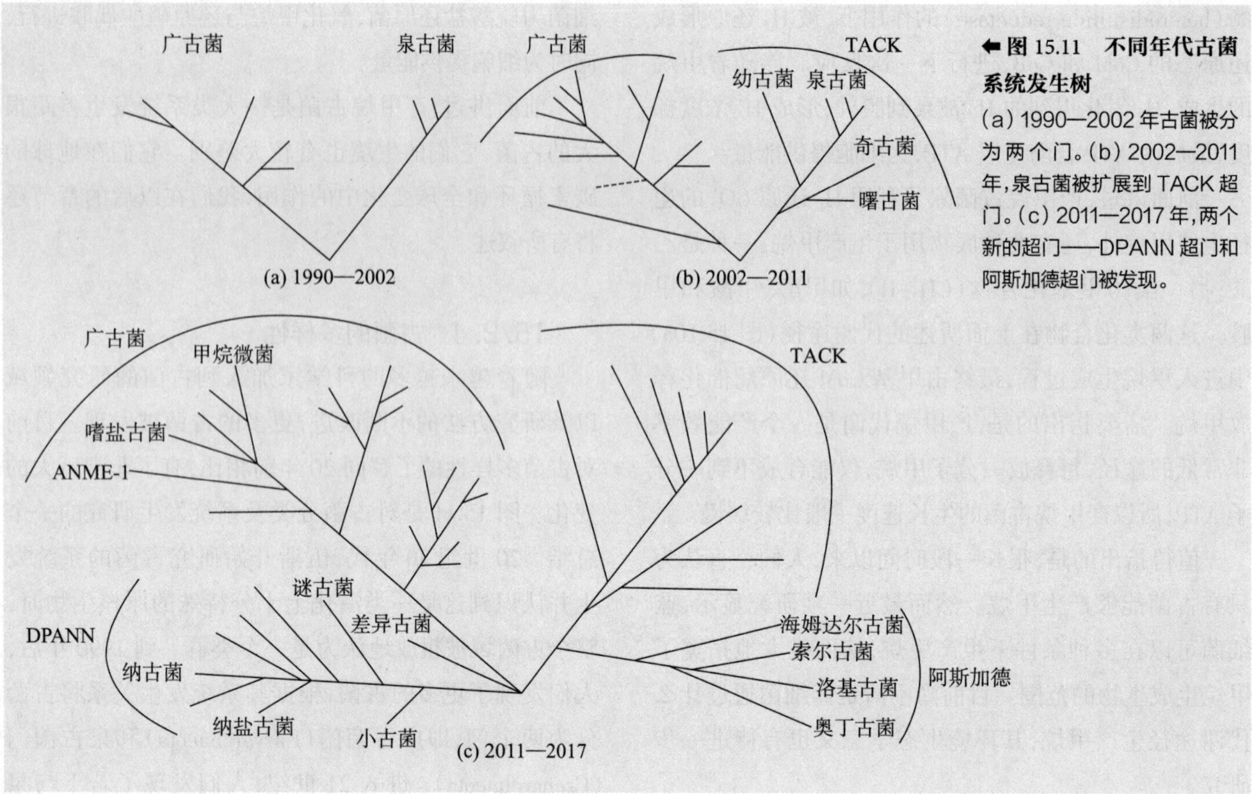

图 15.11　不同年代古菌系统发生树
(a) 1990—2002 年古菌被分为两个门。(b) 2002—2011 年，泉古菌被扩展到 TACK 超门。(c) 2011—2017 年，两个新的超门——DPANN 超门和阿斯加德超门被发现。

几乎都是根据 DNA 测序获得的信息而发现的，目前绝大多数尚难以人工培养，仅一株阿斯加德古菌在实验室培养成功。随着更多的古菌在实验室培养成功，随着更多不同生境中的古菌被发现，现在的分类和系统发生关系仍然可能出现调整。下面介绍几个重要的古菌类群。

泉古菌门　泉古菌门的古菌都是嗜热古菌，许多成员依赖元素硫，这些古菌要么在无氧条件下利用硫作为电子受体，要么用硫作为电子供体获取能量，它们经常生长在热泉或含硫的土壤中。一些泉古菌能够在高温下生长，其中不乏一些极端嗜热古菌，最适生长温度超过 85℃。目前知道的最极端的例子来自烟孔火叶菌（*Pyrolobus fumarii*），它的最适生长温度为 105℃，且在高压灭菌锅的 121℃的高温下可以存活。泉古菌的另一个极端嗜热成员好客燃球菌（*Ignicoccus hospitalis*）也是一个很受重视的古菌。它除了在极端高温的热液口生长外，还有两个特点：其一是具有外层膜（见 15.2.1 节），并利用外层膜上的 ATP 合酶合成 ATP；其二，DPANN 超门中纳古菌门的骑行纳古菌（*Nanoarchaeum equitans*）以寄生关系附着在燃球菌表面。骑行纳古菌的基因组非常简化，只有不到 50 万碱基对，很明显是对寄生生活的高度适应。

广古菌门　广古菌的名称源自这类古菌的分布范围广泛和代谢类型多样。同时，这也是人们了解最多的一个古菌类群，因为目前能够在实验室培养或富集的古菌大多属于广古菌门。前面一节专门讲述的甲烷代谢古菌，包括产甲烷古菌和利用甲烷的古菌，大多数分布在这个门。广古菌门中还有一类特殊的古菌，即嗜盐古菌（Haloarchaea）。极端嗜盐生物包括一些细菌、一些真核微生物和嗜盐古菌。嗜盐古菌包括 17 个属，全部在一个科——嗜盐菌科（Halobacteriaceae）。这个学名的命名是在人们将古菌作为一个单独的域之前，这类古菌在当时都被当作细菌而命名。嗜盐古菌大多数为化能异养型，进行专性好氧呼吸。在实验室培养时，很多可以利用简单有机分子（如甘油、氨基酸等）生长。这类古菌的最大特征之一是绝对嗜盐，它们在盐浓度低于 1.5 mol/L 的环境中就无法生长，绝大多数的生长最适盐浓度为 3～4 mol/L，有的甚至可以在饱和盐浓度（36%）条件下生长。为了防止阳光过强带来的损伤，嗜盐古菌一般都合成大量的类胡萝卜素，所以细胞呈黄色或者橙色。嗜盐古菌中被研究得最多的一种是盐沼盐杆菌（*Halobacterium salinarium*）。这种盐杆菌含有一种同哺乳动物视紫质（rhodopsin）相似的蛋白质——古菌视紫质（archaerhodopsin），其发色团为视黄醛的衍生物。古菌视紫质可以利用光能行使质子泵功能，在膜的两端形成质子梯度，用于 ATP 合成。这种不依赖叶绿素帮助细胞利用光能的现象，被称为非叶绿素光合作用。盐杆菌除了古菌视紫质外，还有三种视紫质。一种被称为盐视紫质（halorhodopsin）。盐视紫质利用光能吸收氯离子，使细胞内的 KCl 浓度达到 4 mol/L 以上，以帮助细胞在高盐浓度条件下生长。另外两种视紫质用于感受光线的波长，并据此调节细胞运动。

洛基古菌门　洛基古菌门是阿斯加德超门中发现最早的一个古菌门，在上一节有所讲述。目前，对这个超门的了解基本上还是在基因组和转录组分析层面。从组学的分析结果看，洛基古菌所具有的基因让研究者非常吃惊和兴奋，因为洛基古菌的基因组编码一些以前认为只有真核生物才有的真核细胞标志性蛋白。基因组分析也对洛基古菌的代谢提出各种推测和解释，但真正的功能有待相关实验证实。然而，培养阿斯加德超门的古菌十分困难，这对基因功能鉴定和发现都是很大的挑战。2019 年，日本科学家报道了经过 12 年的努力，成功培养出一种洛基古菌，引起了生物学领域的极大关注。这株古菌被命名为互养普罗米修古菌（*Prometheoarchaeum syntrophicum*）。研究人员将“互养”作为种名，原因是普罗米修古菌的培养体系里还有一种产甲烷古菌（*Methanogenium* sp.），二者在代谢上属于互养关系。互养普罗米修古菌是一种严格厌氧的球菌，它的细胞膜脂是古菌所特有的醚键脂，细胞表面有膜形成的囊泡和膜的管状凸起（图 15.12）。它可以氧化十多种氨基酸，并利用镍 - 铁氢酶生产氢气为产甲烷菌提供能量。互养普罗米修古菌的成功培养，为研究阿斯加德古菌打下了很好的基础，也对真核生物起源的研究大有帮助。

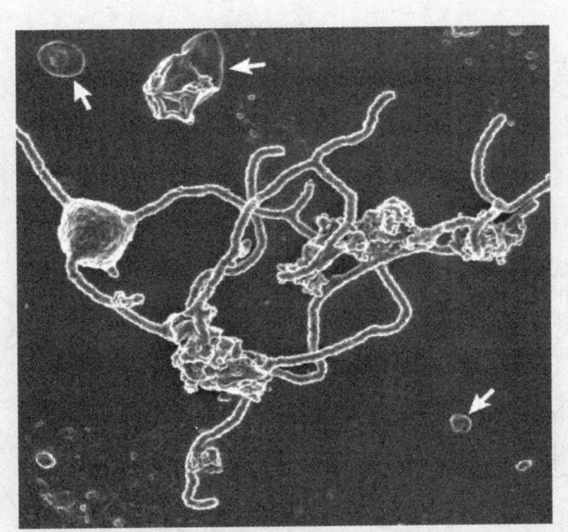

⬆图 15.12　互养普罗米修古菌扫描电镜图

洛基古菌门唯一被成功培养的古菌。箭头指膜囊泡。

15.3　生命的三域学说

在伍斯和他的同事提出三域学说之前，生物学领域最流行的分类系统是惠特克（R. H. Whitaker）的五界系统，即原核生物界、原生生物界、真菌界、植物界和动物界。长期以来，人们在对各界的生物进行分类研究时，都尽力使分类系统能够反映各类生物的系统发生关系。但是，是伍斯等人提出用核糖体小亚基 rRNA 序列特征研究生物的演化关系，才真正打开了原核生物的系统发生研究的大门。而近期的研究成果也显示，原核生物的系统发生研究对于了解真核生物的起源也起到了关键作用。

如前所述，将地球上所有生命按系统发生关系分为三个域是伍斯和他的同事提出的，从生命科学发展看，这是一个划时代的事件。在 20 世纪 70 年代，所有原核生物都被归为细菌，因为原核生物个体微小，很难有完整的化石标本用于分类，所以早期的原核生物分类基本是根据表型来进行的。后来随着遗传学和分子生物学的发展，原核生物的分子分类也有了相应的进展，但面对原核生物的系统发生的重大问题仍然显得束手无策。伍斯等人发现核糖体 rRNA 是研究系统发生和分类的有力工具，对于揭示类群之间的演化关系非常重要。当时的核酸测序方法还处于刚刚起步阶段，无法完成像 16S rRNA 这种长链核酸的序列分析。伍斯等人在对核糖体 rRNA 开展研究时，能够使用的方法非常烦琐：rRNA 寡聚核苷酸编目分析方法。这个方法将同位素标记的 rRNA 用一种核酸酶（常用核酸酶 T1，水解后得到的寡聚核苷酸的 3′ 端为鸟苷酸）处理后得到长短不一的寡聚核苷酸，经过双向电泳和放射自显影后就得到一个“指纹图谱”。对每一个点进行序列分析就可以得到一套已知序列的寡聚核苷酸的“编目”。将获得的两个生物的编目进行比较，可以获得一个相似系数（S_{AB}），系统发生关系近的物种之间的 S_{AB} 值大，系统发生关系远的物种之间 S_{AB} 值小。他们将若干种原核生物 16S rRNA 以及真核生物 18S rRNA 一一进行对比，并将 S_{AB} 值列为一个矩阵进行比较（表 15.2），发现原核生物同真核生物的系统发生距离如预期的那样，相差较大。然而让他们吃惊的是，原核生物之间的比较结果截然将原核生物分为两类：一类是传

表 15.2 三个域的代表性生物之间的相似系数(S_{AB})值

	1	2	3	4	5	6	7	8	9	10	11	12	13
1. 酵母(18S)	—	0.15	0.33	0.05	0.06	0.06	0.09	0.11	0.06	0.11	0.11	0.05	0.06
2. 浮萍(18S)	0.15	—	0.36	0.10	0.05	0.06	0.10	0.09	0.11	0.10	0.10	0.13	0.07
3. L 细胞系(18S)	0.33	0.36	—	0.06	0.06	0.07	0.07	0.09	0.06	0.10	0.10	0.09	0.07
4. 大肠杆菌	0.05	0.1	0.06	—	0.24	0.25	0.28	0.26	0.21	0.11	0.12	0.07	0.12
5. 弧形绿菌	0.06	0.05	0.06	0.24	—	0.22	0.22	0.20	0.19	0.06	0.07	0.06	0.09
6. 枯草杆菌	0.06	0.06	0.07	0.25	0.22	—	0.34	0.26	0.20	0.11	0.13	0.06	0.12
7. 白喉杆菌	0.09	0.10	0.07	0.28	0.22	0.34	—	0.23	0.21	0.12	0.12	0.09	0.10
8. 集胞藻 6714	0.11	0.09	0.09	0.26	0.20	0.26	0.23	—	0.31	0.11	0.11	0.10	0.10
9. 叶绿体	0.06	0.11	0.06	0.21	0.19	0.20	0.21	0.31	—	0.14	0.12	0.10	0.12
10. 热自养甲烷杆菌	0.11	0.10	0.10	0.11	0.06	0.11	0.12	0.11	0.14	—	0.51	0.25	0.30
11. 反刍甲烷杆菌	0.11	0.10	0.10	0.12	0.07	0.13	0.12	0.11	0.12	0.51	—	0.25	0.24
12. 甲烷杆菌 JR-1	0.05	0.13	0.09	0.07	0.06	0.6	0.09	0.10	0.10	0.25	0.25	—	0.32
13. 巴氏甲烷八叠球菌	0.06	0.07	0.07	0.12	0.09	0.12	0.10	0.10	0.12	0.30	0.24	0.32	—

统的细菌，一类是被人们认为具有特殊代谢的原核生物。伍斯将它们分别命名为真细菌(Eubacteria)和古细菌(Archaebacteria)。不同真细菌之间的 S_{AB} 值高，不同古细菌之间的 S_{AB} 值也高。真细菌和古细菌之间的 S_{AB} 值就很低，它们分别与真核生物之间的 S_{AB} 值也很低。这说明真细菌和古细菌的系统发生关系相距很远。为了避免混淆，真细菌后来被改称为细菌，古细菌被改称为古菌(Archaea)。根据这个结果和其他研究，伍斯等提出了生命的三域学说，即将所有生物分为三个域——细菌域(domain Bacteria)、古菌域(domain Archaea)和真核生物域(domain Eukarya)(图 15.13)。细菌和古菌的特征和多样性在前面已经讲述，真核生物包括原生生物、真菌、植物和动物。从图 15.13 中显示的系统发生树可以看出：①这个系统发生树是有根树。根据所有生物的共性，它们都起源于一个共同祖先(the last universal common ancestor，LUCA)。②细菌域、古菌域和真核生物域之间有足够大的差别，可以认为它们应该属于一个比传统分类单元界(kingdom)更高的分类单位，伍斯等将之定名为域(domain)。原来的原核生物界不再是一个系统发生上成立的分类单

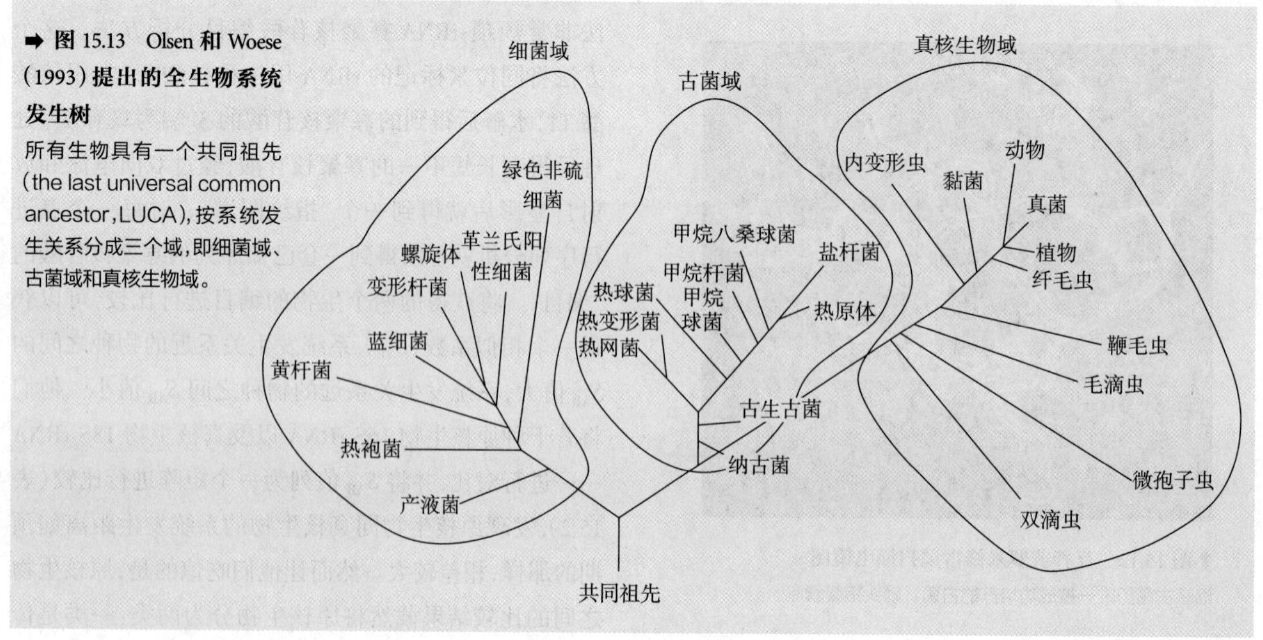

➡ 图 15.13 Olsen 和 Woese (1993)提出的全生物系统发生树

所有生物具有一个共同祖先(the last universal common ancestor，LUCA)，按系统发生关系分成三个域，即细菌域、古菌域和真核生物域。

位。③在生物演化过程的早期，生物的共同祖先有三条演化路线。最初先分成两支，一支为细菌域，另一支是古菌域－真核生物域，后者在演化过程中进一步分为古菌域和真核生物域。由图中看出，古菌与真核生物间的关系比与细菌间的关系更密切。研究显示，细菌域的分支时间与古菌几乎相同，古菌并不是更为原始的一个类群。真核生物离共同祖先最远，为演化程度最高的生物种类。伍斯等提出三域假说时，人们知道的古菌种类有限。现在知道的古菌种类丰富了很多，这对系统发生研究产生了很大影响。需要指出的是，伍斯等提出的三域系统发生树主要是基于核糖体小亚基 rRNA 的序列分析和结构而建立的，所以有时也称为 rRNA 系统树。与三域学说提出的同时，美国学者雷克（James Lake）根据他对各类细胞核糖体的研究结果，提出了两域学说。他认为真核生物与古菌不是系统发生关系更近的两个域，而是同属于一个域。随着阿斯加德古菌的发现，两域学说又开始得到更多的重视。这些问题我们将在第 17 章的真核生物起源中讲述。需要注意的是，病毒没有被包括在这些域之内，因为这些域所包括的是具细胞形式的生物，而病毒不是。

比较三个不同域的基本特征（表 15.3）可以看出，三个域在细胞水平和分子水平都有自己的特征，彼此之间又有相似的方面。总的来说，在染色体结构、转录和翻译这些被称为“信息基因”的方面，真核生物与古菌更为相似，而在细胞膜和代谢方面，真核生物与细菌更相似。这些特征的比较对于我们理解真核生物的起源有很大帮助。

表 15.3 细菌、古菌、真核生物比较

特征	细菌	古菌	真核生物
细胞核	无	无	有
内膜细胞器	无	无	有
肽聚糖细胞壁	有	无	无
膜脂	直链脂肪酸	分支碳氢长链	直链脂肪酸
膜脂键	酯键	醚键	酯键
膜脂层	双层	单层或者双层	双层
mRNA 内含子	极少	极少	有
核糖体沉降系数	70S	70S	80S
对氯霉素敏感性	敏感	不敏感	不敏感
对链霉素敏感性	敏感	不敏感	不敏感
对茴香霉素敏感性	不敏感	敏感	敏感
RNA 聚合酶种类	1 种	1 种	多种
与白喉毒素反应	不反应	反应	反应
利福平敏感性	敏感	不敏感	不敏感
依赖叶绿素光合作用	有	无	有
固氮作用	有	有	无
产甲烷	无	有	无

15.4 原核生物的重要性

原核生物虽然个体极小，但对地球和人类的影响却极大。原核生物的主要作用包括下面几个方面。

（1）在自然界物质循环中起关键作用

微生物包括原核生物、真菌和原生生物，其中原核生物和真菌是物质循环中的重要成员。没有原核生物和真菌的作用，自然界的碳、氮、硫、磷、铁等各类元素及其化合物就不可能周而复始地被循环利用，所以原核生物和真菌在生态系统中的作用极其重要。光能自养型和化能自养型细菌是生态系统中的初级生产者，它们利用光能和无机物的化学能直接将简单物质合成有机物；化能异养型细菌则是有机物的主要分解者，它们将动物、植物和微生物残体分解为简单有机物和无机化合物，使这些物质可以被循环利用。地球上 90% 以上有机物的矿化都是由原核生物和真菌完成的。假如没有细菌的分解作用，维持生命的化学循环将会终止，所有的生态系统将会毁灭。如果自然界的生态平衡不能保持，人类社会也不可能生存发展。

（2）在环境污染监测和治理中发挥重要作用

因为一些细菌具有的某些独特作用，对它们的监测已成为生物监测的重要组成部分。如粪便和有机物等水体污染的微生物监测，致突变物与致癌物的微生物监测，发光菌、硝化菌对水体、大气和土壤中有毒污染物的监测等。

随着石油化工、化肥、农药等工业生产的发展和城市人口的相对集中，环境污染日益严重。污染环境的主要介质有污水（包括生活污水，造纸、发酵、屠宰等有机废水）、固体废弃物和废气（SO_2、NO、NO_2、CO_2）等，都经常用微生物治理。

（3）在工业、农业和医药中的应用广泛

主要是利用原核生物和真菌菌体、初级代谢及次级代谢产物和原核生物和真菌的转化机能。如在食品酿造，氨基酸、有机酸及抗生素生产等现代发酵工业上的应用；又如细菌肥料、饲料发酵、生物农药等在农业上的应用，各种生理活性物质和基因工程药物的开发；细菌冶金、二次石油开采、细菌探矿和其他微生物新技术在各个领域的应用正展现出越来越诱人的前景。而涉及细菌的各种生物技术的发展已经在我们社会的方方面面起到重要推动作用。

(4) 与人类健康密切相关

多数原核生物不是有害菌,对地球上生活的生物和人类有益。如栖息在人体肠道中的共栖细菌,不仅为我们提供重要的维生素,还可抑制有害细菌的生长(见 26.3.8 节)。但人类有很多疾病是由细菌引起的。细菌性疾病很多,如鼠疫、霍乱、白喉、猩红热、破伤风、结核、伤寒和细菌性肺炎等。细菌产生的毒素有两种类型:一种为外毒素(exotoxin),是细菌分泌到介质中的毒素,一些外毒素为毒性很强的蛋白质,随血液和淋巴进入身体各部位。例如肉毒梭菌(*Clostridium botulinum*)产生的肉毒杆菌毒素(botulin),1 g 就可杀死 100 万人。另一种为内毒素(endotoxin),是革兰氏阴性细菌细胞壁脂多糖中的成分(类脂 A),只在细菌死亡溶解后才释放出来,如伤寒杆菌、结核杆菌、痢疾杆菌等的毒素。不同病菌产生的内毒素症状基本相同,如发热、糖代谢紊乱、微循环障碍及内脏出血,甚至中毒性休克等。许多细菌病,可用疫苗(vaccine)、抗毒素(antitoxin)、抗血清(antisera)预防和治疗,磺胺药和抗生素也可有效控制细菌病。

综上所述,可以看出,地球上所有的生物都依赖于原核生物。古代原核生物曾经处于演化的中心,对环境改变和整个生物演化的影响是其他任何生物都无法比拟的。早期地球被缺氧大气包围,蓝细菌的出现,才使原本无氧的大气逐渐增加了氧的浓度。只有大气中氧的成分达到一定浓度,好氧真核生物才得以产生。试想大气中若没有游离氧气的存在,地球上将仍然是厌氧原核生物世界,不可能演化出需氧真核生物。若没有原核生物,自然界碳、氮、磷、硫等元素循环也会终止,动物、植物也将会毁灭。目前,人们对原核生物在生物圈物质和能量循环中的作用了解还不够清楚,原核生物还有许多的未知世界等待我们去发现。

思考题

1. 伍斯等提出生命三域学说的根据是什么?主要论点是什么?
2. 古菌同细菌的差别主要表现在哪些方面?
3. 阿斯加德古菌的发现对于理解真核生物起源有什么意义?
4. 生产甲烷主要是由哪一类生物完成的,为什么这类生物生长缓慢?
5. 原核生物的多样性表现在哪些方面?你能否从其多样性的特点解释为什么现今的原核生物是地球上数量最多、分布最广的一类生物?
6. 蓝细菌在地球演化和生物演化中起了哪些重要作用?

16

病毒

甘蔗花叶病毒引起的玉米矮花叶病(范在丰提供)

玉米矮花叶病是玉米的主要病毒病害之一,苗期感染会导致严重减产甚至绝产。

病毒(virus)个体微小,结构简单,只含一种核酸(DNA 或 RNA)。病毒虽然是只能在活细胞内寄生的非细胞型生物,但是对人类社会产生的影响却可能是巨大的。

16.1 病毒的基本特征

病毒是一种在活细胞内寄生的非细胞型的感染介质,也称感染因子。成熟的胞外病毒颗粒称为病毒粒子(virion)。病毒以病毒粒子的形式感染细胞。病毒是活的生命么?这是一个有争议的问题,因对什么是生命这个问题的理解不同而有不同答案。目前,多数人认为病毒不是生命实体,但病毒具有自己的基因组,可以编码 DNA 复制等重要过程所需的蛋白质,可以借宿主细胞展示自己的生命力。病毒不仅对人类社会产生巨大影响,对整个生物圈的物质循环和生态平衡也起着重要作用。因为病毒的结构相对简单,所以也是很好的研究对象。正是早年对病毒的研究确定了遗传物质是 DNA。而人们对 DNA 复制、转录和翻译的机制的了解也离不开病毒学研究。可以肯定地说,病毒学研究对分子生物学的诞生和发展起了至关重要的作用。

16.1.1 病毒的发现

病毒粒子极其微小,尺度在纳米级范围,一般只能用电子显微镜观察。因为病毒粒子很小,用普通显微镜无法观察,所以发现病毒的时间比较晚。20 世纪初,科学家研究烟草花叶病时发现,其致病因子比细菌要小很多,用当时过滤细菌的陶瓷滤器无法将这个致病因子滤除,而当时的光学显微镜无法观察到这个致病因子。荷兰科学家 Martinus Beijerinck(1851—1931)称其为“病毒”(virus,拉丁文的意思是毒药)。直到电子显微镜的出现,科学家才观察到病毒的形态。后来,病毒在各种生物体内被发现,它们的基本形态有杆状(多为植物病毒)、球状(多为动物病毒)、蝌蚪状(微生物病毒,称为噬菌体 bacteriophage 或 phage),也有砖块状(如牛痘病毒 cowpox virus)和丝状(如 M13 噬菌体)等。

16.1.2 病毒的组成与形态结构

病毒粒子由一种核酸(DNA 或 RNA)组成的基因组(genome)和外围由蛋白质亚基组成的衣壳(capsid)两部分构成。病毒衣壳由壳粒(capsomere/capsomer)构成。基因组与衣壳的复合体称为核衣壳(nucleocapsid)(图 16.1)。一般说,一种病毒的壳粒种类很有限,大多数病毒的衣壳只含一种壳粒,即相同的壳粒有序排列构成病毒的衣壳,如螺旋对称的杆状烟草花叶病毒(tobacco mosaic virus,TMV)(图 16.2a)。不少病毒的衣壳对称排列构成一个多面体,其中一些衣壳高度对称有序,多面体含有 20 个面,每个面呈三角形,这类病毒被统称为二十面体病毒,如腺病毒(adenovirus)(图 16.2b)。有些病毒在衣壳外还有从活细胞脱离时携带的细胞膜或核膜组分,这种膜构成病

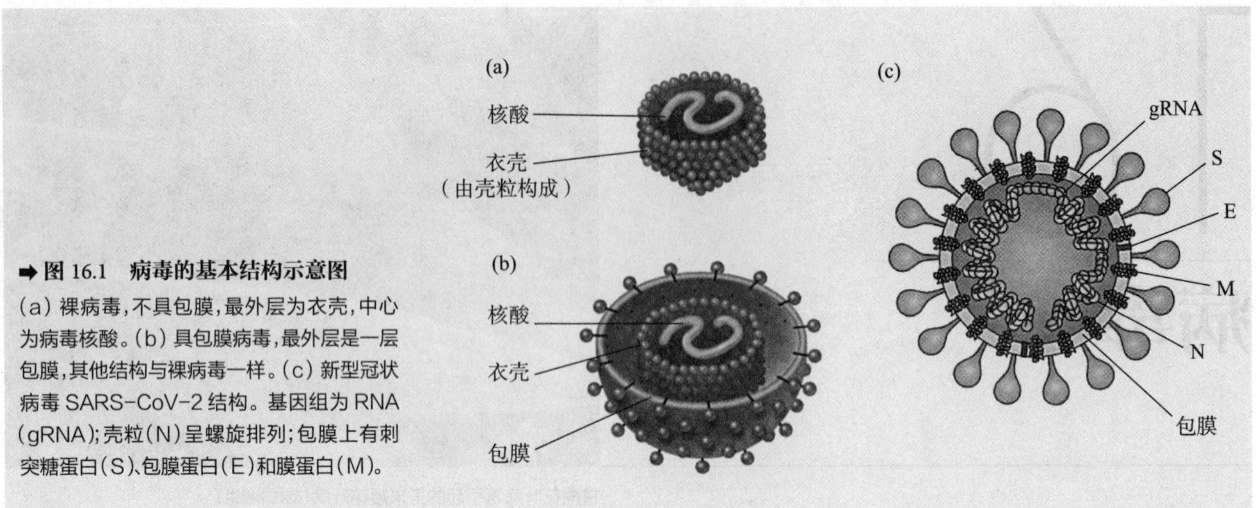

➡图 16.1 病毒的基本结构示意图

(a) 裸病毒，不具包膜，最外层为衣壳，中心为病毒核酸。(b) 具包膜病毒，最外层是一层包膜，其他结构与裸病毒一样。(c) 新型冠状病毒 SARS-CoV-2 结构。基因组为 RNA (gRNA)；壳粒(N)呈螺旋排列；包膜上有刺突糖蛋白(S)、包膜蛋白(E)和膜蛋白(M)。

毒的包膜(envelope)，有的包膜上还镶嵌有许多称为刺突(spike)或包膜粒(peplomer)的突出物，如流感病毒(influenza virus)(图 16.2c)和人类免疫缺陷病毒(HIV)(见图 16.6)。新型冠状病毒肺炎(COVID-19，简称新冠肺炎)的病原病毒 SARS-CoV-2 也属于这类有包膜病毒(见图 16.1c)。一些噬菌体的形态特别复杂，如大肠杆菌 T4 噬菌体(图 16.2d)，含螺旋对称(尾部)和二十面体对称(头部)，为复合对称的蝌蚪状病毒。

病毒基因组大小差异很大，最小的类病毒(不具蛋白体衣壳、仅为一个裸露的单链环状 RNA 感染颗粒)基因组只有几百个碱基对，而最大的病毒基因组达到 250 万碱基对。总的来说，病毒基因组比细菌基因组小很多，DNA 病毒基因组比 RNA 病毒基因组大，侵染真核生物的病毒基因组比侵染原核生物的病毒基因组大。病毒的核酸构成可以是 DNA(这类病毒统称为 DNA 病毒)，也可以是 RNA(这类病毒统称为 RNA 病

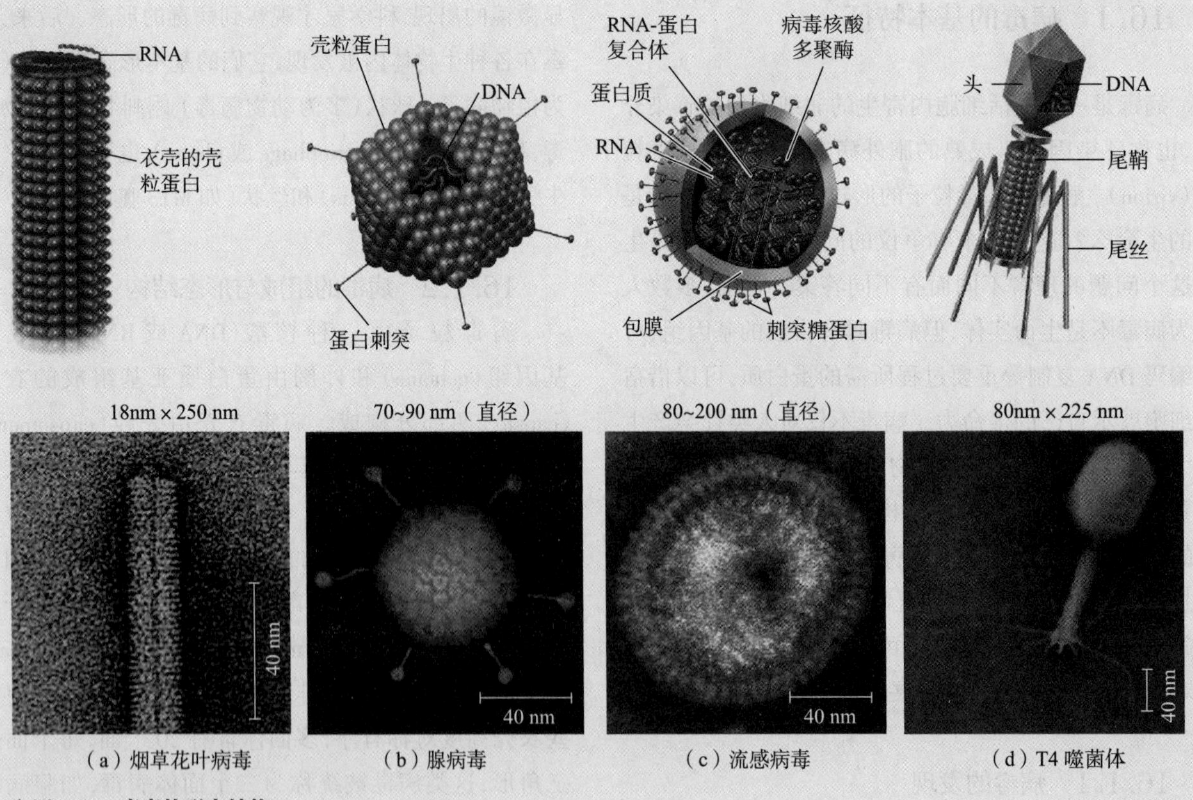

RNA
衣壳的壳粒蛋白
18nm × 250 nm
40 nm
(a) 烟草花叶病毒

壳粒蛋白
DNA
蛋白刺突
70~90 nm (直径)
40 nm
(b) 腺病毒

RNA-蛋白复合体
病毒核酸多聚酶
蛋白质
RNA
包膜
刺突糖蛋白
80~200 nm (直径)
40 nm
(c) 流感病毒

头
DNA
尾鞘
尾丝
80nm × 225 nm
40 nm
(d) T4 噬菌体

⬆图 16.2 病毒的形态结构

a-d 分别表示四种病毒的结构示意图(上排)和电镜成像(下排)。

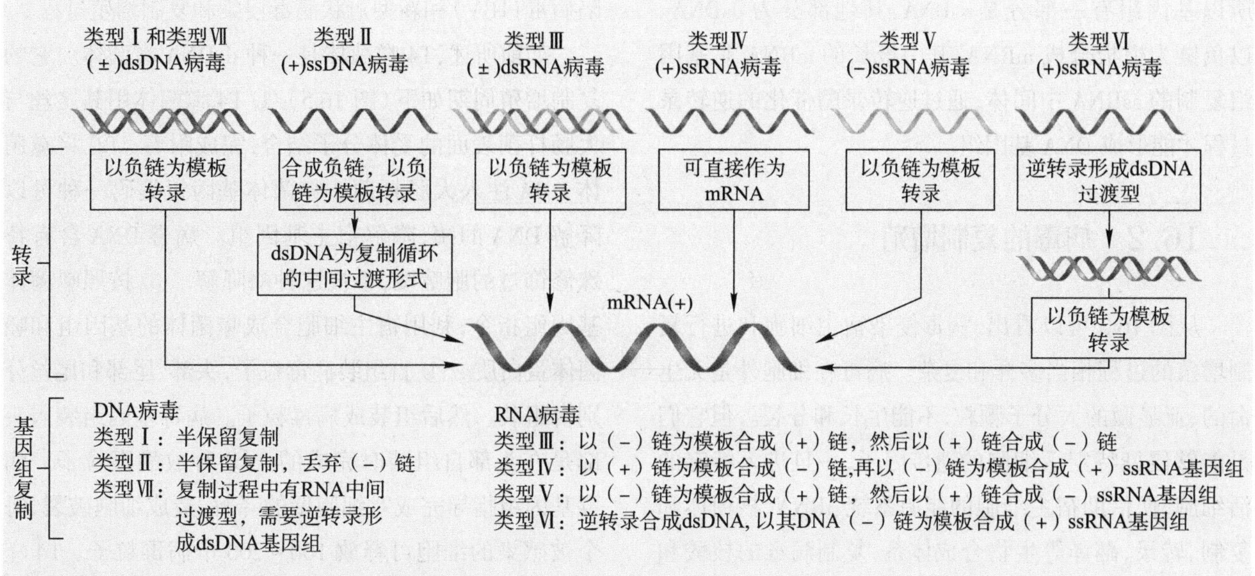

图 16.3 病毒基因组复制分类（参照 Madigan 等，2019）

根据病毒基因组构成和复制过程将病毒分为 7 种类型。类型Ⅰ、类型Ⅱ和类型Ⅶ为 DNA 病毒；其他类型为 RNA 病毒。正链（+）始终是指同 mRNA 有同样序列的那条核酸链。其中，类型Ⅵ和类型Ⅶ都需要逆转录过程才能完成复制循环。

毒)。迄今还没有发现一种病毒基因组同时含有 DNA 和 RNA。但是,有的病毒可以在自己的复制周期中的某一阶段从一种核酸转换为另一种核酸(图 16.3)。比如 HIV 是一种 RNA 病毒,但是在 HIV 的复制周期中,会利用逆转录酶合成 DNA 基因组,而最后组装好的病毒粒子只含有 RNA 基因组(HIV 的复制详见图 16.6)。从病毒核酸的结构看,病毒基因组可以是单链和双链,可以是线状和环状,还有正链和负链之分。所谓正链,就是该链上的核苷酸序列同 mRNA 上的序列一致,标记为“(+)”;负链即 mRNA 链的互补链,标记为“(-)”。根据病毒基因组核酸类型(DNA 还是 RNA)、构型(双链还是单链,如果是单链,是正链还是负链),复制过程,以及 mRNA 产生的方式,人们把病毒的复制分为 7 个类型(图 16.3)。这个分类系统首先由巴尔的摩(David Boltimore,1938—)提出,所以也称巴尔的摩分类。

类型Ⅰ 这类病毒包括 T4 噬菌体和 λ 噬菌体。病毒的基因组包含双链 DNA(double-stranded DNA, dsDNA)。它们的 mRNA 是通过转录产生的,其方式与细胞中依赖 DNA 合成 mRNA 的方式非常相似。复制以半保留方式进行。

类型Ⅱ 这类病毒包括噬菌体 φX174 和 M13。病毒的基因组是单链 DNA(single-stranded DNA, ssDNA)。除了一个例外,所有这类病毒都是(+)ssDNA 病毒。在转录成 mRNA 之前,将单链基因组转化为 dsDNA 中间产物。复制方式为半保留方式,之后丢弃(-)ssDNA。

类型Ⅲ 这类病毒包括引起小儿痢疾的呼肠孤病毒。病毒使用 dsRNA 作为它们的基因组。双链打开后,(-)ssRNA 被用作模板,利用病毒编码的 RNA 依赖的 RNA 聚合酶(也称 RNA 复制酶)来生成 mRNA 和(+)ssRNA,再以(+)ssRNA 为模板合成(-)ssRNA,从而形成 dsRNA 基因组。

类型Ⅳ 这类病毒包括引起小儿麻痹症的脊髓灰质炎病毒和引起新冠肺炎的新型冠状病毒。病毒的基因组为(+)ssRNA,意味着基因组 RNA 可以直接作为 mRNA。以(+)ssRNA 为模板合成(-)ssRNA,再以(-)ssRNA 合成(+)ssRNA 基因组。较短的病毒 mRNA 也从负链转录产生。

类型Ⅴ 这类病毒包括狂犬病毒和流感病毒。病毒含有(-)ssRNA 基因组,这意味着它们的序列与 mRNA 互补。病毒以(-)ssRNA 转录形成 mRNA。也以负链为模板合成(+)ssRNA,并以(+)ssRNA 合成(-)ssRNA 基因组。

类型Ⅵ 这类病毒包括引起艾滋病的人类免疫缺陷病毒(HIV)。病毒粒子含有两个拷贝(+)ssRNA 基因组,使用逆转录酶(reverse transcriptase)将其转化为 dsDNA。dsDNA 被整合进宿主基因组。mRNA 可以通过整合到宿主基因组中的病毒 DNA 转录而产生。病毒基因组由 DNA 负链转录产生(+)ssRNA。

类型Ⅶ 这类病毒包括乙肝病毒。病毒基因组为 DNA,其负链为完整的基因组长度,而正链较负链短,所以基因组有一部分是 ssDNA，其他部分为 dsDNA。以负链为模板合成 mRNA，其中最长的 mRNA 是基因组复制的 ssRNA 中间体，通过逆转录酶催化的逆转录过程才能形成 DNA 基因组。

16.2　病毒的复制增殖

从图 16.3 可以看出，病毒侵染宿主细胞和进行复制增殖的过程相当多样和复杂。病毒在细胞外是无生命的、亚显微的大分子颗粒，不能生长和分裂。但它们是能够侵染特定活细胞的遗传因子，一旦进入特定的活细胞，便借助宿主细胞的能源系统、tRNA、核糖体和复制、转录、翻译等生物合成体系，复制病毒的核酸和合成病毒的蛋白质，最后装配成结构完整、具有侵染力的、成熟的病毒粒子。虽然病毒和宿主的关系比较复杂，但一般会经历下面几个步骤来完成病毒复制增殖（图 16.4）：①病毒识别宿主细胞表面的受体分子，结合在宿主细胞表面；②病毒或者病毒基因组通过某种机制进入宿主细胞；③在宿主细胞内进行基因组复制；④在宿主细胞内合成 mRNA，并合成病毒蛋白，包括组装衣壳所需的壳粒蛋白。⑤病毒基因组和壳粒蛋白等发生自组装，形成病毒粒子，然后释放出宿主细胞。需要指出，目前尚未发现植物细胞具有特异性病毒受体（见 16.3.2 节）。下面简要介绍 T4 噬菌体、人类免疫缺陷病毒（HIV）和新型冠状病毒侵染和复制增殖过程。

如前所述，T4 噬菌体是一种 dsDNA 噬菌体。它的复制增殖周期如下（图 16.5）：① T4 噬菌体用其尾丝与大肠杆菌表面的受体分子结合，完成附着。② 将噬菌体 DNA 注入大肠杆菌。噬菌体基因组编码一种可以降解 DNA 的酶，降解宿主基因组。病毒 DNA 含有特殊修饰过的胞嘧啶，不被这种酶降解。③ 按照噬菌体基因组指令，利用宿主细胞合成噬菌体的基因组和噬菌体蛋白质。④ 自组装病毒粒子，头部、尾部和尾丝分别自组装。然后组装成病毒粒子。病毒基因组装入头部是在头部自组装时完成的。⑤ 释放病毒粒子。病毒基因组指导完成对细胞壁的降解，造成细胞破裂，每个被感染的细胞可释放 100 ~ 200 个病毒粒子。T4 噬菌体是一种烈性病毒（virulent virus），即侵染后宿主细胞必然死亡。这种病毒复制周期被称为溶菌周期或裂解周期（lytic cycle）。还有一类复制类型，病毒进入宿主后，将病毒 DNA 整合到宿主 DNA 上，随宿主细胞分裂而增殖，这种增殖周期被称为溶源周期（lysogenic cycle）。这种将病毒基因组整合到宿主染色体的状态被称为具有溶源性（lysogeny），而这类病毒被称为温和病毒。分子生物学中常用的一种噬菌体——λ 噬菌体，就可以与大肠杆菌形成溶源关系。一定条件下，λ 噬菌体可以从溶源周期进入裂解周期。

引起艾滋病的人类免疫缺陷病毒（HIV）是逆转录

图 16.4　简化的病毒复制增殖周期示意图

简图描述的是 DNA 病毒，其衣壳含有一种壳粒蛋白。

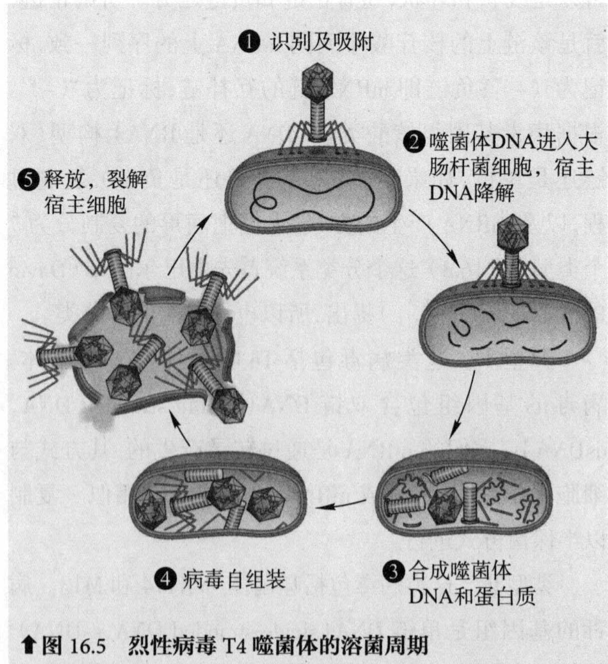

图 16.5　烈性病毒 T4 噬菌体的溶菌周期

T4 噬菌体基因组为 dsDNA，编码约 160 个基因。当温度为 37℃时，完成整个周期所需的时间为 20 分钟左右。裂解后的宿主细胞死亡，释放的病毒粒子可以侵染另外一个宿主细胞，开始新的一轮循环。

病毒(retrovirus)中的重要一员,其病毒粒子为圆球形,外层有类脂质和糖蛋白组成的包膜,包膜上镶嵌着两种糖蛋白组成的刺突 GP120 和 GP41。衣壳为两层,由 P18 和 P24 两种蛋白质组成,其内含有 2 条(+)ssRNA 和逆转录酶(图 16.6)。HIV 复制增殖周期包括 5 个阶段:① 吸附,HIV 进入人体血液,与 T4 淋巴细胞上的受体 CD4 糖蛋白结合;② 侵入和脱壳,HIV 经细胞吞噬作用脱去衣壳进入细胞质;③ 生物合成,以病毒 RNA 为模板,由 HIV 携带的逆转录酶催化逆转录合成病毒双链 DNA,双链 DNA 转移进细胞核内,整合至宿主染色体上成为原病毒(provirus),一旦受感染细胞被激活,原病毒 DNA 立即转录出病毒的 RNA,同时也转录形成 mRNA 用于合成蛋白质;④ 组装,在细胞质中组装成新的病毒粒子;⑤ 释放,以出芽方式从细胞释放。

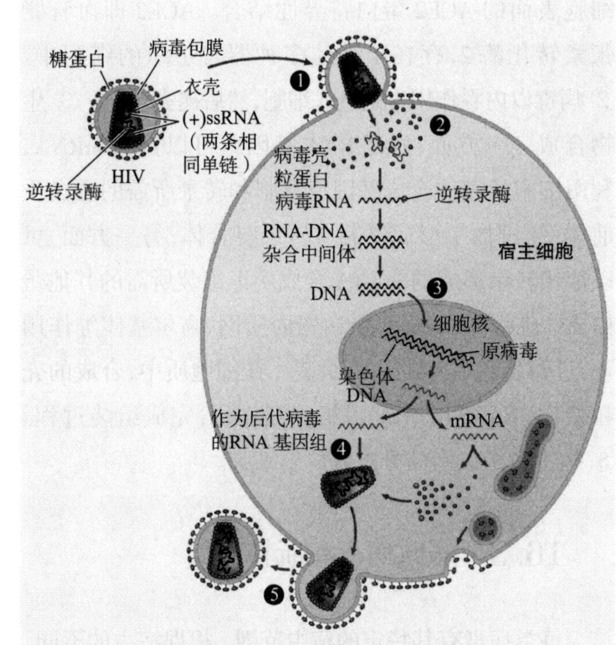

图 16.6　引起艾滋病的 HIV 的复制增殖周期

HIV 是一种逆转录病毒,其基因组为两条相同的(+)ssRNA。其复制增殖周期可分为五个阶段,详见正文。为了避免过于繁杂,图中没有显示宿主细胞表面的病毒受体。

2020 年肆虐全球的新冠肺炎的致病病毒被命名为 SARS-CoV-2(见图 16.1c)。从这个命名可以看出,它同 2003 年引起严重急性呼吸综合征(severe acute respiratory syndrome,SARS,即传染性非典型肺炎)的冠状病毒(SARS-CoV)相似。这两种病毒都是冠状病毒(coronavirus),是(+)ssRNA 病毒。这类病毒的一个特征是其基因组在 ssRNA 这类病毒的基因组中是最大的,有 16 kb 左右。这两种冠状病毒都有包膜,上面有刺突蛋白(spike protein,简称 S 蛋白)。SARS-CoV-2 的复制增殖周期如下(图 16.7):① 病毒刺突蛋白与人

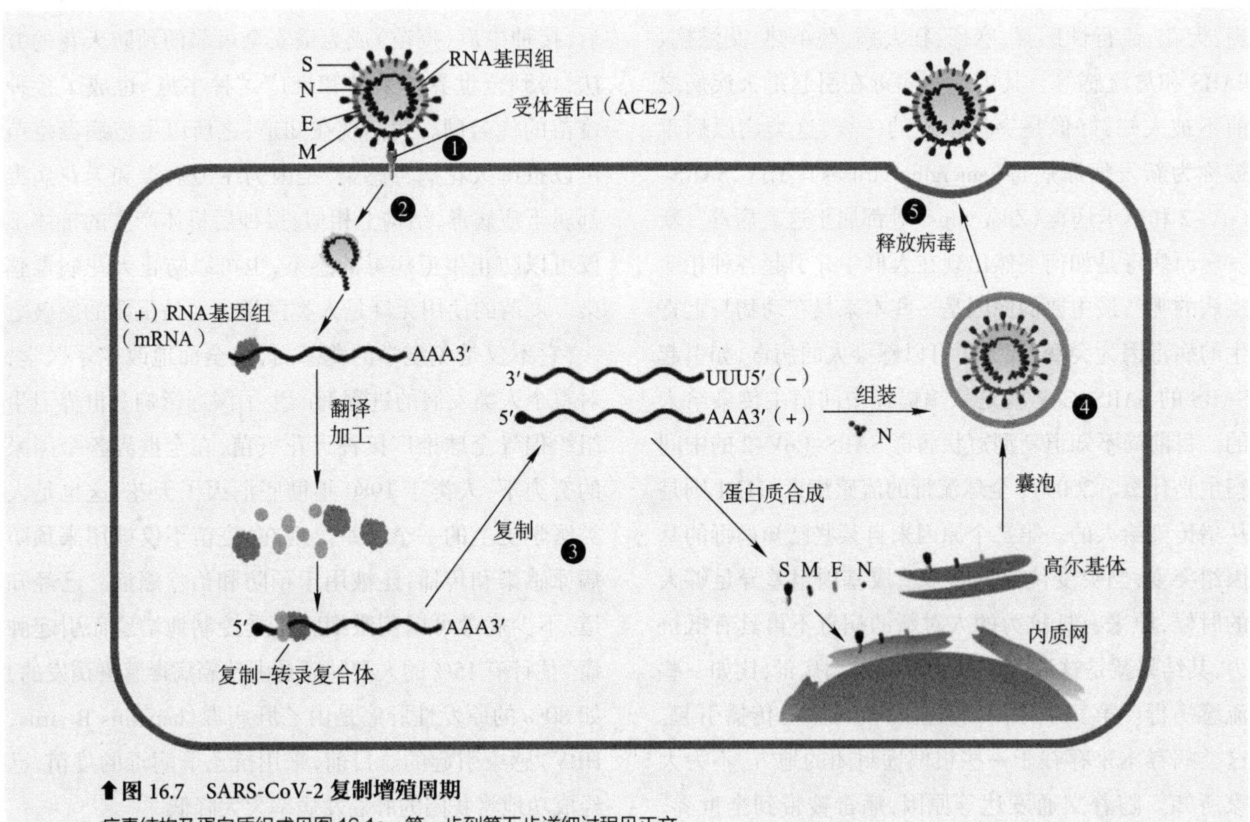

图 16.7　SARS-CoV-2 复制增殖周期

病毒结构及蛋白质组成见图 16.1c。第一步到第五步详细过程见正文。

细胞表面的ACE2蛋白特异性结合。ACE2即血管紧张素转化酶2,存在于人体多种器官组织的细胞中。② 病毒以内吞作用方式进入细胞,然后褪去包膜。③ 生物合成。一方面,病毒RNA基因组可以作为mRNA,利用细胞核糖体合成基因组复制和转录所需的蛋白质前体,经过加工形成复制-转录复合体;另一方面,可以依赖转录形成的mRNA合成病毒组装所需的其他蛋白质。④ 合成的病毒蛋白在内质网、高尔基体等作用下,进行依赖囊泡的病毒组装。在细胞质中,合成的壳粒蛋白(N)与RNA基因组相互作用,完成组装过程。⑤ 病毒粒子以胞吐方式释放出细胞。

16.3 病原病毒和朊粒

每类病毒有其特定的宿主范围。根据宿主的不同,可将病毒分为脊椎动物(包括人类)病毒、无脊椎动物(包括昆虫)病毒、植物病毒、真菌病毒、细菌病毒(噬菌体)和古菌病毒。侵染动物和植物的病毒常常造成宿主的疾病。下面就动物与植物的病毒病做一个简单介绍。

16.3.1 动物病毒病

很多人类和动物疾病是由病毒引起的,如乙型肝炎、天花、流行性感冒、麻疹、狂犬病、登革热、艾滋病、SARS和禽流感等。其中一些病毒在引起重大疾病之前不被人知,好像是突然出现的一样,这类病原病毒被称为新发病原病毒(emerging viruses)。HIV、SARS-CoV-2和寨卡病毒(Zika virus)等都属于这类病毒。新发病原病毒是如何突然出现在人群中并引起各种相应疾病的呢?最主要的原因是一些本来只在动物身上寄生的病毒因为突变,成为了可以感染人的病毒,如引起SARS的SARS-CoV就是从蝙蝠经中间宿主传染给人的。目前尚不知道新型冠状病毒SARS-CoV-2的中间宿主是什么。2009年全球流行的流感病毒H1N1则是从猪传染给人的。第二个原因来自某些已知病毒的基因组突变,当突变位点足够多造成基因组差异足够大的时候,原来有抵抗力的人对新的病毒不再具有抵抗力,其结果就是这种"新"病毒成为致病病毒,比如一些流感病毒。第三个原因则可能由病毒本身传播引起。这类病毒本来存在于一些很偏远封闭的地方,不为大家所知。随着交通发达等原因,病毒被带到全世界。艾滋病在非洲存在了相当长的时间,只是世界其他地区不知道,后来被带到了欧美国家,进而成为全球性疾病。

当一种疾病出现后在短时间内暴发,就成为流行病(epidemic)。如果暴发特别严重,蔓延至多个国家,就称为大流行病或全球流行病(pandemic)。随着抗生素的出现,由细菌引起的流行病相对容易得到较好的控制,我们目前面临的更多是病毒引起的流行病和全球流行病。病毒病传染性强、传播广,寻找只杀病毒、不杀宿主细胞的抗病毒药物又比较困难,目前只有干扰素等为数不多的药物能对付某些病毒。病毒株变异快(如流感病毒、冠状病毒),有些病毒甚至可以将病毒基因组以DNA形式整合到宿主细胞核基因组中,给治疗带来很大难度。人们在对应病毒病时更多采用疫苗来防止病毒的感染和传播。疫苗是一种与某种病原相关的抗原分子,它可以刺激机体产生免疫反应从而抵御相似病原的感染。疫苗(vaccine)一词来源于一种病毒——牛痘病毒(vaccinia virus)。在18世纪,天花(smallpox)是由天花病毒引起的流行病,死亡率很高。英国医生詹纳(Edward Jenner,1749—1823)先是观察到在他的病人中,挤牛奶的女工似乎没有得天花的病例。进一步他发现感染了牛痘病毒的女工们在痊愈后也不会得天花。詹纳用牛痘病毒对一个叫Phipps的男孩进行接种,使他获得了对天花病毒的免疫能力。之后,接种牛痘(疫苗)成为最安全可靠的预防天花的方法,得到全世界的采纳和推广,"种牛痘"也成了接种疫苗的代名词。我们现在知道,之所以牛痘病毒疫苗可以抵御天花病毒感染,是因为牛痘病毒和天花病毒都属于痘病毒,结构上相似,接种后机体产生的抗体不仅可以防止牛痘病毒的感染,也可以防止天花病毒感染。疫苗的使用无疑是人类医学史上最重要的突破之一,它不仅是免疫学的奠基石,也全面地改变了医学,对整个人类发展的进程都产生了深远影响。世界卫生组织倡导全球推广接种天花疫苗,在全世界各个国家的努力下,人类于1980年彻底消灭了天花,这也是人类医学史上的一个壮举。现在,疫苗不仅被用来预防病原感染和传播,还被用于预防和治疗癌症。已经知道,不少病毒可以刺激细胞不受控制地增殖而引起肿瘤。估计有15%的人类肿瘤是由致癌病毒感染诱发的,如80%的原发性肝癌是由乙肝病毒(hepatitis B virus,HBV)感染引起的。目前,采用抗乙肝病毒的疫苗,已经成功地将我国的肝癌发病率大大降低。

需要指出,人体各个器官存在的病毒并不一定都是有害的。对人体病毒组研究发现,人体内除了各种动物病毒之外,还有大量的噬菌体存在,这些噬菌体对人体的作用可能是有益的。人体的多个器官具有大量不同的细菌,形成细菌群落。肠道微生物就是其中一例。据估计,大肠中每克粪便含有大约 10^9 个细菌,同时还含有相同数量的噬菌体。这些噬菌体一方面起着维持细菌数量保持在一个稳定水平的作用,另一方面可以通过基因转导作用将不同的基因在细菌间转移,让细菌能够更好地适应不断变化的营养条件。研究还发现,在肠道黏膜和肺组织黏膜都有大量噬菌体存在,这些噬菌体对于防御有害致病菌的入侵起到很好的作用。目前人体病毒组学这个长时间被忽略了的领域正在吸引越来越多的研究者。人体病毒组学研究同人体微生物(细菌)组学研究一样,都将为人们了解人体本身发挥重要作用。

16.3.2 植物病毒病

植物病毒病的种类很多,超过 2 000 种,每年给全球的农业、林业和花卉业等带来巨大损失。植物病毒的结构和类型同动物病毒的相似,只是植物病毒侵染植物细胞的机理与动物细胞有所不同。植物病毒需要在外力作用下使植物细胞壁受到损伤后才能入侵植物细胞。这种外力损伤可以是昆虫取食带来的,也可能由于人为修剪植物产生。昆虫传播途径是目前知道的最为普遍的植物病毒传播方式,带来的是双重伤害,一方面是昆虫取食带来的伤害,一方面则是带来的病毒侵染。因为无性繁殖是很多植物采用的繁殖方式之一,所以植物病毒借无性繁殖直接传给后代也是常见的传播方式。植物病毒很多是 RNA 病毒,其中螺旋型衣壳类型最为常见,如前面介绍的烟草花叶病毒。二十面体的植物病毒也比较常见。一旦进入细胞,植物病毒复制增殖过程与其他病毒差异不大。而植物病毒从一个细胞感染其他细胞的主要途径是通过植物细胞的纹孔胞间连丝。植物病毒基因组常编码一种可以扩展胞间连丝的蛋白质,使病毒更容易通过。

目前,有效治疗植物病毒病的方法很少,所以科学家把重点放在育种上,希望能够通过育种的办法获得抗病毒病的植物品系。在育种过程中,科学家常用的现代生物技术方法是基因沉默法。即将一个或几个病毒基因通过遗传工程的手段转入植株。当该病毒侵染这一植株时,会因为 RNA 干扰而发生基因沉默,从而限制该病毒的复制。

16.3.3 类病毒和朊粒

除病毒外,还有比病毒更小、更简单的侵染动物、植物的亚病毒(subvirus)因子,包括类病毒(viroid)、朊病毒(又称朊粒,prion)等。

类病毒没有蛋白质外壳,只有裸露的 246 ~ 375 个核苷酸组成的单链环状 RNA 分子,为专性寄生植物的病原体。分子量范围在 $0.5 \times 10^5 \sim 1.2 \times 10^5$,比最小病毒的分子量还小很多。已发现近 20 种类病毒可引起马铃薯、番茄、黄瓜、柑橘及椰子树等患病减产。

朊粒是一类引起哺乳动物亚急性传染性疾病的致病因子,其组分仅有蛋白质而不含核酸。如曾经在欧洲流行的感染牛的牛海绵状脑病(俗称疯牛病)以及感染人的库鲁病都是由朊粒引起。疯牛病给欧洲的牛养殖业带来近乎毁灭性打击。库鲁病是人类朊粒病,于 1990 年在巴布亚新几内亚东部高地发现。朊粒引起的疾病发病时间很长,不容易诊断。而朊粒十分稳定,高温处理也不会使其失去致病力,所以不容易防范。经过科学家长时间努力,才发现那个地区的土著部落食用已故亲人脏器的习俗是发病的原因。自政府废止这一习俗后就没有新发病例。那么,一种没有复制能力的蛋白质是如何成为病原的呢?现在被广泛接受的机理由美国科学家布鲁希纳(Stanley Prusiner,1942—)于 20 世纪 80 年代提出(图 16.8)。朊粒蛋白是由宿主本身的基因编码,这个基因编码的蛋白质存在于大脑中,并不致病。朊粒的氨基酸序列同这种蛋白完全相同,但是其折叠方式不同,是一种构象不同的蛋白。当朊粒进入细胞后,可以某种方式将正常折叠蛋白改变为非正常折叠的朊粒。若干朊粒一起会形成聚合体,因此干扰细胞功能而致病。布鲁希纳因为在朊粒方面的研究成果获得 1997 年诺贝尔奖。他还认为,人类的其他一些疾病也可能是由相似的机理导致的,如阿尔茨海默病。我们相信,通过深入细致的研究,人们将揭示有关朊粒引起的疾病的机理。

16.4 病毒起源

病毒没有完整的酶系统,不能制造 ATP,也不能独立生活,但却有控制特定活细胞代谢的遗传信息。另一方面,植物、动物、细菌、真菌和原生生物有相应的病毒,古菌也有自己相应的病毒。所以多数学者认为,病毒不可能是“前细胞”体的后裔,而是细胞出现后

⬆图 16.8　朊粒作用机理

朊粒是一种脑蛋白，由宿主细胞的基因编码。该蛋白质如果正常折叠，则成为正常蛋白质；如果折叠有异，该蛋白质形成另外一种构象的朊粒。朊粒作为病原体进入细胞后可以通过某种机制改变正常蛋白的构象，使之也成为朊粒，最终导致形成朊粒聚合体而致病。

的产物。又因发现某些病毒的核苷酸序列与其宿主细胞核苷酸序列近似，由此认为，病毒与细菌、酵母菌中独立于染色体外的质粒和转座子一样，是可移动的遗传因子，可能是从生物细胞中逃脱出来的某些核苷酸片段，故现今所有生物几乎都有其相应的一种或多种病毒。

2013 年 7 月 19 日 *Science* 杂志封面登载了法国微生物学家阿贝热尔（Chantal Abergel）研究团队发现寄生于海洋沉积物变形虫体内的两种超大型病毒。其中一种是潘多拉病毒（pandoravirus）（图 16.9a），其长度约为 1 μm（其他病毒 50 ~ 100 nm），含有 2 500 个基因的超大 DNA 基因组（大部分病毒 DNA 只有 10 个基因）。潘多拉病毒组装过程独特，其衣壳合成与 DNA 包装同时进行，而大多数病毒先建造空衣壳，然后组装入 DNA。最令人震惊的是，在其基因组中有超过 90% 的序列不能追溯到自然界已知的生物演化支系中，几乎就像是外星生命一样。潘多拉病毒感染其他微生物或海洋浮游藻类，调节其密度变化，目前没有发现它能对人类造成伤害。另外一个巨型 dsDNA 病毒是在西伯利亚冻土里发现的阔口西伯利亚病毒（*Pithovirus sibericum*）（图 16.9b）。这个病毒长度达到 1.5 μm，有 500 个基因。更令人吃惊的是，在冻土里冰冻了 3 万年的病毒解冻后仍然可以侵染变形虫。这类巨大病毒的发现，无疑使人们对病毒起源更加感兴趣。虽然现在我们对病毒的起源还不清楚，更多的研究必将有助于我们对这个重要科学问题有更加深入的了解。

16.5　病毒生态学

世界上几乎所有有生命的地方就存在病毒。据估计，地球上病毒的数量是 10^{31} 个。这是一个十分庞大的数字，所以我们不难想象，病毒对于整个生物圈的作用十分巨大。随着基因测序和分析手段的不断进步，人们对环境中病毒的探测认知也愈加深入。病毒组学（viromics）是基因组学中的一个分支，利用基因组学的工具和方法整体研究某一种生境中的病毒基因组，即病毒组（virome）。我们知道，微生物对于地球元素循环有至关重要的作用，而病毒在很大程度上决定这些微生物的生命长短、生活状态和代谢产物输出等，所以病毒对于整个生物圈的物质循环特别重要。下面主要介绍海洋中的噬菌体的生态作用和细菌及古菌对病毒的防御机制。

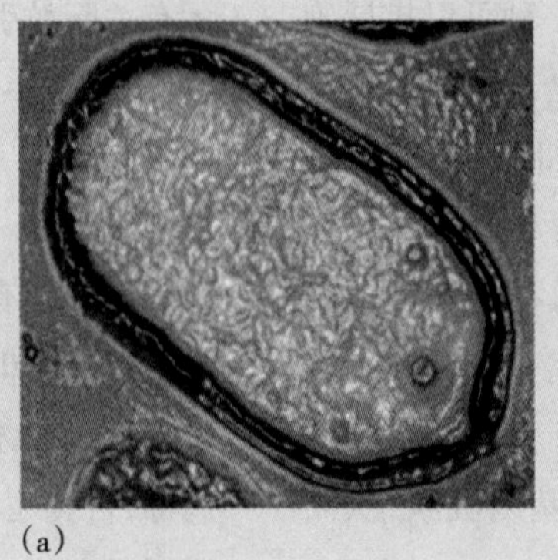
(a)

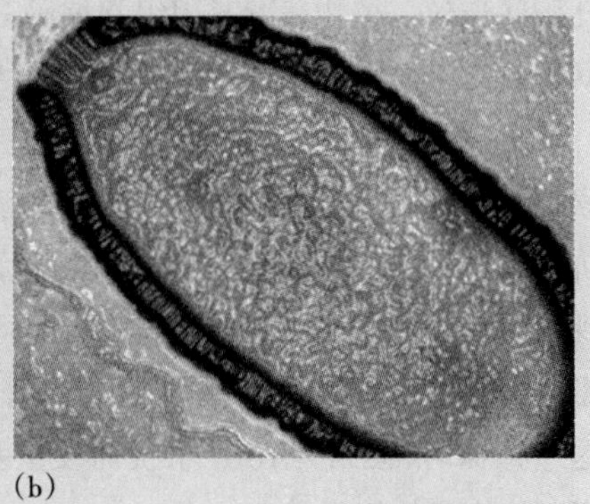
(b)

➡图 16.9　两种巨型 dsDNA 病毒

(a) 潘多拉病毒，其长度达 1 μm。(b) 阔口西伯利亚病毒，其长度达 1.5 μm。

16.5.1 海洋噬菌体

海洋病毒以DNA病毒为主,RNA病毒比较少。这同大洋中的主要生物是原核生物有关,因为侵染细菌和古菌的噬菌体主要是DNA病毒。据估计,海洋水体中原核生物的数量在每毫升10^6个细胞这个数量级,而病毒的数量则还要高10倍左右。在营养比较充足和病毒活跃的水体,每天有将近50%的原核生物被裂解。海洋中的初级生产力主要是蓝细菌,如原绿球藻(*Prochlorococcus*)和集胞藻(*Synechococcus*)。这两种蓝细菌细胞较小,都能进行放氧型光合作用。具估计,世界上约30%~40%的CO_2是由这两类蓝细菌固定的。侵染这些蓝细菌的噬菌体使其细胞裂解,释放出的细胞质是海洋浮游生物的最主要有机物来源。研究得比较透彻的噬菌体之一是Syn5,一种侵染集胞藻的病毒(图16.10)。这种病毒为典型的头尾噬菌体,形状与T4噬菌体相似。科学家还发现,Syn5基因组还可含有宿主的基因,如光系统Ⅱ的基因。当这个噬菌体再侵染别的蓝细菌细胞时,则可能将这个基因转移到被侵染的细胞。这个例子说明噬菌体在横向基因转移中起重要作用(即转导作用,见第15章)。研究表明,这种横向基因转移对于细菌和古菌的演化都很重要,能够帮助宿主获得一些有适应意义的基因,更好地适应环境。

对全球海洋进行的一项全面病毒组调研结果显示,DNA病毒的多样性十分显著,在最近的一篇海洋病毒的研究论文中,研究者报道了接近20万个病毒种群,分布极为广泛。海洋中存在大量古菌,其中一类为氨氧化古菌。对这类古菌的研究发现,它们的基因组中含有噬菌体基因组。这些噬菌体要么是头尾型噬菌体,要么是二十面体噬菌体,都是DNA噬菌体。这些研究还显示海洋中不少噬菌体很可能是侵染古菌而不是侵染细菌的。目前的研究表明,侵染古菌的噬菌体都是dsDNA病毒,而海洋中最为常见的病毒也是dsDNA病毒,这样从一个侧面提示古菌噬菌体的重要性。

16.5.2 原核生物对噬菌体的防御

原核生物有几套防御系统,抵御噬菌体的入侵。首先,原核细胞可以改变细胞表面的结构,使噬菌体无法识别细胞表面的受体,从而不能完成附着过程。其次,原核生物有限制性内切酶系统,可以将外源DNA切断,然后降解,使其无法完成复制过程。第三,原核生物具有CRISPR系统(CRISPR读音为[ˈkrɪspər],是clustered regularly interspaced short palindromic repeats的首字母缩写,直译为“成簇有规律间隔的短回文重复序列”。有关其基因编辑的应用部分在本章末的知识窗中介绍),可以有记忆性地防御外源DNA(如病毒DNA)输入。CRISPR系统包括两个部分(图16.11a):一是CRISPR序列。这段序列中有若干相同的回文序列,每个回文序列的长度为几十个核苷酸。回文序列之间是间隔区(spacer),每个间隔区的序列各不相同。二是宿主编码的蛋白质系统,这个系统与CRISPR相关联,被称为Cas蛋白(CRISPR associated protein)。目前已经发现Cas1—Cas10多种类型的Cas基因。Cas基因与CRISPR协同进化,形成了在原核生物中保守的CRISPR/Cas系统。早期科学家以为CRISPR系统间隔区的序列只是随机的,后来才发现,这些序列同某些噬菌体的序列相同。进一步研究发现,某些Cas蛋白是核酸酶,而CRISPR/Cas系统是对病毒的记忆性防御系统,使原核生物对包括病毒在内的外源DNA入侵有免疫功能。CRISPR系统在原核生物广泛存在,

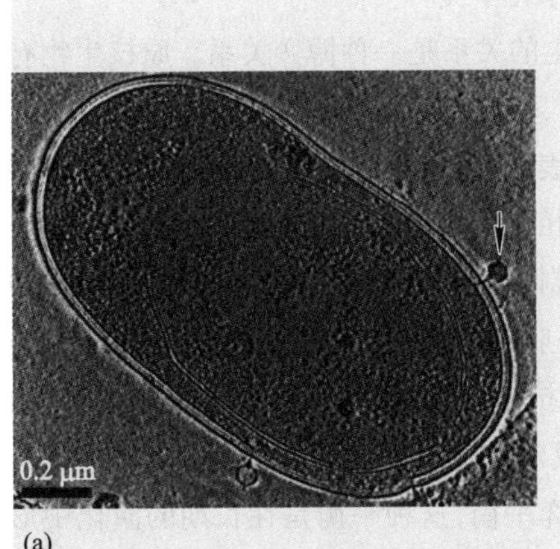

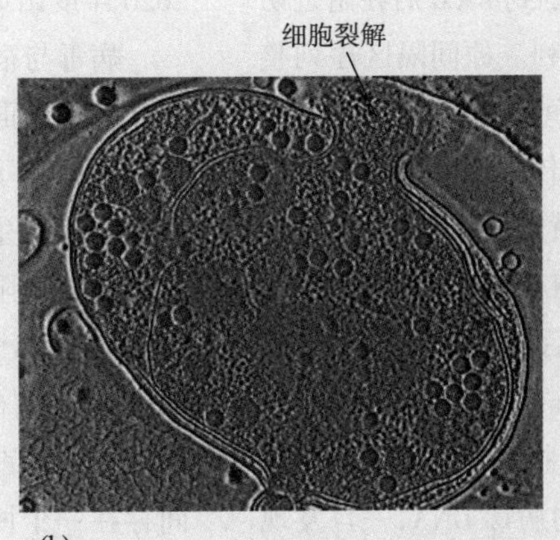

图16.10 海洋蓝细菌病毒对细胞的侵染(引自Madigan等,2019)
(a)侵染早期,Syn5噬菌体附着在海洋蓝细菌集胞藻(*Synechococcus*)的细胞表面(箭头所示)。(b)侵染后期,Syn5在细胞内复制增殖后使细胞裂解。

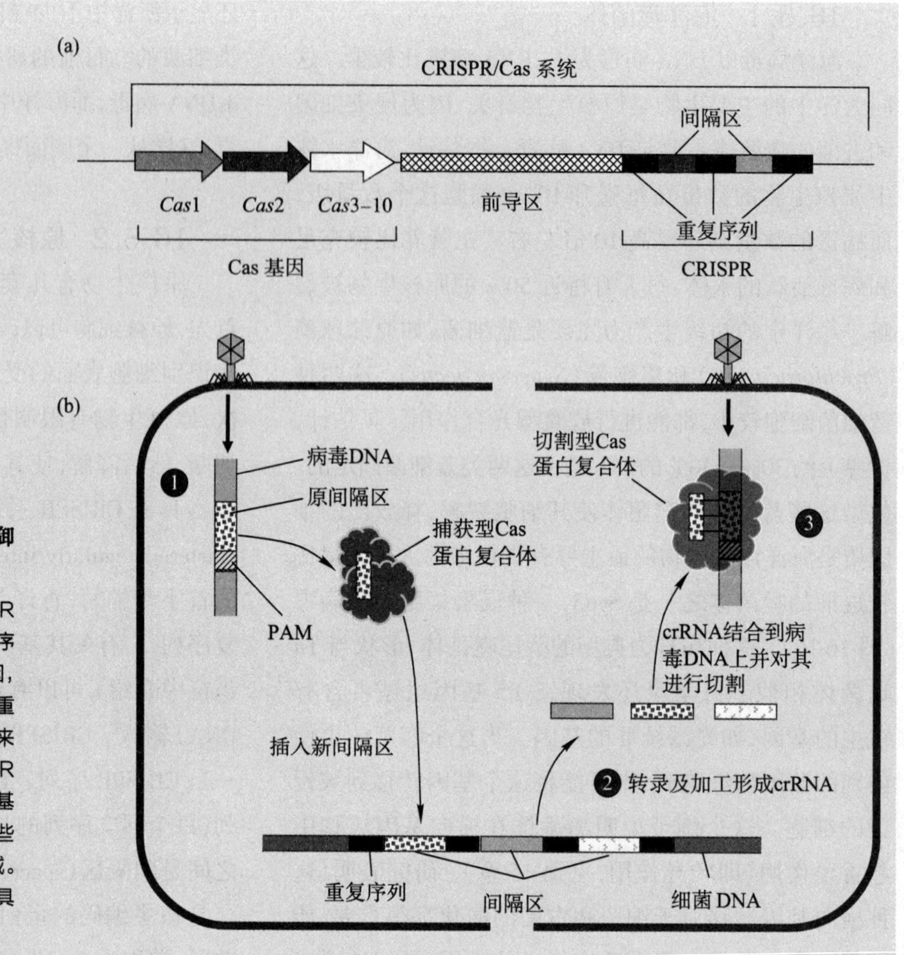

➡ 图 16.11 CRISPR 系统及其防御病毒侵染机理

(a) CRISPR 系统示意图。CRISPR 系统分为两个部分:一个是 CRISPR 序列区;一个是与 CRISPR 关联的基因,编码 Cas 蛋白。CRISPR 序列区的重复片段区之间为间隔区,间隔区序列来自外源 DNA。前导区是转录 CRISPR 区的启动子区。前导区常位于 Cas 基因和 CRISPR 序列区之间,不过在一些原核生物中,前导区可能位于别的区域。(b) CRISPR 系统防御病毒入侵机理,具体讲述见正文。

已经测序的原核生物基因组中,约 50% 的细菌基因组和 90% 的古菌基因组含有 CRISPR/Cas 系统。这里简要介绍 CRISPR 系统机理(图 16.11b)。第一步,基因捕获。当外源病毒 DNA 首次进入细胞时,由 CRISPR 系统 Cas 基因编码的 Cas 蛋白形成捕获复合体(最常见的是 Cas1/Cas2 蛋白)来识别病毒 DNA。捕获复合体先识别一个称为原间隔区相邻基序(protospacer adjacent motif,PAM)的序列。识别到 PAM 后在附近切割病毒 DNA 并获得原间隔区序列。原间隔区序列整合到 CRISPR 序列的重复序列之间,形成一个新的间隔区。这样,这个细胞就获得了遗传记忆。当下一次同样的病毒 DNA 入侵时,该细胞就能够识别这种入侵。第二步,形成 crRNA(CRISPR RNA)。由 CRISPR 序列转录形成前 crRNA(pre-crRNA)后,经过 Cas 蛋白加工形成一系列 crRNA。crRNA 与 Cas 蛋白结合形成切割型 Cas 蛋白复合体。第三步,干扰防御。形成的 Cas 蛋白复合体在细胞内监控入侵的病毒 DNA,一旦发现入侵病毒并形成了 DNA:crRNA 配对的双链,就会利用 Cas 蛋白的内切酶活性将病毒 DNA 切割,从而防止病毒的复制。目前,已经在原核生物中发现了多种类型的 CRISPR 系统,有时候一种细菌的不同生态型也会有不同的 CRISPR 系统,显示出极大的多样性。人们正是利用这种多样性,开发出不同类型的 CRISPR 基因编辑体系,用于多种多样细胞的基因编辑研究和实际应用。发现 CRISPR 作用机制的两位科学家获得 2020 年度诺贝尔化学奖。

病毒与宿主的关系是一种博弈关系。原核生物有若干防御病毒入侵的屏障,病毒也有相应的破解机制。当细胞改变了表面受体让一般病毒无法附着时,一些病毒可以发生相应的突变,从而可以识别改变了的表面位点。对限制性内切酶防御,病毒更多是采用修饰自己的 DNA 来躲避限制性内切酶的攻击。病毒也会演化出所谓的抗 CRISPR 蛋白,干扰宿主的 CRISPR 系统,从而完成对细菌的侵染。总之,病毒和宿主之间存在一个博弈平衡,这种平衡是在长期的演化中形成的。

知识窗

基因组编辑

靶向改造基因组一直是一项具有挑战性的工作。2007 年度诺贝尔生理学或医学奖授予了开发胚胎干细胞和基因敲除技术的三位科学家，但是该项技术难度大，仅适用于小鼠。进入 21 世纪以来，人们逐渐开发了一系列以序列特异性人工内切核酸酶为基础的基因组编辑(genome editing)技术，这些技术具有很强的普适性和简便性，其中以细菌抵御外源核酸入侵的 CRISPR/Cas 系统(也写作 CRISPR–Cas)为基础的 RNA 导向的人工内切核酸酶最受欢迎。

人工内切核酸酶可特异识别、结合并切割特定的 DNA 靶位点，造成双链断裂(double strand break，DSB)，然后利用细胞自身的非同源末端连接(non-homologous end joining，NHEJ)或同源重组(homologous recombination，HR)机制对 DSB 进行修复，使靶基因产生序列改变。NHEJ 是最快、最简单，也是最主要的一种修复方式，不过保真度不高，很容易造成靶序列产生 indel(详见 8.1.2 节)；indel 可在编码区造成移码突变，从而破坏基因功能。HR 途径能够以人为提供的同源序列(单链或双链 DNA 供体)为模板，对靶基因进行精确修复或修饰，从而实现基因的标记、添加 / 修正 / 替换和条件性敲除(conditional knockout)等诸多功能，统称为基因敲入(gene knock-in)。但是 HR 的效率很低，如果只需要在靶点插入外源序列，而不需要替换内源序列，则可以采用 NHEJ 途径介导的靶向插入(targeted insertion)策略来提高基因敲入的效率。

CRISPR / Cas 系统由一个或多个 Cas 蛋白跟一个 crRNA (有时还需要额外的辅助性的 RNA 分子)形成蛋白复合体，其中 crRNA 以碱基互补配对的方式识别并结合 DNA 靶序列(原间隔区)，Cas 蛋白则作为核酸酶负责切割双链 DNA(详见 16.5.2 节)。该系统使用简便，突变不同的基因 / 靶点时只需要根据靶序列设计、合成新的 crRNA，而不需要更换 Cas 蛋白。CRISPR / Cas 系统分为两大类，第一大类需要多个 Cas 蛋白，第二大类只需要单一的 Cas 蛋白，便于开发成基因组编辑的工具(图 16.12)。化脓性链球菌(*Streptococcus pyogenes*)的 CRISPR / Cas9 系统属于第二大类，只需要 3 个组分，即 SpCas9 蛋白、crRNA，以及与 crRNA 部分互补的反式激活 crRNA(trans-activating crRNA，tracrRNA)。crRNA 负责识别 DNA 上 20 bp 的靶序列，tracrRNA 通过碱基互补配对跟 crRNA 形成一个部分双链的 crRNA–tracrRNA 杂交分子，引导 SpCas9 蛋白靶向切割双链 DNA。将这两种 RNA 分子融合成一条单链 RNA 分子后，依然能有效地发挥作用；人们把合并后的 RNA 分子称为向导 RNA(guide RNA，gRNA；或 single guide RNA，sgRNA)，其序列仅 100 nt 左右。这个由 SpCas9 蛋白与 gRNA 构成的简单的 CRISPR / Cas9 系统(可简称为 Cas9/gRNA 系统)的 PAM 为 NGG，位于靶点 DNA 序列的下游(3′ 端)。2013 年开始，人们将该系统经过密码子优化并添加核定位序列(nuclear localization sequence，NLS)后，首先成功地应用于体外培养的人类细胞中进行靶向诱变，随后迅速被应用到多种生物体和细胞中。2020 年，法国 Emmanuelle Charpentier 和美国 Jennifer A. Doudna 两位科学家由于在该领域的原创性贡献获得了诺贝尔化学奖。

不过，SpCas9/gRNA 系统在应用上依然存在不少问题：① 该系统对于 gRNA 跟靶点之间的错配具有一定的容错性，容易出现脱靶效应，特异性不够好。② 不同的靶点突变效率相差很远，有很多靶点检测不到突变。③ NGG PAM 序列限制了靶点的选择范围，难以突变富含 T 碱基的序列(例如内含子)。④ SpCas9 编码序列很长(约 4.1 kb)，对于用腺相关病毒(adeno–associated virus，AAV)等载体进行包装递送造成了很大的挑战。人们通过诱变 SpCas9 和筛选其它菌种的同源基因对该系统进行了优化和功能拓展。例如，金黄色葡萄球菌(*Staphylococcus aureus*)的 SaCas9 编码序列仅为 3.3 kb 左右，犬链球菌(*Streptococcus canis*)的 ScCas9 的 PAM 序列为 NNG；通过突变 SpCas9 扩展 PAM 范围的有 SpCas9–VQR(PAM 为 NGA)和 SpCas9–NG(PAM 为 NG)等，提高特异性的有 eSpCas9(1.1)、SpCas9–HF1 和 HiFiCas9 等。不过，到目前为止，野生型 SpCas9 的活性(靶向突变效率)依然是最高的。

近几年，第二大类中一些更小的亚类也被人们开发为新的基因组编辑工具，其中 Cas12a(又名 Cpf1)研究得较多，包括酸性氨球菌的 AsCas12a、毛螺菌的 LbCas12a 和直肠真杆菌的 ErCas12a(又名 MAD7)等。Cas12a 分子量较小(约 3.8 kb)，只需要 crRNA(仅 40 nt 左右)作为向导，PAM 序列富含 T 碱基，正好跟 Cas9 互相弥补(图 16.12)。

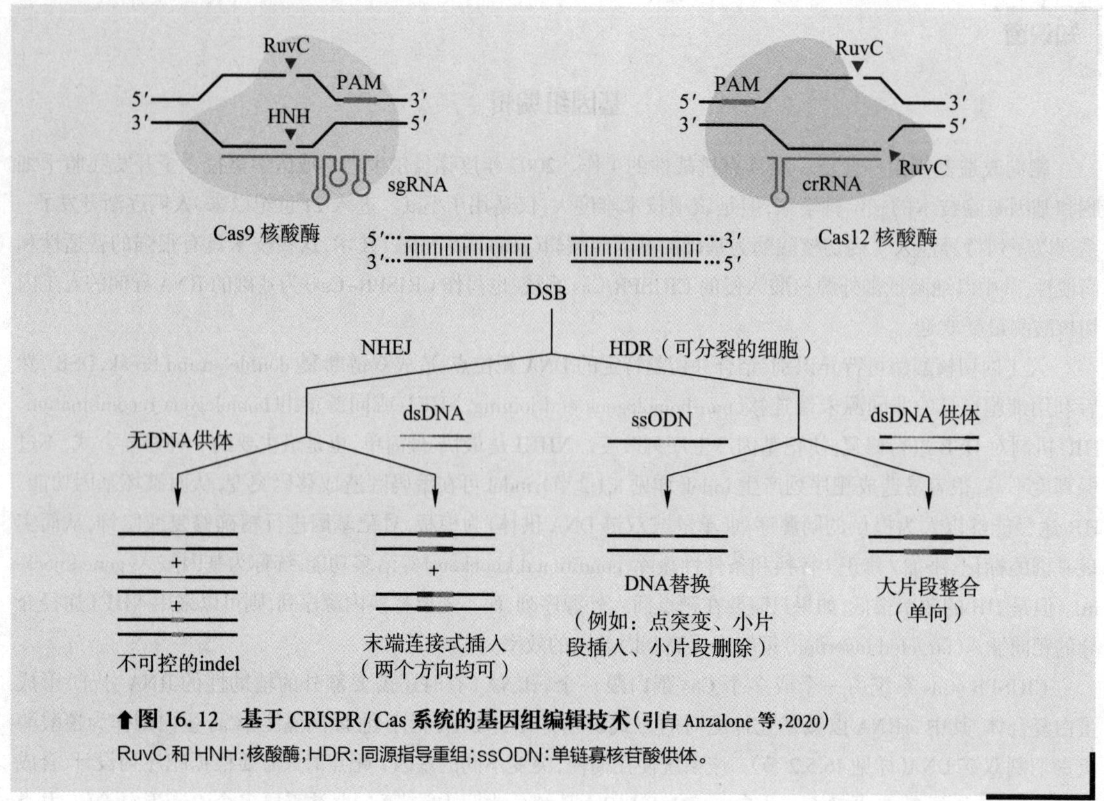

⬆图 16.12　基于 CRISPR/Cas 系统的基因组编辑技术（引自 Anzalone 等，2020）
RuvC 和 HNH：核酸酶；HDR：同源指导重组；ssODN：单链寡核苷酸供体。

思考题

1　病毒有哪些不同于其他生物的特点？你认为病毒最恰当的定义是什么？

2　巴尔的摩病毒分类的主要依据是什么？这个分类系统将病毒分为几类？

3　动物病毒和噬菌体在入侵宿主细胞时有什么差别？

4　你如何理解原核生物防御病毒与病毒侵染之间的关系？

5　CRISPR/Cas 对病毒的防御功能中，哪些被利用来作为基因编辑工具？

17

真核生物起源与原生生物多样性

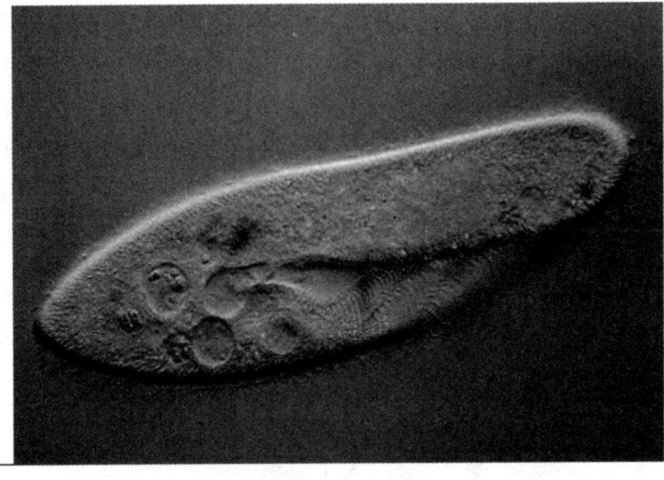

一种草履虫（*Paramecium* sp.）

草履虫是一种分布很广的单细胞纤毛类原生生物，细胞结构和功能都极复杂。

最早的真核生物化石发现于大约18亿年前的地层中，如加拿大西南部的冈弗林特燧石层和我国长城群串岭沟页岩中的化石。蓝细菌出现后，地球才开始积累氧气。当大气圈中的氧气积累达到一定浓度时，需要氧气的各种真核生物才相继诞生。有氧呼吸产生更多能量，对生物演化有根本性影响，带来了地球上生物多样性爆发式的发展。

17.1 真核细胞起源

原生生物、植物、真菌和动物是真核生物，即它们的细胞具有细胞核，是真核细胞。在早期地球上，原核生物世界延续了近20亿年，那么真核细胞是怎么出现的呢？真核细胞起源是生命科学中最吸引人的问题之一，而这个问题的答案却扑朔迷离。化石证据显示，最早的单细胞真核生物出现在18亿年前。因为年代久远，几乎无法获得真核细胞起源的直接证据，而从原核细胞演化出真核细胞这个过程可能是一个十分漫长而复杂的过程，目前想要在实验室重复这个自然界发生的事件也几乎不可能。所以目前对真核细胞起源这个问题的研究更多是基于基因组分析、细胞水平的功能比较和代谢分析。前面讲过，生命的三域学说认为真核生物同古菌关系更为密切，但是古菌和真核生物分别是一个独立的域，即细菌域、古菌域和真核生物域都是单系群（monophyletic group）。根据三域学说，真核生物与古菌分支发生在古菌自身分支之前。我们知道，伍斯等人主要是基于核糖体小亚基rRNA的序列特征提出的三域学说（图17.1a）。三域假说提出后，人们对古菌的兴趣大大提升，开始用更多的基因和基因组研究原核生物系统发生。随着更多的古菌被发现，尤其是阿斯加德古菌的发现，人们对整个生物界的系统发生演化和与之相关的真核细胞起源提出新的观点。事实上，20世纪80年代美国学者雷克（James Lake）在比较了不同类型细胞的核糖体结构后，提出真核细胞是古菌域的一个分支。他把真核细胞的祖先称为伊欧细胞（Eocyte，eo：早期，cyte：细胞），并认为伊欧细胞是一种古菌，真核生物与古菌是姐妹群关系（图17.1b）。这个假说意味整个生物界由两域构成，而不是三域构成。这个假说因为阿斯加德古菌的发现而再次得到学术界的重视。人们在阿斯加德古菌中发现了若干以前认为是编码真核生物特有的标志性蛋白质的基因，这说明与其他类群的古菌相比，阿斯加德古菌更加接近真核生物。对阿斯加德古菌进行系统发生分析显示，这类古菌同真核生物是姐妹类群关系。新发现的古菌类群"悟空古菌超门"的系统发生关系也倾向于支持两域学说。这些发现对真核生物的古菌起源假说是有力支持。另一方面，分析真核生物的基因来源发现，有超过70%的基因来自细菌，说明在真核生物起源过程中，细菌起了很大作用。真核生物与细菌的细胞膜有相同

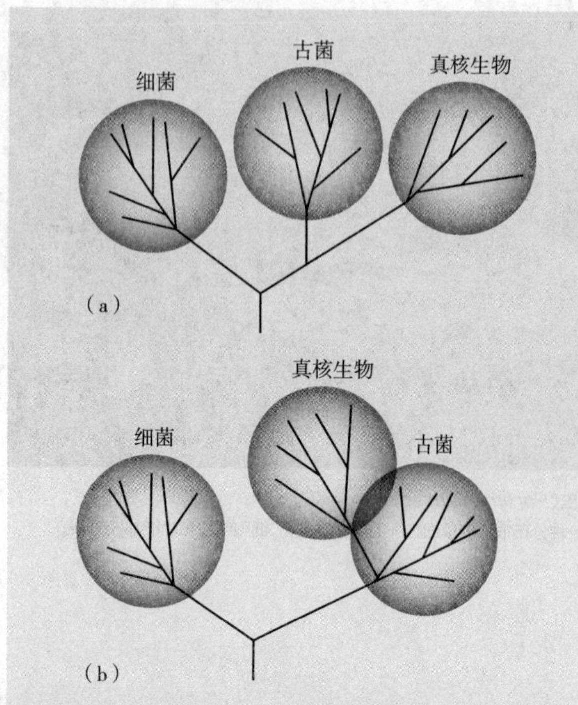

图 17.1 地球生命的系统发生树示意图

(a) 三域学说认为真核生物同古菌的分支发生在古菌分支之前。整个生物界属于三个域。(b) 两域学说认为真核生物从古菌的一支演化而来，整个生物界属于两个域。

的化学组成和结构，这是对两域学说的挑战。不论是支持两域学说还是支持三域学说，目前多数人接受的观点包括：①真核细胞包括细胞核在内的信息基因很可能起源于类似阿斯加德超门的古菌，真核细胞的代谢系统基因很可能起源于细菌，因为这个原因，在研究系统发生关系的时候选择哪些基因来构建系统发生树就成为一个关键的问题；②真核细胞的细胞膜系统很可能来源于细菌；③线粒体起源于内共生，祖先是细菌域的变形菌，很可能是α- 变形菌；④叶绿体起源于内共生，祖先是蓝细菌。此外，越来越多的学者认可共栖互养（或者代谢共生）在真核生物起源中扮演了重要作用这种观点。目前有多种不同的假说，试图解释真核生物起源，即细胞核与细胞器的起源机制。这里介绍两种假说。第一种假说是内共生假说（endosymbiotic hypothesis）（图 17.2a），该假说认为真核生物的祖先在与古菌分支后，先形成了细胞核，然后在演化过程中经过内共生获得线粒体和叶绿体。这意味真核生物与古菌分支后，线粒体产生和叶绿体产生等事件属于次生事件，对真核生物的细胞核起源不起关键作用。这个假说面临一些挑战，比如，古菌的膜脂与真核细胞的膜脂有很大差别，如何在细胞核形成后膜脂被完全替换这一现象无法得到很好解释。第二种假说有几个不同版本，这里统称为合并体假说（merger hypothesis）（图 17.2b）。根据已有的证据，真核细胞的基因组是一个古菌基因组和细菌基因组的融合（fusion），除了编码真核细胞特有的标志性蛋白的基因外，真核基因组还具有大量来自古菌和细菌的基因，其中超过 70% 来自细菌，超过 20% 来自古菌。此外，能量代谢是另外一个必须考虑的因素。古菌的能量代谢比较低，而细胞核形成包括了基因数量的大量增加和复制与转录的高度统一，是十分耗能的过程。现在的研究判断，好氧呼吸产生的能量对细胞核产生可能很重要。所以，基因组水平的融合很可能首先是从共栖互养发展到形成合并体，然后发展到内共生，乃至细胞核的产生和形成线粒体。根据这个假说，真核生物由一个古菌和一个细菌融合而产生，融合后才产生了细胞核和内膜系统以及线粒体。图 17.2b 中，一个来自类似阿斯加德超门的古菌与一个来自变形菌门的细菌形成共栖互养关系，然后形成内共生关系，进而演化成细胞核前体。同时，这个细胞在吞噬了一个好氧 α 变形菌后形成内共生关系，后者最终演化成为线粒体，而线粒体的出现为细胞核形成和完善提供了能量保证。

虽然在获得结论性证据之前上述两类观点的争论还会持续一段时间，但一个不争的事实是，真核生物的诞生是生命史上一个重大的历史事件。细胞内部分区分工和好氧代谢让细胞核可以容纳和处理更多的基因，随着真核基因组容量的扩展，真核生物有了极大的演化潜力，这是原核生物远远无法比拟的。

17.2 真核生物系统发生与分类

真核生物的系统演化关系十分复杂。从原核生物演化来的始祖真核生物，不仅是各种现代原生生物的祖先，也是继续出现的多细胞真核生物——植物、真菌、动物的祖先。因为计算机计算能力的增强，对日益增加的基因组数据的分析能力不断增强，人们对真核生物各个类群的关系的了解也更加深入，真核生物的系统发生树在近年来也多次修改。其中，具有多种营养方式、适应各种生活环境的原生生物（protist）系统发生和分类也变化较大。原生生物各个大类群之间差异很大而关系甚远，它们之间的派生关系也相当复杂。从总体上看，原生生物谱系是一个并系群（paraphyletic group），而不是单系群。目前，包括原生生物在内的真核生物各类群划分仍有争议，根据近年来

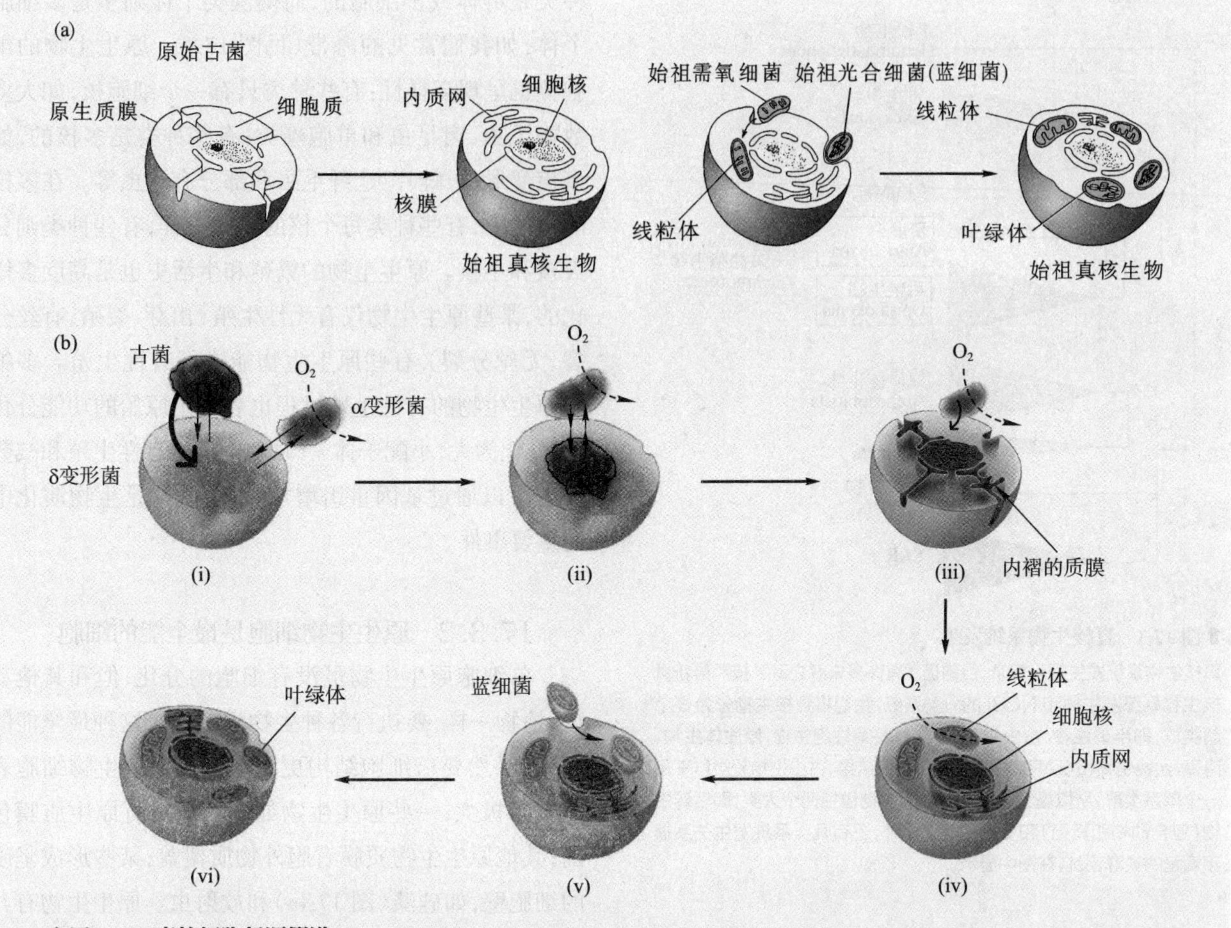

⬆图 17.2 真核细胞起源假说

(a) 内共生假说。先由古菌产生质膜内褶形成核膜,然后形成原始细胞核。随后发生的内共生事件产生线粒体和叶绿体。需要指出的是,形成线粒体和形成叶绿体的内共生不是同时发生的,蓝细菌内共生事件发生在线粒体形成之后。(b) 合并体假说的代表性假说之一,共栖互养起源假说。(i)δ 变形菌与古菌和 α 变形菌分别形成共栖互养关系。直线箭头代表代谢依赖,弧线箭头代表内共生过程。有氧代谢用虚线箭头表示。(ii)δ 变形菌吞噬古菌后形成内共生关系,此时古菌仍保持自己的细胞膜。(iii)δ 变形菌质膜内褶包裹古菌,最终将其细胞膜替换。箭头表示 α 变形菌内共生过程。(iv)形成最原始真核细胞,具有细胞核、内质网和线粒体。(v–vi)原始真核细胞吞噬蓝细菌形成内共生关系,最终演化成为叶绿体,成为原始真核光合细胞。

形态学和基因组分析结果,我们把真核生物分为 8 个超类群(supergroup)(图 17.3),它们是:半鞭超类群、古虫超类群、柔性胞超类群、隐藻超类群、原质体超类群、定鞭超类群、SAR 超类群和 CRuMs 超类群。一些超类群中含有几个类群,一些则仅仅含有一个类群。其中,SAR 是由三类原生生物组成的超类群,即茸鞭生物(Stramenopiles)、囊泡生物(Alveolates)和根足类生物(Rhizarians),SAR 由这三类原生生物的英文首字母拼写而成。CRuMs 是最近被认定的一个超类群,所含生物种类不多,但是它们的基因组序列特殊,故被命名为一个独立的超类群。这个超类群的名字来源同 SAR 相似,由几个类群英文名(Collodictyonids、Rigifilids、Mantamonadids)首字母拼写而成。图 17.3 还显示了原生生物同其他几类真核生物(植物、真菌和动物)的系统发生关系。柔性胞超类群(Amorphea)以前称为单鞭超类群(Unikonts),之所以称为柔性胞超类群,是因为这类生物的细胞没有固定形状,除非胞外有细胞壁或别的结构存在。这个超类群含两个类群:变形虫类和后鞭生物类。动物和真菌这两大类生物属于后鞭生物。植物界则属于原质体超类群。需要注意的是,原来若干分类系统将进行光合作用的原生生物(藻类)归为植物界,而按照现在的分类,只有绿藻和红藻等少数藻类类群属于原质体超类群,即植物界,而硅藻、金藻、甲藻、裸藻和褐藻等藻类则被归到其他超类群,不再属于植物界。

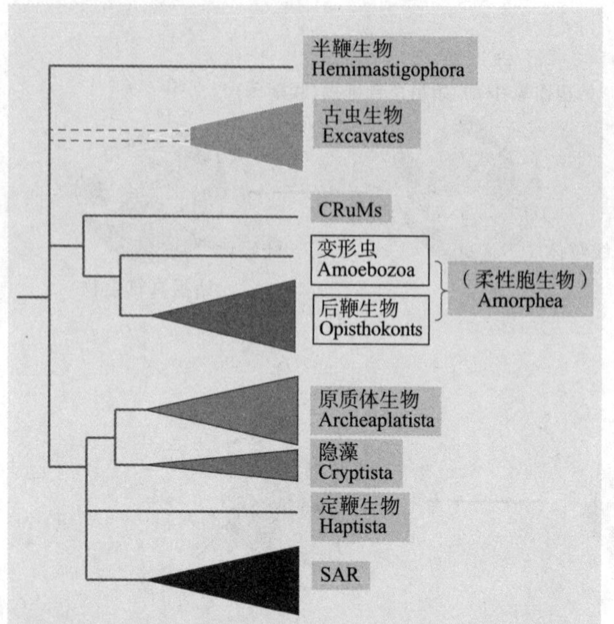

⬆图 17.3　**真核生物系统发生**

真核生物系统发生相当复杂，目前仍然有许多未解之谜。按照最新真核生物系统发生树和 NCBI 的分类系统，我们将真核生物分为 8 个超类群，即半鞭生物、古虫生物、CRuMs、柔性胞生物、原质体生物、隐藻、定鞭生物和 SAR。根据目前的研究结果，古虫生物超类群不是一个单系类群，所以虚线表示。柔性胞生物包括两个大类，即后鞭生物（包含动物和真菌）和变形虫类。此外，还有几类系统发生关系很不清楚的类群，没有在图中显示。

17.3　原生生物的特征

17.3.1　原生生物是数目最多且多数为单细胞的真核生物

随着研究技术的发展和人们对生物演化的认识越来越深入，人们对原生生物的概念也不断变化。原来的原生生物界已被放弃，因为它们并不是一个自然类群，即原生生物不是单系群。因为历史的原因和便于研究，人们仍将原生生物归为一大类，即原生生物指真核生物中，不属于植物、动物和真菌，一般个体微小、多数为单细胞的生物。从数目上看，原生生物的种类最多。原生生物彼此间的系统发生关系比较复杂，某些原生生物与植物、动物或者真菌间的亲缘关系远比它们和其他原生生物之间更为密切。原生生物的细胞比其他任何真核生物细胞都更加展现出结构和功能的多样化。

原生生物的细胞结构、繁殖和生活史等方面表现出巨大多样性，可能是生物演化过程中进行不同“尝试”的结果。目前知道有 20 万种原生生物，其中大多数为单细胞，如硅藻和甲藻（见图 17.4a、b）。也有部分种类是群体或多细胞的，而褐藻类个体则多是多细胞个体，如我们常见的海带（见图 17.8）。原生生物的细胞核也呈现多样性：有些种类只有一个细胞核，如大多数鞭毛虫、肉足虫和单胞藻类；有些种类是多核的，如多核变形虫、蛙片虫、纤毛虫和部分有孔虫等。在多核的种类中，有些种类每个核的功能一样，有些种类则分大核和小核。原生生物的繁殖和生活史也是高度多样化的，某些原生生物仅有无性生殖（出芽、裂殖、有丝分裂、无丝分裂），有些原生生物能进行有性生殖。多细胞原生生物的有性生殖过程也表现出原始的功能分化（如分化为大、小配子体）。原生生物的有性生殖和减数分裂可以通过基因重组增加变异性，这是生物演化中的重要事件。

17.3.2　原生生物细胞是最全能的细胞

单细胞原生生物虽没有细胞的分化，但和其他动物、植物一样，要执行各种生物学功能。这种最全能的细胞，必然要求细胞结构更为复杂。原生生物细胞表面差异极大，一些原生生物如变形虫只有原生质膜包围；其他原生生物质膜有胞外物质覆盖；某些形成坚硬的细胞壁，如硅藻（图 17.4a）和放射虫。原生生物有几种运动方式：利用鞭毛运动，如甲藻（图 17.4b）；利用纤毛运动，如草履虫（图 17.4c）；利用伪足运动，如变形虫（图 17.4d）。原生生物的营养类型多样化，包括光能自养型的含有叶绿体的藻类、光能异养型的鞭毛虫，而大多数则是以环境中的有机碳化合物为能源和碳源的化能异养生物。但也有许多种类的营养类型为兼性，即混合营养型，有光时进行光合作用营自养，无光时以水中营养物为能源和碳源营异养。其摄食方式多样，可通过胞口摄食（细胞内消化）、伪足吞噬、胞饮（液体营养物）等。原生生物的排泄则通过伸缩泡的伸缩活动来完成。原生生物有多种方式支持和维持其外形，如藻类的细胞壁、放射虫的内骨骼、有孔虫的外壳等。有些原生生物还发展了特殊的细胞器，如眼虫（*Euglena*）的眼点（见图 17.7c）等。可以认为，只有通过始祖原生生物长期演化，才能发展为今天丰富多彩的原生生物、植物、真菌、动物等大千世界。

17.3.3　质体的产生

前面提到的原质体超类群具有叶绿体（质体），能够进行光合作用。这类生物的质体起源于蓝细菌。在真核生物产生的初期，一个真核生物吞噬了一个蓝细

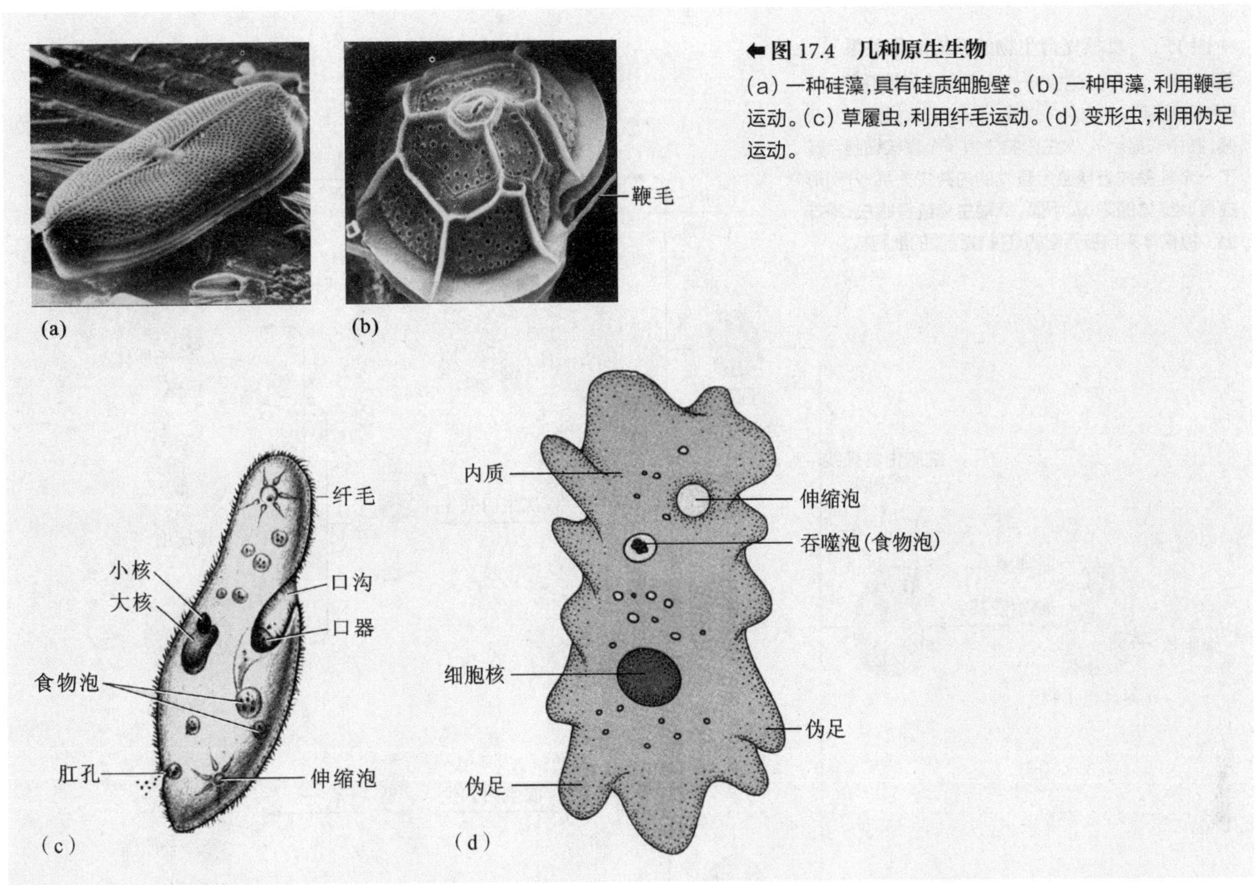

⬅图 17.4 几种原生生物

(a)一种硅藻,具有硅质细胞壁。(b)一种甲藻,利用鞭毛运动。(c)草履虫,利用纤毛运动。(d)变形虫,利用伪足运动。

菌,经过漫长的演化过程,被吞噬的蓝细菌最终形成进行光合作用的质体。这个过程被称为内共生(详见图 17.2)。因为这次内共生是叶绿体发生中最古老事件,推测仅发生一次,所以被称为原始内共生(primary endosymbiosis)。经原始内共生而产生的光合生物被称为原质体生物,以区别于其他经次生内共生产生的真核光合生物。具有始祖叶绿体的原始细胞演化出三支,即蓝灰藻(glaucophytes)、红藻(rhodophytes)、绿藻(chlorophytes)(图 17.5)。原质体超类群是真核生物中没有争议的单系群,绿藻原始祖先演化形成绿藻类和链形藻类(streptophyte algae),后者进一步演化出陆生

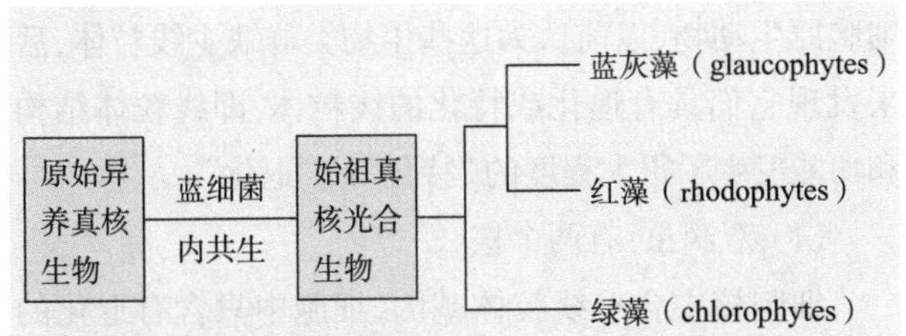

⬆图 17.5 原质体生物的产生

原始(第一次)内共生中,一个异养真核细胞吞噬一个蓝细菌后建立的内共生关系,被吞噬的蓝细菌演化成叶绿体。经过进一步演化,形成蓝灰藻、红藻和绿藻。

植物(见图 18.1)。

在长期的演化过程中,还发生过多次内共生事件,被称为次生内共生(secondary endosymbiosis)。次生内共生过程中,具吞噬功能的真核生物吞噬了红藻或者绿藻而成为光合生物。硅藻、褐藻、甲藻和隐藻的叶绿体(质体)来自红藻,而眼虫和绿蛛藻的叶绿体则来自绿藻。次生内共生形成的叶绿体有一个共同特征,即这些叶绿体大多具有四层膜(有些为三层),最内的两层来自被吞噬的真核藻类的质体,外面两层则分别来自被吞噬的真核藻类的质膜和宿主细胞的质膜(图 17.6)。在隐藻和绿蛛藻中,叶绿体的第二和第三层膜之间的区域有一种被称为拟核体(nucleomorph)的结构,含有 DNA。序列分析显示,隐藻拟核体 DNA 来自红藻,与隐藻细胞核 DNA 演化关系相距甚远。而绿蛛藻叶绿体拟核体 DNA 来自绿藻,与绿蛛藻细胞核 DNA 演化关系相距甚远。实验结果也显示,拟核体是被吞噬的真核光合生物细胞核残体,但仍然具有生物学功能。这些研究结果是次生内共生事件最有力的证据之一。

参与次生内共生的宿主各不相同,它们形成的真核光合生物在系统发生上可能相差甚远,而且不是单

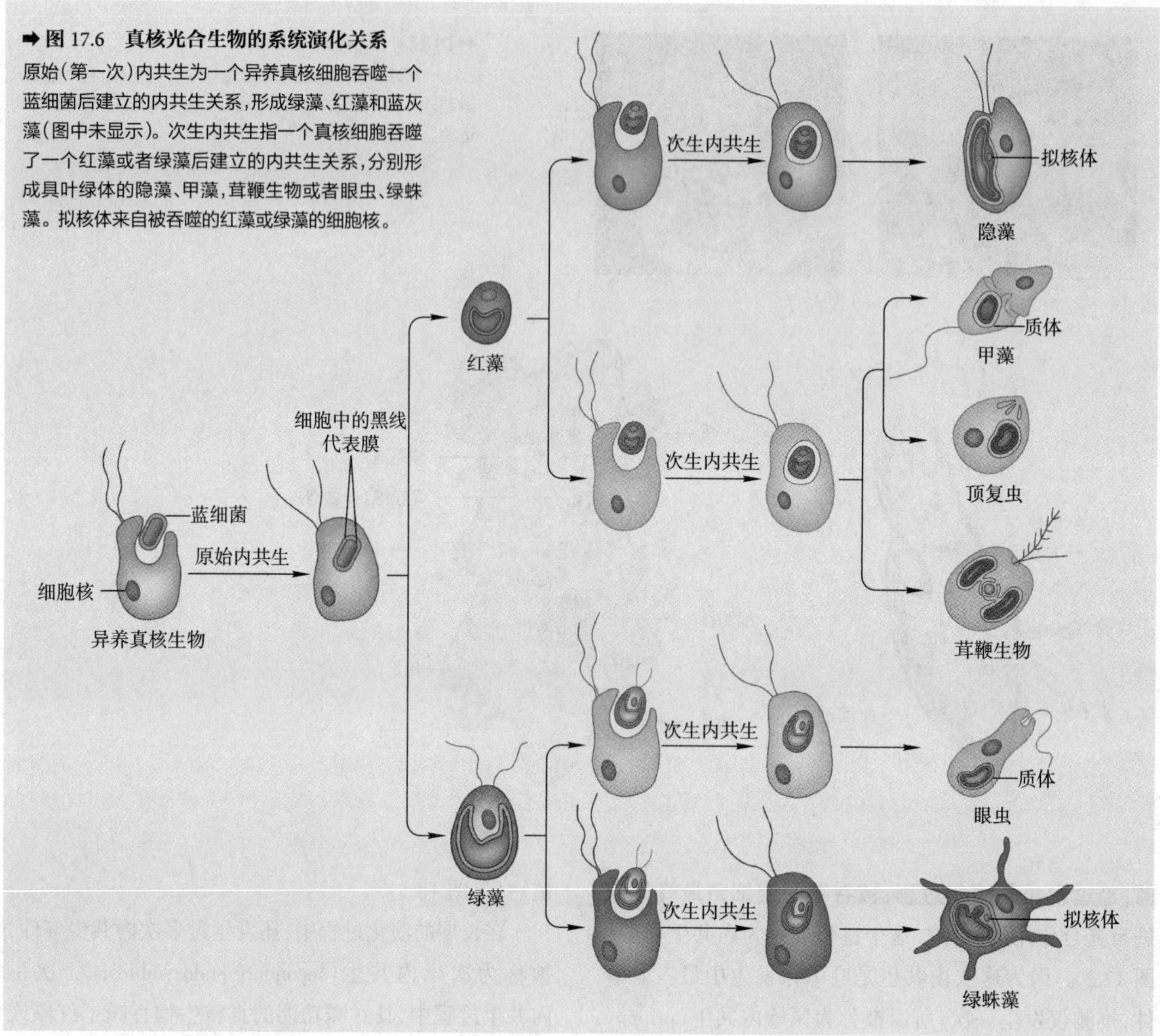

➡ **图 17.6　真核光合生物的系统演化关系**
原始(第一次)内共生为一个异养真核细胞吞噬一个蓝细菌后建立的内共生关系,形成绿藻、红藻和蓝灰藻(图中未显示)。次生内共生指一个真核细胞吞噬了一个红藻或者绿藻后建立的内共生关系,分别形成具叶绿体的隐藻、甲藻,茸鞭生物或者眼虫、绿蛛藻。拟核体来自被吞噬的红藻或绿藻的细胞核。

系群。次生内共生所形成的各类真核藻类虽然都可以进行放氧光合作用,但彼此系统发生关系仍相差很多,它们同原质体植物也没有直接关系,所以现在不再把它们放到植物界。不过,因为内共生发生后会有大量而频繁的基因转移,所以宿主的核基因组也会产生巨大变化,更增加了系统发生的复杂性。目前,藻类可以比较粗放地定义为非陆生植物的放氧光合生物,这仍旧是一个有意义的按营养方式划分的分类类群。深入研究系统发生对于推动藻类的研究和藻类学发展会起到积极的作用。

17.4　原生生物的多样性

如前所述,原生生物在真核生物中并不是一个单系群,我们对原生生物各个类群(超类群)的认识,将会随着分子生物学等学科的不断发展而更新。本节主要简介与人类生活关系密切和演化研究较为受关注的几类原生生物。

17.4.1　古虫类

古虫类(Excavates)是原生生物中最为古老的超类群之一,包括双滴虫、侧基粒虫和类眼虫。双滴虫和侧基粒虫多数是在厌氧环境中生活、借助鞭毛运动的单细胞原生动物,以前认为这些生物类群缺少线粒体,后来发现它们具有退化或特化的线粒体,即线粒体结构和功能发生了很大程度的"特化"或"退化"。

(1) 双滴虫:有两个核

细胞核中含有线粒体基因,细胞中只含有退化的线粒体,称为线粒残体(mitosome),缺少电子传递链,不能进行三羧酸循环和氧化磷酸化,只能通过厌氧的生化途径获得能量。其中最为人们关注的是原生生物演化史中占据重要位置的贾第虫(*Giardia*),它可引起人类腹部痉挛和严重腹泻，是现今生存的最古老真核生物的代表。它是非常简单的单细胞原生生物，有一种由微管束构成的复杂鞭毛，没有叶绿体，只有线粒体基因和细胞骨架。贾第虫细胞内具有两个相同的核（图 17.7a），这与后面要介绍的纤毛虫（如四膜虫）是不同的。这两个核在生活史的任何阶段都不会彼此融合，而且两个核都是能够进行转录的细胞核，这些都是贾第虫特殊的地方。因为绝大多数现代真核生物的生活史中都有由单倍体细胞核融合后而具两套染色体的二倍体阶段，所以有人认为贾第虫可能代表真核生物中二倍体核或多倍体核演化过程中"丢失的谱系"。

（2）侧基粒虫：有波状膜

只有退化的线粒体，称为产氢体（hydrogenosome），在厌氧环境中可以利用质子作为电子受体，从而产生并释放 H_2。最著名的侧基粒虫是引起人类性传染性疾病的阴道毛滴虫（*Trichomonas vaginalis*）（图 17.7b），可借助鞭毛和波状膜运动。有些种类可生活在白蚁的肠道中，与细菌一起共生，消化纤维素。这种来自三个不同界的生物长期持久的共生，对森林中落叶的再循环很重要，同时，这也常会引起木制建筑的倒塌。

（3）类眼虫生物：具有特殊鞭毛结构的一个多样化类群

类眼虫生物是最早自由生活的具正常线粒体的原生生物。有些还又具有叶绿体，可进行光能自养生活。研究得最为详尽的两个类群是眼虫和动基体类生物。

① 眼虫：营自由生活、具有前端鞭毛

眼虫是最古老的营自由生活的具线粒体的真核生物之一。100 多个眼虫属中，大约 1/3 近 40 个属的眼虫含叶绿体，进行光合作用，为自养型。有些眼虫放置黑暗处，叶绿体变小，最后失去功能，进行异养营养；若放回光照条件下，藻体又变为绿色，重新进行光合作用。缺少叶绿体的眼虫，靠消化食物获得能量，即异养生活。眼虫的叶绿体与绿藻相似，含有叶绿素 a、b，还含有类胡萝卜素和叶黄素。眼虫的叶绿体为次生内共生起源，即一个不含叶绿体的祖先细胞吞噬了一个真核绿藻后形成内共生关系，进而形成眼虫的叶绿体（见图 17.6）。眼虫身体的前端有储蓄泡，两根不等长的鞭毛从储蓄泡孔伸出体外（图 17.7c），借助前端鞭毛运动。

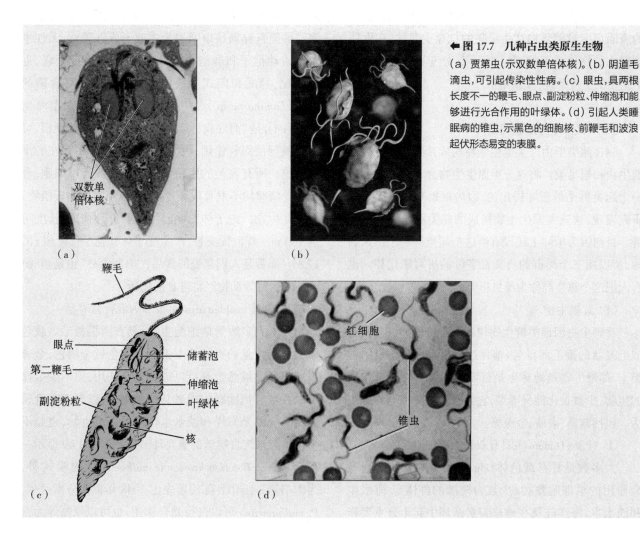

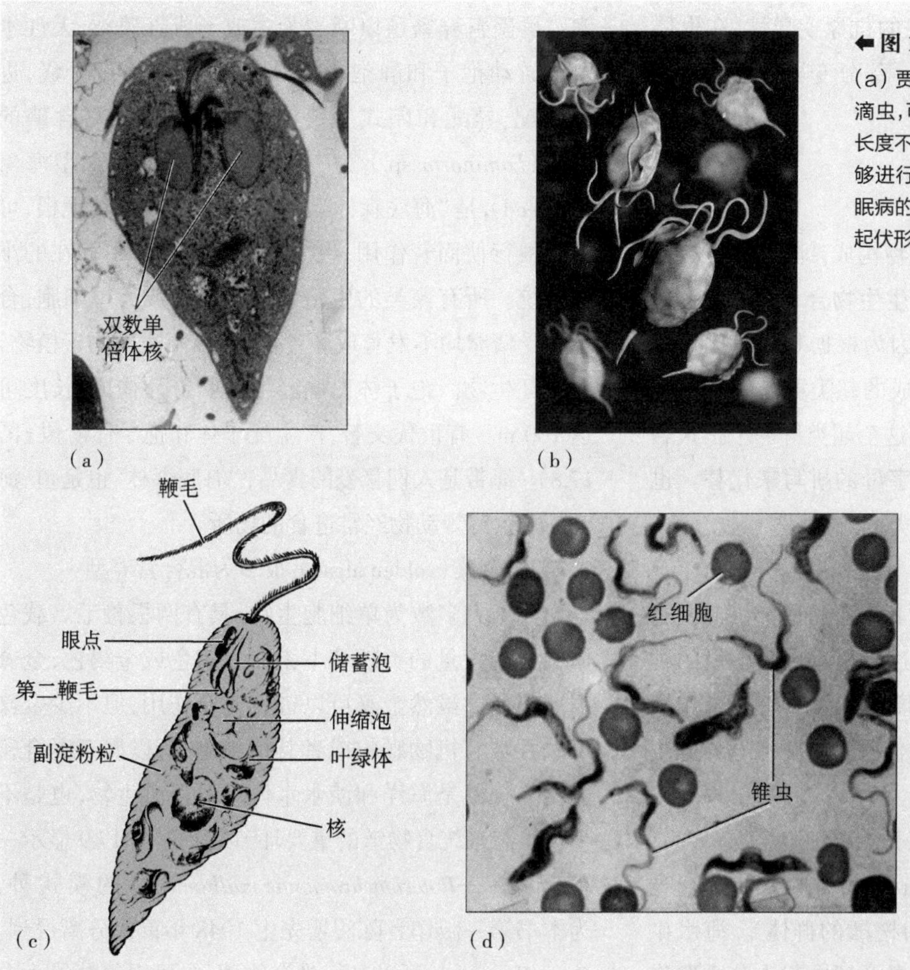

图 17.7 几种古虫类原生生物
（a）贾第虫（示双数单倍体核）。（b）阴道毛滴虫，可引起传染性性病。（c）眼虫，具两根长度不一的鞭毛、眼点、副淀粉粒、伸缩泡和能够进行光合作用的叶绿体。（d）引起人类睡眠病的锥虫，示黑色的细胞核、前鞭毛和波浪起伏形态易变的表膜。

鞭毛的结构同一般真核细胞的鞭毛结构有所不同，除了正常的“9+2”微管结构之外，旁边还可以观察到一种晶状结构，这是类眼虫原生生物所共有的特征。储蓄泡和伸缩泡相连，无吞噬功能，伸缩泡收集身体各部分的水分并清空，以调节身体的渗透压。眼虫借助眼点向光移动。细胞生殖行有丝分裂，整个有丝分裂过程核膜保持完整。这种核膜保持完整的有丝分裂在原生生物比较常见。尚没有发现眼虫具有性生殖。

② 动基体原生生物：寄生的类群

除细胞质中含有内质网、高尔基体、溶酶体等外，该类生物的特征是每个细胞中有一个单独的、特有的线粒体。这种线粒体的DNA有两种构型：小的环状DNA和大的环状DNA。原核生物细胞核为环状DNA，这是线粒体起源于原核生物内共生的证据。其中对人类影响最大的为引起睡眠病（非洲锥虫病）的锥虫（*Trypanosome*）（图17.7d），是一种由舌蝇传播、人兽互传、寄生在人的脑脊髓液中的锥虫，可引起脑膜炎，不及时治疗会致命。锥虫体表面有一层约15 μm厚、由糖蛋白构成的表膜，包住整个虫体和鞭毛，鞭毛深入细胞质的部分称为动基体。在演化过程中，锥虫表膜中的表面可变异糖蛋白产生极强的抗原变异性，在虫体被宿主的抗体消灭的同时，有一部分变异的虫体逃避了宿主的免疫系统，重新增殖。

17.4.2 SAR超类群

SAR超类群由三类原生生物构成，即茸鞭生物、囊泡生物和根足类。将这三类原生生物合并在一起形成一个超类群是最近才提出的，因为根据基因组比较等研究发现，这三类原生生物构成的超类群是一个单系群。目前因为国际上还没有给这个超类群一个正式名称，所以用三个类群的英文首字母的拼写来代替。也有人把这个超类群称为藻虫超类群。

（1）茸鞭生物

茸鞭生物因该类群生物均具有独特的、纤细的、类似毛发状的鞭毛而得名（演化过程也有丢失毛发的种类）。茸鞭生物是地球上最重要的一类进行光合作用的生物，少数是化能异养型，它们吞噬食物或营异养生活。包括硅藻、褐藻、金藻等。

① 硅藻（Diatoms）：具有双壳的单细胞生物

大多数是具有载色体（chromatophore）的、进行光合作用的单细胞藻类（少数为松散的群体）。海水生和淡水生，海洋硅藻在地球碳素循环中起十分重要作用。据估计，硅藻的光合固碳占整个生物圈光合固碳的20%。载色体中除了含叶绿素、叶黄素和胡萝卜素外，还含有褐色的岩藻黄素（fucoxanthin）。很多硅藻细胞壁由两个半片套合的壳构成，好像盒子和盖，主要成分是二氧化硅（见图17.4a），起保护作用，可承受1.4×10^5 Pa的压强，等于大象每条腿承受的压强！硅藻采用二分分裂法繁殖，分裂后在原来的壳里各产生一个新的下壳。光线可以透过透明的硅藻壳，驱动光合作用。壳上穿孔与外界环境接触。硅藻以油的形式储存食物，提供浮力，使硅藻在水上层漂浮。硅藻营养体无鞭毛，精子具鞭毛。硅藻的壳非常美丽，具有重要经济价值。海洋中大量硅藻壳沉积形成的硅藻土可作为过滤、绝缘、防火材料等的主要成分。

② 褐藻（brown algae）：具岩藻黄素，包括大型海藻

褐藻为多细胞分支丝状体，有组织分化的藻体，由表皮层、皮层和髓三部分组成，是较高级的类型。载色体中除含叶绿素外，也含有岩藻黄素。岩藻黄素掩盖了叶绿素的绿色，使藻体呈褐色。贮藏的营养物质主要是褐藻淀粉和甘露醇。褐藻细胞中常含大量的碘。褐藻营养繁殖以断裂为主或形成繁殖枝，无性生殖产游动孢子和静孢子，有性生殖产多室配子囊，进行同配、异配和卵式生殖。图17.8所示为富含碘的海带（*Laminaria* sp.），为一类典型的多细胞大型海藻（seaweed），是“海底森林”的主要类群。褐藻均无根，可由假根行使固着作用，也没有高等植物体中存在的维管系统。所有藻类的生殖结构绝大多数为单细胞，合子或受精卵均不发育成胚，所以真核藻类不同于植物，是无胚生物。孢子体由固着器、柄、带片构成，长度可达100 m。有世代交替，产生配子体和孢子体阶段（图17.8）。海带是人们喜爱的食品，“海底森林”也是鱼、海狮、海獭、鲸等动物经常进食的场所。

③ 金藻（golden algae）：很多为混合营养型

金藻大多数为单细胞生物，具有两根鞭毛。载色体中含有大量的类胡萝卜素而呈黄色或金褐色，金藻因此得名。虽然金藻可以进行光合作用，但不少金藻可以吞噬有机物颗粒或者其他细胞，所以属于混合营养型。金藻是海洋和淡水水体重要浮游生物，也是不少水生态系统食物链的重要环节之一。图17.9显示一种金藻——*Poterioochromonas malhamensis* 的模式种，为本书第一版作者陈阅增先生1948年首次分离得到。*P. malhamensis* 可以进行光合作用，也可以绿藻等为食

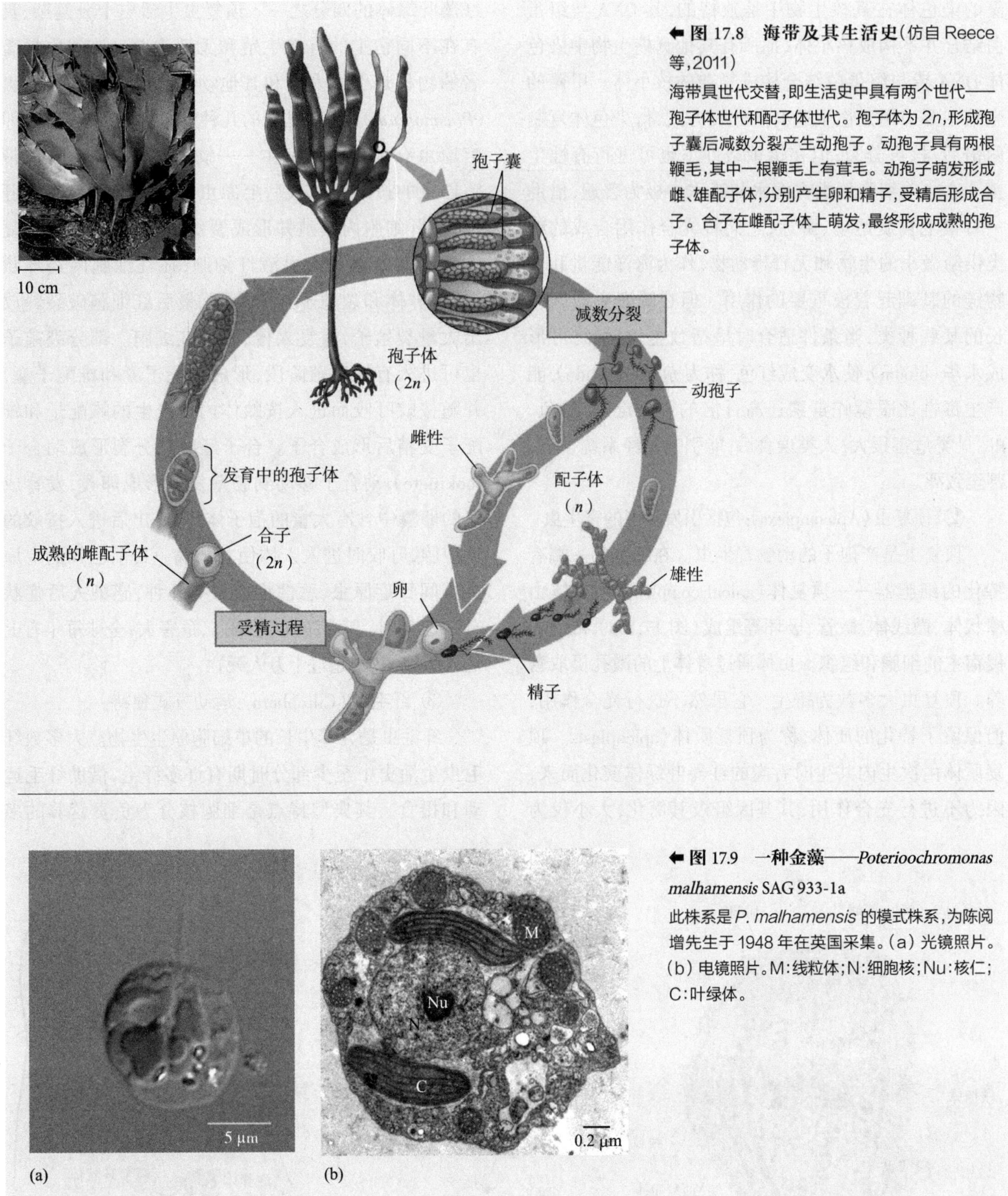

图 17.8 海带及其生活史(仿自 Reece 等,2011)

海带具世代交替,即生活史中具有两个世代——孢子体世代和配子体世代。孢子体为 $2n$,形成孢子囊后减数分裂产生动孢子。动孢子具有两根鞭毛,其中一根鞭毛上有茸毛。动孢子萌发形成雌、雄配子体,分别产生卵和精子,受精后形成合子。合子在雌配子体上萌发,最终形成成熟的孢子体。

图 17.9 一种金藻——*Poterioochromonas malhamensis* SAG 933-1a

此株系是 *P. malhamensis* 的模式株系,为陈阅增先生于 1948 年在英国采集。(a) 光镜照片。(b) 电镜照片。M:线粒体;N:细胞核;Nu:核仁;C:叶绿体。

物。在藻类培养中,常常因为 *P. malhamensis* 的出现而造成养殖失败。

(2) 囊泡生物

囊泡生物的共同特征是在细胞质膜下含有膜包裹的囊泡,其功能可能帮助稳定细胞表面和膜的运输,调节细胞内的水分和离子含量,类似高尔基体的功能,因而与真核生物的液泡不同。异养营养占主导地位的囊泡生物包括三个亚群:甲藻、顶复虫和纤毛虫。

① 甲藻(Dinoflagellates):具有独特特征的光合生物

它们是单细胞、多数进行光合作用的藻类(也有混合营养或异养营养的)。细胞壁形成硬的纤维素板片,像一套盔甲将藻体套住(见图 17.4b)。甲藻具两根鞭毛,一根位于由胞外盔甲板形成的横向槽沟内,另外一根纵向生长,所以有人将甲藻称为沟鞭藻。甲藻的染色体在真核生物中是独特的，其 DNA 与组蛋白结合并不构成核小体，而所有其他真核生物中染色体 DNA 皆与组蛋白结合构成复杂的核小体。甲藻的生殖主要采用无性生殖有丝分裂方式，待染色体复制两倍后，核再分裂；但在饥饿条件下也可进行有性生殖。这些单细胞藻类在海水和淡水中极为普遍，借助一对鞭毛自旋运动、游泳，它们将光合作用合成的糖类供给微小的生物和无脊椎动物，作为海洋能量和食物链的基础起着极重要的作用。但在暖海岸地区生长的某些种类，当条件适合时呈指数生长，最终可形成水华(bloom)，使水变成红色，称为赤潮(red tide)，能产生毒性比眼镜蛇毒素还高百倍的甲藻毒素，对鱼、虾、贝类危害很大，人类误食后，能引起神经系统损伤，甚至致死。

② 顶复虫(Apicomplexa)：包括引发疟疾的寄生虫

顶复虫是产孢子的动物寄生虫。在细胞的一端有特化的细胞器——顶复体(apical complex)，顶复体由棒状体、微线体、微管、极环等组成(图 17.10a)，帮助入侵宿主的细胞和组织。虫体通过身体上的微孔摄取营养。顶复虫大多数为寄生。它虽然不进行光合作用，但保留了特化的质体，称为顶复质体(apicoplast)。顶复质体由次生内共生时吞噬的红藻叶绿体演化而来，因为不进行光合作用，其基因组极其简化，大小仅为红藻叶绿体的四分之一。顶复虫生活史十分复杂，具有在不同宿主的有性生殖和无性生殖。该类中最著名的物种是引发人类和其他动物感染疟疾的疟原虫(*Plasmodium*)。目前已知的几种疟原虫由按蚊传播，即疟原虫有至少两个宿主——蚊和人(图 17.10b)。带疟原虫的按蚊叮咬人后疟原虫孢子体经血液进入肝脏，在肝细胞内繁殖并形成裂殖子，裂殖子利用顶复体吸附并入侵进入血液红细胞，在红细胞内经环状体、滋养体和裂殖子几个阶段，最后红细胞破裂释放出大量裂殖子，重复入侵、感染红细胞。部分裂殖子也可进入有性生殖阶段，形成雌配子囊和雄配子囊，并随按蚊叮咬而进入按蚊体内。产生的雌配子和雄配子受精后形成合子。合子经减数分裂形成动合子(ookinete)，动合子移动到肠壁发育形成卵囊，发育成熟的卵囊中含有大量的孢子体，释放出后进入按蚊的唾液腺，叮咬时进入人体使之患病。目前已知的疟原虫有间日疟原虫、恶性疟原虫等几种，感染人后症状有一定差别。疟疾分布范围广，危害大，全球每年有上亿人感染，其中超过十万人死亡。

③ 纤毛虫(Ciliophora)：运动方式独特

纤毛虫是异养生长的单细胞原生生物。大多数纤毛虫生活史中至少部分时期有许多纤毛，借助纤毛运动和摄食。其典型特点是细胞核分为负责营养的多

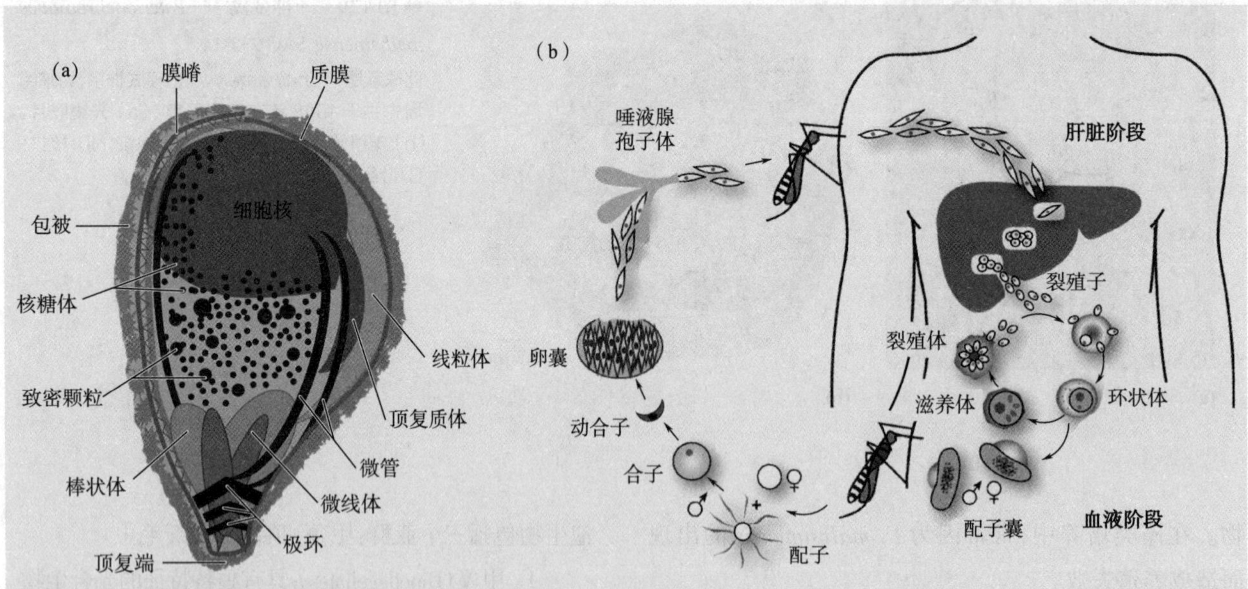

图 17.10 疟原虫结构及生活史

(a) 疟原虫裂殖子结构示意图。顶复体由棒状体、微线体、微管、极环等组成。特化的质体称为顶复质体。裂殖子最外层为包被，之内是质膜，质膜内是膜嵴。(b) 疟原虫生活史示意图。按蚊叮咬人后疟原虫孢子体经血液进入肝脏，在肝细胞内繁殖并形成裂殖子(肝脏阶段)，裂殖子利用顶复体吸附并入侵进入血液红细胞，在红细胞内经环状体、滋养体和裂殖子几个阶段，最后红细胞破裂释放出大量裂殖子，重复侵染红细胞(血液阶段)。部分裂殖子也可进入有性生殖，形成雌配子囊和雄配子囊，二者随按蚊叮咬进入按蚊体内。配子体产生的雌配子和雄配子结合形成合子。合子发育形成卵囊，成熟的卵囊释放出孢子体进入按蚊的唾液腺，叮咬时进入人体。

倍体大核（营摄食、排出废液和保持水分平衡）和保存遗传信息、负责生殖的小核（或微核）（如草履虫，见图17.4c）。无性生殖为裂殖（二分裂），有性生殖为接合生殖。接合时小核融合成新的双倍体小核，大核退化，其中一个新的双倍体小核在细胞融合后成为新细胞的小核，其余小核经过一系列的变化，变成新细胞的大核。这种遗传物质分开的现象在生物中是非常独特的，成为研究遗传的理想生物。纤毛虫大多数自由生活，少数寄生。自由生活的纤毛虫对水及土壤生态系统中的物质循环和能量流动有重要意义。

（3）根足类

根足类是SAR超类群中一个大类群，包括放射虫、有孔虫和曳尾虫类。这个类群的成员很多属于阿米巴类，它们以伪足进行运动和捕食。需要指出，能够以伪足运动和捕食的原生生物很多，分布在不同类群，所以阿米巴类生物不是一个单系群。根足类阿米巴的伪足呈丝状，所以容易同其他的阿米巴区分开来。放射虫（图17.11a）丝状伪足由细胞骨架支撑，伪足所吸附的微型食物颗粒由胞质环流带到细胞主体进行消化。有孔虫（forams）因具有有孔的外壳而得名。外壳是一整块有机覆盖物，因碳酸钙沉积而变硬，上面的微孔用于伪足的伸缩。外壳的化石种类十分丰富，是研究地球气候变化的良好材料。我国有孔虫生物多样性十分丰富，研究也很深入。图17.11b为我国有孔虫雕塑园中的有孔虫雕塑模型之一。

17.4.3　柔性胞超类群

柔性胞超类群（Amophea）包括的生物很多，如动物、真菌和变形虫。柔性胞超类群分为两大类——变形虫类和后鞭生物类，前者包括黏菌和变形虫，后者包括真菌和动物。

（1）变形虫类（Amoebozoa）

① 黏菌（slime mold）

黏菌既像原生动物，又像真菌，在营养期为裸露、无细胞壁、多核变形虫状的细胞，称原质团（plasmodium；注意，这里不要将原质团的英文同疟原虫属的拉丁文混淆了）。原质团成熟时发育成繁殖结构的子实体。其营养期的结构、运动或摄食方式与原生动物中的变形虫相似，但其繁殖期又像真菌中的霉菌，为介于原生动物与真菌之间的真核生物。下面两类是细胞学研究中常用的模式生物：

盘基网柄菌（*Dictyostelium*）　典型的细胞型黏菌（cellular slime mold），为研究细胞分化的最重要生物之一。生活史有三个阶段（图17.12a）：营养期为变形虫状单细胞的原质团，通过有丝分裂繁殖；当食物和水不足时，某些原质团的细胞释放cAMP，其他成百个原质团细胞游至cAMP区域聚集，形成像“蛞蝓”（鼻涕虫）状的单细胞群体；不久分化为多细胞并进行无性生殖的子实体。条件适宜时子实体内的孢子再萌发为变形虫状细胞。有性生殖时像蛞蝓状的群体中的单倍体细胞两两融合，形成二倍体合子，经过减数分裂，再变为单倍体变形虫状细胞。

绒泡黏菌属（*Physarum*）　属于原质型黏菌（plasmodial slime mold）。总是由两两细胞配对融合形成多核原质团，细胞不分裂，随着核膜破裂，上千个核同步进行有丝分裂，故营养期的原质团为合胞体（多核的二倍体）。变形虫状的合胞体常呈网状结构（图17.12b），扩大了与食物、水分和氧的接触面积。其生活周期与细胞型黏菌相似，当原质团成熟时发育成类似于有足、茎和孢子囊的子实体，但在孢子囊内进行减数分裂产生单倍体孢子，并萌发成带鞭毛的游动孢子或变形虫状细胞。

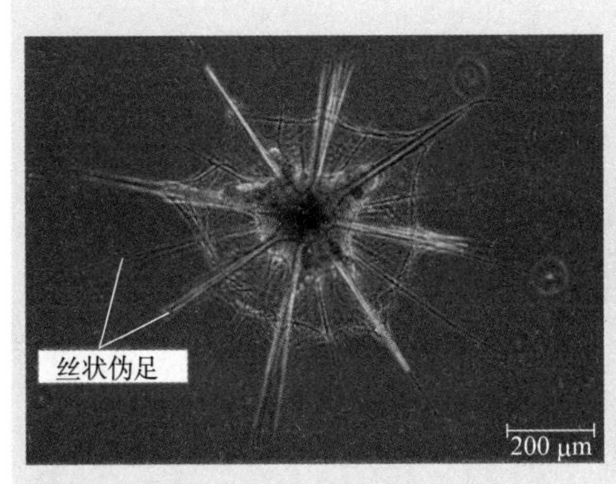

（a）

（b）

图17.11　根足类原生生物

（a）放射虫，丝状伪足用于运动和捕食。（b）一种有孔虫的模型，位于广东省中山市有孔虫雕塑园。该公园由我国著名海洋生物学家郑守仪设计建设。

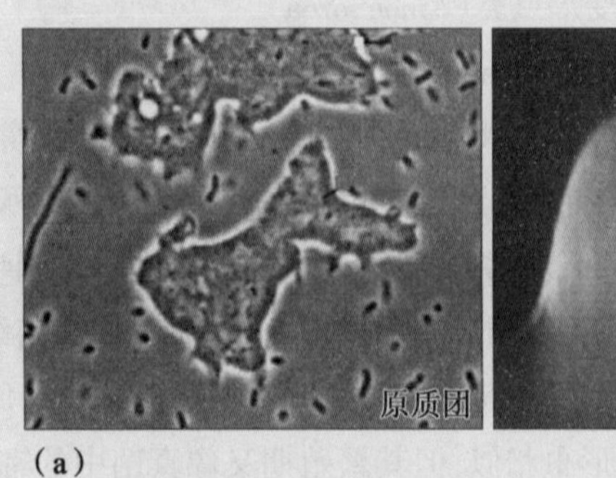

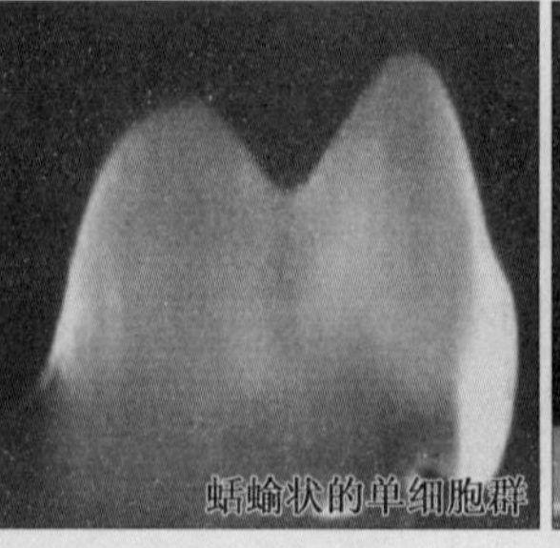

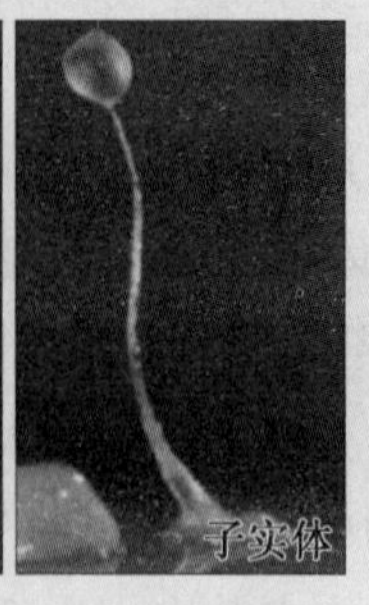

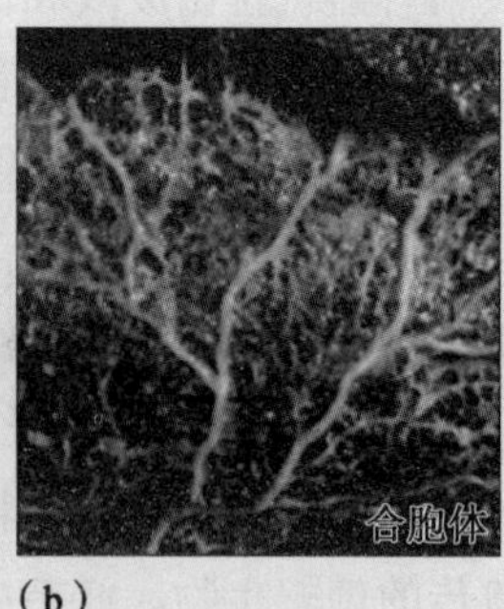

(a) (b)

⬆图 17.12 **黏菌**(引自 Campbell 等,1997)
(a) 盘基网柄菌(细胞型黏菌)。(b) 原质型黏菌。

② 变形虫

变形虫是能够利用伪足运动和捕食的原生生物,它们借助流动的原生质伸出或拉回伪足(见图 17.4d),以吞噬食物颗粒或向任何方向运动。变形虫有许多相似的细胞形态,但并非一个单系群。被分类到柔性胞超类群的变形虫是"真正"的形成单系群的变形虫。而放射虫虽然也可以伪足运动,但是其系统发生关系则属于 SAR 超类群的根足类。

阿米巴属(*Amoeba*) 属于变形虫纲(Tubulinids),是最常见的变形虫之一。它们为单细胞异养生物,利用伪足运动和捕食,捕食对象为细菌和原生生物,也可以以有机碎片为食。在土壤和淡水环境分布广泛。

(2) 后鞭生物(Opisthokonts)

后鞭生物是极大一类生物,包括真菌和动物,同时也包括原生生物核形虫(nucleariids)和领鞭虫(choanoflagellates)。核形虫被认为是真菌的祖先,我们将在第 19 章中讲述。领鞭虫为单细胞或群体,有一根自漏斗状伸缩领伸出的纤细丝鞭毛,与淡水海绵的群体形态相似。已发现领鞭虫和海绵的表面酪氨酸激酶受体高度同源,所以人们认为领鞭虫可能是动物的祖先。动物的起源与多样性将在第 20 章介绍。

17.5 多细胞真核生物的起源及演化

多细胞生物与单细胞生物的根本区别,是出现了细胞分化,执行不同功能的分化细胞形成了相互依赖、更加适应环境的整体结构。多细胞真核生物的出现是生物演化史上又一次重大事件。原生生物是单细胞真核生物通向多细胞真核生物的桥梁。由单细胞真核原生生物经过群体原生生物再演化到多细胞真核生物的模式(图 17.13)推测有三个过程:①单细胞原生生物细胞分裂后不分离而形成群体。如现今的团藻(参见第 18 章),是由约 60 万个有鞭毛的细胞排列成单层、中空的球体构成的集群,细胞分裂时产生的子群体,暂时漂浮在母球体中心,当母球破裂时,它们便被释放出来。甚至某些种团藻细胞还表现了性的分化(体细胞和配子)。②群体中的细胞已经分化,既有分工,又互相依赖。如有鞭毛的细胞营运动功能,丢失鞭毛的细胞营摄食或制造食物的功能。③群体中的细胞进行分化,发育为体细胞(非生殖细胞)和性细胞(配子)。

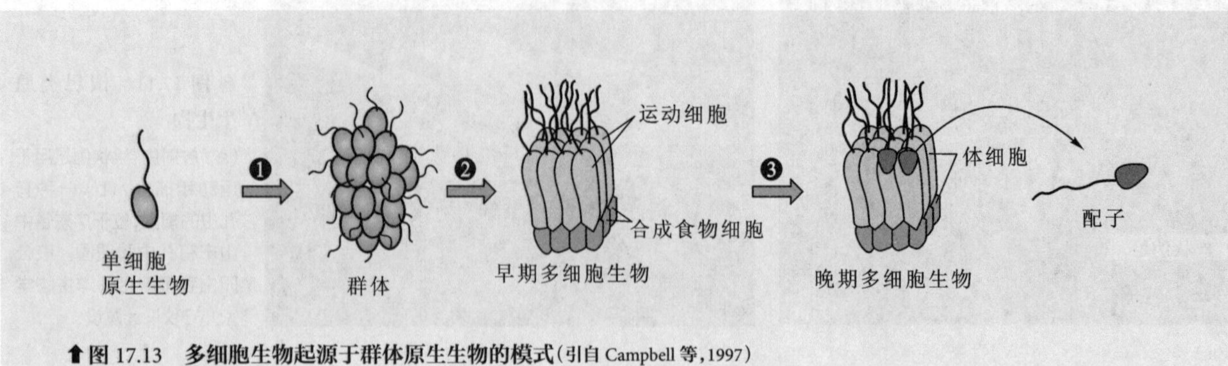

⬆图 17.13 **多细胞生物起源于群体原生生物的模式**(引自 Campbell 等,1997)

从化石记录看，多细胞真核生物大约出现在6亿年前。在我国贵州中部的磷块岩中发现两种类型植物的化石（约6亿~6.5亿年前）：一种可能是细胞集群；另一种是细胞分化明显的叶状体植物（叶藻），其内部有皮层和髓部的分化，髓部还有薄壁组织和假薄壁组织的分化。而2020年报道的一种多细胞绿藻化石（约10亿年前）则将多细胞真核生物的发生年代大大推前。

思考题

1 为什么顶复虫不进行光合作用却仍然保留了质体？

2 原生生物最基本的特征是什么？原生生物多样性表现在哪些方面？

3 惠特克的五界分类系统中，原生生物为其中一个界（Protista）。为什么现在的分类系统不再将原生生物作为一个界？

4 多细胞生物是怎样起源的？有何根据？

18

绿色植物多样性

银杏——植物界的活化石

在距今约 4 亿多年的志留纪末期,地球表面环境有了较大的变化。大气中的氧气已经积累到现在大气氧气含量的 10% 左右,臭氧层已经可以有效地减少紫外线对陆地生物造成的伤害。一系列的地壳运动使陆地上升,这些都为生物从水域向陆地发展准备了条件。

率先登陆的是植物。在陆地上逐步形成了一个光合自养的、适应于陆地生活的多分支的系统。不管植物界的分界线划在哪里,植物的登陆都是植物演化的一件大事,而有胚植物是植物界的主干。按照系统发生关系,我们在此讲述的植物包括所有原质体类群,即它们的质体都来自原始内共生。

18.1 原质体藻类——原始绿色植物

藻类是低等光合放氧生物的通称,它不是分类学中的一个类群,更不是一个自然类群。藻类生物中,蓝藻(蓝细菌)属于细菌域,与其他藻类和植物界在系统发生关系上相距最远。另一方面,蓝细菌是叶绿体的祖先,所以包括其他藻类类群和所有植物类群都有蓝细菌的某些特征。第 17 章讲过,次生内共生形成的藻类在系统发生关系上与原质体植物也相距很远。这是因为藻类彼此之间以及和其他生物之间系统发生关系的远近,主要不是由质体基因决定的,而是由它们的核基因决定的。核基因又直接来自共生时的宿主生物。次生内共生时的宿主生物很少有可能和原始内共生时的宿主生物相同。因此,次生内共生的藻类与原始内共生的藻类(以及有胚植物)之间有相当远的系统发生关系,就不难理解了。反之,某些次生内共生藻类与某些表型差异很大的原生动物之间的系统发生关系却很近。例如,眼虫和锥虫就处于同一分支系统,用传统的分类学眼光来看,这是不可思议的;在分子系统学中,它却成为不得不面对的事实。所以藻类中,仅蓝灰藻、红藻、绿藻和由绿藻演化出的链形藻属于原质体超类群(植物类),我们把这几类藻类称为原质体藻类(archaeplatista algae)。原质体藻类起源于原始内共生事件,它们与有胚植物一起形成一个单系群(图 18.1)。

18.1.1 蓝灰藻

蓝灰藻(glaucophytes,也称灰胞藻)的种类不多,但是十分独特。glauco 来自希腊文 *glaukos*,意思是蓝绿色或者蓝灰色。蓝灰藻主要特征是它们的质体(以前称为蓝小体,cyanelle)颜色同蓝细菌的颜色相似,呈蓝绿色或者蓝灰色。这是因为其叶绿体含有藻蓝蛋白(phycocyanin)、别藻蓝蛋白(allophycocyanin)和叶绿素 a。有的蓝灰藻的质体甚至含有细菌所特有的肽聚糖残体,这被认为是内共生的重要证据。淡水生的奇特蓝载藻(*Cyanophora paradoxa*)是最早被描述的蓝灰藻,其质体含有肽聚糖残体。其核基因组与质体基因组序列测定都已经完成,是目前研究最多的蓝灰藻(图 18.2a)。

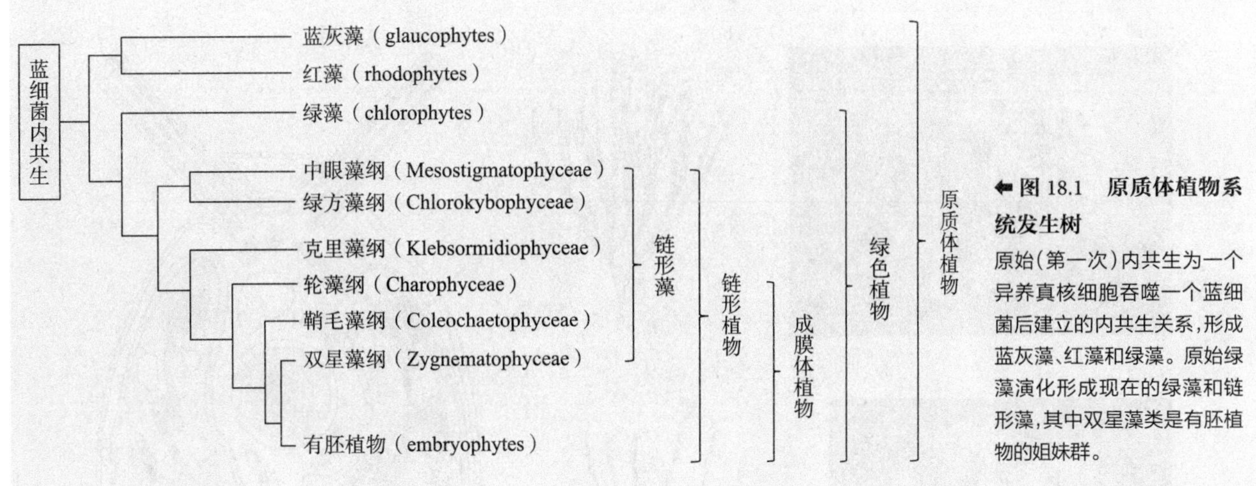

图 18.1 原质体植物系统发生树

原始(第一次)内共生为一个异养真核细胞吞噬一个蓝细菌后建立的内共生关系,形成蓝灰藻、红藻和绿藻。原始绿藻演化形成现在的绿藻和链形藻,其中双星藻类是有胚植物的姐妹群。

18.1.2 红藻

红藻(rhodophytes,red algae)多数为多细胞生物,少数为单细胞生物,所以红藻个体的体积差别较大。藻体有简单的丝状体或假薄壁组织形成的叶状体和枝状体,缺少中心粒和鞭毛,载色体除含有叶绿素、叶黄素和胡萝卜素外,还含有藻红蛋白(phycoerythrin)和藻蓝蛋白,使藻体呈红色。红藻细胞储藏的营养物质为红藻淀粉(floridean starch),与糖原相似。红藻繁殖方式多样,营养繁殖有单细胞纵裂、多细胞体断裂或有丝分裂,无性生殖产生单孢子,具有同形或异形世代交替现象。但不同于其他藻类,其生活史的任何阶段皆没有鞭毛。绝大多数物种分布于热带缓海岸,大型多细胞的红藻也是“海底森林”成员。图 18.2b 所示为一种红藻[江蓠属(*Gracilaria*)]。叶状体紫红色,基部也有固着器。典型红藻藻体软,也有外壳硬的藻种,是构建珊瑚礁的主要成员。红藻的类多糖有重要经济价值,如微生物学和医学中培养基用的琼脂是从石莱花(*Gelidium*)制取的,包裹寿司的紫菜也是一种红藻,食品(如冰淇淋)和化妆品的黏稠剂也由红藻制取。

18.1.3 绿藻

绿藻(chlorophytes,green algae)是原质体超类群中的重要类群,现在知道的绿藻有 8000 余种。绿藻叶绿体在演化过程中丢失了蓝细菌的藻胆素,并获得了叶绿素 b。绿藻形态多样,有单细胞、群体细胞或多细胞。有些绿藻与真菌共生,组成地衣。少数营养体和绝大多数生殖细胞有鞭毛。绿藻细胞载色体中叶绿素含量较多。贮藏物质为淀粉核。绿藻无性生殖产生游动孢子、静孢子和厚壁孢子;多数物种的有性生殖经过配子接合形成合子,有多种类型。由于绿藻的叶绿体结构和色素组成与有胚植物的叶绿体极为相似,绿藻的鞭毛结构和某些植物的双鞭毛精子的鞭毛相似,生物学家曾认为绿藻和有胚植物是由它们的共同祖先——古绿藻演化而来的。近年来,随着研究工作的不断深入,以前在绿藻的一些类群被分类到链形植物类群,即链形藻类(streptophyte algae)(见图 18.1)中。

绿藻的一些代表类群如下:

(1) 衣藻属(*Chlamydomonas*)

衣藻属是绿藻类单细胞的成员。细胞壁具有纤维素,营养细胞有两根等长鞭毛,叶绿体杯状,叶绿体前端或侧面有一红色眼点,细胞核位于细胞中央(图 18.2c)。可进行无性生殖和有性生殖。

(2) 团藻属(*Volvox*)

团藻属(图 18.2d)是绿藻类群体细胞的成员。由数百至上万个和与衣藻极为相似的双鞭毛细胞不重叠地排列成一层中空球状团聚体组成。现有的证据显示群体形态的团藻是从单细胞绿藻演化来的。细胞大部分是营养细胞,只有群体后半部分少数细胞分化为较大的生殖细胞。有性生殖为卵配生殖(oogamy)。

(3) 浒苔属(*Enteromorpha*)

浒苔(图 18.2e)为大型多细胞片状体或管状体的藻类。生活史中二倍体的孢子体和单倍体的配子体同形,属于典型的同形世代交替。浒苔可以快速生长,在海岸带形成大量藻体的堆积。2008 年青岛沿海一带浒苔大量繁殖,给城市带来许多不便。

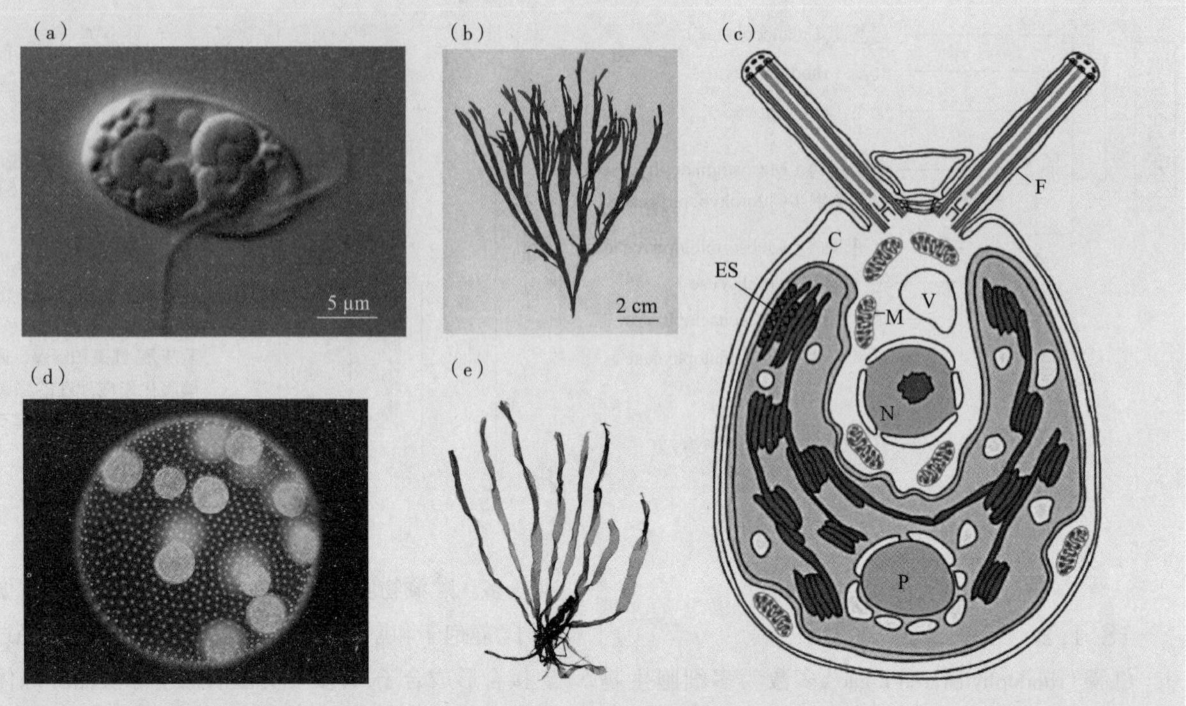

图 18.2 几种原质体藻类

(a) 奇特蓝载藻，蓝灰藻代表之一。(b) 江蓠，一种红藻。(c) 衣藻细胞模式图。衣藻是单细胞绿藻，具有一个杯状叶绿体(C)，一个细胞核(N)，线粒体(M)，淀粉核(P)，液泡(V)，眼点(ES)和鞭毛(F)。(d) 团藻，上万具鞭毛细胞组成一个球状体。(e) 浒苔，一种多细胞绿藻，可在海岸带疯长，严重时甚至可以形成藻甸。

18.1.4 链形藻类

链形藻类包括中眼藻纲、绿方藻纲、克里藻纲、轮藻纲、鞘毛藻纲、双星藻纲等类群，与其他植物类群的关系见图 18.1。除轮藻外，链形藻的形态特征、光合色素和营养方式与绿藻区分不大，但它们的系统发生关系与有胚植物更为接近。链形藻类中，轮藻、鞘毛藻和双星藻的细胞分裂方式与有胚植物的细胞分裂方式极其相似，即细胞分裂时子核之间形成一组微管，称为成膜体(phragmoplast)。然后在成膜体的中间形成细胞板，并由细胞板产生新的横壁，将子细胞分开。这种现象仅仅为有胚植物和这几类藻类所共有。所以轮藻、鞘毛藻和双星藻被称为成膜体藻类，同有胚植物一起称为成膜体植物(phragmoplastophytes)(见图 18.1)。

链形藻类的一些代表类群如下：

(1) 轮藻属(*Chara*)

轮藻属是很特化的藻类，有类似于根、茎、叶的分化。其假根固着于淡水或半咸水底淤泥中，茎上有节和节间，节上轮生有相当于叶的小枝(图 18.3a)。轮藻属都没有无性繁殖，有性生殖为卵配生殖。雌、雄生殖器官结构复杂，具藏精器和藏卵器，由两个形状、大小和结构等方面都不同的配子相融合。轮藻的营养体、生殖器官以及细胞的有丝分裂皆与有胚植物相似，曾经有学者认为轮藻可能是与有胚植物亲缘关系最近的现生类群。不过，目前的基因组研究结果更倾向支持双星藻属是与有胚植物亲缘关系最近的现生类群这一观点，而轮藻与有胚植物并非来自一个最近的共同祖先。

(2) 双星藻属(*Zygnema*)

双星藻为不分枝丝状体，形成丝状体的细胞呈圆柱形，细胞之间不具有胞间连丝；每个细胞内有两个星芒状叶绿体，细胞核位于叶绿体之间(图 18.3b)。不产生游动细胞，生殖方式为接合生殖，即两条丝状体平行排列，每条丝状体上的细胞同相邻丝状体上的对应细胞之间形成接合管，原生质融合后产生接合孢子。双星藻是全球分布的链形藻，多在较浅而扰动少的水环境生活。目前的基因组证据支持双星藻类植物与有胚植物为姐妹群的观点。

许多双星藻类物种都是淡水藻类，栖居在池塘、湖泊边的浅水区，在那里会遭遇到间歇性的干旱，有的物种甚至栖居于湿润的陆地，其生态环境与早期登陆的有胚植物十分相似。科学家从双星藻类植物的基因组中发现来自细菌的一些基因，这些基因现在广泛地存

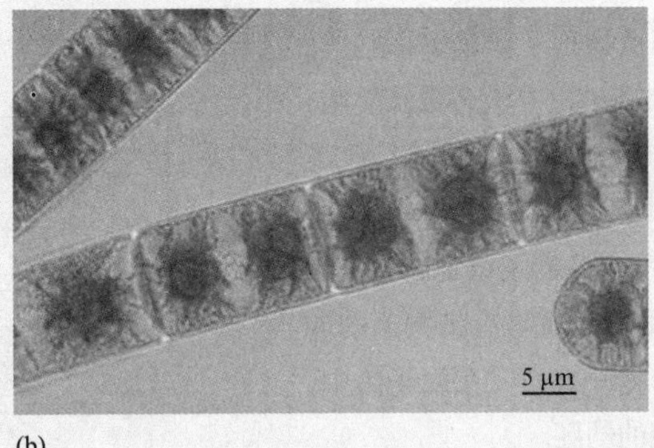

⬅ 图 18.3 **链形藻**
(a) 布氏轮藻，一种在亚洲广泛分布的轮藻。(b) 双星藻，每个细胞具有两个星芒状叶绿体。

在于有胚植物基因组中，与抵抗逆境有关。科学家推测，这些基因从细菌中横向转移至一些双星藻类的祖先物种中，帮助这些物种在陆地环境中生存了下来，又被世世代代传递下来，并由此分化出了适应陆地环境的有胚植物。

在自然选择的驱动下，有胚植物祖先终于在陆地上站住了脚。这个演化上的大事件打开了新的领域，即一个能提供巨大报偿的陆上栖息地：这里有比水中更充足的阳光和更丰富的二氧化碳，水边的土壤有丰富的矿质营养物。但是有报偿也有挑战：水的相对缺乏和缺少对抗重力的结构。在适应性演化中，有胚植物成功地解决了这些挑战。

18.2 陆地的征服者——有胚植物

有胚植物（embryophytes）因其生活史中有胚的出现而得名，又因其生活在陆地上，常被称为陆生植物（land plant）。

植物界的分界线划在哪里合适呢？一些生物学家将植物界等同于有胚植物；一些生物学家主张植物界包括绿藻、链形藻和有胚植物，并把它称为绿色植物（Viridiplantae）；也有生物学家主张植物界包括链形藻类和有胚植物，并把它称为链形植物（streptophyte）。绿色植物同红藻与蓝灰胞藻一起就是我们在本章中所讲述的原质体植物超类群（见图 18.1），这是一个单系类群，植物界的界线也许可以划在这里。

有胚植物的祖先登陆以后，经长期与环境的相互作用，演化出了苔藓、石松、真蕨、裸子植物和被子植物几个大的谱系，在此过程中逐步形成了一系列适应陆地生活的衍生性状。在有性生殖方面，演化出了多细胞的胚和复杂的世代交替；在营养体方面演化出很多适应干旱、强紫外辐射等陆地环境的形态和生理特征。

18.2.1 有胚植物生活史中两个世代的交替

所有有胚植物的生活史与动物（包括人类）的生活史差异很大。我们每个人是二倍体的多细胞个体。在人的生活史中仅有的单倍体阶段是精子和卵细胞，而没有单倍体的多细胞个体。而在有胚植物生活史中有两种多细胞个体——二倍体的孢子体和单倍体的配子体，两种不同的倍性（世代）在生活史中轮回交替。图 18.4 是一个简明的世代交替示意图，雄性和雌性配子体（n），经过有丝分裂分别产生雄、雌配子（n）。雄、雌配子融合（受精作用）产生合子（$2n$），合子经有丝分裂产生孢子体（$2n$）。孢子体经减数分裂产生孢子（n），孢子发育成配子体，完成一个生命周期。在不同谱系的植物类群之间，世代交替在细节上存在差异，但总体都遵循着这个统一的模式。

在上一章，我们已经看到，藻类也有世代交替。有

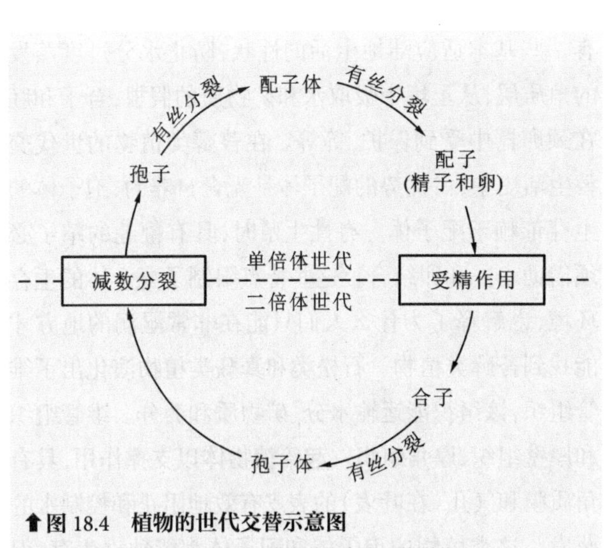

⬆ 图 18.4 **植物的世代交替示意图**
单倍体世代为配子体世代，二倍体世代为孢子体世代。

胚植物的世代交替是从藻类祖先那里继承下来的，但发生了一些重要变化。有胚植物孢子体是多细胞的，而大多数藻类的孢子体是单细胞的。在大多数藻类中，配子和孢子都有鞭毛，它们通过游动而相互接近（配子），或者通过游动扩散开去（孢子）；在有胚植物中，仅仅在苔藓类、石松类、真蕨类和少数裸子植物中有带鞭毛的精子，而所有的有胚植物都没有具有带鞭毛的卵子和孢子。有胚植物的卵细胞一直固定在配子体中，在那里受精，并发育成多细胞的幼胚。

18.2.2　有胚植物逐步适应了陆地生活

已有的证据非常强地支持有胚植物是一单系群，但如何将其进行分类等级的细分，还没有统一的意见。为了叙述方便，本书采用将有胚植物分为5大谱系的分类系统：苔藓类（bryophytes）、石松类（lycophytes）、真蕨类（pteridophytes）、裸子植物（gymnosperms）和被子植物（angiosperms）。苔藓、石松和真蕨类植物因以有性生殖产生的孢子为主要繁殖结构，又称为孢子植物；裸子植物和被子植物以有性生殖产生的种子为主要繁殖结构，又称为种子植物；而石松、真蕨类和种子植物因具有维管结构，又称为维管植物（图18.5）。

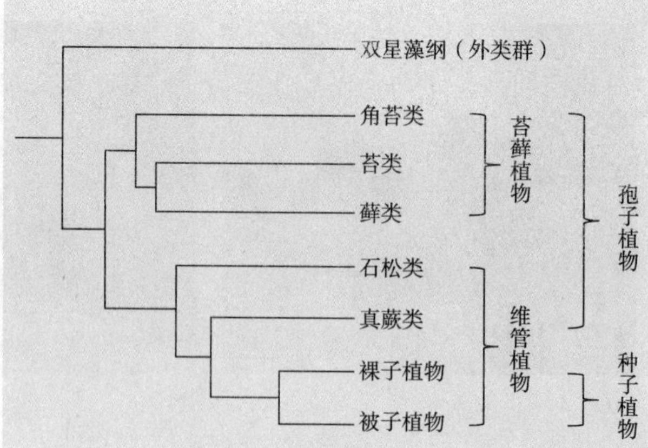

⬆图18.5　有胚植物5个主要谱系及其分类和系统发生简图

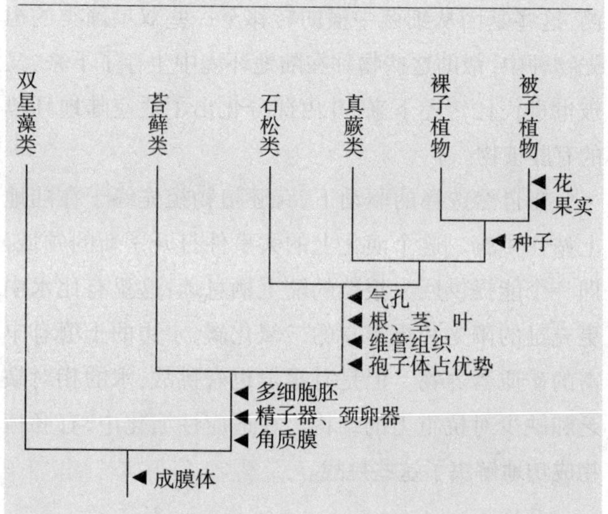

⬆图18.6　陆生适应性状在各个主要植物谱系中的出现

被子植物因种子被果皮包被而得名，又因其具有花而被称为开花植物。它具有角质膜的表皮，具有维管组织的根、茎、叶，具有以形成果实为特征的有性生殖过程，这些无一不体现对陆地生活的适应。我们将这些类群进行比较后不难看出，在植物的演化历史上，这些形态适应性状不是一次形成的，而是经过长期演化逐步形成的（图18.6）。

苔藓类植物包括角苔类、苔类和藓类，它们已经具有一些基本适应陆地生活的性状：防止水分过度蒸发的角质层，从土壤中吸取水和矿物质的假根，合子和胚在颈卵器中受到保护，等等。在苔藓类植物的世代交替生活史中，占优势的配子体是光合自养的，孢子体的生存依赖于配子体。有性生殖时，具有鞭毛的精子必须借助水去和卵结合。这些特点限制了配子体的生存环境，也解释了为什么人们只能在非常湿润的地方才能找到苔藓类植物。石松类和真蕨类植物演化出了维管组织，该组织能运输水分、矿物质和养分。维管组织和厚壁组织、厚角组织一起给植物体以支撑作用；具有角质膜和气孔（在叶表）的表皮有效地阻止和控制水的蒸发。这类植物的孢子体和配子体都能独立生存，但孢子体在世代交替的生活史中占主导地位，它分化产生了根、茎、叶等器官，分别适应陆地上的土壤和空气两种环境，执行不同的功能，而配子体则非常小，没有维管束，没有根茎叶的分化。雄配子体产生的精子仍有鞭毛，在其寻找卵细胞的过程中需要有水的存在，所以这类植物的有性生殖仍然离不开水，这就大大限制了它们在地球上的分布。

种子植物的孢子体更加发达，维管系统更高效，但配子体不能独立生存，完全依附于孢子体；有性生殖的过程因花粉管这个新性状的出现而完全摆脱了对水的依赖。种子植物另一个非常重要的新性状是种子。种子的结构不仅很好地保护了幼胚，还可以用休眠的方式度过对生长不利的季节。种子植物包括裸子植物和被子植物：前者胚珠是裸露的，导致了其发育成的种子也是裸露的；而后者胚珠被子房包裹起来，子房发育成了果，将种子包在其中，形成了果实。

下面我们将通过对有胚植物几个主要代表类型的介绍，进一步阐明植物对陆生环境的适应性演化。

18.3 有胚植物多样性的演化趋势

18.3.1 苔藓植物的配子体占优势

苔藓植物因其没有维管组织，又称为非维管植物(non-vascular plant)。根据其孢蒴发育、拟叶中叶绿体数目和是否有油体等特征又分为三类：苔类(hepatophytes)、藓类(bryophytes)、角苔类(anthocerotophytes)。苔藓植物的配子体在世代交替中占优势。有些苔藓植物的配子体为叶状体，有的则具有类似茎、叶的结构。

我们以藓类为代表来考察苔藓植物的特点(图18.7)。在藓类的配子体上，小的叶状结构(拟叶)螺旋式或交替地着生在茎状的轴(拟茎)上。在这些拟叶和拟茎中，没有维管组织，所以不是真正的叶和茎。多数藓类物种，在茎状轴的基部有假根，将它固定在基质中；也有一些类群，如泥炭藓属(*Sphagnum*)，没有假根。在拟叶中，长形细胞彼此连接成网络状，每个细胞都有多个叶绿体。

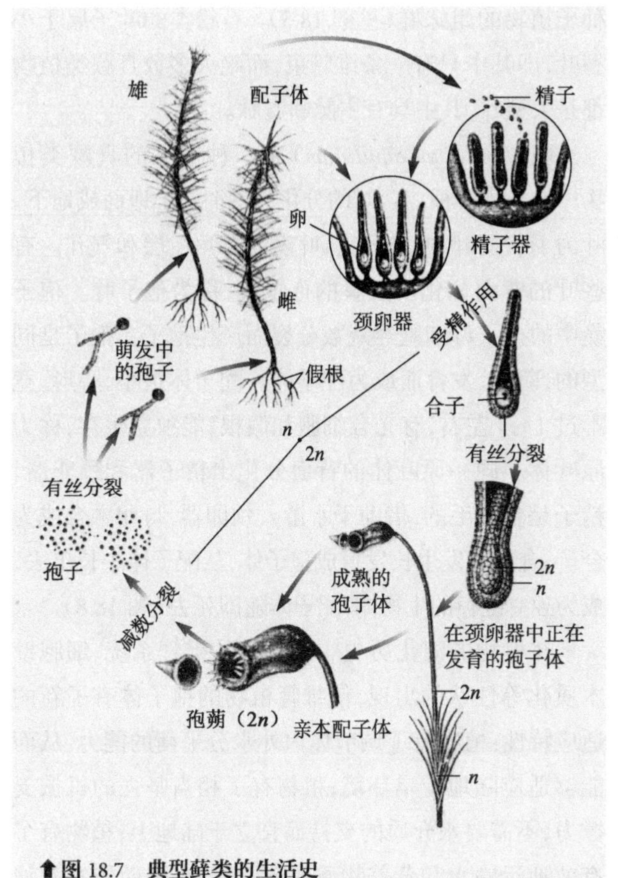

图 18.7 典型藓类的生活史

配子体阶段在生活史中占优势。具“叶”的配子体是光合自养的，而较小的孢子体不能进行光合作用，其营养依赖于亲本配子体。精子需要借助水去和卵会合。

有性生殖时，在配子体的顶端长出配子囊。雄配子囊即精子器(antheridium)，呈椭圆形，下有长柄，能产生很多精子，成熟的精子长且卷曲，有两根鞭毛。雌配子囊即颈卵器(archegonium)，其形如瓶，腹部产生一卵细胞。精子从精子器中被释放出来后，借助露水或雨水，凭着鞭毛的运动，到达颈卵器。精子和卵融合产生二倍体的合子。受精作用的完成标志着配子体世代的结束和孢子体世代的开始。

合子经有丝分裂形成孢子体。它由三部分组成：上端为孢子囊，又称孢蒴，其下为蒴柄，再下为基足。孢子体不能独立生存，其基足在配子体的组织中吸收养分。孢子囊中的孢子母细胞，经减数分裂产生4个单倍体的孢子。减数分裂的完成标志着孢子体世代的结束和配子体世代的开始。最后，孢蒴顶部的蒴盖开裂，孢子被释放出来。孢子落到条件适宜的地方，萌发、发育为配子体。开始是丝状或叶状的原丝体，再由原丝体发育为具有类似茎、叶结构的配子体。

有些藓类植物有很强的吸水能力。如泥炭藓吸收的水分可以达到其自身重量的20～50倍。在高山沼泽中，由于泥炭藓储蓄了大量的水分，到干旱的季节，可以持续地为它下游的森林提供水分；但泥炭藓过分生长，也会威胁森林的生存。一个稳定的生态系统将维持着各种生物的平衡，藓类对环境的影响不可低估。

18.3.2 无种子维管植物的孢子体适应了陆地生活

维管组织是有胚植物演化出的又一新性状。最早出现在地球上的维管植物阿格劳蕨(Aglaophyton)和莱尼蕨(Rhynopsida)均已灭绝，现存的无种子维管植物包括石松类和真蕨类。它们和苔藓植物不同：第一，虽然它们的孢子体在胚胎阶段仍依附于配子体并从中获取营养，但长大后即脱离配子体，成为营光合自养、独立的植物体；第二，有维管组织；第三，在生活史中，孢子体占优势，孢子体世代是一个有较大的植株和较长生存时间的阶段。

石松类植物在经典的分类系统中常常与真蕨类统称蕨类植物，现在分子生物学和基因组学的证据表明真蕨类和种子植物互为姐妹群，而石松类是真蕨类和种子植物的姐妹群(见图 18.5)。石松类的叶子属于小型叶,即其中只有一条维管束,而绝大多数真蕨类植物都是大型叶,其中具有主脉和支脉。

蕨(*Pteridium aquilinum*)是一种常见的真蕨类植物。孢子体有根、茎、叶的分化。茎匍匐于地面或地下。叶为羽状复叶,叶脉分支,叶表面有角质层和气孔。有些叶的背面分化出成簇的孢子囊,称为孢子叶。孢子囊中的孢子母细胞经减数分裂而产生孢子。孢子是同型的,萌发、发育而成为配子体。配子体很小,心形,宽不过 1 cm 左右,有光合细胞和假根,能独立生存,称为原叶体。同一原叶体的背面分化出精子器和颈卵器。精子是多鞭毛的,借助于水游入颈卵器,与卵融合成为合子,合子萌发生长发育成孢子体,从配子体中长出去,成为独立生存的生物体,配子体随即死去(图 18.8)。

在植物的演化历史中,角质层、维管系统、细胞壁木质化等性状的出现,使维管植物的孢子体有了新的适应特性:植物有了调节体内外水分平衡的能力,从而能够适应陆地干旱环境;植物有了相当坚强的机械支撑力,不需要水介质的支持而直立于陆地上;植物有了有效地运输水和营养物质的特殊系统,因而能有效地利用土壤中的水分和营养物。体内外水分平衡的调节机制、坚强的机械支撑和有效的运输系统,这三者构成维管植物孢子体对陆地环境比较完整的适应结构。正因为如此,维管植物出现以来,在地球历史的最近 4 亿多年时间里,起着举足轻重的作用。现今生物圈,维管植物的生物量占总生物量的 97%。蕨类植物的孢子体世代已适应陆地生活,而其配子体也能独立生活,但有性生殖仍依赖水。它们是植物界的"两栖类"。

现存的真蕨类植物的茎多匍匐于地面,或为地下的根状茎,只有极少数是直立的树木,如桫椤(*Alsophila spinulosa*)。而在石炭纪,无种子维管植物十分繁盛,有许多现已灭绝的高大乔木物种,在亚欧大陆和北美大陆形成大片的湿地森林。这些植物不但在当时的生态系统中占很重要的位置,而且对煤的形成有巨大贡献。这些湿地森林是地质史上主要的成煤森林。

18.3.3　裸子植物的有性生殖摆脱了对水的依赖

裸子植物作为一类种子植物,和无种子维管植物有两个主要区别:一是在有性过程中出现了花粉和花粉管,使受精过程不再需要以水为媒介;二是出现了种子,在很大程度上加强了对胚的保护,提高了幼小孢子

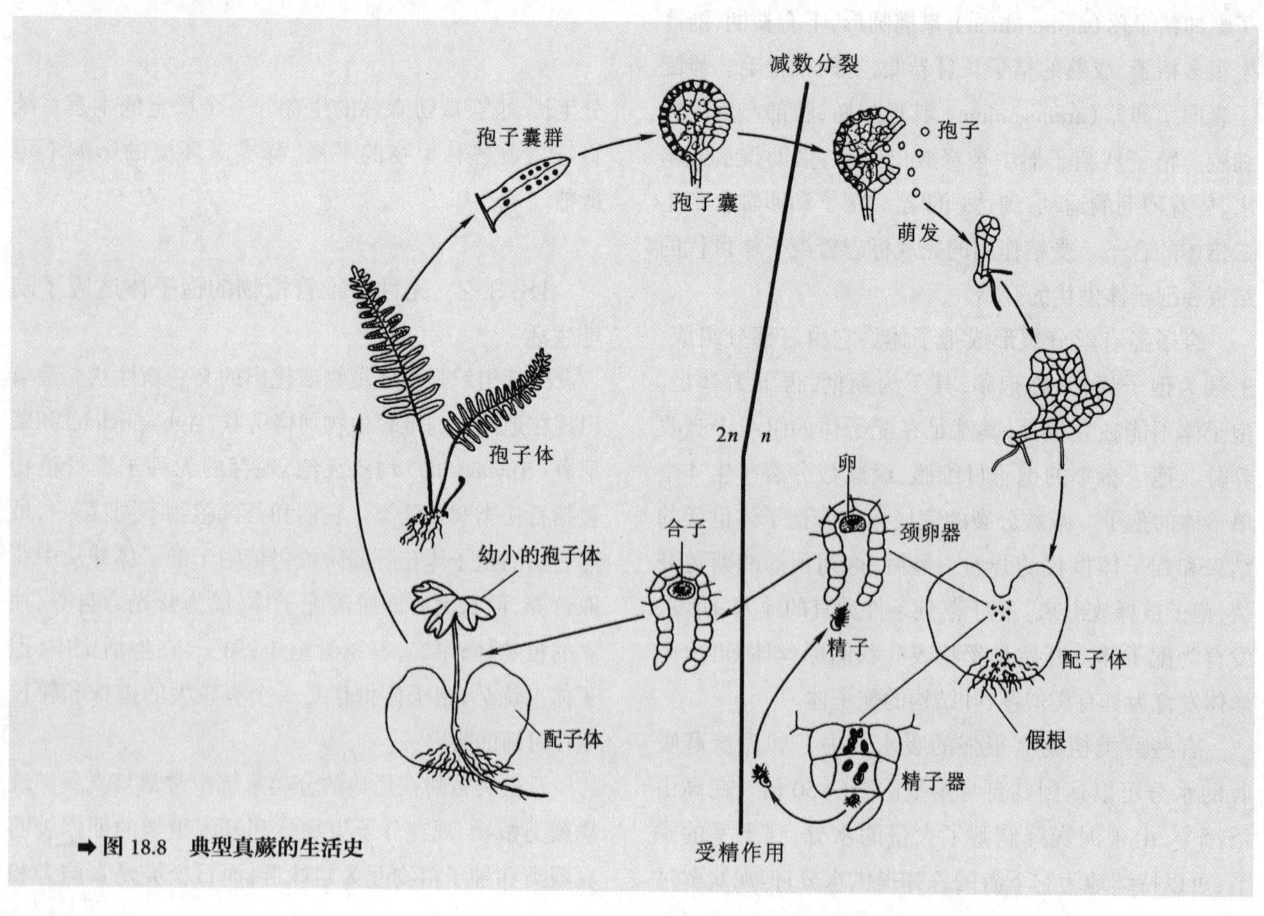

➡图 18.8　典型真蕨的生活史

体对不良环境的抵抗能力。这两个都是种子植物的新性状。作为无种子维管植物和被子植物之间的一个类群,裸子植物没有真正的花,以孢子叶球作为繁殖结构,仍保留了颈卵器的构造。胚珠只有一层珠被,没有被大孢子叶包裹起来,是裸露的。由胚珠发育而成的种子也是裸露的,因此得名裸子植物。

松属(*Pinus*)物种统称松树,是最常见的裸子植物。高大的松树是发达的孢子体。雄球果(小孢子叶球)和雌球果(大孢子叶球)分别产生在松树分枝的顶端。雄球果由许多小孢子叶组成。每个小孢子叶背面有两个小孢子囊,其中有许多小孢子母细胞。每个小孢子母细胞经减数分裂形成4个小孢子。

雌球果由许多鳞片状结构(珠鳞)组成,每片珠鳞上有一对胚珠。胚珠中的珠心即为大孢子囊,中央有一个大孢子母细胞,经减数分裂形成4个大孢子。仅有一个大孢子发育成多细胞的雌配子体。成熟时,雌配子体顶端形成3~5个颈卵器。每个颈卵器含一个卵细胞。

小孢子经数次分裂形成两个迅速退化的原叶细胞(prothallial cell)、一个粉管细胞、一个生殖细胞,这就是成熟的花粉粒,即雄配子体。花粉粒有能抵抗干旱的外壁,上面有"翅"状突起,可以随风飘荡到很远的地方。大量的花粉粒从小孢子囊散出后,总有少许花粉粒有机会落到雌球果胚珠顶端的传粉滴上,萌发出花粉管并到达颈卵器。此时,花粉粒中的生殖细胞分裂为柄细胞(不育细胞)和体细胞(精原细胞)。后者再分裂为两个精子。精子和卵融合成为合子。合子发育成胚,这已是另一个世代的幼小孢子体。珠被属于前一世代孢子体的部分,现在发育成种皮,保护着幼胚。原来的雌配子体中的珠心细胞(n)发育成胚乳,供给幼胚营养。整个胚珠发育成种子(图18.9)。

春天,当雄球果成熟时,释放出云雾般的花粉粒。你可以看到淡黄色的花粉粒成片漂浮在池塘里,覆盖在附近自行车的车座上。只有极少一部分落在雌球果上。裸子植物以浪费大量雄配子体为代价,在有性生殖过程中,摆脱了对水的依赖,加上种子那抵抗不良环境的包装,裸子植物因此不再为需要水分才能完成生活史所局限,分布到更为干旱和寒冷的地区。裸子植物的孢子体也进一步向着适应陆地环境的方向发展。无种子维管植物主根不发达,而有许多不定根,裸子植物却有庞大的直根系,既能利用地表水,又能利用深层水。有些裸子植物,叶特化成针状或鳞片状,叶表层有厚厚的角质层,气孔下陷,减少水的蒸发,进一步提高了适应干旱气候的能力。

在距今2.8亿年的二叠纪早期,地球的大部分地区出现酷热、干旱的气候。许多在石炭纪盛极一时的无种子维管植物因不能适应环境的变化而走向衰落和灭绝。裸子植物兴起并取而代之,成为地球生态系统的主角。至今在亚欧大陆和北美大陆的北部还能看到大面积的针叶林。在低纬度的高山地区,也能见到繁盛的针叶林。直到中生代末期的白垩纪晚期(约6500万年前),裸子植物开始大范围灭绝,渐渐地将主角位置

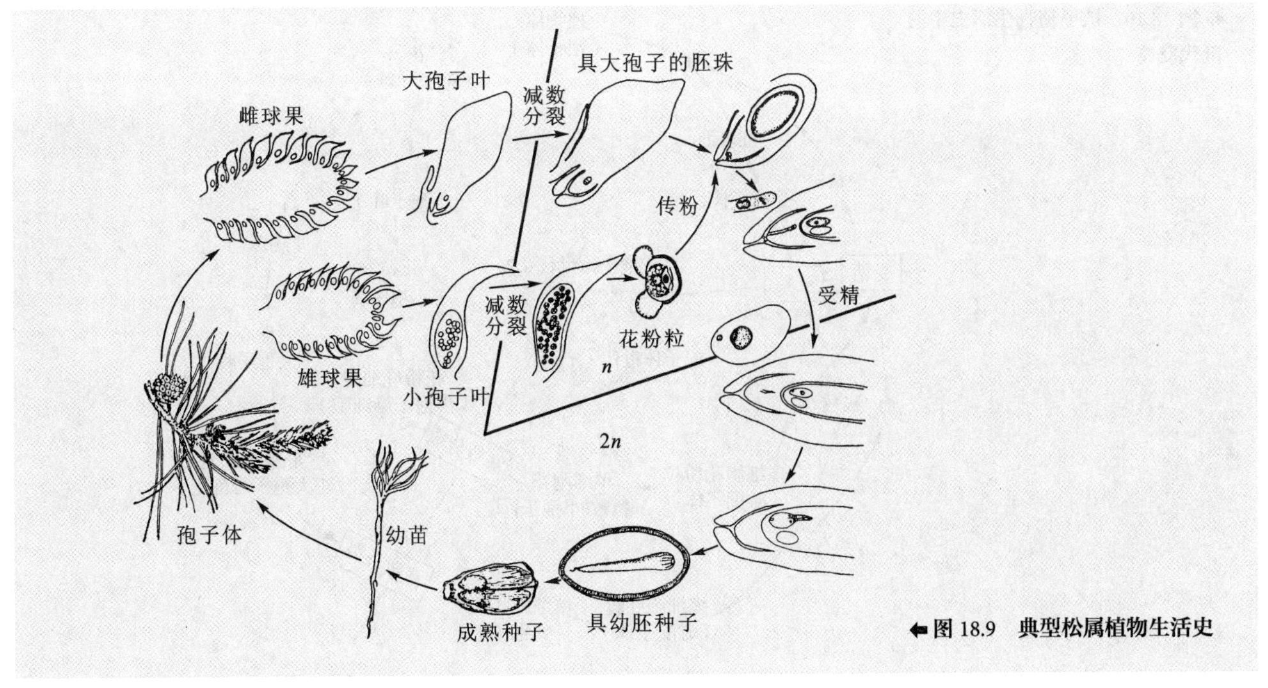

图18.9 典型松属植物生活史

"让位"给了被子植物。

18.3.4　被子植物是当今最繁盛的植物类群

最早被公认的被子植物化石来自早白垩纪地层。到了新生代，被子植物渐渐发展成陆地植被系统中最重要的成分。现在针叶林在亚欧大陆的北部占优势，而被子植物则在其他大部分地区占优势。本书将在第Ⅴ篇对被子植物的结构、发育和生活史作详细介绍。

和所有有胚植物一样，被子植物的生活周期是一个世代交替的过程(图 18.10)。我们将在研究被子植物时习惯用的"雄蕊""雌蕊"等名词和研究裸子植物时用的"小孢子叶""大孢子叶"等名词对照使用，以阐明被子植物的世代交替。

被子植物演化出了花，这是一个非常重要的新性状。花是被子植物的有性生殖结构，一朵花就是一个高度特化的枝条，花萼、花瓣、雌蕊、雄蕊都是这个枝条上变态的叶。雄蕊是小孢子叶，花药即为小孢子叶包裹着的小孢子囊，其中的花粉母细胞就是小孢子母细胞。二倍体的小孢子母细胞经减数分裂产生 4 个单倍体的小孢子，这就是由一个细胞组成的花粉粒。小孢子的形成是一个转折点，它标志着二倍体的孢子体世代的结束和单倍体的配子体世代的开始。小孢子经有丝分裂形成具两个细胞的花粉粒：一个细胞为粉管细胞，另一个为生殖细胞。这时的花粉粒已经是雄配子体了。有的被子植物如拟南芥，其生殖细胞在花粉粒中再进行一次有丝分裂，形成两个精子。含有两个或三个细胞的花粉粒是成熟的雄配子体。

组成雌蕊的心皮是大孢子叶，胚珠的珠心即为大孢子囊，其中的胚囊母细胞就是大孢子母细胞。二倍体的大孢子母细胞经减数分裂产生 4 个单倍体的大孢子。它标志着二倍体的孢子体世代结束和单倍体的配子体世代的开始。4 个大孢子中有一个大孢子(往往是基部的那个)经三次有丝分裂形成一个 7 细胞 8 核组成的胚囊，即成熟的雌配子体。7 个细胞中有一个是卵，还有一个是含有两个核融合在一起(极核)的中央细胞。

成熟的花粉粒被传送到雌蕊的柱头，在上面萌发长出花粉管，在花柱道中继续生长，导向胚珠。在成熟花粉粒含有两个细胞的物种如百合中，尚未分裂的生殖细胞在花粉管中行一次有丝分裂，形成两个精子。花粉管到达胚囊后爆裂，释放出两个精细胞，其中一个与卵细胞融合形成二倍体的合子，另一个精细胞与中央细胞的极核融合形成三倍体的胚乳母细胞，此过程即为被子植物特有的双受精。受精作用和合子的形成标志着单倍体配子体世代的结束和二倍体孢子体世代的开始。合子经有丝分裂，生长发育成为种子中的胚，这就是幼小孢子体。种子萌发，胚发育成为成熟的孢子体。至此，被子植物完成了世代交替的生活史。

被子植物的生活史与裸子植物相比较，有如下一些特征：

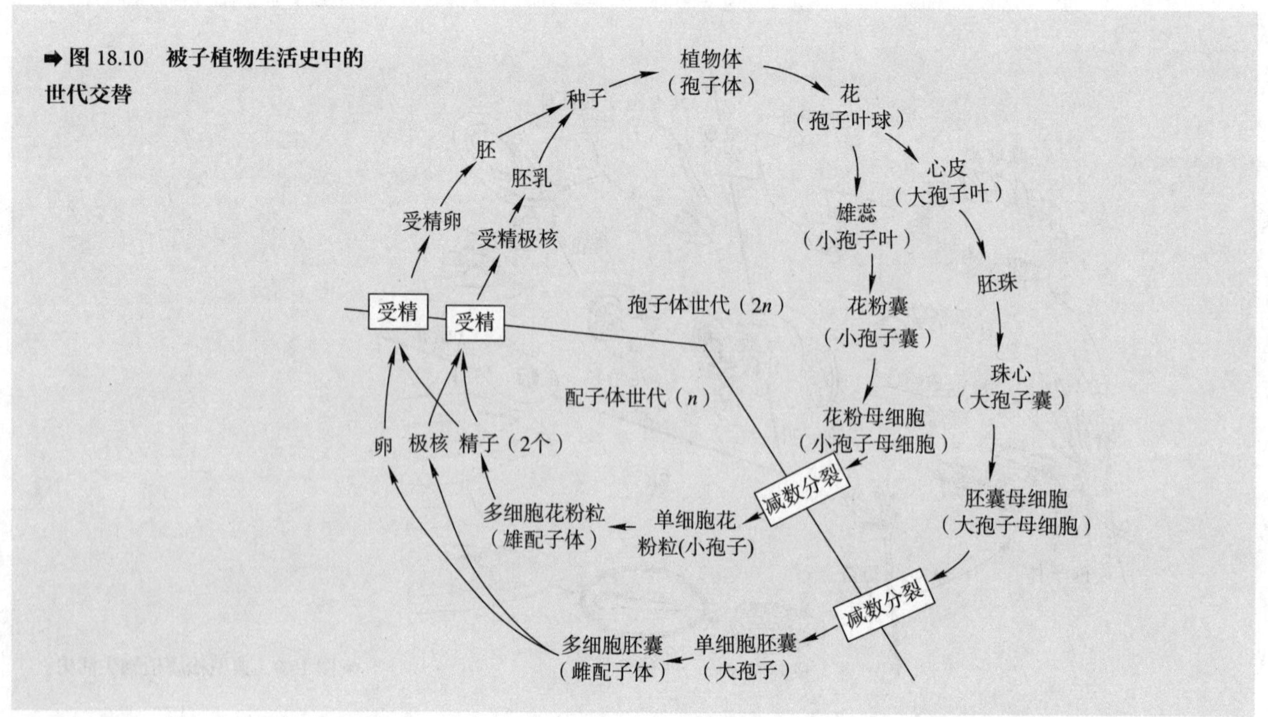

➡ **图 18.10　被子植物生活史中的世代交替**

① 在传粉方式上，裸子植物通常是风媒的，而被子植物的传粉媒介多样性非常丰富，有虫媒、鸟媒、风媒、水媒及其他形式，如依靠哺乳动物传播。由于花的颜色、气味和结构与传粉媒介，特别是昆虫、鸟类之间形成巧妙的相互适应，动物传粉是比风媒传粉更为有效的传粉方式。

② 被子植物的大孢子叶闭合形成心皮，胚珠包在由心皮组成的子房中，而不是裸露在外。种子成熟时，子房壁发育成果皮。果皮不仅有效地保护了种子，而且常有鲜艳的颜色和特殊的气味，并含有丰富的营养物质，可以吸引动物帮助传播种子。

③ 被子植物常常在传粉后 12 小时内受精，在几天或几周内产生出种子。而裸子植物从传粉到种子形成通常要一年以上的时间。

④ 被子植物双受精形成了三倍体的胚乳，而裸子植物仅有卵和精子的结合，胚乳是单倍性的。

⑤ 被子植物的雌、雄配子体进一步简化。雄配子体成熟时仅由 2～3 个细胞（1 个粉管细胞、1～2 个精子）组成，原叶细胞、体细胞和柄细胞不再出现。雌配子体成熟时一般有 1 个卵细胞、2 个助细胞、3 个反足细胞和 1 个含有极核（$2n$）的中央细胞，颈卵器不再出现。

⑥ 孢子体组织分化细致，生理机能效率高。例如，在无种子维管植物和裸子植物中，管胞兼有运输水分和机械支持的功能，但它的结构对于完成这两种功能都是不够理想的。到了被子植物，绝大多数物种具有导管，伴随着导管的是纤维，这二者都从管胞发展分化而来。导管的管腔增大，导管分子之间的横隔消失，使水分运输畅通无阻；纤维的细胞壁加厚，成细长形，机械支持能力强。因此，被子植物的运输和支持功能均优越于其他维管植物。被子植物还有许多行营养繁殖的结构，如块根、块茎、鳞茎、珠芽等等，这些也是裸子植物所没有的。

⑦现存被子植物的物种数量约有 30 万种，陆地植物约 90% 为被子植物，而裸子植物物种现在只剩下 1000 种左右。

如今，裸子植物的针叶林是一重要的植被类群，具有重要的生态功能，同时还是木材和纸张的原材料。而很多农作物都是从被子植物的物种驯化而来，供给人们几乎全部粮食、蔬菜、水果和很大一部分纺织用的纤维；人们用于防风固沙、水土保持等方面绿化用的树木和花草大多数也是被子植物。被子植物和人类生活有着十分密切的关系。

18.4 种子植物的系统发生

种子植物是有胚植物中最适应陆生系统的类群，其起源时间约为泥盆纪到石炭纪，当时气候非常潮湿，陆地植物生态系统以高大的石松类和真蕨类为主，随着气候不断变干，早期的种子植物——裸子植物渐渐取代了非种子维管植物，在生态系统中占据了主导地位。被子植物起源时间是一个有争议的话题，最早的被子植物化石发现在早白垩纪，而分子系统发生分析则表明其起源的时间可能在侏罗纪，甚至早至三叠纪。因此，人们期待着更多、更古老的被子植物化石的发现。

下面具体介绍现在比较流行的裸子植物和被子植物中各大类群的系统发生关系。

18.4.1 裸子植物的系统发生

裸子植物在整个中生代的 2.48 亿年前到 6500 万年前（三叠纪、侏罗纪和白垩纪）的陆地生态系统中占主导地位，但随着地球环境不断变化，裸子植物的统治地位渐渐被被子植物所取代。在此过程中，很多裸子植物的物种灭绝了。现存的裸子植物只有 1000 种左右，是有胚植物中物种数最少的一个类群。

裸子植物是一个单系群，经典的分类系统将裸子植物分为 4 个纲——苏铁纲（Cycadopsida），银杏纲（Ginkgopsida），松杉纲（Coniferopsida）和尼藤纲（Gnetopsida），其中松杉纲包含我们经常见到的松、杉、柏类植物，是裸子植物中物种最多的纲，而银杏纲只有一个物种——银杏。这 4 个纲中尼藤纲的系统发生位置争议最大，有的系统曾将此纲置于被子植物姐妹群的位置。而现在利用基因或基因组序列做出的系统发生树则将尼藤纲置于松杉纲松科的姐妹群位置，而原来松杉纲中其他类群则与尼藤纲和松科形成姐妹群。因此有的系统将松科提升成松纲（Pinopsida）或松杉纲Ⅰ，将原来松杉纲中除松科以外的类群合并成柏纲（Cupressopsida）或松杉纲Ⅱ（图 18.11）。

18.4.2 被子植物系统发生

被子植物在现今的陆生生态系统占有“霸主”的地位，其系统发生关系自然引起了大家的关注。曾有多位植物分类和系统发生学家提出了被子植物的分类系统和系统发生，最为流行的要数 19 世纪末期的恩格勒

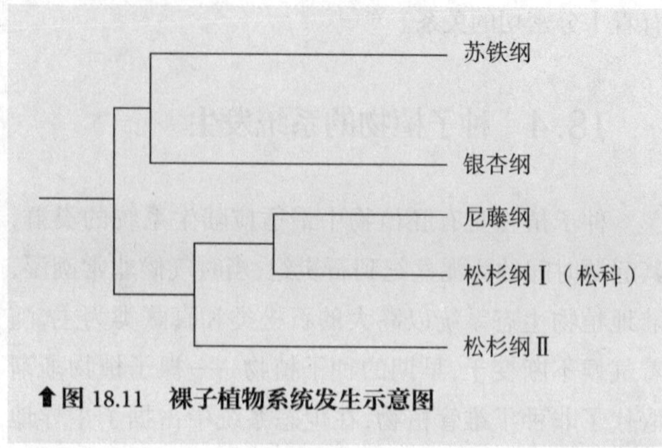

⬆图 18.11 裸子植物系统发生示意图

系统(Engler system)、20世纪80年代的克朗奎斯特系统(Cronquist system),以及现今流行的APG(Angiosperm Phylogeny Group)系统。前两个系统多以形态性状为主,而APG系统则以基因序列为性状构建而成。下面就简单介绍一下这个系统。

随着DNA序列测定和分析技术的迅速发展,该技术被越来越多地应用于生物的系统发生重建和演化研究领域。20世纪90年代开始,国际上一些著名的植物分类和系统发生及演化学家将叶绿体基因组和核基因组中一些保守的基因序列用于被子植物的系统发生重建,得到了与经典研究不太一致的系统发生树。此后他们在扩大物种数量和基因序列的基础上,不断更新这个系统,至今已到第4版。因参与工作的作者人数太多,论文引用时不太方便,在第2版发表时,他们建议用Angiosperm Phylogeny Group作为作者名进行引用,因此现在大家将该系统简称为APG系统。

生物演化过程中的大部分事件都会在其遗传物质上留下痕迹,越来越多的证据表明用核酸或蛋白质序列构建的系统发生树更接近真实的生物演化历史。因此被子植物的APG系统得到了越来越多的人的接受。下面将APG系统的第4版(APG Ⅳ)简单介绍给大家。

图18.12是一个简化了的APG Ⅳ系统,其中的被子植物被分为几个大的类群,最基部类群是仅有一个物种的无油樟目(Amborellales),无油樟(*Amborella trichopoda*)仅发现于南半球的新喀里多尼亚,是一种雌雄异株的小灌木,它是所有其他被子植物的姐妹群。睡莲目(Nymphaeales)是除了无油樟目外最基部的类群,其中的物种多为水生植物,它和木兰藤目(Austrobaileyales)、无油樟目一起组成了基部被子植物(Basal Angiosperms)。木兰目(Magnoliales)、樟目(Laurales)、白樟目(Canellales)和胡椒目(Piperales)组

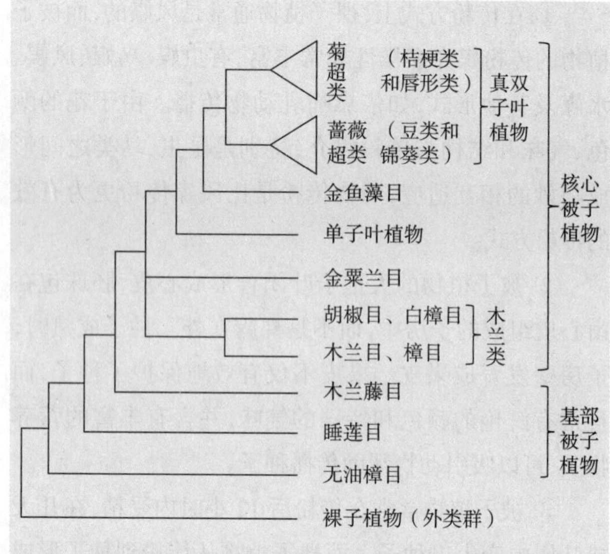

⬆图 18.12 被子植物系统发生示意图(简化的APG Ⅳ系统)

成了木兰类(Magnoliids),而单子叶植物(Monocots)作为一个单系群被经典定义的双子叶植物所包围。因此在APG系统中出现了一个新名词:真双子叶植物(Eudicots),以避免经典的双子叶植物成为一个并系群。金鱼藻目(Ceratophyllales)是真双子叶植物的姐妹群,真双子叶植物中又分为蔷薇超类(Superrosids)和菊超类(Superasterids):前者含有豆类(Fabids)和锦葵类(Malvids),这些类群大多为花瓣分离的离瓣花植物;后者含有桔梗类(Campanulids)和唇形类(Lamids),这些类群多为花瓣合生的合瓣花植物。

现今的APG Ⅳ系统中,金粟兰目(Chloranthales)的系统地位还没有完全确定,总体来说还是被包含在核心被子植物(Mesangiosperms)中(图18.12),但在用不同分子证据构建的系统发生树上,这个目的系统地位是多变的。APG系统还会随着新物种的加入和测序分析技术的不断发展而被继续更新和修订。

思考题

1 为什么说双星藻纲和陆生植物有紧密的关系?

2 为什么不能笼统地谈论藻类和陆生植物的关系?

3 植物登陆的第一步是能长时间地生活在陆地上,登陆的植物要有哪些衍生性状才能做到这一点?

4 在植物适应陆地生活中,维管系统起了什么作用?

5 种子植物演化过程中,哪一个环节使其有性生殖摆脱了对水的依赖?

19

真菌多样性

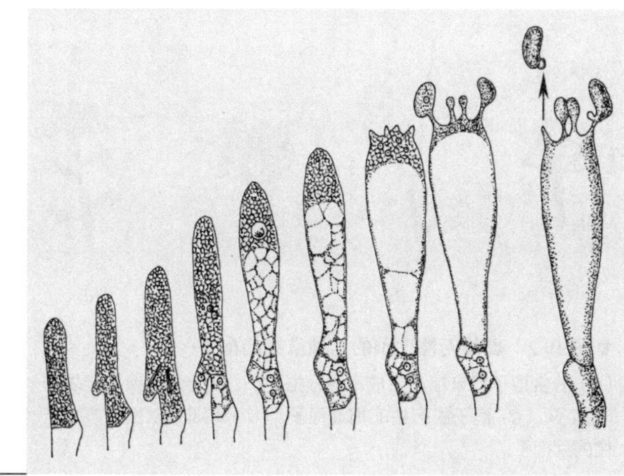

担子的发育过程

真菌是营吸收式异养的多细胞真核生物。在二界系统中，真菌被看作是一种植物，列入植物界；到了五界系统，真菌有了自己的界——真菌界（Fungi），人们不再把真菌看作植物。系统发生研究明确揭示真菌是一个单系群，同植物、动物和原生生物一样，属于真核生物域。

19.1 真菌的主要特征

在真核生物的系统发生树上，从原生生物中演化出3个多细胞真核生物的谱系和类群：一是植物界，它是营光合自养的生物，在生态系统中是生产者；二是动物界，它是营吞咽式异养的，是消费者；三是真菌界，营吸收式异养，是分解者。根据化石纪录，真菌出现于9亿年前的元古宙晚期。真菌登陆的时间目前没有确切的结论，有学者认为真菌先于植物登陆，有学者认为某些真菌在4.3亿年前伴随着植物来到陆地。在之后的1亿年里，真菌的主要类型基本确立，包括其中的接合菌（zygomycetes）、子囊菌（ascomycetes）和担子菌（basidiomycetes）。

真菌的细胞内不含叶绿素，也没有质体，营寄生或腐生生活。真菌贮存的养分主要是糖原，还有少量的蛋白质和脂肪。多数真菌有细胞壁，其主要成分为壳多糖，又称几丁质（chitin）。几丁质的化学结构同纤维素有相似之处：它们都是以$\beta(1\rightarrow4)$糖苷键将单糖分子连接起来的不分支长链化合物。构成纤维素的单糖为葡萄糖，而构成几丁质的单糖则为修饰后的含氮六碳糖。也有一些真菌不具有几丁质。除少数单细胞真菌外，绝大多数真菌的生物体由菌丝（hypha）构成。有些菌丝是一个长管形细胞，具有许多核，是无隔菌丝。有些菌丝中有横隔，把菌丝隔成许多细胞，每个细胞内含1或2个核，为有隔菌丝。菌丝经反复分枝形成网络，称为菌丝体（mycelium）（图19.1）。

菌体以菌丝作为基本构造是和它的营养方式相适应的。真菌营吸收式异养，它分泌多种水解酶到体外，把食物中的大分子分解成可溶的小分子，然后借助菌丝予以吸收。长而细的菌丝，具有巨大的表面积，有利于分泌水解酶到食物中并吸收养料。菌丝的顶端可侵入到植物细胞中或者生长在细胞之间。无论是渗入到死去的动植物体中营腐生生活，还是作为寄生者去感染生活的动植物，菌丝都能分泌水解酶，将大分子有机

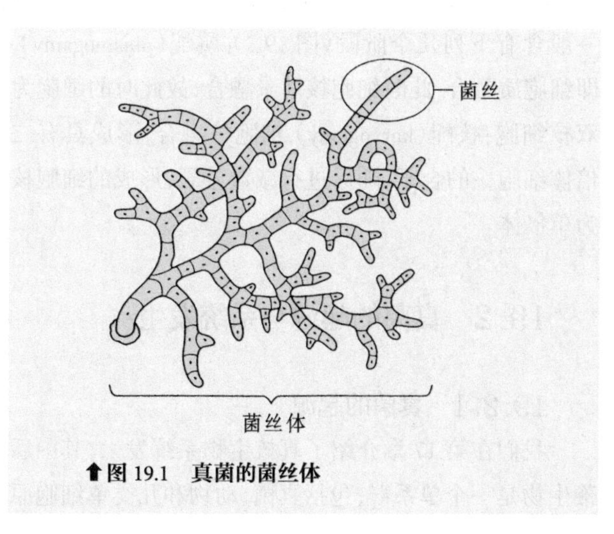

图19.1 真菌的菌丝体

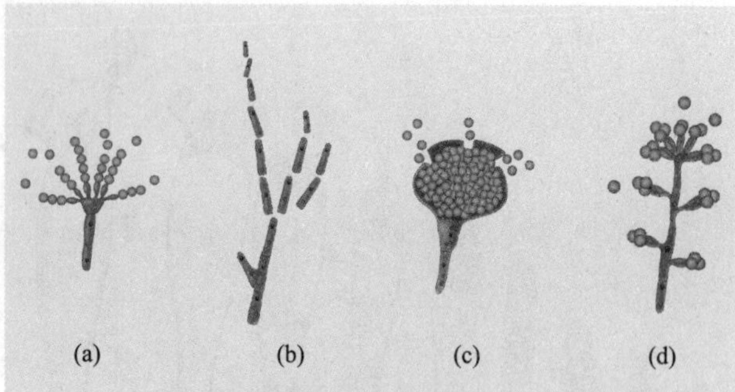

⬆图 19.2 真菌无性生殖的几种常见的孢子
(a) 分生孢子梗末端产生成串的分生孢子。(b) 菌丝断裂产生的节孢子。(c) 孢子囊产生的孢囊孢子。(d) 母细胞以出芽方式产生的芽孢子。

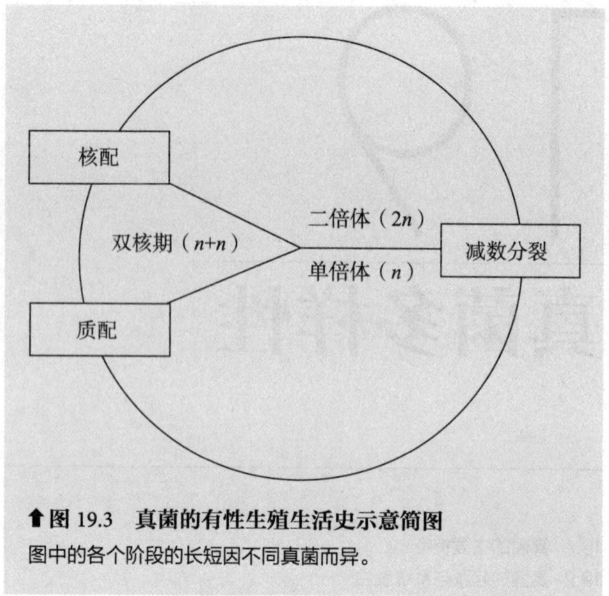

⬆图 19.3 真菌的有性生殖生活史示意简图
图中的各个阶段的长短因不同真菌而异。

物分解为小分子并吸收。真菌还参与植物菌根的形成，这个过程中对植物细胞壁的水解使一些真菌可以生长到植物细胞质中。真菌能集中自身的资源用于菌丝的生长，以极快的速率延伸到食物源。在一天内，一个菌丝体可以生长出长达 1000 m 的菌丝。一个蘑菇可以一夜长到它的最大体积。在绝大多数生态系统中，真菌都起着不可替代的重要作用。真菌菌丝常常在地表之下形成一个“隐形”网络，维持着生态系统的平衡与健康。

真菌的繁殖包括无性生殖和有性生殖。无性生殖是营养细胞分裂或者分化，或是丝状体片段化，然后形成新个体的过程，这个过程中不具有两性细胞结合。无性生殖中最常见的方式为形成无性孢子，无性孢子萌发后形成新的个体。常见的无性孢子有分生孢子、节孢子、孢囊孢子和芽孢子(图 19.2)。这些孢子形成后以多种方式散发到环境中，并在适当的条件下开始萌发，生长，形成新的个体。另外一种无性生殖的方式是由细胞分裂来完成的，如出芽繁殖，这在酵母类真菌甚为普遍。真菌的有性生殖一定有两个性细胞(单倍体)结合这一过程，最终形成新个体。真菌的有性生殖一般含有下列几个阶段(图 19.3)：质配(plasmogamy)，即细胞质融合，此时细胞核尚未融合，故此时的细胞为双核细胞；核配(karyogamy)，细胞核融合，形成具有二倍体细胞核的合子；随后进行减数分裂，形成的细胞核为单倍体。

19.2 真菌的起源与系统发生

19.2.1 真菌的起源

我们在第 17 章介绍了真核生物系统发生，其中后鞭生物是一个单系群，包括真菌、动物和几类单细胞原生生物。对后鞭生物系统发生的研究显示，真菌和动物起源于不同的单细胞原生生物，后鞭生物包含泛真菌界(Holomycota)和泛动物界(Holozoa)。泛真菌界包括核形虫类(nucleariids)和真菌，二者互为姐妹群；泛动物界包括领鞭虫与动物，二者互为姐妹群。DNA 序列证据显示，泛动物界和泛真菌界的祖先为具鞭毛的单细胞原生生物(图 19.4a)。虽然绝大多数真菌不具鞭毛，但是一些原始真菌的生活史中有一个具鞭毛时期。与真菌同源的核形虫类是一类单细胞原生生物，种类包括为数不多的几个属，如核形虫属(*Nuclearia*)。核形虫多为球形的单细胞，生活在淡水环境，以丝状伪足捕食，所以是一种变形虫(图 19.4b)，食物主要是丝状蓝细菌、其他藻类和细菌。

19.2.2 真菌的系统发生与多样性

根据目前 DNA 序列证据、形态学和化石证据，真菌含 6 个类群，即微孢菌、壶菌、接合菌、球囊菌、子囊菌和担子菌。这些类群在不同的分类系统中的分类等级有一定差别，有人认为它们是 6 个纲，有人认为它们是 6 个门。不过，这几个类群之间的系统演化关系是比较清楚的。图 19.5 显示根据目前的证据得出的真菌的系统发生关系。微孢菌和壶菌的生活史中有一个阶段具有鞭毛。球囊菌则是与植物形成菌根的真菌。

需要特别指出的是，在一些较早的分类系统中，有一大类真菌因为其生活史不详而被分类为半知菌。随着 DNA 分析技术的发展，人们越来越少地使用半知菌这个分类单位。

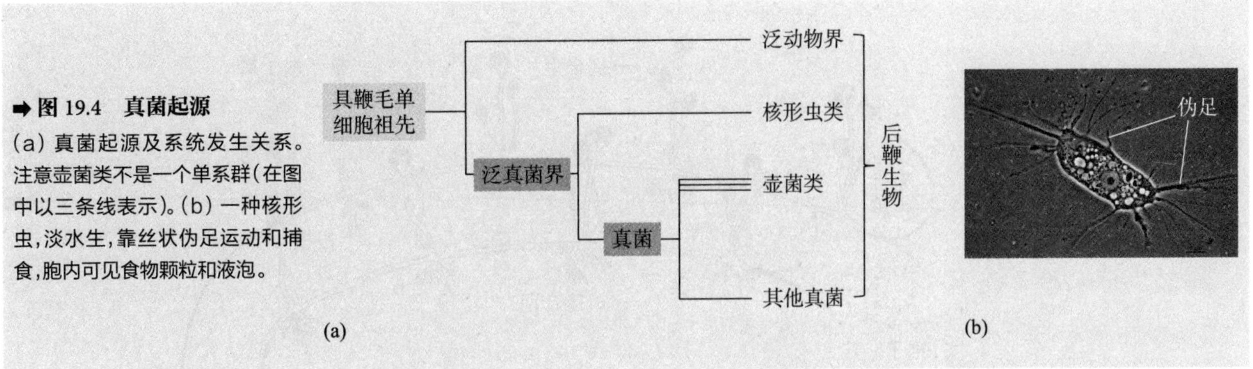

➡**图 19.4 真菌起源**
(a) 真菌起源及系统发生关系。注意壶菌类不是一个单系群(在图中以三条线表示)。(b) 一种核形虫,淡水生,靠丝状伪足运动和捕食,胞内可见食物颗粒和液泡。

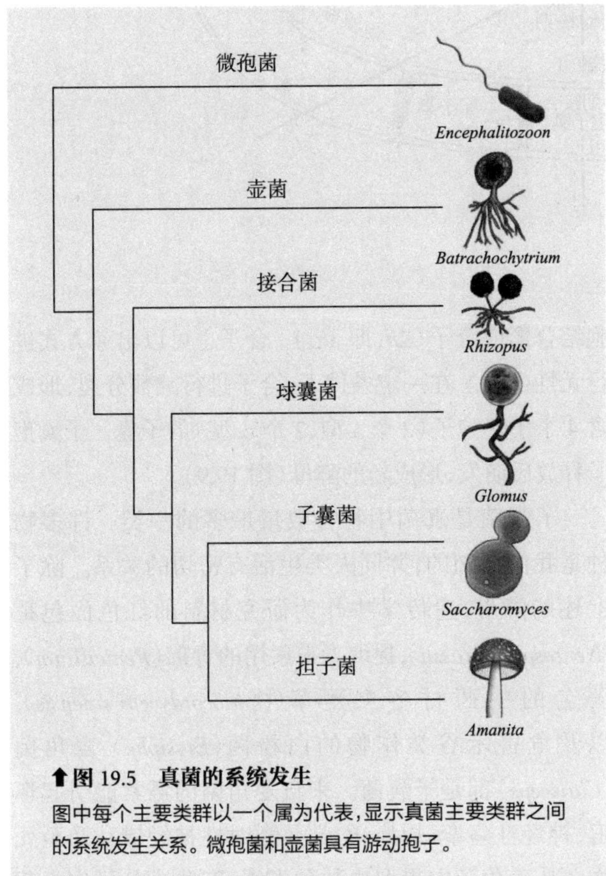

⬆**图 19.5 真菌的系统发生**
图中每个主要类群以一个属为代表,显示真菌主要类群之间的系统发生关系。微孢菌和壶菌具有游动孢子。

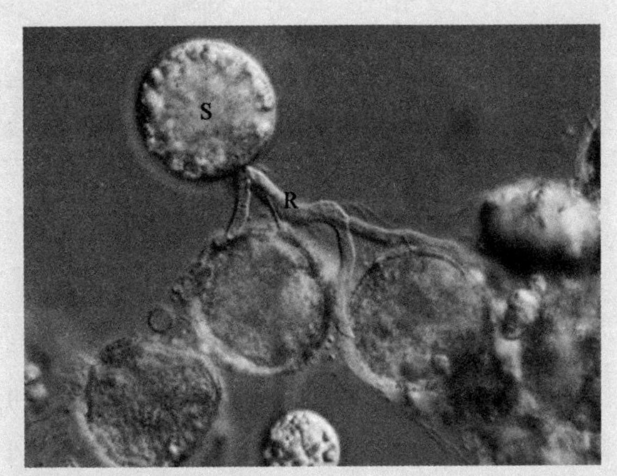

⬆**图 19.6 壶菌的孢囊(S)和根状菌丝(R)**(引自 Reece,2011)
根状菌丝穿入圆形的花粉粒吸收营养。

下面介绍几类重要的真菌。

(1) 壶菌

壶菌个体很小(图 19.6),有腐生和寄生两种生活方式。腐生型壶菌生活在淡水动植物体上,也有的生活在泥地或者土壤中。寄生型壶菌侵染水生动植物,包括水生昆虫和蛙类。壶菌同别的一些真菌有一个很大的不同,即它们的孢子是具鞭毛的游动孢子,而其他真菌的孢子基本是不具有鞭毛的。

(2) 接合菌

黑根霉(*Rhizopus niger*)是一种常见的接合菌。馒头、面包上黑色的毛样霉斑就很可能是黑根霉。它的菌丝体由无隔菌丝组成。核为单倍性的。菌丝在基质表面匍匐生长,有假根伸入基质吸收营养。无性生殖时,与假根相对的一面,长出直立菌丝(孢囊梗),顶端膨胀成孢子囊。成熟孢子呈黑色,散落后萌发出新的菌丝体。黑根霉有两种不同的交配型(mating type),在文献中常常分别用“+”和“-”来表示。当环境条件恶劣时,黑根霉进行有性生殖。邻近具有不同交配型的菌丝体各长出一短枝。短枝顶端膨大,用横隔隔离出若干单倍性的核,成为配子囊。不同交配型的配子囊相互接触,它们连接处的细胞壁消失,两个配子囊成为一个细胞,原生质融合称为质配。然后不同交配型的核两两融合,称为核配,形成二倍体的接合孢子(zygospore)。成熟的接合孢子囊具有厚壁,壁上有疣状突起。此时接合孢子囊进入休眠,借以抵抗干旱及其他严峻的环境条件。在条件适宜时,中止休眠,厚壁破裂,生出一菌丝(孢囊梗),在其顶端生一孢子囊。其内二倍体的核经减数分裂产生多个单倍的“+”“-”孢子。孢子囊壁破裂,孢子散出,萌发成新的菌丝体(图 19.7)。

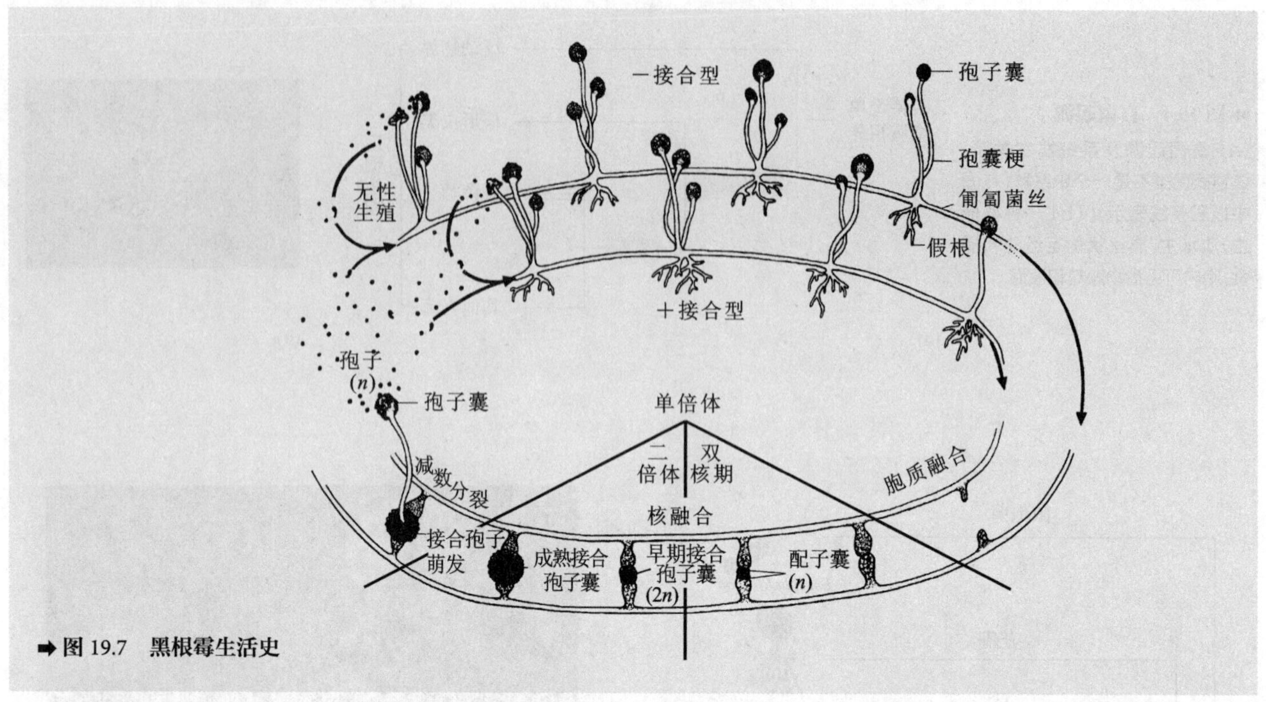

➡图 19.7 黑根霉生活史

(3) 子囊菌

火丝菌(*Pyronema*)是常见的子囊菌。它的菌丝为有隔菌丝,多分支。无性生殖以分支菌丝的顶端产生分生孢子(conidia)来完成。有性生殖时,一些菌丝的顶端膨大,分别产生出多核的精子囊和产囊体。产囊体上有一条弯管状的受精丝。当受精丝和精子囊接触时,细胞壁溶解形成一小孔,精子囊中的细胞质和核流入产囊体。这时,产囊体中有分别来自精子囊和产囊体的两种核,但没有发生核融合。由产囊体产生出产囊菌丝。产囊菌丝分支并产生横壁,形成许多细胞,每个细胞具一对核。产囊菌丝和单核的营养菌丝共同形成子囊果(ascocarp)。在子囊果中,产囊菌丝分支的顶端不断产生出子囊母细胞。在此细胞中,雌雄核融合成为二倍体的合子,随即进行一次减数分裂和一次有丝分裂,形成 8 个子核。以后,每核周围的细胞质彼此分离并分泌一壁,成为孢子。子囊母细胞因此而变成含有 8 个子囊孢子(ascospore)的子囊(ascus)。在产囊菌丝形成子囊果时,单核的营养菌丝也在其中生长成网,并有菌丝渗入到子囊之间,形成细长的隔丝,二者共同组成子囊果。子囊和隔丝排为子实层。子囊成熟时,囊内发生很大压力,将子囊孢子射出(图 19.8)。

酿酒和食品发酵中广泛应用的酵母(yeast)也是一种子囊菌。酵母有两种不同交配型细胞,分别称为 a 型和 α 型,它们都可以出芽方式进行无性生殖。在一定条件下进行有性生殖,此时 a 型和 α 型这两种性细胞结合形成合子(2*n*,即 a/α)。合子也可以出芽方式进行无性生殖。在一定条件下,合子进行减数分裂,形成含 4 个子囊孢子(2 个 a 型,2 个 α 型)的子囊。子囊孢子释放后萌发,形成新的酵母(图 19.9)。

子囊菌是真菌中物种数量最多的一类。许多物种是我们熟知的,并同人类生活有密切的关系。除了上述的酵母,遗传学中作为研究材料的红色面包霉(*Neurospora crassa*),提取青霉素用的青霉(*Penicillium*)、著名的中药材冬虫夏草(*Ophiocordyceps sinensis*),以及危害禾谷类作物的白粉菌(*Erysiphe*)、麦角菌(*Claviceps*)都是子囊菌。来自麦角菌的毒素能引起坏疽、神经性痉挛、灼痛、幻觉及暂时性神经错乱乃至死亡。从麦角菌中提取出数种毒素,有些成分可作为药物。事实上,很多重要的药物都是源于真菌,如抗生素青霉素和降胆固醇他酊类药物。

(4) 担子菌

蘑菇(*Agaricus campestris*)是常见的可食用的担子菌。菌丝有横隔。单倍体的担孢子(basidiospore)萌发生成单倍体的单核菌丝。两条不同交配型的菌丝生长到一起,彼此结合,细胞质即行融合(质配),但细胞核只相互靠近而不融合,形成具有两个不同核的双核菌丝体(图 19.10a),双核菌丝体通过锁状联合(clamp connection)生长,以保证每个细胞的异核状态(图 19.10b)。在进行有性生殖时,双核菌丝的分枝末端形成担子(basidium)。担子菌中的担子和子囊菌中

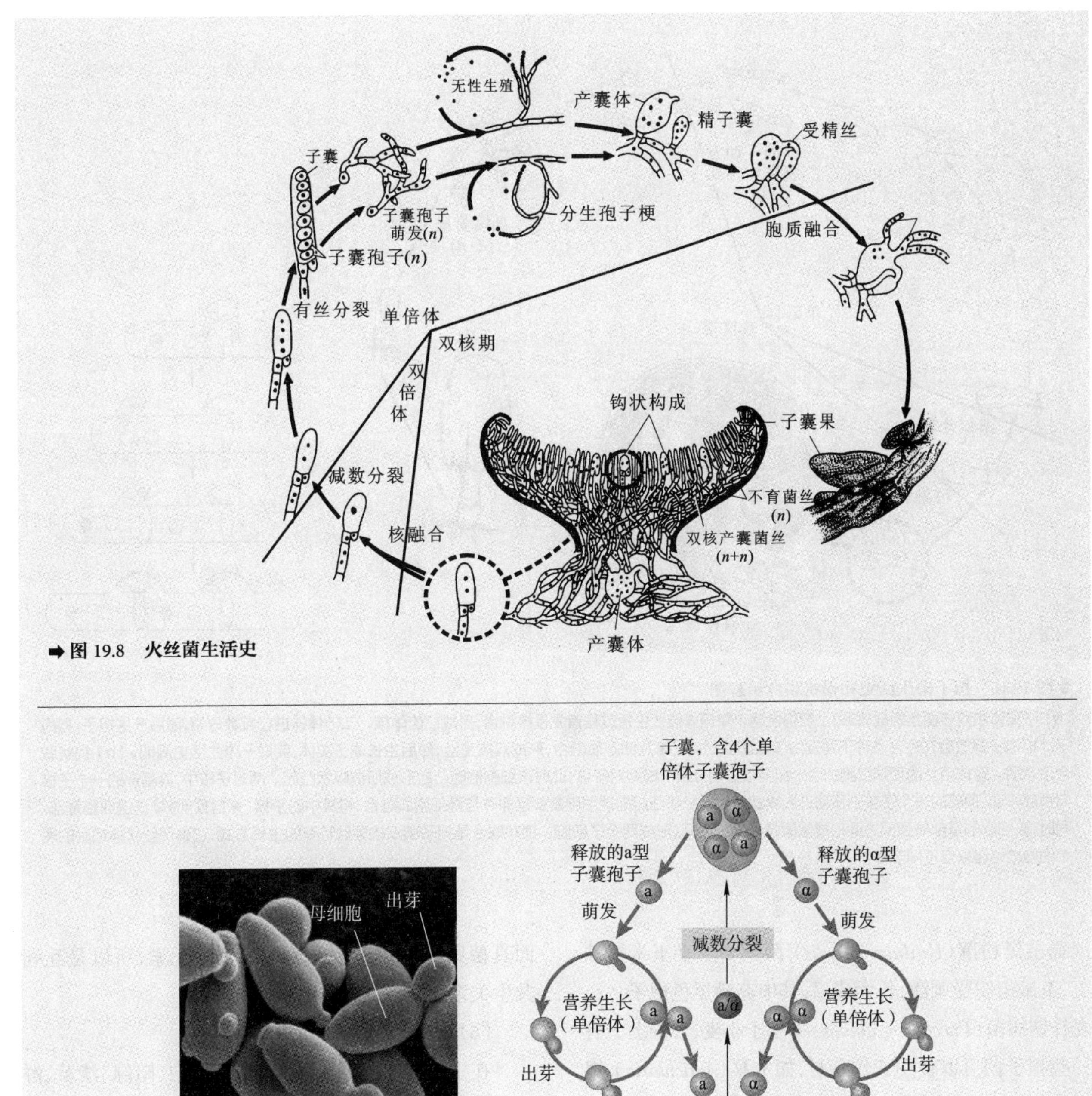

➡**图 19.8 火丝菌生活史**

➡**图 19.9 酵母生活史**

(a) 酵母细胞，显示出芽生殖。(b) 酵母生活史。

的子囊相当。环境中的信号，如下雨、温度变化、季节变化等，能使双核菌丝发育形成子实体，或称担子果(basidiocarp)。这就是我们习见被称为蘑菇的部分。担子果上部为伞状的菌盖，菌盖下为菌柄。在菌盖下侧的表面为子实层，由棒状的担子和不育的侧丝组成。有性生殖中，担子中的双核融合，形成二倍体的合子核，随即经过减数分裂形成4个单倍性的核。此时，担子的顶端产生4个突起，每一个核分别流入一个突起中，发育成一个担孢子。担子菌和子囊菌的一个主要区别是：子囊菌的子囊孢子在子囊内形成，担子菌的担孢子却生在担子的外边（见图 19.10a）。

很多担子菌寄生在植物体内，引起作物病害。如

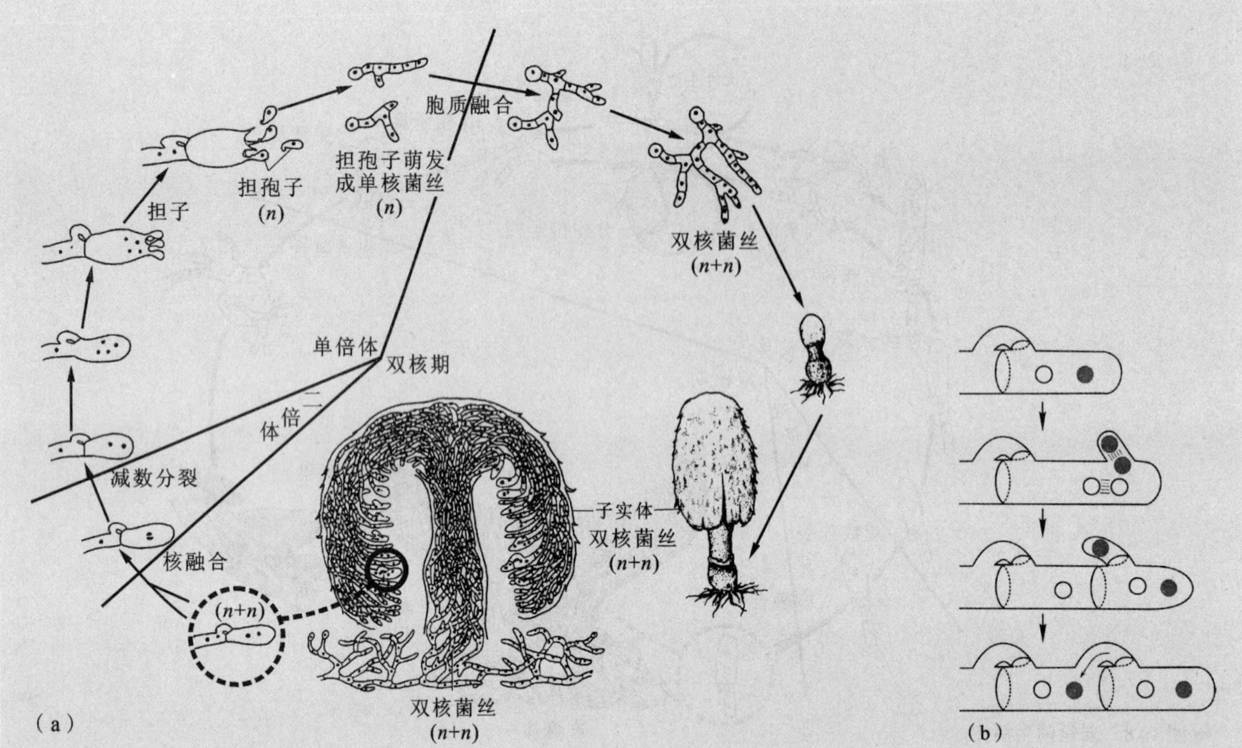

图 19.10 担子菌生活史和锁状联合示意图

(a) 子实体由双核菌丝组成,即每个细胞含两个单倍体核。生殖过程首先是核融合,形成二倍体核。二倍体核进行减数分裂,随后产生担子、担孢子。担孢子释放后在适合条件下萌发为单核菌丝。接下来是细胞质融合,形成双核菌丝,然后生长成子实体,完成一个生活史周期。(b) 锁状联合示意图。双核菌丝的顶端细胞的两个细胞核分别分裂形成两对子核,此时该细胞侧面凸起形成所谓喙状凸起。两对子核中,其基部的一个子核向顶部移动,顶部的一个子核则移动进入喙状凸起。喙状凸起向该细胞基部延伸并与基部胞质融合,将其中的子核(来自顶部)输送进细胞基部。同时,该细胞的基部域顶部之间形成隔膜将母细胞分开,形成两个子细胞。锁状联合是担子菌双核菌丝特有的生长方式,它确保丝状体细胞的两个细胞核始终来自不同亲本。

玉蜀黍黑粉菌(*Ustilago maydis*),菌丝寄生在玉米植株上,玉米组织受刺激,长大成瘤,其中充满黑色孢子。小麦杆锈病菌(*Puccinia graminis*)寄生于小麦、大麦上。有一些担子菌可以食用或作药材,如木耳(*Auricularia*)、银耳(*Tremella*)等是著名的食用菌,灵芝(*Fomes japonicus*)是著名中药和制造保健食品的珍贵基础材料。

(5) 球囊菌

球囊菌是一类比较特殊的真菌。这类真菌与植物根系形成互利共生关系,即菌根(mycorrhiza),所以这类真菌也被称为菌根真菌。菌根分两类——外生菌根(ectomycorrhiza)和丛枝菌根(arbuscular mycorrhiza)。外生菌根菌的菌丝伸入根皮层细胞间形成菌丝网(称为哈氏网),同时在根表蔓延形成菌丝套,只侵入到植物根部细胞之间的区域,并不会进入细胞。而丛枝球囊菌的菌丝体会进入到根部细胞中(图 19.11)。目前已知的球囊菌都与植物根部形成丛枝菌根,外生菌根由其他类群(如某些担子菌)的真菌形成。研究显示,在菌根菌与植物根部的关系中,植物为真菌提供营养,而真菌则为植物输送土壤中的营养元素,所以是互利共生关系。

(6) 地衣

在干燥的岩石或树皮上,常有灰白、暗绿、淡黄、鲜

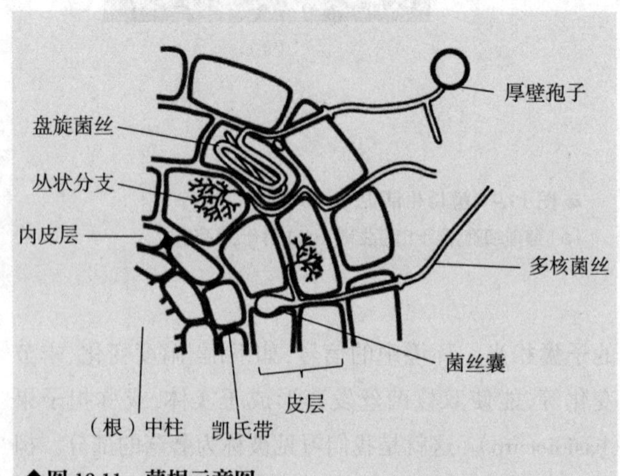

图 19.11 菌根示意图

丛枝球囊菌与植物根之间形成的互利共生关系。真菌可以进入细胞形成丛枝。

红等多种颜色的生物,看起来干枯而无生气,其实生命力极强,这就是地衣(lichen)。

地衣是真菌和绿藻或蓝细菌的共生体(图 19.12)。参与组成地衣的真菌具有非常丰富的多样性,大多是子囊菌,也有担子菌。而参与共生的藻类和蓝细菌则种类较少。真菌从它的光合自养的伙伴那里得到营养物质,而绿藻(或蓝细菌)从真菌那里得到水和矿物质,并受到保护,防止水分的过度蒸发。这种互惠共生的关系,使它们能在严峻的环境条件下生长。在没有土壤的环境中,植物很难生存,地衣可生长在极小的岩石裂缝中,并能促使岩石风化而成为土壤。地衣常常是生物占领新陆地的先锋。

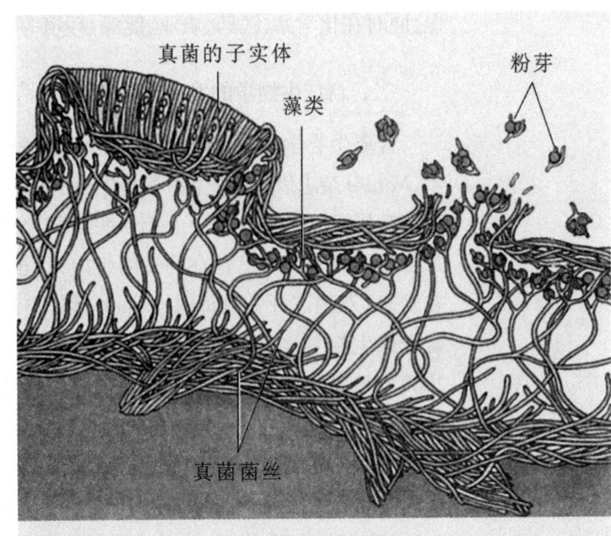

⬆图 19.12 **地衣——真菌和绿藻的共生体**(引自 Campbell 等,2000)

在极度干燥的条件下,地衣可以脱去水分,停止光合作用,进入休眠状态,这时仅有极微弱的呼吸作用。待水分条件好转,地衣会很快地吸收水分,以很高的速率进行光合作用并生长。地衣可长期保持生命力,有些地衣已生活了 1000 年。

地衣可以进行无性生殖。粉芽(soredium)是由菌丝包裹藻细胞形成的繁殖结构,可以在空气中散布到其他地方,生长出新的地衣。它们也可以单独进行生殖,包括有性生殖和无性生殖。地衣中真菌的有性生殖或无性生殖的后代,必须同相关绿藻(或蓝细菌)重新组合起来,才能生存。

北极地区的地衣是北极驯鹿的主要食物。有些地衣还可以有别的用途,如石蕊(*Cladonia*)就是一种地衣,可用作酸碱指示剂。

19.3 真菌的重要性

真菌的营养方式为腐生型或寄生型。自然界中,真菌和细菌能够将几乎所有类型的有机物降解,形成简单的有机物或无机物。所以从功能上讲,真菌是分解者。这一过程十分重要。如果没有真菌和细菌分解有机物,地球上的营养物质将被锁在有机物里,物质循环将无法进行,整个生态系统就会崩溃。在生态系统中,真菌常常同其他生物形成互利关系。绝大多数陆生植物都要与真菌共生形成菌根,帮助植物更好地获得营养物质。真菌同藻类或蓝细菌的共生则形成地衣。真菌的重要性还体现在人类生活之中。真菌,尤其是酵母,在人们日常生活中起着不可替代的作用。面包、馒头、葡萄酒、啤酒、奶酪、豆腐乳等的生产都离不开真菌,一些重要的药物和药物原料也来自真菌,如拯救过千万人性命的青霉素就来自青霉。近年来,酵母作为模式生物,在遗传工程和合成生物学等领域发挥着重要作用。

真菌还能侵染植物和动物,造成植物和动物的病害。一些真菌作为病原菌感染人体,带来症状不同的疾病:有的比较轻微,如脚气;而一些真菌病可以是致命的,如组织胞浆菌病(histoplasmosis)就是由真菌引起的严重疾病。

知识窗

合成生物学

一、合成生物学的定义

合成生物学(synthetic biology)从定量化、标准化、通用性等角度研究和改造现有自然生物体系,或者设计合成全新人工生物体系,所以合成生物学可以称为定量工程化生物学。合成生物学加深人类对生命本质的认识，同时在化学品、医药、农业、能源、环境等领域具有广泛应用，是新兴前沿学科。

二、合成生物学的发展历程

合成生物学一词最早出现在法国南特医学院 Leduc 教授在 1912 年所著的《生命的机理》一书中。1913 年，*Nature* 杂志以"合成生物学与生命的机制"为题评述了 Leduc 人工模拟合成细胞的研究。1961 年，大肠杆菌乳糖操纵子模型激发了人们从头组装出细胞调控系统的设想。1974 年，Szybalski 将"设计新的调控元素，并将新的分子加入已存在的基因组内，甚至建构一个全新的基因组"称为"合成生物学"。2000 年，*Nature* 杂志发表"双稳态开关"（toggle switch）和"自激振荡网络"（oscillatory network）基因回路研究，一般认为这标志着合成生物学学科的诞生。随后，"逻辑门""正反馈基因线路"及一些细胞通信线路设计等工作涌现出来。2003 年麻省理工学院创办了国际遗传工程机器竞赛（International Genetically Engineered Machine Competition，iGEM），参赛团队利用标准生物模块（biobricks）来构建具有特定功能的基因回路或系统。2007 年，中国 4 所大学参加大赛，取得优异成绩，之后参赛队伍不断扩大。

代谢工程与合成生物学汇合，通过设计构建人工细胞，优化代谢途径，杜邦公司从头合成生物基材料单体 1，3- 丙二醇，美国 Keasling 从头合成青蒿酸，变革了传统石化产品和天然产物的生产模式。近年来成功从头生物合成了阿片类药物和大麻素等复杂化合物，展示了人工细胞工厂的巨大潜力。细胞工厂的设计构建也发展成为合成生物学的重要研究方向之一。

随着 DNA 合成和操作技术的进步，利用 DNA 从头合成和模块化组装，可以将人工设计的基因组构建出来，并使其实现预期功能。2010 年，美国文特尔研究所团队化学合成了全长 1.08 Mb 的支原体基因组，首次获得了可自我复制的人工细胞 Synthia，标志着人工合成基因组实现了对生命活动的调控。美国、中国、英国等多国研究机构组成人工合成酿酒酵母基因组（Sc2.0）国际联盟，合成了 6 条人工设计酵母染色体；中国科学家则将酵母的 16 条染色体连接成一条染色体，含有这一条染色体的工程菌能正常生长、繁殖。

三、合成生物学发展及其应用

合成生物学从诞生起始就具有多学科交叉的特点，与其他学科交叉融合使得合成生物学正在发生从概念到设计和产品的转变。在基础研究方面，合成生物在人类深入了解生命过程的机理的进程中将发挥重要作用，即"造物致知"。合成生物学对生命世界的涌现属性（见第 1 章）的认识和理解提供了一个新的研究平台和视角。合成生物学基因回路在医学中的应用，为人类战胜诸如癌症、肥胖、致病菌耐药性等提供了巨大机遇。合成生物学使一批原来不能生物合成或生物合成效率很低的化学品实现高效生产，例如平台化学品 1，3- 丙二醇、1，4- 丁二醇、3- 羟基丙酸的生物制造新路线已经实现产业化。"造物致用"，可以预期，合成生物学在生命科学及其相关领域中将发挥越来越重要的作用。

思考题

1 为什么说真菌不是植物？
2 试说明真菌生物体的菌丝结构对吸收营养的适应。
3 真菌的生活史有哪些不同于陆生植物的特点？
4 子囊菌子囊孢子的形成和担子菌担孢子的形成有什么不同？
5 各举两例真菌中的常见食用菌、著名药用菌、农作物病原菌。
6 菌根分几类？有什么功能？

20 动物多样性

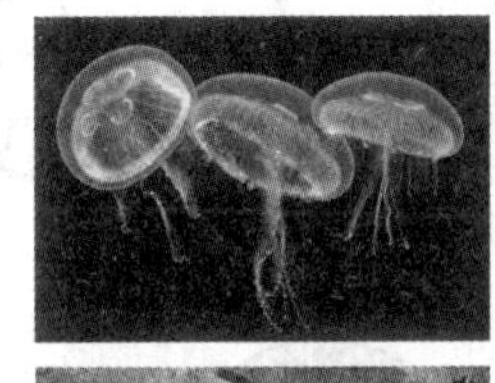

多种多样的动物

什么是动物？动物是真核多细胞的、没有细胞壁的异养生物。这个定义可以将动物与原核生物、原生生物、真菌、植物等区别开来。

首先，“真核”将动物与原核生物区分开来。其次，“多细胞”又将动物与大多数原生生物区分开来，因为后者是单细胞的。再次，“异养”将动物与植物和植物样原生生物（藻类）区分开来，因为它们是光合自养的。最后，“没有细胞壁”将动物与植物、真菌和藻类区分开来，因为后者都有细胞壁。因此，我们可以用这四个特征将动物与其他生物区分开来。

当然，动物还有其他的特征。

动物靠吞食获得营养素。这种营养方式与真菌不同。真菌是把水解酶分泌到体外消化食物后再吸收到体内。动物是将其他生物吞食到体内的消化管，分泌水解酶将其消化，然后吸收之。

绝大多数动物有肌细胞和控制它们的神经细胞，这些细胞使动物能自由运动，至少在生活史的某一阶段具有运动能力，增强了动物的摄食、交配、御敌、逃避等能力。

多数动物行有性生殖，有复杂的胚胎发育过程。高等动物受精卵的早期发育一般都要经过桑葚胚、囊胚、原肠胚、中胚层与体腔发生等阶段，出现外胚层、内胚层和中胚层三个胚层。许多动物的生活史中还有幼虫期。幼虫是动物性成熟前的一个阶段，它的形态结构与成体明显不同，食性和栖息地也可能不同。幼虫要经过变态过程才能由幼虫转变为成体。

动物界包括30多个门，70多个纲，350多个目，已知的种类超过150万种，估计现存的动物种类大大超过此数。

20.1 动物早期胚胎发育的一般模式

要理解动物多样性的产生，首先要了解动物早期发育过程。多细胞动物的早期发育过程具有非常一致的规律性，受精卵的早期发育一般都要经过桑葚胚（morula）、囊胚（blastula）、原肠胚（gastrula）和胚层发生等阶段（图20.1）。

受精卵的分裂称为卵裂（cleavage），卵裂产生的细胞称为分裂球。卵裂在开始时是同步的，即一个受精卵分裂为2个分裂球，2个再分裂为4个，4个分为8个，等等。分裂的结果是形成一个多细胞的实心球状体，形如桑葚，称为桑葚胚。这时它的大小基本上和受精卵一样，可见早期的卵裂并不伴随细胞体积的增长。接着细胞继续分裂，细胞数目增多，细胞排列到表面，成一单层，中央成为一充满液体的腔。这个球形幼胚称为囊胚，中央的腔即囊胚腔。囊胚的大小仍和受精卵相似，但细胞数目已增加到上千个。

不同的动物的卵裂有很多相似之处，但也存在一些不同。例如由于受精卵中卵黄的量不同，卵裂的形式有很大差异。具有少量卵黄的动物，如棘皮动物、文昌鱼、蛙、哺乳动物等，整个受精卵都进行分裂，称为完

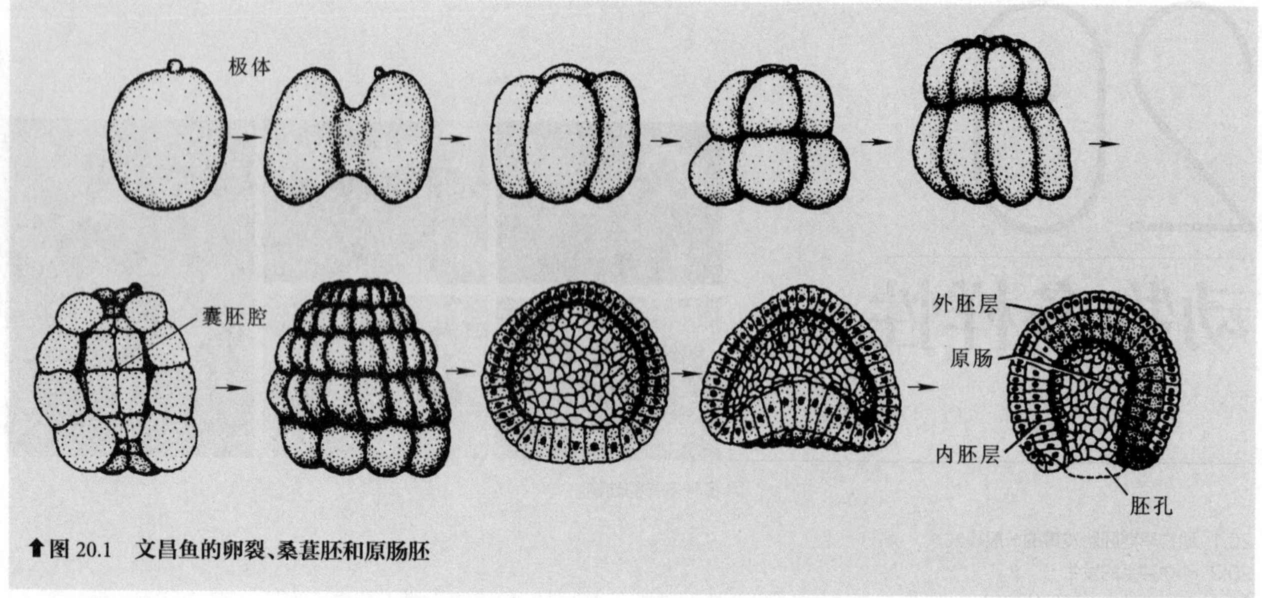

⬆图 20.1 文昌鱼的卵裂、桑葚胚和原肠胚

全卵裂(holoblastic cleavage);而卵黄含量高的受精卵,由于卵黄的阻碍只能在无卵黄部分进行分裂,称为不完全卵裂(merolastic cleavage),常见于昆虫、鸟类、爬行类和很多鱼类。此外,在一些动物中,卵裂发生比较均匀,尤其是初始阶段形成的分裂球大小相近,称为均等卵裂,如上述的文昌鱼;而在另一些动物中,由于卵黄分布不均匀,卵裂的发生也不均匀,形成的分裂球大小不等,称为不均等卵裂,如蛙的受精卵分为植物极和动物极,发育到囊胚期时动物极细胞远小于植物极细胞。

囊胚形成后,细胞继续分裂,囊胚的一端内陷,细胞层逐渐褶入囊胚腔,囊胚腔逐渐缩小或消失。褶入的细胞层形成了一个新腔,称为原肠腔,即未来将发育成为消化管道的原肠。到此时,只有一层细胞的囊胚发育成为有两层细胞的原肠胚。原肠的出现使动物的胚胎出现了外胚层和内胚层的分化,胚表面的细胞层为外胚层(ectoderm),褶入的细胞层为内胚层(endoderm)(图 20.1)。

水螅等动物的胚胎只有内胚层和外胚层两个胚层。多数动物在内、外两个胚层之间还会发育出称为中胚层(mesoderm)的第三个胚层。无脊椎动物的中胚层发生主要有两种类型(图 20.2):相对原始的无脊椎动物(如蚯蚓等环节动物)是由囊胚孔附近的细胞进入囊胚腔后继续分裂,最后形成一对中空的体腔和中胚层,称之为裂体腔法;后期的无脊椎动物(如海胆等棘皮动物)则由肠腔法形成中胚层,即由原肠背面向囊胚腔内从前向后形成一对囊状突起,然后与原肠分离形成体腔和中胚层。

所有脊索动物除了以肠腔法形成中胚层外,还都在发育中在原肠背面从前到后形成一条脊索,即脊索中胚层(chorda-mesoderm)。其中,脊椎动物外胚层特定部位的细胞还将内陷形成神经管,将来发育成为神经系统,这时便是神经胚(neurula)(图 20.3)。

之后胚胎进入器官、系统发生阶段,直到幼体发育完成。大体来说,成体的皮肤和神经系统来源于外胚层,骨骼和肌肉来源于中胚层,消化道和很多腺体来源于内胚层,但也存在很多例外。

上述对多细胞动物胚胎早期发育规律的描述只是一种高度的概括,实际存在很多特例,不同动物之间也可能有很大差别。

20.2 动物种系的发生

多种多样的动物是从哪里来的?现在有证据表明,这么多种动物很可能是从共同的祖先演化而来的。首先,这些动物的 5S rRNA、18S rRNA 相同,提示所有动物有共同的祖先。再者,所有动物都有相同的细胞外基质(extracellular matrix)分子。这些分子构成动物的结缔组织,形成所有动物都有的上皮细胞的基膜。动物的共同祖先很可能是从远古的群体原生生物演化而来的。

前寒武纪的海洋中出现了动物的共同祖先群体——原生生物。早在 100 多年前,科学家就注意到

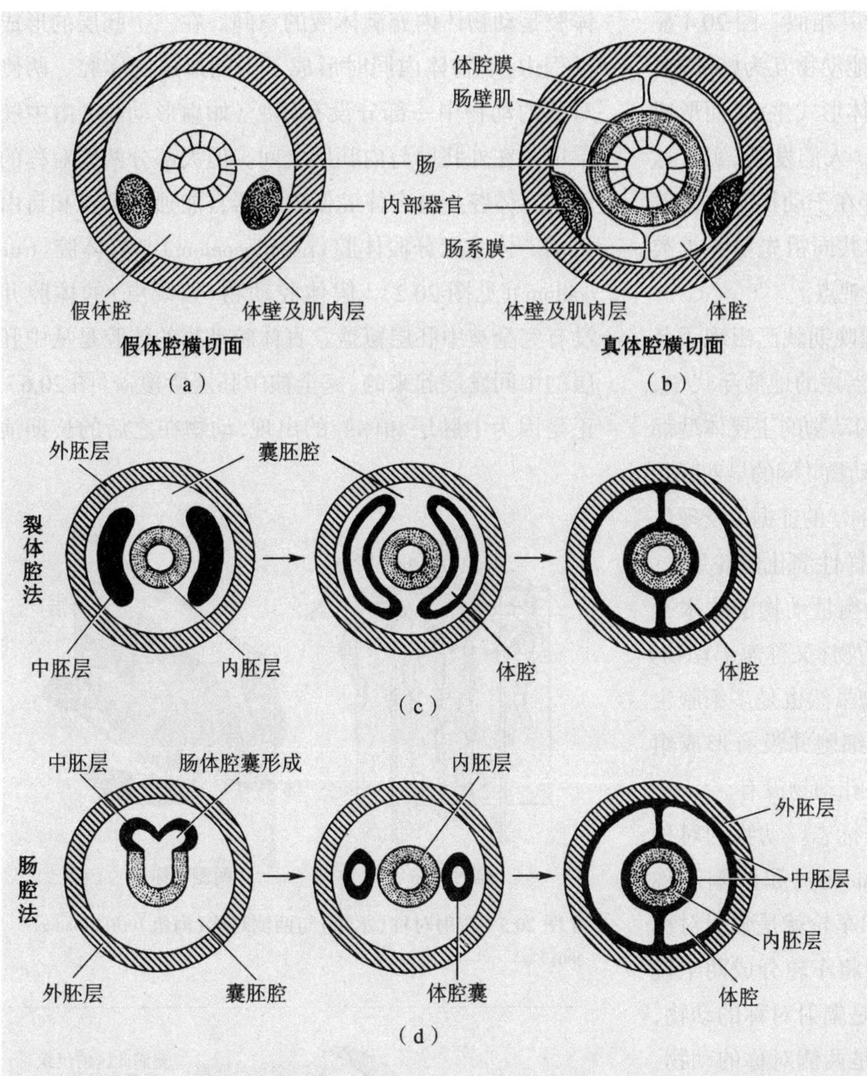

⬅ **图 20.2 中胚层和体腔的发生**

(a)假体腔：体壁内侧与肠道外侧之间没有中胚层形成的组织包围的腔。(b)真体腔：体壁内侧与肠道外侧有中胚层形成的肌肉及其他组织，形成了由中胚层包围的腔。(c)裂体腔法：胚孔旁的端细胞进入内、外胚层间形成中胚层，发育形成体壁内侧和肠道外侧都覆盖着中胚层的真体腔，称为裂体腔法，这是一般低等动物真体腔形成的方式。(d)肠腔法：肠道背面两侧形成中胚层，发育过程中脱离肠道，形成一对体壁内侧和肠道外侧都覆盖着中胚层的真体腔，称为肠腔法，这是高等动物体腔形成的方式。

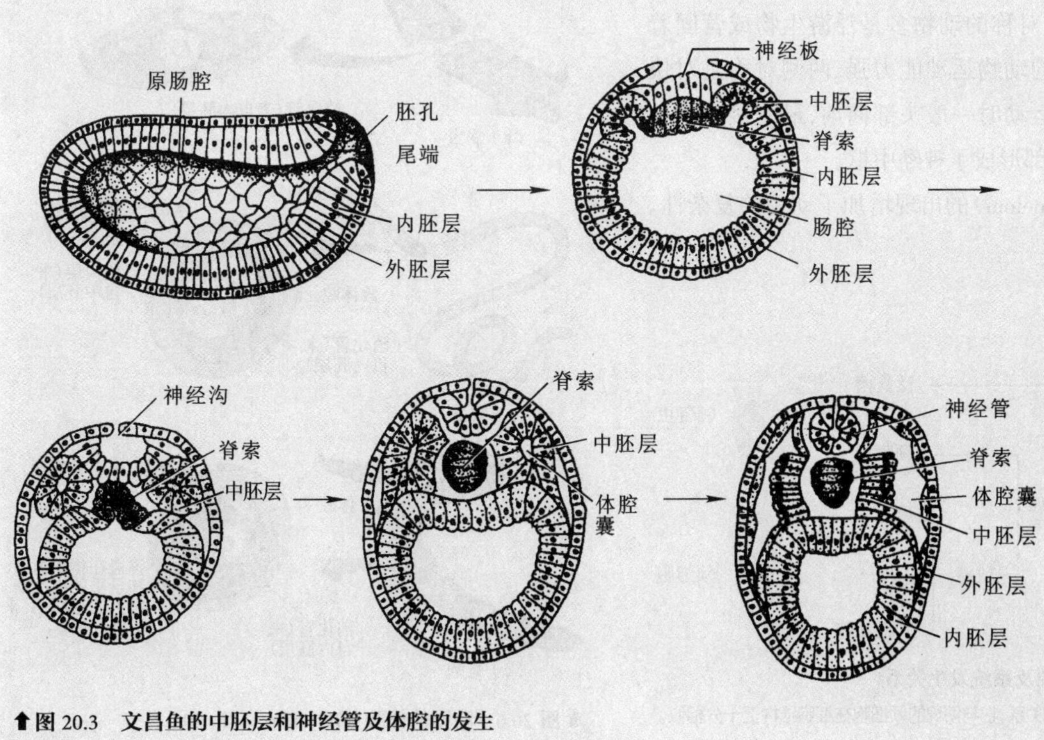

⬆ **图 20.3 文昌鱼的中胚层和神经管及体腔的发生**

原生生物领鞭虫与海绵的领细胞极其相似。图 20.4 显示在系统发生关系上，领鞭虫与其他动物互为姊妹群。领鞭虫可以是单细胞，也可以以群体形式生活，而形成群体需要单个细胞之间互相黏着。人们发现，实行这种黏着任务的是一种以前认为只存在于动物中的黏着蛋白，这项结果有力支持了动物的共同祖先是一类类似领鞭虫的群体鞭毛原生生物这一观点。

大约在六七亿年前的前寒武纪晚期就已出现了各种各样的动物。寒武纪初期，在相当短的地质年代中，动物迅速地多样化，现在我们看到的动物的主要体型都已经出现了。生物学家根据多细胞动物共同的早期胚胎发育规律、古动物化石研究、比较解剖学的证据以及现代分子生物学的方法，描述出动物多样性演化的轮廓。

首先，是否具有真正的组织是衡量动物演化水平的第一个标准。这一标准将多孔动物（又称海绵动物）与其他的动物区分开来。多孔动物虽然也是多细胞生物，也有几种细胞，但是它的众多细胞并没有形成组织，例如其他动物都有上皮组织，多孔动物没有。

其次，体型的对称性也是一个标志。动物的对称类型有两种：辐射对称（radial symmetry）和两侧对称（bilateral symmetry）（图 20.5）。例如车轮就是辐射对称的，通过车轮中心的任何直线都会将车轮分成两个镜像。刺胞动物（旧称腔肠动物）就是辐射对称的动物，多孔动物除外的其他动物基本都是两侧对称的动物。两侧对称的动物只有一个切面能将动物分成两个镜像，如海龟。辐射对称的动物多是浮游生物或营固着生活。两侧对称的动物运动能力强，两侧对称是对快速运动的适应。运动时一般头部向前，最先接触各种外界刺激，因而头部形成了神经中枢。

第三，体腔（coelom）的出现增加了动物的复杂性。体腔是动物体内充满体液的空间。在三个胚层的形成过程中，动物体内同时形成了不同形式的体腔。两侧对称的动物中一部分没有体腔（如扁形动物），由中胚层填充在外胚层与内胚层之间。但大部分两侧对称的动物有体腔。具有体腔使内部器官能独立生长和自由活动。体腔又分假体腔（pseudocoelom）与真体腔（true coelom）（见图 20.2）。假体腔动物（如线虫）的体腔并没有完全被中胚层覆盖。真体腔动物的体腔是从中胚层的中间发展起来的，完全被中胚层所覆盖（图 20.6）。正是因为中胚层和体腔的出现，动物在之后的长期演

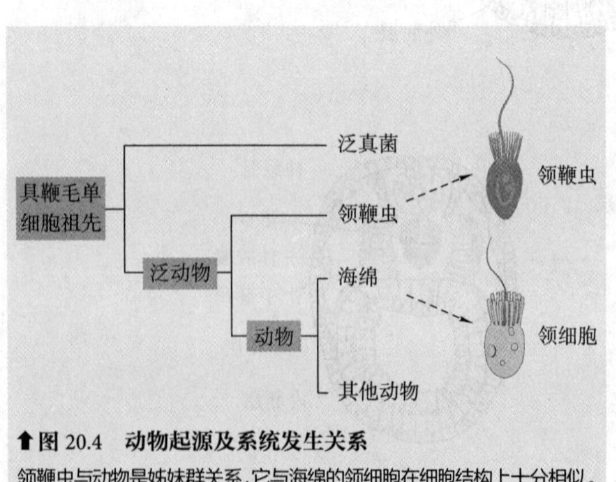

图 20.4　动物起源及系统发生关系

领鞭虫与动物是姊妹群关系，它与海绵的领细胞在细胞结构上十分相似。

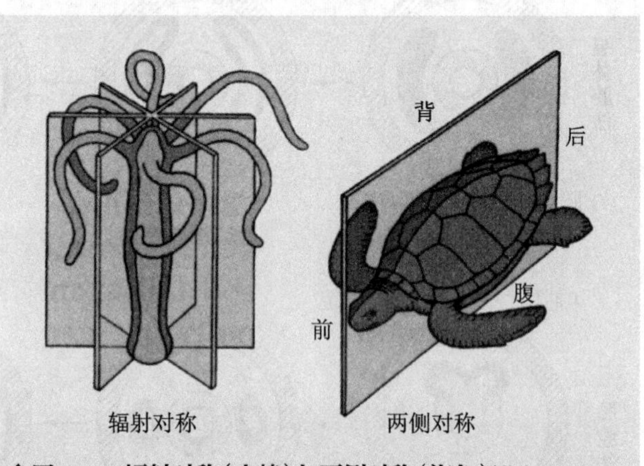

图 20.5　辐射对称（水螅）与两侧对称（海龟）（仿自 Mader，2001）

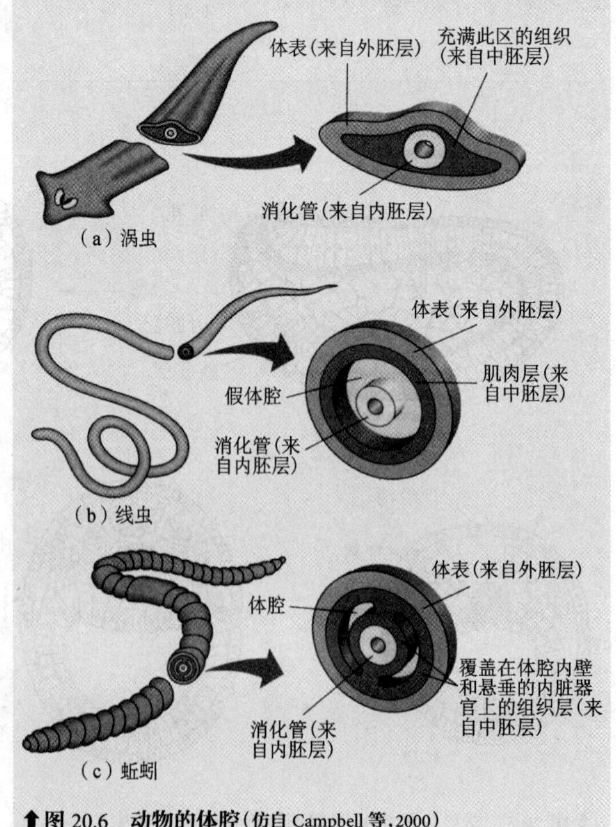

图 20.6　动物的体腔（仿自 Campbell 等，2000）

化中才出现了从胚胎发育进入到组织、器官和不同的生理系统发生阶段，直至个体发育完成。

第四，分节（metamerism）的出现使真体腔动物又分出不同的类型。分节是指身体沿纵轴分成许多相似的部分，每一部分称为一个体节（segment）。动物身体的分节不仅是从外部形态上可以区分，而且内部器官的排列上也分节，例如环节动物的排泄系统、神经系统、循环系统等都是按体节重复排列的。体节的出现使动物身体的运动更加灵活，而且不同部位的体节会出现功能上的分工。

第五，原口与后口的区分。在真体腔动物中大部分动物属于原口动物，它们的口是由原肠胚的胚孔发展而成的（图 20.7）；但另一部分动物的胚孔发展成肛门，而原肠的另一端发育成口，称为后口。后口动物包括棘皮动物和脊索动物。

依据动物胚胎早期发育的规律，再进一步根据不同类群动物化石出现的地质年代，以及组织学、比较解剖学和分子生物学的研究，科学家便可以归纳分析提出动物种系演化的系统树。系统树的主要类群如下（图 20.8）：

- 多孔动物门（Porifera）
- 两胚层辐射对称动物
  - 刺胞动物门（Cnidaria）
- 三胚层两侧对称动物
  - 无体腔动物（acoelomate）
    - 扁形动物门（Platyhelminthes）
  - 假体腔动物（pseudocoelomate）
    - 线虫动物门（Nematoda）
  - 真体腔动物（eucoelomate）
    - 不分节动物（unmetameric）
      - 软体动物门（Mollusca）
    - 分节动物（metameric）
      - 原口动物（Protostomia）
        - 环节动物门（Annelida）
        - 节肢动物门（Arthropoda）
      - 后口动物（Deuterostomia）
        - 棘皮动物门（Echinodermata）
        - 脊索动物门（Chordata）

原口动物

（包括环节动物、扁形动物、纽形动物、软体动物、节肢动物等）

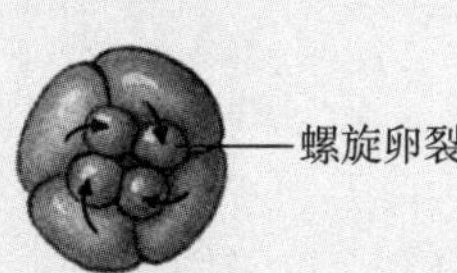

卵裂一般螺旋式

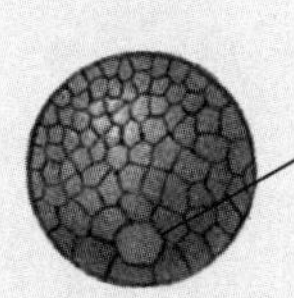

内胚层通常源自一个特定的卵裂球

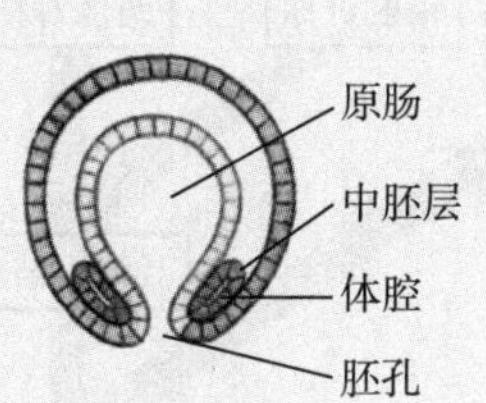

中胚层带分裂形成体腔

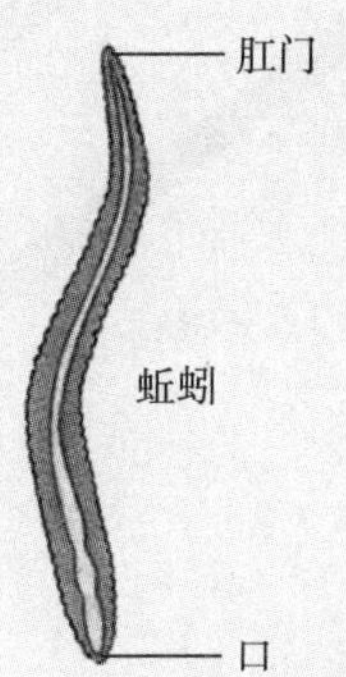

口由胚孔或胚孔旁形成，肛门另外形成，由胚胎发育决定

后口动物

（包括棘皮动物、半索动物、毛颚动物、帚虫动物、外肛动物、腕足动物、脊索动物）

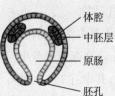

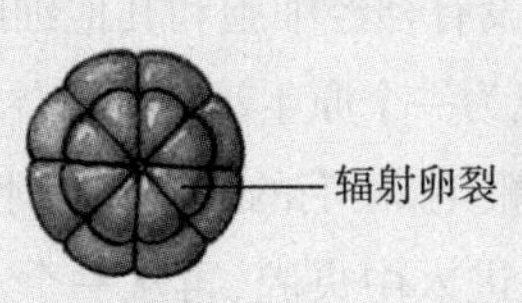

卵裂一般辐射式

内胚层形成将成为中胚层的肠腔（脊索动物除外）

体腔
中胚层
原肠
胚孔

肠腔囊形成体腔

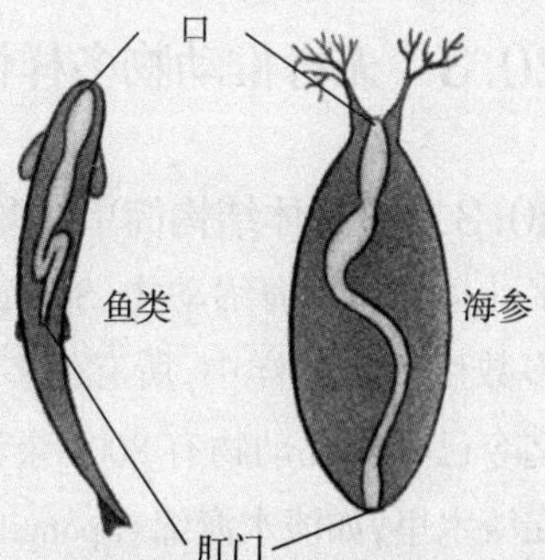

肛门由胚孔或胚孔旁形成，通常不由胚胎发育决定，而是调控形成

⬆图 20.7　原口与后口两侧对称动物的区分

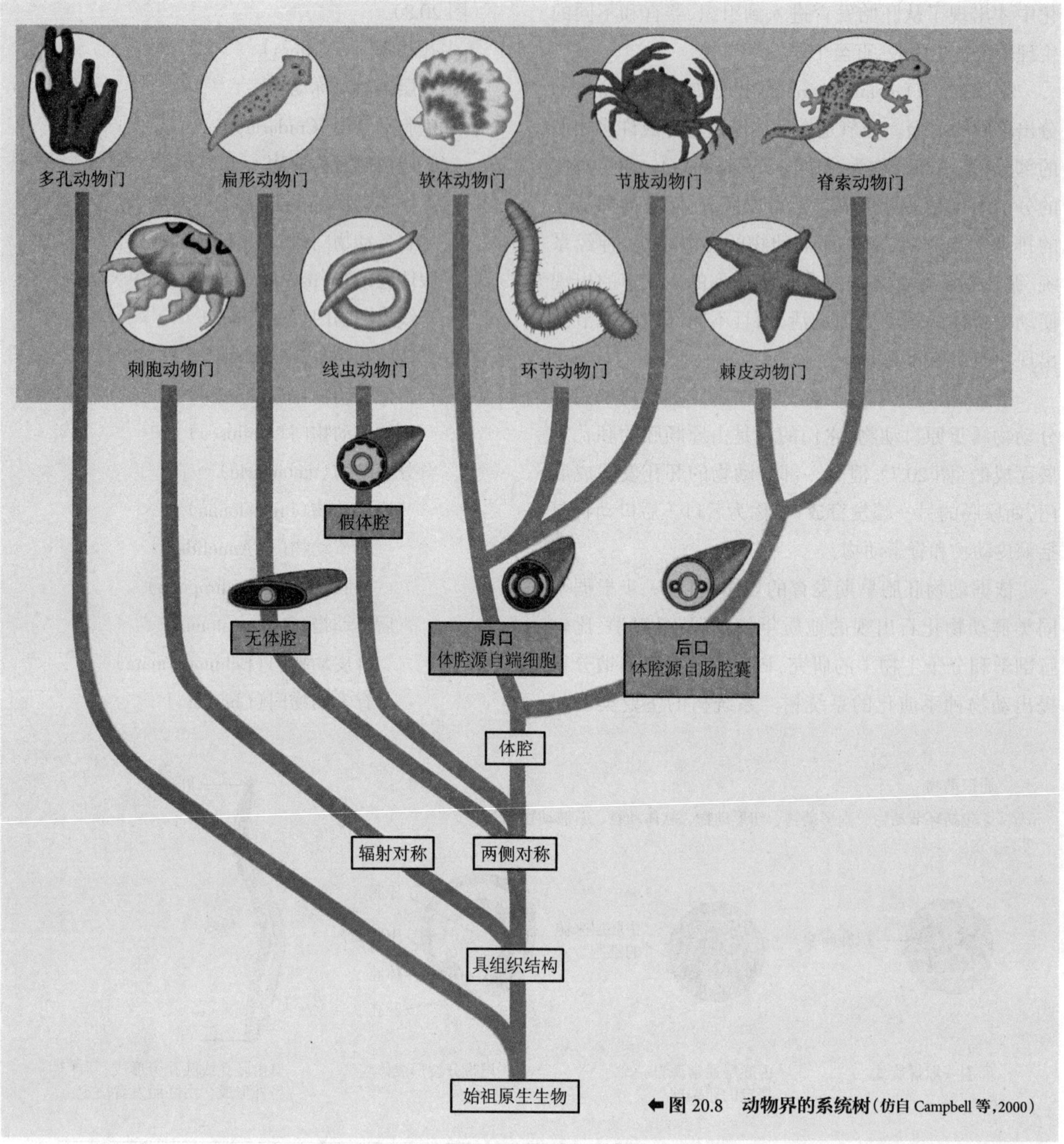

图 20.8　动物界的系统树（仿自 Campbell 等，2000）

20.3　无脊椎动物多样性的演化

20.3.1　身体结构简单的多孔动物

多孔动物又称海绵动物（Spongia），是多细胞动物，绝大多数生活在海洋中，所有的多孔动物都营固着生活。迄今已知多孔动物有 8000 余种，其中有 150 多种生活在淡水里，如淡水海绵（Spongilla）。

多孔动物的身体像一个有许多小孔的囊状物（图 20.9）。多孔动物的体壁由两层细胞构成。外层为皮层，由单层扁平细胞（pinacocyte）组成。扁平细胞之间有一些孔细胞（porocyte）贯通体壁，带有能收缩的小孔。内层为胃层，由单层领细胞（choanocyte）组成。皮层与胃层之间有胶质，其中含有变形细胞和骨针（spicule），称为中胶层。没有神经细胞和其他细胞之间的协调机制，海绵可以视为一个原生动物的群体。

胃层的领细胞带有鞭毛，鞭毛的运动形成水流，使水流通过孔细胞的小孔进入中央腔，再从一个大出水口流出。领细胞吞噬水流中的细菌在胞内消化，或将食物颗粒转移给中胶层中的变形细胞加以消化，并将养分转输给其他的细胞。

多孔动物的成体没有运动能力，因此呼吸、摄食、排泄、生殖等生理功能都要依靠进出身体的水流来实现。

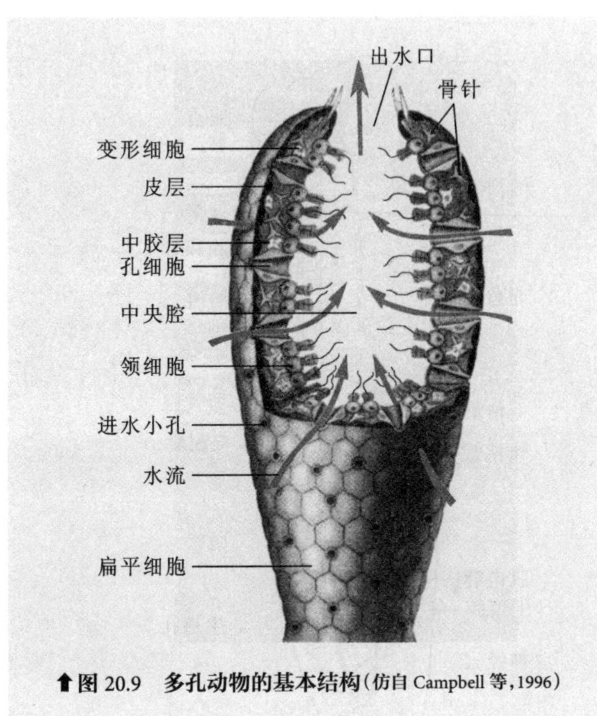

⬆图 20.9 多孔动物的基本结构（仿自 Campbell 等，1996）

多孔动物的无性生殖有两种方式：一种是出芽生殖，另一种是形成芽球（gemmule）度过恶劣的环境。有性生殖时精子随水流经中央腔排出体外，再进入其他个体内，与卵细胞结合受精。多孔动物的胚胎发育等方面与其他多细胞动物显著不同。一般认为多孔动物是多细胞动物演化中的一个侧支。

20.3.2 辐射对称的动物——刺胞动物

刺胞动物又称腔肠动物（Coelenterate），身体出现了固定的辐射对称体制，有水螅型和水母型两种基本形态。水螅型适应固着生活，中胶层较薄，身体呈圆筒状，用身体下端的基盘固着，另一端是周围有触手的口。水母型适应漂浮生活，呈伞状，中胶层比较厚。刺胞动物开始出现了组织分化。若将多孔动物看作多细胞动物演化中的一个侧支，那么刺胞动物就可能是多细胞动物中最为原始的一类。

刺胞动物的体壁由外胚层、内胚层和两层细胞之间的中胶层构成（图 20.10）。外胚层含有 4 种细胞：① 上皮肌细胞（epitheliomuscular cell）是基部含有肌原纤维的上皮细胞；② 腺细胞（glandular cell）可以分泌黏液帮助动物捕食或附着；③ 间细胞（interstitial cell）可分化成其他皮层细胞和性细胞等；④ 刺细胞（cnidoblast）外端有刺针（cnidocil），内部有细胞核和刺丝囊（nematocyst），囊内有细长而中空的刺丝。当刺针受刺激时，刺丝便向外翻出，可以把毒液射入捕获物体内（图 20.11）。内胚层中主要有内皮肌细胞和可以分泌消化酶的腺细胞。

体壁围绕消化循环腔（gastrovascular cavity），消化腔可以进行细胞外消化并将消化后的营养物输送到全身，不能消化的食物残渣由口吐出。

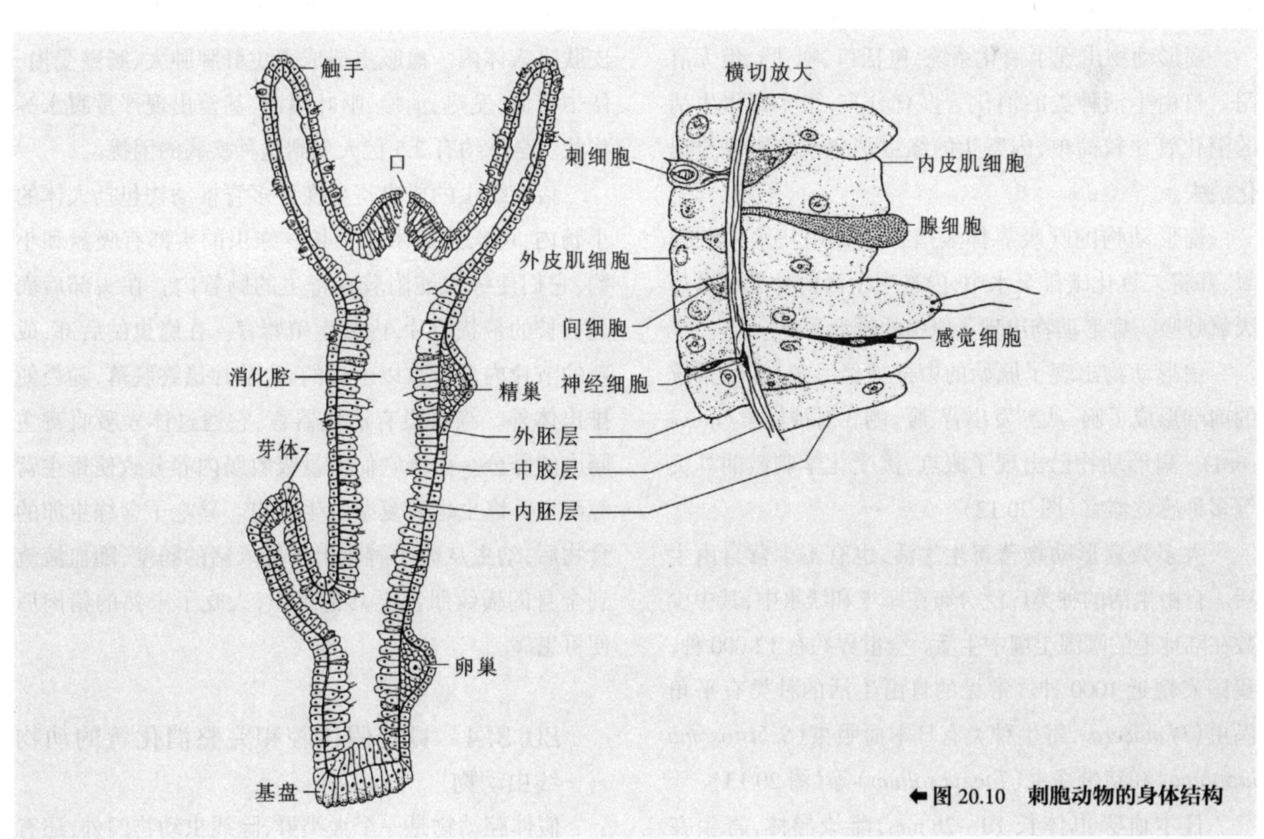

⬅图 20.10 刺胞动物的身体结构

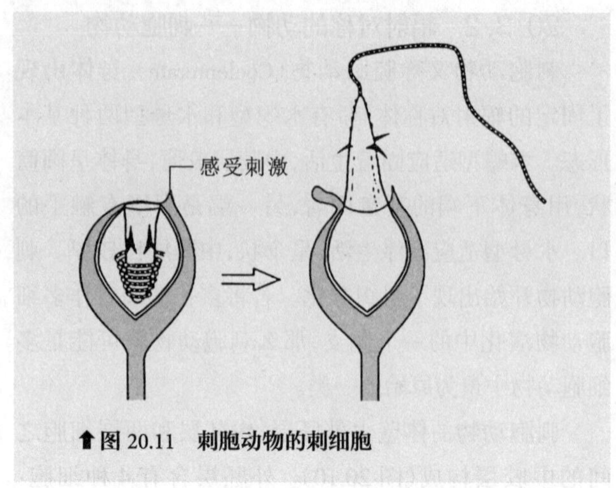

⬆图 20.11 刺胞动物的刺细胞

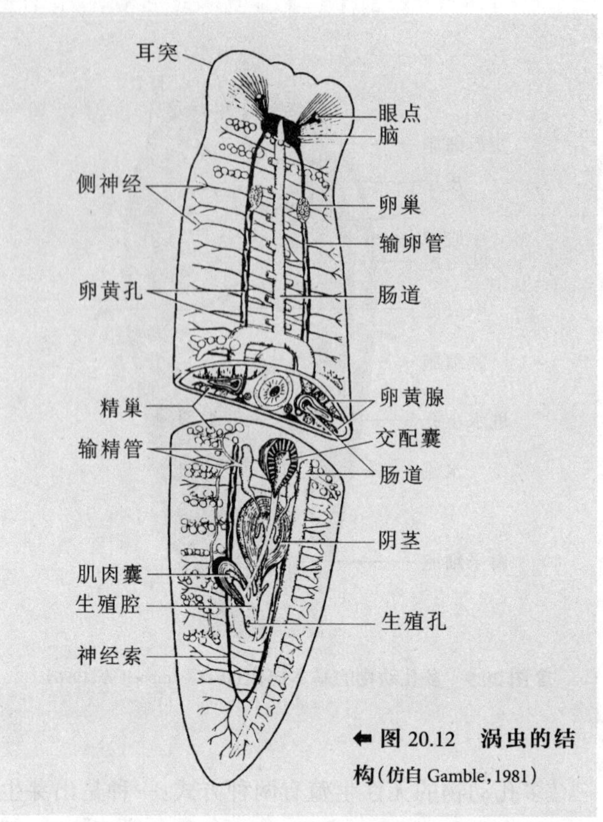

⬅图 20.12 涡虫的结构(仿自 Gamble, 1981)

刺胞动物中胶层中的神经细胞彼此互相联络成网状,称为网状神经系统(见图 33.8a)。

刺胞动物绝大多数为群体,生活在海洋中,少数生活在淡水中,为单体,如水螅。现存 11 000 余种。

20.3.3 最简单的两侧对称动物——扁形动物

扁形动物门的身体形成了两侧对称的体制。它们都有外胚层、内胚层和中胚层三个胚层,在体壁和消化管之间没有体腔,身体出现了器官系统。

扁形动物身体通常背腹扁平。外胚层形成的表皮和中胚层形成的肌肉共同形成了体壁;体壁包裹全身,既有保护身体的作用,又有运动的功能。

扁形动物出现了消化系统,包括口、咽、肠,但无肛门。自由生活种类的消化管多有分支,很多寄生生活的消化管比较简单,内寄生的绦虫消化系统则完全退化消失。

扁形动物的呼吸靠体表借扩散作用从水中获得氧,并将二氧化碳排至水中,内寄生生活的种类可以行厌氧呼吸。扁形动物出现了原始的排泄系统。

扁形动物出现了原始的中枢神经系统,神经系统的前端形成了脑,从脑发出背、腹、侧 3 对神经索(nerve cord)。扁形动物已出现了眼点、接受化学刺激的耳突等多种感觉器官(图 20.12)。

大多数扁形动物营寄生生活,也有不少营自由生活。自由生活的种类广泛分布在海洋和淡水中,其中少数在陆地上的潮湿土壤中生活。全世界约有 12 000 种,我国发现近 1000 种。常见的自由生活的种类有平角涡虫(*Planocera*),寄生种类有日本血吸虫(*Schistosoma japonica*)和猪带绦虫(*Taenia solium*)等(图 20.13)。

日本血吸虫体长 10 ~ 26 mm,雌雄异体,寄生在人、牛、狗、猫等的肠系膜的静脉血管中,是我国南方地区严重危害人畜健康的寄生虫。血吸虫有复杂的生活史。雌雄成虫在人和动物体内交配,虫卵排出体外,孵化成毛蚴。毛蚴进入中间寄主钉螺体内,经过无性生殖产生大量的尾蚴。尾蚴进入水中遇到人畜便可穿过皮肤进入体内。血吸虫造成寄主肝脾肿大、肠壁受损、便中带血、发热、消瘦、呕吐腹泻,甚至出现严重腹水等症状。全球约有 2.5 亿人受到这种疾病的困扰。

猪带绦虫的成虫寄生在许多脊椎动物包括人体的小肠内,可长达数米或更长。绦虫的头部有吸盘和小钩,它们使绦虫能附着在寄主的肠管内。在头部后面是长长的带状节片,内有生殖器官。在绦虫的后部,成熟的节片内含有数以千计的卵,节片最终脱落,随粪便排出体外。绦虫没有消化器官,它通过体表吸收寄主肠内的养分。由于它们大量吸收肠内养分致使寄主营养不良。绦虫也有复杂的生活史。猪吃了含绦虫卵的食物后,幼虫从卵中孵化出来进入猪的肠壁,随血液流到全身的横纹肌甚至其他组织,人吃了未熟的猪肉后便可患病。

20.3.4 具有假体腔和完整消化管的动物——线虫动物

假体腔动物是一个大类群,除线虫动物门外,还有

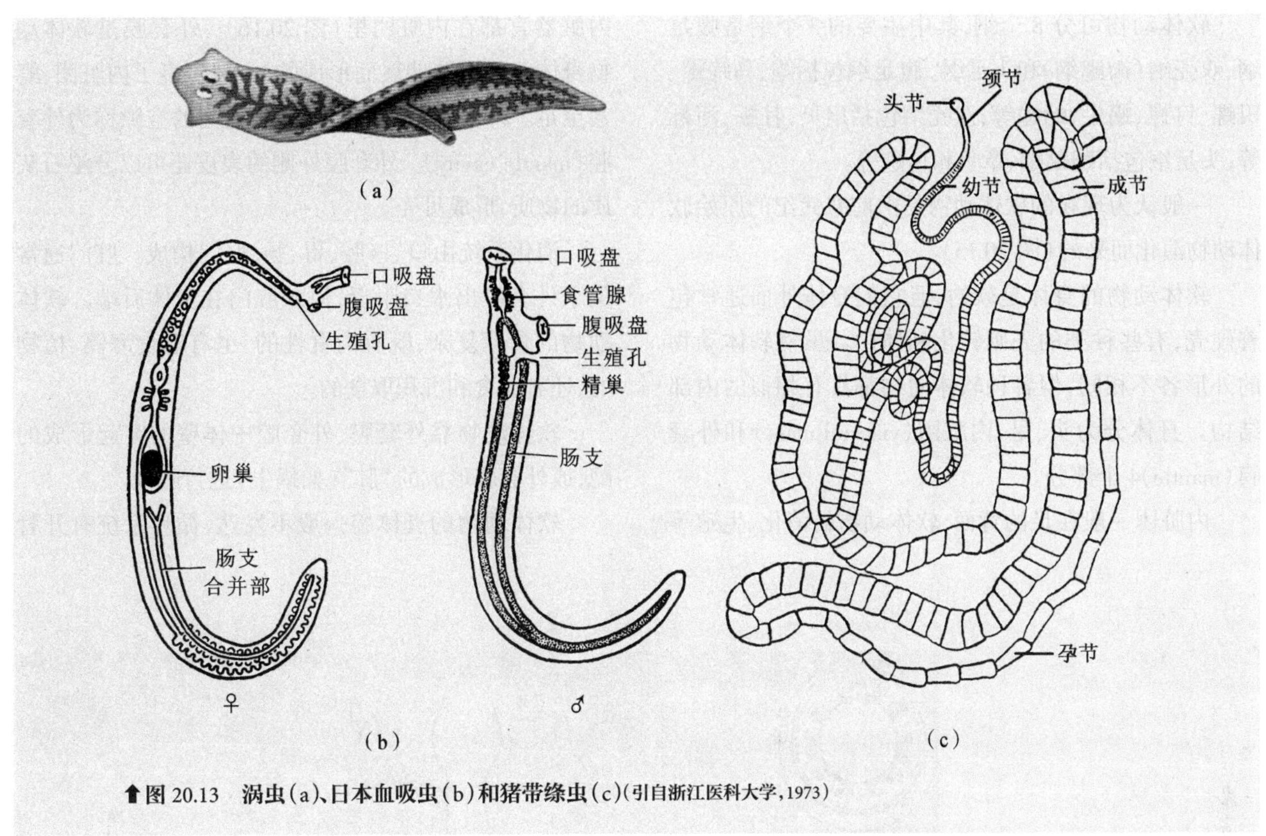

⬆图 20.13 **涡虫(a)、日本血吸虫(b)和猪带绦虫(c)**(引自浙江医科大学,1973)

腹毛动物、轮虫动物、动吻动物、线形动物、棘头动物、内肛动物、铠甲动物、鳃曳动物等门。

假体腔动物与无体腔的扁形动物相比:肠道与体壁之间有了空腔;体壁有了中胚层形成的肌肉层,运动能力得到明显加强;另外由于腔内充满了体腔液,使得腔内的物质出现了简单的流动循环,可以更有效地输送营养物质和代谢产物。此外,很多假体腔动物都有完整的消化管。消化管有口、肛门,表明动物的消化管有了进一步分工,消化后的食物残渣可以固定地由肛门排出体外,不必再返回到口吐出,消化能力得到加强。假体腔动物排泄系统仍然原始,没有循环系统和呼吸器官(图 20.14)。

假体腔动物体表有角质层,广泛分布在海洋、淡水和潮湿的土壤中,很多属于在动物和植物等体表或体内寄生的种类,给人体健康和农、林、牧、渔业的生产带来不少危害。

线虫是假体腔动物中的典型代表动物。自由生活的线虫,借体表从外界吸收氧,同时把二氧化碳排至水中;寄生的线虫可进行厌氧呼吸。

20.3.5 出现真体腔的动物——软体动物

软体动物两侧对称(或不对称),具有三胚层和真体腔,属于原口动物,出现了所有的器官系统,而且都相当发达。

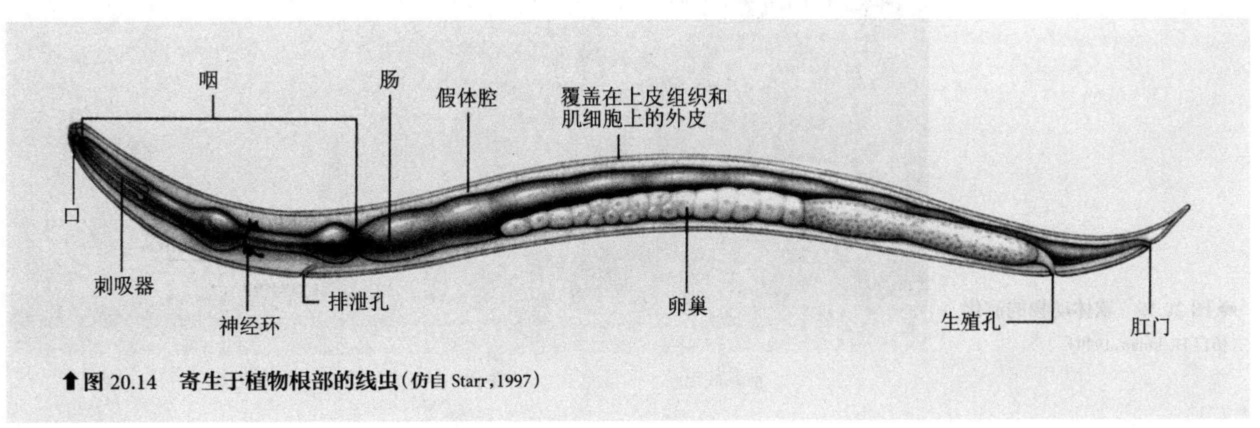

⬆图 20.14 **寄生于植物根部的线虫**(仿自 Starr,1997)

软体动物可分8个纲，其中主要的3个纲是腹足纲、双壳纲（瓣鳃纲）和头足纲。腹足纲包括鲍、马蹄螺、田螺、钉螺、蜗牛、蛞蝓等；双壳纲包括扇贝、牡蛎、河蚌等；头足纲包括鹦鹉螺、章鱼和乌贼等。

一般认为现在的软体动物是由前寒武纪的原始软体动物演化而来的（图20.15）。

软体动物的身体是软的，但它们身体外面通常包着硬壳，有些种类的壳则转化到体内。虽然软体动物的外形各不相同，但各种软体动物都具有相似的内部结构。身体分为头、足、内脏团（visceral mass）和外套膜（mantle）4个部分。

内脏团一般在足的背面，软体动物的消化、生殖等内脏器官都在内脏团里（图20.16）。外套膜是软体动物身体背侧皮肤伸展而形成的，一般包裹了内脏团、鳃甚至足。外套膜与内脏团、鳃、足之间的空隙称为外套腔（mantle cavity）。外套膜外侧的表皮还可以分泌石灰质的物质，形成贝壳。

消化系统由口、口腔、胃、肠、肛门构成。肛门通常位于外套腔出水口附近，河蚌肛门在身体后端。软体动物的食性复杂，既有肉食性的，也有取食海藻、植物的，还有滤食和沉积取食的。

软体动物靠外套膜、外套腔中体壁的突起形成的鳃，或外套膜形成的“肺”（如蜗牛）进行呼吸。

软体动物的真体腔一般不发达，循环系统有开管

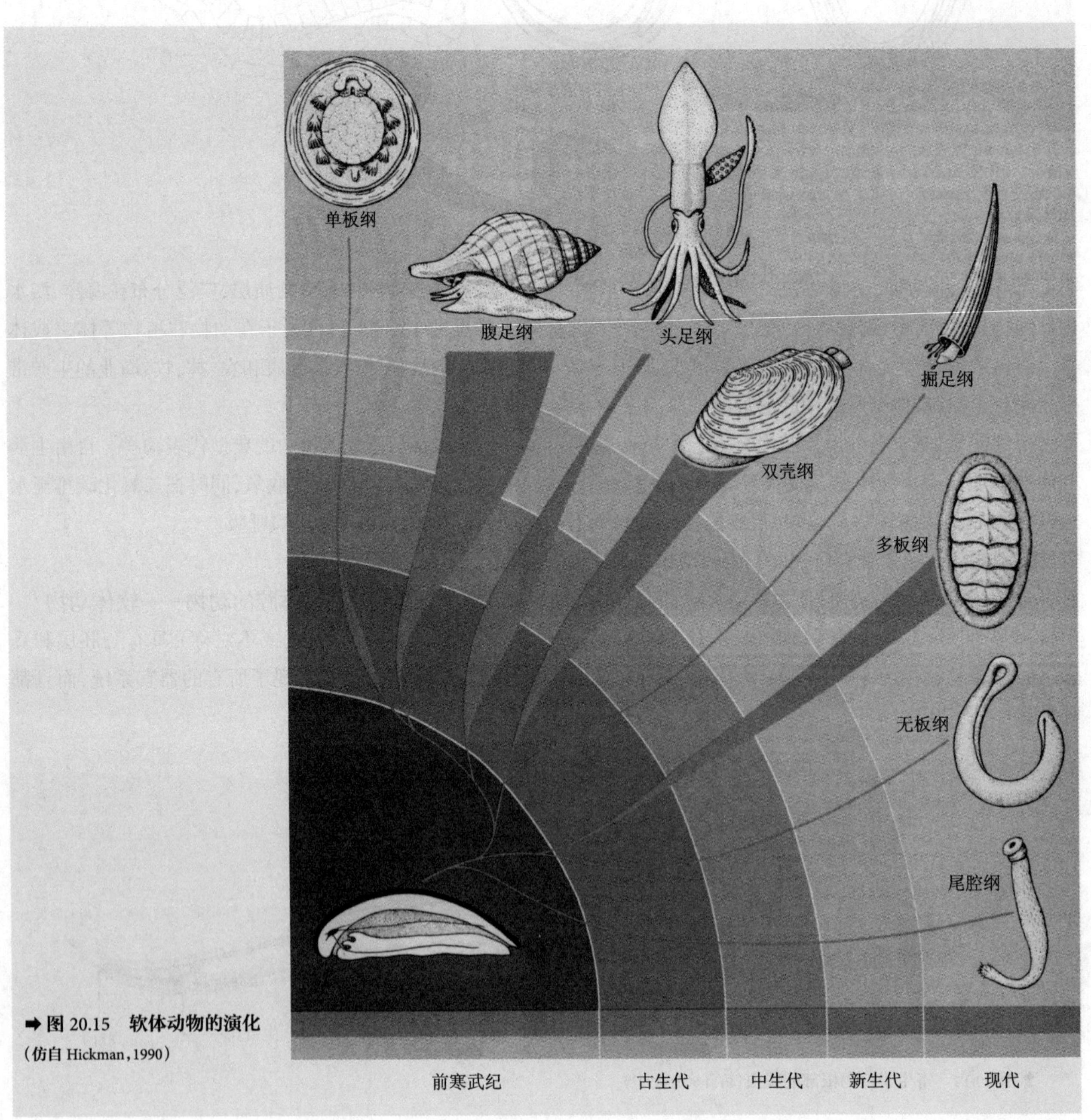

➡ 图 20.15　**软体动物的演化**
（仿自 Hickman，1990）

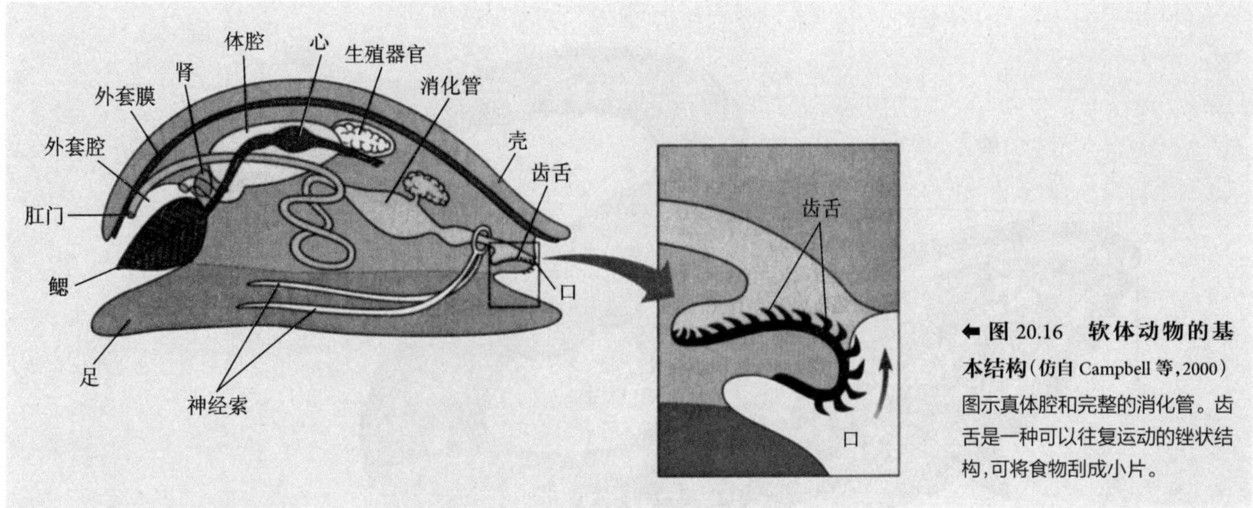

⬅ **图 20.16　软体动物的基本结构**(仿自 Campbell 等,2000)
图示真体腔和完整的消化管。齿舌是一种可以往复运动的锉状结构,可将食物刮成小片。

式和闭管式两种。开管式血液从心耳进入心室,由动脉流入组织间不规则的血窦,再从血窦经静脉回到心耳。闭管式的血液始终在血管中流动,如乌贼等头足类,以适应它们在水中快速捕食和躲避敌害。

软体动物的排泄器官是由中胚层和外胚层共同发育形成的,有两个开口:一个开口在围心腔(体腔)内,称肾口或内肾孔;另一个开口位于外套腔内,称肾孔或外肾孔。

典型高等软体动物的中枢神经系统包括由两条神经索连接的脑神经节、足神经节、侧神经节和脏神经节,头部有触角和眼。

软体动物海产种类常具有幼虫发育期,陆生种类则直接发育。世界上已记录的软体动物约 11.5 万种,此外还发现了大约 3.5 万种化石,是目前动物界中已知种类仅次于节肢动物的第二大类群。

20.3.6　身体同律分节的动物——环节动物

环节动物门的动物身体出现了分节,身体除头部外各体节基本相同,一些内部器官也依体节重复排列,这种分节方式称为同律分节(homonomous metamerism),同时出现了由体壁向外伸出扁平突起的疣足(parapodium)。疣足是动物原始的附肢形式,一般每个体节一对。原始的疣足是运动器官,但由于对生活方式的适应,有的种类疣足退化,例如土壤中生活的蚯蚓体壁上就只保留了刚毛,而没有疣足了。环节动物广泛分布在海洋、淡水、土壤甚至陆地上,身体两侧对称,具有三胚层,多数具有发达的真体腔和闭管式的循环系统,身体腹部有链状神经系统(图 20.17)。

环节动物的排泄器官与软体动物的类似,多数环节动物的排泄器官为后肾。后肾一端开口在体腔内,另一端开口在下一节的体壁上。

与扁形动物和假体腔动物不一样,环节动物的神经系统是由脑(即一对咽上神经节)、一对咽下神经节、连接脑和咽下神经节的围咽神经环,以及两条并行的腹神经索组成。腹神经索在每个体节形成一对神经节,成为纵贯全身的链状神经系统。

环节动物的消化管已经出现由中胚层形成的肌肉层,可以使肠道蠕动,增强消化能力。食性与环节动物的生活方法有密切关系。游走生活的多为肉食性,隐居的多为腐食性。蛭类有吸盘,多数种类为吸血的半寄生种类。

环节动物循环系统结构复杂,由纵行和环行血管及其分支血管组成。各血管以微血管网相连,血液在血管内流动,不流入组织间隙中,构成闭管式循环系统。血液循环有一定方向,流速比较稳定,提高了运输营养物质及携氧的能力。

环节动物分布于海洋、淡水和陆地。世界上目前已经记录了 9000 多种环节动物,比较常见的种类有沙蚕、蚯蚓、蚂蟥等(图 20.18)。

20.3.7　身体分节附肢也分节的动物——节肢动物

节肢动物门种类繁多,从深海到高山均有分布,有的甚至出现了可以飞翔的翅,是无脊椎动物中唯一真正适应陆生的动物。目前已知的节肢动物超过 120 万种,大约占动物界已知总种数的 84%。比较常见的有各类虾、蟹等水生的节肢动物,也有蜘蛛、蜈蚣、昆虫等陆生的种类。

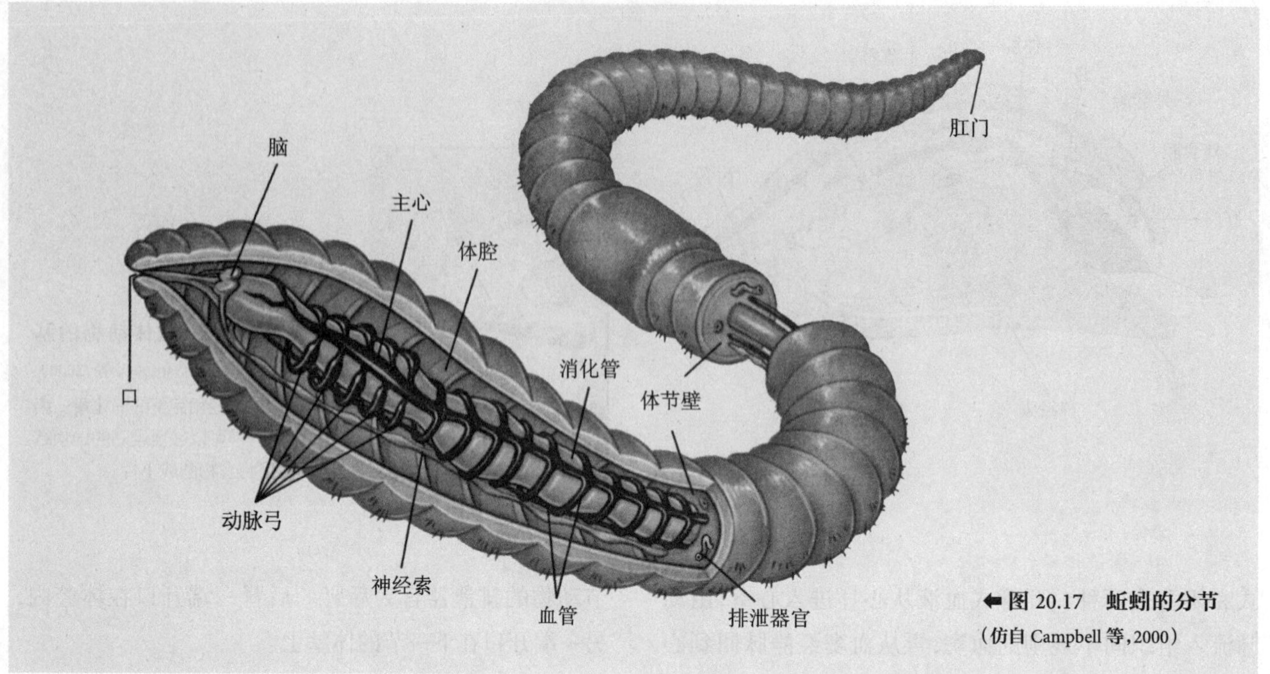

⬅图 20.17 蚯蚓的分节
（仿自 Campbell 等，2000）

节肢动物身体分节与环节动物的同律分节不同，是异律分节（heteronomous metamerism），即不同的体节在一定程度上愈合，形成头部、胸部、腹部等形态不同的体区，完成不同的生理机能。节肢动物有带关节的附肢，附肢形成了口器、触角及各种类型的足（图 20.19）。节肢动物的身体表面有几丁质的外骨骼，

⬆图 20.18 环节动物的代表种类

生长过程中有蜕皮现象。体腔是混合体腔形式，血液与体液混合在一起，循环系统是开管式。

节肢动物体表有坚硬的外骨骼（exoskeleton），分为上表皮（epicuticle）、外表皮（exocuticle）和内表皮（endocuticle）三层（图 20.20）。外骨骼可以有效地防止体内水分的散失。

由于上皮细胞分泌形成外骨骼后，外骨骼即不再增长，使身体的生长受到了限制。因此，在发育过程中节肢动物有蜕皮现象。节肢动物的肌肉附着在外骨骼的内表面或内突上，靠肌肉的收缩牵引骨板使身体运动。心脏位于节肢动物的消化管背面，属于开管式的循环系统。

水生种类的节肢动物一般用鳃呼吸或用书鳃呼吸，陆生的种类则用书肺或气管（trachea）进行呼吸（图 20.21）。鳃是体壁向外的突起，书鳃是体壁向外整齐折叠。书肺是体壁内陷折叠如书页状，以保持书肺处在湿度饱和的小环境中，以便与空气中的氧进行气体交换。无论是书鳃或是书肺都是为了增大体表与水或空气接触的表面积。

气管是节肢动物特有的呼吸器官。气管是体壁内陷分支形成的，气管内壁有角质层成螺旋排列，以保持管壁的形态。气管在体内成管状分支，一直到微气管细胞和成丛的微气管。微气管的末端充满液体，伸入到组织和细胞中，直接将氧输送到细胞。

节肢动物的神经系统、消化系统以及排泄器官（马氏管）如图 20.22 所示。

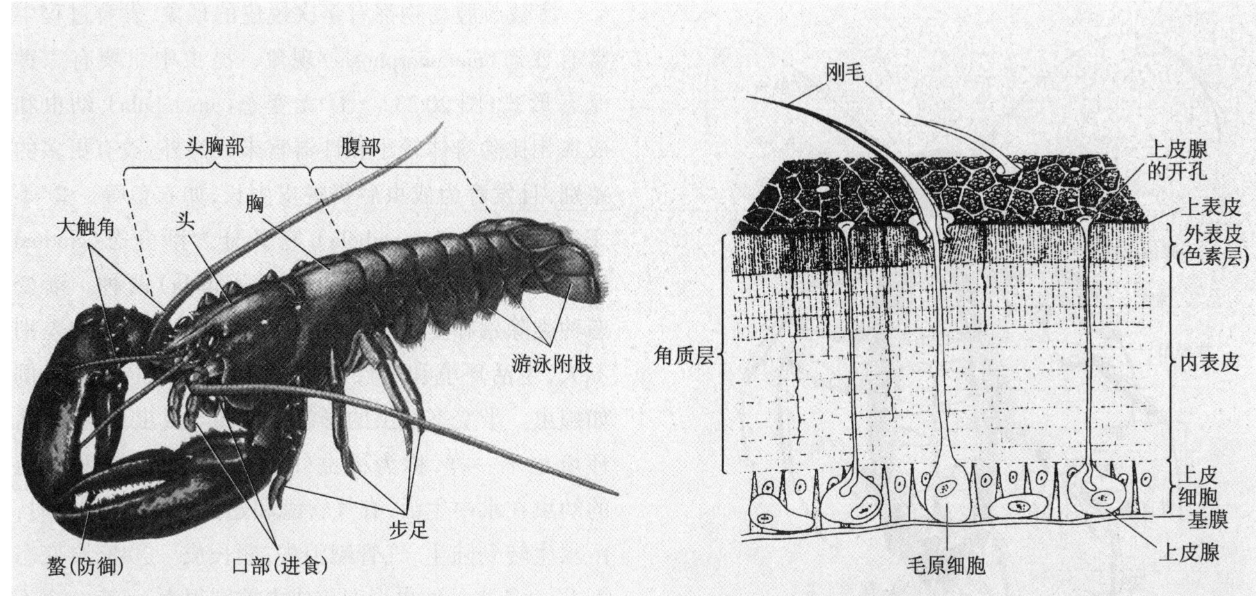

⬆**图 20.19 节肢动物(龙虾)的特征**(仿自 Campbell 等,2000)

⬆**图 20.20 节肢动物的外骨骼**(仿自 Hackman,1971)

螯肢
口
背甲
须肢
腹部
腹部附肢(鳃板)
肛门
尾剑

(a)

(b)

纵气管干
气孔
体壁
上皮细胞
主气管
气孔
微气管
肌肉
微气管细胞
液体

(c)

⬅**图 20.21 节肢动物的呼吸器官**(c 仿自 Ross,1965)

(a) 鲎的书鳃。(b) 蜘蛛的书肺。(c) 气管。

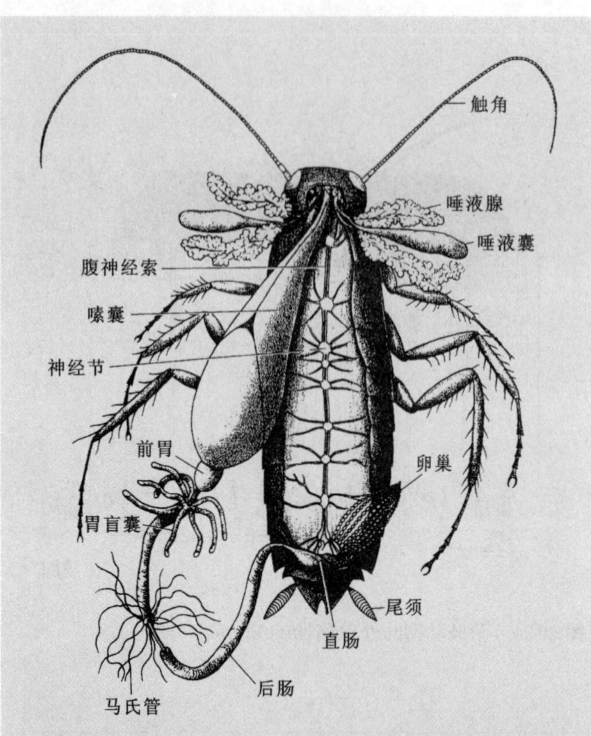

⬆图 20.22　节肢动物的神经系统、消化系统和排泄器官
（仿自 Barnes，1987）

多数节肢动物都有多次蜕皮的现象，发育过程中常有变态（metamorphosis）现象。昆虫中主要有三种变态形式（图 20.23）。① 无变态（ametabola），幼虫和成虫相比除身体较小和性器官未成熟外，没有更多的差别，且发育为成虫后仍蜕皮生长，如衣鱼等。② 不完全变态（heterometabola），它又分为渐变态（gradual metamorphosis）和半变态（hemimetabola）两种。渐变态种类除翅和生殖腺未发育外，幼虫形态与成虫差别不大，生活环境和习性也相同，称为若虫（nymph），例如蝗虫。半变态幼虫的形态和习性与成虫不同，生活环境也不一样，称为稚虫（naiad）。例如蜻蜓和蜉蝣的幼虫在水中生活，有气管鳃和翅芽，蜕皮为成虫时，由水生转到陆生，气管鳃消失，翅长成。③ 完全变态（holometabola），幼虫形态与成虫差别很大，还有一个不取食不活动的蛹期。家蚕、金龟子、蜜蜂等 88% 的昆虫都属于完全变态。

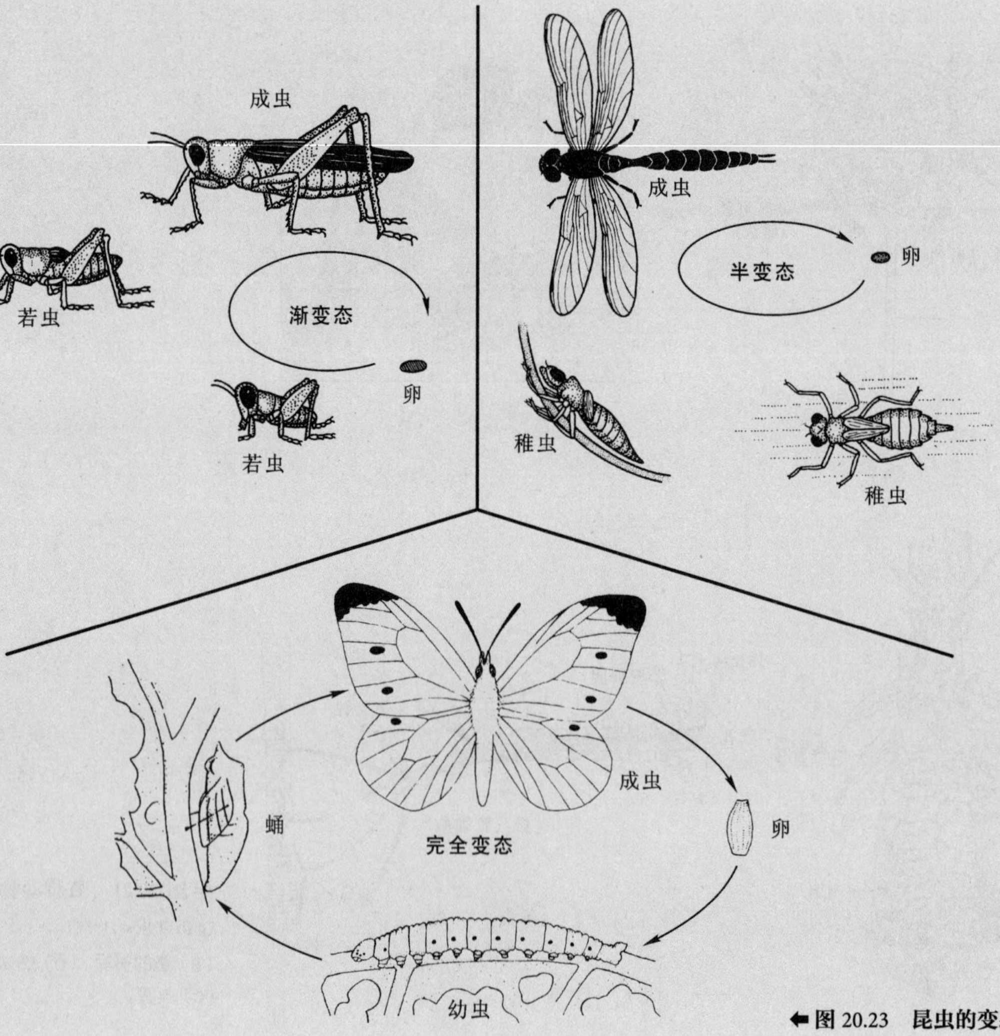

⬅图 20.23　昆虫的变态

节肢动物是世界上最大的一个动物门类，一般将现存的节肢动物分为4个亚门，十几个纲。现介绍以下6个纲（图20.24）：

三叶虫纲（Trilobita） 节肢动物中最原始种类，现已灭绝，三叶虫从寒武纪兴盛，志留纪开始衰退，至二叠纪时绝迹，留有大量化石。

肢口纲（Merostomata） 生活在海洋中，目前仅存5种，称为鲎。我国福建、广东等沿海有中国鲎分布。

蛛形纲（Arachnida） 身体分头胸部和腹部两部分；无触角，有4对步足。有60 000余种，如各种蜘蛛、蝎子、蜱螨等。

甲壳纲（Crustacea） 身体分头胸部和腹部两部分；头胸部有13对附肢，包括两对触角。有35 000余种，如各种虾、蟹、水蚤、剑水蚤等。

多足纲（Myriapoda） 身体分为头部和躯干部，躯干部基本每个体节一对足（有些种类由于每两个体节愈合，所以每体节有两对足，如马陆）。目前已知多足纲约10 500种，主要有蜈蚣、马陆等。

昆虫纲（Insecta） 身体分头、胸、腹3个部分。头部有一对触角，口器有多种分化，主要有咀嚼式、嚼吸式、舐吸式、刺吸式、虹吸式5种类型；胸部3个体节，每节有一对足，大多数种类胸部有两对翅。昆虫是世界陆地上分布最广、种类最多的一个类群，目前已经记录的种类超过100万种，如蝗虫、螳螂、蜜蜂、蝉、甲虫、蝴蝶、蛾子、苍蝇及蚊子等。

20.3.8 具有内骨骼和五辐对称的后口动物——棘皮动物

与其他原口无脊椎动物不同，棘皮动物门的早期胚胎发育与脊椎动物类似，属于后口动物，即早期发育时原肠孔形成了成体的肛门，而成体的口是在原肠孔的另一端形成的。棘皮动物成体五辐射对称。由于它

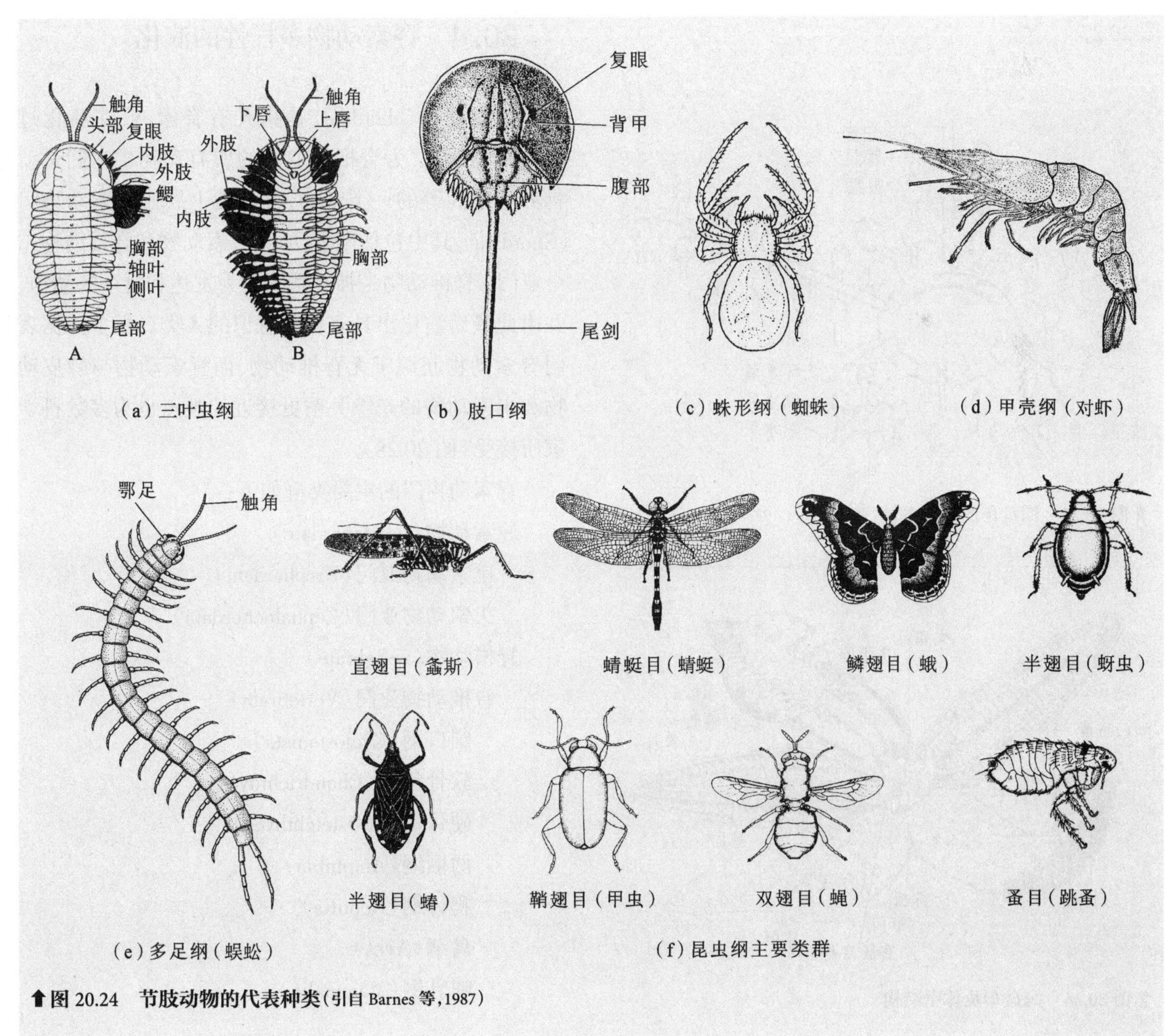

图20.24 节肢动物的代表种类（引自Barnes等，1987）

们的幼虫期是两侧对称的,成体的五辐对称是由于底栖和固着生活形成的次生性辐射对称,在发生上与刺胞动物等原始的辐射对称是不一样的。

棘皮动物的身体形态比较特殊。以海盘车为例,身体由体盘和腕构成。棘皮动物的骨骼起源于中胚层,是由许多钙质的骨片组成。骨片形成了棘、刺等结构突出于体表,使体表粗糙不平。

棘皮动物有由部分真体腔形成的水管系统(图20.25),相当于一个液压系统,控制管足的运动。棘皮动物的神经系统包括一个中央神经环及其通到5条腕的辐神经。

海盘车的消化系统中连接口的是贲门胃,贲门胃之后是幽门胃,有5对幽门盲囊分布在腕内,后有直肠连通肛门(图20.26)。棘皮动物有肉食性的,也有植食性的。

棘皮动物全部生活在海洋中,现存6 000多种,而化石种类则达20 000多种。常见的棘皮动物见图20.27。

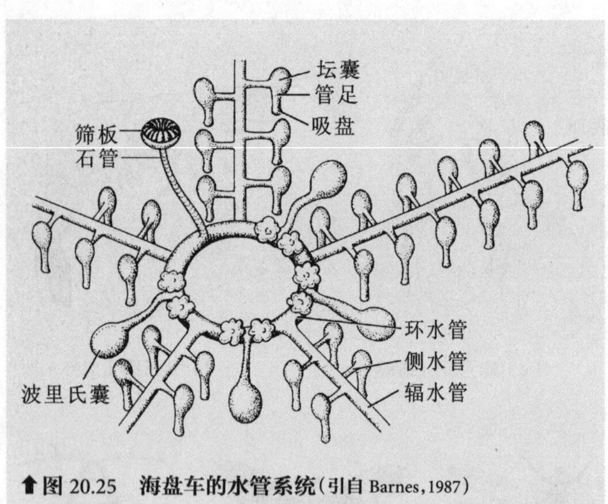

⬆图 20.25 海盘车的水管系统(引自 Barnes, 1987)

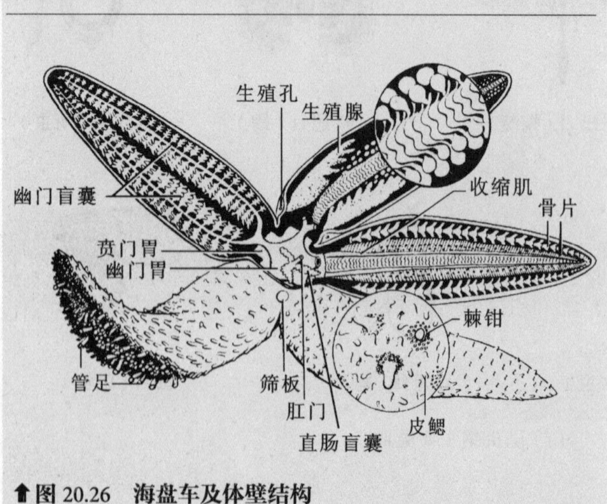

⬆图 20.26 海盘车及体壁结构

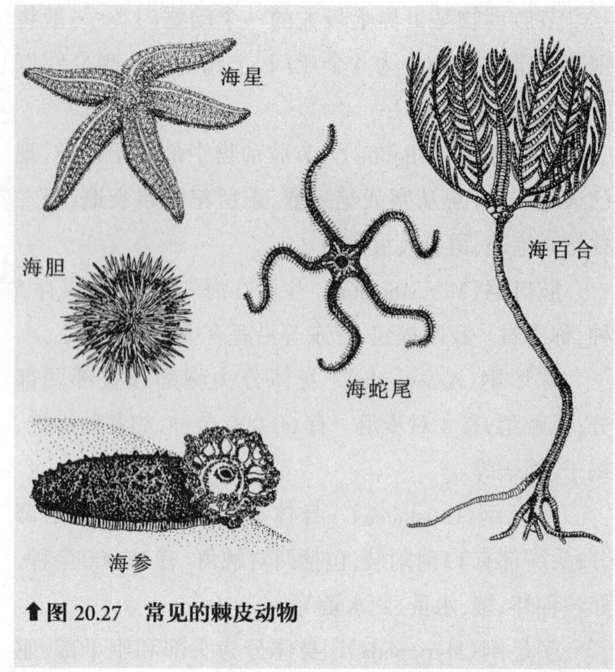

⬆图 20.27 常见的棘皮动物

20.4 脊索动物多样性的演化

脊索动物(chordate)是指凡有脊索,或在演化过程中脊索退化,为脊椎所取代的所有动物。它们是动物界中最高等的一类动物,在分类上属于脊索动物门(Chordata),其中包括尾索动物、头索动物和脊椎动物三个亚门。脊椎动物是神经系统最为发达和复杂的动物,并由此最后演化出具有自我意识的人类。很多证据表明脊索动物起源于无脊椎动物,而脊索动物与棘皮动物和半索动物的亲缘关系更接近的观点也为多数科学家所接受(图 20.28)。

脊索动物门的主要类群如下:

原索动物(protochordate)

　尾索动物亚门(Urochordata)

　头索动物亚门(Cephalochordata)

脊椎动物(vertebrate)

　脊椎动物亚门(Vertebrata)

　　圆口纲(Cyclostomata)

　　软骨鱼纲(Chondrichthyes)

　　硬骨鱼纲(Osteichthyes)

　　两栖纲(Amphibia)

　　爬行纲(Reptilia)

　　鸟纲(Aves)

　　哺乳纲(Mammalia)

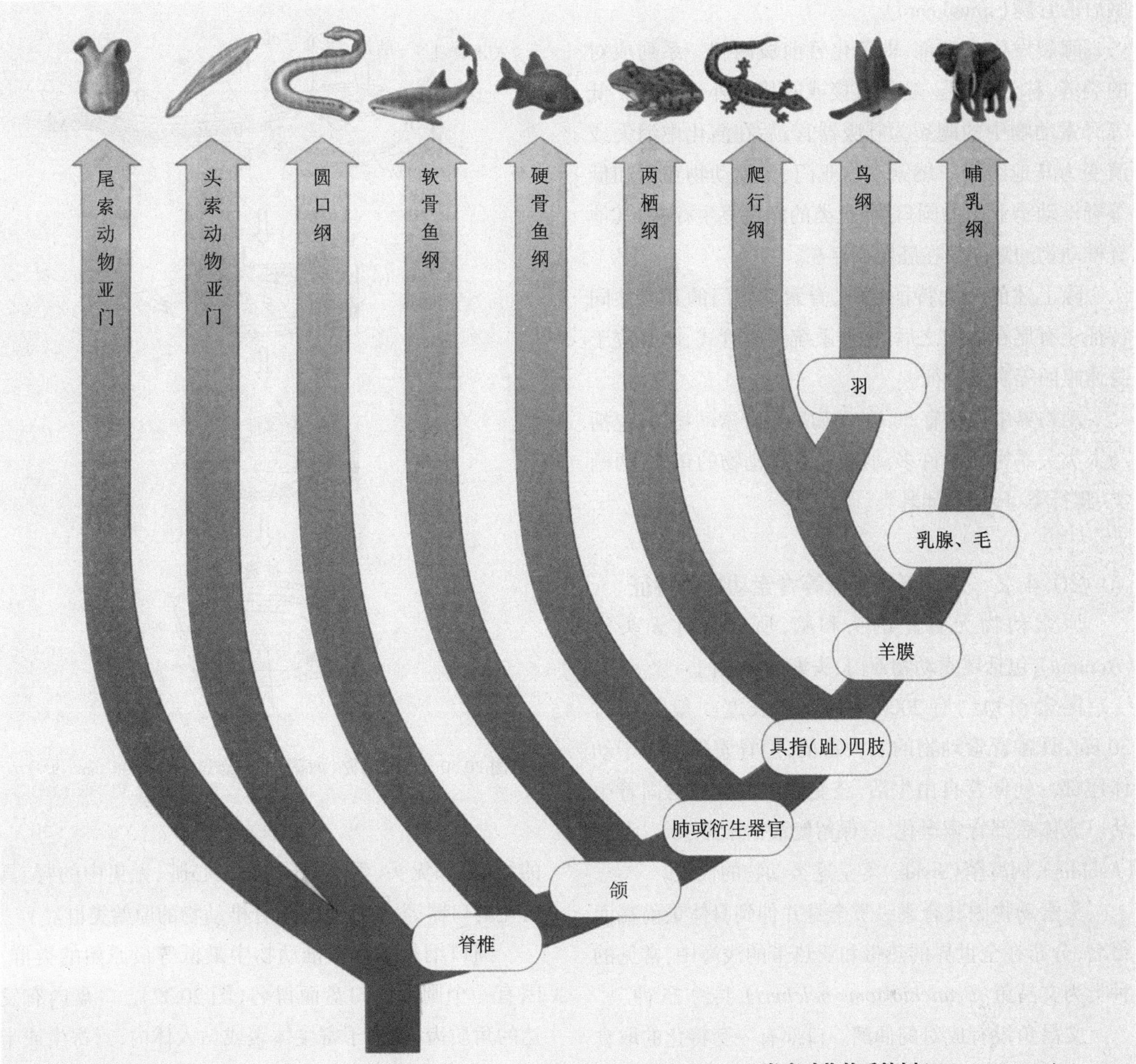

⬅图 20.28　**脊索动物的系统树（仿自 Mader，2001）**

20.4.1　脊索动物的特征

脊索动物都具有脊索（notochord）、背神经管（dorsal tubular nerve cord）和鳃裂（gill slit）这三大特征（图 20.29）。

脊索是在动物背部，位于消化管和神经管之间的一条由中胚层产生的棒状结缔组织，坚韧而有弹性，在低等脊索动物中起支撑身体的作用，终生保留。所有脊索动物的胚胎期都有脊索，但是在高等的成体脊索动物（脊椎动物亚门）中或部分保留，或退化并被分节的骨质脊柱（vertebral column）所取代。

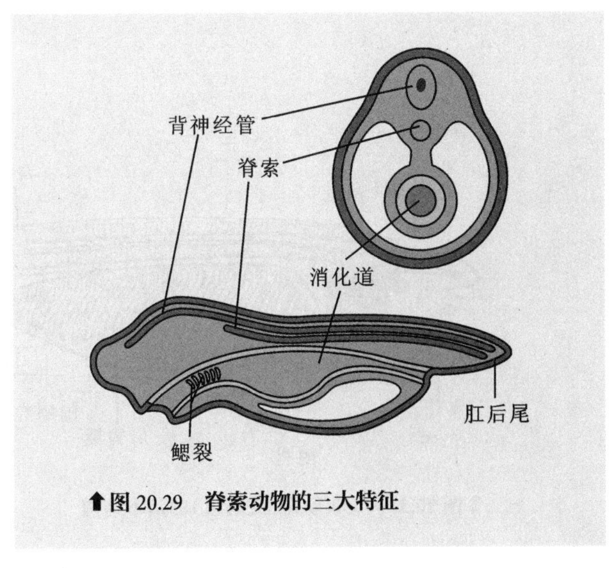

⬆图 20.29　**脊索动物的三大特征**

背神经管是位于脊索背面的中空管状的中枢神经系统。在脊椎动物中背神经管分化为前端膨大的脑和脑后的脊髓(spinal cord)。

鳃裂发生在咽部,即消化管前段两侧一系列成对的裂缝,称为鳃裂。鳃裂直接或间接与外界相通。低等脊索动物中的鳃裂为呼吸器官,后在演化中消失或演变为其他结构。尾索动物亚门、头索动物亚门和低等脊椎动物亚门的圆口纲、鱼类的鳃裂终生存在,其他脊椎动物的鳃裂仅在胚胎期存在。

除上述的三大特征之外,脊索动物门的其他共同特征还有尾在肛门之后、循环系统为闭管式、心脏位于身体腹面等次要特征。

动物界中大约有 5% 的动物属于脊索动物门,包括与人类关系密切的许多动物,如脊椎动物的鱼类、两栖类、爬行类、鸟类和哺乳类。

20.4.2 无上下颌是低等脊索动物的特征

原索动物无真正的头和脑,所以又称无头类(Acrania),包括尾索动物亚门、头索动物亚门。

尾索动物约有 2000 种。个体长度一般不超过 30 cm,具备脊索动物的三大特征,但脊索仅存在于幼体尾部。幼体营自由生活,经变态至成体后营固着生活。成体后部脊索退化,只保留鳃裂(图 20.30)。海鞘(Ascidia)、柄海鞘(Styela)等是这类动物的代表。

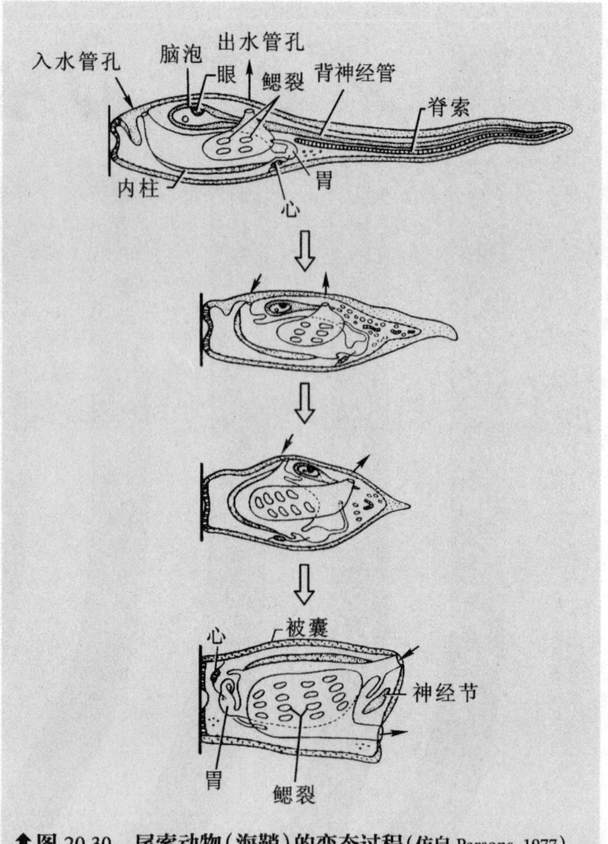

⬆图 20.30　尾索动物(海鞘)的变态过程(仿自 Parsons,1977)

头索动物因其脊索纵贯全身并伸到身体最前端而得名,分布在全世界的热带和亚热带的浅海中,常见的种类为文昌鱼(*Branchiostoma belcheri*),共约 25 种。

文昌鱼没有成对的偶鳍。口部有一套特化的取食和滤食器官,呼吸在水流经咽部的鳃裂时进行。文昌鱼无心脏,循环系统属于闭管式。中空的神经管是文昌鱼的中枢神经系统,但是尚没有脑和脊髓的明显分化(图 20.31)。头索动物仍然保留了一些原始和特化的结构,如无头、无成对附肢、无心脏、无集中的肾、具特化的口器等,被认为是前脊椎动物的原始类群。

圆口纲是现存脊椎动物中最低等最原始的类群,因有一个圆形的口盘而得名(图 20.32)。口盘内有发达的角质齿,吸附于寄主体表或钻入体内,营寄生或半寄生生活。它们生活在海水或淡水中,外形像鱼,具有黏液腺发达的皮肤,但比鱼类原始。圆口纲动物有七鳃鳗和盲鳗两大类(图 20.33)。

与鱼类相比,圆口纲动物没有出现主动捕食的可

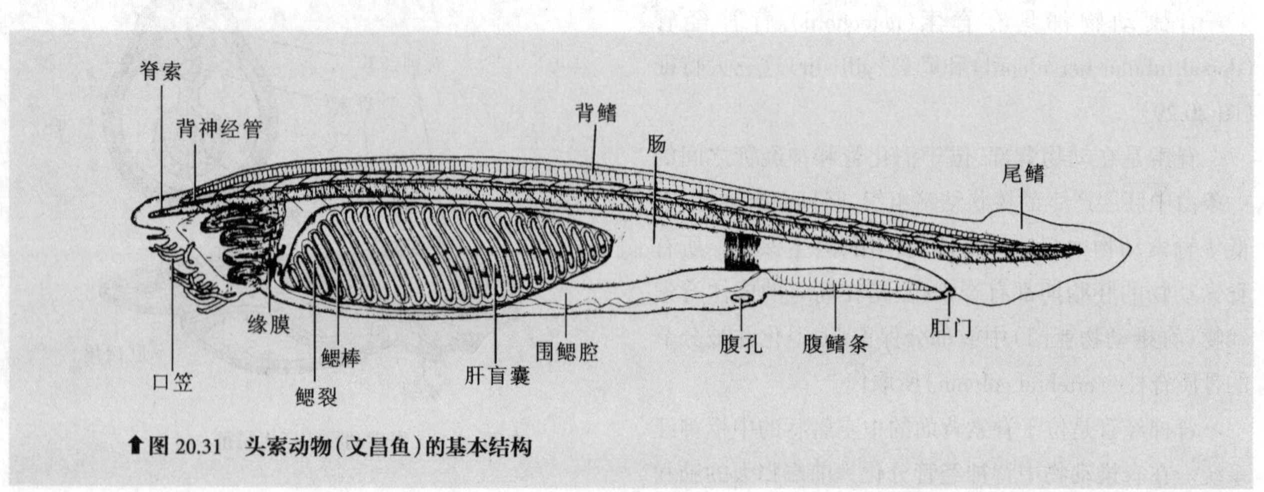

⬆图 20.31　头索动物(文昌鱼)的基本结构

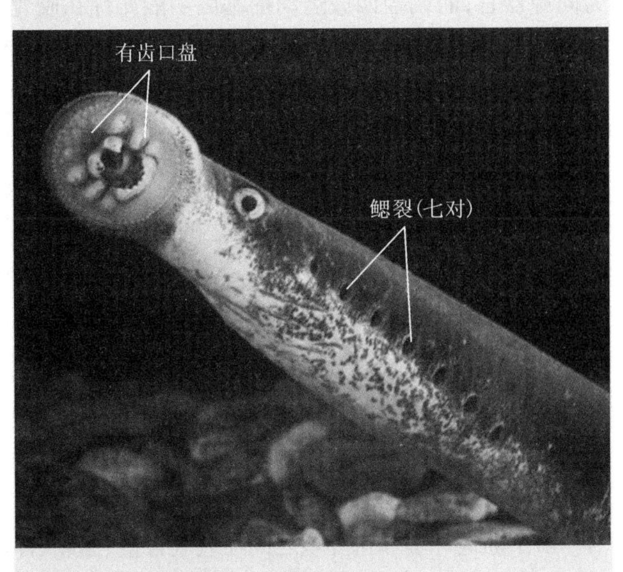

⬆图 20.32 七鳃鳗的口盘(仿自 Mader,2001)

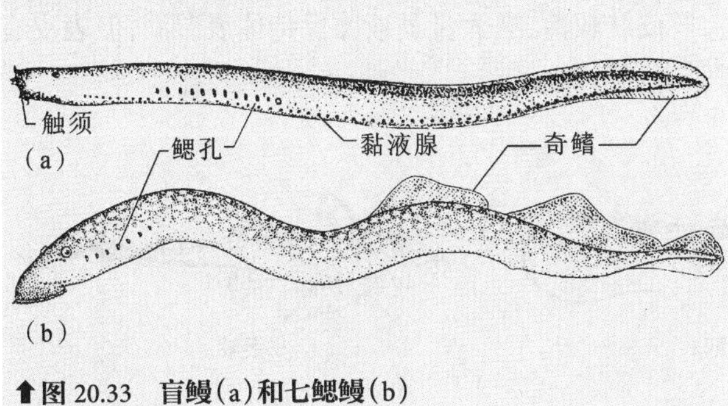

⬆图 20.33 盲鳗(a)和七鳃鳗(b)

咬合的上下颌,无成对的附肢(偶鳍),仅有奇鳍,而背神经管开始分化为脑和脊髓,脑又进一步分化为大脑、间脑、中脑、小脑和延髓五部分。心脏也已经出现分化,由一心房、一心室、一静脉窦组成。圆口纲动物还出现了不完整的头骨,头部有集中的嗅、视、听等感觉器官。

值得注意的是圆口纲动物的脊索终生存在,但已有雏形的脊椎骨,即在脊索背面每一个体节出现了两对小的软骨弧片,表明雏形脊椎骨的出现。另外,圆口纲动物的代表七鳃鳗的幼体具有许多与文昌鱼近似的原始特征和脊椎动物的一些基本特征,这表明了圆口纲动物在动物演化中的特殊地位。

20.4.3 有颌并适应水生生活的鱼类

鱼类是身体呈流线型、具鳞片、用鳃呼吸、出现上下颌的水生脊椎动物,可以分为软骨鱼纲和硬骨鱼纲两大类。鱼类最重要的演化特征是出现能咬合的上下颌(图 20.34)。上下颌的出现不仅能主动摄食,也可用于攻击、防御、求偶、营巢等活动,所以鱼类以后的脊椎动物都保留了上下颌。

鱼类除了有能咬合的上下颌及成对的附肢(偶鳍)、骨骼由软骨或硬骨构成外,脊柱则取代了脊索成为身体的主要支持结构。鱼类身体分为头、躯干和尾,体表被鳞,表皮内具有大量单细胞黏液腺,分泌的黏液可以减少身体在水中运动的阻力(图 20.35)。鱼以鳔或脂肪调节身体比重获得在水中的浮力,靠躯干分节的肌节的波浪式收缩传递和尾部的摆动获得向前的推进力。

鱼类已经演化为主动捕食,出现真正的牙齿,也出现了食管、胃、肠的分化。软骨鱼类有胰和发达的肝,

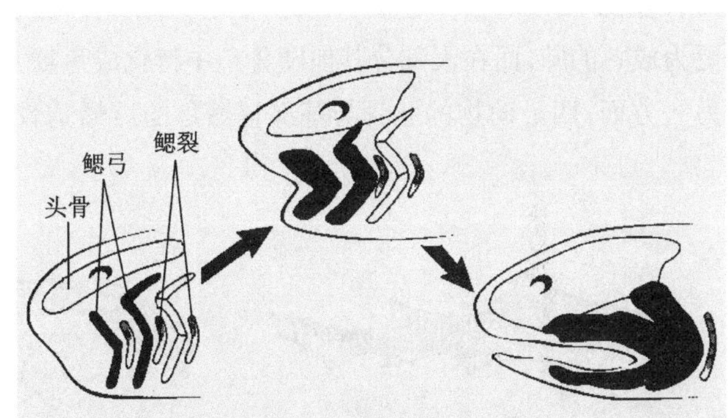

⬆图 20.34 鱼类上下颌的演化(仿自 Mader,2001)

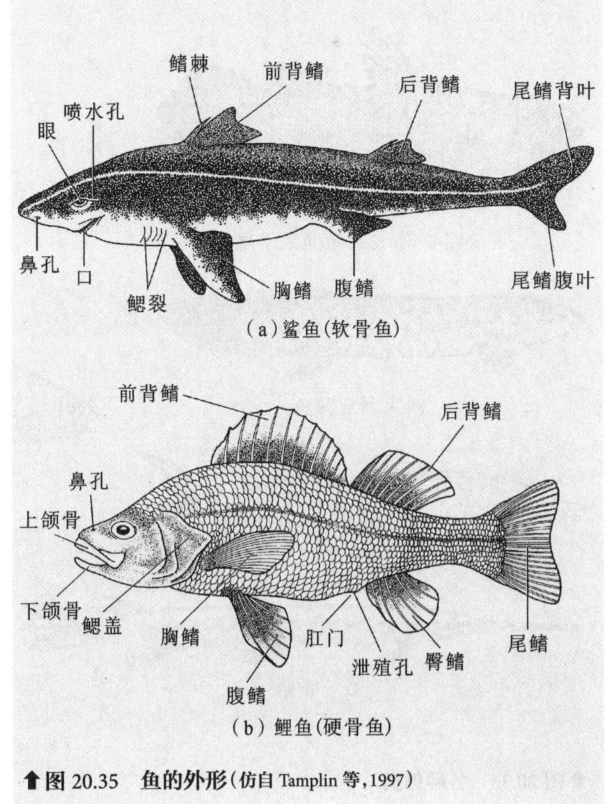

⬆图 20.35 鱼的外形(仿自 Tamplin 等,1997)

而大多数硬骨鱼类的肝和胰组织混合在一起称为肝胰脏。鱼类靠鳃呼吸，鳃中有丰富的毛细血管分布（见图 28.2）。

全世界有 22 000 多种现生鱼类，分布在世界各个水域。软骨鱼纲主要有鲨、鳐、银鲛等，全世界约为 800 种；硬骨鱼纲主要有肺鱼、中华鲟、鲤鱼等，占现生鱼类 90% 以上的种类，广泛分布在淡水和海洋中（图 20.36）。

从图 20.28 知道，硬骨鱼同其他陆生脊椎动物有共同祖先。那么硬骨鱼类是如何实现水生生活到陆生生活的转变的呢？从水生到陆生有两个重要转变，即鱼鳍演化为四肢和鳃式呼吸演化为肺式呼吸。中国科学家在研究肺鱼等古老鱼类时发现，肺的功能形态和遗传基础的起源可以追溯到硬骨鱼共同祖先。这些祖先硬骨鱼的"原肺"在多鳍鱼和肉鳍鱼类中继续演化成更为成熟的肺，而在大部分其他硬骨鱼中特化成鱼鳔。另一方面，四足动物的肱骨与基部辐鳍鱼的后鳍基骨为同源器官，而调控四肢运动的基因功能元件在硬骨鱼现生基部类群中保留下来，为后来登陆提供了重要遗传基础。在脊椎动物演化过程中，首先实现登陆的类群便是两栖动物。

20.4.4 从水生向陆生转变的过渡动物——两栖动物

从名字就可以看出，两栖动物是脊椎动物中从水生向陆生过渡，还不能完全脱离水环境而生存。两栖动物是动物演化历程中的一个重要类群，它们从外部形态到内部结构已经初步完成了由水栖向陆生的转变，各器官系统基本具备了陆生脊椎动物的结构。

由于陆地环境和水环境之间在氧气含量、温差、浮力等方面的巨大差异，两栖动物在很多方面表现出既要适应水生生活，又要适应陆地生活，主要表现为：

皮肤较薄，有大量黏液腺保持体表湿润，但表皮有

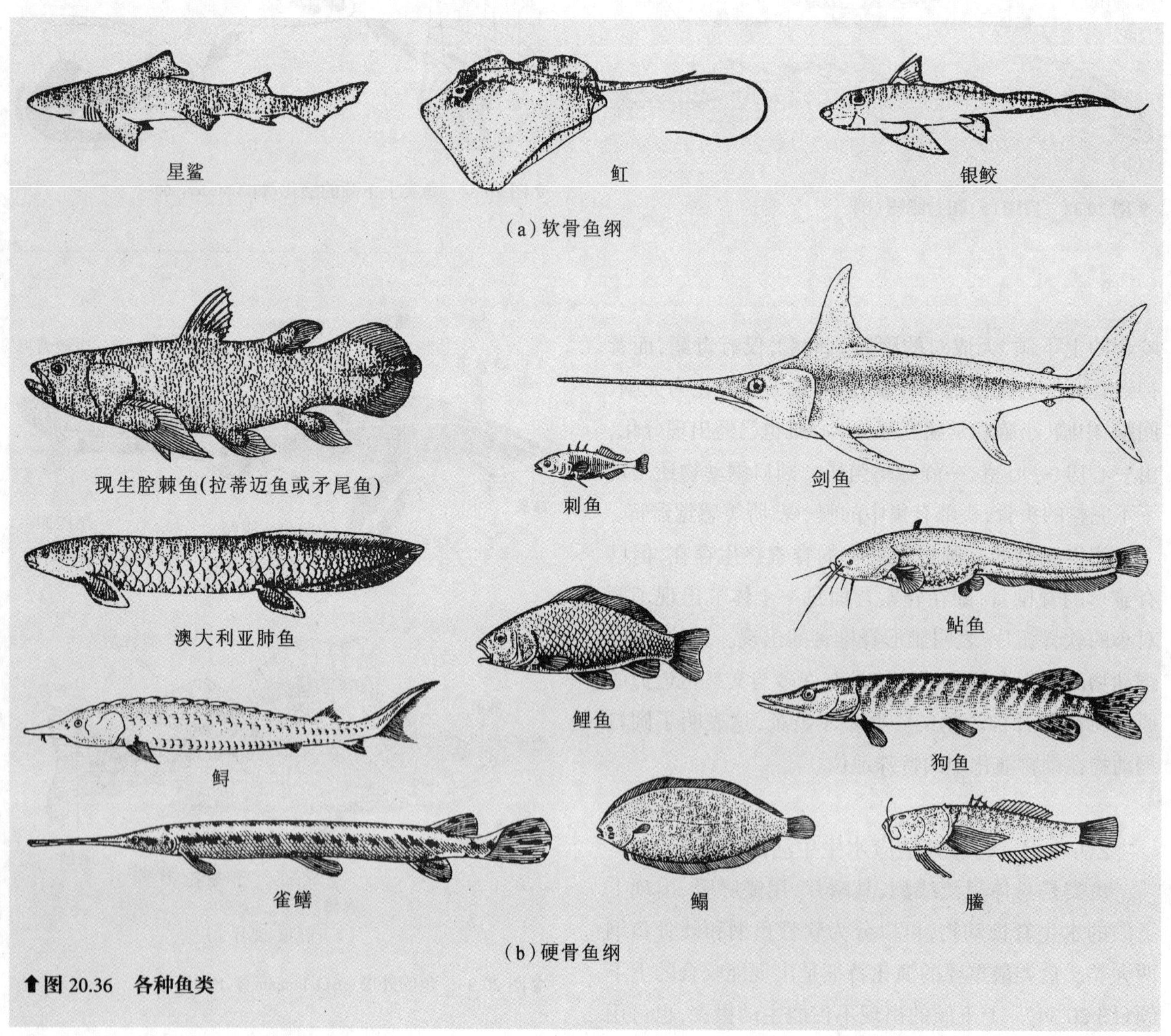

图 20.36 各种鱼类

轻微角质化。这使得两栖类能在水环境中生活，同时又可以一定程度上适应潮湿的陆生环境，防止了体内水分的丧失。

同时存在肺呼吸、鳃呼吸、皮肤呼吸（皮肤与内部的组织间分布大量淋巴间隙和皮下血管）等多种呼吸方式。幼体主要以鳃呼吸，成体主要以肺呼吸。

心脏中心房出现了分隔，但是血液中的多氧血和缺氧血不能完全分开，血液循环为不完全双循环，新陈代谢率较低，体温随环境而变化。

脊柱初步分化分为颈椎、躯干椎、荐椎、尾椎四部分，并演化出典型的五趾（指）型四肢。这些都有利于在陆地上运动。

神经系统发育仍处于较低水平，有了适应陆生的各种感觉器官，但幼体仍然保留结构和功能与鱼类相似的侧线，有的种类甚至保留至成体。

排泄器官对陆生适应尚不完善，对于大量渗入体内的水，肾脏中的肾小球有很强的泌尿功能，可将多余水分排出。但是在陆地上时，则因肾小管重吸收水分的能力不强所以不能长时间离开水。

繁殖时受精卵的发育必须在水中进行，孵化出单循环、没有四肢、用鳃呼吸等与鱼类结构相似的幼体（蝌蚪），并经过变态，才转变为不完全双循环、具有四肢、主要用肺呼吸的初步适应陆生的成体阶段。

全世界现存的两栖类动物为4300种左右（图20.37）。

20.4.5 适应陆生生活的变温动物——爬行动物

爬行动物真正适应了陆地生活。它们是原始两栖类在从水生到陆生的不断演化过程中，身体的形态结构进一步完善并复杂化形成的。爬行动物出现了羊膜卵（amniotic egg）这种繁殖方式，使其在繁殖期完全摆脱了水的束缚。爬行动物在中生代适应了地球上多种生活环境，但是体温仍然随环境温度发生变化。

羊膜卵（图20.38）外面有一层坚硬的石灰质卵壳或柔韧的纤维质卵壳，卵壳内为一层致密的薄薄卵膜，防止卵受到机械损伤、水分散失和微生物的侵害。卵壳表面有许多微孔，以保持与外界的气体交换。羊膜卵内有储存卵黄的卵黄囊，可以保证胚胎的正常发育。在发育过程中胚胎周围的褶皱环绕胚胎生长，逐渐形成一个具有两层膜的囊，外层为绒毛膜（chorion），内层为羊膜（amnion）。羊膜将胚胎包在羊膜腔（amniotic cavity）之内。羊膜腔是一个充满羊水的密闭的腔，为胚胎提供了一个发育所需要的水环境。胚胎发育代谢产生的废物贮存在由胚胎原肠后部突起形成的尿囊（allantois）中。尿囊膜上有丰富的毛细血管，代谢产生的二氧化碳再通过卵壳表面微孔排出，而氧气也通过卵壳进入尿囊膜上的毛细血管供给胚胎发育。羊膜卵的结构保证了爬行类在陆地上可以正常繁殖，而不必一定依赖水环境。

爬行动物表皮高度角质化，形成角质鳞片，可以防止体内水分蒸发。骨骼系统得到加强。脊柱进一步分化为颈椎、胸椎、腰椎、荐椎和尾椎五部分，其中颈椎数目增多，使动物颈部增长，头部更加灵活。出现了由胸椎、肋骨、胸骨围成的胸廓，既保护了内脏，也增强了肺的呼吸。它们具有典型的五趾（指）型四肢，趾（指）端具爪，同时荐椎承重的增加使动物在陆地运动能力加强。

爬行类血液循环仍为不完全双循环。心脏包括完

图20.37 两栖类动物

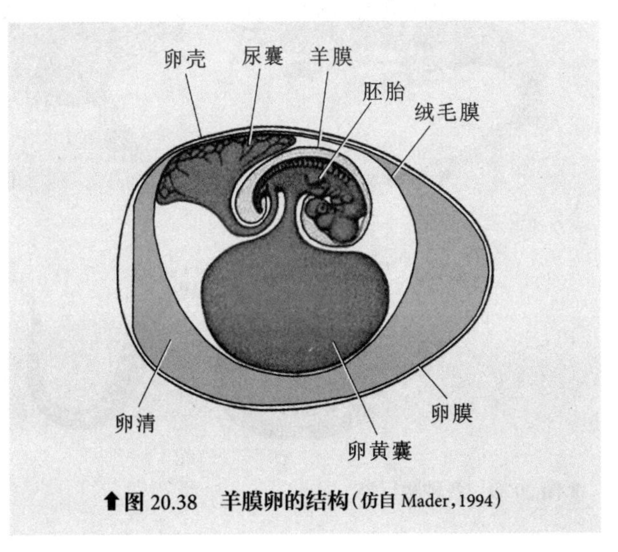

图20.38 羊膜卵的结构（仿自 Mader，1994）

全分隔的两个心房和不完全分隔的两个心室（鳄类心室室间隔完全而分为左右心室），因此血液彼此混合的程度较两栖类低。爬行动物排泄的最终产物为几乎不溶于水的尿酸，以保存体内的水分。

全世界现存的爬行动物约有 6300 种（图 20.39）。

20.4.6　适应飞翔的恒温动物——鸟类

鸟类是全身长羽毛适于飞行的恒温脊椎动物。鸟类几乎所有的身体结构都在演化过程中变得更加适于飞行。鸟类的飞行器官是前肢演变成的翅膀。翅膀的形态与飞机的翼相似，符合空气动力学原理；飞行的动力则来自胸部肌肉的强有力的收缩。鸟类的身体长成流线型可以减少飞行阻力；头部有角质喙而口中无牙齿，可以减轻头部重量有利于控制飞行姿势；全身骨骼都是蜂窝状结构以及雌鸟的生殖系统减少一个卵巢，可减轻全身重量。

与其他脊椎动物不同，鸟类的肺是由多极分支形成的复杂网状管道系统构成，丰富的毛细血管密布在微支气管周围。此外鸟类还有 9 个气囊，辅助呼吸，使得鸟类无论在吸气或呼气时均有新鲜空气进入肺部进行交换。这种独特的呼吸方式满足了鸟类飞翔时的高耗氧量，称为高效的双重呼吸系统。

鸟类的上下颌向前伸并包以角质鞘形成喙，口内没有牙齿，消化管的结构包括咽、食管、嗉囊、腺胃、肌胃、小肠、盲肠和直肠，最后汇入泄殖腔（图 20.40）。嗉囊是食管的膨大，具储存和软化食物的功能。腺胃可分泌消化液。肌胃具厚的肌肉壁，黏膜表面为角质膜，常有沙石在肌胃内，具有很强的机械消化能力。鸟类消化系统的消化能力很强，消化速度快。鸟的排泄物主要为尿酸。排泄器官重吸收水分的功能较强，尿中水分很少，排泄物随粪便随时排出。

鸟的心脏完全地分为左、右心房和左、右心室，多氧血和缺氧血在心脏内得以完全分开。鸟类的体温一般维持在 40 ~ 42℃，体温的恒定使它们活跃于各种气候和季节中。

鸟类具有敏锐的视力、良好的听力、非常复杂的繁殖和社会行为。

全世界现存鸟类约 9700 种，同时几乎每年仍有新种被发现。图 20.41 为鸟类的几种生态类型的代表。

20.4.7　最高等的脊椎动物——哺乳动物

哺乳动物全身被毛，除单孔类外都是胎生，有哺乳和养育后代的能力，具有汗腺。此外，哺乳动物还具有发达的神经系统和各种感觉器官，很好的体温调节能力和适应能力，以及灵活快速的运动能力。身体结构和习性使哺乳类具有适应各种生态环境和气候类型的能力，哺乳动物之所以被认为是动物中最高等的类群，是因为哺乳动物有以下这些进步而完善的生物学特征：

胎生。除产卵的单孔类（鸭嘴兽）等少数外，其他哺乳动物受精卵在进入母体子宫后植入子宫壁中，其绒毛膜、尿囊膜与母体子宫内膜结合形成胎盘（见图 32.17）。胎儿在母体内的发育过程中所需的营养物质和氧气以及排泄的废物是通过胎盘来传递的。胎生对后代的发育和生长具有完善、有利的保护作用。从受精卵、胚胎、胎儿产出至幼仔自立的整个过程均有母

⬆图 20.39　各种爬行类

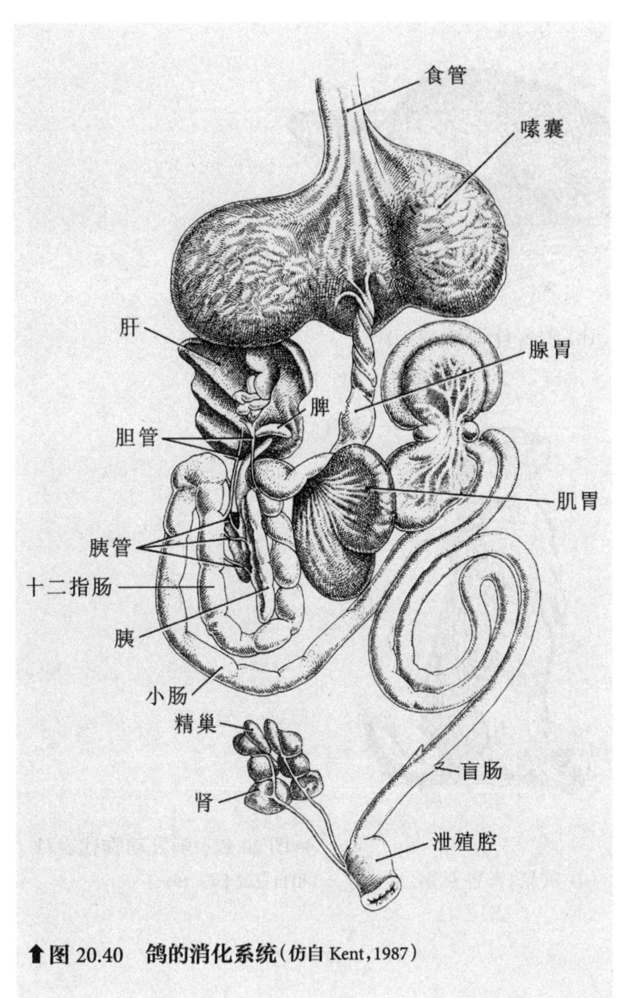

图 20.40 鸽的消化系统（仿自 Kent，1987）

兽良好的保护，这使得后代的成活率大为提高。

哺乳动物的母体均有乳腺，多数还有乳头，乳腺是高度特化的汗腺。母兽以乳汁哺育幼仔，同时对幼仔进行多方面的保护。在哺乳期和其后的一段时间维系母子间的社会联系、促进幼兽早期学习捕食和同种群间社会行为的训练，直至幼兽独立生活。

哺乳类的皮肤中，表皮和真皮加厚，角质层发达。皮肤衍生物形态复杂，功能多样，在对机体的保护、体温调节、感受刺激、分泌和排泄等方面起着重要作用，如毛、皮肤腺、蹄、角等。

哺乳类骨骼高度简化和具有灵活性。脊椎仍然分为颈椎、胸椎、腰椎、荐椎和尾椎五部分，椎体间有软骨的椎间盘相隔，可吸收和缓冲运动时对脊柱的冲击。四肢肌肉发达，以适应哺乳动物高速灵活的复杂活动。

消化系统功能完善。消化管包括口腔、咽、食管、胃、小肠（十二指肠、空肠、回肠）、大肠（盲肠、结肠、直肠）和肛门。消化腺有唾液腺、肝、胰。根据食性，哺乳类分为食虫类、食肉类、食草类和杂食类四种。

哺乳类血管趋于简化，使血液循环速度加快，血压升高，循环效率提高，肺由复杂的支气管树和盲端的肺泡构成，气体交换面积增加。哺乳类腹部具有肌肉质

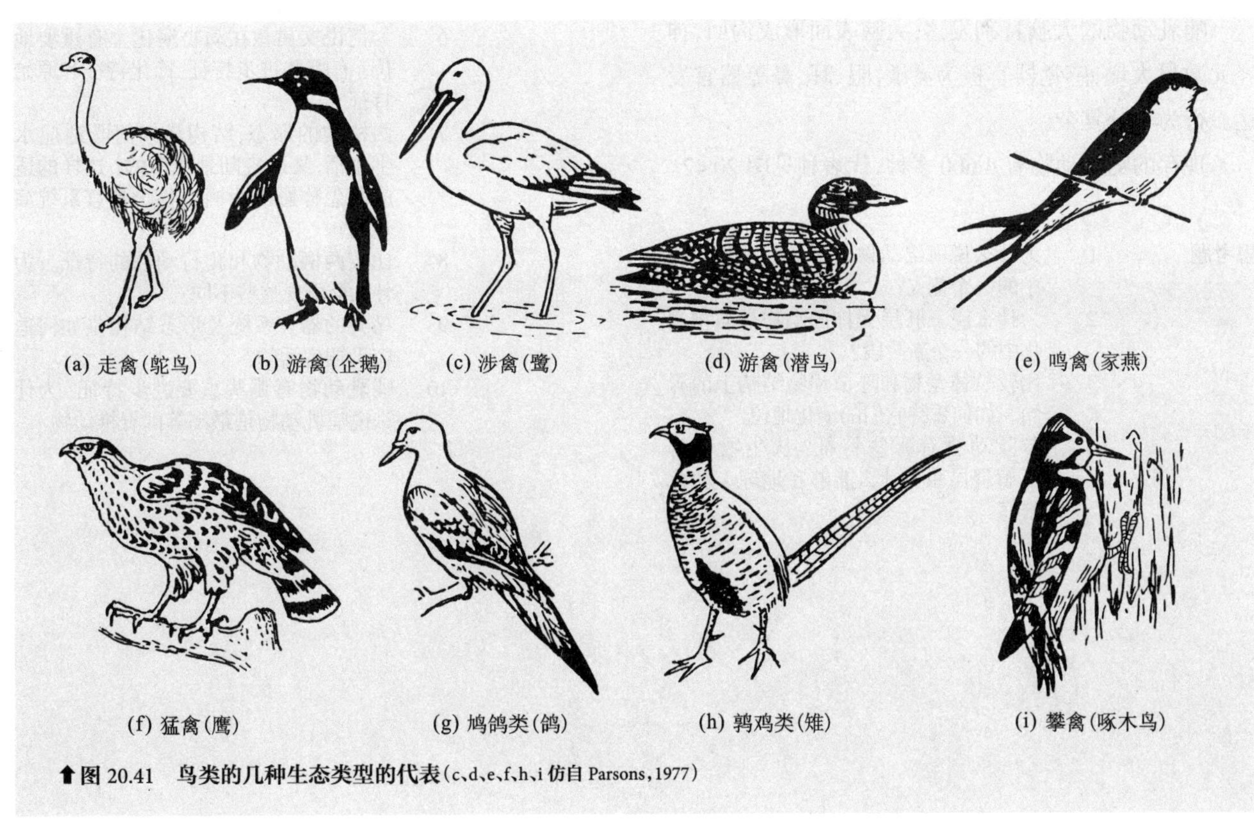

图 20.41 鸟类的几种生态类型的代表（c、d、e、f、h、i 仿自 Parsons，1977）

(a) 针鼹(原兽亚纲)

(b) 鸭嘴兽(原兽亚纲)

(c) 袋鼠(后兽亚纲)

(d) 黄鼠(真兽亚纲)

⬅ **图 20.42 哺乳动物代表种**

(引自夏武平等,1964)

的横膈,膈肌的收缩和舒张协助肋间肌扩张和缩小胸腔,促进呼吸。

哺乳动物的大脑特别发达,大脑表面形成沟回,神经元数量大增,感觉器官极为灵敏,眼、耳、鼻等器官发达。行为十分复杂。

现存的哺乳动物有 4 600 多种,代表种见图 20.42。

思考题

1 为什么说海绵动物是多细胞动物演化中的一个侧支?

2 为什么说三胚层无体腔动物是动物演化中的一个新阶段?

3 比较软体动物和环节动物结构上的异同。如何看待它们的演化地位?

4. 节肢动物有哪些特征?从生物学特征解释昆虫为什么能够在地球上如此繁盛。

5 脊索动物门有哪三个主要共同特征?形成特征的结构是如何发生的,有何功能,有何演化意义?

6 为何说文昌鱼在动物演化上有重要地位?有哪些进步特征、特化特征和原始特征?

7 两栖类的形态、结构是如何既适应水生生活,又适应陆地生活的?这样的适应是怎样影响两栖类各个器官系统演化的?

8 比较两栖动物和爬行动物的特征。为什么会出现这些不同?

9 鸟类的器官系统及形态结构是如何适应飞翔生活的?

10 哺乳动物有哪些重要进步特征?为什么说哺乳动物是最高等的脊椎动物?

21 人类的演化

这只黑猩猩似乎在思考和推理

不要忘了，黑猩猩两岁时就可以在镜子中辨别出自己，开始有了对自己的认识。这在以前一直认为是人类的一项特权。

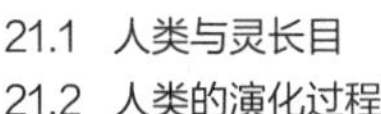

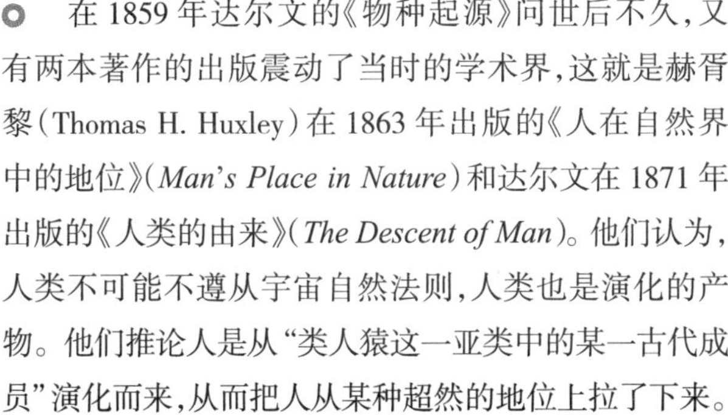

在 1859 年达尔文的《物种起源》问世后不久，又有两本著作的出版震动了当时的学术界，这就是赫胥黎（Thomas H. Huxley）在 1863 年出版的《人在自然界中的地位》（*Man's Place in Nature*）和达尔文在 1871 年出版的《人类的由来》（*The Descent of Man*）。他们认为，人类不可能不遵从宇宙自然法则，人类也是演化的产物。他们推论人是从"类人猿这一亚类中的某一古代成员"演化而来，从而把人从某种超然的地位上拉了下来。

根据他们的假说，从人类的祖先到最早的解剖结构上的现代人类之间，存在一些化石人类，随着时间的推移，他们身上猿的特点越来越少，而人的特点越来越多。这一点已经被达尔文以来一个多世纪发现的化石记录所证实。现在人们已经找到长达 440 万年基本上连续不断的人亚族化石。由于人亚族演化是多分支的过程，有些化石人亚族成员并不是今天现代人的直接祖先，但他们在总体上表现出从猿到人的演化趋势。

21.1 人类与灵长目

21.1.1 人类属于灵长目

在分类学上，人类属于哺乳纲的灵长目（Primates）、简鼻猴亚目（Haplorrhini）（图 21.1）。灵长目是树栖的哺乳动物，同属灵长目的动物有许多适应树栖的共同性状。人类不再生活在树上，但人们身体上仍然保留了许多树栖祖先的特性。有些原先适应树栖生活的性状，例如，两眼朝前，形成立体视野，对今天人类的生存方式仍然是有意义的。

曲鼻猴亚目（Stripsirrhini）是比简鼻猴亚目要原始的另一类灵长目动物。在晚白垩纪地层中发现的曲鼻猴化石，断代在 6500 万年前，是已知最早的灵长目化石。这时正值恐龙生活的末期。在恐龙灭绝后，原始灵长类得到扩大发展。

今天生活的曲鼻猴有几十个物种。松鼠大小的懒猴，生活在非洲和东南亚的森林里。它的手和脚的 5 个指（趾）都是高度可动的，大拇指和大脚趾可以和其他指（趾）相对。手和足都有发育得很好的触觉。两只眼睛都在面部的前面，视野重叠，增加了深度感觉。它的肩关节和腰关节有比较大的活动度。这些都是适应树栖的特性，也是灵长目的共有特性。和简鼻猴相比，曲鼻猴的脑比较小，鼻较大，生殖系统不是很有效，手的操作能力还比较小。

在大约 4000 万年前出现了最早的简鼻猴。它有相对大的脑，相当扁平的面部，两眼朝前并被骨质的眉脊所保护。和曲鼻猴相比，简鼻猴更多地依靠视觉，更少依靠嗅觉，手的操作能力也有所增强。简鼻猴亚目有两个下目（infraorder）：跗猴型下目（Tarsiiformes）和猴型下目（Simiiformes）。在东南亚生活的跗猴（*Tarsius*）是跗猴型下目仅有的一类现存物种。猴型下目包含两个小目（parvorder）：阔鼻猴小目（Platyrrhini）和狭鼻猴小目（Catarrhini）。

阔鼻猴的鼻扁平，两个鼻孔相距较大，齿式是 2：1：3：3。阔鼻猴首先发现于南美洲，故又称新世界猴（new world monkey）。卷尾猴（*Cebus capucinus*）是

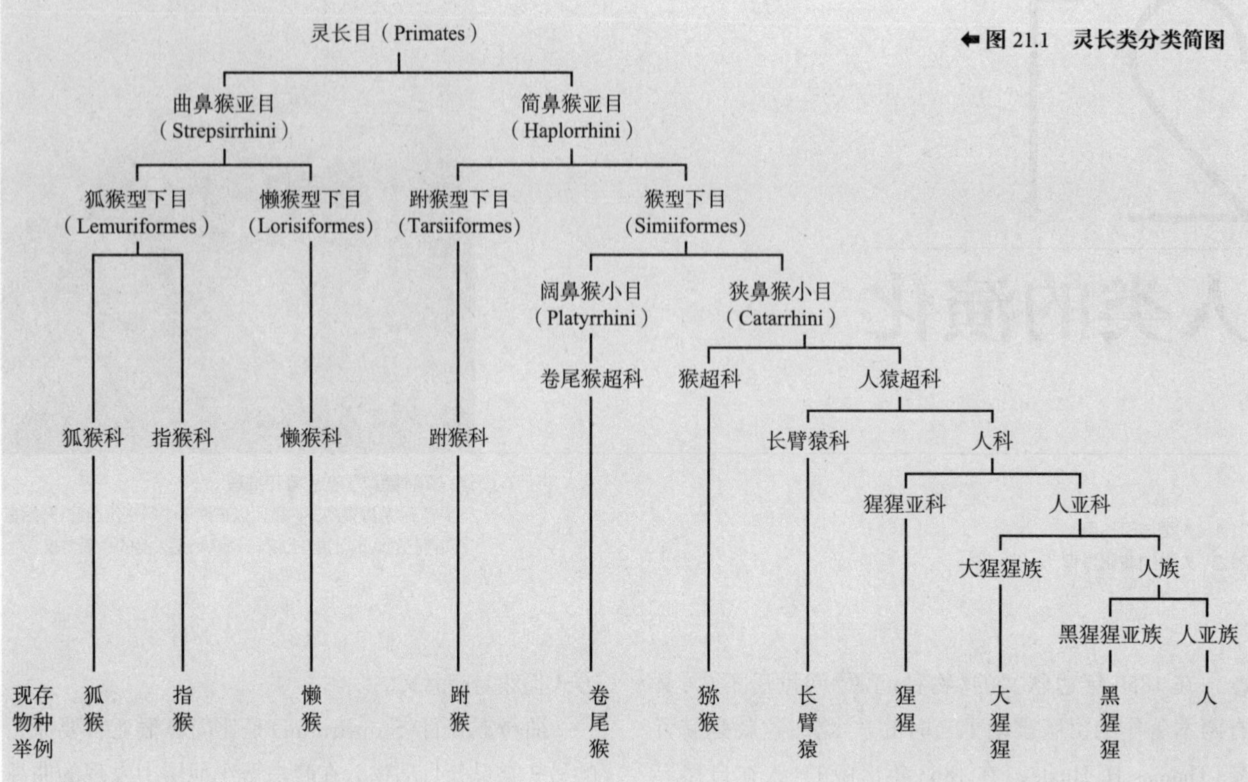

⬅图 21.1 灵长类分类简图

一种居住在中美洲雨林中的阔鼻猴，有一个长长的尾可以抓握树枝。

狭鼻猴的两个鼻孔朝下，紧靠在一起，中间仅一个狭窄的鼻中隔将之分开。齿式是 2∶1∶2∶3，比阔鼻猴少一个前臼齿。狭鼻猴分布于非洲和亚欧大陆。非洲稀树草原上的狒狒以及分布广泛的猕猴（*Macaca*）都属于狭鼻猴。其中有一些著名的珍稀动物，如分布在我国四川、贵州、云南、甘肃、陕西、湖北一带的金丝猴（*Rhinopithecus*）。狭鼻猴下分为两个超科——猴超科（Cercopithecoidea）和人猿超科（Hominoidea），前者称为旧世界猴（old world monkey），它们之间最容易辨认的特性是猴超科有外尾，人猿超科没有外尾（作为一种脊椎动物，人猿超科在胚胎发育阶段是有尾的）。人属于人猿超科；除了人之外，人猿超科还有长臂猿（gibbon）、猩猩（orangutan）、大猩猩（gorilla）和黑猩猩（chimpanzee），它们是人类的近亲（图 21.2）。

人们早就认识到人与非洲大猿（黑猩猩、大猩猩）有着密切的关系。但是，直到 20 世纪后叶，由于分子生物学的发展，它们之间亲缘关系的密切程度才被揭示出来。例如，对人与几种非人灵长类动物的一组蛋白质的氨基酸序列进行了测定，发现人与黑猩猩之间氨基酸差异为 0.27%，与大猩猩为 0.65%，它们都小于 1%；与猩猩为 2.78%，与长臂猿为 2.38%，与猕猴差得更远一些为 3.89%。特别应该提到的是，人与黑猩猩的基因组序列已经完全测定，并进行了仔细比较。在构成人类和黑猩猩的基因组中，共有约 30 亿个碱基对，其中只有 4 000 万个碱基序列有区别，仅占 1.33%。基因序列差异如此小，以至于人类学家重新调整人猿超科的分类，将两种非洲猿列到人科中。现在把人猿超科分为 2 个科：长臂猿科（Hylobatidae）和人科（Hominidae）。人科又分为 2 个亚科：猩猩亚科（Ponginae）和人亚科（Homininae）。人亚科包括大猩猩族（Gorillini）和人族（Hominini），人族包括黑猩猩亚族（Panina）和人亚族（Hominina）。

然而，人类毕竟有许多区别于猿的特征。最明显的是：人能两足行走；人有相当大的脑，并有语言能力以及象征思维和艺术表达的能力；能制造和使用复杂工具；有一个简化了的颌骨和颌部肌肉；此外，还有一个短的消化道。基因组上如此小的差异如何导致如此多的不同呢？研究成果表明，人和黑猩猩有 19 个调节基因的表达存在差异，这些基因调控其他基因的开和关，从而解释了人为什么有这么多特有的性状。

21.1.2 猿是人类的近亲

长臂猿、猩猩、大猩猩和黑猩猩都居住在热带森林，统称之为猿。它们主要是素食性的，黑猩猩也吃些

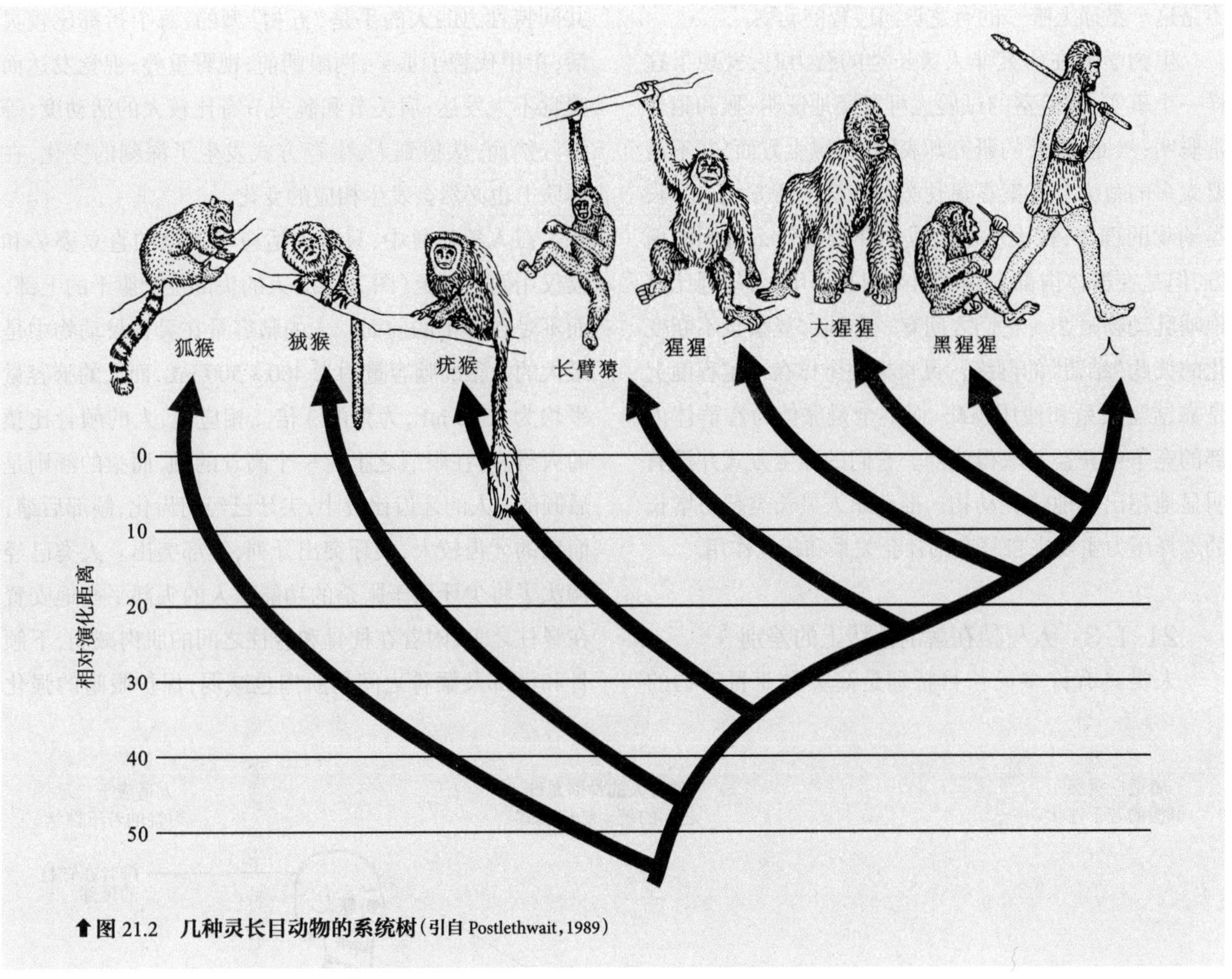

图 21.2 几种灵长目动物的系统树（引自 Postlethwait，1989）

昆虫和某些小的脊椎动物。

长臂猿是一类最小、最轻和最机敏的猿，全部是树栖的，现存共有 4 个属 20 个物种，分布于北起中国南部、经缅甸直到马来西亚和印度尼西亚大部分岛屿的热带雨林。猩猩是一种胆怯的独居生物，生活在苏门答腊和婆罗洲的热带雨林，在树上用四肢缓慢行动，在地面则以拳着地行走。大猩猩是现生猿中最大的一种，生活在非洲，它能攀登树木，但由于身体笨重，几乎在地面上度过全部时间，在地面上行走时，用指节着地步行。黑猩猩居住在中非的热带森林，有时也出现在非洲的稀树草原上，它大约有 1/4 时间生活在地面，也是指节步行者。

在这些猿中，黑猩猩最受到科学家的重视并被广泛地研究过。在黑猩猩的生活中，有一定数量的行为不是通过遗传途径从上一代传递给下一代的，而是后天通过模拟和学习而获得。这些行为现在被一些生物学家认为是广义的文化行为。科学家曾记录到非洲野生黑猩猩共计有 39 项这类行为，其中有一部分属于制造和使用工具的行为。过去，人们认为只有人才能制造工具，提出“人，工具制造者”这个命题。现在发现，黑猩猩也能制造比较简单的工具。例如，黑猩猩可以将一个柔软的枝条，捋去叶子，插到白蚁巢穴的洞中去“钓”白蚁；它还可以将一团树叶揉碎，用来吸取水分等。一些研究者反复证明了，经过训练，黑猩猩能够学会一定数量的人类手势语。手势语已经是一种具有语法结构的符号通信。我们还不知道，野生黑猩猩是否使用类似的通信方法。

过去认为，人类是唯一能思考和有自我意识的动物。这是曾被我们长期固守的一种信念，现在却受到挑战。当人们第一次在黑猩猩的额上点一个红点，并把它引到镜子前面，它的反应和其他动物一样，它看到镜子中的自己就如同看到同类的其他个体。它甚至试图去擦掉镜子中黑猩猩额上的红点。然而，几天以后，它却对着镜子去擦掉自己额上的红点。这表明，它认识到镜子中的黑猩猩就是自己。它利用镜子去察看自己身体上原先看不见的地方。它对着镜子做鬼脸，使用的表情同它与其他黑猩猩交往时是显然不同的。著名的黑猩猩研究专家古德尔（Jane Goodall）曾说：“我们不是这个星球上唯一的有意识和理智的动物。”

生物学家在研究非人灵长类的智力时，发现了这样一个事实：实验室的试验无可置疑地证明，猴和猿非常聪明；然而，野外的研究却表明，在谋生方面，并不需要太多的智力。答案在灵长类的社会生活方面。灵长类动物的群体，在大小和组成上并没有什么特别的地方，但是在群体内部个体之间的相互作用上，却远比其他哺乳动物复杂。它们之间有一个错综复杂且不断变化的彼此“结盟”的网络。灵长类的个体在一定程度上是靠结盟关系和使用谋略，而不全是靠体力在群体内部的竞争中获益并取得成功。它们的谋生方式并没有明显地超出其他哺乳动物。推动非人灵长类智力增长的选择压力主要来自复杂的社会关系和相互作用。

21.1.3 人与猿在解剖性状上的差别

人类具有许多灵长目特别是简鼻猴亚目动物的共同特性，如：人的手是“五指”型的，每个指都比较灵活；指甲代替了爪子；两眼朝前，视野重叠；视觉发达而嗅觉不太发达；肩关节和髋关节有比较大的活动度；等等。然而，从猿到人，生存方式发生了深刻的变化，在体质上也必然会发生相应的变化。

在人猿超科中，只有人适应于完全的直立姿势和仅仅用两足行走（图 21.3）。人的头部位于躯干的上部，而不是在躯干的前面。人的脑容量在灵长目动物中是最大的。猿的脑容量约为 400 ~ 500 mL，而人的脑容量平均为 1350 mL，为猿的 3 倍。相应地，人的颅骨比猿的大得多，在眼眉之上有一个高耸的额，而猿的额则是后倾的。人的牙齿比较小，尖牙已经门齿化，颌部后缩；而猿的牙齿较大，尖牙突出牙列，颌部突出。人类已经淘汰了将尖牙用于断杀的功能。人的头部平衡地安置在脊柱之上，附着在枕骨和脊柱之间的肌肉减弱，下颌骨和面部及颧骨之间的肌肉也减弱，保护眼睛的强化

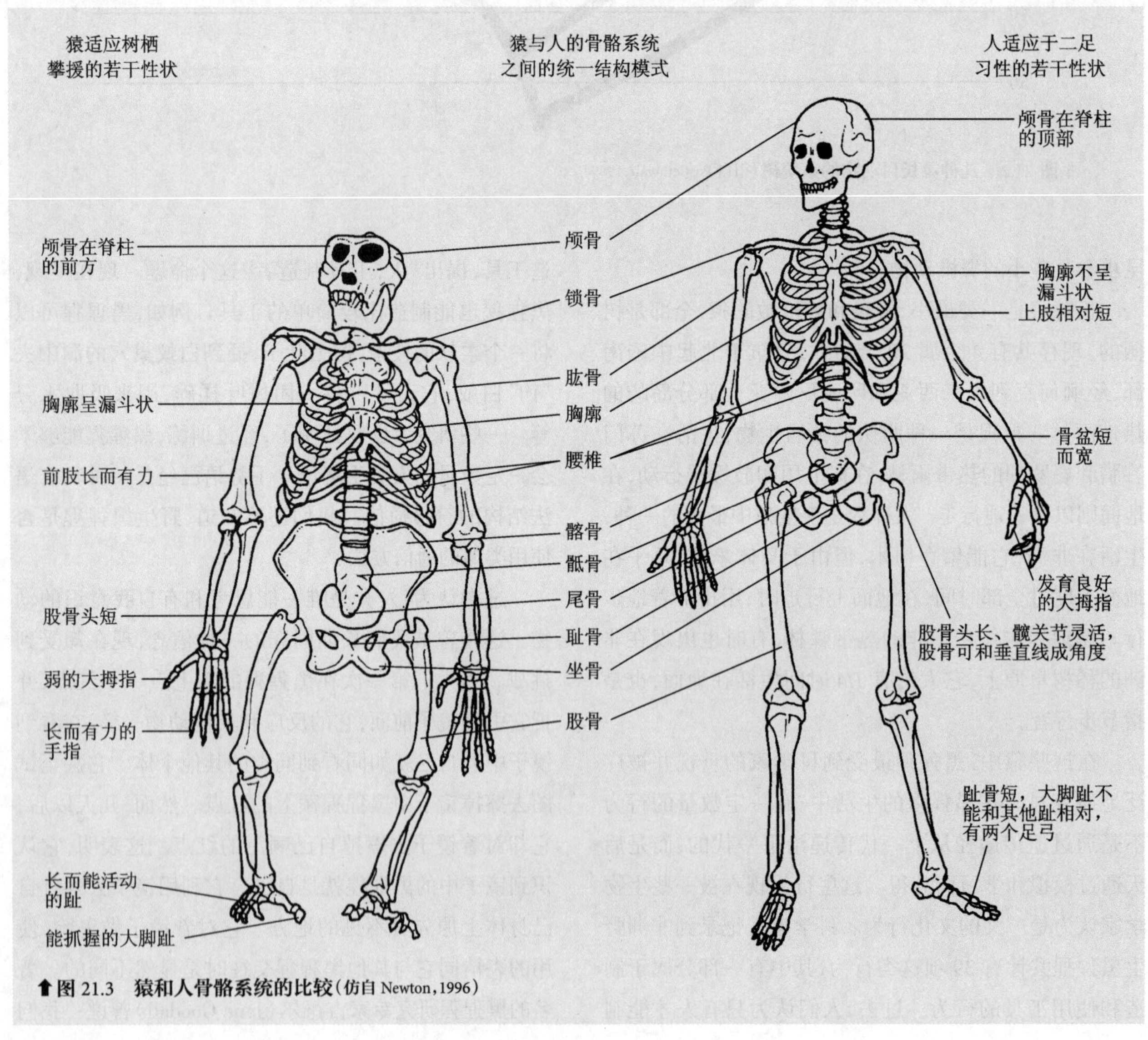

⬆图 21.3 猿和人骨骼系统的比较（仿自 Newton，1996）

结构眉脊消失,人的头部和面部表面变得比较平滑,不再具有猿那样粗犷的外形(图 21.4a)。人颅骨基部的枕骨大孔在颅基的中央,脊柱的上方;猿的枕骨大孔位于颅骨的后部。

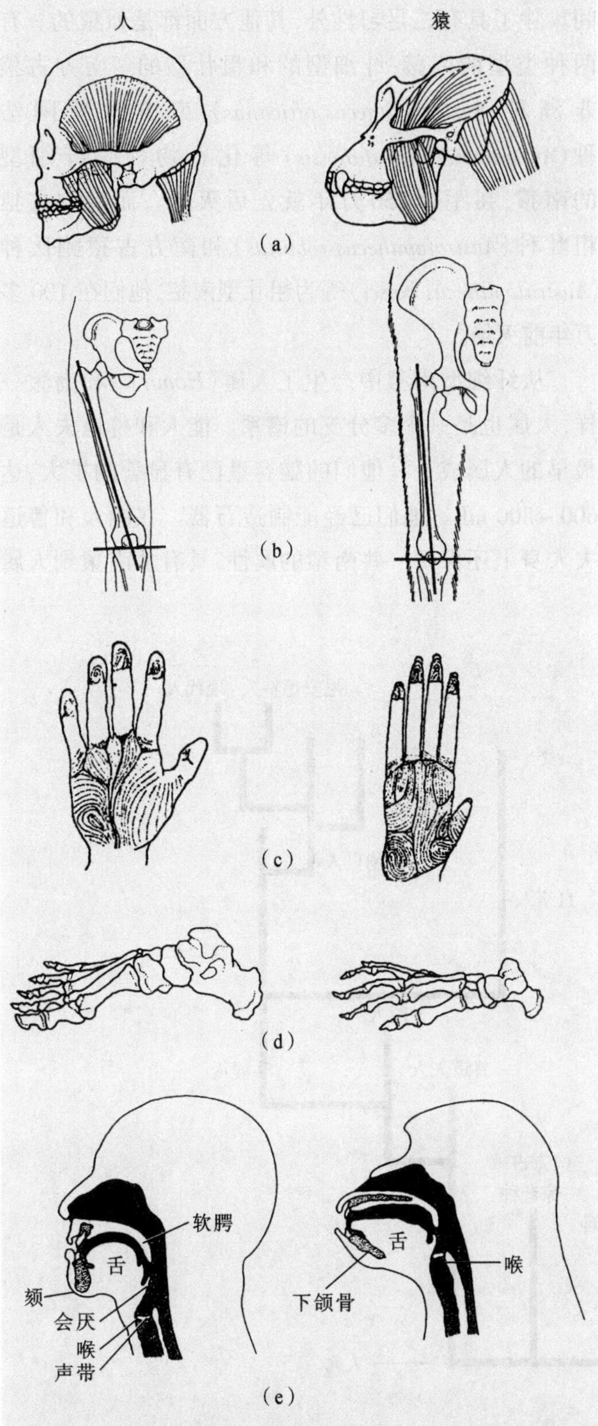

⬆图 21.4 人与猿几个解剖性状的比较

(a) 颅骨:人的头部位于躯干的上部,枕部肌肉较弱;猿的头部位于躯干的前部,有强大的枕部肌肉。(b) 股骨:人的股骨和躯干垂直线形成角度,猿的趋于平行。(c) 大拇指:人的大拇指发育良好,而猿的是简缩的。(d) 脚底:人的脚底部有发育良好的脚弓,猿几乎是平的。(e) 喉的位置:人的喉在喉咙中的位置比猿低得多。

人的股骨在行走时常常和躯干的垂直线形成一个角度,一只脚着地时身体的重心仍能接近于中轴;而猿用两足行走时股骨总是和身体垂直线平行,身体重心在左右脚两者之间来回变动,导致周而复始的左右摇摆(图 21.4b)。

直立行走使人手从行走中解放出来,成为劳动器官。人手短而宽,指骨直,有比较宽的指尖;猿手比较长,指骨是弯曲的,指尖狭窄。二者最大的区别在于,人的大拇指得到很好的发育,而猿的大拇指是简缩的(图 21.4c)。

人脚已经失去抓握能力。人脚的大趾和其他趾并行排列,成为行走时的着力点。人脚底部有纵向和横向的脚弓。而猿的大脚趾和其他趾能相对运动,可以用于抓握,脚底板几乎是平的(图 21.4d)。

猿和其他哺乳动物的喉位于喉咙的高处,而人的喉在喉咙中的位置要低得多(图 21.4e)。因此,人有一个长而大的声道,加上人的舌头在口腔内比较灵活等因素,人可以发出 50 种音素而猿只能发出 12 种音素。

猿新生儿的脑容量大约为成年猿的一半。人脑容量约为猿脑的 3 倍,人的胎儿必须提前到脑容量为成年人的 1/3 时出生,才能顺利通过骨盆的开口。而提前出生的初生儿,毫无自助能力。不仅如此,儿童期还向后延长。这就使人在幼年需要亲代抚育的时间特别长。这对于人学习和接受社会文化,成为一个社会的人、文化的人是非常重要的。

人类体质特征在演化过程中并不是同时出现的,也不是齐头并进的,而是渐次出现的。在人的远亲和现代人之间出现过一系列的中间类型。

21.2 人类的演化过程

21.2.1 一个多分支的人亚族谱系

现代人在没有其他人亚族成员与之进行竞争的条件下,独自在地球上生活了 4 万多年。20 世纪五六十年代,一些演化生物学家认为,地球上没有可供一种以上孕育文化的人亚族成员生存的生态空间和资源。在人亚族的系统树上,除了有一个通向粗壮型南猿的分支外,其他的化石人类都位于人亚族系统树的主干上,它们分别代表着从古猿到人的某一时段,当新种从原先物种中产生出来时,原先物种也就不复存在。这就是直线演化(anagenesis)模式。

20世纪70年代后期，在肯尼亚北部出现的证据无可辩驳地证明，180万年前，图尔卡纳（Turkana）湖畔同时有4种人亚族成员生活在那里，他们是：南方古猿粗壮种（*Australopithecus robustus*）、能人（*Homo habilis*）、鲁道夫人（*Homo rudolfensis*）和匠人（*Homo ergaster*）。人们开始摒弃直线演化模式而采用分支（cladogenesis）模式（图21.5）。

直到20世纪末，人们发现的最古老的化石人类是440万年前的南方古猿始祖种（*Australopithecus ramidus*），后被命名为一个新属——地猿（*Ardipithecus*），种名不变。2001年报道了距今520万～580万年的地猿始祖种家族祖先亚种（*Ardipithecus ramidus kadabba*）以及距今600万年的原初人图根种（*Orrorin tugenensis*）。2002年报道了距今700万年的化石人类撒海尔人乍得种（*Sahelanthropus tchadensis*）。他们已经愈来愈接近人与猿的分支点了。他们都还栖息在森林里。一些人类学家认为，最早的人亚族成员更多像猿，但是有初步的二足行走能力和小的尖牙这两个似人的性状。在这4个物种中，撒海尔人尖牙较小，尚不能确认是不是二足动物，其他都已经具有一定的二足行走的能力。

在这几种最古老的人亚族动物之后，是一个多分支的南方古猿的谱系。南方古猿（以下简称南猿）是稀树草原上小脑袋的二足猿，脑量在400～500 mL之间。除了具有二足习性外，其他方面都是似猿的。有两种类型的南猿：纤细型的和粗壮型的。南方古猿非洲种（*Australopithecus africanus*）、南方古猿阿法种（*Australopithecus afarensis*）等化石物种是纤细型的南猿，在距今250万年就先后灭绝。而南方古猿粗壮种（*Australopithecus robustus*）和南方古猿鲍氏种（*Australopithecus boisei*）等为粗壮型南猿，他们在100多万年前灭绝。

从纤细型南猿中产生了人属（*Homo*）。和南猿一样，人属也是一个多分支的谱系。能人和鲁道夫人是最早的人属成员。他们的脑容量已有显著的扩大，达600～800 mL。他们已经能制造石器。在能人和鲁道夫人身上还保留一些南猿的属性，具有从南猿到人属

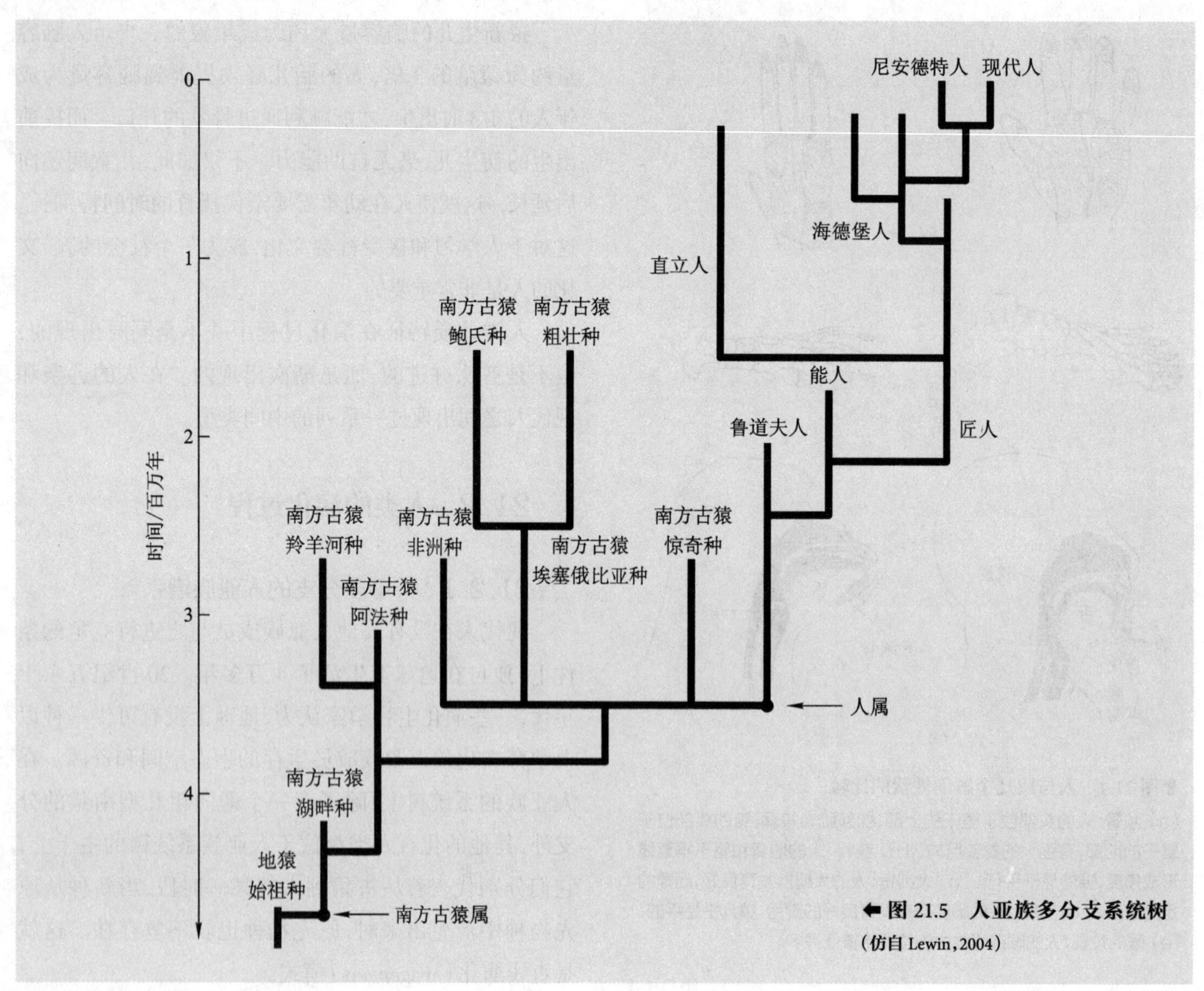

图21.5 人亚族多分支系统树
（仿自Lewin，2004）

	南方古猿阿法种	南方古猿非洲种	南方古猿粗状种	能人	直立人	现代人
生存年代（百万年前）	3.6 ⟶ 3	3 ⟶ 2	2 ⟶ 1.4	2 ⟶ 1.4	1.8 ⟶ 0.3	0.2 至今
脑容量 /mL	400	440	530	660	935	1 400
前臼齿嚼面 /mm^2	107	123	179	109	99.3	69

⬆图 21.6 几种人亚族成员的头骨及脑容量、前臼齿大小的比较

的过渡特征。从能人中产生了匠人和主要分布于东亚、东南亚的直立人（*Homo erectus*）。他们有一副矫健的身材，能在平地上长途跋涉，他们是草原上聪明而又机敏的杂食者。

在距今约 60 万年，由匠人演化产生一些脑容量较大的化石人类。其脑容量在 1000 mL 以上，但仍保留不少原始特征。人类学家起初将他们称之为“古老型智人”（archaic *Homo sapiens*）。后来有学者将分布于非洲和欧洲的“古老型智人”归入海德堡人（*Homo heidelbergensis*）。从海德堡人产生了尼安德特人（*Homo neanderthalensis*）和现代人（modern *Homo sapiens*）。在距今 4 万年左右尼安德特人灭绝，现代人成为硕果仅存的人亚族成员（图 21.6）。

21.2.2 直立姿态的演化在脑的扩大之前

1924 年，解剖学家达特（Raymond A. Dart）在南非发现了一种出自塔翁（Taung）地方的小孩头骨化石。他的脑容量小，约 400 mL，按单位体重的脑容量来算，较大于现生大猿，但仍处于猿的水平。然而，他的枕骨大孔却同人一样，位于头骨基底的中央，这表明塔翁小孩已经能直立行走（图 21.7）。达特将这种化石称为南方古猿非洲种（*Australopithecus africanus*）。他认为，这是在已发现的化石中与人的系统最亲近的一种已灭绝的猿。当时多数人类学家认为，只有某种大脑袋的似猿的生物才能充任人类的远祖。达特的主张引起许多人类学家的反感。这种反感使达特的发现长期湮没无闻。

20 多年以后，人们在非洲发现了一个又一个新的南猿化石。多数人类学家才认可 200 万年前的南猿是早期人亚族成员。人们开始认识到，在人类演化的早期，推动演化的首先是直立行走及有关行为和结构的变化，而不是脑的扩大和语言的形成。

1976 年利基（Mary Leakey）等人在坦桑尼亚的莱托里（Laetoli）大约 360 万年前沉积下来的火山灰中，发现有人亚族成员的足迹，这证明在 360 万年前已经存在能直立行走的人亚族成员。

1974 年，古人类学家约翰森（Donald C. Johanson）等人在埃塞俄比亚阿法（Afar）地区的哈达（Hadar）地点，发现了几百块人亚族化石，其中有一个女性骨架，含有 40% 的骨骼。发现者将此化石骨架命名为“露西”（Lucy）（图 21.8）。经测定，大约距今 300 万年至 360 万年。在 20 世纪 70 年代，这是人们发现的最古老的人亚族化石，被命名为南方古猿阿法种（*Australopithecus afarensis*）。

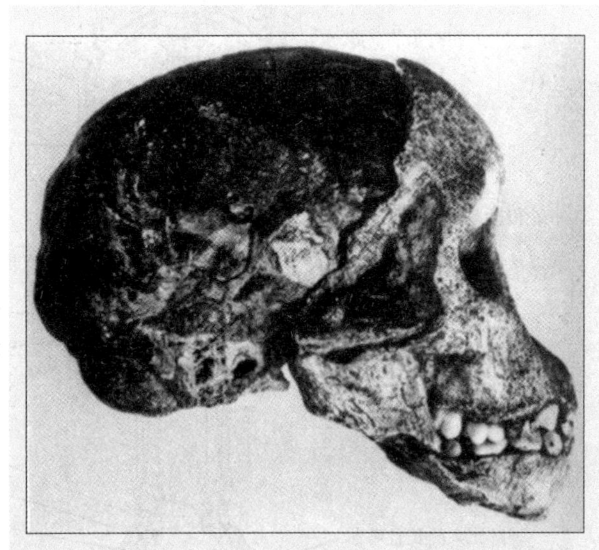

⬆图 21.7 塔翁小孩头骨化石

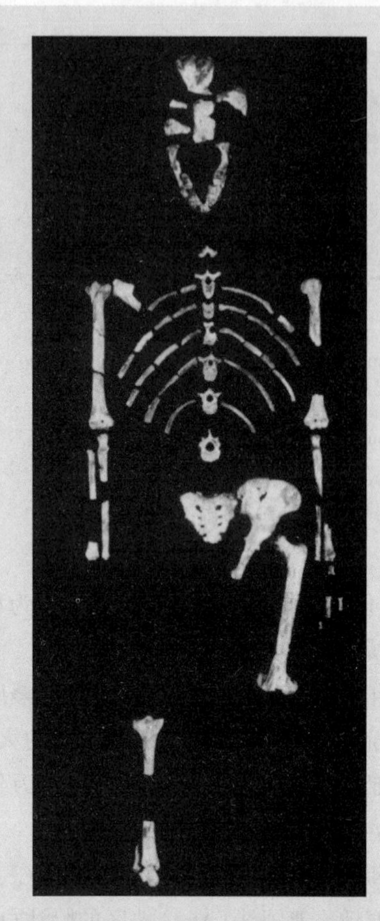

⬆图 21.8　露西骨架（引自 Jolly，1995）

人们对露西进行了详尽的研究，发现她既能直立行走，又仍然是树木的攀援者。她的骨盆短而宽，足具有似人的脚弓，大脚趾已不能和其他脚趾对握，股骨与躯干的垂直线能形成外翻角，这一切都说明露西已经能直立行走。同时，她的指（趾）骨是弯曲的，肩关节偏向颅侧，前肢比后肢要长（与人相反），这些说明她仍然经常攀援到树上。她的胸廓呈向下的漏斗形，显得大腹便便，不适于长途跋涉。看来，露西能在地面行走，在稀树草原上活动，但她仍然以森林作为庇护所（图 21.9）。

2006 年，阿莱姆塞吉德（Zeray Alemseged）等人报道，他们在哈达地点又发现了一具南方古猿阿法种化石，距今 330 万年左右，是一个女童的遗骸，取名为塞拉姆（Selam）。这具骨架非常完整，在露西骨架上所缺的东西，都保存了下来。塞拉姆骨架支持人们对露西研究所作的主要结论，并提供了许多新的证据。例如，塞拉姆内耳的 3 个半规管是似猿的而不是似人的，这说明南方古猿阿法种的二足行走还是不完善的。塞拉姆的出现为研究人类演化提供了十分宝贵的材料。

在人类演化中，直立行走最大的生存价值在于使上肢解放出来，为工具的进一步发展创造了条件。人

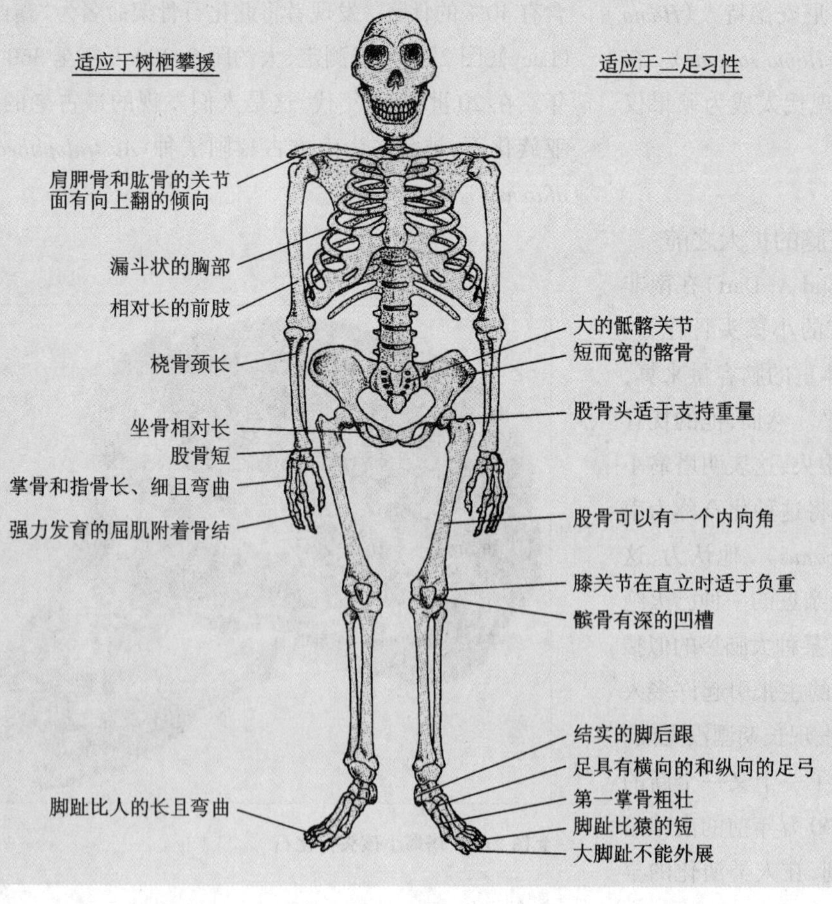

⬅图 21.9　南方古猿阿法种对二足习性和攀援的适应（引自 Jolly，1995）

科动物的手都有一定的抓握能力。有两种不同的抓握方式：一种是指掌相对的力量型抓握，另一种是大拇指和其他指相对的灵巧型抓握。猿的手长而窄，大拇指减缩，更适合力量型抓握；人的手短而宽，大拇指发育得很好，灵巧型抓捏的能力更强。在距今250万年，粗壮南猿和能人的大拇指都发育得很好，具有比猿强得多的灵巧型抓握能力；而且在发现他们的化石的地点都发现了石器，说明他们可能都是石器制造者。

值得注意的是，人类使用工具的最古老的证据是在埃塞俄比亚发现的250万年前的动物骨骼上的切痕。这个切痕说明古人类曾用石器从动物骨骼上切肉。在这个地点发现的化石古人类是南方古猿惊奇种（*Australopithecus garhi*），这是一种小脑袋的古人类。如果真是南方古猿惊奇种用石器切肉，那么人类开始使用石器在脑的扩大之前。

黑猩猩也能制造工具，但它只能徒手制造工具。人们曾反复训练黑猩猩用工具去制造工具，但试验都归于失败。看来，黑猩猩的智力不能使它突破徒手制造工具的局限，再向前跨越一步。250万年前的人亚族成员却实现了这个跨越。当他们用一块石头去敲另一块石头，制造出了带刃的石片和石核。这已经不是徒手制造工具而是在用工具去制造工具。这个跨越为工具的发展开拓了广阔的前景。

在保留粗壮南猿也有制造石器的可能性的同时，人类学家认为，能人是最早的并且在人类演化过程中有重要意义的石器制造者。他不仅有一个比较发达的大拇指而且其脑容量和南猿比已经显著扩大，达680 mL，比南猿大出50%。他的臼齿比粗壮南猿小，能人是杂食者。石器可能是能人的屠宰工具。他们利用带刃的石器切开动物尸体的皮肤去获得皮下的红肉。他们去捡拾食肉动物遗留下来的尸肉，然后再用石器去宰割这些尸肉。一把带刃的石片或石块可以使能人有效地开拓新的肉食资源。这种大脑袋小颊齿的人亚族动物，作为最早的人属成员，标志着一种新的演化趋势从此开始。

21.2.3　聪明而又机敏的杂食者

能人是最早的人属成员，但在其身上还保留有一些南猿的特征，如他的指骨是弯曲的，这是一种明显适应于攀援树木的性状。从能人中产生出直立人。从直立人那里才可看到人属是不同于南猿的另一类人亚族成员。

20世纪80年代发现的“图尔卡纳男孩”（Turkana Boy）（图21.10），是距今160万年的直立人化石，将其和著名的露西骨架比较一下，就可以看出南猿和人属的差别。南猿和人属都能直立行走，但其灵活性则相差甚远。南猿的胸廓呈向下的漏斗形，而直立人是圆桶形；南猿的下肢相对短，而直立人的下肢相对长；南猿的体重和身高的比例是直立人的2倍，因此南猿身体显得笨重，而直立人矫健。南猿身上还有许多适于攀援的性状，在直立人身上这些性状已经消失。由此可见，南猿直立行走的灵活性是有限的，不适宜奔跑和长途跋涉，而人属则是一种更为活跃的人亚族成员。人亚族动物演化到直立人才最终离开了热带森林这个传统的庇护所。人们将以图尔卡纳男孩为代表的东非直立人重新命名为匠人（*Homo ergaster*），而将直立人（*Homo erectus*）专指分布于东亚和东南亚的与之相似的化石人类，其著名代表就是“北京人”。

北京周口店的“北京人”，1927年发现时命名为 *Sinanthropus pekinensis*，即中国猿人北京种，北京人（Peking Man）是俗称，现将其归入直立人（图21.11）。周口店遗址为我们提供了直立人的生活情景。从发掘

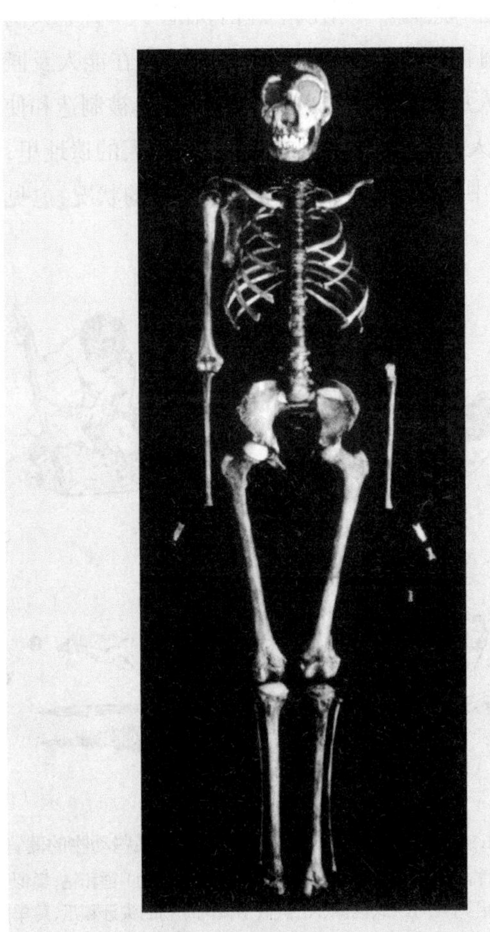

⬆图21.10　图尔卡纳男孩（引自 Jolly，1995）

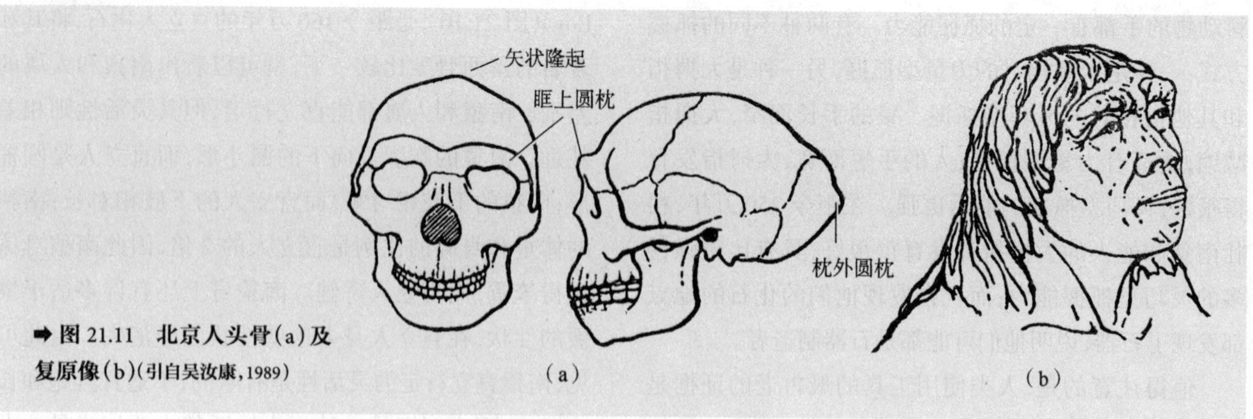

➡图 21.11 北京人头骨(a)及复原像(b)(引自吴汝康,1989)

出来的北京人头盖骨来看,其前额后倾,颅骨上有明显的增强结构,如眶上圆枕、矢状隆起和枕外圆枕。他们的生活基地在洞穴里。洞穴中发现有成堆的灰烬,说明北京人已会用火且能很好地管理火。在灰烬层中,发现许多被烧过的石头、骨头和朴树籽。在洞中还发现大量各种大小的哺乳动物化石,大量是鹿类化石。这说明,肉食已经在北京人的食物中占有一定的分量。

从南猿到匠人/直立人,生存方式发生了很大的变化,南猿以植物性食物为主,像黑猩猩那样,偶尔捕获小动物,吃一点肉。根据以下理由,在匠人/直立人的食谱里,肉食的分量已经显著地增加了。在能人及匠人/直立人那里,石器主要是作为屠宰工具被制造和使用的。在人属起源后,特别在匠人/直立人的遗址里,考古记录中动物骨骼和石器堆积在一起的状况,愈见频繁,这表明肉食的比例在增加。和猿一样,南猿有大的内脏,这个性状和素食有关,而匠人的内脏已经显著变小,这被认为和肉食有关。脑是最耗能的器官,肉食是热量和蛋白质最富集的食物,只有在食物中大大提高肉食的比例,人属才能形成超过南猿的脑容量。当肉食不再是偶尔享用的美食,而是食物中一种不可或缺的成分,这就意味着,人属必须在食肉动物的生态位中占据一席之地,这对于早期人属是一种富有挑战性的事件。

当人类完全地离开森林,面对广阔草原时,人类体质上软弱的一面更加凸显出来:人没有锐利的尖牙和爪,行走的速度显著地低于四足动物,既逃脱不了食肉动物的追捕,又追赶不上食植动物。这时人自身天然装备不够用了,而不得不更多地依靠不断发展的工具,作用于自然界求得生存和发展(图 21.12)。

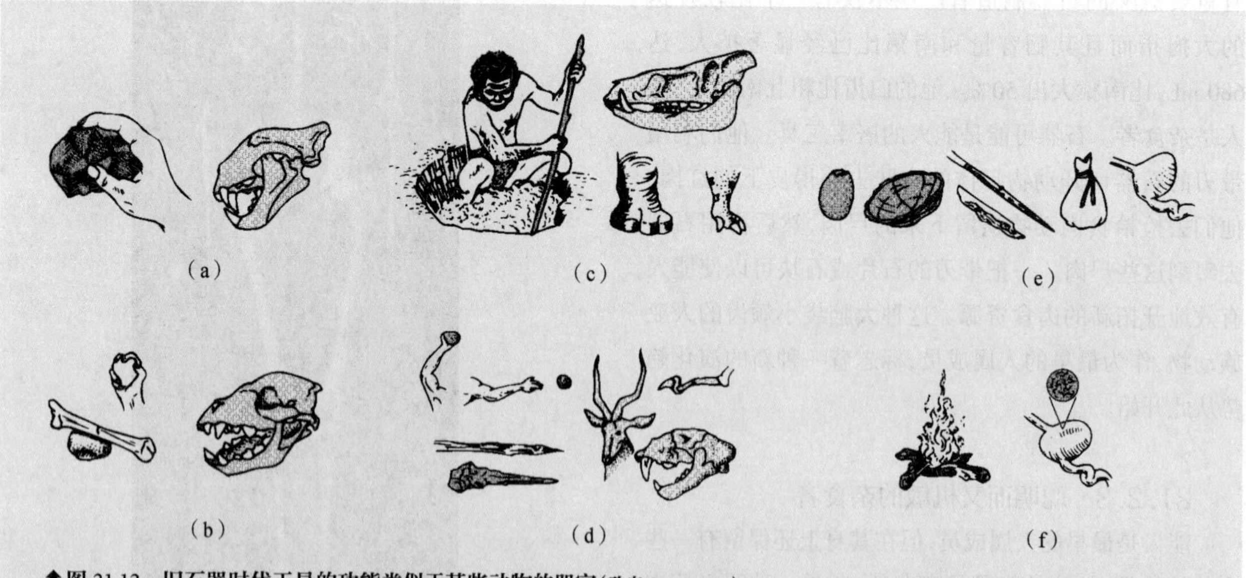

⬆图 21.12 旧石器时代工具的功能类似于某些动物的器官(改自 Stein,1996)

(a) 石片,类似于食肉动物用以切割肉的尖牙。(b) 锤和钻,类似于鬣狗咬碎骨头的牙齿和颌骨。(c) 挖掘棍,类似于野猪的鼻和牙,象等动物的足。(d) 投石、棍棒、矛,类似于食肉动物的尖牙和爪、羚羊的角。(e) 携带装置和容器(木制串肉签、树皮托盘、鸵鸟蛋壳、龟壳),类似于动物的胃。(f) 火,类似于食植动物的胃,其中有能帮助消化的微生物。

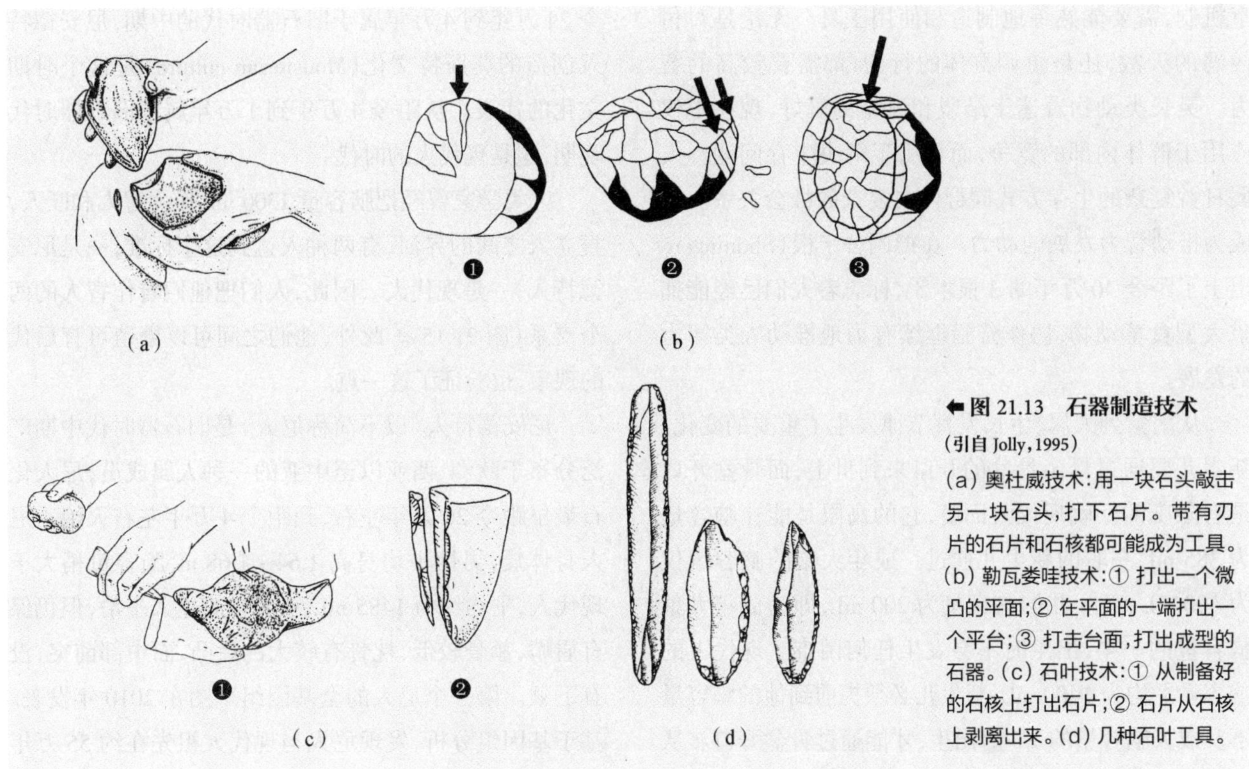

⬅图 21.13 石器制造技术
(引自 Jolly,1995)
(a) 奥杜威技术:用一块石头敲击另一块石头,打下石片。带有刃片的石片和石核都可能成为工具。(b) 勒瓦娄哇技术:① 打出一个微凸的平面;② 在平面的一端打出一个平台;③ 打击台面,打出成型的石器。(c) 石叶技术:① 从制备好的石核上打出石片;② 石片从石核上剥离出来。(d) 几种石叶工具。

在距今 250 万年到 24 万年的旧石器时代早期,能人、匠人、直立人创造了这个时期的石器文化。最早的石器称为奥杜威(Oldowan)石器。石器制造者用石头去敲击另一块砾石,打下石片,石核和石片都可能形成锐利的刃边(图 21.13a)。前者成为砍砸器等工具,后者成为刮削器等工具。制造这样的工具带有很大的随意性,打成什么样子,就是什么样子。到了距今 70 万年,出现了手斧(图 21.14),这是一种两侧对称的石器。这是石器制造者按一定程序和规则打制出来的。以手斧为代表的石器打制技术称为阿舍利(Acheulean)技术。在周口店和东亚直立人遗址很少发现手斧,但也有反复加工修理过的精致石器,如尖状器。匠人和直立人的石器多达 12 种,比奥杜威石器数量更多,而且更为有效。这个时期的石器主要是用来宰割尸肉和挖掘地下块根和块茎。旧石器时代早期人类另一个伟大的技术发明是对火的利用。

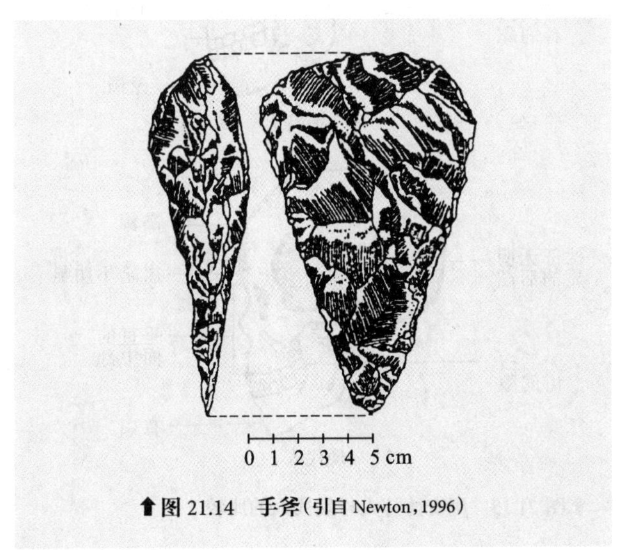

⬆图 21.14 手斧(引自 Newton,1996)

实验证明奥杜威石器是一种有效的屠宰工具。然而,直到距今 40 万年,还没有任何一件可以称得上是武器的工具,可以用来捕猎大型食草动物。对旧石器时代早期遗址中的 15 块动物骨骼化石,用电子显微镜进行检查发现,有 5 块上面的切割痕和咬痕互相重叠,而且咬痕在下面,切割痕在上面。这表明,在食肉动物部分享用了骨头上的肉以后,原始人才用石器剔下剩余的红肉。这意味着,原始人可能是捡拾尸肉来获得肉食的。对原始人来说,这是一种富于挑战性的谋生活动,而不是像一些人所说的那样,是简单的动物式搜寻。

人在草原上,不仅面对多变的气候,而且面临强大的天敌,有猎豹、狮子等凶猛的肉食动物,有老鹰、鬣狗等同样凶狠的食尸动物。它们是原始人不可正面与之较量的竞争者。在稀树草原上的水边林地,原始人要在猎豹、狮子饱餐一顿刚刚离去,老鹰、鬣狗尚未到来时,取走剩肉是相当困难的。为了拾取到残肉,并将新鲜尸肉运到安全的地方处理,原始人需要及时准确地获得有关的信息,需要一个精确的有深度的计划,需要同伴之间密切的配合与协作以及与之相适应的食物共享机制，需要能熟练地制造和使用工具。无论是对付凶恶的天敌，还是协调群体的行为，都需要较高的智力。灵长类动物着迷于结盟和谋略的癖好，现在不仅应用于群体内部的竞争，而且用于解决生存问题。人属日益复杂的生存方式同群体内复杂的社会关系一起成为推动智力发展的动力。在德国舍宁根(Shöningen)出土了距今40万年的3根木矛，标志着人们已经能捕猎大型食草动物，协作狩猎继续有力地推动人类智力的发展。

从南猿到人属，生长发育节律发生了重要的变化。新生儿要通过母亲骨盆的开口来到世上，而骨盆开口是有限度的。就现代人而言，它的高限是能让脑容量为385 mL左右的新生儿通过。成年大猿的脑容量仅为400 mL，新生儿的脑容量为200 mL，即为成年大猿脑容量的一半，出生时不会发生任何困难。现代人的脑容量平均为1400 mL，新生儿必须提前到他的脑容量不及成人脑容量的1/3时出生，才能通过骨盆开口。从演化观点看，人亚族成年脑容量超过770 mL，将脱离似猿的生长形式，新生儿必须提前出生。南猿属于猿的生长形式，能人正处于猿与人生长形式的分歧点上，而匠人/直立人则明显地倾向于人的生长形式。

人属脑容量的增大引起新生儿的提前出生。而提前出生的新生儿是不能自助的，要经历一个较长的儿童期。提前出生本来是一种生物学上的需要，由于它为儿童学习生存技能以及传统和社会习俗等创造了条件，从而具有重要的社会意义。人类只有在幼年通过长期高强度的学习才能按照人的方式去生活。

在人类演化史的匠人/直立人阶段，有若干个意义重大的第一次：第一次按规制来制造工具，第一次主动地狩猎大型食草动物，第一次出现家庭基地或营地，第一次使用火，第一次显示出有漫长的童年，第一次走出非洲。这些“第一次”说明不仅在体质上，而且在生活方式上已经超越了猿，他不再是似猿的而是似人的。但是，我们又不能把他们的生存方式设想得过于现代了，在整个旧石器时代早期，石器技术长期处于停滞不前状态，只有等到语言和象征思维有了充分的发展，技术革新的速度才会加大，在那以后，生存方式才是完全的人的生存方式，即现代人的生存方式。

21.2.4 旧石器时代中后期的人类

从距今250万年到24万年属于旧石器时代的早期，能人、匠人、直立人创造了这个时期的文化。从距今24万年到4万年属于旧石器时代的中期，尼安德特人创造的莫斯特文化(Mousterian culture)是这个时期文化的代表。从距今4万年到1万年属于旧石器时代晚期，这是现代人的时代。

人类学家曾经把脑容量1300 mL作为智人和匠人/直立人之间的界河，有两种人达到这个标准，一是尼安德特人，一是现代人。因此，人们把他们看作智人的两个支系(图21.15)。此外，他们之间可以繁殖可育后代的现象，也验证了这一点。

尼安德特人(以下简称尼人)是旧石器时代中期广泛分布于欧洲、西亚以至中亚的一种人属成员，尼人化石最早距今20万年左右，到距今4万年左右灭绝。尼人身体矮，男性平均身高1.64～1.68 m，脑容量稍大于现代人，平均约为1485 mL，头骨较直立人平滑，但仍保有眉嵴，额骨较低，枕骨有较大的后凸，面中部前突，没有下颏。第一个尼人的全基因组草图在2010年发表。基于基因组分析，发现尼人与现代人祖先在约55万年至76.5万年前分离，其后又与现代人发生了多次基因交流。

在大约20万年前出现了勒瓦娄哇技术(Levallois technique)(见图21.13b)。这种技术先对石核进行加工，第一步打出一个微凸的平面，再在平面的一端敲出一个台面，然后打击台面，打出成型的石器。与阿舍利技术相比，用同样数量的燧石，勒瓦娄哇技术可以打出切

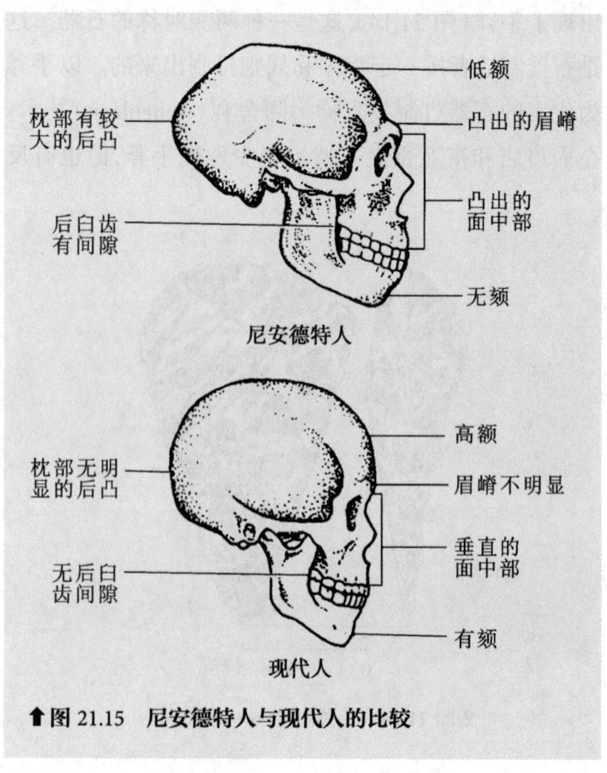

图21.15 尼安德特人与现代人的比较

割刃边更长的石器。勒瓦娄哇技术促进了旧石器时期中期尼人莫斯特文化的发展。尼人改进了勒瓦娄哇技术，从一块石核可取得更多的石片，然后对这些石片再精细地加工修整。莫斯特工具更加多样，石器种类达60多种，包括刨木用的具凹口的石片和许多种可装在木棒上作成矛的尖状器。这使他们能更好地获得和利用食物资源。尼人已会制造衣服，这使他们可以生活在寒冷地区。有证据表明，尼人对死者进行仪式性埋葬，残疾人在人群中受到照顾。

小雕像、洞穴画、身体饰物是象征思维的产物，过去认为它们仅仅出现在旧石器时代晚期，为现代人所创造，现在这个界限已被突破。例如，法国的 Grotte du Renne 遗址是尼人的遗址，在那里发现一组穿孔的兽牙组成的饰物，过去认为只有旧石器时代晚期的现代人才能创造这种饰物。

旧石器时代中期还存在另外一种人属成员——丹尼索瓦人（Denisovan，以下简称丹人）。古遗传学家从西伯利亚阿尔泰山的丹尼索瓦洞发现的一节指骨中提取出古 DNA，根据 DNA 遗传信息，判断这一个体属于一种不同于现代人和尼人的未知人属成员，并以其发现地命名为丹尼索瓦人。和尼人一样，丹人的全基因组草图也于2010年发表。丹人是尼人的姐妹群，约在38.1万至47.3万年前与尼人分离。2019年一项蛋白质研究表明，我国甘肃省夏河县发现的人类下颌骨化石来自丹人。2020年，在该地区白石崖遗址距今10万至6万年的沉积物里明确获得了丹人的线粒体 DNA。结合化石证据和分子生物学证据，说明丹人曾经广泛分布于亚洲东部，而且可能早在现代人之前就已经在青藏高原生存。

现代人是仅存的人亚族成员。最早发现的化石现代人是克罗马农人（Cro-Magnon）。和尼人不同，现代人有比较修长的身材，不那么粗壮，面部较扁，头骨较高，头骨骨壁较薄，约在20万年前出现。在距今4万年的旧石器时代晚期，现代人创造了比尼人及其他人亚族成员所创造的更为发达的文化，尼人、丹人及其他人亚族从此消失了。

在4万年前现代人创造了石叶技术（blade technique）（见图21.13c），实现了石器打制技术上又一次重要革新。人们先从精心制备好的石核上打出窄而长的石片，然后再加工成各种工具和武器（见图21.13d）。它比勒瓦娄哇技术更加先进。从同样大小的石块打制出可用的刃口，是勒瓦娄哇技术的10倍。这时骨器也有了很大发展，包括矛、投枪、渔叉、鱼钩及有眼的针。有一种用于投掷武器的投矛器，是人类发明的第一个人工推动工具（图21.16）。这时工具的种类达100多种。现代人在4万年前不仅创造了石叶技术，他们还创造了雕像（图21.17）、洞穴绘画等形式的艺术，他们用笛子和哨子来吹奏音乐，制作了精美的装饰品，包括各式各样的珠子、穿孔的象牙、垂饰、手镯等。在旧石器时代后期现代人表现出空前的感知力和创造力。在这之前，工具和技术的发展是以10万年的时间尺度变化着；而在这之后，是以千年为尺度变化着，并且继续加速向前发展。

在承认语言和象征思维有着古老渊源的条件下，

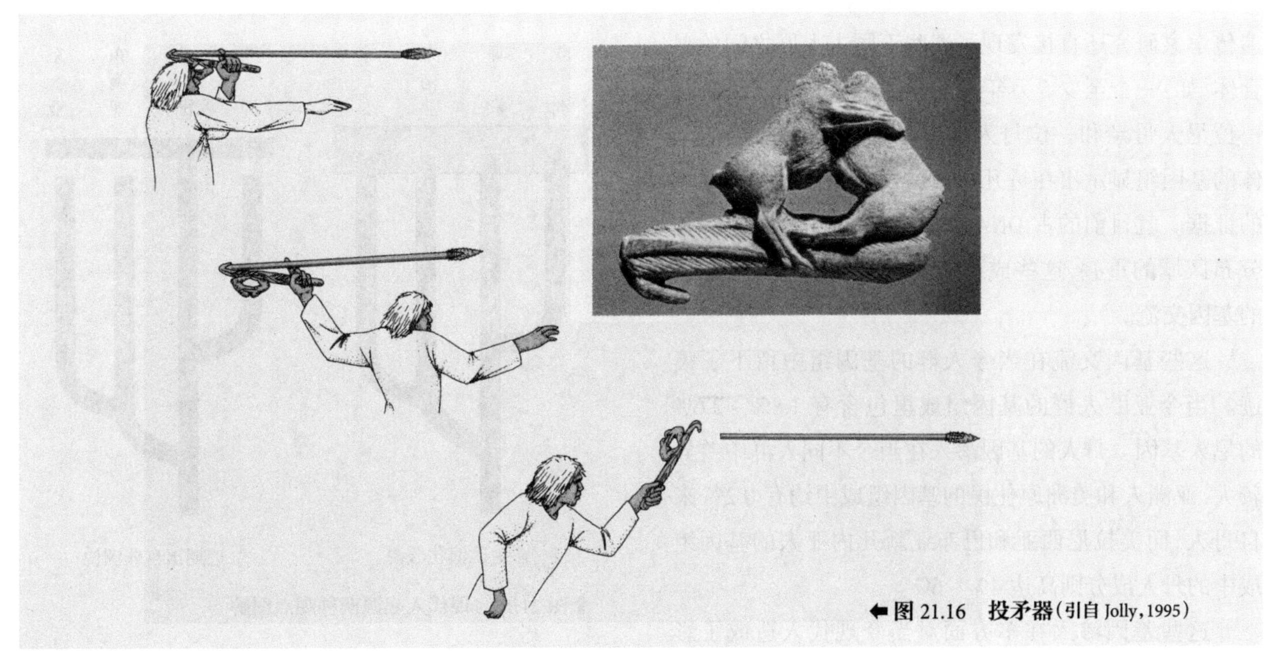

←图 21.16 投矛器（引自 Jolly，1995）

⬆图 21.17 "维纳斯"小雕像(引自 Stein,1996)

我们同时看到在 4 万至 3.5 万年前,象征思维获得了一次跨越式的发展。在这之前,象征物只是偶尔显现,无论在时间上还是在空间彼此都相距甚远,而在这之后则是簇拥而来。人们相信,到了旧石器时代晚期,人们具有了能充分表达的语言和比较发达的象征思维,创造力得到空前提高,只有到这时,人类才确立了完全属于自己的人的生活方式和生存方式。

21.2.5 古老型人类和现代人的基因交流及其影响

古老型人类尼人和丹人作为现代人的近亲,在灭绝前的很长一段时期内与早期现代人共存并发生了多次基因交流,给现代人贡献了基因并造成了深远影响。现代人和尼人的混合导致尼人的线粒体和 Y 染色体可能在距今约 37 万至 22 万年被现代人取代。此外,古遗传学家研究还直接发现了这些不同古人群之间的混合体,如:一个至少 5 万年前的个体(Denisova 11)拥有一位尼人母亲和一位丹人父亲;几个约 4 万年前的个体的基因组显示出在近几代内现代人和尼人基因交流的证据。就目前的古 DNA 证据来看,由于生存时间和分布区域的重叠,这些成员之间可能发生过相当频繁的基因交流。

这些基因交流在当今人群的基因组中留下了痕迹。当今亚欧人群的基因组成里包含有 1.8%~2.6% 的尼人基因。丹人的基因渗入在当今不同人群中差异较大,亚洲人和美洲原住民的基因组成中约有 0.2% 来自丹人,而美拉尼西亚和巴布亚新几内亚人的基因组成中的丹人成分则高达 4%~6%。

这些基因渗入在多方面对当今现代人造成了影响。当今现代人基因组中与功能相关的基因区域附近缺乏尼人的基因渗入,这可能是受到自然选择的结果。尼人基因组中丰富的基因变异类型,如影响血浆低密度脂蛋白浓度、维生素 D 浓度、饮食失调、内脏脂肪累积、类风湿性关节炎、精神分裂症等方面的基因变异,对非洲大陆外的现代人均产生了影响。这些尼人的基因渗入可能给现代人带来了一些健康隐患,包括增加对糖尿病、肝硬化、红斑狼疮、局限性肠炎等疾病的易感性。

还有一些基因渗入和现代人的适应性有关。现代人基因组中含有大量源自尼人的能影响角蛋白合成的基因,这种基因能影响皮肤和毛发,帮助现代人较快地适应亚欧大陆较冷的环境。当今藏族人群具有高频率的低氧诱导因子 EPAS1 基因突变体很有可能与丹人有关。这个基因突变体可编码能够刺激产生红细胞和提高血液中血红蛋白含量的转录因子 HIF2α,可能和藏族人的高原适应性相关。此外,格陵兰岛的因纽特人基因组中的两个和身体脂肪分布相关的区域受到了强烈正选择,而这些变异也可能来自丹人。

21.2.6 现代人起源于何时何地

在距今 4 万至 3 万年,尼人及其他古老型人类消失了,现代人分布到世界各地。现代人从何而来?对此有两种不同的假说(图 21.18)。

一种是多地区演化假说(multiregional evolution hypothesis)。某些人类学家根据化石证据主张,现代人从原先分布于旧大陆各地的古老型人类演化而来。不

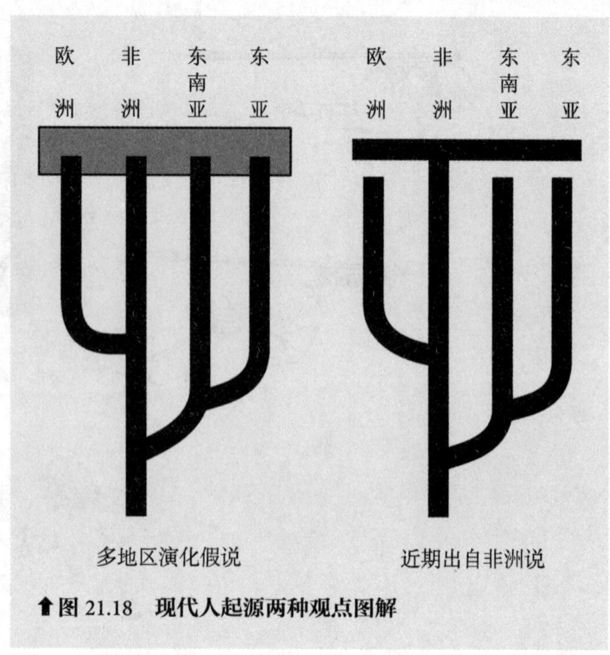

⬆图 21.18 现代人起源两种观点图解

同地区人群多态性特点最早可以追溯到扩散至各地的直立人。他们认为,不管人类种群居住在何种环境之中,他们不是依靠自身器官的变化,而是依靠发展合适的工具去适应环境。他们又都是通过脑的演化和提高认识能力做到这一点。因此,不同地区的人都彼此平行地从最早扩散到该地区的古人类连续演化成现代人。他们相信,邻近种群之间存在基因交流,使今天的人类同属一个物种。

和上述多地区演化假说对立的是近期出自非洲说(recent African origin)。这个假说认为现代人起源于约20万年前的非洲,再从非洲扩散出去,最后完全代替了各地的古老型人类。这个假说现在获得以下证据的支持。

在20世纪80年代以前,在西亚以色列一带发现的尼人化石断代在6万年之前,而现代人化石在4万至5万年前,这个顺序曾经是现代人是由尼人演变而来的有力证据;80年代用更先进的方法重新测定,这个顺序倒了过来。该地区现代人化石大多早于尼人化石4万年之久,因而尼人不可能是多地区演化假说所描述的欧洲和西亚地区现代人的祖先。

图21.19是一个经典的谱系图,1987年由威尔逊(A. Wilson)和他的同事所制作。他们测定了来自不同地理群体的147个个体的线粒体DNA的遗传的分歧。该谱系图显示,今日全球人类群体的线粒体DNA的序列差异很小,只有不超过0.6%碱基序列差异,他们有一个较近的共同祖先。在所有的群体中,来自非洲的群体标本,他们彼此之间的分歧比非洲以外的群体间分歧都大。因此,非洲的群体之间有一个相对最远的共同祖先。非洲以外各地群体间有不同程度的差异,距离非洲最远的新几内亚、澳大利亚原住民群体之间的差异最小。威尔逊等人得出结论,现代人起源于非洲,然后再迁移到亚洲和欧洲。

1997年,古遗传学家成功地从欧洲尼人化石中提取到线粒体DNA,这就为直接验证多地区演化假说创造了条件。如果欧洲现代人来自尼人,两者之间线粒体DNA序列差异应该较小,他们同其他地区的现代人差异应较大。结果恰恰相反,两个尼人线粒体DNA的序列差异达3.5%碱基对,尼人和现代人的差异却高达24%碱基对,而现代人之间的差异很小。结论是,在人的演化历史上,尼人形成一个自己的分支,现代人形成另一个不同的分支。欧洲现代人并非来自尼人,这个结论也在后续的古核基因组研究中得到了验证。

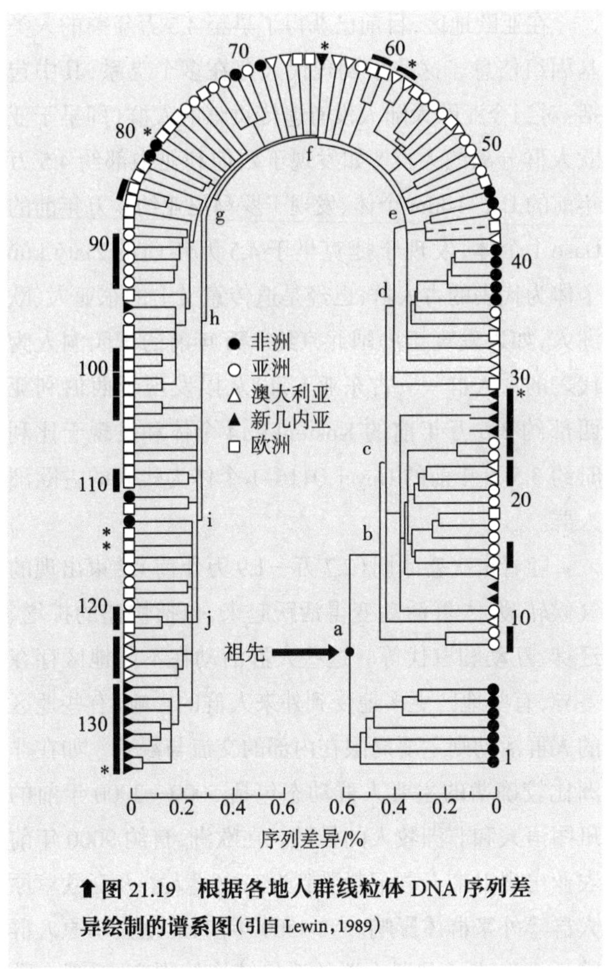

⬆图 21.19 根据各地人群线粒体DNA序列差异绘制的谱系图(引自Lewin,1989)

近年来研究表明,早期现代人曾多次从非洲向欧亚大陆迁徙,逐渐形成了现代人的分布格局。

现在多数古生物学家放弃了尼人是直立人向现代人演化的一个过渡阶段的观点。但是值得注意的是,古DNA证据表明从非洲走出的现代人并非完全取代了当地的古人类,而是和他们或多或少繁殖了后代。

21.2.7 现代人的遗传学历史

虽然最早的现代人化石出现在非洲,但早期现代人的化石主要发现在亚欧大陆。由于化石材料的数量和保存条件限制,目前还没有早于5万年的早期现代人基因组数据公布。亚欧地区已发表的超过4万年的个体包括发现于捷克的Zlatý kůň个体,来自保加利亚的3个Bacho Kiro个体,以及发现于西伯利亚中部的Ust′-Ishim个体。在东亚,已测序的最早的早期现代人则是距今约4万年的田园洞个体。随着分子古生物学领域的发展,截至2022年12月,已有超过1万个古基因组发表。这些古基因组学研究使我们对现代人的人群历史有了一定的了解。

在亚欧地区，目前已获得了早至4.5万年前的人类基因组信息。这些早期现代人存在多个支系，其中包括：对当今亚欧大陆人没有遗传贡献的人群（即早于亚欧人群分离的人群），如发现于西伯利亚中部约4.5万年前的Ust'-Ishim个体、发现于罗马尼亚约4万年前的Oase 1个体，发现于捷克早于4.5万年前的Zlatý kůň个体为代表的古人群；已经是遗传意义上的东亚人、欧洲人，如以发现于中国北京约4万年前的田园洞人为代表的古人群——古东亚人，以及以发现于西伯利亚西部约3.6万年前的Kostenki 14个体和发现于比利时约3.5万年前的Goyet Q116-1个体为代表的古欧洲人群。

随着末次盛冰期（2.7万—1.9万年前）结束出现的气候转暖，人群活动变得活跃起来，包括快速的扩增、迁徙、互动和取代等。这些人群活动在不同地区存在差异，有些地区更多地受到外来人群的影响，有些地区的人群活动则主要局限在内部的交流与混合。如在非洲比较确凿的主要人群动态包括5000—2000年前的班图语人和非洲牧人的扩散。在欧洲，自约9000年前农业出现以来人群不断受到近东农业人群及亚欧草原人群等外来群体影响。约4500年前，亚欧大草原人群的迁徙造成了欧洲人群的遗传结构的剧变，对现今欧洲人产生了重要影响。而中国人群的遗传历史则有所不同，南北两地的人群在约万年前已经出现分化和遗传差异。沿着黄河流域直到西伯利亚东部草原的人群携有一种以新石器时代山东人群为代表的古北方人群成分；而东南沿海及毗邻岛屿的人群则携有一种以新石器时代福建人群为代表的古南方人群成分。随着时间的推移，这两种遗传成分在南北方人群之间发生了流动和变化，使得他们的这种遗传差异和分化程度逐渐缩小。也就是说，在近万年来，中国南北两地的人群在不断发生交流与融合，但是没有受到大量外来人群的影响。此外，新石器时代的古南方人群遗传成分在现在南方大陆人群中大幅降低，但他们对今天的南岛语族人群却有显著影响，而且与新石器时代晚期的东南亚人群有着密切联系。

古基因组学研究最近十几年迅猛发展，为我们打开了一扇通往过去的大门。事实上，不断增加的古DNA证据正在逐渐解答关于人类历史的各种问题：非洲早期的人群活动和古老型人类分布是怎样的？亚欧大陆上古老型人类和现代人交流的时间和范围如何？美洲人群的起源和迁徙路线是什么样的？人类又是在什么时候、如何迁徙到大洋洲？世界各地不同文化人群在过去发生了怎样的交流与融合？……尽管很多问题尚无定论，但是随着古分子实验技术的发展，我们能获取的古分子信息也越来越多：古基因组、古表观遗传组、古微生物组、古蛋白质组等领域正在迅速发展与更新。不仅如此，我们还可以通过特殊的实验技术，从沉积物中获得古老的动植物DNA片段。随着古分子学科和古环境、考古等相关领域的发展，我们将不断揭示更多的人群历史动态，也将更深刻地了解人类怎样在历史的漫漫长河中一直走到了今天。

思考题

1 选择题：从猿到人的演化过程中，几个重要性状出现的次序是：
   a. 脑的扩大→制造石器→直立行走
   b. 直立行走→制造石器→脑的扩大
   c. 新生儿提前出生→脑的扩大→制造石器
   d. 制造石器→直立行走→脑的扩大
   e. 走出森林→直立行走→制造石器

2 黑猩猩有哪些行为和人的行为相似，这给我们什么启示？

3 在20世纪后叶，人猿超科的分类发生了重大变化，其根据是什么？

4 为什么说南猿和人属是两种不同类型的人亚族成员？

5 为什么说早期人属在稀树草原捡拾尸肉，不是一般动物式搜寻而是富于挑战性的谋生活动？

6 试论述制造石器在人类演化中的意义。

7 在匠人 / 直立人阶段有哪6个第一次，说明他们的生活方式有了从猿的生活方式向人的生活方式的意义重大的转变？

8 有什么证据说明现代人类来自非洲？

9 古老型人类如何影响现代人？

10 近万年欧洲和东亚的人群活动各有什么特点？

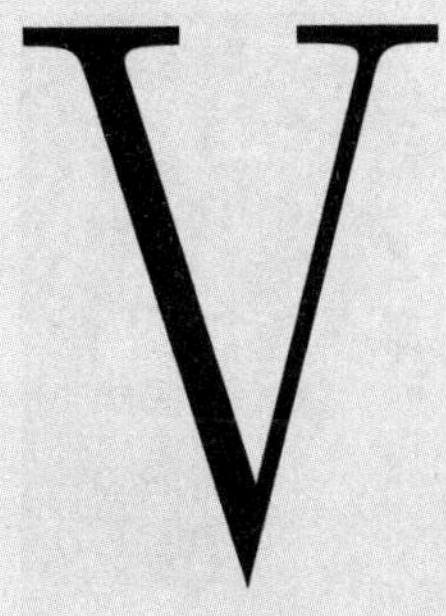

V 植物的形态与功能

22

植物的结构和生殖

珙桐，又名中国鸽子树（引自《中国大百科全书》）

现存绝大多数植物是陆生的，不能移动位置，又必须进行光合作用来制造食物。这就决定了它们要有足够大的表面积来接受太阳光、吸收水分和矿质营养，满足生长发育所需。这一特点决定了植物的基本结构，也就是要枝繁叶茂，根系发达。由于陆生，水成为植物生长发育和生殖的限制因子，在此强大的选择压力下，一些植物演化出了特殊的组织、器官和生活史。本章对植物的形态、结构、生殖和发育作简要介绍。

22.1 植物的结构和功能

22.1.1 什么是植物

作为普通名词，植物指的是，在肉眼观察的范围内，与动物相区别的另一类生物。这个意义上的植物一般具有以下几个特征：① 通过光合作用取得营养；② 没有运动器官，多数固定生活于一个地点；③ 没有感觉器官和神经系统；④ 分生组织终生活动；⑤ 细胞有细胞壁，细胞壁含纤维素。要给出一个能排除所有非植物的生物或者能包括一切植物的定义是很难的。譬如，某些植物，如旋花科的菟丝子属（*Cuscuta*）物种，没有叶子，没有含叶绿素的质体，不能进行光合作用以制造食物，而是靠吸器从寄主植物的韧皮部获取营养。

植物作为分类学中界级类群的名称是植物界，在不同的分界系统中，它所包含的种类和数量不同，能给出的界定也就不同。

林奈将生物分为固着的植物和行动的动物两大类。根据这个定义，在人们从显微镜中看到微生物世界时，植物界成为一个庞杂的类群。它包含着许多不同的生物，既包括不同程度地适应了陆地生活的苔藓、石松类、真蕨类、裸子植物、被子植物，还有单细胞和多细胞的藻类，还包括细菌、蓝细菌、真菌等。

当人们认识到生物界最大的性状差异不在植物和动物之间，而在原核生物和真核生物之间时，二界系统受到质疑。一些生物学家尝试提出多于两个界的方案，主要是把细菌、蓝细菌从植物界移到原核生物界中去；进一步的考虑是如何对真核生物进行分界。有的分类学家提出，把真核生物分为植物、真菌、动物三个界，这样，可把植物界定为光合自养的真核生物。有的分类学家主张把单细胞真核生物放到原生生物界中，把多细胞真核生物分为植物、真菌、动物三界；按照这个方案，植物界包括广义的藻类和五类陆生植物，从而可以把植物界定为光合自养的、多细胞的真核生物。有的分类学家提出把绿藻、红藻、褐藻也放到原生生物界中，植物界只有五类陆生植物，植物也就被界定为光合自养的、多细胞的、陆生的真核生物。近年来，分类学家建议植物界应包括陆生植物、链形藻、绿藻、红藻和蓝灰藻，因此植物又可被界定为具有经第一次内共生产生的质体的、光合自养的真核生物（见第 18 章）。

界的划分是生物学的一个难题。在最近几年，随着生命科学的发展，一些生物类群之间的系统发生关系得到了很好的解释，但有些问题仍未得到厘清。我们相信，在不久的未来，一个更好地反映真核生物各类群的系统发生关系，并为大多数生物学家所认可的真

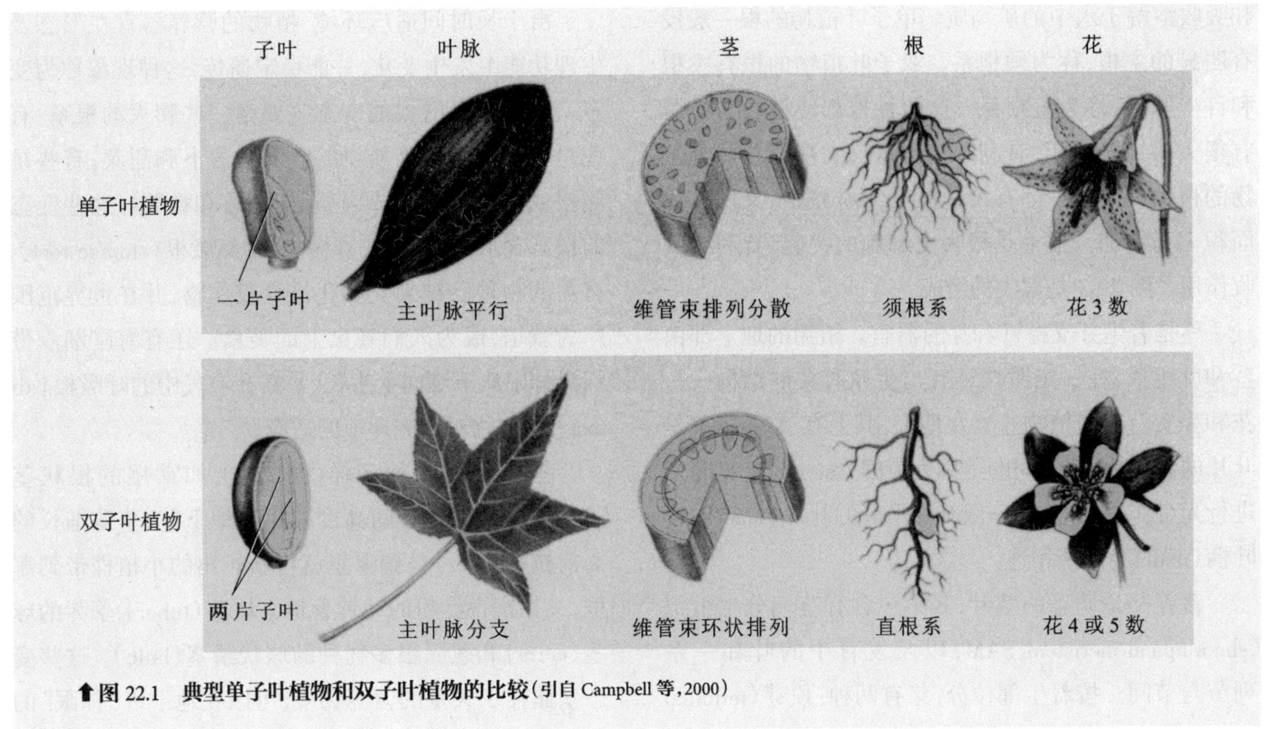

⬆图 22.1 典型单子叶植物和双子叶植物的比较(引自 Campbell 等,2000)

核生物的分类系统,将会出现在我们面前。

就一般意义上的植物而言,无论是在生态系统中的作用,还是和人类的关系,陆生植物都是很重要的。其中被子植物作为最复杂的自养生物,其重要性尤为显著。本篇和其他同类教科书一样,以被子植物为对象来介绍植物的结构和功能。

被子植物在陆地上已存在 1 亿年以上,目前约有 30 多万种。与我们生活关系密切的植物,如粮食作物、蔬菜、果树等都是被子植物。

现行的被子植物系统分类已经在第 18 章介绍。不过一般情况下,人们习惯将被子植物分为单子叶植物和双子叶植物两大类,其根据是它们在形态和结构上的特点(图 22.1)。首要的是胚中最先形成的叶子——子叶(cotyledon)的数目:胚中有一片子叶的称为单子叶植物(monocot),有两片子叶的称为双子叶植物(dicot)。除子叶数目外,单子叶植物的叶脉是平行的,维管束排列分散,花基数为 3(花的各个部分的数目为 3 或其倍数),根为须根系;双子叶植物的叶脉呈网状,花基数为 4 或 5,根为直根系。本章提及的双子叶植物多为 APG 系统中的真双子叶植物(详见第 18 章)。

22.1.2 植物体由各种器官组成

植物要适应陆地环境,必须能够从土壤中吸收水分和矿物质,从空气中吸收二氧化碳并捕获阳光以进行光合作用,还要能耐受干旱的环境。根(root)、茎(stem)、叶(leaf)是植物的三种营养器官,它们共同合作,才能执行这些生理功能,三者缺一不可。图 22.2 是一株典型的双子叶植物,图中标出了各主要结构的名称。

根系有三大功能:将植物固定在土壤中,吸收水分

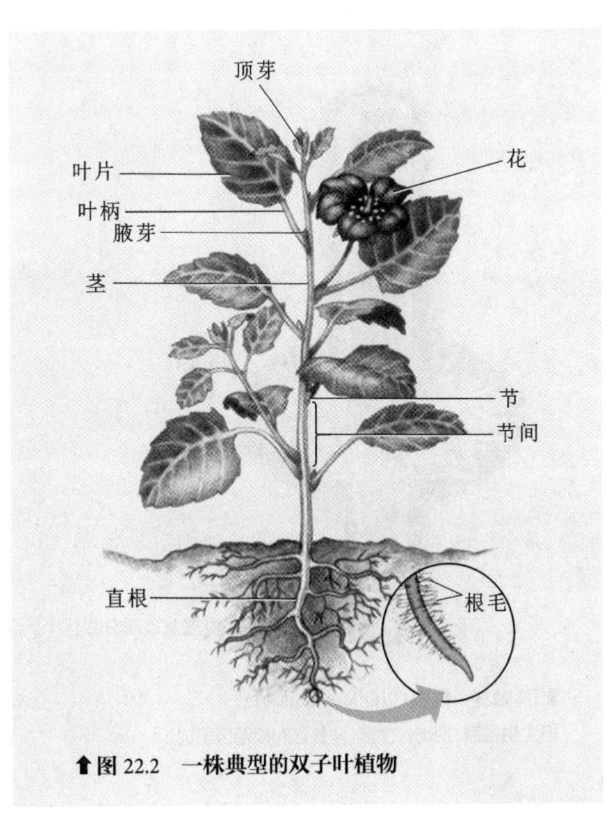

⬆图 22.2 一株典型的双子叶植物

和吸收溶解于水中的矿物质。单子叶植物的根一般没有明显的主根,称为须根系。双子叶植物的根有主根和许多侧根,称为直根系。这两种根都使植物与土壤有很大的接触面积,有利于执行这三大功能。两类植物的根尖(root tip)都有大量根毛(root hair),又使其表面积大为增加。根毛是根表皮细胞的突起,有利于吸收作用。图 22.3 是根尖的组成。

茎是着生并支撑叶和芽的器官。植物的地上部由茎和叶组成,在一定阶段还有与生殖有关的结构——花和果实。茎使植物直立在地上,其上有节(node),是叶片的着生处,节之间的茎称为节间(internode)。叶是进行光合作用的部位,一般有一平展的叶片(blade),以叶柄(petiole)与茎相连。

营养芽是幼态的茎叶,其中包含有茎端分生组织(shoot apical meristem,SAM)以及发育中的叶和一系列节与节间。按着生部位分,芽有两种:顶芽(terminal bud)和腋芽(axillary bud)(见图 22.2)。顶芽使植株长高,腋芽则存在于每一叶柄在茎上的着生处,产生分枝。许多植物的顶芽都会分泌抑制腋芽生长的激素,以保证主干的生长而没有分支,这种现象称为顶端优势(apical dominance)。顶端优势使得植物获得最好的光照,特别是在植株密集的情况下。

由于长时间适应环境,植物的营养器官在形态及生理功能上发生变化,并能稳定遗传,这种现象称为变态。我们常见的根的变态主要是一些膨大的根系:有些是主根膨大成肉质,如胡萝卜、萝卜和甜菜;有些是侧根或不定根膨大成肉质,如木薯和番薯。这些变态的根富含水分、淀粉或寡糖,又称储藏根(storage root),有关的物种已被人类驯化培育成作物,并在世界范围广为栽培,成为人们餐桌上的美食。还有海岸潮汐带红树林中从土壤向上生长、暴露在空气中的呼吸根(air root),是植物对水淹环境的适应。

茎的变态多种多样(图 22.4),如鸢尾的根状茎(rhizome)是一种节间高度缩短的地下茎,草莓细长的匍匐枝(runner)长到哪里就将新长出的小植株带到哪里,又如富含淀粉的马铃薯地下块茎(tuber)、荸荠的球茎(corm)和葱属很多物种的球状鳞茎(bulb)。这些变态茎储存了大量的营养物质,可以在地下以"休眠"的形式度过不适于生长的季节,一旦有合适的条件,便继续生长,使物种得以延续。仙人掌科的很多物种,如仙人掌、仙人球等,其茎肉质化,具有储水功能,适应了干旱的沙漠环境。

叶的变态也是丰富多彩,千奇百怪。仙人掌的刺(spine)、豌豆的卷须(tendril)就是变态的叶。仙人掌的

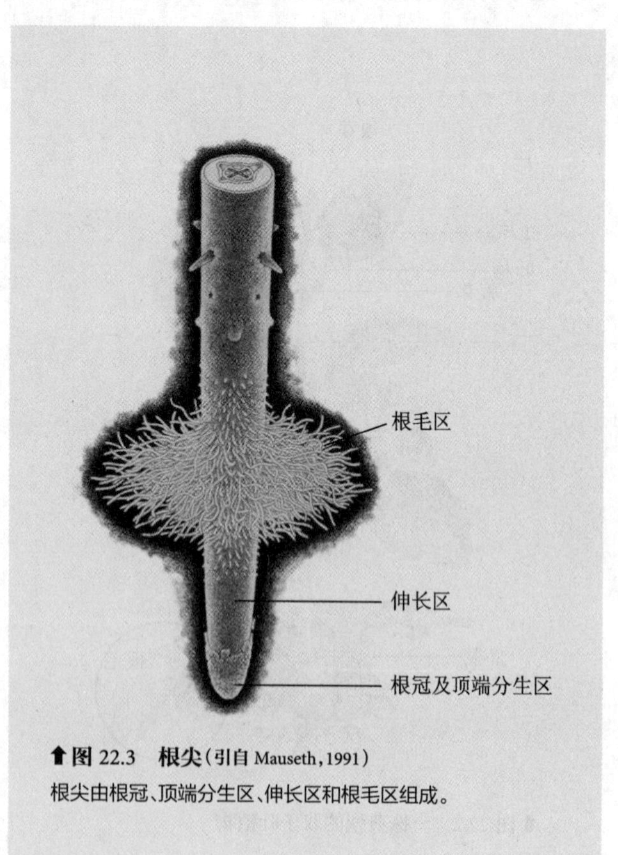

⬆图 22.3 根尖(引自 Mauseth,1991)

根尖由根冠、顶端分生区、伸长区和根毛区组成。

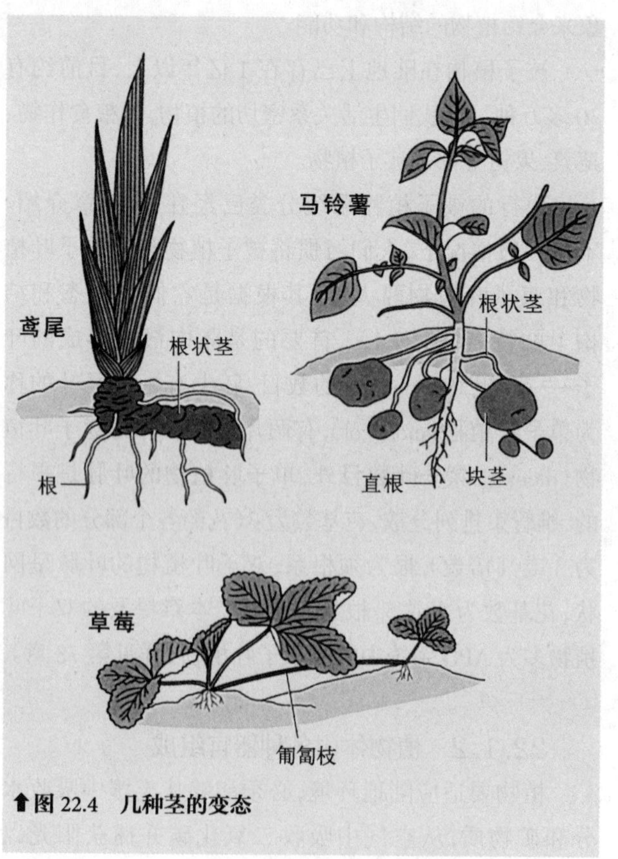

⬆图 22.4 几种茎的变态

主体是绿色的茎，能进行光合作用，其上的刺则起保护作用，防止动物啃食。豌豆的卷须有利于植株的攀缘。猪笼草长出的一个个“笼子”就是叶尖卷须的变态，它精巧的结构能帮助植物捕捉昆虫“充饥”。而花或花序中的一些组分也是叶的变态（详见 22.3.1 节）。总之，上述各种器官的变态都是经长期演化形成的，是对各种生境的适应。

22.1.3 植物细胞和组织的结构与功能是多种多样的

植物的细胞有以下几个重要的特点：① 质体是植物细胞特有的细胞器。叶绿体是最重要的质体，它含有光合色素——叶绿素，能进行光合作用。② 液泡是植物细胞的重要组成成分。成熟的植物细胞常常有一个大的中央液泡，其中的液体维持着细胞的紧张状态。③ 具有细胞壁。细胞壁主要由纤维素组成。那些提供结构支持的细胞有两层细胞壁：初生细胞壁和次生细胞壁。④ 两个相邻的细胞壁较薄的地方有相对的纹孔。胞间连丝从纹孔穿过，为相邻细胞之间提供了细胞质的连续性。

植物发育的早期，即处于胚胎的时期，细胞都是有分裂能力的。在继续发育的过程中，大多数细胞陆续分化成熟并失去分裂能力，只有特定的未分化的组织仍保留着分裂能力，这样的组织就是分生组织（meristem）。分生组织的细胞，细胞壁薄，细胞质浓厚，没有或者只有很小且不明显的液泡，细胞彼此紧密相接，没有细胞间隙。那些因分化而失去分裂能力，并具有特定结构功能的细胞组织，即成熟组织（mature tissue），又称为永久组织（permanent tissue）。

根据分生组织在植物体内的位置不同，可将其分为顶端分生组织（apical meristem）、侧生分生组织（lateral meristem）和居间分生组织（intercalary meristem）。顶端分生组织分布于根和茎的顶端，它们的分裂活动使得根和茎不断伸长。侧生分生组织包括维管形成层（vascular cambium）和木栓形成层（cork cambium），维管形成层使得根和茎长粗，木栓形成层的活动则产生周皮。居间分生组织穿插于茎、叶、子房柄、花梗等成熟组织中，较为常见的是存在于一些单子叶植物的节间基部和花生的子房柄基部。大蒜和韭菜的叶子割后能继续伸长、花生开花后子房入土，都是居间形成层活动的结果。

根据成熟组织的生理功能，可将其分为 5 大类：保护组织（protective tissue）、薄壁组织（parenchyma）、机械组织（mechanical tissue）、输导组织（conducting tissue）和分泌结构（secretory structure）。保护组织位于植物的体表，保护植物免受伤害。薄壁组织是植物体内分布最多、最广的组织，执行制造养分、储存养分等重要功能。机械组织执行支撑植物体的功能。输导组织在植物体内执行着运输水分和养分的主要功能。分泌结构则由一些特化的细胞或细胞群组成，它们的主要功能是将一些植物的次生代谢物在植物体内进行运输，或运输到植物体外。

下面介绍植物幼根、幼茎和叶中的几种主要组织类型（图 22.5）。

（1）表皮（epidermis）

表皮一般是由一层细胞，有时也可由多层细胞组成，是一种保护组织。表皮细胞大多扁平，形状不规则，彼此紧密镶嵌而成一细胞薄层。叶、茎的表皮外面有角质层，其上还可能覆盖以蜡质，可防止过分失水，也可以抵御真菌等寄生物侵袭。叶表皮上有气孔，是气体出入的门户，由两个保卫细胞组成。保卫细胞有调节气孔开关的能力。

（2）薄壁组织（parenchyma）

薄壁组织由薄壁细胞组成，它是大多数植物中数量最多的一种细胞类型。它不那么特化并较为柔软，有较薄的初生壁而没有次生壁。薄壁细胞有多种功能，如贮藏物质、光合作用、有氧呼吸。薄壁细胞有不同的形状，成熟的细胞常常是多面体（图 22.5a）。大多数薄壁细胞能脱分化、再分化为其他类型的细胞。

（3）厚角组织（collenchyma）

厚角组织的细胞和薄壁细胞一样没有次生壁，但它的初生壁比较厚。它的主要功能是为植物生长中的部分提供支持。例如，在幼茎表皮之下就有厚角细胞（图 22.5b），这些生活的细胞随着茎的生长而伸长。

（4）厚壁组织（sclerenchyma）

厚壁组织的细胞有次生壁，因含有木质素而变得坚硬。木质素是木材的主要化学成分。成熟的厚壁细胞不能伸长，它只存在于已停止生长的区域。成熟后，大多数厚壁细胞死亡，它们的细胞壁成为支持植株的坚强框架。厚角组织和厚壁组织都属于机械组织（mechanical tissue）。

有两种类型的厚壁细胞。一种为纤维（fiber），形状细长且常常成束出现。某些植物的纤维有重要的商业价值，例如棕榈的纤维可以用来做缆绳。另一种类型

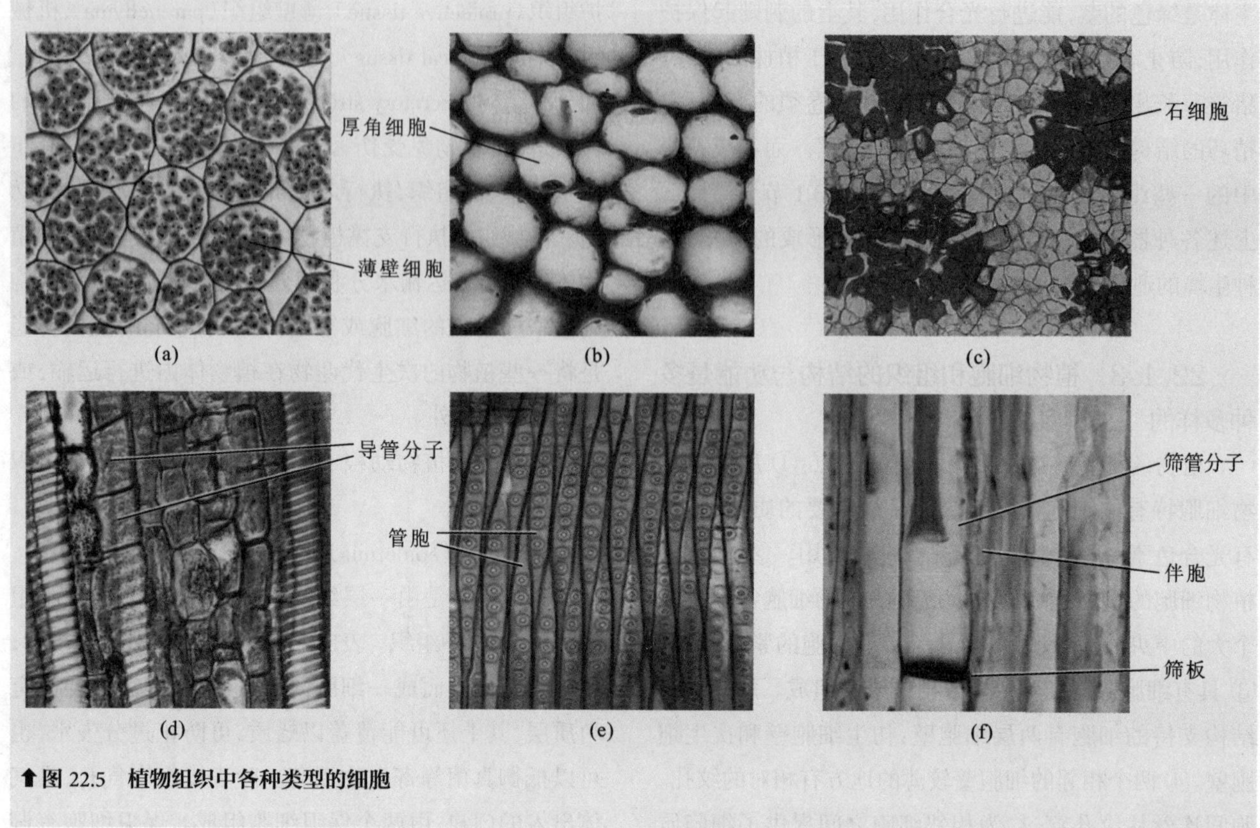

⬆图 22.5 植物组织中各种类型的细胞

是石细胞（sclereid），它比纤维要短，具有不规则、非常坚硬的厚次生壁。坚果壳和种壳之所以坚硬都是由于有石细胞。在梨中，石细胞分散于薄壁组织中，吃起来有沙的感觉（图 22.5c）。

（5）维管组织（vascular tissue）

维管组织又称输导组织，是一个由多种细胞组成的复合组织，常常以束状排列，分为木质部和韧皮部，通常称为维管束（vascular bundle）。维管束在植物的根、茎、叶中形成一个连续的网络，为植物运送水分和养分，并提供支撑。它的出现是陆生植物演化历史中的重大事件，维管植物（包括石松类、真蕨类、裸子植物和被子植物）因此而得名。

木质部（xylem）的主要功能是从根部向上运送水分和可溶性矿物质。有两种类型的水分输导细胞。一类是导管（vessel），存在于被子植物中，由许多长筒型的细胞顶对顶连接而成（图 22.5d），每个导管细胞称为导管分子（vessel element/vessel member）。成熟的导管分子是中空的死细胞，其端壁部分或全部融解消失，形成了不同形式的穿孔；侧壁则有不同形式的间断性加厚，形成纹孔结构，使得导管可以进行纵向和横向的水分运输。不同类型植物的导管分子端壁消融及侧壁加厚的形式是固定的，因此其形态可以作为植物分类和系统发生研究的依据。

另一类水分输导细胞是管胞（tracheid），石松类、真蕨类、裸子植物只有管胞，而被子植物的一些类群则同时具有管胞和导管。管胞是具有两头斜尖的狭长管状细胞（图 22.5e），成熟时原生质体消失，也是仅剩细胞壁的死细胞，但其端壁不形成穿孔，而是整个细胞壁有不同形式的加厚，形成形态各异的纹孔。水分在这些纹孔之间传送，因此运输效率较导管低。

导管和管胞都具有含木质素的坚硬次生细胞壁，它们还为植物体提供了强有力的支撑。

韧皮部（phloem）的主要功能是将糖分等有机养分从叶或贮藏组织运送到植物的其他部分。韧皮部也有两类输导细胞。一类是筛管（sieve tube），存在于被子植物中，由管状细胞连接而成，每个细胞称为筛管分子（sieve-tube element）（图 22.5f）。筛管分子的细胞壁通常只有初生壁，没有次生加厚，在成熟的过程中其细胞核和一些细胞器解体，但仍具有生活的原生质体。因此，与导管分子不一样，筛管分子是活细胞，但其生命往往非常短暂，一般不到一年。筛管分子端壁有许多小孔，称为筛孔（sieve pore），具有筛孔的区域称为筛域（sieve area），分布有筛域的端壁称为筛板（sieve plate）。筛孔将相邻筛管分子的原生质体相连接，形成一个有机物质的运输通道。筛管分子侧面有一至数个小型细长的细胞，称作伴胞（companion cell）（图 22.5f），它与其旁边的筛管分子起源于同一个母细胞，并以胞间连丝相连。伴胞有明显的细胞核和浓厚的细胞质，其本身没有运输能力，但代谢活动活跃，可以将营养物质转运到筛管分子中。

另一类运输养分的细胞是筛胞（sieve cell），存在于石松类、真蕨类和裸子植物中，是一种两端尖的细长细胞，其端壁不形成筛板，侧壁有不发达的筛域，将筛胞相互连接。因此，筛胞的运输能力与筛管相比也是较弱的。

在韧皮部和木质部中，还有起支撑作用的厚壁细胞和贮藏作用的薄壁细胞。

植物也如同动物，有几个结构组织层次。在植物组织这个层次上面的是组织系统，下一节我们将对此进行讨论。

22.1.4 三种组织系统贯穿整个植物体

维管植物的器官——根、茎和叶主要是由三种组织系统（tissue system）组成的：皮组织系统、维管组织系统和基本组织系统。在这一节我们先考察幼根和幼茎的组织系统，后面再与老的根和茎比较一下看看有什么不同。

每一种组织系统都连续地贯穿整个植株。植物的皮组织系统（dermal tissue system）覆盖并保护着植物所有的器官。叶、幼茎和幼根上的皮组织系统是表皮。和人体的皮肤一样，表皮是植株的第一个保护层，用以抵抗有形损伤和病原体感染。在叶或某些茎上，表皮细胞分泌产生一层由角质或 / 和蜡质组成的覆盖在细胞壁外部的角质层（cuticle），有利于植株保留水分。维管组织系统（vascular tissue system）也连续贯穿于整个植株，由木质部和韧皮部组成，它输导水分和有机物，也起支持作用。基本组织系统（ground tissue system）构成幼小植株的绝大部分，充塞于表皮和维管组织系统之间的空间。组成基本组织系统的主要是薄壁组织，通常还包括某些厚角组织和厚壁组织。它有多种功能，包括光合作用、贮藏有机物和支持作用。

图 22.6 是双子叶植物幼根的横切面，显示在显微镜下所看到的三个组织系统。表皮是一层紧密排列的细胞，覆盖着整个根，水和矿物质从土壤中通过这些细胞进入植物体。有些表皮细胞长出突起，形成根毛。在根的中央，维管组织形成圆柱体，称为中柱（stele/central cylinder），又称为维管柱（vascular cylinder）。中柱最外面的一层细胞称为中柱鞘（pericycle）。木质部细胞位于中柱的中心，它的脊从中心辐射出去，直到中柱鞘。韧皮部和木质部的脊相间排列。在表皮与中柱之间是根的基本组织系统，称为皮层（cortex），主要由薄壁组织组成，用于贮藏有机物和接受通过表皮进入根部的矿物质。皮层的最内层是内皮层（endodermis）。内皮层是一个选择性的屏障，它决定皮层的其他部分和维管组织之间物质的通过。

幼茎最外面的一层细胞就是表皮，其外表面有一层角质层（图 22.7）。表皮之内有几层细胞组成的皮层，其中常有起支持作用的厚角组织。贴近表皮的薄壁细胞和厚角细胞常含有叶绿体，所以幼茎呈绿色。茎中的维管组织系统排列形成许多维管束。在单子叶植物

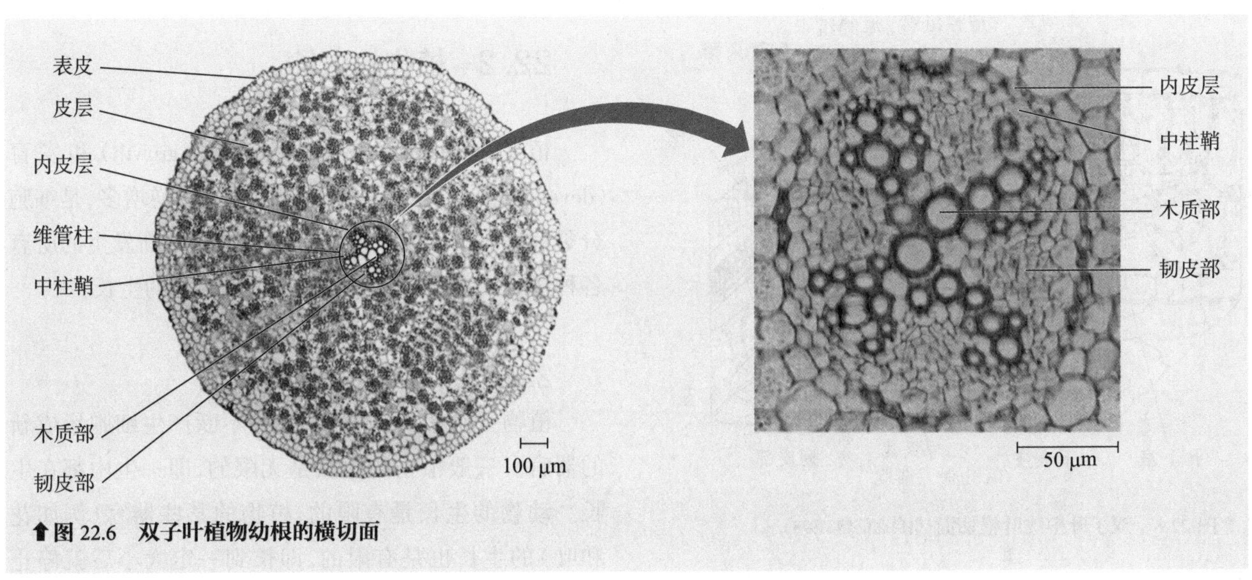

图 22.6 双子叶植物幼根的横切面

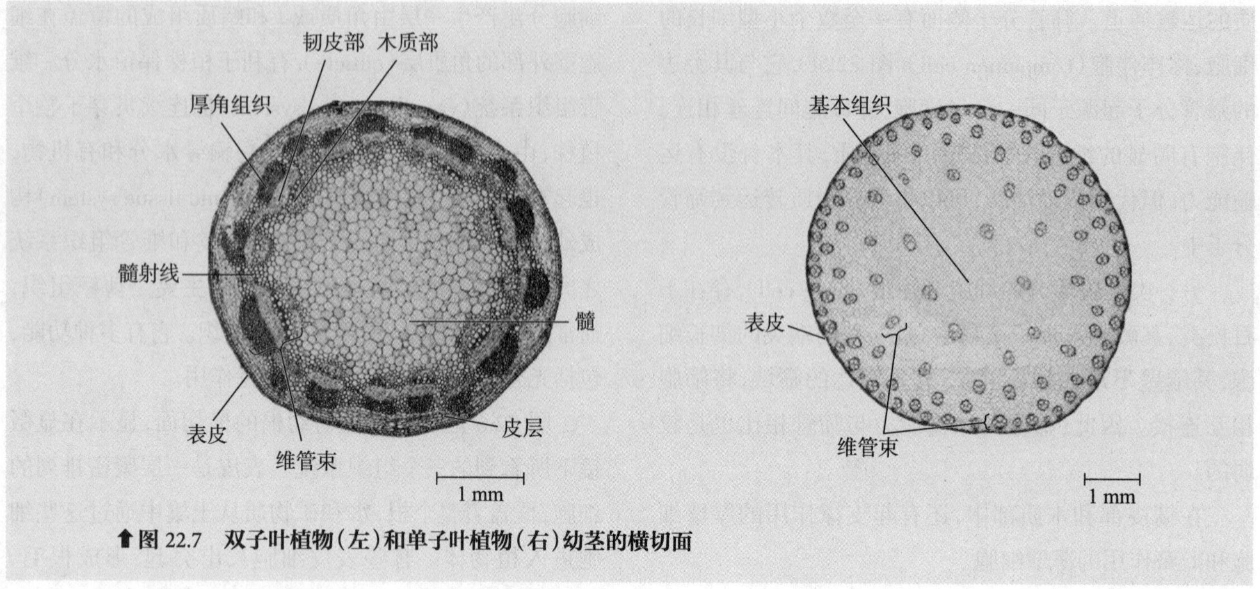

⬆图 22.7 双子叶植物(左)和单子叶植物(右)幼茎的横切面

茎中,维管束分散在基本组织系统之中。在双子叶植物茎中,维管束排成环状,基本组织系统由此形成两部分。表皮与维管束环之间为皮层;维管束环向内至茎的中央称为髓(pith),它在有机物贮藏上常常是重要的。在相邻的维管束之间的薄壁细胞形成髓射线(pith ray),将皮层和髓连接起来,所以皮层和髓之间没有明确的界线。

图 22.8 是双子叶植物叶的结构,可以看出叶中也有上述三种类型的组织。首先,叶有上、下表皮,其上均有许多小孔,称为气孔,气孔由两个保卫细胞(guard cell)组成。保卫细胞膨胀和收缩以调节气孔的大小,从而调节通过气孔的气体交换和水分的逸散。

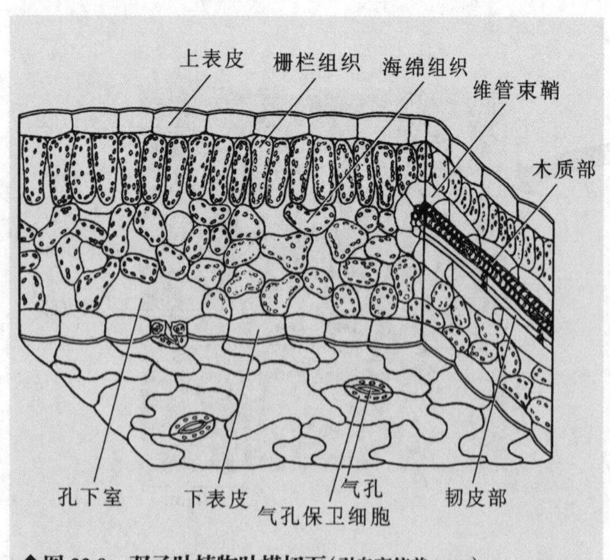

⬆图 22.8 双子叶植物叶横切面(引自高信曾,1978)

叶中的基本组织称为叶肉(mesophyll),由含有叶绿体的薄壁细胞组成,是进行光合作用的场所。大多数被子植物的叶肉组织分两类。靠近上表皮的为栅栏组织(palisade tissue),其细胞排列紧密,利于吸收阳光;靠近下表皮的为海绵组织(spongy tissue),其细胞排列较疏松,细胞之间有许多间隙,利于气体在其中循环。图 22.8 为叶的横切面。叶的下表皮气孔数目一般较多,这种适应性使得叶片丢失的水分减少,因为叶片的上表皮是受到阳光直射的部位。

叶的维管组织形成了贯穿于整个叶片的叶脉(vein)系统,叶脉中有由木质部和韧皮部组成的维管束,通过叶柄与茎部的维管束相连通。这样就保证了水分和矿物质向叶片供应,也保证了光合产物向植物的其他部分运输。

22.2 植物的生长

植物一生中都在不断地生长(growth)和发育(development)。生长是植物物质的不可逆增多,是细胞分裂和膨胀的结果。发育是植物体内不断发生的所有各种过程的总和。这一节着重讨论植物的生长。

22.2.1 植物生长概述

植物一生中,分生组织都在不断产生细胞形成新的器官。一般植物的生长是无限的,即一生中都在生长。动物的生长是有限的,植物的某些器官(例如花和叶)的生长也是有限的,即长到一定大小后就停止生长。不过,无限生长并不意味着不死,植物也会死亡。植物有一年生、二年生和多年生三大类。一年生植物(annual plant)在一年或不到一年的时间内完成其生活周期(life cycle),即从萌发到开花结实。许多重要的作物(禾谷类和豆类)都是一年生植物。二年生植物(biennial plant)的生活周期跨过两个年头。例如甜菜、胡萝卜等,第一年夏秋季生长,经过一个寒冷的冬季,第二年春夏开花结实。当然我们一般不必要等到第二年才收获,除非要得到种子。许多乔木、灌木和某些草本植物是多年生植物(perennial plant),多年生植物寿命很长,可达数百年甚至更长。多年生植物的死亡常常是由于受到病原体侵害或环境恶劣,如火灾或严重干旱。

植物之所以能无限生长,是因为其体内的生长区有始终具胚性的分生组织,分生组织的细胞会分裂而产生更多的细胞。其中一些细胞一直保持分生状态,不断产生新的细胞;另一些则特化,形成新的组织和器官。那些保持着分生状态的细胞称为原始细胞(initial cell),类似于动物的干细胞(stem cell),所形成的新细胞则称为衍生细胞(derived cell)。衍生细胞在一定时间内还会继续分裂,直到所产生的新细胞在新组织内发生特化为止。

植物生长的模式决定于分生组织在植物体内的位置。位于根尖或茎尖的顶端分生组织产生的细胞使植物体(茎和根)的长度增加。这种延长是初生生长(primary growth)的结果,它使根在土壤中广泛分布,使枝叶繁茂,尽可能多地接受阳光和二氧化碳。植物还有次生生长(secondary growth)。次生生长使初生生长所形成的根和茎继续加粗。次生生长的来由是侧生分生组织。侧生分生组织分两类:维管形成层和木栓形成层。维管形成层产生次生木质部和次生韧皮部,木栓形成层产生周皮,周皮替代表皮,起保护作用(图 22.9)。

有些植物,在已分化的成熟组织之间夹着一些居间分生组织。例如小麦、玉米等的植株,在节间的下方就分布着居间分生组织(图 22.9),韭菜、葱等叶子的基部也有居间分生组织。居间分生组织属于初生分生组织,其中细胞的分裂活动使植株迅速长高(拔节),或使叶片长长。

在木本植物体内,初生生长与次生生长在不同的位置同时发生。初生生长仅限于最幼嫩的部分,例如根尖和茎尖,这里有顶端分生组织。侧生分生组织则在根和茎较老的部分,距顶端稍远处。每一个生长季,初生生长使茎和根加长,而次生生长则使它们加粗加固。

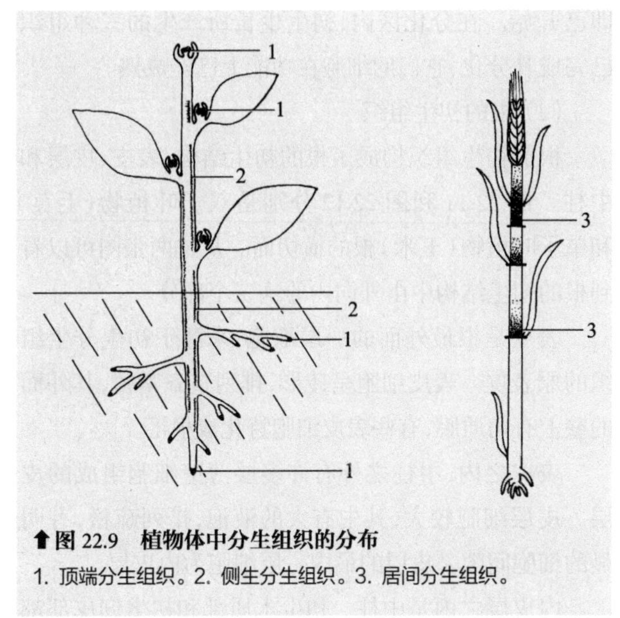

⬆图 22.9 植物体中分生组织的分布

1. 顶端分生组织。2. 侧生分生组织。3. 居间分生组织。

22.2.2 根和茎的初生生长

(1) 根的初生生长

根尖是指根的顶端到根毛部分。根尖顶端有一个罩状结构,称为根冠(root cap),保护着根顶端分生组织(root apical meristem,RAM)。当根在土壤中生长时,根冠可以使顶端免于被土壤颗粒擦伤。同时根冠还分泌黏糊状的多糖类物质起着润滑剂的作用(图 22.10)。根尖在长度方面的生长集中在从根尖向上的三个连续的区域内:顶端分生区、细胞伸长区和细胞分化区。这三个区域之间没有明显的界线。

根顶端分生区细胞经分裂、分化形成的组织,称为初生分生组织(primary meristem),同时也产生根冠细胞,替补那些由于擦伤而损失的根冠细胞。

根初生分生组织包括原表皮层(protoderm)、原形成层(procambium)和基本分生组织(ground meristem)三部分,它们分别产生根的三种初生组织,即表皮组织、维管组织和基本组织。

细胞伸长区中发生细胞的伸长,但顶端分生区与伸长区是相重叠的。分生组织产生新的细胞作为生长的基础,但负责生长的实际上是细胞的伸长,细胞可能伸长达 20 倍之多。伸长将包括分生组织在内的根尖向前推进。

根细胞在完成伸长之前即已开始在结构上和功能上的分化,也就是说细胞分化在其处于细胞伸长区中即已开始。在分化区内，初生生长所产生的三种组织已完成其分化，它们的细胞在功能上已经成熟。

（2）根的初生组织

根的初生组织构成了根的初生结构：表皮、皮层和中柱。图 22.11 和图 22.12 分别是双子叶植物（毛茛）和单子叶植物（玉米）根的横切面。从这两张图可以看到根的初生结构中由外向内的这三个部分。

表皮是根最外面的一层细胞，来源于初生分生组织的原表皮。表皮细胞呈砖形，排列整齐紧密，其外面的壁上有角质膜，有些表皮细胞特化成根毛。

表皮之内、中柱之外有许多层薄壁细胞组成的皮层。皮层细胞较大，其中有大的液泡，排列疏松，有明显的细胞间隙。皮层的最内一层细胞为内皮层。

内皮层之内是中柱。初生木质部和初生韧皮部都在中柱中发育。木质部通常位于中柱中央，在横切面上呈星芒状，在它的脊状突起之间为韧皮部（见图 22.11）。有些植物的中柱的中心是由薄壁细胞或厚壁细胞组成的髓，木质部和韧皮部相间排列在髓的外围（见图 22.12）。

在中柱最外层，紧贴着内皮层细胞有一层薄壁细胞，称为中柱鞘。中柱鞘细胞可以再度转变为分生细胞，重新分裂。由这些细胞发生有丝分裂而形成的细胞团会形成侧根而伸长，穿过皮层而从主根上伸出去。侧根的中柱仍与初生根的中柱相连，使得整个根系中的维管系统成为一个整体。

（3）茎的初生生长和初生结构

茎端分生组织位于芽的顶端，是一团进行分裂的细胞，呈半球形。茎端分生组织的细胞经过分裂、生长、分化而形成的初生组织构成茎的初生结构。分裂区下面是伸长区，此区的细胞伸长，将顶芽向上推，伸长区

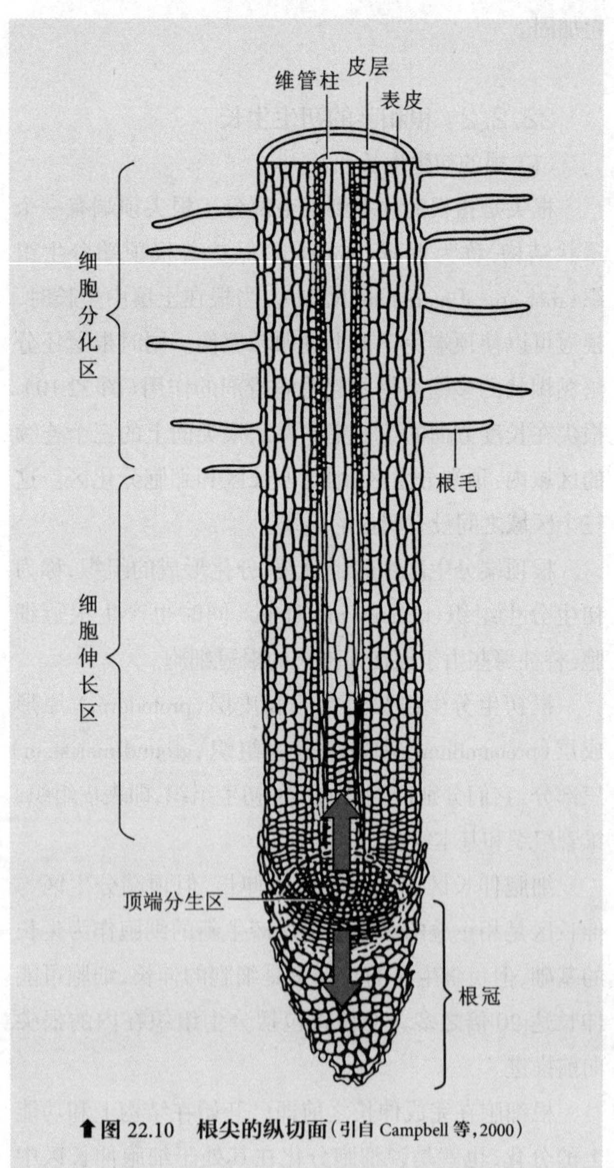

⬆图 22.10　根尖的纵切面（引自 Campbell 等，2000）

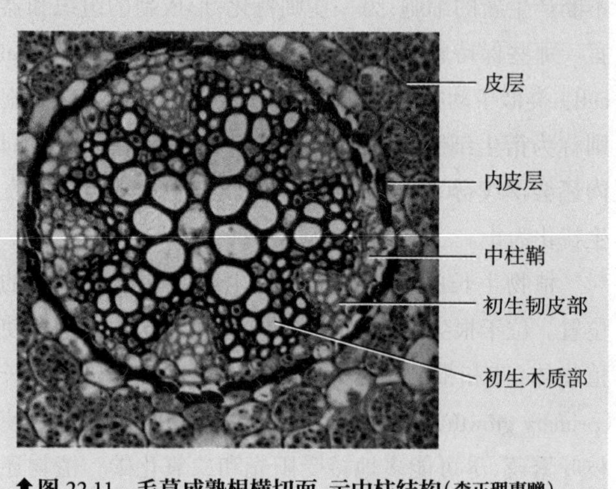

⬆图 22.11　毛茛成熟根横切面，示中柱结构（李正理惠赠）

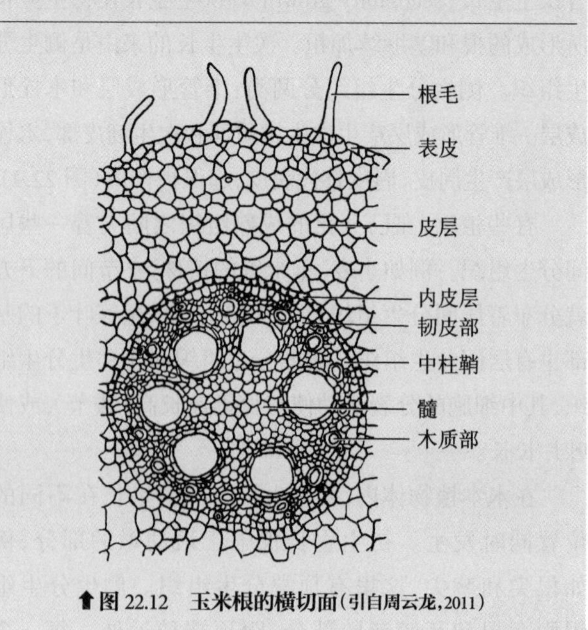

⬆图 22.12　玉米根的横切面（引自周云龙，2011）

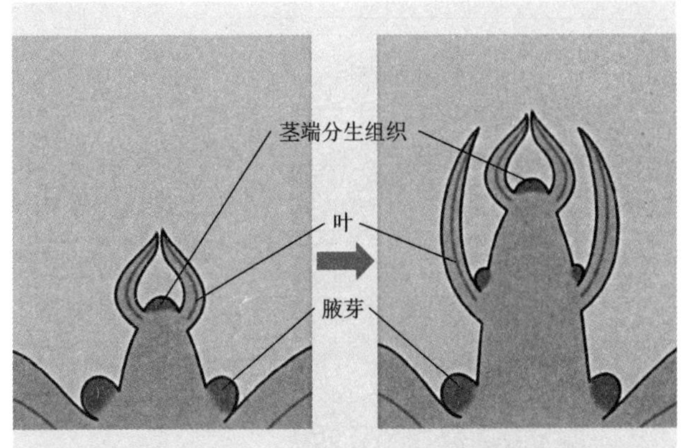

⬆图 22.13 茎尖的初生生长示意图

下面是分化区，分化出不同的组织。图 22.13 是茎尖初生生长示意图。

茎的初生结构为表皮、皮层和维管柱。幼茎最外面的一层细胞就是表皮，来源于初生分生组织的原表皮。表皮细胞的壁一般较薄，外面有一层角质膜，防止水分的散失和病菌的侵入。

表皮之内是皮层，由多层排列疏松的薄壁细胞组成。皮层的外围可能分化出厚角组织。茎中一般没有内皮层，所以皮层和维管组织的界线不如根中清楚。

皮层以内是维管柱。多数双子叶植物的维管柱包括维管束、髓和髓射线三部分。初生维管束是由初生木质部和初生韧皮部组成的束状结构（图 22.14），通常韧皮部在外，木质部在内。初生韧皮部由筛管、伴胞、韧皮纤维和韧皮薄壁细胞组成，主要功能是输送有机物。筛管是韧皮部中最主要的组成部分，由许多筛管分子纵向连接而成，伴胞是和筛管分子相伴而生的薄壁细胞，在筛管分子旁边。初生木质部由导管、管胞等组成。导管由导管分子首尾相连而成。

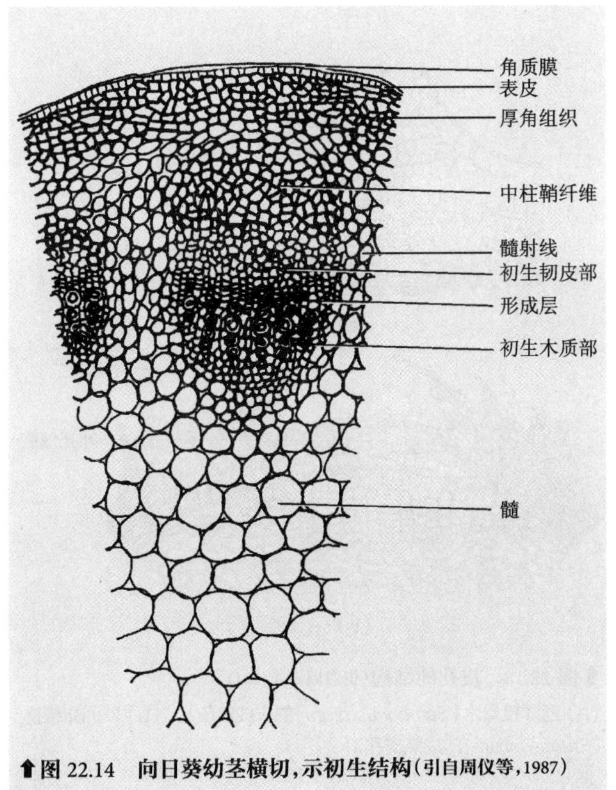

⬆图 22.14 向日葵幼茎横切，示初生结构（引自周仪等，1987）

髓是茎的中心部分，由薄壁细胞组成。髓中贮藏各种内含物，如淀粉粒、鞣质和无机物的晶体等。髓射线是维管束之间的薄壁组织。位于皮层和髓之间。其作用是横向运输和贮藏营养物质。

22.2.3 根和茎的次生生长

裸子植物都有次生生长；大多数双子叶植物的茎和根会发生次生生长，但叶不会。茂密森林中的大树、人类利用的木材都与次生生长有关。下面就具体介绍一下次生生长的过程。

（1）维管形成层与次生维管组织的产生

维管形成层向内产生次生木质部、向外产生次生韧皮部（图 22.15），从而使茎加粗。初生生长和次生生长是同时发生的，但发生的区域不同。茎端分生组织使茎伸长，而次生生长则在茎下部开始。那么，初生的植物体如何将初生生长转变为次生生长呢？原因在于维管形成层的形成。在形成维管束时，初生韧皮部和初生木质部之间保留了一层具有分裂潜能的细胞，这些细胞后来发生横向分裂，产生了束中形成层（fascicular cambium）。随着束中形成层的活动，一部分髓射线薄壁细胞也恢复分裂能力，形成束间形成层

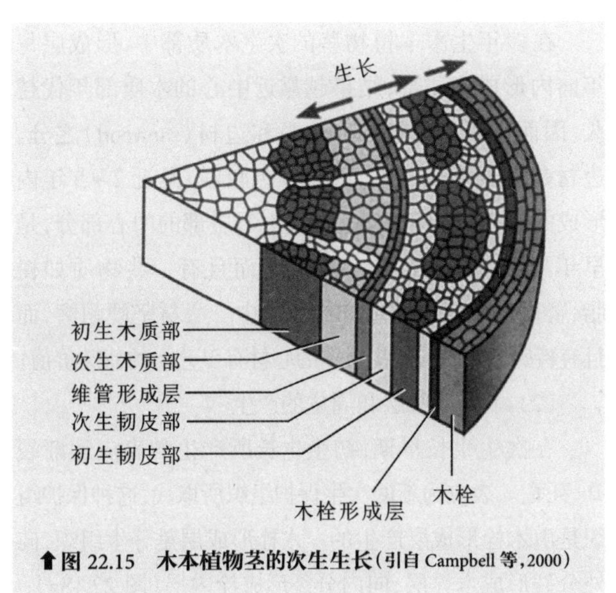

⬆图 22.15 木本植物茎的次生生长（引自 Campbell 等，2000）

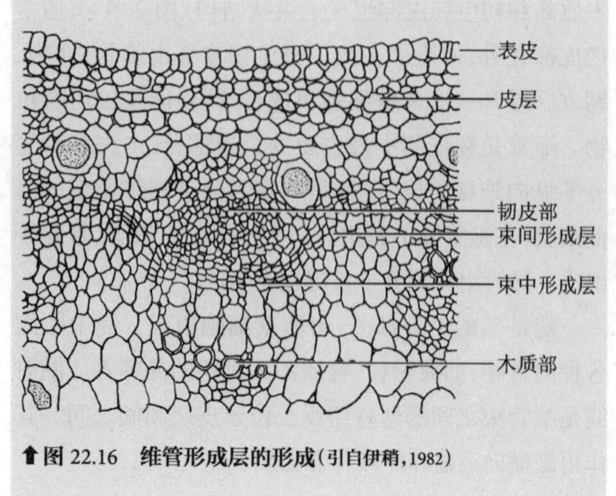

图 22.16 维管形成层的形成(引自伊稍,1982)

(interfascicular cambium)。束中形成层与束间形成层连接起来,便形成了维管形成层(图 22.16)。

随着年复一年的次生生长,一层一层的次生木质部积累起来,形成我们所说的木材。木材主要由管胞、导管分子和木纤维组成。这些细胞在成熟时都是死的,有木质化的厚壁,所以木材坚硬。在温带,多年生植物的次生生长有季节性变化。每年冬季,维管形成层休眠,生长中断;次年春季,次生生长又恢复。春季长出的管胞和导管分子较夏季长出的大,而且壁也较薄。所以很容易区分早材(early wood)(或春材)和晚材(late wood)(或夏材)(图 22.17)。

春材的结构优化了水分的运输,使得水分容易运到旺盛生长的部分,特别是迅速膨大的叶片中。在温带树干的横切面上所看到的清晰的年轮(annual ring)就是维管形成层逐年活动的记录,计算年轮的数目,就可以估测树龄。

在多年生木本植物茎的次生木质部中,形成层每年向内形成木质部,结果越靠近中心的木质部年代越久,因而有了心材(heartwood)和边材(sapwood)之分。边材是靠近形成层的部分,颜色较浅,是近 2~5 年内形成的。心材颜色较深,是次生木质部的中心部分,是早年形成的,不仅都是死细胞,而且有一些物质如树脂、鞣质等侵入细胞壁和细胞腔中。心材坚硬耐磨,而且有特殊的色泽。某些树木的心材有工艺上的特殊价值。

(2) 木栓形成层和周皮的产生

在次生生长早期,初生生长所产生的表皮逐渐裂开、死亡。表皮为新的次生保护组织所取代,这种保护组织是由木栓形成层产生的。木栓形成层是分生组织,向外分裂形成木栓层,向内分裂形成栓内层(图 22.18a)。

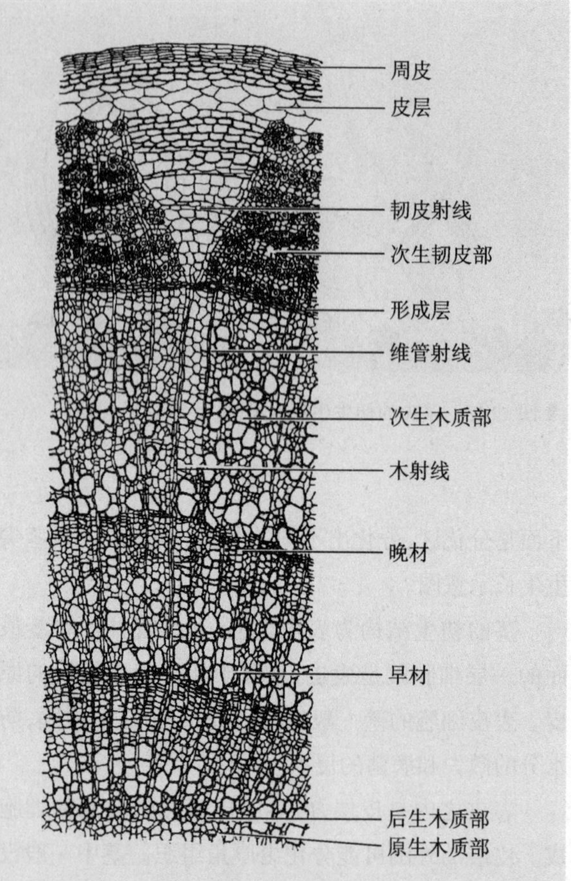

图 22.17 椴树三年生茎横切(引自李正理等,1983)

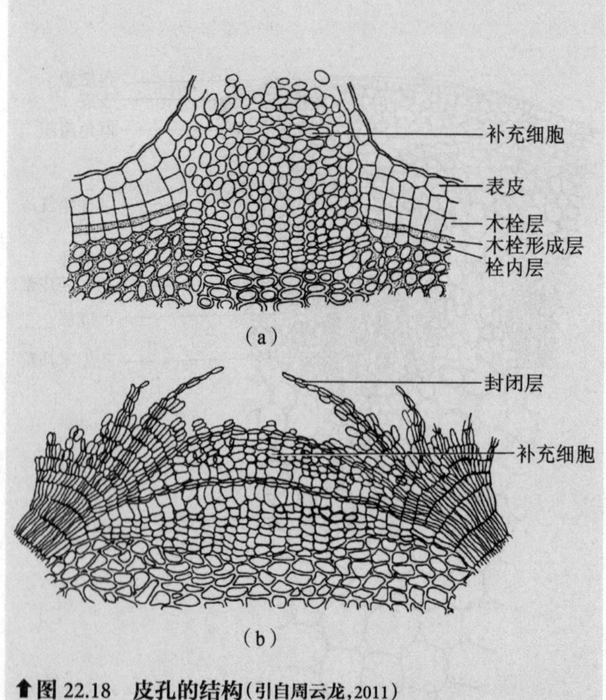

图 22.18 皮孔的结构(引自周云龙,2011)

(a) 西洋接骨木(*Sambucus nigra*)的未成熟皮孔。(b) 欧洲甜樱桃(*Prunus avium*)的成熟皮孔。

随着木栓层中木栓细胞的成熟，其壁中聚集一种蜡质，称为木栓质（suberin），随后细胞死去。木栓组织的功能是保护茎免受机械的伤害和病原体的侵害。而且由于木栓层细胞壁栓质化，它也保护茎不致丢失水分。一层一层的木栓细胞加上木栓形成层共同组成周皮。周皮取代初生生长中形成的表皮，起保护植物体的作用。周皮上有局部的裂孔，往往位于原来气孔的下方，这是由于这里的木栓形成层的细胞非常活跃，向外产生大量称为补充细胞（complemental cell）的薄壁细胞而形成的。这些裂口称为皮孔（lenticel），皮孔使得树干内的活细胞能与外界交换气体，以利于细胞呼吸。皮孔有两种类型：一种具有由木栓化细胞形成的封闭层（closing layer），通常结构上分层明显；另一种没有封闭层，无分层现象。图 22.18b 是成熟皮孔的结构。

树皮（bark）包括维管形成层外面的所有组织，其含义比周皮更广泛。从内向外数，树皮包括次生韧皮部、木栓形成层和木栓层，换言之，树皮就是周皮加上韧皮部。

木栓形成层有一定寿命，最初形成的木栓形成层一般只活动几个月。茎继续增粗，原来的周皮裂开。新的木栓形成层又在木栓层内产生，如此不断深入。所以最终没有皮层留下来，而次生韧皮部中的薄壁细胞则发育成为新的木栓形成层。

只有最幼嫩的次生韧皮部才起运输糖分的作用，这种韧皮部在木栓形成层的内面。在木栓形成层外面的较老的次生韧皮部则已死去，起着保护树干的作用，最后则在次生生长的后期随着树皮一同脱落。这就是次生韧皮部为什么不像次生木质部那样年复一年地积累起来的原因。

图 22.19 概括了木本植物茎的初生组织和次生组织之间的关系。

（3）根的次生生长

根的次生生长与茎的类似，两种侧生分生组织——维管形成层和木栓形成层——发育并产生次生组织。维管形成层在维管柱内形成，向内产生次生木质部，向外产生次生韧皮部。随着维管柱直径的增大，皮层和表皮裂开并脱落，于是由中柱鞘上形成木栓形成层并产生周皮。周皮与初生的表皮不同，它是不透水的，所以只有根的最幼嫩的部分才负责从土壤中吸收水和矿物质。较老的具有次生生长的根，只起着固定植株和向地上部运输水分与矿物质的作用。

年复一年，根逐渐木质化，其次生木质部中也有年轮。维管形成层外面的组织也形成厚而坚硬的树皮。大量的次生生长使得根和茎没有多大的区别。

22.3 植物的生殖和发育

从演化的观点来看，可以认为植物的全部结构和功能都与生殖有直接或间接的关系，为产生正常的能育后代作贡献。

22.3.1 被子植物花的结构与发育

所有有胚植物（即被子植物、裸子植物、真蕨类、石松类和苔藓植物）生活周期的特点是有世代交替（alternation of generations），即单倍体的配子体（n）世代和二倍体的孢子体（$2n$）世代相互交替。二倍体的孢子体（sporophyte）通过减数分裂产生单倍体（n）的孢子。孢子发生有丝分裂，形成单倍体的配子体（gametophyte）。配子体经过有丝分裂和细胞分化，发育并产生配子——精子（sperm）和卵（egg）。受精作用产生二倍体的合子（zygote），合子经过有丝分裂和细胞分化形成多细胞的胚，胚生长发育成新的孢子体，有胚植物因此而得名。图 22.20 就是被子植物生活周期的概要，可以与图 18.10 对照学习。

被子植物生活史以孢子体为主要世代，我们看到

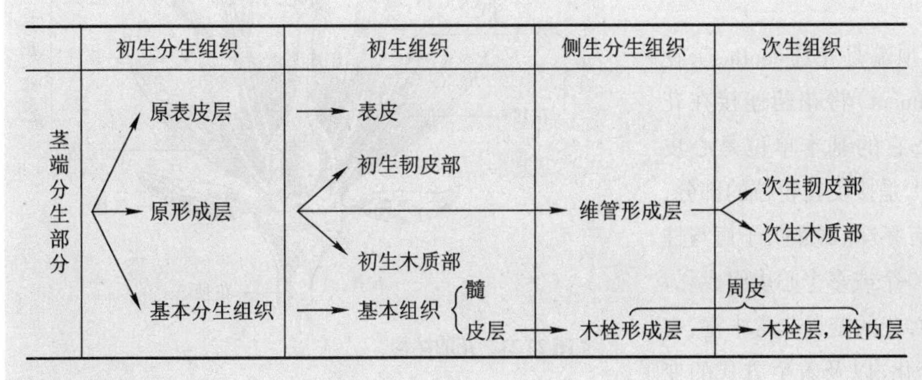

图 22.19 木本植物茎的初生组织和次生组织的关系

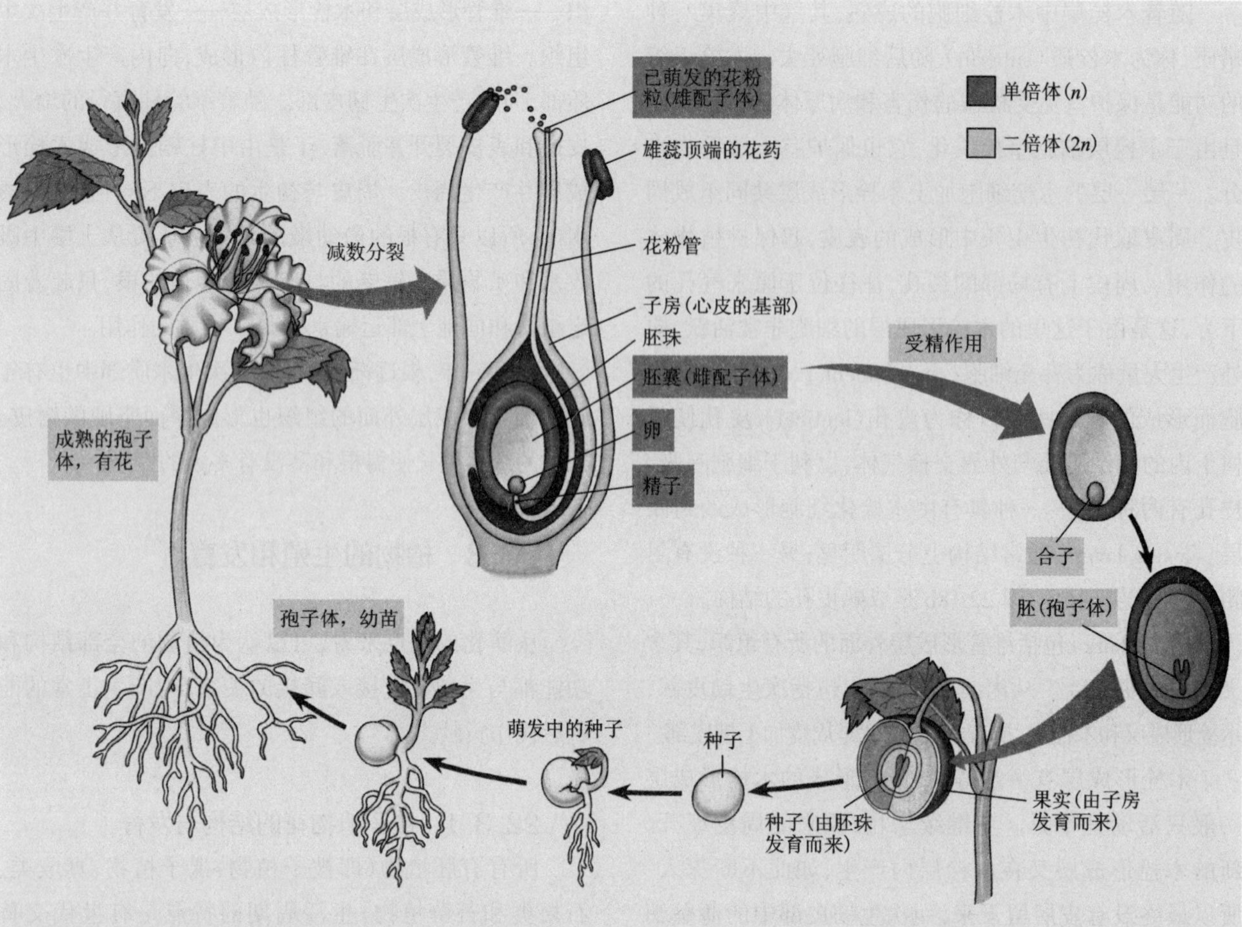

⬆图 22.20 被子植物生活周期概要（引自 Campbell 等，2002）

的被子植物都是孢子体。其他植物的世代交替各有其特点，已在第 18 章中分别介绍。

花是被子植物特有的生殖结构（图 22.21），是一个器官复合体，即包含了多个器官。花本质上是一个高度浓缩的枝条，花梗（pedicel）是着生花的小枝；一朵花从外向内有花萼（calyx）、花冠（corolla）、雄蕊（stamen）和雌蕊（pistil），它们都是变态的叶，着生在花托（receptacle）上。花萼常由若干绿色的萼片（sepal）组成，花冠常由若干花瓣（petal）组成，花的色彩往往来自花瓣。

雄蕊是花的雄性器官，其顶端是花药（anther），花粉粒即产生于其中，花丝（filament）将花药连接在花托上。雌蕊是花的雌性器官，它的基本单位是心皮（carpel），其顶端是柱头（stigma），是接受花粉粒的部分，其下端是子房（ovary），其中长有胚珠（ovule），子房与柱头之间是花柱（style）。雌蕊由一个或多个心皮组成。

在被子植物的演化过程中，花的变异非常丰富，有颜色的变化、花的各部分的变化，以及着生方式的变化，等等。对于一个特定的类群来说，花的结构和形态又是相对稳定的，因此，花是植物分类重要的参考。下面简单介绍三种花的分类。

根据花的各部分是否完整，可以分为：①完全花（complete flower），即具有花萼、花瓣、雄蕊和雌蕊的花，

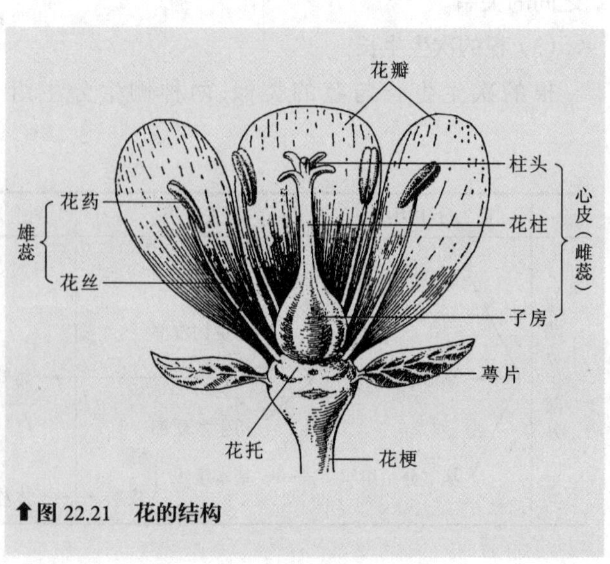

⬆图 22.21 花的结构

如桃花、牵牛花等；②不完全花（incomplete flower），即缺少一个或几个部分的花，如没有花瓣的禾本科的花。

根据花的生殖器官是否完整，又分为：①两性花（bisexual flower），即雌雄蕊都具备的花；②单性花（unisexual flower），即只有雌蕊或只有雄蕊的花，分别称为雌花或雄花。两性花可以是完全花，也可以是不完全花；而单性花则是不完全花。雌花和雄花长在同一株植物上，称为雌雄同株（monoecism），如黄瓜等葫芦科植物；雌花和雄花分别长在不同的植株上，称为雌雄异株（dioecism），如桑树等桑科植物，以及杨树、柳树等杨柳科植物。有些植物的花雌雄蕊均缺失，则称为无性花（asexual flower），如五福花科的琼花，其花序外围八朵具有较大白色花瓣的花就是无性花。

根据花各部分的对称性，又可将花分为辐射对称花（actinomorphic flower）、两侧对称花（zygomorphic flower）和不对称花（non-symmetry flower）三种。第一种可以花中心为圆心，画出 2 条以上的对称线，如桃花、百合花等；第二种可以花中心为圆心，只能画出 1 个条对称线，如益母草等唇形科的花；第三种就是以花中心为圆心，画不出任何对称线的花，如美人蕉的花。

科学家研究拟南芥花的突变体时，发现了控制花的各部分发生的基因，提出了其分子调控模型：ABC 模型。该模型认为，正常的花器官发育涉及 A、B、C 三类基因，A 类基因在花萼和花瓣中表达，B 类基因在花瓣和雄蕊中表达，C 类基因在雄蕊和雌蕊中表达，A 类和 C 类基因相互拮抗。这几类基因中的不少成员均来自 *MADS* box 基因家族。无论哪类基因突变，都会引起相对应的表型的改变。人们对这个模型的认识还在不断更新：一是不断有新的基因加入这个模型，使得该模型不断被修订，例如还有一些调控基因在花的所有结构中都表达，被称为 E 类基因；二是一些植物类群花的发生发育并不符合这个模型，特别是基部被子植物。这些证据表明，被子植物花的分子调控途径在其演化过程中并非一成不变，而是不断变化的。

22.3.2 被子植物的配子体和受精作用

植物的有性生活周期中最关键的步骤是受精作用。图 22.22 即为被子植物生活周期中的双受精作用。

受精作用发生在胚珠中，受精的胚珠发育成种子，子房则发育成果实。果皮保护种子并有利于其散布。种子在适宜条件下萌发，成长为新的植株。

如前所述，所有的植物都有世代交替，即单倍体（n）的配子体和二倍体（$2n$）的孢子体互相交替。所有的裸子植物和被子植物的根、茎、叶、生殖器官的主要部分，都是二倍体。孢子体的生殖器官（花药和胚珠）中分别产生小孢子母细胞和大孢子母细胞，经减数分裂形成单倍体的小孢子和大孢子，这些孢子再发生有丝分裂，分别产生出雄性的和雌性的配子体。配子体通过有丝分裂产生配子，雌、雄配子通过受精作用结合，形成二倍体的合子。合子发生有丝分裂然后逐步发育成新的孢子体，于是生活周期完成。

我们通常直接看到的是被子植物和裸子植物的孢子体，配子体是“寄生”在孢子体上的。只有在显微镜下才能看到雌雄配子体的详细情况。我们再复习一下被子植物雌、雄孢子体的形成。

被子植物的雄配子体是花粉粒（pollen grain）。花药中的花粉母细胞会进行减数分裂，产生 4 个单倍体的小孢子（这就是雄配子体的开始），每一个小孢子又发生有丝分裂，产生两个单倍体的细胞：一个叫营养细胞（vegetative cell），或称粉管细胞；一个叫生殖细胞（generative cell）。有些植物的生殖细胞再次有丝分裂，产生 2 个精细胞，形成了 3 个细胞的花粉粒；有些植物的花粉粒中只有一个营养细胞，一个生殖细胞，花粉粒外面有壁。从花药中释放出来的就是花粉粒（图 22.22）。

另一方面是雌配子体（即胚囊，embryo sac）的形成，这一过程发生在胚珠中。一朵花的子房中一般有一个或很多个胚珠，图 22.22 中只画了一个。正在发育的胚珠中有一个大孢子母细胞，周围有许多个小的细胞保护着它。这个大孢子母细胞膨大并发生减数分裂，产生 4 个单倍体的大孢子。这 4 个大孢子中通常只有一个存活，其余 3 个都退化；存活的这个大孢子长大并发生有丝分裂，产生一个多细胞的结构称为胚囊。大孢子产生的胚囊中，有一个大的、具有两个单倍体核的中央细胞。胚囊中另外还有 2 个助细胞、3 个反足细胞和 1 个卵细胞，后者位于两个助细胞之间。

受精作用的第一步是传粉（pollination），即花粉粒由风、水或昆虫等媒介传送到柱头上，并在其上萌发，营养细胞的细胞质从花粉壁的薄弱区域（萌发孔）突出形成花粉管（pollen tube）并穿入柱头（图 22.23）。随后，营养细胞和精细胞的细胞质和核进入生长中的花粉管，处于其前端。花粉管在花柱中延伸到达子房。那些具有 2 个细胞的花粉粒中的生殖细胞在花粉管中发生有丝分裂，产生两个精子细胞。当花粉管到达胚珠时，它从珠孔进入胚囊，穿过一个助细胞，爆裂后将两

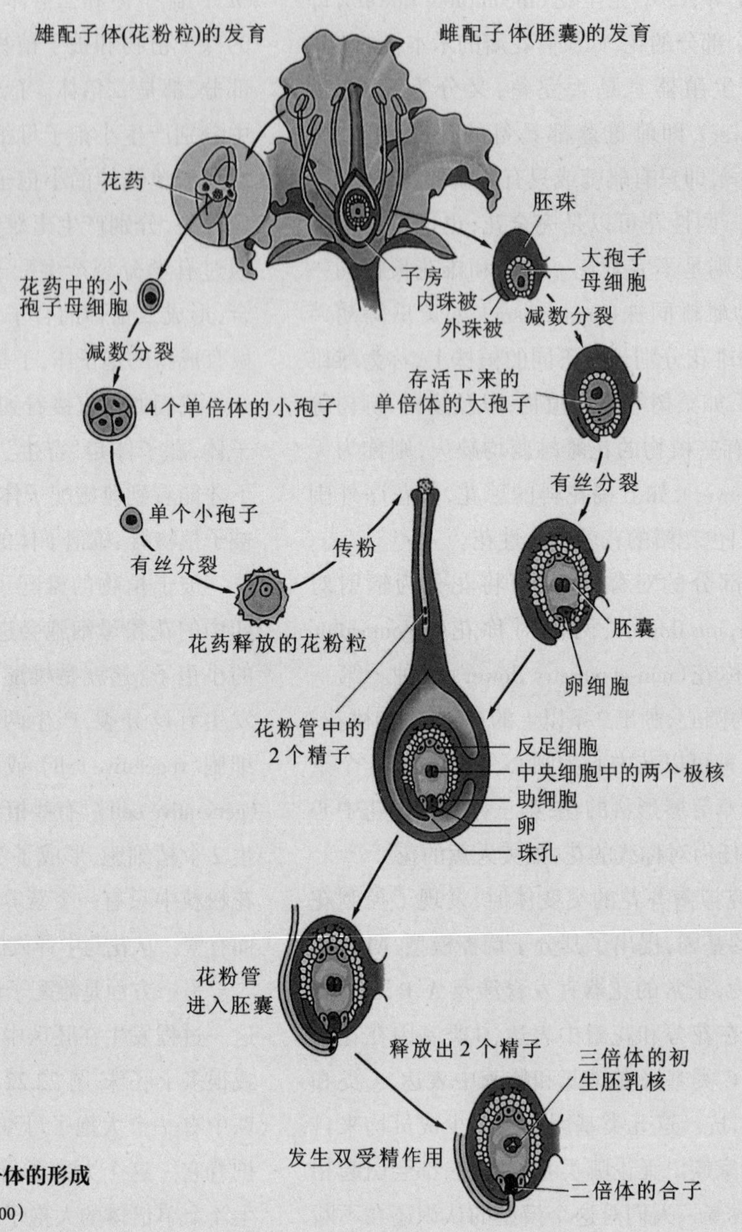

雄配子体(花粉粒)的发育
雌配子体(胚囊)的发育
花药
胚珠
子房
大孢子母细胞
内珠被
外珠被
花药中的小孢子母细胞
减数分裂
减数分裂
存活下来的单倍体的大孢子
4个单倍体的小孢子
有丝分裂
单个小孢子
传粉
有丝分裂
花药释放的花粉粒
胚囊
卵细胞
花粉管中的2个精子
反足细胞
中央细胞中的两个极核
助细胞
卵
珠孔
花粉管进入胚囊
释放出2个精子
三倍体的初生胚乳核
发生双受精作用
二倍体的合子

➡图 22.22　被子植物雌、雄配子体的形成和双受精作用(引自Campbell等,2000)

个精子都释放出来。一个精子与卵结合,形成合子,另一个精子则与胚囊中的中央细胞的极核结合,形成三倍体($3n$)的细胞,即胚乳母细胞。这一过程称为双受精作用(double fertilization),是仅发生于被子植物中的现象。这是一个精确调控的过程,科学家现已发现雌、雄孢子体中分泌的一系列小肽信号使得雌、雄相互识别,将精细胞通过花粉管精准地导入胚囊,完成双受精过程。

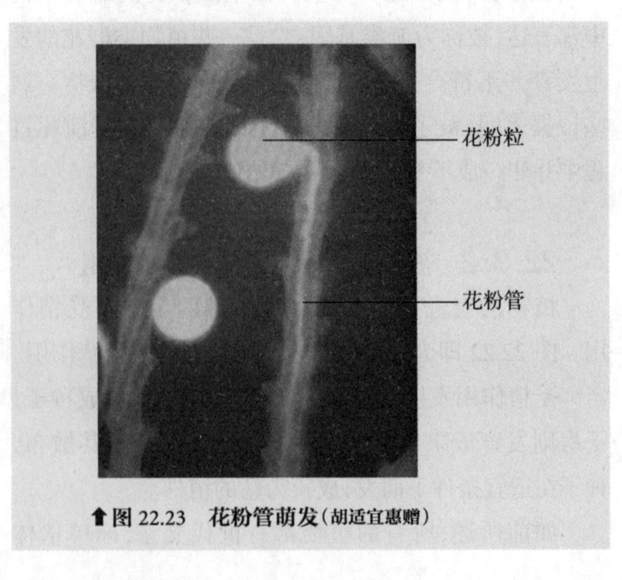

⬆图 22.23　花粉管萌发(胡适宜惠赠)

22.3.3　果实和种子的发育

双受精作用发生后,胚珠逐步发育成种子(图22.24)。胚珠中有一个合子和一个三倍体的细胞。合子先分裂成为两个细胞:其中位于上方的一个细胞经

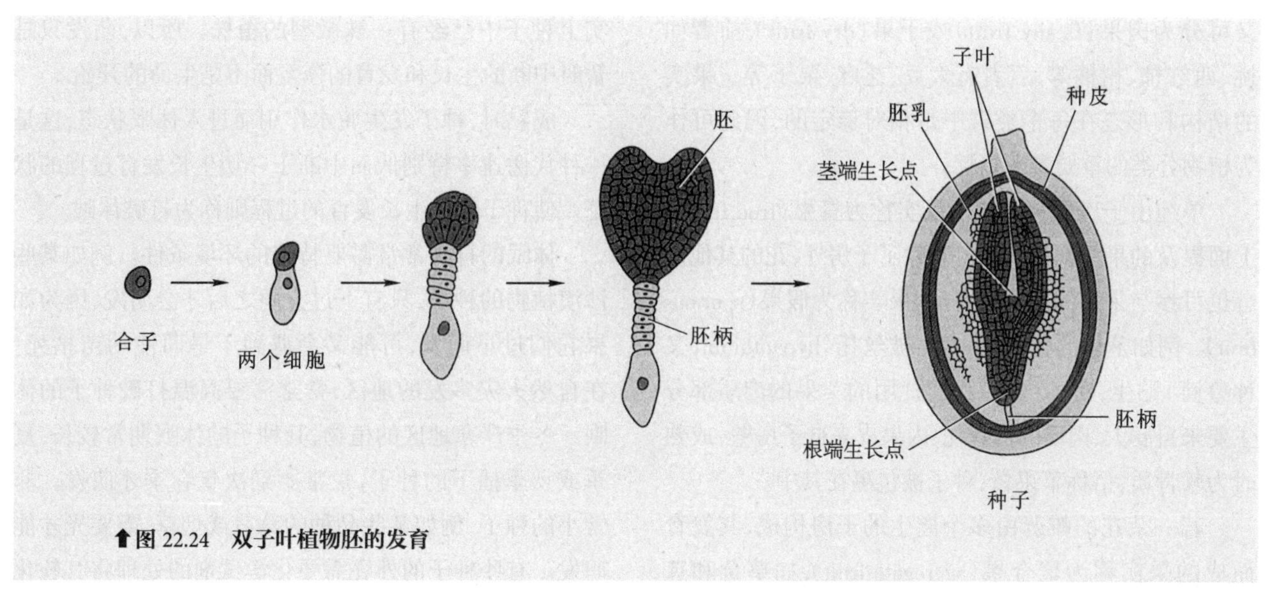

⬆图 22.24 双子叶植物胚的发育

过多次分裂成为聚集在一起的许多细胞，就是胚；另外一个细胞则经过多次分裂形成胚柄，胚柄将胚推入胚乳中。胚乳又从何而来呢？原来那个三倍体的胚乳母细胞经过多次分裂形成多细胞的胚乳（endosperm），其中有大量养分，供胚利用。现有证据表明，胚乳不仅给胚的生长发育提供营养，而且其中的一些基因对胚的顺利生长有重要的调控作用。图 22.24 中胚有两个突起，就是子叶。双子叶植物有两片子叶，单子叶植物只有一片子叶。

胚珠发育的结果是形成种子。胚珠的珠被失去大部分水分，成为种皮，包被着胚和胚乳。种子的发育到此告一段落并进入休眠（dormancy）。种子的休眠是指其生长和发育暂时停止，这是重要的演化适应现象。休眠期间，种子可被散布到其他地方，直到环境适宜时才开始萌发，形成新的植株。需要说明的是，许多植物的种子有休眠期，也有些植物的种子没有休眠期。

图 22.25 为菜豆的种子和玉米的籽粒。菜豆是双子叶植物，它的成熟胚是一个称为胚轴的细长的结构和着生其上的两片子叶组成。子叶下方的胚轴部分称为下胚轴（hypocotyl），最下端是胚根（radicle）；子叶上方的胚轴为上胚轴（epicotyl），最上端是胚芽（plumule），其两侧为幼叶。菜豆种子没有胚乳，因为在种子形成过程中其子叶已将胚乳中的养分全部吸收了。

单子叶植物玉米的籽粒实际上是果实，其中有一粒种子。玉米粒的最外层是干燥的果皮，与种皮结合在一起，密不可分。这类果实称为颖果（caryopsis），为禾本科植物特有。玉米籽粒中胚乳很大，只有一片子叶，一般称之为盾片（scutum）。

果实由子房发育而来，由果皮和被果皮包裹着的种子组成。现以菜豆为例说明果实的发育。受精后不久，花瓣就脱落，激素的变化使得子房迅速膨大，壁加厚，形成果实，子房中的胚珠发育成种子。食用的荷兰豆（即荚果，为豌豆的一个栽培品种）就是在果实形成初期采摘的，完全呈绿色。继续发育，豆荚就会变干，呈褐色，并且在成熟后裂开，将种子释放出来。

与花一样，被子植物的果实也具有丰富的多样性。大多数果实是由花中仅有的一个子房发育而成，这类果实称为单果（simple fruit）。根据其果皮肉质或干燥

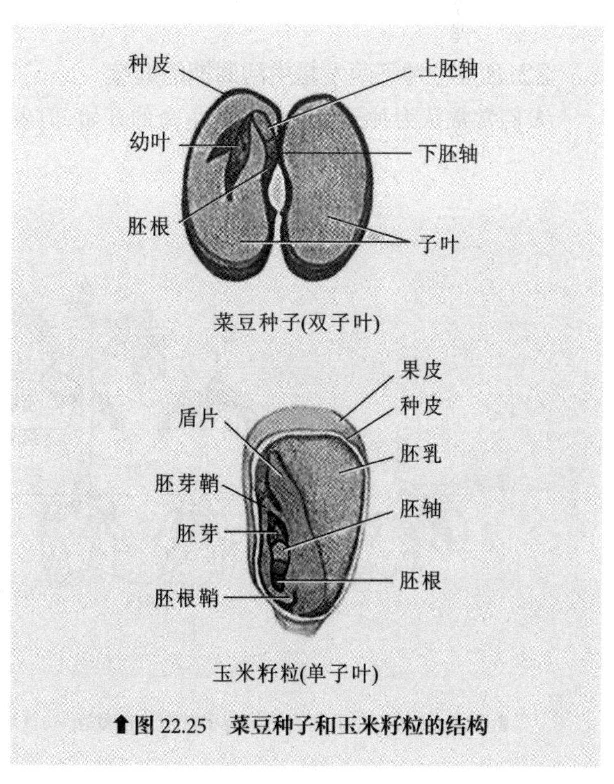

⬆图 22.25 菜豆种子和玉米籽粒的结构

又可分为肉果(fleshy fruit)或干果(dry fruit),前者如桃、西红柿、柑橘等,后者有大豆、芝麻、栗子等。果实的结构和形态在每个类群中是相对稳定的,因此可作为植物分类的重要参考指标。

单纯由子房发育而成的果实称为真果(true fruit),上面提及的果实都是真果。若除了子房外,花的其他部分也可参与果实的形成,这样的果实称为假果(spurious fruit)。例如苹果的花,其子房与被丝托(hypanthium,又称萼筒)贴生,密不可分,我们食用的苹果的肉质部分主要来自膨大、肉质的被丝托,内果皮来自子房壁,成熟时为软骨质,俗称苹果核,种子被包裹在其中。

若一朵花的雌蕊由多个离生的子房构成,其发育而成的果实称为聚合果(aggregate fruit),如草莓和莲蓬。若整个花序上的很多花发育成一个果实的聚合体,就称为聚花果(collective fruit)或复果(multiple fruit),如桑葚和菠萝。

当种子完成其发育时,果实也就成熟了。像大豆或豌豆这样的干果,成熟时能够裂开以释放其中的种子。肉质果实的成熟较复杂,它是由几种激素相互作用的许多步骤控制的。这类果实成熟后动物喜欢食用,这便于其种子的散布。这种成熟过程包括:酶消化其细胞壁,使果实变软;颜色由绿变为红、黄、橙;其中的有机酸或淀粉转变为糖。成熟果实中糖的浓度可高达20%。这些特性是人工培育各种果树以提供多种多样美味水果的基础。

22.3.4 种子萌发是生活周期的继续

人们常常认为种子萌发是植株生命的开始,但事实上种子中已经有一株微型的植株。所以,萌发只是暂时中断的生长和发育的恢复而不是生命的开始。

成熟时,种子发生脱水作用而进入休眠状态,这是一种代谢速率特别低而中断了一切生长发育过程的状态。使种子恢复生长发育的过程则称为打破休眠。

休眠的打破常常需要特定的环境条件。例如某些沙漠植物的种子,只有下过大雨之后才会萌发,因为如果它们过早萌发,可能又会遇到干旱而使幼苗枯死。在自然火灾多发的地区,常常需要高温打破种子的休眠。冬季严寒地区的植物,其种子的休眠期常较长,夏季或秋季播下的种子,常常要到次年春季才萌发。非常小的种子,例如某些品种的莴苣或烟草,需要光才能萌发。有些种子的外壳需要化学试剂的处理将其软化后才能萌发,这就保证了这些种子只有经过动物的消化道才能打破休眠,这使得它们可能被带到远处后才萌发,有利于其散布。

休眠种子能够保有其活力的时间因植物种类而异,从数年到数十年甚至更长时间不等。一般而言,存留一两年不成问题。所以在火灾、旱灾、涝灾或其他环境灾变发生后植被会迅速恢复。

通常认为,萌发从种子的吸水开始。吸了水的种子膨胀,使种皮破裂,并引发胚中的代谢变化,从而使之重新开始生长。胚乳或子叶中的酶开始消化贮存的养分,消化的产物则运至胚的生长区域中。

不同种子的萌发过程不完全相同,有些植物是子叶出土萌发(epigeal germination),另一些则是子叶留土萌发(hypogeal germination)。图 22.26 所示就是这两种类型。

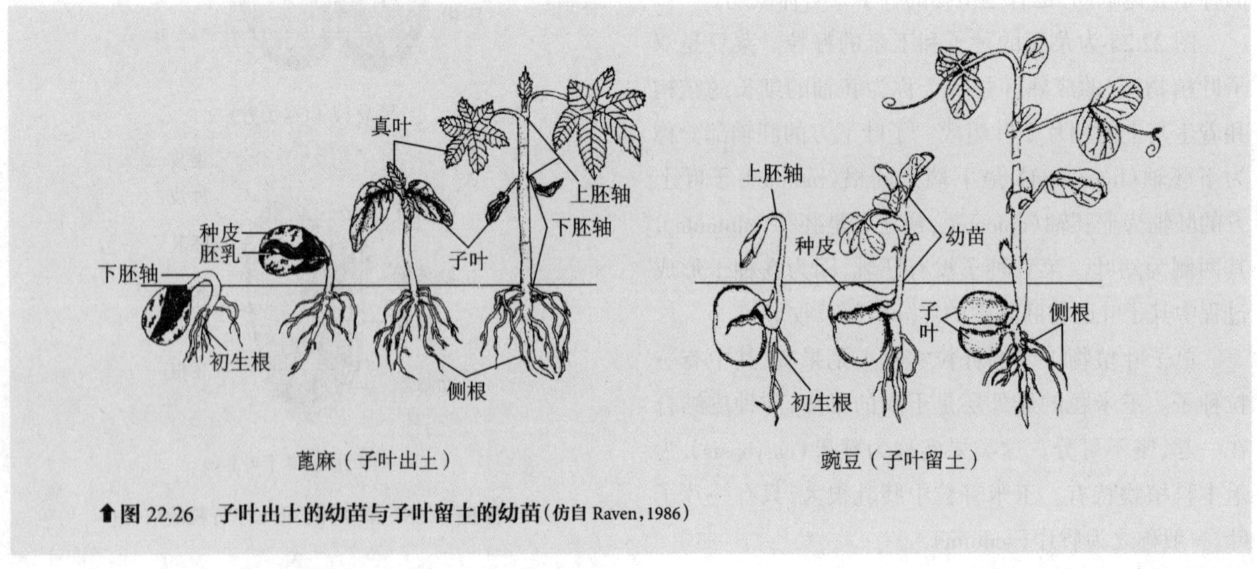

图 22.26 子叶出土的幼苗与子叶留土的幼苗(仿自 Raven,1986)

蓖麻种子是出土萌发的例子。种子萌发时下胚轴伸长，所以子叶伸出土壤表面。出土后的子叶很快变绿，进行光合作用。真叶长出后，子叶才枯萎。

留土萌发的例子如豌豆，种子萌发时胚根首先突破种皮并向下生长，然后胚芽向上生长，其上部呈钩状，这样茎尖可以受到保护，不被土壤擦伤，下胚轴不伸长。胚芽出土后，照光使钩变直，于是茎尖向上生长，第一片真叶展开。这时幼苗已能进行光合作用，子叶中的养分几乎已被用尽。留在土壤中的残余子叶以后就会脱落死亡。

单子叶植物（如玉米）的种子萌发时也是胚根先伸出，然后是胚芽。茎尖附近不形成钩，但是有一层鞘（胚芽鞘）保护着茎尖。下胚轴不伸长，玉米籽粒一直留在土中直到营养耗尽。

萌发中的种子非常脆弱，在自然条件下，只有很少一部分幼苗能够成活并繁殖。

22.3.5 植物的营养繁殖

植物的营养繁殖（vegetative propagation）是指植物营养体的某一部分与母体分离（有时不分离）而形成新个体的繁殖方式。22.1.2 节中介绍了根和茎的变态，许多变态的根或茎，如竹（根状茎）、蒜（球状鳞茎）、百合（球状鳞茎）、马铃薯（块茎）等，在其节上可以长出芽和不定根，外界条件适合时，芽就可以长成一个新植株。许多杂草能利用根状茎进行繁殖，当根状茎被切断后，每一小段就会形成一个新的植株。姜也是利用根状茎进行繁殖（图 22.27a）。

除地下茎外，其他如草莓（图 22.27b）的匍匐枝上，番薯和大丽菊的块根上都能长出不定根和不定芽，形成新的植株。还有的植物叶就有繁殖能力，例如，落地生根的叶的边缘处可以产生不定芽，芽落地后长出不定根，形成新植株（图 22.27c）。

营养繁殖在生产中有多种用途。农业上常利用地下茎（如马铃薯）或块根（如番薯）作为播种材料。园艺上利用的营养繁殖方式有许多种：扦插（cutting）、压条（layering）、嫁接（grafting）等。

扦插是将枝条剪成小段，插入土中，不定根产生后，芽便可形成新的侧枝，于是新植株就产生了。有的植物很容易长根，扦插的成活率很高。有的植物不易长根，可以用植物激素等进行处理，促进生根。

压条是指将植物的枝条埋入土中，在其上剥去部分树皮或切一伤口。这时从上方运来的养分以及其他生长物质，都聚积在伤口或剥去皮的部分，可以促进不定根的形成。待不定根长到一定程度后，就可以将枝条切断，进行移植（图 22.28）。

嫁接可以达到繁殖目的，对于不产生种子的果树有重大意义。不仅如此，嫁接可以使一些由种子繁殖不能保存的亲本的优良品质保存下来。此外，嫁接是应用广泛的营养繁殖技术。通常是把一株植物的枝条接到另一株植物的枝干上，使它们彼此愈合，成为一个

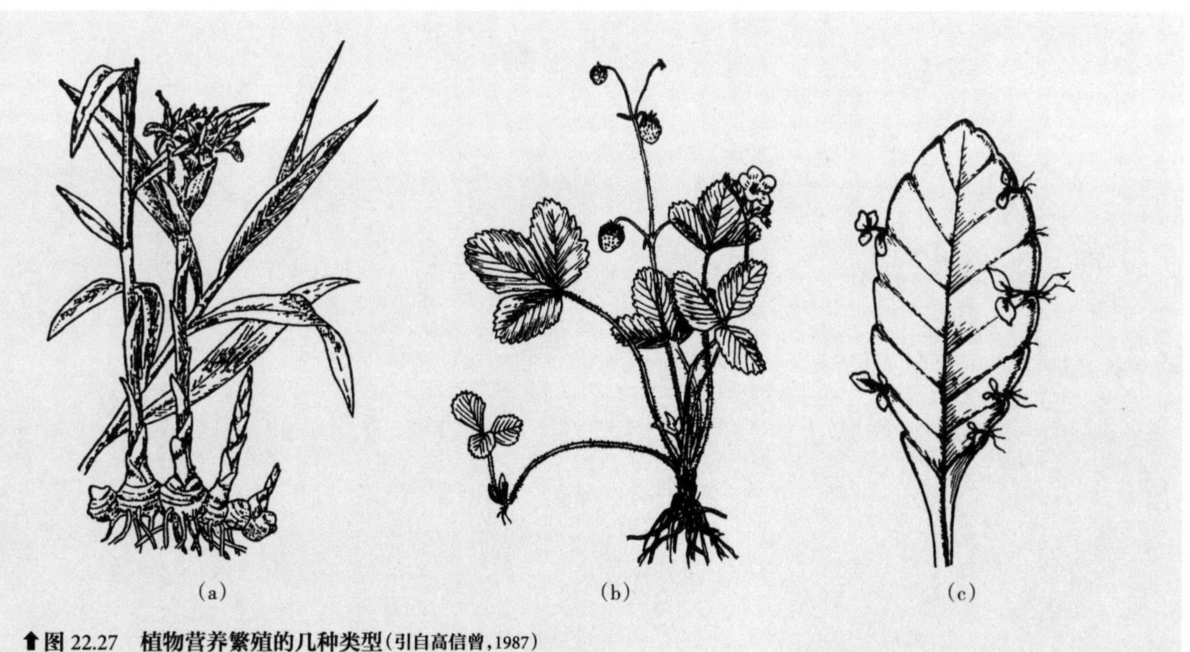

图 22.27 植物营养繁殖的几种类型（引自高信曾，1987）

（a）姜的根状茎长出不定根和直立茎。（b）草莓的匍匐茎繁殖出新植株。（c）落地生根的叶的边缘长出不定芽。

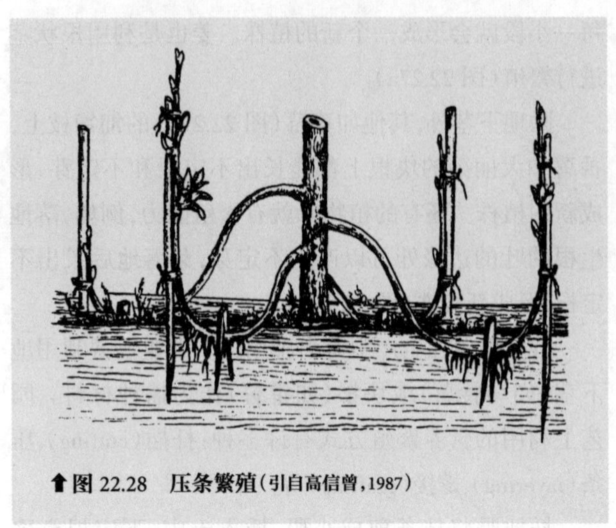

⬆图 22.28 压条繁殖（引自高信曾，1987）

植株。接上去的枝条称为接穗（scion），被接的植株（保留根系的植株）称为砧木（stock）。嫁接的原理是：植物受伤后具有愈伤的功能，当两个创面紧紧贴在一起，其形成层也非常贴近，由于细胞的增生彼此会愈合，于是接穗与砧木的维管组织便连成一个整体。利用嫁接技术，还可以改良品种。

思考题

1 植物有一年生、二年生和多年生的。这三种寿命各有什么适应意义？在荒漠、海滩、高山、湖泊和热带雨林中，这三种寿命中的哪一种对植物的存活和生殖较有利？为什么这三类植物无论在什么环境中都常常生长在一起？

2 为什么木质部主要由死细胞组成而韧皮部则全由活细胞组成？就这两部分的功能进行解释。

23 植物营养

萌发的种子

植物同其他生物一样，其生命活动需要各种养分。植物以光合产物为原料，可以合成自身所需要的各种有机物。不过，通常所说的植物营养是指矿质营养，即植物对矿质养分的吸收和利用。除矿质以外，植物也需要水分，所以本章的内容也包括植物与水分的关系。

23.1 植物对养分的吸收

23.1.1 植物需要 17 种必需元素

植物和动物不同，动物需要有机物作为食物，而植物只要无机物就可以正常生活和生长。植物能够利用空气中的 CO_2 和环境中的无机离子合成各种各样它所需要的有机物，这些有机物不仅满足植物本身的需要，而且也满足人类和其他动物的需要。

植物的必需元素（essential element）是指那些完成植物的生活周期——从种子萌发开始到产生下一代种子为止所必需的元素。确定植物必需元素的方法是所谓水培法（hydroponics），即将植物的根部浸泡在溶液中并通入空气进行培养的方法。溶液中有各种无机盐，通气是为了保证根部的细胞呼吸。当溶液中含有所有的必需元素时，植物生长正常，发育也正常，能够开花结果，完成其生活周期。缺少了任何一种必需元素，植物的生长发育就不正常。在缺乏必需元素时，植物会出现如长得矮小、叶片褪色等症状，严重时死亡。

利用这种方法，已经确定所有的植物都需要 17 种必需元素。这 17 种必需元素中，有 9 种被称为大量元素（macroelement），因为植物对它们的需要量较大。这 9 种大量元素中有 6 种是有机化合物的主要成分，它们是碳、氧、氢、氮、磷和硫。含有这 6 种元素的物质几乎占植物干重的 98%。另外 3 种大量元素是钙、钾和镁，它们各有多种功能。钙在细胞壁的形成中十分重要，它与某些酸性分子结合使细胞黏合在一起。钙也是维持细胞中膜结构的成分，而且有助于调节其选择透性。钙还是细胞信号转导中的一种第二信使，参与多种调节过程。钾是多种酶的辅因子，是植物体内渗透调节的主要溶质，也是调节气孔开关的重要离子。镁是叶绿素的成分，因此是光合作用所必需的，镁也是好几种酶的辅因子。

植物需要量极小的元素称为微量元素（microelement）。已知的 8 种微量元素是铁、氯、铜、锰、锌、钼、硼和镍。这些元素在植物体内的功能主要是作为辅酶或辅基的成分。例如，铁是细胞色素的辅基，而细胞色素在叶绿体和线粒体内的电子传递链中都是重要成员。微量元素的功能主要是在催化作用方面，所以可以反复利用，因此需要量极小。例如，植物干物质中每有 1600 万个氢原子才有一个钼原子。然而缺乏钼或任何其他微量元素都会使植物代谢异常甚至死亡。

土壤中植物养分的多寡决定着生长在其中的植物的成分，因而也会影响作物的营养价值。例如，长在贫瘠（缺氮）土壤中的玉米，合成的蛋白质自然较少。这种玉米虽然也能结实，但营养价值要低一些。

植物缺乏养分时常有容易观察到的症状。常见的是氮、磷、钾的缺乏，尤其是氮的缺乏。土壤中常常有有机态的氮，但是植物一般不能利用。植物能够利用的是可溶性的 NO_3^- 和 NH_4^+。缺乏这两种离子的供应就是土壤缺氮。植物缺氮的症状是植株矮小、叶片发黄。通常是老叶先出现缺氮的症状。

磷的缺乏也是常见的。土壤中一般并不缺磷，但其存在形式是植物所不能利用的。植物能够利用的是可溶于水的 $H_2PO_4^-$ 或 HPO_4^{2-}。缺磷的植株叶子可能是绿的，但生长显著变慢，新生的枝叶往往卷曲脆弱，有时叶的背面呈紫红色。

植物能吸收的钾是土壤中的 K^+，如果土壤中可吸收的 K^+ 不足，就会出现缺钾的症状。缺钾症状常常先出现在老叶上，叶变黄并有褐色的坏死斑点，这些斑点或是出现在叶尖或叶缘上，或是分散在叶片上。缺钾时茎和根的生长也受阻。

一旦发现植物缺乏营养，就应施肥。可以施用化学肥料，如硝酸盐、磷酸盐等；也可以施用有机肥料，有机肥在土壤中被微生物分解成植物可利用的无机化合物。

自然界中还有个别植物对这 17 种必需元素之外的元素有特殊需求，这里不展开叙述。

23.1.2 植物的空气营养和土壤营养

植物从空气中吸收二氧化碳并在叶绿体中进行光合作用。光合作用所产生的糖类占植物体干重的 95% 左右，所以构成植物体的主要是有机化合物，即由碳、氢、氧组成的光合作用产物。在光合作用的讨论中，我们指出 17 世纪以前，人们曾认为植物生长所需要的物质完全来自土壤（见 4.4 节）。之后由于光合作用的发现，确立了空气营养的概念。除了碳元素外，植物还可以从空气中获得水分以及少量的其他矿质元素。不过绝大多数植物是从土壤中吸收水分和无机盐类的，即土壤营养。

自然界中，进行自养生活的植物占绝大部分。不过，也有一些植物在长期的演化过程中，适应了一些特殊生境，成为异养植物。它们在获取有机物质的同时，也获得各种矿物质。对这些异养植物，我们在 23.1.6 节详细叙述。

23.1.3 根细胞控制养分的吸收

植物的水分和矿质营养物主要是通过根吸收的。根尖上面有千万条根毛，所以根的表面积极大。由于有这么大的表面积，根能够吸收足够多的水分和溶于水中的无机离子，以保证植物的生长和生活。

进入根中的所有物质都是溶于水中的，水分（实际上是稀溶液）进入根中木质部的通路是：表皮→皮层→内皮层→木质部。水分进入木质部的路径有两条，如图 23.1 所示。一条是胞外途径，即不进入细胞，溶液沿着根细胞的多孔细胞壁和胞间隙进去，而不进入表皮细胞或皮层细胞的细胞质，也就是不必通过这两种细胞的质膜。只有遇到内皮层时，这条胞外途径才被打断。因为内皮层细胞上有一圈凯氏带（Casparian strip）。凯氏带是一条含有栓质和木质素的带，箍在细胞周围（图 23.2）。水分或溶液不能通过这条带，只能通过质膜进入到内皮层细胞之内。

水分进入木质部的另一条途径是胞内途径，先通过表皮细胞（一般是根毛）的质膜，进入细胞内。根中的细胞是由胞间连丝连通着的，所以各个根细胞是连成一体的。这些水分和溶质最后进入内皮层。内皮层

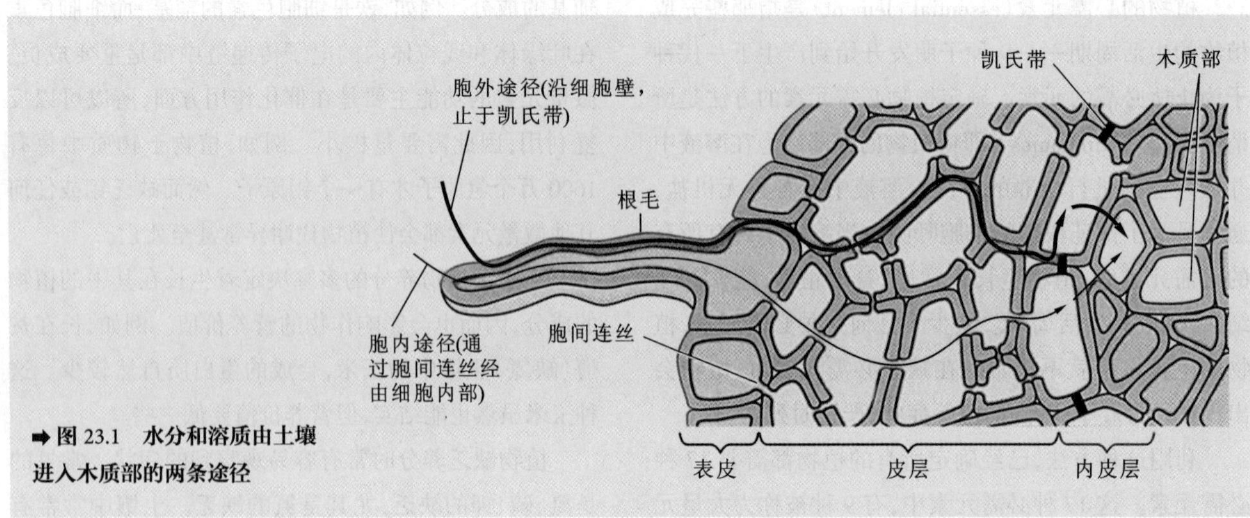

➡ **图 23.1 水分和溶质由土壤进入木质部的两条途径**

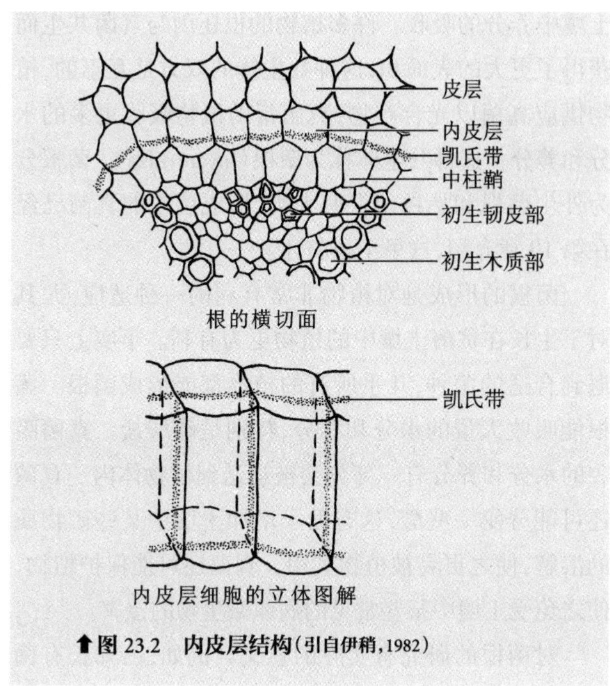

图 23.2 内皮层结构（引自伊稍，1982）

细胞则将溶质释放到木质部中。

总之，不论是由胞外途径还是胞内途径，进入根中的水分和溶质，都必须经过活细胞的质膜（表皮细胞的质膜或内皮层细胞的质膜）进入木质部。质膜对水分的透过没有选择性，但对溶质（离子或分子）的透过是有选择性的，所以只有某些溶质能够进入木质部。

实际上，水分和溶质并不是一成不变地只通过上述两条途径之一进入木质部，它们可能经由胞外途径，或者经由胞内途径进入木质部。因此，可能经过许多层质膜和细胞壁。无论如何，溶质至少必须有一次通过质膜，这就是根细胞所以能够控制养分吸收的关键所在。

23.1.4 土壤对植物的生活十分重要

土壤的特性决定着植物在其中的生长状况。肥沃的土壤不仅给植物适当的水分和溶于其中的养分，而且提供条件使植物能够吸收所需的物质。土壤的最上层称为表层，不同土壤的表层厚度不同，肥沃的土壤表层较厚，可达 20 cm 左右。肥沃的表土中有大小不等的岩石颗粒，包括沙和黏土。这些颗粒表面积极大，有利于保持水分和养分，又有利于通气，使氧能扩散到根部。表土中还有正在分解的有机物质，称为腐殖质（humus），还有许多活的生物。腐殖质是植物养分的重要来源，也能保持水分，又能使表土通气良好，利于植物根的活动。肥沃的表土中通常有大量的细菌、原生动物、真菌和小型动物（如蚯蚓、线虫和昆虫）。这些生物也有利于土壤的疏松和通气，并使土壤中的有机物增多。几乎所有的植物都要靠细菌和真菌将土壤中的有机物分解成根能吸收的无机物。根一般分布在土壤表层中，但也会伸展到表层以下。表层以下生物较少，其中有从表土流失的水分和溶于其中的养分。

植物的根毛、土壤水分和土壤颗粒之间关系密切（图 23.3）。土壤颗粒之间的水分与根毛直接接触。土壤水分实际上是稀溶液，其中有溶解的氧和各种无机离子。氧是从土壤孔隙中扩散来的。根吸收的是环绕它的一层水膜中的氧、离子和水。

根毛获得土壤颗粒上的某些带正电荷的阳离子的机制是阳离子交换（cation exchange）（图 23.4）。无机阳离子如 Ca^{2+}、Mg^{2+}、K^{+} 等黏附在带负电荷的黏土颗粒上。这种黏附作用使得这些阳离子不会被大雨或灌溉时的大量水分淋洗掉。在阳离子交换过程中，根毛将 H^{+} 释放到土壤溶液中，H^{+} 再取代黏土颗粒上的阳离子，根毛则吸收这些游离的离子。

阴离子（例如 NO_3^-）与阳离子不同，它们通常不能黏附在黏土颗粒上。所以阴离子易被植物吸收，但同时也易淋失。这就是土壤中常常缺硝态氮的原因。

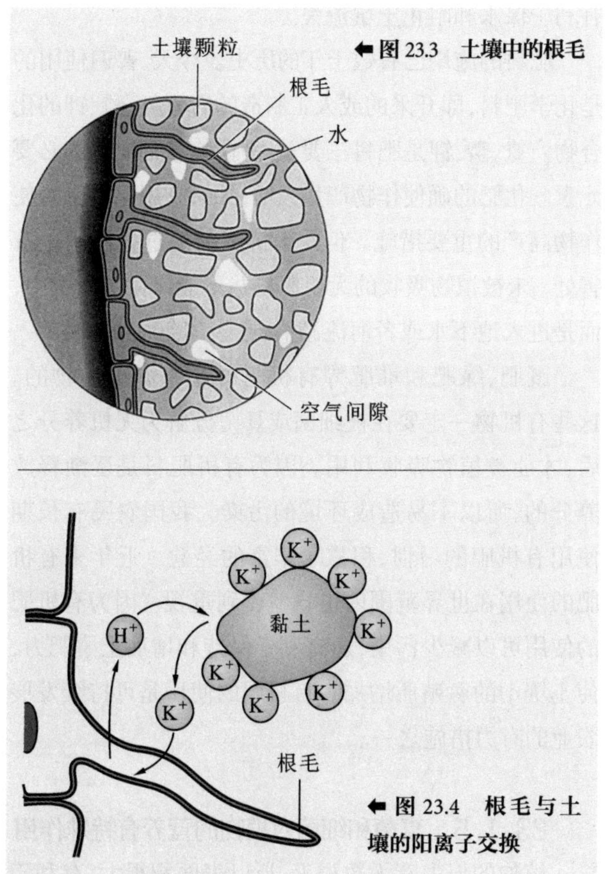

图 23.3 土壤中的根毛

图 23.4 根毛与土壤的阳离子交换

要使贫瘠的土壤变得肥沃，可能需要上百年或更长。另一方面，因为侵蚀、过度使用和化学污染等因素，许多地区的土壤肥力在加速丧失，这是当前全世界农业最迫切需要解决的一个问题。人口剧增、荒地不断被开垦，要保持可持续的发展，必须采用正确的农业措施以保持土壤肥力。有三个方面是应该注意的：正确灌溉、正确施肥和防止土壤被侵蚀。

灌溉是必要的，干旱地区没有灌溉可能颗粒无收，所以说"有收无收在于水"。但灌溉不当也会引起土壤的盐碱化。大水漫灌会使溶于水中的盐随着地面上水分的蒸发而进入土壤表层，使土壤盐化，不利于作物的生长。现代的灌溉方法有喷灌和滴灌。喷灌是使水喷洒在作物表面，避免田间积水。滴灌是用多孔的管道将水滴到靠近作物根部的土壤中，这样可以节水，使大部分水为植物所吸收，减少水分的蒸发和渗漏。

土壤的侵蚀是指表层土壤被水冲刷或被风刮走。耕作利于土壤通气，使杂草和秸秆埋入土内，这些东西腐烂后其中的养分又回归土壤。但是耕作也使土壤易受风雨的侵蚀。因此有人提倡免耕法，也就是不必每年耕翻土地，而依靠除草剂来除去杂草。但除草剂的使用又会造成土壤的化学污染。还有其他防止土壤被侵蚀的办法，例如，在田边种树、在坡地营造梯田等，都有利于保水和阻止土壤流失。

肥料的施用已有数千年的历史。今天，普遍使用的是化学肥料，即开采的或人工制造的含有氮、磷、钾的化合物。氮、磷、钾是肥料三要素，是作物最常缺乏的必要元素。化肥的确使作物产量大增，今天施用化肥仍是使作物高产的重要措施。但是无机肥料的过量使用也有害处。未被植物吸收的无机肥料并不能保存在土壤中，而是进入地下水或者河流湖泊，这些都会污染水体。

厩肥、绿肥和堆肥等有机肥料是来源于生物的。这些有机物一定要在被细菌或真菌分解为无机养分之后，才能被植物吸收利用。因为有机肥料是逐渐释放养分的，所以不易造成环境的污染。我国农民有长期使用有机肥的习惯，积累了丰富的经验。近年来有机肥的使用在世界范围内也日益受到重视。因为有机肥的使用可以减少污染，还有利于保持和增加土壤肥力，使土壤中的腐殖质增加。有机肥的使用是可持续发展农业的有力措施之一。

23.1.5 真菌和细菌对植物的营养有特殊作用

植物的根上有无数根毛，所以表面积很大，有利于土壤中养分的吸收。许多植物的根还因与真菌共生而获得了更大的表面积，这种共生体的双方是互惠的，植物供应真菌以光合产物，真菌帮助植物吸收更多的水分和养分。这种共生体称为菌根（mycorrhiza）。菌根分为外生菌根和丛枝菌根两大类，形成菌根的真菌已经在第19章介绍，这里不再赘述。

菌根的形成是对植物非常有利的一种适应，尤其对于生长在贫瘠土壤中的植物更为有利。事实上只要遇到合适的菌种，几乎所有的植物都能形成菌根。菌根能吸收大量的水分和养分，特别是磷酸盐。真菌吸收的水分和养分有一部分会被运送到植物体内。真菌还可能分泌一些酸，这有助于增加土壤中某些矿物质的溶解，使之更易被植物利用。真菌还可能保护植物，使之免受土壤中某些常见的病原微生物的侵害。

对菌根的研究有实际的意义。例如，已知长有菌根的柑橘类树木需要的肥料较少。这就启示我们有可能向其他作物接种适当的真菌而减少施肥量。

菌根的广泛存在说明自然界的生物之间存在着多种多样的关系。虽然植物能够制造自己所需的养分，它们并非毫不依赖其他生物。化石记录表明，植物一出现，就有菌根。也许菌根的存在影响了植物演化的整个过程，因为它扩大了植物可能生存的陆地生境。

植物的生活不仅与真菌有密切关系，许多情况下还与细菌有着密切关系。前面讲过，植物常常会缺氮。虽然空气中80%是氮气，但是植物不能利用这种气态氮。所以几乎所有的植物依赖结合态氮素，如NO_3^-、NH_4^+和尿素。土壤中的NO_3^-或NH_4^+是植物的主要氮源。自然条件下，这两种离子来源于有机物或空气中的氮气。使有机物或氮气变成NO_3^-或NH_4^+的是细菌。土壤中的一些称为固氮菌（nitrogen-fixing bacteria）的细菌能将大气中的N_2转化为NH_3，这个过程称为固氮作用（nitrogen fixation），对一些植物至关重要。土壤中的另一类细菌称为氨化菌（ammonifying bacteria），能够使土壤中的有机物分解产物最终转变为NH_4^+。而NH_4^+可在硝化菌（nitrifying bacteria）的作用下转变为NO_3^-。土壤中还有一类细菌可将NO_3^-转化为气态N_2，它们称为反硝化菌（denitrifying bacteria）。反硝化菌使土壤氮肥流失，肥力降低，而翻土增加土壤通气性，从而减少反硝化作用，有利于土壤保持肥力。图23.5所示为这几类细菌的作用。

豆科植物，例如大豆、花生、豌豆等的种子中蛋白质含量很高。这些植物的特点就是根上有根瘤（root nodule）（图23.6），根瘤细胞中有属于根瘤菌属

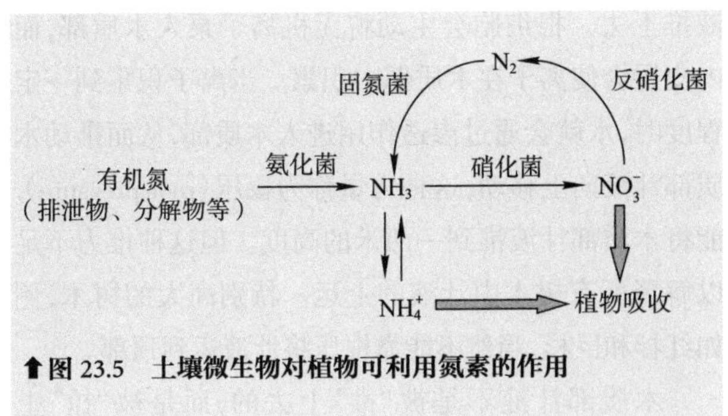

⬆图 23.5　土壤微生物对植物可利用氮素的作用

（*Rhizobium*）的固氮菌。有些非豆科植物也可共生固氮，其固氮菌是放线菌（actinomycete）。

植物和固氮菌之间的关系也是互惠关系。植物向固氮菌供应糖类和其他有机物，固氮菌则将 N_2 转变为 NH_3。在适宜条件下，根瘤菌所固定的氮不仅可以供应本身和寄主植物的需要，还能将多余的 NH_4^+ 分泌到土壤中，增加土壤肥力。我国北魏的农学家贾思勰就说过"种豆可以肥田"。一个生长季种植一种粮食作物如小麦，另一个生长季种植另一种豆类作物如大豆，称为轮作。轮作可以增产，道理就在于生物固氮作用，轮作中所用的豆类作物可以是大豆或苜蓿（三叶草）。收获后豆类作物的根留在土壤中可以增加肥力。有时根本不收获豆类作物，而是将它全部翻入土中，作为绿肥使用。

23.1.6　异养植物

绝大多数植物都能进行光合作用，是自养的，但也有少数植物是异养的。异养植物有两类：寄生植物（parasite）和食虫植物（insectivore）。

寄生植物分为专性寄生植物（如菟丝子，*Cuscuta chinensis*）和兼性寄生植物（如槲寄生，*Viscum coloratum*）。菟丝子没有叶绿素，不能进行光合作用。它有特殊的根，深入到寄主植物的维管束中，吸收其中的有机物质。槲寄生属约有千种，在落叶乔木存在的地方就常有一种或几种槲寄生存在。槲寄生有叶子，能进行光合作用，但是它要从寄主植物的维管组织中吸取养分，补充其营养。菟丝子或槲寄生都会因为遮光太甚或吸取光合产物过多使寄主植物死亡。

食虫植物是从动物（昆虫）获取养分的植物，它们获取的主要是含氮化合物，这些植物通常生长在酸性很强的沼泽地中。酸性土壤中有机质分解很慢，所以氮素缺乏。像茅膏菜（*Drosera* sp.）和猪笼草（*Nepenthes* sp.）这样的植物，虽然能进行光合作用，但不能获得足够的含氮化合物，它们以昆虫为氮源维持生活。

食虫植物的结构和它们的食虫功能有着特殊的关系。例如，茅膏菜的变态叶呈盘状，上面有许多顶端膨大的腺毛。腺毛顶端释放黏稠的含糖分泌物，吸引并捕捉昆虫。昆虫的来临引发腺毛弯曲，于是叶片包裹昆虫（图 23.7）。然后腺毛分泌酶消化昆虫，植物就吸收昆虫被消化时所产生的养分。

猪笼草的变态叶结构更为精巧（图 23.8）。叶呈瓶状，里面有液体，瓶上面有盖，可遮挡异物落入瓶中。一旦昆虫滑落进入瓶内就会被液体里的消化酶消化，植物则吸收其养分。

利用昆虫作为氮源是食虫植物的一种适应。它使得食虫植物能在其他植物不能生长的地方存活。不过，

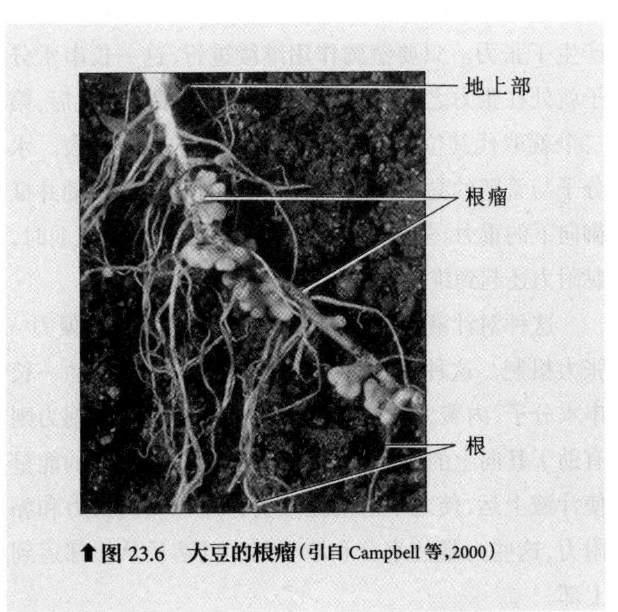

⬆图 23.6　大豆的根瘤（引自 Campbell 等，2000）

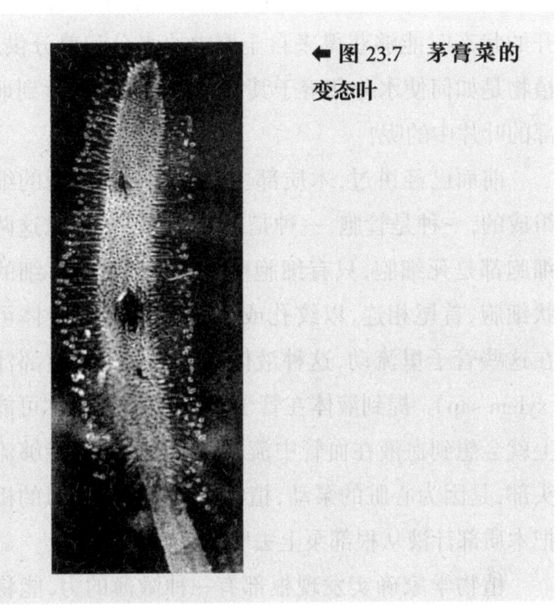

⬅图 23.7　茅膏菜的变态叶

➡ 图 23.8 猪笼草的变态叶

食虫植物的种类极少。

23.2 植物对养分的运输

由于植物具有空气营养和土壤营养这两方面的需求，所以根和叶之间必须有物质运输的机制。叶中制造的糖必须运往根和其他非绿色部分，而根吸收的水分和无机盐又必须上运至地上部。大树和小草都依赖这种物质的双向运输。

23.2.1 蒸腾作用使水分和养分在木质部中向上运输

使水分和溶于其中的离子向上运输是植物重要的适应特征。这样才能保障植物向上生长使枝叶充分展开的状态时能够获得来自土壤中的水分和养分供应。植物是如何使水分和溶于其中的养分从根部运到地上部的叶片中的呢？

前面已经讲过，木质部主要是由两种类型的细胞组成的，一种是管胞，一种是导管分子。成熟时这两种细胞都是死细胞，只有细胞壁。两者都是非常细的管状细胞，首尾相连，以纹孔或穿孔相通，所以液体可以在这些管子里流动，这种液体就是所谓的木质部汁液(xylem sap)。提到液体在管子里从下往上流，你可能马上就会想到血液在血管中流动。人体内血液能够流至头部，是因为心脏的泵动，植物体内有没有类似的机制把木质部汁液从根部泵上去呢？

植物学家确实发现根部有一种微薄的力，能将汁液推上去。根细胞会主动将无机离子泵入木质部，而内皮层会使离子在木质部中积累。当离子积累到一定程度时，水就会通过渗透作用进入木质部，从而推动木质部汁液向上移动，这种力量称为根压(root pressure)，能将木质部汁液推到一两米的高度。但这种推力不足以解释所有树木中汁液的上运。特别高大的树木，例如红杉和巨杉，当然不能靠根压将汁液运到顶部。

木质部汁液不是被“推”上去的，而是被“拉”上去的，这种拉力就是来自植物地上部分的蒸腾作用(transpiration)，即植物的叶或其他暴露在空中的部分丢失水分的过程。

蒸腾作用怎样将水分从根部“拉”上去呢？让我们从气孔开始研究。只要气孔是张开着的，水分就会从叶子里面向外扩散，就好像一条晾在空气中的湿毛巾中的水会向空气中扩散一样。蒸腾作用之所以能将树中的木质部汁液拉上去，是因为水的两种特殊作用：内聚作用(cohesion)和黏附作用(adhesion)。内聚作用是指同一种分子彼此粘连在一起。就水分子而言，是氢键使水分子粘连在一起。相互粘连的水分子在整个木质部系统中连成一长“水线”，从叶一直到根。黏附作用是指不同种类的分子粘连在一起。木质部中水分子与细胞壁中的纤维素分子通过氢键而黏附。

对于这一条长长的黏附在木质部导管和管胞壁上的水柱，蒸腾作用如何起作用呢？水分子要离开叶片，它必须首先从水柱顶端分离出去。事实上，它是由叶内潮湿的细胞间隙与外界比较干燥的空气之间较陡的扩散梯度“拉”出去的。内聚力虽对这种拉力有反作用，但并非强到足以克服它，所以水分子会扩散出去，而内聚力和蒸腾作用的拉动作用却对余下的一长串水分子产生了张力。只要蒸腾作用继续进行，这一长串水分子就处在张力之下；当第一个水分子扩散出去之后，第二个就取代其位置，于是水柱不断地被提拉上去。水分子与管壁的黏附力则帮助木质部汁液向上移动并抵御向下的重力。在不发生蒸腾作用或蒸腾作用较弱时，黏附力还起到维持水柱不下滑的作用。

这种对汁液上升的解释称为蒸腾作用 - 内聚力 - 张力机制。这种机制可概括如下：蒸腾作用拉动一长串水分子，内聚力使这串水分子连在一起，而黏附力则有助于其向上的移动。植物并不需要消耗自身的能量使汁液上运，使之上运的是蒸腾作用以及内聚力和黏附力，这些力量使水分和溶于其中的溶质从根部运到上部。

蒸腾作用对植物既有利,也不利。它是木质部汁液上升的动力,但它也使植物丢失大量的水分。通常在晴朗、温暖、干燥、有风的日子里,蒸腾作用最为旺盛,因为这些气候条件都是加速水分蒸发的。例如,一株高约 20 m 的枫树,在夏季晴朗的白天,每小时约丢失 200 L 水。只要土壤中有足够多的水分,这样强的蒸腾作用对植物不会造成什么问题。但是假若土壤中水分供不应求,蒸腾掉的水分超过了土壤所能提供的水分。叶片就会萎蔫,如不能及时供水,植物就会受到损伤,最终死亡。

植物对水分的平衡有一种控制机制,那就是气孔的运动。气孔的张开和闭合控制水分的散失以适应环境的变化。如图 23.9 所示,气孔由一对保卫细胞(guard cell)组成。保卫细胞通过改变其形状以控制气孔的开关。通常气孔在白天张开,夜晚关闭。白天,气孔张开,CO_2 由大气中进入叶内,光合作用可以进行。夜间无光,不能进行光合作用,所以气孔关闭以节省水分。

气孔为什么会改变其形状从而引起气孔的开或关呢?我们用图 23.9 说明其原理。当保卫细胞从周围的细胞中得到 K^+ 时,水就会由于渗透作用进入其液泡内,于是细胞呈膨胀状态。如图所示,保卫细胞的壁厚度是不均匀的,内侧较厚,外侧较薄。细胞吸水后,较薄的壁膨胀较多,于是细胞弓起来,使气孔张开。反之,保卫细胞丢失 K^+,水分也丢失,细胞失去膨胀状态,气孔关闭。

影响气孔开关的因素有光、CO_2 和生物钟。光促进保卫细胞吸收 K^+ 和水,因而使气孔在早晨张开。叶中 CO_2 水平较低也使气孔张开,较高 CO_2 水平导致气孔关闭。第三个因素是保卫细胞中的生物钟,这是植物体内的一种计时机制(见 24.2.1 节)。当植物在白天丢失水分过多时,保卫细胞也会将气孔关闭。这种响应可以减少水分丢失,但同时也削弱了 CO_2 的同化。这就是干旱使作物减产的原因之一。此外,植物激素也参与气孔开关的调控,这将在第 24 章介绍。总而言之,调节气孔开关的机制使植物在节约水分和制造糖分之间求得平衡,也可以说,植物总是在“饿”和“渴”之间寻求平衡。

23.2.2 糖分在韧皮部中运输

植物有木质部和韧皮部两个输导系统。韧皮部的主要功能是运输有机养分分子,即光合作用所合成的糖类。韧皮部中运输有机养分的细胞称为筛管分子,它们首尾相连,但中间有一层筛板。韧皮部汁液(phloem sap)是主要溶质为糖分的溶液,通过筛板上的小孔在韧皮部细胞中流动。活的韧皮部细胞之间是相连通的,其细胞质连成一体。韧皮部汁液中通常主要是蔗糖,但也可能有无机离子、氨基酸和植物激素。

韧皮部汁液可以沿着各种方向流动,与木质部汁液不同。木质部汁液只能自下而上,即从根到地上部流动。凡是产生可溶性糖的部位,无论是由光合作用产生还是由淀粉的水解产生,都称为糖源(sugar source)。韧皮部将糖从源(比如绿叶或绿色的茎)运至植物的其他部分。这种接受糖的部位是贮存或消耗的部位,称为糖壑(sugar sink)。根尖、茎尖、果实都是糖壑,非绿色组织、树干中的活细胞等也是糖壑。贮藏组织如甜菜的肉质直根、马铃薯的块茎、洋葱的鳞茎等在夏季贮存糖的时期,是糖壑。早春,植株又开始生长时,

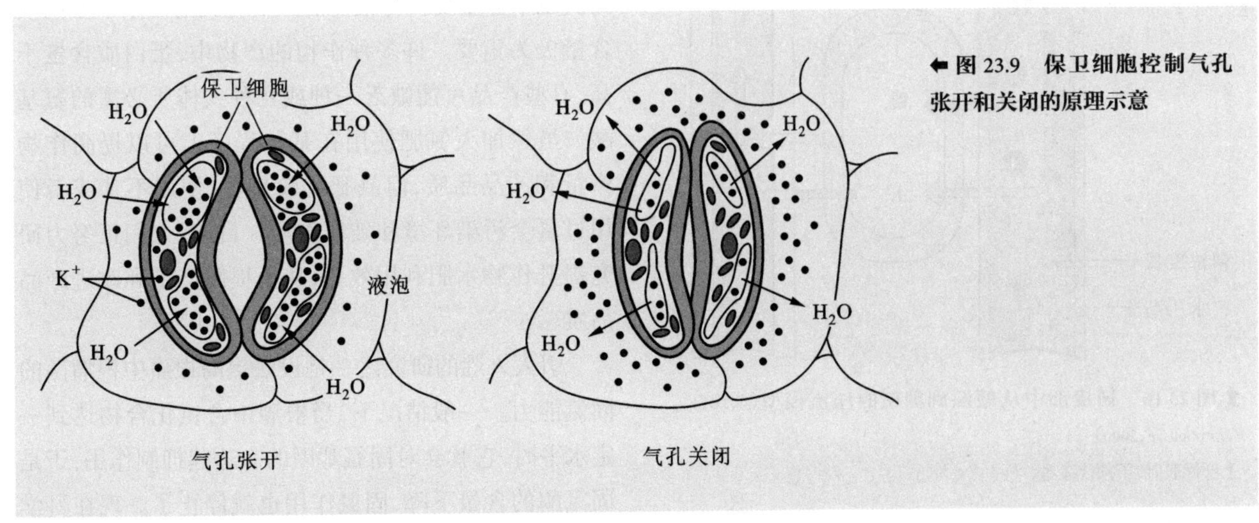

⬅ 图 23.9 保卫细胞控制气孔张开和关闭的原理示意

便要消耗贮藏的食物，这些器官便成为糖源，韧皮部将其中的糖运至正在生长的器官中。因此，韧皮组织中每一条运输食物的管道都有一个源端和一个壑端，但二者会因季节或植物的发育时期而变换。

是什么原因使得韧皮部汁液从源流到壑呢？这种流动的速率可高达 1 m/h，远远高于扩散的速率。假设仅仅通过扩散，韧皮部汁液需要 8 年的时间才能移动 1 m！目前广泛接受的是所谓压流（pressure-flow）或集流（mass-flow）模型。图 23.10 是这个模型的示意图。图中上方是源，如甜菜的地上部；下方是壑，如甜菜的根。

根据压流模型，在糖源（叶）中，糖被主动转运到韧皮部中（①），于是筛管中糖的浓度增高。糖浓度增高的结果是水分也因渗透作用而进入筛管内（②），于是此处的水压也增高。在另一端，即糖壑端，糖和水都从筛管中外运。糖被运走（③），结果水也因渗透作用而流出（④），于是壑端的糖浓度降低，水压也降低。源端水压的增高和壑端水压的降低使得水从源流向壑。糖是溶于水的，筛板又允许溶质自由流动，所以糖就随着水由源流向壑，其流动速率和水的一样。如图 23.10 所示，水又经由木质部从壑回到源中。

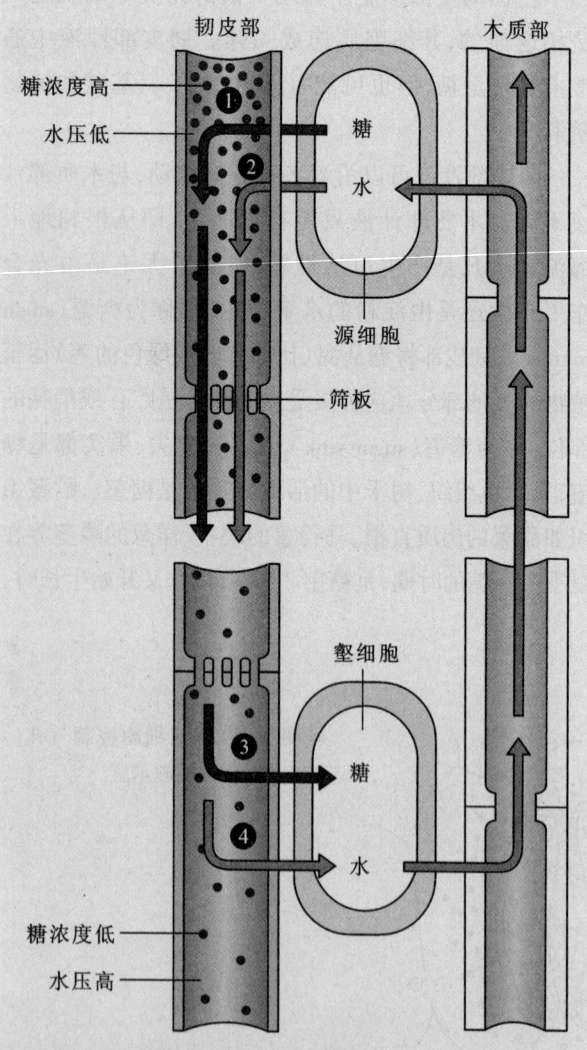

这个模型之所以称为压流模型，是因为它认为物质流动的动力是水压；之所以称为集流模型，是因为它认为糖分子是集体流动的。这个模型解释了韧皮部汁液总是从源流向壑，而与其位置和流动的方向无关。但是这种机制一直不易用实验来检验，因为大多数实验步骤都不可避免地会破坏韧皮部的结构和功能。后来植物生理学家终于找到了一种韧皮部汁液的天然探针：蚜虫的口针（stylet）。蚜虫是以树枝的韧皮部汁液为食的，它将口针插入韧皮部，吸吮其中的汁液。韧皮部中的压力会使汁液流入蚜虫腹中，使蚜虫体积膨大好几倍。在蚜虫吸吮汁液时，可将其麻醉并切断其与口针的连接。这样口针就成为一个小小的水龙头，韧皮部汁液可以源源不断地滴出达数小时之久。利用这种办法进行的研究结果支持压流模型：口针插入点距糖源越近，汁液流出得越快，其中糖的浓度也越高。这正是根据压流模型所预期的结果。

韧皮部
木质部
糖浓度高
水压低
糖
水
源细胞
筛板
壑细胞
糖
水
糖浓度低
水压高

⬆图 23.10　韧皮部中从糖源到糖壑的压流模型（改绘自 Campbell 等，2000）

上部代表叶，下部代表根。

23.3　植物营养与农业

农业的目的是生产大量优质的农产品，农产品中最重要的当然是粮食。作物的产量与作物的营养有直接关系。农业生产中最重要的措施集中在灌溉、施肥和土壤保持这几个方面，因为这些措施与植物营养和与之相关的光合作用密切相关。除产量外，农产品的品质也十分重要。与粮食的品质有关的因素中蛋白质含量极为重要。许多种作物的产物中，蛋白质含量不高，有些产品可能缺乏一种或几种人体所必需的氨基酸。虽然加大氮肥使用在某种程度上可以提高作物产量和产品品质，但氮肥比较昂贵，使用不善或者使用过量会污染环境和破坏水质。目前，人们正努力研究提升作物水肥利用效率，从而提高产量和改进产品品质。

引人入胜的研究之一是设法提高根瘤中根瘤菌的固氮能力。一般情况下，当根瘤中含氮化合物达到一定水平时，它就会对固氮基因的表达起抑制作用，于是固氮酶的含量下降，固氮作用也就停止了。现在科学家已经分离出固氮菌的某些突变型，在含氮化合物很多的情况下仍能固氮。可能有一天能利用这种突变型去增加豆类作物的蛋白质含量。

另外一条可能的途径是用基因工程的技术改进作物品质。关于基因工程，已经在第 10 章有详细介绍。目前已经有不少基因工程的植物用于农业生产。例如，已有基因工程的棉花和烟草能够抵抗病毒的侵害，基因工程的马铃薯能抵抗甲虫，基因工程的番茄不易腐烂，等等。

基因工程的主要目的是创造出新的植物品种，从各个方面改善其性能。比如能够产生营养价值更高的食物，如含有全套人所必需的氨基酸的玉米、小麦或其他作物；再如创造固氮效率更高的豆科植物，甚至将固氮基因直接转移到非豆科植物中去。随着基因编辑等技术的不断成熟和推广，基因工程不仅会对主要农产品生产产生积极影响，还可能产生一些能够合成药物、工业用油或其他化学药品的植物。

基因工程对农业的发展有巨大潜力。但是也有一些潜在的问题。例如，具有抗病基因的植物会不会过度繁衍而使许多天然的物种消失，这种有抗性的植物也可能与近缘种杂交，产生难以控制的杂草。另一个问题是基因工程所产生的食物中的蛋白质会不会对某些人有毒，或者使某些人过敏。究竟是积极推动基因工程所带来的农业革命，还是暂时采取稳妥的政策，等待潜在的公害问题有更多可供参考的资料之后再作决断，是全世界所面临的难题。

知识窗

植物生物技术

植物生物技术具有广泛的内涵，可包含植物组织培养、细胞工程、基因工程、基因编辑等技术，其目的是通过对植物器官、组织、细胞和分子的操作，促进植物繁殖、用于物质生产和作物品种遗传改良。植物生物技术也广泛地应用于基础理论研究领域。

植物细胞的全能性(totipotancy)是指一个具有完整细胞核的植物细胞具有分化、发育成完整植株的潜能，植物细胞的这个特点是植物生物技术研究的重要理论基础。在此基础上，植物组织培养(tissue culture)技术得到了蓬勃发展。这是一种将植物细胞、组织或器官置于培养基上使其生长和发育的技术。

植物细胞工程(cell engineering)包括试管苗快繁、花药培养、原生质体培养和融合，以及通过细胞培养生产代谢产品等。试管苗快繁是利用茎尖或愈伤组织再生植株达到快速扩繁的目的。花药培养可以得到单倍体植株，也可在此基础上对染色体加倍，得到纯合的二倍体植株。原生质体培养可以使远缘物种的原生质体发生融合，从而创造远缘杂交的品系。利用生物反应器对特殊的植物细胞进行培养，使其生产大量人们所需的代谢产物也是植物细胞工程的应用范畴。

植物基因工程(genetic engineering)狭义的定义是指将一种或多种生物体(供体)的基因与载体在体外重组，再通过一种媒介转入目标植物(受体)，使其获得新性状的技术。常用的载体一般为细菌质粒，而媒介则多为土壤农杆菌(*Agrobacterium tumefaciens*)。该菌携带有 Ti 质粒(tumor-inducing plasmid)，其上有一段 DNA，称为 T-DNA(transfer-DNA)。土壤农杆菌在感染植物时，T-DNA 能整合进植物基因组中，并导致冠瘿瘤的形成。科学家利用这个特点，将 Ti 质粒和 T-DNA 进行改造，去掉了那些能造成冠瘿瘤的基因，同时将目标基因整合进改造后的质粒中，将其转入植物细胞，再利用植物细胞的全能性使其再生成一个植株。T-DNA 携带的基因将被整合进受体植物的基因组中。此外，还有物理的和化学的转基因方法。基因枪技术(biolistics)就是一种常用的物理方法，该技术又称微粒轰击法(microprojectile bombardment)，即将目标 DNA 包裹成直径为 1~4 μm 的球状金粉或钨粉，用火药爆炸力或压缩氦气为动力将这些微粒加速到 300~600 m/s 的高速度，穿过植物细胞的细胞壁及细胞膜，进入细胞核，整合进基因组 DNA 中。化学方法主要用于原生质体，一些化学物质能刺激原生质体吸收外源 DNA；将这些化学物质与原生质体和目标 DNA 共同培养，会获得一定比例的转入了外源基因的原生质体，将这些原生质体在特殊的培养基上进行组织培养就有可能获得再生的转基因植物。上述的转基因方法中，目标基因的插入都是随机事件，若要获得所需的转基因植物，必须进行大量的后续筛选工作。该技术自 20 世纪 80 年代问世以后，已被广泛地应用于作物育种以及食品和医药工业等领域。现在全球商业种植面积较广的转基因作物有抗虫棉、抗虫玉米、抗除草剂大豆、抗病毒番木瓜等。

思考题

1 将植物移栽时最好带土，即保留根周围原有的土壤。解释其原因(考虑菌根和根毛)。

2 某人找到使植物的气孔整天张开的办法，也找到了使气孔整天关闭的办法。他用这两种办法处理后，植物都死了。试加以解释。

3 某人栽培一种耐贫瘠土壤的植物。他播了许多粒种子，得到许多株植物，结果发现了一株特别矮小的植株。进行了许多实验后，发现这株植物的叶中发生了突变，有一种蔗糖合成所需要的酶功能不正常了。试根据压流模型解释植株的生长何以受阻。

4 长在贫瘠土壤中的捕蝇草，因缺乏硫酸盐而不能合成甲硫氨酸和半胱氨酸。它会因缺乏蛋白质而死亡吗？试加以解释。

5 在湿度低和温度高时蒸腾作用最快，但似乎与光也有关系。下表是从早到晚12 h内的测定结果。因为有云，所以光强变化不定。这些数据是否支持下列假设——光强越高，蒸腾作用越快？如果答案是肯定的，光的作用是否与温度和湿度无关？解释你的答案。(提示：先看每一行的数据，再比较行间的数据。)

时刻	温度 /℃	湿度 /%	光强度占全日照的百分比 /%	蒸腾速率 / ($g \cdot h^{-1} \cdot m^{-2}$)
8	14	88	22	57
9	14	82	27	72
10	21	86	58	83
11	26	78	35	125
12	27	78	88	161
13	33	65	75	199
14	31	61	50	186
15	30	70	24	107
16	29	69	50	137
17	22	75	45	87
18	18	80	24	78
19	13	91	8	45

24

植物的调控系统

植物的向光性

○ 和动物一样,植物对自身的生命活动也有一整套调控系统。不过植物没有神经系统,也没有体液调节系统,所以植物的调控系统与动物的调控系统有较大差别。然而,植物同微生物与动物一样,调控系统中一个关键环节是信号转导(见第3章)。植物的信号转导系统也由三部分构成:信号的接收、信号转导和细胞对信号的响应。近年来对植物的调控系统研究取得了重要进展,其中,植物激素的研究和植物对病原体抗性的研究尤为引人注目。

24.1 植物激素

24.1.1 向光性的研究导致植物激素的发现

放在窗台上的一盆花,叶子会向着阳光生长。如果将花盆转一个方向,几天后叶子就会转向,直到完全朝向阳光为止。植物的枝叶向着光生长的这一现象称为向光性(phototropism)。向光性是植物的一种适应特征,它使得植物能够获得最大量的光来进行光合作用。

图24.1是一株向光生长的禾本科植物的胚芽鞘示意图。用显微镜观察向光侧和背光侧的细胞可看到:两者的大小不同,背光侧的细胞较大,也就是伸长得较快,向光侧的细胞较小,伸长得较慢。实验证明,如果两侧照光均匀,就不会有任何弯曲,也就是说,所有的细胞都伸长得一样快。光为什么会影响细胞的生长呢?

最早研究这一现象的科学家达尔文父子(Charles Darwin和Francis Darwin)于1880年发现只有当禾本科植物胚芽鞘的尖端受到光照后才会发生向光弯曲。切去尖端,或用不透光的材料将尖端罩住,都不会发生向光弯曲,而用透明的材料罩住尖端则能发生向光弯曲。可是用不透光的材料将基部罩住,照样发生向光弯曲。可见尖端是感光的部位。他们还注意到,发生弯曲的部位不在尖端而在尖端下面,因此推测有某种

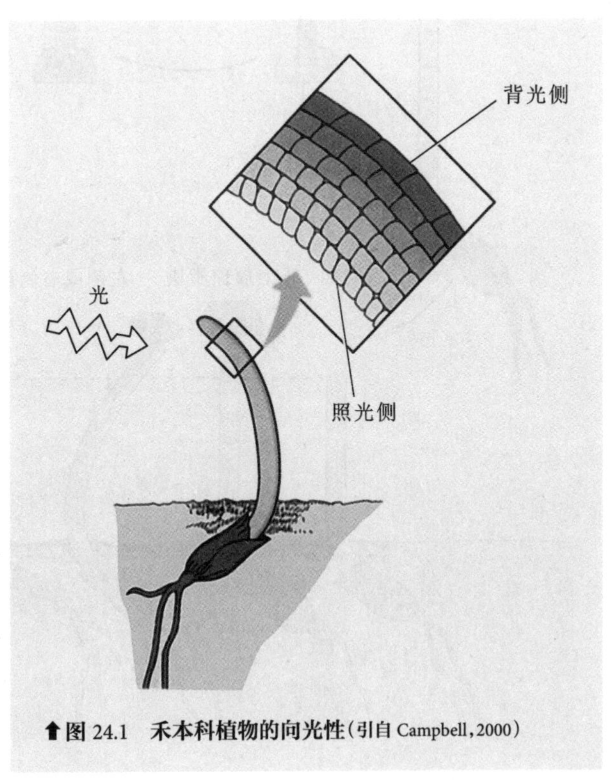

⬆图24.1 禾本科植物的向光性(引自Campbell,2000)

化学信号从尖端传递到了下部的生长区之内。

1913年丹麦植物学家波森－詹森（Peter Boysen-Jensen，1883—1959）进一步研究了达尔文父子所提出的化学信号假说。他在尖端与其下部之间插入了一小片明胶，使两者的细胞不能接触，但化学物质可以扩散过去，结果发生正常的向光弯曲。但若用云母片代替明胶片，则不能发生向光弯曲。这些实验支持了化学信号的假说。化学信号是什么呢？

1926年，荷兰植物学家温特（Frits Went，1903—1990）对波森－詹森的实验作了改进，证实了这种化学信号物质的存在。温特的实验如图24.2所示。他先将照过光的胚芽鞘尖端切下，放在琼脂块上。琼脂是一种胶状物质，温特推想胚芽鞘尖端中的信号物质会扩散到琼脂块中去，因而这种琼脂块就可以替代胚芽鞘尖端，引起茎的向光弯曲，于是他将幼苗分成4组，将胚芽鞘尖端全部切去并放在暗中。第一组是对照，第二组在切去顶端的胚芽鞘上端放一块如上处理的琼脂块，第三组和第四组也放琼脂块，但一组是放在左侧，另一组是放在右侧。结果对照组的幼苗不生长，第二组的生长很快。这说明琼脂块中的物质促进幼苗的生长，第三组和第四组的幼苗都生长，但都是背着放琼脂块的一侧弯曲生长，就好像向光生长一样。另一批用未经处理的琼脂块作对照，无论琼脂块怎样放，都不生长。温特由此得出结论，胚芽鞘之所以向光弯曲，是因为背光的一侧中一种化学信号物质的浓度较高，长得较快。他称这种物质为生长素（auxin）。

温特这项杰出的工作开辟了植物生长物质的研究领域，对以后植物生理学的发展起到了重大的推动作用。20世纪30年代，化学家们鉴定出了温特研究的生长素是吲哚乙酸（indoleacetic acid，IAA），它是一种小分子的有机物，是色氨酸的衍生物，存在于植物细胞中。

目前已确定的存在于植物体内的激素主要有5类，如表24.1所示。表中的细胞分裂素和赤霉素都不是一种化合物而是一类结构和功能都相似的化合物。植物也像动物一样，合成的激素量极少，但就是这极微量的激素却会对靶细胞产生非常大的影响。只要极少数的激素分子就能改变植物细胞的代谢或发育方向。因为激素能引发靶细胞中的信号转导，其结果是细胞中发生响应，例如基因的活化或失活、酶的抑制或活化和膜的变化等。

如表24.1所示，每种激素都会有多种生理效应。这5类激素都影响生长，也影响发育（细胞分化）。激素可以向靶细胞传递分裂或伸长的信号从而促进其生长，或向靶细胞传递减缓分裂或伸长的信号从而抑制

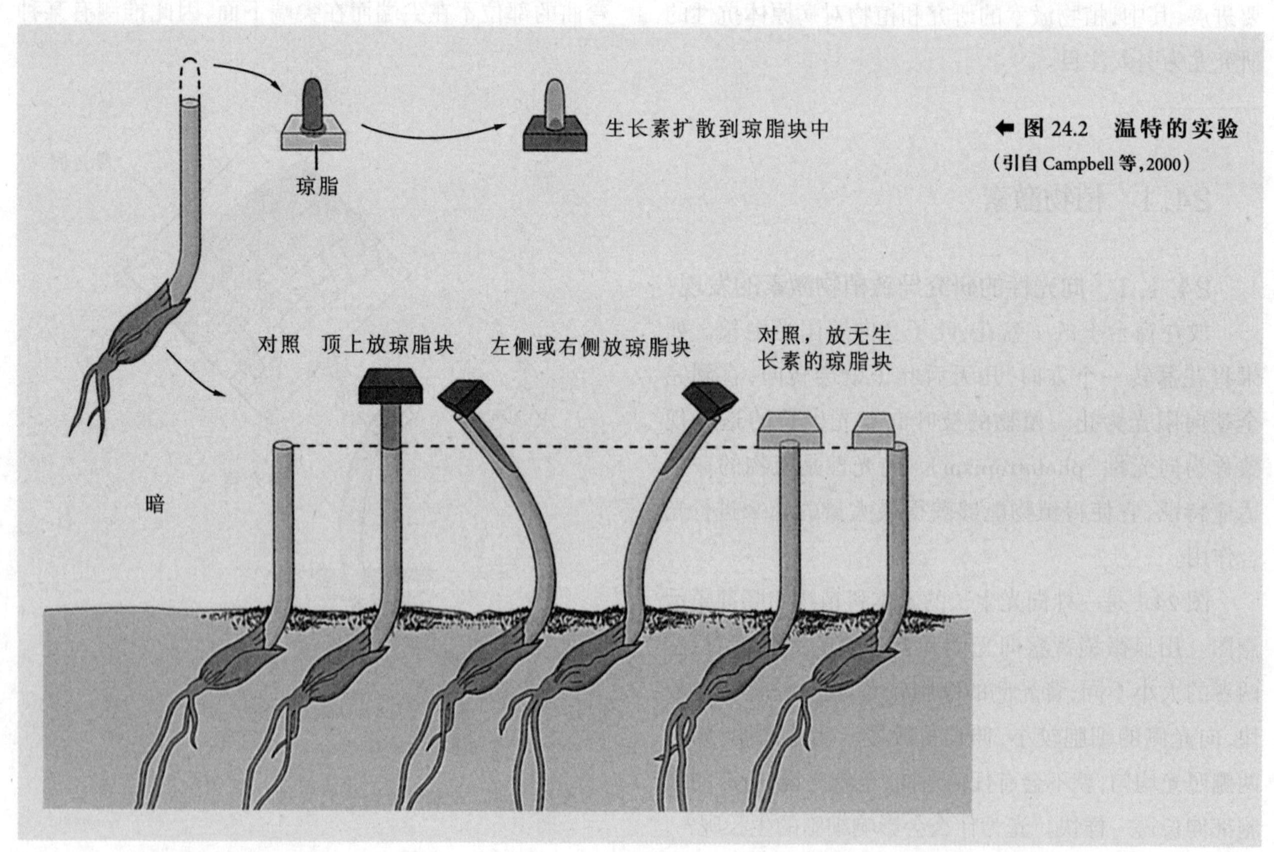

← 图24.2　温特的实验
（引自Campbell等，2000）

表 24.1 主要植物激素

名称	主要功能	存在部位
生长素	促进茎的伸长，影响根的生长、分化、分枝以及果实的发育，顶端优势，向光性和向重力性	顶芽和根尖的分生组织，幼叶，胚
细胞分裂素	影响根的生长和分化，促进细胞分裂和生长，促进萌发，延缓衰老	在根、胚或果实中合成，由根向其他器官运输
赤霉素	促进种子萌发、芽的发育、茎的伸长和叶的生长，促进开花和果实发育，影响根的生长和分化	顶芽的分生组织，幼叶，胚
脱落酸	抑制生长，使气孔在失水时关闭，维持休眠	叶、茎、根和未成熟果实
乙烯	促进果实成熟，抵消生长素的某些作用，促进或抑制根、叶和花的生长和发育，因物种而异	成熟中的果实，茎的节，失水的叶子

其生长。一种植物激素的作用如何，决定于它在植物体内的作用部位、植物的发育阶段以及激素的浓度。在大多数情况下，不是单一的激素在起作用，而是多种植物激素相互作用发挥功能。所以，几种激素浓度的比例在控制植物的生长和发育中起关键作用。

24.1.2 生长素、细胞分裂素和赤霉素起促进作用

（1）生长素促进幼苗中细胞的伸长

生长素的主要功能是促进发育中的幼茎伸长。从植物体中分离得到的生长素是吲哚乙酸（IAA）。

IAA 主要是在植物茎的顶端分生组织中合成，然后由顶端向下运输，使细胞伸长从而促进茎的生长。图 24.3 为 IAA 的浓度对茎和根生长的影响。当 IAA 的浓度在一定范围内时，它促进茎的伸长，但到一定浓度（图中为 0.9 $g\cdot L^{-1}$）时，则抑制茎的生长。这种抑制作用之所以发生，大概是因为高浓度的 IAA 会使细胞合成另一种激素——乙烯，而乙烯起的作用一般是抵消 IAA 的影响。

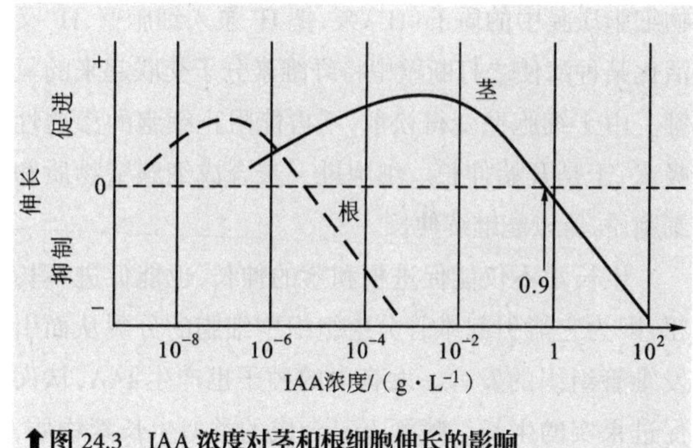

⬆图 24.3 IAA 浓度对茎和根细胞伸长的影响

IAA 对根的影响与对茎的影响完全不同。不能促进茎生长的低浓度 IAA，对根的伸长却有明显的促进作用；反之，对茎的生长起促进作用的 IAA 浓度，却明显抑制根的伸长。这种现象说明：① 同一种化学信使在浓度不同时，对同一种靶细胞的作用可能不同；② 一定浓度的激素对不同种类靶细胞的影响可能不同。

生长素为什么会促使细胞伸长？比较普遍接受的假说认为，其作用是使细胞壁变得松散，从而引起其伸长。图 24.4 是这种假说的示意。生长素可能刺激植

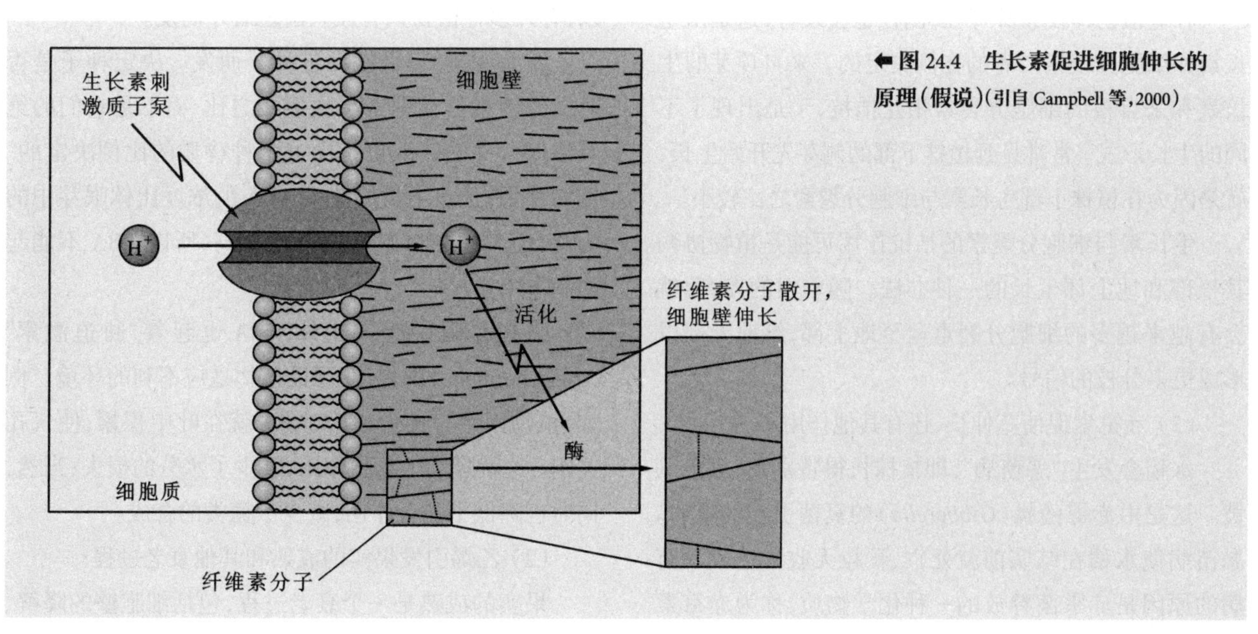

⬅图 24.4 生长素促进细胞伸长的原理（假说）（引自 Campbell 等，2000）

物细胞质膜中的质子(H^+)泵,把H^+泵入细胞壁,H^+又活化某种酶使之打断壁中将纤维素分子交联起来的氢键。由于细胞壁变得松散,不再能阻止细胞的渗透性吸水,于是开始伸长。细胞进一步合成细胞壁物质和细胞质,所以能继续伸长。

生长素不仅能促进根和茎的伸长,也能促进茎长粗,因为它能引起维管分生组织中细胞的分裂从而引发维管组织的发育。发育中的种子也产生IAA,从而促进果实的生长。喷洒人工合成的类似生长素物质,可以不经过受精作用而形成果实。用这种办法可以获得番茄、黄瓜、茄子等的无籽果实。

(2) 细胞分裂素促进细胞分裂

细胞分裂素(cytokinin)是促进细胞分裂的激素,已经从植物体内提取出了好几种细胞分裂素,还有许多种人工合成的类似物质。生长活跃的组织,特别是根、胚和果实,都产生细胞分裂素。根中合成的细胞分裂素会随木质部汁液上运至茎中。

在进行组织培养时,向培养基中加入细胞分裂素会促进细胞的分裂、生长和发育。细胞分裂素能延迟花和果实的衰老,给切花喷洒细胞分裂素有利于其保鲜。

在植物体内,细胞分裂素的作用常受生长素浓度的影响。可以用去掉顶芽(打顶)的办法进行一项简单的实验。取两株年龄相同的植物(例如烟草),一株打顶,一株不打顶。数周后打顶的植株会长出许多分枝,显得繁茂,而未打顶的植株则长得比较紧凑,没有分枝。这是因为顶芽产生的生长素抑制了侧芽的生长,而去掉了顶芽的植株,则来自根的细胞分裂素促进了其侧枝的发育。

有些植物即使顶芽存在,侧枝也会发育,这是由生长素和细胞分裂素二者的比例决定的。来自顶芽的生长素和来自根的细胞分裂素相互拮抗,于是出现了不同的生长形式。常常见到植株下部的侧芽先开始生长,就是因为在植株下部生长素与细胞分裂素之比较小。

生长素与细胞分裂素的拮抗作用可能是植物协调其根部和地上部生长的一种办法。随着根的发育,就会有越来越多的细胞分裂素运至地上部,给地上部以形成更多分枝的信号。

(3) 赤霉素促使茎伸长,还有其他作用

水稻会发生“恶苗病”,即植株长得特别高,颜色发黄。这是由赤霉菌属(*Gibberella*)的真菌引起的疾病。恶苗病使水稻在结实前就死亡,颗粒无收。造成恶苗病的原因是赤霉菌释放的一种化学物质,称为赤霉素(gibberellin)。后来的研究发现植物体内就有赤霉素,其作用是调节植物的生长。恶苗病是赤霉菌分泌的赤霉素剂量过高导致的。

目前已知的赤霉素有70多种,其中许多种是天然存在的。植物体内合成赤霉素的部位是根尖和茎尖。赤霉素有许多种作用,其中主要的一项作用是促进茎和叶的生长。赤霉素和生长素在一起,也能影响果实的发育,可以形成无籽果实。使用得最广泛的是用赤霉素溶液喷洒葡萄,不但可以得到无籽葡萄,而且果实也长得很大。

赤霉素对许多植物的种子萌发也很重要。有些需要经过特殊的低温处理才能萌发的种子,用赤霉素处理后不需低温便可萌发。种子中的赤霉素可能是环境信号和代谢作用之间的纽带,它能在环境条件适当时调动休眠胚中的代谢过程,使胚恢复生长。例如,一些禾谷类的种子,在水分条件改善时便会产生赤霉素,动员贮藏的养分以促进萌发。有些植物中,赤霉素和别的激素(如脱落酸)之间有拮抗作用。脱落酸维持种子的休眠,而赤霉素则相反。

24.1.3 脱落酸和乙烯起抑制作用

(1) 脱落酸抑制植物体内许多过程

对于一年生植物,种子休眠特别重要,因为在干旱和半干旱地区,萌发后没有适当的水分供应就意味着死亡。影响种子休眠的因素有许多种,但对多数植物而言,脱落酸(abscisic acid,ABA)似乎是最重要的,它是生长抑制剂。这类植物的种子在土壤中处于休眠状态,只有在大雨将其中的ABA洗掉后才开始萌发。所以,有许多种植物只有在大雨之后才萌发。

如前所述,赤霉素促进种子萌发。决定种子是否萌发的因素是赤霉素与脱落酸之比,而不是它们的绝对浓度。芽的休眠也是由这两种物质的比例决定的。例如苹果,正在生长的芽中ABA的浓度比休眠芽中的为高,但其中赤霉素的浓度也很高,所以ABA不能起抑制作用。

除在休眠中起作用外,ABA也起着“胁迫激素”(stress hormone)的作用,帮助植物适应不利的环境。例如,植物因干旱而失水时,ABA就在叶中积累,使气孔关闭。这就降低了蒸腾作用,减少了水分的损失;当然,同时也降低了光合作用,减少了糖类的合成。

(2) 乙烯引发果实的成熟和其他衰老过程

果实的成熟是一个衰老过程,包括细胞壁的降解、颜色的变化（通常是由绿变黄），有时还有失水。这些过程是由乙烯（ethylene）引发的。乙烯是在果实中形成的，因为它是气体，所以很容易在细胞之间扩散，也能够通过空气在果实之间扩散。在一箱苹果中，如果有一个苹果过熟而变质了，那么一箱中的所有苹果都会很快成熟随后变质。如果将未成熟果实放在一个塑料袋中，它们很快就会成熟，因为乙烯会在袋中积累，加速果实的成熟。

果实的现代催熟方法，就是采摘未成熟果实，然后贮存在大的箱内并通入乙烯，使果实成熟。番茄就可以用这种方法处理。反之，也可以将果实贮存在箱中，然后通入 CO_2，将乙烯排出，以去除乙烯的作用。也可以让 CO_2 气体环流以防止乙烯的积累，用这种方法，可以将秋季采摘的苹果贮存到来年夏季。

秋季落叶树的叶子也会变色，随后干燥并脱落，这也是一种衰老过程。秋季叶色变黄或变红是由于叶绿素被破坏而且不再合成。黄色是由于原来存在的黄色色素所致，这些色素本来就存在于叶中，不过其颜色被叶绿素的绿色所掩盖。红色则往往是气温降低后有新形成的红色色素。研究发现，叶片衰老过程中叶绿素的降解受乙烯严格调控，所以乙烯在植物叶片的颜色变化中起关键作用。

对于乙烯促进落叶的情况，了解较多。在秋天落叶时，叶柄的基部形成离层（abscission layer）而与茎分离。显微镜下的观察表明，离层是由几排小的薄壁细胞组成的，叶片本身的重量（常常伴随着风吹）使叶柄从离层处与茎分离。与离层相邻的是茎上的一层保护细胞。在叶片脱离之前，这一层保护细胞就形成了一个叶痕。叶片脱落后，叶痕表面上的死细胞就起保护作用，防止病原体的侵害。

落叶是由环境因素引发的，这些因素中首先是秋季的短日照，其次还有低温。这些环境条件显然引起了乙烯与生长素比例的变化。生长素防止脱落并有助于叶中正常代谢的进行，但叶片衰老时，所合成的生长素越来越少。与此同时，细胞开始合成乙烯，乙烯又促进一些酶的形成，而这些酶是分解细胞壁物质的。秋季落叶是植物的一种适应，它使得树木在冬季不致干枯。没有叶片就不会丢失水分，而这时根不能从冻土中吸收水分。

24.1.4 其他植物激素

前面讲述的 5 类植物激素被称为经典植物激素。随着研究的深入和测定方式的革新，人们发现了多种新的植物激素。

（1）油菜素内酯

油菜素内酯（brassinolide）是甾类化合物，结构上同胆固醇相似，所以也称为油菜素甾醇（brassinosteroid）。人们是在研究拟南芥突变体时发现油菜素内酯的。这类突变体编码甾类合成酶的基因发生了突变，而外源性补偿甾类化合物可以使这些突变体回复野生型表型。油菜素内酯的主要生理作用包括诱导细胞延伸和细胞分裂，延迟落叶和促进木质部分化，等等。这些生理作用同生长素的生理作用相似，所以很长时间内油菜素内酯的作用难以同生长素的作用区分开来。加上油菜素内酯在很低的浓度范围就有强烈的生理作用，所以它的发现相对较晚。

（2）茉莉酸

茉莉酸类化合物主要包括茉莉酸（jasmonic acid）和茉莉酸甲酯（methyl jasminate），是从脂肪酸衍生而来的化合物，因茉莉酸甲酯是茉莉花花香的重要组成成分而得名。植物受伤或遭受虫害时，茉莉酸及其衍生物的合成显著上调。作为植物激素，茉莉酸的主要生理作用是参与植物的防御和植物发育。不过研究还发现，茉莉酸及其衍生物的生理作用很广泛，包括调节果实成熟、花粉形成、种子萌发、根的生长及菌根形成，等等。同时，茉莉酸还与其他植物激素协同作用，调节植物生长和发育中的许多过程。

（3）水杨酸

水杨酸（salicylic acid）是从分支酸衍生出的化合物（见图 24.9），它在植物抗性方面的作用很早就被人们认识到了。近 20 年来，对水杨酸的研究有了很大进展，人们发现水杨酸在植物整体获得性抗性（见 24.4 节）等方面起着关键作用。此外，水杨酸在植物衰老、开花和氧化还原调控等方面也有重要作用。水杨酸和茉莉酸都参与抗性形成，但各有侧重，前者更多参与病害防御，而后者更多参与虫害等防御。

（4）独脚金内酯

独脚金内酯（strigolactone）是一类从类胡萝卜素衍生而来的环式化合物。其名称来源于一类寄生植物独脚金（*Striga*）。独脚金是玄参科的一个属，这个属的植物多为寄生植物，寄生在寄主的根上，将寄主的营养物截流。它们的种子在土壤里可以长期处于休眠状态，直到寄主植物出现，这些种子才萌发。而促进其种子萌发的化合物就是寄主分泌的独脚金内酯。除促进种子萌发外，独脚金内酯还参与顶端优势建立、抑制须根形成以及参与菌根形成过程的调节。

24.1.5　植物激素在农业上的用途

植物激素有多种用途，如前所述，果实成熟的控制和无籽果实的生产就是两大项应用。也可以用激素控制果实的脱落时期，例如，喷洒生长素就可以控制柑橘和葡萄柚的落果，使之在未采摘时不脱落。但这时生长素的用量必须严格控制，因为施用生长素过多会促进乙烯的合成，使得果实过早地成熟并脱落。

有时要用大剂量的生长素促使未成熟的果实脱落，称为疏果。例如，喷洒生长素可以使苹果或油橄榄的一部分未成熟果实落下，而使留下的果实长得更大。有时用乙烯对桃树和李树进行疏果，有时也用以处理一些浆果以便于机械采收。

如前所述，赤霉素和生长素配合使用，可以形成无籽果实。但早期喷洒赤霉素又可以促进某些作物结实。大剂量的赤霉素甚至可以使二年生植物，如胡萝卜、甘蓝、甜菜在生长的第一年就开花结实。

植物激素的另一个应用领域是除草。2,4-D是一种人工合成的生长素类物质，是广泛应用的除草剂(herbicide)。它破坏各种激素的正常比例而使植物生长的正常调节受到干扰。因为双子叶植物比单子叶植物对2,4-D更为敏感，所以可以用2,4-D除去禾谷类田间的双子叶杂草。

现代农业使用的人工合成的化学药剂非常多。不使用除草剂和人工合成的植物激素，农产品的产量可能下降，影响很大。但是，与此同时，人们也越来越关心在农业中大量使用人工合成的化学药剂会造成环境的公害，影响人们的健康。例如，合成2,4-D时的一种副产物是二噁英(dioxane)，它对哺乳动物毒性极大。2,4-D本身对哺乳动物没有毒性，但二噁英却会造成实验动物的先天性缺陷、肝病和白血病。所以，二噁英会造成严重的环境公害。也有人担心合成药剂的使用会影响食品的风味和营养价值。

24.2　植物对光的响应和生物节律

24.2.1　植物的节律和生物钟

人体的脉搏、血压、体温、细胞分裂速率、血细胞数目和代谢速率等，都有昼夜节律(circadian rhythm)。植物也是一样，许多豆科植物的叶子昼张夜闭(所以又称这种运动为睡眠运动)，气孔昼开夜合等，都是一种与生俱来的昼夜节律。这种节律大概以24 h为一周期，也并不因环境的变化而立即消失。如植物的睡眠运动，即使在连续光照或黑暗下，也会继续发生。所以环境的刺激并不是发生昼夜节律的原因。对许多种生物的研究表明，控制着这种节律的 是生物体内的一种计时装置，这种装置就是所谓生物钟(biological clock)。

生物钟究竟是什么？这是一个研究热点。已知人和哺乳动物体内，生物钟位于下丘脑中的一组细胞内。植物生物钟的研究近年来取得了很大进展。多细胞生物的生物钟是细胞自主的，即每个细胞有自己的生物钟。这样，不同的组织和器官可以具有自己特有的生物钟。生物钟的核心是一个节律振荡器(circadian oscillator)，它在没有外源信号输入时也维持一个近24 h的振荡节律。生物钟还具有一个信号输入端口和一个信号输出端口。环境信号的输入可作为外源信号而重置生物钟，而输出的信号则调控代谢生理的昼夜节律。节律振荡器是一个复杂的基因调控网络，是由基因表达的抑制子和活化子组成的多层次且彼此交叉的反馈系统。这些基因被称为生物钟基因(clock gene)，它们在一天中的某个特定时间表达并调节其他基因的表达。同时，它们也调节很多生理过程。

生物钟的变化周期是24 h左右，但不一定是整整24 h。而且当外界的昼夜变化突然改变时，生物钟并不能立即进行调整。无论是人乘飞机旅行，还是将植物从一个时区迅速移到另一个时区，都会有“时差”，即昼夜节律不能立即与外界的变化同步，而要落后一些。生物钟的另一个特点是很少受温度的影响。这是生物钟与大多数代谢过程不同之处。

植物的一生，不仅受昼夜变化的影响，也受季节性变化的影响。植物的开花、种子的萌发以及休眠的开始和结束，都是在一年之中某个季节或时刻发生的。这实际上是另一种计时机制。植物靠什么去感觉一年中的时间变化呢？环境给植物的这方面的信号是所谓光周期(photoperiod)，即昼夜的长短。春季昼长夜短，秋季昼短夜长，正是这种昼夜长短的变化影响着植物的许多过程，其中最显著也最重要的就是开花过程。

就开花与光周期的关系来说，可将植物分为两大类，即短日植物(short-day plant)和长日植物(long-day plant)。短日植物一般在夏末或秋冬季开花，即需要短的日照时间，菊花就是典型的短日植物。长日植物则在春末或夏初开花，要求长的日照时间。菠菜、莴苣、

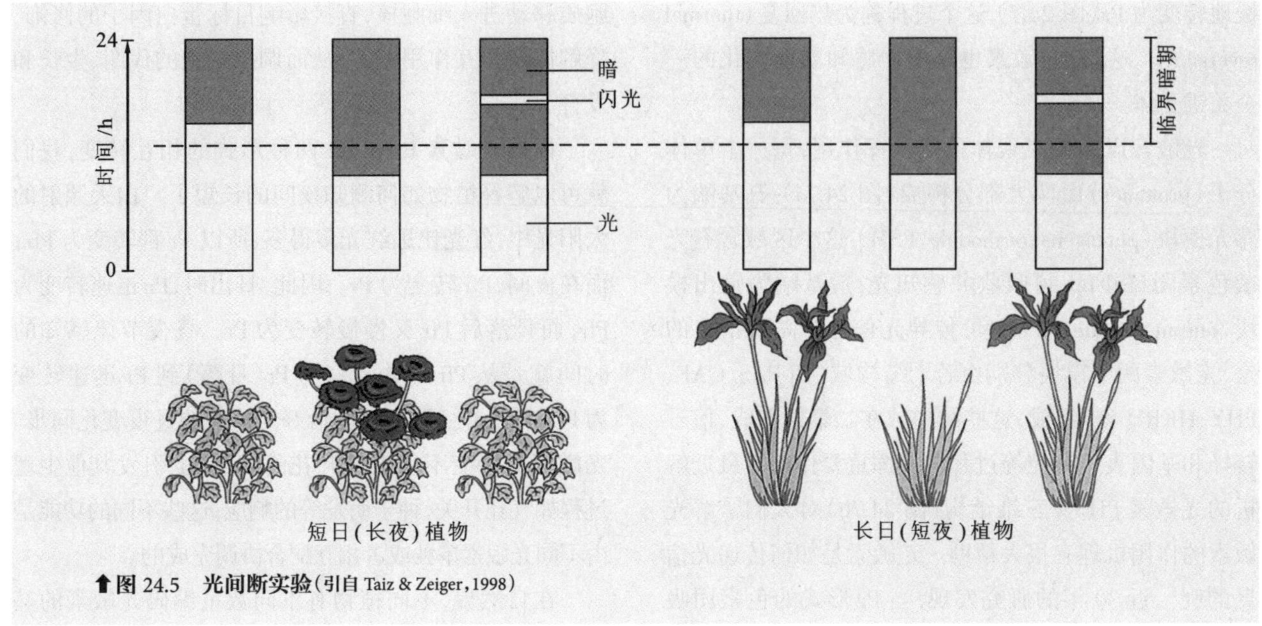

⬆图 24.5　**光间断实验**(引自 Taiz & Zeiger,1998)

冬小麦等都是长日植物,例如,菠菜必须日照时间超过 14 h 才开花。

早在 20 世纪 40 年代,科学家发现控制植物开花的其实并不是日照的长度,而是夜间的长度。所以,准确地说,短日植物应称为长夜植物,而长日植物应称为短夜植物。

证明夜长是控制植物开花的关键性实验是光间断实验。如图 24.5 所示,短日植物必须在长于一定时间的黑暗下才会开花,而夜间只要有一个短时间的光照,就不能开花。相反,用短暂的黑暗打断光照,对开花毫无影响。长日植物只有黑暗时间短于一定长度时才会开花,黑暗时间延长则不会开花。但如对长的黑夜进行光间断,长日植物也能开花。

区分长日植物与短日植物的不是绝对的夜长,而是短于一个临界期的黑暗(长日植物)或长于一个临界期的黑暗(短日植物)。临界期的长短则因物种而异。

24.2.2　植物光敏素与昼夜感知

如上所述,夜间的长短决定着植物对季节的响应,那么植物又如何测量夜间的长短呢?这个问题还远未完全阐明,但已经肯定的是,有一类称为光敏素(phytochrome)的蛋白质与此密切相关。

科学家们在研究不同波长的光对短日植物的开花有什么影响的过程中发现了光敏素。如前所述,夜间的光间断会妨碍短日植物开花。用不同波长的光——红光(波长 660 nm)和远红光(波长 730 nm)进行这项实验,得到了有趣的结果。红光(用 R 代表)间断可以阻止短日植物开花,但红光照射之后,再用远红光(用 FR 代表)照射,则短日植物又能开花。用 R 和 FR 反复照射,决定短日植物是否开花的是最后一次的照射。最后一次用 R 照射的都不开花,最后一次用 FR 照射的都开花。图 24.6 就是这类实验结果的示意图。

红光和远红光的照射为什么会有这种可逆的效应呢?原因就在光敏素。光敏素是一种蛋白质,有 2 种形式,彼此之间结构上稍有差异。一种形式吸收红光,称为 Pr,另一种形式吸收远红光,称为 Pfr。Pr 吸收红光后转变为 Pfr,Pfr 吸收远红光后又变回为 Pr,Pfr 在黑暗中也会通过一个温度依赖的弛豫(relaxation)过程慢

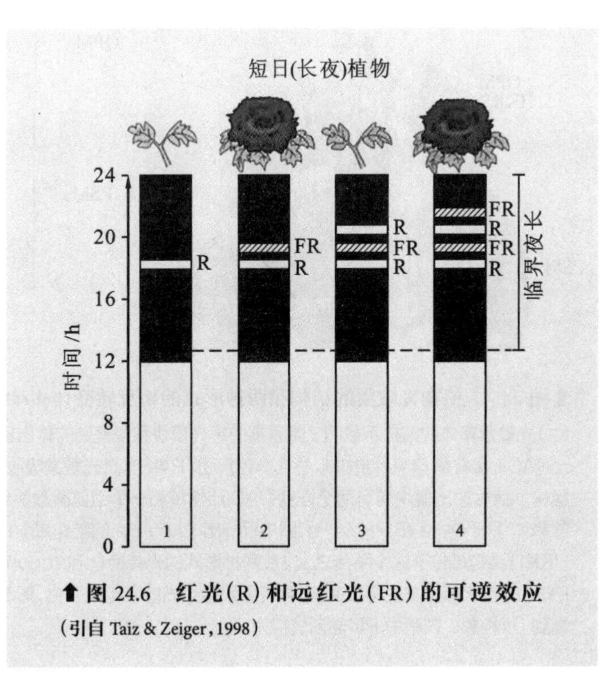

⬆图 24.6　**红光(R)和远红光(FR)的可逆效应**(引自 Taiz & Zeiger,1998)

慢地转变为 Pr(图 24.7),这个过程称为热回复(thermal reversion)。这样,光敏素也是植物感知温度变化的一个关键受体。

光敏素以同源二聚体形式发挥作用,每一个单体分子(protomer)由两大部分构成(图 24.7a):氨基端为感光模块(photosensory module,PSM),这个区域含有光敏色素团(PΦB),可吸收并感知光;羧基端为输出模块(output module,OPM),可传导光信号。需要指出的是,光敏素两个模块分别由若干结构域(如 PAS、GAF、PHY、HKRD 等)组成,这些结构域在二聚体形成、信号转导和基因表达调控等过程中发挥重要作用。最近解析的光敏素 PHYA 三维结构(图 24.7b)对人们了解光敏素的作用机理有很大帮助。光敏素是如何传递光信息的呢? 近 30 年的研究发现,当 Pr 形式的色素团吸收光后会发生异构变化,形成 Pfr 色素团,并导致周围蛋白质结构发生变化,最终导致整个光敏素的结构发生转变,成为活化的光敏素 Pfr(图 24.7c)。Pfr 会从细胞质移动进入细胞核,直接影响目标蛋白因子的修饰、降解以及相互作用方式,从而调控细胞的代谢、生长和发育。

根据光敏素 Pr 和 Pfr 两种形式的相互转变,我们就可以解释植物如何测知夜间的长短了。白天照射的太阳光中,红光比远红光多得多,所以 Pr 都转变为 Pfr;而在夜间,Pfr 转变为 Pr。因此,日出时,Pr 迅速转变为 Pfr,而日落后 Pfr 又慢慢转变为 Pr。昼夜节律感知的时间就是从 Pfr 开始转变为 Pr(日落)到 Pr 迅速转变为 Pfr(日出)之间的时间,恰好与一天的昼夜变化同步。光敏素的转变不仅引发开花的响应,也引发其他生理过程如气孔开关、种子萌发等的响应,这些不同的功能是由不同光敏素单独或者相互配合协调完成的。

在自然界,不同植物有不同数量编码光敏素的基因。一般而言,双子叶植物如拟南芥有 5 个光敏素编码基因——*PHYA*、*PHYB*、*PHYC*、*PHYD* 和 *PHYE*,而单子叶植物如水稻有 3 个——*PHYA*、*PHYB* 和 *PHYC*。

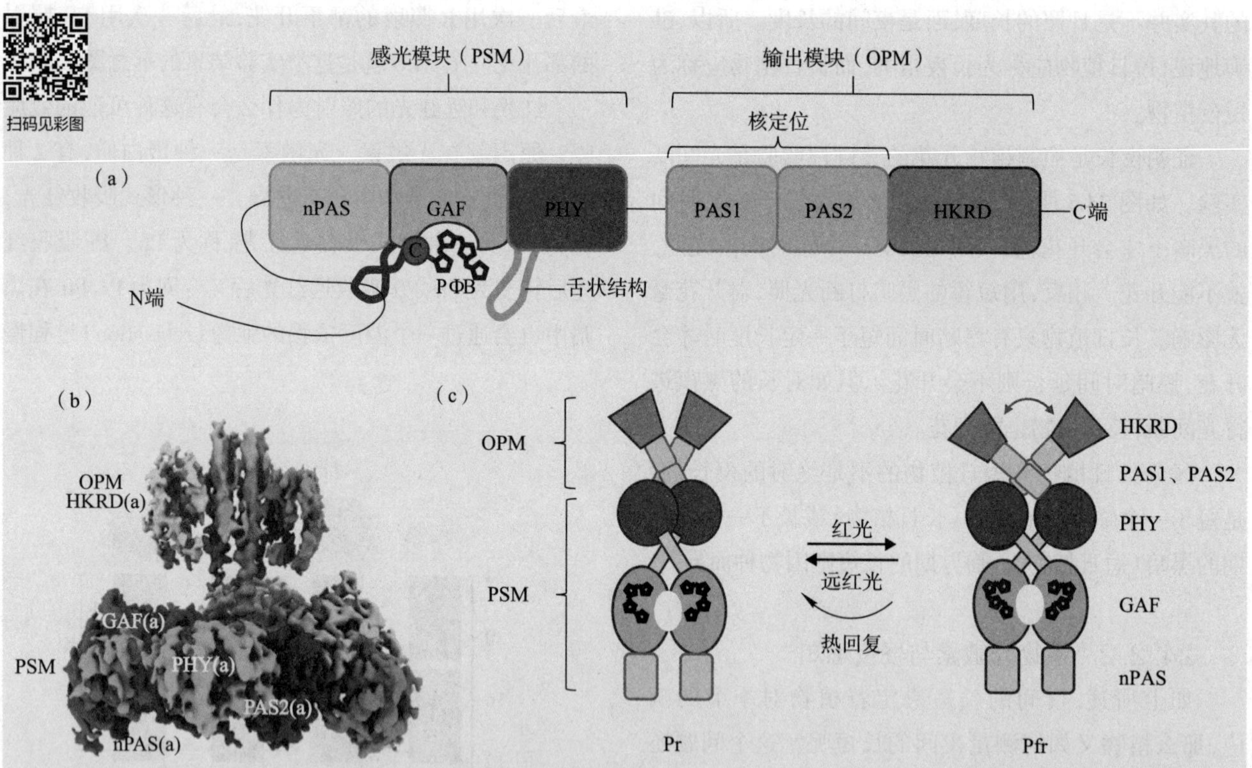

图 24.7 植物光敏素的结构和两种形式的相互转变(b 由邓兴旺、王继纵惠赠)

(a)光敏素单体的结构示意图。氨基端的感光模块和羧基端的输出模块分别由不同的蛋白质结构域构成。氨基端的结构域为一个 PAS 结构域(nPAS),接着是 GAF 结构域,它含有色素团(PΦB),是光敏素吸收光的基团。PHY 结构域是光敏素特有的结构域,具有一个十分保守的舌状结构。信号输出模块具有两个连续 PAS 结构域和一个组氨酸激酶结构域(HKRD)。(b)光敏素 PHYA 的结构。光敏素二聚体含有两个相同的单体:PHYA-a 和 PHYA-b,图中仅标出 PHYA-a 的结构域。PHYA 的感光模块和两个连续的 PAS 结构域构成一个平台,而输出模块的 HKRD结构域位于这个平台之上。(c)两种形式的光转换(photoconversion)示意图。Pr吸收红光后,其色素团发生异构,在色素团异构影响下,PHY 的舌状结构发生构象变化,最终导致整个光敏素构象变化,形成 Pfr。Pfr 吸收远红光后色素团逆转为 Pr 色素团构象,同时整个蛋白质回复到 Pr 构象。在暗中 Pfr 逐渐转换为 Pr。

光敏素不仅普遍存在于植物界，类似的光受体在蓝细菌和其他微生物也有广泛分布。在长期的适应过程中，植物还演化出其他光受体，如对蓝光、紫外光反应的隐花色素（cryptochrome），这些光受体使光合生物更好地适应自然界光照条件的周期性变化。

24.3 植物对物理刺激的响应

植物对于环境中的物理刺激有多种响应。最明显和最灵敏的响应就是含羞草（*Mimosa pudica*）对触摸的响应。在正常情况下含羞草的叶片是伸展开的。叶是复叶，一个主叶柄上有 4 个小叶柄，每个小叶柄上又有许多小的叶片。只要轻轻一碰，所有的小叶都向上合拢，4 个小叶柄也合起来。如果只触摸一张小叶片，就会看到这种刺激的传播过程。数秒钟之后，整株植物的叶片都闭合起来，好像整株植物都萎蔫了。这是因为每个小叶片的基部以及所有大、小叶柄的基部都有一个由一些特殊的细胞组成的叶枕。这些细胞的膨压极易发生变化。含羞草的这种运动称为膨压运动（turgor movement），因为它是由膨压的变化引起的。

植物还有一类响应称为向性（tropism）。向性是对外力刺激产生的有方向性的生长运动，主要有 3 种：向光性（phototropism）、向重力性（gravitropism）和向触性（thigmotropism）。

向光运动已在前面讲过。植物的生长也受重力的影响。如果正在萌发的玉米籽粒是根朝下、芽朝上时，那么芽就一直朝上生长，而根则朝下（朝向重力）生长。如果两三天后将这株幼苗平放，使根和芽都在一个平面上，放在暗处，不久根就会向下弯曲，芽就会向上弯曲。这时根表现的是正向重力性，芽表现的是负向重力性。向重力性包括三个部分——感知重力、信号传递和影响生长，而其中以感知重力最受关注。

植物如何感知重力辨别“上”和“下”，仍有待研究。不过目前的证据支持平衡体（statolith）假说。平衡体是重力感知细胞的质体，里面充有淀粉粒。这个假说认为重力将平衡体拉向感知细胞的下部。这种平衡体的运动和不均匀分布引起一系列生物化学反应，包括生长素的重新分配和其他变化。除了生长素，赤霉素、乙烯和茉莉酸等其他激素都可能参与到这个过程中，最终导致根和苗的正和负向重力性。向重力运动是植物的一个重要的适应现象。不管种子在土壤中放置的方向如何，总是根朝下长，苗朝上长。

向触性的一个明显的例子是豌豆的卷须。卷须是一种变态的叶，豌豆植株利用卷须在一种坚固的支持物上攀缘生长。卷须一接触到支持物，相对一面的生长就加快，于是卷曲起来。向触性使得植株依靠支持物而向光生长。同其他向性生长一样，植物激素在向触性生长中起着关键作用。

24.4 植物对食植动物和病菌的防御

植物在自然环境中会遇到各种胁迫，这些胁迫可分为非生物胁迫（abiotic stress）和生物胁迫（biotic stress）两大类。非生物胁迫包括干旱、水淹、强光、盐碱和高温等；生物胁迫主要是食植动物和各种病原微生物的侵害。这些胁迫是作物减产的重要因素，所以目前对胁迫与植物抗性的研究正日益受到更多的重视。在长期的演化过程中，植物对胁迫形成了多种防御机制。本节主要介绍植物对生物胁迫的防御。

植物防御动物的方法有两类：物理的和化学的。长刺就是一种物理方法；化学方法则是合成有恶臭或有毒的化学物质。例如，有些植物产生一种异常的氨基酸——刀豆氨酸（canavanine），这种氨基酸在结构上与精氨酸类似，精氨酸是必需氨基酸。如果动物吃了太多刀豆氨酸，它就可能鱼目混珠，代替精氨酸而掺入蛋白质中。由于刀豆氨酸与精氨酸的结构毕竟不同，所以形成的蛋白质形状不正常，因而其功能也不正常，于是动物受到损伤甚至死亡。

有些植物引诱一种动物来帮助防御食植动物。下面是一个这方面有趣的例子：当毛毛虫咬食植物时，其物理的伤害以及毛毛虫唾液中的一种化学物质就会引发植物细胞内的一个信号转导过程，导致细胞产生一种专一的响应，即产生一种挥发性物质，而这种物质会引诱胡蜂。于是胡蜂将卵产在毛毛虫体内。胡蜂的幼虫取食毛毛虫，将其杀死。图 24.8 就是这一过程的示意图。

侵害植物的病原体有病毒、细菌和真菌。植物防御致病微生物的办法有两类：阻止或避免侵害；对抗入侵的病原体。

植物的表皮就是阻止病原体入侵的屏障。但是，微生物会穿过这道屏障，造成伤口或从有开口处（如气孔）入侵。一旦第一道防线被攻破，植物会利用第二道防线，即受侵害的细胞会释放杀死微生物的分子，并向附近的细胞传递化学信号进行类似的防御。长期的适应使植物演化出复杂的防御系统来应对病原体的入

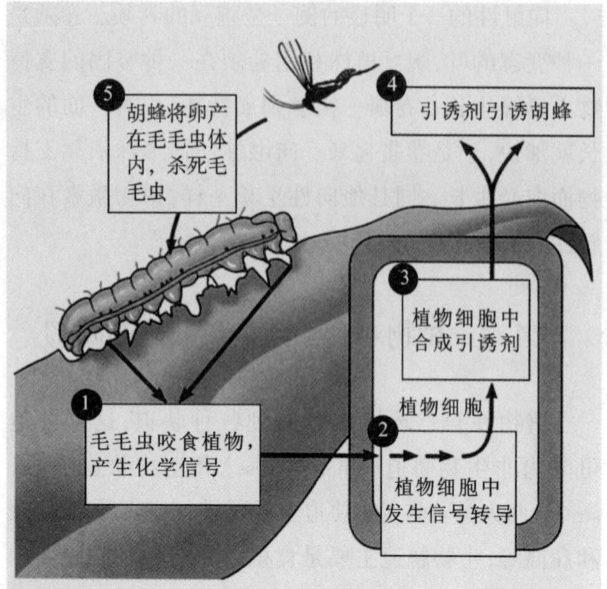

⬆图 24.8 植物引诱一种昆虫帮助杀死另一种食植动物（引自 Campbell 等，2000）

侵。21 世纪初，人们发现植物的防御系统与动物的先天免疫系统有许多相似之处，从而确定植物具有先天免疫系统，构成上述的第二道防线。先天免疫是演化上发生较早的一种防疫策略，是植物、真菌和一些低等动物对病原体的主要防御手段。植物同脊椎动物不同，没有获得性（adaptive）免疫系统，不能产生抗体和 T 细胞，也无攻击病原体的可运动细胞。

对病原体的入侵，植物的免疫反应有两种。一种是由病原微生物的分子特征序列或结构所触发的免疫反应，称为"模式触发免疫"（pattern triggered immunity，PTI）。这里的"模式"是与病原体有关的分子模式，即特征序列和结构，比如细菌鞭毛的主要组分鞭毛蛋白（flagellin）和真菌细胞壁主要组分几丁质。当病原细菌侵入到植物体内时，鞭毛蛋白的分子特征序列可以被细胞表面的受体所识别。这些受体同动物先天免疫系统的受体相似，是 Toll 蛋白家族的成员。参与 PTI 的受体位于细胞表面，感知胞外病原体特征序列和结构，称为细胞表面模式识别受体（cell-surface pattern recognition receptor，PRR）。一旦识别到病原体所携带的分子特征序列后，会引发一系列信号转导过程，触发免疫反应。免疫反应最终导致植物合成一整套广谱的抗菌化合物，称为植保素（phytoalexin）。植保素具有抗真菌和细菌的作用，对杀伤病原体、防止其进一步扩散传播有重要作用。病原体的侵害也会引起植物细胞中的化学变化，使细胞壁变得较坚固，从而延缓微生物的传布。

在长期的演化中，植物和病原体之间的关系犹如军备竞争，病原体会采取一些策略逃避植物的模式触发免疫系统。研究发现，病原体可合成一些效应子（effector），干扰破坏植物的模式触发反应。效应子由病原体编码，合成后以某种方式进入植物细胞，对模式触发免疫的某一步骤进行干扰。与此相应，植物也针对病原体效应子演化出效应子触发免疫（effector triggered immunity，ETI）。在典型的 ETI 中，植物细胞内的受体结合效应子后，引发一系列防御反应，使植物重新获得抗性。植物细胞内结合效应子的受体为一类结合核苷酸及富含亮氨酸重复序列受体（nucleotide-binding，leucine-rich-repeat-containing receptor，NLR），这类受体的多样性为识别不同病原体的不同效应子提供了保障。需要指出的是，虽然 PTI 和 ETI 是植物免疫的两种形式，但二者在信号转导通路和防御方式方面却常常彼此交叉。近年来的研究发现，植物的 PTI 和 ETI 在抗病过程中常常同步协调运行。免疫反应的另外一个作用是合成与抗病有关的植物激素，其中水杨酸（图 24.9）合成最为重要。这些激素协同作用，进一步诱导植物对病原体的抵御。

效应子触发的免疫反应包括称为超敏反应（hypersensitive response）的局部防御和全植株范围的整体获得性抗性（systemic acquired resistance，SAR）。超敏反应指病原体侵染植物后，侵染部位和相邻区域的细胞和组织死亡的现象。超敏反应不仅是抵御病原体的一种措施，也防止病原体的进一步扩散传播。图 24.10 显示的水稻叶被细菌感染后形成枯斑就是超敏反应所引起的。这种枯斑的形成虽然造成被侵染叶的光合作用面积减少，却防止了病原体的扩散，保护了整株水稻。此外，植物局部受到病原体入侵时，植株的整个部分对病原体产生抗性，这种现象称为整体获得性抗性。整体获得性抗性并不特异地针对某一种病原体，而是具有较为广阔的防御范围，因为此时整个植株都

水杨酸　　*N*-羟基哌啶酸

⬆图 24.9 水杨酸和 *N*-羟基哌啶酸结构式

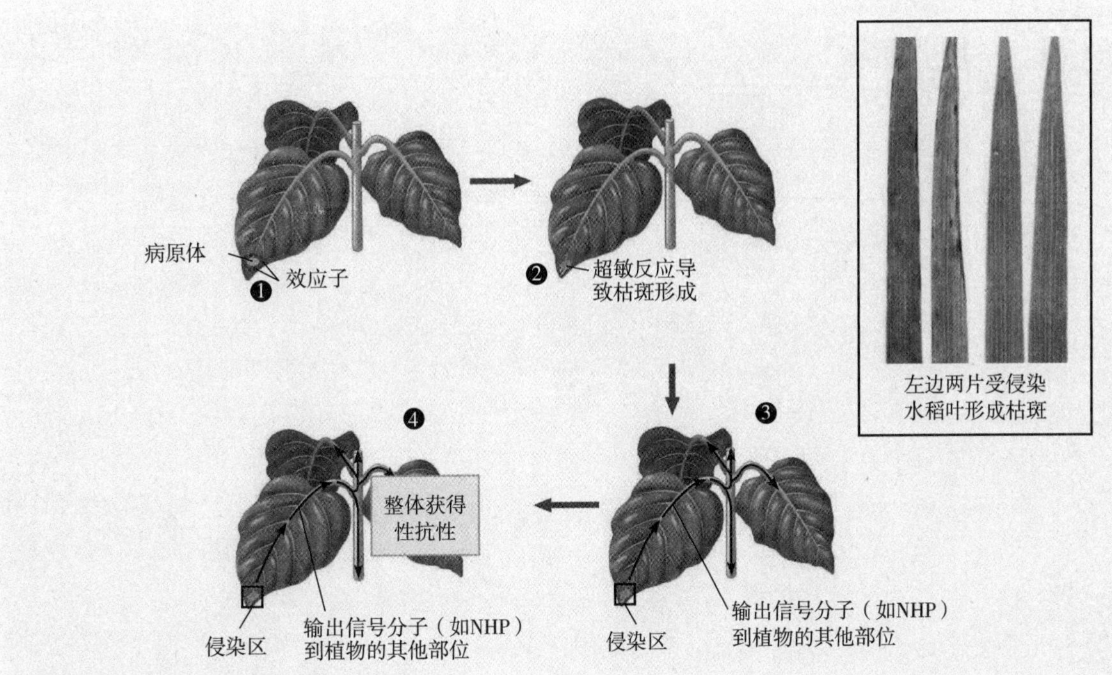

⬆图 24.10　植物对病原体入侵的防御反应

①病原体入侵植物叶片细胞时，常常会以释放效应子抑制植物的模式触发免疫系统。②植物叶片细胞对效应子做出超敏反应，一方面产生杀菌化合物，另一方面改变受侵染区域的细胞壁结构，最终这个区域的细胞坏死，形成枯斑。枯斑的形成防止病原体在植物体内扩散，阻止其进一步侵染。③在枯斑形成之前，受侵染的细胞释放出信号分子 NHP，NHP 被运输到整个植株。④ NHP 自身以及它所诱导合成的水杨酸激发植物形成整体获得性抗性。

上调植物防御基因表达。植物是通过什么方式或者什么化学物质将局部感染的信息传递到整个植株呢？曾经有人提出甲基水杨酸可能负责这个功能。但是拟南芥中不能合成甲基水杨酸的突变体仍然具有整体获得性抗性，说明甲基水杨酸不是不可或缺的信号物质。最近的研究显示，长距离传递信号的物质可能是一种赖氨酸的衍生物——*N*- 羟基哌啶酸（*N*-hydroxypipecolic acid，NHP）（图 24.9）。NHP 除了本身可以诱导植物防御基因表达上调外，还能从病原体入侵的位点运输到植株的各个部位，并诱导水杨酸合成上调，而水杨酸浓度的增高会诱导植株抗性基因表达上调，产生整体获得性抗性。

思考题

1　菊花是短日植物，在菊花临近开花的季节，摆放菊花的屋子夜间不能有照明。有一人在这时偶然将菊花室内的灯开了一下。你想会有什么结果？有什么办法纠正他的错误？

2　玉米矮化病毒能显著抑制玉米植株的生长，因而感染这种病毒的玉米植株非常矮小。你推测病毒的作用可能是抑制了赤霉素的合成。试设计实验来检验你的假设，该实验不能是用化学方法测定植株中赤霉素的含量。

3　一位植物学家发现有一种热带灌木，当毛毛虫吃掉它的一片叶子之后，不再吃附近的叶子，而是咬食一定距离以外的叶子。他又发现当一片叶子被吃掉后，附近的叶子就开始合成一种拒绝毛毛虫侵害的化学物质。但人工摘去叶子没有像虫咬伤那样的作用。这位植物学家推测叶片受虫咬伤后，会给附近的叶片发出一种化学信号。如何用实验来检验这种推测？

VI 动物的形态与功能

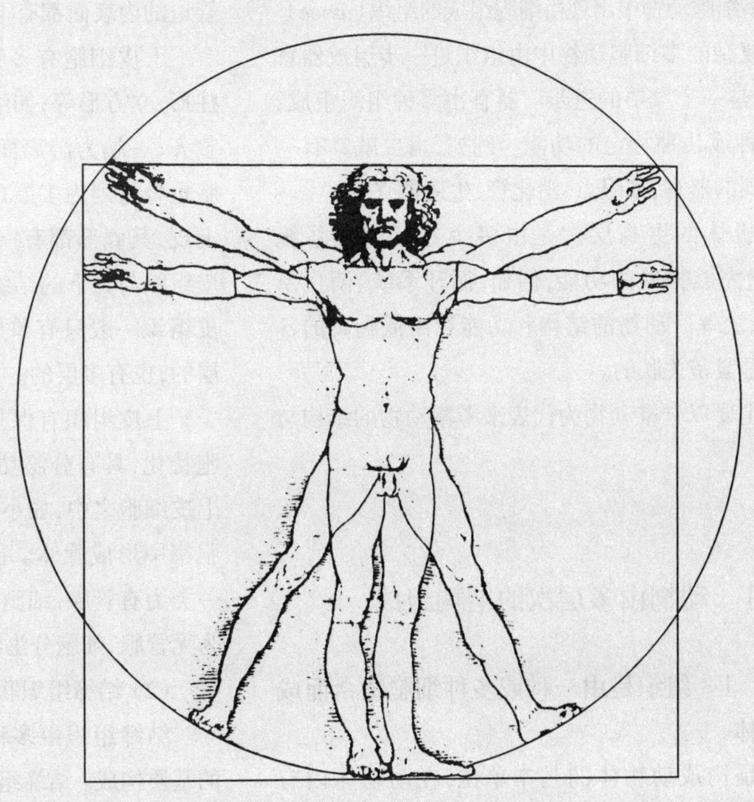

25

脊椎动物的结构与功能

中华白海豚（*Sousa chinensis*）
其身体结构和功能与其生存环境——海洋相适应。

动物的种类繁多，形态各异。动物的结构无论简单还是复杂，都要满足其生存繁衍的需要，都要与其生活环境相适应。所有动物面临的挑战相同，都必须获得足够的营养和氧，排出代谢废物，避免病原体的侵害，以及成功繁育后代。

随着演化时间的推进，动物的结构与功能越来越复杂。最简单的动物（如草履虫）仅由单个细胞构成。在一些最简单的多细胞动物中开始出现细胞的分化，有些细胞与营养活动有关，有些细胞与生殖活动有关。进一步在一些简单的多细胞动物中出现由细胞组成的组织（tissue）。

在更复杂的多细胞动物中由组织进一步组成器官（organ），这是一个重要的进步。器官由多种组织组成，以完成一种或几种特定的功能。例如，扁虫就具有一些功能不同的器官，如眼点、消化管、生殖器官等。

动物机体的更高层次是由多个器官组成系统（system）以完成相关的功能，例如，循环系统、消化系统、呼吸系统等。动物的结构和功能在由低到高的各层次上都是紧密关联的。

本篇主要以脊椎动物为代表来考察动物的结构与功能。

25.1 动物由多层次的结构组成

25.1.1 组织是由一种或多种细胞组合而成的细胞群体

细胞是构成动物体的基本单位，在动物体内有序组合。一种或多种细胞组合成组织，在机体内起某种特定的作用。脊椎动物体内有4种基本组织，它们是上皮组织（epithelial tissue/epithelium）、结缔组织（connective tissue）、肌肉组织（muscle tissue）和神经组织（nervous tissue）。

（1）上皮组织覆盖在身体及其各部分的表面

上皮组织由上皮细胞构成。上皮细胞与上皮细胞之间紧密相连，形成连续的片状结构，覆盖在与外界接触的表面上。在人体的外表面、体腔的内表面和各种管道的内表面都有上皮组织覆盖。

上皮细胞有多种类型：如细胞的形状，有扁平形、柱形、立方形等；如细胞的排列，有的是单层，细胞排列整齐，一端为游离面，有的游离面上有纤毛，而有的细胞重叠排列为多层（图25.1）。不论单层上皮还是复层上皮，其底部都有一层基膜（basement membrane）将上皮组织与其下的结缔组织分隔开来。无脊椎动物的上皮组织一般只有单层细胞，脊椎动物的上皮组织有单层的，也有多层的。

上皮组织有保护、吸收和分泌作用。有的上皮细胞特化，具有分泌功能。这些细胞有的分散在其他的上皮细胞之中，如小肠黏膜上的分泌细胞；有的分泌细胞集中形成腺体。由上皮细胞形成的腺体又分两类：一类为有管腺，细胞分泌物可由管道排到体外；另一类为无管腺，细胞分泌物扩散进入血管（图25.2）。

（2）结缔组织联结与支持其他的组织

结缔组织由多种细胞、三种蛋白质纤维和无定形的基质构成。结缔组织的细胞有固定的和游走的两类：

固定的细胞有成纤维细胞、巨噬细胞、脂肪细胞等，游走的细胞有单核细胞、淋巴细胞、浆细胞、肥大细胞等。游走的细胞可以与血液中的同类细胞交换。

三种蛋白质纤维为有弹性的弹性纤维、有韧性的胶原纤维，以及分支成网状的网状纤维。

无定形的基质有不同的成分，其物理性质的差异也很大。

以上这些成分所组成的结缔组织可分为疏松结缔组织（loose connective tissue）、致密结缔组织（dense connective tissue）等几类。

在疏松结缔组织中，三种蛋白质纤维交织成疏松的网形，其间是固定的细胞和无定形的基质。疏松结缔组织广泛存在于多种器官之中和组织之间，起着联络和固定的作用（图 25.3）。

致密结缔组织由密集的胶原纤维和丰富的成纤维细胞构成，弹性纤维和无定形基质甚少，韧带和肌腱是典型的致密结缔组织（图 25.4）。

软骨（cartilage）是一种结缔组织，软骨的基质呈凝胶状，既坚韧又柔软，软骨细胞嵌埋在其中（图 25.5）。

骨（bone）也是结缔组织，由骨细胞和基质构成。

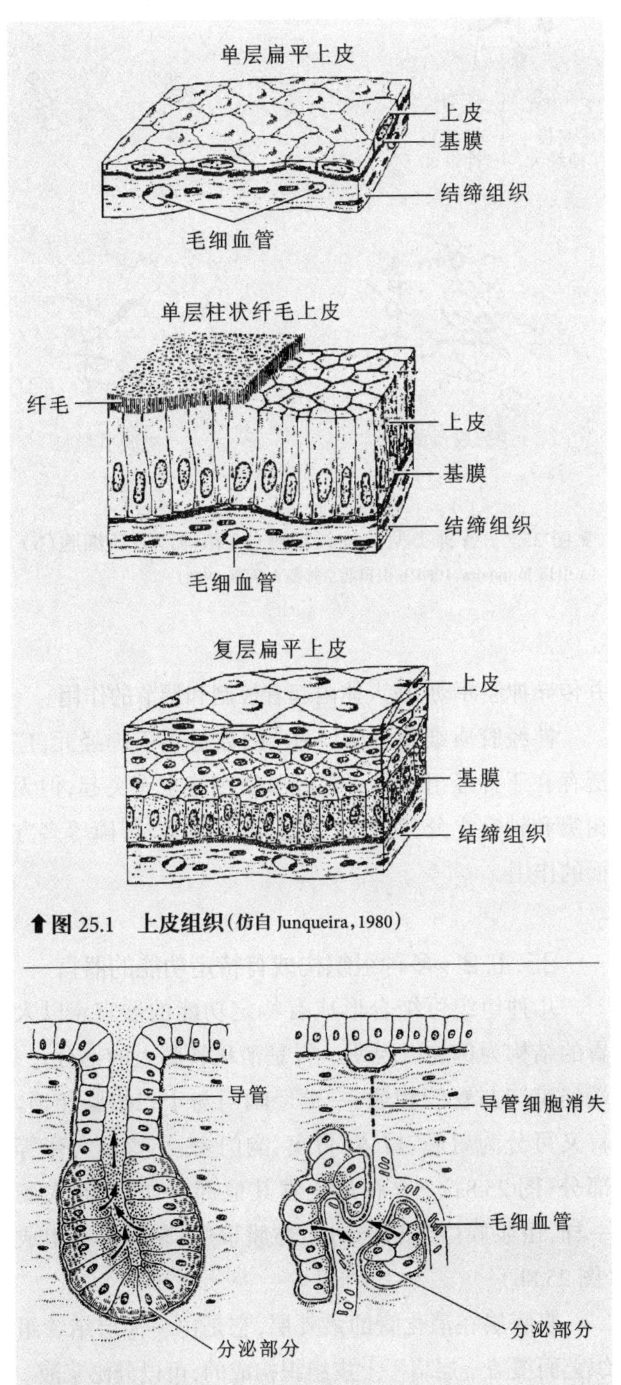

⬆图 25.1 上皮组织（仿自 Junqueira，1980）

⬆图 25.2 有管腺与无管腺（仿自 Junqueira，1980）

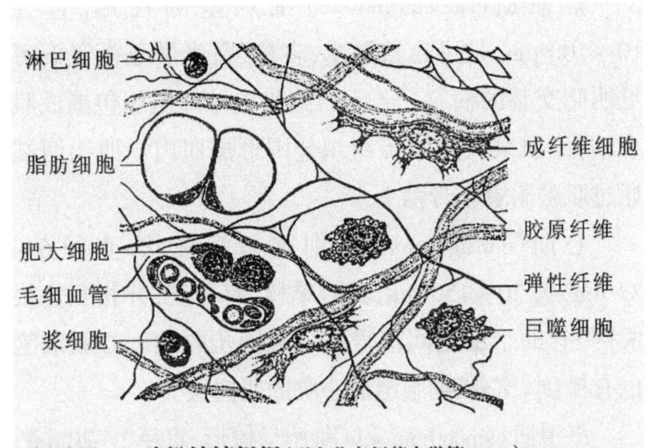

⬆图 25.3 疏松结缔组织（引自北京师范大学等，1981）

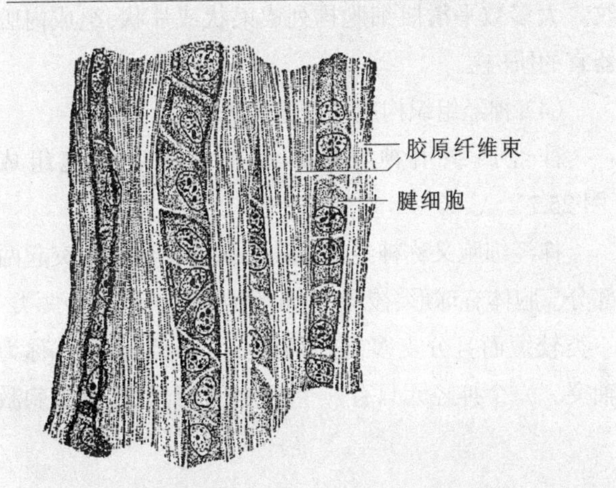

⬆图 25.4 致密结缔组织（肌腱）（引自北京师范大学等，1981）

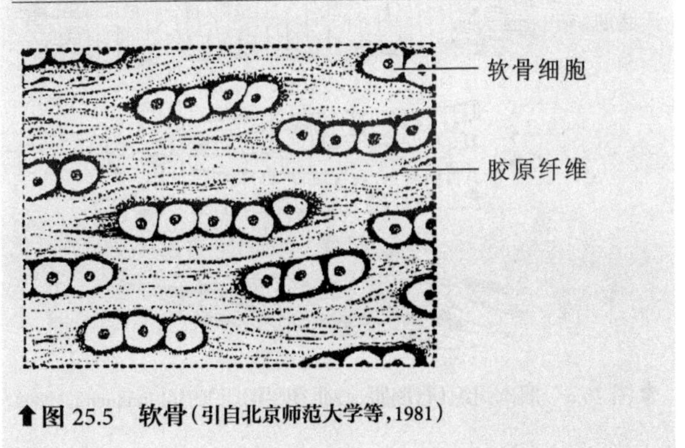

⬆图 25.5 软骨（引自北京师范大学等，1981）

骨基质中有大量的钙盐沉积，因而坚硬，承重力强。

脂肪组织（adipose tissue）是以脂肪细胞为主要成分的疏松结缔组织。

血液（blood）也是一种结缔组织。血液是由血细胞和液态的基质组成的，在血管中流遍全身。

（3）肌肉组织在动物的运动中发挥作用

肌肉组织由肌细胞组成。肌细胞的特点是可以收缩，因此肌肉组织是动物体内有收缩力的组织。脊椎动物的肌细胞分三类：骨骼肌细胞、心肌细胞和平滑肌细胞（图 25.6）。

骨骼肌（skeletal muscle）细胞呈圆柱形，直径 10～100 μm，长可达数厘米，多核，在光学显微镜下可见明暗交替的横纹。若干肌细胞被结缔组织包围成肌束，若干肌束又被结缔组织包围形成肌肉。肌肉两端通过肌腱附着在骨骼上。

心肌（cardiac muscle）细胞呈短柱状，直径 6～22 μm，长 20～150 μm，具有单核，有分支，并相互连接成网，有助于细胞间信号传导及同步收缩。心肌细胞也有横纹。心肌细胞组成心脏的肌肉层。

平滑肌（smooth muscle）细胞呈梭形，直径 2～20 μm，长 20～200 μm，核在细胞中心，在显微镜下看不到横纹。大多数平滑肌细胞排列成束状或片状，组成内脏器官的肌肉层。

（4）神经组织构成一个通信网络

神经组织由神经细胞和神经胶质细胞组成（图 25.7）。

神经细胞又称神经元（neuron），包括胞体和突起两部分。胞体有球形、梭形、星形等类型。突起又分两类：一类较短而且分支多，称为树突；另一类则较长，称为轴突。一个神经元只有一个轴突。神经元能感受刺激并传导神经冲动，在人体内起着控制和调节的作用。

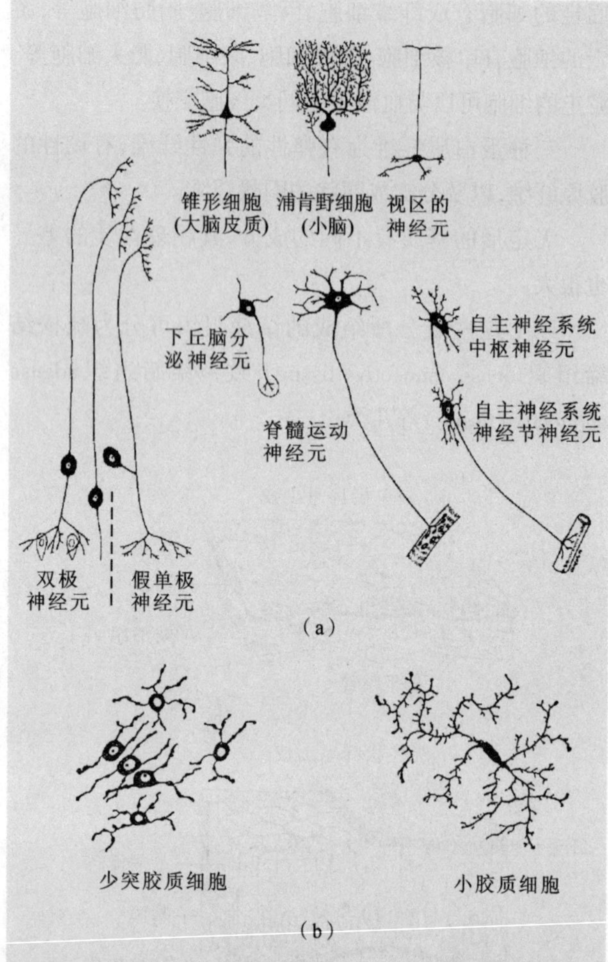

⬆图 25.7 各种类型的神经细胞（a）和神经胶质细胞（b）
（a 引自 Junqueira，1980；b 引自北京师范大学等，1981）

神经胶质细胞（glial cell）的数量多于神经元，广泛存在于神经组织中。神经胶质细胞也有突起，但无树突和轴突之分，对神经元起支持、营养、屏障等多方面的作用。

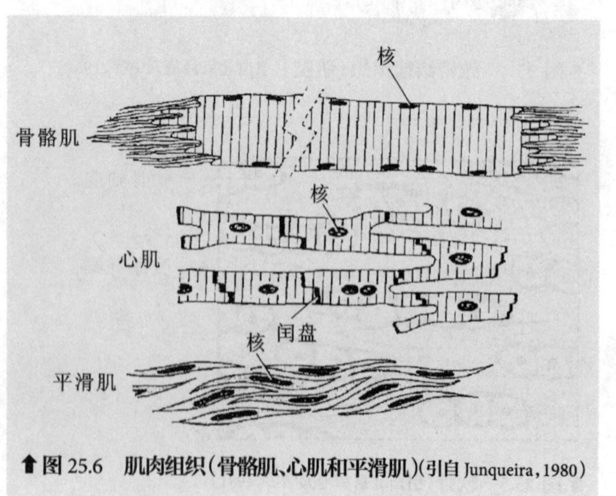

⬆图 25.6 肌肉组织（骨骼肌、心肌和平滑肌）（引自 Junqueira，1980）

25.1.2 多种组织构成有特定功能的器官

几种组织可结合形成有特定功能的器官。以人胃的结构为例加以说明。胃是消化管膨大的部分，一端经贲门与食管相通，一端经幽门与十二指肠相通。胃又可分为胃底、胃体、胃窦、幽门窦、小弯及大弯等部分（图 25.8a）。胃和消化管其他部分如小肠、大肠一样，由浆膜层、肌（肉）层、黏膜下层、黏膜层等组成（图 25.8b）。

浆膜层在消化管的最外层，它是由一薄层结缔组织上面覆盖一层扁平上皮组织构成的，可以分泌浆液。

肌肉层由平滑肌构成，又分纵行肌层、环行肌层、

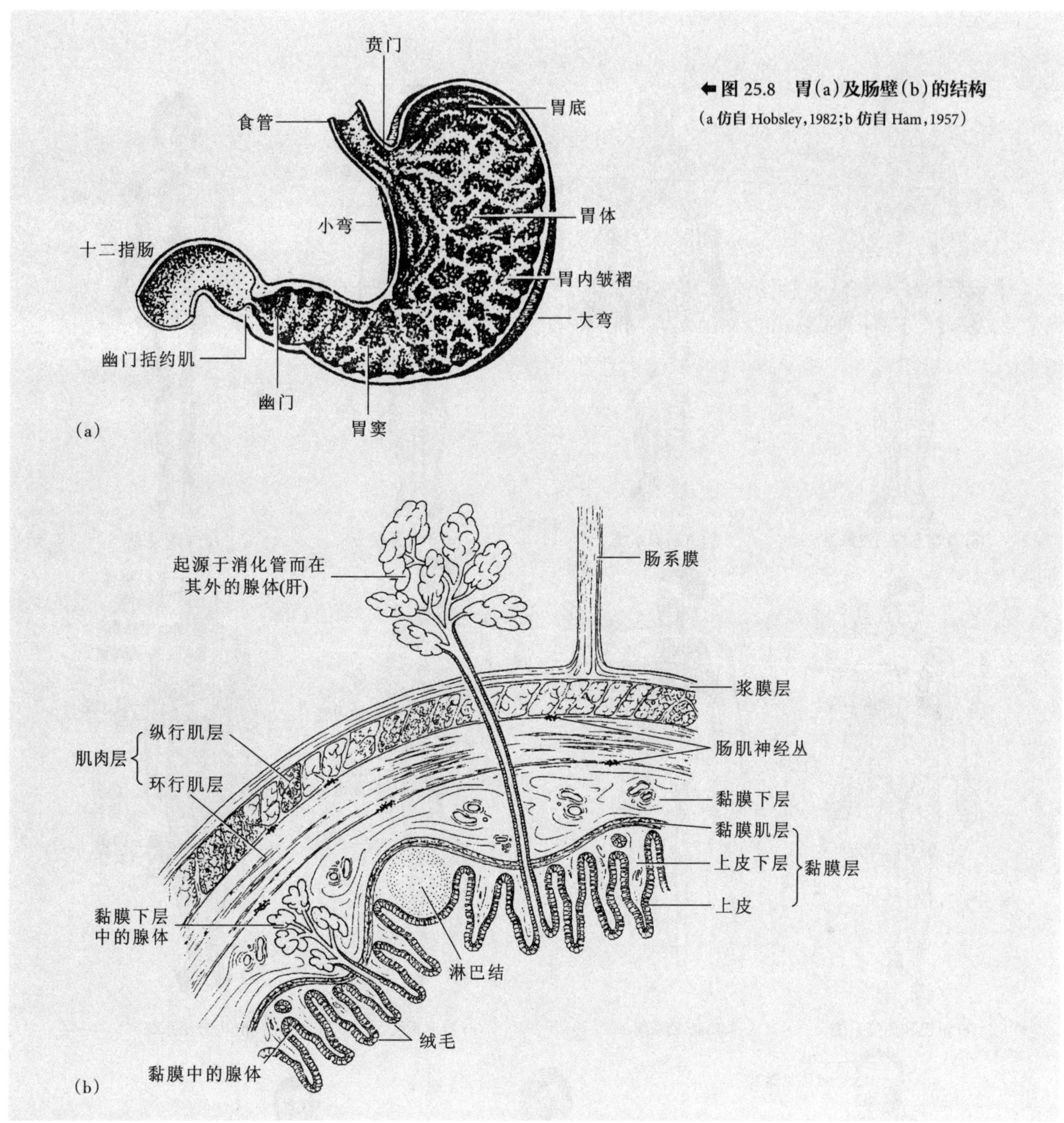

⬅图 25.8 胃(a)及肠壁(b)的结构
(a 仿自 Hobsley,1982;b 仿自 Ham,1957)

斜行肌层。

黏膜下层主要由疏松结缔组织构成,其中还有血管、淋巴管和神经。

黏膜层是消化管的最内层。它的表面由上皮组织构成,其中一部分上皮细胞是分泌细胞,分泌消化液,有的还集中形成消化腺。上皮组织的下面是一层结缔组织,结缔组织的下面还有一薄层平滑肌。

由此可见,胃是由上皮组织、肌肉组织、结缔组织和神经组织构成的。

25.1.3 若干个相关的器官组成一个具有特定功能的系统

每个系统都包含一系列的器官。人体至少可以分为 11 个功能系统,它们是:皮肤系统、骨骼系统、肌肉系统、消化系统、循环系统、淋巴和免疫系统、呼吸系统、排泄系统、内分泌系统、神经系统和生殖系统。

皮肤系统(integumentary system)由皮肤构成,包围在人体的外表面,起着保护身体不受外物侵害、保持体内环境稳定的作用(图 25.9a)。

骨骼系统(skeletal system)是由全身 206 块骨骼构成的,在体内支撑全身,保护内脏器官,并与肌肉系统

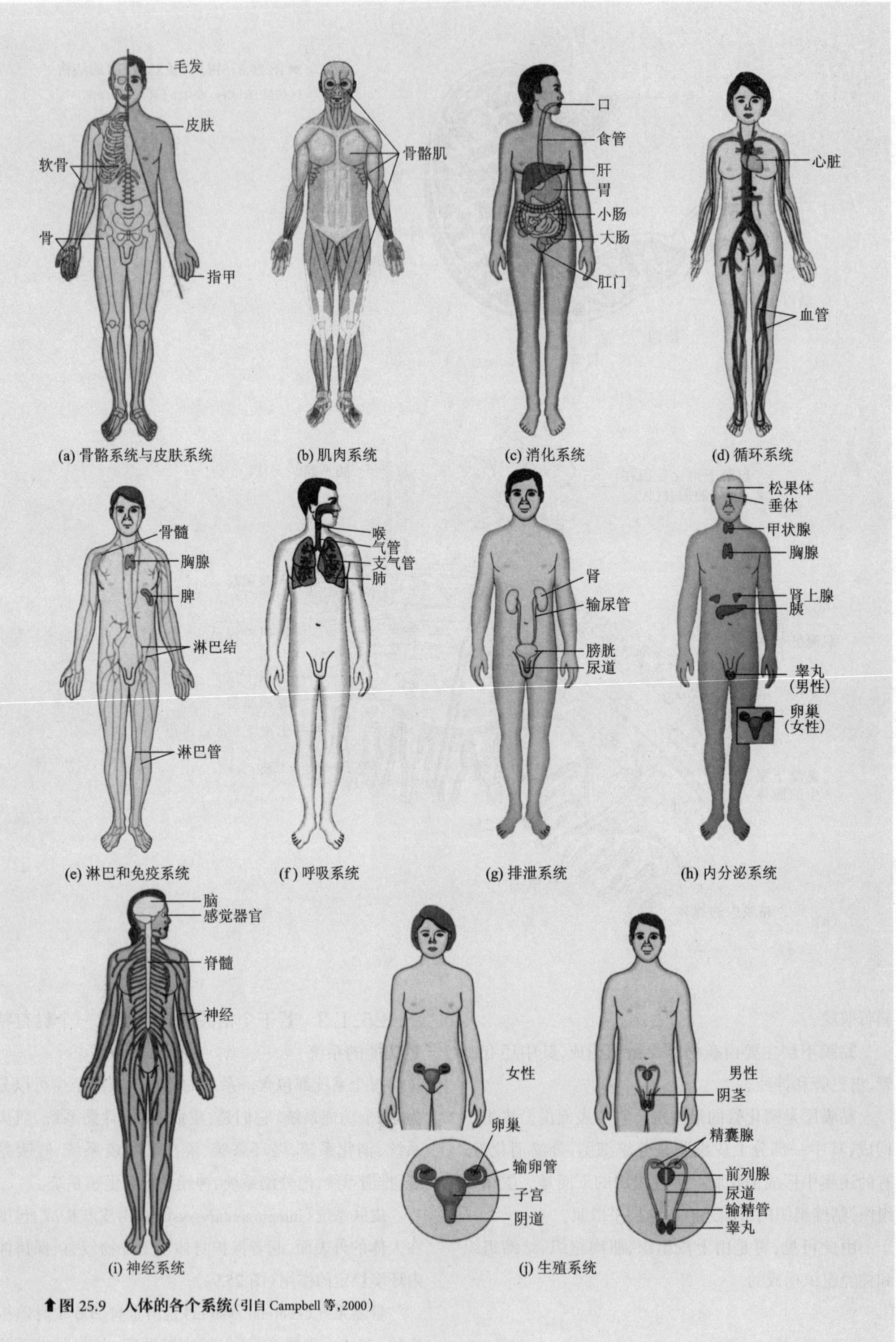

图 25.9　人体的各个系统(引自 Campbell 等,2000)

一道组成运动系统(图 25.9a)。

肌肉系统(muscular system)是由全身 600 多块附着在骨骼上的骨骼肌构成的。骨骼肌一般都是通过肌腱附着在不同长骨的端点上,它们的收缩可以引起身体的运动(图 25.9b)。

消化系统(digestive system)是由口腔、食管、胃、十二指肠、小肠、大肠、直肠以及多种消化腺组成的,在体内执行消化食物并吸收营养素的任务(图 25.9c)。

循环系统(circulatory system)由心脏、动脉、静脉、毛细血管以及其中的血液构成,将血液输送到全身各处,也就将血液中的营养物质输送到全身,并从全身将代谢产物运送出来(图 25.9d)。

淋巴和免疫系统(lymphatic and immune system)由脾、胸腺、骨髓、淋巴结、淋巴管和毛细淋巴管以及其中的淋巴和白细胞构成,在体内起保卫身体抵抗病原体侵害的作用(图 25.9e)。

呼吸系统(respiratory system)包括鼻腔、喉、气管、支气管、肺等器官。由于胸廓和膈的运动带动肺扩张,从体外吸入氧,再通过血液循环将氧运送到全身的细胞,血液循环又从全身收回二氧化碳通过肺排到体外(图 25.9f)。

排泄系统(excretory system)由肾、输尿管、膀胱、尿道等器官构成,将流经肾的血液中的代谢废物,如含氮废物等,排出体外,维持体液渗透压的平衡和内环境的稳定(图 25.9g)。

内分泌系统(endocrine system)包括下丘脑、垂体、甲状腺、胰、肾上腺等腺体,分泌一些特定的化学物质进入血液来调节身体的生长、发育、代谢、应急和生殖等活动(图 25.9h)。

神经系统(nervous system)可分为中枢神经系统和周围神经系统,接受体内外环境的刺激,产生应答反应,调节身体功能以适应内外环境的变化(图 25.9i)。

生殖系统(reproductive system)由男女内外生殖器构成,它们分别产生雄配子和雌配子,受精后发育成胚胎,完成延续种族的任务(图 25.9j)。

25.1.4 动物全身各器官和系统的协调

动物主要依靠两个系统协调全身各部分对内外环境的刺激的反应:内分泌系统和神经系统。内分泌系统的器官分泌一些特定的化学物质即激素,通过血液循环运往全身各部分,引起表达相应激素受体的细胞产生一系列反应,以应对刺激(图 25.10a)。如肾上腺髓质受刺激分泌肾上腺素,引起心跳加快、呼吸加深、糖原分解加速、消化功能下降等作用。内分泌系统通常作用距离较远,其效应可以持续较长时间(数小时或更久)。因此,内分泌系统在协调长时间的全身反应中起重要作用,如生长、发育、代谢、生殖等。

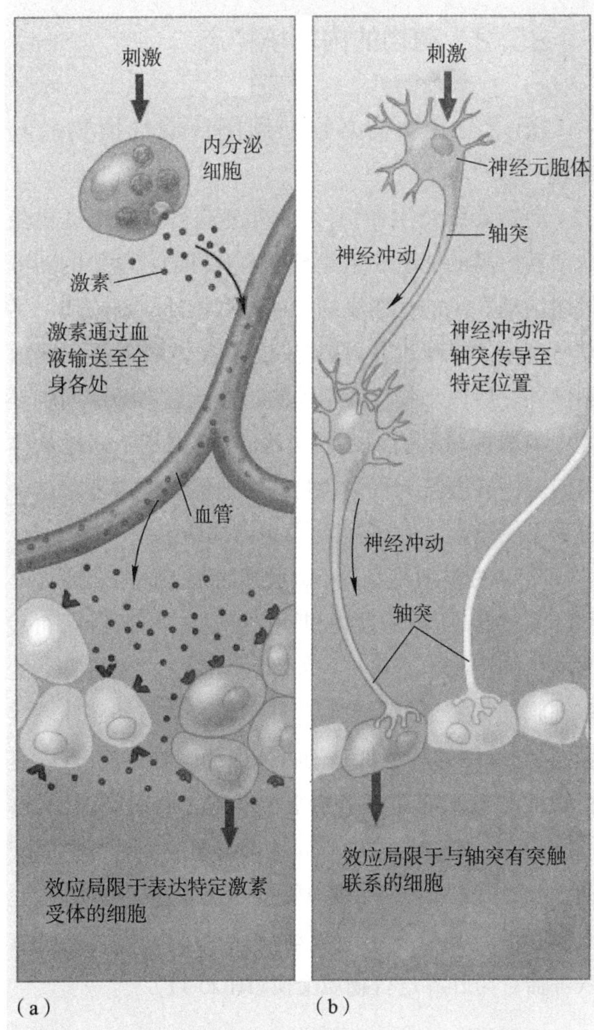

⬆ 图 25.10 内分泌系统(a)和神经系统(b)的调控(仿自 Campbell 等,2016)

神经系统对全身的协调作用通过神经元释放电信号或化学信号(神经递质)传导到各器官、组织和细胞(图 25.10b)。传导的距离可以较远,也可以很近。神经冲动的产生和传导极快,往往只有几分之一秒,因而动物对刺激的快速反应(如反射和其他迅速动作)多通过神经系统控制。

内分泌系统和神经系统虽然作用机制、反应时间、传导方式等有很大差异,但两者往往相互配合,共同应对内外刺激,维持内环境的稳定。

25.2 动物的内环境稳态

25.2.1 动物必须与周围环境交换物质与能量

动物要维持生命,必须从外界获得食物来提供生命活动所需的能量和组建身体的有机物。动物的新陈代谢活动产生的代谢废物必须排到体外。新陈代谢活动所产生的能量也会以热能、机械能、光能等形式释放到体外。所以动物生命活动的过程就是不断从周围环境中摄取能量和有机物的过程,同时也是不断地从体内向周围环境排放代谢废物并释放能量的过程。这个过程不能终止,终止便意味着生命的结束。

简单的多细胞动物(如水螅)的细胞能直接与外部环境接触,所需的食物和氧直接取自外部环境,而代谢产生的废物也直接排到外部环境中去。但更复杂的多细胞动物的绝大多数细胞并不能直接与外部环境接触,它们周围的环境就是动物体内的细胞外液,首先是组织液。组织液充满了细胞与细胞之间的间隙,又称细胞间液。细胞通过细胞膜直接与组织液进行物质交换,而组织液又通过毛细血管壁与血浆进行物质交换。血浆在全身血管中不断流动,再通过胃、肠、肾、肺、皮肤等器官与外界进行物质交换(图 25.11)。

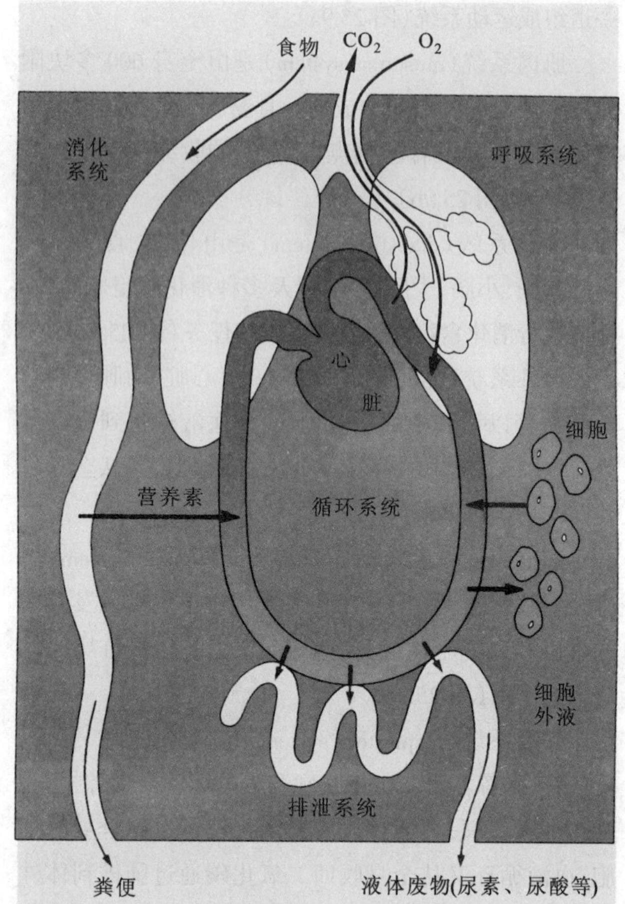

⬆图 25.11 多细胞动物的细胞与外部环境之间的物质交换
(仿自 Levine,1991)

25.2.2 动物必须维持内环境的稳定

1857 年法国生理学家贝尔纳(Claude Bernard,1813—1878)首先指出,细胞外液是机体细胞直接生活于其中的环境,而这种细胞外液就是身体的内环境(internal environment)。虽然机体的外部环境经常变化,但内环境基本不变,这给细胞提供了一个比较稳定的物理、化学环境。贝尔纳认为,“内环境的稳定是独立自由的生命的条件”,“所有的生命机制不论如何变化都只有一个目的,就是在内环境中保持生命条件的稳定”。贝尔纳关于内环境相对稳定是细胞正常生存的必要条件的论断是生物学的一个重要的基本概念。这主要是由于细胞的代谢过程基本上都是酶促反应,要求最合适的温度、pH,要求一定的离子浓度、底物浓度等。失去了这些条件,代谢活动就不能正常进行,细胞的生存就会出现危机。

动物机体的很多物理和化学指标都处于较稳定的状态,如人的体温通常维持在 37℃,血液 pH 接近 7.4,正常空腹血糖浓度为 70 ~ 110 mg/dL。

25.2.3 反馈调节在稳态中起重要的作用

1926 年美国生理学家坎农(Walter B. Cannon,1871—1945)发展了维持动物机体内环境稳定的概念。他强调指出,这种稳定状态只有通过细致地协调生理过程才能得到。内环境的任何变化都会引起机体自动调节组织和器官的活动,产生一些反应来减少内环境的变化。他提出一个新名词——稳态(homeostasis)来概括由这种代偿性调节反应所形成的稳定状态。他认为稳态并不意味着固定不变,而是指一种可变的但是相对稳定的状态。这种状态是靠完善的调节机制抵抗外界环境的变化来维持的。例如,当血液中葡萄糖的浓度下降时,肝就释放葡萄糖进入血液以维持一定的血糖水平。肝的活动维持着血糖浓度以及整个细胞外液中糖浓度的稳定。不仅血糖,体液中氧和二氧化碳的浓度、营养物以至代谢废物的浓度、温度等都必须维持相对的稳定,而机体的各种活动都在维持着这种相对的稳定。肝脏像一个代谢车间,根据体内的需要增加或减少释放进入血液的葡萄糖等有机物质;肺按照一定的速率吸入氧排出二氧化碳以维持动脉血中氧和二氧化碳分压的稳定；消化管将水、营养物和无机盐等摄入体内，而肾脏则把代谢废物、水和无机盐按一定的速率排出体外。总之，身体的各部分，以至构成身体的每一个细胞都以它自己的方式参与维护机体内环境的稳定。

维持内环境的稳定要靠复杂的生理调节过程，这是一种自动控制的过程。在一个控制系统中还必须将输出改变后的效果送回一部分给敏感元件以调节输出，这个过程称为反馈（feedback）。反馈有两种：

一种是负反馈（negative feedback），是指一个系统的输出增加的信息传送到敏感元件引起这个系统的输出减少。恒温水浴系统的反馈就是负反馈（图 25.12）。当室温为 25℃时，温度感受器 A 通过 B 发出信号给控制器 C，C 通过 D 发出信号给加热器 E，E 则释放热量提高水温。当水温逐渐升高，A 发出的信号逐渐减弱，E 释放的热量也相应减少。当水温达到设定的 30℃时，由 A 发出的信号所引起的 E 释放的热量与恒温水浴向周围环境释放的热量相等，水浴保持恒温。

另一种是正反馈（positive feedback），是指一个系统输出增加的信息传送到敏感元件引起输出的增加。在礼堂中，如果喇叭传出的声波一部分送入话筒，经过扩音器放大，再由喇叭输出，又送入话筒，如此往复直至产生啸叫，这是正反馈的例子。

在动物体内，负反馈、正反馈的调节方式都存在。负反馈对维持稳态有重要的作用。例如，为了维持体内水量的稳定，在体内水量过多时就应增加排出的水量，在体内水量过少时就应减少排出的水量，这种调节就是通过一套负反馈机制实现的（见 29.3.3 节）。胎儿的分娩则是一种正反馈过程（见 32.3.1 节）。

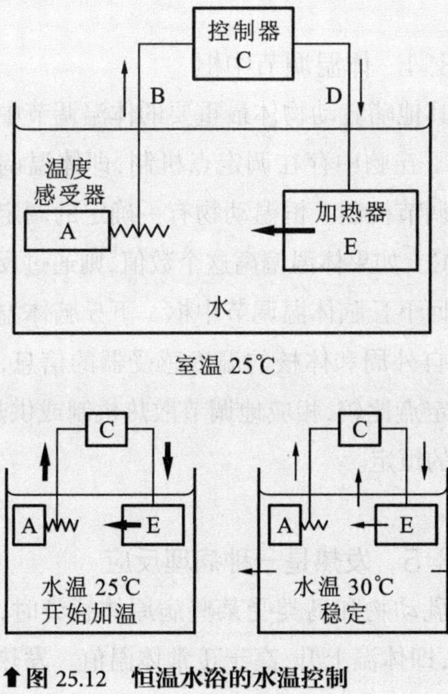

控制器 C
B
D
温度感受器
A
加热器
E
水
室温 25℃
C
A
E
水温 25℃
开始加温
C
A
E
水温 30℃
稳定

⬆图 25.12　恒温水浴的水温控制

25.3　动物的体温调节

我们以体温调节为例，具体阐明动物的形态和功能的密切关系，以及内环境稳态的维持和调节。

25.3.1　动物体温调节的类型

地球上环境气温变化很大，而动物通常需要将体温控制在某个范围内以确保机体正常的生理功能。体温超出正常范围会降低体内酶的生物活性、使生物化学反应难以进行，甚至可能导致死亡。因此，体温调节对动物生存至关重要。

动物调节体温的能量可以来自环境，也可以通过调节自身的代谢过程。大多数无脊椎动物、鱼类、两栖类和爬行类主要由外界环境获得维持体温的能量，称为外温动物（ectotherm），而哺乳动物和鸟类主要依靠自身代谢升高或降低体温，称为内温动物（endotherm）。内温动物通过调节体内生理过程来维持比较稳定的体温，这种调节方式称为生理性体温调节。外温动物通常需要通过行为调节体温，如当气温过低时就到日光下取暖或钻入洞穴内进入冬眠状态，当气温过高时它就换个阴凉的地方。这种通过动物的行为来调节体温的方式称为行为性体温调节（图 25.13）。尽管内温动物可以通过调节自身生理过程维持体温，比外温动物适应更广的环境温度范围，但为维持较高的代谢率通常需要比相同体型的外温动物摄取更多的食物。

按照体温是可变还是相对恒定又可以将动物分为变温动物（poikilotherm）和恒温动物（homeotherm）。注意变温 / 恒温动物与外温 / 内温动物之间没有绝对的对应关系。一些海洋鱼类生活环境温度极为稳定，它们的体温变化甚至小于哺乳动物。而一些哺乳动物如刺猬在冬眠时体温会下降到接近环境温度，远远低于其非冬眠期体温。

外温动物也曾被称为冷血动物，内温动物称为温血动物。这种命名并不严谨，因为实际上外温动物的体温可以随环境调节达到比哺乳动物更高的水平。因此，在科学文献中应避免使用。

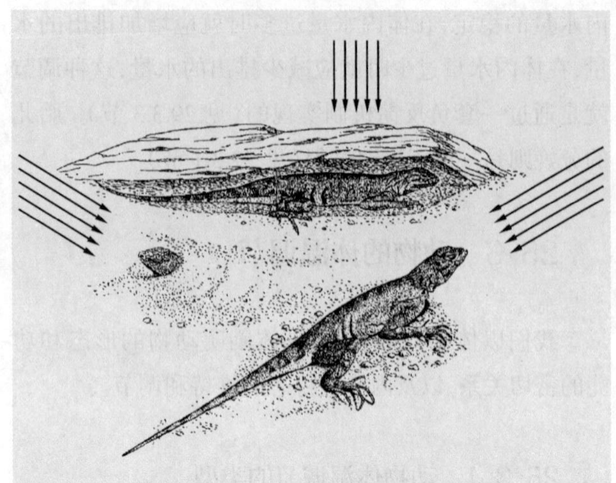

⬆图 25.13　**蜥蜴通过行为调节体温**（仿自 Bogert，1959）
早晨阳光先温暖动物头部的血液，身体其余部分还埋藏在沙土中；中午蜥蜴躲在阴凉处；下午则露出全身，与阳光平行。

25.3.2　动物通过调节供热与散热来维持稳定的体温

动物通过调节与环境的热交换来调节自身体温。热交换的方式包括传导、辐射、对流和蒸发。传导是生物体与外界环境之间直接的热量传递，辐射是指能量以电磁波形式的发散，对流是通过空气或水流将热量从生物体表带走，蒸发是液体水变为气态同时吸收部分热量。对于恒温动物，要维持体温稳定则必须实现热量的获取与耗散相等。

对于哺乳动物和鸟类，皮肤提供了与外环境之间的屏障，皮、毛（羽）、皮下脂肪等结构都起到隔离外界减少身体热量散失的作用。陆生哺乳类和鸟类还可以通过竖立毛发或羽毛增加隔热效果。在寒冷空气中人的皮肤会起"鸡皮疙瘩"，这就是竖毛肌收缩的结果，尽管现代人类已经不具备浓密的体表毛发，但仍保留了祖先竖毛保暖的反应模式。海洋哺乳类常生活于寒冷的水域，它们具有很厚的皮下脂肪层及极强的保暖功能，能够适应长时间在冷水中活动而不会失温。

动物还可以通过调节机体内部的生理过程来增加或减少散热。物理散热过程都发生在体表，所以皮肤是主要的散热器官，而皮肤的散热机制主要是血管运动和汗腺活动。

在一般情况下，皮下、皮肤中血管运动导致皮肤血流量的改变，皮肤血流量决定皮温，这是调节体温的主要机制。皮肤血管运动主要是外部温度变化作用于皮肤温度感受器所引起的反射活动。在寒冷作用下，皮温降低产生血管收缩反应。皮肤微动脉收缩，皮肤中血流量减少，甚至截断血流，皮温下降，散热量减少。在温热作用下，皮温升高产生血管舒张反应，皮内微动脉舒张，血流量大为增加。由于体核温度高于皮温，来自体核的血液使皮温上升，从而增加辐射、对流、蒸发的散热量。

当通过辐射、对流以及蒸发等都不能阻止体温继续上升时（例如，在高温环境中或从事体力劳动时），汗腺受到神经的刺激开始出汗，汗水在皮肤上蒸发，带走大量的热。出汗是有效增加散热的机制。一般情况，当环境温度为 29℃时人开始出汗，35℃以上出汗成了唯一有效的散热机制。所有鸟类和部分哺乳动物没有汗腺，这些动物在高温时出现喘气，通过呼吸道增加蒸发量以增加散热。

25.3.3　内温动物通过代谢产热

内温动物常常要维持远高于环境温度的体温，这就需要持续产热以抵消热量的散失。

哺乳动物中在安静时主要由内脏、肌肉、脑等组织的代谢过程提供热量。增加供热量有几个途径，最主要的是增加肌肉活动，骨骼肌收缩时释放大量的热。在体温调节中骨骼肌是主要的供热器官。在寒冷环境中，机体出现战栗，温度越低，战栗越强，供热越多，热量增加几倍，因而可保持体温不变。战栗是骨骼肌的反射活动，由寒冷作用于皮肤冷感受器所引起的。在哺乳动物中，所有的组织都释放热。除肌肉组织以外，低温时，在激素的刺激下肝也释放大量的热；全身脂肪代谢的酶系统也被激活起来，脂肪被分解、氧化，释放热量。

25.3.4　体温调节中枢

人和其他哺乳动物体最重要的体温调节中枢位于下丘脑。下丘脑中存在调定点机制，即体温调节类似恒温器的调节机制。恒温动物有一确定的调定点的数值（如 37℃），如果体温偏离这个数值，则通过反馈系统将信息送回下丘脑体温调节中枢。下丘脑体温调节中枢整合来自外周和体核的温度感受器的信息，将这些信息与调定点比较，相应地调节散热机制或供热机制，维持体温的恒定。

25.3.5　发热是一种病理反应

当哺乳动物和鸟类受某些病原体感染时，会产生发热现象，即体温上升，高于正常体温值。发热对人体的影响可以从两方面看：一方面，发热时白细胞增多，抗体生成加快，肝的解毒功能增强，能使机体的抵抗力有所提高。可以说，一定程度的发热是机体对疾病的生理性防御反应。但是，长期过高的发热会使人体内各种调节功能紊乱，给患者带来不良影响。当体温超过 41℃时，体温调节中枢就会失去调节体温的能力，许多细胞开始破坏。当体温升高到 43℃，如果不采取有效措施（如以酒精擦拭身体，或以冰水冷却身体等）使体温迅速恢复到正常范围，则患者将有生命危险。

思考题

1 试简述动物的多层次结构。
2 哪些动物没有多层次结构?
3 动物为什么必须维持体内环境的相对稳定?
4 为什么负反馈会在维持内环境的稳定中起重要作用?
5 稳态与化学平衡有什么不同?

26 营养与消化

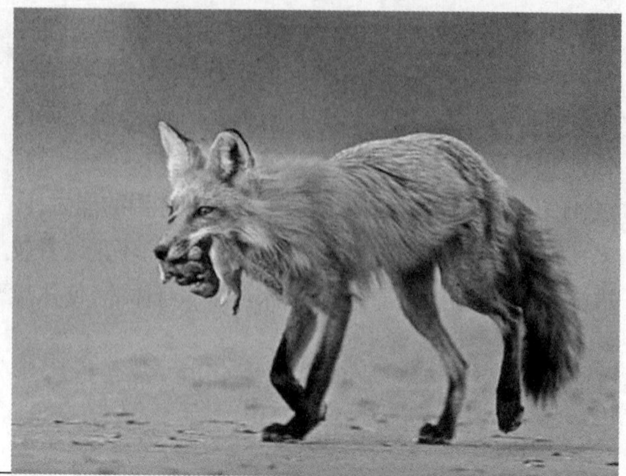
捕获到猎物的赤狐

生命活动的基本特征是不断地进行新陈代谢，也就是从外界吸收特定的物质和能量，在体内组成生命物质，还要在体内氧化富含能量的物质以提供生命活动所需的能量。根据从外界吸收的物质与能量的方式之不同，生物大致可以区分为两大类：一类是绝大多数的植物，它们只从外界吸收简单的无机物（从空气中吸收二氧化碳，从土壤中吸收水和无机盐），并吸收日光作为能源，通过光合作用在体内制造有机物，提供植物本身代谢活动所需的有机物和能量。这种不依赖其他生物维持自身生命活动的营养方式称为自养（autotrophic nutrition），这类生物称为自养生物。另一类生物自身不能利用简单的无机物制造有机物，也不能从日光中获得能量，必须从外界环境中获得有机物，并从这些有机物中获得生命活动所需的能量。这些有机物是其他生物制造的，因此这种方式称为异养（heterotrophic nutrition），这类生物称为异养生物。动物、真菌和大多数细菌是异养生物。异养生物摄取的有机物最终都是来自自养生物。例如，食肉动物（carnivore）吃其他食肉动物和食草动物（herbivore），食草动物吃植物，杂食动物（omnivore）既吃动物又吃植物，所以最终的食物来源都是植物。植物体内的有机物是经过光合作用等过程，利用无机物如二氧化碳和水等制造出来的。所以生命活动的能量最终都来源于太阳。

人类也和其他动物一样，必须从外界获得食物（既有动物性的，也有植物性的），来提供生命活动所需的能量和组建我们身体的有机物。人和动物所摄取的食物大多是复杂的大分子化合物。这些大分子化合物必须被分解为比较简单的小分子化合物才能被吸收进入体内加以利用。食物中能够被动物消化吸收和利用的物质称为营养素（nutrient）。

26.1 动物的营养

动物摄取食物以满足三种需求：一是提供生命活动必需的化学能量，二是提供构成生物体大分子（如蛋白质、核酸等）的合成原料，三是提供生物体自身不能合成的必需营养素（essential nutrient）。动物所需的营养素包括水、糖类、蛋白质、脂质（包括脂肪、胆固醇、磷脂等）、维生素和矿物质等。动物的大多数食物中包含蛋白质、糖类和脂肪。在消化过程中它们被分解为其组成成分：糖类（淀粉、蔗糖等）被分解为六碳糖，蛋白质被分解为氨基酸，脂肪被分解为脂肪酸和甘油。这些成分穿过小肠壁进入血液或淋巴，成为构建动物自身的蛋白质、糖类和脂质等的原料，或者通过体内的化学反应提供机体所需要的能量。此外，多种维生素和矿物质也是维持正常生命活动所必需的。

26.1.1 动物生命活动所需的能量来自食物中的化学能

一般情况下，动物所需的能量是由糖类和脂肪提供的，只有在糖类和脂肪短缺时才利用体内的蛋白质提供能量。它们在体内经过一系列的生物氧化过程，最后产生水和二氧化碳（蛋白质还产生含氮废物），同时释放出能量。放出的能量一部分是热能，另一部分是化学能。化学能转移到 ATP 的高能磷酸键中作为机体活动的能源，最终一部分转化为机械能用于做功，一部分转化为热能。图 26.1 说明动物体内的能量转移概况。

大多数细胞所需要的能量大部分是由六碳糖（葡萄糖）分解释放出储存于它的化学键中的能量来提供的。血液中的葡萄糖主要是由食物中的淀粉分解后所提供的。即使在食物中糖类（淀粉等）含量不足的情况下血液中葡萄糖的浓度也会保持在正常水平。这是由于自然选择使我们的身体具有从非糖分子制造葡萄糖的能力。蛋白质中的氨基酸可以转变成葡萄糖，脂肪中的甘油成分也可以转变为葡萄糖，脂肪酸成分也可以被作为能源物质而利用。

26.1.2 动物的生命活动服从能量守恒定律

动物在不同的活动中单位时间内所需能量不同。单位时间内动物所需要的全部能量称为代谢率（metabolic rate）。

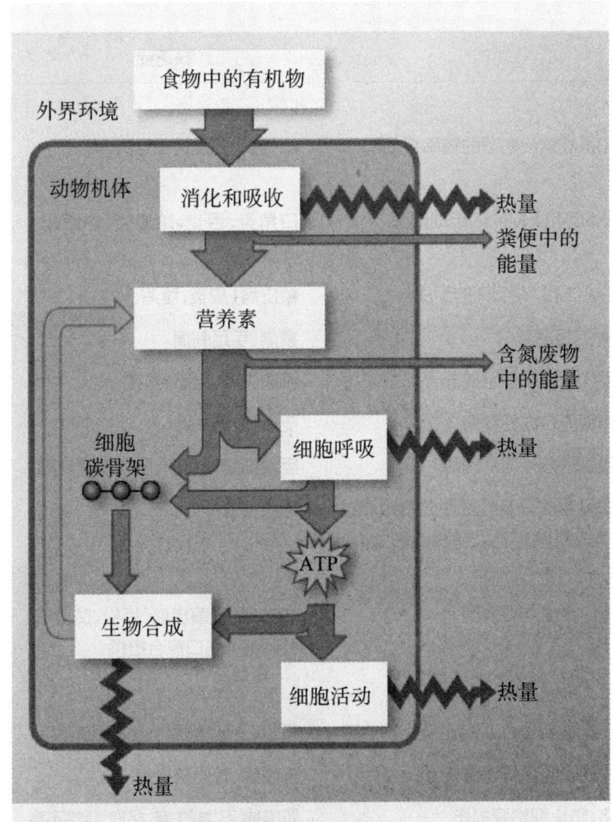

图 26.1 动物体内能量转移图解

如果动物不进行体力活动和脑力活动，只维持清醒状态，在单位时间内生命活动所需要的最低的能量称为基础代谢率（basal metabolic rate，BMR）。这些能量绝大部分用于维持心脏、肝、肾、脑等内脏器官的活动。

根据严格的实验测定，动物的生命活动服从能量守恒定律。动物活动时消耗了营养物质，释放了其中的能量，用于做功、维持体温等。动物还可能将一部分营养物质（包括其中的能量）贮存在体内。输入的能量等于输出的能量与贮存的能量之和，即

能量输入 = 能量输出 + 能量贮存

或

能量输入 = 输出的热能 + 所做的功 + 能量贮存

除维持体温和做功之外，还可能有电能或其他辐射能输出，不过数量很小，可以忽略不计。

如果能量输入大于能量输出，则能量贮存为正数，组成机体的物质增加，体重增加。如果在禁食和静息的条件下，既没有通过吃食物输入能量，也没有通过做功输出能量，机体产生的热量来自消耗体内贮存的物质，体重减轻。

26.1.3 糖类和脂质是构建机体的必需原料

糖类在体内是能量的主要来源，并且糖类也是构建细胞必不可少的成分。在细胞膜上就有糖蛋白，起着重要的作用。

脂肪是食物中的必需成分。如果食物中没有脂肪就会妨碍生长。进一步的实验发现两种不饱和脂肪酸对于维持动物的健康是必需的，它们是亚油酸（linoleic acid）和亚麻油酸（linolenic acid）。这两种脂肪酸存在于植物中，但在动物油脂中却很少。它们参与免疫过程、视觉功能、细胞膜形成和某些激素的生成，并有促进生长、防止皮炎的作用。

脂质中的磷脂、胆固醇是细胞膜的主要成分，此外胆固醇还是合成某些激素的前体物质，在生命活动中起着重要作用。

脂质还是脂溶性维生素的来源，排除食物中的脂质也就排除了脂溶性维生素，会影响身体健康。

26.1.4 蛋白质是建造和修复机体的原料

如前所述，动物需要食物不仅是作为能量的来源，而且还作为建造和修复机体的原料。生物体的成分是经常处于不断合成和分解的稳定状态中。例如，占人

类血浆中蛋白质45%的清蛋白大约每天更新3%，而纤维蛋白原（一种在血液凝固中起重要作用的蛋白质）每天更新25%，小肠内表皮细胞每2~4天全部更新一遍。这些更新下来的蛋白质、氨基酸大部分转变成尿素分子从尿中排出体外。粪便中也有些含氮废物，一部分是来自食物，一部分来自消化液，还有一部分则来自更新下来的小肠内表皮细胞。充满角蛋白的角质细胞也不断地从皮肤表面脱落、损耗。因此，必须从体外摄取蛋白质作为建造和修复身体的原料。

19世纪生物学家就已发现，作为食物的成分，蛋白质可以说是最重要且必不可少的。这是因为动物可以利用糖制造脂肪，或利用蛋白质、脂肪制造糖，但不能利用糖和脂肪制造蛋白质，因此必须从体外获得蛋白质，也就是说食物中必须包含有足够的蛋白质。

人类食物中缺少蛋白质会使幼儿、少年生长发育迟缓、体重过轻，使成年人产生疲乏、肌肉消瘦、贫血、水肿等症状。

26.1.5 动物需要摄取必需氨基酸

动物通常只能合成20种氨基酸中的一部分种类，不能自身合成而必须从食物中摄取的氨基酸称为必需氨基酸（essential amino acid）。不同物种的必需氨基酸存在一定差异。人类有8种必需氨基酸，分别是苏氨酸、赖氨酸、甲硫氨酸、缬氨酸、苯丙氨酸、色氨酸、亮氨酸和异亮氨酸。在某些生长时期（如婴儿阶段）或一些代谢疾病情况下，人体必需氨基酸的种类会增加。必需氨基酸是不可替代的，每一种都有其特殊作用，缺少某一种就会产生严重的病症，甚至导致死亡。

26.1.6 维生素对维持机体健康有重要作用

维生素都是一些小分子的有机化合物，其化学性质和功能各异，根据溶解性可以分为两类：一类是水溶性维生素，包括维生素 B_1、维生素 B_2、维生素 B_6、泛酸、生物素、烟酸、叶酸、维生素 B_{12} 和维生素C；另一类是脂溶性维生素，包括维生素A、维生素D、维生素E和维生素K。

这类化合物既不是构成机体的原料，也不是提供生命活动所需能量的来源，而是生物代谢过程所必需的物质；虽然所需的量很少（每日需要量以毫克或微克计），却是动物自身所不能制造的，必须从食物中获得。人体所需维生素有13种，缺乏这些维生素会导致严重疾病（表26.1）。

表26.1 人体所需维生素

维生素	主要来源	功能	缺乏症
水溶性维生素			
B_1（硫胺素）	糙米、粗面粉、豆类、酵母、坚果、心、肝、肾、瘦肉和蛋类	糖类和氨基酸代谢酶的辅酶组成部分	脚气病、多发性神经炎
B_2（核黄素）	心、肝、肾、肉类、蛋、奶、酵母、绿叶蔬菜、豆类	辅酶FAD和FMN的组成部分	口角炎、舌炎、睑缘炎（烂眼边）、阴囊炎等
B_3（烟酸）	瘦肉、肝、肾、酵母、坚果、豆类、全麦	辅酶NAD和NADP的组成部分	糙皮病（皮炎、腹泻、抑郁）
B_5（泛酸）	肉类、奶、全麦、水果、蔬菜	辅酶A的组成部分	疲倦、手足刺痛
B_6（吡哆素）	肉类、蔬菜、全麦	氨基酸代谢辅酶的组成部分	肌肉失调、易怒、贫血
B_7（生物素）	豆类、蔬菜、肉类	脂质和糖原合成的辅酶	皮炎、肌肉失调
B_9（叶酸）	绿叶蔬菜、肝、肾、酵母、肉类、奶、蛋	核酸和氨基酸代谢的辅酶	巨幼细胞性贫血、胎儿发育缺陷
B_{12}（钴胺素）	肝、肾、肉类、奶、蛋、贝类	促进核酸合成以及红细胞的形成，维持神经组织的健康。以辅酶的形式发挥作用	恶性贫血
C（抗坏血酸）	柑橘类、猕猴桃、沙棘、酸枣、绿叶蔬菜、番茄	胶原蛋白合成，抗氧化	坏血病（牙龈出血、齿松、贫血、关节肿痛）、伤口愈合缓慢
脂溶性维生素			
A（视黄醇）	蔬菜、水果、胡萝卜、蛋黄、鱼肝油	视紫红质主要成分，保持上皮组织健康	夜盲、上皮角质化、免疫疾病
D	蛋黄、奶、鱼肝油	促进钙的吸收和骨骼生长	佝偻病、骨质疏松症
E（生育酚）	植物油、麦芽、绿色蔬菜、肉类、蛋	抗氧化、防止细胞膜损伤	肌肉神经功能失常、贫血、雄性不育
K（叶绿醌）	绿色蔬菜	促进血液凝固	出血、血凝缓慢

26.1.7 多种矿物质对维持机体健康也有重要作用

19 世纪末人们就已认识到食物的不可燃烧部分，即由矿物质组成的部分，也是维持生命所必需的。然而直到近几十年这种成分的重要性才日益显露出来。人们越来越认识到体内矿物质的平衡是保持健康的重要因素。

组成人体的元素有 40 余种，其中碳、氢、氧、氮占体重的 96%，剩余的 4% 体重是由几十种元素组成的。这些元素中有 21 种以上是人体所必需的，还有其他的若干种元素也可能起重要的作用。

所谓必需矿物质，就是那些必须由饮食供应的，对维持生命活动、促进生长和生殖有重要作用的无机物。缺了这些矿物质，人体的正常功能就会受到阻碍，引起疾病。

必需矿物质中所含的元素又可分为常量元素和微量元素两类。必需的常量元素为钙、磷、钾、硫、钠、氯和镁。必需的微量元素有铁、锌、铜、硒、锰、碘、钴、铬、钼、氟等。

（1）钙　钙是骨骼和牙齿的重要成分，磷酸钙占骨骼的一半。钙离子维持肌肉和神经的正常兴奋性，参与凝血反应。钙离子还是多种生理反应的催化剂。

体内的钙与食物中的钙处在不断的更新之中，骨骼内的钙每年大约更新 1/5。因此，必须从食物中不断地摄入钙。钙的吸收还必须有维生素 D 的协助，如果体内缺乏维生素 D，即使食物中含钙丰富也不能被吸收。

（2）磷　磷约占人体体重的 1%。人体中 85% ~ 90% 的磷以磷酸钙的形式沉积于骨骼和牙齿中。其余 10% ~ 15% 的磷则分布在所有的活细胞中。磷是一切细胞核和细胞质的组成部分，参与细胞的多项功能活动。凡是蛋白质含量丰富的食物也含丰富的磷。

（3）钠和钾　钠和钾对保持细胞和细胞外液之间的电化学平衡起着重要的作用。钾还参与许多酶的催化活动。钠与氯的化合物是食盐（NaCl），盐广泛存在于各种食物中。

（4）碘　人体的碘含量极少，大约是体重的 0.000 04%，相当于铁含量的 1%。70% ~ 80% 的碘集中在甲状腺中。碘是甲状腺分泌的甲状腺素的重要成分。甲状腺素促进婴幼儿的生长与发育，促进成年人的代谢过程。如果饮食中碘的供应不足，成年人便会出现甲状腺肿大的症状（俗称“大脖子病”）。孕妇缺碘，所生婴儿的身体和智力发育都会受到阻碍。各类海产品是碘的丰富来源。

（5）氟　微量的氟是机体正常钙化和正常生殖活动所必需的，但摄入过多的氟会产生毒害。有些地区由于土壤、饮水、食物中含氟量过高，会引发地方性氟病。

26.2 动物处理食物的过程

动物通过处理食物以获得营养。动物处理食物的过程可以分为摄入（ingestion）、消化（digestion）、吸收（absorption）和排出（elimination）四个部分。动物取食植物或动物的过程称为摄入。这些摄入的植物性或动物性食物都是由复杂的有机大分子（如蛋白质、脂肪、多糖、核酸等）构成的，必须分解成简单的小分子才能进入动物体的细胞。把摄入的食物经过机械作用粉碎和化学作用分解，最后成为简单的小分子化合物（如氨基酸、单糖、核苷酸等）的过程称为消化。简单的小分子穿过动物的细胞膜进入细胞内的过程称为吸收。最后将无法消化吸收的食物残渣排出体外。

一些较简单的动物（如海绵）通过吞噬作用将食物颗粒吞入细胞，形成食物泡，在食物泡内用消化酶将食物消化吸收。整个摄食过程，包括摄入、消化、吸收和排出都是在一个细胞内进行的。这种消化食物的过程叫做胞内消化（intracellular digestion）。

多细胞动物逐步形成了消化腔或消化管，食物的消化过程是在细胞外的消化腔或消化管中进行的，称为胞外消化（extracellular digestion）（图 26.2）。例如，刺胞动物（水螅）在体内形成一个消化腔。食物被触手通过口送进腔内，腔壁上的腺细胞向腔内分泌分解食物的消化酶，将食物分解成可透过细胞膜的简单分子，穿过细胞膜进入腔壁细胞，未被吸收的残渣仍从口排出消化腔。腔肠动物的细胞外消化并不完全，腔壁上的一些细胞还能伸出伪足吞入食物碎片形成食物泡。细胞向食物泡分泌消化酶，将食物分解为可透过食物泡膜的简单分子，这些分子穿过膜进入细胞质内，不能利用的残渣被排出细胞之外。因此，水螅既有胞外消化，又有胞内消化。

胞外消化对动物有重要的意义。因为依靠胞内消化，动物只能摄取细胞所能吞噬的小颗粒食物，对于大块食物则无能为力。胞外消化突破了这种限制，使动物可以利用的食物大为增加，有利于动物的生存。

更为复杂的动物形成消化道，具有两个开口：口和肛门。食物通过口摄入，在消化道内单向运动。消化道进一步分成不同的功能区，逐步进行一系列消化和

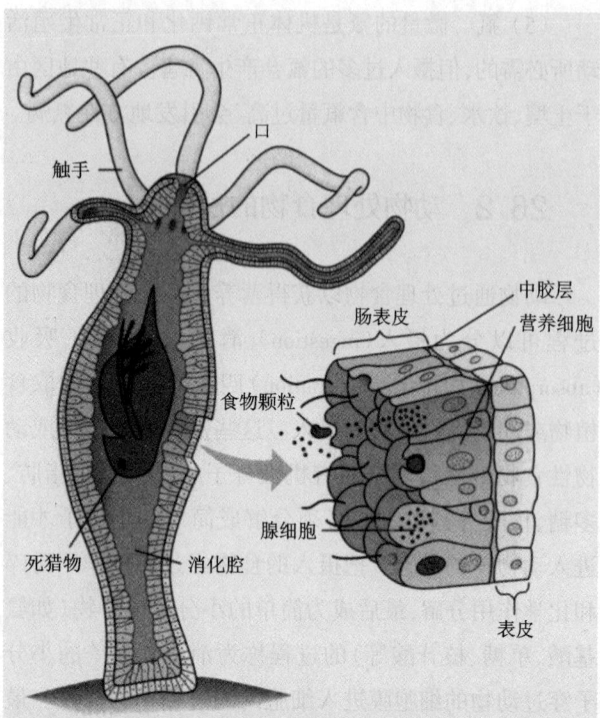

图 26.2 水螅的胞外消化（仿自 Campbell 等，1996）

食物由口进入消化腔，被消化酶分解为小颗粒，再被吞噬入细胞内形成食物泡，进行进一步消化。

吸收活动。以下以哺乳动物的消化系统为例说明食物处理的过程。

26.3 哺乳动物的消化系统及其功能

哺乳动物的消化系统包括口腔（oral cavity）、咽（pharynx）、食管（esophagus）、胃（stomach）、小肠（small intestine）、大肠（large intestine）及直肠（rectum）等部分。消化系统实质上是从口（mouth）到肛门（anus）的一条管道。食物进入消化系统后被管道的运动所推动，在移动中逐步被分割、分解直到成为简单的小分子，穿过细胞膜进入细胞，再被运送到全身。下面我们以人的消化系统（图 26.3）为例说明有关器官的结构与功能。

26.3.1 消化从口腔开始

动物通过吞食（如人）、滤食（如座头鲸）、吸食（如蜂鸟）等方式将食物摄入口腔。体积大的食物进入口腔后，由上下颌不停的咀嚼活动将食物嚼碎，三对唾液腺（腮腺、舌下腺、颌下腺）的唾液源源不断地流入口腔，与食物混合形成食糜。最后这团食糜被吞咽下去，经过食管进入胃内。

在口腔内主要是进行机械性的消化，食物被分割、研碎，掺进唾液。唾液中的消化酶（唾液淀粉酶）可以分解淀粉成麦芽糖。但往往由于食物在口腔中停留时间不长便被吞咽下去，唾液淀粉酶在口腔中没有发挥作用。只有较长时间在口腔中咀嚼的情况下，含淀粉的食物才会被分解成麦芽糖，使人感到有些甜味。唾液除了具有润滑食物方便吞咽的功能外，还含有抑制细菌的成分，有助于保护口腔健康。

食物在口腔中引起的咀嚼和吞咽，实际上不全是随意活动，而是由神经系统控制的反射活动。因为食物进入口腔后进行咀嚼时，这种上下颌的咬合与舌头将食物翻动的运动配合密切，并不需要有意识的指挥，一般情况下也不会出现牙齿咬着舌头的“事故”，这是由神经系统控制的反射活动（见 33.3.1 节）。

26.3.2 食物通道与呼吸通道在咽部交叉

吞咽活动也是一种反射。将食物吞入食管是一种很复杂的活动。因为人的咽部相当于一个十字路口：

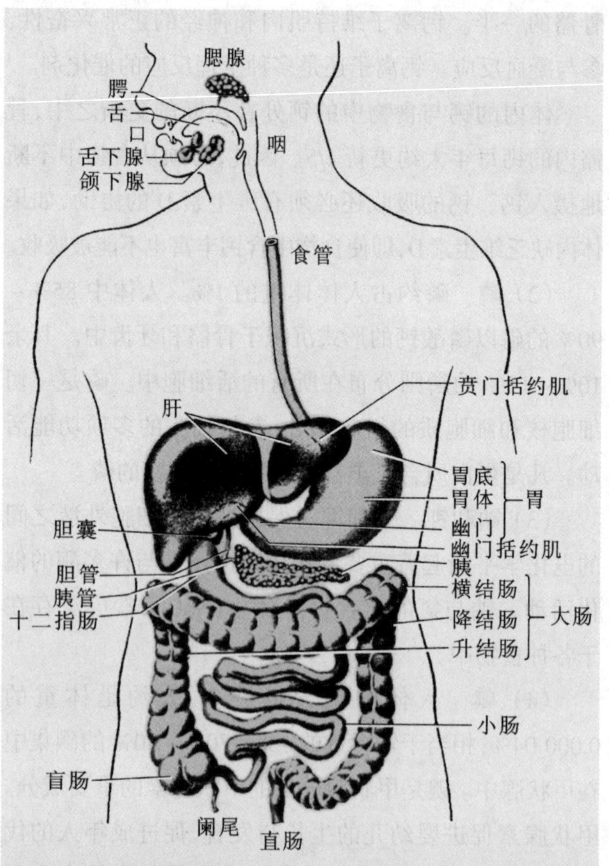

图 26.3 人的消化系统

食物被咀嚼吞咽后，约经过 5～10 s 通过食道进入胃，在胃里用 2～6 h 进行部分消化。进一步消化发生在小肠里，需 5～6 h。经过 12～24 h，未消化的食物残渣经过大肠，形成粪便，由肛门排出。

上部有两条对外的通道——一条是经过口腔的通道，另一条是通过鼻腔的通道；而对下也有两条通道——一条通向气管和肺，另一条则通向食管和胃。吞咽时必须封闭通向鼻腔和气管的通道，将口腔中的食团挤入食管（图 26.4）。这也是一种复杂的反射活动。因为吞咽活动需要一系列肌肉有秩序地相继收缩才能完成。如果在吞咽时还在说话，声门打开通气，就有可能将食物挤入气管或鼻腔。吞咽的发动是随意的，但是当舌头将食物送到咽部以后，食物在咽部刺激有关的感受器引发一连串的反射活动，直至将食团推入食管，便不是随意活动了。

26.3.3 食管蠕动将食物挤入胃

口腔中的食团经过吞咽活动被挤进食管，便会引起食管的一种有特点的运动，即蠕动（peristalsis）。蠕动是食管平滑肌交替收缩和扩张形成的一种收缩波，沿食管从口腔向胃的方向移动。这种收缩波将食管中的食团向胃的方向推移。蠕动这种形式的运动不只在食管上出现，胃、小肠、大肠都有这种形式的运动。不但消化管道存在这种形式的运动，还有一些肌肉组成的中空管道也有这种形式的运动，如子宫。从口腔中吞咽的食团只需几秒钟就可经过食管到达胃。

26.3.4 胃贮存并消化一部分食物

在口腔中经过咀嚼，混有唾液的食团经过很短的时间就被送入胃中。刚进入胃腔的食团基本上是一层一层地堆叠在胃中，没有与胃液混合。因此，在口腔中来不及发挥作用的唾液淀粉酶便在胃中继续发挥作用，将淀粉分解成双糖（麦芽糖）。直到胃液与食团混合成为食糜后，由于胃液呈强酸性（pH≈2），唾液淀粉酶因 pH 偏低而失活（它只在中性和微碱性的环境中发挥促进淀粉分解的作用）。大约有 70% 的淀粉是在胃中被唾液淀粉酶所分解的。

食物的刺激还促进黏膜中的腺体分泌胃液进入胃腔。胃腺中的壁细胞向胃腔中分泌盐酸（HCl），有助于分解肉类和植物，并杀死大部分细菌；而另一种分泌细胞即主细胞，则向胃腔中分泌胃蛋白酶原（pepsinogen）（图 26.5）。胃蛋白酶原经胃液中 HCl 的激活变成胃蛋白酶（pepsin），便可将蛋白质分解成多肽。胃蛋白酶能够进一步激活更多的胃蛋白酶原形成胃蛋白酶，这是个典型的正反馈例子。

为什么 HCl 和胃蛋白酶不消化胃壁呢？一方面胃黏液为胃壁提供了保护，另一方面胃壁上皮细胞平均每 3 天就要全部更新一次，以免被侵蚀穿孔。

食物进入胃中，使胃腔由空胃时的 50～60 mL 的

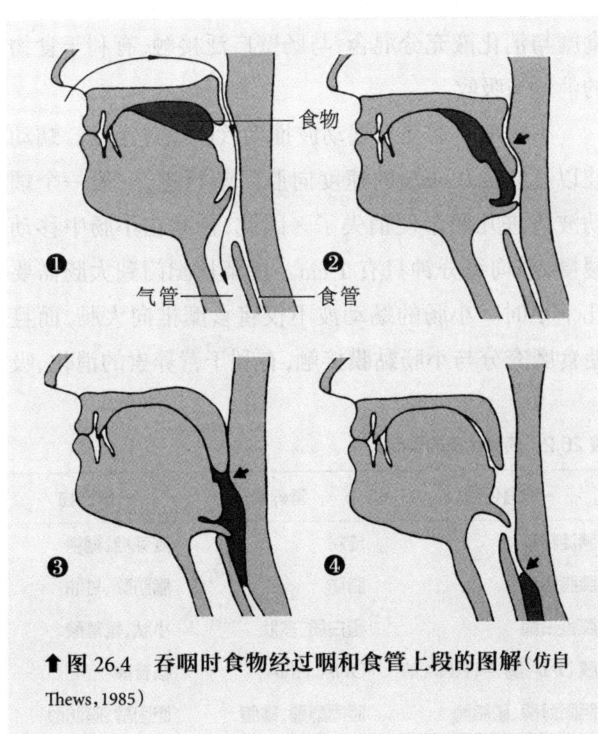

图 26.4 吞咽时食物经过咽和食管上段的图解（仿自 Thews，1985）

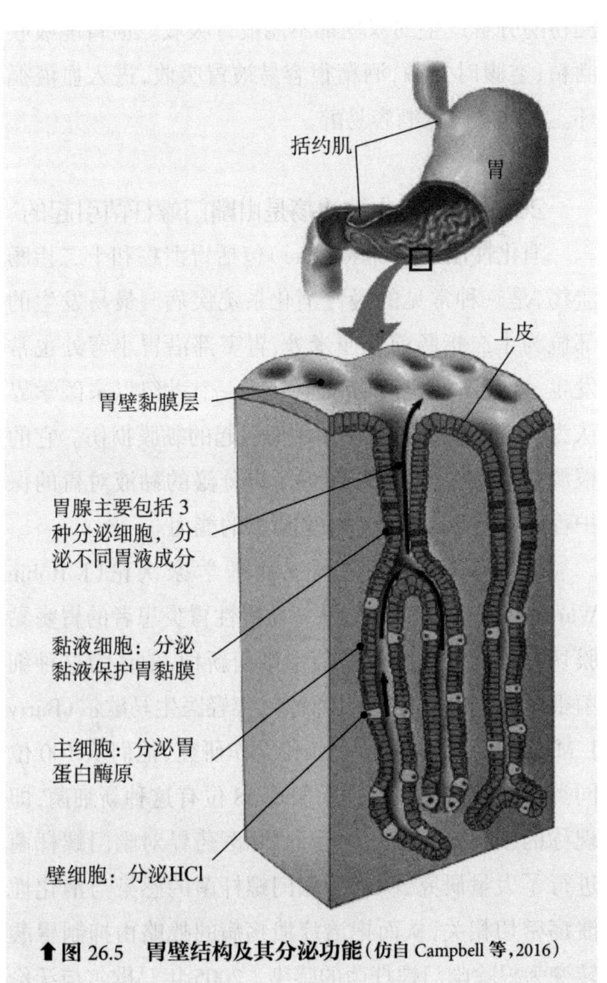

图 26.5 胃壁结构及其分泌功能（仿自 Campbell 等，2016）

容积扩张到几千毫升的容积。胃的扩张刺激了胃体中的感受器，促使胃的蠕动增强。胃的蠕动波从胃体向下推移，越来越强，到幽门部形成最强的收缩。

由于胃的蠕动波向幽门推进时幽门同时缩小，所以每一个蠕动波只能将几毫升的食糜挤过幽门进入十二指肠，大部分的食糜仍被挤回胃窦。这样每次胃的蠕动只能将几毫升的食糜挤入十二指肠，使食糜能在小肠中被充分消化。食物在胃内停留的时间为 2 ~ 6 h。如果没有胃存储食物并控制食糜进入小肠的速率，那么大量食物将快速通过小肠，不能被小肠充分消化和吸收，就会产生营养不良的后果。全胃切除和大部分胃切除的人往往变得消瘦，就是失去了胃调节食糜进入十二指肠速率的功能所引起的后果。

胃还有另一个重要作用，即分泌内因子（intrinsic factor）。内因子是胃黏膜壁细胞分泌的。缺少内因子，维生素 B_{12} 便不能被吸收，而维生素 B_{12} 对红细胞的形成是必需的。它可在肝中大量贮存，因此切除胃的人在短期内不会出现恶性贫血症，但会在手术几年之后出现此病。

蛋白质被胃蛋白酶分解的产物多肽和淀粉被唾液淀粉酶分解产生的双糖都不能被胃吸收。但胃能吸收酒精，空腹时饮酒，酒精很容易被胃吸收，进入血液循环。因此空腹饮酒容易醉。

26.3.5 消化性溃疡是由幽门螺杆菌引起的

消化性溃疡（peptic ulcer）包括胃溃疡和十二指肠溃疡，是一种常见的慢性消化系统疾病。最易发生的部位为十二指肠前几厘米处，胃窦部沿胃小弯处也常发生，食管下端也时有发生。近一个世纪以来医学界认为它是由胃液的消化作用而引起的黏膜损伤。它的根源是胃液分泌过多，超过了胃分泌的黏液对胃的保护程度以及十二指肠液中和胃酸的能力。

1979 年 6 月，澳大利亚病理学家沃伦（J. Robin Warren，1937—　）偶然从一位慢性胃炎患者的胃窦黏膜切片中发现了一种螺旋形细菌新种，他认为这种细菌很可能与胃炎有关。1981 年，年轻医生马歇尔（Barry J. Marshall，1951—　）和沃伦合作研究，他们从 100 位同类患者的胃黏膜切片中发现 58 位有这种新细菌，即现称的幽门螺杆菌。而后，国际医药界对幽门螺杆菌进行了大量研究，明确了幽门螺杆菌的感染与消化性溃疡密切相关，从而把治疗溃疡病的战略由抑制胃酸转变为根除幽门螺杆菌的感染。2005 年马歇尔与沃伦获诺贝尔生理学或医学奖。

26.3.6 小肠是消化食物与吸收营养素的主要器官

小肠是哺乳动物消化道最长的部分。人的小肠全长 5 ~ 7 m，分为十二指肠（duodenum）、空肠（jejunum）、回肠（ileum）三部分。十二指肠最短，只有 20 ~ 25 cm，空肠和回肠分别约占全长的 2/5 和 3/5。小肠是很重要的消化、吸收器官。

（1）胰、肝都向小肠分泌消化液

酸性食糜从幽门进入十二指肠就会刺激肠黏膜，引起胰腺（pancreas）分泌大量的胰液。胰液含有碳酸氢盐，进入小肠后中和来自胃液的盐酸，使小肠内的环境变为碱性，便于各种胰消化酶发挥作用。胰消化酶也像胃蛋白酶一样，先以无活性形式产生，分泌到十二指肠腔后再被激活发挥作用。

胰液含有多种消化酶，几种主要的营养素都在胰消化酶的作用下分解（表 26.2）。肝（liver）分泌的胆汁（bile）中的胆盐也参与脂肪的水解。此外，十二指肠上皮细胞也分泌消化酶参与消化。

（2）小肠的多种运动形式有利于食物的消化与吸收

小肠特有一种混合性运动，称为分节运动（segmentation）（图 26.6）。分节运动是在同一时间内肠管的多处环行肌收缩，将肠管中的食糜分成许多小段。接着，原来收缩处的环行肌舒张，而原本舒张处的环行肌收缩，又将食糜分成另一些小段。如此反复进行，使食糜与消化液充分混合，与肠壁广泛接触，有利于食物的消化与吸收。

小肠也有蠕动。蠕动波推动食糜经过小肠。蠕动波以 0.5 ~ 2.0 cm/s 的速度向肛门端行进，一般一个蠕动波行进几厘米便消失了。因此，食糜在小肠中移动缓慢，平均每分钟只有 1 cm。食糜从幽门到大肠需要几个小时。小肠的蠕动波不仅将食糜推向大肠，而且使食糜充分与小肠黏膜接触，有利于营养素的消化、吸

表 26.2　胰消化酶的作用

消化酶	营养素	分解产物
胰淀粉酶	淀粉	麦芽糖、糊精
胰脂肪酶	脂肪	脂肪酸、甘油
胰蛋白酶	蛋白质、多肽	小肽、氨基酸
胰 DNA 酶、胰 RNA 酶	DNA、RNA	核苷酸
胆固醇酶、磷脂酶	胆固醇酯、磷脂	胆固醇、脂肪酸

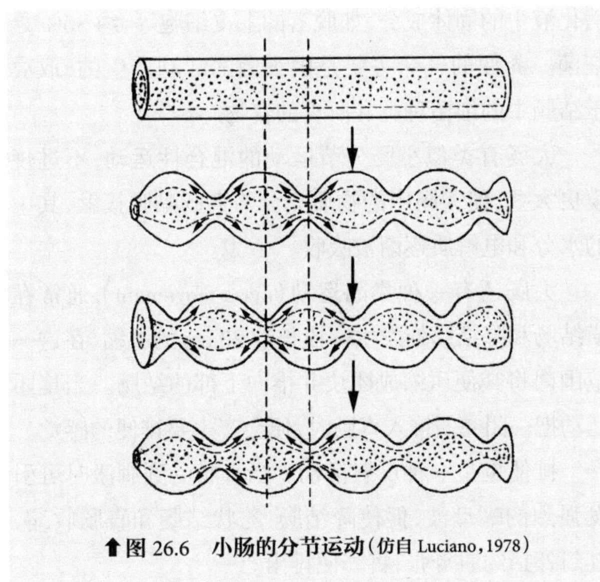
⬆图 26.6 小肠的分节运动(仿自 Luciano,1978)

收。此外,还有一种行进速度很快、行进距离较长的蠕动,称为蠕动冲。小肠黏膜在受到微生物和化学物质的强烈刺激时常会引起蠕动冲,它可以快速地将有刺激性的物质排出小肠。

(3) 小肠的特殊结构有利于吸收营养素

小肠是消化管中担负着营养素主要吸收任务的器官。适应于它的功能,小肠在结构上也很有特色(图 26.7)。小肠结构的特点是通过三种方式增大吸收的表面积:一是小肠黏膜的环行皱褶;二是黏膜形成的指状突起,称为绒毛(villi);三是绒毛上的柱状上皮细胞面向肠腔的一端细胞膜突起,形成很多的微绒毛(microvilli)。这三种结构使小肠的吸收表面积比小肠管的内表面增大 600 倍,达到 200 ~ 300 m^2,极大地增加了吸收营养素的效率。

(4) 各种营养素的消化和吸收

营养素在消化道内的吸收可以分为主动转运和被动转运两种方式。被动转运通常是营养素分子以简单扩散或协助扩散的方式从浓度高的溶液进入浓度低的溶液,而主动转运可以逆浓度差进行营养素的运输,更有利于充分的吸收。

食物中的多糖和双糖被胰淀粉酶水解成为单糖,在小肠黏膜上皮细胞的微绒毛上被吸收。单糖分子依靠微绒毛膜上的载体主动转运进入上皮细胞。

食物中的蛋白质基本上是在胃和小肠上段被消化的。胃蛋白酶将蛋白质分解为大分子多肽。在小肠中胰蛋白酶、胰凝乳蛋白酶(糜蛋白酶)、羧肽酶的催化之下,蛋白质进一步分解,产生小分子多肽和少量氨基酸,最后小分子多肽被小肠上皮细胞分泌的肽酶分解成氨基酸。氨基酸也是在小肠中由黏膜上皮细胞微绒毛上的载体主动转运进入上皮细胞的。

食物中的脂肪主要是在小肠经胰脂肪酶的作用而水解的。脂肪消化的第一步是在胆汁中的胆盐作用下降低脂肪滴的表面张力,再经肠管的分节运动和蠕动将脂肪滴分散成微滴。这样极大地增加了脂肪滴的总表面积,使胰脂肪酶能够充分发挥分解作用,将脂肪分解为脂肪酸和甘油。脂肪酸和单酰甘油酯易溶于上皮细胞微绒毛的脂质双分子层并扩散到细胞内。因此,脂质消化分解的最终产物是通过扩散穿过细胞膜的。

大部分水也是在小肠被吸收的。水的吸收是被动的渗透过程。如果肠腔中的溶液是低渗透压的溶液,则其中的水被迅速吸收。如果肠腔中的溶液是高渗透压溶液,则水分子会由肠壁向肠腔中转移。当肠腔中

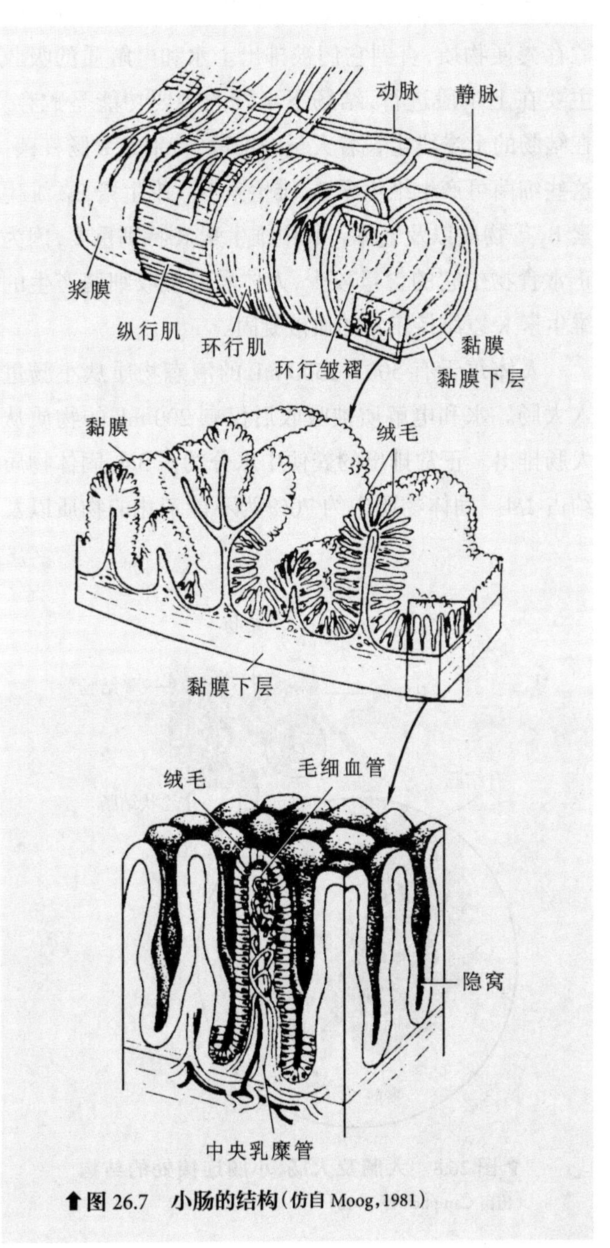

⬆图 26.7 小肠的结构(仿自 Moog,1981)

食糜内的溶质分子被肠壁吸收后,肠内的溶液变为低渗透压的溶液,由于渗透压的差别,使水向肠壁扩散。因此水在肠管中是伴随着溶质的被吸收而进入体内的。

26.3.7　大肠吸收水和各种电解质并排出粪便

大肠由盲肠、升结肠、横结肠、降结肠、乙状结肠和直肠构成(图 26.8)。小肠中的食糜经过消化与吸收后通过回盲瓣进入盲肠。回盲瓣的主要功能是防止粪从结肠反流入小肠。盲肠对于食草动物发酵和消化食物有重要作用,在一些食草动物(如马、象)中,盲肠特别巨大,内有很多共生细菌,帮助寄主消化食物中的纤维素。人类的盲肠上有一指状突起称为阑尾,曾被认为是不具生理功能的退化器官,后研究认为阑尾可能为人的共生细菌提供繁殖场所,对人体健康有积极作用。

结肠有两项功能:从食糜中吸收水和各种电解质;贮存粪便物质,直到它们被排出。水和电解质的吸收主要在上半段进行,结肠下半段的主要功能是贮存。在结肠的上半段生长着大量的细菌,特别是大肠杆菌。这些细菌可产生维生素 K、维生素 B_{12}、维生素 B_1、维生素 B_2 等物质以及气体。其中维生素 K 特别重要,因为正常食物中它的含量较少,人体需要吸收细菌产生的维生素 K 以维持正常的血液凝固。

人体每天有 500 ~ 1500 mL 的液态物质从小肠进入大肠。水和电解质被吸收后仅剩 200 mL 的物质从大肠排出。正常排出的粪便中水分约占 3/4,固体物质约占 1/4。固体物质中约 70% 为不能消化的物质以及消化液中的固体成分,如脱落的上皮细胞等,约 30% 是细菌。粪便的气味主要是由细菌的活动产生的,取决于结肠中的细菌种类和所食的食物。

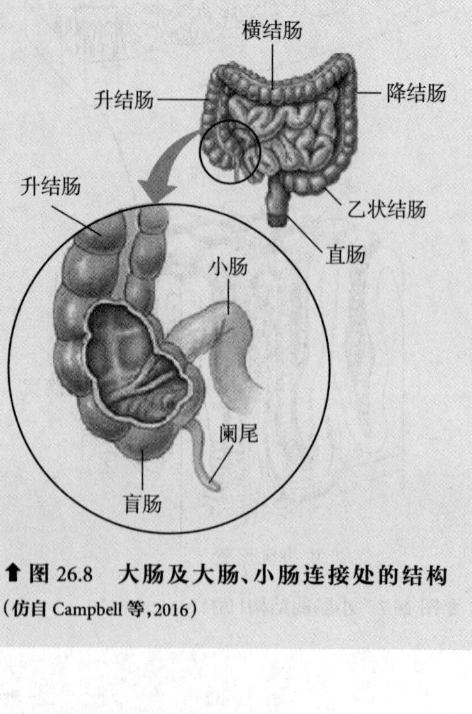

图 26.8　大肠及大肠、小肠连接处的结构
(仿自 Campbell 等,2016)

大肠有类似小肠分节运动的混合性运动,不过规模更大些,使大肠中的物质充分与大肠黏膜接触,其中的水分和电解质逐渐被吸收。

大肠还有一种集团运动(mass movement),通常在横结肠和降结肠处发生一段长约 20 cm 的收缩,在这一范围内将粪便压缩成团块并推向下部的结肠。当集团运动把一团粪便推入直肠时,便会产生要排便的感觉。

排便也是一种反射活动。当直肠受到刺激时可引发强烈的蠕动波,促使降结肠、乙状结肠和直肠收缩,肛门外括约肌舒张,将粪便排出。

26.3.8　肠道微生物对机体健康有重要作用

动物消化道尤其是肠道内存在数量巨大的微生物群(microbiota)。微生物群是指多细胞动物与植物体上共生的微生物群体,包括细菌、古菌、原生动物、真菌和病毒。它们中的大多数和其宿主形成互利共生(mutualism)关系,即双方均有利于对方生存。与微生物群相对应的概念是微生物组(microbiome),是指微生物群的基因、基因组、微生物群的代谢产物和宿主环境。目前,一般采用宏基因组学方法来对这些微生物群进行分类和鉴别。

我们现在知道,人体内微生物群的生物量可以超过 1 kg,而且起着十分重要的作用。例如前述某些肠道细菌能合成多种维生素,为宿主提供必需的营养物质。肠道菌群还可以参与生物大分子代谢、促进矿物元素吸收、调控肠道上皮发育、调节固有免疫系统功能等。近期有研究表明,肠道菌群还与肥胖、高血压、糖尿病、胃肠道癌症、寿命甚至情绪相关。这也显示以往发现的幽门螺杆菌与消化性溃疡的因果联系并非特例,有更多的疾病可能与肠道菌群的种类和构成密切相关。目前微生物组研究方兴未艾,相信随着研究的深入,人们对肠道共生微生物的功能及其与人类健康的关系会有更深入的了解,并有望发展出更多更有效的疾病预防与治疗方法。

26.4　脊椎动物消化系统的结构与功能对食物的适应

脊椎动物消化系统的基本结构相似。但由于不同

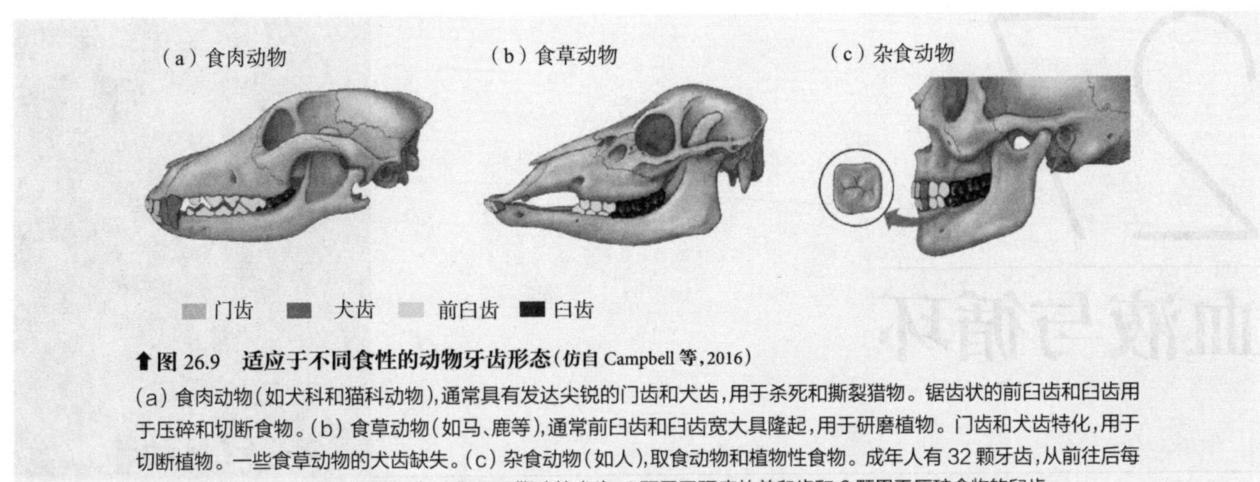

图 26.9 适应于不同食性的动物牙齿形态(仿自 Campbell 等,2016)

(a)食肉动物(如犬科和猫科动物),通常具有发达尖锐的门齿和犬齿,用于杀死和撕裂猎物。锯齿状的前臼齿和臼齿用于压碎和切断食物。(b)食草动物(如马、鹿等),通常前臼齿和臼齿宽大具隆起,用于研磨植物。门齿和犬齿特化,用于切断植物。一些食草动物的犬齿缺失。(c)杂食动物(如人),取食动物和植物性食物。成年人有 32 颗牙齿,从前往后每侧依次为 4 颗用于切割食物的门齿,2 颗用于撕咬的犬齿,4 颗用于研磨的前臼齿和 6 颗用于压碎食物的臼齿。

种类动物的食物不同,它们的消化系统也有很多变异。一般地说,消化系统各部分的结构与功能都适应于动物的食物。例如,食草动物和食肉动物的牙齿形态有显著差异。食肉动物具有锐利的犬齿和门齿,用于杀死和撕裂食物;食草动物犬齿很小,而具有发达的臼齿和前臼齿,用于研磨食物;杂食动物的牙齿形态既适应植物性食物也适应动物性食物(图 26.9)。

适应不同食物的动物其消化道长度的差异也很明显。食草动物的消化道长度与身体长度的比例就大于食肉动物。由于植物性食物含有纤维素构成的细胞壁,比肉类食物更难消化,且营养价值更低,食草动物的消化道更长一些,可以提供更长的消化吸收时间和更大的吸收营养面积。即使是同一物种,其消化道结构也可能随生活史阶段不同和食性变化相应改变。青蛙就是一个例证。青蛙在蝌蚪时期主要为植食性,而成年的青蛙则是肉食性的,蝌蚪阶段消化管的长度与身体长度的比例远大于青蛙成体的比例。

哺乳动物不能消化纤维素,但许多食草哺乳动物(如马和象)在盲肠和大肠中寄居着消化纤维素的细菌和原生生物,这些微生物能将纤维素转化为单糖等营养素,一部分被大肠和盲肠所吸收,大部分则在粪便中流失。

哺乳动物中的一部分食草动物在进化过程中出现了"反刍"功能。这些动物属偶蹄目反刍亚目,包括长颈鹿、鹿、骆驼、牛、绵羊和山羊等。多数反刍哺乳动物(ruminant mammal)有 4 个胃,即瘤胃、网胃、瓣胃和皱胃(图 26.10)。前 3 个胃不分泌胃液,只有皱胃分泌胃液。反刍动物进食快,短时间内采食大量草茎,吞入瘤胃。休息时再将这些未经充分咀嚼的食物经食管送回口腔,仔细咀嚼后再吞入胃内。瘤胃内寄居着大量的细菌和原生生物。这些微生物可以分解纤维素为单糖。这些经过微生物分解的食糜逐步进入瓣胃和皱胃,由反刍动物自身的消化液进行消化。这样反刍动物可以比非反刍动物(如马、象)从草料中获得更多的营养素和能量。

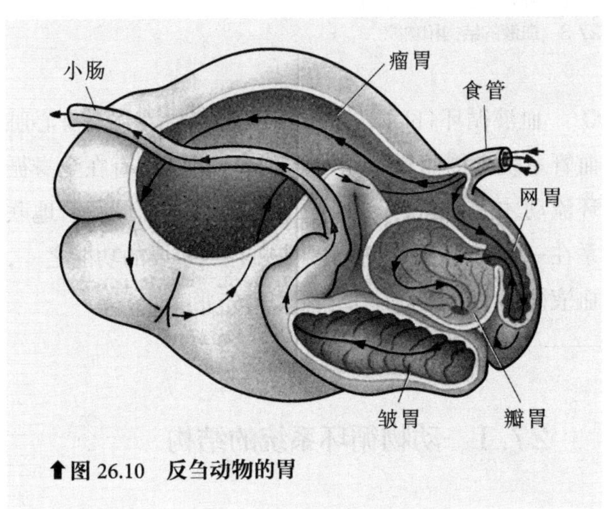

图 26.10 反刍动物的胃

思考题

1. 米饭中含有哪些营养素?馒头中含有哪些营养素?
2. 蔬菜中含有蛋白质吗?
3. 蛋白质、糖类、脂肪和维生素对生物体各有什么作用?它们能否相互取代?
4. 消化道与消化腔(如腔肠动物)相比有哪些不同?对于食物的消化有何优势?
5. 什么实验可以证明人从口腔吞咽进食管的食团是由于食管的蠕动向胃推移的,而不是地心引力拉动的结果呢?
6. 为什么胃液不消化胃壁呢?
7. 胃在消化过程中起哪些作用?
8. 小肠在消化过程中起哪些作用?
9. 食道、胃、小肠、大肠是否都具有蠕动的功能?其蠕动方式各有何不同?
10. 食草动物与食肉动物相比,其消化道具有哪些不同之处?

27

血液与循环

哈维（William Harvey，1578—1657）
英国医生，于1628年发现血液循环，成为实验生物学的开创者。

血液循环（blood circulation）是指血液在全身心脏血管系统内周而复始地循环流动。血液只有在全身循环流动才能发挥其运载物质并把全身各部分紧密地联系在一起的作用。血液循环是机体最重要的功能之一，血液循环的停止就是机体死亡的先兆。

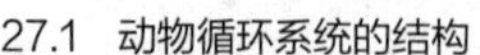

27.1 动物循环系统的结构

27.1.1 开放式和封闭式循环系统

循环系统一般包含三个主要部分：循环流动的体液、相互联系的管道系统以及心脏。心脏是主要由心肌构成的器官，通过其搏动加压将体液更迅速地通过管道系统流往身体其他部分。体液经过身体各部分再经由管道系统流回心脏。

循环系统可以分为开放式和封闭式两类。

开放式循环系统中循环流动的体液称为血淋巴（hemolymph）。节肢动物（如昆虫）和一些软体动物（如贝类）的循环系统即是开放式的（图27.1a）。心脏收缩推动血淋巴通过血管到达血窦，即器官和组织间隙，与细胞直接接触进行气体和其他物质的交换；心脏舒张时血淋巴从体腔中流回血管，再流回心脏。在这种循环系统中，管道系统不是完全闭合的，体液也不完全在管道内流动。

封闭式循环系统中流动的体液为血液，它在封闭的心血管系统（cardiovascular system）中流动，与组织液（即细胞间液）完全分开（图27.1b）。心脏收缩将血液

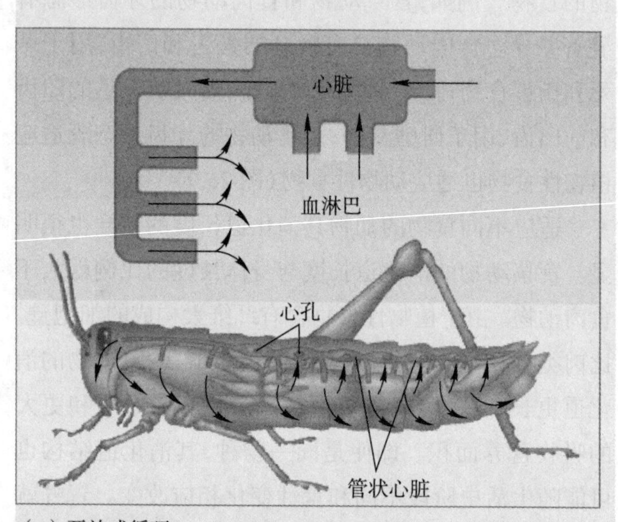

（a）开放式循环

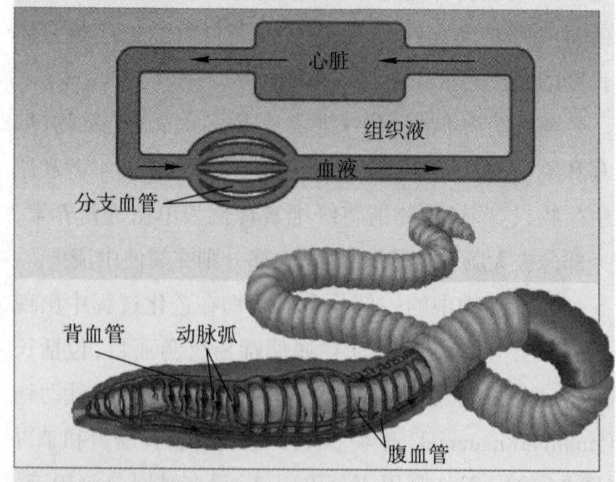

（b）封闭式循环

图27.1 封闭式循环系统和开放式循环系统（仿自Campbell等，2016）

泵入大血管，再进入分支的小血管，到达各个器官和组织。物质交换发生在血液和组织液之间以及组织液和细胞之间。血液再通过小血管流回大血管，然后流回心脏。环节动物（如蚯蚓）、头足类动物（如章鱼、鱿鱼）和脊椎动物都具有封闭式循环系统。

开放式和封闭式循环系统各有优势。开放式循环系统通常需要较小的液压，相对于封闭式循环耗能更少。封闭式循环系统能更高效地将氧和营养物质输送到全身，对大型和活动力强的动物而言十分重要。例如软体动物中小型的贝类具有开放式循环系统，而大型的头足类则具有封闭式循环系统。以下我们以脊椎动物的血液循环系统为例进行详细说明。

27.1.2 脊椎动物的循环系统

在脊椎动物体内，血液循环是在封闭的心血管系统中进行的。这个系统包括一个推动血液流动的泵（心脏）和一套复杂的输血管道（血管）。一个成年人全部血管的总长度超过地球赤道周长的两倍。

血管主要有三种类型：动脉（artery）、静脉（vein）和毛细血管（capillary）。从心脏输送血液到达全身各器官的管道称为动脉。在器官内动脉分支成更细的微动脉（arteriole）。动脉管壁（包括微动脉的管壁）都是由内皮细胞（endothelial cell）、肌肉层和结缔组织层所组成的，因此，血液中运送的各种物质不能透过动脉壁与组织交换。微动脉再分成大量的很细很薄的管道，称为毛细血管。毛细血管壁只由单层内皮细胞组成，密布于身体每一个细胞的周围。毛细血管汇合成微静脉（venule），进一步再汇合成静脉。静脉是输送血液回心脏的管道。需要说明的是，动脉和静脉的划分是根据其中血液流动的方向（即动脉中血液流出心脏，静脉中血液流入心脏），而不是其血液含氧量。这一点在后面的肺循环中要特别留意。

脊椎动物的心脏包含两个或更多的肌肉质空腔，接收流入心脏血液的腔称为心房（atrium），将血液泵出心脏的腔称为心室（ventricle）。不同类群的动物具有特定数目的心房和心室，这反映了由于自然选择产生的生物形态与功能的适应。

一些软骨鱼（如鲨、鳐）和所有硬骨鱼具有单循环（single circulation）（图 27.2a）。它们的心脏具有一心房和一心室，心室收缩将血液送至呼吸器官——鳃内的毛细血管，在鳃表面进行与外界环境的氧和二氧化碳交换（二氧化碳从血液扩散到水中，水中的氧扩散进入血液）。富含氧的血液从鳃流向身体各部分的毛细血管网，与组织进行物质交换，然后再汇集入静脉并流回心脏的心房，准备进行下一轮循环。

两栖类、爬行类、鸟类和哺乳动物具有双循环（double circulation），即肺循环［pulmonary circulation，又称小循环（lesser circulation）］和体循环［systemic circulation，又称大循环（greater circulation）］（图 27.2b，c）。两个循环都是由同一个心脏收缩推动的。心脏右侧收缩将含氧低的血液输送到气体交换器官的毛细血管网，进行与外界环境的氧和二氧化碳交换。在大

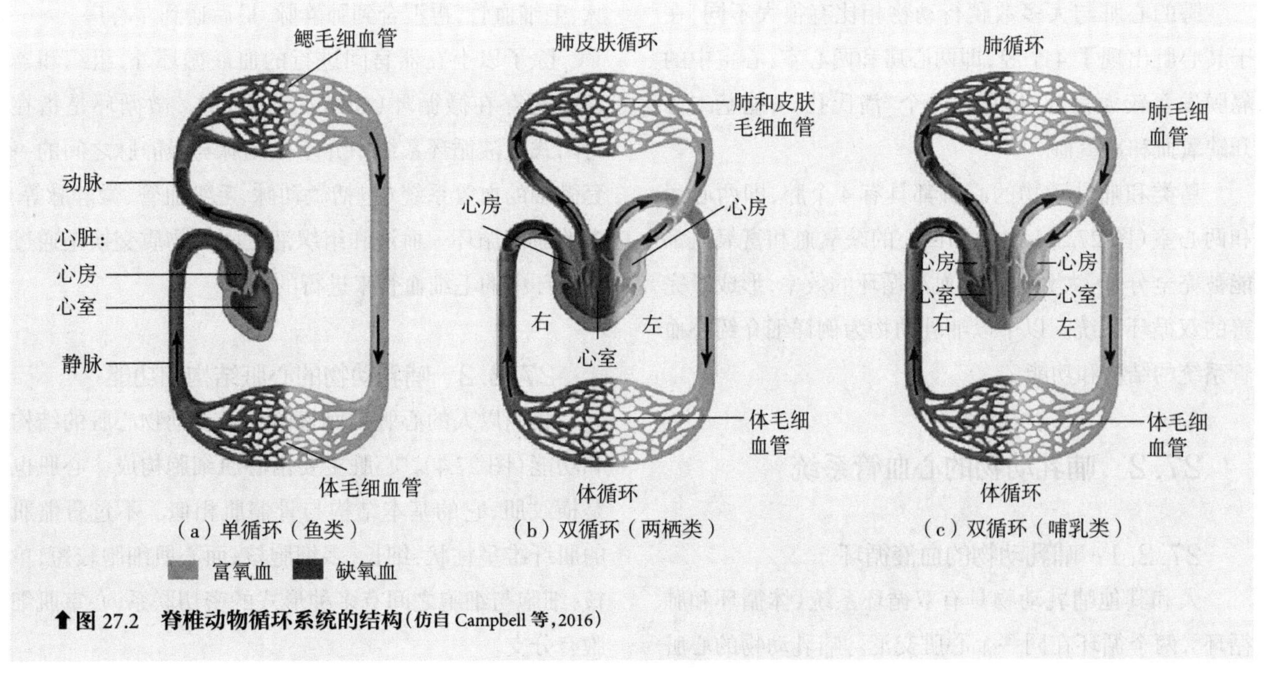

图 27.2 脊椎动物循环系统的结构（仿自 Campbell 等，2016）

多数脊椎动物中，气体交换的器官为肺，因而这个循环称为肺循环。在两栖类动物中，肺和皮肤中均有与外界的气体交换，因而这个循环称为肺皮肤循环(pulmocutaneous circulation)。体循环由心脏左侧收缩推动，将富氧血输送到全身各部分的毛细血管，与器官和组织进行气体、营养素和代谢废物的交换，最后含氧低的血液又流回心脏，完成循环。

双循环比单循环能更有力地将血液输送到全身各器官。这是由于通过肺循环从呼吸器官流出的富氧血被心脏再次加压后才进入体循环；而在单循环中，呼吸器官的毛细血管网中血压下降，富氧血不经过心脏压缩，在较低的血压下直接被输送到其他器官。

27.1.3 脊椎动物血液循环系统的进化

不同类群动物的血液循环系统结构具有特定和显著的差异，这也反映了这一系统在生物演化中由于自然选择的作用而不断演变的过程。

两栖类动物的心脏具有3个腔：两心房和一心室(图27.2b)。两心房之间有一中隔，能够分离绝大部分(约90%)的右心房缺氧血和左心房富氧血，使它们不会混合。当两栖类动物完全浸没在水中时，肺停止呼吸，全部呼吸作用由皮肤进行。

大部分爬行动物(如龟、蛇、蜥蜴等)的心脏也具有3个腔，包括两心房和一心室。两心房完全隔开，比两栖动物能更有效地分离缺氧血和富氧血。心室中有不完全隔膜，因此不能完全分开流入心室的缺氧血和富氧血。

鳄的心脏与大多数爬行动物相比有很大不同，在于其心脏出现了4个腔，即两心房和两心室，心室中的隔膜发育较为完全(仍存在一个“潘氏孔”)，能基本分开缺氧血和富氧血。

鸟类和哺乳动物的心脏都具有4个腔，即两心房和两心室(图27.2c)，出心和回心的缺氧血和富氧血都能被完全分开，大大提高了血液循环的效率，形成了完善的双循环系统。以下以哺乳动物为例详细介绍心血管系统的结构和功能。

27.2 哺乳动物的心血管系统

27.2.1 哺乳动物的血液循环

人和其他哺乳动物具有双循环系统(体循环和肺循环)，两个循环在同一个心脏交汇。哺乳动物的心脏是一个中空的肌肉器官，被纵中隔和横中隔分为四部分。纵中隔将心脏分为左心、右心，而横中隔又将这两部分分为心房和心室，即左心房、左心室、右心房和右心室四部分。一个完整的血液循环包括以下过程(图27.3)：右心室有节奏地收缩把血液挤压出去，血液从右心室流出，通过肺动脉到达肺部的毛细血管网，与肺泡中的空气发生气体交换(二氧化碳从血液扩散进空气，空气中的氧扩散进入血液)，富氧血经过肺静脉回到左心房，这即是肺循环；富氧血由左心房进入左心室，再由左心室流出，通过各级动脉血管到达各种器官组织，进行气体和其他物质交换，然后再经由各级静脉血管回到右心房，这即是体循环。血液从右心房进入右心室再流出，又开始了另一次的循环。需要注意的是，以上血液循环的所有过程都是连续且同时发生的，并不是一次循环结束后再发生下一次循环。

在这两个循环中，从心脏输送血液出去的管道称为动脉，从肺或其他组织输送血液回心脏的管道称为静脉。在体循环中，从心脏发出的大动脉称为主动脉。主动脉首先分支出两条冠状动脉(coronary artery)，这是为心脏自身提供氧和营养素的动脉。主动脉进一步分出动脉，动脉再分出微动脉，微动脉再分成大量毛细血管。血液和组织之间的物质交换都是通过毛细血管进行的。毛细血管汇合成微静脉，进一步再汇合成静脉。从不同的器官和组织来的静脉汇合成两条大静脉，来自上半身的称为上腔静脉，来自下半身的称为下腔静脉。上、下腔静脉再通到右心房。肺循环也是如此，血液从右心室出发，经过肺动脉，再流经两侧肺中的微动脉、毛细血管，再汇合到肺静脉，最后通到左心房。

除了以上在器官间进行的血液循环外，组织和器官内还存在微循环(microcirculation)。微循环是指在封闭式血液循环系统中介于微动脉与微静脉之间的一套微细的血管系统(包括微动脉、毛细血管、微静脉等)中的血液循环。血液和组织液之间的物质交换是通过微循环中的毛细血管来进行的。

27.2.2 哺乳动物的心脏结构和功能

我们以人的心脏为例来阐释哺乳动物心脏的结构和功能(图27.4)。心脏主要由心肌细胞构成。心肌也是横纹肌，它的基本结构与骨骼肌相似。不过骨骼肌的肌纤维呈柱状，细长，多细胞核；而心肌细胞较短，单核，细胞与细胞之间有多种形式的密切联系，心室肌细胞有分支。

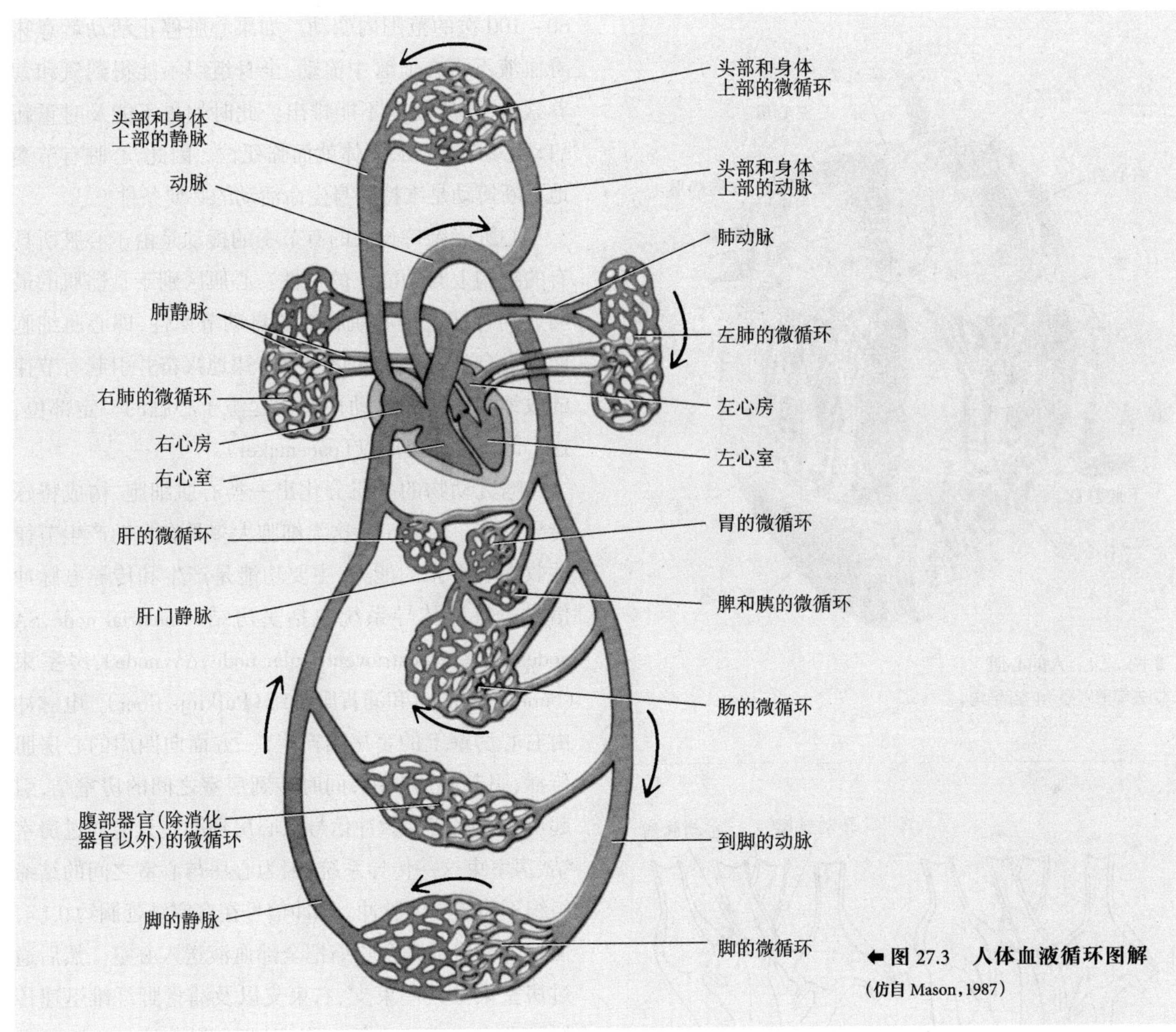

⬅ 图 27.3　**人体血液循环图解**

(仿自 Mason，1987)

两心房为回心血液的收集场所，壁较薄。当全部心房和心室舒张时，大部分心房的血液流向心室，其余的血液在心房收缩时被挤压进心室。心室壁较厚，其收缩也比心房更有力。每次收缩时，左右心室泵出的血量相等，但左心室较之右心室收缩更为有力，这是因为左心室的收缩推动体循环供给全身血液。

为什么血液在心血管系统中只向一个方向流动，而不倒流呢？这是因为心血管系统中有一套瓣膜，对于保证血液不倒流起着重要的作用(图 27.4)。在右心房与右心室之间有右房室瓣(又称三尖瓣)，在左心房与左心室之间有左房室瓣(又称二尖瓣)，统称房室瓣。在右心室与肺动脉之间有肺动脉瓣，在左心室与主动脉之间有主动脉瓣，统称半月瓣。这些瓣膜随着心室的收缩或舒张而开启或关闭，阻止血液倒流(图 27.5)。当心房收缩时，心房内压力升高，将血液注入心室。接着心房舒张，心室收缩，心室内压力升高，血液向心房方向回流，推动房室瓣关闭。心室内压力继续升高，直到心室内压力超过主动脉(或肺动脉)的压力，血液冲开主动脉瓣(或肺动脉瓣)，射入主动脉(或肺动脉)。接着心室舒张，室内压降低，主动脉瓣(或肺动脉瓣)关闭。当心室内压力低于心房内压力时，房室瓣开放，血液从心房流入心室。如此周而复始，循环不已。外周静脉中也有瓣膜，也可阻止血液倒流。有些患者的心脏瓣膜闭锁不全，会有部分血液倒流。

血液循环的动力来自心脏的收缩。心脏起着肌肉性泵的作用，由心脏收缩产生的压力推动血液流过全身各部分，而心脏和静脉管中的瓣膜则决定血液流动的方向。心脏以一定的节律收缩和舒张。每次心脏搏动，由收缩到舒张的过程称为心动周期(cardiac cycle)。首先两个心房同时收缩，接着心房舒张；然后两个心室同时收缩，接着心室舒张。心脏每分钟大约收缩 70 次，每次大约 0.85 s。一个正常成年人的心率在每分钟

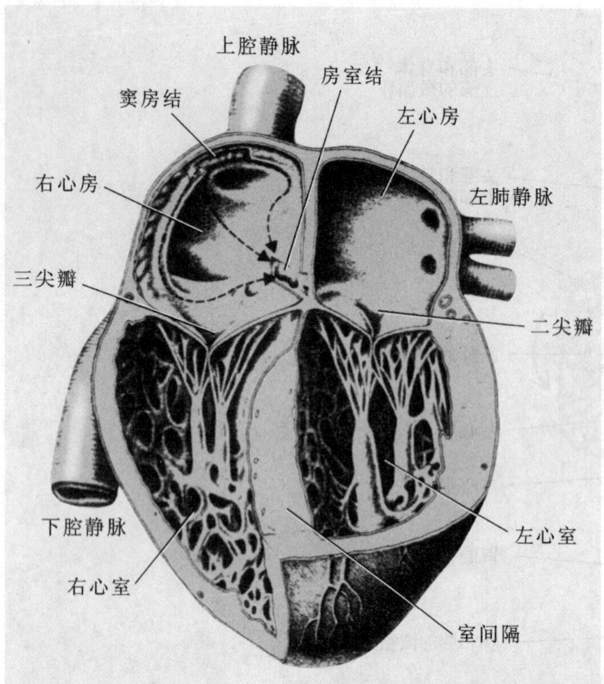

⬆图 27.4 人的心脏

切去前壁以显示内部结构。

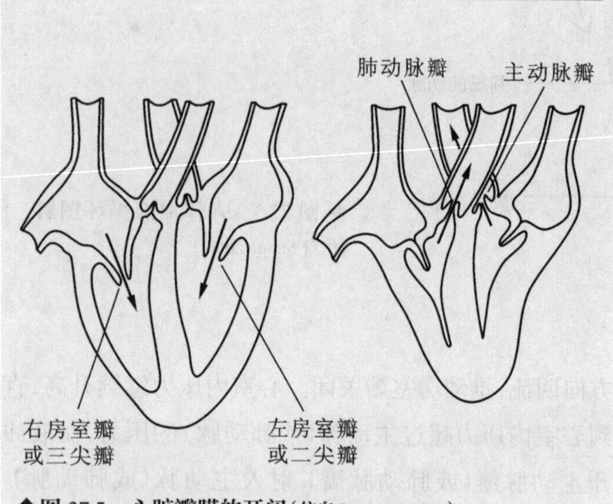

⬆图 27.5 心脏瓣膜的开闭（仿自 Luciano，1983）

60～100 次的范围内变动。如果心脏停止活动就意味着血液不再在血管中流动，全身组织不能得到氧和营养素，代谢废物也不能排出。此时如果不能及时重新启动心脏的搏动，机体就面临死亡。因此，心脏有节奏地不断搏动是维持全身生命活动的必要条件。

心脏能维持长久的有节奏的搏动是由于心脏所具有的结构上与功能上的特性。心肌区别于骨骼肌的最明显的特征就是心肌收缩的自动节律性，即心肌细胞能通过自身内在的变化而有节律地兴奋并引起有节律的收缩。心脏的自动性节律起源于心脏的一定部位，这个部位称为起搏点（pacemaker）。

哺乳动物的心肌分化出一类心肌细胞，构成特殊传导系统（图 27.6）。这类细胞大多具有自动产生节律性收缩和舒张的能力，主要功能是产生和传导电脉冲信号。特殊传导系统包括窦房结（sinoatrial node，SA node）、房室结（atrioventricular node，AV node）、房室束（bundle branch）和浦肯野纤维（Purkinje fiber）。电脉冲由右心房壁上的窦房结产生，一方面向四周的心房肌传播，引起心房收缩，同时传到房室之间的房室结，引起房室结兴奋。脉冲信号从心房到心室只能通过房室结、房室束这一传导系统，因为心房与心室之间的结缔组织不能传导电脉冲。脉冲信号在房室结延搁约 0.1 s，使整个心房可完全收缩把全部血液送入心室。然后通过房室束及其左束支、右束支以及浦肯野纤维迅速传播到两个心室的全部细胞，引起心室收缩。心脏的电脉冲信号通过体液传递到体表，可以通过在皮肤上的电极检测，即心电图（electrocardiogram，ECG）。

当窦房结由于疾病遭受损伤不能正常起搏时，房室结就起而代之，成为起搏点。房室结最大的节律为每分钟 40～50 次，虽然比窦房结的节律慢一些，但仍

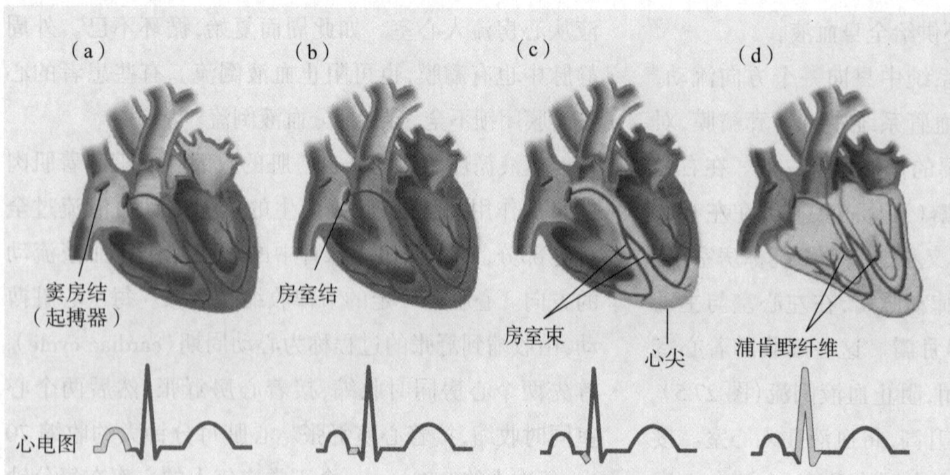

⬅图 27.6 心肌的特殊传导系统（仿自 Campbell 等，2016）

(a) 窦房结产生电脉冲，引起两个心房收缩。(b) 脉冲信号在房室结发生延迟。(c) 房室束将脉冲信号传递到心尖部。(d) 脉冲信号扩散至两个心室引起收缩。

可驱动整个心脏。有患者在窦房结丧失功能后依靠房室结带动心脏搏动又生活了 20 年。如果两个起搏点都受到损害不能工作时，现在仍然可以在体内安装起搏器人工起搏。人工起搏器发出有节律的电脉冲使心脏产生有节律的搏动。

身体通过调节心脏起搏点的节律来调节心脏搏动的频率，交感和副交感神经系统分别有加速和减缓心脏搏动的功能。心脏搏动受到多种生理因素影响。当机体剧烈运动时，心脏收缩加快，以为肌肉等组织提供更多氧和营养素，满足运动的需要。一些激素，如肾上腺素，也可以促进心脏搏动。此外，体温每上升 1℃，心脏每分钟多搏动 10 次。

27.2.3 血管的结构和功能

所有的血管都具有一个中空的管腔和单层的内皮细胞壁，这种结构有利于减少血液流动的阻力。在内皮细胞层外包裹着其他组织层，这些组织的结构在动脉、静脉和毛细血管中各不相同（图 27.7），反映了它们不同的功能。

（1）毛细血管

毛细血管是最细小的血管，一般长约 1 mm，直径为 7 ~ 9 μm，刚刚可使红细胞通过。毛细血管壁很薄，仅由一层内皮细胞和一层基膜（basal lamina）构成。毛细血管遍布全身，伸入每个器官和组织，形成一个非常庞大的毛细血管网，在体内很少有细胞与毛细血管的距离超过 25 μm。据估算，人体的毛细血管全长大约有 96 000 km，可以说是人体最大的器官。

血液和细胞之间的物质交换都是通过毛细血管及细胞间的组织液进行的。毛细血管的结构很适应于在血液和组织液之间交换液体、溶解的气体和小分子的溶质。这些血管的管径很小，因而形成了最大的扩散表面。由于毛细血管数量很大，其总的横切面积也大，使毛细血管中的血流速度变慢，平均约为 0.07 cm/s。血液流经毛细血管的时间在 1.5 ~ 2.0 s 之间，给物质交换提供了足够的时间。此外，毛细血管壁具有很大的通透性。研究脊椎动物的血浆和组织液发现，它们除蛋白质含量外其他的成分相同。人的血浆蛋白含量约为 6.8%，而组织液约含蛋白质 2.6%。各种离子、氨

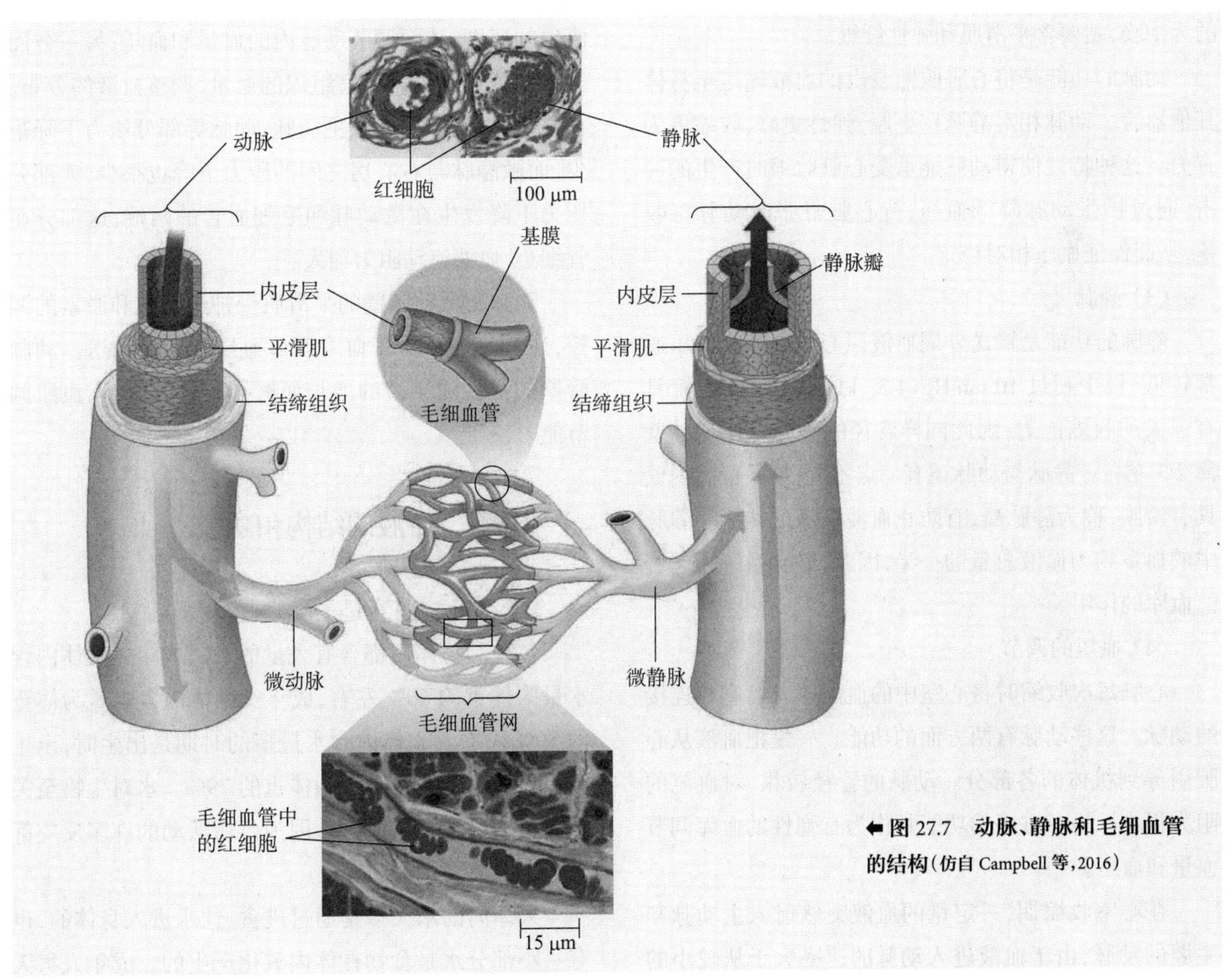

图 27.7 动脉、静脉和毛细血管的结构（仿自 Campbell 等，2016）

基酸、糖和其他溶质在血浆和组织液中的浓度都相同。所以组织液是血液的超滤液(ultrafiltrate)。

毛细血管中的血液与细胞间隙中的组织液之间的物质交换绝大部分是通过扩散进行的。组织的生理活动形成了毛细血管内外各种溶质的浓度梯度,顺着浓度梯度产生了有关溶质的净流量。通过毛细血管管壁的交换是很迅速的,这是由于细胞之间存在裂隙,细胞上有孔道,细胞膜的通透性很大且扩散距离很短(不超过 25 μm)。循环的血液向细胞供给氧和营养物质,清除新陈代谢所产生的废物。小分子如 O_2 和 CO_2 可以扩散通过细胞膜在毛细血管和组织液间交换,其他一些可溶分子,如糖类、盐类和尿素可以通过细胞膜上的转运通道穿过毛细血管壁。蛋白质分子和血液中的细胞由于体积过大,通常不会通过毛细血管进入组织液,但这些可溶性蛋白质对于维持血液渗透压具有重要作用。

(2) 动脉

动脉和静脉在内皮细胞层之外还有两层组织包裹血管:外面的一层为结缔组织构成的外膜,其中含有弹性纤维和胶原,为血管提供弹性和支撑;更靠近内皮层的为中膜,主要含平滑肌和弹性纤维。

动脉的功能是将心脏收缩泵出的血液输送至身体其他器官。动脉相对静脉壁更厚,弹性更好,收缩更为有力。这种特性使得动脉能承受心脏收缩时产生的冲击,通过扩张动脉降低血压,待心脏舒张时动脉再收缩,从而保证血压相对稳定。

(3) 静脉

静脉的功能是输送外周血液回心脏。静脉血压通常较低,很少超过 10 mmHg(1.33 kPa),不需要血管具有强大的收缩能力,因此同样管径的静脉壁比动脉壁薄 2/3 左右。静脉与动脉还有一点不同,就是静脉内壁具有瓣膜,称为静脉瓣,有防止血液倒流的功能。静脉中的血量约为血液总量的一半,因此,静脉系统还起着贮血库的作用。

(4) 血压的调节

心脏每次收缩时将心室中的血液射入与它相连接的动脉。这些动脉有两方面的功能。一是把血液从心脏引导到机体的各部分。动脉的管径较粗,对血流的阻力很小。另一方面的功能是作为有弹性的血库调节血量和血压。

在心室收缩期,一定量的血液突然射入主动脉和主要的动脉,由于血液进入动脉的速率大于从较小的微动脉流出的速率,此时动脉血压达到最大值,称为收缩压(systolic pressure)。我们用手指按住手腕内侧的动脉即可以感受到每次心脏收缩产生的血管搏动——脉搏。如果主动脉和大动脉没有弹性,不能膨胀,则这种突然的输入会极大地增加整个动脉系统的血压。由于这些动脉有一厚层弹性组织,当血液射入时可以扩张,容纳心脏射入的血液,使血压不致过高,血液不致突然涌入较小的微动脉。

在心室舒张期,射血停止,主动脉瓣关闭,扩张的动脉由于弹性而回缩,把在心室收缩期贮存的位能释放出来,维持血压相对的稳定,推动血液继续流向外周的微动脉和毛细血管。这时动脉血压降低(但仍高于微动脉血压),称为舒张压(diastolic pressure)。在动脉血完全排空之前,心室开始下一次收缩。由于主动脉和其他一些主要动脉的弹性血库的作用,使心脏的间断性射血转变成动脉中持续不断的血流。

微动脉位于动脉与毛细血管之间。微动脉的管壁内肌纤维成分相对比较多,大多是环行平滑肌纤维。环行平滑肌纤维长度的变化可以迅速改变这些血管的内径。微动脉内径的变化一方面可以调节血液从动脉流出的速度,从而调节动脉内的血量和血压;另一方面又可调节控制进入器官组织的血量,调整血液的分布。在整个血管系统中,在主动脉、动脉等部分压力下降很少,而微静脉与右心房之间的压力下降也很少,大部分压力下降发生在微动脉和毛细血管的两端,这部分血管细小,血液流动阻力很大。

动脉和微动脉壁的平滑肌受神经系统和激素的调控,通过收缩和扩张血管调节血压和血液输送。动脉管壁的弹性随年龄的增长而减小,因而老年人血压调节能力较弱。

27.3 血液的结构和功能

27.3.1 血液是一类细胞外体液

各种动物体内都含有大量的水。成年男性体内含水量为体重的 60% 左右,成年女性体内含水量为体重的 50% 左右。人体内含水最多的时期是出生时,出生后一天的新生儿含水量为体重的 79%。水对生物至关重要,没有水就没有生命,因为生命活动的许多反应都是在水溶液中进行的。

人体内的水大多是通过进食、饮水进入身体的,也有一小部分水是食物在体内氧化产生的。成年人每天平均摄取 2 ~ 3 L 的水。体内的水主要通过尿排出，但出汗与呼气也是排出的途径。在正常情况下，人体水的摄入量与排出量是相等的。

体内以水作为基础的液体称为体液(body fluid)。体液内含有各种对身体不可缺少的离子和化合物以及代谢产物。体液按所在的位置分为细胞内液(intracellular fluid)和细胞外液(extracellular fluid)。

细胞内液是指细胞内的体液，约占体重的 40%(男)或 30%(女)。细胞外液包括存在于组织间隙中的组织液(interstitial fluid)和存在于血管、淋巴管内的管内液即血浆(plasma)和淋巴(lymph)等。组织液约占体重的 16%，管内液约占体重的 4%。

简单的多细胞动物(如水螅)的细胞能直接与外部环境接触，所需的食物和氧直接取自外部环境，代谢产生的废物也直接排到外部环境中去。但复杂的多细胞动物的绝大多数细胞并不能直接与外部环境接触，它们周围的环境就是细胞外液，首先是组织液。组织液充满了细胞与细胞之间的间隙，又称细胞间液。细胞通过细胞膜直接与组织液进行物质交换，而另一方面组织液又通过毛细血管壁与血浆进行物质交换。血浆在全身血管中不断流动，再通过胃、肠、肾、肺和皮肤等器官与外界进行物质交换。

27.3.2　血液由血细胞悬浮在血浆中构成

哺乳动物的血液存在于心血管系统中，被心脏的搏动所推动，不断地在体内血管系统中循环流动，以细胞间隙中的组织液为中介与细胞进行物质交换。在显微镜下可以看到均匀的血液中有许多细胞(红细胞、白细胞等)。通过离心，细胞较重沉到下部，血液分成血浆和细胞成分两部分(图 27.8)。

(1) 血浆

人的血浆是淡黄色的液体，约占血液体积的 53%(男)或 58%(女)，其中水分约占 92%，还有溶于水的晶体物质、胶体物质等。血浆中的晶体物质主要是盐类，包括 NaCl、KCl、$NaHCO_3$、$KHCO_3$、Na_2HPO_4 及 NaH_2PO_4 等。在体温为 37℃时，人的血浆渗透压为 770 kPa，即 7.6 个大气压或 5776 mmHg。血浆渗透压的绝大部分来自溶解于其中的晶体物质，特别是电解质。由血浆中晶体物质形成的渗透压称为晶体渗透压。晶体物质比较容易通过毛细血管壁，因此血浆和组织液之间的晶体渗透压保持动态平衡。

血浆中的胶体物质是血浆蛋白，每 100 mL 血液中约含血浆蛋白 4 g。这些血浆蛋白形成的渗透压很小，只占血浆渗透压的很小一部分，约 3.3 kPa(25 mmHg)，称为胶体渗透压。胶体渗透压虽然很小，但由于血浆蛋白不能通过毛细血管壁，因此对于血管内外的水平衡有重要的作用。如果血浆蛋白量低于正常值，血管内的渗透压低于血管外的渗透压，水分便会向血管外转移，组织间隙充水，形成水肿。长期营养不良，蛋白质摄入量不足，便会出现水肿。

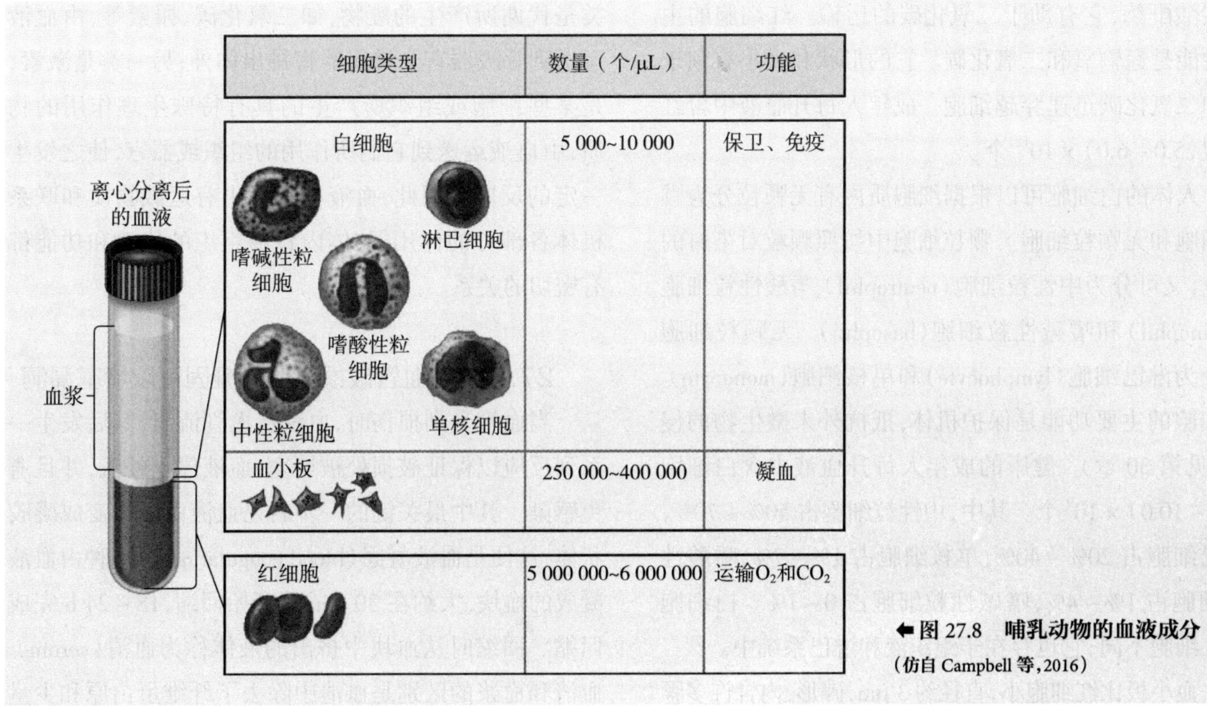

离心分离后的血液
血浆
细胞类型
数量(个/μL)
功能
白细胞
5 000~10 000
保卫、免疫
嗜碱性粒细胞
淋巴细胞
嗜酸性粒细胞
中性粒细胞
单核细胞
血小板
250 000~400 000
凝血
红细胞
5 000 000~6 000 000
运输O_2和CO_2

⬅图 27.8　哺乳动物的血液成分
(仿自 Campbell 等，2016)

血浆蛋白中主要有三种蛋白质：① 清蛋白(albumin)，分子量约为 67 000，血浆中含 4% 左右。清蛋白在三种蛋白质中分子量较小，但分子数目多，而且含量大，80% 的血浆胶体渗透压是由它产生的。② 球蛋白(immunoglobulin)，分子量为 50 000 ~ 3 000 000，血浆中含 2% 左右，又分 α_1 球蛋白、β 球蛋白与 γ 球蛋白。球蛋白与某些物质的运输及机体的免疫功能有关。③ 纤维蛋白原(fibrinogen)，分子量为 340 000，血浆中仅含 0.2% ~ 0.4%。纤维蛋白原主要在血液凝固中起作用。此外，还有负责转运脂质的载脂蛋白(apolioprotein)等。

此外，血浆中还有一些其他物质，如葡萄糖、氨基酸、少量的脂肪、酶、激素以及尿素、尿酸等。在空腹时，每 100 mL 人全血中葡萄糖的含量为 70 ~ 110 mg。

(2) 血液的细胞成分

血液通过离心可以分成血浆和有形成分两部分。有形成分又可分为上层的白细胞(white blood cell/leukocyte)和血小板(platelet)，以及下层的红细胞(red blood cell/erythrocyte)。成年男性的红细胞占血细胞的 40% ~ 50%，成年女性的红细胞占 35% ~ 45%。

低等脊椎动物的红细胞是有细胞核的，但哺乳动物的红细胞在成熟的过程中失去了细胞核、高尔基体、中心粒、内质网和大部分线粒体。人的红细胞像一个双凹形的圆饼，周边厚而中间薄，平均直径约为 7 μm，周边厚约 2 μm，中间厚约 1 μm。红细胞的特点是含有血红蛋白(hemoglobin，Hb)，占细胞全重的 1/3。血红蛋白中含有铁，可与氧结合。红细胞中另一种重要物质是碳酸酐酶，它有助于二氧化碳的运输。红细胞的主要功能是运输氧和二氧化碳。它的形状和大小有利于氧和二氧化碳迅速穿越细胞。成年人每升血液中含红细胞 $(5.0 \sim 6.0) \times 10^{12}$ 个。

人体的白细胞可以根据细胞质内有无颗粒分为颗粒细胞和无颗粒细胞。颗粒细胞中按照颗粒对染料的反应，又可分为中性粒细胞(neutrophil)、嗜酸性粒细胞(eosinophil)和嗜碱性粒细胞(basophil)。无颗粒细胞可分为淋巴细胞(lymphocyte)和单核细胞(monocyte)。白细胞的主要功能是保护机体，抵抗外来微生物的侵袭(见第 30 章)。健康的成年人每升血液中含白细胞 $(5.0 \sim 10.0) \times 10^9$ 个。其中，中性粒细胞占 50% ~ 70%，淋巴细胞占 20% ~ 40%，单核细胞占 1% ~ 7%，嗜酸性粒细胞占 1% ~ 4%，嗜碱性粒细胞占 0 ~ 1%。白细胞与红细胞不同，它也存在于组织液和淋巴系统中。

血小板比红细胞小，直径约 3 μm，碟形，内含许多颗粒。血小板起源于骨髓内的巨核细胞(megakaryocyte)。当一个巨核细胞成熟时，它的细胞质分裂成几千个近似圆盘形的血小板。因此血小板没有细胞核，实际上不是完整的细胞，而是巨核细胞细胞质的碎片。但它具有独立进行代谢活动的必要结构，所以它有活细胞的特性。成年人血液中血小板的数量每升为 $(2.5 \sim 4.0) \times 10^{11}$ 个。血小板主要在凝血中发生作用。

血细胞都是由造血干细胞(hematopoietic stem cell)分化产生的。造血干细胞存在于骨髓中，是具有多潜能性和自我更新能力的细胞。造血干细胞分化出的细胞可以分为两大类：骨髓样祖细胞(myeloid progenitor)和淋巴样祖细胞(lymphoid progenitor)。骨髓样祖细胞又可以进一步分化产生红细胞、白细胞、血小板等血细胞。淋巴样祖细胞则分化产出淋巴细胞。

27.3.3 血液有运载物质和联系机体各部分的作用

由于心脏的搏动，血液在心血管系统中循环运行，使血液中包含的各种物质也随之流动，分布到全身，在不同的器官中有的物质被吸收，有的被清除。血液运送的各种物质可分为两大类：第一类是从体外吸收到体内的物质，其中有由消化管所吸收的营养素，包括葡萄糖、氨基酸、脂肪、水、无机盐和维生素，以及由肺所吸收的氧。这些物质都是细胞新陈代谢所必需的，通过血液循环运送到全身各部分，分别被各种细胞所吸收。第二类是体内细胞代谢的产物，又可分为两类：一类是代谢所产生的废物，如二氧化碳、尿素等，由血液运送到呼吸器官及排泄器官排出体外；另一类是激素，是某些细胞或组织所产生的具有特殊生理作用的物质，由血液运送到它们所作用的组织或器官，使之发生一定的反应。因此，血液在人体中有运载物质和联系机体各部分的作用，与体内各种组织的代谢和功能都有密切的关系。

27.3.4 血管破损时血液凝固可以堵塞漏洞

当血管受到损伤时，血液从血管流出，其后发生一系列反应以保证破损处被堵塞，血液停止外流，并且避免感染。其中最关键的一步就是血液由液体变成凝胶状体，这便是血液凝固(blood coagulation)。这种由血液凝成的血块，大约在 30 min 后开始回缩，18 ~ 24 h 完成回缩。回缩时从血块中挤出的液体称为血清(serum)。血清和血浆的区别是血清中除去了纤维蛋白原和少量的参与凝血的血浆蛋白,增加了血小板释放的物质。

血液的凝固是一个复杂的过程,许多因素与凝血有关。凝血过程可概括如下:

$$\text{凝血酶原} \xrightarrow{Ca^{2+}} \text{凝血酶}$$

$$\downarrow$$

$$\text{纤维蛋白原} \longrightarrow \text{纤维蛋白} \longrightarrow \text{血凝块}$$

纤维蛋白原是血浆中一种可溶性的杆状蛋白质,分子量约 340 000,由肝产生。在凝血酶(thrombin)的作用下,纤维蛋白原被切掉两端的带负电的小分子多肽,成为纤维蛋白单体。许多纤维蛋白单体连接成纤维蛋白,纤维蛋白形成网状,使血液从液体变成凝胶(图 27.9)。由于纤维蛋白原经常存在于血液中,在正常情况下,血液中不能含有有活性的凝血酶,否则会导致血液凝固。血液中原来只含有由肝所产生的凝血酶原(prothrombin)。凝血酶原在凝血酶原激活物的作用下变成凝血酶。凝血酶原激活物又是由原来没有活性的凝血酶原激活物被凝血因子所激活的。如此上推,有一连串的这种反应。现在至少已发现 12 种重要的凝血因子参与凝血过程,这些因子按照发现的先后用罗马数字命名。那么是什么原因诱发这一连串的连锁反应中的第一个反应呢?这是由于血管破损时血小板在损伤处聚集,附着在血管结缔组织膜的胶原纤维上,并释放凝血因子。凝血因子与损伤的血管内皮接触,很可能是与损伤的内皮下的胶原纤维接触,就被激活成有活性的凝血因子,引起了凝血的连锁反应。

促使血液凝固的各种凝血因子都存在于血液之中,且含量很高,血液具有很大的凝血潜力。然而血液却只在组织破损或血管内皮损伤的局限部位凝固,在血管中一般是不凝固的。这是由于在血浆中还存在着多种对抗凝血的抑制因素在发挥作用,使这种巨大的凝血潜力受到有效的控制。

⬆图 27.9 纤维蛋白网中的红细胞

27.3.5 输血时必须血型相符

血液有重要的生理作用,失血后能不能向心血管系统输送他人的血液以补充失去的血液呢?试验表明,将某个动物的血液输送给同种的另一动物有时没有危险,而有时会造成受血动物的死亡。后来发现,动物的血清有时能使同种的其他动物的红细胞凝集并溶血,这就是造成受血动物死亡的原因。

在正常情况下红细胞是均匀分布在血液中的。当加入同种其他个体的血清时,有时可使均匀悬浮在血液中的红细胞聚集成团,这便是凝集(agglutination)。这种红细胞的凝集也是一种免疫反应。1901 年兰德施泰纳(Karl Landsteiner,1868—1943)根据人体红细胞与他人的血清混合后有的发生凝集,而有的不发生凝集的现象,发现人类血液中存在着不同的血型(blood group)。这一发现使输血成为安全的医疗措施而被广泛应用。

在人类的红细胞上有凝集原(agglutinogen)(抗原),这是由镶嵌在红细胞膜上的糖蛋白和糖脂形成的;在血清中有凝集素(agglutinin)(抗体)。兰德施泰纳按照红细胞和血清中凝集原与凝集素的不同,将血液分为 4 种主要类型(表 27.1)。

表 27.1 血型

血型	红细胞凝集原	血清凝集素
O 型	无	抗 A、抗 B
A 型	A	抗 B
B 型	B	抗 A
AB 型	A、B	无

同血型的人之间由于血液中的凝集原与凝集素相同,可以互相输血;O 型血中没有凝集原,可以给其他三种血型的人输血;AB 型血液中没有凝集素,可以接受其他三种血型血的输血。由于 O、A、B 三种血型的血清中含有凝集素(抗体)以对抗本身红细胞所没有的凝集原(抗原),如果将 O 型以外的非本血型的血输入,就会使输入血液中的红细胞凝集,产生严重的反应。

因此，在输血前必须检查供血者和受血者的血型，了解供血者的红细胞能否被受血者的血清所凝集。检查血型的方法是将受检者的血液分别滴入抗A和抗B的鉴定血清中，混合后在显微镜下观察是否出现凝集现象。

兰德施泰纳发现的4种血型，称为ABO血型系统（ABO blood group），它消除了输血中主要的危险。但后来发现，在正常的红细胞上还有其他的抗原。反复注射猕猴的红细胞到豚鼠体内会产生抗体，这种抗体称为抗Rh凝集素，可以使猕猴的红细胞凝集，还能使大部分人类的红细胞凝集，因此把猕猴和大部分人类红细胞中的这类抗原称为Rh因子。在白人中，85%的人红细胞上存在Rh因子，与抗Rh血清混合则发生凝集反应，这些人是Rh阳性（Rh+）；15%的人的红细胞与抗Rh血清混合不发生凝集反应，这些人是Rh阴性（Rh–）。因此，根据Rh因子的有无可以区分Rh阳性和Rh阴性两种血型，这种血型系统称为Rh血型系统（Rh blood group）。我国汉族和大部分少数民族中99%的人是Rh阳性，只有1%的人是Rh阴性。但有些少数民族中，Rh阴性的人较多，如苗族为12.3%，塔塔尔族为15.8%。

现在已经知道在人的红细胞内还存在着几十种抗原，每种抗原都能引起抗原–抗体反应。不过除了ABO系统和Rh系统的抗原以外，其他的因子很少引起输血反应，但具有理论上和法医学上的意义。

思考题

1. 为什么成年女性体内的水比成年男性体内的水要少一些？
2. 简述组织液在人体内的重要作用。
3. 为什么营养不良会出现水肿？
4. 为什么心脏病患者不宜洗蒸汽浴？
5. 微循环在体内起什么作用？

28 气体交换与呼吸

墨西哥钝口螈（一种两栖动物）通过外鳃及皮肤呼吸

动物从环境中获取必需的氧，并排出代谢废物如二氧化碳。单细胞和一些简单的多细胞动物（如水螅）能直接通过细胞表面与外部环境进行气体交换。对于大部分多细胞动物而言，绝大多数构成身体的细胞不与外部环境接触，无法直接进行气体交换。因此，人和大部分动物通过呼吸系统与外部环境进行气体交换，再由血液循环系统将从外界获得的物质输送到全身的每个细胞。

章首图中的这只白化墨西哥钝口螈很好地展示了呼吸系统和血液循环的关系。墨西哥钝口螈是一类生活在墨西哥的两栖动物，它们通过外鳃进行呼吸。外鳃呈现红色是由于其内部遍布血管，与外部环境的氧和二氧化碳的交换就发生在丝状外鳃的表面。外鳃血管中的二氧化碳通过扩散释放到外界，而外界的氧直接扩散进入外鳃血管，并通过血液循环带往全身各处。呼吸系统与血液循环的紧密联系不仅发生在钝口螈中，在其他脊椎动物中也是如此。

28.1 呼吸系统的结构与功能

28.1.1 呼吸是生物与环境进行氧和二氧化碳交换的过程

营养物质经过消化吸收进入体内，给人体提供了能源物质。这些能源物质还必须经过氧化过程才能释放出所包含的能量，而氧化过程需要氧，最后产生二氧化碳和水。因此，生物必须不断地从外部环境获得氧，并排放代谢废物——二氧化碳，这个气体交换的过程就是呼吸（respiration）。呼吸过程可以分为两部分：内呼吸和外呼吸。内呼吸是指能源物质在细胞内氧化的过程，消耗氧产生二氧化碳、水和 ATP 等，又称细胞呼吸，已在第 4.3 节中讨论；本章讨论的呼吸指外呼吸，即细胞与外环境之间交换气体的过程。

单细胞生物可以直接从外环境中吸收氧，向周围环境释放二氧化碳。多细胞动物的大多数细胞不可能直接与外环境交换氧和二氧化碳，必须经过作为内环境的体液与外环境交换气体。在动物演化过程中发展了多种形式的气体交换系统。呼吸中氧和二氧化碳的交换是在气体交换系统的呼吸面（respiratory surface）发生的。生活在水中或潮湿环境中的小型动物，如涡虫、蚯蚓，通过湿润的身体表面来交换气体；陆生的节肢动物，如蜘蛛、昆虫等，发展了气管系统（tracheal system）用来换气（见图 20.21）；在脊椎动物中，水中生活的鱼类用鳃来交换气体，而两栖动物则用湿润的皮肤和肺交换气体，爬行类、鸟类和哺乳类以肺作为气体交换的器官。

呼吸中氧和二氧化碳的交换是通过扩散作用进行的。扩散是一个被动过程，扩散的方向必须从气体分压高的一侧到气体分压低的一侧。扩散的效率与扩散面积成正比，与扩散距离的平方成反比。因此，为提高呼吸效率，呼吸面通常面积大而薄。

28.1.2 昆虫的呼吸系统

昆虫利用遍布全身的气管系统进行呼吸（图 28.1）。主要气管在胸腹部有多处开口，称为气门，是空气进入

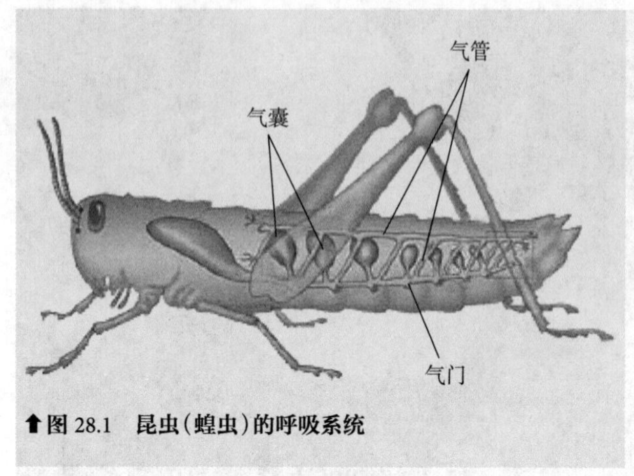

⬆图 28.1　昆虫（蝗虫）的呼吸系统

身体的渠道。空气通过主气管和分支的小气管到达身体各处，通过分支末端的湿润上皮层与细胞进行气体交换。由于气管系统可以有效地把气体送至身体各处的细胞，昆虫的呼吸过程不需要循环系统辅助。

昆虫快速运动（如飞行）时，其需氧量可达静止状态的几十至上百倍。一些飞行的肌肉能够通过其收缩和舒张将空气迅速泵入气管系统，使身体能够进行高速有效的呼吸，提供运动所需的能量。此外，气管的一些部分膨大形成气囊，可以贮存空气，为大量需氧的器官提供储备。

28.1.3　鱼类的呼吸系统

鱼类及一些其他水生无脊椎动物（如虾、蟹、乌贼、海星）利用鳃进行呼吸。鳃是多褶皱、分页或丝状的表面积很大的器官，可以充分与水接触进行气体交换。鳃呼吸获得的氧，需要循环系统运输到全身。鱼类的鳃位于口腔后部的咽两侧。鱼可以通过游动或口与鳃盖的协调运动使水流通过口流入，经过鳃流出，使鳃不断与新鲜水流交换气体。不仅如此，水流方向与鳃毛细血管中血流方向相反，水流经鳃的过程中，由于水中的氧扩散入血液而氧含量降低，而鳃毛细血管血流过程中与含氧量不断升高的水流相遇，这样能最大程度地获得氧并排出二氧化碳，这种气体交换方式也称为逆流交换系统（图 28.2）。逆流交换系统也见于温度调节和哺乳动物的肾形成尿的过程中（见 29.3.3 节）。

28.1.4　肺作为呼吸器官

肺是陆生动物具有的一种呼吸器官。一些具有开放式循环系统的无脊椎动物如蜘蛛和蜗牛有肺的结构，脊椎动物（除鱼类以外）绝大多数用肺呼吸。不同类群的动物对肺呼吸的依赖程度不同。两栖类由于皮肤呼吸可以提供大量身体所需的氧，肺相对不发达。爬行动物用肺呼吸，某些水栖龟类还可以用咽头膜补充呼吸。鸟类和哺乳动物（包括水生哺乳动物）仅用肺呼吸。少数鱼类（如肺鱼）为了适应低氧或干旱环境，也演化出了肺。

以下将详细介绍哺乳动物的呼吸系统。

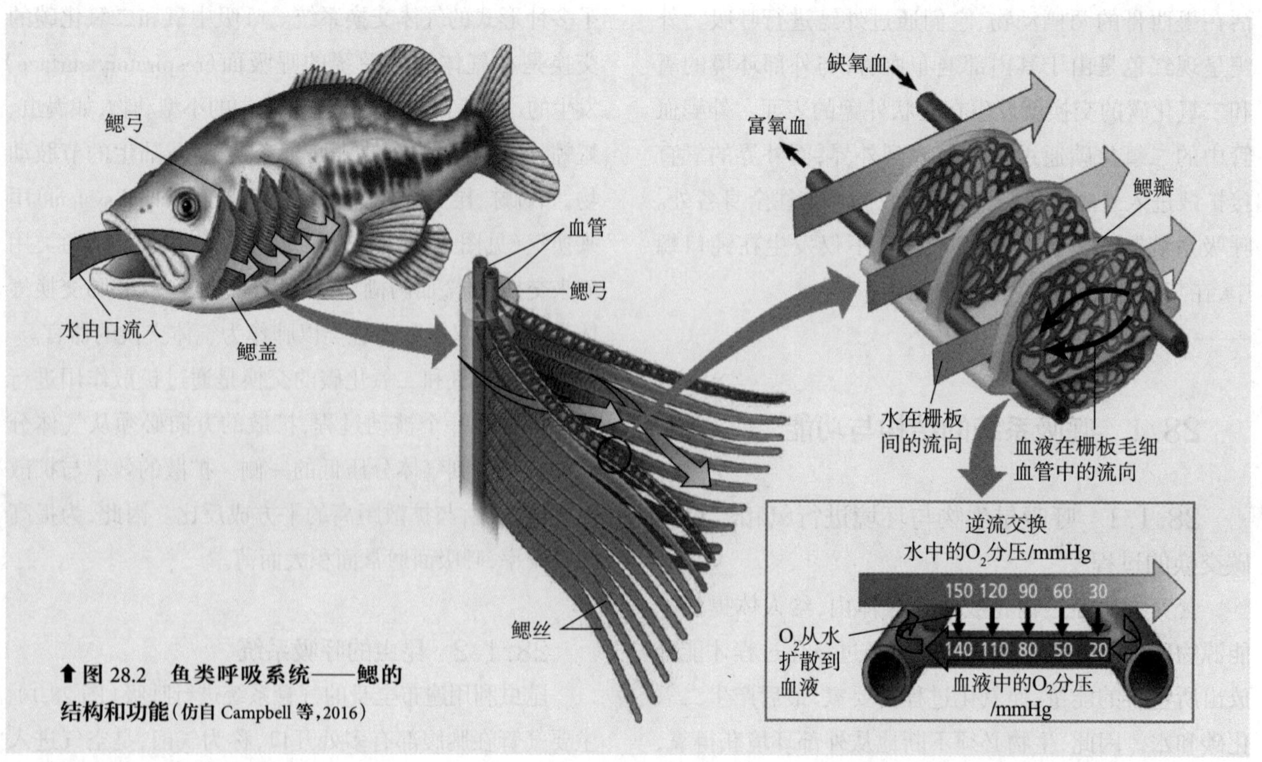

⬆图 28.2　鱼类呼吸系统——鳃的结构和功能（仿自 Campbell 等，2016）

28.2 哺乳动物的呼吸和调节

28.2.1 哺乳动物的呼吸系统

哺乳动物的呼吸系统除了肺，还包括口、鼻(nose)、喉(larynx)、气管(trachea)。吸气时，空气经鼻或口进入咽，再经喉、气管才进入肺(图 28.3)。气管由软骨环支撑，保持气体通道畅通。气管内部表面是纤毛上皮细胞，这些纤毛不断地协同运动，把表面的黏液层和上面的粉尘颗粒送到咽部，通过咳嗽排出体外。气管进入胸腔，分为两个支气管(bronchus)。入肺后，支气管再一分为二，分为细支气管。这些支气管也有软骨环支撑。细支气管经过多次分支，分为终末细支气管。以上这些通道的功能在于引导空气进入肺直到呼吸面，但在其中并不进行气体交换。终末细支气管以下再分为呼吸性细支气管、肺泡管、肺泡囊和肺泡(alveolus)。肺泡壁只有一层上皮细胞，其中分布着毛细血管网(图 28.3)。肺泡是真正进行体内外气体交换的地方。人类肺泡的直径为 75 ~ 300 μm，总数约 3 亿个，估计总面积约为 100 m^2，为体表面积的 50 倍。

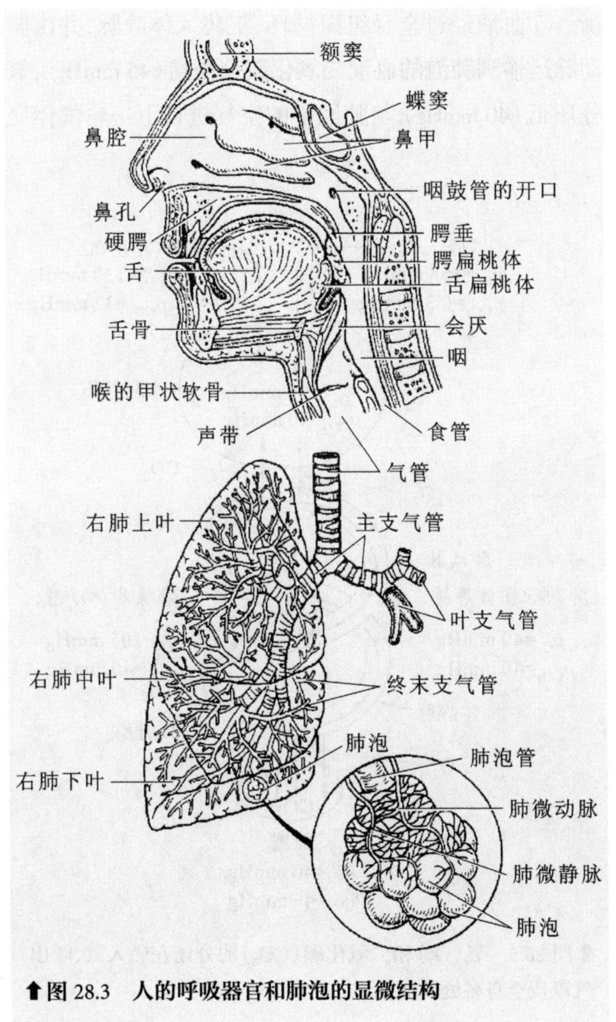

⬆图 28.3　人的呼吸器官和肺泡的显微结构

肺泡内壁有一层液体薄膜，便于吸入肺泡的空气中的氧扩散过肺泡壁进入毛细血管。由于肺泡体积非常小，液体的表面张力过大会使肺泡压缩。人们发现肺泡另外分泌一种磷脂和蛋白质的混合物，起到表面活性剂的作用，能够降低肺泡的表面张力。人类胎儿发育到 33 周后才开始分泌这种表面活性剂。由于表面活性剂的不足导致的呼吸窘迫综合征(respiratory distress syndrome)曾是造成早产儿死亡的重要原因。目前已可以通过人为提供表面活性剂保证早产儿正常呼吸。

当人体静息时，每分钟约消耗 200 mL 氧；运动时，耗氧量增加十几倍到二三十倍，同时产生大量二氧化碳。在人体内储存的氧是与血红蛋白结合的，只有 1000 mL 左右。所以，即使在静息时，人体内贮存的氧也只能维持几分钟的消耗，只要几分钟不与外界交换气体就会因窒息而死亡。因此，经常不断地给机体供应氧并排出二氧化碳，乃是维持体内环境稳定和维持生命的必不可少的重要条件。

肺泡和肺的健康直接影响人体的健康和生存。很多因素都会造成肺的损伤，导致疾病。长期吸烟或吸二手烟者肺泡内吸入大量微粒，导致终末细支气管阻塞和肺泡破裂，使呼吸面的总面积大量减少，最终发展为慢性肺气肿(emphysema)。患者的组织供氧不足，常发生憋气，直到由于血中二氧化碳过多而导致死亡。硅肺(silicosis)是因长期吸入二氧化硅的微粒而造成的肺部慢性疾病。此病最常见于矿工、石匠等工人中。肺内的巨噬细胞吞噬吸入肺内的微小的二氧化硅颗粒，但巨噬细胞不能消化这种颗粒反而被它们杀死。死亡的细胞聚集起来形成纤维状小节，逐步使肺部纤维化，肺容积减少，气体交换受阻。

28.2.2 肺的换气活动依靠骨骼肌的收缩与舒张

整个肺除了有气管与外界相通外，是密封在胸廓中的。胸廓由脊柱、肋骨、胸骨以及肋间肌组成，底部由膈肌封闭(图 28.4)。

哺乳动物的呼吸是通过肌肉运动扩大胸廓，产生胸腔负压，从而将外界空气吸入。因此，吸气是主动过程。呼气则可以由于肌肉舒张被动发生。由于呼吸时不同的肌肉活动，可以将呼吸运动分为腹式呼吸(abdominal breathing)和胸式呼吸(thoracic breathing)。

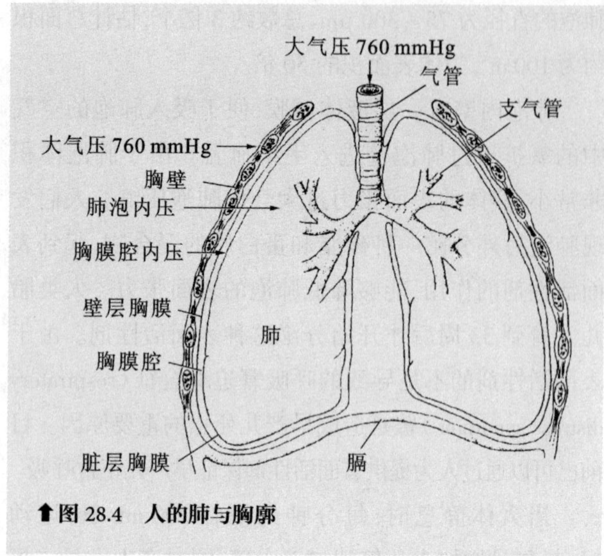

图 28.4 人的肺与胸廓

腹式呼吸时膈肌收缩,膈下降,使胸廓扩张,吸入气体;膈肌舒张,膈上升,压缩胸廓,呼出气体。腹肌收缩引起主动呼气。胸式呼吸时肋间外肌收缩,肋骨上举,使胸廓扩张,吸入气体;肋间外肌舒张,肋骨下降,压缩胸廓,呼出气体。一般情况下,人是腹式、胸式呼吸并用。

肺通气量是指单位时间内进出肺的气量。一般情况下成人每分钟呼吸 12～18 次。安静时,成年人每分通气量为 6～8 L,而在从事重体力劳动或剧烈运动时可达 70 L 以上。由此可见,人体的通气功能有很大的生理贮备。有些肺功能已经明显衰退的患者仍能维持正常的平静呼吸,每分钟平静通气量没有多大变化,就是因为人体有很大的通气贮备。

28.2.3 呼吸气体的交换与运输

(1) 气体在肺泡与组织中的交换

体内外的气体交换、大气与肺泡之间的气体交换是呼吸过程的第一步。肺泡中的氧必须穿过肺泡毛细血管膜进入肺毛细血管,由血液运送到组织,再离开组织中的毛细血管,穿过细胞膜,进入细胞;而二氧化碳则必须经过一个方向相反的过程,由细胞到达肺泡。促使氧和二氧化碳穿过肺泡上皮、毛细血管壁和细胞膜的动力就是扩散。气体交换只是靠被动的扩散,并没有主动的转运过程在起作用。扩散的进行依赖浓度梯度,因为分子只能由高浓度处向低浓度处扩散。

我们通过人体呼吸系统各处的氧和二氧化碳分压变化来理解气体交换过程(图 28.5)。①空气中氧分压最高(160 mmHg),二氧化碳分压最低(0.2 mmHg)。②吸入肺泡后,与肺泡中原有气体混合,氧分压略有降低,二氧化碳分压升高。③肺泡毛细血管内外的氧分压之差和二氧化碳分压之差促使氧由肺泡中扩散进入血液,而二氧化碳由血液中扩散进入肺泡。肺泡毛细血管的血液中氧分压升高,二氧化碳分压降低,直到肺泡气和毛细血管血液中氧和二氧化碳的分压分别相等时,这两种气体的净扩散停止。血液流经肺泡毛细血管后,其中氧分压和二氧化碳分压与肺泡气中的氧分压和二氧化碳分压基本相等。④体动脉血进入全身除肺泡以外的毛细血管,与血管外的组织液之间只隔着一薄层高通透性的毛细血管壁,而组织液与细胞内液之间也只隔着高通透性的细胞膜,在细胞中进行的新陈代谢作用不断地消耗氧产生二氧化碳。因此,细胞内液的氧分压低于组织液的,而组织液的氧分压又低于血液的;细胞内液的二氧化碳分压高于组织液的,更高于血液的。血液流经毛细血管,氧从血液穿过管壁经组织液向细胞扩散,二氧化碳自细胞内经过组织液扩散进入血液。其结果是血液中的氧分压降低,二氧化碳分压升高。当血液流到毛细血管的末端时,血液中氧分压、二氧化碳分压与周围组织液的分压达到平衡。⑤血液经过全身组织循环,汇集入体静脉,并由肺动脉运输到肺泡的血液二氧化碳分压高(45 mmHg),氧分压低(40 mmHg),与肺泡中的空气进行下一轮气体交

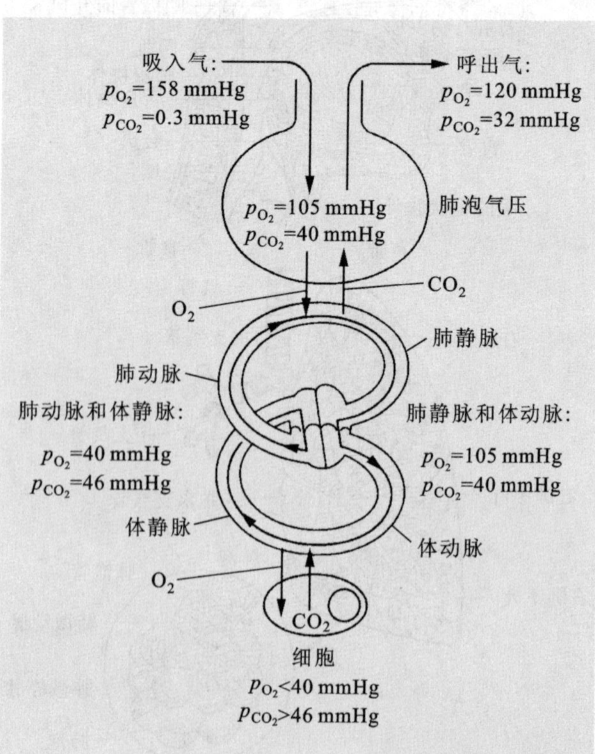

图 28.5 氧(O_2)和二氧化碳(CO_2)的分压在吸入气、呼出气以及全身各处的变化

换。⑥与肺泡毛细血管血液进行充分气体交换后，肺中的气体被呼出。

综上可见，细胞的新陈代谢不断地消耗氧，呼吸活动经常给肺泡供给含氧量高的新鲜空气，这便形成了氧分压的梯度。这种梯度造成氧从肺泡到肺中血液、从血液到身体各部分细胞的净扩散。相反，细胞的代谢活动产生二氧化碳，通过呼气从肺泡中排出二氧化碳，这也形成了二氧化碳分压的梯度。这种梯度造成二氧化碳从身体各部分的细胞到血液、从肺中血液到肺泡的净扩散。

（2）氧在血液中的运输

氧在血液中溶解度很低，大部分血液中运输的氧都与一类称为呼吸色素（respiratory pigment）的蛋白质结合。呼吸色素极大地增加了血液和血淋巴的载氧能力。很多节肢动物和软体动物具有血蓝蛋白（hemocyanin），一些无脊椎动物和绝大多数脊椎动物的呼吸色素是血红蛋白（hemoglobin）。人的 1 L 动脉血约含 200 mL 氧，其中只有 3 mL 氧溶解在血液的血浆中，其余 197 mL 氧都是以与红细胞中的血红蛋白结合的形式存在。

血红蛋白是由一个珠蛋白分子结合 4 个血红素构成的，分子量为 64 500。珠蛋白分子包括 4 条链：2 条 α 链和 2 条 β 链（图 28.6）。

每条链中包含一个血红素，每个血红素中心有一个亚铁离子，每个亚铁离子能携带一个氧分子。血红蛋白与氧结合很快，而且是可逆的。血红蛋白在高氧分压时（如在肺毛细血管）结合氧，在低氧分压时（如组织毛细血管）释放氧。正常人每 100 mL 血液中约含 15 g 血红蛋白。每克血红蛋白可结合 1.34 ~ 1.36 mL 氧。与氧结合的血红蛋白称为氧合血红蛋白，没有与氧结合的血红蛋白称为去氧血红蛋白。血红蛋白的 4 条链与氧的结合和分离有协同效应，即一条链与氧的结合或分离能够促进其他链构象变化，发生相同反应。这种协同效应大大提高了血红蛋白结合和释放氧的效率。

血红蛋白与一氧化碳结合的亲和力是氧的 200 倍。即使在分压很低的情况下，一氧化碳也能取代氧与血红蛋白结合，形成一氧化碳血红蛋白，致使运送到组织中的氧显著下降。因此，汽车和通风不良的炉子产生的一氧化碳是危害很大的，甚至城市交通所产生的一氧化碳也可能导致局部缺氧而损伤脑的功能。

（3）二氧化碳在血液中的运输

血液流经组织毛细血管，氧合血红蛋白释放氧供给组织，二氧化碳则从细胞中扩散出来经过组织液，进入血浆。少量的二氧化碳溶解在血浆中，约 90% 的二氧化碳继续扩散经过血浆进入红细胞。由于在红细胞中有碳酸酐酶催化水合作用，二氧化碳大部分在红细胞中水合形成碳酸（H_2CO_3），继而解离成碳酸氢根（HCO_3^-）和氢离子（H^+）。

$$CO_2 + H_2O \rightleftharpoons H_2CO_3 \rightleftharpoons HCO_3^- + H^+$$

当血液从全身组织毛细血管流到肺泡毛细血管时则进行方向相反的变化。碳酸氢根与氢离子结合形成碳酸，在碳酸酐酶的作用下分解为二氧化碳与水。二氧化碳则扩散进入肺泡。

➡图 28.6　血红素与血红蛋白

（仿自 Eckert，1983）

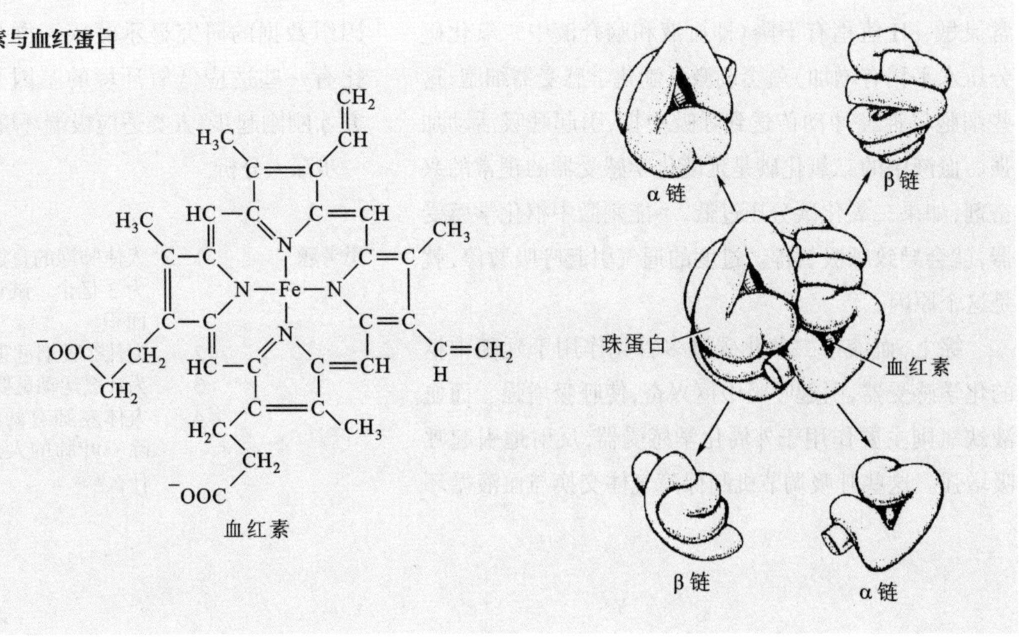

28.2.4　呼吸运动的调节

呼吸运动与心脏活动有相似之处，都是有节奏地、日夜不停地活动。但这两种活动的起因却有很大的不同。心肌具有自动节律性，而产生呼吸运动的肌肉都是骨骼肌，受躯体神经支配，没有神经的兴奋呼吸肌(膈肌、肋间肌)不会自动收缩。有节律的自动的呼吸活动起源于支配呼吸肌的运动神经元的有节律的冲动发放。这种发放完全依靠来自脑的神经冲动。调节呼吸的神经机制有两类：一类是随意控制，另一类是自动控制。

随意控制系统位于大脑皮质，它通过皮质脊髓束将冲动传送到呼吸运动神经元。大脑皮质可以有意识地控制呼吸活动的规式，例如，有意地过度通气或呼吸暂停(屏息)。人们的语言活动必须有意地调整、改变呼吸规式才能发出各种不同的声音。

自动控制系统位于延髓。延髓是最基本的呼吸中枢。延髓中有吸气神经元，它们发放神经冲动引起吸气肌(膈肌、肋间外肌)的收缩；还有呼气神经元，它们发放神经冲动引起呼气肌收缩。当身体的体力活动增强时，细胞需要更多的能量，就需要吸收更多的氧，产生更多的二氧化碳，结果血液中氧含量下降，二氧化碳含量升高。二氧化碳水合反应产生的氢离子使血液和脑脊液(脑室与脊髓中央管中的体液)pH值下降。血液和脑脊液中的这种变化，会被人体内的化学感受器感受到，从而引起呼吸的改变。在颈动脉窦和主动脉弓附近由上皮细胞组成的颈动脉体和主动脉体是外周化学感受器，它们可以监测血液中pH值的变化。位于延髓的中枢化学感受器细胞对脑脊液的pH值反应非常灵敏，pH值稍有下降(即血液和脑脊液中二氧化碳分压水平稍有增加)就会刺激延髓化学感受器细胞，这些细胞将神经冲动传送到呼吸中枢，引起呼吸活动加强。血液中的二氧化碳是延髓化学感受器的正常的兴奋剂，如果二氧化碳分压过低，不能刺激中枢化学感受器，就会导致呼吸暂停。过度的通气引起呼吸暂停，就是这个原因。

综上，血液中二氧化碳过多首先作用于延髓中枢的化学感受器，引起呼吸中枢兴奋，使呼吸增强。而血液缺氧则主要作用于外周化学感受器，反射地引起呼吸增强。这些呼吸调节机制保障气体交换与血液循环和机体代谢需求相互协调。

28.2.5　动物对低氧环境的适应

一些用肺呼吸的哺乳动物由于长期自然选择适应了低氧环境。例如一些种类的海豹和鲸，可以下潜到数百米乃至数千米的深海，在水下停留1～2个小时不用浮出水面呼吸。相比而言，人类最长只能在水下憋气2～3分钟。这些哺乳动物是如何实现长时间不呼吸的？答案主要在于它们卓越的体内储氧能力。如威德尔海豹(Weddell seal)的血液量为等重人类的两倍，并且它们的肌肉富含能够储存氧的肌红蛋白(myoglobin)，使得它们的储氧能力大大增加。除此以外，水生哺乳类还发展出减少耗氧量的行为，如减少潜水时肢体的运动而利用水流，降低心跳，以及减少向必需器官(如脑、脊髓)之外的血流和供氧。

长期生活在高海拔环境的人类也具有特殊的适应。在3800 m左右的高度，气压从海平面的760 mmHg降到480 mmHg，氧分压则从159 mmHg降到100 mmHg。氧分压下降引起肺泡气氧分压随之下降，动脉血的氧饱和度下降，输送到组织的氧量减少。生活在低海拔地区的人刚到达高海拔地区时，会立即引起身体几方面的反应：呼吸频率增加，将更多的空气吸入肺；心率和心输出量增加以加大经过肺和身体的动脉血流量；身体逐步增加红细胞和血红蛋白的生成，改善血液输送氧的能力。世居高原的民族，胸部和肺总量都比较大，他们的呼吸频率也高于居住在平原的人，血液中红细胞计数和血红蛋白量都较高，心脏一般较大，心率一般低于世居平原的人。近年来有基于基因组数据的研究显示藏族人群与低海拔汉族人群相比有一些适应低氧环境的基因受到正选择。相关研究才刚刚起步，人类适应极端环境的遗传机制还有待进一步深入分析。

思考题

1　人体肺泡的直径为75～300 μm，总数约为3亿个。试计算人体呼吸表面的总面积。

2　为什么吸烟危害健康？

3　为什么运动员要到高原去训练？

4　人体左肺有两叶，右肺有三叶，因病切除一叶肺的人还能正常地生活吗？为什么？

29

渗透调节与排泄

在海水中发育成熟的大马哈鱼洄游到淡水河流中繁殖

生物体内的水和盐分需要稳定在一定范围内，否则就会引起内环境紊乱，细胞和器官无法正常行使功能。生活在海水中的鱼类和海鸟需要不断排出随海水摄入的盐分，以避免脱水；而淡水鱼类则需要抵抗低渗透压环境，保证体液不被稀释。调节体内水分和盐分含量，即调节体液渗透压，称为渗透调节(osmoregulation)。

为维持内环境稳定和体液渗透压，动物还需要排出代谢含氮分子(如蛋白质、核酸)产生的氨，这一过程称为排泄(excretion)。由于渗透调节和排泄过程往往相伴进行，在功能和结构上都密切联系，因此本章我们将这两个过程综合进行介绍。

29.1 渗透调节

29.1.1 渗透调节的重要性

生物生存首先要保证体内有适量的水分，还要保证在体液中含有适量的盐类和营养物质。在生活中有许多因素影响生物体内的水分和盐类的含量，如吃进的食物中包含水和盐，体内代谢过程产生水，而呼吸活动排出一定量的水分，出汗又排出水和盐，这些因素都会使体内的水分和盐类的含量发生变化。生物体内环境稳定的一个重要条件是身体水分和盐分的平衡，只有在水盐平衡的情况下机体的各种细胞、组织和器官才能正常行使功能。因此，生物体必须有相应的机制来保证体内水分和盐类的稳定，这种稳定也是整个体内环境稳定的重要组成部分。如果体内水分和盐类不能维持稳定，整个内环境也不能保持稳定，严重情况下会危及生命。因此，渗透调节对生物的生存至关重要。

29.1.2 动物的渗透调节方式

(1) 海洋动物的渗透调节

大部分海洋无脊椎动物通过使自身与环境渗透压相同保持内环境稳定。这些动物不需要特别调节水盐平衡，但它们也可以利用主动运输调节某些特定盐分在体液中的浓度以满足生理需求。

海洋脊椎动物发展出两种方式以适应高盐度环境。由于体内盐分浓度低于海水盐度，海洋硬骨鱼的体内水分不断通过渗透流失，它们利用大量摄入海水的方式补充流失的水分，摄入海水中的多余盐分则通过鳃和肾排出(图 29.1a)。

海洋软骨鱼(如鲨、鳐)体内盐度也低于海水盐度，但它们不是通过摄入海水调节渗透压。鲨鱼能合成一种称为氧化三甲胺的有机物，体液中的氧化三甲胺和积累的代谢产物尿素等使鲨鱼的体液渗透压升高到略高于海水的水平，使得海水可以缓慢地渗透进入鲨鱼身体。多余的水分可以通过尿的方式排出。

(2) 淡水动物的渗透调节

由于动物的体液盐分浓度普遍高于淡水盐度，生活在淡水中的动物需要排出从环境中渗透进入体内的多余水分，防止体液被稀释。淡水硬骨鱼通常不喝水，并大量排出高度稀释的尿，由于渗透和排尿损失的盐分则由食物或通过鳃摄入(图 29.1b)。

(a) 海鱼的渗透调节

(b) 淡水鱼的渗透调节

图 29.1 海洋和淡水硬骨鱼的渗透调节(仿自 Campbell 等, 2016)

在海洋和淡水之间进行洄游的鲑鱼(见章首图)具有在两种环境中截然不同的渗透调节方式。在淡水生活阶段，鲑鱼和其他淡水鱼一样，通过大量排尿和用鳃摄取盐分保持体内渗透压。当它们洄游到海水中时，通过激素调节(分泌更多皮质醇)和其他生理改变，转变为用鳃排出盐分，并将排尿量降至极低水平，渗透调节方式类似于海洋硬骨鱼类。

(3) 陆生动物的渗透调节

和水生动物不同，陆生动物面临缺水环境，需要防止机体脱水。陆生动物通常有体表结构(如昆虫的蜡质层、脊椎动物的皮肤角质层等)减少水分从体表蒸发。尽管如此，还是有很多种方式造成陆生动物的体内水分流失，包括随尿和粪便排出、通过皮肤散失、通过呼吸器官排出等。陆生动物通过饮食摄入水分，细胞呼吸代谢过程中也会产生水。一些生活在极度干旱地区的动物还利用行为和生理调节进一步减少水分丧失，如：很多沙漠中生活的物种为夜行性，避免因在日光强烈的白天活动导致的水分快速蒸发；骆驼比其他哺乳动物更能耐体温升高和缺水，以适应炎热干旱的环境。

29.2 含氮废物的形式与演化适应

29.2.1 含氮废物的形式

排泄是机体将分解代谢的终末产物排出体外的过程。由于机体的代谢废物通常要和水相伴排出，排泄代谢废物的形式和量对身体水分平衡有重要影响。氮是蛋白质和核酸代谢产物中的重要成分，含氮废物以何种形式排出反映了物种的演化地位及对环境的适应。蛋白质或核酸代谢产生的含氮物的主要形式是氨(ammonia)，氨对于生物体具有较强毒性，多数情况下会先被转化为其他低毒性的形式，如尿素(urea)、尿酸(uric acid)，再排出体外(图 29.2)。

(1) 氨

由于氨对机体的毒性，动物必须在有大量水稀释的情况下才能耐受氨，因此以氨的形式排泄的多为水生动物，包括水生无脊椎动物和大部分硬骨鱼类。氨在水中的溶解度高，可以在 NH_3 和 NH_4^+ 形式间互相转化，能够很容易地渗透过膜释放到环境中。

(2) 尿素

对于大部分陆生动物和海洋生物，由于无法获得大量淡水稀释氨缓解其生物毒性，因而它们的排泄方式是将氨转化为尿素再排出。哺乳动物、两栖动物、鲨和一些硬骨鱼都排泄尿素。尿素的优点是毒性很

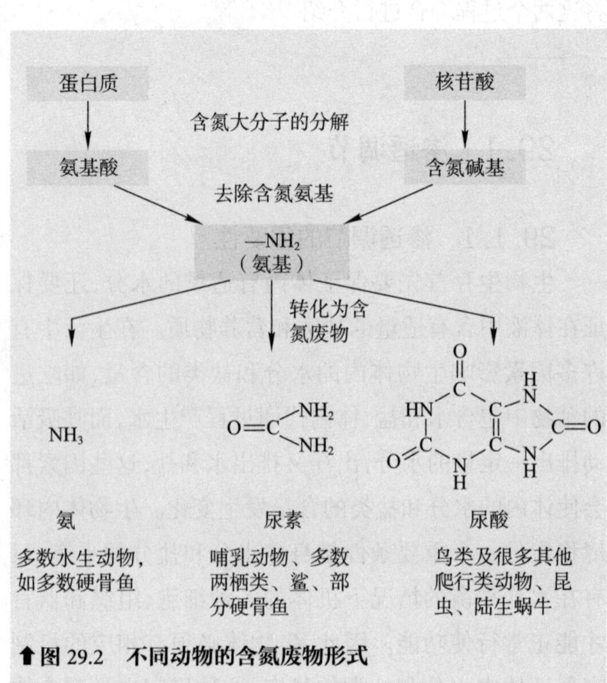

图 29.2 不同动物的含氮废物形式

低，但合成尿素的能量代价较高。一些两栖类的幼体在水中生活阶段以氨的形式排泄，而陆生成体阶段才改为排泄尿素。

(3) 尿酸

尿酸是一种低毒性且不易溶于水的含氮废物形式，因此可以以半固体形态排出，减少水分丧失。昆虫、蜗牛、爬行类及鸟类都以尿酸的形式排泄含氮废物。从氨合成尿酸所需的能量比合成尿素更高。

人和其他一些动物虽然以尿素为主要排氮方式，但也能产生少量尿酸。当尿酸产生过多，导致不溶性的尿酸盐在关节沉积时，就会引发痛风，出现严重的关节疼痛。

29.2.2 含氮废物与演化和适应的关系

物种产生含氮废物的形式与其演化史及对环境的适应密切相关。一个重要的影响因素是环境中是否有充足的水。例如陆龟多数以尿酸的形式排泄，而水龟则排泄尿素或氨。

另一种影响因素是胚胎时期的形态。两栖类的卵没有卵壳，氨等代谢废物可以直接渗透出膜，排放到外界环境中。哺乳类的胚胎在体内发育，胚胎代谢产生的可溶性废物可以随血液循环由母亲排出。爬行类及鸟类的胚胎有卵壳包裹，只能与外界进行气体交换，不能排泄液体形式的废物，产生任何可溶形式的含氮废物都会在卵内累积导致毒性。因此这些动物产生不可溶的尿酸，尿酸随胚胎发育累积，孵化后遗留在卵壳里，不会对胚胎造成影响。

29.3 排泄系统的结构和功能

动物主要通过排泄系统调节渗透平衡。不同动物的排泄系统各有不同，但通常都具有一套复杂的管道网络，使水分和溶质能进行充分的交换。细胞代谢过程所产生的废物穿过细胞膜进入体液，经由体液运送到相关的器官排出体外。

29.3.1 无脊椎动物的排泄系统

环节动物，如蚯蚓等，具有后肾管（metanephridium）（图 29.3）。它是体腔上皮突出形成的排泄器官，基本结构由肾孔、排泄管、肾口组成。每个体节具有一对后肾管，肾口开口于前一节体节内，可以从体腔内收集体腔液，肾孔开口于体外，将体腔液直接排出体外。肾管上还密布微血管，故也可排除血液中的代谢产物和多余水分。蚯蚓通常生活在潮湿环境中，需要排出由于渗透作用进入体内的水分，因此产生的尿是低渗的（即比体液渗透压小）。所以，后肾管既是排泄器官，也是渗透调节器官。

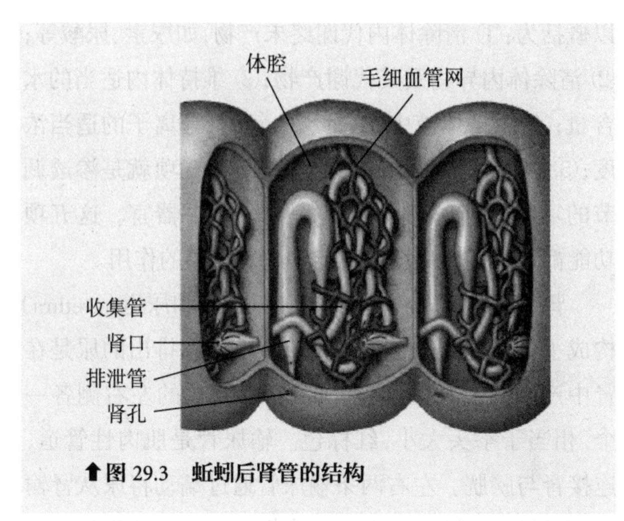

⬆图 29.3 蚯蚓后肾管的结构

昆虫及其他陆生节肢动物具有马氏管（Malpiphian tubule），起到排泄代谢废物和调节渗透压的作用（图 29.4）。马氏管是多条一端封闭一端开放的小管，其封闭端浸没于体腔内的血淋巴中，收集盐分、水和含氮废物，通过在消化道内的开口送入肠内。盐和水大部分在肠内被回收，含氮废物（主要是尿酸）几乎呈固态随粪便排出。昆虫的排泄系统能够有效减少体内水分的丧失，以适应干旱的陆地生活环境。

29.3.2 肾的结构和功能

人体参与排泄的器官包括：呼吸器官，由肺排出二氧化碳和少量的水；消化器官，肝分泌胆色素经肠排出，大肠黏膜排出无机盐；皮肤，通过汗腺排出水、盐和尿素等；肾，人体最重要的排泄器官。

肾（kidney）作为排泄器官的功能是多方面的，可

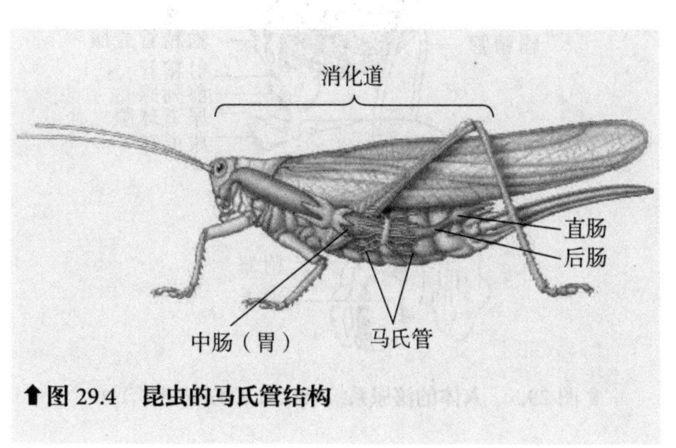

⬆图 29.4 昆虫的马氏管结构

以概括为：① 清除体内代谢终末产物，如尿素、尿酸等；② 清除体内异物及其代谢产物；③ 维持体内适当的水含量；④ 维持体液中钠、钾、氯、钙、氢等离子的适当浓度；⑤ 维持体液一定的渗透浓度。后三项就是渗透调节的功能，所以排泄器官也是渗透调节器官。这五项功能都在维持内环境的稳定中起着重要的作用。

肾、输尿管（ureter）、膀胱（bladder）和尿道（urethra）构成了人体的泌尿系统（图 29.5）。人体排出的尿是在肾中产生的。肾位于腹腔的背面，脊柱的左右侧各一个，相当于拳头大小，红棕色。输尿管是肌肉性管道，连接肾与膀胱。左右两条输尿管通过蠕动将尿从肾输送到膀胱。膀胱是中空的肌肉性器官。它的容积随着尿的输入而逐渐扩张，可达 600 mL 左右。尿道从膀胱通到体外。

肾是人体最重要的渗透调节和排泄器官（图 29.6）。每个肾由大约 100 万个功能单位组成。这种功能单位称为肾单位（nephron）（图 29.7）。肾单位包括肾小体和肾小管两部分。肾小体又分肾小球（glomerulus）和肾小囊（renal capsule）两部分。肾小球是由入球微动脉分支形成的一团毛细血管网，包含大约 50 个毛细血管袢。肾小囊是一个中空的双层壁组成的杯形囊，与肾小管的近曲小管相通。肾小管分为近曲小管、髓

图 29.5　人体的泌尿系统（引自北京师范大学等，1981）

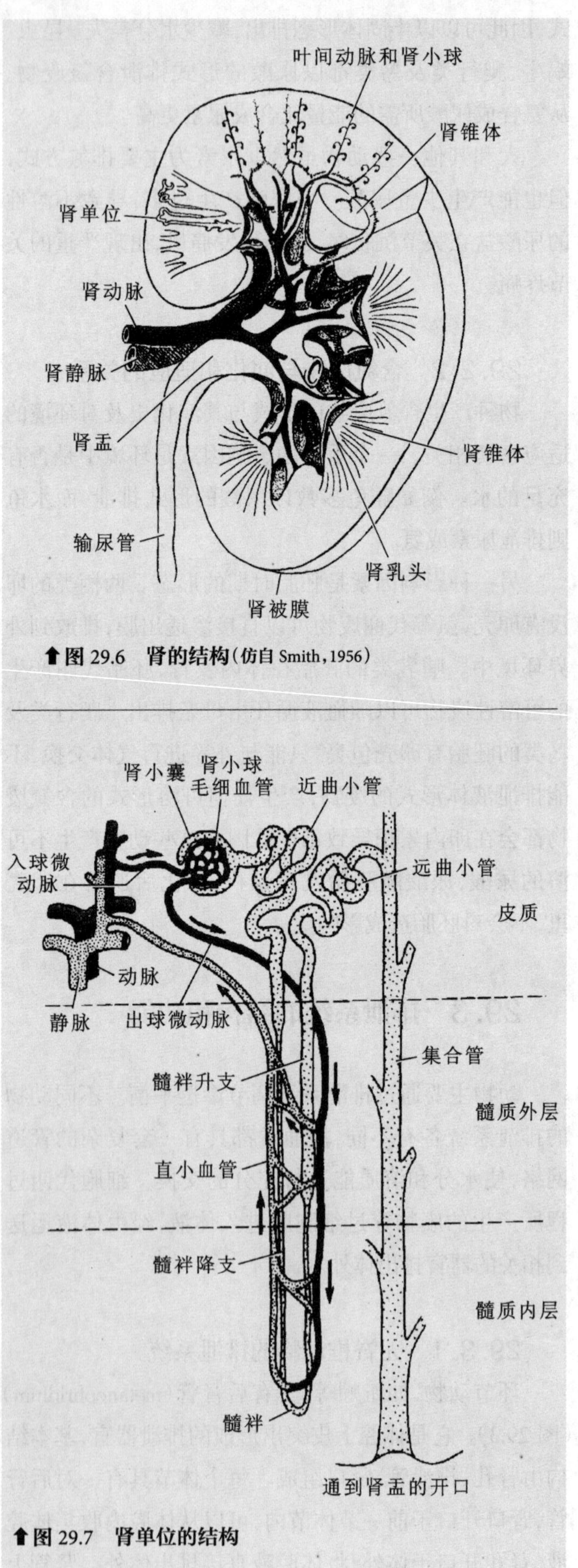

图 29.6　肾的结构（仿自 Smith，1956）

图 29.7　肾单位的结构

袢（包含髓袢降支粗段、髓袢细段、髓袢升支粗段）和远曲小管几部分。远曲小管与集合管相通，而各集合管都通入肾盂。肾盂与输尿管相通。

肾又可分为髓质与皮质两层。髓质区主要包含集合管、髓袢、血管和支持组织等，皮质区主要包含肾小球、近曲小管、远曲小管、血管、支持组织和神经等。肾有丰富的血液供给，而且每一个肾单位都有血液供给。肾动脉由肾内侧下凹处入肾，分成四五个分支沿髓质与皮质之间进入外周的皮质。肾动脉一再分支，最后分成入球微动脉进入肾小体，在肾小囊中第一次分成毛细血管网（肾小球），再汇合成出球微动脉。出球微动脉离开肾小体后再次分成毛细血管网包围近曲小管和远曲小管。这些毛细血管汇合成微静脉、肾静脉出肾（图 29.6）。

29.3.3　尿是怎样生成的

脊椎动物的尿是在肾中生成的，生成的机制是很复杂的。从肾单位结构的复杂性也可以推想到尿生成机制的复杂性。

尿生成的过程包括超滤（ultrafiltration）、重吸收（reabsorption）和分泌（secretion）三个过程。在肾小球中进行超滤，滤液经过肾小管时被重吸收掉一些溶质和水分，再由肾小管分泌一些溶质，使滤液的成分和体积都发生改变，最后生成尿（图 29.8）。

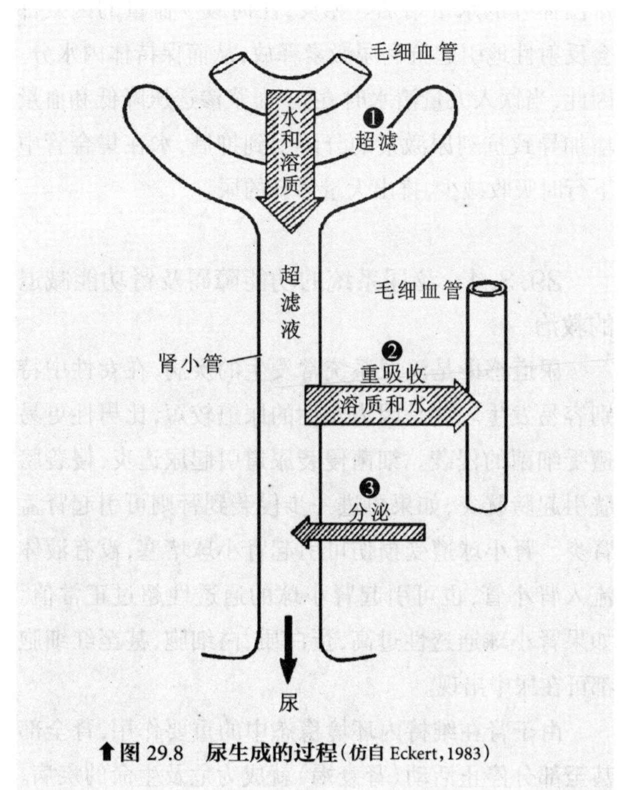

⬆图 29.8　**尿生成的过程**（仿自 Eckert，1983）

（1）超滤

1924 年美国生理学家理查兹（Alfred N. Richards，1876—1966）等人用直径 10 μm 的微吸管刺入蛙的肾小囊中，取出少量囊内液进行微量分析，发现囊内液除了几乎没有蛋白质外，尿素、氯化钠、葡萄糖和磷酸根的浓度以及电导率等都与血浆相同，实际上是去蛋白质的血浆。这个实验证明了原尿（囊内液）是血液的超滤液。

（2）重吸收

肾小球超滤仅仅是生成尿的第一步。滤液在肾小管内还要经过重吸收和分泌等过程。在近曲小管滤液中，约 67% 的钠离子被主动转运出去，相应数量的水和一些溶质，如氯离子也被动地随着转运出去，葡萄糖、氨基酸、维生素等营养物质几乎全部被重吸收，滤液体积缩小。在近曲小管的末端，滤液缩减到原体积的 1/4。

（3）分泌

肾单位的近曲小管、远曲小管等部位又将血浆中的一些物质分泌到管腔中。这些物质包括钾离子、氢离子、氨、有机酸和有机碱等。肾单位还可分泌其他许多物质，其中包括药物、毒物以及内源性的和天然的分子。肾单位怎能识别这么多的各式各样的物质并将它们转运出去呢？这是由于肝修饰了这些分子，使它们能与肾单位壁上的转运系统发生作用，从而可以被这些系统转运出去。

经过超滤、重吸收和分泌三个过程所生成的尿还必须根据体内水分的情况调节其渗透压，以维持体内水量的稳定。在体内水量过多时尿的渗透压降低，排出的水量增加；当体内水量减少时则尿的渗透压升高，排出的水量减少。

流出近曲小管的滤液流经髓袢再流出远曲小管时渗透压变化很小。但是在流过集合管时，液体中的水分越来越多地被集合管所重吸收，因而管内渗透压越来越高。集合管为什么会吸收水分呢？这是由于集合管的外周细胞间液从皮质到髓质的渗透压越来越高，形成了一个浓度梯度（图 29.9）。这种浓度梯度又是由一套逆流交换机制所产生的。

总之，尿的生成是从血液在肾小球超滤开始，在近曲小管滤液被浓缩，几乎全部营养物质、75% 的盐以及相应的水分被重吸收，留下尿素和一些其他的物质。滤液通过髓袢和远曲小管后，渗透压的净变化很小，但是由于逆流倍增机制的作用在髓袢内外形成了一个从

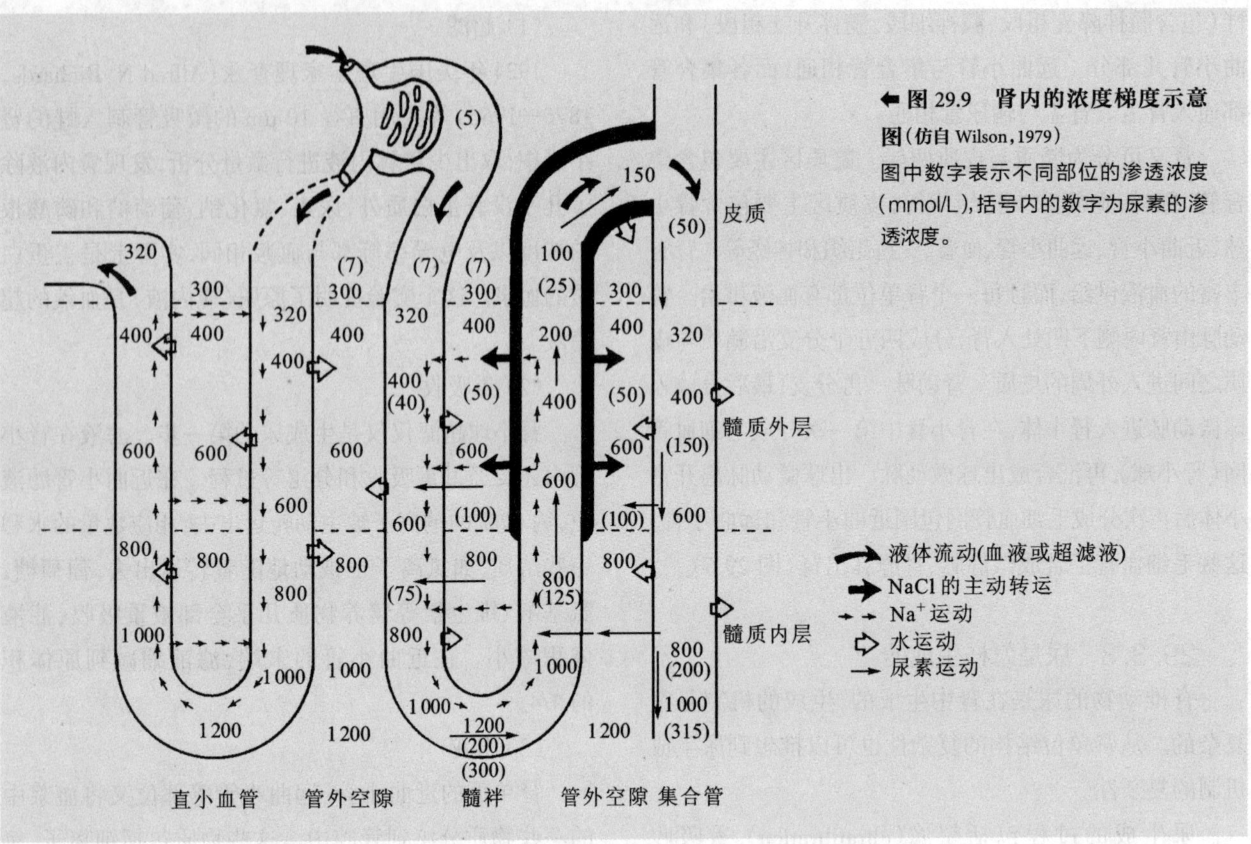

图 29.9 肾内的浓度梯度示意图（仿自 Wilson，1979）
图中数字表示不同部位的渗透浓度（mmol/L），括号内的数字为尿素的渗透浓度。

皮质到髓质的浓度梯度。这个浓度梯度使渗透压较低的滤液沿集合管下行从皮质到髓质时，其中的水分被浓度越来越高的细胞间液所吸收。尿生成的过程中并没有水的主动转运过程，水分都是从滤液中被动地吸收掉的。

水分在集合管中下行时被动吸收的速率决定于集合管壁上皮细胞的水通透性。垂体后叶释放的抗利尿激素（antidiuretic hormone，ADH）增强集合管的水通透性，因此，调节抗利尿激素的释放就能控制尿排出的水量。血液中的抗利尿激素水平越高，则集合管上皮细胞的水通透性越大，因此，当尿流经集合管时便会有更多的水被吸走。血液中抗利尿激素的水平决定于血浆渗透压。下丘脑中有对渗透压敏感的神经元，在血浆渗透压升高时发放冲动的频率增加。这些神经元是神经分泌细胞，它们的轴突伸到垂体后叶，在神经冲动的作用下从神经末梢释放抗利尿激素到血液中。这些细胞的发放增加，便会增加抗利尿激素的释放，提高血液中抗利尿激素的水平，使更多的水通过集合管壁回到血液中。血液中水增加，则血浆渗透压降低，逐渐接近渗透压调定点的水平，便会使下丘脑神经分泌细胞减少发放，从而减少神经末梢释放抗利尿激素，这也是一个负反馈过程。血量增加也会抑制下丘脑神经分泌细胞产生和释放抗利尿激素。

左心房以及循环系统其他部分的容量感受器将血量增加的信息传送到中枢神经系统。任何增加血量的因素都会抑制下丘脑细胞释放抗利尿激素，使通过尿排出体外的水量增加。相反，任何减少血量的因素都会反射性地引起抗利尿激素释放，从而保持体内水分。因此，当饮入大量清水时，由于血浆渗透压降低和血量增加导致抗利尿激素的分泌受到抑制，水在集合管中下行时吸收减少，排出大量稀释的尿。

29.3.4 泌尿系统的功能障碍及肾功能减退的救治

尿道感染是泌尿系统常发生的疾病，在女性中特别容易发生。这是因为女性的尿道较短，比男性更易遭受细菌的侵袭。细菌侵袭尿道引起尿道炎，侵袭膀胱引起膀胱炎，如果再进一步侵袭到肾则可引起肾盂肾炎。肾小球遭受损伤可引起肾小球堵塞，没有液体流入肾小管，也可引起肾小球的通透性超过正常值。如果肾小球通透性过高，蛋白质、白细胞，甚至红细胞都可在尿中出现。

由于肾在维持内环境稳态中的重要作用，肾全部甚至部分停止活动（肾衰竭）就成为危及生命的疾病。

有多种原因可引发肾衰竭，如血液中的有毒物质、某些免疫反应、严重的肾感染、血流突然减少（如外伤引起的大量失血）等。肾衰竭可突然发生，称为急性肾衰竭；肾功能也可逐渐减退，形成慢性肾衰竭。如果是双侧肾衰竭就需要进行肾透析（kidney dialysis）以清除血液中的有害物质。肾透析有血液透析和腹膜透析两种方式。血液透析是将患者的血液从腕部动脉引入透析器中的由半透膜制成的管道系统，血液流经半透膜管道时与管道外的透析液进行物质交换，除去血液中的有害物质（如代谢废物等）后再流回患者的静脉。腹膜透析则是通过安装在腹壁上的塑料管将透析液直接注入腹腔。腹腔中的代谢废物和水分子扩散进入透析液，4～8 小时后将透析液排出。

肾移植（renal transplantation）是治疗严重肾衰竭的重要方法。肾移植是把健康的肾移植到患者体内来代替受损伤的肾。

思考题

1 试述人体是怎样通过反馈调节机制来维持渗透压的稳定的。

2 为什么在高温环境中从事重体力劳动的工人常饮用含食盐 0.1%～0.5% 的清凉饮料？

3 大量饮水则引起大量排尿，不饮水或少饮水则尿量减少，试述其调节机制。

4 在海上遇险的人为什么不能靠喝海水维持生命？

30 免疫系统与免疫功能

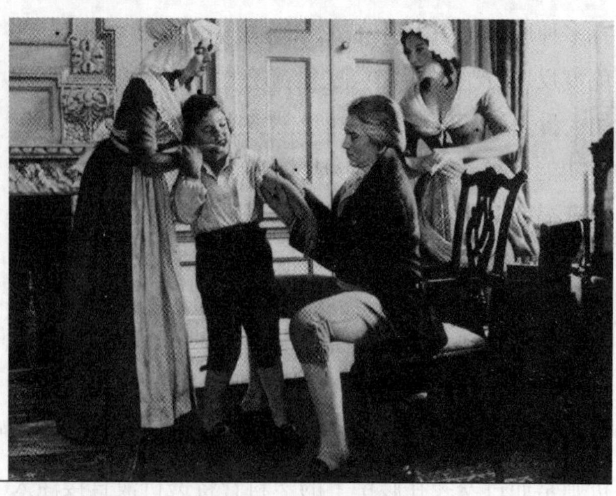

1796 年詹纳大夫为儿童接种牛痘预防天花

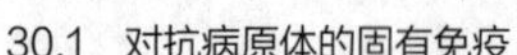

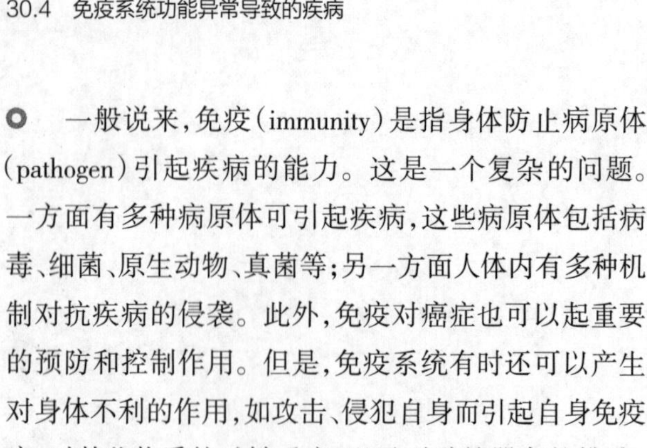

一般说来，免疫(immunity)是指身体防止病原体(pathogen)引起疾病的能力。这是一个复杂的问题。一方面有多种病原体可引起疾病，这些病原体包括病毒、细菌、原生动物、真菌等；另一方面人体内有多种机制对抗疾病的侵袭。此外，免疫对癌症也可以起重要的预防和控制作用。但是，免疫系统有时还可以产生对身体不利的作用，如攻击、侵犯自身而引起自身免疫病，对某些物质的过敏反应，以及对移植器官的排斥，等等。

动物对付病原体的侵袭主要有两种免疫机制：一种是固有免疫[innate immunity，又称先天免疫、天然免疫(natural immunity)、非特异性免疫(non-specific immunity)]，它包括体表屏障对病原体的抵御，也包括体内一系列分子、细胞和组织的免疫反应。固有免疫针对的病原体范围广，免疫反应发生快，但不具特异性。另一种是适应性免疫[adaptive immunity，又称获得性免疫(acquired immunity)、特异性免疫(specific immunity)]，它依赖于许多针对特定病原体的特异抗体分子发生作用，免疫反应较慢。所有动物都具有固有免疫，只有脊椎动物才具有适应性免疫。

30.1 对抗病原体的固有免疫

30.1.1 无脊椎动物的固有免疫

昆虫是物种数最多的无脊椎动物类群，它们生活的环境极为多样，必须具有有效的免疫系统以抵御外界病原体对其造成侵染。昆虫坚硬的外骨骼为其提供了对抗病原体的第一道防线。外骨骼主要由几丁质(一种多糖)构成，能够抵挡大部分病原体进入体内。昆虫的消化道内壁也具有几丁质，防止病原体随食物进入体内。消化道内还存在溶菌酶(lysozyme)，能够消化细菌的细胞壁，防止细菌侵入。

突破以上屏障进入昆虫体内的病原体会受到体内的固有免疫对抗。昆虫可以产生能够识别多种细菌和真菌细胞表面抗原的蛋白质，这些蛋白质与病原体的结合会引发免疫反应。昆虫的主要免疫细胞是血细胞(hemocyte)，一些血细胞能通过吞噬作用(phagocytosis)将病原微生物内吞和消灭。血细胞还可以分泌一类抗菌肽(antimicrobial peptide)，帮助杀死入侵的病原体。

30.1.2 脊椎动物的固有免疫

脊椎动物与昆虫的固有免疫有相似之处，包括同样具有体表防御、细胞吞噬作用以及分泌抗菌肽。此外，脊椎动物还具有独特的固有免疫机制，如产生干扰素、炎症反应等。以下我们以哺乳动物的固有免疫为例进行介绍。

(1) 体表防御

机体对抗病原体的第一道防线是体表的屏障，包括身体表面的物理屏障和化学防御。皮肤和消化、呼吸、泌尿、生殖等系统的管道黏膜构成了这一防护系统，抵御病原体的入侵。物理屏障还包括皮肤的表面有一层死细胞(角质细胞),病原体不能在这种环境中生存。唾液、眼泪等分泌液体也有冲洗皮肤以保护其不受细菌和真菌寄生的功能。化学防御也有多种形式。皮肤中的皮脂腺分泌的油脂和汗腺分泌的汗液偏酸性($pH = 3 \sim 5$),能抑制真菌和细菌生长。在呼吸管道中,黏膜中含有的溶菌酶可以消灭多种细菌。在眼泪、唾液、胃液和肠液中也含有溶菌酶和其他的酶可以破坏细菌,保护身体。胃液的强酸性环境($pH = 1 \sim 2$)能杀死大部分随食物进入消化道的病原物,使它们无法继续进入小肠。尿液以它的低 pH 和冲洗活动可使大多数病原体无法在尿道中生存。生活在阴道表面的乳酸杆菌分泌乳酸,使阴道中维持低 pH 环境,大多数细菌和真菌不适宜生存。

(2) 固有免疫细胞

哺乳动物也和昆虫一样,具有固有免疫细胞,能够识别和攻击外来病原体。这些免疫细胞能产生可以识别病原体的表面受体,如多种 Toll 样受体(Toll-like receptor,TLR)。不同类型的受体可以识别不同的病原体结构,如 TLR3 识别病毒复制的中间产物双链 RNA,TLR4 识别革兰氏阴性菌表面的脂多糖,TLR5 识别细菌的鞭毛蛋白,等等。受体与其识别的病原体结合,引发一系列细胞反应,以对抗病原体。有趣的是,昆虫中也存在与哺乳动物同源的 Toll 样受体,同样在昆虫的免疫反应中起到识别病原体的作用。

哺乳动物最重要的具有吞噬作用的细胞是巨噬细胞(macrophage)和中性粒细胞。中性粒细胞在血液中循环,发生组织局部感染时,中性粒细胞穿过血管壁到达炎症处消灭病原体。巨噬细胞是大型的吞噬细胞,既存在于血液中(以单核细胞形式),也存在于一些器官(如脾)和组织中,吞噬病原体、衰老的血细胞、小块的死组织或其他的碎片。

除吞噬细胞外,还有两类细胞也在固有免疫中发挥作用。一类是树突状细胞(dendritic cell),主要分布于皮肤中,它们能将病原体内吞,并进入淋巴结,进一步激活适应性免疫反应。另一类是嗜酸性粒细胞,多存在于上皮细胞附近,对侵入的多细胞生物(如寄生虫)释放酶进行攻击。

在脊椎动物中,还有一类自然杀伤细胞(natural killer cell)也是重要的免疫细胞。它们存在于血液中,能识别被病毒侵染的细胞和癌细胞。自然杀伤细胞不进行吞噬,而是释放化学信号引发被识别细胞的凋亡。

(3) 干扰素和补体蛋白质

干扰素(interferon)和补体蛋白质(complement protein)是脊椎动物的免疫系统所特有的。

干扰素是受病毒感染的细胞所产生的一组蛋白质。产生干扰素是机体的一种保护性反应。侵入细胞的病毒激活干扰素基因,合成干扰素。干扰素并不直接杀死病毒,而是刺激自身和周围未被病毒感染的细胞产生另一种能抑制病毒复制的蛋白质,从而避免病毒的扩散。目前已知的干扰素有 α、β、γ 等三种类型。

有证据表明,干扰素有助于大多数病毒感染的痊愈。还有研究表明,干扰素可以防止和抑制恶性肿瘤细胞的生长。现在已用基因重组技术把编码干扰素蛋白的基因片段整合到酵母的基因中,然后大量培养酵母,从中提取干扰素。干扰素在控制普通感冒,治疗流感、带状疱疹、乙型肝炎以及某些恶性肿瘤等方面有疗效。

补体蛋白质是在血浆中存在的一个复杂的具有酶活性的蛋白质系统,大约含 30 种蛋白质。这个蛋白质系统被称为补体系统,简称补体。

补体蛋白质通常以非活性形式存在,通过两种方式可以激活补体:一种方式是补体与已经结合在病原体上的抗体结合,另一种方式是补体与病原体表面的糖分子结合。如果少数补体分子被激活,它们又可以去激活其他的补体分子,形成级联反应,激活大量的补体分子。

这些已活化的补体分子可以起多方面的作用。某些补体蛋白质聚合在一起形成孔道复合体,嵌入病原体的细胞膜。胞外的离子和水通过孔道进入细胞,使病原体膨胀、破裂而死亡。这些已活化的补体分子,包括已经裂解了的碎片,还能吸引巨噬细胞前来吞噬各种入侵的异物。另一些已活化的补体分子还可以直接附着在细菌的细胞壁上,增加细菌被吞噬的概率。已活化的补体分子还可以刺激肥大细胞(mast cell)释放组胺(histamine),促进炎症反应。

活化的补体分子既可以杀死病原体,也可以破坏自身的正常细胞。但各种补体分子的寿命不长,而且血液中还有各种补体的抑制因子,抑制级联反应的各个环节,所以补体活动的区域一般仅局限在炎症病灶的周围,不会波及全身。

(4) 局灶性炎症反应

当皮肤破损后往往引起局灶性炎症反应(local inflammatory response)(图 30.1)。它有 4 种症状:疼痛、

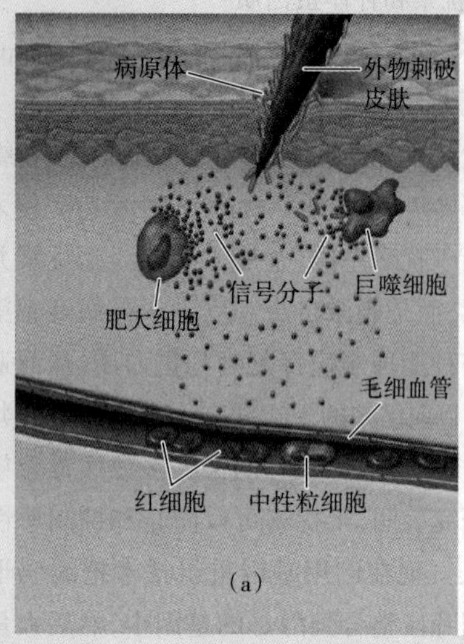

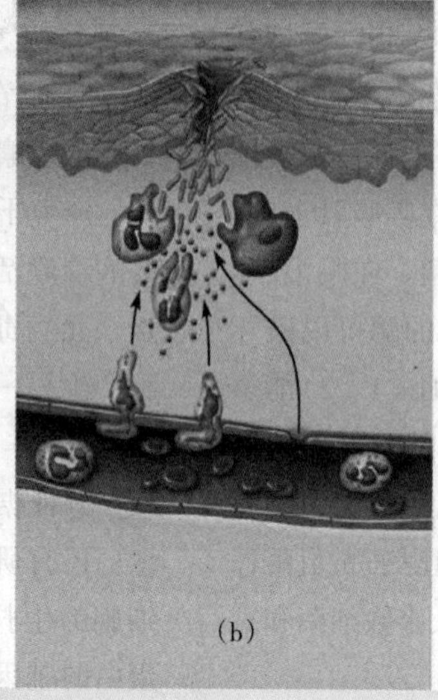

图 30.1 局灶性炎症反应（仿自 Campbell 等，2016）

(a) 皮肤破损处的肥大细胞释放组胺，使附近毛细血管扩张；巨噬细胞释放信号分子和激活的补体分子吸引血液中的吞噬细胞。(b) 血液中的中性粒细胞等吞噬细胞穿过毛细血管壁进入被感染组织，含抗菌肽的血浆也进入组织。(c) 吞噬细胞吞噬细菌和死细胞。组胺和补体消失，不再吸引吞噬细胞，组织恢复正常。

发红、肿胀和发热。当皮肤破损时，毛细血管和细胞被破坏，释放血管舒缓激肽。这种物质引发神经冲动，产生痛觉，同时还刺激肥大细胞释放组胺。组胺与舒缓激肽使受损伤部位的微动脉和毛细血管舒张、扩大，皮肤变红；使毛细血管的通透性升高，蛋白质和液体逸出，局部形成肿胀；同时局部体温升高，这可以加强白细胞的吞噬作用，减少侵入的微生物。同时，皮肤组织内的巨噬细胞被激活，释放细胞因子（cytokine），吸引中性粒细胞和单核细胞迁移到受损伤的部位。中性粒细胞和单核细胞都可以做变形运动，从毛细血管壁钻出，进入组织间隙。中性粒细胞吞噬细菌，然后由其溶酶体中的水解酶将它们消化。单核细胞从血管进入组织后便分化成巨噬细胞，可以吞噬上百个细菌和病毒。炎症反应中补体分子也被激活，进一步促进组胺的释放，招募更多吞噬细胞进攻病原体。炎症反应部位血流加快，也带来更多的抗菌肽。在炎症反应中会形成脓液，这是含有大量白细胞、一些坏死组织和细胞以及死细菌的黄色黏稠的液体。脓液的出现表示身体正在克服感染。

局灶性炎症如治疗不当会蔓延到全身，引起血液中白细胞计数增加、发热和全身不适等症状。在严重炎症反应时，例如患脑膜炎或阑尾炎时，血液中白细胞数量可以迅速升高到正常值的数倍。短期的炎症反应是机体对抗外界病原体的正常过程，对机体健康有益，但长期持续的炎症反应有损健康。例如溃疡性结肠炎和风湿性关节炎，就是由于长期的小肠或关节炎症严重损害患者消化或运动能力。

(5) 淋巴系统

淋巴系统在抗感染时起到决定性作用。淋巴系统包括分布广泛的各种淋巴管与淋巴器官（图 30.2）。

淋巴系统是一种单向运输系统，它的末端是毛细淋巴管。身体的各部分都有丰富的毛细淋巴管，毛细淋巴管吸收从毛细血管扩散出来而又没有被吸收回去的体液。一旦组织液进入淋巴管就被称为淋巴液，也称淋巴。毛细淋巴管汇合成淋巴管，淋巴管汇合成胸导管（左淋巴导管）和右淋巴导管。胸导管比右淋巴导管粗大，它接受来自下肢、腹部、左上肢和头颈部左侧的淋巴，然后汇入左锁骨下静脉。右淋巴导管只接受右臂和头颈部右侧的淋巴，然后汇入右锁骨下静脉。左、右锁骨下静脉与上腔静脉汇合，进入心脏。大淋巴管的结构类似心血管系统的静脉，管内也有瓣膜，也只能向心脏方向开放。淋巴在淋巴管内的流动也靠骨骼肌的收缩。骨骼肌收缩时淋巴被挤过瓣膜，骨骼肌舒张时瓣膜关闭阻止淋巴回流。

淋巴器官包括骨髓（bone marrow）、淋巴结（lymph node）、脾（spleen）和胸腺（thymus）。

红骨髓（red bone marrow）是各类血细胞的发源地。各种血细胞都是来源于骨髓中的干细胞。在儿童时，大部分骨骼中有红骨髓，而成人则只有头骨、胸骨、肋骨、锁骨、骨盆和脊柱中还存在红骨髓。

淋巴结呈卵形或圆形结构，直径 1 ~ 25 mm，沿淋巴管分布。淋巴结的外周为结缔组织构成的囊，内部又被结缔组织分隔成小结（图 30.2）。每个淋巴小结都有一个充满淋巴细胞和巨噬细胞的窦。当淋巴流经窦时巨噬细胞清除其中的细菌和细胞碎片。

脾位于腹腔左上方的膈下，其结构与淋巴结相似，也有净化经过脾的血液的功能。

胸腺位于胸骨之后的胸腔上部。胸腺在儿童期比较大，青春发育期最大，成年后逐渐缩小。胸腺也被结缔组织分成小结，T 淋巴细胞在这些小结中成熟。胸腺分泌胸腺素（thymosin），它能将前 T 淋巴细胞诱导成熟为 T 淋巴细胞。

淋巴系统与循环系统密切配合，具有三方面的功能：① 淋巴管将细胞间隙中多余的组织液转运回血液循环中；② 在肠绒毛中的毛细淋巴管吸收脂肪，并将它们转运到血液循环中；③ 淋巴中含有大量免疫活性细胞，在身体对抗感染中起决定性的作用。

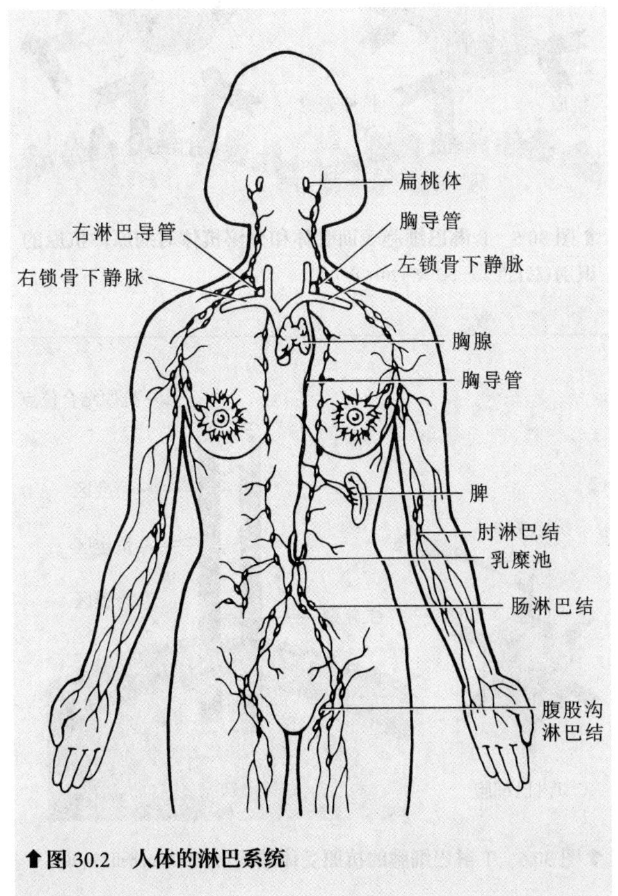

图 30.2　**人体的淋巴系统**

30.2　脊椎动物的适应性免疫

30.2.1　适应性免疫依赖淋巴细胞对抗原的识别

适应性免疫只发生在脊椎动物中。适应性免疫依赖两种淋巴细胞（lymphocyte）：T 淋巴细胞和 B 淋巴细胞（图 30.3）。淋巴细胞属于白细胞的一类，和其他血细胞一样，由骨髓中的干细胞（即淋巴干细胞）分化产生。一部分淋巴干细胞在发育过程中进入胸腺，在此分化增殖，发育成熟，这种淋巴细胞称为 T 淋巴细胞。另一部分继续在骨髓中发育成熟，称为 B 淋巴细胞（鸟类的 B 淋巴细胞在腔上囊发育成熟）。成熟的 B 淋巴细胞和 T 淋巴细胞存在于血液中和淋巴系统中。

当病原体进入宿主体内后，由于它们含有特异性分子（如细菌或病毒表面的蛋白质、大分子多糖、黏多糖等，或由病原体释放的毒素），引起 B 淋巴细胞和 T 淋巴细胞产生针对这些特异性化学物质的识别和结合，这一过程称为适应性免疫应答。这些可以使机体产生适应性免疫应答的分子称为抗原（antigen）。抗原具有特定的三维结构，能够被淋巴细胞识别和结合。淋巴细胞是通过细胞膜表面的蛋白质与抗原结合的，这种蛋白质称为抗原受体（antigen receptor）。每一种受体只识别一种抗原分子，进行特异性结合。

每个淋巴细胞只产生一种受体分子，尽管一个淋巴细胞表面可以有 10 万个受体分子，但是这些受体都是完全相同的。免疫系统可以产生出百万计的淋巴细胞，各自带有不同的受体。

30.2.2　B 淋巴细胞的抗原识别

成熟的 B 淋巴细胞的抗原受体是一个 Y 形的蛋白复合体，包含 4 条多肽链，即两条相同的重链（heavy chain）和两条相同的轻链（light chain），之间由二硫键

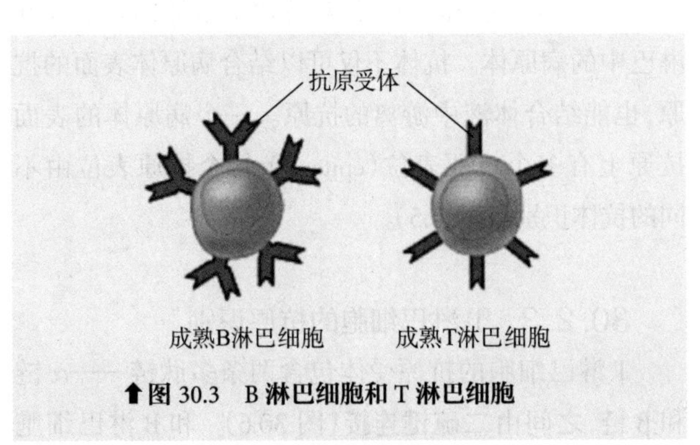

图 30.3　**B 淋巴细胞和 T 淋巴细胞**

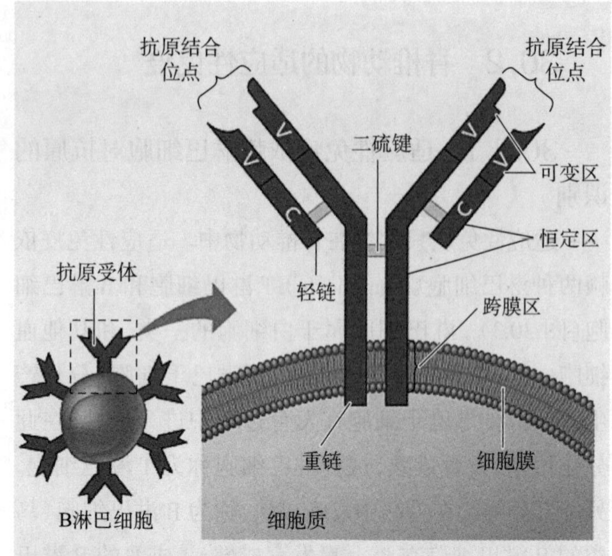

⬆图 30.4　**B 淋巴细胞的抗原受体结构**(仿自 Campbell 等,2016)

连接(图 30.4)。轻链和重链均有各种受体分子都基本相同的恒定区。重链的恒定区还包括一个跨膜区,将受体分子锚定在细胞膜上,Y 形的两臂伸展在细胞膜外侧。重链和轻链还各有可变区,是与相应抗原结合的位点,不同 B 淋巴细胞的受体可变区各有不同。每种受体分子可变区的氨基酸序列决定其与抗原结合位点具有独特的构型。每一种受体分子的两臂上的结合位点相同且只能与一种特定的抗原匹配,抗原的结构和形状适应于结合位点的构造和形状。受体与其相应抗原的结合是十分牢固的。

表面受体与其相应抗原的结合激活 B 淋巴细胞,产生出更多能分泌该种受体分子的细胞,这些分泌的受体称为抗体(antibody),也称为免疫球蛋白(immunoglobulin,Ig)。抗体分子与表面受体分子相同,都具有 Y 形结构,识别和结合抗原的可变区位点也与激活产生该抗体的受体分子相同。但抗体分子不具有受体分子的跨膜区,它们被分泌到细胞外,而不是锚定在细胞膜上(图 30.5)。

B 淋巴细胞表面的受体和分泌的抗体结合血液和淋巴中的病原体。抗体不仅可以结合病原体表面的抗原,也能结合体液中游离的抗原。一个病原体的表面抗原上有多个抗原表位(epitope),每个抗原表位由不同的抗体识别(图 30.5)。

30.2.3　T 淋巴细胞的抗原识别

T 淋巴细胞的抗原受体包含两条多肽链——α 链和 β 链,之间由二硫键连接(图 30.6)。和 B 淋巴细胞受体类似,α 链和 β 链都具有恒定区和可变区,恒定区具有跨细胞膜的区域,而可变区在细胞外。与 B 淋巴细胞受体不同的是,T 淋巴细胞的每个受体分子只有一个抗原结合位点。

B 淋巴细胞受体结合完整的病原体表面抗原或游离在体液中的抗原,而 T 淋巴细胞仅识别和结合呈递在宿主自身细胞表面的病原体抗原。病原体抗原在宿主细胞表面的呈递是通过主要组织相容性复合体(major histocompatibility complex,MHC)蛋白分子实现的,因此 MHC 对于 T 淋巴细胞的免疫反应是必需的。

当病原体侵入宿主体内发生感染时,免疫细胞便会吞噬入侵的病原体,将它们消化。病原体(如细菌)被消化,其上的抗原分子被降解成为多肽,然后与宿主细胞的 MHC 蛋白质结合形成抗原 -MHC 复合体,并移动到细胞的表面呈递出来(图 30.7)。T 淋巴细胞受体

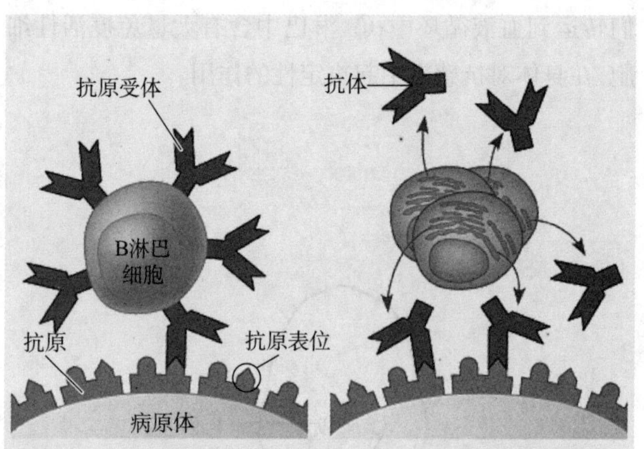

⬆图 30.5　**B 淋巴细胞表面受体和分泌抗体对病原体抗原的识别**(仿自 Campbell 等,2016)

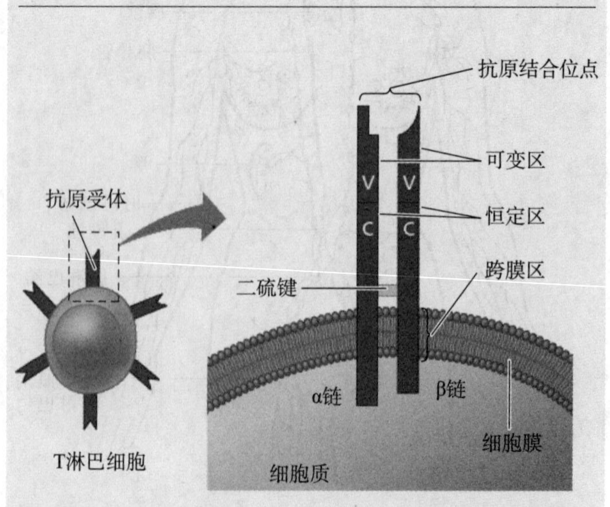

⬆图 30.6　**T 淋巴细胞的抗原受体结构**(仿自 Campbell 等,2016)

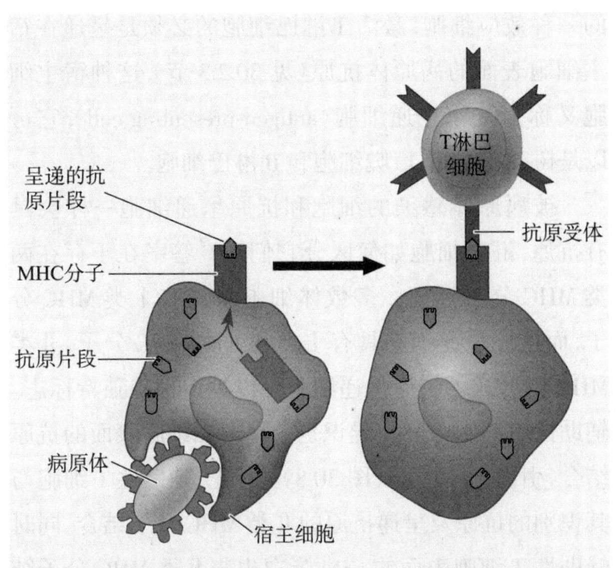

⬆图 30.7　**病原体抗原被宿主细胞加工并呈递抗原 -MHC 复合体，被相应 T 淋巴细胞识别**（仿自 Campbell 等，2016）

一旦遇到宿主细胞膜上相应的抗原 -MHC 复合体，就会与这一复合体结合，继而在其他因素的辅助下促使淋巴细胞分裂，产生大量的淋巴细胞，启动免疫应答。

30.2.4　淋巴细胞的一些特征

依赖于 B 淋巴细胞和 T 淋巴细胞的适应性免疫具有以下特征：①淋巴细胞及其受体具有高度的多样性，能够应对从未遇到过的病原体和抗原；②适应性免疫可以识别宿主自身的分子和细胞，不攻击自身细胞；③与抗原的结合激活淋巴细胞分裂，大大增加识别某种特定抗原的 B 淋巴细胞和 T 淋巴细胞；④适应性免疫具有记忆性，能对以往遇到过的抗原产生更快、更强烈的免疫反应。

（1）淋巴细胞受体多样性的产生

在我们生活的环境中存在无数种病原体抗原，而人的基因组只有约 1.9 万个编码蛋白质的基因，淋巴细胞是如何产生出数以百万计的不同抗原受体来应对如此繁多的抗原呢？这是由于淋巴细胞编码受体有关的基因能够进行随机重排。一个人的全部 T 淋巴细胞和 B 淋巴细胞的基因都是相同的，其中包括为抗原受体编码的基因。在细胞成熟过程中，由于抗原受体基因中的不同部分随机剪切组合，可以造成数以百万计的重排产物。对于一个特定的 T 淋巴细胞或 B 淋巴细胞，这种随机重排的过程只产生一种基因，编码一种抗原受体，这种受体只能识别一个特定的抗原，但一个人就会有 10^6 以上种带有不同抗原受体的淋巴细胞。

（2）淋巴细胞对宿主细胞的识别

在适应性免疫反应中，如果淋巴细胞错误地攻击了宿主自身的细胞和分子，就会对机体造成伤害。淋巴细胞如何辨别宿主自身和外界入侵的抗原呢？由于淋巴细胞的受体分子是由其编码基因随机重排产生的，一部分受体可能结合宿主自身的细胞或分子的抗原。为避免免疫系统对生物体自身的攻击，淋巴细胞在胸腺或骨髓的成熟过程中，其受体分子的特异性会被检验，一旦发现某些淋巴细胞能够识别宿主自身抗原，这些淋巴细胞或失去活性，或启动细胞凋亡（apoptosis），也称程序性细胞死亡，这是一个由基因调控的细胞自主的有序死亡过程（见 5.3.3 节）。

（3）淋巴细胞的增殖

尽管淋巴细胞总数众多，但针对每一种特定病原体的淋巴细胞只占总数的很小部分，那么在被一种病原体入侵时，身体如何启动有效的防护呢？在淋巴结中平时就储备有种类多样的淋巴细胞，当一种病原体入侵时，只有一种 B 淋巴细胞或 T 淋巴细胞的受体能识别入侵病原体抗原的特定结构，并与之结合。受体结合抗原后，淋巴细胞被激活，开始多次分裂，产生一个细胞数量巨大的克隆（clone，即遗传相同的细胞群体）来对抗这种抗原。这个克隆中的一部分细胞将成为效应细胞（effector cell），它们能迅速对抗和消灭入侵者。B 淋巴细胞的效应细胞又称浆细胞（plasma cell），它们能产生和分泌大量的抗体分子，分布到血液和组织液中。当抗体分子与抗原结合后，它便给这个病原体加上标签以便吞噬细胞和补体蛋白质来消灭它（见 30.1.2 节）。T 淋巴细胞的效应细胞为辅助性 T 细胞（helper T cell）和细胞毒性 T 细胞（cytotoxic T cell），它们的作用将在下一节介绍。另一部分克隆细胞分化成为记忆细胞（memory cell），进入静止期，留待以后对同一病原体的再次入侵作出快速而猛烈的反应。

针对入侵病原体而导致特定淋巴细胞激活并分裂形成克隆的过程也称为免疫选择（clonal selection）。这是因为只有表面受体能与特定病原体抗原识别和结合的淋巴细胞才能被“选择”激活，而带有其他种受体的淋巴细胞不发生反应。

（4）免疫应答的记忆

与同一抗原的相遇经历影响免疫反应的速度、强度和持续时间。第一次遇到某个病原体抗原，引发免疫细胞激活增殖并产生效应细胞称为初次免疫应答（primary immune response）。初次免疫应答通常在遇到抗原后 10~17 天后达到高峰。如果再次遇到同一抗原，将引发再次免疫应答（secondary immune response），它比初次免疫应答发生更快（遇到抗原后 2~7 天达高峰），反应更强烈，持续时间也更久。这是由于初次免疫应答中激活产生的淋巴细胞克隆分化成为的记忆细胞保留在血液循环中，它们的寿命可达数十年，一旦再次遇到同一抗原，这些记忆细胞便会更快速更大规模地增殖，作出强有力的反应。

在一次免疫应答中产生的抗体不会全部用完，各种各样的抗体在血液中循环流动。因此检查血液中的某一种抗体便可确定一个人是否曾经受到某种特定的病原体的侵袭，例如引发肝炎或艾滋病的病毒的侵袭。

30.3　抗体介导和细胞介导的免疫应答

适应性免疫分两类：抗体介导的免疫应答（体液免疫）和细胞介导的免疫应答（细胞免疫）。体液免疫发生在血液和淋巴中，依靠 B 淋巴细胞分泌的抗体清除体液中的病原体或毒素。细胞介导的免疫应答是由特化的 T 淋巴细胞直接对抗被病原体感染的细胞和癌细胞，也对抗移植器官的异体细胞。体液免疫和细胞免疫都可以发生初次免疫应答和再次免疫应答，也都会产生记忆细胞。

30.3.1　辅助性 T 细胞激活免疫应答

辅助性 T 细胞是 T 淋巴细胞被抗原结合激活产生的一种效应细胞，激活 T 淋巴细胞的必须是呈递在宿主细胞表面的病原体抗原（见 30.2.3 节），这种宿主细胞又称为抗原呈递细胞（antigen-presenting cell），它可以是树突状细胞、巨噬细胞和 B 淋巴细胞。

被病原体感染的细胞和抗原呈递细胞一样会具有抗原，淋巴细胞如何区分它们呢？答案在于存在两类 MHC 分子标记。多数体细胞只具有 Ⅰ 类 MHC 分子，而抗原呈递细胞具有 Ⅰ 类和 Ⅱ 类 MHC 分子，Ⅱ 类 MHC 就形成了抗原呈递细胞可以被识别的独特标志。辅助性 T 细胞与其特异识别的呈递在细胞表面的抗原结合，引发免疫应答（图 30.8）。首先，辅助性 T 细胞与其识别的抗原及呈递抗原的 Ⅱ 类 MHC 分子结合，同时辅助性 T 细胞表面的 CD4 蛋白也与 Ⅱ 类 MHC 分子结合，加固细胞之间的联结（图 30.8a）。辅助性 T 细胞促进抗原呈递细胞释放细胞因子，这些细胞因子又进一步激活辅助性 T 细胞释放细胞因子，并进行细胞增殖（图 30.8b）。增殖产生的辅助性 T 细胞克隆继续释放其他细胞因子，帮助激活 B 淋巴细胞和细胞毒性 T 细胞，进行体液免疫和细胞免疫（图 30.8c）。

30.3.2　B 淋巴细胞和抗体对抗细胞外病原

体液免疫是由 B 淋巴细胞激活产生的抗体介导的。B 淋巴细胞的激活需要两个条件：特异抗原的存在和细胞因子的信号。

当 B 淋巴细胞的受体分子遇到相应的抗原并将它锁定在结合位点后，这个 B 淋巴细胞便被致敏了。但

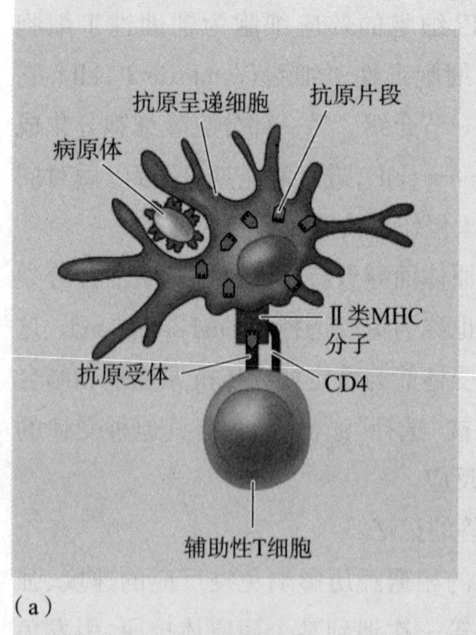

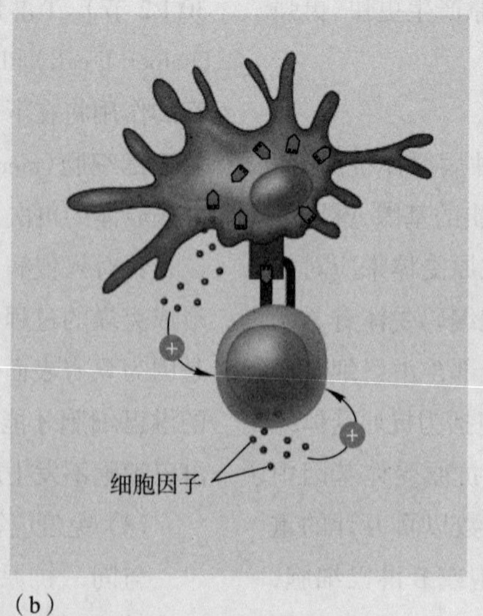

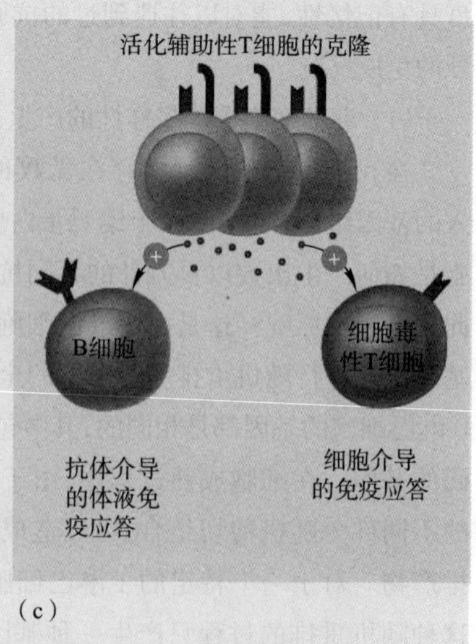

图 30.8　辅助性 T 细胞在体液免疫和细胞免疫中的作用（仿自 Campbell 等，2016）
详见正文。

还需要另外一些适当的信号，它才会分裂。这些信号来自一个已经被抗原-MHC复合体活化了的辅助性T淋巴细胞（图30.9a）。B淋巴细胞也可以呈递抗原。巨噬细胞或树突状细胞能呈递多种抗原，但B淋巴细胞只能呈递它本身特异结合的抗原。当一个抗原与B淋巴细胞表面受体结合后，B淋巴细胞通过内吞作用（endocytosis）将一些抗原分子内吞，然后通过Ⅱ类MHC分子将抗原分子片段呈递到细胞表面供辅助性T细胞识别。能特异识别这种抗原片段的活化的辅助性T细胞与B淋巴细胞结合，并释放细胞因子（如白细胞介素2），促进致敏B淋巴细胞分裂（图30.9b）。激活后的B淋巴细胞进行增殖分化，能产生数千个相同的效应细胞（浆细胞）（见30.2.4节）。浆细胞不再产生细胞表面受体，而是大量分泌抗体到体液中（图30.9c）。每个浆细胞在4~5天内能分泌上万亿个抗体分子。

抗体介导的免疫应答的主要目标是细胞外的病原体和毒素，不能与在寄主细胞中的病原体和毒素结合。抗体不能直接杀死病原体。当病原体和毒素在组织和体液中自由地循环流动时，抗体与这类细胞外的病原体和毒素结合，能够抑制病毒一类的抗原感染寄主细胞的能力，使一些细菌产生的毒素被中和而失效，使一些抗原（如可溶的蛋白质）凝聚而被巨噬细胞吞噬，还可以标记病原体使其被巨噬细胞等清除。被巨噬细胞或树突状细胞吞噬的病原体抗原又可以被呈递到这些细胞表面，激活相应的辅助性T细胞，从而进一步激活B淋巴细胞的免疫应答，形成联系固有免疫和适应性免疫的一个正反馈机制，从而更有力地对抗病原体入侵。

30.3.3 细胞毒性T细胞

细胞毒性T细胞的作用是释放毒素杀死被病毒或其他细胞内病原体感染的细胞。细胞毒性T细胞的激活需要辅助性T细胞的信号以及与抗原呈递细胞结合。细胞毒性T细胞能识别由Ⅰ类MHC分子呈递到被感染细胞表面的抗原。与辅助性T细胞的CD4蛋白类似，细胞毒性T细胞也有表面蛋白辅助它与MHC分子的结合，称为CD8。活化的细胞毒性T细胞首先分泌穿孔蛋白（perforin）在靶细胞膜上形成孔道，还分泌毒素进入细胞扰乱细胞器和DNA的正常运作，引发细胞凋亡，然后离开这个细胞再攻击另一个被感染的细胞。

30.3.4 免疫应答发生的部位

病原体入侵体内后，免疫应答首先在免疫器官中进行。这些器官包括扁桃体和广泛分布的淋巴结。淋巴结多在呼吸、消化、生殖系统的黏膜下。这样的位置便于抗原呈递细胞（如巨噬细胞）、淋巴细胞拦截刚刚突破体表屏障的入侵者。病原体侵入组织液后，随组织液进入淋巴管，沿淋巴管流经淋巴结。病原体进入淋巴结便会遇到巨噬细胞一类抗原呈递细胞将它们吞噬，呈递出抗原标志。这便引发能特异结合抗原的淋巴细胞分裂，产生效应细胞群和记忆细胞群。效应细胞群通过淋巴结进入血液循环再到全身，以细胞免疫或体液免疫的方式对抗病原体。

30.3.5 适应性免疫应答小结

细胞介导和抗体介导的免疫应答（统称适应性免疫）是一系列相互协同的反应，共同对抗外界病原体的

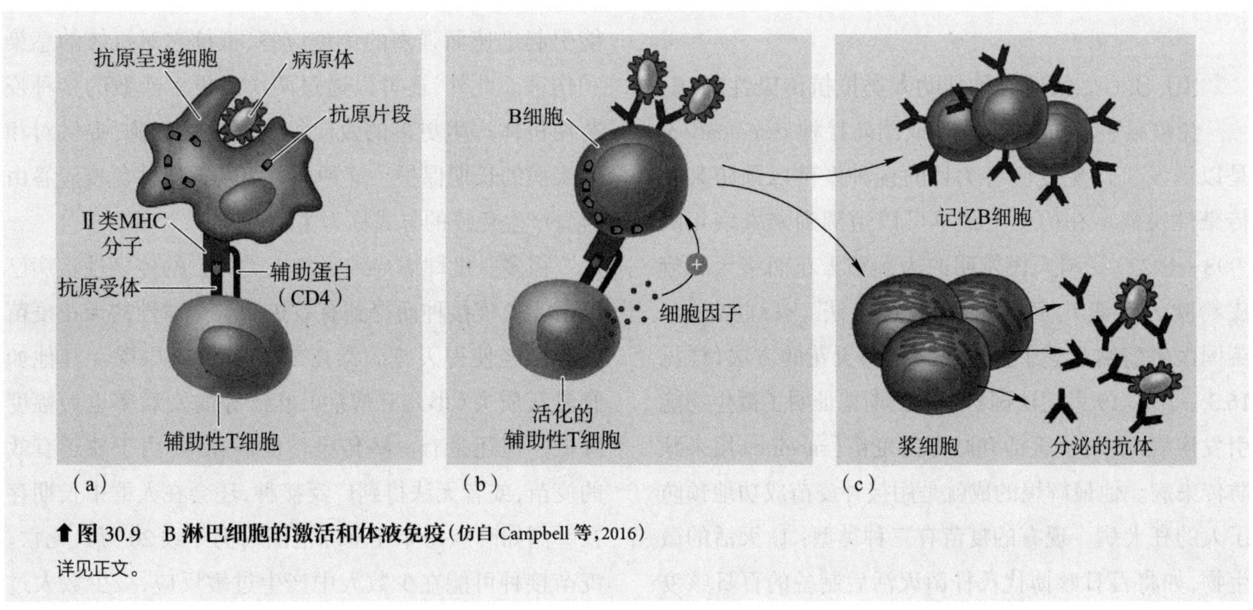

图30.9 B淋巴细胞的激活和体液免疫（仿自Campbell等，2016）
详见正文。

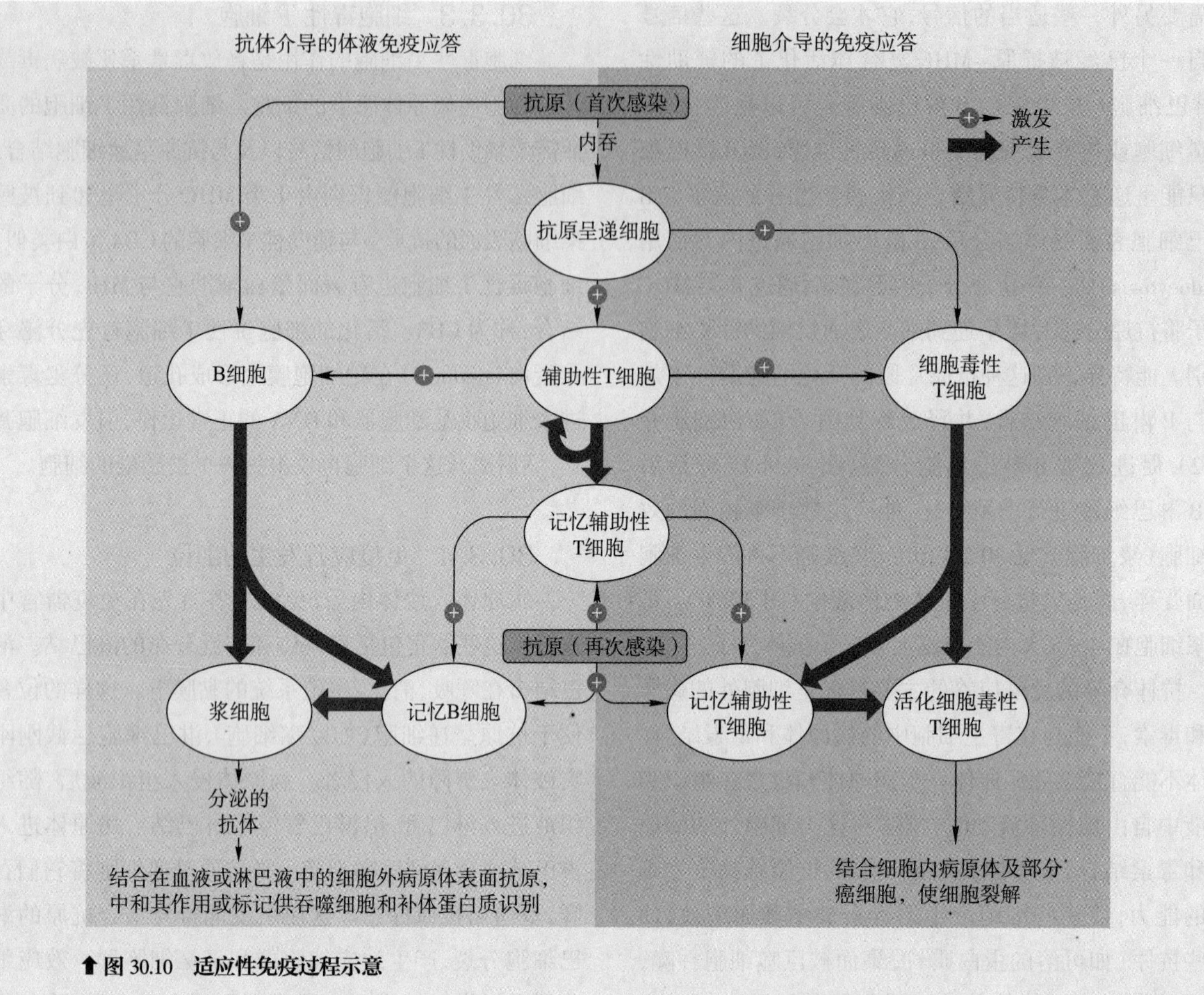

图 30.10 适应性免疫过程示意

入侵（图 30.10）。辅助性 T 细胞、B 淋巴细胞和细胞毒性 T 细胞在适应性免疫中起重要作用，其中辅助性 T 细胞对于细胞免疫和体液免疫的启动都有激活作用。这三种细胞都参与初次免疫应答，而它们增殖产生的记忆细胞参与再次免疫应答。

30.3.6 免疫接种帮助人类抵抗传染性疾病

免疫接种（immunization）或预防接种（vaccination）是以诱发机体免疫应答为目的接种疫苗以预防某种传染性疾病。在历史上最早可以追溯到宋真宗年间（998—1022）我国人民发明的为预防天花而将天花痂皮粉吹入健康儿童鼻孔中的“种痘法”。18 世纪末，英国医生詹纳建立了接种牛痘预防天花的方法（详见 16.3.1 节）。19 世纪法国科学家巴斯德证明了微生物能引发疾病，发明了灭活和减毒的疫苗（vaccine）用来预防传染病。他最辉煌的成就是用接种疫苗成功地预防了人的狂犬病。现有的疫苗有三种类型：① 灭活的微生物，如将百日咳博代氏杆菌灭活后制备的百日咳疫苗，丙酮灭活的伤寒沙门菌制备的伤寒疫苗；② 分离的微生物成分或其产物做疫苗，如链球菌脂多糖预防链球菌性肺炎；③ 减毒的微生物，例如口服的脊髓灰质炎病毒疫苗。这三类疫苗通过注射或口服进入体内，使体内产生初次免疫应答和免疫记忆，当病原体入侵时能引起迅速而强烈的免疫应答，抵抗它对机体的感染和伤害。此外，还可以通过两次或更多次数的接种疫苗使机体产生更多的效应细胞和记忆细胞，提供对相关疾病的长期保护。这种通过引发适应性免疫应答由自身产生免疫的方式称为主动免疫。

很多一度肆虐导致大批人类死亡的传染性疾病已经由于免疫接种而得到有效控制。全球性的天花疫苗接种已经使得天花病毒在 1970 年代被根除。其他如脊髓灰质炎（小儿麻痹症）、麻疹等的发病率也大幅度降低。但还是有一些传染性的病原体，由于缺乏有效的疫苗，或者无法得到广泛接种，还会在人群中长期存在。例如麻疹每年在全球范围内仍导致 20 万人死亡。疫苗接种可能在少数人中产生过敏反应，极少数人过敏反应会很严重,但不接种疫苗而感染致病菌和病毒的危害远远超出疫苗接种的少量副作用,因此要坚持普及疫苗的科学知识,强化疫苗接种。

除了上述的主动免疫外,还有一种免疫方式是被动免疫,即通过接受针对某种病原体的抗体(抗血清)而获得免疫力。例如,马匹多次接种破伤风梭菌后,其血清内产生大量的抗破伤风的抗体,可以用来医治破伤风梭菌感染者。被动免疫效果持续期不长,因为没有自己的B淋巴细胞的记忆细胞,但作用快,接种后立即起作用。这种免疫方式通常用于帮助已经感染某种病原体,如白喉、破伤风、麻疹和乙型肝炎等的人们。救治毒蛇咬伤也使用抗血清,利用其中的抗体中和毒蛇唾液中的毒素,从而减少对伤者的毒害。

30.3.7 抗体作为科学研究和临床工具

动物在对某病原体发生适应性免疫应答中由B淋巴细胞产生的是包含很多种克隆的抗体,这是因为一个病原体上的多个抗原表位由不同的抗体识别(见图30.5)。通过人为方法可以制备单一B淋巴细胞克隆的抗体,称为单克隆抗体(monoclonal antibody),单克隆抗体在生物基础研究和临床诊断治疗中都具有重要作用。

1975年研制成功的单克隆抗体技术是免疫技术发展中的里程碑。以前虽然能激活B淋巴细胞产生特异性的抗体,但对这些B淋巴细胞却无法进行人工培养。后来,在人工培养的条件下促使鼠的骨髓瘤细胞(浆细胞的肿瘤细胞)与同系动物的经过用特定抗原免疫的B淋巴细胞(从脾中取得)融合成一种杂交瘤细胞。这种杂交瘤细胞不仅能无限制地分裂生长,经过筛选,还能产生出人们所需要的特定抗体。用杂交瘤产生单克隆抗体的方法特异性强,产量高,在医学中广泛应用。单克隆抗体可以用来做家庭妊娠检查,检查前列腺癌和某些性传播疾病,还可以用这种技术大量生产科研所需要的抗体。此外,利用免疫机制还可以进行癌症的治疗,详见知识窗“免疫疗法”。

知识窗

免疫疗法

癌症、心血管疾病和糖尿病是导致人类死亡的三大疾病。世界卫生组织发布的全球癌症统计报告显示,2018年全球新增癌症患者近1808万例,癌症死亡956万例,其中中国新增癌症患者和死亡人数分别占全球总数的23.7%和30.0%。中国癌症发病率和死亡率均高于世界平均水平,我们在癌症的有效预防和提高治疗成功率方面还需要付出很大的努力。

肿瘤细胞具有自给自足的生长信号和无限增殖的能力,它们抵抗细胞凋亡、能量代谢异常、基因组不稳定易突变。此外,肿瘤细胞还能促进血管生成、逃逸免疫系统的监控,进行组织浸润和转移,即表现出临床上的癌症病症。传统的癌症治疗方法包括放射治疗(简称放疗)、化学药物治疗(简称化疗)、分子靶向药物治疗和手术治疗,这些方法可以直接杀死或切除癌细胞和肿瘤组织。然而,使用这些传统方法常常无法彻底清除癌细胞,癌症转移和复发的可能性仍然存在。癌症的产生与癌细胞成功逃逸人体免疫系统的监控有密切关系,因此癌症在一定程度上也属于免疫疾病。癌症免疫治疗(immunotherapy)是一种通过激活或改造人体免疫系统,增强患者自身免疫功能来杀灭癌细胞的全新的治疗方法。深入理解免疫系统在癌症发生和发展中的作用,找到在肿瘤免疫逃避的机制,有助于设计出更有效的癌症免疫治疗方法。

肿瘤新抗原(neoantigen)是指肿瘤细胞在癌变过程中,因基因突变产生的能够被免疫细胞识别和诱导免疫应答的肿瘤特异性抗原;此外,相对于正常细胞,肿瘤细胞可以异常高表达某类蛋白质,即肿瘤相关抗原。肿瘤抗原的鉴定是肿瘤免疫治疗的重要前提。

根据抗肿瘤免疫效应机制不同,癌症的免疫疗法可分为主动免疫治疗(active immunotherapy)和被动免疫治疗(passive immunotherapy)。主动免疫治疗是通过激活机体自身的免疫系统功能对抗肿瘤的方法。癌症疫苗、免疫检查点抑制剂都属于主动免疫治疗方法。此外,还可以通过注射免疫激活剂(如细胞因子)等激活机体抗肿瘤免疫反应。被动免疫治疗是将外源的免疫效应物质输入患者体内对抗肿瘤。被动免疫治疗方法包括注射肿瘤特异性单克隆抗体,和通过异体骨髓移植或供体淋巴细胞输入方法,利用引入的免疫细胞(T细胞)杀死肿瘤细胞。随着基因编辑技术的发展,基因改造免疫细胞可以提高肿瘤免疫治疗的效率。目前肿瘤免疫治疗的新策略集中在激活保护性抗肿瘤免疫应答方面,主要表现在扩大肿瘤反应性T细胞数量、提供外源性的免疫活化刺激和拮抗诱导免疫耐受的调节性途径。联合使用多种治疗策略是肿瘤免疫治疗的未来发展趋势。

与放疗和化疗相比，免疫疗法的靶向目标明确，对人体正常细胞影响小，因此副作用更小。然而，肿瘤免疫治疗也存在很多局限性。如确定患者和器官特异性的肿瘤免疫逃逸机制和主导因子并非易事，免疫疗法对自身正常免疫功能也存在毒性，等等。因此，在临床上可采用放疗、化疗和多种免疫疗法相结合的联合治疗策略，从而提高肿瘤的治疗效果。

30.3.8 免疫排斥及血型

机体对植入的来自异体的细胞、组织、器官等和对病原体一样，会产生免疫应答，最终将其破坏和消灭，称为免疫排斥(immune rejection)。免疫排斥在异体器官移植中经常可见，造成移植失败。产生这种现象的重要原因之一在于MHC分子标志。人类具有100多种不同的MHC基因，而每个人都表达十几种不同的MHC基因，产生相应的MHC蛋白分子在细胞表面。每个人全部细胞表达的MHC分子标志相同，而人与人之间不同，因此MHC分子成为每个个体的身份标签。免疫细胞能区别自身和外来的MHC分子标志，对异体的细胞、组织等发起免疫防御和攻击。临床上用来减少免疫排斥的方法包括尽量选取MHC分子标志相近的植入来源(如近亲)，以及使用抑制免疫反应的药物。

我们在第27章已经介绍过ABO血型。血型的差异从根本上是源于红细胞表面糖类(抗原)的不同。A型和B型血红细胞分别携带A型糖基和B型糖基，而O型血红细胞表面不具有这些糖基。机体会受到细菌感染，一些细菌表面也具有类似A型或B型糖基的抗原。由于自身细胞受免疫系统识别和保护，不会产生抗自身血型红细胞的抗体，因此A型血者只具有抗B型糖基抗原的抗体，B型血者只具有抗A型糖基抗原的抗体，而O型血者具有抗A型和B型两种糖基抗原的抗体。当不同血型的人相互输血时，输出血中的抗体会和输入者的红细胞反应，发生溶血(红细胞破碎)，导致发冷、发热、肾功能障碍等严重症状。

30.4 免疫系统功能异常导致的疾病

30.4.1 免疫系统的过度反应

免疫应答的作用是清除突破身体屏障侵入体内的病原体，然而对外来抗原的异常免疫应答和在特殊情况下对某些自身组织发生的免疫应答都可能产生疾病。

(1) 过敏反应(变态反应)

一些人对某些无害的物质，如花粉、某些食物、某些药物、螨虫、蘑菇孢子、昆虫的毒液、灰尘及化妆品等产生强烈的免疫应答。这种情况就称为过敏反应或变态反应(allergy)。能引发过敏反应的物质称为致敏原(allergen)。过敏反应分速发型与迟发型两类。速发型过敏反应可在接触致敏原几分钟后开始，如青霉素、蜂毒等引起的过敏反应。这种反应强烈，如不及时治疗可能导致死亡。

引起速发型过敏反应的原因是致敏原进入体内引起特异性抗体(通常为IgE)大量合成。这些抗体与肥大细胞等结合。当这些细胞再次与抗原结合时便会释放组胺一类的细胞产物。这些物质有强烈的舒张血管、收缩平滑肌等作用，可以导致皮肤红肿、哮喘、流鼻涕、黏膜水肿等症状，严重的可以出现过敏性休克。用抗组胺类药物治疗，可以暂时缓解症状。脱敏方法有一定的效果，即找到引起过敏反应的致敏原，在一定时间内逐渐加大患者对致敏原的接触量，直到不再出现过敏反应为止。

(2) 自身免疫病

在正常情况下人体免疫系统可以识别“自我”与“非我”，不攻击自身的细胞。但在某种情况下，患者的抗体和T淋巴细胞攻击自身的组织，这便是自身免疫病(autoimmune disease)。造成这种状况的原因还不清楚。自身免疫病可分为两类：器官特异性自身免疫病和系统性自身免疫病。器官特异性自身免疫病的自身抗体只攻击某一器官，如突眼性甲状腺肿中的甲状腺TSH受体，重症肌无力中肌肉的乙酰胆碱受体，胰岛素依赖性糖尿病中的胰岛细胞等。系统性自身免疫病则波及全身。例如系统性红斑狼疮，表现为原因不明的全身性血管炎，面部有蝴蝶样红斑并因日照而加重，多见于年轻妇女(15～35岁)。又如类风湿性关节炎，表现为指关节和腕关节痛、肿、僵直，可波及踝、膝、肘关节。女性的发病率为男性的3倍。

30.4.2 免疫系统功能减退

先天性的免疫缺陷(immunodeficiency)疾病是与生俱来的。患病婴儿由于遗传缺陷或发育问题缺乏 B 淋巴细胞或 T 淋巴细胞,对病原体入侵不能产生有效的免疫应答,很容易因感染病原体而致病,甚至死亡。治疗方法包括骨髓或干细胞移植。

还有后天获得的免疫缺陷病。艾滋病就是由人类免疫缺陷病毒(HIV)所引起的严重的免疫缺陷病。有关 HIV 的内容可参见第 16 章。

身体疲惫、精神压力、睡眠等因素都可能改变免疫系统功能。例如,适量运动可以提高身体对病原体的免疫能力,而过度运动导致极度疲劳后可能造成更频繁地感染病原体和引起更严重的感染症状。精神压力过大也会抑制免疫系统功能。此外,睡眠不足也会降低机体免疫力,增加感染病原体的概率。

思考题

1 免疫系统怎样识别侵入身体的病原体?
2 试述 T 淋巴细胞在细胞免疫和体液免疫中的作用。
3 何谓免疫系统的“记忆”?
4 如何确定患者是否感染过某种传染病?
5 为什么免疫接种可以预防传染病?你接种过哪些疫苗?

31 激素与内分泌系统

雄性(左)和雌性(右)猩猩
性激素对动物的形态及行为均有重要影响。

○ 同一物种的动物个体之间在形态、行为等方面都可能有所不同。如章首图所示的猩猩(*Pongo* spp.),雄性(左图)和雌性(右图)的体型、外表、行为都有巨大差异,产生这些差异的重要原因是一类称为激素的物质。激素是由内分泌系统产生并释放到血液中并影响身体其他多个系统和器官的物质。激素不仅能够导致如猩猩的性二型性(sexual dimorphism,即雌雄成体之间的形态差异),还在生长、发育、生殖、应激反应、渗透调节、血糖调节等各方面协调机体各部分的生理过程并维持内环境稳态。神经系统在体内各部分生理活动的配合、协调以及机体对外界环境的适应中起着重要的,甚至是决定性的作用(见第33章),但是内分泌系统分泌的激素也起着重要的、不可缺少的作用。内分泌系统与神经系统配合将机体各部分的活动协调成为一个整体。

31.1 激素及其作用机制

31.1.1 激素的作用

激素(hormone)是内分泌系统某些特定的器官或细胞在特定的刺激(神经的或体液的)作用下分泌到体液中的某些特异性物质。激素在血液中的浓度很低,它们作用于特定的靶器官,产生特定的效应。它们只提供调节组织活动的信息,调节特定过程的速率,但并不向组织提供能量或物质,也可以说它们是“信息载体”。激素这类化学物质与酶不同,它们只能对复杂的细胞结构起作用,不能在破坏了细胞结构的组织匀浆中发挥作用。激素是由细胞分泌到体液中作用于自身机体其他器官的,有别于另外一些腺体通过管道将某些物质分泌到体外。因此,这类分泌称为内分泌(endocrine)。由于激素是通过体液的传送而发挥调节作用的,所以这种调节又称体液调节。与神经调节相比,体液调节反应比较缓慢,作用的持续时间比较长,作用的范围比较广泛。

激素的作用有以下5个方面:① 维持稳态;② 调节生长与发育;③ 调节生殖活动;④ 调节能量转换;⑤ 调节行为。

31.1.2 激素作用的机制

根据激素的化学结构可以将它们分为4种类型:

① 蛋白质类,包括胰岛素、促肾上腺皮质激素、促甲状腺激素、生长激素、胸腺素、绒毛膜促性腺激素等;

② 多肽类,包括胰高血糖素、催产素、抗利尿激素(又称血管升压素);

③ 氨基酸衍生物,如甲状腺素、肾上腺素、去甲肾上腺素等;

④ 类固醇,如肾上腺皮质类固醇、雄激素、雌激素等。

以上4类又可归并为两大类:一类是含氮激素,包括蛋白质、多肽、氨基酸衍生物;另一类是类固醇激素。

大部分含氮激素为水溶性，而类固醇激素为脂溶性。这两类激素不但化学结构和可溶性不同，而且作用机制也不相同。

水溶性激素通过胞吐途径释放并溶于血液运输到全身各处。它们由于脂溶性差，不能扩散过磷脂膜，因而是通过和细胞表面的特定受体结合从而产生一系列反应发生作用的（图 31.1）。如一些激素的受体与 G 蛋白偶联，激素与受体的结合激活 G 蛋白，从而激活腺苷酸环化酶，催化 ATP 转化成环腺苷酸（cAMP），cAMP 再刺激或抑制靶细胞中特有的酶或反应过程，使靶细胞所特有的代谢活动发生变化，引起各种生理效应。在此过程中，激素把某种信息由分泌细胞带到靶细胞，因此可称为“第一信使”。cAMP 起了把第一信使带来的信息传递到细胞内的作用，因此把细胞内的 cAMP 称为“第二信使”。细胞内还有磷酸二酯酶（phosphodiesterase，PDE），使 cAMP 转化为无活性的 5′-AMP，从而终止这一系列反应。

多种激素的第二信使都是 cAMP，激素作用的特异性又如何实现呢？原因在于不同种类的细胞有不同的受体，如甲状腺细胞的受体只能结合促甲状腺激素（TSH），肾上腺皮质细胞的受体只能结合促肾上腺皮质激素（ACTH）。所以 TSH 和 ACTH 虽然都能使细胞产生 cAMP，但 TSH 只能使甲状腺细胞发生反应而不能使肾上腺皮质细胞发生反应，ACTH 也只能使肾上腺皮质细胞发生反应而不能使甲状腺细胞发生反应。有些细胞能接受多种激素的刺激，对多种激素发生反应，这是由于这类细胞膜上有多种受体，分别与相应激素结合而发生作用。

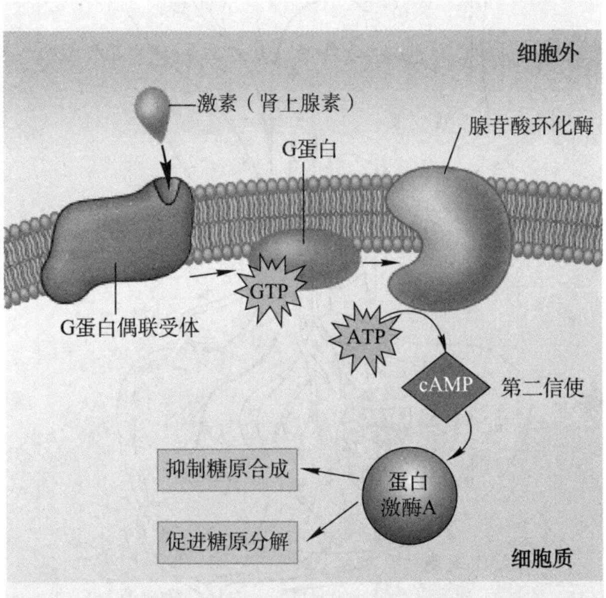

图 31.1　水溶性激素通过激活细胞表面受体发生作用

类固醇激素作用的机制与水溶性激素不同。这类激素都是小分子，能扩散进入细胞，它们进入非靶细胞后由于不存在相应受体，不发生反应。激素进入靶细胞后，先与细胞质中特异的受体分子结合，形成“激素－受体复合物”。这种有活性的复合物穿过核膜进入核内，与某些 DNA 结合蛋白或特定 DNA 应答元件结合，促进某些基因转录成 mRNA。mRNA 扩散出核膜，进入细胞质，导致某种蛋白质（酶）的合成，从而引起这种激素的生理效应。

同一种激素可以在不同器官的靶细胞引起不同的反应，这是由于不同靶细胞可以产生不同的受体，或者不同的其他效应蛋白，从而产生不同的调控效果。如在应激反应中产生的肾上腺皮质激素，在某些器官（如心血管）中促进其功能，而对另一些器官（如消化、生殖系统）的功能产生抑制作用。

31.2　脊椎动物的内分泌系统

无脊椎动物具有较为简单的内分泌系统。如一些昆虫的内分泌器官分泌保幼激素和蜕皮激素，调控幼虫的蜕皮、变态等发育过程。脊椎动物的内分泌系统更为复杂，以下以人的内分泌系统为例进行介绍。

31.2.1　人的内分泌系统

内分泌系统包括分散在体内的一些无管腺和细胞。人体内分泌系统包括多种腺体和组织，其中有的内分泌细胞比较集中形成内分泌腺，如垂体（pituitary body）、甲状腺（thyroid gland）、甲状旁腺（parathyroid gland）、肾上腺（adrenal gland）和性腺（又称生殖腺，gonad）（图 31.2）；有的比较分散，如胃、肠中的内分泌细胞；有的是兼有内分泌的作用，如下丘脑（hypothalamus）的神经细胞和胎盘组织等。由此可见内分泌细胞不只是存在于内分泌腺内。

31.2.2　内分泌系统与神经系统的联系

人和动物体内的神经系统与内分泌系统两大调节系统之间有无联系以及如何联系是一个重要的问题。20 世纪 40 年代，根据多方面的资料，英国生理学家哈里斯（Geoffery Harris，1913—1971）提出了下丘脑调节腺垂体的神经－体液学说：各种外界刺激引起的传入

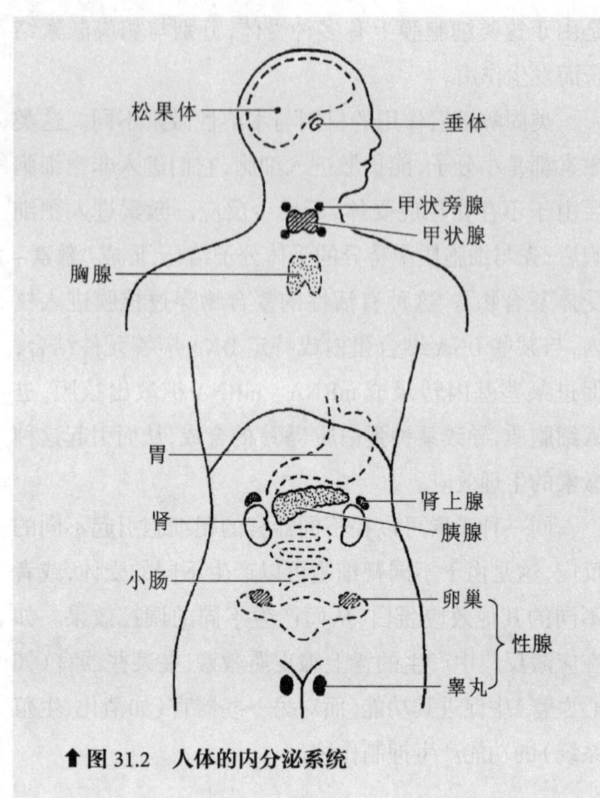

⬆图 31.2　人体的内分泌系统

冲动作用于下丘脑的神经分泌细胞。这些神经元的末梢终止于正中隆起的下丘脑－垂体门脉的初级毛细血管网。当下丘脑神经分泌细胞兴奋时末梢释放的调节腺垂体的体液传递因子进入毛细血管，由门脉血流运到腺垂体（见下小节）去促进或抑制腺垂体分泌相应的激素（图 31.3）。这一学说第一次有根据地将神经与内分泌两个调节系统的功能统一起来，受到很大的重视。

经过生理学家几十年的努力，终于证明了下丘脑的神经分泌细胞分泌多种下丘脑调节激素（表 31.1）。这些激素经下丘脑－垂体门脉到达腺垂体，调节控制腺垂体的激素分泌。腺垂体分泌的促激素又调节控制有关靶腺体的激素分泌。下丘脑－腺垂体－靶腺体形成了一个神经内分泌系统。在这个系统中不仅有从下丘脑到腺垂体再到靶腺体的从上而下的垂直控制，还有从靶腺体到腺垂体再到下丘脑的反馈控制。

31.2.3　垂体的内分泌功能

垂体位于脑的下部，因此也称为脑下垂体（图 31.3）。成人的垂体重约 0.6 g，大小如豌豆，由腺垂体（adenohypophysis）和神经垂体（neurohypophysis）两部分组成。腺垂体（也称垂体前叶）起源于胚胎发育期中的上皮组织；神经垂体（也称垂体后叶）起源于胚胎发育期中的神经组织，与下丘脑相连。

垂体在内分泌系统中占有重要的位置，是脊椎动物的主要内分泌腺，因为它不仅有重要的独立功能，而且还分泌几种激素分别支配性腺、肾上腺皮质和甲状腺的活动。垂体的活动受到下丘脑的调节，下丘脑通

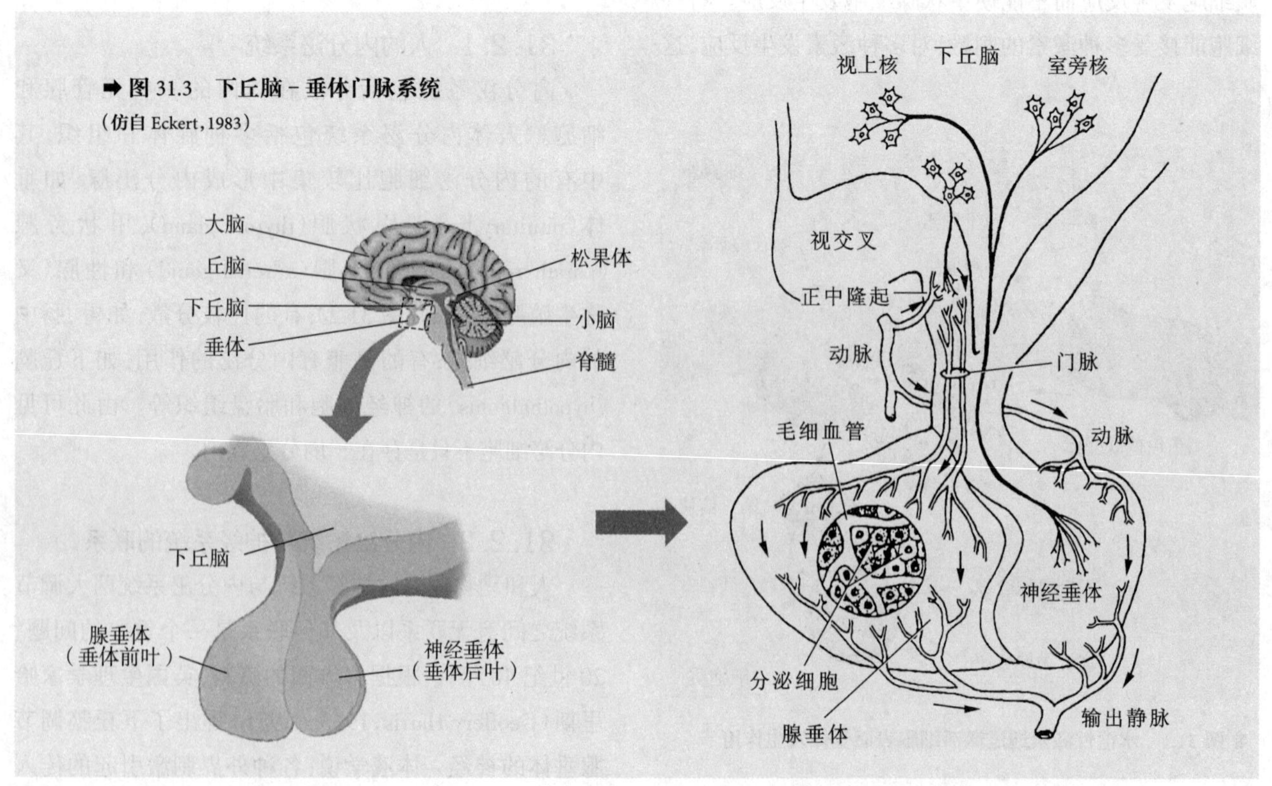

➡图 31.3　下丘脑－垂体门脉系统
（仿自 Eckert，1983）

表 31.1 下丘脑释放的作用于腺垂体的激素

激素	缩写	主要作用	调节
促肾上腺皮质激素释放激素	CRH	刺激促肾上腺皮质激素释放	应激刺激增加分泌;促肾上腺皮质激素抑制分泌
促甲状腺素释放激素	TRH	刺激促甲状腺素释放	低体温引起分泌;甲状腺素抑制分泌
促性腺激素释放激素	GnRH	刺激促卵泡激素和黄体生成素释放	雄激素(男)或雌激素(女)浓度降低刺激分泌;促性腺激素浓度升高抑制分泌;有关的神经冲动传入刺激分泌
生长激素释放激素	GHRH	刺激生长激素释放	低血糖刺激分泌
生长激素释放抑制激素	GHRIH	抑制生长激素释放	运动引起激素分泌,在组织中很快失活
催乳素释放激素	PRF	刺激催乳素释放	哺乳的神经刺激促进分泌
催乳素释放抑制激素	PIF	抑制催乳素释放	高水平的催乳素增加分泌,哺乳的神经刺激抑制分泌
促黑激素释放激素	MRF	刺激促黑激素释放	促黑激素抑制分泌
促黑激素释放抑制激素	MRIF	抑制促黑激素释放	褪黑激素抑制分泌

过对垂体活动的调节来影响其他内分泌腺的活动。因此下丘脑与垂体的功能联系是神经系统与内分泌系统联系的重要环节。

(1) 神经垂体的作用

神经垂体释放两种激素:抗利尿激素(ADH)和催产素(oxytocin,OT)。这两种激素都是八肽,是在下丘脑的神经细胞中合成的,视上核合成抗利尿激素,室旁核合成催产素。这些神经细胞的纤维一直延伸到神经垂体(图 31.3)。

抗利尿激素的主要作用是调节人体内的水平衡,它促进水在肾集合管的重吸收,使尿量减少,这就是抗利尿作用。这方面的作用已在第 29 章中讨论过。它还可以引起体内各部分微动脉上的平滑肌收缩,有升压作用,所以又称血管升压素(vasopressin,VP)。

催产素有强大的刺激子宫平滑肌收缩的作用。它还作用于乳腺泡周围的类似平滑肌的肌上皮细胞,使之收缩,将乳汁挤出。

(2) 腺垂体的作用

腺垂体的作用比较广泛,至少产生下列 7 种激素:促肾上腺皮质激素(adrenocorticotropic hormone,ACTH),促甲状腺激素(thyroid-stimulating hormone,TSH),促卵泡激素(follicle-stimulating hormone,FSH),黄体生成素(luteinizing hormone,LH),催乳素(prolactin,PRL),生长激素(growth hormone,GH;somatotropin),促黑激素(melanocyte-stimulating hormone,MSH)。这些激素都是多肽或蛋白质类激素。

① 促激素　上述的前 4 种激素(ACTH、TSH、FSH、LH)作用于其他的内分泌腺,产生广泛的影响,这 4 种激素又统称"促激素"(trophic hormone)。促卵泡激素、黄体生成素又统称为促性腺激素(gonadotropin)。这些促激素是它们所作用的靶腺体的形态发育和维持正常功能所必需的,而且还刺激这些腺体的激素形成和分泌。

② 生长激素　生长激素是单链蛋白质,人类的生长激素由 191 个氨基酸组成,分子量为 21 500。生长激素具有物种特异性,除灵长类的生长激素外,其他脊椎动物的生长激素对人不起作用。

生长激素促进蛋白质合成,刺激细胞生长,包括细胞增大与数量增多。它对肌肉的增生和软骨的形成与钙化有特别重要的作用。

人幼年时缺乏生长激素将患侏儒症,生长激素分泌过多则将患巨人症。侏儒症患者身材矮小,但智力发育正常,与呆小症患者智力低下不同。成年人如生长激素分泌过多,由于长骨骨骺已经钙化不能再生长,只能使软骨成分较多的下颚骨、手足肢端骨等生长异常,形成肢端肥大症。

③ 催乳素　催乳素最重要的功能是催乳作用。在妊娠期间,在高水平的雌激素、孕激素和催乳素的共同作用下,乳腺腺泡充分发育。催乳素促进乳汁主要成分酪蛋白、乳糖和脂肪的合成。

31.3 激素与内环境稳态

31.3.1 甲状腺调节发育与代谢

人的甲状腺分为两叶,紧贴在气管上端甲状软骨的两侧(图 31.4)。

甲状腺由滤泡组成,滤泡的外周是单层上皮细胞,中间充满均匀的胶状物质。甲状腺滤泡上皮细胞分泌

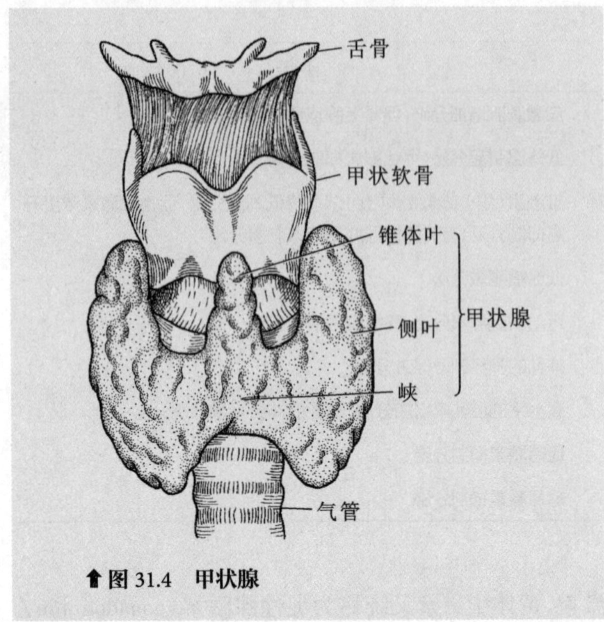

⬆图 31.4 甲状腺

两种甲状腺激素——甲状腺素(thyroxine,T_4)和三碘甲腺原氨酸(3,5,3′-triiodo-thyronine,T_3),都含碘,T_3 比 T_4 少一个碘原子(图 31.5)。

甲状腺激素(T_3,T_4)的作用遍及全身所有的器官。甲状腺激素的主要作用是促进物质代谢与能量转换,促进生长发育,促进骨骼成熟。正常的甲状腺是正常发育的先决条件。新生儿先天性甲状腺功能低下会使生长受到阻碍。甲状腺激素也是中枢神经系统正常发育所不可缺少的,而且必须在关键时期得到必要的甲状腺激素才能保证大脑正常发育。先天性甲状腺发育不全引起呆小症(cretinism)。由于碘是甲状腺激素结构的必要组成元素,饮食中缺碘可引起甲状腺功能减退症。

甲状腺的分泌是通过一系列激素级联反应实现的。首先,下丘脑的神经分泌细胞受到刺激产生 TRH,由门脉系统带到腺垂体,促进 TSH 的释放,并由血液送至甲状腺,引起甲状腺激素的释放,在各器官产生不同的作用。甲状腺激素又通过血液循环送到垂体和下丘脑,抑制 TSH 和 TRH 的产生,避免这一级联反应的持续激活,从而形成负反馈调节。

甲状腺素

三碘甲腺原氨酸

⬆图 31.5 甲状腺激素的结构式

31.3.2 维持钙稳态的激素——甲状旁腺素与降钙素

甲状旁腺是人体内最小的腺体之一,共有两对,在甲状腺的背面或在甲状腺之中(图 31.6)。甲状旁腺分泌甲状旁腺素(parathyroid hormone,PTH)。血钙浓度的降低刺激甲状旁腺细胞释放甲状旁腺素,它促进骨钙溶解,促进小肠从食物中吸收钙以及肾小管对钙离子的重吸收,减少磷酸根在肾小管中的重吸收,结果使血钙浓度上升,血磷含量下降。

甲状腺的滤泡旁细胞还分泌一种降钙素(calcitonin)。高浓度的血钙引起滤泡旁细胞释放降钙素。降钙素直接抑制骨质溶解,还抑制肾小管对钙、磷、钠、氯的重吸收,降低血钙的浓度。降钙素与甲状旁腺素的作用相反,但降钙素的作用更迅速,而且占优势。骨骼是体内钙离子和磷酸根的贮备库。由于甲状旁腺素和降钙素的相反而又相成的作用,它们共同调节血浆中和骨骼中钙、磷的含量,维持血液中钙离子和磷酸根的浓度水平。

31.3.3 胰岛素与胰高血糖素——调节血糖浓度的激素

胰腺中有两类组织:一类是腺泡组织,分泌消化酶;

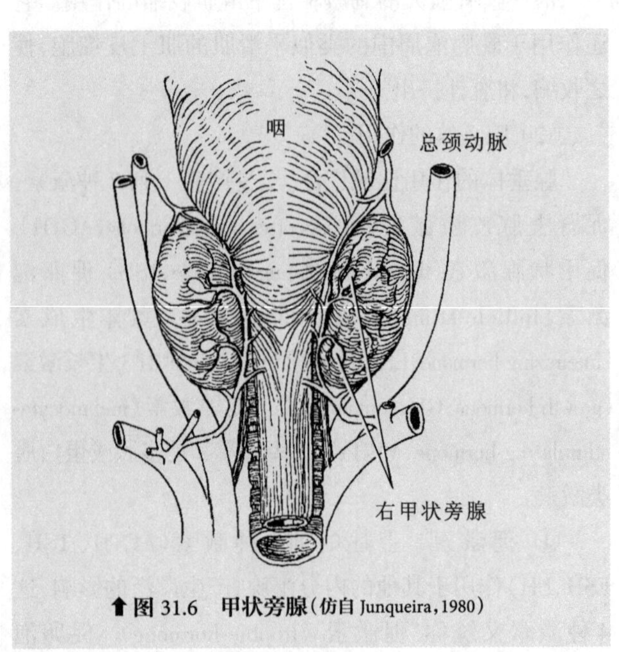

⬆图 31.6 甲状旁腺(仿自 Junqueira,1980)

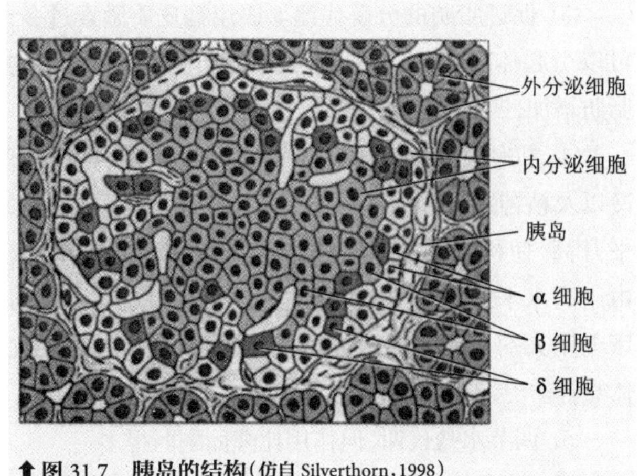

⬆ **图 31.7 胰岛的结构**（仿自 Silverthorn，1998）

另一类是胰岛组织，分散在腺泡组织之中，像小岛一样。

胰腺中有几十万个胰岛。胰岛细胞有多种细胞类型，包括α、β、δ 细胞等（图 31.7）。α 细胞（A 细胞）约占细胞总数的 15%～25%，分泌胰高血糖素（glucagon）；β 细胞（B 细胞）约占细胞总数的 70%～80%，分泌胰岛素。

（1）胰岛素的作用

胰岛素是由 51 个氨基酸形成两条肽链所组成的蛋白质，是已知的唯一降低血糖浓度的激素。

胰岛素降低血糖的作用可归结为下列几方面：促进肝细胞摄取、贮存和利用葡萄糖；增加肌肉细胞对葡萄糖的通透性；促进脂肪细胞吸收葡萄糖和形成脂肪；抑制氨基酸通过糖原异生作用转化成葡萄糖。因此，胰岛素是调节机体各种营养物质代谢的重要激素之一，对于维持正常代谢和生长是不可缺少的。

胰岛素分泌的调节决定于血糖的浓度。当血糖浓度升高时，如进食后血糖浓度超过 6.7 mmol/L（120 mg/dL）血液，血糖直接作用于胰岛，使其中的 β 细胞释放的胰岛素增加，从而降低血糖浓度；当血糖浓度下降时，则刺激胰岛素分泌的因素减少，血中胰岛素浓度也随之下降。

人类的糖尿病（diabetes mellitus）有两种类型：1 型糖尿病和 2 型糖尿病。

1 型糖尿病是遗传疾病，通常发生在婴儿或儿童中。病因是产生胰岛素的 β 细胞被自身免疫反应所破坏，只产生少量的胰岛素或不产生胰岛素。因此，必须每天注射胰岛素。2 型糖尿病通常发生在成人中。其病因是胰岛 β 细胞的分泌活动下降，或机体组织对胰岛素的敏感性降低。

（2）胰高血糖素的作用

胰岛中 α 细胞分泌的胰高血糖素是 29 个氨基酸组成的直链多肽，分子量为 3500。它的主要作用与胰岛素相反，可促进肝糖原的分解，使血糖升高，作用强烈；它还促使脂肪分解，增加心肌收缩力。血糖浓度下降[低于 4.4 mmol/L（80 mg/dL）]可以直接作用于胰岛 α 细胞，引起胰高血糖素的分泌，血糖浓度上升则使 α 细胞的分泌减少。

31.3.4 肾上腺髓质的内分泌动员应激反应

人的肾上腺由皮质与髓质两部分组成，皮质包在髓质的外面。这两部分的胚胎起源不同，细胞类型不同，功能也不同，实际上是两个内分泌器官。肾上腺皮质（adrenal cortex）是由真正的内分泌细胞构成。肾上腺髓质（adrenal medulla）则由神经细胞发育而成，受交感神经支配。

人的髓质细胞主要分泌肾上腺素（epinephrine）（约 80%），还分泌去甲肾上腺素（norepinephrine）（约 20%）。这两种激素都是酪氨酸衍生物，同为神经递质（见第 33 章），它们的作用在许多方面相同，但也有不同之处。在人体中，肾上腺素起主要作用。

肾上腺髓质激素是产生“逃跑或战斗”（flight or fight）反应的主要激素。当动物面对紧急的威胁（如捕食者）时，心跳和肌肉血流加快，呼吸加快，肌肉收缩，这些都是由于肾上腺髓质激素的释放产生的反应。肾上腺素在不同组织和器官引起不同的反应：它引起骨骼肌血管舒张，增加肌肉血液供应；引起胃肠道平滑肌收缩，减少胃肠道血流；使竖毛肌、瞳孔散大肌收缩；使呼吸加深，支气管舒张而减少呼吸阻力；加速肝和肌肉中糖原的分解，提高血糖浓度和血液中脂肪酸的含量，为机体提供能量。在肾上腺素的作用下，成人的代谢率可提高 30%。这一系列反应都有助于动物应对紧急情况。

疼痛、寒冷、缺氧、情绪激动及低血糖等刺激可以使肾上腺素的分泌大为增加。运动（甚至中速步行）、焦虑、恐惧、出血、低血压及许多药物（包括吗啡和乙醚）也能引起肾上腺髓质增加活动。所有这些刺激都是经过下丘脑神经中枢和交感神经支配起作用的。

31.3.5 肾上腺皮质的内分泌是维持生命所必需的

肾上腺皮质分泌多种激素，是一个多功能的内分泌器官。肾上腺皮质从组织学上可以分为三层，即球状带、束状带和网状带（图 31.8）。球状带在最

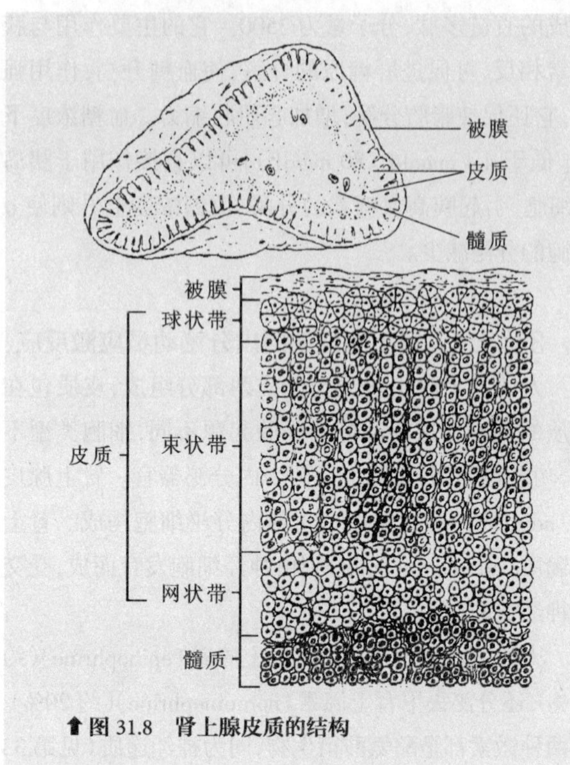

图 31.8 肾上腺皮质的结构

外侧,合成和分泌影响电解质代谢的盐皮质激素(mineralocorticoid),主要是醛固酮;束状带在中间,合成和分泌影响糖代谢的糖皮质激素(glucocorticoid),包括皮质醇、皮质醛等;网状带贴近髓质,主要合成和分泌雄激素、孕激素、雌激素等性激素,也合成少量糖皮质激素。

肾上腺皮质是极重要的内分泌器官,因为它所分泌的盐皮质激素和糖皮质激素是维持生命所必需的。和肾上腺髓质激素一样,肾上腺皮质激素也在应激反应中起重要作用。

(1) 盐皮质激素的作用

盐皮质激素的主要作用是调节体内的电解质和水分,以维持其稳态。盐皮质激素的主要成分醛固酮促进肾小管对钠离子的重吸收和钾离子的排泄,相应地增加水的重吸收。醛固酮也增加汗腺、唾液腺和肠腺中钠离子的重吸收。

(2) 糖皮质激素的作用

人的糖皮质激素以皮质醇(氢化可的松)为主,还有皮质酮和可的松等。其主要作用有以下几方面:

① 促进糖原异生作用。促进肝细胞将氨基酸转变为糖原,以增加肝糖原,保持血糖浓度的相对稳定,维持体内糖代谢的正常进行。

② 促进肝外组织如骨骼肌蛋白质的分解代谢,增加对肝的氨基酸供应。

③ 促进脂肪的分解代谢。服用糖皮质激素过多,可以引起体内脂肪的重新分布,使躯干、颈部、面部的脂肪增加,四肢脂肪减少。

④ 机体在多种有害刺激,如感染、中毒、疼痛、寒冷以及精神紧张等因素的作用下糖皮质激素释放的水平升高,使机体对这些有害刺激的耐受力大为增加。由于高水平的糖皮质激素能够抑制免疫系统功能,临床上用大剂量的氢化可的松抗炎症、抗过敏、抗毒、抗休克等。

⑤ 调节水盐代谢,但作用比醛固酮弱得多。

肾上腺皮质的分泌主要受下丘脑－腺垂体－肾上腺皮质系统的调节控制。

31.3.6 性腺分泌性激素

性激素影响生长、发育、生殖和性行为。人的性腺主要包括男性的睾丸(testis)(见图 32.4)和女性的卵巢(ovary)(见图 32.6)。它们除分别产生精子和卵子外,还分泌性激素。性腺主要分泌三种类固醇性激素:雄激素(androgen)、雌激素(estrogen)和孕激素(progestogen)。雌性和雄性都产生这三种性激素,但具体的比例不同。

(1) 雄激素

睾丸分泌雄激素,其主要成分是睾酮(testosterone)。睾酮如同所有的类固醇激素,都是由胆固醇衍生而成的。

在人类中,睾酮在婴儿出生前即发生作用,促进雄性生殖器官发育。当青春期启动时,睾酮促进精子发生,促使全部附属生殖器官——导管、腺体和阴茎的生长,以承担成年的功能。正常的血浆睾酮浓度也是维持成年男性这些附属生殖器官所必需的。当睾酮不足时,全部附属生殖器官萎缩,精液量明显下降,勃起和射精削弱,将出现阳痿和不育。

男性的第二性征形成也依靠睾酮。第二性征包括阴阜、腋下和面部长出毛发,喉部长大,出现喉结,声音低沉,皮肤增厚和分泌油脂,骨骼生长和骨密度增加,骨骼肌发育增长。

睾酮也增强基础代谢率,并影响行为。睾酮是男女性欲的基础。睾酮虽名为雄激素,但它并不只促进男性的性活动,也促进女性的性活动。睾酮在男性血液中的浓度约为女性中的 10 倍。

睾丸并不是雄激素的唯一来源,男、女性的肾上腺皮质都释放雄激素,但量较少。

（2）雌激素和孕激素

卵巢分泌雌激素和孕激素。卵巢分泌的雌激素，以雌二醇（estradiol，E_2）的分泌量最大，活性最强，还分泌雌酮（estrone，E_1）等。雌激素对女性的作用相当于睾酮对男性的作用，可以说是“性活动的发动机”。当青春期血浆雌激素浓度升高时，它促进卵巢中卵子发生和卵泡生长，以及女性生殖管道的合成代谢。其结果是输卵管、子宫和阴道长大，准备支持妊娠活动；输卵管和子宫的活动性开始增强；外生殖器成熟。

雌激素也支持青春期的突发性快速增长，使女孩在 12 岁到 13 岁比男孩长得快得多。但这种生长的时间不长，因为血浆雌激素浓度升高也引起长骨的骨骺较早地封闭，女性通常在 15 ~ 17 岁之间就达到了她们的最高身高。男性青春期的生长开始较迟，但可持续到 19 ~ 20 岁。

雌激素引发女性的第二性征包括：乳腺的生长；皮下脂肪的积聚，特别是在臀部和乳房；骨盆变宽和变轻（适应于生育）；腋下和阴阜长出毛发。

卵巢分泌的孕激素中以孕酮（progesterone）的作用最强。

孕激素与雌激素一起建立和调节子宫周期，详见 32.2.4 节。

思考题

1 神经系统与内分泌系统在动物体内的调节控制中是怎样分工合作的？
2 内分泌系统内部是怎样调节控制的？
3 试述内分泌系统在维持稳态中的作用。
4 在遇到突发的危急情况时，人体内分泌系统会有哪些反应？
5 哪些激素与调节血糖浓度有关，它们分别起什么作用？
6 饮水和食物中缺碘会产生哪些后果？

32

生殖与胚胎发育

蛙的抱对行为和体外受精

每一生物的个体都必然要死亡，而物种可以通过生殖延续下去。生殖是生物产生新一代个体的过程。动物的生殖有多种形式，有些物种是无性生殖，有些则是有性生殖；有性生殖的物种可能是雌雄异体，也可能是雌雄同体。有性生殖的受精（fertilization）可能在体外进行（如章首图），也可能在体内进行。胚胎发育的过程也有体内和体外发育的不同情况。我们将在本章介绍动物的生殖，并以人为例重点讨论哺乳动物的生殖和发育过程。

32.1 有性生殖与无性生殖

生物的生殖有两种方式，即无性生殖（asexual reproduction）与有性生殖（sexual reproduction）。

32.1.1 无性生殖

许多生物，包括绝大多数细菌和原生动物都是通过无性生殖繁衍后代。例如变形虫在生长成熟后以一分为二的方式进行自我复制（图 32.1）。它的核通过有丝分裂过程一分为二，一个变形虫分裂成为子代的两个变形虫。子代变形虫所含的遗传物质与亲代的遗传物质完全相同。

多细胞动物中的水螅也可进行无性生殖。在淡水中生活的水螅通过出芽的方式长出新的水螅（图 32.2）。

很多珊瑚、海葵、海绵等可以进行有性生殖，也可以通过切割部分身体并再生形成完整的新个体的方式进行无性繁殖。

还有一些生物可以进行孤雌生殖（又称单性生殖，parthenogenesis），即卵不需受精直接发育成个体。如蜜蜂的雄蜂即是由未受精卵发育而成的可育单倍体，而蜂后和工蜂均为受精卵（zygote）发育而成的二倍体。一些膜翅目昆虫、鲨和蜥蜴可以进行孤雌生殖。

无性繁殖方式简单、快速、没有遗传物质的浪费，但这种方式产生的后代与亲代 DNA 完全一样，缺乏遗传变异，如果生存环境适合便会生存繁衍下去；如果生存环境发生改变，不再适合这个物种生存，便会全军覆没。

32.1.2 有性生殖

在生物的演化过程中出现了另一种生殖方式，即有性生殖。在原生动物中，单细胞的草履虫就既具有

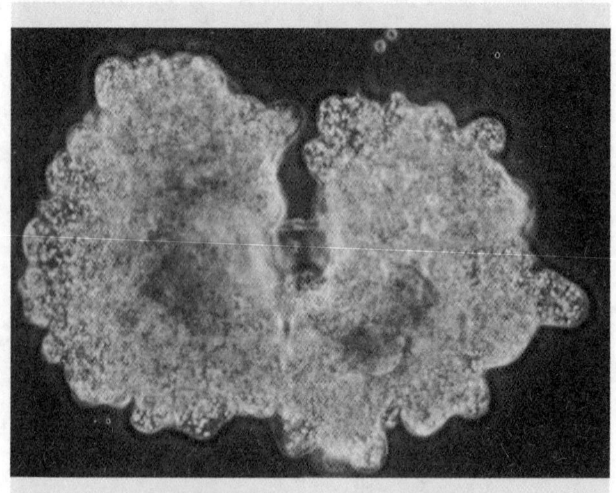

图 32.1 变形虫的直接分裂（引自 Campbell 等，2000）

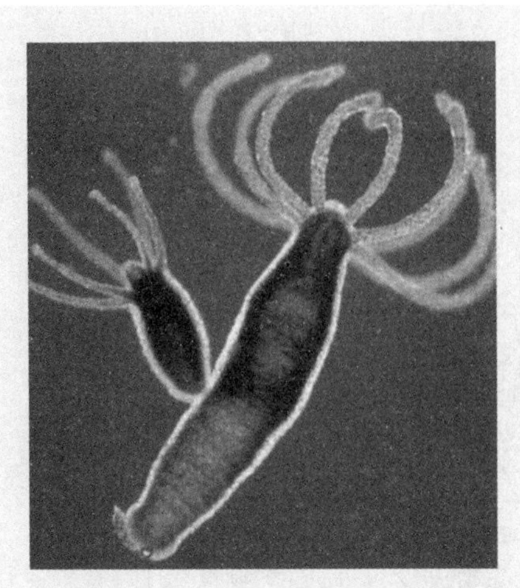

⬆图 32.2　**水螅出芽**(引自 Purves,1998)

无性生殖方式,又具有有性生殖方式。草履虫的无性生殖方式与变形虫的相似,但经过若干代无性生殖后分裂能力逐渐衰减,直到完全丧失,必须经过另一种生殖方式才能恢复分裂能力。首先两个草履虫腹面(胞口所在面)相对结合,小核经减数分裂,分成 4 个单倍体小核,其中 3 个消失,大核则分解、消失。小核再分裂一次,分成两个小核,其中的一个与对侧的一个小核交换。小核交换后两个草履虫分开,然后各自进行直接分裂。这种生殖方式是有性生殖的初级阶段,称为接合生殖,有遗传物质的交换,但还没有雌雄之别。

绝大多数的动物都是通过有性生殖繁衍后代的。生物个体分为雄性与雌性两类,繁衍的后代由雄性个体与雌性个体各提供一半的遗传物质,结合成为一个新的个体。一些生物的同一个体既有雌性也有雄性生殖系统,称为雌雄同体(hermaphroditism)。这样的生物一些(如海兔)仍需要两个个体进行生殖,互相用精子使对方的卵受精(即异体受精);另外一些(如珊瑚)可以实现自体受精,独自完成有性生殖产生后代。有性生殖将雄性与雌性的遗传物质结合起来,产生的后代具有更多的变异。这种后代比无性生殖产生的与亲代完全一致的后代更能适应多变的生活环境,在自然选择中更为有利。

水生的无脊椎动物、鱼类和两栖类多数是在水中进行体外受精(*in vitro* fertilization)。体外受精需要雌性和雄性同时将卵和精子排出到环境中,使它们相遇受精。随着动物的演化,生活环境从水中发展到陆地上,产生体内受精(*in vivo* fertilization),逐步形成两性不同的外生殖器和内生殖器,雄性将精子排出到雌性生殖道内或附近,使精子能进入雌性体内使卵受精。因此,体内受精的动物还相应地产生了交配行为。哺乳动物则进一步由卵生发展到胎生,在雌性动物体内出现了专供胚胎发育的器官——子宫(uterus)。人类男女两性的生殖器官及其附属结构,以及相关的功能已经发展到相当复杂的程度。

32.2　人类的生殖

32.2.1　男性的生殖系统

男性的主要生殖器官是睾丸,它产生精子(sperm)和雄激素。其他的男性生殖器官(阴囊、输精管道、腺体和阴茎)都是附属的生殖器官,它们保护精子,帮助精子运行到体外,进入到女性生殖管道中去(图 32.3)。通常又将阴囊和阴茎称为外生殖器,而将睾丸、输精管道和附属腺体称为内生殖器。

(1) 阴囊与睾丸

卵圆形的睾丸位于腹盆腔外面的袋状阴囊中。阴囊(scrotum)是由薄而柔软的皮肤构成的囊,悬在阴茎的根部,有一中隔将阴囊分成左右两半,其内各有一个睾丸。在寒冷时,阴囊缩小、起皱,将睾丸拉近身体的体壁。当温暖时,阴囊松弛,睾丸下坠,离开身体。这些变化有助于维持阴囊内较稳定的温度。人类睾丸温度通常比体核温度低 2℃,因为精子只有在低于体温的温度下才能正常发育。阴囊受交感神经和副交感神经支配。

睾丸长约 4 cm,直径约 2.5 cm,被两种膜所包围。外面是由腹膜发展来的鞘膜,里面是由纤维状结缔组织构成的白膜。白膜向内延伸将睾丸分隔成 250 ~ 300 个楔形小室,称为睾丸小叶。每个小叶内含有 1 ~ 4 根弯曲的生精小管(seminiferous tubule),这是真正的“精子工厂”,产生精子的地方(图 32.4)。每个小叶的生精小管会合成一条直精小管,将精子运送到紧贴在睾丸上的附睾。

在生精小管之间有间质细胞。这些细胞产生雄激素,并分泌到周围的组织液中。睾丸产生精子和产生激素的功能是分别由两类不同的细胞群体所完成的。

(2) 管道系统

精子从睾丸出发,经过由附睾(epididymis)、输精管(vas deferens)和尿道(urethra)组成的管道系统运行到体外(图 32.3)。

附睾是一条长约 6 m 的管道,盘旋弯曲成条索状附在睾丸上。未成熟的精子几乎不能运动,离开睾丸

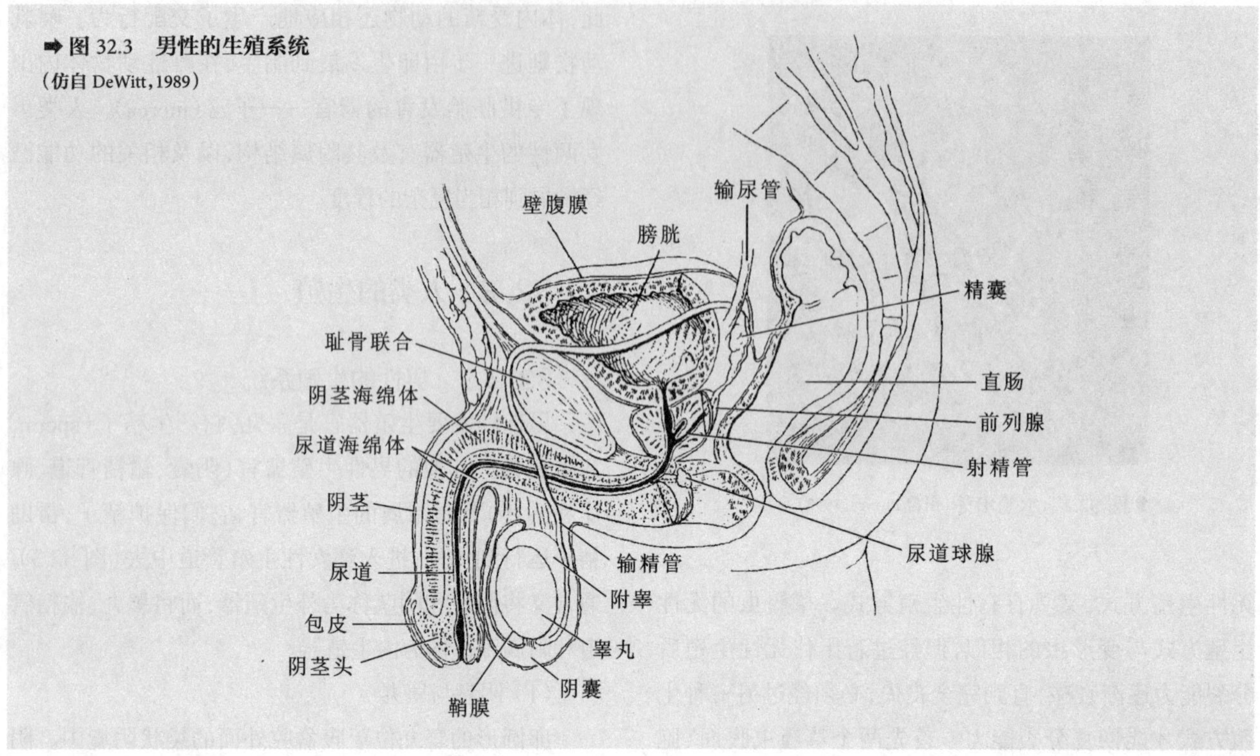

➡图 32.3 男性的生殖系统
（仿自 DeWitt，1989）

后暂时贮存在附睾中。精子在附睾的弯弯曲曲的管道中约运行 20 天，才变成能运动、能生育的精子。

输精管长约 45 cm，从附睾尾部向上经腹股沟管进入盆腔。它绕过膀胱，沿膀胱后壁下降。它的末端膨大成为输精管壶腹，然后与精囊的导管汇合形成射精管。左右两个射精管都进入前列腺中与尿道汇合。输精管的主要功能是将精子从其贮存处，即附睾和输精管末端，推入尿道。在射精时，输精管壁中的平滑肌层产生蠕动波迅速将精子向前推进。

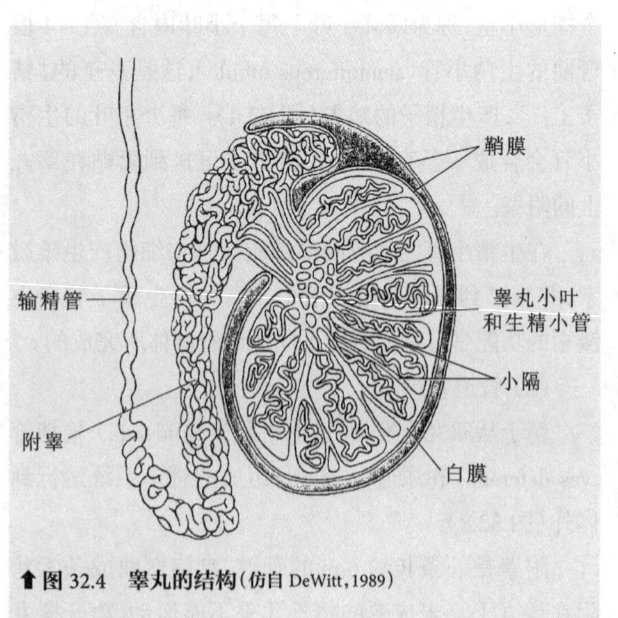

⬆图 32.4 睾丸的结构（仿自 DeWitt，1989）

尿道是男性生殖管道的最后部分，由泌尿系统和生殖系统共用。尿道从膀胱出来，穿过前列腺，再穿过阴茎，开口于阴茎的顶端。在排尿时，尿道运送尿到体外；在射精时，精液从尿道排出体外。

（3）附属腺

附属腺包括成对的精囊（seminal vesicle）、尿道球腺（bulbourethral gland）和单个的前列腺（prostate gland）。这些腺体产生大量的分泌物，是精液的主要成分。

精囊位于膀胱的后壁。这对腺体相当大，其形状与长度（5～7 cm）接近手指。它们分泌黄色黏稠的碱性液体，含果糖、维生素 C 和前列腺素，约占精液体积的 60%。

前列腺的形状与大小类似一个栗子。尿道从膀胱出来就钻进前列腺。前列腺分泌乳状碱性液体，含有纤溶酶、酸性磷酸酯酶等，有激活精子的作用，约占精液体积的 1/3。

尿道球腺是豌豆大小的小腺体，位于前列腺之下。它在射精前分泌一种透明的黏液流入阴茎中的尿道，能够中和残余的酸性尿液。有证据显示这种黏液中也含有少量精子。

（4）阴茎

阴茎（penis）是交配器官，它将精子输送进女性生殖管道。阴茎和阴囊是男性的外生殖器官。阴茎包括根部和体部。体部末端膨大为阴茎头。阴茎外包有松弛的皮肤,还有一部分皮肤延伸出去覆盖在阴茎头上。这部分皮肤是双层的,称为包皮。

阴茎由三个圆柱形海绵体组成,两个在背侧,称为阴茎海绵体;一个在腹侧,尿道贯穿其中,称为尿道海绵体,其前端膨大形成阴茎头,其后端膨大成为尿道球。这三个柱形海绵体是勃起组织:在非性兴奋状态时,阴茎柔软;当处于性兴奋状态时,阴茎海绵体内充血胀大,变粗变硬,并向上翘起。

一些哺乳动物,如狗、浣熊等的阴茎中还有一根阴茎骨,可以为阴茎提供有力的支撑。

(5) 精液

精液(semen)是乳白色的黏液,是精子、附属腺与管道分泌物的混合物。这种液体协助精子转运并给精子提供营养素。它含有的化学物质可以保护和激活精子,并促进精子的运动。成熟精子的细胞是流线型的,只含有少量的细胞质和营养素。精囊分泌物中的果糖提供精子活动的基本能源。精液中的前列腺素可降低子宫颈口黏液的黏度,并引起子宫的逆蠕动,这些都促进精子在女性生殖管道中的运动。精子在酸性环境中(pH 6 以下)行动迟缓。精液呈碱性(pH 7.2 ~ 7.6),有利于中和女性阴道中的酸性环境(pH 3.5 ~ 4),保护精子并加强其活动性。

射精时射出的精液量只有 2 ~ 6 mL,但每毫升含精子 5 000 万至 1 亿个。

32.2.2 女性的生殖系统

女性的生殖功能比男性的生殖功能要复杂得多。女性不但要产生配子,她的身体还必须准备养育一个发育中的胚胎长达 9 个月。

卵巢是女性的主要生殖器官。如同睾丸一样,卵巢也有双重任务,除了产生雌性配子即卵子(ovum/egg)外,还产生雌激素和孕激素。附属管道(输卵管、子宫和阴道)除转运生殖细胞外,还要为发育中的胎儿服务(图 32.5)。卵巢和女性管道系统的绝大部分位于盆腔中,称为内生殖器。

(1) 卵巢

在子宫的两侧各有一个卵巢(图 32.6)。如同睾丸一样,卵巢外面也由一层纤维性白膜包围。卵巢又分为皮质和髓质两部分。在皮质中有许多小的囊形结构,称为卵泡。每个卵泡内有一个未成熟的卵子,被一层到几层细胞所包围。

(2) 管道系统

输卵管(oviduct)有两条,它们接受排出的卵子,还提供受精的场所。每根输卵管长约 10 cm,一头与子宫腔相通,另一头逐渐扩大,在末端成为漏斗形,并分开成手指状的突起,悬挂在卵巢上面,称为伞部。男性的管道系统是与睾丸的生精小管相连的,而女性的输卵管并不直接与卵巢接触,成熟的卵子有可能掉进腹腔之中。

子宫在骨盆中,位于直肠与膀胱之间,是一个中空

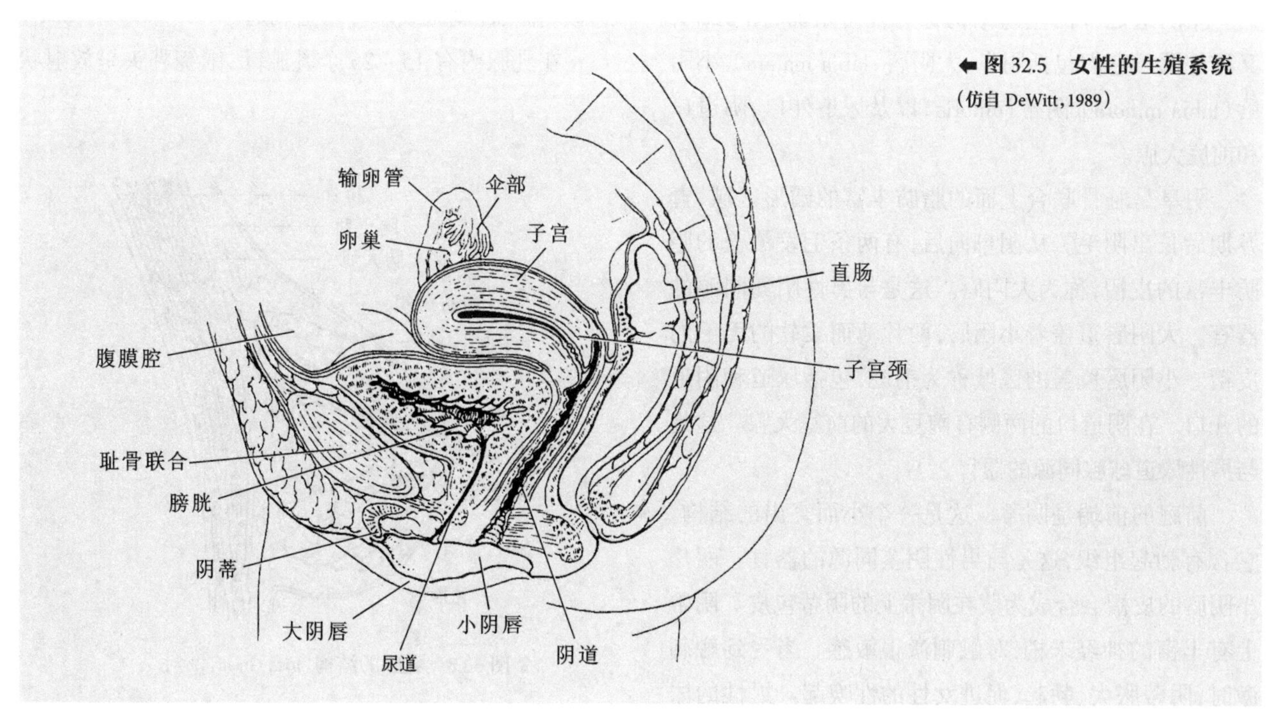

图 32.5 女性的生殖系统

(仿自 DeWitt, 1989)

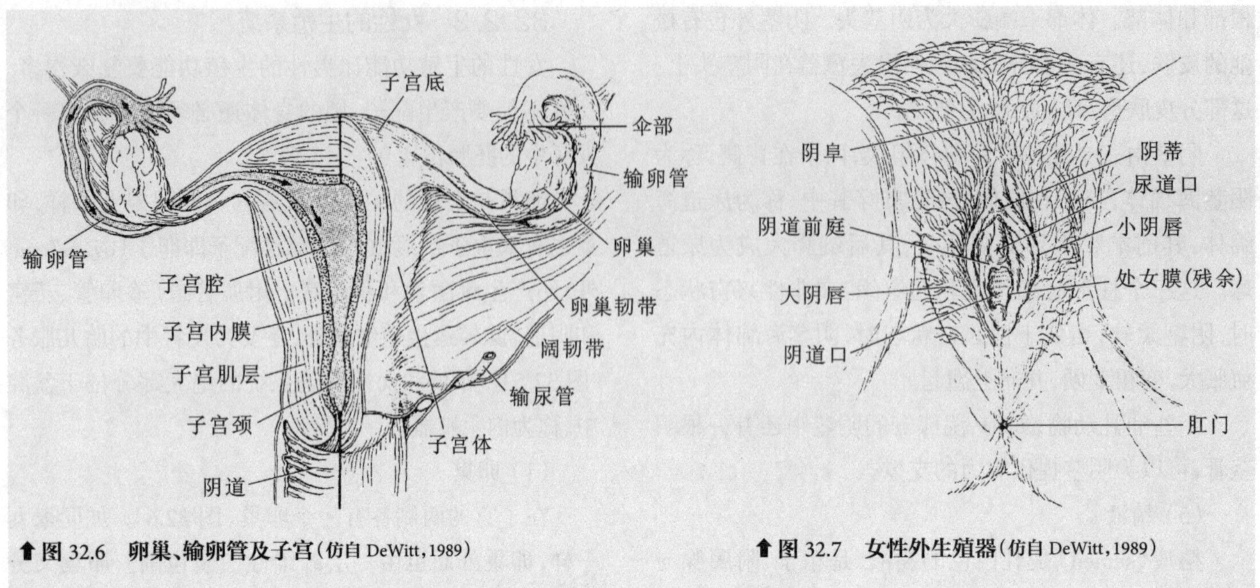

⬆图 32.6　**卵巢、输卵管及子宫**(仿自 DeWitt,1989)

⬆图 32.7　**女性外生殖器**(仿自 DeWitt,1989)

的厚壁器官(图 32.6)。它的功能是接受、容留和滋养受精卵。子宫可分为子宫底、子宫体和子宫颈等几部分,经子宫颈的通道与阴道相通。

阴道(vagina)是一条薄壁的肌肉性管道,长约 8～10 cm,位于直肠和膀胱之间,从子宫颈通到体外(图 32.6)。阴道是月经血流到体外的通道,也是胎儿的产道。阴道在性交时接纳阴茎,是女性的交配器官。

在阴道末端的阴道孔,有由黏膜构成的一个不完全的分隔,称为处女膜(hymen)(图 32.7)。处女膜在出生时部分掩盖阴道口,随个体生长逐渐变薄,并常由于体育运动而破裂消失。

(3) 外生殖器

在阴道之外的生殖结构称为外生殖器(图 32.7),又称外阴。它们包括阴阜、大阴唇(labia majora)、小阴唇(labia minora)、阴蒂(clitoris)以及尿道外口、阴道口和前庭大腺。

阴阜是耻骨联合上面的脂肪丰富的圆形区域,青春期后长出阴毛。从阴阜向后,有两条毛发覆盖的脂肪丰富的皮褶,称为大阴唇。这是与男性阴囊同源的器官。大阴唇覆盖着小阴唇,两片薄而柔软的无毛的皮褶。小阴唇覆盖的区域称为前庭,包括尿道和阴道的开口。在阴道口的两侧有豌豆大的前庭大腺。这是与男性尿道球腺同源的器官。

前庭的前端是阴蒂。这是一个小而突出的结构。它含有勃起组织,这是与男性阴茎同源的器官。两片小阴唇的皮褶会合成为蒙在阴蒂上的阴蒂包皮。阴蒂上有丰富的神经末梢,对触刺激很敏感。当受到触刺激时,阴蒂胀大、勃起,促进女性的性唤起。男性的尿道既输送尿液又输送精液,经过阴茎到体外。但女性的泌尿管道和生殖管道是完全分开的,而且都不经过阴蒂。

(4) 乳腺

男女两性都有乳腺(mammary gland),但通常只在女性才分泌乳汁。由于乳腺的生物学作用是产生乳汁去喂养新生的婴儿,它们的重要性体现在生殖完成以后。

从发育上看来,乳腺是由汗腺发展而来的,是皮肤的一部分。全部乳腺都包在皮肤覆盖的乳房中,位于胸肌前面(图 32.8)。在乳房的中心偏下处有一环形的含色素皮肤——乳晕,在乳晕的中心有突起的乳头。内脏神经系统控制乳头和乳晕中的平滑肌,当乳头受到触刺激、性刺激或寒冷时会勃起。

在乳腺内有 15～25 个乳腺叶,围绕乳头呈放射状

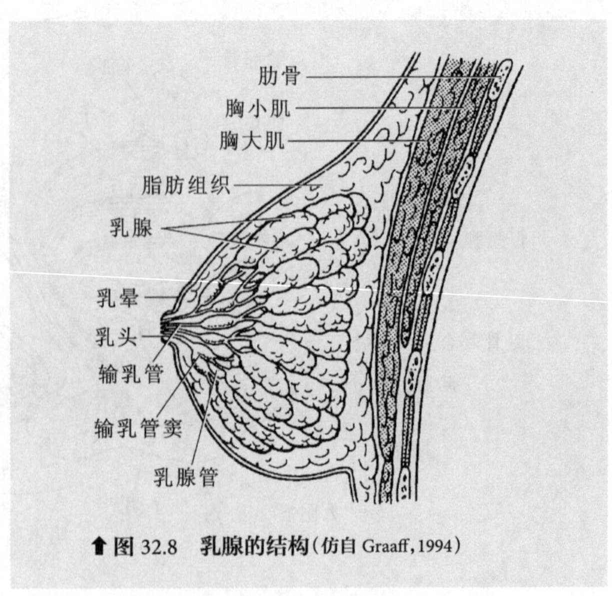

⬆图 32.8　**乳腺的结构**(仿自 Graaff,1994)

排列。这些乳腺叶被结缔组织和脂肪所填充和分隔。乳腺叶中还有更小的单位——乳腺小叶。乳腺小叶由乳腺腺泡组成。在妇女哺乳期间，腺泡产生乳汁，经输乳管通过乳头上的开口送到体外。

32.2.3 精子与卵的形成都要经过减数分裂

(1)精子发生

男性从青春期开始产生男性生殖细胞——精子，一般可持续终生。产生精子的过程称为精子发生(spermatogenesis)。睾丸生精小管内壁上的精原细胞经过几次分裂成为初级精母细胞(primary spermatocyte)，核内含有46条染色体(包括性染色体X、Y)，是二倍体。每个初级精母细胞再进行减数分裂产生2个次级精母细胞(secondary spermatocyte)，内含的染色体数目减少一半，只有23条，是单倍体。次级精母细胞再分裂一次，产生精子细胞，即每个精原细胞最终产生4个精子细胞。精子细胞再经过一系列复杂的变态期后最终转变为有活性的精子。精子在发生过程中一直处在生精小管壁上的足细胞的包围之中，直到精子形成后才脱离足细胞进入管腔中(图32.9)。

(2) 卵子发生

与男性能持续产生精子不同，女性出生时就已决定她一生能释放的卵子的数量，而释放卵子的时期是从青春期到绝经期(50岁左右)。

产生女性生殖细胞的过程称为卵子发生(oogenesis)。在女性的胚胎中，原始生殖细胞发育成为卵原细胞(oogonia)，经过有丝分裂发育成为初级卵母细胞(primary oocyte)。初级卵母细胞被一层扁平的卵泡细胞所包围，形成原始卵泡，后来发展成初级卵泡。初级卵母细胞开始减数分裂Ⅰ，但没有完成，在前期停下来。很多初级卵泡在出生前退化，保留下来的分布在未成熟的卵巢的皮质部分。出生时，约有70万个初级卵母细胞处在初级卵泡中等待完成减数分裂，发育成为有功能的卵母细胞。经过10~14年，女性青春期开始时，每个月经周期有少数初级卵母细胞被激活并开始生长，但通常情况下只有一个初级卵母细胞能够继续进行减数分裂Ⅰ，最终产生两个单倍体细胞(每个细胞含23条染色体)，不过它们的大小差别很大。较小的细胞称为第一极体，几乎不含细胞质；较大的细胞包含几乎全部初级卵母细胞的细胞质，称为次级卵母细胞(secondary oocyte)。

第一极体通常完成减数分裂Ⅱ，产生两个更小的极体。人类的次级卵母细胞停留在减数分裂Ⅱ中期，并从卵巢中排出。如果排出的次级卵母细胞没有受精，它就会退化。如果一个精子钻进次级卵母细胞就会完成减数分裂Ⅱ，产生一个大的卵子和一个小的第二极

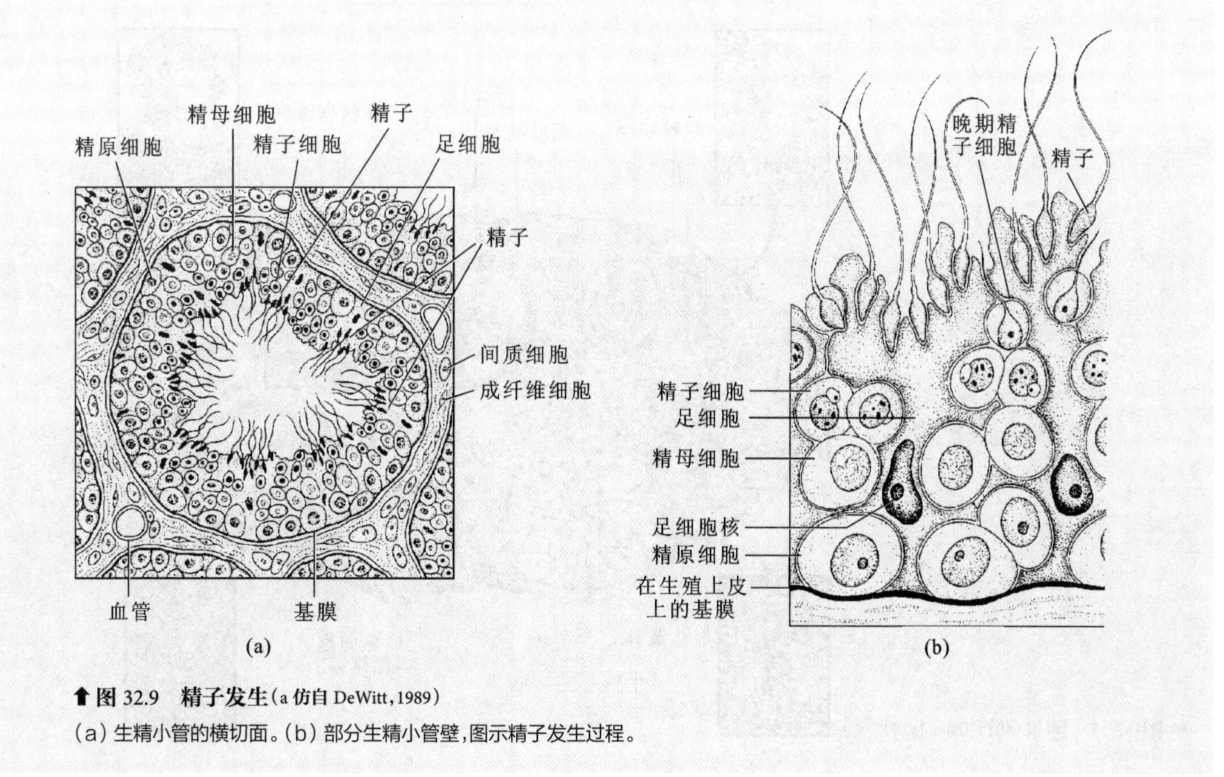

⬆图32.9 精子发生(a仿自DeWitt,1989)

(a)生精小管的横切面。(b)部分生精小管壁，图示精子发生过程。

体(图 32.10)。这样卵子发生的最终产物是 3 个小极体和一个大卵子。它们都是单倍体,只有卵子是有功能的配子。这与精子发生不同,精子发生产生 4 个有活力的精子。

卵子发生中的不平均的细胞质分裂保证受精卵有充足的营养物质,以支持它进入子宫的 7 天的行程。极体则退化而消亡。

女性的生殖时期大约为 40 年(从 11 岁到 50 岁),每个月经周期只有一次排卵。在女性一生中,70 万个初级卵母细胞中只有 400 到 500 个卵母细胞被排出。

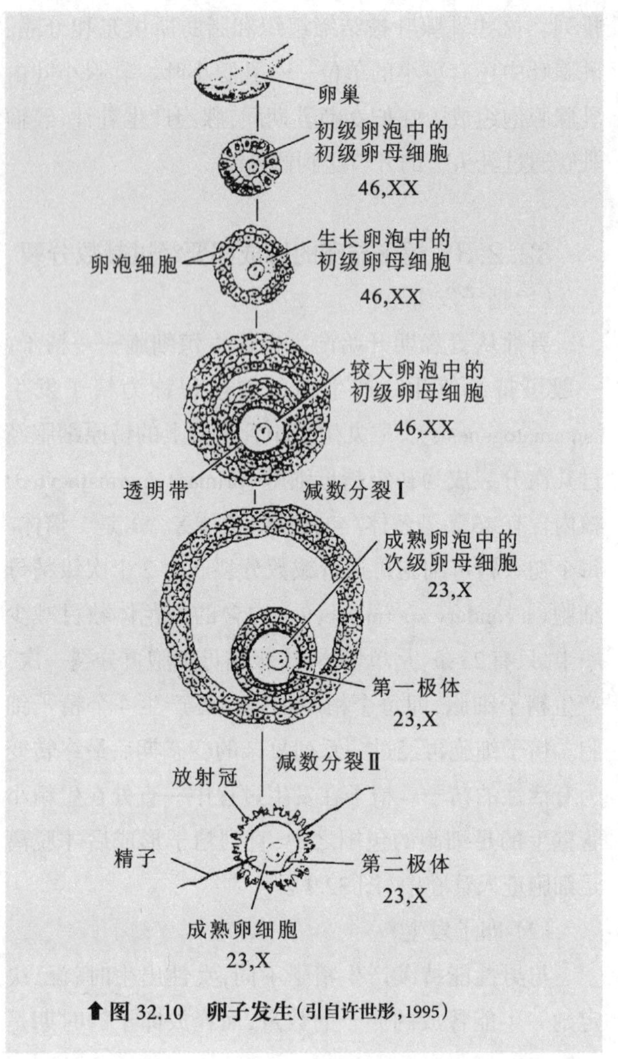

⬆图 32.10 卵子发生(引自许世彤,1995)

32.2.4 卵巢和子宫的周期性变化

在卵巢中卵泡的发育、成熟和排放呈月周期变化。从原始卵泡到成熟经过卵泡发育、排卵和黄体形成等阶段,可分为卵泡期、排卵期和黄体期,周而复始。一个周期通常为 21 ~ 35 天,平均约为 28 天。

卵巢周期开始时下丘脑释放 GnRH 的水平升高,刺激腺垂体产生和释放 FSH 和 LH。原始卵泡被激活,卵泡周围的鳞状细胞变成立方体状,卵母细胞长大。这时的卵泡称为初级卵泡。接着卵泡细胞增生,在卵母细胞周围形成多层上皮。这些多层卵泡细胞称为颗粒细胞。在卵泡的外周结缔组织包围卵泡形成卵泡膜(图 32.11)。

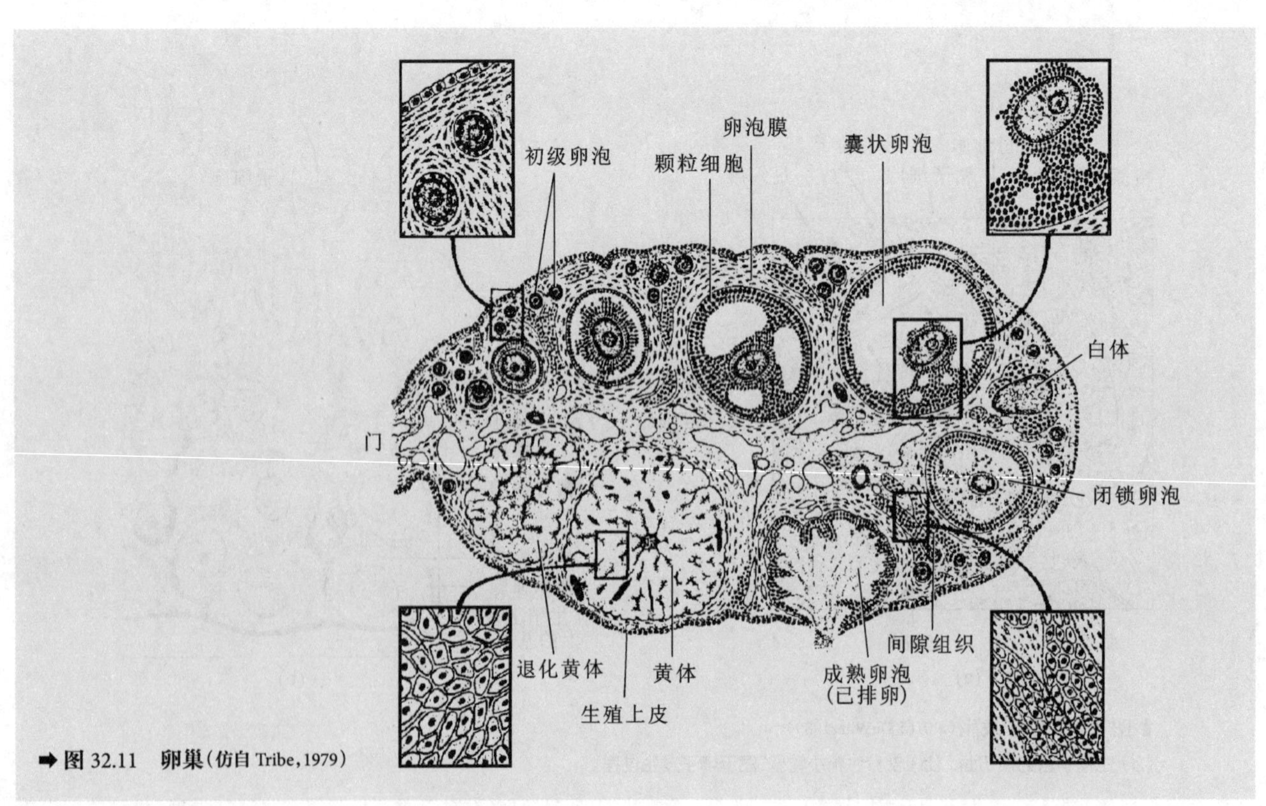

➡图 32.11 卵巢(仿自 Tribe,1979)

FSH 和 LH 刺激卵泡生长和成熟。在它们的共同影响下卵泡开始分泌雌激素。

这时卵泡的颗粒细胞分泌一种富含糖蛋白的物质包围在初级卵母细胞外形成一层透明的厚膜，称为透明带。在颗粒细胞之间出现空隙，空隙中充满颗粒细胞所分泌的卵泡液，内含雌激素。随着颗粒细胞的增生和卵泡液的增多，卵泡中的空隙增大，成为卵泡腔。初级卵母细胞位于卵泡腔内的一侧。卵泡完全成熟时直径可达 2.5 cm，变成囊状卵泡，突出于卵巢表面。这大约发生在原始卵泡开始生长后的 10 天左右。

血液中的雌激素在浓度不高时对下丘脑 – 腺垂体轴起抑制作用。高水平的雌激素产生相反的效果。一旦血液中雌激素的浓度达到一个临界值就会对下丘脑和腺垂体产生正反馈作用，引发一连串的事件。首先，腺垂体爆发式地释放积累的 LH，同时也释放 FSH。LH 的突然大量出现刺激成熟卵泡中的初级卵母细胞重新恢复停顿了的减数分裂，完成减数分裂Ⅰ，分出第一极体，成为次级卵母细胞。LH 还引发突出的卵泡壁破裂，排出次级卵母细胞，这大约在原始卵泡开始生长后的第 14 天。排卵后不久雌激素浓度开始下降。

一般情况下，卵巢上只有一个卵泡成熟、排卵。但也有 1% ~ 2% 的特殊情况，同时有一个以上卵泡成熟，排出不止一个卵母细胞，可能形成多胎。由于不同的卵母细胞接受不同的精子，便成为双卵性双胎，甚至多卵性多胎。单卵性双胎是由一个卵母细胞与一个精子结合，在早期发育中受精卵分离成两个子细胞之后各自发育而成的。

排卵和排放卵泡液之后，破裂的卵泡壁内陷，卵泡膜血管出血，卵泡变成血体。在大量的 LH 的作用下，卵泡残留的颗粒细胞变大，细胞质内出现黄色颗粒，与内膜细胞一起变成了一个新的完全不同的内分泌腺——黄体（corpus luteum）。黄体一旦形成就分泌孕激素和少量的雌激素。当血液中孕激素和雌激素浓度升高时，便对腺垂体释放 LH 和 FSH 产生强有力的抑制作用。由于促性腺激素水平下降，在黄体期不再出现新的卵泡发育。

如果排出的卵母细胞没有受精，随着血液中 LH 浓度进一步缓慢地降低，LH 对黄体的刺激也便终止。在排卵后的第 10 天黄体开始退化、变性，颗粒细胞被结缔组织所代替，并变为白色，黄体变成白体。随着黄体的退化，血液中雌激素和孕激素的浓度急剧下降。它们对 FSH 和 LH 的抑制作用终止，一个新的卵巢周期又重新开始（图 32.12）。

如果排出的卵母细胞受精，受精卵种植在子宫内膜上，逐步发育出胎盘。胎盘产生 LH 样激素——人绒毛膜促性腺激素（human chorionic gonadotropin，hCG）。人绒毛膜促性腺激素促使黄体继续长大，一直维持到妊娠后 5 ~ 6 个月。此时胎盘已经充分发育起来，接替黄体生产激素的作用，黄体才开始退化。

随着血液中雌激素和孕激素浓度的变化，子宫内膜也相应改变。子宫内膜的变化可以分为三个时期：月经期（menstral phase）、增生期（proliferative phase）和分泌期（secretory phase）。

月经期是在分泌期之后。当血液中雌激素、孕激素浓度降低时，子宫内膜脱落，与血液混在一起从阴道流出，为期 3 ~ 5 天，平均失血 50 ~ 150 mL，这便是月经（menstruation）。

在增生期中，在血液中雌激素的作用下，基底层增生，重建子宫内膜。子宫内膜增厚，管状腺形成，螺旋动脉增多。增生期的最后发生排卵。子宫颈黏液在正常情况下是黏稠的。当雌激素水平升高时，黏液变得稀薄透明，便于精子进入子宫。

排卵后便进入分泌期，这时黄体生成，黄体产生孕激素。血液中孕激素浓度升高，在雌激素作用的基础上促使子宫内膜进一步增生，腺体长大并开始向子宫腔内分泌糖原，为受精卵提供营养直到受精卵种植到血管丰富的内膜中。孕激素浓度升高使子宫颈黏液重新变黏稠，将子宫颈“封锁”，使精子不得入内。

孕激素与雌激素一起建立和调节子宫周期，刺激子宫颈黏液的变化。它的主要作用表现在妊娠时抑制子宫的运动，并使乳房准备哺乳。在妊娠时大部分孕激素和雌激素来源于胎盘而不是卵巢。

32.2.5 受精

一个成年人体的细胞数以万亿计。追根溯源，这么多的细胞都是来自一个细胞，即受精卵。精子和卵子的结合启动了一系列错综复杂的惊人的变化过程，这就是一个人的诞生及其一生的生命活动。

女性输卵管末端和卵巢很接近，排卵时由于输卵管末手指状的输卵管伞在卵巢上来回地运动，将卵子扫进了输卵管。此后，卵子依靠输卵管上皮细胞纤毛的摆动和平滑肌的收缩在输卵管内向子宫方向运行。

性交时精子由男性的阴茎射入女性的阴道底部，其数量很大，至少有 1 亿个。精子本身有运动能力，子

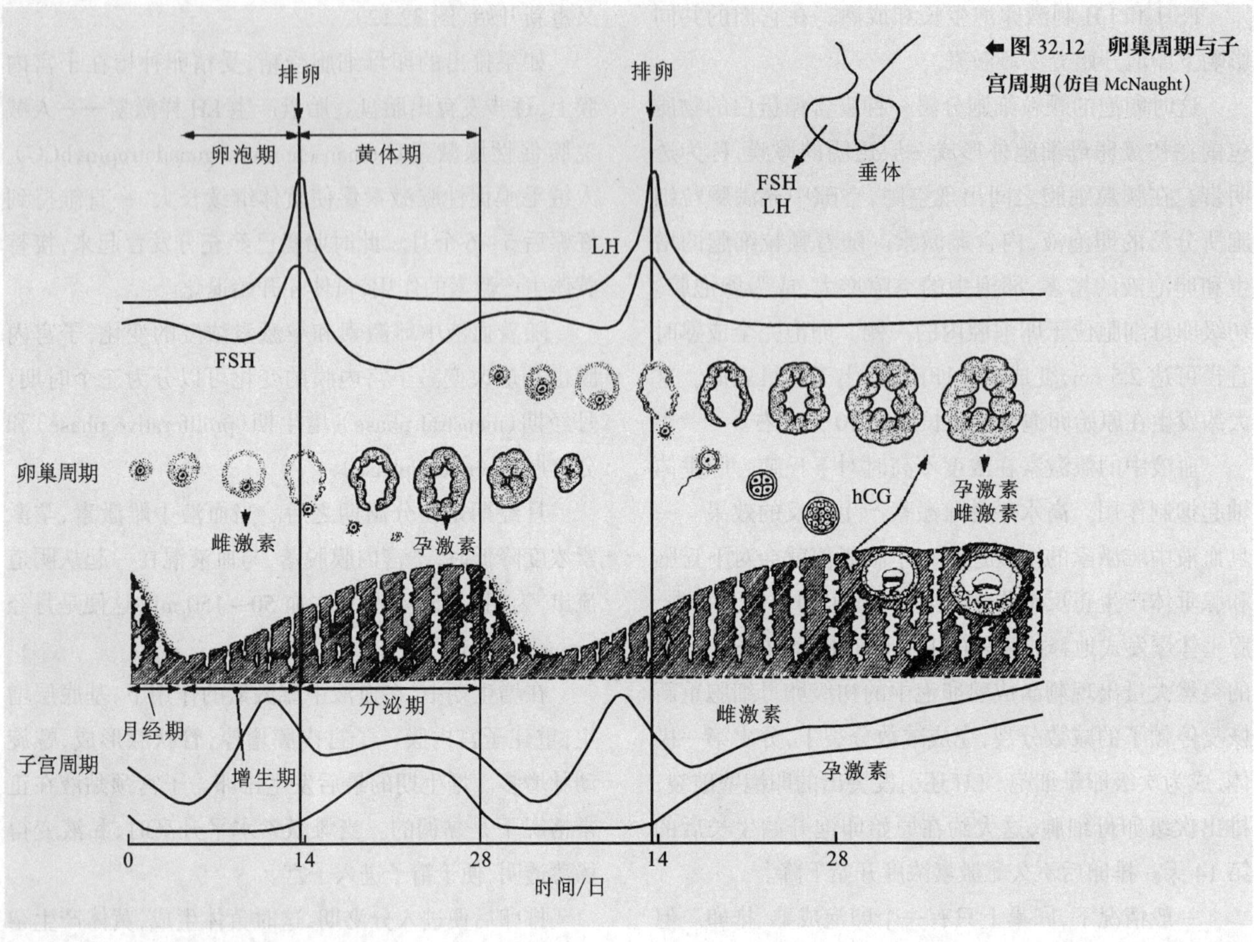

图 32.12 卵巢周期与子宫周期（仿自 McNaught）

宫和输卵管平滑肌的收缩与纤毛的摆动增加了精子运行的速度。大约只有 1% 的精子，即 100 万左右的精子能经子宫颈口游入子宫，而其中又只有几千个精子能到达子宫与输卵管的接口处，最后只有几百个精子能经过输卵管来到输卵管的上三分之一处遇到卵子。

图 32.13 显示成熟的精子结构。这又是一个形态与功能适应的例子。流线型的精子适于在女性的阴道、子宫和输卵管的液体中游泳。长长的尾部是精子的推进器。精子的头部有一个单倍体的核，在核的前端有顶体（acrosome），它正好在精子前端的膜内。顶体内含

图 32.13 成熟精子的结构（仿自 Campbell 等，2002）

有水解酶，可以帮助精子进入卵内。精子的中部有长螺旋形的线粒体。精子从精液中吸取含高能量的营养素，由线粒体为精子尾部的运动提供 ATP。精子到达卵子附近时已经消耗了大量的能量，只有那个还拥有足够能量的精子才能成功地穿入卵子，将它的细胞核送入卵子的细胞质中，完成与卵细胞核的融合，形成一个二倍体的受精卵。一个精子与卵子的融合引起卵细胞膜的去极化等变化，阻碍更多的精子进入卵子，防止多精受精（polyspermy）。之后，受精卵开始分裂，进入胚胎发育。

32.3 人类的胚胎发育

32.3.1 人类胚胎发育和分娩

人体的发生从受精开始到胎儿出生平均经过 266 天，可分为三个时期：胚卵期（blastocyst stage）、胚胎期（embryonic stage）和胎儿期（fetal stage）。

（1）胚卵期

从受精至第 1 周末胚胎开始着床为胚卵期。

受精卵在从输卵管向子宫腔移动的同时，不断地

进行分裂。首先受精卵一分为二,2 个再分为 4 个,4 个分为 8 个,到第 4 天已形成一个由 16 个细胞组成的实心细胞团,为桑葚胚。接着桑葚胚中出现一个腔,形成一个囊泡状的结构,称为胚泡,在第 5 天进入子宫腔。

胚泡的周围是一单层细胞,称为滋养层。大约在第 6 天,滋养层可分泌蛋白消化酶,与子宫内膜接触处的滋养层细胞迅速分化出另一层细胞,它们的细胞膜消失,形成一团含多个细胞核的细胞质,称为合胞体滋养层。合胞体滋养层侵入子宫内膜,消化它所接触的子宫细胞,使子宫内膜溶解成一缺口,胚泡由此逐渐埋入子宫内膜。子宫上皮细胞增生将缺口修复。这一过程称为着床或植入(implantation)(图 32.14)。着床过程自受精后第 6 ~ 7 天开始,第 11 ~ 12 天完成。如子宫腔内有异物干扰(如宫内节育器),将阻碍着床。

胚泡植入部位通常在子宫内。若发生在子宫以外,如输卵管及腹腔等处,为宫外孕。这种胚胎不能正常发育,可能导致输卵管破裂而引发严重的大出血。输卵管道炎症会增加宫外孕风险。

到第 7 天胚泡已有 100 多个细胞,但这时 100 多个细胞的体积并不比刚受精时的体积大。这是由于原来的次级卵母细胞含有大量的细胞质,足够分裂成 100 多个普通大小的细胞。

与此同时,高水平的孕激素导致母体的一系列变化,包括子宫和乳房增大,排卵和月经周期中止,多数母亲还会出现恶心、呕吐等症状。

(2) 胚胎期

从第 2 周至第 8 周末为胚胎期,胚胎期建立了各器官的原基,已初具人形。

胚泡植入子宫壁后,合胞体滋养层继续侵蚀子宫。胚泡内有一团细胞,称为内细胞群(inner cell mass),以后形成胚盘。在胚盘细胞中分化出羊膜,出现羊膜腔;胚盘细胞成为两层——上胚层(epiblast)和下胚层(hypoblast)。人类的胚胎主要是由上胚层发育而成的。上胚层再分化出三个胚层——外胚层、内胚层和中胚层(图 32.15)。

第 2 周开始形成绒毛膜。

第 3 周出现绒毛膜和突出的绒毛,此后,胎盘逐渐形成。此后三个胚层分别逐步发育成身体的各个部分。

外胚层将发育出神经系统(包括脑、脊髓、脊神经、植物性神经、视网膜、内耳及肾上腺髓质)和表皮(包括毛发、汗腺、油脂腺、乳腺、晶状体及口腔黏膜)。

中胚层将发育出肌肉、骨骼、血液、真皮、心脏血管

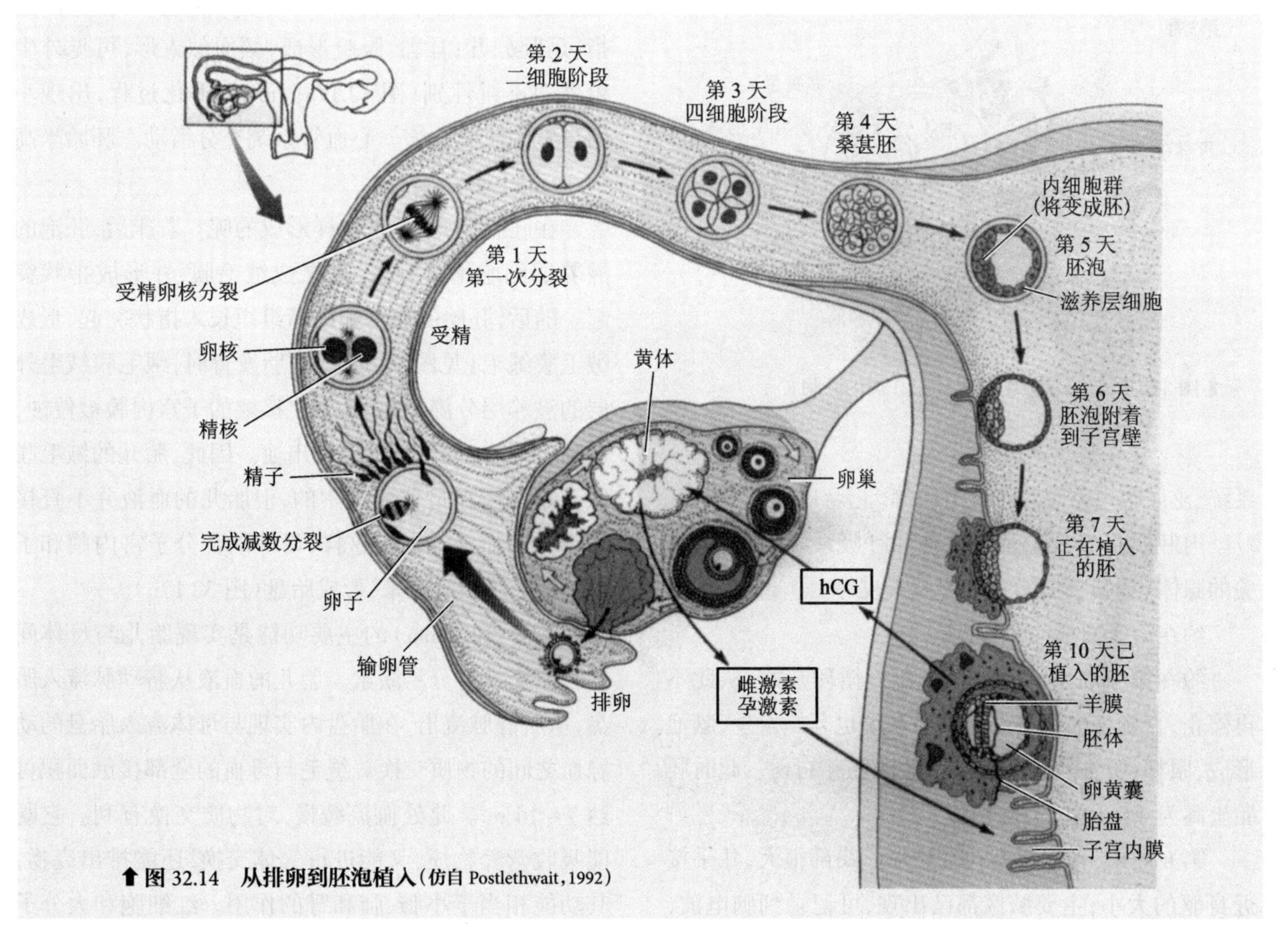

⬆ **图 32.14　从排卵到胚泡植入**(仿自 Postlethwait, 1992)

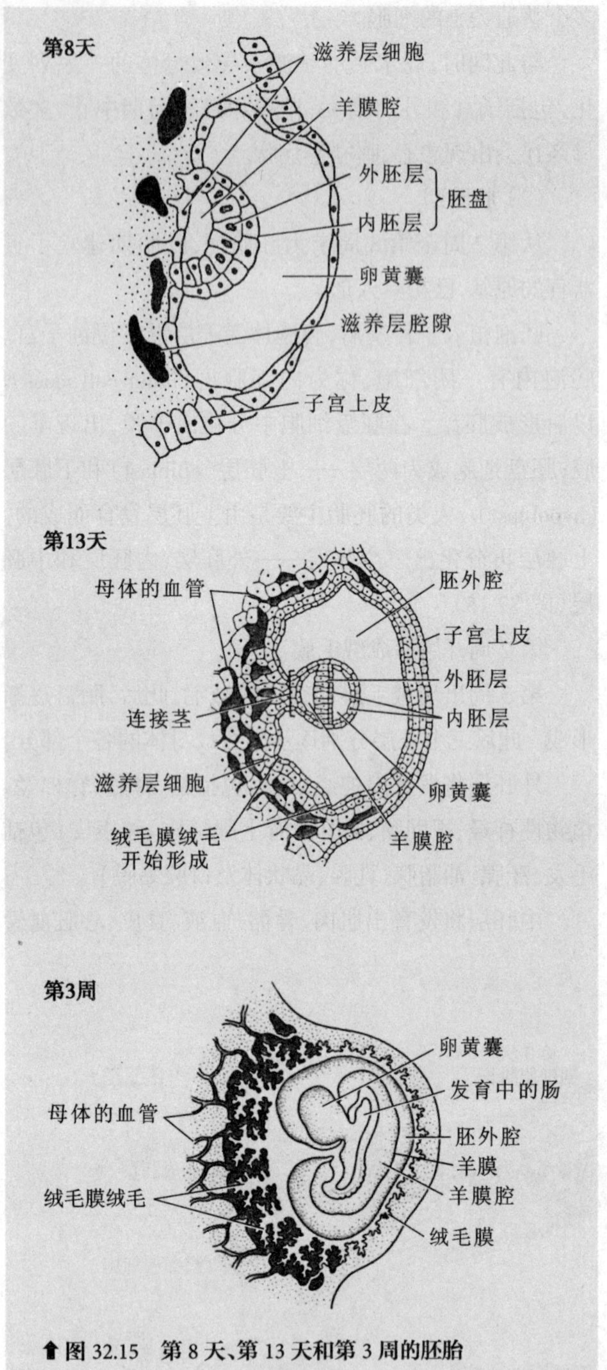

⬆图 32.15 第 8 天、第 13 天和第 3 周的胚胎

系统、泌尿生殖系统和结缔组织等。

内胚层将发育出消化系统和呼吸系统的上皮、有关的腺体（如胰、肝等）以及膀胱上皮等。

约在第 3 周末，心脏出现。

约在第 4 周末，心搏出现，血液循环开始，从此不再停止，直到生命的终结。神经系统也开始发生，脑泡形成，眼杯、听泡、鼻窝及上、下肢的胚芽初现。此时胚胎坐高为 4.5 mm（图 32.16）。

第 8 周末，各器官都初具雏形。头部很大，几乎接近身躯的大小；主要脑区都已出现，可记录到脑电波；

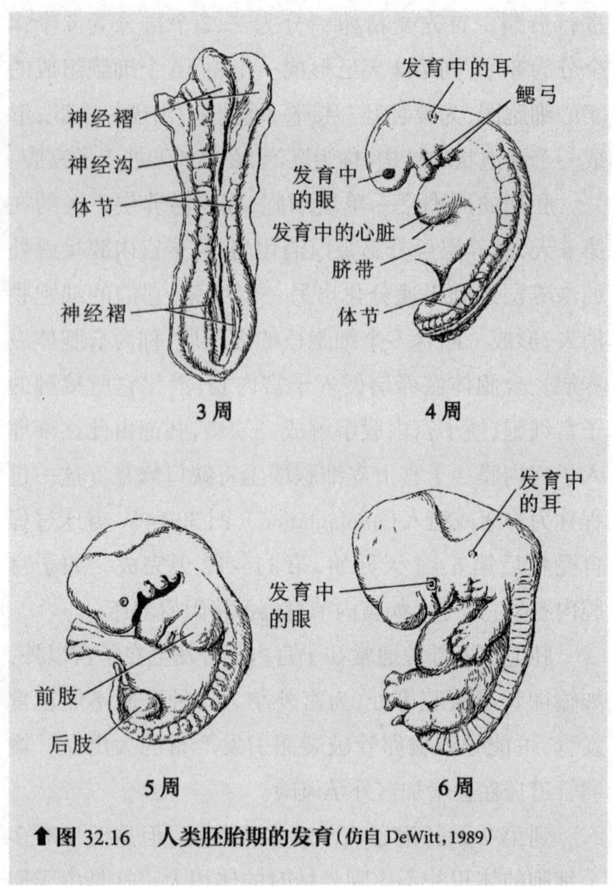

⬆图 32.16 人类胚胎期的发育（仿自 DeWitt，1989）

肝也很大，开始产生血细胞；出现肢体，肘与膝明显，手指、足趾分开；耳郭、眼睑形成，颜面似人形；可见外生殖器但不辨性别（图 32.17a）。开始骨化过程，出现小的自发的肌肉收缩。心血管系统充分活动。胚胎坐高约 30 mm，重 3 ~ 4 g。

在胚胎期，胎盘是怎样形成的呢？着床后，胚泡的滋养层细胞增生很快，发展成绒毛膜，并形成指状突起。随后，胚胎的血管和结缔组织长入指状突起，形成绒毛膜绒毛（见图 32.15）。胚胎发育时，绒毛膜绒毛外层的滋养层分泌蛋白酶，与之接触的子宫内膜被侵蚀，遇到血管时，可使血管破裂出血。因此，胎儿的绒毛膜绒毛是浸浴在母体血液中的，但胎儿的血液并不直接与母体的血液相通。这样，母体的部分子宫内膜和子体的绒毛膜结合起来，形成胎盘（图 32.17b）。

胎盘（placenta）的主要功能是实现胎儿与母体间的物质交换与分泌激素。胎儿的血液从脐动脉流入胎盘，从脐静脉流出，在胎盘内实现与母体流入胎盘的动脉血之间的物质交换。绒毛与母血的全部接触面积可达 7 ~ 14 m^2。此处血流缓慢，对物质交换有利。它既能吸收营养物质，又能进行气体交换，还能排出废物，其功能相当于小肠、肺和肾的作用。红细胞和大分子

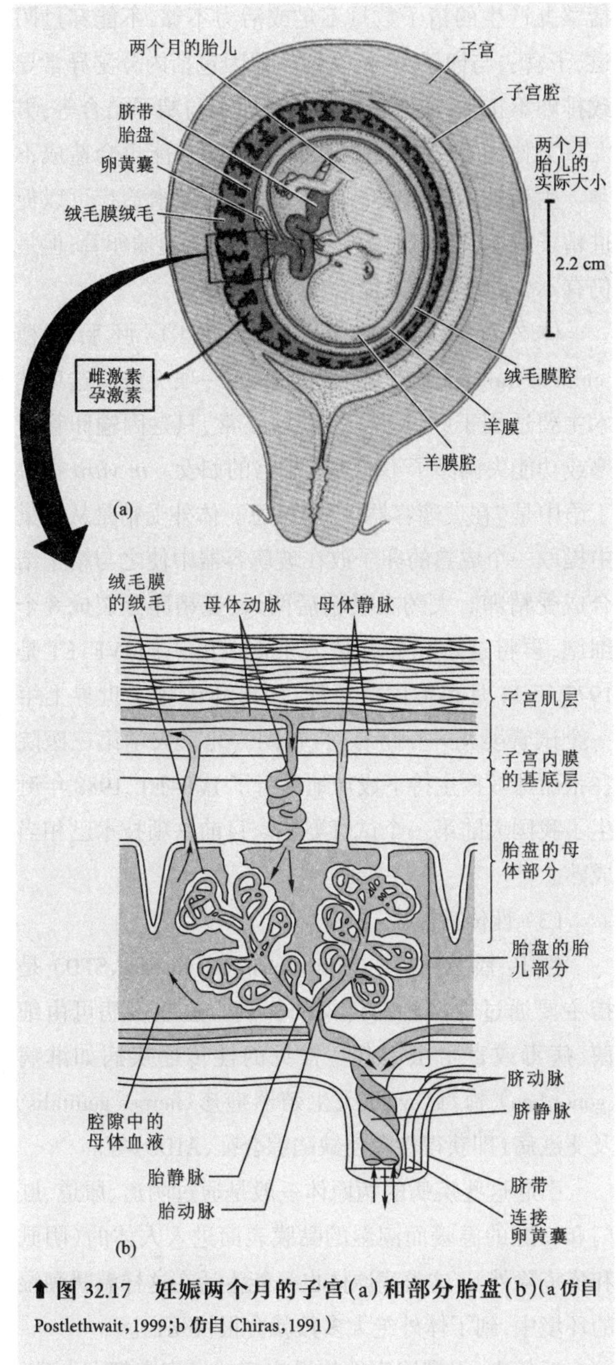

⬆ **图 32.17 妊娠两个月的子宫(a)和部分胎盘(b)**(a 仿自 Postlethwait，1999；b 仿自 Chiras，1991)

蛋白质一般不能通过胎盘。胎盘还可分泌雌激素、孕激素和人绒毛膜促性腺激素(hCG)。hGG 的作用与黄体生成素相似，可维持黄体继续发育，在孕期的前几个月内持续释放孕激素和雌激素。临床上常把对血中或尿中 hGG 的测定作为诊断早期妊娠的指标。

(3) 胎儿期

从第 9 周至第 38 周为胎儿期，胎儿逐渐长大，各器官系统发育生长。

从第 9 周到第 12 周，胎儿的头部仍占优势，头型变圆，但躯体长高。脑继续增长。呈现出初始的面部特征。血细胞开始在骨髓中形成。脊索退化，骨化加速。从外生殖器可辨性别。

从第 13 周到第 16 周，小脑变得突出，一般感觉器官分化。躯体开始超过头部，面部更像人。消化管道中的腺体发育，肺中出现弹性纤维，肾的基本结构已形成。大多数骨骼长出，出现关节腔。

从第 17 周到第 20 周，皮肤分泌胎儿皮脂，胎毛覆盖皮肤。

从第 21 周到第 30 周，胎儿体重持续增加，如在第 27 ~ 28 周早产可存活，但体温调节等机制仍不完善。无皮下脂肪，体瘦而匀称。骨髓成为唯一产生血细胞的场所。

从第 31 周到第 38 周，皮下脂肪增多，胎毛开始脱落。

(4) 分娩

分娩(parturition)是成熟的胎儿从子宫娩出母体的过程。

启动分娩的原因现在还不完全清楚。在妊娠的最后两三个月，子宫常会发生不定期的较弱的收缩，但这不是真正的分娩活动。分娩可以分为三期：扩张期、娩出期和胎盘期。

从分娩开始发动(第一次有节律的子宫收缩)到子宫颈口被胎儿头部充分扩张(直径约 10 cm)为扩张期(开口期)。分娩开始时，前列腺素、雌二醇和催产素刺激子宫收缩，而子宫颈的扩张刺激其上的压力感受器产生神经冲动，传送到下丘脑。下丘脑的神经分泌细胞受到刺激，分泌催产素从神经垂体释放到血液中。催产素促使子宫更加强有力地收缩，使子宫颈口更进一步扩张，进而更加刺激压力感受器。这是一种正反馈，不同于协助维持稳态的负反馈。正反馈导致一个爆发性事件，在这里就是胎儿的娩出。扩张期在分娩过程中时间最长，初产妇为 6 ~ 14 h，经产妇则短得多。

胎儿被挤出子宫经产道(阴道)娩出体外为娩出期。正常分娩是胎儿头部先露出，然后是两肩先后娩出，最后是躯干和下肢迅速滑出(图 32.18)。如果胎儿不是头部朝下而是臀部朝下，甚至是横卧在子宫中，则应在分娩前实行人工转位或作剖宫产的外科手术。

在胎儿娩出后子宫继续收缩，约 15 min 胎盘与子宫壁分离，随即排出体外，为胎盘期。胎盘娩出后，子宫强烈收缩，压迫血管裂口，阻止继续流血。

分娩结束后，新生儿吮吸乳头和母亲体内雌二醇水平的变化都促使下丘脑释放信号，使神经垂体分泌

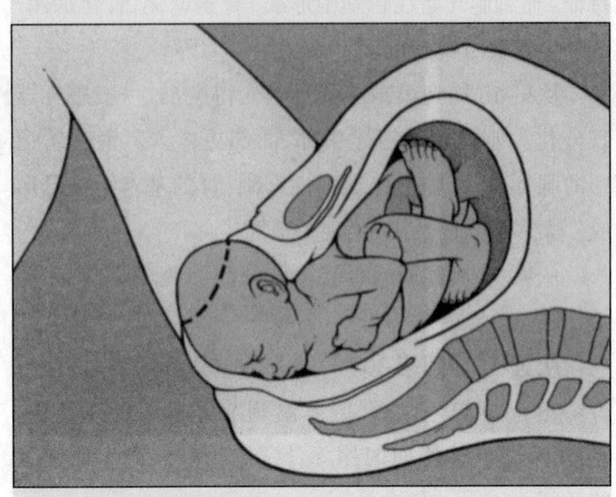

⬆图 32.18 分娩时胎儿经过产道的姿势(仿自 Leuine,1991)

催产素,从而促使乳腺分泌乳汁。

32.3.2 人类的生育控制、生殖技术及性传播疾病

(1) 生育控制

由于对受精过程(从卵子、精子发生到排出,从受精卵的形成到种植在子宫内膜上)的种种机制有了比较深入的了解,人们才有可能提出多种有效的生育控制(birth control)技术。

怀孕需要一个健康的精子与一个健康的卵子相结合。性交时精子由男性的阴茎射入女性的阴道底部。少数精子通过子宫颈口,经子宫进入输卵管,一般在输卵管的上 1/3 处遇到卵子,其中之一与之结合,即为受精。受精卵向子宫移动,6~8 天到达子宫,种植在子宫内膜上,发育成长。在这一过程中凡是能干扰精子、卵子的生成与发育,或阻断精子与卵子的结合,或干扰受精卵种植的方法都有可能成为控制生育的技术。常见的生育控制方法包括屏障法(使用阴茎避孕套等阻断精子与卵子结合)、女性口服避孕药(干扰卵子生成)、放置宫内节育器(干扰受精卵种植)、结扎输精管(男性)或输卵管(女性)、妊娠中止(人工流产)等。

(2) 生殖技术

有许多夫妇结婚多年未采取避孕措施仍不能怀孕,这便是不孕症(infertility)。不孕是一种常见病,一部分是由女性的原因造成的,一部分是由男性的原因造成的,也有男女双方的原因造成的。男性的原因包括睾丸产生的精子数量不足或活力不够,不能穿过阴道、子宫去与卵子会合;女性的原因包括内分泌异常导致排卵不正常,输卵管堵塞妨碍卵子与精子结合等;男女一方体内有精子抗体,破坏精子的功能也会造成不孕。生殖技术能解决许多不孕问题,激素治疗可以促进精子或卵子的产生,外科手术可以疏通输卵管;但是仍有不少的不孕症未能治愈。

体外受精(*in vitro* fertilization,IVF)-胚胎移植(embryo transfer,ET)是生殖技术的一项突破。这项技术主要适用于卵巢和子宫功能正常,只是因输卵管堵塞或功能失调卵子不能进入子宫的妇女。*in vitro* 在拉丁语中是“在玻璃容器中”的意思。体外受精是从卵巢中提取一个成熟的卵子放在玻璃容器中使之与精子结合成受精卵。大约在受精后两天,受精卵分裂成 8 个细胞,再将这个胚胎移植入子宫。第一例 IVF-ET 是 1977 年 11 月在英国进行的,1978 年诞生了世界上第一个试管婴儿——路易丝·布朗。北京大学第三医院在张丽珠教授主持下成功地进行了 IVF-ET,1988 年诞生了我国大陆第一个试管婴儿。目前这项技术已相当成熟。

(3) 性传播疾病

性传播疾病(sexually transmitted disease,STD)是指主要通过性接触而传染的疾病。这些疾病可由细菌、病毒或寄生虫引起。常见的性传播疾病如淋病(gonorrhea)、梅毒(syphili)、生殖器疱疹(herpes genitalis)及艾滋病(即获得性免疫缺陷综合征,AIDS)等。

引起这些疾病的病原体一般是通过阴道、尿道、肛门和口腔的温暖而潮湿的黏膜表面进入人体的(阴虱和疥疮除外)。这类病原体也只能生活在这样温暖潮湿的环境中,到了体外绝大多数就会很快死亡。

近年来,很多国家性传播疾病的发病率都在上升,我国也不例外。因此,预防性传播疾病就显得十分重要。

思考题

1 有性生殖的生物学意义是什么?
2 试述卵巢、子宫周期性变化与内分泌的关系。
3 如何预防性传播疾病?
4 试述生育控制的原理。
5 胎儿的血液能与母亲的血液直接交流吗?
6 你赞成克隆人吗,为什么?

33

神经系统与神经调节

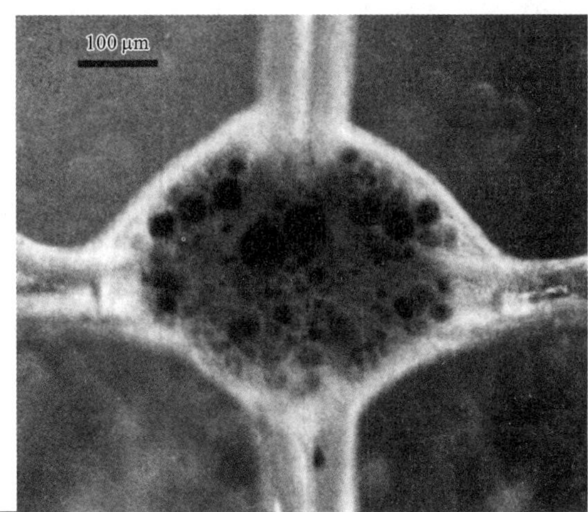

中华金钱蛭的神经节(张人骥惠赠)

复杂动物是由许多器官和系统组成的。这些器官、系统的活动如何调节，各系统之间如何协调一致、互相配合，以及作为一个整体如何适应外部环境的变化是一系列必须解决的问题。这些问题的核心是机体功能的调节问题。

神经系统的作用是通过神经细胞传递信息，调节机体各个器官、各个系统的活动使之协调一致，互相配合以形成一个整体，而且使这个整体能够适应外界环境的变化。这样动物才能及时适应外部环境的变化而生存。

如前所述，动物有两种调节机制：神经调节和体液调节。神经调节比体液调节更迅速、更准确，而体液调节往往又是在神经系统的影响下活动的。神经系统一方面通过感觉器官接受体内外的刺激，作出反应，直接调节或控制身体各器官系统的活动；另一方面又通过调节或控制内分泌系统的活动来影响、调节机体各部分的活动。

为什么神经调节比体液调节更迅速、更准确呢？这是由于神经调节的信息是神经细胞发放的神经冲动，神经冲动沿着神经系统内的路径快速传递到达特定的效应器，作出准确的反应。

33.1 神经元的结构与功能

33.1.1 神经元是神经系统的基本结构与功能单位

人的神经系统包含几百亿到上千亿个神经细胞(又称神经元，neuron)以及为数更多的支持细胞即胶质细胞(glial cell)。神经系统的复杂性就在于数量如此庞大的细胞和这些细胞之间复杂的联系。这个极其复杂的系统的基本结构与功能单位是神经元。神经元的大小、形态有很大的差异。

神经元一般包含胞体(cell body)、树突(dendrite)、轴突(axon)三部分(图 33.1)。胞体包含细胞核和其他大部分细胞器。树突是胞体发出的短突起，轴突是胞体发出的长突起。多数神经元有多个树突和一个轴突，但有些神经元没有树突，有的神经元没有轴突。下面以运动神经元为例来说明神经元各部分的功能。运动神经元的胞体位于脊髓，发出轴突支配骨骼肌纤维。轴突的外周有神经膜细胞包围形成髓鞘。神经元的树突和胞体的表面膜接收其他神经元轴突末梢传递来的信号。轴突从轴丘中的冲动发放区传送神经冲动到轴突末梢。切断这些突起与胞体的联系，几天或几周内被切断的部分就会变性以至坏死。这说明这些突起不论有多长，在结构上与生理上都是神经元的一部分，一个神经元是一个整体。如果胞体未受损伤，而且轴突外有神经膜包围，则受损伤的轴突可以再生。神经膜是构成髓鞘的神经膜细胞的最外层，含有细胞质和细

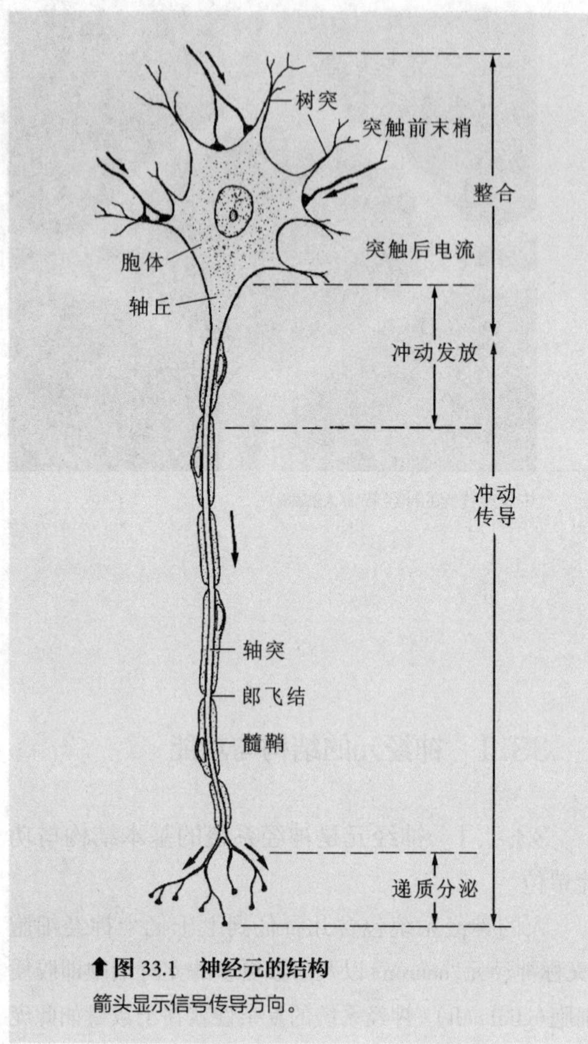

图 33.1 神经元的结构
箭头显示信号传导方向。

胞核。在轴突的再生过程中,神经膜起着重要的作用,没有神经膜的突起不能再生。在中枢神经系统中没有神经膜,因此被切断的突起不能再生。

神经元按其功能可分为感觉神经元(sensory neuron)、中间神经元(interneuron)和运动神经元(motor neuron)。感觉神经元负责感受和传递外界与内部环境信息,如感光、感觉血压等。中间神经元接收感觉神经元传来的信息并进行整合。运动神经元发出信息给肌肉、腺体等,促使后者发生收缩等活动。

在很多动物中,中间神经元形成中枢神经系统(central nervous system,CNS),而将信息传入和传出中枢神经系统的神经元构成周围神经系统(peripheral nervous system,PNS)。许多神经元的轴突聚合成股,被结缔组织包围即为神经(nerve)。

33.1.2 神经元的静息膜电位与动作电位

当神经元处于静息状态时(即没有神经冲动传播的时候),膜内的电位低于膜外的电位,即静息膜电位(resting membrane potential)。这是由于膜外有正电荷聚集,膜内有负电荷聚集;也就是说,膜处于极化状态(有极性的状态)。神经元的静息膜电位通常在 -80 ~ -60 mV。

为什么在神经细胞膜上会出现极化状态呢?这是由于神经细胞膜内外各种电解质(主要是 K^+ 和 Na^+)的离子浓度不同。大多数神经元的细胞膜外 Na^+ 浓度大,膜内 K^+ 浓度大。Na^+ 和 K^+ 的浓度受膜上钠钾泵的调节,这种离子泵通过水解 ATP 产能,主动将 Na^+ 泵出细胞而 K^+ 泵入细胞。此外,神经细胞膜对不同离子的通透性各不相同,这是因为不同离子扩散过膜通道的差异。离子通道(ion channel)具有选择性,只允许特定种类的离子扩散通过。神经细胞膜在静息时有大量开放的钾通道,对 K^+ 的通透性大,而开放的钠通道很少,对 Na^+ 的通透性小,导致膜内的 K^+ 由于浓度差扩散到膜外,而膜内的负离子却不能扩散出去,膜外的 Na^+ 也不能扩散进来。K^+ 的外流使细胞膜内具负电位,膜外具正电位,因而出现极化状态。膜内外电压的增加使得 K^+ 受膜内负电吸引力增大,阻止其进一步外流,最终达到膜电位和 K^+ 浓度的稳定状态(图 33.2)。

神经元是一种可兴奋细胞(excitable cell),它的基本特性是受到刺激后会产生神经冲动(impulse)沿轴突传送出去。我们可用蛙的坐骨神经腓肠肌标本来演示。在坐骨神经上给一个适当强度的电刺激,腓肠肌便会产生收缩。这说明在刺激部位产生了神经冲动,冲动是可以传播的,传播到神经末梢,再从神经末梢传到肌

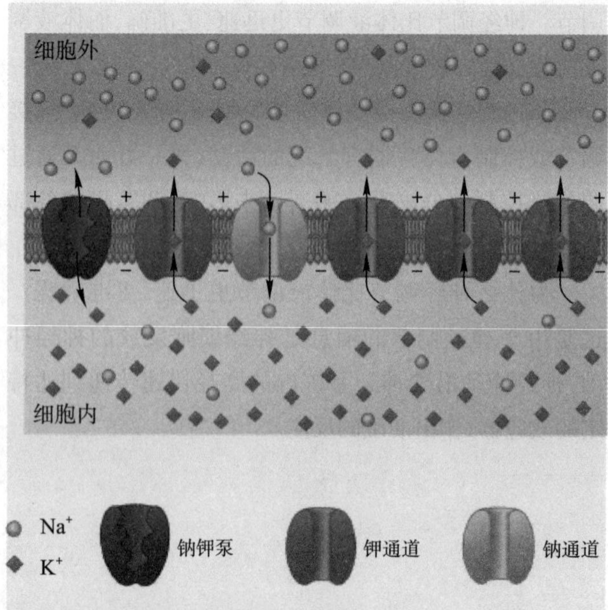

图 33.2 神经元细胞膜电位的产生(仿自 Campbell 等,2016)

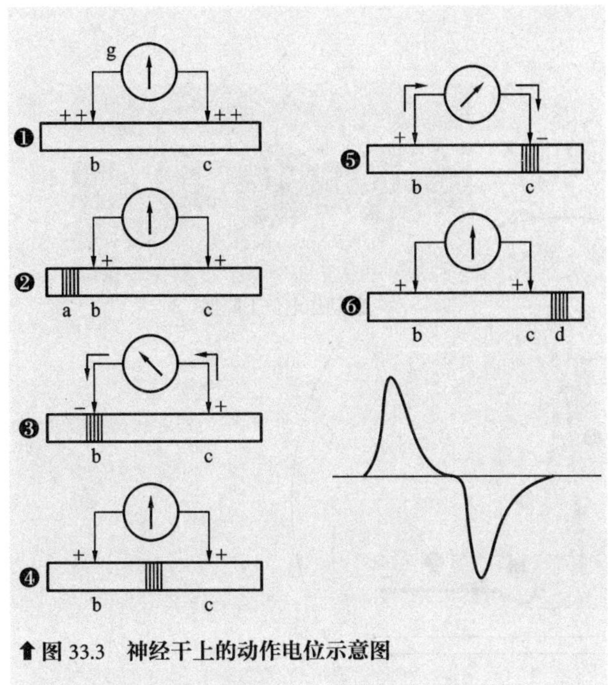

⬆图 33.3 神经干上的动作电位示意图

肉，才能引起肌肉的收缩。在坐骨神经上放置2个电极，连接到一个电表上，静息时，电表上没有电位差，说明坐骨神经表面各处电位相等。当在坐骨神经一端给予刺激时，可以看到，靠近刺激端电极处先变为负电位，接着恢复；然后，另一电极处又变为负电位，接着又恢复（图 33.3）。可见刺激神经产生一个负电位沿着神经传导，这个负电位称为动作电位（action potential）。因此，神经冲动就是动作电位，神经冲动的传导就是动作电位的传播。

33.1.3 动作电位的产生及传导

为什么刺激神经会产生动作电位呢？生理学家进行了约半个世纪的探索，找到了答案。他们发现枪乌贼的星状神经中含有管状大轴突，直径可达 1 mm（图 33.4）。他们又制造了一种很细的电极——微电极，尖端直径约为 0.5 μm，这种微电极可以插入这种管状大轴突中。将一个微电极插入大轴突内，另一个电极放在膜外，可以监控膜内外电压的变化。如前所述，处于静息状态时膜内为负电位，膜外为正电位。在膜上某处给予刺激后，该处极化状态被破坏［即去极化（depolarization）］，而且短时期内膜内电位又会高于膜外电位，即膜内为正电位膜外为负电位，形成反极化状态。接着，在极短时间内，神经纤维膜又恢复了原来的外正内负状态——极化状态。去极化、反极化和复极化的过程，也就是动作电位负电位的形成和恢复的过程，全部过程只需数毫秒的时间。

动作电位的产生依靠在神经纤维膜上的电压门控离子通道（votage-gated ion channel）——钠通道和钾通道，它们的打开和关闭受膜电位变化控制。当神经某处受到刺激时会使钠通道开放而钾通道保持关闭，膜外 Na^+ 由于膜电位差在短期内大量涌入膜内，造成去极化，当去极化达到某个阈值时，会使更多钠通道打开，激发动作电位的产生，造成内正外负的反极化现象。但在很短的时期内钠通道失去活性，阻止 Na^+ 内流，钾通道随即开放，K^+ 又很快涌出膜外，使得膜电位又恢复到原来外正内负的状态（图 33.5）。在动作电位产生后的反极化过程中，钠通道处于失活状态，此时再次刺激神经不会产生新的动作电位，这一时期称为不应期（refractory period）。

动作电位又是怎样沿轴突传导的呢？当刺激部位处于内正外负的反极化状态时，邻近未受刺激的部位仍处于外正内负的极化状态，二者之间会形成一局部电流。这个局部电流又会刺激没有去极化的细胞膜使之去极化，也形成动作电位。这样，不断地以局部电流为前导，将动作电位传播开去，一直传到神经末梢（图 33.6）。由于钠通道的失活产生的不应期效应，轴突

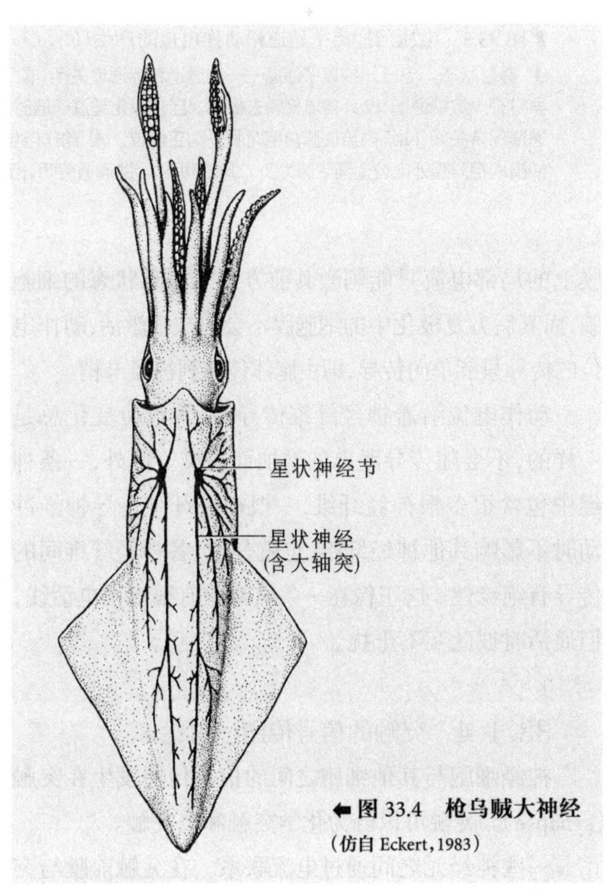

⬅图 33.4 枪乌贼大神经
（仿自 Eckert，1983）

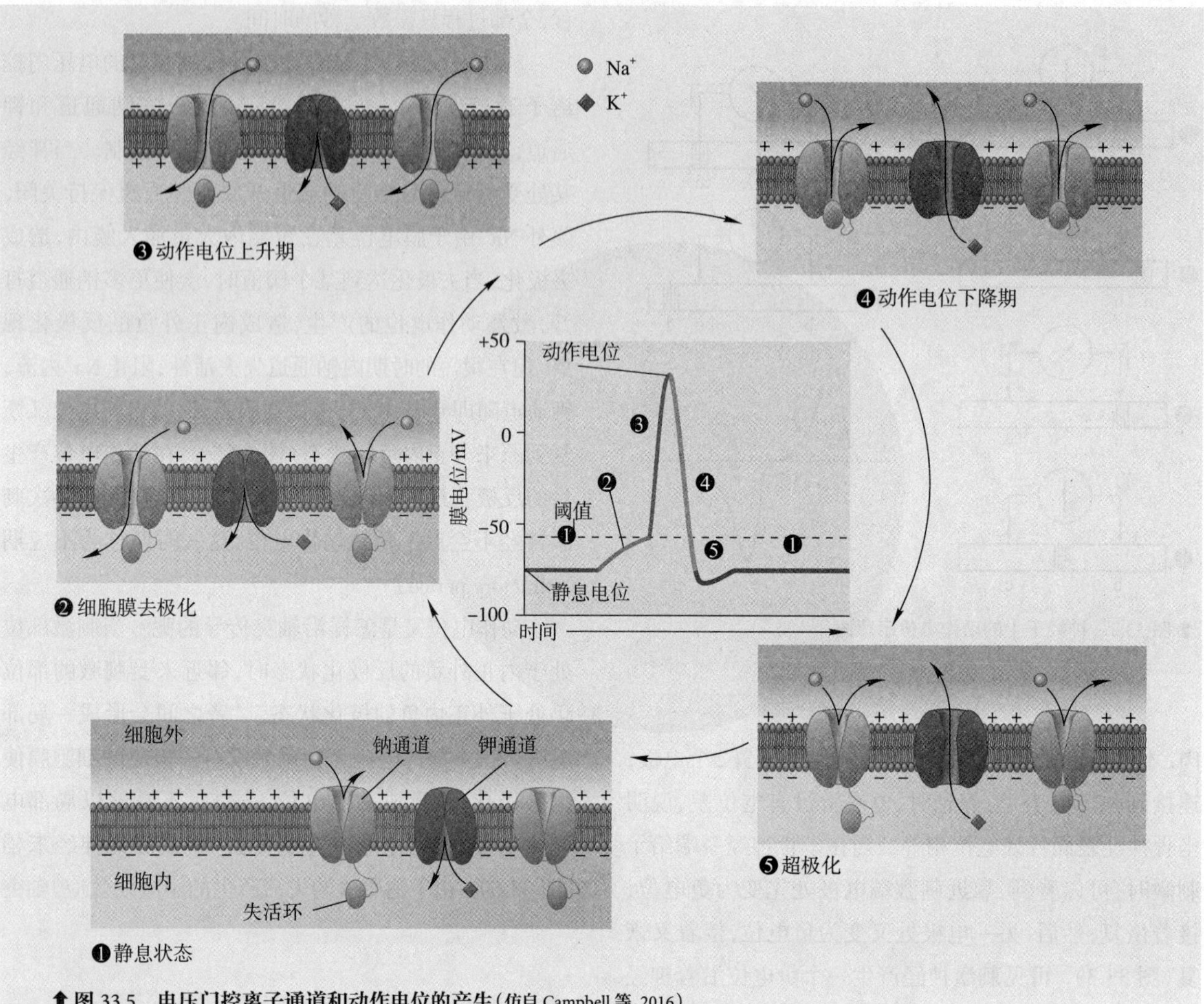

⬆图 33.5　电压门控离子通道和动作电位的产生(仿自 Campbell 等,2016)

① 静息状态。电压门控离子通道——钠通道和钾通道关闭,非门控离子通道(未显示)保持膜的静息电位。② 细胞膜去极化。冲动传导打开少数钠通道,Na^+ 内流使膜去极化。当去极化超过阈值时,产生动作电位。③ 动作电位上升期。膜去极化打开多数钠通道,而钾通道保持关闭,Na^+ 内流使膜内相对膜外为正电位。④ 动作电位下降期。多数钠通道关闭,Na^+ 内流停止。多数钾通道打开,K^+ 外流,使膜内相对膜外电位逐渐下降为负。⑤ 超极化。钠通道关闭,但一些钾通道仍打开。当钾通道逐渐关闭时,膜电位恢复到静息状态。

膜上的局部电流只能刺激其前方处于静息状态的细胞膜,而其后方复极化中的细胞膜不会再次被激活,动作电位的传导只能单向传导,即由胞体传导到神经末梢。

动作电位沿着神经纤维传导时,其电位变化总是一样的,不会随传导距离的增加而衰减。此外,一条神经中包含很多根神经纤维,一根神经纤维传导神经冲动时不影响其他神经纤维,也就是说,各神经纤维间的传导有绝缘性。这正像在一条电缆中有很多根电话线,但通话时彼此互不干扰。

33.1.4　突触的信号传递

神经细胞与其他细胞之间的信息传递发生在突触(synapse)。突触可以分为化学突触和电突触。

一些神经元之间通过电流联系。在突触前膜与突触后膜上有缝隙连接(gap junction),前一个神经元的神经冲动产生的电流可以通过这种缝隙连接直接流到后一个神经元,使神经冲动迅速传递下去。这种突触称为电突触。

大部分的突触是化学突触,通过化学信号即神经递质(neurotransmitter)传递信息(图 33.7)。突触前神经元与突触后细胞(可以是神经元、肌细胞等)之间没有原生质的联系。在突触处,突触前细胞膜与突触后细胞膜之间有一间隙,称突触间隙(synaptic cleft)。突触前神经末梢内部有许多突触小泡,每个小泡里面含有大量神经递质分子。当神经冲动传到末梢导致膜上钙通道打开,钙离子的内流促使突触小泡膜与突触前膜融合,其中的神经递质被释放到突触间隙中,并扩散到突触后膜处。神经递质可以和突触后膜上的特定受

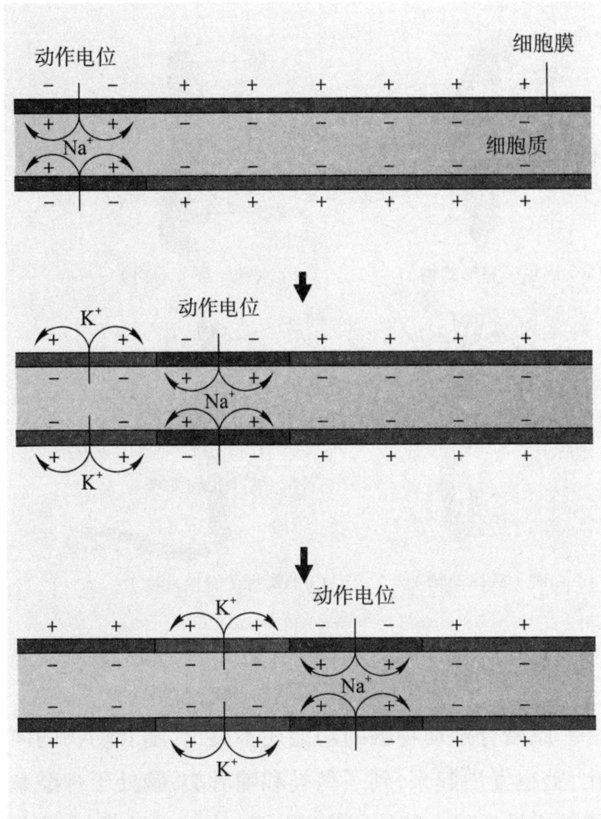

⬆图 33.6 动作电位的传导示意图

Na^+ 流入细胞内产生动作电位。细胞膜的去极化向前方传导，引发新的动作电位。当动作电位完成时，K^+ 流出细胞使细胞膜复极化。

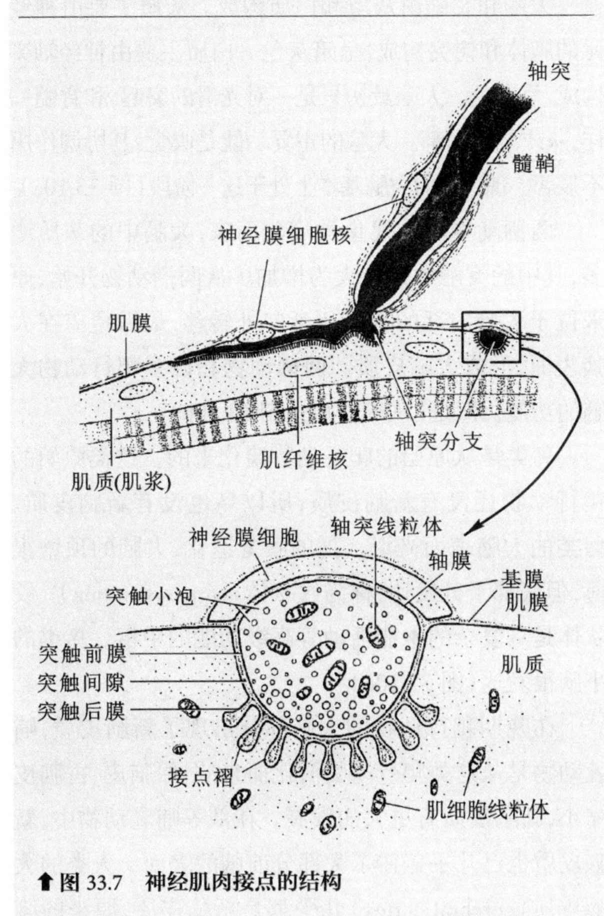

⬆图 33.7 神经肌肉接点的结构

体结合，结合后的递质-受体复合物将影响突触后膜对离子的通透性，引起突触后膜去极化，当电位到达一定阈值时，可在突触后膜上引起一个动作电位。

有的神经递质与突触后膜上受体结合后，使后膜极化作用反而增大，即引起超极化。这类神经元称为抑制性神经元，因为通过它释放的递质作用后，使得后一个细胞更不容易发放动作电位。神经元与神经元之间可以是前一个神经元的轴突末梢作用在下一个神经元的胞体、树突或轴突处形成突触。一个神经元上有时同时有几个突触作用，有的引起去极化，有的引起超极化。最后，在这个神经元的轴突上能不能形成冲动发放，要看全部突触引起电位变化总和的结果。

神经递质的信息传递功能结束后，需要将其清除以终止对突触后细胞的作用。一些神经递质通过酶水解被清除，另外一些神经递质可以被突触前神经元重新回收利用。

不同神经元的轴突末梢可以释放不同的递质。现已发现的递质有乙酰胆碱、去甲肾上腺素、谷氨酸、γ-氨基丁酸、5-羟色胺和多巴胺等多种。同种神经递质可以有不同类型的受体，因此在不同细胞中产生不同作用。

33.2 神经系统的结构

33.2.1 神经系统的演变

在动物演化过程中最简单的神经系统是神经网（nerve net）。这种神经网是由神经细胞的很细的神经纤维交织而成的，在刺胞动物中广泛存在（图 33.8）。

后来神经网中的神经元的胞体逐步集中形成神经节（ganglion）。许多神经细胞的胞体聚集在一起形成神经节是神经系统演化过程中一个重要的进步。神经节在腔肠动物中已有发现，在更复杂的动物中普遍存在。在有体节的无脊椎动物中，每一体节都有一个神经节。每个神经节既负责本体节的反射活动，也与邻近几节的反射活动有关。一系列的神经节通过神经纤维联系在一起形成神经索（nerve cord）。环节动物和节肢动物都有腹神经索（图 33.8）。

神经系统的另一个重要的发展是动物体头部的几个神经节趋向于融合在一起形成脑（brain）。这些融合在一起的神经节的结构更加复杂，而且对其他神经节有不同程度的控制作用。

在演化过程中，神经系统中神经细胞的数目越来越多，章鱼（头足类）的神经系统是无脊椎动物中最发

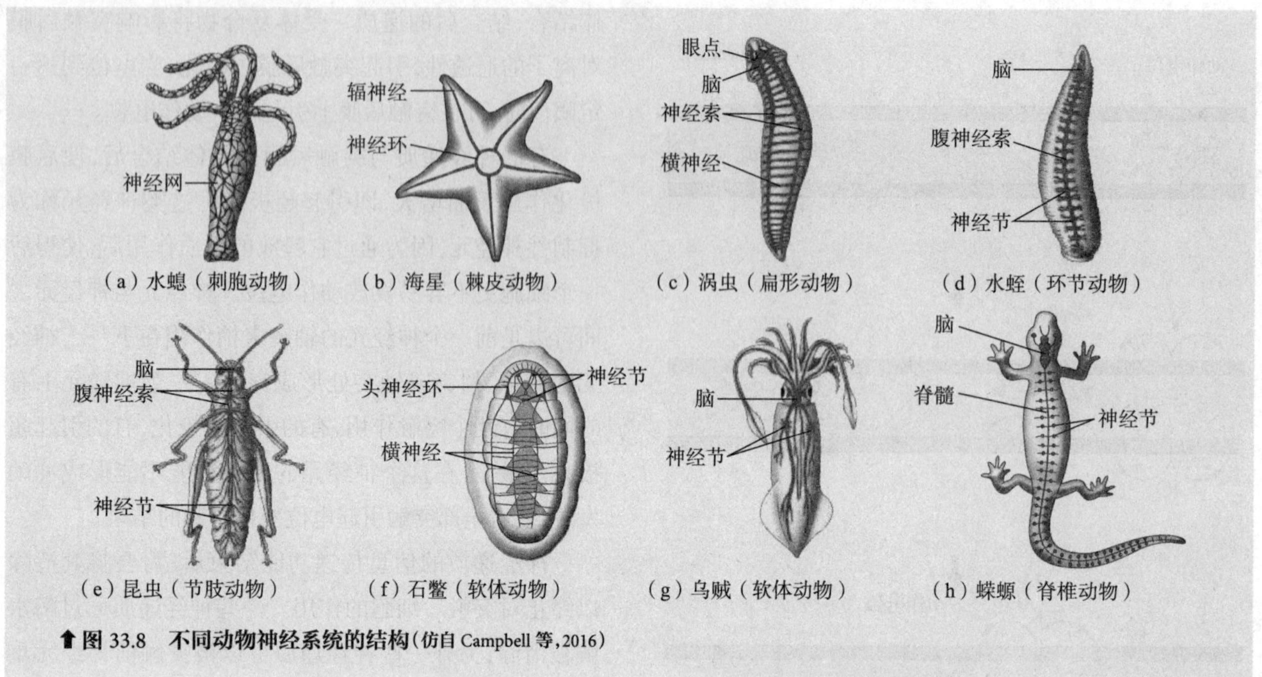

图 33.8 不同动物神经系统的结构(仿自 Campbell 等,2016)

达最复杂的,仅在脑内就约有 1 亿个神经元。脊椎动物神经系统的神经元为数更多,结构更复杂。哺乳动物中人类的神经系统是最复杂的神经系统。

33.2.2 脊椎动物中枢神经系统的演化

脊椎动物的中枢神经系统来源于胚胎背部外胚层内褶而成的神经管(见图 20.3),神经管不分节。在胚胎发育的早期神经管的前部膨大发育成脑,接着分化为前脑、中脑、后脑三个脑泡,后部发育成脊髓。前脑进一步分化为端脑和间脑。端脑将发展成大脑(cerebrum),间脑将发展成丘脑、下丘脑和松果体。后脑(菱脑)进一步分化为脑桥、小脑(cerebellum)和延髓(图 33.9)。神经管腔发育为脑室和脊髓的中央管,其中充满由血液经过滤形成的脑脊液。脑脊液为中枢神经系统提供养分,并收集代谢废物,通过静脉排出。

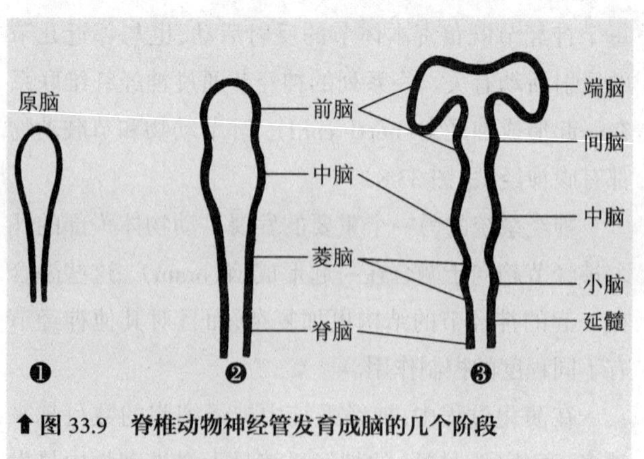

图 33.9 脊椎动物神经管发育成脑的几个阶段

原始脊椎动物脑的功能还不突出,随着动物的演化,脑也发展起来,到了鸟类和哺乳类,脑处于神经系统的主导地位。脑的变化以大脑、小脑最显著,在演化的历程中:小脑逐渐发展;大脑大为发达,成为演化的主流;中脑变化不大,相对体积减小,重要性降低。

大脑和脊髓由灰质和白质构成。灰质主要由神经元的胞体和树突构成,呈暗灰色。白质主要由神经轴突构成,呈白色。大脑最初只是一对光滑的突起,和脊髓一样,灰质位于内部。大脑的主要功能是嗅觉,其协调作用不显著。现代鱼的大脑基本上处于这一阶段(图 33.10a)。

两栖动物从古代鱼类演化而来,大脑中的灰质增多,其中的突触数量也大为增加。从两栖动物开始,原来位于大脑内部的灰质逐渐向外转移,最后覆盖在大脑表面,形成大脑皮质。两栖动物和许多爬行动物大脑的功能仍旧是以嗅觉为主(图 33.10b)。

鸟类是从原始的爬行动物演化来的。这类原始的爬行动物还没有新脑皮质,所以鸟也没有新脑皮质。鸟类的大脑表面光滑。鸟的嗅觉退化,大脑的顶壁很薄,但底部十分发达,称为纹状体(corpus striatum)。纹状体是鸟复杂的本能活动等高级功能的中枢。鸟类的小脑很发达(图 33.10c)。

在晚期爬行动物的大脑部分出现了新脑皮质,哺乳动物是从这类爬行动物演化而来的,原脑皮、古脑皮缩小,新脑皮质有更大的发展。在低等哺乳动物中,新脑皮质也已几乎盖住了大部分前脑的表面。人类的大脑皮质(cerebral cortex)几乎都是新脑皮质,原来的脑

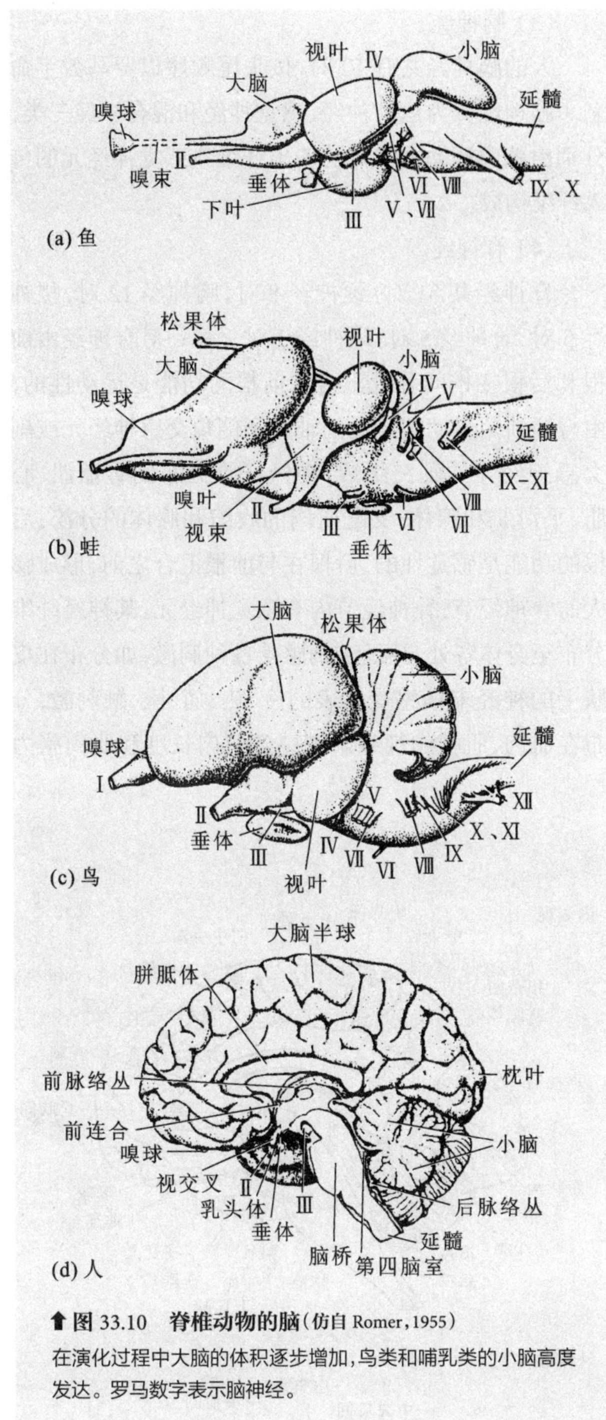

图 33.10　脊椎动物的脑（仿自 Romer，1955）

在演化过程中大脑的体积逐步增加，鸟类和哺乳类的小脑高度发达。罗马数字表示脑神经。

皮被包到新脑皮质内部。大脑皮质体积增大，表面出现沟、回，功能也越来越重要，成为机体最高的调节、控制中心（图 33.10d）。

33.2.3　人的神经系统

人的神经系统分为中枢神经系统（central nervous system）和周围神经系统（peripheral nervous system）两部分。中枢神经系统包括脑和脊髓（spinal cord），周围神经系统包括与脑相连的脑神经（cranial nerve）和与脊髓相连的脊神经（spinal nerve）（图 33.11）。若从功能上划分，周围神经系统分为传入神经［afferent nerve，又称感觉神经（sensory nerve）］和传出神经［efferent nerve，又称运动神经（motor nerve）］。传出神经又可分为支配骨骼肌的躯体神经（somatic nervous）和支配内脏器官的内脏神经（visceral nervous）。内脏神经还可再分为交感神经（sympathetic nerve）和副交感神经（parasympathetic nerve）。

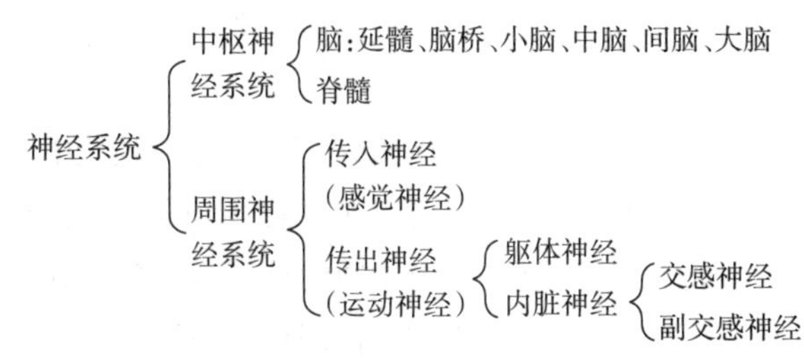

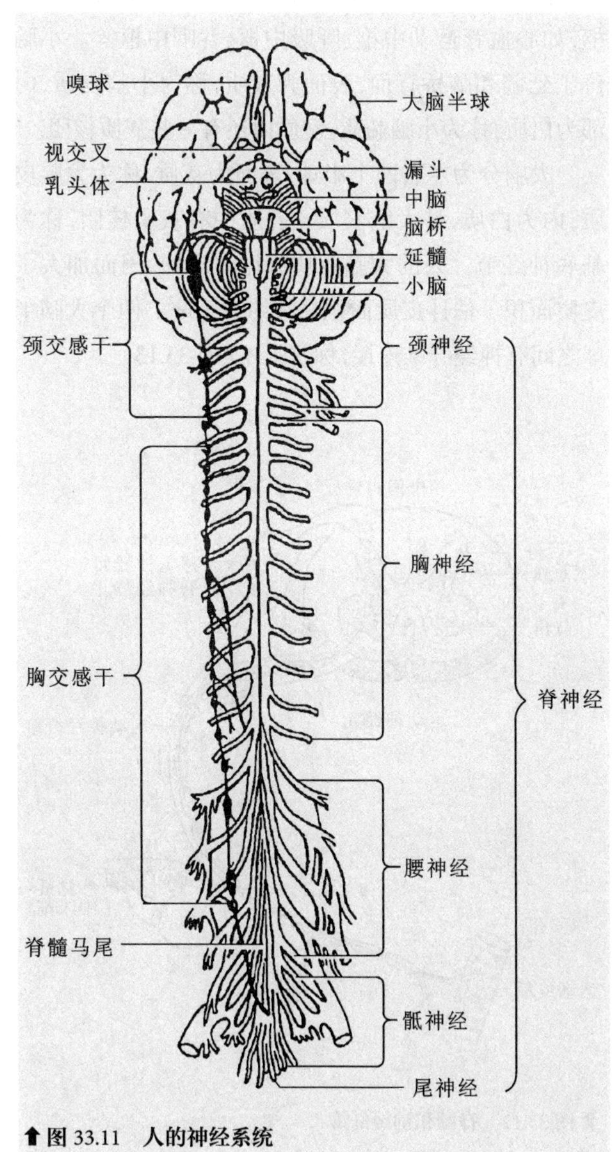

图 33.11　人的神经系统

(1) 脊髓

脊髓位于脊椎管中,上端在枕骨大孔处与脑相接,总长约45 cm。脊髓由灰质与白质组成。灰质在内,呈H形。白质围在灰质四周,由神经纤维聚集而成,主要为上下纵行的神经纤维,色泽亮白。灰质中央有中央管,纵贯脊髓全长,上与脑室相通,管中有脑脊液。灰质向前后延伸处为前角和后角,胸腰段前后角间还有侧角。前角与前根联系,前根为运动性神经纤维;后角与后根联系,后根为感觉性神经纤维(图33.12)。

(2) 脑

脊髓与延髓相连。自延髓向上,延髓、脑桥、中脑几部分合称为脑干。脑干中一些功能相同的神经元集合在一起形成神经核,功能相同的神经纤维集合在一起形成神经束。除此以外,脑干中还有广泛的区域,其中神经纤维纵横穿行,交织成网,一些神经细胞散在其中,称为网状结构。脑干中有许多重要的生命活动中枢,如心血管运动中枢、呼吸中枢、吞咽中枢等。小脑位于延髓和脑桥背面,表面为灰质,称为小脑皮质,内部为白质,称为小脑髓质,髓质内还有一些灰质核团。

大脑分为左右两个半球,表面为灰质,称为大脑皮质,内为白质,是大脑髓质。髓质中有灰质核团,称为基底神经节。人的大脑皮质有许多沟回,因而加大了皮质面积。估计皮质面积总共约有1 m^2。两个大脑半球之间有神经纤维连接,称胼胝体(图33.13)。

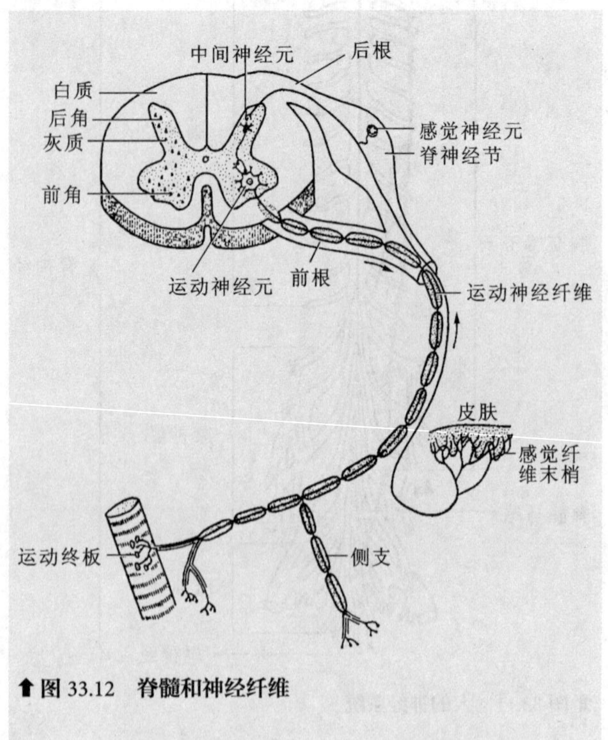

⬆图33.12 脊髓和神经纤维

(3) 脑神经

人的脑神经共有12对,按头尾顺序以罗马数字命名。脑神经分为运动神经、感觉神经和混合神经三类,分别由脑内运动神经元的传出纤维或感觉神经元的传入纤维构成。

(4) 脊神经

脊神经共31对:颈神经8对,胸神经12对,腰神经5对,骶神经5对,尾神经1对。每一对脊神经由前根和后根在椎间孔处汇合。前根的功能是运动性的,由脊髓前角运动神经元的轴突和侧角交感神经元或副交感神经元的轴突组成,神经纤维分布到骨骼肌、心肌、平滑肌和腺体,支配肌肉的收缩和腺体的分泌;后根的功能是感觉性的,后根在与前根汇合之前,形成膨大的脊神经节,脊神经节内有感觉神经元,其神经纤维分布至身体各处,神经末梢感受各种刺激,如分布在皮肤上的神经末梢感受体表的冷、热、痛、压、触刺激,分布在肌肉、肌腱的神经末梢感觉肌肉长度和肌肉张力

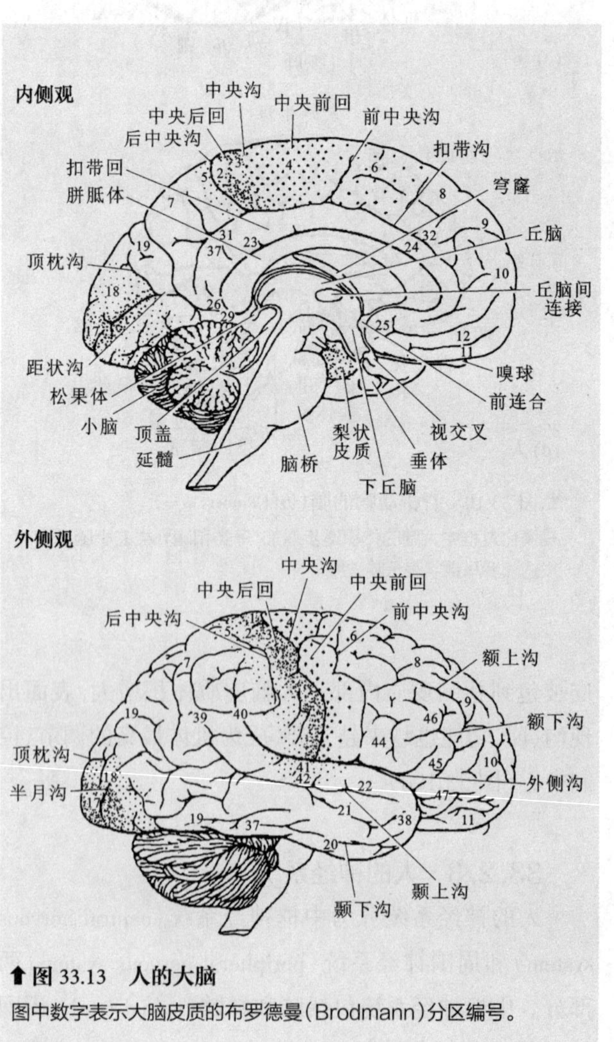

⬆图33.13 人的大脑

图中数字表示大脑皮质的布罗德曼(Brodmann)分区编号。

的变化，分布在血管和内脏器官的神经末梢感受血管和内脏的变化和刺激。因此，前根和后根组合成的脊神经是混合性神经（见图 33.12）。

33.3 脊椎动物神经系统的功能

33.3.1 神经系统活动的基本形式——反射

17世纪法国哲学家笛卡尔（Rene Descartes，1596—1650）根据接触角膜时可以规律性地引起眨眼这一事实，把机体对刺激的规律性反应与光线从镜面反射出来进行类比，提出了“反射学说”。现代反射（reflex）的概念是指在中枢神经系统参与下，机体对刺激感受器所发生的规律性反应。反射是神经系统最基本的活动形式，全身每一块骨骼肌和内脏器官都有反射活动。这些反射活动是多种多样的，有些反射活动很复杂。简单的反射包括咀嚼反射、吞咽反射、瞬目反射、瞳孔反射、膝反射、屈反射等，复杂的反射有跨步反射、直立反射及性反射等。这些反射活动都有适应意义，即反射活动的结果通常有利于人和动物的生存与繁衍。

反射是在一定的神经结构中进行的，这种结构就是反射弧（reflex arc）。反射弧包括以下几部分：感受器（receptor）、传入神经、反射中枢、传出神经与效应器（effector）。反射弧中任何一个环节受损伤，反射活动都不能实现。

反射还可以分为非条件反射和条件反射。非条件反射是先天的、生来已有的，其反射弧和反射形式通常是固定的。在个体后天发育成长中还可以建立条件反射，即通过学习和训练形成的反射，使之更适应外界环境的变化。

33.3.2 神经系统对躯体运动的调节

躯体运动是在神经系统的支配与调节下进行的。有的运动只涉及最简单的反射弧——二元反射弧，如敲击股四头肌的肌腱引起膝反射，只经过一个感觉神经元和一个脊髓前角的运动神经元就可引起股四头肌收缩。不过要实现膝反射，除了股四头肌（伸肌）的收缩外，同时还必须使与股四头肌相拮抗的屈肌舒张。在敲击股四头肌时刺激了其中的感受器（肌梭），引发神经冲动传入反射中枢，传入神经冲动既兴奋了传出的运动神经元引起股四头肌收缩，同时还引起反射中枢的抑制性中间神经元兴奋，因而抑制支配相应屈肌的运动神经元，使屈肌舒张，这样才能完成这个简单的膝反射

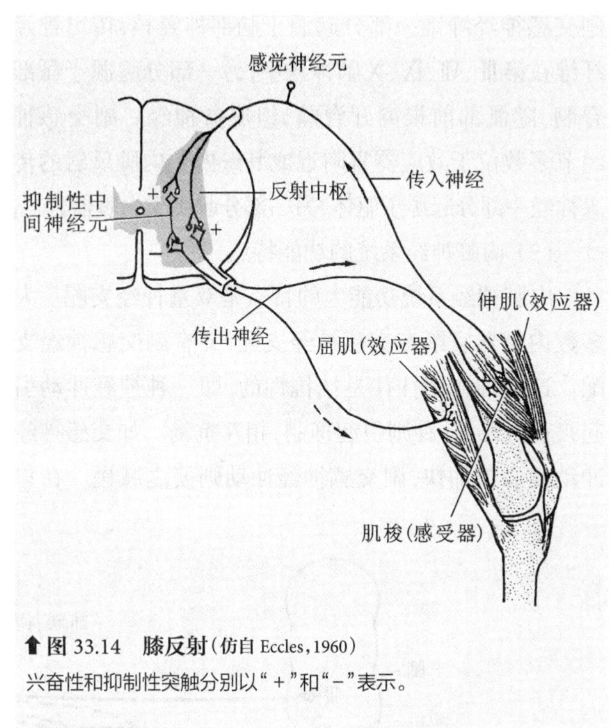

⬆ **图 33.14 膝反射**（仿自 Eccles，1960）
兴奋性和抑制性突触分别以“+”和“-”表示。

（图 33.14）。大部分运动涉及多个神经元所组成的反射弧。

脊髓反射活动还经常受到高级神经中枢的调节。在对躯体运动的调节中，中枢神经系统的网状结构、基底神经节、小脑和大脑皮质都起着重要作用。

我们的随意运动是由大脑控制的。大脑皮质的中央前回是最重要的运动区。

小脑是脑的第二大部分。它的主要功能包括维持身体平衡，调整躯体不同部分的肌紧张以及对随意运动的协调作用。小脑受损伤后，表现出随意运动的震颤，在随意运动终末最明显。这种患者丧失了完成精细动作的能力。

33.3.3 神经系统对内脏活动的调节

神经系统对内脏活动的调节是通过内脏神经系统（又称自主神经系统或植物性神经系统）进行的。

（1）内脏神经系统与躯体神经系统结构上的主要区别

躯体传出神经纤维从中枢发出后直接达到效应器——骨骼肌，而中枢发出的内脏传出神经纤维必须在中枢外的一个神经节中换一个神经元。由中枢到达这个神经节的神经纤维称为节前纤维，由神经节发出到达效应器的神经纤维称为节后纤维。内脏神经系统（图 33.15）又可按照节前神经元胞体的位置分为交感神经与副交感神经。交感神经纤维起源于胸腰部脊髓，交感神经节大多数位于脊椎旁，组成交感神经干（链）。

副交感神经纤维一部分起源于脑部神经核，传出神经纤维在第Ⅲ、Ⅶ、Ⅸ、Ⅹ脑神经中；另一部分起源于骶部脊髓，随骶部前根离开脊髓，组成盆神经。副交感神经节多数位于效应器官附近或其壁内。内脏反射的传入神经一部分起源于躯体，另一部分起源于内脏器官。

（2）内脏神经系统的功能特点

内脏神经系统功能上的特点是双重神经支配。大多数内脏器官既有交感神经支配，又有副交感神经支配。这两种作用往往是拮抗性的，即一种神经冲动引起兴奋，而另一种则引起抑制，相互抗衡。如交感神经冲动使心搏加快，副交感神经冲动则使之减慢。在胃肠管道，这两种神经支配的作用正好相反，副交感（迷走神经）神经冲动使蠕动加快，交感神经冲动使蠕动减慢。交感神经元与副交感神经元经常发放冲动到效应器，即处于紧张性发放状态。内脏器官的功能状态决定于这两套神经紧张性发放的平衡。

交感神经和副交感神经对内脏器官的主要功能见表33.1。从表中可见，交感神经的作用主要是保证人体在紧张状态时的生理需要，此时交感神经活动占优势，心搏加速，血压升高、支气管扩张和血糖升高。当人处于安静状态时，副交感神经活动占优势，此时，心血管活动水平相对降低，而胃肠管的蠕动和消化液的

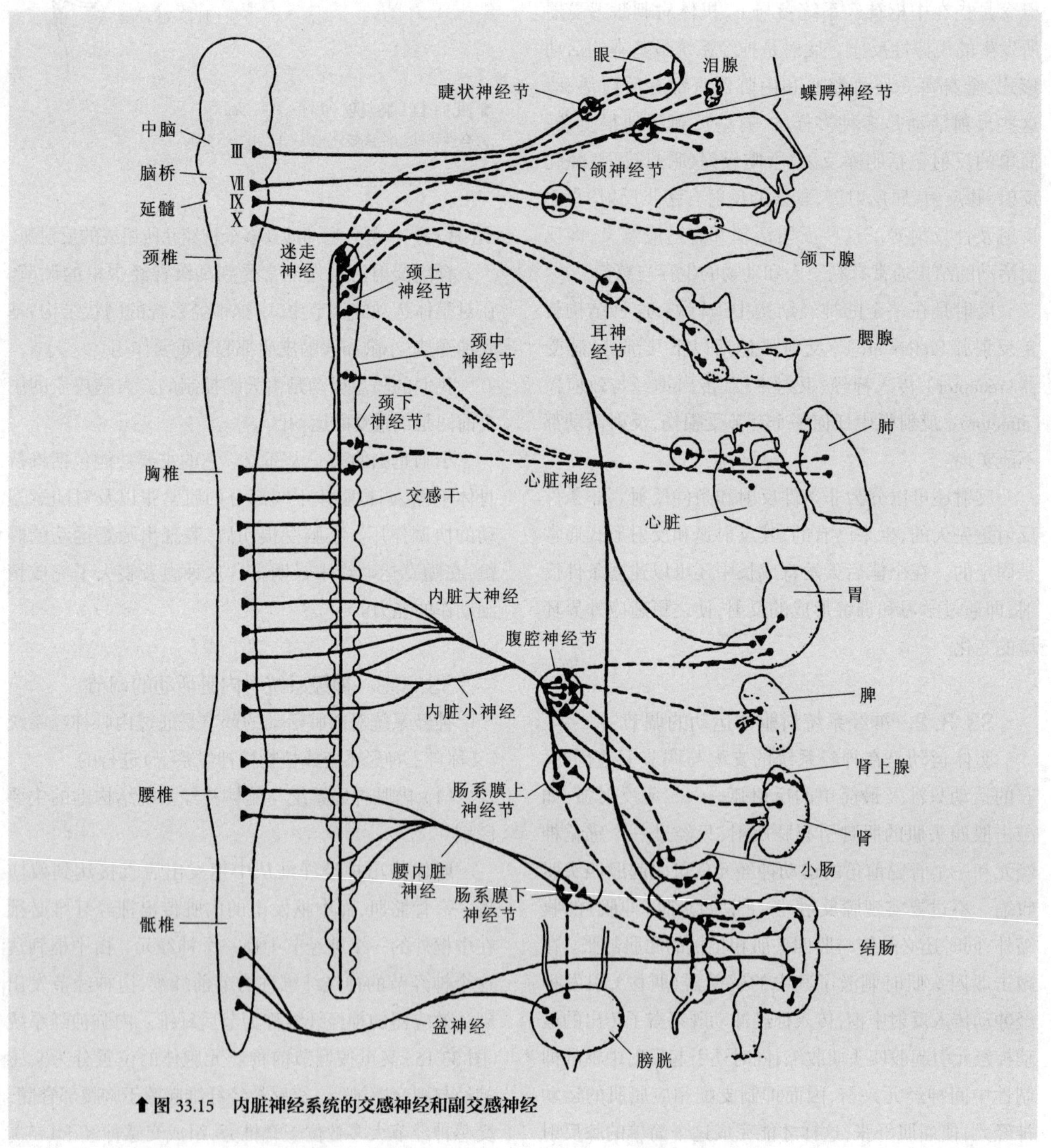

⬆图33.15 内脏神经系统的交感神经和副交感神经

表 33.1 内脏神经系统的主要功能

器官	交感神经	副交感神经
循环器官	1. 心搏加快、增强(心输出量加大) 2. 皮肤及腹腔血管收缩(血压升高)	心搏减缓、减弱
呼吸器官	支气管平滑肌舒张(管腔变粗)	支气管平滑肌收缩(管腔变细,促进黏液分泌)
消化器官	胃肠运动减弱	胃肠运动加强,胃液、胰液分泌增多
泌尿器官	膀胱平滑肌舒张	膀胱平滑肌收缩
男性生殖器	血管收缩	血管扩张
女性生殖器	血管收缩	子宫收缩弛缓
内分泌腺	促进肾上腺素分泌	促进胰岛素分泌
代谢	促进糖原分解,血糖升高	血糖降低
眼瞳孔	散大	缩小
皮肤	汗腺分泌,竖毛肌收缩	

分泌加强,有利于营养物质的吸收和贮存。

内脏神经系统的神经末梢也是通过释放化学递质作用于效应器的受体上引起生理反应的。大多数交感神经节后纤维释放去甲肾上腺素,副交感神经节后纤维释放乙酰胆碱。

(3) 各级中枢对内脏活动的调节

脊髓控制一些简单的内脏反射,如排尿、排便、出汗和血管收缩等。但脊髓管理的内脏反射平时都在高级中枢神经控制下活动。

脑干中有许多重要的内脏反射中枢,如心血管运动、呼吸、呕吐及吞咽等中枢,对生命活动具有重要意义。

下丘脑是控制内脏活动的高级中枢。下丘脑和大脑皮质、丘脑、脑干保持密切的联系。下丘脑中存在着调节体温、调节饮水与排尿、调节摄食的中枢。并且,通过下丘脑 - 垂体控制内分泌活动,间接影响内脏活动。

大脑皮质对内脏的控制区主要是边缘皮质。边缘皮质位于大脑两半球内侧面。刺激边缘皮质不同部位可以引起复杂的内脏功能反应。

33.4 人脑的结构和功能

神经系统除了感觉功能和运动功能以外,还有一些更高级的功能,如学习、记忆、语言和睡眠等。这些功能大都是与神经系统的高级部位,尤其是与大脑密切相关的。人的大脑皮质内有极大数量的神经细胞,分为很多类型,联系很复杂。在神经系统的高级部位,不仅有简单的与生俱来的反射活动,还在后天建立起许多条件反射。在大脑皮质还长期贮存了大量的信息,而且这些信息又可与其他的信息发生新的联系。这一切构成了神经系统的高级功能的基础。

33.4.1 人脑的结构

人的大脑主要包括左、右大脑半球,是中枢神经系统的最高级部分。左、右大脑半球由胼胝体相连。大脑半球表面布满深浅不同的沟,沟之间的隆起部位称为脑回。半球上有几条重要的沟:中央沟、外侧沟、顶枕沟和距状沟。这些沟将大脑半球分为 4 个叶,即中央沟以前、外侧沟以上的额叶,外侧沟以下的颞叶,顶枕沟后方的枕叶,以及外侧沟上方、中央沟和顶枕沟之间的顶叶(图 33.16)。

覆盖在大脑半球表面的一层灰质称为大脑皮质,是神经元胞体集中的区域。大脑皮质之下为白质,由大量神经纤维组成,其中包括大脑的回与回之间、叶与叶之间、大脑两半球之间以及大脑皮质与脑干、脊髓之间联系的神经纤维。白质内还有灰质核,这些核靠近脑底部,称为基底核。

大脑有几百亿个神经元,而且神经元与神经元之间又有很复杂的联系。数量如此庞大的神经元以及它们之间的极为复杂的联系是神经系统高级功能的物质基础。

33.4.2 大脑皮质的功能

1860 年法国外科医生布罗卡(Paul Broca,1824—1880)观察了一个病例,这位患者可以理解语言,但不能说话。他的喉、舌、唇、声带等都没有常规的运动障碍。后来在尸体解剖时发现,患者大脑左半球额叶后部有一鸡蛋大的损伤区,脑组织退化并与脑膜粘连,但右半球正常。这是第一次在人的大脑皮质上得到功能定位的直接证据。现在把这个区称为布罗卡表达性失语症区,或布罗卡区(图 33.16)。这个控制语言的运动区只存在于大脑左半球皮质,这也是人类大脑左半球皮质优势的第一个证据。后来韦尼克(Carl Wernicke,1848—1905)在 1876 年又发现人大脑左半球颞叶的后部与顶叶和枕叶相连接处是另一个与语言能力有关的皮质区,现在称为韦尼克区。这个区受损伤的患者可以说话但不能理解语言,即可以听到声音,却不能理解它的意义。

20 世纪 30 年代加拿大神经生理学家、神经外科学家潘菲尔德(Wilder Penfield,1891—1976)等对人的

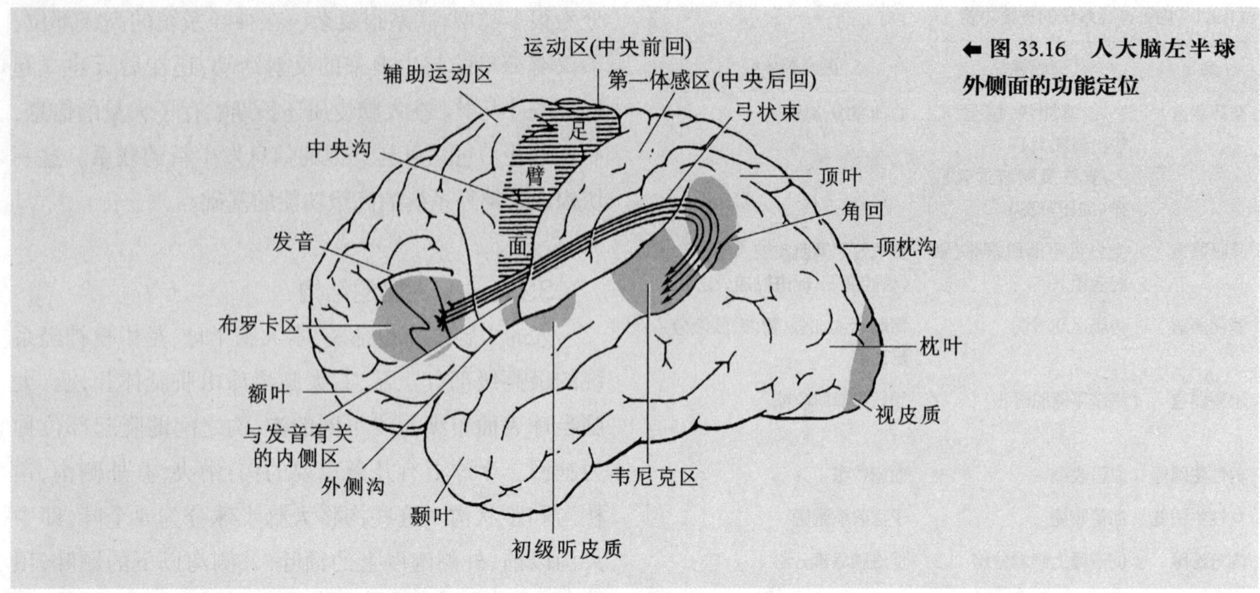

⬅ **图 33.16 人大脑左半球外侧面的功能定位**

大脑皮质功能定位进行了大量的研究。他们在进行神经外科手术时，在局部麻醉的条件下用电流刺激患者的大脑皮质，观察患者的运动反应，询问患者的主观感觉。所得的结果总结在他们所设计的示意图中(图 33.17)。潘菲尔德用电刺激一侧中央前回，一般引起对侧躯体运动，刺激中央前回顶部可以引起下肢的运动，而刺激中央前回的下部却出现头部器官的运动，可见中央前回皮质与躯体呈现对侧的、颠倒的关系。但是，中央前回皮质与头部的关系例外，是双侧和正立的关系。躯体各部分的皮质代表区范围的大小与躯体的各部分大小无关，而与各部分运动功能的灵活性和细致程度有关。例如，5 个手指占据的皮质区域大于躯干部分，这意味着支配该器官的起源于此的神经元更多些。大脑皮质运动区(motor area of the cortex)的损伤，如脑出血、脑血管栓塞会引起相应躯体部位的运动障碍。

与主要运动区(中央前回)相对应的中央后回是大脑皮质躯体感觉区(somatosensory area of the cortex)，又称为第一体感区(见图 33.16)。用电流刺激第一体感

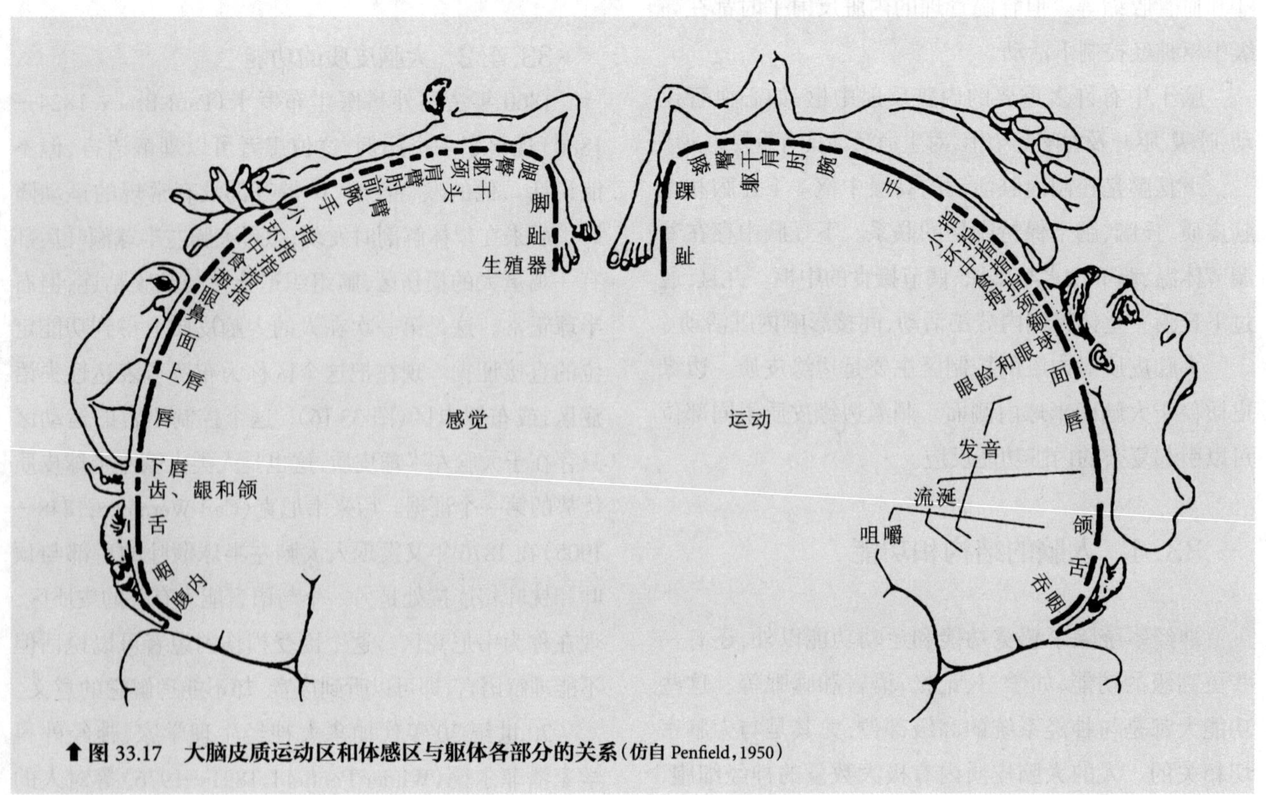

⬆ **图 33.17 大脑皮质运动区和体感区与躯体各部分的关系**(仿自 Penfield，1950)

区时，体表某处有麻木或电麻样感觉。躯体感觉的皮质代表区与躯体表面的关系也类似皮质运动区与躯体各部分肌肉的关系（图 33.17）。皮质体感区除面部代表区是双侧性联系外，其他各部分在皮质的代表区都是对侧性的。下肢的代表区在中央后回的顶部，头面区在中央后回的底部，呈倒立的顺序。但在头面代表区内各部分感觉的代表区却是正立的顺序。皮质代表区的面积与感觉功能的敏感性有关，而与体表面积无关，即感觉灵敏的部位在皮质的代表区大。

主要的视区在大脑皮质枕叶的后部（17 区）。主要的听区在颞叶的上部（41 区）。梨状皮质与嗅觉有关。中央后回下部靠近外侧沟处的面部体感区与味觉有关。扣带回、海马回等边缘皮质与内脏的复杂的活动有关（见图 33.13）。但是在上述这些运动区与感觉区之间还有很大一部分皮层，这些皮质的功能还很不清楚。临床观察和实验资料表明，这些区域的功能是很复杂的。例如，额叶的损伤常常引起个性的改变。

33.4.3 左、右大脑半球的功能特点

20 世纪 60 年代以后，斯佩里（Roger W. Sperry，1913—1994）对一些因控制癫痫病的扩散而切断胼胝体的“裂脑人”进行了观测，他发现左、右两个大脑半球是有分工的，各有其优势。

通过对裂脑人两个半球的研究表明，一个分离半球所经历、学习和记忆的事物不能传送给另一个半球。每一个半球有自己的意识、思想和概念，它自己的经验和记忆不可能由另一个半球回忆出来。这些研究还发现两个半球功能上的差别（图 33.18）。右半球是不出声的、不能书写的，对语言只能有限地理解。但右半球有高度的智力活动，在某些方面超过左半球。右半球在理解和处理三维图像、形象感知以及识别和记忆音调等方面的能力都比左半球强。左半球在分析时间规式上超过右半球，在判别语言和非语言的声音刺激以及视觉、触觉事件上比右半球的能力强。较强的分析听觉事件的能力是左半球语言优势的基础。

独立的大脑左半球支配说话、写字、数学计算和抽象推理。在控制神经系统的活动方面，左半球也是执行任务较多，起主导作用的半球。独立的右半球在形象思维、认识空间、理解音乐和理解复杂关系等方面的能力优于左半球。右半球的言语功能较差，几乎没有计算能力，不能领会形容词和动词的含义。斯佩里认为，大脑两半球的功能是高度专门化的，各司其职又互相补充。

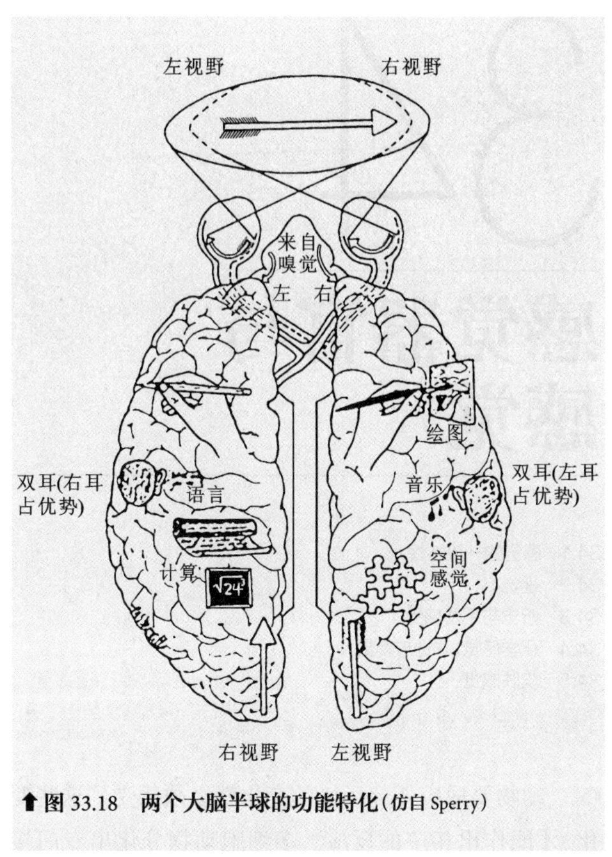

⬆ **图 33.18 两个大脑半球的功能特化**（仿自 Sperry）

33.4.4 大脑皮质的电活动

大脑皮质具有独特的电活动。它既有连续的节律性的电位变化，又有由于感受器受到刺激而产生的局部高电位变化。大脑皮质连续的节律性电位变化称为自发脑电活动，它的记录称为脑电图（electroencephalogram，EEG）。脑电流很微弱，在真空管放大器发明以前是无法记录到的。

在大脑皮质局部发生疾患或损伤时，这些部位附近的细胞出现异常的电活动，通常是慢波活动。当一侧损伤时，两半球对应部位的对称性遭到破坏，得到不对称的脑电记录。因此，脑电图可以对大脑皮质的局部损伤定位，可以用来探测癫痫病灶、脑肿瘤以及其他的实质性损伤的部位。

思考题

1. 神经细胞的极化状态是怎样产生的？
2. 动作电位是怎样产生的？
3. 神经冲动是怎样在神经细胞之间传递的？
4. 你知道人体有哪些反射？
5. 一位脑出血患者发病时右手、右腿出现运动障碍，后来逐渐康复，只剩下右手手指不能运动。脑出血可能发生在大脑的什么部位？

34 感觉器官与感觉

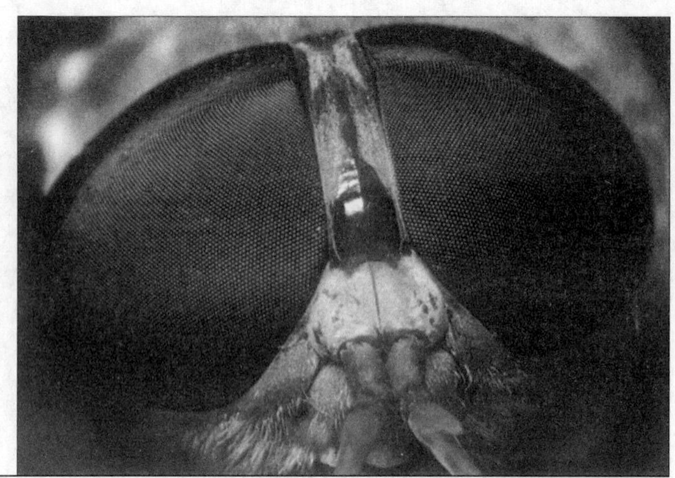
昆虫的复眼

动物要适应外部环境的变化就必须感受到这些变化,才能作出相应的反应。多细胞动物分化出专门接受刺激的感受器(sensory receptor)细胞,可以分别接受各式各样的刺激。同样,动物也必须感受内部环境的变化相应地调整有关的功能。人和动物体有多种内外感受器接受内外环境变化的刺激,通过传入神经将这些信息传入中枢神经系统。这些刺激有的可以在人的主观意识中引起感觉(sensation)。中枢神经系统整合感受器传入的信息,并对特定的效应器(如骨骼肌等)发出指令,从而对刺激作出适合的反应。

动物的感受器是多种多样的:有的感受器结构简单,只是感觉神经元的神经末梢;有的是感受器细胞;有的感受器除了感受器细胞外还增加了附属装置,有些附属装置很复杂,形成特殊的感觉器官,如耳和眼。在一些动物中,某些感觉器官极为发达,从而灵敏地感受刺激信号。

34.1 感觉的一般特性

34.1.1 感受器细胞起换能器和放大器的作用

眼睛的感光细胞接受光的刺激,内耳的毛细胞接受振动的刺激,舌头上的味觉细胞接受化学物质的刺激。每种感受器的作用相当于一种换能器,这种换能器对于某一种形式的能量刺激特别敏感,可以将环境中这类能量刺激转换为生物能——感受器上膜电位的变化。当刺激强度加大,膜电位达到阈值时,就会在传入神经上引起一系列的冲动发放。这种敏感性最高的能量形式的刺激,就称为适宜刺激(adequate stimulus)。其他不发生反应或敏感性很低的能量形式的刺激,称为不适宜刺激。

由于感受器对于适宜刺激非常敏感,可以感受到极微弱的能量。经过换能后形成的神经冲动的功率放大了很多倍。因此,感受器除了换能作用外,还有放大的作用。例如,单个红光光子只有 3×10^{-19} J 的辐射能。然而一个感光细胞受到单个光子刺激可引起的感受器电流约有 5×10^{-14} J 的电能。由此可见感光细胞的输入与输出之间的功率放大至少有 100 000 倍。

34.1.2 感觉的产生与适应

每一类感受器都有一定的传入通路以传导感受器发放的神经冲动。这个传入通路一般都要在中枢神经系统的不同部位换几次神经元。除嗅觉传入通路外,其他感受器传入通路最后一次换神经元都是在丘脑,然后再由丘脑中各自特定神经核发出的神经纤维投射到大脑皮质特定的区域。每个特异性上行传入通路只传导一种特定的感觉,也只有在大脑的特定区域才能产生感觉。

刺激作用于人的感受器最初可以得到清晰的感

觉，但是当刺激持续作用时，感觉逐渐减弱，有时甚至消失。这个过程称为感觉适应（sensory adaptation）。古语云“入芝兰之室，久而不闻其香；入鲍鱼之肆，久而不闻其臭”，就是对感觉适应的描述。适应是主观感觉的复杂变化，它的生理基础首先是感受器发放动作电位的频率降低。

不同感受器适应的快慢不同。触感受器的适应非常迅速，而肌梭、颈动脉窦的压力感受器和痛感受器的适应却很慢。看来适应的快慢与感受器的生理意义有关。如果损伤性刺激尚未取消前痛感受器已停止了痛觉的冲动发放，那么痛觉就失去了它的保护意义。

34.1.3 感受器的类型

根据其感受刺激的不同，感受器可以分为五类：机械感受器、化学感受器、电磁感受器、温度感受器和痛觉感受器。

机械感受器感受物理变形，如体表的触感和肌肉拉伸，听觉和鱼类侧线对水流的感知也是机械感受器在起作用。化学感受器有些可以感觉体内血液渗透压，另一类如昆虫的性外激素感受器，能感知异性释放到外界环境中的化学信息素。电磁感受器感受电磁能，如光、电、磁力等，某些鱼类可以通过产生和感受电流来感知环境，一些昆虫、鸟类、鲸类等可以通过感受地球磁场定位和导航。温度感受器感受温度（冷热），一些种类的蛇还可以通过感受红外线辐射寻找猎物。痛觉感受器感受机体的损伤。

34.2 视觉

对光的感受是大多数动物生存必不可少的功能。尽管不同动物的光感受器官相差甚远，但其基本构成均包含感光细胞（photoreceptor），感光细胞中具有能吸收光的色素分子。

34.2.1 无脊椎动物的视觉器官

涡虫的光感受器称为眼杯（eye cup），是最简单的光感受器（图 34.1）。眼杯位于涡虫的头部，是由一团色素细胞排列成杯形，感光细胞的一端从杯口伸入杯中，其末端膨大。感光细胞膨大的末端中含有色素分子。这些色素分子能吸收光能产生动作电位，并传送到涡虫的脑。涡虫的眼杯不能成像，只能检测光的强度与方向，使涡虫能避开强光躲入暗处。

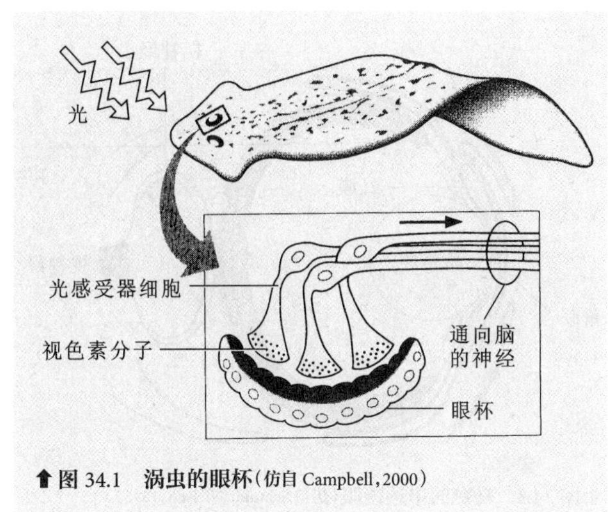

⬆图 34.1 **涡虫的眼杯**（仿自 Campbell，2000）

许多无脊椎动物，包括龙虾、蟹和昆虫，具有复眼（compound eye）（见章首图）。复眼一般是由几千个结构相同的小眼（ommatidium）构成的。每个小眼的表面一般是一个六边形的凸出的小单位，称为小眼面。这是小眼的角膜。角膜下面是晶状体。角膜和晶状体都有折光的功能。晶状体之下是视小网膜（retinula），一般由 8 个视小网膜细胞并列成一长束。这些细胞可以感受光线的刺激，并从底部发出轴突将神经冲动传送到脑两侧的视叶。小眼四周有色素细胞包围（图 34.2）。蜜蜂、蝗虫等的各小眼之间被色素细胞所隔离，每一小眼只能接受与它的长轴平行的直射光。这样的复眼所形成的像是镶嵌像。天蛾、萤等的小眼的深部并不完全隔离，斜向射入小眼的光线经过晶状体的折射可到达邻近的感光细胞，因而可形成重叠但不清晰的像。这些复眼所形成的像称为重叠像。

无脊椎动物中第三种类型的眼是单透镜眼，它的工作原理与照相机相似。头足类乌贼的眼就是这种类型的（图 34.3）。在这种眼的前端有瞳孔（pupil），光线从此射入。瞳孔后面还有虹膜（iris），可以调节瞳孔的大小。虹膜之后有一个透镜（晶状体）可以将光线聚焦

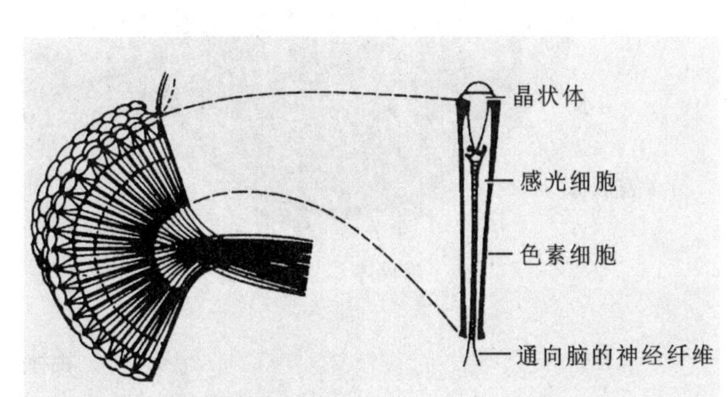

⬆图 34.2 **昆虫的复眼**（仿自 Campbell，2000）

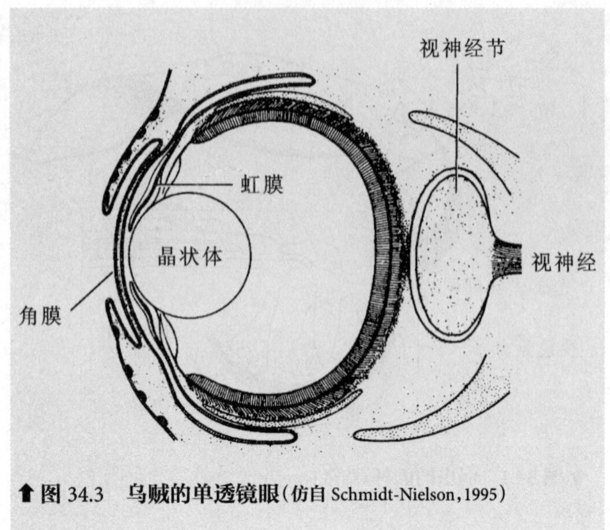

⬆图 34.3 乌贼的单透镜眼(仿自 Schmidt-Nielson,1995)

在视网膜上,而视网膜上有感光细胞,如同照相机的感光胶片。单透镜眼可以产生清晰的不间断的图像,而不是复眼所生成的复合的图像。

34.2.2 脊椎动物的视觉器官

脊椎动物的眼都是单透镜眼,以下将以人眼为例加以说明。

眼是人的视觉器官,是人体最重要的感觉器官。人体所接受的外部信息大部分是通过眼接受的。眼也是人体中最复杂的感觉器官。

人眼接近球形,直径约为 24 mm。眼球壁分三层,最外层为巩膜(sclera)和角膜(cornea),中间层为脉络膜(choroid),最内层为视网膜(retina)。巩膜是由乳白色结缔组织组成的,起保护眼的作用。巩膜前端部分是透明的,称为角膜,曲度比其他部分大,外面的光线由此射入眼球,角膜在聚焦光线中起着最重要的作用。中间层脉络膜约占眼的后 2/3 的部分,由丰富的血管和棕黑色的结缔组织所组成,既可供给视网膜营养,又可吸收眼内的光线以防止光的散射。最内层视网膜是感受光刺激的神经组织。在巩膜与角膜交界处有睫状体和虹膜。不同肤色的人种,虹膜所含的色素也不同。睫状体包括睫状突、睫状小带和睫状肌三部分。睫状小带把透明的晶状体(lens)悬挂在虹膜的后方。晶状体与角膜之间充满了澄清的液体——房水(aqueous humor);晶状体与视网膜之间充满了透明的胶状物质——玻璃体(vitreous humor)。

视网膜的厚度只有 0.1 ~ 0.5 mm,但结构十分复杂。其主要细胞层可粗分为 4 层(图 34.4)。视网膜的最外层是色素细胞层,内含黑色素颗粒和维生素 A,对感光细胞有营养和保护作用。第二层为感光细胞层,人的感光细胞可分为视锥细胞(cone)和视杆细胞(rod)两种。感光细胞的外段含有特殊的感光色素,在感光换能中起重要作用。视杆细胞外段呈长杆状,视锥细胞外段呈圆锥状。视杆细胞比视锥细胞对光的敏感度更高,而视锥细胞是色觉感受的基础。两种感光细胞都和第三层的双极细胞的突触联系,双极细胞再和第四层的神经节细胞联系。此外,在视网膜中还有一些横向联系的细胞。神经节细胞发出的轴突先在视网膜内表面聚合成束,然后从眼的后极穿过视网膜离开眼球,

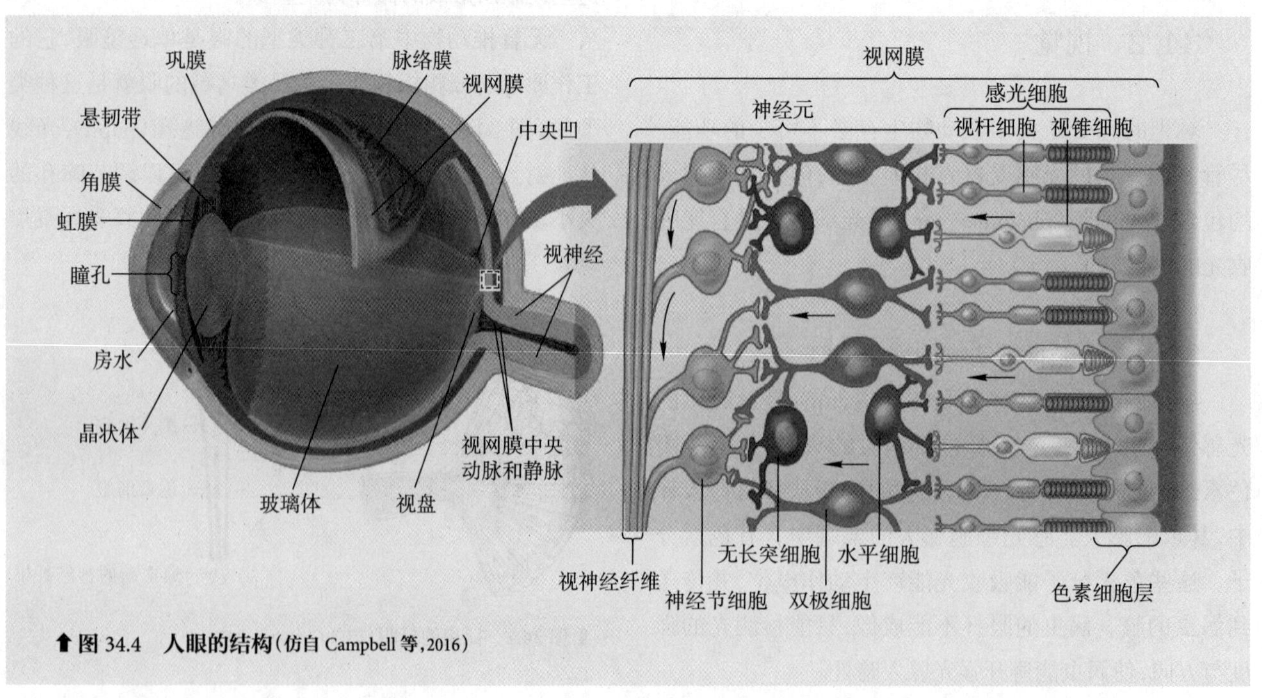

⬆图 34.4 人眼的结构(仿自 Campbell 等,2016)

这个部位称为视盘。视盘没有感光细胞，因而不感光，如果外界物体的像正好投射在这一区域便会看不到，是生理上的盲点（blind spot）。视网膜各部分的结构并不完全相同。眼球后极稍偏外侧的视网膜上有直径为 1.5 mm 的黄色色素区，称为黄斑。黄斑中央有一个直径为 0.5 mm 的小凹，称为中央凹（fovea）。这里视网膜极薄，只有密集的视锥细胞，没有视杆细胞。第三层的双极细胞和第四层的神经节细胞都偏移到旁边，减少对光线的阻挡，使光线直接作用于感光细胞上。在中央凹，每一个视锥细胞与一个双极细胞相连，一个双极细胞再联到一个神经节细胞上，形成了从视锥细胞到大脑的专线联系。这种特殊的结构是与中央凹的精细的视觉功能相适应的。从中央凹到视网膜的边缘部分，视锥细胞迅速减少，而视杆细胞迅速增多，双极细胞层与神经节细胞层增厚，许多视杆细胞和视锥细胞与一个双极细胞相连，而许多双极细胞又与一个神经节细胞相连。在边缘部分，每个神经节细胞可与 250 个感光细胞相连。

34.2.3 感光色素的光化学反应

视杆细胞外段中的感光色素是视紫红质（rhodopsin）。视紫红质由视蛋白和视黄醛组成，视蛋白镶嵌在外段的细胞膜上。在无光的情况下，视蛋白与视黄醛紧密结合在一起，视黄醛嵌在视蛋白中。视黄醛有两种构象：顺式和反式。吸收光后，原本为顺式的视黄醛构象发生变化，转变为反式视黄醛，与视蛋白的结合也因此改变，从而引起膜电位的变化，通过双极细胞，最终引起视神经的冲动发放。黑暗的条件下，视黄醛恢复原来的顺式构象，与视蛋白重新紧密结合，又合成为视紫红质。

在此过程中可能损耗部分视黄醛，耗损的部分由色素上皮细胞中的视黄醇（维生素 A_1）来补充。色素上皮细胞主动从血液取得维生素 A_1。如果营养不良，缺乏维生素 A_1 就会影响视黄醛的补充和视紫红质的再合成。因而，视杆细胞不能发生正常的光化学反应，光敏感度下降，在傍晚和夜间看不清物体，这种症状称为夜盲症。

34.2.4 色觉的产生

一些脊椎动物，包括多数的鱼类、两栖类、爬行类、鸟类、灵长类等都具有较好的色觉。视网膜中的视锥细胞负责感受颜色。在人眼中有三种视锥细胞，每一种视锥细胞含有一种感光色素，分别对蓝光、绿光和红光最敏感。不同颜色的光刺激这三种感光细胞时引起的兴奋程度不同，传入大脑后产生相应的不同色觉。

色觉异常有两类，即色弱（color anomaly）和色盲（color blindness）。色弱是对红或绿的分辨能力降低。这是由遗传因素或健康状况不良所造成的。色盲包括全色盲和部分色盲。全色盲患者只能分辨明暗，不能分辨颜色。这类色盲很少见。部分色盲多为红色盲或绿色盲。红色盲患者不能分辨红色与绿色，绿色盲患者不能分辨绿色。红、绿色盲是高度伴性遗传的。据一项调查，约有 8% 的男性和 0.5% 的女性有某种程度的色盲或色弱。色盲在两性中不同的出现率是由于对红光和绿光最敏感的视蛋白基因在 X 染色体上，是伴性隐性遗传。如果父亲是色盲患者，其女儿携带色盲基因，但不表现出来。其外孙如果接受的是携带色盲基因的 X 染色体也会是色盲患者。在女性中若出现色盲，则通常其父母双方都携带色盲基因，并遗传给她。

34.2.5 眼的聚焦和调节

光线进入眼到达视网膜要经过三个折光面——空气－角膜界面、房水－晶状体界面、晶状体－玻璃体界面，其中空气－角膜界面的折射最强。

正常眼在静息状态时，来自远处的平行光线聚焦在视网膜上。当物体向眼移近时，则来自物体的光线越来越发散。如果眼的折光系统不变，这些发散的光线将聚焦在视网膜之后，视网膜上成像模糊。因此，人眼从看远处物体改换到看近处物体时要进行调节（accommodation）。调节主要是增加晶状体前表面的曲度。晶状体是富有弹性的组织，当看远处物体时，睫状肌舒张，睫状小带由于眼球壁的张力将悬挂其中的晶状体拉成扁平形，来自远处的平行光线恰好聚焦在视网膜上。看近处物体时，睫状肌收缩，使睫状小带舒张，晶状体由于本身的弹性而增加曲度，能使来自近处的发散的光线聚焦在视网膜上（图 34.5）。

正常眼在静息状态时，来自远处物体的平行光线正好聚焦在视网膜上。如果由于眼的折光系统或眼的形状发生异常，平行光线不能聚焦于视网膜上，为异常眼。异常眼主要有三种：近视（myopia）、远视（hyperopia）和散光（astigmatism）。

① 近视　平行光线聚焦在视网膜的前面，远处物体成像模糊。近视大多数是由于眼的前后径过长，有时是由于角膜的曲度增大。可在眼前加一凹透镜矫正。

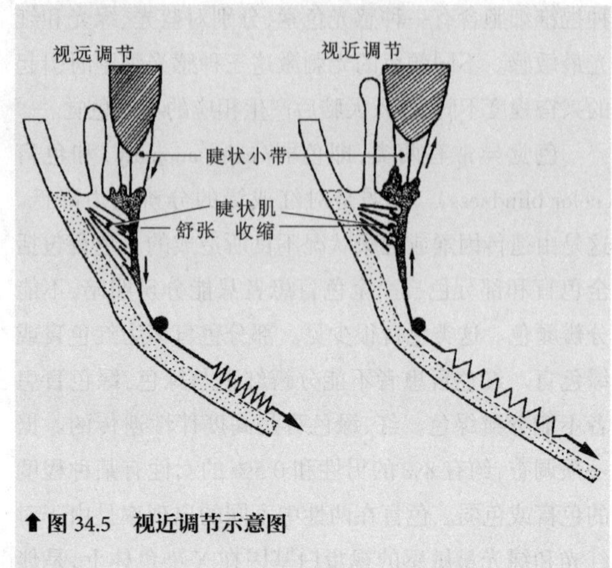

⬆图 34.5 视近调节示意图

② 远视 平行光线聚焦在视网膜的后面，近处物体成像模糊。远视大多数是由于眼的前后径过短，有时也由于角膜的曲度减小所致。当人的年龄到达45岁左右时，晶状体的弹性开始迅速减小，看近处物体时虽然睫状肌尽量收缩，睫状小带充分舒张，但晶状体却越来越不能达到正常的曲度，因而成为老视眼。远视和老视眼可在眼前加一凸透镜增加折光率矫正。

③ 散光 多数是由于角膜表面经线和纬线的曲度不一致造成的。因此，从不同经纬线方向射入的光线不能全部聚焦在视网膜上，造成视像模糊和歪曲，可用圆柱形透镜矫正。

34.3 听觉与平衡感受

34.3.1 外耳和中耳的传音作用

听觉的外周感受器是耳。人耳由外耳（outer ear）、中耳（middle ear）和内耳（inner ear）组成（图 34.6）。人耳的适宜刺激是一定频率范围内（16～20 000 Hz）的空气疏密波——声波的振动。

声波从体外传入外耳道（auditory canal），使外耳道顶端的鼓膜（eardrum）振动。鼓膜的振动又推动了中耳中三块听小骨：锤骨（hammer）、砧骨（anvil）和镫骨（stirrup）。最后，镫骨通过卵圆窗（oval window）把振动传送给内耳中的液体。振动通过鼓膜听骨系统后可以增强外来的压力，首先因为三块听小骨构成一套杠杆装置，使得在镫骨处的力比在鼓膜处大，其次，鼓膜的有效振动面积大于镫骨的有效振动面积。总的压力的增益可达17～21倍。因此，声波的能量可以有效地传入内耳液中。

内耳是一个封闭的小室，其中的液体实际上是不可压缩的。当镫骨向卵圆窗内移动时，正圆窗就要向外鼓出来，这样，声音的压力波才能穿过内耳液，使耳蜗结构发生位移。

中耳经咽鼓管通咽部，并由此与大气相通，使鼓膜两侧的压力相等。咽鼓管在鼻咽部的开口通常处于闭合状态，吞咽、打呵欠、打喷嚏时打开。在气压急剧变化时（如飞机起飞或降落时），中耳气压与大气压不相等，鼓膜振动受阻，听觉受影响。当鼓膜两侧压力差太大时，可引起鼓膜剧烈疼痛，及时主动吞咽可以打开咽鼓管，消除鼓膜两侧的压力差。

34.3.2 声波在内耳中转变为动作电位

耳蜗（cochlea）是内耳传导并感受声波的结构，藏在骨质螺旋形管道中（图 34.6）。人的耳蜗管道长约30 mm，形似蜗牛壳，底部直径约9 mm，高约5 mm。耳蜗内由膜质管道（蜗管）分成两部分，蜗管之上是前庭阶，蜗管之下是鼓阶（图 34.7）。这两部分都充满外淋巴。蜗管类似直角三角形，斜边是前庭膜，底边为基底膜（basilar membrane），蜗管中充满内淋巴液。基底膜在耳蜗底部狭窄，约0.04 mm，在顶部最宽，约0.5 mm。基底膜上有螺旋器（spiral organ）（图 34.8），其中有毛细胞（hair cell）。一端游离的胶冻状的覆膜盖在螺旋器之上，与毛细胞的纤毛接触。第Ⅷ脑神经的耳蜗支成树状分支包围毛细胞的底部。

当镫骨在卵圆窗振动时，使耳蜗发生振动，沿着蜗管引起一个行波，行波沿着基底膜由耳蜗底部向顶部传播。当基底膜振动时，由于基底膜和覆膜的支点位置不同，使螺旋器与覆膜之间发生相对位移，使毛细胞

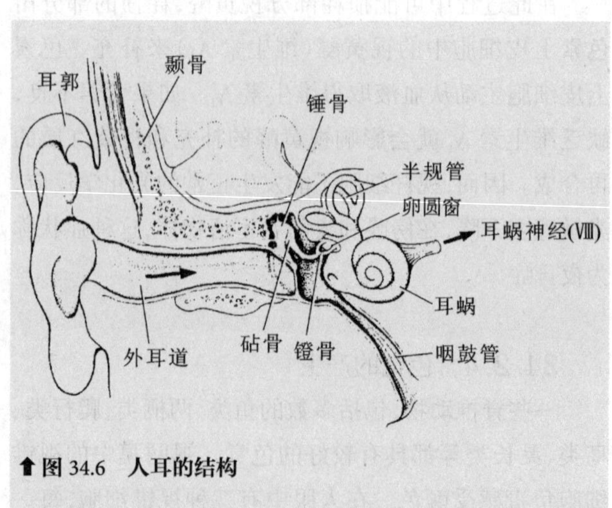

⬆图 34.6 人耳的结构

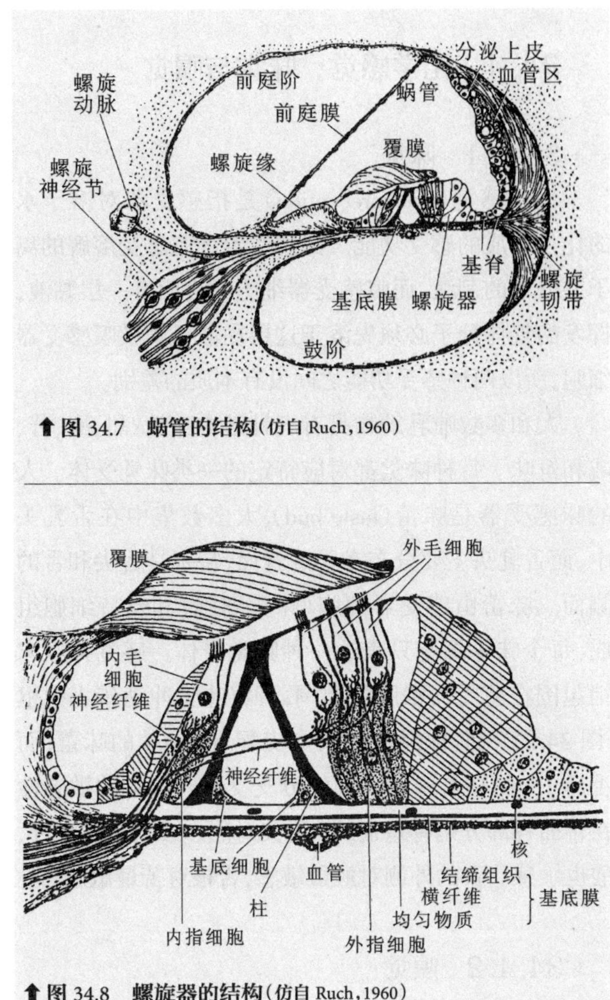

⬆图 34.7 蜗管的结构(仿自 Ruch,1960)

⬆图 34.8 螺旋器的结构(仿自 Ruch,1960)

上的纤毛弯曲,引起毛细胞上离子通透性的改变。纤毛向一侧弯曲使细胞膜去极化,增加毛细胞神经递质的释放和发出动作电位的频率,最终导致听神经上冲动的发放;而纤毛向另一侧弯曲则使细胞膜超极化,减少神经递质释放和动作电位频率。

耳蜗可以感受声音的两种重要信息:音量和声调。音量是声音的大小,由声波的振幅决定;声调则由声波的频率决定。音量越大,基底膜振幅越大,毛细胞弯曲程度越大,毛细胞发出动作电位越多。声调不同时,由于基底膜不同部位宽度和弹性不同,声波所能到达的部位和最大声波振幅出现的部位有所不同。高频率振动引起的基底膜振动只限于卵圆窗附近,不能传多远;频率越低的振动引起的行波传播越远,最大振幅出现的部位越靠近基底膜顶部。基底膜振幅最大处毛细胞受到的刺激最大,相连的听神经也会有更多的冲动发放。不同部位的听神经连接大脑皮质区域不同,发放冲动会引起不同的音调感觉,耳蜗底部的发放感受高音调,中部的发放感受中音调,顶部的发放感受低音调,因此我们可以辨别不同的音调。

34.3.3 由动作电位到声音

听觉的神经通路是复杂的。声波在内耳转变为听神经上的冲动发放,传入延髓。从延髓发出的纤维上行止于中脑的下丘以及后丘脑的内侧膝状体。从内侧膝状体发出的纤维达到大脑皮质听区,在大脑皮质听区产生听觉。人的听皮质包括 41 区和 42 区(在外侧沟内)、22 区(外侧沟附近)(见图 33.13)。

34.3.4 内耳中的平衡器官

前庭器是感受身体运动和头部位置的感受器,包括内耳中除耳蜗以外的三个半规管(semicircular canal)、椭圆囊(utricle)和球囊(saccule)(图 34.9)。

三个半规管形状大致相似。每个半规管约占 2/3 圆周,均有一相对膨大的壶腹。三个半规管各处于一个平面上,这三个平面又都互相垂直,形成一个立体坐标。壶腹内有壶腹嵴,它的位置和半规管的长轴垂直。在壶腹嵴中有一排毛细胞,面对管腔,而毛细胞顶部的毛又都埋植在一种胶质性的圆顶形终帽之内(图 34.10)。终帽横贯壶腹,形成壶腹内壁的活塞状密封垫。半规管及其壶腹内充满内淋巴。半规管的适宜刺激是旋转加速度。这是由于内淋巴与半规管之间在旋转开始时或旋转停止时,出现相对位移的结果。头部的运动至少会引起一个半规管中内淋巴的运动。这种运动会使终帽偏转,刺激毛细胞。毛细胞释放神经递质兴奋传入神经元。传入神经元发放神经冲动到脑,通报身体和头部的旋转运动。

椭圆囊和球囊是感受身体静止和直线加速度运动

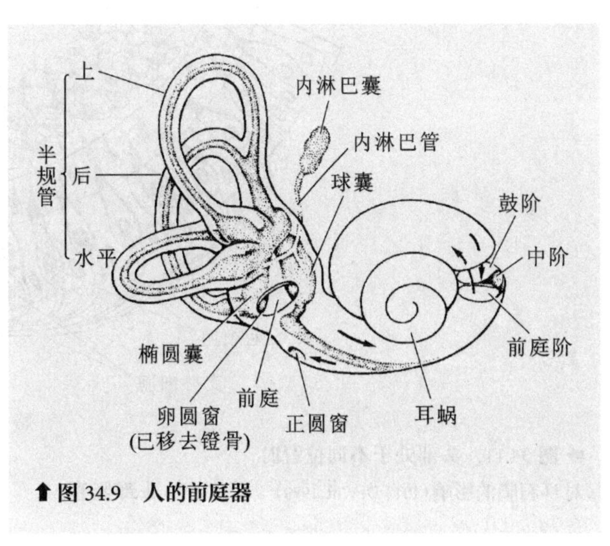

⬆图 34.9 人的前庭器

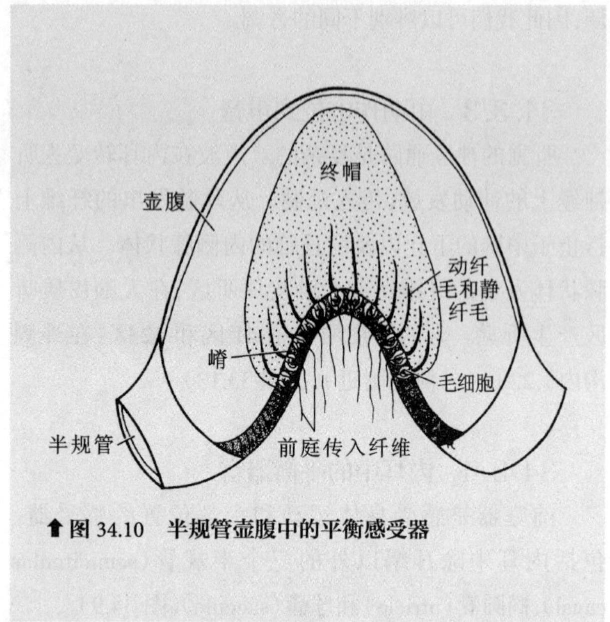

⬆图 34.10　半规管壶腹中的平衡感受器

状况的感受器，因其内有耳石，因此又称耳石器官。两个囊内都有囊斑。囊斑上有毛细胞。毛细胞上覆盖着耳石膜。耳石膜由胶状物质和许多碳酸钙结晶（耳石）组成。毛细胞的纤毛插入耳石膜中。耳石相对密度（比重）大于内淋巴。当头部处于不同方向的位置时，耳石受重力作用，耳石膜向不同方向不同程度地牵拉毛细胞的纤毛，于是刺激了毛细胞。毛细胞兴奋后，引起冲动发放，经传入神经传到前庭神经核，反射性地引起肌紧张的变化，从而维持身体的平衡（图 34.11）。

34.4　化学感觉：味觉与嗅觉

34.4.1　味觉

化学感觉（chemoreception）是指感受器对溶于水的化学物质的感受功能。味感受器细胞感受溶解的离子或分子的刺激，而嗅感受器细胞的表面有一层黏液，挥发的气体分子必须先溶于这层黏液再刺激嗅感受器细胞，所以两种感受功能之间没有本质的差别。

人和多数哺乳动物具有五种基本味觉：甜、酸、苦、咸和鲜味。每种味觉都对应特定的一类味觉受体。人的味感受器是味蕾（taste bud），大多数集中在舌乳头中，而舌乳头主要分布在舌的背面，特别是舌尖和舌的侧面。味蕾由感受器细胞（味觉细胞）和支持细胞组成，每个味觉细胞只表达一种味觉受体。感觉神经末梢包围在感受器细胞的周围，可将味觉冲动传入中枢（图 34.12）。面神经的鼓索支支配舌前 2/3 的味蕾，而舌后 1/3 的味蕾由舌咽神经分支支配。味觉的敏感性在舌面各部分是有差别的。舌尖对甜、咸最敏感，对苦、酸也敏感。舌的外侧对酸最敏感，舌根对苦最敏感。

34.4.2　嗅觉

人的嗅细胞存在于鼻腔中的上鼻道背侧的鼻黏膜中，所占面积只有几平方厘米。平静呼吸时，进入鼻孔

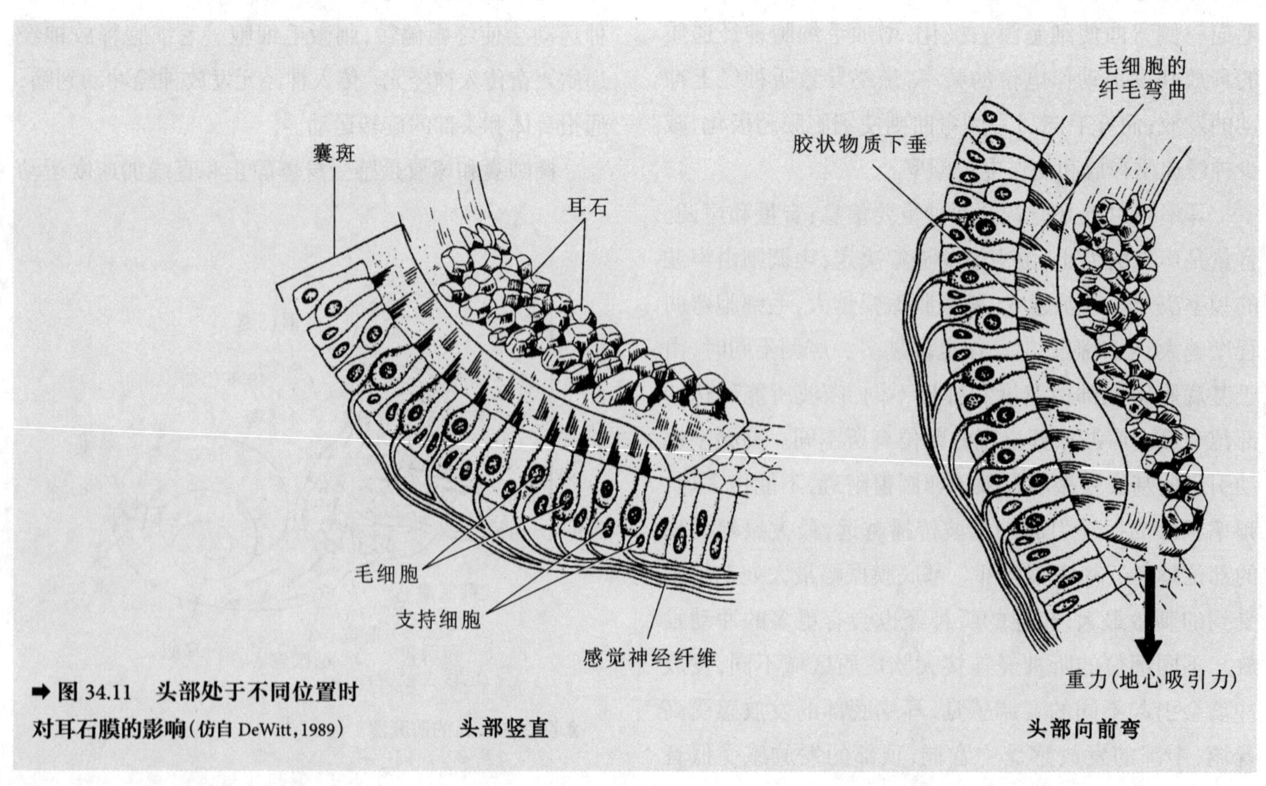

➡图 34.11　头部处于不同位置时对耳石膜的影响（仿自 DeWitt，1989）

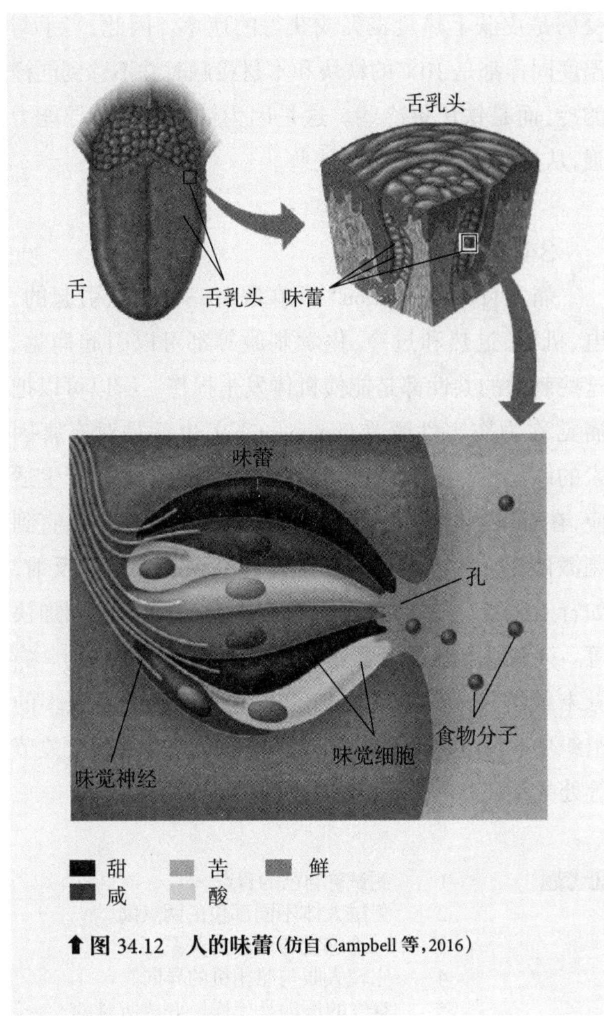

⬆图 34.12　**人的味蕾**（仿自 Campbell 等，2016）

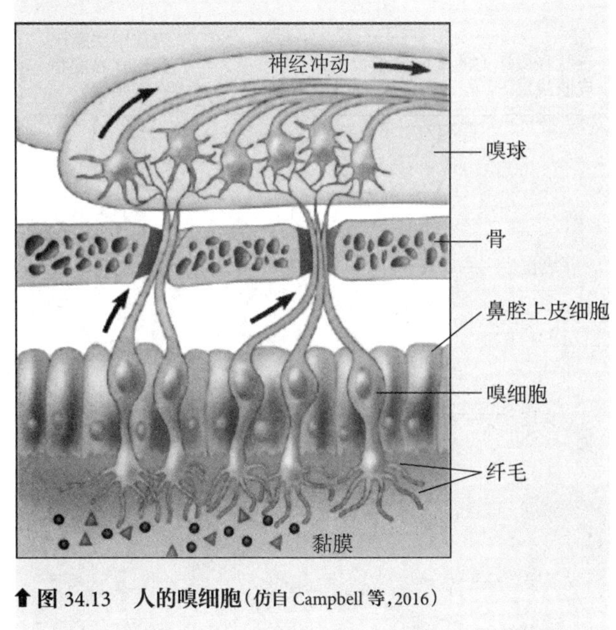

⬆图 34.13　**人的嗅细胞**（仿自 Campbell 等，2016）

的空气很少到达嗅细胞所处的部位，急促的吸气可以使一部分空气进入这个隐蔽部位。因此，我们要分辨某种气味时，常常快吸一口气，使空气中的某些气味物质的分子到达上鼻道刺激嗅细胞。嗅细胞是一种胞体为卵圆形的双极神经元（图 34.13），外端伸出 5～6 根嗅纤毛，内端变细成为无髓鞘神经纤维，穿过筛板到达嗅球。嗅细胞起着感受刺激和传导冲动的双重作用。嗅纤毛是嗅细胞中感受气味分子刺激的部位。气味分子先被黏液吸收，然后扩散到纤毛处与膜受体结合，引起膜电导增加，通道开放，正离子内流，从而产生去极化的感受器电位。每个嗅细胞表达一种气味受体，人类共有 380 种气味受体，而小鼠的气味受体多达 1200 种。表达同种气味受体的嗅细胞传递动作电位到嗅球的同一区域，引起大脑对不同气味的感知。

人的嗅觉敏感性相当高，但与其他哺乳动物相比，人和猿猴都属于嗅觉不发达的钝嗅觉类，而其他种类的哺乳动物属于嗅觉高度发达的敏嗅觉类，例如，狗的嗅觉敏感性就比人高得多。

34.5　皮肤感觉

34.5.1　触觉

皮肤感觉主要包括触（压）觉、温度觉、痛觉等。皮肤感受器（skin receptor）呈点状分布，每种感觉都有相应的感觉点。

触感受器分布于皮肤的结缔组织中，结缔组织的结构和触感受器分布的深度对感受器的功能有很大影响。分布于皮肤表层的触感受器感知轻微的接触和震动，而分布于皮肤深层的触感受器则感知更强烈的压力和震动（图 34.14）。如果用一根较硬的毛发轻触皮肤，可以发现触觉的点状分布。在有毛区域往往可以在毛根的旁边找到感受触觉的“点”。在毛根的周围有裸露的神经末梢围绕，由于杠杆的作用，触到毛发的力被放大了许多倍，增加了敏感性。在皮肤两点同时给予机械刺激，如果两点之间的距离足够大，会感到两个独立的接触点，如果距离缩小到一定的程度，就会感到只是一个点。皮肤感觉能分辨出两个点的最小距离称为两点阈。人体各部位触觉的两点阈有很大的差别，背、大腿、上臂等部位的两点阈较大，60～70 mm，而舌尖、指尖、嘴唇等部位最小，只有数毫米。

34.5.2　温度觉

皮肤和舌的上表面有两种温度感受器，有的在温度升高时发放频率增加（温感受器），有的在温度降低时发放频率增加（冷感受器）。这两种感受器都呈点状

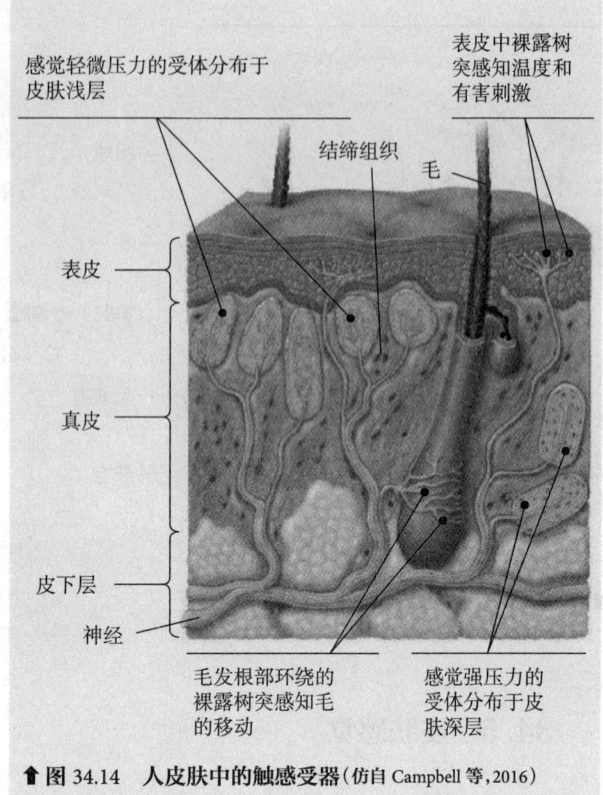
感觉轻微压力的受体分布于皮肤浅层
表皮中裸露树突感知温度和有害刺激
结缔组织
毛
表皮
真皮
皮下层
神经
毛发根部环绕的裸露树突感知毛的移动
感觉强压力的受体分布于皮肤深层

图 34.14 人皮肤中的触感受器（仿自 Campbell 等，2016）

分布。冷感受器多于温感受器。在面部皮肤上冷感受器每平方厘米有 16～19 个，而温感受器只有几个。这两种感受器的适宜刺激都是热量的变化。它们实际感受的是皮肤上热量丧失或获得的速率。因此，当手与温度同样都是 10℃的铁块和木材接触时并不感到同样的冷，而是铁块更冷些。这是因为铁块的热传导能力强，从皮肤上带走热量更快些。

34.5.3 痛觉

痛觉（pain sensation）不单是由一种刺激引起的，电、机械、过热和过冷、化学刺激等都可以引起痛觉。这些刺激的共性都是能使机体发生损伤。所以可以把痛觉称为伤害性感受（nociception），也就是对有害因素的敏感性。痛觉的功能是保护性的，几乎不产生适应，在有害刺激持续作用的时间内一直发生反应，直到刺激停止。痛刺激引起肌体产生一系列保护性反射，如肾上腺素分泌、血糖增加和血压上升、血液凝固加快等。一般认为痛感受器是表皮下的游离神经末梢。痛觉末梢不只分布在皮肤上，实际上分布在全身很多的组织中。除了皮肤痛以外，还有来自肌肉、肌腱、关节等处的深部痛和来自内脏的内脏痛。

思考题

1 测试你自己的盲点。
2 测试人体不同部位的两点阈。
3 讨论感觉与刺激的关系。
4 比较人眼与照相机的异同。
5 空气的振动是怎样转变成听觉的？

35 动物的运动

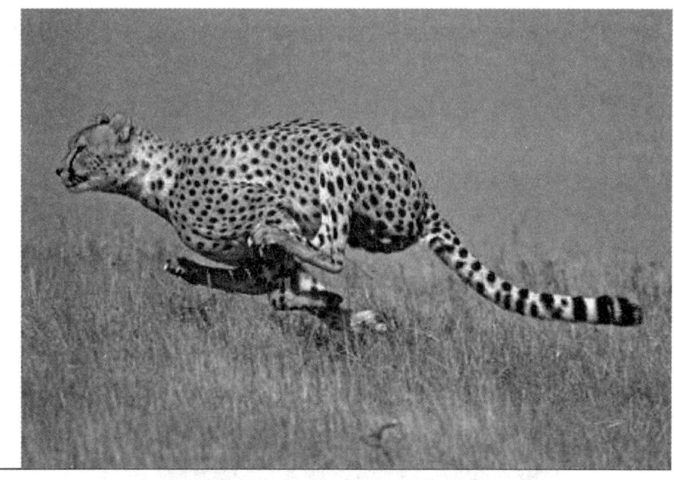

快速奔跑的猎豹

运动是动物区别于植物的最显著特征之一。某些植物,特别是某些原始的植物也能进行某种形式的运动。但作为普遍的特征,动物是能运动的生物,而植物一般是不能运动的。许多动物的运动需要三套器官系统的紧密配合。神经系统在发起运动中起关键的作用,它下达指令给肌肉系统,引起肌肉收缩。肌肉收缩所产生的力作用于骨骼系统产生躯体的运动。

动物运动的形式很多,本章主要讨论脊椎动物骨骼与肌肉的形态、功能,以及它们如何相互作用产生运动。

35.1 动物的骨骼

35.1.1 骨骼的类型

动物的骨骼具有多种功能。动物没有骨骼就不能运动。绝大多数陆上动物如果没有骨骼的支撑不能维持它们的形态,即使在水中的动物如果失去骨骼的支撑也会变形。骨骼还有保护动物内部器官(如脑、内脏等)的作用。

骨骼可分三类:液压骨骼(hydrostatic skeleton)、外骨骼(exoskeleton)和内骨骼(endoskeleton)。

液压骨骼是最简单的骨骼。它完全不同于我们熟悉的由坚硬物质构成的骨骼。它是在密闭的体内腔室中充满液体所形成的,好像一个橡皮气球灌满水以后将出口结扎便可以挺立起来一样。在刺胞动物、扁形动物、线虫动物和环节动物中都存在液压骨骼。这些动物通过肌肉收缩改变充满液体的腔室的形状,使动物运动或改变体形。例如,水螅关闭口部并使体壁上的收缩细胞收缩,导致消化循环腔收缩。由于水的体积不能压缩,消化循环腔的直径缩小就会使体腔和触手伸长(图 35.1)。蚯蚓一类的环节动物的体腔被分隔成一节一节的,各节的体壁上有环行肌和纵行肌。环节动物可以使这两种肌肉分别收缩以改变各节的形状。通过从头部到尾部有规律的肌肉收缩波,液压骨骼使环节动物以蠕动的方式而向前运动(图 35.2)。

外骨骼是包裹在动物体表的坚硬的外壳。例如,大多数软体动物的体外都有由外套膜分泌形成的钙质壳。节肢动物的外骨骼是由表皮分泌的含几丁质的角质层,这种外骨骼不能随动物的生长而长大,因此节肢动物在生长过程中每隔一段时间需要蜕皮,以更换更大的外骨骼。

内骨骼是在动物软组织内的坚硬的支撑物。海绵动物体内有坚硬的骨针。棘皮动物在皮下有坚硬的骨片。海胆的内骨骼是紧密连接的骨片,而海星的骨片连接较松,可以改变其臂的形状。脊索动物的内骨骼是由骨和软骨构成的。

35.1.2 脊椎动物的骨骼系统

脊椎动物是脊索动物门中的一个亚门,也是结构最复杂的亚门。脊椎动物骨骼系统的特征包括:有明显的头骨以保护头部的中枢神经系统;脊椎代替了脊索,成为身体的主要支持结构;除圆口类外,都有上、下

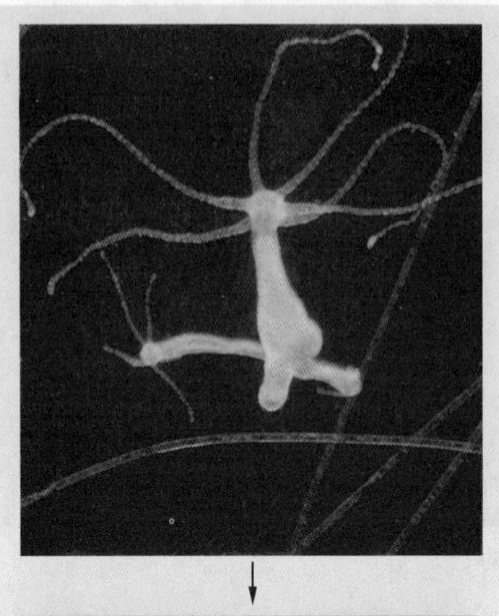

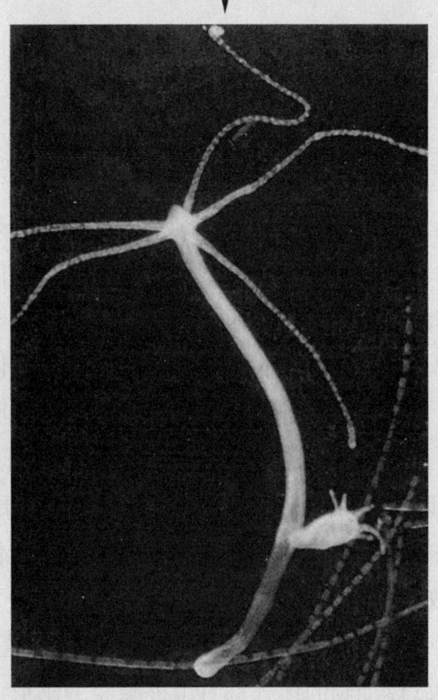

⬆图 35.1　**水螅的伸长运动**(引自 Campbell 等,1997)

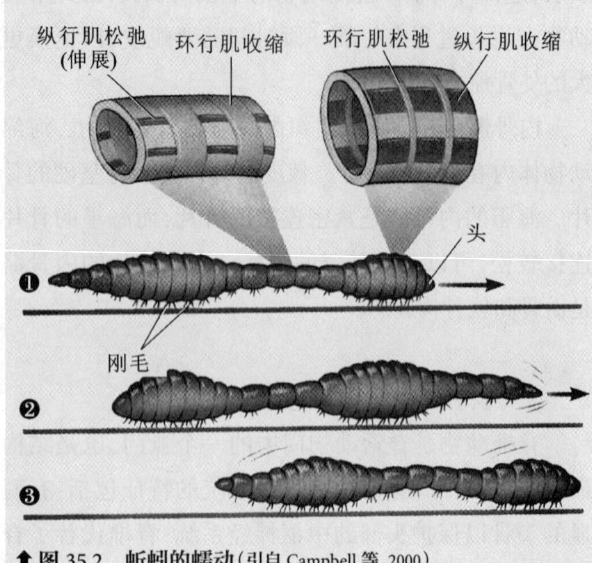

⬆图 35.2　**蚯蚓的蠕动**(引自 Campbell 等,2000)

颌骨;除圆口类外都有成对的附肢骨。现以人类的骨骼为代表来说明脊椎动物的骨骼。

35.2　人类的骨骼

35.2.1　人类骨骼的组成

人体全身共有骨 206 块,约占成年人体重的 20%,由骨连接结合成骨骼。骨骼按其所在部位可分为颅骨、躯干骨和四肢骨(图 35.3)。

颅骨包括脑颅骨、面颅骨和内耳中的听小骨共 29 块。脑颅骨围成颅腔,颅腔的形态与脑的形态相适应,有保护脑的作用。

面颅骨的各骨形状各异,分别围成眼眶、鼻腔和口腔。有些围绕鼻腔的面颅骨骨内有充气的腔隙,称为窦。这些窦中有 4 对与鼻腔相通,1 对与中耳相通。

躯干骨包括脊柱、胸骨和肋骨,共 51 块。其中骶骨由 5 块骶椎骨愈合而成,尾骨由几块尾椎骨愈合而成。脊柱由颈椎(7)、胸椎(12)和腰椎(5)共 24 块椎骨,再加骶骨和尾骨连接而成。各部分的椎骨形状大小各有不同,但每块椎骨都有共同的结构,即椎体和椎弓两部分,并围成椎孔(图 35.4)。各个脊椎的椎孔连接成椎管,脊髓就在其中。

脊髓发出的脊神经从相邻椎骨的椎间孔穿过。各节椎骨由椎间盘连接。脊柱是人体躯干的支柱,必须既坚固而又有一定的弹性,脊椎与椎间盘的结构就适应了这种要求。椎间盘坚固且富弹性,可以承受压力,减缓冲击。胸椎间盘较薄,活动性小;腰椎间盘厚,活动性大。成年人脊柱由于过度劳损,可形成椎间盘突出症,压迫脊髓或脊神经根。

人体的脊柱并不是直的,共有 4 个弯曲:颈曲和腰曲凸向前,胸曲和骶曲凸向后,加大了胸腔和盆腔容积,并使得人体的重力线仍维持在足部中心区域,增加了身体站立的稳定程度。此外,弯曲的脊柱起着弹簧作用,减少行走时震动对脑的冲击。

胸椎、胸骨和肋骨共同围成胸廓,对胸腔中的心脏和肺有保护作用。肋间肌收缩带动肋骨、胸骨移位,形成呼吸运动。

四肢骨又分上肢骨和下肢骨。上肢骨包括肩胛骨、锁骨、肱骨、桡骨、尺骨和手骨共 32×2 块。下肢骨包括髋骨、股骨、髌骨、腓骨、胫骨、足骨,其中髋骨由髂骨、耻骨、坐骨愈合而成,总共 31×2 块。

上肢骨的肩胛骨和锁骨与躯干骨连接。上肢骨较

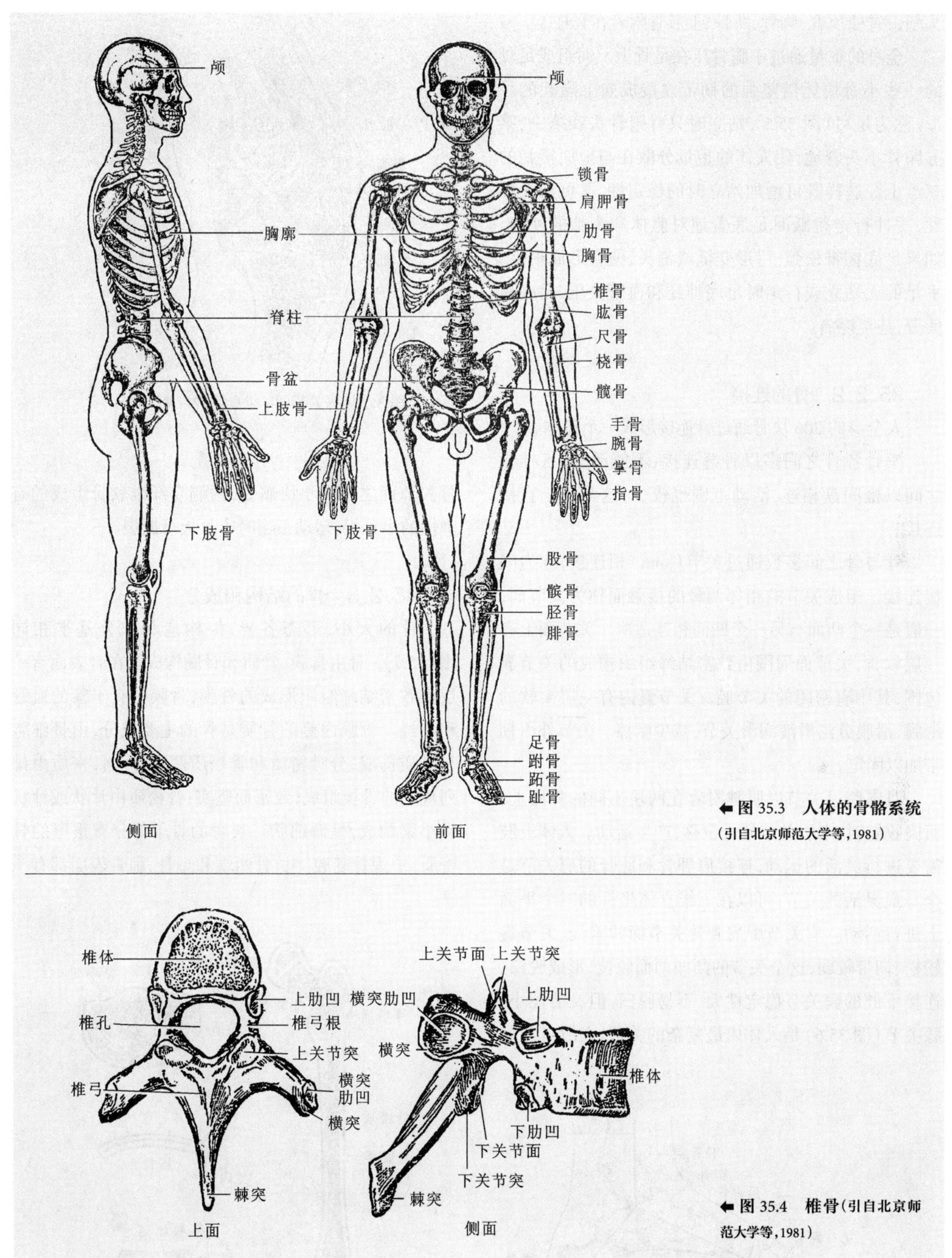

图 35.3 人体的骨骼系统（引自北京师范大学等，1981）

图 35.4 椎骨（引自北京师范大学等，1981）

轻小，关节较灵活，常进行各种复杂的运动。下肢骨经髋骨与躯干骨相连。下肢骨要承受全身重量，一般较粗大，关节牢固。

骨盆由髂骨、坐骨、耻骨、骶骨和尾骨组成，其中容纳生殖泌尿器官和直肠。男性骨盆狭而长；女性骨盆宽而短，有利于妊娠和分娩。

从头到脚观察人体，可以看出全身重量是由脊柱、髋骨、股骨、胫骨、腓骨和足骨这一条中轴支撑起来的。

头颅由脊柱顶着，胸骨、肋骨、上肢骨附着在脊柱上。

全身的重量通过小腿骨压在足骨上。而组成足骨的一些小骨块凭借坚强的韧带连接成向上隆起的弓形，称为足弓（图 35.5），站立时只有跟骨头和第一、第五跖骨小头着地，使人体的重量分散在与地面接触的三点上。这样既可增加站立时的稳定性，又可加大弹性，缓冲行走跳跃时足底着地对躯体和头脑的冲击。如果足底韧带松弛，弓形变低或消失，便会形成平足。平足的人站立或行走时足底神经和血管受压，足底易疲劳，甚至疼痛。

35.2.2 骨的连接

人全身的 206 块骨通过骨连接形成一个整体。

颅骨各骨之间多以骨缝连接，不能活动；各椎骨之间以椎间盘相连，活动范围也较少，这都属于直接连接。

骨与骨之间多数通过关节（joint）相连接，称为间接连接。组成关节的相邻两骨的接触面称为关节面，一般是一个凸面与另一个凹面相互适应。关节面上有一层软骨，关节面周围由致密结缔组织构成的关节囊包围，其中有密闭的关节腔。关节囊内有一层柔软的滑膜，滑膜分泌滑液润滑关节，减少摩擦。关节外由韧带加以固定。

肌肉跨过关节以肌腱附着在两块不同的骨面上。肌肉收缩时，牵引关节使骨位移，产生运动。人体上肢需要进行灵活的运动，连接肩胛骨和肱骨的肩关节是全身最灵活的关节，可以在三维立体坐标的三个平面上进行活动。肩关节中肩胛骨关节面凹陷浅、关节囊较松、韧带较弱，这个关节的凸凹两面脱位，形成脱臼。连接下肢的髋关节稳定性大，不易脱臼，但灵活性小。膝关节（图 35.6）是人体内最复杂的关节，在股骨与胫骨关节面之间有小块髌骨，两侧有纤维软骨组成的有弹性的半月板，运动不当时半月板可撕裂。

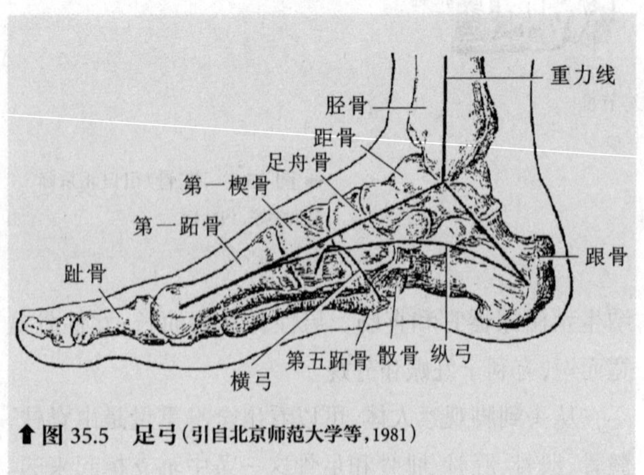

图 35.5 足弓（引自北京师范大学等，1981）

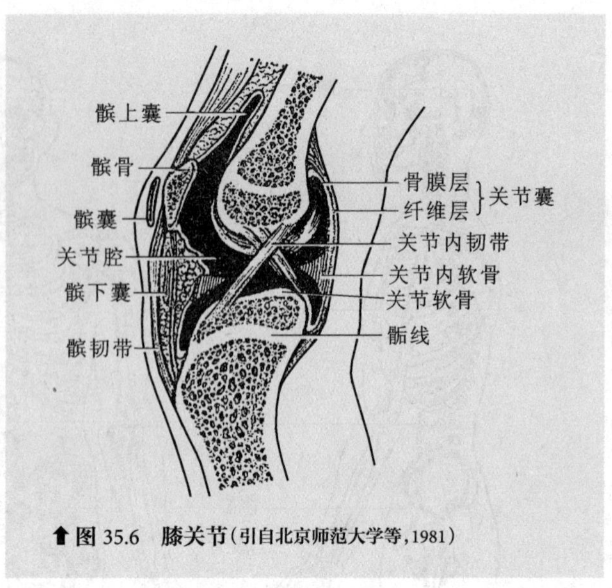

图 35.6 膝关节（引自北京师范大学等，1981）

35.2.3 骨的结构和成分

骨的大小、形态各异，但构造和成分基本相同（图 35.7）。骨由骨膜、骨质和骨髓构成。在骨表面有一层由致密结缔组织形成的骨膜，骨膜中有丰富的血管和神经。骨膜内侧的骨质是骨的主要成分，由骨细胞与基质构成，分骨密质和骨松质两部分。骨密质由排列规则的骨板组成，致密而坚实；骨松质由片状或针状骨小梁构成，呈海绵状。长骨的骨干部分有很厚的骨密质，中为骨髓腔。长骨两端和短骨、扁骨表面都有一

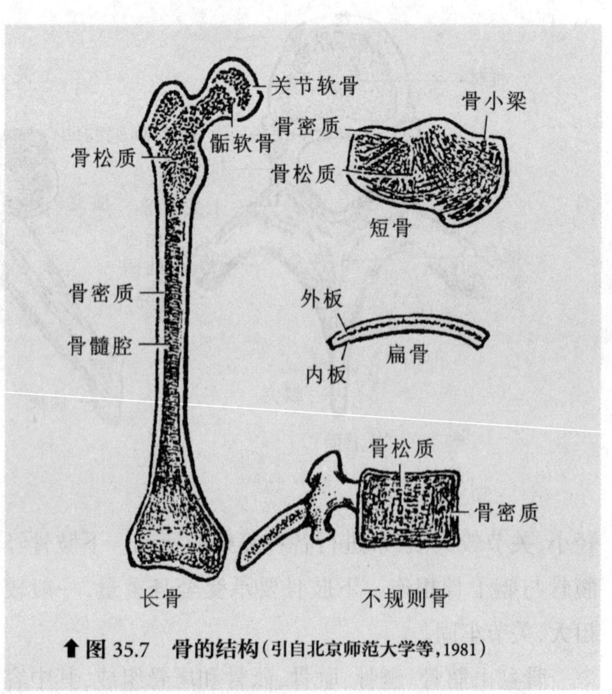

图 35.7 骨的结构（引自北京师范大学等，1981）

层骨密质，中心部为骨松质。

骨髓腔和骨松质的空隙中充满骨髓。幼年时期全部为红骨髓，长大后骨髓腔中的红骨髓逐渐被黄骨髓代替，但骨松质中的红骨髓可保持终身。红骨髓有造血功能，黄骨髓主要为脂肪组织，无造血功能。

骨质是由钙盐和骨胶构成的。骨细胞分泌的胶原物质形成胶原纤维，胶原纤维有很强的抗张强度，钙盐逐渐沉积其上。钙盐成分像大理石，耐压力。因此，骨质的化学成分使得它很像钢筋混凝土，既抗张力又耐压力。儿童的骨组织中钙盐相对少，骨胶成分多，弹性大，可塑性大，容易变形。老年人骨组织中钙盐相对增多，弹性小，易发生骨折。

进入成年以前，骨是不断生长的。骨膜内层的成骨细胞不断形成新的骨质，使骨不断加粗，破骨细胞又不断破坏骨质并加以吸收，在长骨中央形成骨髓腔。即使在成年以后，骨也在不断地进行着新陈代谢，不断地分泌基质和沉积钙盐，而钙盐等又不断地被溶解和吸收。因此，骨在不断的建造中，使它的强度和形状更适合所负荷的力。经常进行体育锻炼可使骨骼粗壮坚实。

骨是身体中最大的钙库，贮存着体内 99% 的钙，参与血液钙离子浓度水平的调节。维持血液中正常的钙离子浓度（约为 2.5 mmol/L）不仅关系到骨骼的健康成长，还关系到血液的凝固、肌肉的收缩、神经冲动的传导等重要的生理机能。血液中钙离子浓度水平受到甲状旁腺分泌的甲状旁腺激素和甲状腺滤泡旁细胞分泌的降钙素的调节。如果儿童饮食中缺少维生素 D 或钙盐，破骨细胞便会溶解更多的骨钙来补充血钙，时间长了这些儿童将患佝偻病。

35.2.4 骨质疏松症

骨质疏松症（osteoporosis）是骨质变得疏松以至可以在轻微外力作用下发生骨折的病症。在骨质疏松症患者体内，原来组成骨松质间隔的细小坚硬的骨片变薄了，变成小棒状，其间腔隙变大，使骨头的孔隙更多，密度和强度都变小。因此，这些变轻变脆的骨头容易在轻微的外力下出现骨折。脊椎中许多细小的压缩性骨折积累起来便会使脊背弯曲，形成在许多老年骨质疏松症患者身上常见的驼背和屈身的姿态。髋骨和前臂骨也特别容易骨折。骨质疏松症的其他症状是身高降低和背痛。

骨质疏松症起因于体内新形成的骨量低于被吸收的骨量。骨总量在刚进入成年时达到顶峰，其后是个稳定期。但从 40 岁前后开始又出现一个缓慢的减少过程。这是因为随着年龄的增长，人体吸收膳食中钙质的效率在降低，长期钙摄入量不足。钙的缺乏导致从骨中吸收的钙量增加，而骨中钙储备减少时，骨质也就减少。

女性容易发生骨质疏松症还另有原因：首先，男性的骨总量较女性的大，所以随着年龄增长而不可避免地丢失骨质时，男性的骨仍然密度较高；其次，女性到绝经期因缺乏雌激素和其他性激素，所以骨质丢失的速度更快。因此骨质疏松症最常见于 50 岁以上的女性中。

造成骨质疏松的原因除长期钙摄入量不足外，缺少运动也是重要原因。长期卧床不起的人骨骼中的钙储备每月会损失 0.5%，这主要是腿部承受重量不足，减少了对形成骨骼的刺激。

35.3 肌肉与肌肉收缩

35.3.1 肌肉的种类

肌肉是人体内有收缩力的组织，其主要功能是产生运动，并释放热量。正是因为有了肌肉的活动，我们的身体才能站立行走、消化食物、看清东西、呼吸气体，才有血液循环，才能维持恒定的体温。全身绝大部分生理功能的正常运行都离不开肌肉的活动。

人体的肌肉分为骨骼肌、心肌和平滑肌三类（见图 25.6）。

骨骼肌一般都是通过肌腱附着在不同长骨的端点以运动骨骼而得名。在显微镜下观察骨骼肌可以看到明暗交替的横纹。人体还能通过中枢神经系统有意识地控制骨骼肌的运动，因而又称随意肌。

心肌构成心脏，也有横纹，但不能随意控制其活动。

平滑肌是内脏的组成成分，没有横纹，也不能随意控制其活动。

本章所讨论的肌肉系统是与躯体运动有关的骨骼肌。

人体骨骼肌有 600 多块，约占成人体重的 40%，包括头颈肌、躯干肌和四肢肌（图 35.8）。多数的肌肉中部比较粗大，称为肌腹，由大量肌纤维（肌肉细胞）组成，红色，有弹性，可以收缩。肌肉两端为肌腱或肌膜，由致密结缔组织构成，色白而坚韧，不能收缩。

35.3.2 肌肉细胞的收缩

构成骨骼肌的细胞称为肌纤维（muscle fiber）。肌纤

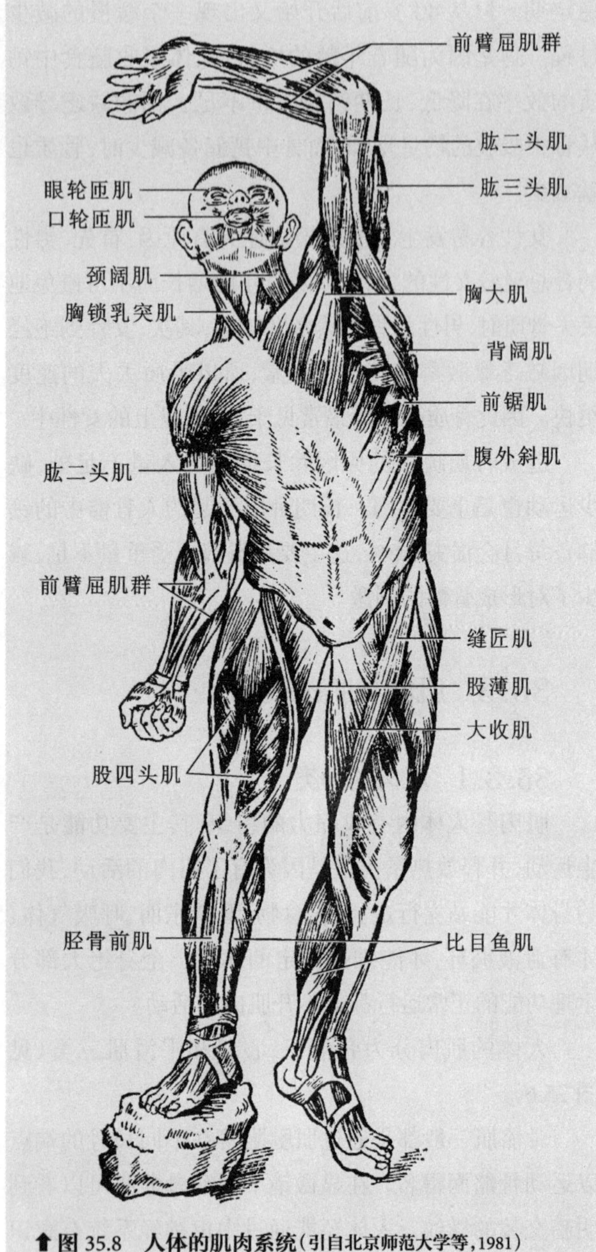

图 35.8　人体的肌肉系统（引自北京师范大学等，1981）

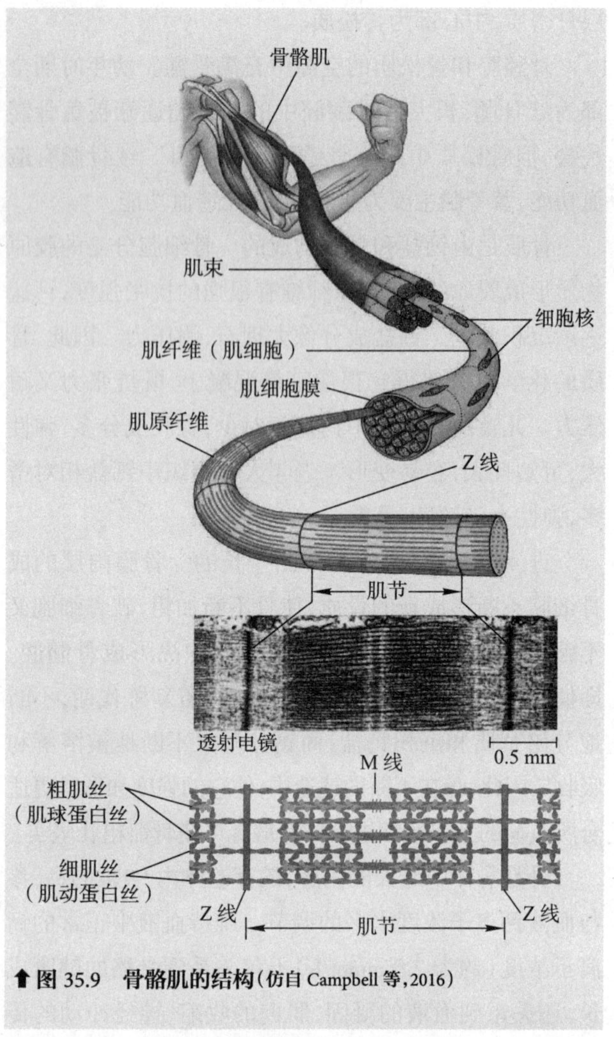

图 35.9　骨骼肌的结构（仿自 Campbell 等，2016）

维呈柱形，长几厘米到二三十厘米，直径为 10～100 μm。肌纤维是由若干肌原纤维（myofibril）平行排列构成的。肌原纤维直径为 1～2 μm，贯穿整个肌纤维。用电子显微镜观察，可以看到肌原纤维是由粗肌丝（thick filament）和细肌丝（thin filament）组成的重复排列的肌节（sarcomere）构成的（图 35.9）。

粗肌丝由肌球蛋白（myosin）组成，又称肌球蛋白丝。细肌丝主要由肌动蛋白（actin）组成，又称肌动蛋白丝。细肌丝附着在肌节两端的 Z 线上，而粗肌丝附着在肌节中央的 M 线上。肌原纤维上有折光性不同的明带和暗带相间排列，形成骨骼肌的横纹。暗带处有粗肌丝和细肌丝平行排列，明带处只有细肌丝平行排列（图 35.9）。

人们曾经认为肌肉收缩是由于构成肌肉的蛋白质分子缩短而引起的。后来有人用显微镜仔细观察了肌纤维的结构以及收缩时的变化，对于肌肉收缩的机制有所认识。用干涉显微镜或相差显微镜可以观察到，当肌肉收缩时，暗带宽度不变，明带变窄，其中粗肌丝和细肌丝的长度都未变，而两种肌丝的重叠程度发生变化。根据这些证据，提出了肌肉收缩的肌丝滑行学说（sliding filament theory）。肌丝滑行学说认为，肌纤维的缩短是肌节中粗肌丝和细肌丝相对运动的结果。当细肌丝滑行伸入粗肌丝丛中时，明带变窄而暗带宽度不变（图 35.10）。引起肌丝滑行的结构是从粗肌丝上突起的横桥。当横桥与细肌丝某位点接触时便发生摆动，推着细肌丝使之滑行。每次横桥摆动引起的肌丝位移很小，因此，一次肌肉收缩时，横桥要更换与细肌丝的接触位点反复摆动多次（图 35.11）。

横桥摆动引起肌丝滑行需要能量，这些能量直接由肌纤维中的 ATP 供给。ATP 的高能磷酸键中储存有较多的能量。ATP 去掉一个高能磷酸键，成为 ADP，释

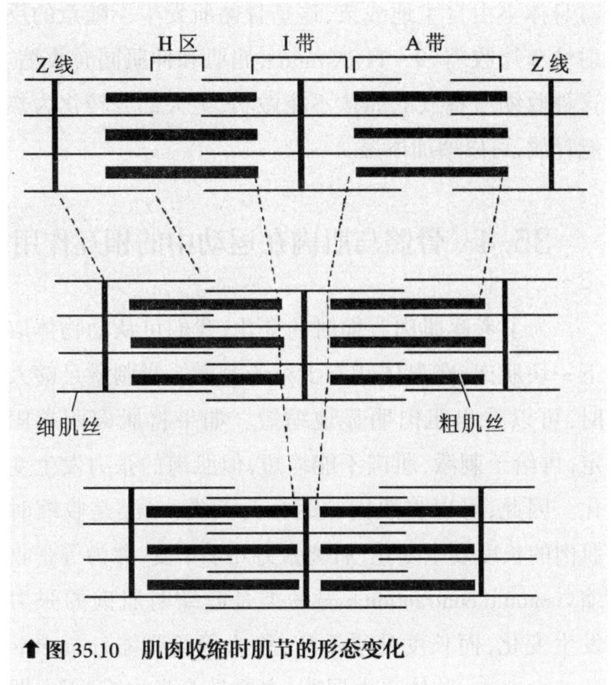

图 35.10 肌肉收缩时肌节的形态变化

放这个磷酸键中的能量供肌丝滑行使用。肌纤维中贮存的 ATP 有限，当肌肉持续运动时，需要补充能量，使 ADP 转变为 ATP，以便再供给肌丝滑行使用。能量补充有几个来源：可以从贮存高能量的其他物质中将能量转移过来，如磷酸肌酸；也可以通过氧化磷酸化或无氧酵解，使能源物质释放出能量。当肌丝滑行所需要的能量供应不足时，肌肉活动减弱，出现疲劳。

35.3.3 骨骼肌运动的控制

骨骼肌的活动是由神经系统控制的。从脊髓运动神经元发出的传出神经支配若干个肌纤维，组成一个运动单位（motor unit）（图 35.12）。

当兴奋性动作电位传导到运动神经末梢，引起神经递质（乙酰胆碱）的释放，乙酰胆碱与肌细胞表面受体结合，引起膜电位去极化，产生动作电位，沿肌膜内陷形成的横小管（又称 T 小管，transverse tubule）传导到肌纤维深处，从而引起肌细胞中一种特殊的内质网——肌质网（sarcoplasmic reticulum）表面钙通道打开，Ca^{2+} 从肌质网中流入细胞质。细肌丝上结合有原肌球蛋白（tropomyosin）和肌钙蛋白复合体（troponin complex），在肌细胞静息状态时原肌球蛋白覆盖细肌丝

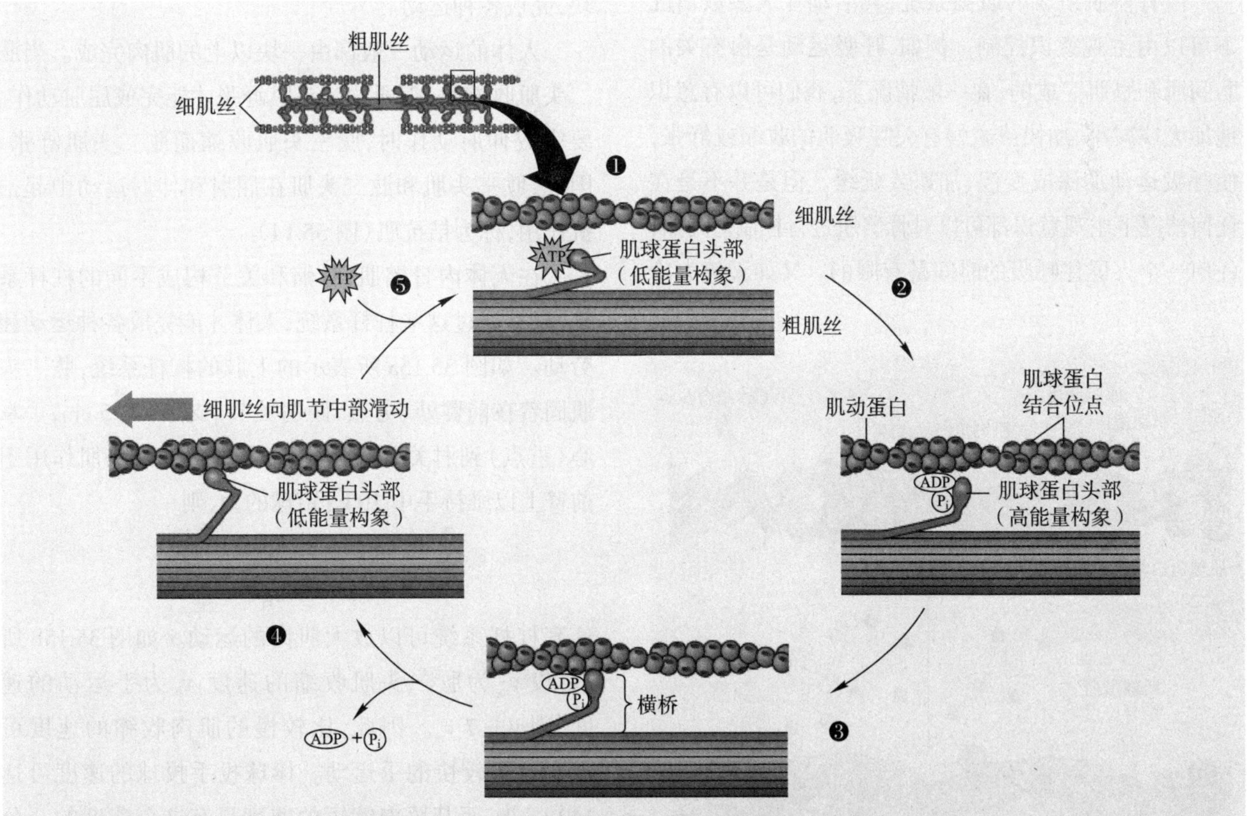

图 35.11 肌动蛋白与肌球蛋白的相互作用产生肌纤维收缩（仿自 Campbell 等，2016）

① 肌球蛋白头部结合 ATP，为低能量构象。② 肌球蛋白水解 ATP 产生 ADP 和 P_i，为高能量构象。③ 肌球蛋白头部结合肌动蛋白，与细肌丝形成横桥。④ 肌球蛋白释放 ADP 和 P_i，同时带动细肌丝滑动，肌球蛋白头部恢复低能量构象。⑤ 肌球蛋白头部结合一个新 ATP 分子，释放肌动蛋白，开始新一轮循环。

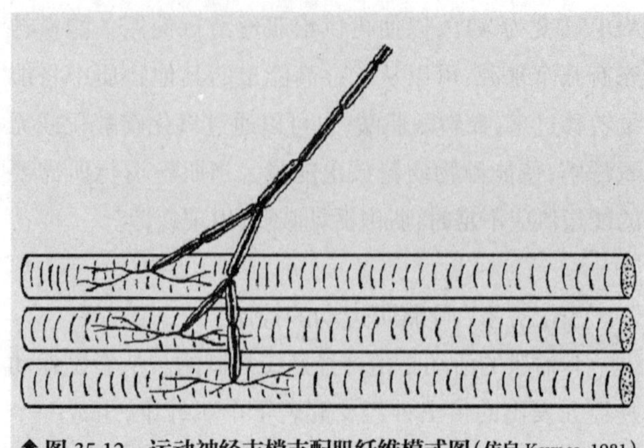
图 35.12 运动神经末梢支配肌纤维模式图（仿自 Keynes，1981）

上的肌球蛋白结合位点。当 Ca^{2+} 流入细胞质与肌钙蛋白结合使其构象变化，暴露出肌球蛋白结合位点，使肌球蛋白与肌动蛋白接触并产生相对滑动，引起肌肉细胞的收缩（图 35.13）。

当运动神经传导的神经冲动终止，肌细胞细胞质中 Ca^{2+} 被泵回肌质网，细肌丝结合蛋白的构象恢复到原构象，重新覆盖肌球蛋白结合位点，肌纤维又恢复到非收缩状态。

由骨骼肌组成的肌肉系统，其活动在大多数情况下可以由主观意识控制。例如，呼吸运动是由有关的肋间肌和膈肌完成的，在一般情况下，我们可以有意识地加大或减小、加快或减慢有关呼吸肌的收缩或舒张，使呼吸运动加深或变浅、加速或延缓。但是并不是在任何情况下主观意识都可以对骨骼肌进行控制。例如，任何一个人屏住呼吸的时间是有限的。又如天气太冷时身体不由自主地战栗，这是骨骼肌发生不随意的反射性节律收缩（9 ~ 11 次 /min），屈肌和伸肌同时收缩。这种收缩所释放的能量不能做功，绝大部分转化为热能释放，可以增加体温。

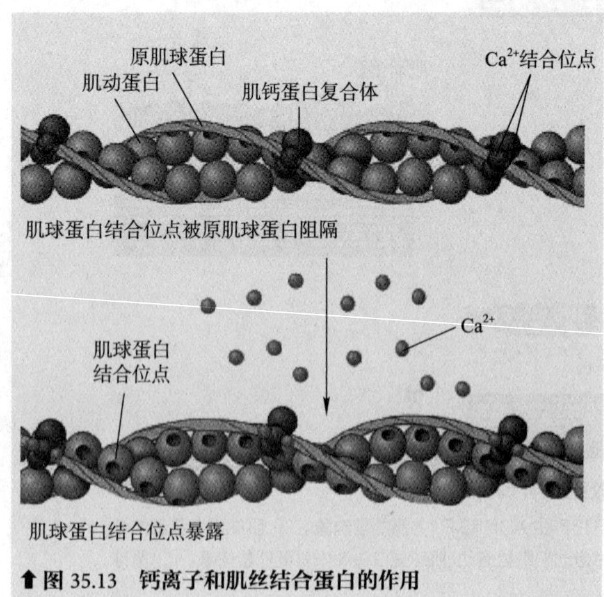

图 35.13 钙离子和肌丝结合蛋白的作用

35.4 骨骼与肌肉在运动中的相互作用

为了考察肌肉收缩时的变化，我们可从动物体取下一块肌肉，在离体状态下给予刺激。当刺激足够大时，可以看出肌肉明显地缩短。如果将肌肉两端固定，再给予刺激，肌肉不能缩短，但肌肉的张力发生变化。因此，可以将肌肉收缩分为两类：一类是收缩时肌肉的长度发生变化，肌肉张力几乎不变，称为等张收缩（isotonic contraction）；另一类是收缩时肌肉的张力发生变化，而长度几乎不变，称为等长收缩（isometric contraction）。肢体自由屈曲，主要是等张收缩；用力握拳，主要是等长收缩。一般的躯体运动都不是单纯的等张收缩或等长收缩，而是两类收缩不同程度的复合。

骨骼肌跨过关节以腱附着在两块或两块以上的骨面上，当肌肉收缩时通过肌腱对骨骼产生力，牵动骨块，完成各种运动。

人体的运动一般都由一块以上的肌肉完成。当肱二头肌收缩时，需要肱三头肌舒张才能完成屈肘动作。要完成伸肘动作时，肱三头肌收缩而肱二头肌舒张。因此，肱三头肌和肱二头肌在屈肘和伸肘运动中起拮抗作用，称为拮抗肌（图 35.14）。

在人体内骨骼肌、骨骼和关节构成不同的杠杆系统，只有通过这些杠杆系统，人体才能完成各种运动和劳动。如图 35.15a 所表示的上肢的杠杆系统，肱二头肌固着在前臂处（力点）距肘关节（支点）约 5 cm，手掌心（重点）到肘关节约 35 cm。设 x 为肱二头肌作用于前臂上以维持手中 10 kg 铅球的力，则

$$5\ \text{cm}\cdot x = 35\ \text{cm} \times 10\ \text{kg}$$
$$x = 70\ \text{kg}$$

这套杠杆系统可以放大肌肉的运动。如图 35.15b 所示，设 v_m 为肱二头肌收缩的速度，v_h 为手运动的速度，则 $v_h = 7\ v_m$。因此，比较慢的肌肉收缩的速度可以产生比较快的手运动。棒球投手投球的速度可达 140 km/h，而其肌肉缩短的速度只有这个速度的几分之一。

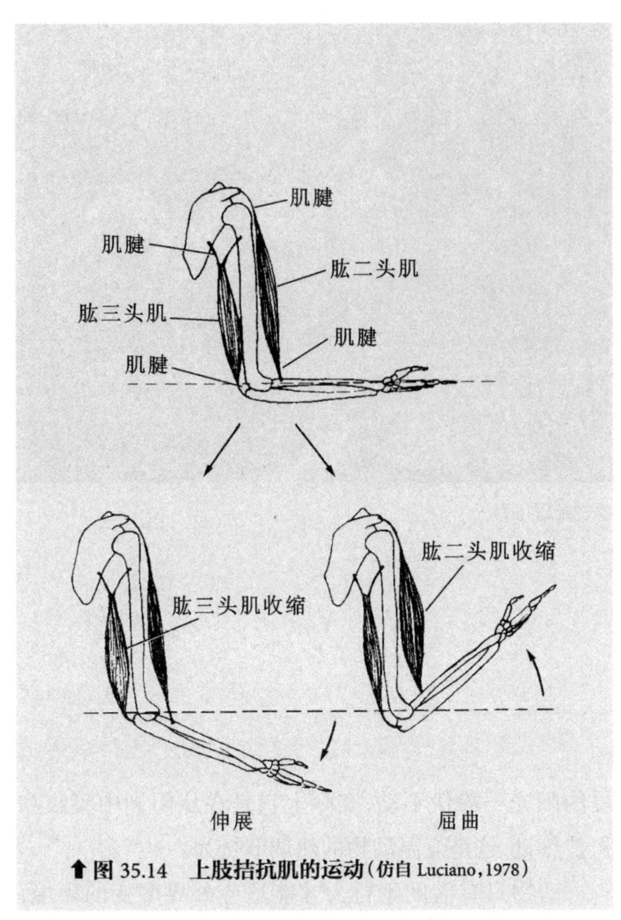

⬆图 35.14 上肢拮抗肌的运动（仿自 Luciano，1978）

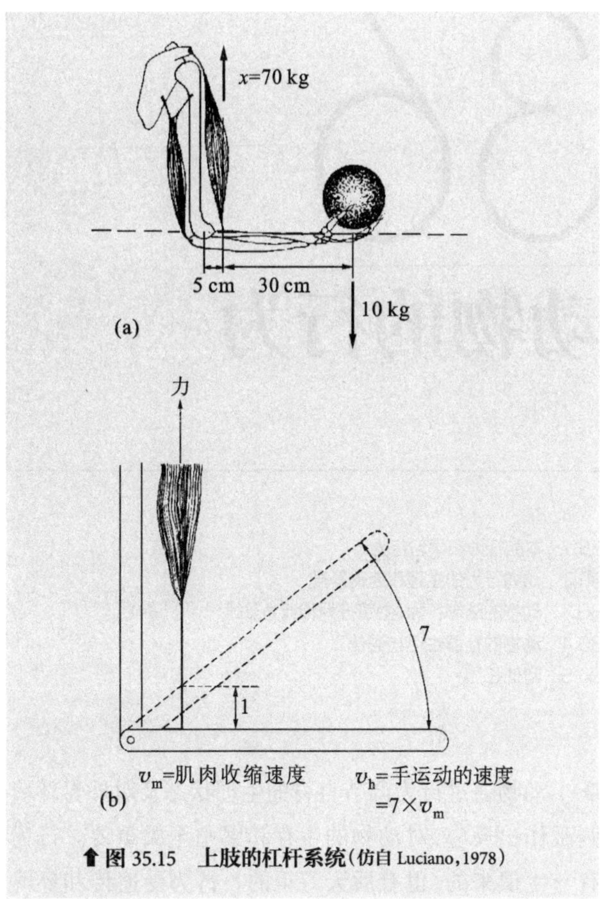

⬆图 35.15 上肢的杠杆系统（仿自 Luciano，1978）

思考题

1 与其他四肢着地的哺乳动物比较，人类的骨骼有哪些变化？

2 人体内有哪几种骨骼肌肉组成的杠杆系统？

3 简述肌肉收缩的分子生物学机制。

36 动物的行为

川金丝猴的梳理行为

动物通过行为调节自身的生理状态及对外界环境刺激作出反应，对动物的生存和繁殖至关重要。行为有与生俱来的，也有后天习得的。行为受遗传和环境的影响。行为也是自然选择长期作用的结果，并在演化中不断变化。只有了解动物的行为，才能充分理解其生理、生态和演化历史。

36.1　本能行为和学习行为

36.1.1　什么是行为

行为(behaviour)一词在不同学科领域有不同的含义，即使是在生物学领域，行为一词也广泛应用于不同的研究层次上，难以给以一个普遍适用的定义。但在动物行为学(ethology)中，行为可定义为动物在个体层次上对外界环境的变化和内在生理、心理的变化所作出的整体性反应，并具有一定的生物学意义。也有人把行为定义为动物所做的可能有利于眼前自身存活和长远基因传递的任何事情，如动物跑、跳、飞翔、游泳等各种形式的运动，鸣叫发声，面部表情和身体的姿态，个体间的相互通信和能引起其他个体行为发生变化的所有外表可识别的变化，如体色的改变和气味的释放等。因此，行为并不局限于是一种运动形式。一只看上去完全不动的雄羚羊屹立在山巅，这却是一种炫耀行为，显示它是一个特定领域的占有者；一只蜥蜴在清晨的阳光下静伏不动，实际上它是在从阳光中吸收和积蓄热量，这是变温动物的热调节行为。

动物只有借助于行为才能适应外界多变的环境，以最有利的方式完成各种生命活动，以便最大限度地确保个体的存活和生命的延续。动物的行为也和动物的形态和生理一样，不仅同时受到遗传和环境两方面的影响，而且也是在长期演化过程中通过自然选择形成的，因而同样具有物种的特异性和适应性。一些演化关系较近的物种，其某些行为也具有相似性。

动物行为学是研究动物行为的生物学，或者说动物行为学是以自然科学的方法研究动物行为的科学。值得注意的是，动物行为学与行为科学(behavioural science)是截然不同的学科，前者属于自然科学范畴，而后者属于社会科学范畴。

36.1.2　动物依靠本能行为和学习行为适应环境

本能(instinct)行为是可遗传的复杂反射，是神经系统对外界刺激所作出的先天的正确反应，这种反应已构成整个动物遗传结构的一部分。本能行为同动物的其他特征一样是通过自然选择演化来的，是在长期演化过程中形成的。本能对于那些寿命短和缺乏亲代抚育的动物来说具有明显的适应意义。当春天一只雌性沙蜂(*Ammophila* spp.)从地下羽化出来的时候，它的双亲早在前一年的夏天就死去了，它必须同一只雄性沙蜂交尾,然后开始在地下挖洞建筑巢室并完成其他一系列的工作:外出狩猎、把猎物麻醉后带回巢室、产卵和封堵洞口(图 36.1)。所有这些工作都必须在短短的几周内完成,然后它便死去。从挖洞开始的这一系列工作都是先天的本能行为,不需要学习。

与沙蜂相反,食肉兽出生后必须靠母兽抚育(保护和喂食)相当长的时间才能独立生存。在和母兽生活阶段可以观察成年兽的各种动作和捕食行为,并与同伴玩耍嬉戏。狮子发育到 6 个月的时候才开始独立地猎食小的猎物,但直到两年以后才成年。它的行为(特别是猎食方法和策略)在它的一生中是根据具体情况而变化的,因此学习对这些动物非常重要。学习是动物借助于个体生活经历和经验使自身的行为发生适应性变化的过程。一般说来,动物的行为如果在特定的刺激场合下发生了变化(与以前在同一刺激场合下的行为表现不同),就可以认为是一种学习,如食虫鸟第一次吃了一种有毒因而味道难吃的昆虫以后就不再去吃。本能行为是在演化过程中形成的,而学习行为是在个体发育过程中获得的。

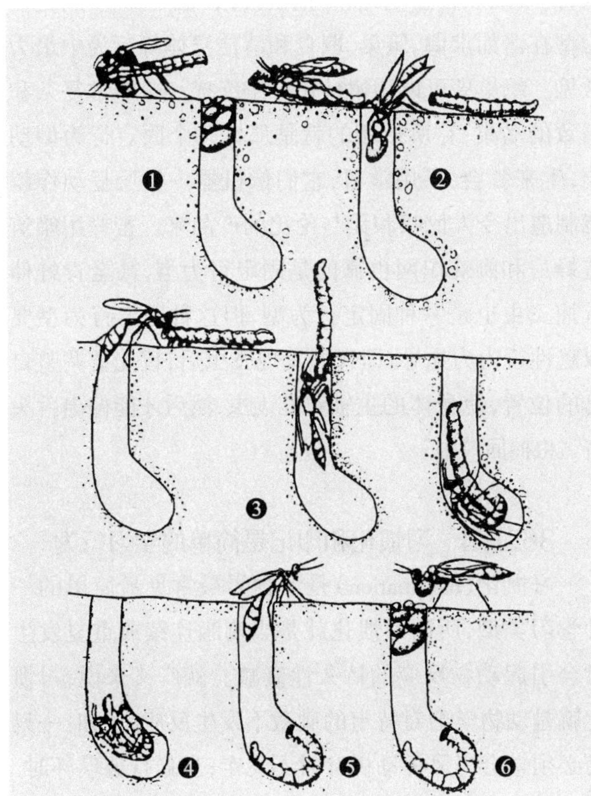

图 36.1　沙蜂的本能行为(引自 Atkins,1980)

沙蜂挖洞、狩猎、麻醉、产卵和封堵洞口等一系列行为都是本能行为,无须学习

① 将猎物带到洞口。② 搬开堵塞洞口的小石子。③ 将猎物拖入洞内。④ 将猎物麻醉。⑤ 离开洞口。⑥ 再用小石子封堵洞口。

任何动物都有自己的本能行为,也有一定的学习能力。通常动物越低等则本能行为越发达。欧洲狼蜂(*Philanthus triangulum*)在短短的一生中虽然主要是依赖本能行为,但也必须学习很多东西,如必须学会辨认每一个洞口的位置,以便狩猎后能准确无误地把为后代准备的猎物带回家(图 36.2)。另一方面,食肉兽虽然主要依靠学习行为适应环境,但它们从小就具有一定的捕食倾向,这种倾向肯定是一种本能。又如雄鸟婉转的鸣叫一方面是以先天的本能为基础,一方面也需要听其他雄鸟歌唱和自己不断地学唱。但是,所有鸟类的报警鸣叫以及对报警鸣叫所作出的反应都是先天的和本能的,如果这种反应必须通过学习才能获得,那么动物很可能就会在学习过程中丧命。

学习的好处是使动物对环境的变化有较大的应变能力,这对于长寿物种比对于寿命只有几周的昆虫更重要。此外,身体大小与学习能力也有关系,因为高度发达的学习能力需要有相应的脑量作基础,而小动物的脑量不可能很大。另一方面,自然选择的作用也可能使同等大小的动物具有很不相同的学习能力,以适应它们各自不同的生活方式。例如,膜翅目昆虫和双翅目昆虫的大小和寿命都差不多,但膜翅目昆虫除了具有很丰富的本能行为以外,还具有极强的学习能力。蜜蜂在短短三周的采食期就能学会辨认巢箱的方法、

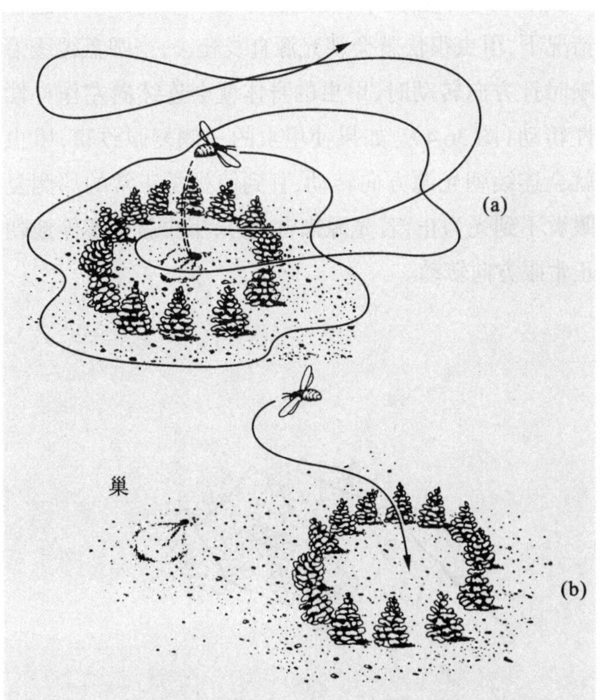

图 36.2　欧洲狼蜂靠学习行为辨认自己的洞口(引自 Alcock,1993)

(a) 欧洲狼蜂飞出洞口盘旋几圈辨认自己的洞口后飞走。(b) 将围绕洞口的位标(松果)移到新的位置,返回的欧洲狼蜂直飞有松果标志的中心。

熟悉各种蜜源植物的空间配置，它们在一天中经常变换采食地点，好像它们知道每一种花朵都在一天的什么时刻产蜜量最大。双翅目昆虫则完全不同，虽然它们也表现出一定程度的学习能力如习惯化，但它们适应环境主要是依靠对食物、隐蔽场所和异性的遗传反应。

36.1.3 本能行为包括动性、趋性和固定行为型

动性（kineses）是动物对某种刺激所作出的一种随机的和无定向的运动反应，其反应强度随诱发刺激强度的变化而变化，结果是导致身体没有特定的指向。动性虽然是一种随机的和无定向的运动反应，但动性的最终效果是使动物趋向于有利刺激源和避开不利刺激源（图 36.3）。动性在无脊椎动物中最为常见。

趋性（taxis）是动物接近或离开一个刺激源的定向运动。定向是沿着动物身体的长轴直接指向刺激源的方向。最常见的趋性有趋光性（phototaxis）、趋地性（geotaxis）、趋湿性（hydrotaxis）、趋触性（thigmotaxis）、趋风性（amenotaxis）和趋流性（rheotaxis）等。趋性的机制是靠身体两侧的感觉器官把同等量的刺激强度传到中枢神经，如果右侧眼所接受的光刺激强于左侧眼，动物身体就会向右侧偏转，直到使两侧眼所接受的光强度保持平衡。在实验中，把一只具有正趋光性的甲虫放在一个圆盘中，圆盘前方有一个光源。在这种情况下，甲虫很快就会朝光源直线爬去，当圆盘缓缓沿顺时针方向转动时，甲虫的身体就会连续向左作补偿性转动（图 36.4）。如果使甲虫的一侧复眼致盲，甲虫就会连续朝光源方向转动，直到使视觉正常的那侧复眼看不到光为止，若光源来自上方，甲虫就会不停地朝正常眼方向转动。

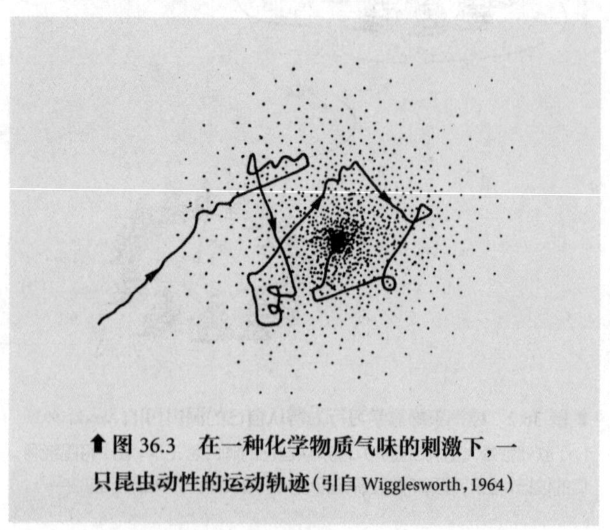

⬆ **图 36.3 在一种化学物质气味的刺激下，一只昆虫动性的运动轨迹**（引自 Wigglesworth，1964）

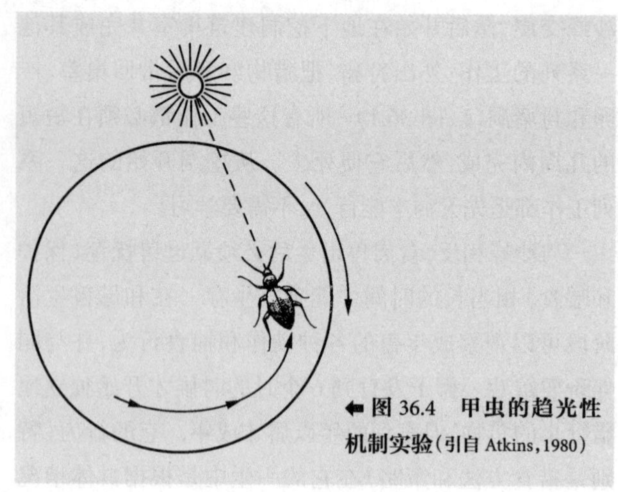

⬅ **图 36.4 甲虫的趋光性机制实验**（引自 Atkins，1980）

固定行为型（fixed action pattern）是按一定时空顺序进行的肌肉收缩活动，表现为一定的动作并能达到某种生物学目的。由于固定行为型是一种刻板不变的动作形式，所以每一个物种都有自己所特有的固定行为型，它是一种先天的本能行为，例如灰雁（*Anser anser*）回收蛋的行为就是一种典型的固定行为型：当蛋从浅盘状的巢中滚出巢外时，灰雁就会本能地伸长脖颈，把下颏压在蛋上，然后把蛋拉回（图 36.5）。固定行为型在诸如求偶、筑巢、取食和清洁身体等行为中最为常见。织巢鸟可以用树枝树叶编织成一个非常复杂和精致的鸟巢，它所依赖的就是那么几个固定行为型动作，生来就会，不用学习，它们像机器一样反复动作就能制造出令人惊叹和无与伦比的产品来。蜜蜂用蜡筑造蜂房和蜘蛛织网也靠的是固定行为型，甚至青蛙伸舌捕飞虫也是一种固定行为型，但这种固定行为型要以趋性行为为先导，即青蛙发现飞虫后，首先要调整自己的位置，使身体的主轴对准飞虫，然后才能伸出舌头将飞虫捕回口中。

36.1.4 习惯化和印记是简单的学习行为

习惯化（habituation）是动物界最常见最简单的一种学习类型，所谓习惯化就是当刺激连续或重复发生时会引起动物反应的持久性衰减。就广义来说，习惯化就是动物学会对特定的刺激不发生反应，例如：一只鸟必须学会当风摇动树叶时不飞走；当敲打玻璃杯时，生活在水杯中的水螅会马上缩回它的触手，身体也迅速缩短，但敲打几次以后，它的反应就会减慢，并可能不再发生反应；鸟类起初会被安放在田间的稻草人吓跑，但久而久之它们就不再害怕了，甚至会停在稻草人的手臂上梳理它们的羽毛。习惯化的适应意义是很容

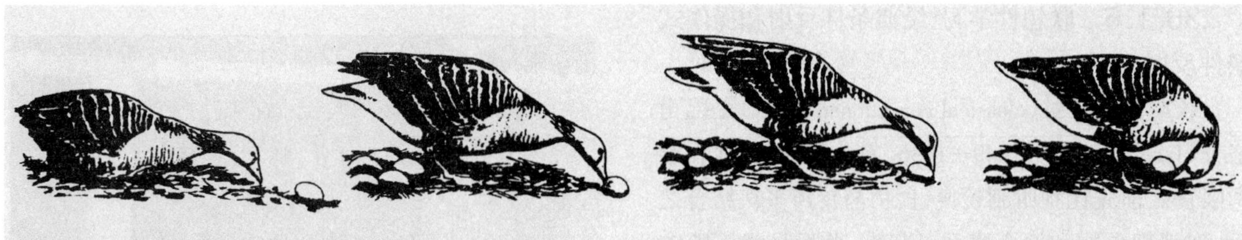
⬆图 36.5 灰雁回收蛋的固定行为型程序(引自 Lorenz 等,1938)

易理解的,如果一个动物对某些无害的刺激总是重复地作出反应,那就会浪费很多时间和能量,从而减少它花在其他重要活动上的时间,如取食、求偶、喂幼等。

印记(imprinting)与一般的学习类型不同,它只发生在个体发育早期的一个特定阶段。早在 1872—1875 年期间,Douglas Spalding(1841—1877)就对印记进行过广泛的研究并发表了 6 篇论文,专门研究家鸡的孵化和雏鸡出壳后最初几天的行为。他发现刚出壳 2~3 天的小鸡就会跟着任何一个移动的物体走并对这一物体产生依恋性。他的工作一度被人们遗忘,直到 1954 年,霍尔丹(J. B. S. Haldane,1892—1964)才发现并重新发表了他的论文。

后来,Oskar Heinroth(1871—1945)又研究了初孵小灰雁的行为。当小灰雁先与人接触后再送回到它父母身边时,小灰雁就不会把父母当成自己的双亲,总是从雁群中跑出来追逐和依附于当初与它接触过的人(图 36.6)。为了成功地把小灰雁送回雁群就必须把它从孵化箱取出后马上装在一个袋子里使它看不见人。洛伦茨(Konrad Lorenz,1903—1989)继承了他的老师 Heinroth 的工作,除灰雁外,还研究了绿头鸭、鸽、寒鸦和很多其他鸟类的印记行为。他发现,出生后便与父母隔离的小鸭或小鹅不仅会跟着人走,也会跟着一个粗糙的模型鸭,甚至跟着一个移动的纸盒子走。绿头鸭在孵出的第 10~15 小时最容易形成对一个移动物体的依附性,形成后的前两个月幼鸭一直跟随这一物体,以后依附性逐渐减弱,这 10~15 小时就是印记学习的敏感期。洛伦茨因其对动物行为模式的研究,于 1973 年获得诺贝尔生理学或医学奖。

⬆图 36.6 小灰雁的印记行为

动物早期的印记学习对于长大后的社会行为和性行为都具有长期影响。洛伦茨曾观察到对人产生了印记的鸟长大后不仅会向人的手指求偶(图 36.7),而且还试图与人的手指交配。如果一只白色品种的鸽是被一对黑色品种的鸽养大的,那么它长大后所选择的配偶往往是黑色鸽,而不是与其属于同一品种的白色鸽。类似的交叉养育试验还在亲缘关系很近,但又属不同种类的鸟类之间进行过,如鸭与鹅、鸽与斑鸠、原鸡和家鸡、家麻雀和树麻雀、银鸥和黑背鸥等,其结果都很相似,即早期印记学习能影响未来的配偶选择。印记学习的重要生物学功能就是动物能够准确可靠地辨别自己的双亲和本种其他成员,并保证求偶交配是在本种个体之间进行和确保双亲所抚养的后代是自己的而不是别人的,这对每一个物种都是至关重要的。

⬆图 36.7 被人亲手养大的斑马雀正在向人的手指求偶(引自 Immelmann,1980)

36.1.5 联想性学习:经典条件反射和操作式条件反射

经典条件反射(classical conditioned reflex)是巴甫洛夫(Ivan P. Pavlov,1849—1936)首先发现的,他在给狗喂食之前先让狗听到铃声,食物与铃声多次结合之后,狗就把食物和铃声联系了起来,此后虽然不喂食物,但狗一听到铃声就分泌唾液,条件反射就这样形成了。其中食物是无条件刺激,铃声是条件刺激。在条件反射建立的过程中,无条件刺激是必不可少的,它的作用是强化条件反应。如果没有无条件刺激不断给予强化,已建立的条件反射就会逐渐消失。条件反射的建立常常是靠把一个无关刺激与一种报偿(如食物)结合在一起,这是一种强化作用。但如果使一个刺激与一个痛苦的或不愉快的事件相结合,那也是一种强化作用,例如:当把某种声音同电击狗的左爪垫联系起来,此后即使没有电击,狗一听到声音也会把左脚抬起来;在自然界,鸟类在吃过一两次味道不好的有毒昆虫之后,它就能够学会不再取食这种昆虫。条件反射有利于动物生存的事例是很多的。

操作式条件反射(operant conditioned reflex)与经典条件反射的主要区别是在操作式条件反射的建立过程中,总是先有刺激,后作出反应,最后才得到报偿。操作式条件反射建立的基本过程是让动物依据某一信号必须做一件事才能得到报偿。例如,训练动物在听到蜂音器发出声响时去压杆,起初,一只饥饿的动物是随机运动的,也许当蜂音器发出声响的时候它刚巧压了一次杆,此时食物便立刻出现(得到报偿),以后,食物的出现每次都是在这一特定场合下(图 36.8)。这一情况有助于增加这一特定场合出现的概率,直到最后建立起来一个可靠的刺激—反应链。行为学家常常利用操作式条件反射训练动物学会各种技能(图 36.9),其基本原理都是让动物按特定指令(外界刺激)完成一定的动作,然后给予报偿。图中鸽子打乒乓球的动力是谁把球推送到对方乒乓球台的底线处,谁就能自动获得食物报偿。

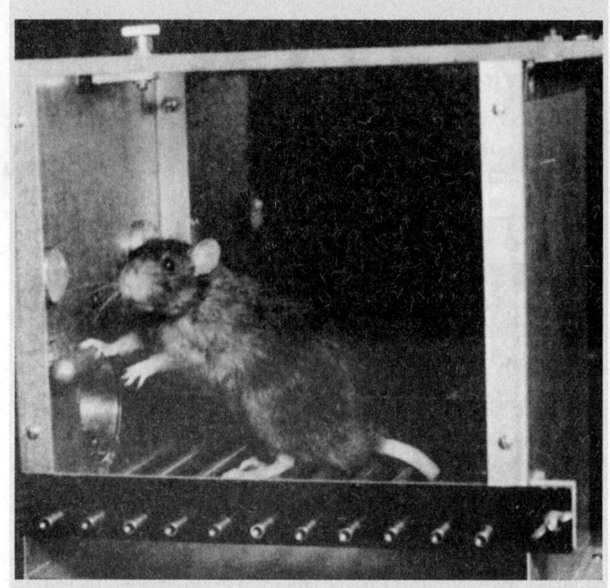

⬆ **图 36.8 斯金纳操作式条件反射箱**(引自 Vessey,1992)
箱内有杠杆、食槽、灯光等设置。

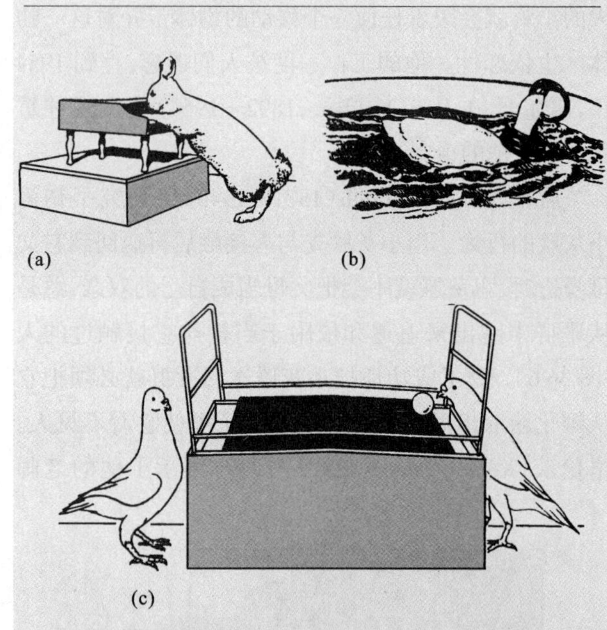

⬆ **图 36.9 利用操作式条件反射训练动物学会各种技能**(a、b 引自 McFarland,1985;c 引自 Alcock,1984)
(a)兔弹钢琴。兔子在弹过几次琴键后才获得报偿。(b)鸭子往自己脖颈上套几个圈后才获得报偿。(c)鸽打乒乓球。

36.1.6 顿悟是一种高级的学习形式

顿悟学习(insight learning)是动物利用已有经验解决当前问题的能力,包括了解问题、思考问题和解决问题。最简单的顿悟学习是绕路问题,即在动物和食物之间设一道屏障,动物只有先远离食物绕过屏障后才能接近食物,图 36.10 是避役和松鼠的绕路取食行为。章鱼不能解决这个问题,鱼类和鸟类经过多次尝试才能获得成功,哺乳动物(如松鼠、大鼠和浣熊等)能很快学会解决这个问题。

黑猩猩是除人类以外顿悟学习能力最强的动物。关于黑猩猩顿悟学习能力的研究最早是在 20 世纪 20 年代由 Wolfgang Köhler(1887—1967)完成的,他把香蕉等食物放到黑猩猩够不着的地方,如吊在天花板上或放在笼外稍远的地方，同时为它提供一系列的物件如棍、空心管和大小木箱等。棍和空心管可套接成更长的杆，而大小木箱可叠置起来增高站位，只要黑猩猩能够合理地利用这些物件将它们进行适当的组合，它就能得到它所喜食的食物。观察结果证实，黑猩猩确实能够像人们想象的那样利用这些物件达到它们取食的目的(图 36.11)。在后来越来越复杂的实验中更进一步证实了黑猩猩有着极强的顿悟学习能力，甚至在解决某些难题方面，已与人的能力相接近。

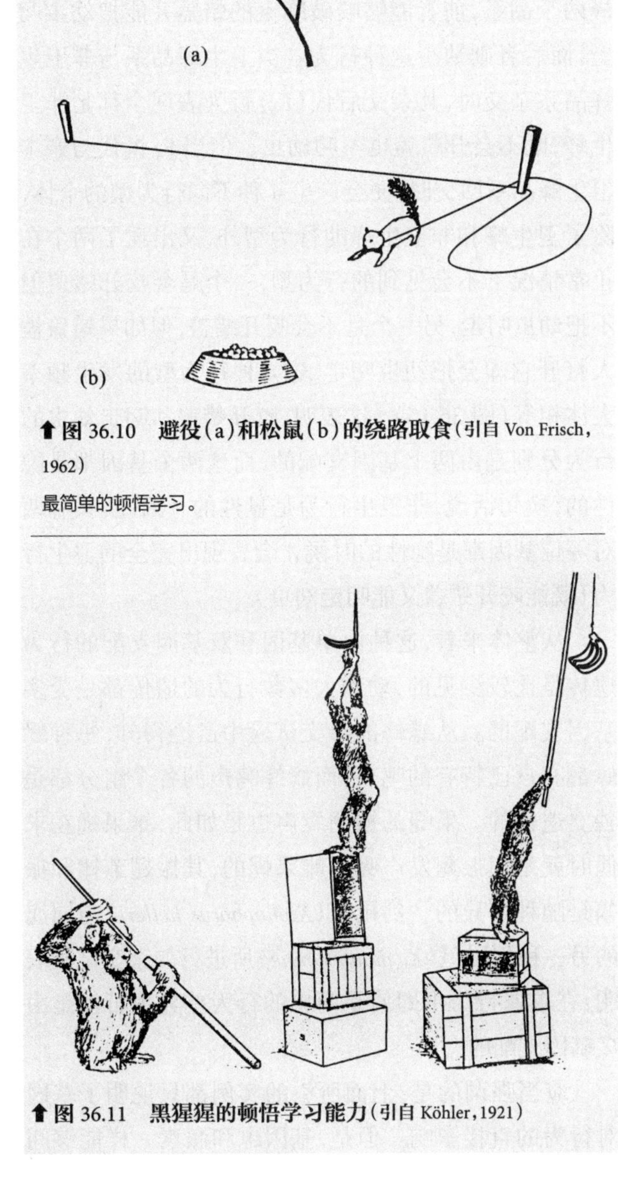

⬆图 36.10 避役(a)和松鼠(b)的绕路取食(引自 Von Frisch，1962)

最简单的顿悟学习。

⬆图 36.11 黑猩猩的顿悟学习能力(引自 Köhler，1921)

36.2 动物行为的生理和遗传基础

36.2.1 激素对行为有激活效应

激素对动物行为有明显的激活效应并常常涉及行为、激素和环境三者之间的复杂相互作用，可以用环鸽的生殖行为说明这一问题。图 36.12 是环鸽的一个完整的生殖周期，只要把雄鸽和雌鸽放在一起，雄鸽很快便开始向雌鸽求偶，但被阉割的雄鸽没有求偶表现，这说明雄激素对这一生殖程序的开始是不可少的。雄鸽的求偶行为可刺激雌鸽的脑下垂体释放促卵泡激素，其可促使卵巢中的滤泡发育，滤泡可分泌雌激素，使环鸽在 1～2 天内便可开始筑巢。此时雌、雄鸽进行交配和继续筑巢。巢的存在本身可刺激雌、雄鸽产生和分泌孕激素，孕激素的功能之一就是促使雌、雄鸽的孵卵行为。产卵则是由雌鸽脑下垂体分泌的黄体生成素所激活的。在雄鸽体内孕激素与雄激素的作用刚好相反，它可抑制求偶行为和攻击行为，并代之以孵卵行为。

由孕激素的分泌所维持的孵卵行为可持续 14 天，雌、雄鸽轮流孵卵。在鸽巢中卵的刺激下和孵卵行为的兴奋作用下，雌、雄鸽的脑下垂体将分泌催乳素，它的功能是抑制促卵泡激素和黄体生成素的分泌，导致

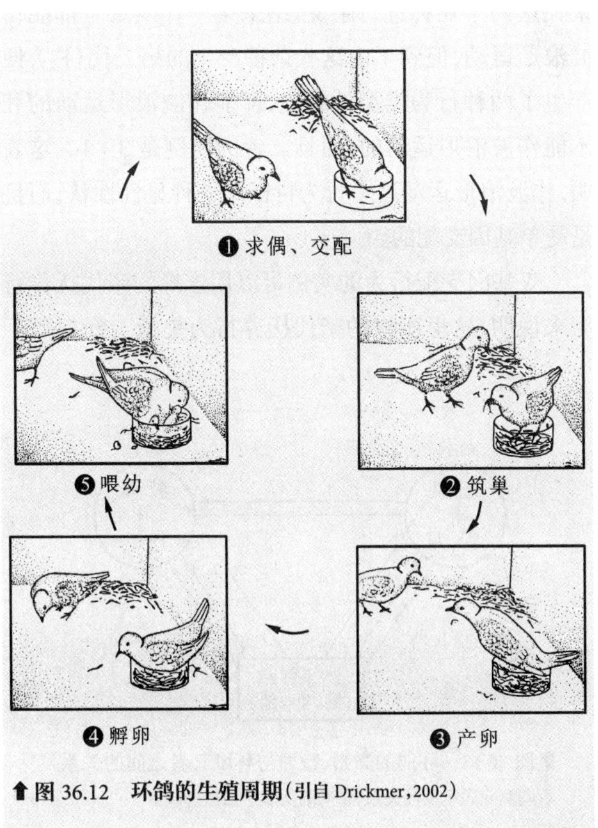

⬆图 36.12 环鸽的生殖周期(引自 Drickmer，2002)

全部性行为的消失。催乳素也能促进雌、雄鸽嗉囊的发育和生产嗉囊乳（即鸽乳）。雏鸽孵出后，双亲马上就能喂给它嗉囊乳。在此后的10～12天内双亲不断用鸽乳喂养雏鸽。在育雏末期，喂食行为的减弱是由于催乳素分泌减少的缘故。随着催乳素分泌活动的减弱，脑下垂体又重新分泌促卵泡激素和黄体生成素，于是这对环鸽又会重新开始一个新的生殖期。

在这一生殖周期的每一个阶段，每只鸽的体内生理状况都同来自环境的刺激相互作用，从而表现出我们所观察到的行为。这里起作用的因素包括三个方面：①雌、雄鸽的行为表现，互相影响对方的激素分泌和行为变化；②雌、雄鸽体内的激素状态（包括反馈环）；③来自环境的刺激，如巢和卵的存在能直接影响雌、雄鸽的激素分泌和行为表现（图36.13）。

36.2.2　基因对行为有直接和间接影响

借助于杂交育种试验可以研究基因与动物行为的关系。到目前为止，有关行为的杂交育种试验大都没有超越第一代（F_1），因为杂种往往是不育的。只有少数试验进行到了第二代（F_2），这对于了解行为遗传规律是很有帮助的。例如，小杆线虫（*Rhabditis inerims*）有两个亚种，其中一个亚种身体前端能作波浪形运动，使身体抬升到基底之上（图36.14），而另一个则不能。如果让这两个亚种进行杂交，结果第一代线虫全都能作波浪形运动，但到了由这些杂种产生的第二代（F_2），便产生了两种行为类型的线虫，即能作波浪形运动的和不能作波浪形运动的，而且二者的比例是3∶1。这表明，作波浪形运动这一行为特征是一种显性性状，而且是受单基因支配的。

双基因支配行为的实例可以用蜜蜂的亲代抚养行为来说明，这里所说的亲代抚养行为是指工蜂把死于蜂室中的幼虫叼走这一行为。蜜蜂有卫生蜂和非卫生蜂两个品系，前者能够咬破蜂室的蜡盖并能把幼虫叼走，而后者则缺少这种行为。当卫生蜂品系与非卫生蜂品系杂交时，其杂交后代（F_1）行为表现全都是非卫生蜂，既不会开蜡盖也不叼幼虫。但当F_1世代与亲本卫生蜂品系回交时，便会产生4种不同行为型的个体，除了卫生蜂和非卫生蜂的行为型外，又出现了两个在正常情况下不会见到的行为型，一个是会咬开蜡盖但不把幼虫叼走，另一个是不会咬开蜡盖，但如果蜡盖被人打开它却会把幼虫叼走，这4种行为型的发生频率大体相等（图36.15）。这表明，咬开蜡盖和叼走幼虫的行为分别是由两个基因支配的，而这两个基因都是隐性的，换句话说，非卫生行为是显性的。因此，只有两对等位基因都是隐性的时候才会表现出完全的卫生行为（既能咬开蜡盖又能叼走幼虫）。

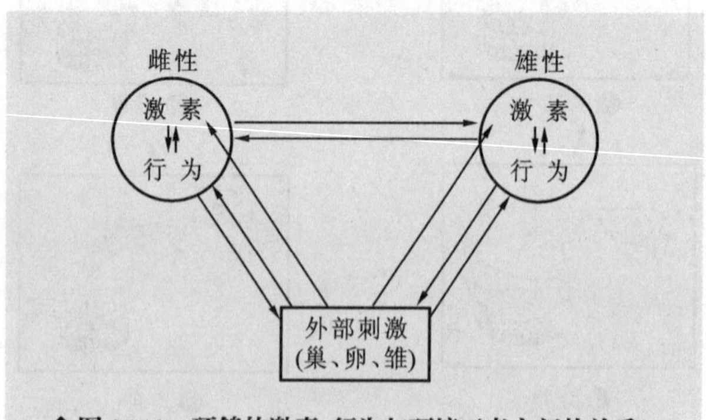

⬆图36.13　**环鸽的激素、行为与环境三者之间的关系**

双向箭头表示反馈关系，单向箭头表示直接影响。

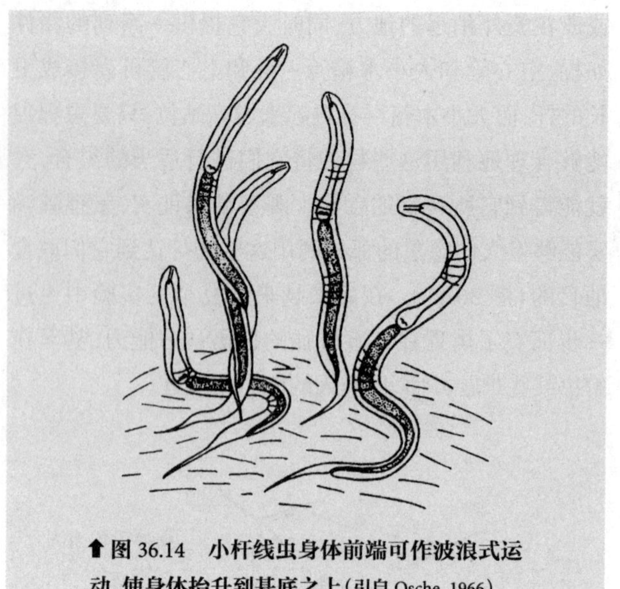

⬆图36.14　**小杆线虫身体前端可作波浪式运动，使身体抬升到基底之上**（引自Osche，1966）

从整体来看，这种由单基因和双基因支配的行为遗传是比较少见的，动物大多数行为的遗传都是受多基因支配的。从蟋蟀的杂交试验中已经得知，每种蟋蟀都有自己特有的鸣声，而蟋蟀鸣声的各个组分都是独立遗传的。果蝇的振翅发声也是如此，雄果蝇在求偶时就是用振翅发声吸引雌果蝇的，其振翅节律和振幅是随种而异的。剑尾鱼（*Xiphophorus helleri*）与同属的另一种剑尾鱼（*X. montezumae*）所进行的杂交试验表明：在求偶行为中即使是简单的行为差异也可能是由多基因支配的。

应当强调的是，上面所举的实例都只说明了基因对行为的直接影响。但是，基因也和激素一样能够间

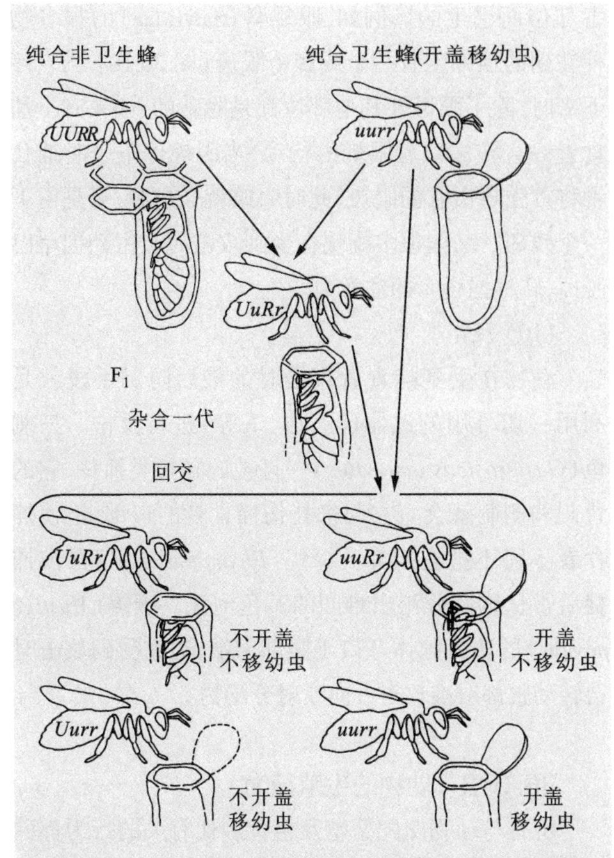

⬆图 36.15　**卫生蜂和非卫生蜂杂交的基因型和行为型分析**
(引自 Grier,1984)
U、*u* 代表开盖基因,*R*、*r* 代表叼幼虫基因。

接影响动物的行为,如通过影响感觉器官的敏感性而间接影响动物的行为。此外,基因还可以通过影响中枢神经系统的功能(如记忆力)、激素的分泌、激素的反应阈值和其他一些形态生理特征而间接地影响动物的行为。

36.3　动物的防御行为、生殖行为和行为节律

36.3.1　动物的防御行为

防御行为是指任何一种能够减少来自外界伤害的行为,此处列举 10 种常见的防御对策。

(1) 穴居

穴居或洞居减少了与捕食者相遇的概率,但也造成了寻找配偶和觅食的困难。有些动物终生都生活在地下或洞穴中,如蚯蚓和鼹鼠;另一些动物白天躲藏在洞穴中,在晨昏和夜晚来到地面觅食,如野兔。

(2) 隐蔽(crypsis)

很多动物的体色与环境背景色一致,因此不易被捕食者发现,如绿色的螽斯和白色的雪兔、雷鸟等。比目鱼和乌贼有很强的变色能力,随时都可使它们的体色与背景色相匹配。

(3) 警戒色(aposematism)

有毒的或不可食的动物往往具有极为鲜艳醒目的颜色,这种颜色对捕食者往往具有信号和广告的作用,能使捕食动物见后避而远之(图 36.16)。最常见的例子是胡蜂和黄蜂,它们的身体有黄黑相间的醒目条纹,其作用不是隐蔽自己而是起到警戒作用。每一个捕食动物在学会回避警戒色以前至少得捕食一个具有警戒色的动物,当尝到了苦头后才能学会回避它,这就是条件回避反应。很多脊椎动物都形成了条件回避反应,如鸟类回避具有黑红颜色的瓢虫和具有橘黄色和黑色的斑蝶,蟾蜍拒食蜜蜂和熊蜂等。

(4) 拟态(mimicry)

拟态是指一种动物因在形态和体色上模拟另一种有毒的动物或不可食的物体而获益。如果是一种无毒可食的动物模拟一种有毒不可食的动物,就称贝茨拟态(Batesian mimicry),如某些无毒的蝇模拟黄蜂的警戒色;如果是两个有毒的物种彼此互相模拟,双方就都能得到好处,因为它们将共同分担捕食动物在学习期间所造成的死亡率,这种拟态就称米勒拟态(Müllerian mimicry),在毒蛾科的各个蛾种之间较为常见。模拟不可食的物体(如树叶、枝条、花瓣等)能帮助动物躲避捕食者的袭击(图 36.17)。

(5) 回缩

遇到危险时野兔便迅速逃回洞内,管居沙蚕则立即缩回管内,有壳动物将身体缩回壳内,有刺动物将滚

⬆图 36.16　**昆虫、两栖类和蛇的警戒色**

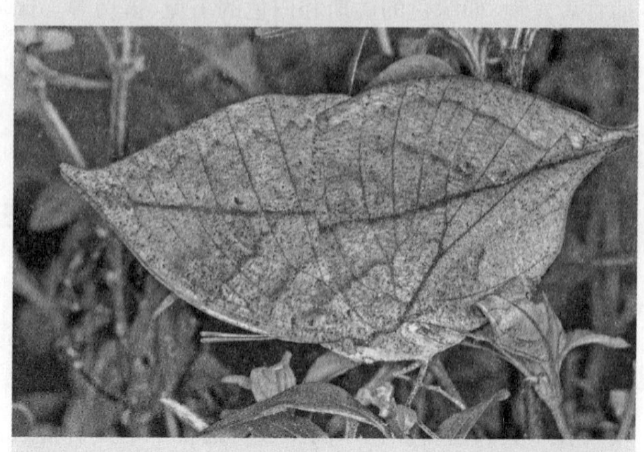

图 36.17 枯叶蛱蝶(*Kallima inachus*)的拟态(张宇博提供)

成球或将刺直立起来保护其软体部位,这是多毛类、软体动物、龟鳖和刺猬常用的防御手段。

(6) 逃遁

很多动物在捕食者接近时往往靠快跑或飞翔迅速逃离,有时采取直线运动,有时采取不规则运动。夜蛾腹部前端两侧的感受器能够感受蝙蝠发出的声音脉冲,并判断蝙蝠的距离和方位,以便采取不同的逃跑对策。当蝙蝠离夜蛾较近时,夜蛾就会采取飘忽不定的不定向飞行,使蝙蝠难于得手,但当蝙蝠离它们较远时,它们就会采取直线飞行,以便尽快飞出蝙蝠的有效搜寻区。授勋夜蛾(*Catocala nupta*)在逃跑时会突然展现出后翅上的鲜艳色斑,使捕食者受惊吓,从而争得一点逃跑时间。

(7) 威吓

不能迅速逃跑或被捉住的动物往往采用威吓手段进行防御。蟾蜍在受到攻击时会靠肺部充气使整个身体膨胀起来,给捕食者一种身体极大的虚假印象。螳螂遇到危险时会把头转向捕食者,同时还靠腹部的摩擦发出像蛇一样的嘶嘶响声,这种威吓行为常常可以把小鸟吓跑。小鸟害怕猛禽的大眼睛是众所周知的事实,猫头鹰环蝶(*Caligo* spp.)和眼斑螳(*Creobroter* spp.)却巧妙地利用大眼斑威吓捕食动物。

(8) 假死

有些捕食动物只攻击活的猎物,所以很多动物都靠假死逃避捕食动物的攻击,如很多甲虫、蜘蛛、螳螂和负鼠(Didelphidae)等。通常这些动物只能短时间保持假死状态,之后便会突然逃走或飞走。

(9) 转移捕食者的攻击部位

很多动物是通过诱导捕食者攻击自己身体的非要害部位而逃生的。例如,眼蝶科(Satyridae)的很多物种在翅的顶部生有一个或多个眼斑(图 36.18),当它停下来时,除了眼斑外其他部位都是隐蔽的,如果有一捕食者一直在注意着眼蝶的行动,当眼蝶停下来时捕食者将首先攻击它的眼斑,此时眼蝶就会逃脱,只是留下一个残翅。又如很多蜥蜴在受到攻击时会主动把尾巴脱掉,转移捕食者的注意力。

(10) 反击

动物在受到捕食者攻击时的最后防御手段就是利用一切可用的武器(牙、角、爪等)进行反击。三刺鱼(*Gasterosteus aculeatus*)一旦被凶猛鱼类抓住,它的背刺和侧刺就会直立起来扎伤捕食者的口部,迫使捕食者不得不把它放弃。绿蝗(*Phymateus* spp.)在被捕捉后常从胸部分泌出难闻的黄色泡沫。鞭蝎(*Mastigoproctus*)的防御腺体开口于腹部末端,当它受到攻击时会转动腹部对准攻击方向喷射分泌物。

36.3.2 动物的生殖行为

所有与动物交配繁殖及生育后代有关的行为都称为生殖行为,包括求偶、交配、生产(产卵)、抚育后代等。生殖行为是动物种群延续的基础,有着多方面的生物学意义。

(1) 求偶行为

动物的求偶行为(courtship behaviour)是指伴随着性活动和性活动前奏的全部行为表现。求偶行为非常引人注目,因为求偶动物常常会作出一些特殊的动作、展示鲜艳的色彩和发出复杂的声音。求偶行为最重要的一个功能就是吸引配偶,雄鸟在生殖季节频频鸣叫

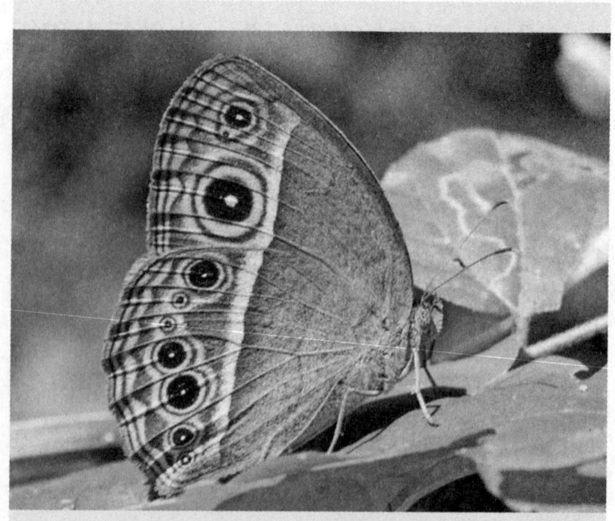

图 36.18 眼蝶翅上的眼斑可以迷惑捕食者

主要是为了吸引配偶，但也有排斥竞争对手的作用。除鸟类外，蝉和蟋蟀的鸣叫和萤火虫的发光都是为了吸引异性。园丁鸟科（Ptilonorhynchidae）的一些物种能用细树枝编织成巨大的求偶亭，然后用鲜花和各色杂物装饰起来，可大大增强对异性的吸引力（图 36.19）。

求偶行为的第二个功能是防止异种杂交，因此动物的求偶行为往往具有物种的特异性，只能引起同种异性个体的反应，这对于近缘物种尤其重要。例如，刺蜥（*Sceloporus* spp.）的雄蜥是靠有节奏的摆头吸引配偶的，但不同种的雄蜥摆头的速率是不一样的，而且雌蜥只对同种雄蜥的摆头作出反应。不同种类的雄鸭羽衣既漂亮又互相有别，而雌鸭的羽毛则都非常单调相似，这是因为雄鸭是积极的求偶者，鲜明独特的羽饰再加上特有的求偶姿态和叫声，可以大大增强种间生殖隔离的效果。

一旦雌雄个体到了一起，往往是雄性的性兴奋水平高于雌性，因此求偶行为的第三个功能就是激发对方的性欲望，使双方的性活动达到协调一致。很多鸟类的雄鸟在雌鸟面前所摆出的姿态恰好能最大限度地展示自己鲜艳的羽衣，如孔雀（*Pavo* spp.）和松鸡（*Centrocercus* spp.）。滑北螈（*Triturus vulgaris*）的求偶则包括炫耀自己华丽的色彩和用尾击水，把水流送向雌螈，而水流中则含有自己的气味，同时水流本身对雌螈也构成一种震动刺激。可见，雌螈是通过三种感觉渠道（视觉、嗅觉和触觉）被激起性欲的，这同时也为雌螈提供了三个信息来源，以便判断雄螈与自己是不是属于同一个物种。

有些动物的雄性个体在求偶时要向雌性个体奉献食物，这种求偶喂食行为也可诱发雌性个体的性反应并减少它产生逃跑和攻击反应的可能性。在蜘蛛类中，求偶的雄蛛有被雌蛛当成食物吃掉的极大危险，因为雌蛛一般比雄蛛大得多，而且视力不佳。雄蛛要实现与雌蛛交配，必须首先抑制雌蛛的攻击反应。在这方面，雄蛛有着各种各样的求偶技巧（图 36.20）。有些种类的雄蛛，如狼蛛（*Lycosa amentata*），先与雌蛛保持一个安全距离并用螯肢作波浪式运动向雌蛛发出求偶信号（图 36.20a），待雌蛛作出明确无误的性反应后再去接近雌蛛。有些织网蛛的雄蛛求偶时先在网的一角以特定的频率使网发生震颤，只要雌蛛不作出适当反应，它绝不会冒险上网。更有趣的是，花蟹蛛（*Xysticus cristatus*）的雄蛛在与雌蛛交配前先用蛛丝把雌蛛捆绑起来，以保证绝对安全（图 36.20b）。另一种雄蛛则生有一种专门的附器，交配时用它堵塞住雌蛛张开的口器，使它失去咬噬能力。雄盗蛛（*Pisaura mirabilis*）交配前先递给雌蛛一个用丝缠捆着的猎物，当雌蛛忙于处理和吃食物礼品时便乘机和它交配（图 36.20c）。

动物求偶行为的第四个功能是选择最理想的配偶，例如当一条雌性三刺鱼进入雄鱼的领域后，雄刺鱼往往是求偶行为和攻击行为兼而用之，这对雌雄双方都有好处：一方面雄鱼的攻击行为可以吓跑那些性兴

⬆图 36.19　雄园丁鸟为吸引雌鸟而构筑一个精致、醒目和鲜艳的建筑物

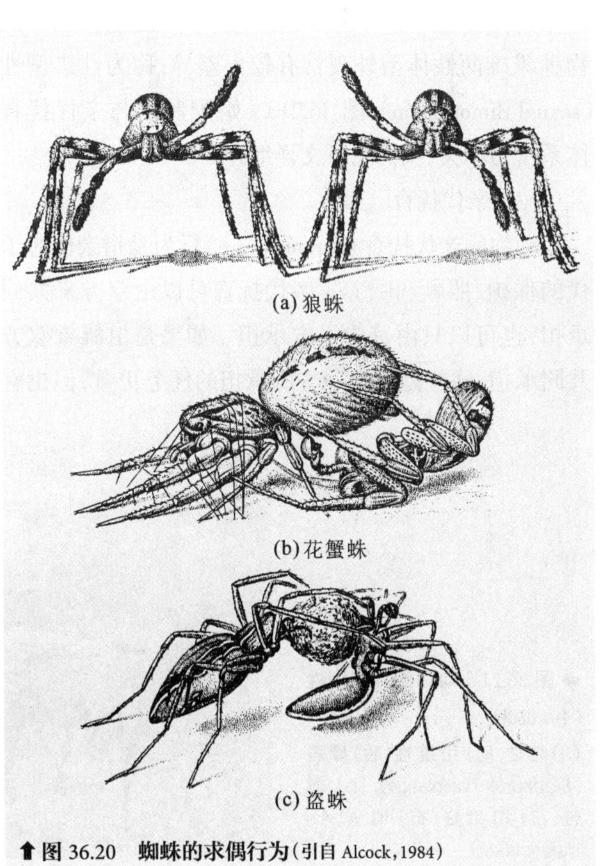

(a) 狼蛛

(b) 花蟹蛛

(c) 盗蛛

⬆图 36.20　蜘蛛的求偶行为（引自 Alcock，1984）

奋不强烈的雌鱼，保证雄鱼只同性发育较充分的雌鱼配对；另一方面，雄鱼的攻击行为也是雌鱼判断一只雄鱼保卫领域和家庭能力大小的一种依据，可确保自己把卵产在一只能很好抚育后代的雄鱼巢内（刺鱼是典型的雄鱼护卵护幼的动物）。雌性倾向选择的配偶特征包括艳丽的毛（羽）色、强壮的体型或角等结构、优质的巢穴、更大的求偶礼物（如食物）等，这些特征往往反映了雄性更好的健康情况和生殖能力，和这样的雄性产生的后代也更可能具有较高的适合度。雌性的选择和雄性的相互竞争也促进了雄性相关特征的演化，这称为性选择（sexual selection）。

总之，求偶行为的功能是确保交配能在合适的地点、合适的时间和尽可能理想的条件下进行，而且只发生在同种的异性成员之间。在有些动物中，两性还可借助于求偶行为彼此评估对方的生殖潜力，以便选择最合适的配偶。求偶行为的鲜明性和醒目性是出于对吸引异性的需要，而求偶行为的极端多样性则是由于不同物种的求偶行为必须具有本种独有的特点，以便尽量减少因识别不清而发生种间杂交的可能性。

（2）婚配制度

动物的婚配制度（mating system）有多种情况，包括多雄多雌（promiscuity）、一雄一雌（monogamy）、一雄多雌（polygyny）和一雌多雄（polyandry）等形式。一些物种雌雄两性体型外观常有较大差异，称为性二型性（sexual dimorphism）（图 36.21）。婚配制度与亲代抚育体系密切相关，我们在下文详细介绍。

（3）亲代抚育

动物的亲代抚育（parental care）行为是指亲代对子代的保护、照顾和喂养。亲代抚育可以由双方来共同承担，也可以只由其中一方承担。如果是由雌雄双方共同承担，往往是雌性一方所承担的任务更重，但也有少数例外，甚至在极个别的物种中亲代抚育的任务完全是由雄性个体承担的，而雌性个体则专司产卵，如水雉（*Hydrophasianus chirurgus*）。

在无脊椎动物中，原始的亲代抚育形式只是简单地把卵产在安全隐蔽的地点，更进一步的形式还要为新孵出的幼虫储备必要的食物，以便幼虫一孵出来就有东西吃，如独居的雌性沙蜂先猎取一只昆虫将其麻醉后带回事先挖好的洞穴中，然后在猎物体内产一粒卵，最后用小石子把洞口封堵。

在鱼类中可以看到亲代抚育行为的一个完整演化系列。鳕鱼（*Gadus* spp.）的雄鱼和雌鱼组成混合的生殖群，它们同时向开阔水域排卵和排精，卵和幼鱼得不到任何亲代抚育。稍复杂一点的是鳟鱼和鲑鱼，雌雄两性在产卵和受精之前先配对，然后主要由雌鱼在溪底挖一个含有沙砾的产卵穴并在其中产卵。更复杂的是用植物材料建一个比较复杂的巢或者建一个漂浮在水面的气泡巢，如三刺鱼（图 36.22）和斗鱼（*Betta splendens*）。鱼类携带和运送卵的方法也是各种各样的，罗非鱼（*Oreochromis* spp.）的雌鱼和后颌鱼（Opistognathidae）的雄鱼等把卵含在口中孵化，故名口孵鱼（图 36.23a）。底栖鱼类蝌蚪鲇（*Aspredo* spp.）把卵滚成团附着在皮肤上，皮肤表皮膨胀将卵包起直至孵化，故名皮孵鱼。雄海马（*Hippocampus* spp.）生有一个临时性的携卵袋，雌鱼把卵产在袋内，直到孵出小海马为止（图 36.23b）。

两栖动物的亲代抚育行为也是多种多样的，一些蝾螈和蚓螈（*Gymnophiona* spp.）在卵发育的早期对卵进行守卫。产婆蟾（*Alytes* spp.）把卵产在陆地上，然后把卵挤压在自己用后足形成的三角形空间内，雄蟾使卵受精后便用后腿插入卵团将其置于自己腰部周围一直携带着，在卵发育期间雄蟾将会选择最好的

(a)

(b)

➡ 图 36.21 动物的性二型性
（李晟提供）
(a) 雌性(前)和雄性(后)麋鹿(*Elaphurus davidianus*)。(b) 雌性(左)和雄性(右)鸳鸯(*Aix galericulata*)

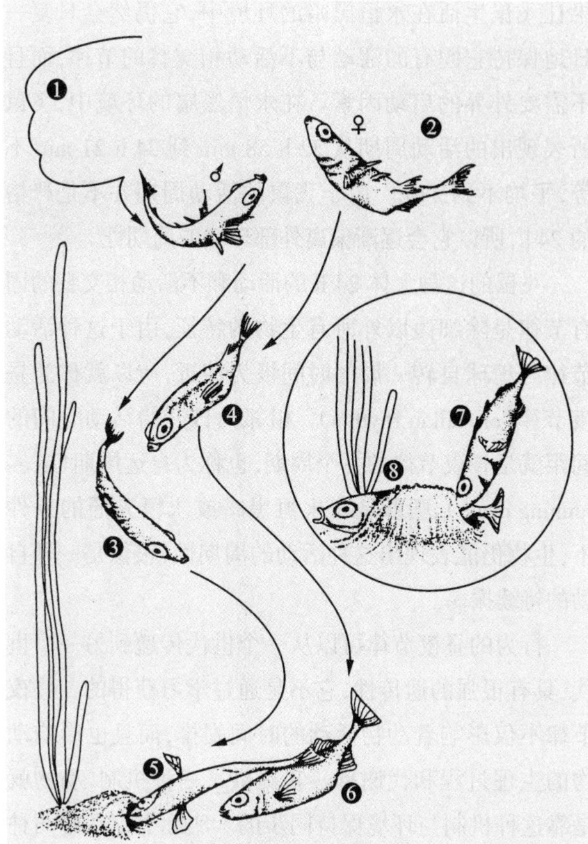

⬆**图 36.22　三刺鱼的巢及求偶程序**(引自 Tinbergen,1951)
①②,雄鱼以Z字形舞蹈向雌鱼求偶。③④,雄鱼将雌鱼带向自己事先筑好的巢。⑤⑥,雄鱼向雌鱼展示巢口的位置。⑦⑧,雌鱼进入两端开口的巢中,雄鱼在巢外戳动雌鱼尾部促其产卵,然后进入巢内排精。

温度和湿度条件以确保卵团不会干掉,卵孵化之前雄蟾会返回池塘将后足浸入水中直到孵出蝌蚪。负子蟾(Pipidae)的携卵方式更为奇特,雄蟾把卵推入雌蟾背部的组织内,使卵一直在皮肤袋内发育。尖吻蟾(*Rhinoderma darwini*)的雄蟾把孵化前的卵都吞入口中,并靠适当的运动把卵送入声囊,卵留在那里直到孵化。南非泳蟾属(*Nectophrynoides* spp.)的幼体完全是在雌蟾生殖道内发育的,在蝌蚪阶段,尾部的血管可使母体输卵管血循环与蝌蚪血循环之间进行营养传递,这种结构很像是哺乳动物的胎盘。

爬行动物中的鳄鱼能建很复杂的巢。密西鳄(*Alligator missisippiensis*)的雌鳄用腐烂的植物筑巢,巢可把一窝卵抬升到水面以上,为卵提供了温暖湿润的环境。雌鳄常守护在巢周围,当幼鳄出壳前发出唧唧叫声时,雌鳄会帮助打开蛋壳。尼罗鳄(*Crocodilus niloticus*)的行为更为复杂,雌鳄产卵后会一直守在巢附近,不仅会帮助幼鳄出壳,而且会用嘴咬住幼鳄把它们一个个带到水边,并在小鳄长达几周的早期发育期间守在它们附近。蜥蜴和蛇发展了不同的亲代抚育方式。蛇类有两种主要方式:一是卵在母蛇体内孵化,然后把小蛇产出;二是产大量的卵,除了选择巢位和覆盖卵之外,几乎不再有任何亲代抚育,但雌蟒蛇常卷卧在卵上,实际上是在为卵的孵化加温。雌眼镜蛇守护卵的现象很普遍,也常卷卧在卵上。蛇蜥和石龙子也有发达的护卵行为,雌性石龙子还常常把分散的卵收集起来使它们重新合为一窝。沙漠黄蜥(*Xantusia vigilis*)的卵是在雌蜥体内发育的,而且在卵膜和输卵管壁之间所建立的联系很像是一个原始形式的胎盘,这是爬行动物胎生的一个罕见实例。

鸟类的亲代抚育行为很发达,包括筑巢、孵卵和育雏喂幼,而且往往是由雌雄鸟共同承担的,如果有一方离弃另一方,雏鸟的成活率就会减半,这对双方都不利,所以鸟类常常有稳定的一雄一雌制的家庭关系。当然,鸟类中也有一雄多雌和一雌多雄的婚配制度,但比较少见,尤其是后者。要注意的是社会家庭组成形式并不等同于婚配制度,即使在一雄一雌的家庭结构下,婚外交配在鸟类中十分普遍。

在哺乳动物中,由于雌性个体有专门为幼兽发育

(a)

(b)

⬅**图 36.23　鱼类的携卵行为**
(a) 黄头后颌鱼(*Opistognathus aurifrons*)雄鱼将受精卵含在口中,保护卵直至孵化。(b) 雄性海马及其携卵袋。

提供营养的乳腺，因此先天决定着母兽将会更多地参与亲代抚育工作。雄兽很少与雌兽一对一地组成单配制家庭，这样的种类只占整个哺乳动物的大约4%。袋鼠产出的幼兽发育程度极差，它从尿生殖窦中爬出后便进入乳头区，遇到一个乳头后便开始一个长长的乳头附着期。全部有袋类动物都是由雌兽承担亲代抚育工作。真兽亚纲的兽类产出的幼兽，其发育程度要比有袋类好得多，它们没有乳头附着期，而是断断续续地吸奶，直到断奶为止。幼兽早期的营养完全是靠母亲供应。在很多哺乳动物中，幼兽的发育和生存完全靠母亲维持，但在不同类群中，雄兽和家庭成员也在不同程度上参与亲代抚育工作。

36.3.3 动物的行为节律

自然界的日夜交替和季节变化决定着动物的活动，行为节律使动物的生活与环境周期变化保持同步。鸟类在清晨的鸣叫是白天到来的信号，此时蝴蝶、蜻蜓和蜜蜂开始暖身，鹰隼开始在空中盘旋，松鼠和花鼠在森林中积极活动起来。黄昏时刻，日行性动物停止了活动，夜行性动物出来活动了。黄鼬、灵猫、猫头鹰和大蚕蛾此时完全占据了其他动物在白天所占有的生态位。随着季节的推移和日照长度的变化，动物的活动也在不断改变。春天使鸟类开始迁移，很多动物开始进行生殖。随着秋天的到来，昆虫停止了活动和生长并从人们的视野中消失。春天飞来的候鸟此时又飞向了南方。动物的这种活动节律是受地球 24 h 自转一圈和 365 天围绕太阳公转一圈所控制的。时间会使动物的行为与环境的日变化和季节变化变得协调一致。行为学家曾一度认为，动物只能对来自外部的刺激作出反应，如光的强度、温度、湿度和潮汐变化等，但实验研究证明，事情远不是这么简单，因为动物都有自己固有的行为节律。

天一黑，飞鼠（*Glaucomys volans*）就从树洞中出来开始活动了。由于它总是夜间出来活动，所以人们很难见到它，每天总是在第一缕阳光出现之前它就回洞睡觉了。飞鼠日复一日的活动总是与 24 h 的日周期保持一致，每天开始活动的时间就是日落的时间，这表明光对飞鼠的活动有着直接或间接的调控作用。如果把飞鼠带入室内，使它生活在人为安排的白天与黑夜交替的环境中，那么它也总是在夜晚活动，在白天休息。不管是安排白天 12 h，夜晚 12 h，还是安排白天 16 h，夜晚 8 h，飞鼠总是在黑暗到来后不久就开始活动。如果让飞鼠生活在永恒黑暗的环境中，它仍然会日复一日地保持它固有的活动与不活动相交替的节律，而且不需要外界的启动因素。在永恒黑暗的环境中，飞鼠所表现出的活动周期从 22 h 58 min 到 24 h 21 min 不等，平均不到 24 h。由于飞鼠的活动周期并不是严格的 24 h，所以它会逐渐偏离外部环境的周期性。

飞鼠的这种大体 24 h 的活动和不活动相交替的固有节律是除细菌以外所有生物的特征，由于这种活动节律与地球自转一周的时间极为接近，所以就称为昼夜节律（circadian rhythm）。相邻两日开始活动时间的间距就是昼夜节律的一个周期，也称为自运周期（free-running cycle），意思是在永恒黑暗或永恒光照的条件下，生物仍能表现出这种活动的周期性，很像是一种自动的持续振荡。

行为的昼夜节律可以从一个世代传递到另一个世代，具有很强的遗传性，它不是通过学习获得的。昼夜节律不仅影响着动物活动的时间安排，而且也影响动物的生理过程和代谢率。它提供了一种机制，动物就是靠这种机制与环境保持同步的。实际上存在着两种日节律性，一个是外部环境的 24 h 节律，另一个是动物体内的昼夜节律，大体上也是 24 h。要使两种节律处于同相位，就必须有外界因素或时间调节器（time-setter）进行调节，以便使体内节律与环境节律相吻合。最明显的时间调节器是温度、光和湿度，在温带地区最主要的时间调节器是光，它可使动物的昼夜节律调整到与环境 24 h 光周期保持同步。

一般海岸潮间带每 12.4 h 会经历一次涨潮和退潮，即潮汐周期。生活在潮间带的动物，其行为节律总是与潮汐周期保持一致。招潮蟹（*Uca* spp.）是潮间带最活跃的甲壳动物。当大潮过后的海水退到低潮线时，招潮蟹便纷纷从洞穴中出来，成群结队地在潮间带的泥质海滩上觅食和求偶；当潮水上涨，潮间带即将被海水淹没时，它们便重新躲入洞中等待下一次低潮的到来。如果把招潮蟹带进实验室，让它接收不到潮水涨落的信息，而是生活在恒温和固定光照的条件下，结果它们的日活动节律仍和生活在潮间带一样，不会发生改变（图 36.24）。在同样恒定的环境中，招潮蟹的体色也有昼夜节律变化，即白天色深，夜晚色浅。其他的潮间带动物如各种沙滩甲壳动物、采螺和各种鱼类（鳚鱼和杜父鱼等），其行为的节律都与潮汐周期相一致。

有些海洋动物的生殖活动只局限于一个特定的时期，而这个时期又与潮汐相关。这种有节律的生殖

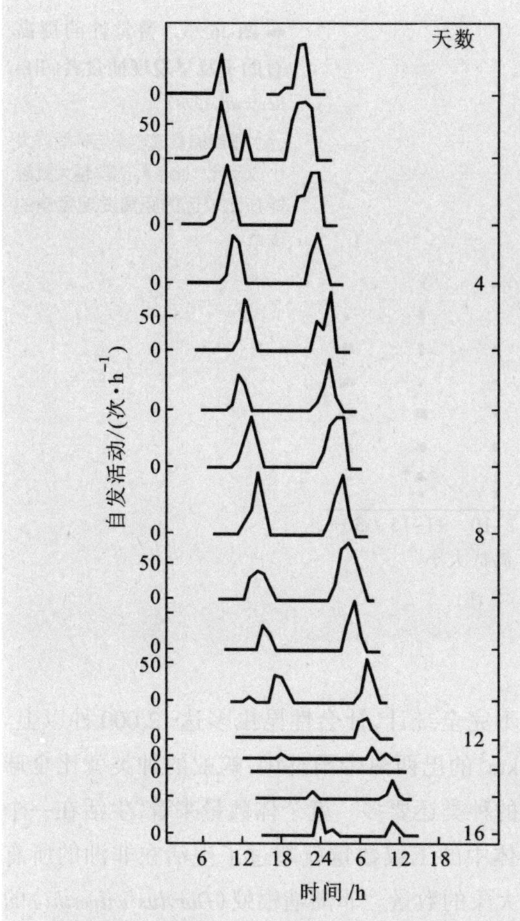

⬆图 36.24 连续 16 天恒温(22℃)和固定光照条件下招潮蟹的潮汐节律(引自 Smith,1998)

由于月球日比太阳日长 51 min,所以每发生一次潮汐就会推后 51 min,这样招潮蟹的活动高峰就逐日向右推移。

现象通常每一个月(28 天)发生一次,或者每半个月(14～15 天)发生一次。银汉鱼(*Leuretbes tenis*)和潮间蠓(*Clunio marinus*)就是这些动物的典型代表。银汉鱼总是定期到沙滩上来产卵,它们是借大潮涨潮时被送上潮间带的。它们产卵的周期性极为精确,以致它们的行为完全可以被事先预测到。实验研究表明,这种行为周期与月光密切相关。

36.4 动物的社群生活与通信

36.4.1 社群生活的优势

自然界的任何一种动物都会受到来自各方面的选择压力,这些压力会迫使动物朝两个相反的方向演化:一些压力会促使动物朝社群生活的方向演化,另一些压力则有利于动物选择独居的生活方式。有很多动物的一生或一生的大部分时间都是在社群中度过的。在许多鱼类和两栖动物中,只在每年的生殖季节才临时聚集在一起形成社群,而有些昆虫、鸟类和哺乳动物则整个一生都生活在一个庞大而结构复杂的社会中。

对被捕食者来说,社群生活的好处是多方面的:

首先是不容易被捕食者发现,由于动物群体的数目比动物个体的数目少得多,所以一个捕食动物要想找到一个动物群体就要比找到单独活动的一个动物困难一些,即使是发现了一个动物群,但要想从动物群中猎取一个动物则更不容易。

其次,社群比个体有更高的警觉性,从而可及早发现捕食者,这对于靠逃跑而不是靠隐蔽获得安全的动物尤其重要。一般说来,社群越大,捕食者被及早发现的可能性也越大,例如,随着林鸽群的增大,苍鹰(*Accipiter gentilis*)攻击成功的机会就越来越小,这主要是因为林鸽群越大就越能在比较远的距离发现猛禽的接近,因而能够及早飞走(图 36.25)。

第三是稀释效应。对任何一种捕食动物的攻击来说,猎物群越大,其中每一个个体被猎杀的机会就越小,因此一个个体就会由于与其他同种动物生活在一起而得到保护,这就是所谓的稀释效应。稀释效应的一个实例就是喜欢成群在水面划行的水黾(*Halobates robustus*),它们的捕食者是小形的沙瑙鱼(*Sardinops sagax*)。由于这种小鱼是从水中捕食水黾,所以不存在警觉性随群体增大而增加的问题。沙瑙鱼对不同大小水黾群的攻击率都是一样的,但对每一只水黾来说,沙瑙鱼的攻击率就只决定于稀释效应(图 36.26)。

第四是集体防御。很多鸟类常常群起而攻之,把侵入集体营巢区偷袭鸟蛋和雏鸟的捕食者赶跑。一般说来,参加集体防御的个体越多,捕食者就越难得手。集体防御行为不仅鸟类有,哺乳动物也有,麝牛(*Ovibus moschatus*)在受到狼群的围攻时便围成一圈,把易受攻击的个体和小牛保护在中间,身体强壮的麝牛则在最外层,头一律向外把角对着狼群,这样就形成了一条狼群所难以攻破的防线。

第五是迷惑捕食者。黑斑羚(*Aepycerus melampus*)在受到惊扰时常常突然向各个不同的方向爆炸式地奔跑,这种突发动作常使捕食者感到不知所措,迷惘不前,不知去追逐哪一只好,结果就丧失了捕食良机。

第六是避免使自己成为牺牲品。动物保护自己的一个较好方法是使自己更加靠近同群中的其他个体,这样可减少自己的危险域,使自己避免成为最靠近捕食者的那个个体。显然,群体中的成员不可能都处在群

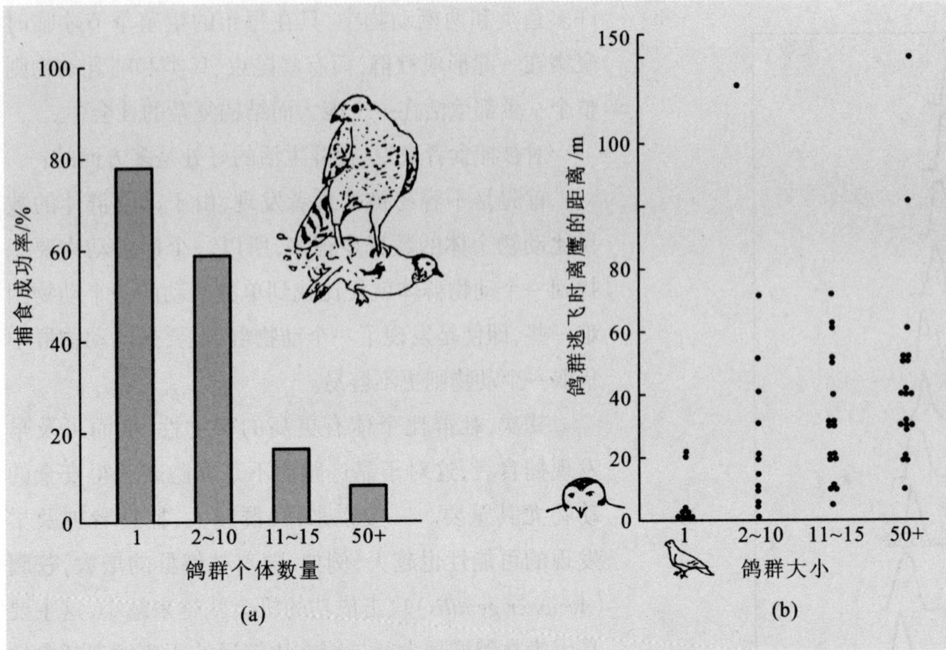

⬅ **图 36.25 警觉性的提高有助于及早发现捕食者**（引自 Renward，1978）

(a) 苍鹰捕食成功率与林鸽群大小成反比。(b) 林鸽群越大就越能在比较远的距离发现猛禽的接近。

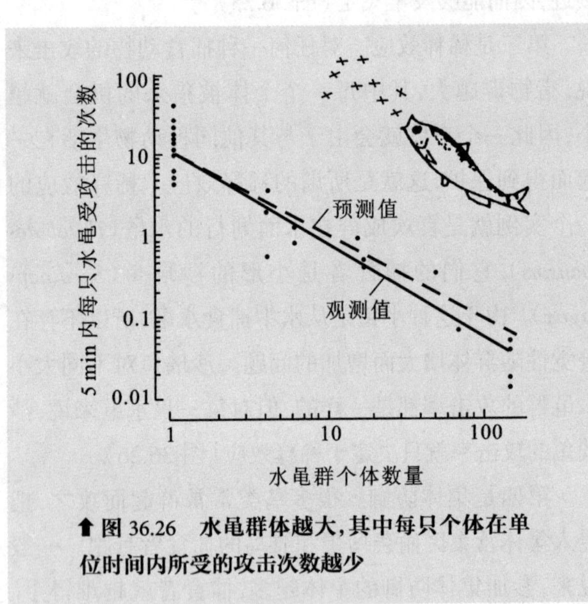

⬆ **图 36.26 水黾群体越大，其中每只个体在单位时间内所受的攻击次数越少**

体中最安全的中心位置，但当捕食者逼近的时候，通过上述行为就可导致群体的密集收缩，而捕食动物要想从一个密切靠拢的动物群中俘获一头猎物则是一件更加困难的事情。可见，虽然位于群体中心的那些个体可以得到最大的安全，但其他个体也能得到安全上的好处。

对捕食动物来说，社群生活带来的好处也是多方面的，包括通过信息交流可更快找到食物，提高猎食成功率，便于捕捉较大的猎物和有利于在与其他捕食动物竞争时取得胜利等。

36.4.2 社会性昆虫

地球上营社群生活的昆虫种类和数量是十分巨大的。据不完全统计，社会性昆虫多达 12 000 种以上。仅在 1 km^2 的巴西热带雨林中，蚂蚁的种类就比全球灵长类的种类还要多。就个体数量来看，生活在一个军蚁群体中的工蚁数量就超过了生活在非洲的所有狮子和大象的数量。非洲啮根蚁（*Dorylus wilverthi*）的蚁群由多达 2200 万只蚂蚁组成，其总重量约为 20 kg。就通信效益来讲，蜜蜂可借助于舞蹈语言把蜜源的方向和距离准确无误地传达给自己的同伴，在野生动物中这是唯一能用抽象密码传递遥远物体信息的事例。组成社会性昆虫群体的个体往往有极大的形态差异，以便于由不同的个体完成不同的工作。例如，鼻白蚁（*Nasutitermes exitiosus*）的兵蚁头部已经特化成了一个喷液枪，可把防御性的黏液喷向敌人，而木工蚁（*Camponotus truncatus*）的兵蚁头部则像一个塞子，恰好能把巢口严严实实地堵住，使各种天敌无法侵入，这很像是软体动物壳口上的厣板（图 36.27）。社会性昆虫有 4 个最明显的特征：① 很多成虫生活在一起形成群体；② 成虫在建巢和喂幼工作中密切合作；③ 世代重叠；④ 社会中存在明显的生殖优势和等级。下面以熊蜂为例说明社会性昆虫的生活史。

熊蜂属（*Bombus*）大约包括 200 种熊蜂，在北温带熊蜂的生活史只有一年，只有受精的蜂王才能越冬。春天一到，独处的蜂王便离开越冬地到处飞行，寻找田鼠弃洞或类似洞穴，进入洞穴后再对旧洞加以改造，建造一个入口通道，并用一些精细的材料涂抹洞的内壁。在洞内蜂王会从腹部的节间腺分泌薄板状的蜡质物，

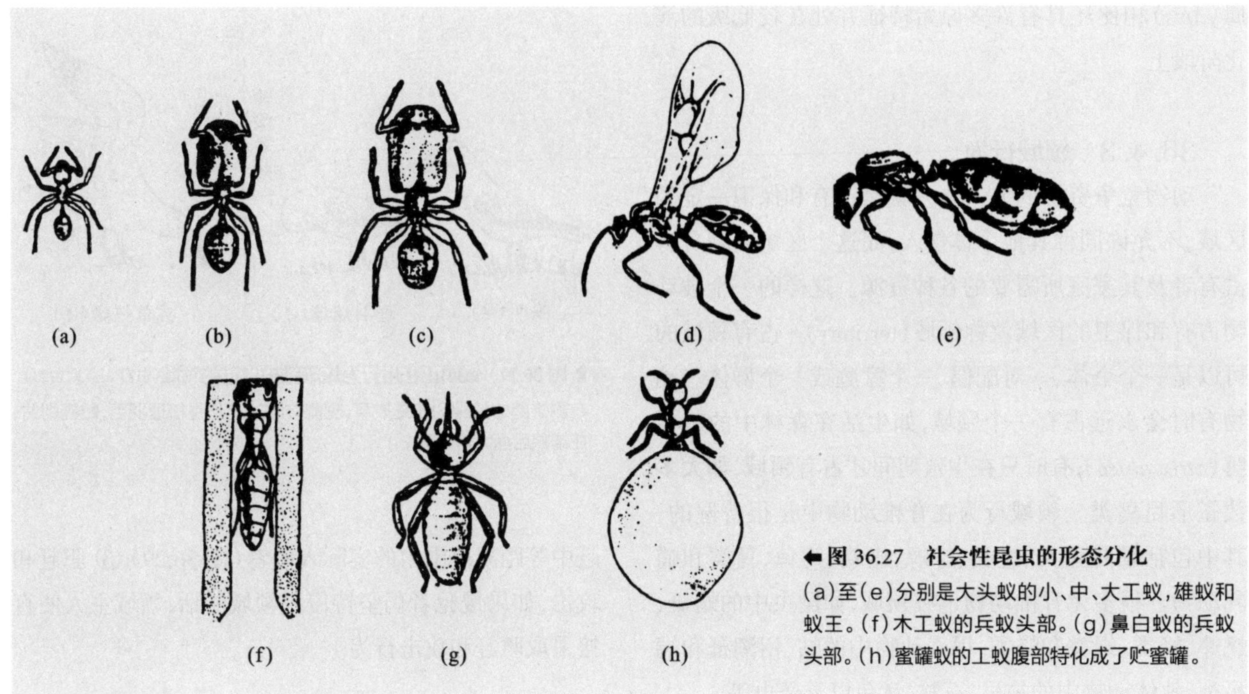

⬅图 36.27　**社会性昆虫的形态分化**

(a)至(e)分别是大头蚁的小、中、大工蚁，雄蚁和蚁王。(f)木工蚁的兵蚁头部。(g)鼻白蚁的兵蚁头部。(h)蜜罐蚁的工蚁腹部特化成了贮蜜罐。

在洞的底部建成第一个卵室。接着它便在卵室内放入一个花粉球并在花粉球的表面产 8～14 粒卵，然后用圆屋顶形的蜡盖和其他物质把卵室封闭。大约就在第一批卵产下的同时，蜂王还要在靠近巢的入口处用蜡建造蜜罐，并开始把从田间采集来的花蜜贮存在蜜罐内。当第一批工蜂出现后便帮助蜂王扩建巢穴和照料其后产出的卵和幼虫(图 36.28)。

熊蜂喂养幼虫的方法依熊蜂的种类而有所不同。有些种类的熊蜂具有贮存花粉的习性，它们把花粉存

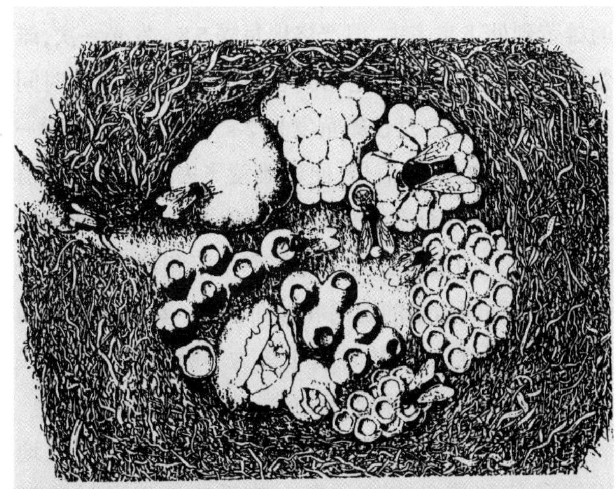

⬆图 36.28　**熊蜂的巢及蜂群**(引自 Wilson，1975)

其中个体最大者是蜂王，正停在一堆茧上，一个茧已被揭开可见到蛹。左侧有 3 个公共的幼虫巢室，其中下面的两个蜡质外包装已被揭开可看到幼虫。巢的左面和中央被许多大的蜡质蜜罐所占据，右下方是一群旧茧，现已被用来贮存花粉。

放在旧茧内，随时都可以取出来与花蜜混合后喂给幼虫。还有一些种类的熊蜂，其蜂王和工蜂在幼虫较集中的地方建造许多特殊的蜡袋并用花粉把蜡袋填满，幼虫则直接取食花粉。到夏末时节，蜂群将会发展到 100～400 只工蜂。随着秋天的临近，蜂群中将会出现雄蜂和新蜂王，整个蜂群开始解体。熊蜂的交配行为依种类的不同而有很大差异：有些种类的雄蜂总是在蜂巢入口处周围盘旋飞行，等待着年轻蜂王飞出蜂巢；另一些种类的雄蜂则选择一个显要的物体(如一朵花或一个篱笆桩)，时而停在上面，时而在它上方飞翔，只要看到任何一个类似蜂王的飞行物体，它便会向它冲过去；还有一些种类的雄蜂为了达到生殖目的而建立一条飞行路线，并每隔一定距离便在沿线物体上排放一点气味物质，然后它们便一小时一小时、一天一天地等待着雌蜂的到来。交配之后，蜂王便在土壤中专门挖掘的洞道里过冬，并在第二年春天开始建立新的蜂群。

熊蜂的蜂王与工蜂之间的差别只表现在蜂王的个体较大和卵巢发育程度更高。工蜂的个体大小之间也存在着很大差异，个体较大的工蜂出巢采食的时间比较多，而个体较小的工蜂则留在巢内工作的时间较多。在少数种类的熊蜂中，个体最小的工蜂从不飞出巢外，而是永久性地留在巢内工作。有些熊蜂的巢还设有专门的防卫工作，这种防卫工作通常都是由卵巢发育较好的工蜂担任。总的来看，熊蜂属在蜜蜂科中与蜜蜂

属(*Apis*)相比还具有许多原始特征并处在较低级的演化阶段上。

36.4.3 领域行为

动物竞争资源的方式之一就是占有和保卫一定的区域,不允许同种其他个体侵入,而这个区域内则含有占有者及其家庭所需要的各种资源。这样的一个被动物占有和保卫的区域就称领域(territory)。占有领域的可以是一个个体、一对配偶、一个家庭或一个群体。动物有时会永远占有一个领域,如生活在森林中的灰林鸮(*Strix aluco*);有时只在生殖期间才占有领域,如大多数雀形目鸟类。领域行为在脊椎动物中是很普遍的,其中包括硬骨鱼类、蛙类、蝾螈、蜥蜴、鳄鱼、鸟类和哺乳动物。很多无脊椎动物也有领域,如昆虫中的蜻蜓、蟋蟀、蜂类、蝇类和蝶类,甲壳动物中的蛄、招潮蟹和端足类,软体动物中的笠贝、石鳖、章鱼以及帚虫等。

动物占有和保卫一个领域,主要的好处是可以得到充足的食物,减少对生殖行为的外来干扰和使安全更有保证。另一方面,动物为占有和保卫一个领域所付出的代价也是很大的,要花费不少时间和消耗很多能量。一般说来,只有从占有领域中获得的好处大于因保卫领域而付出的代价时,动物才会占有领域。有人曾对专门吃花蜜的金翅太阳鸟(*Nectarinia reichenowi*)的领域进行过研究,结果表明,在可供采蜜的花朵数目与领域大小之间存在着密切的关系。这种情况在很多其他动物中也能看到,例如,柳雷鸟(*Lagopus lagopus*)的领域大小同它所喜吃的嫩枝条的密度成反比,同时还与石楠营养成分的含量成反比。动物占领的领域如果太大,当然对其他竞争者不利,但对领域的占有者可能更为不利,因为为保卫领域所付出的代价会随着领域的扩大而急剧增加。所以动物所占有和保卫的领域大小是以能够充分满足它们对各种资源的需要为准的。

动物保卫领域的方法是多种多样的,主要是依靠鸣叫、行为炫耀和气味排放,很少发生直接的接触和战斗,除非是在第一次建立领域的时候。例如:林莺(*Dendroica* spp.)的雄鸟在最初争夺领域的时候,常常发生直接冲突,但是领域一旦建立起来便不再依靠直接战斗来保卫它。其他很多动物也是如此。通常动物在保卫领域时有三道防线:① 靠鸣叫对可能的入侵者发出信号和警告,这对于远距离的潜在入侵者有提醒和驱赶作用;② 当来犯者不顾警告侵犯到领域边界时,便采取各种特定的行为炫耀来维护自己的领域,以便驱赶中等距离范围内的实际入侵者(图 36.29);③ 驱赶和攻击,如果侵犯者仍坚持侵犯领域的话,领域主人便直接采取驱赶和攻击行为。

图 36.29 银鸥正在用行为炫耀维护自己的领域(引自 Alcock,1993)
右侧雄鸥的炫耀动作是拔草,左侧雄鸥的动作是梳理羽毛,雌鸥则站在雄鸥后面大声鸣叫。

36.4.4 动物的通信方式

动物的很多醒目的形态特征和行为动作、分泌的很多化学物质以及发出的大多数声音,都可以认为是动物为了影响其他个体的行为而发出的信号。通信信号包括视觉、化学、接触、听觉及电磁等方式。这些信号可以用来吸引其他个体,也可以用来排斥其他个体,还可以对其他个体的生理状况产生某种长远影响,如雄金丝雀的鸣叫可促使雌金丝雀的卵巢较快成熟。

视觉信号具有一定的作用距离,它总是有确定的方向性并可被光感受器官所感受。萤火虫是在夜晚靠发出冷光寻找配偶的。东部萤火虫(*Photinus pyralis*)的雄萤到处飞来飞去,但严格地每隔 5.8 s 发光一次,雌萤则停在草叶上以发光相应答,每次发光间隔的时间与雄萤相同,但总是在雄萤发光 2 s 后才发光。雄萤一旦收到雌萤的应答信号,便朝雌萤飞去并继续发送信号,这种信号只有继续得到雌萤的回答才能不断接近雌萤。每一种萤火虫的发光频率都不相同,这就极好地避免了种间信号的混淆和种间杂交。动物的建筑物也是一种视觉信号,雄性园丁鸟为了吸引雌鸟常常要建造一个精致、醒目和鲜艳的建筑物(见图 36.19)。

在动物界,听觉信号与视觉信号一样被广泛地用于通信和信息交流。有人曾系统地记录过螽斯(*Ephippiger bitterensis*)的鸣声,如果让一只雌螽斯在一只不鸣叫的雄螽斯和一个播放雄螽斯叫声的扬声器之间进行选择的话,雌螽斯会毫不犹豫地走近扬声器。虫鸣的功能非常类似于萤火虫的闪光,同样具有物种各自的特异性。鸟类的叫声婉转多变，很多生活在一起的鸟类，其报警鸣叫声都趋于相似，如芦鹀、乌鸫、大山雀、蓝山雀和燕雀的叫声都局限在一个很窄的频率带内，使捕食者很难判断出发声者所在的位置，这样每一种鸟都能从其他种鸟的报警鸣叫中受益。这些鸟类在其他方面的叫声却绝不相同，而且通常要比报警鸣叫复杂婉转得多，这些叫声具有吸引异性和保卫领域的作用。

化学通信在动物界是非常普遍的，但由于我们人类主要是依赖视觉通信和听觉通信，所以对化学通信的研究很不充分。动物用于种内通信的气味信号称信息素（pheromone），信息素也和声音信号一样可在黑暗中起作用，可以绕过障碍物传播很远的距离。雌舞毒蛾（*Porthetria dispar*）分泌的信息素可把远在 400 m 以外的雄蛾吸引到自己身边来。若把雌性松叶蜂（*Diprion similis*）关在笼中置于田间，可招引来 10 000 多只雄性松叶蜂。哺乳动物具有许多专门分泌信息素的腺体，如鹿和其他偶蹄目动物的头部或后肢有明显的臭腺，而羚羊的臭腺位于两蹄之间。有些偶蹄动物如印度黑羚（*Antilope cervicapra*）和侏羚（*Ourebia ourebi*）生有眶前腺，它们把眶前腺所分泌的物质直接涂抹在一些外露的物体上，为的是标记它们的领域（图 36.30）。除腺体分泌外，动物的粪便、尿液等也常作为气味通信的手段。哺乳动物的两性关系、亲子关系、社群关系和领域行为都有赖于气味通信。

接触通信是很多动物都具有的一种通信方式，例如：蜜蜂中的工蜂用触角触摸舞蹈蜂的身体以便获得蜜源所在地的信息；鸟类常常互相整理羽毛，以便增强个体之间的社会联系和信任感；狗的优势个体常常把自己的前足搭在一个从属个体的后背上，这显然是显示自己优势的一个信号。灵长类动物接触通信的一种常见形式是梳理行为（grooming behavior）（见章首图），大多数曲鼻猴亚目的猴类都是用“齿梳”（由较低的门齿和犬齿组成）彼此梳理皮毛。猴科和类人猿的接触通信要比狐猴和跗猴复杂和发达，除了用手指和嘴唇拿取毛被下的细小颗粒外，还包括挤靠、舌舔、吻、碰撞、拥抱、口咬和轻轻拍打等。

⬆图 36.30　印度黑羚（左）和侏羚（右）正在用眶前腺所分泌的气味物质标记树枝和草叶的顶部（引自 Immelmann，1980）

电信号也是动物的一种通信手段，包括电鳗（*Sternopygus macrrus*）和裸背鳗（*Gymnotus carapo*）在内的电鱼的电信号同其他动物的视觉信号、听觉信号和气味信号一样具有明确的社会含义。

36.5　利他行为

36.5.1　动物的利他行为广泛存在

利他行为（altruistic behavior）是指不利于自己存活和生殖而有利于其他个体存活和生殖的行为。这种行为在自然界是普遍存在的，如双亲护幼就是明显的一例，在生殖期间双亲辛勤觅食和护巢不是为了自身存活，而是为了养育和保护自己的后代。很多在地面营巢的鸟类，当捕食动物接近窝巢使其后代面临危险的时候，母鸟会装作一瘸一拐的样子离开鸟巢并煞有介事地把一个翅膀垂下好像已经折断，这样它就可以把捕食动物的注意力引到自己身上，而使安卧巢中的一窝雏鸟安然无恙，等捕食动物的利爪快要抓到自己时它会突然放弃伪装，腾空而起，当然这样做要冒自身被捕食的风险。群居的鸟类和哺乳动物在面临危险时，群中的一些先觉个体常常会发出尖锐刺耳的报警鸣叫声，这是一种靠增加自己的危险来换取其他个体安全的利他行为。又如，在蜜蜂、蚂蚁和白蚁等社会性昆虫中，不育的雌虫（工蜂、工蚁和兵蚁等）自己不产卵繁殖，但却全力以赴帮助自己的母亲（蜂王和蚁王）喂养自己的同胞；工蜂的自杀性螫刺也显然是以自己的性命来换取全群的利益；在蜜罐蚁的蚁群中，有些工蚁整个一生都吊在巢顶，腹部膨大得惊人（见图 36.27 h），里面塞满食物，这些蜜罐蚁被其他工蚁当成贮存食物的工具来利用，它们的个体利益显然是为了集体的利益而受到了抑制。

36.5.2　用亲缘选择和广义适合度解释利他行为

这些明显的利他行为用达尔文个体选择的观点是

很难解释的,因为个体选择是建立在个体表现型选择的基础上,这些特性一经选择势必以更大的繁殖优势在后代中表现出来。但不育雌虫根本不能繁殖,又如何能将这些特性传递下去呢?个体选择观也无法解释其他的利他行为,因为利他行为所增进的不是利他者自身的适合度(fitness),而是群体中其他个体的适合度。所谓适合度是衡量一个个体存活和繁殖成功机会的一种尺度,适合度越大,个体存活和繁殖成功的机会也越大。在这里,个体选择说显然遇到了不可克服的困难。

1964 年由汉密尔顿(William Donald Hamilton,1936—2000)提出了汉密尔顿法则(Hamilton's rule),为量化分析适合度、亲缘关系和利他行为的关系提供了基础。汉密尔顿认为解释利他行为有三要素:行为接受者的适合度收益 B、行为发出者的适合度损失 C 和二者的亲缘系数 r。当三要素的关系满足 $rB > C$ 时,这种利他行为会被自然选择保留,这即是汉密尔顿法则。同年,史密斯(John Maynard Smith,1920—2004)首次明确地提出了亲缘选择(kin selection)的概念。亲缘选择是指对彼此有亲缘关系的一个家族或家族中的成员所起的自然选择作用。亲缘选择主要是对支配行为的基因起作用,因此它所增进的不一定是个体的适合度,而是个体的广义适合度(inclusive fitness)。广义适合度与适合度不同,它不是以个体的存活和繁殖为衡量的尺度,而是指一个个体通过自身及其亲属的繁殖在后代中传递自身基因的能力有多大;能够最大限度地把自身基因传递给后代的个体,则具有最大的广义适合度(不一定是通过自身繁殖的形式)。实际上,亲缘选择的概念是从广义适合度的概念引申出来的,所谓亲缘选择就是选择广义适合度最大的个体,而不管这个个体的行为是否对自身的存活和繁殖有利。

应用亲缘选择的观点,动物的很多利他行为便能得到合理的解释,因为亲缘选择只对那些能够有效传布自身基因的个体有利。假如有一个基因碰巧能使双亲表现出利他行为,哪怕这些行为对双亲的存活不利,但只要这些行为能够导致足够数量的子代存活,那么这个利他基因就会在子代基因库中有所增加,因为子代总是复制与父母相同的基因。社会性昆虫中的不育雌虫也是这样,例如一个工蜂,由于它的父本是单倍体,所以它同自己的姐妹之间有 75% 的基因是相同的(即亲缘系数 $r = 0.75$;25% 来自双倍体的母亲,50% 来自单倍体的父亲)。可见,虽然它自己不繁殖,但它帮助母亲繁殖自己的亲姐妹,比自己养育子女的广义适合度更大,因为母女之间只有 50% 的基因是相同的(即亲缘系数 $r = 0.5$)。正是由于在同一亲缘群中的个体之间不同程度地具有共同基因,因此从亲缘选择和广义适合度的观点看,如果一个个体对同一亲缘群中的其他个体表现出利他行为也就是理所当然的了,因为这种利他行为归根结底还是对利他者传递自身的基因有利。

下面我们举一个鸟类方面利他行为的实例。在热带地区,鸟类常常生活在固定的地区,后代也很少分散,因此在左邻右舍之间常常都有一些亲缘关系。有时人们可以看到有 3 只成鸟同时喂养一窝小鸟的怪现象。显然其中只能有 2 只是小鸟的双亲,另外 1 只则是帮手鸟。帮手鸟有时是前一年的小鸟,现在长大了,在帮助父母喂养自己的同胞弟妹。这种行为的遗传学根据是,帮手与自己子女之间的亲缘系数同它们与同胞之间的亲缘系数是相等的,即 r 都等于 0.5。因此帮助父母多养育一些小鸟,同它们自己产卵繁殖,其广义适合度是一样的。所以,每当它们因某种原因而不能产卵育雏时,便前来帮助父母繁殖。此外,帮手鸟也可能是邻居,正如前面所说的,邻里之间也有亲缘关系,因此一旦有谁的巢不幸遭到了破坏而又来不及孵第二窝的话,那么弥补损失的最好办法就是去帮助邻居多喂养一些小鸟。

根据汉密尔顿法则,假定有一个利他者用自身的死亡换取了两个以上子女的存活(与子女的亲缘系数 r 是 0.5),或 4 个以上孙辈个体的存活(与孙辈的 r 是 0.25),或 8 个以上曾孙辈个体的存活(与曾孙辈的 r 是 0.125)……只要在这些条件下,利他者因自身死亡而损失的基因,就会由于有足够数量的亲缘个体存活而得到完全的补偿,而且还会使利他基因在基因库中的频率有所增加。也就是说,只有受益的亲缘个体所得到的遗传利益乘以亲缘系数超过利他者因死亡所受到的损失时,才能增进利他者的广义适合度,这种利他行为也才能被自然选择所保存。

思考题

1 什么是行为和行为学?
2 本能行为和学习行为有什么区别?请举例说明。
3 请举例说明动性、趋性和固定行为型的概念。
4 什么是印记和印记学习的敏感期?为什么说印记是一种学习类型。
5 操作式条件反射与经典条件反射有何

异同？请举例说明。

6 激素对动物行为有什么影响？

7 基因与行为有什么关系？举例说明。

8 什么是信号刺激？一些蝶类翅上的大眼斑和小眼斑有什么生物学功能？

9 动物有哪些防御对策？什么是拟态？请举例说明。枯叶蝶模拟枯叶、竹节虫模拟干树枝算不算拟态？为什么？

10 求偶有哪些生物学意义？

11 社群生活对动物有哪些好处？

12 有些动物为什么要独占一块领地，它从中会得到什么好处和付出什么代价？

13 动物都有哪些通信方式？这些通信方式各有什么特点？

14 什么是利他行为？请举出几个利他行为的实例。利他行为演化的科学依据是什么？

VII 生态学与保护生物学

37 生物与环境

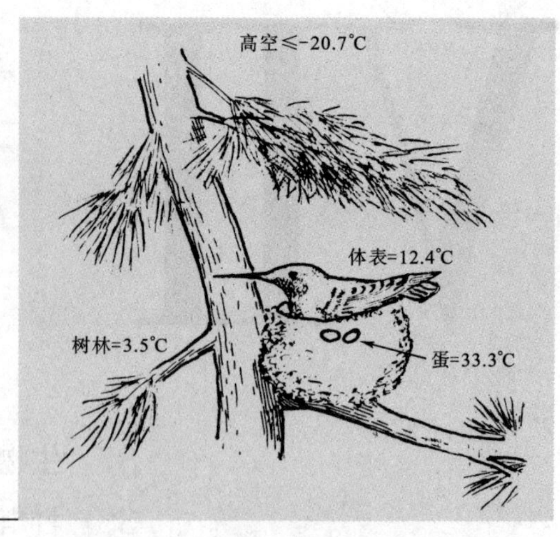

蜂鸟及其巢周围的小气候示意图(引自 Calder,1973)

生物的生存需要一定的环境条件。生物与环境是互相影响、互为依存而又不可分割的统一体。鱼儿离不开水,花儿离不开阳光,人类离不开空气、淡水和食物。脱离了环境的生物是不可想象的,然而,如果没有生物,环境也就失去了它的意义,包围在地球外面的整个大气圈、水圈和气候状况都是在和生物相互作用中形成并正处在与生物的密切作用之中。为什么大量砍伐森林会使土壤贫瘠、沙土飞扬和气候干旱?这不正说明环境对生物有同样的依赖关系吗?

地球上的生物不仅彼此之间互相联系、互相影响,而且也和整个地球的非生物环境密切结合在一起,构成一个统一的生态系统。人类的过去、现在和未来都与其他生物及其生存环境不可分割地联系在一起,共同处在一个休戚与共的巨大生态系统之中。因此,我们必须如实地把人类自身看成是整个大自然的一个有机组成部分,任何使大自然的平衡受到破坏的行为也必然会给人类自身带来不利。研究生物和环境之间这种错综复杂关系的科学就称为生态学(ecology)。

生态学的研究对象涵盖从个体到全球的不同生物层次。个体生态学(organismal ecology)包括生理学、演化生物学和行为生态学等分支学科,关注生物体的结构、生理和行为如何应对环境。种群(population)是生活在一定时间和空间内可自由交配和繁殖的同一物种的一群个体。种群生态学(population ecology)分析影响种群规模的因素,以及它如何和为什么随着时间而变化。群落(community)是一定时空范围内不同物种的集合。群落生态学(community ecology)研究群落的组成、结构和功能的时空动态及其与生物和非生物环境的关系,关注物种间相互作用(例如捕食和竞争等)如何影响群落结构和组织。生态系统是指在一定的空间里所有生物群落及其非生物环境所构成的统一整体,是由生物群落及其生存的无机环境共同组成的动态平衡体系。生态系统生态学(ecosystem ecology)主要研究生态系统的结构、功能及其动态,强调生物与环境之间的能量流动和物质循环、生态系统营养级和食物网结构、生态系统服务功能,以及环境变化和人类活动对生态系统的影响等。景观(landscape)是指空间上镶嵌出现、紧密联系的生态系统的组合。景观生态学(landscape ecology)关注多个生态系统之间能量、物质和生物体的相互影响和制约。生物圈(biosphere)是地球上所有生态系统和景观的总和。全球生态学(global ecology)研究区域性的能量和物质交换如何影响生物在整个生物圈中的功能和分布。

37.1 环境与生态因子

37.1.1 环境与生态因子是两个重要的概念

环境(environment)是指某一特定生物体以外的空间及直接、间接影响该生物体生存的一切事物的总和。环境总是针对某一特定主体或中心而言的,离开了这个主体或中心也就无所谓环境,因此环境只有相对的意义。在环境科学中,一般以人类为主体,环境是指围绕着人群的空间以及其中可以直接或间接影响人类生存和发展的各种因素的总和。在生物科学中，一般以生物为主体，环境是指围绕着生物体或者群体的一切事物的总和。

生态因子(ecological factor)是指环境中对生物的生长、发育、生殖、行为和分布有着直接影响的环境要素，如温度、湿度、食物、氧气和其他相关生物等。生态因子是生物生存所不可缺少的环境条件，也称生物的生存条件。生态因子也可认为是环境因子中对生物起作用的因子，而环境因子则是指生物体外部的全部环境要素。

生态因子的种类虽然很多，但可根据其性质归纳为气候因子、土壤因子、地形因子、生物因子和人为因子等。把人从生物因子中分离出来是为了强调人的作用的特殊性和重要性。人类的活动对自然界和其他生物的影响已越来越大并越来越带有全球性，分布在地球各地的生物都直接或间接受到人类活动的巨大影响。

37.1.2 生物对生态因子的耐受是有限度的

早在1840年，德国化学家李比希(Justus von Liebig, 1803—1873)就认识到了生态因子对生物生存的限制作用，他认为，作物的增产与减产是与作物从土壤中所能获得的营养物的多少呈正相关的。这就是说，每一种植物都需要一定种类和一定数量的营养物，如果其中一种营养物完全缺失，植物就不能生存，如果这种营养物少于一定的量而其他营养物又都足够的话，那么植物的生长发育就决定于这种营养物的数量，这就是李比希的最小因子法则(law of the minimum)。

最小因子法则实际上对温度和光等其他生态因子都是适用的。1913年，美国生态学家谢尔福德(Victor Shelford, 1877—1968)在最小因子法则的基础上又提出了耐受性法则(law of tolerance)的概念，就是说生物对每一种生态因子都有其耐受的上限和下限，上、下限之间就是生物对这种生态因子的耐受范围(图37.1)。对同一生态因子，不同种类的生物耐受范围是很不相同的。例如：鲑鱼对温度的耐受范围是0～30℃，最适温是22℃；南极鳕所能耐受的温度范围只有-2～2℃。根据生物对生态因子耐受范围的宽窄，可将生物区分为广温性和狭温性、广湿性和狭湿性、广食性和狭食性、广栖性和狭栖性等。一般说来，在自然界分布广泛的生物，其对生态因子的耐受范围通常也较广。

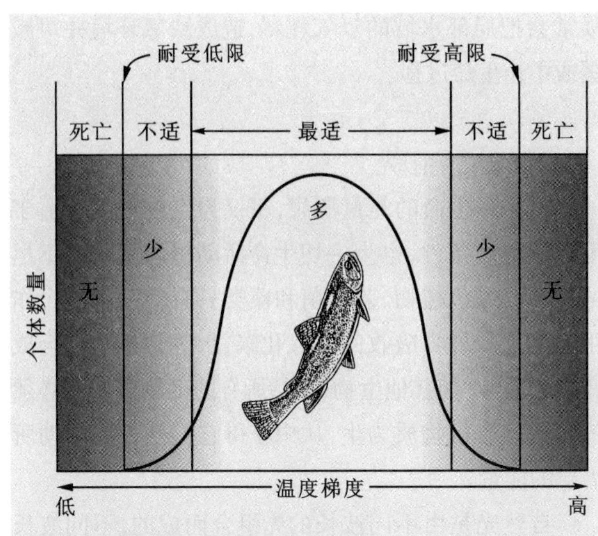

⬆图37.1 **生物对温度的耐受范围**(仿自R. Smith & T. Smith, 2000)

37.2 生物与非生物环境之间的关系

37.2.1 水和氧气

水的重要性首先表现在水是任何生物体都不可缺少的组成成分。生物体的含水量一般为60%～90%，从这个意义上讲，没有水就没有生物。这是由于生物的一切代谢活动都必须以水为介质，生物体内营养的运输、废物的排除、激素的传递以及各种生化过程都必须在水溶液中才能进行。其次，各种生物之所以能够生存至今，都有赖于水的一种特性，即水在3.98℃时密度最大，这对地史上的冰河时期和现今寒冷地区生物的生存和延续来说是至关重要的。此外，水的比热容很大，因此水体温度不像大气温度那样变化剧烈，这样，水就为生物创造了一个非常稳定的温度环境。

对陆生植物来说，失水是一个严重的问题。一株玉米一天大约需要2 kg水，夏天一株树木一天的需水量约等于其全部叶鲜重的5倍。一般说来，植物每生产1 g干物质约需水300～600 g。依据植物对水的依赖程度可把陆生植物分为湿生植物、中生植物和旱生植物，而把水生植物分为沉水植物、浮水植物和挺水植物。

水的溶氧量是水生生物最重要的限制因素之一，在每升水含氧9 mg的情况下，鱼类每获得1 g氧气，必须让110 000 g的水流过它的鳃，而陆地动物每获得1 g氧气只需吸入5 g空气就够了。显然要想从水中摄取氧气，水生动物所需要的能量要比陆生动物多得多。氧气在水中的分布是极不均匀的，因此水生生物的呼吸常会把局部水域的氧气耗尽，造成缺氧环境并可减缓或中止生命过程。

37.2.2 阳光

阳光是生命的能量源泉，不仅为生物创造着适于生存的温度条件，也为一切生命活动提供了取之不尽的能源。绿色植物、蓝细菌和藻类只有借助于光合作用才能把从外界吸收的二氧化碳、水等无机物结合成有机物质，一切其他生物，包括所有的动物和人都必须依赖这些有机物质为生，从中获得它们生长和活动所需要的能量。

自然光是由不同波长的光组合而成的，不同波长的光对生物的意义也不相同。380～760 nm 波长的光对生物是最重要的，因为这不仅是一般动物视觉器官所能感受的光波范围，而且也是绿色植物光合作用能够吸收的光波范围，特别是波长为 620～760 nm 的红光和波长为 435～490 nm 的蓝光对植物的光合作用最为重要。

光在水中的穿透性限制着植物在海洋中的分布，只有在海洋表层的透光带内，植物的光合作用量才能大于呼吸消耗。在透光带的下部，植物光合作用量刚好与植物呼吸相平衡之处就是所谓的补偿点，如果海洋中的浮游藻类沉降到补偿点以下而又不能回升到表层时，这些藻类便会死亡。

由于动物、植物长期生活在具有一定昼夜变化格局的环境中而形成了各类生物所特有的对日照长度变化的反应方式，这就是生物的光周期现象（photoperiodism），如植物在一定光照条件下的开花、落叶和休眠，以及动物的迁移、生殖、冬眠和换毛换羽等。光的季节变化和昼夜变化是地球上最严格、最稳定的周期变化，因此也是生物节律最可靠的信号系统，对很多生物的生活史和生殖周期起着重要的调控作用。为什么每年春季迁飞鸟类都能按时到达繁殖地，而秋季又能在大体相同的日期飞回越冬地？为什么这些鸟类在不同年份迁来和飞走的时间都不会相差几天？这一切都是由日照长度的周期变化所决定的。在日照长度周期变化的长期作用下，各种生物都形成了自己所固有的活动节律，以便使它们的活动与环境条件的周期变化保持同步，从而有利于生物的生存（图 37.2）。

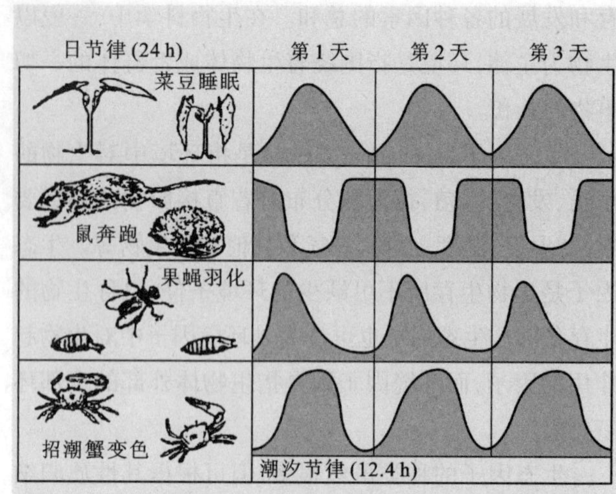

图 37.2 各种生物活动的节律性（改绘自 R. Smith & T. Smith，2000）

37.2.3 温度

温度对生物的分布具有重要的影响。温度是一种无时无处不起作用的重要生态因子，任何生物都是生活在具有一定温度的外界环境中并受着温度变化的影响。地球表面的温度条件总是不断变化的，在空间上它随纬度、海拔和各种小生境而变化；在时间上它有一年四季的变化和一天的昼夜变化。温度的这些变化都能给生物带来多方面的深刻影响。

地球的温度可以相差几千摄氏度，但生物所能耐受的温度范围大约在 −272～300℃之间。轮虫和线虫能够耐受接近绝对零度的低温：它们在 −253℃的温度下能够以隐生状态存活；如果是在脱水干燥的情况下，它们甚至能够在 −272℃的极低温度下保存生命，此时它们会完全中止新陈代谢，但仍保存着复苏的可能性。细菌、酵母菌、真菌、植物的孢子和种子以及原生动物的包囊等，都能在极低的温度下维持生命。相比之下，生物对高温的耐受能力就很有限了，在美国黄石国家公园高达 85.2℃的温泉中能找到原生动物的包囊和蓝细菌，还有人在 88℃的温泉中找到过细菌和蓝细菌，尤其特殊的是生活在深海热裂口附近的细菌竟能耐受 120℃以上的高温。以上提到的生物所能耐受的最高和最低温度极限是对整个生物界而言的，但对大多数生物来说却只能在一个窄小的温度范围内生存，通常是在 0～45℃之间。

冰点以下的低温会使生物体内形成冰晶而造成冻害，冰晶的形成会使细胞质膜破裂并使蛋白质失活与变性。高温可减弱光合作用，增强呼吸作用，使植物的这两个重要生理过程失调，还可破坏植物的水分平衡，促使蛋白质变性和有害代谢产物在体内的积累。高温对动物的有害影响主要是破坏酶的活性和蛋白质变性等。哺乳动物一般不能耐受42℃以上的温度，鸟类难以耐受48℃以上的高温。多数昆虫、蜘蛛和爬行动物都只能耐受45℃以下的温度，温度再高就可能引起死亡。

温度常常与生物的地域性分布相关，例如，苹果、梨、桃不宜在热带地区栽培。低温对生物分布的限制作用更为明显，对植物和变温动物来说，决定其水平分布的北界和垂直分布上限的主要因素就是低温。例如，橡胶分布的北界是北纬24°40′（云南盈江），海拔的上限是960 m（云南盈江），东亚飞蝗分布的北界是年等温线为13.6℃的地方。温度和降水这两个生态因子的共同作用决定着生物群落在地球表面分布的总格局（图37.3）。

37.2.4 盐度

环境中水的盐浓度通过渗透作用影响生物体的水平衡。由于渗透调节能力有限，很多水生生物仅限于淡水栖息地。尽管大多数陆生生物可以从特殊的腺体或粪便、尿液中排出多余的盐分，但高盐分的栖息地通常很少有动植物。

在淡水溪流和海洋之间迁徙的鲑鱼利用行为和生理机制进行渗透调节。它们通过调整饮水量来平衡盐的含量，并利用鳃部的泌氯腺将海水中吸收的盐转变为排泄盐。

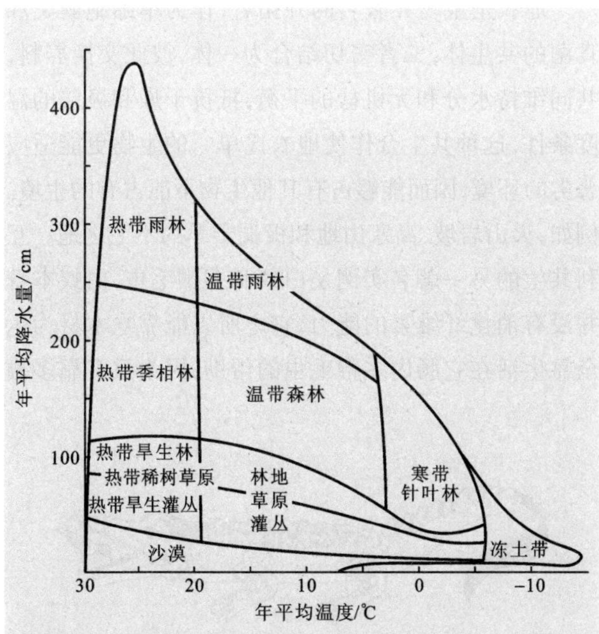

图37.3 温度与降水决定着群落在地球上分布的总格局（仿自Whittaker，1975）

37.2.5 岩石和土壤

在陆地环境中，岩石和土壤的pH、矿物组成和物理结构限制了植物的分布，从而限制了以它们为食的动物的分布，造成了陆地生态系统的不均匀分布。土壤的pH值可以通过极端的酸性或碱性条件直接限制生物体的分布，也可以通过影响毒素和营养物质的溶解度间接地限制生物体的分布。例如，土壤中的磷在碱性土壤中溶解度很低，会沉淀成植物无法利用的形式。

河床中的基质，会影响河床中的生物组成。在淡水和海洋环境中，基质的结构决定了可以附着或钻入其中的生物体。

37.3 生物与生物之间的相互关系

群落中的物种间相互作用（interspecific interaction）包括竞争、捕食、食植、寄生和共生，根据其对参与相互作用的物种的生存和繁殖的影响可以分为有利（+）、有害（-）和无影响（0）三类。

37.3.1 食植与捕食

食植和捕食是对一种物种有利（+）、而对另一种物种有害（-）的物种间相互作用，是群落中最常见的种间关系。捕食（predation）是指动物吃动物，也是物种间最基本的相互关系之一。前者称捕食者，后者称被食者或猎物。捕食者是构成复杂食物链的必要环节，它通常位于食物链和营养级的较高位置或顶位。捕食者的存在使生态系统中的物质循环和能量流动渠道变得多样化，并且提高了生态系统中能量的利用率，使生物之间的关系变得更加错综复杂。由于捕食现象是在长期演化过程中形成的，所以捕食者和被食者在形态、行为和生理上都有着多方面的适应性，这种适应的形成常常表现为协同演化（coevolution）的性质。如被食者在捕食的压力下在形态上常利用毒丝、毒腺、墨囊、坚硬的外壳、隐蔽色、警戒色和拟态等进行自卫，在行为上利用变色、恐吓、发出可怕的声音、排放恶臭气味、穴居、集群和迅速移动等方式进行防卫，但一切防卫都只有相对的意义，只能减少捕食而不能完全避免捕食。

食植现象是指动物吃植物。几乎找不到一种植物是不被动物所取食的，而在动物中，从无脊椎动物到脊椎动物，都有许多专门以吃植物为生的种类。动物吃植物是自然界食物链的基础环节，而食物链的其他环节都有赖于这一环节的存在，可见一切动物都直接或间接地依赖植物为食。食植动物的数量对植物的数量有显著影响，而后者反过来又限制着动物的数量，在长期演化过程中，这种相互关系已经形成了一种微妙的平衡。植物的生产量足够养活所有动物，而被动物吃掉的往往只是植物生产量中“过剩”的那一部分。和食肉动物一样，食植动物有许多的适应性演化的特征，比如适合摄食和消化植物的牙齿和消化系统。与动物不同，植物无法主动逃避取食者，它们演化出来对抗食植动物的武器，包括尖刺物理结构或者化学毒素的分泌，以阻挡动物的取食。

37.3.2 竞争

竞争（competition）是指不同物种的个体争夺资源时发生的相互作害（–/–）的作用。物种间的竞争关系是高斯（Georgy F. Gause，1910—1986）在 1934 年首先用实验方法观察到的。他把大草履虫（*Paramecium caudatum*）和双小核草履虫（*P. aurelia*）共同培养在一个容器中，用杆菌作为它们的食物，结果总是一种草履虫战胜另一种草履虫，大草履虫最终总不免被排除掉（图 37.4）。有人用藻类把两种近缘水蚤养在一个容器内，在最初 3 周内，由于水蚤数量少，对食物竞争不激烈，所以两种水蚤的数量都有增加，但此后随着竞争的加剧，导致其中适应性较差的一种水蚤被排除。由此可知，当两个物种利用同一有限资源时，便会发生种间竞争。两个物种越相似，它们共同的生态要求就越多，竞争也就越激烈。因此生态需求完全相同的两个物种在同一环境中就无法共存，这就称为竞争排斥（competitive exclusion）原理。在没有干扰的情况下，一个物种将比另一个物种更有效地利用资源并更快地繁殖。即使是一个微小的生殖优势，最终也会导致劣势竞争者被淘汰。

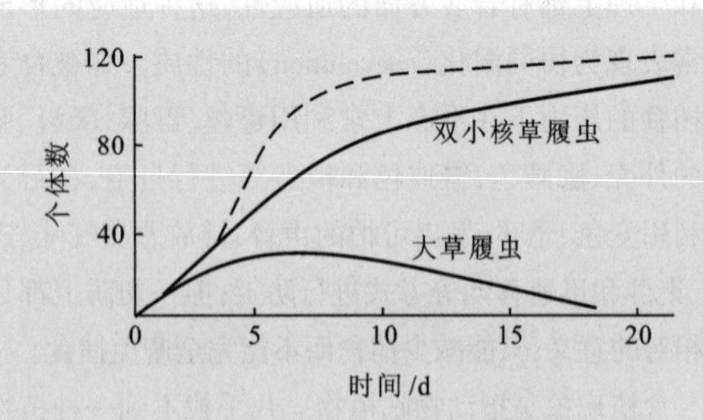

图 37.4 两种草履虫在食物有限、空间有限条件下的竞争（引自 Gause，1934）

图中虚线表示双小核草履虫在没有竞争情况下的生长曲线。

自然界存在着很多种间竞争的实例，例如，几十年前有一种欧洲百灵鸟被引入了北美洲，它同本地的草地百灵开始竞争食物和巢域，结果不到几年时间就取代了草地百灵而成了当地的优势种。20 世纪 40 年代中期，橘小实蝇被输入夏威夷，通过竞争它把较早输入的地中海实蝇从滨海地区和低海拔的山地排斥到了高海拔地区。

37.3.3 互利共生与偏利共生

虽然自然界中有许多血腥捕杀的相互作用的例子，但物种间相互作用也包括双方都受益的互利共生（mutulism；+/+）或至少有一个物种有益而另一方没有受到损害的偏利共生（commensalism；+/0）的作用。种间相互作用可以影响生态群落中物种的多样性。

蚜虫和蚂蚁是互利共生的著名事例，蚂蚁喜吃蚜虫分泌的蜜露并把蜜露带回巢内喂养幼蚁。蚂蚁常用触角触碰蚜虫，让蚜虫把蜜露直接分泌到自己口中，同时，蚂蚁精心保护蚜虫，驱赶并杀死蚜虫的天敌，有时还把蚜虫衔入巢内加以保护。海葵和寄居蟹是海洋中最常见的互利关系，海葵固着在寄居蟹的螺壳上，被寄居蟹带来带去，使它能更有效地捕捉食物，而海葵则用有毒的刺细胞为寄居蟹提供保护，使其不易遭受天敌的攻击。鳄鱼和牙签鸟之间也存在着这样的互利关系（图 37.5）。

地衣是生物界著名的开拓者，作为单细胞藻类和真菌的共生体，二者密切结合为一体，彼此交换养料，共同维持水分和无机盐的平衡，抵抗干燥和极端的温度条件，这种共生合作使地衣比单一的生物更能适应恶劣的环境，因而能够占有其他生物不能占有的生境。例如，火山岩坡、高寒山地和极端干旱的不毛之地。互利共生的另一著名实例是白蚁和多鞭毛虫，白蚁本身并没有消化纤维素的能力，它之所以能靠吃木材为生全靠生活在它肠内多鞭毛虫的帮助，因为只有靠多鞭

图 37.5 牙签鸟正在鳄鱼口腔中取食食物残渣及寄生虫

毛虫所分泌的纤维素酶才能把最难水解的木材消化为营养素供白蚁利用。有人做过这样一个实验,即用适当的高温把白蚁体内的多鞭毛虫杀死而让白蚁存活,结果白蚁虽继续大量地吃木材但还是死于饥饿。白蚁的生存离不开多鞭毛虫,同样多鞭毛虫离开白蚁的消化管也会很快死亡。有趣的是,白蚁每次蜕皮的时候,肠内的多鞭毛虫都随着肠上皮一起被丢弃,因此蜕了皮的白蚁若虫第一件大事就是取食没有蜕皮若虫的粪便,以便重新把多鞭毛虫吃进肠内。

物种间的相互作用对一个物种有利,但对另一个物种无害无利(+/0),称为偏利共生,也称为共栖。和互利共生一样,偏利共生在自然界中很常见。例如,许多在低光照条件下生长最佳的物种只在高郁闭度的林下地面环境中才能找到。这种耐阴的"专家"完全依赖于树荫提供的阴暗栖息地。然而,这些阴生植物并不影响树木的生存和繁殖。因此,这些物种参与了 +/0 相互作用,其中地面植物有益,树木不受影响。

在另一个偏利共生现象的例子中,牛背鹭时常捕食牛、马等食植动物扰动草丛而惊起的昆虫。因为鸟类追随食植动物的过程中增加了进食率,显然从这种相互作用中受益。而食植动物大多数时候不受鸟类的影响,除了偶尔的一些益处,例如,鸟类可能会帮它们移除些外寄生虫,或者警告捕食者的靠近等。这个例子说明了生态相互作用的另一个关键点,有利与否也会随着时间的推移而改变,偏利共生(+/0)的相互作用有时也可能变成互利共生(+/+)。

37.3.4　寄生与拟寄生

寄生(parasitism)是一种 +/- 的相互作用,是指生活在一起的两种生物,一方(寄生物)获利并对另一方(寄主/宿主)造成损害但并不把对方杀死的种间关系。

寄生物通常以宿主的体液、组织或已消化好的食物为食,常常会阻碍宿主的生长、降低宿主的生殖力,但一般不引起宿主的死亡。寄生在宿主体表的称体外寄生,如虱、跳蚤和蛭等;寄生在宿主体内的称体内寄生,如疟原虫、吸虫、绦虫和蛔虫等。寄生物常常经历两个或更多的宿主:寄生物在其中进行有性生殖的宿主称终宿主,在其中进行无性生殖的宿主称中间宿主。例如,华肝蛭的终宿主是人,第一中间宿主是淡水螺,第二中间宿主是鲤科鱼类。转换宿主虽然有利于寄生物的散布和减轻对每个宿主的压力,但会使寄生物大量死亡。在长期演化过程中,寄生物发展了强大的生殖力,如人蛔虫一昼夜可产卵 25 万个,一年所产卵的重量可超过产卵雌虫体重的 1700 倍;牛绦虫一年可产卵 6 亿个,一生产卵量可达 100 亿!据统计,目前人类被蛔虫寄生的有 12.60 亿人,钩虫 9.32 亿,鞭虫 6.87 亿,丝虫 6.57 亿,此外还有 3 亿人被疟原虫寄生。事实上,自然界的每一种动物和植物都有各自的寄生物,这些寄生物包括细菌、病毒、原生动物、线虫、吸虫、绦虫、节肢动物以及某些被子植物如菟丝子和槲寄生等。

寄生与拟寄生虽然都是寄生,但存在本质差异。拟寄生(parasitoidism)的特点是导致宿主死亡,这一点又使拟寄生更接近捕食现象。拟寄生现象在昆虫中极为普遍,这种昆虫对昆虫的寄生都属于拟寄生。许多昆虫都被某种其他昆虫所寄生,主要是寄生蝇和寄生蜂(图 37.6)。拟寄生昆虫的成虫大都是自由生活的,这有利于它们寻找宿主和广泛散布。雌成虫把卵产在宿主的体表(如寄生蝇)或体内(如寄生蜂),从卵中孵出的幼虫靠取食宿主的体液或组织为生。幼虫老熟后就在宿主体内化蛹(如蚜寄生蜂)或从体内钻出在寄主体表结茧化蛹(如小茧蜂),同时伴随着宿主的死亡。有趣的是寄生昆虫本身有时也会被其他寄生昆虫所寄生,这样就形成了寄生链,例如蚜小蜂寄生在蚜虫体内,瘿蜂寄生在蚜小蜂体内,而金小蜂又寄生在瘿蜂体内,这种现象称重寄生(hyperparasitism)。

拟寄生昆虫是农林害虫的重要天敌,也是控制害虫数量的重要自然因素,各种寄生蜂和寄生蝇常被用于进行生物防治,如用平腹小蜂防治荔枝蝽象,用金小蜂防治棉红铃虫,用赤眼蜂防治玉米螟和松毛虫,用丽蚜小蜂防治白粉虱等。这些生物防治都已在我国取得了显著效果。

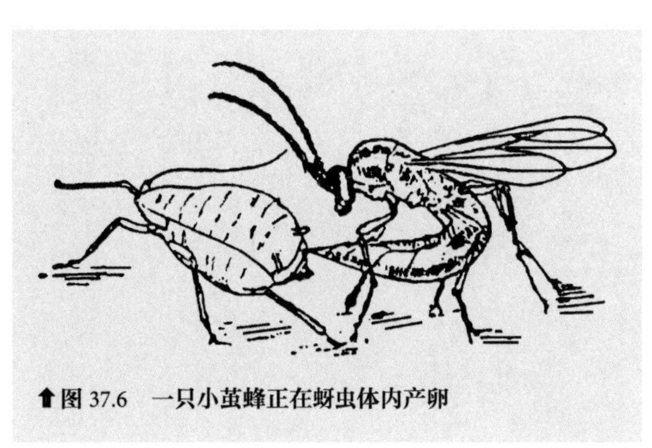

⬆图 37.6　一只小茧蜂正在蚜虫体内产卵

思考题

1 什么是环境？

2 什么是生态因子？

3 为什么说生物与环境是不可分割的统一体？

4 什么是生物的耐受性法则？请举例说明。

5 为什么科学家关注火星上有没有水？

6 阳光对地球上的生物有什么重要意义？

7 为什么说温度是一种无时无处不在起作用的重要生态因子？

8 生物与生物之间有哪些重要的相互关系？

9 什么是食植和捕食？它们之间有哪些异同？

10 两个物种在什么情况下才会发生竞争？竞争的可能后果是什么？

11 互利共生与共栖有什么异同？

12 什么是寄生和拟寄生？它们之间有什么本质差异？为什么说拟寄生从本质上讲更接近于捕食？

38

种群的结构、动态与数量调节

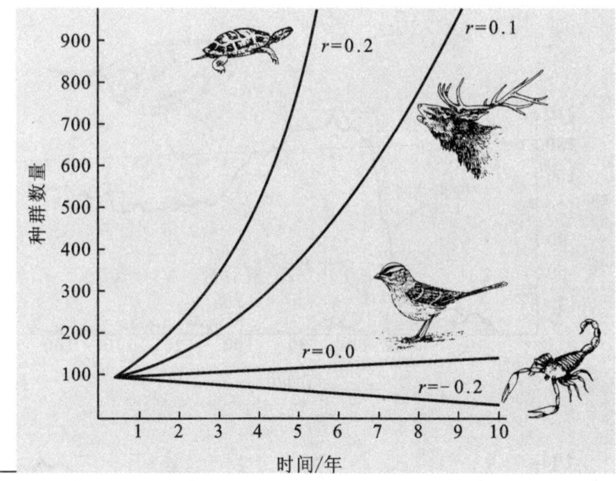

动物种群的数量动态(引自 R. Smith & T. Smith,2000)

动物和植物种群因出生率、死亡率、迁入率和迁出率的变化而显示出各自所特有的种群动态特征,生物学家关心的是如何解释种群的这种数量变化以及如何对其进行定量分析。种群数量往往围绕某一种群密度而上下波动,但从长远来看,种群却能保持自身的平衡,尽管有时会出现较大的波动。种群生态学的任务之一就是要定量地研究种群的出生率、死亡率、迁入率和迁出率,以便能够了解是什么因素影响着种群的波动范围和发生规律,了解种群衰落和灭绝的原因。在生态学和遗传学中,种群都是一个重要的研究单位。生物演化的过程之一是自然选择作用于生物个体,而种群通过自然选择而演化,是生物演化的最小单位,因此种群生态学与种群遗传学有着密切的关系。

38.1 种群的概念与特征

38.1.1 种群是同一物种个体的集合体

种群定义为占有一定空间和时间的同一物种个体的集合体。它由不同年龄和不同性别的个体组成,彼此可以互配进行生殖。一个物种通常可以包括许多种群,但种群和种群之间,因存在着明显的地理隔离而无法进行个体交流,长期隔离有可能导致物种发展为不同的亚种,甚至会形成新的物种。可见,种群不仅是物种的存在单位,而且是物种的繁殖单位和演化单位。

任何一个种群在自然界都不能孤立存在,而总是与其他物种的种群一起形成群落。每一个群落中都含有很多属于不同物种的种群,这说明种群不仅是物种的具体存在单位,而且也是群落的基本组成成分。

38.1.2 出生率和死亡率是决定种群动态的两个重要参数

密度不是种群的一个静态属性,而是随着个体在种群中的增加或减少而变化。增加源自出生和新的个体从其他地区的迁入(immigration)。减少源自死亡和个体离开种群的迁出(emigration)。出生率(natality)和死亡率(mortality)是决定种群兴衰的晴雨表。通常看一个种群是兴旺发达还是日渐衰退,只要计算一下种群的出生率和死亡率就知道了。在一定时期内,只要种群的出生率大于死亡率,种群的数量就会增加,反之,种群的数量就会下降(图 38.1)。

出生率一般用每单位时间(如年、月、日等)每 100 个体的出生个体数表示。例如,一个由 50 只松鼠组成的种群,如果一年出生了 10 只小松鼠,它的年出生率就是 20%。不难看出各种生物的出生率可能很不相同,但出生率高的生物往往死亡率也高,因此单考虑出生率并不能说明什么问题,因为种群的兴衰将决定于出生率和死亡率的相互作用(图 38.2)。

死亡率描述种群个体死亡的速率,它和出生率一样,一般是用单位时间内每 100 个体的死亡个体数来表示的。在一个有 100 万人口的城市中,一年死亡了 2 万人,其年死亡率就是 2%。造成生物死亡的原因很多,如饥饿、伤病、严寒、遭捕食或寄生、自相残杀和意外事故等。即使没有这些原因,生物也会因活到自然

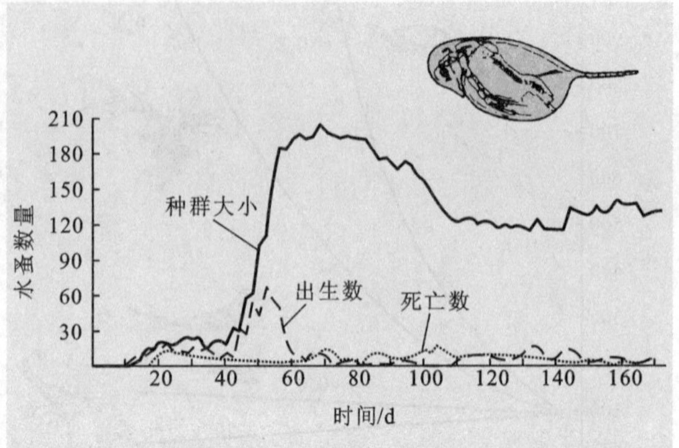

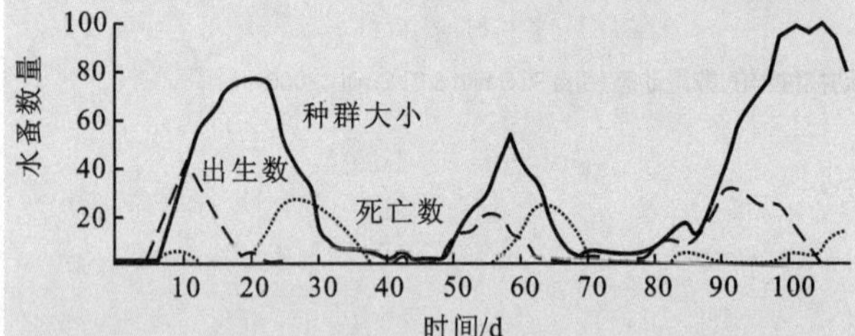

图 38.1　在 18℃（上）和 25℃（下）的池水中，水蚤的出生、死亡和种群大小的关系（仿自 Pratt，1943）

图中的出生数和死亡数均为实际数量的两倍。

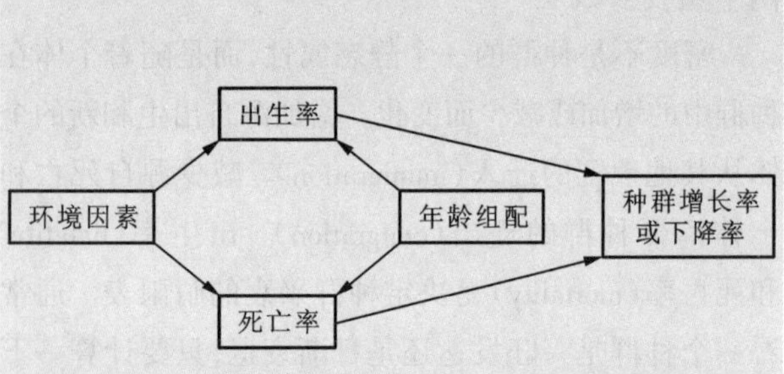

图 38.2　出生率和死亡率的相互作用决定着种群的数量动态

生理寿命的极限而死亡。早期人类是用高出生率平衡高死亡率而使人口保持在较低水平上，未来人口将会用低出生率平衡低死亡率而使人口保持在较高水平上。

38.1.3　年龄结构预示种群未来增长趋势

种群是由个体组成的，不同年龄的个体在种群中都占有一定的比例，这种比例关系就形成了种群的年龄结构。不同国家和地区的人口年龄结构往往存在很大差异。人的年龄是以年为单位计算的，但动物的年龄则依其生活史特点分别以年、月、周、日或小时计算。生物学家常常把动物的年龄分为生殖前期、生殖期和生殖后期三个年龄组（图 38.3）。对人类来说，这三个年龄组大体相等，各占生命的 1/3。有些昆虫生殖前期特别长，生殖期极短，生殖后期等于零，最典型的例子就是蜉蝣，它的稚虫要在水中生活好几年（生殖前期），一旦羽化为成虫飞出水面，交尾产卵历时几天就死去。这种年龄分期法至今仍在使用，因为它符合生物发育的三个最重要的生理阶段，并直接和种群的增殖有关。

种群的年龄结构含有种群未来数量动态的信息。一个年轻个体占优势的种群，它的年龄结构呈明显的尖塔形，它预示着种群将有显著的发展，这是一个属于增长型的年龄结构（图 38.3a）。与此相反，如果老年个体在种群中占优势就预示着种群将日趋衰落，这是一个属于衰退型的种群年龄结构（图 38.3c）。如果种群中各年龄组的比例大体相等，只是老年组个体略少，就预示着种群比较稳定，出生率和死亡率保持平衡，这是一个稳定型的年龄结构（图 38.3b）。

在 20 世纪 70 年代，世界各大洲和主要地区人口的年龄结构如图 38.4 所示，欧洲、北美洲和苏联的人口年龄结构呈明显的钟形，属于稳定类型；而南亚、非洲和南美洲的人口年龄结构呈明显的金字塔形，基部很宽，上部很窄，明显地属于增长型。在图 38.4 中的 6 种人口年龄结构中，处于生育期的人口占总人口的比例并没有明显差异（40%～48%）。但高出生率和婴儿的低死亡率将会使年轻人口的比例增加，而随着老年人死亡率和出生率的下降，增长型的人口年龄结构将会逐渐向稳定型过渡。

影响种群密度的生物和非生物因素也影响种群的其他特征，包括出生、死亡和迁移率。人口学（demographics）研究人口的这些重要统计数据以及它们如何随时间变化。总结人口统计信息的一个有用的

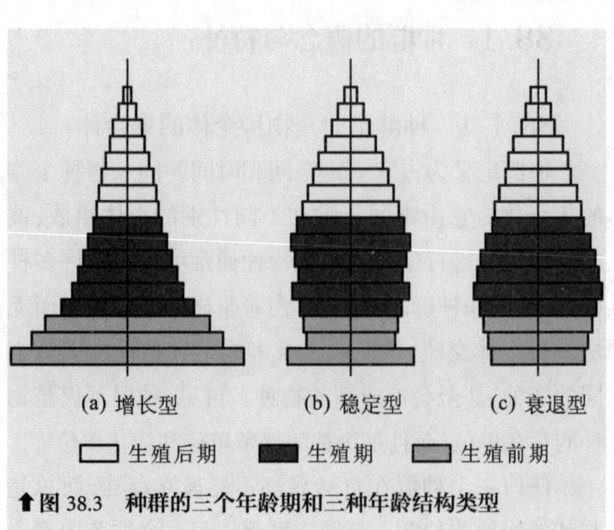

图 38.3　种群的三个年龄期和三种年龄结构类型

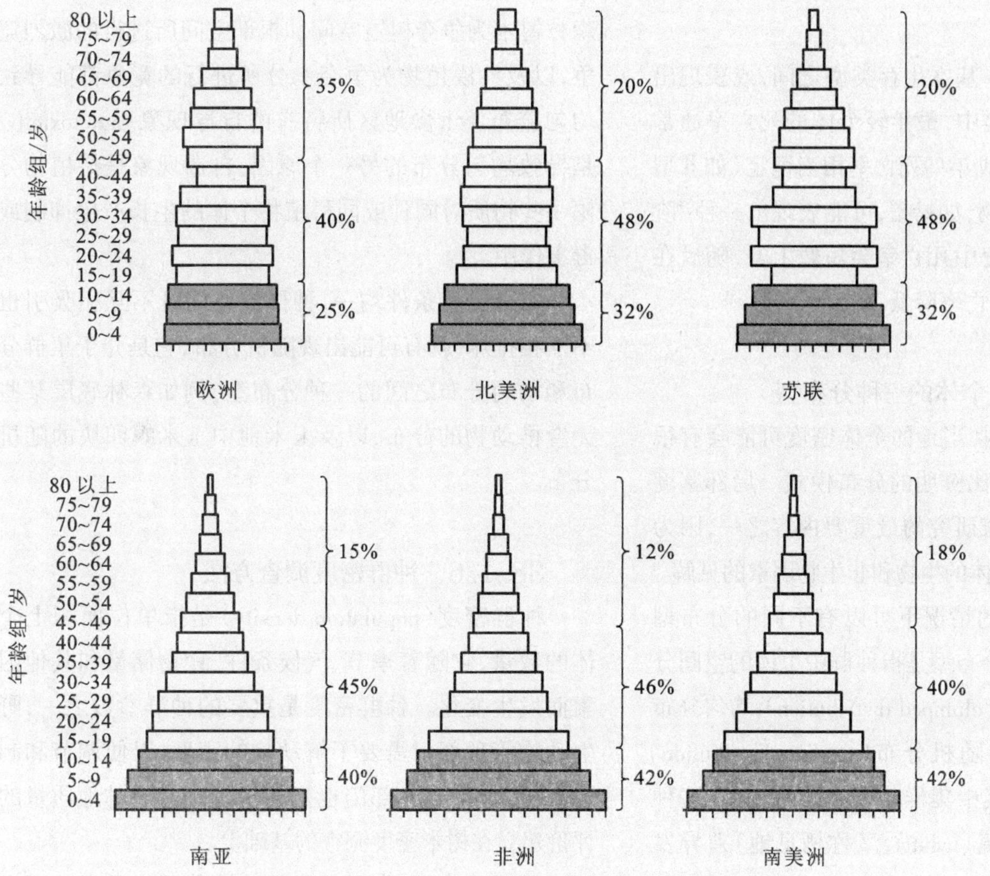

⬅ **图 38.4 20 世纪 70 年代世界各大洲和主要地区的人口年龄结构图**（引自 Kormondy，1976）

方法是制作生命表。生命表（life table）总结了特定年龄组种群中个体的存活率和生殖率。建立生命表需要确定从一个年龄组到下一个年龄组存活的比例。此外，还需要记录每个年龄组的雌性后代数量。研究有性生殖物种的生物学家常常忽视雄性而关注雌性，因为只有雌性才能繁衍后代。

38.1.4 三种不同的物种生存曲线

一个物种的生存率数据可以图形化地表示为生存曲线（survivorship curve），即每一年龄组中仍然存活的比例或数量的曲线图。尽管生存曲线多种多样，但可分为三种一般类型（图 38.5）。

Ⅰ型曲线一开始是平坦的，反映了早期和中期的低死亡率，然后随着老年组死亡率的增加急剧下降。包括人类和象在内的许多大型哺乳动物呈现出这种曲线，虽然生育率很低，但对于后代都给予了良好的抚育。

相比之下，Ⅲ型曲线在一开始就急剧下降，反映出年轻个体的死亡率非常高，但随着死亡率的下降，在死亡早期幸存下来的少数个体的死亡率逐渐变平。拥有这种曲线的生物通常是那些产生大量后代但很少或根本不提供照料的生物。例如，牡蛎可以释放出数百万个卵，但从受精卵中孵化出来的大多数幼虫死于捕食或其他原因。那些存活时间足够长，能够附着在合适的基质上并开始长出硬壳的少数后代往往能存活较长时间。

Ⅱ型曲线介于Ⅰ型和Ⅲ型之间，在生物体的生命周期内死亡率是恒定的。这种生存方式发生在一些啮

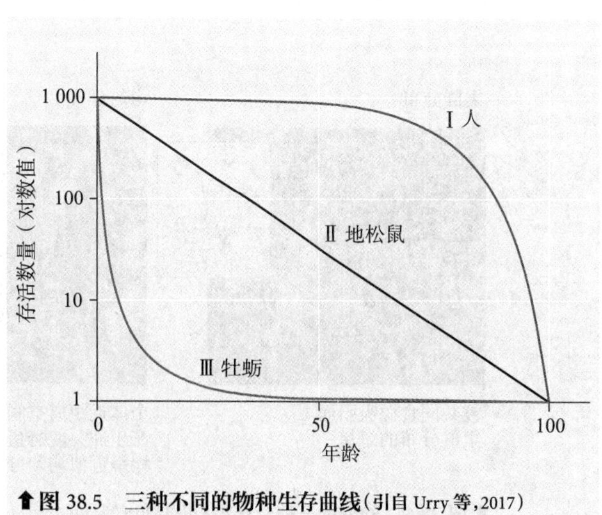

⬆ **图 38.5 三种不同的物种生存曲线**（引自 Urry 等，2017）

齿类动物（如地松鼠）、无脊椎动物、爬行动物和一年生植物中。

许多物种介于这些基本生存类型之间，或表现出更复杂的模式。在鸟类中，最年轻个体的死亡率通常很高（如Ⅲ型曲线），但成年鸟死亡率相当恒定（如Ⅱ型曲线）。一些无脊椎动物，如螃蟹，可能表现出一种"阶梯式"曲线，在蜕皮过程中死亡率会短暂上升，随后在保护性外骨骼坚硬时死亡率降低。

38.1.5　种群中个体的三种分布型

在一定地理范围内，当地的个体密度可能会有很大的差异，从而形成对比鲜明的分布模式。局部密度的差异是种群生态学家研究的最重要内容之一，因为它们提供了影响种群个体的生物和非生物因素的见解。

种群在密度相同的情况下可以有不同的分布型（distribution pattern）。分布型是指种群中个体的空间分布格局，包括集群分布（clumped distribution）、均匀分布（uniform distribution）和随机分布（random distribution）三种类型（图 38.6）。其中集群分布是最常见的，这种分布型是动植物对生境（habitat，又称栖息地）差异发生反应的结果，同时也受生殖方式和社会行为的影响。栎树和松树的种子不具有强大的扩散能力，常落在母株附近形成集群。动物可能被共同的食物、水源和隐蔽所吸引到一起而形成集群分布，如蚯蚓的趋湿和藤壶附着在同一块岩石上等。社会性集群则反映了种群成员间有一定程度的相互关系，如松鸡聚到一起以便相互求偶，麇形成麇群并有一定的社会组织，社会性昆虫是具有复杂社会结构的集群。人类在地球表面也呈集群分布。

均匀分布是由种群成员间进行种内竞争所引起的。动物的领域行为经常会导致均匀分布。在植物中，森林树木为争夺树冠空间和根部空间所进行的激烈竞争，以及沙漠植物为争夺水分所进行的竞争都能导致均匀分布。干燥地区所特有的自毒现象（autotoxicity）是导致均匀分布的另一个原因，自毒现象是指植物分泌一些物质对同种或同科植物个体的生长产生抑制或毒害作用。

如果生境条件均一，种群成员间既不互相吸引也不互相排斥，就有可能出现随机分布，它是介于集群分布和均匀分布之间的一种分布型，例如森林底层某些无脊椎动物的分布，以及玉米地中玉米螟卵块的随机分布。

38.1.6　种群密度调查方法

种群密度（population density）是指单位面积上个体的数量，它随着季节、气候条件、食物储量和其他因素而发生变化。种群密度是重要的种群参数之一，野生动物管理部门需要了解动物的密度，以便调节和制定保护政策，林业部门也把树木管理和对林地质量的评价建立在树木密度调查的基础上。

在某些情况下，可以通过计算种群边界内的所有个体来确定种群密度。例如，我们可以计数一个潮汐池中所有的海星，也可以通过飞行调查而对大象这样成群生活的大型哺乳动物实现直接计数。

然而，在大多数情况下，对于种群密度的直接调查全部计数是不现实的。在这样的情况下，生物学家通过抽样计数等方法估计种群密度和规模，例如在几个随机分布的 100 m × 100 m 的样地中统计树种的数量，计算该树种在这些样地上的平均密度，然后扩展到整个地区获得种群数量的估计。当有许多样地且生境均

集群分布
均匀分布
随机分布
被共同食源吸引而集群分布的海星
个体近距离空间接触将产生冲突使孵蛋期帝企鹅呈近似均匀分布
由随风飘落的种子随机萌发生长的蒲公英

⬆图 38.6　**种群的三种分布型**（引自 Urry 等，2017）

匀时，这种估计是比较准确的。

标记重捕法（mark-recapture method）是常用的种群密度调查方法，即为了了解种群的总数量，先捕获一部分个体进行标记，然后再将它们释放，过一定时间后再进行重捕并记下重捕个体中已被标记的个体数。有了这些数据就可以根据公式 $N=\dfrac{M\times n}{m}$ 计算种群总数量了，其中 N= 种群总个体数，M= 标记个体数，n= 重捕个体数，m= 重捕中被标记的个体数。

例如，有人在一亩（约 666.7 m^2）面积的池塘中第一次捕捞鲈鱼 286 条（M），把它们用剪背鳍的方法进行标记，然后全部放回池塘，两天后重捕 1392 条（n），发现其中已被标记的有 86 条（m），因此

$$N=\frac{M\times n}{m}=\frac{286\times 1392}{86}=4629（条）$$

这说明用标记重捕法调查池塘中共有鲈鱼 4629 条。为了验证调查的准确性而把池水全部放掉，发现池塘中实际有鲈鱼 4123 条，这说明调查的准确率约为 90%。

标记重捕法的应用应具备以下一些条件：① 标记个体释放后应与其他个体均匀混合；② 标记方法不会伤害动物和影响动物的行为；③ 研究区域呈相对封闭状态，没有个体的迁入和迁出；④ 在标记重捕过程中出生率和死亡率可以忽略不计。

38.2 种群数量动态

38.2.1 种群在资源无限条件下呈指数增长

指数模型描述了理想化、无限环境下的种群增长。指数增长（exponential growth）的特点是：在资源足够丰富、不限制增长的前提下，种群增长不受空间和其他生物制约，虽然开始增长很慢，但随着种群基数的加大，增长会越来越快，每单位时间都按种群基数的一定百分数或倍数增长，其增长势头惊人，俗称“种群爆炸”。例如，细菌每 20 min 分裂一次，1 h 就可以繁殖 3 代，如果从一个细菌开始，那它就会按以下数列倍增：1、2、4、8、16、32、64、128、256、512……照这样增殖下去，36 h 以后它将完成 108 个世代，细菌总数将达到 2^{107} 个！这么多细菌足可把地球表面铺满一层 33 cm 厚的菌层，如果再继续繁殖 1 h，细菌数目又可以增加 8 倍，那时我们每一个人都会淹没在细菌的汪洋大海之中。

假设一个包含若干个体的种群生活在一个理想的、资源无限的环境中。在这样的环境下，个体获取能量、生长和繁殖的能力没有外部限制。种群的规模将随着每一次出生而增加，而随着每一次死亡而减少，可用以下等式来定义一段时间里种群数量的变化：

$$种群数量变化 = 出生个体数量 - 死亡个体数量 \qquad （式 38.1）$$

如果 N 代表种群规模，t 代表时间，那么 ΔN 是种群规模的变化，而 Δt 是我们评估种群增长的时间间隔（与物种的寿命或世代时间相适应）。希腊字母 Δ 表示变化，例如时间的变化。用 B 表示一定时间间隔内种群的出生个体数量，用 D 表示死亡个体数量，那么式 38.1 所表示的一段时间里种群数量的变化可以表达为：

$$\frac{\Delta N}{\Delta t}=B-D \qquad （式 38.2）$$

通常，种群生态学家最感兴趣的是种群数量的变化——在给定的时间间隔内，种群中增加或减少的个体数量，用 R 表示。这里，R 代表在时间间隔内出生的数量（B）和死亡数量（D）之间的差异。因此，$R=B-D$，式 38.2 进一步简化为：

$$\frac{\Delta N}{\Delta t}=R \qquad （式 38.3）$$

下一步我们继续转换成一个以个体为基础来表示种群数量变化的模型。种群中平均每一个成员在 Δt 时间间隔内对种群数量增加或减少的贡献用 $r_{\Delta t}$ 表示。假设有一个 1000 人的部落每年增加 16 人，则该部落人口的人均增长率为 16/1000，即 0.016。如果已知种群数量以及个体增长率，则可以根据

$$R=r_{\Delta t}N \qquad （式 38.4）$$

计算种群的每年将增加（或减少）的个体数量。例如，$r_{\Delta t}$ 为 0.016，种群数量为 500，那么该种群每年增加的个体数为：$R=r_{\Delta t}N=0.016\times 500=8$。

由于种群中增加或减少的个体数量（R）可以用式 38.4 表示，因此式 38.3 的种群增长方程修正得到：

$$\frac{\Delta N}{\Delta t}=r_{\Delta t}N \qquad （式 38.5）$$

以上都是针对特定一段时间（通常是一年），不过生态学家更喜欢用微分来表示种群数量在每一时刻的变化率：

$$\frac{dN}{dt}=rN \qquad （式 38.6）$$

这里 r 代表在瞬时的平均每个体对于种群数量变化的

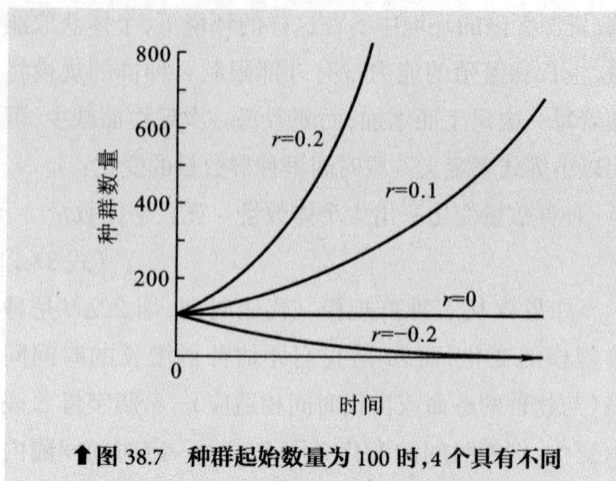

图 38.7 种群起始数量为 100 时，4 个具有不同 r 值的种群数量动态曲线（改绘自 Hedrick，1984）

贡献。式 38.4 中的 $r_{\Delta t}$ 代表在 Δt 内平均每个体对于种群数量变化的贡献。事实上，随着 Δt 变短，$r_{\Delta t}$ 和 r 在数值上越来越接近。

前面所描述的在一个资源无限、繁殖也不受限制的理想种群中，其种群数量在每一时刻都以恒定的比例增长。理想种群的增长模式称为指数增长，这便是式 38.6 所表述的情形。在这个等式中，dN/dt 代表种群的瞬时增长量，r 称为内禀增长率（intrinsic rate of increase），即一个指数增长的种群的个体瞬时增长率（图 38.7）。

随着时间的推移，种群规模呈指数增长，并以恒定的速率增长，最终形成 J 型增长（图 38.7，图 38.8）。虽然个体平均增长率是恒定的（等于 r），但当种群规模庞大的时候，单位时间内增加的新个体要多于种群数量较少时。因此，图 38.7 中的曲线随着时间的推移逐渐变陡。从图 38.7 也可以清楚地看出，具有较高内禀增长率（$r=0.2$）的人口增长速度将快于内禀增长率较低的种群（$r=0.1$）。指数增长的 J 形曲线是一些被引入新环境或其数量因灾难性事件而急剧减少后正在反弹的群体的特征。

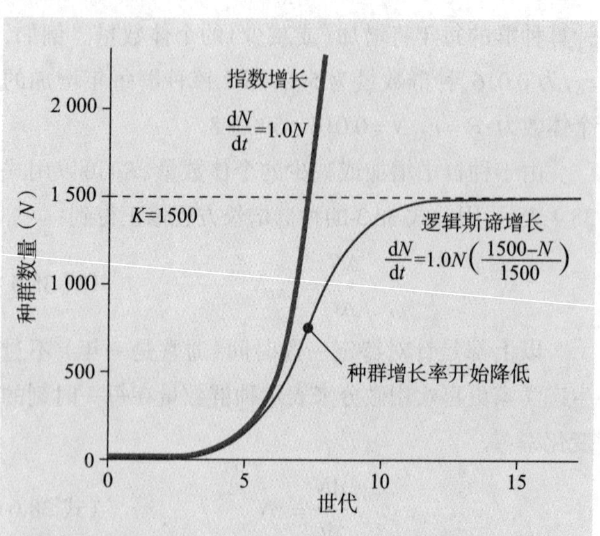

图 38.8 种群的 J 型（指数）增长和 S 型（逻辑斯谛）增长

38.2.2 种群在资源有限条件下呈逻辑斯谛增长

从指数增长方程可以看出，只要 r 值大于零，种群就会一直增长下去，实际上这是一种无限增长。但在自然界种群增长都是有限的，因为种群增长所需要的资源（食物和空间等）是有限的，种内、种间关系和气候等因素也会抑制种群增长。通常种群的 r 值是随着种群密度的变化而变化的，因为种群密度大时，种群内个体之间的资源竞争也就更为激烈。由环境资源决定的种群数量称为环境承载力（carrying capacity），即某一环境在长期基础上所能维持的种群最大数量。

为了描述在资源、空间有限和存在其他生物制约条件下的种群数量增长过程，就必须在指数增长方程中引入环境承载力（即 K 值）的概念。随着种群数量的增大，个体平均种群数量增长率降低。$K-N$ 是特定环境可以承载的种群增长的数量上限，$(K-N)/K$ 代表了种群可增长数量的上限所占环境承载力的比例，也就是逻辑斯谛系数。通过将指数增长率 rN 乘以 $(K-N)/K$，我们修正了随着 N 的增加种群规模的变化：

$$\frac{dN}{dt}=rN\frac{(K-N)}{K} \qquad \text{（式 38.7）}$$

当 $N>K$ 时，$(K-N)/K$ 是负值，种群数量下降；当 $N<K$ 时，$(K-N)/K$ 是正值，种群数量上升；当 $N=K$ 时，$(K-N)/K$ 等于 0，种群数量不变。如图 38.8 所示，当 N 随时间推移绘制时，种群增长的模式会产生一条 S 形曲线，称为逻辑斯谛增长（logistic growth）。随着 N 接近 K，种群新增个体数量将急剧减少，因此，种群增长率（dN/dt）也随着 N 接近 K 而降低。

当 N 接近 K 时，种群增长率会下降，在现实中表现为出生率降低，死亡率增加，或者两者兼而有之。逻辑斯谛系数 $(K-N)/K$ 对种群增长有一种制约作用，使种群数量总是趋向于环境承载力 K，从而形成一种 S 形增长曲线，而指数增长曲线是 J 形（图 38.8）。由于种群数量高于 K 时便下降，低于 K 时便上升，所以 K 值就是种群的稳定平衡数量。在实验室内用酵母和果蝇所作的实验表明，种群在一定空间和一定资源条件下的增长，一般都表现出典型的逻辑斯谛增长（图 38.9）。

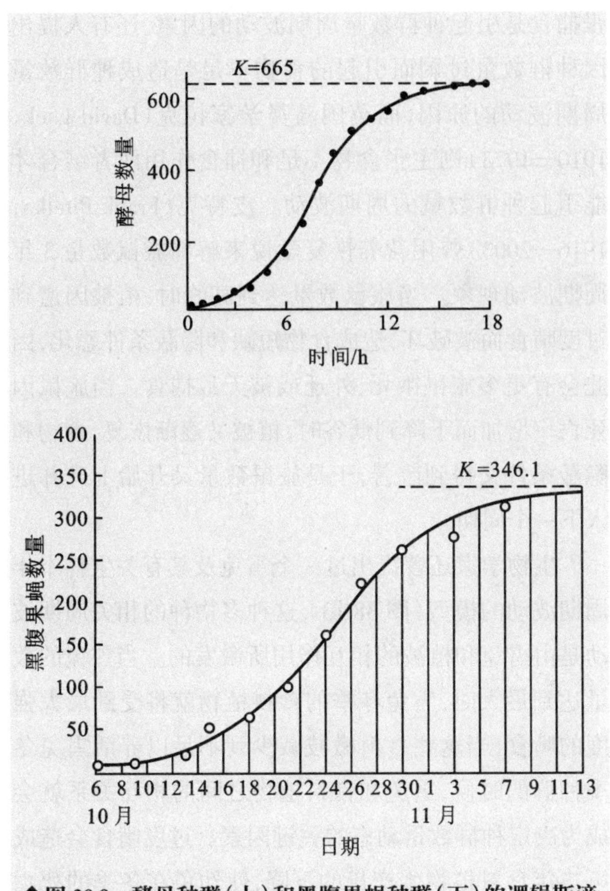

⬆图 38.9 酵母种群(上)和黑腹果蝇种群(下)的逻辑斯谛增长(引自 Pearl, 1927)

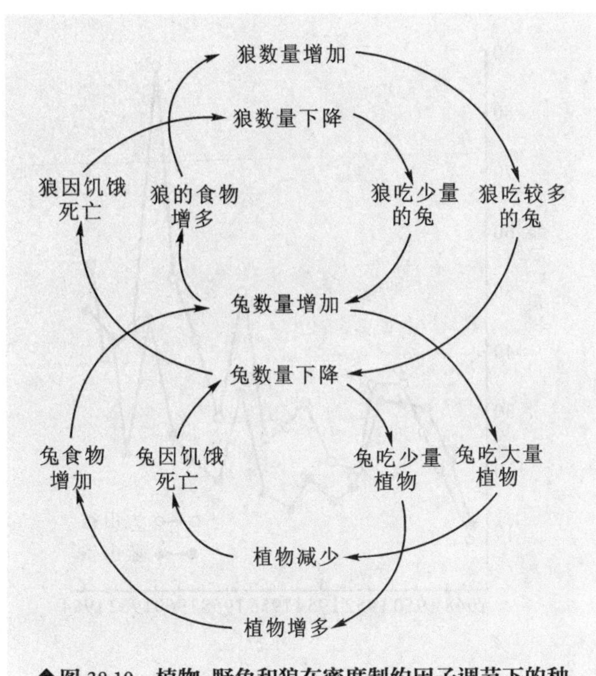

⬆图 38.10 植物、野兔和狼在密度制约因子调节下的种群数量动态

38.3 种群数量调节

38.3.1 密度制约和非密度制约因子影响或调节着种群数量

影响或调节种群数量的因子大致可以区分为密度制约因子(density-dependent factor)和非密度制约因子(density-independent factor)两大类。前者相当于生物因子如捕食、寄生、流行病和食物等,后者则相当于气候等非生物因子。密度制约因子的作用强度随种群密度的加大而增强,而且种群受影响个体的百分比也与种群密度的大小有关。非密度制约因子对种群的影响则不受种群密度本身的制约,在任何密度下种群总是有一固定的百分数受到影响或被杀死。因此对种群密度无法起调节作用。

种群数量的密度制约调节是一个内稳态过程,当种群数量上升到一定水平时,某些密度制约因子就会发生作用或增强作用,并借助于降低出生率和增加死亡率而调节种群的增长。一旦种群数量降到了一定水平以下,这些因子的作用就会减弱,使种群出生率增加和死亡率下降。这样一种反馈调节机制将会导致种群数量的上下波动。图 38.10 是植物、野兔和狼三个物种种群在密度制约因子(食物和捕食)调节下的数量动态,一般说来,种群波动将发生在种群平衡数量的附近,对种群平衡数量的任何偏离都会引发调节作用,由于时滞效应的存在,种群很难刚好保持在平衡数量的水平上。因为调节意味着是一个内稳态反馈过程,其功能与密度有密切关系。

38.3.2 多数种群的数量波动是无规律的,但少数种群的数量波动具有周期性

在自然界任何种群的个体数量都是随着环境条件的改变而改变的。当环境条件有利时,种群表现为数量增加;当环境条件不利时,种群数量表现为下降。显然,种群不可能无止境地增长,也不可能永远下降。一般说来,种群数量是在一个平均值(即环境承载力)上下波动的,波动幅度有大有小,可以是规则波动,也可以是不规则波动。大多数种群的数量波动是不规则的,没有周期性,如东亚飞蝗和小型食虫鸟山雀(图 38.11)。但少数物种的种群数量波动是有规则的,严格说来,任何波动只要在两个波峰之间相隔的时间相等或相差不大就可称为周期波动。

周期波动的典型代表是北极旅鼠,每隔 3~4 年出

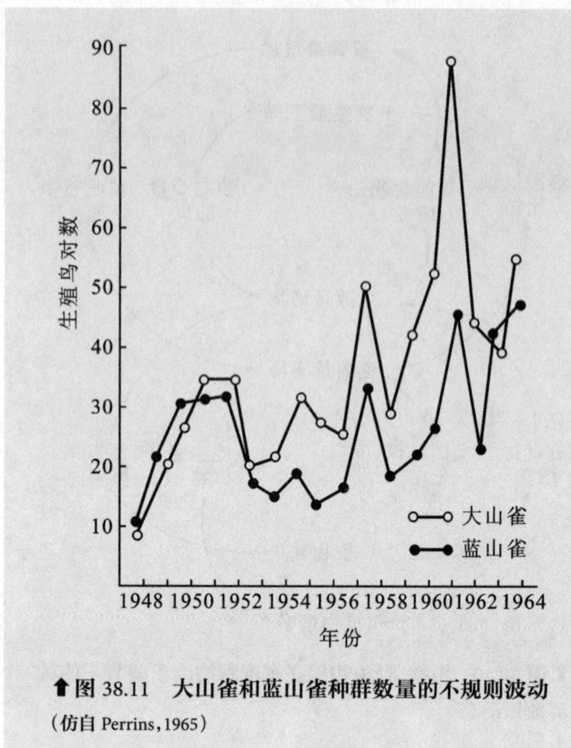

⬆图 38.11 **大山雀和蓝山雀种群数量的不规则波动**
（仿自 Perrins，1965）

现一次数量高峰。另一个典型代表是猞猁和雪兔，每隔 9～10 年出现一次数量高峰（图 38.12）。

栖息在我国东北大小兴安岭林区的棕背䶄也是每 3 年出现一次种群数量高峰，据我国生态学家研究，这可能和通常所说的“四年两头熟”的红松松果收获量有关，因为球果每隔两年丰收一次，这为棕背䶄种群数量的周期性增长提供了丰富的食源。

38.3.3 有多种理论解释种群数量周期波动现象

生物学家曾提出过很多理论来解释种群数量周期波动现象，概括起来说，种群数量周期波动是自然环境中的某些因素或种群自身的一些因素引起的。有人主张捕食是引起种群数量周期波动的因素，还有人提出因种群数量过剩而引起的食物不足是造成种群数量周期波动的原因，而英国鸟类学家拉克（David Lack，1910—1973）则主张食物不足和捕食作用两者结合才能引起种群数量的周期波动。皮特克（Frank Pitelka，1916—2003）曾用营养恢复学说来解释旅鼠数量 3 年周期波动现象。当旅鼠数量达到高峰时，植被因遭到过度啃食而被破坏，造成食物短缺和隐蔽条件恶化，因此会有更多旅鼠饿死、外迁或被天敌捕食。当旅鼠因死亡率增加而下降到低谷时，植被又逐渐恢复，食物和隐蔽条件又得到改善，于是旅鼠数量又开始上升并进入下一个周期。

生物学家还曾提出过一个雪兔及其有关生物十年周期波动的模型（图 38.13），这种多物种的相关周期波动是由雪兔和植被的相互作用所激发的。当雪兔的数量达到最大时，雪兔冬季的食料植物就将受到最大强度的啃食，当这些食料嫩枝减少到不足以养活雪兔冬季种群的时候，雪兔和食料植物之间的相互关系就会成为决定种群数量动态的关键因素。过度啃食会造成第二年食料植物生产量的下降，使幼兔在冬季的死亡率增加及次年夏季的生殖力减退。雪兔数量减少将导致捕食动物猞猁和雪兔之间的比例失调，从而强化了捕食作用。天敌作用的加强在雪兔种群的下降期间将一直起作用，直到把雪兔的种群数量压到环境所能维持的最低水平为止。此后，雪兔的减少将迫使猞猁转而捕食榛鸡，从而引起榛鸡死亡率的急剧增加。与此同时，雪兔数量减少以后，植被状况就开始得到改善，但是这时猞猁的数量却由于食物不足的时滞效应而急剧减少（幼兽的早期夭折和外迁）。随着猞猁数量的下降和冬季食料植物的复壮，雪兔种群又开始回升并进入另一个循环周期。不过近来也有研究表明一些经典

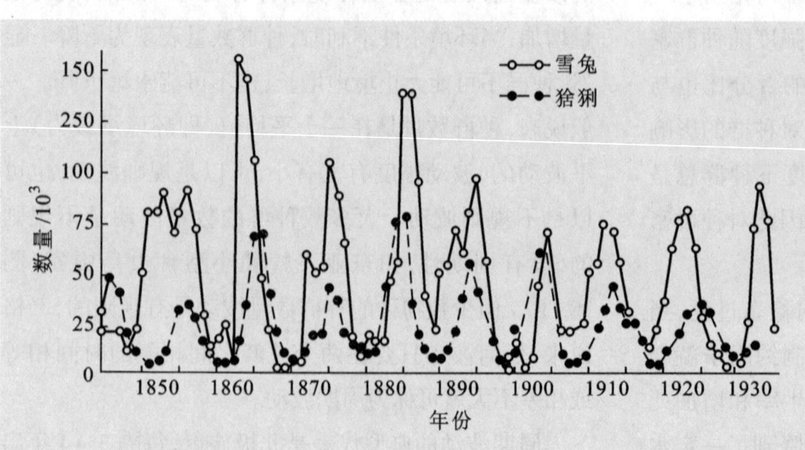

⬅图 38.12 **猞猁和雪兔种群数量的周期波动（9～10 年为一周期）**（引自 R. Smith & T. Smith，2000）

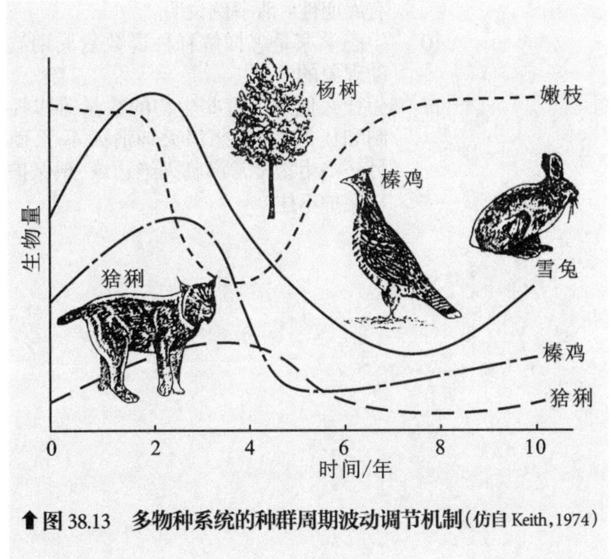

⬆图 38.13　多物种系统的种群周期波动调节机制（仿自 Keith，1974）

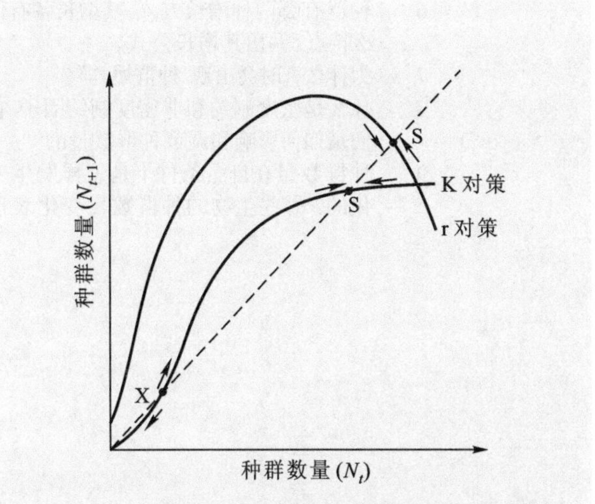

⬆图 38.14　r 对策和 K 对策物种的种群数量动态曲线

S 是稳定平衡点，X 是不稳定平衡点或灭绝点。

的种群动态周期性地消失或改变。

38.3.4　物种的生活史特征是演化的结果

自然选择倾向于提高生物生存和繁殖成功几率的性状。在每一个物种中，生存和繁殖特性之间都有权衡，例如繁殖频率、后代数量（植物产生的种子数量，动物的窝产仔数或窝巢大小），或对育幼的投资。影响一个生物体的繁殖和生存时间表的特性构成了它的生活史（life history）。生物的生活史特征反映了其发育、生理和行为上的演化结果。

生物大体上可区分为两种不同的生活史对策，即 r 对策（r-strategy）和 K 对策（K-strategy）。r 对策生物通常个体小、寿命短、生殖力强但存活率低，亲代对后代缺乏保护。r 对策生物有较强的散布能力，其发展常常要靠机会，它们善于利用小的和暂时的生境，而这些小生境往往是不稳定的和不可预测的。在这些生境中，种群的死亡率主要是由环境变化引起的，而与种群密度无关。属于 r 对策的生物主要是无脊椎动物，也包括鼠类和麻雀等小型的哺乳动物和鸟类，一年生植物也属于 r 对策物种。

K 对策生物通常个体大、寿命长、生殖力弱但存活率高，亲代对后代有很好的保护。K 对策生物虽然散布能力较弱，但对它们的生境有极好的适应能力，能有效地利用生境中的各种资源，种群数量通常能稳定在环境承载力的水平上或有微小波动。种群死亡率主要是由密度制约因素引起的，而不是由不可预测的环境条件变化引起的。属于 K 对策的生物主要是一些大型的鸟兽和林木。信天翁是最典型的 K 对策鸟类，这种鸟每隔一年才繁殖一次，每窝只产一个蛋，需 9 ~ 11 年才能达到性成熟。信天翁的种群数量很低但十分稳定。栖息在南大西洋高夫（Gough）岛的信天翁种群从 1889 年以来一直稳定在 4000 只左右。

由于 r 对策物种和 K 对策物种的生活史特点很不相同，它们的种群数量动态曲线也就存在着明显差异，图 38.14 就是这两类生物种群数量动态曲线的比较。从图中可以明显看出，K 对策物种的种群动态曲线有两个平衡点：一个是稳定平衡点 S，一个是不稳定平衡点 X（又称灭绝点）。当种群数量高于或低于平衡点 S 时都会趋向于 S（用两个相向箭头表示），但在不稳定平衡点处，当种群数量高于 X 时，种群能回升到 S，但种群数量一旦低于 X 将走向灭绝（用两个背向箭头表示），这正是目前地球上很多珍稀濒危物种所面临的问题。与此相反，r 对策物种只有一个稳定平衡点而没有灭绝点，它们的种群在密度极低时也能迅速回升到稳定平衡点 S，并在 S 点上下波动。这也是有些有害生物（如农业害虫、入侵物种等）人类想消灭却消灭不了的原因。

思考题

1　什么是种群，种群有哪些特征？

2　什么是出生率、死亡率和自然增长率？它们之间有什么关系？

3　为什么说年龄结构预示着种群未来的增长趋势？

4　进行种群密度调查的一种常用方法是什么？写出这种方法的计算公式。

5　种群有几种分布型？它们的分布特点是什么？

6 种群有哪两种增长方式，其增长各有什么特点？写出其增长公式。

7 为什么有时会出现"种群爆炸"？

8 什么是密度制约和非密度制约因子，它们是如何影响和调节种群数量的？

9 种群数量在自然条件下是怎样发生变化的？哪些生物的种群数量变化表现有周期性？请举例说明。

10 生态学家是怎样解释种群数量周期波动现象的？

11 为什么地球上有些生物的数量难以控制和压低，人类想消灭却消灭不了，而另一些生物常常濒临灭绝边缘，想保护又保护不住？

39 群落的结构、类型及演替

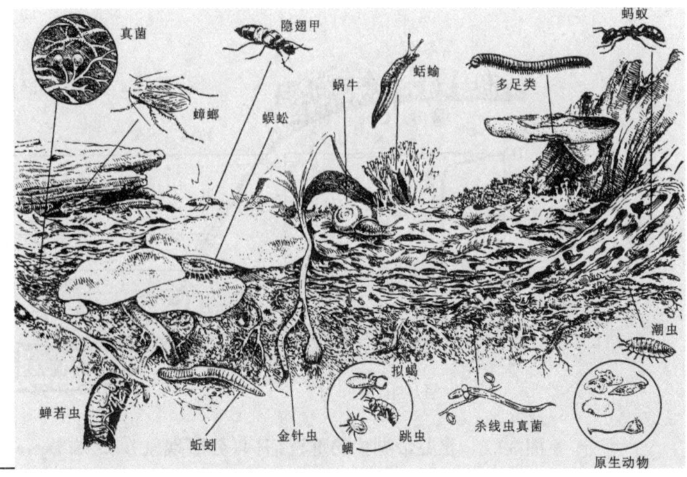

土壤中的生命（引自 T. Smith & R. Smith，2014）

只要条件适宜，地球上的每一寸土地和海洋中的每一滴水都会生命繁盛。在任何一个特定的地区内，只要气候和其他自然条件适合，那里就会出现一定的生物组合，即由多种生物种群所组成的一个生态功能单位，这个功能单位就是群落（community）。群落是占有一定空间和时间的多种生物种群的集合体。群落具有一定的结构、一定的种类构成和一定的种间相互关系，并可在环境条件相似的不同地段重复出现。群落并不是任意物种的随意组合，生活在同一群落中的各个物种是通过长期历史发展和自然选择而保存下来的，它们彼此之间的相互作用不仅有利于它们各自的生存和繁殖，而且也有利于保持群落的稳定性。群落的性质是由组成群落的各种生物的适应性以及这些生物彼此之间的相互关系所决定的。这些适应性和相互关系将决定群落的结构、功能和物种多样性。实际上群落就是各个物种适应环境和彼此相互适应过程的产物。

39.1 生物群落的结构和主要类型

39.1.1 群落的垂直结构

不同生长型植物自下而上配置形成了群落的垂直结构，亦即群落的层次性，这主要是由植物的生长型决定的。生长型是指植物的外貌特征，主要生长型有苔藓、草本、藤本、灌木和乔木，它们自下而上配置在群落的不同高度上，形成群落的垂直结构。植物的垂直结构又为不同种类的动物创造了栖息环境，在每一个层次上都有一些动物适应于在那里生活，从而也表现出了动物的垂直结构。在一个发育良好的森林中，从上到下可分为林冠层、下木层、灌木层、草本层、地表层和地下层。其中林冠层对森林群落其他部分的结构影响最大：如果林冠层比较稀疏，就会有更多的阳光照射到森林的下层，因此下木层和灌木层的植物就会发育得更好；如果林冠层比较稠密，那么下面的各层植物所得到的阳光就会很少，植物发育也就比较差（图 39.1）。

其他群落也和森林一样具有垂直结构，只是没有森林那么高大，层次也比较少。草原群落可分为草本层、地表层和根系层。草本层随着季节的不同而有很大变化，地表层对植物的发育和动物的生活有很大影

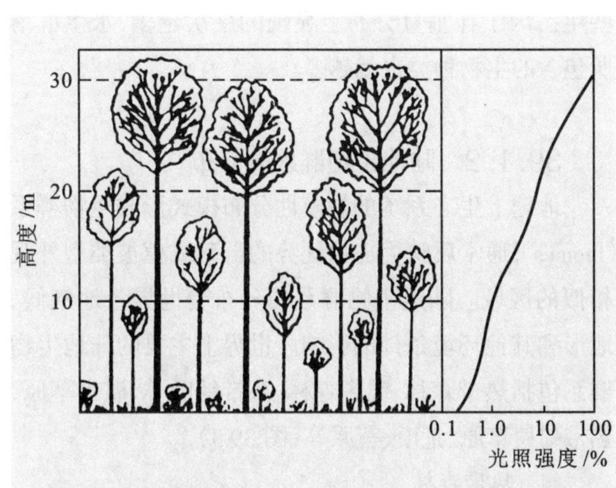

⬆ 图 39.1 森林的垂直结构和阳光自上而下的递减（引自 Whittaker，1975）

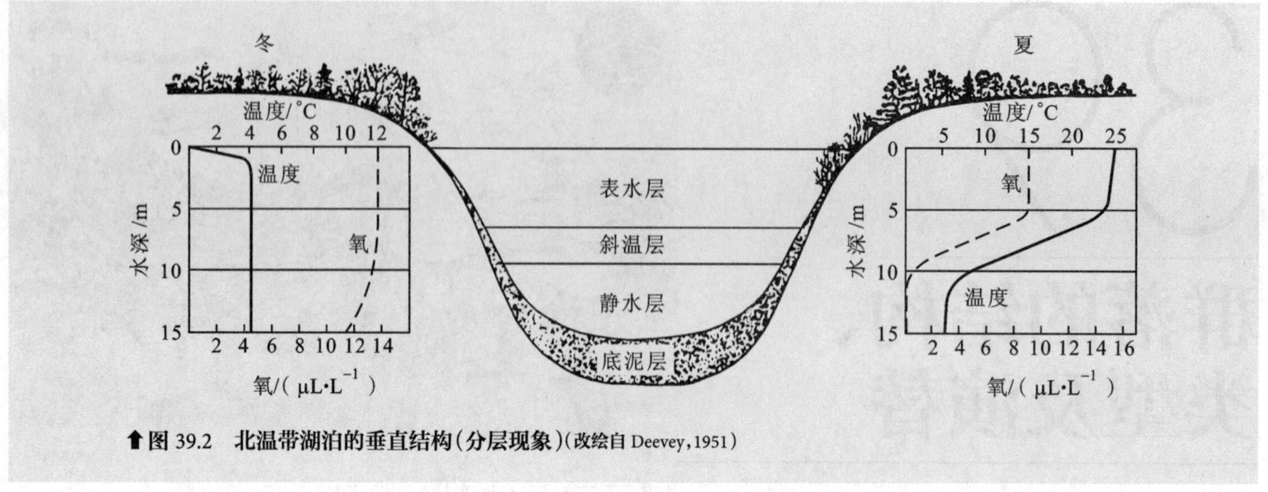

⬆图 39.2 北温带湖泊的垂直结构(分层现象)(改绘自 Deevey,1951)

响,而草原根系层的重要性比任何其他群落的根系层更大。水生群落的层次性主要是由光的穿透性、温度和氧气的垂直分布决定的。夏天,一个层次性较好的湖泊自上而下可以分为表水层(水循环性较强)、斜温层(温度变化较大)、静水层(水密度最大,水温大约4℃)和底泥层(图 39.2)。表水层是浮游植物活动的主要场所,光合作用也主要在这里进行。动植物残体的腐败和分解过程主要发生在底泥层。

在群落垂直结构的每一个层次上都有各自所特有的动物种类,在每个层次上活动的动物种类,在一天之内或一个季节之内是有变化的,这些变化是对各层次上生态条件变化的反映,也可能是各种生物相互竞争的结果。一般说来,群落的层次性越明显,分层越多,群落中的动物种类也越多。因此,草原的层次比较少,动物的种类也比较少;森林的层次比较多,动物的种类也比较多。在水生群落中,生物的分布和活动性在很大程度上是由光、温度和含氧量的垂直分布决定的,这些生态因子在垂直分布上显现的层次越多,水生群落所包含的生物种类也就越多。

39.1.2 陆地生物群系的分布

地球上生态系统的规模性分布模式形成生物群系(biomes),通常反映为占据优势的群落或植被类型外观相似的区域。陆地生物群系的分布受世界各地气候、地形和其他环境条件的影响。世界上主要的陆地生物群系包括热带森林、温带森林、寒带针叶林、温带草原、热带稀树草原、荒漠、苔原等(图 39.3)。

(1)热带森林

热带森林包括热带雨林、热带季相林和热带干旱林三种类型。热带雨林(图 39.4)是最典型的热带森林,主要分布在北纬 10°和南纬 10°之间的赤道气候带内,那里终年炎热,几乎天天有雨。热带雨林主要分布在三个地方:① 南美洲的亚马孙河流域;② 自印度西海岸,经中南半岛、马来西亚和爪哇岛到新几内亚岛;③ 从西非几内亚湾到刚果河流域。

热带雨林最引人注目的特点是动植物种类的多样性,仅树木种类就多达上千种,据调查,在 10 km^2 的热带雨林中就含有 1500 种开花植物和 750 种树木。在马来西亚的低地热带雨林中大约含有 7900 多种植物,龙脑香科(Dipterocarpaceae)是主要植物类群之一,包含 9 属 155 种,其中有 27 种是地方特有种。

由于热带雨林含有极为多种多样的小生境和生态位(见 39.2 节),所以动物多样性极高,尽管每个物种的种群并不大。整个热带雨林约生活着 90% 的非人灵长类动物,新大陆的 64 种灵长类动物都生活在树上,体小而生有卷曲的尾巴。婆罗洲猩猩只生活在婆罗洲岛,马来半岛有 3 种长臂猿、2 种叶猴和 2 种猕猴,非洲热带森林是大猩猩和黑猩猩的原产地,在马达加斯加的热带雨林中生活着约 40 种狐猴。热带雨林中的生物种类约占全球已知动物、植物种类的一半和已知节肢动物种类的 20%~25%。

(2)温带森林

温带森林包括温带针叶林和温带阔叶林两种类型。温带针叶林的垂直分层不明显,通常林冠层很密,致使林下植物发育较弱,地表层主要是蕨类、苔藓和少量阔叶草本植物,枯枝落叶较厚,分解程度很差。螨类是枯枝落叶层无脊椎动物的优势类群,昆虫种类虽然不丰富但个体数量很多。林中鸟类主要有山雀、戴菊、黄雀、林鸫、交嘴雀和地雀等。红松鼠是针叶林中的优势种类,其他哺乳动物还有松貂、猞猁、白尾鹿和黑熊等。

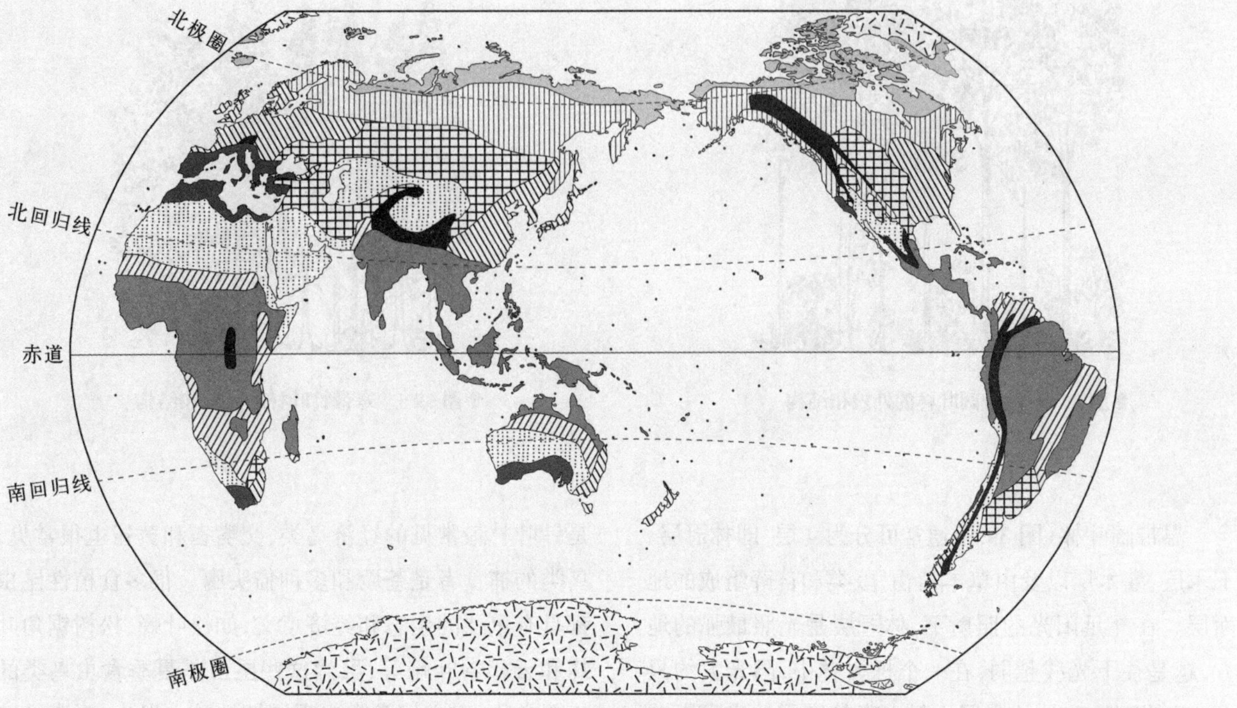

北极圈

北回归线

赤道

南回归线

南极圈

热带森林　荒漠　温带阔叶林　寒带针叶林　高原

热带稀树草原　浓密常绿阔叶灌丛　温带草原　苔原　极地冰原

⬆图 39.3　世界主要陆地生物群系的类型和分布

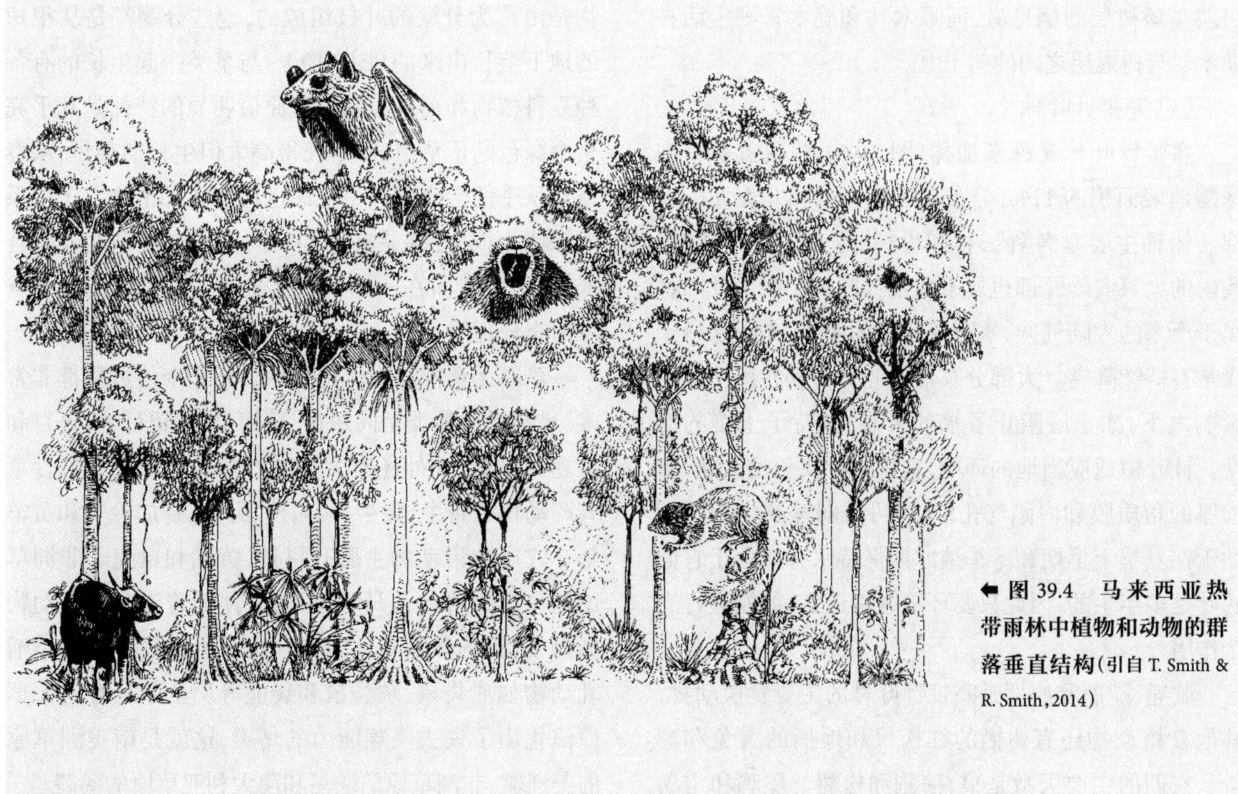

⬅图 39.4　马来西亚热带雨林中植物和动物的群落垂直结构（引自 T. Smith & R. Smith，2014）

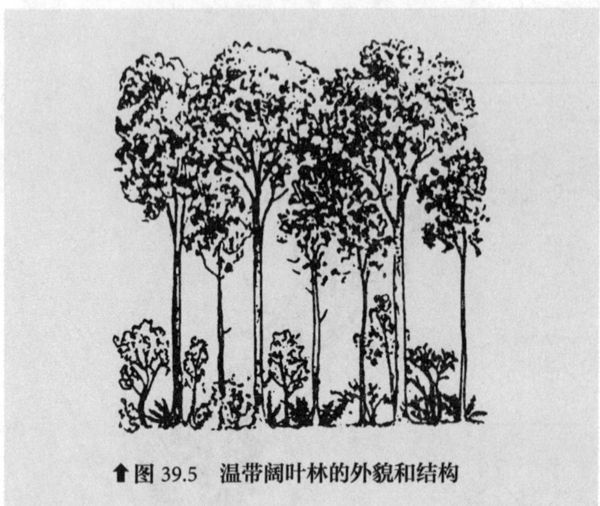

⬆图 39.5 温带阔叶林的外貌和结构

⬆图 39.6 寒带针叶林的外貌和结构

温带阔叶林（图 39.5）通常可分为 4 层，即林冠层、下木层、灌木层以及由草本植物、蕨类和苔藓组成的地面层。在充足阳光的照射下，林冠层是光照最强的地方，越是往下光线越弱，在一个栎树林中，阳光大约只有 6% 能到达森林的底层。射入森林底层的光斑影响着草本植物在森林底层的分布。动物的多样性与森林的层次性和植物生长型有密切关系，地面层和靠近地表层的土壤中栖居着最多的动物，很多无脊椎动物都生活在地下，鼠、鼩鼱、地松鼠和森林蝾螈也常钻入地下或在枯枝落叶层中觅食和躲避天敌。其他动物则占有较高的层次，黑喉绿莺和裸鼻雀生活在林冠层中，红眼鹃是矮树层的栖息者，而啄木鸟和旋木雀则生活在灌木层与树冠层之间的树干上。

（3）寒带针叶林

寒带针叶林又称泰加林（图 39.6），约覆盖整个地球陆地表面积的 11%，分布在亚欧大陆和北美洲的北部。树种主要是各种云杉和松树，也有少量阔叶树。我国的大兴安岭北部也属于寒带针叶林。寒带针叶林属于严寒的大陆气候，季节变化极为明显，冬季寒冷干燥常有持续降雪。大部分寒带针叶林都处在冻土层的影响之下，冻土层阻止了水的下渗，保持了土壤的湿度。针叶树适应当地的环境，它们的叶狭长呈针状，有增厚的角质膜和内陷气孔，这样可减弱蒸腾作用并有助于在夏季干旱期和冬季结冰期保持水分。由于它们的叶是多年生的，因此只要环境条件适宜，就能进行光合作用。

驯鹿、驼鹿和麋鹿是寒带针叶林的主要食植动物，其他食植动物还有树栖的红松鼠和地栖的雪兔和豪猪。它们的主要天敌是狼、猞猁和松貂。榛鸡和雷鸟是针叶林最常见的经济鸟类，交嘴雀和黄雀也很常见，鸟类的捕食者是苍鹰和多种猫头鹰。很多食植性昆虫都具有重要的生态和经济意义，如松叶蜂、松树锯角叶蜂和云杉卷叶蛾等，虽然这些昆虫是夏季食虫鸟类的主要食物，但它们常会出现周期性的大发生，对森林造成危害。

（4）温带草原和热带稀树草原

草原一度曾覆盖地球陆地表面的 42%，但现在只占地球陆地表面的大约 12%，而且其中很多都正在被改造为农用地或因过度放牧而退化。草原共同的一个气候特征是年降水量处于 250 ~ 800 mm 之间。草本植物是由称为分蘖的叶枝组成的，这些分蘖都是从很短的地下茎长出来的（图 39.7）。与草类一起生长的有各种豆科植物和菊科植物。草原最明显的特征是几乎完全由绿色的禾草组成，草长得高大但生长期很短，从春季到秋季便会完成一个生命世代。各种植物由于根系的深浅不同，往往是在不同时间不同土壤深度吸收营养和水分，从而在一定程度上避免了竞争并能达到资源的充分利用。

草原无脊椎动物无论是种类还是个体数量都非常多，最常见的种类是同翅目、鞘翅目、双翅目、膜翅目和半翅目昆虫，此外还有大量的蜘蛛和蚯蚓。大型食草有蹄动物有野牛、牦牛、叉角羚、野驴、赛加羚羊和黄羊等。穴居啮齿动物主要有旱獭、黄鼠和鼠兔。非洲草原栖息着大群的角马和斑马，并伴随着许多食肉动物如狮子、猎豹和鬣狗。澳大利亚草原有很多有袋类哺乳动物如赤袋鼠、灰袋鼠和袋熊等。全球只有三大草原演化出了失去飞翔能力的鸟类，这就是南美洲草原的美洲鸵、非洲草原的鸵鸟和澳大利亚草原的鸸鹋。

⬆图 39.7 **草原植物的生长型及其根系**(仿自 T. Smith & R. Smith,2014)

热带稀树草原分布在非洲中南部、澳大利亚北部和巴西西北部的广大地区,都属于温暖的大陆气候,年均降雨量在 500 ~ 2000 mm 之间,降雨有极明显的季节波动。稀树草原的垂直结构虽然不发达,但水平结构却很明显,丛生的草本植物在开阔的平原形成了一片片的低矮植物斑块,再加之木本植物的生长,灌木和树木的错落有致更增加了水平结构的复杂性。大量沼泽洼地的存在增添了稀树草原的色彩,沿河岸生长的森林形成了壮观的走廊林横贯稀树草原,为动物提供了多种多样的栖息环境。

(5) 荒漠

荒漠(又称沙漠)约占地球陆地表面的 26%,共同特征是雨量少,水分蒸发量大(是降水量的 7 ~ 50 倍),一般荒漠的降水量每年不足 150 mm。荒漠的地形是光秃秃的,裸露的土壤极易受大风的侵蚀。荒漠中的优势植物是蒿属植物、藜属灌木和肉质旱生植物,此外还有其他种类的植物如丝兰、仙人掌和各种短命植物。荒漠植物和动物都能适应干旱的环境,植物只在有水时才开花结果,它们以种子度过干旱期,只在温度和湿度有利时才发芽、开花和产生种子,如果不下雨这些短命植物就不生长。动物也和植物一样采取避开干旱的生活史对策,它们在干旱季节不是进入夏眠就是进入冬眠,例如,锄足蟾只在冬季和夏季的下雨期间呆在地下小室中进行快速繁殖。如果在繁殖季节出现极端干旱的天气,鸟类就会停止筑巢,蜥蜴也不进行繁殖。

(6) 苔原

苔原(又称冻原和冻土带)分布在寒带针叶林以北的环北冰洋地带,在世界各地的高山上也有高山苔原。苔原的特点是严寒、生长季短、雨量少和没有树木生长。苔原的植被结构简单,种类稀少,生长缓慢,只有那些能忍受强风吹袭和土粒冰粒击打的植物才能生存下来。在北极苔原低地上生长着羊胡子草、苔草、矮石楠和泥炭藓等植物,在排水性能较好的地方则生长着石楠灌丛、矮柳、灯芯草、禾草、苔藓和地衣等,岩石上则生长着壳状地衣和叶状地衣。虽然有生活力的种子可在土壤中存留数百年之久,但北极苔原植物几乎完全依靠无性繁殖。

在北极苔原生活着大量的线蚓、跳虫和双翅目昆虫(主要是大蚊),夏季常有成群的墨蚊、鹿蚊和普通蚊虫飞舞。苔原的优势脊椎动物是食草动物,包括旅鼠、雪兔、驯鹿和麝牛等。食肉动物主要是狼,它以麝牛、驯鹿为食,也捕食旅鼠。中小型食肉动物有北极狐,它捕食雪兔和几种鼬鼠。以旅鼠为食的动物还有雪鸮和贼鸥。在沼泽地和水域营巢和以昆虫为食的鸟类有矶鹬、鸻、铁爪鹀和各种水鸟。

39.1.3 水生生物群系的分布

水生生物群系覆盖地球大部分地区,是类型多样的动态生态系统,包括湖泊、湿地、溪流江河、河口、潮间带、珊瑚礁、海洋水层区、海洋底栖区等。与陆地生物群系不同,水生生物群系主要以其物理和化学环境为特征。它们在纬度上的变化也要小得多,在全球各地分布。例如,海洋生物群落的盐浓度通常为 3%,而淡水生物群落的特点是盐浓度通常低于 0.1%。

海洋构成了最大的水生生物群系,覆盖了地球表面的 71%。由于体积庞大,海洋对生物圈的影响很大。海洋蒸发的水提供了地球上大部分的降雨。海藻和蓝细菌提供了世界上很大部分的氧气,所固定的 CO_2 占全球光合作用固定 CO_2 的一半。海洋温度对全球气候和风的模式有着重要的影响,与大型湖泊一起,海洋往往会缓和附近陆地的气候。

淡水生物群系与周围陆地生物群系的土壤和生物成分密切相关。淡水生物群系的特殊特征也受到水流模式和速度以及生物群落所处气候的影响。

39.2 物种在群落中的生态位

39.2.1 生态位代表物种在群落中的地位、作用与重要性

简要地说，生态位（niche）是指物种利用群落中各种资源的总和，以及该物种与群落中其他物种相互关系的总和，它表示物种在群落中的地位、作用和重要性。一个物种的生态位不仅决定于它生活在什么地方，而且决定于它与食物、天敌和其他生物的关系，包括它取食什么和被什么动物取食，以及其他各种种间关系，如互利共生、共栖（偏利共生）、寄生、种间竞争等。

物种之间通过竞争所发生的分化，有时是极其微小的，不一定总能被人们的眼睛所觉察到，但是从竞争原理出发，它们之间肯定会存在形态上、生理上或行为上的微小差异，而且这些差异足以保证它们的生态要求不会完全相同。这就是为什么一片森林、一片草原、一个山谷或一个湖泊中会同时生活着那么多种生物，而整个大自然呈现在我们面前的是一个丰富多彩和琳琅满目的生物世界。竞争使大自然充满活力，生机盎然。

一个物种按其生理上的要求及所需的资源可能占领的全部生态位，称为基础生态位（fundamental niche）。但由于物种的相互作用，主要是种间竞争，一个物种实际上所占领的生态位称为实际生态位（realized niche）。实际生态位比基础生态位要窄。康奈尔（Joseph Connell，1923—2020）考察了生长在苏格兰海岸岩石上的两种藤壶的竞争性相互作用。一种藤壶 *Chthamalus stellatus* 生活在浅水区，由于潮汐的作用，常常暴露在空气中；另一种藤壶 *Semibalanus balanoildes* 生活在深水区，很少暴露在大气中。在深水区，*S. balanoildes* 常常能把 *C. stellatus* 从岩石上排挤掉，并取而代之。在康奈尔将 *S. balanoildes* 从深水区的岩石上清除掉以后，看到 *C. stellatus* 可以很容易地占据深水区。这说明，没有任何生理上的或其他方面的障碍能阻止它定居在这里。作为对照，*S. balanoildes* 却不能适应浅水区较长时间暴露于大气中的环境条件。因此，*C. stellatus* 的基础生态位包括深水和浅水两个区域，而它的实际生态位仅限于浅水区，比基础生态位要窄。对于 *S. balanoildes* 而言，基础生态位和实际生态位都在深水区，两者是相同的（图 39.8）。

39.2.2 生态位重叠和同域物种的资源分配

当两个物种利用同一资源时就会发生生态位重叠（niche overlap）。前面 37.3.2 节中介绍的高斯所做的两种草履虫竞争关系的实验（见图 37.4），也是有关生态

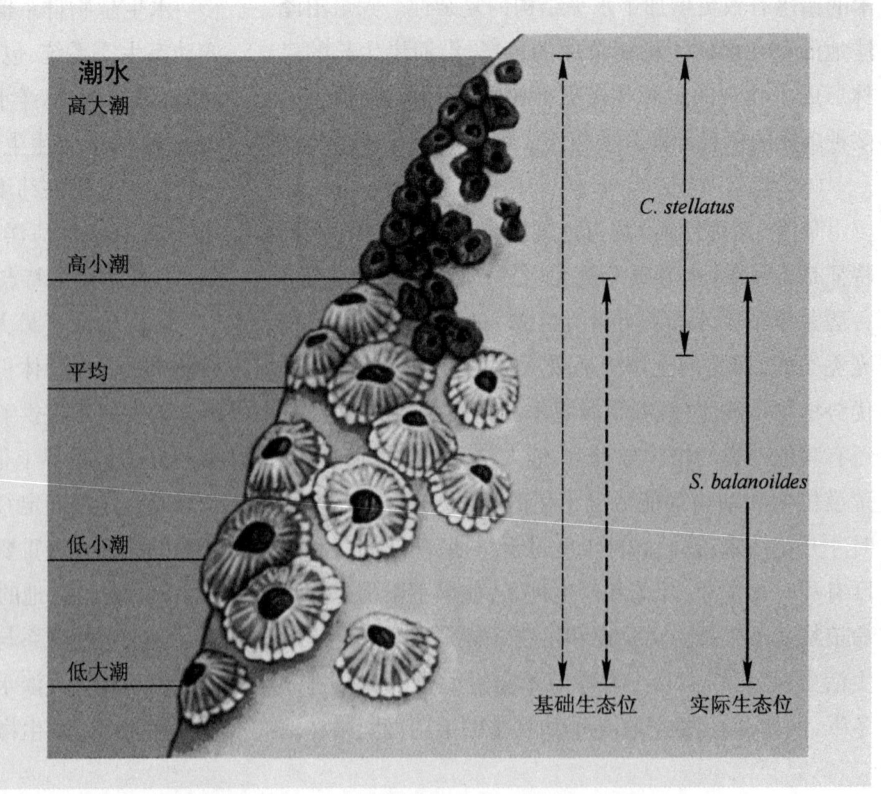

➡图 39.8 两种藤壶的生态位
（仿自 Connell，1961）

位重叠的一个经典实验。高斯的实验证明，在两个生态位完全重叠的物种竞争有限的资源时，竞争优势较大的物种就会把另一物种完全排除掉，这就是生态学上的竞争排斥原理。该原理决定了在同一群落中不可能有两个物种的生态位是完全相同的。但当两个物种的生态位发生部分重叠时，每个物种都会占有一部分无竞争的生态位空间，因此可以实现共存；而那部分重叠的生态位空间，最终将会被具有竞争优势的物种所占有。

如果资源很丰富，两种生物就可以共同利用同一种资源而彼此不给对方造成损害（如蜜蜂采蜜）。这就是说，生态位重叠本身并不一定伴随着竞争，只有当资源短缺时才会发生竞争。

在自然界中，两个生态位重叠的物种持久地进行竞争的事件是很罕见的。在同一个地理区域，生态上要求相似的物种之间，常常通过多种方式来减少生态位的重叠和避免竞争。例如，从植物或植被的垂直或水平结构看，动物常常只局限在一定的空间觅食（图 39.9）。这种空间分离是由动物的形态和行为特化引起的，可使每一个物种都限定于生态环境的一定部位活动，并利用特定部位的资源，从而减少了生态位重叠并减弱了物种间的竞争。

在图 39.9a 中，绿啄木鸟和椋鸟通过食物特化而避免了竞争，两种鸟虽然都在地面取食，但前者吃蚂蚁，后者吃各种昆虫的幼虫。在图 39.9b 中，两种鸟借助于空间的垂直分离而避免了生态位重叠和竞争，䴓在树干和大树枝上取食昆虫的幼虫，而鹟则从一个停歇点起飞捕捉飞行中的昆虫。在图 39.9c 中，两个物种是通过空间的水平分离而避免竞争的，森莺和柳莺各有自己的取食领域，彼此互不侵入。在上述垂直和水平空间分化的情况下，如果在对应的两个物种中有一方缺失，另一方就会扩大自己的垂直或水平活动范围（图 39.9b′ 和 c′），这也间接地说明了两个物种之间存在的竞争关系。

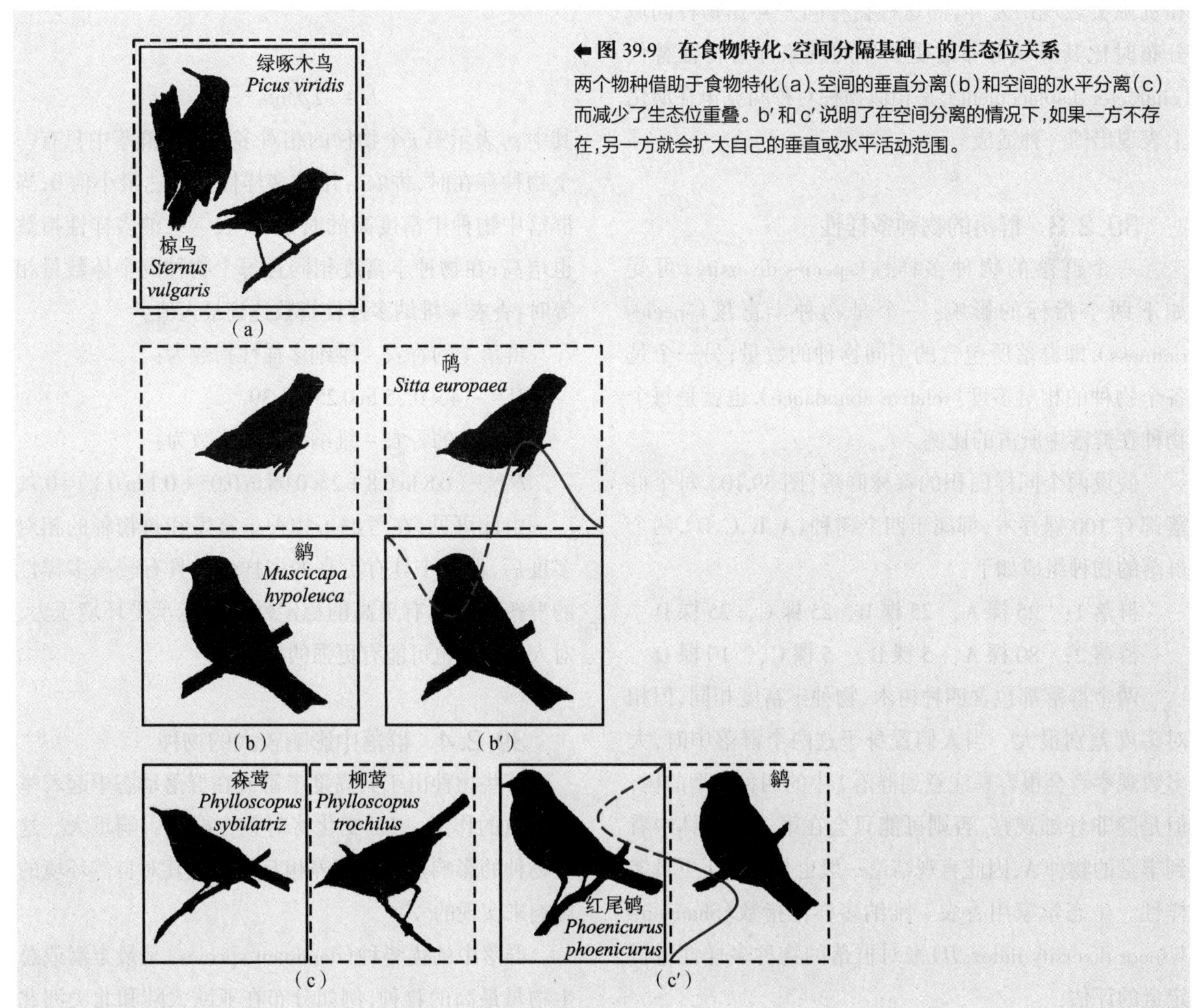

◀ **图 39.9 在食物特化、空间分隔基础上的生态位关系**
两个物种借助于食物特化（a）、空间的垂直分离（b）和空间的水平分离（c）而减少了生态位重叠。b′ 和 c′ 说明了在空间分离的情况下，如果一方不存在，另一方就会扩大自己的垂直或水平活动范围。

上述的例子说明，同域分布物种之间可通过生活于生境的不同部位，利用不同的食物或其他资源来减少生态位的重叠，减少和避免种间竞争。这种资源分配（resource partitioning）的方式是自然选择所造成的，它使原初生态上相似的物种在资源的利用上产生分化，从而减小了竞争的压力。这样，就会使生境中的自然资源得到充分的利用，使一个群落能够包容下尽可能多的物种。

虽然竞争常常导致一个物种排除另一个物种，但如果两个物种在其共同的分布区内发生分化，使其在食物、居住地和筑巢地的选择上略有不同，那么这两个物种就有可能在重叠分布区内长期共存。生态上的分化常常又导致形态上的分化，但形态上的种间差异只在两物种的重叠分布区内才存在，而在各自独占的分布区内则消失。例如黄土蚁（*Lasius flavus*）及其近缘种在它们共存的分布区内至少有 8 点形态上的差异，但在它们各自独占的分布区内，这些形态差异便变得模糊起来。这种生态位近似的相似物种之间在形态和资源上表现出差异，而这种物种间差异在物种同域分布时比其异域分布时更明显的现象称为特征替代（character displacement），是相似物种对种间竞争在演化上表现出的一种适应。

39.2.3 群落的物种多样性

一个群落的物种多样性（species diversity）可受如下两个指标的影响：一个是物种丰富度（species richness），即群落所包含的不同物种的数量；另一个是各个物种的相对多度（relative abundance），也就是每个物种在群落中所占的比例。

假设两个同样面积的森林群落（图 39.10），每个群落都有 100 棵乔木，都属于四个树种（A、B、C、D），两个群落的物种组成如下：

群落 1： 25 棵 A、 25 棵 B、25 棵 C、25 棵 D

群落 2： 80 棵 A、 5 棵 B、 5 棵 C、 10 棵 D

两个群落都包含四种树木，物种丰富度相同，但相对多度差别很大。当人们置身于这两个群落中时，大多数观察者会很容易注意到群落 1 中的四种类型的树，但是除非仔细观察，否则可能只会在第二个森林中看到丰富的物种 A，因此直观结论一般也是群落 1 更具多样性。生态学家用香农 – 维纳多样性指数（Shannon-Wiener diversity index，H）来对群落的物种多样性进行定量的评估：

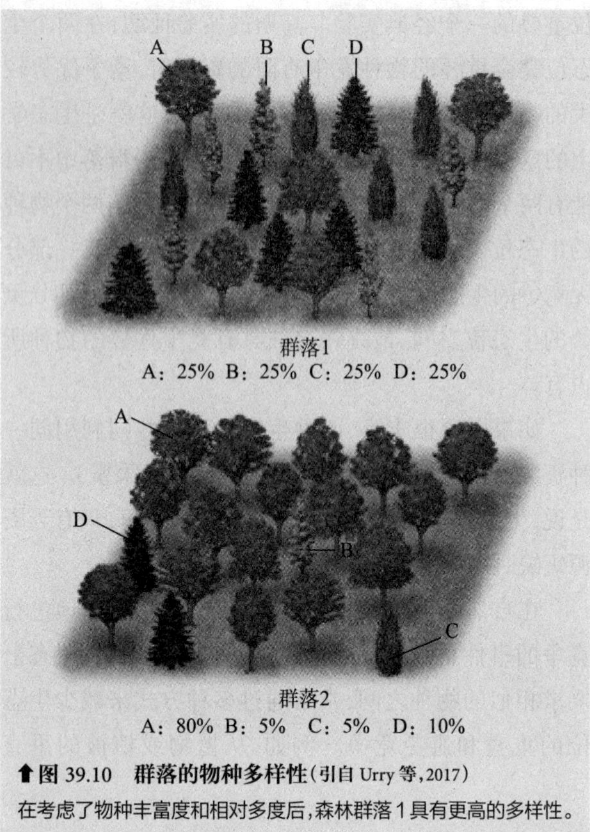

图 39.10 群落的物种多样性（引自 Urry 等，2017）
在考虑了物种丰富度和相对多度后，森林群落 1 具有更高的多样性。

$$H = -\Sigma p_i \ln p_i$$

其中 p_i 表示第 i 个物种的相对多度。当群落中只有一个物种存在时，香农 – 维纳多样性指数达最小值 0；当群落中物种丰富度高的时候，香农 – 维纳多样性指数也增高；在物种丰富度相同且每个物种的个体数量相等时，香农 – 维纳多样性指数达到最大值。

群落 1 的香农 – 维纳多样性指数为：

$H = -4 \times 0.25 \ln 0.25 = 1.39$

群落 2 的香农 – 维纳多样性指数为：

$H = -(0.8 \ln 0.8 + 2 \times 0.05 \ln 0.05 + 0.1 \ln 0.1) = 0.71$

由此可见，在考虑了物种丰富度和每物种的相对多度后，群落 1 具有更高的多样性。具有较高多样性的群落通常具有更高的稳定性并更能承受环境压力，对入侵物种也可能有更强的抵抗力。

39.2.4 群落中影响较大的物种

某些物种由于其高度丰富或在群落动态中起着举足轻重的作用，一旦变化将对整个群落影响重大。这些物种的影响是通过营养相互作用及其对自然环境的影响来实现的。

群落中的优势种（dominant species）是最丰富或总生物量最高的物种，例如分布在亚欧大陆和北美洲北

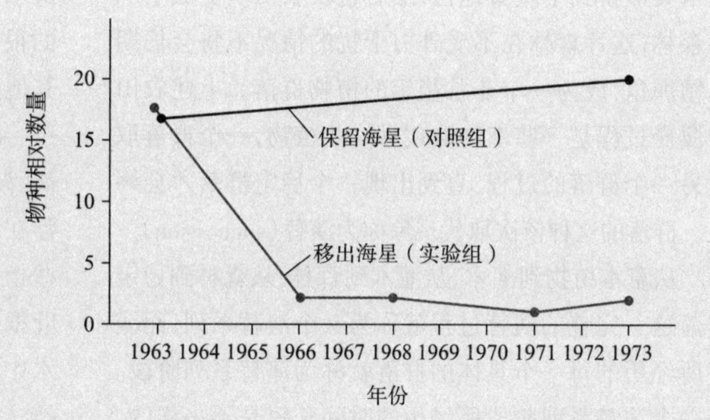

⬆图 39.11　关键种海星对于潮间带群落物种多样性的影响(引自 Urry 等,2017)

部的寒带针叶林生物群落中的优势种通常是云杉或冷杉等树种。对于为什么特定物种成为优势物种有不同的解释。一种假设认为,优势种在利用有限的资源(如土壤、水或养分)方面具有竞争优势。另一假设是优势物种可能在避免被取食或疫病影响方面更成功。

与优势种相比,关键种(keystone species)在群落中的相对多度并不占优。它们对群落结构的控制不是通过数量的力量,而是通过其关键的生态作用。在北美洲西部多石滩的潮间带群落中,加利福尼亚贻贝(*Mytilus californianus*)数量众多,是优势种,其捕食者海星(*Pisaster ochraceus*)数量较低(图 39.11)。为了研究捕食者对群落结构组成的影响,研究者做了对照实验,将样地中的海星移走。由于缺乏捕食者,贻贝垄断了岩石表面,并消灭了大多数其他无脊椎动物和藻类,潮间带群落的物种丰富度下降;而在没有去除海星的对照区,物种多样性水平没有变化。该研究表明海星为关键种,尽管数量水平低,但是对于群落的物种多样性组成和结构有重要的影响。

还有一些生物不是通过营养级之间的相互作用,而是通过改变它们的物理环境来影响一个群落。有“生态系统工程师”(ecosystem engineer)称号的河狸能用树枝修筑水坝,造成局部水面上升,形成一个天然的小水库,营造出周边的湿地环境,为生活在相同区域的动物创造出生活环境(图 39.12)。除了人类之外,河狸是少有的一种能够显著改变所在生态系统的动物。

39.3　群落的演替及其实例

39.3.1　群落演替的规律

群落的演替是有规律的、有一定方向的和可以预测的。例如,华北地区的一块弃耕农田如果任其自由发展,那么不要很久,农田里就会长满各种野草,几年之后草本植物开始减少和消失,各种灌木却繁茂地生长起来,再过一些年,杨树和松树也在这里长了起来,

⬆图 39.12　“生态系统工程师”河狸及其修筑的水坝

灌木又被挤到了次要地位，最后这块农田演变成了一片森林，这片森林在不受外力干扰的情况下将会长期占领那里，成为一个非常稳定的植物群落。上述农田的演变过程是一些植物取代另一些植物，一个群落取代另一个群落的过程，直到出现一个稳定群落才会终止。群落的这种依次取代现象称为演替(succession)。

从草本植物到灌木、从灌木到森林、从森林到稳定群落这一完整的演替过程就称为一个演替系列，而演替所经历的每一个具体的群落就称为演替系列阶段。每一个演替系列阶段所经历的时间长短是不一样的，短则一两年，长则几十年或几百年不等。在寒冷的阿拉斯加，即使是先锋植物阶段的演替(地衣苔藓群落)也需要花费25～30年的时间，而在热带地区，这个阶段的演替只需3～5年就够了。据估计，完成热带雨林的一个演替系列，大约需要400～1000年的时间。

群落演替的地点如果是从没有生长过任何植物的裸岩、沙丘和湖底，这种演替就被称为原生演替(primary succession)；如果由于火灾、洪水泛滥和人为破坏把原生群落毁灭，在被毁灭群落的基质上所进行的演替就被称为次生演替(secondary succession)，如在森林火灾、人工弃耕和林木砍伐后所发生的天然演替就是次生演替，所谓次生林就是原始森林被砍伐后通过次生演替而生长起来的森林。一般说来，原生演替要比次生演替经历更长的时间，因为原生演替的基质和环境极为贫瘠和严酷，而次生演替的基质和环境是比较肥沃和温和的，原有群落毁灭后还留下了大量的有机质和生命的胚种(如孢子和种子等)。

39.3.2 从湖泊到森林要经历五个演替历程

一个湖泊经历一系列的演替阶段可以演变为一个森林群落，演替过程大体要经历五个阶段(图39.13)。演替的第一个阶段是裸底阶段，此时几乎没有什么植物能够扎根生长，最早出现在湖泊里的生物只能是浮游生物，这些浮游生物死后就沉积在湖底形成很薄的一层有机物质。当浮游生物的数量达到一定程度的时候，其他生物就出现了，如以微小生物为食的石蚕和小鱼等。与此同时陆地上的泥沙不断冲入湖中，这些泥沙同有机物质混合在湖底铺垫出一层疏松的软泥，这就为扎根的沉水植物的定居创造了条件，于是像轮藻、眼子菜和金鱼藻一类的沉水植物就在湖底扎根生长了起来。这些植物的定居生长使湖底软泥变得更加坚实和富含有机质，这时演替已逐渐进入了第二个阶段，即沉水植物阶段。由于环境条件改变了，前一演替阶段的很多生物都不适应了，于是它们逐渐消失并代之以其他种类的生物，如蜻蜓稚虫、蜉蝣和小甲壳类动物。

湖底有机物质和沉积物的迅速增加使湖底逐渐垫高、湖水变浅，于是有些植物就可以把根扎在湖底使叶浮在水面，这就是浮叶根生植物，如睡莲和荇菜等。这些植物的出现标志着演替已进入了第三个阶段，即浮叶根生植物阶段。由于漂浮在水面的叶子阻挡了射入水中的阳光，使沉水植物的生长受到影响而逐渐被排挤。但此时动物的生存空间大为增加，于是动物的种类逐渐变得多样化起来。水螅、青蛙、潜水甲和以浮叶根生植物的叶为食的各种水生昆虫纷纷出现。

湖水水位的季节波动使湖边浅水地带的湖底时而露出水面时而又被水淹没。在这些地带柔弱的浮叶根生植物就失去了水对它的浮力和保护，因此无法再生存下去，于是挺水植物就占据了这一地带，它们把纤维状的根伸向四面八方牢牢地扎在湖底，使茎直立地挺

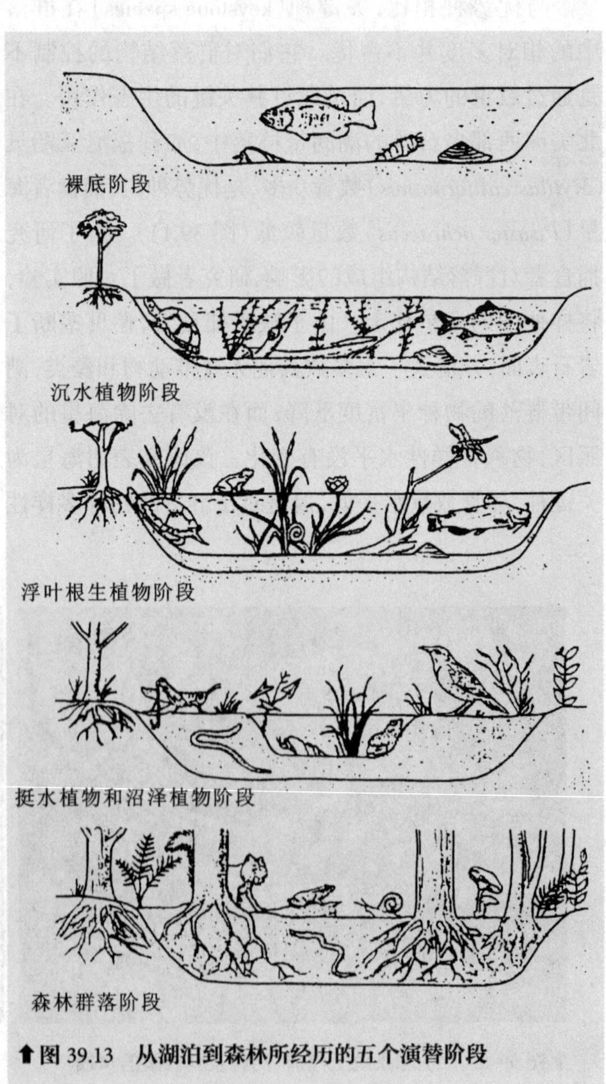

图39.13 从湖泊到森林所经历的五个演替阶段

出水面，叶伸向水面以上的空间最大限度地吸收着阳光。这类维管植物主要有芦苇、香蒲、白菖和泽泻等，它们的定居标志着演替已发展到了第四个阶段——挺水植物阶段。此时浮叶根生植物阶段的动物开始减少或消失，一个新的动物群开始出现，这些动物更适应于生活在密集的挺水植物丛中。用肺呼吸的螺类代替了用鳃呼吸的螺类；各种蜻蜓和蜉蝣的稚虫生活在水下植物的茎秆上，当它们准备羽化时就沿着茎秆爬到水面；红翅乌鸫、野鸭和麝也成了这里的常见动物。

挺水植物出现以后，由于湖底密集根系的发展和每年有大量的植物叶沉入水底，使湖底的有机物质大量增加，湖泊边缘的沉积物也开始变实变硬，很快就形成了坚实的土壤。这时候大部分湖面因长满了苔草、香蒲和莎草科植物而演变成了沼泽，这时的湖泊实际已经演替成了湿生草本植物群落。随着地面的进一步抬升和排水条件的改善，在沼泽植物群落中会出现湿生灌木，接着灌木又会逐渐让位于树木如杨树、榆树、槭树和白皮松等。随着森林密闭度的加大，这些不耐阴树种的实生苗就不再能生长，而适应于弱光条件下发育的树木实生苗就会生长起来并渐渐取得优势，如山毛榉、铁杉、枞树和雪松等。这些树种适合于生长在它们自己所创造的环境中，因此它们可以长久地在这里定居和繁殖下去，这是湖泊演替的最后一个阶段，即森林群落阶段。

从一个湖泊的演替过程可以看出，每一个群落在发展的同时都在改变着环境条件，环境的改变将越来越不利于原群落的生存和发展，但却为下一个群落的形成创造了条件，一个新的群落会在原有群落的基础上产生出来。

39.3.3 干扰对于生物群落的影响

几十年前，大多数生态学家倾向于传统观点，亦即除非受到人类活动的严重干扰，否则生物群落最终将达到稳态，维持相对恒定的物种组成。不过现在更多倾向于认为，干扰（disturbance）是环境中的常态因素，包括台风（飓风）、火、干旱、山洪在内的各种事件，可能清除群落中的生物或改变资源组成，使许多群落无法在物种组成等方面达到长久的平衡状态。在干扰的作用下，即使是相对稳定的群落也可能迅速转化为非平衡群落。

自然或人为的环境干扰，从类型、发生频率以及影响程度上都不相同。强飓风几乎能影响所有类型的群落，即便是海洋中的生物也会被飓风引起的巨浪所波及。火也是一种重要的干扰因素，例如一些草原生物群落通过间歇性的，自然发生的火烧来维持其结构和物种组成。许多溪流和池塘受到季节性旱涝的干扰。通常来说，高强度干扰造成的环境压力往往超过许多物种的承受能力，可能淘汰一些生长或定殖缓慢的物种，从而降低了群落的多样性。在另一个极端，低强度的干扰可能导致竞争优势物种排除竞争力较弱的物种，也会降低物种多样性。相反的，中等程度的干扰很少对所在生境造成严重影响，还可以通过为竞争性较弱的物种开拓生存空间，可能增加物种多样性。总而言之，适度的干扰可能使物种多样性程度达到最高，在景观水平形成不同的栖息地，有助于维持群落的多样性。

不过，当今对于全球生物圈最强烈的干扰来自人类活动，影响严重，超出了生物群落的自我调节能力，严重降低了许多群落的物种多样性，造成无法修复的生态灾难。如农业发展破坏了曾经的广袤草原，草原成为了农田。由于建设开发、伐木生产、种植林和农业发展，热带雨林正在迅速消失。几个世纪以来的过度放牧和农业干扰导致了非洲部分地区的荒芜，季节性的草原变成了大片的贫瘠地区。人类活动不仅扰乱了陆地生态系统，也扰乱了海洋生态系统。例如，海洋拖网捕鱼，在海底刮擦和破坏珊瑚和其他生物，其影响可类比于陆地上的森林砍伐或农业耕种。在一个典型的年份里，全球船只拖网波及的海域面积大约相当于一个南美洲，是每年砍伐森林面积的 150 倍。在随后的章节中，我们将更深入地探讨人类活动的干扰对于地球生物圈和生物多样性的影响。

思考题

1 什么是群落？为什么说群落不是物种的任意组合？
2 群落中物种之间有哪些主要的相互关系？各举一个实例说明。
3 地球上有哪些主要的陆地群落类型，其所处环境有什么特点？
4 群落的垂直结构是怎样形成的？与植物生长型有什么关系？
5 什么是生态位？研究生态位有什么重要意义？
6 为什么说生态位重叠不一定意味着竞争？
7 生态位重叠有几种可能的情况？
8 物种之间都有哪些减少和避免竞争的适应性？
9 什么是演替、演替系列和演替系列阶段？
10 从湖泊演变为森林要经历哪几个演替阶段？演替的动力是什么？

40 生态系统及其功能

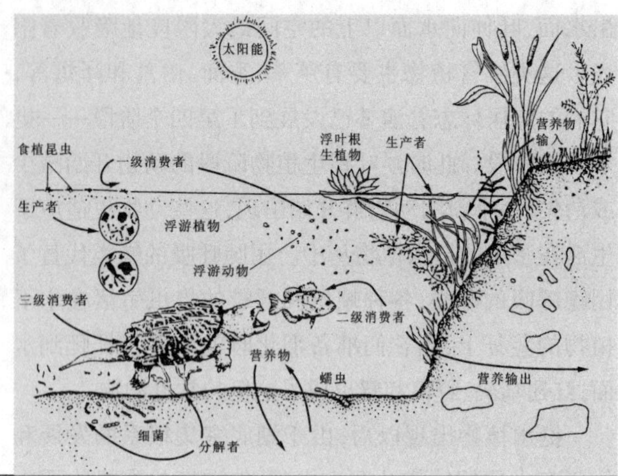

一个池塘生态系统(引自 Stiling,1999)

生态系统(ecosystem)一词是坦斯利(Arthur Tansley,1871—1955)于 1936 年首先提出来的,是指在一定的空间内生物成分和非生物成分通过物质循环和能量流动而互相作用、互相依存而构成的一个生态学功能单位。地球上有许多大大小小的生态系统,大至生物圈(biosphere)、海洋和陆地,小至树林、草地、湖泊和小池塘。除了自然生态系统以外还有很多人工生态系统,如农田、果园、自给自足的航天飞船和用于验证生态学原理的各种封闭的微宇宙等。

任何生态系统都是由非生物成分(无机物、有机物、气候和能源)和生物成分组成的,生物成分按其在生态系统中的功能可划分为三大功能类群,即生产者、消费者和分解者。生产者可以借助于光合作用生成有机物,并把太阳能转化为化学能贮存在合成的有机物中。消费者是指以动植物为食的动物,消费者也包括杂食动物和寄生生物。分解者最终可把生物死亡后的残体分解为无机物供生产者重新吸收和利用。细菌和真菌是最主要的分解者。能量流动和物质循环是生态系统的两大重要功能。

40.1 生态系统的基本结构

40.1.1 食物链相互交叉形成食物网

生产者所固定的能量通过一系列的取食和被取食关系在生态系统中传递,生物之间存在的这种单方向的营养关系就称为食物链(food chain)(图 40.1)。由于能量的每次传递都会损失大量能量,所以食物链通常

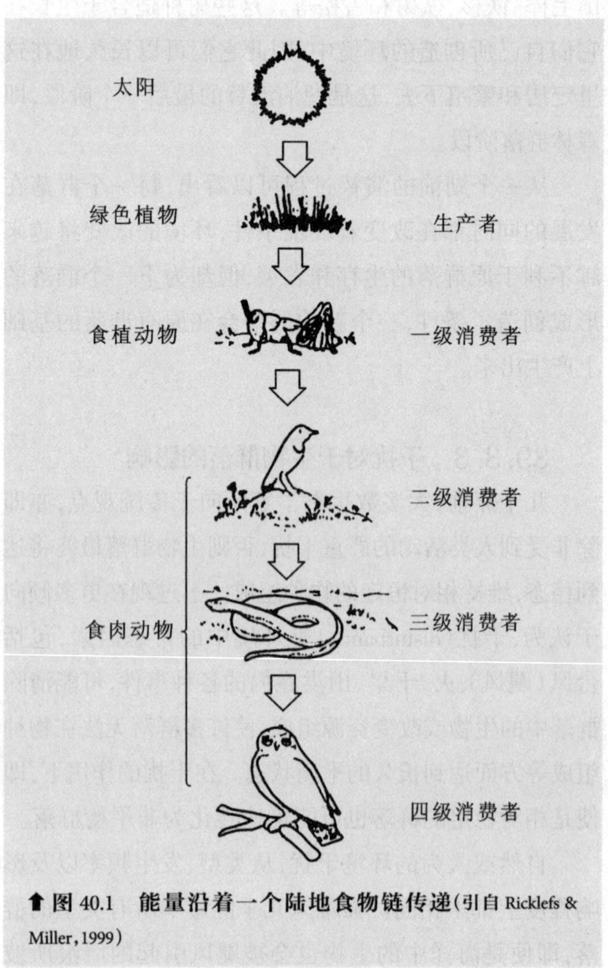

⬆ 图 40.1 能量沿着一个陆地食物链传递(引自 Ricklefs & Miller,1999)

只由4~5个环节组成，如鹰捕捉蛇，蛇吃小鸟，小鸟捕食蝗虫，蝗虫吃草。在任何生态系统中都存在着两种类型的食物链，即捕食食物链和腐食食物链。前者是以活的生物为起点的食物链，后者是以死亡的动植物或腐败有机物为起点的食物链。在多数陆地生态系统和浅水生态系统中以腐食食物链为主，在海洋生态系统中以捕食食物链为主，这是因为海洋中的生产者通常是微小的单细胞藻类和蓝细菌，它们体积小、繁殖速度较快，很快就被浮游动物或其他动物整个吃掉，死后被分解的数量却很少。能量在沿着捕食食物链传递时，每从一个环节到另一个环节能量大约要损失90%，从这一事实不难看出为什么地球上的植物要比动物多得多，食植动物要比食肉动物多得多，这无论是从个体数量、生物量或能量的角度来看都是如此。

实际上自然界生物之间所存在的取食和被取食关系远不像食物链所表达的那么简单，食虫鸟不仅捕食蛾类，也捕食蝗虫和其他动物，而且食虫鸟本身也是多种动物的捕食对象，可见食物链的每一个环节都与周围的很多生物有着错综复杂的普遍联系，这种联系像一个无形的网把所有生物都包括在内，使它们之间都有着直接或间接关系，这就是食物网（food web）（图40.2）。食物网越复杂生态系统就越稳定，食物网越简单生态系统就越容易发生波动和毁灭。假如在一个岛屿上只有草、鹿和狼，那么鹿一旦灭绝，狼就会饿死；如果除了鹿以外还有其他食植动物，那么鹿一旦灭绝，对狼的影响就不会那么大。反过来说，如果狼一旦灭绝，鹿的数量就会急剧增加，草就会遭到过度啃食，结果鹿和草的数量都会大大下降，甚至会同归于尽。但如果除了狼以外还有其他食肉动物存在，那么狼一旦消失，其他食肉动物就会增加对鹿的捕食压力而不致使鹿群发展得太大，从而就可防止生态系统的崩溃。苔原生态系统是地球上食物网结构比较简单的生态系统，因此个别物种的兴衰都有可能导致整个苔原生态系统的失调和毁灭。例如，如果构成苔原生态系统食物链基础的地衣因大气二氧化硫超标而导致数量下降或完全消失，就会对整个生态系统产生灾难性影响，北极驯鹿主要以地衣为食，狼捕杀驯鹿，而因纽特人主要以狩猎驯鹿为生。因此在开发苔原生态系统的自然资源时，必须对该系统的食物链和食物网结构进行深入研究，以便尽可能减少对这一脆弱生态系统的损害。

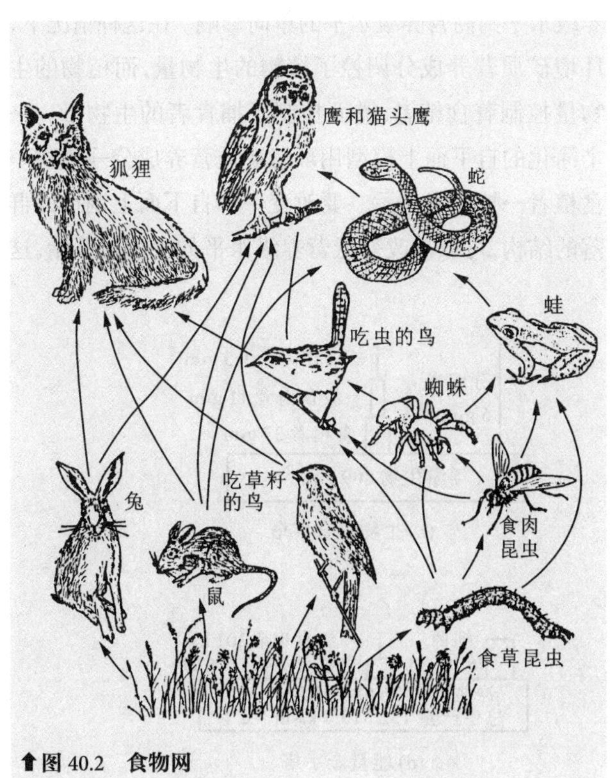

⬆图40.2 食物网

40.1.2 营养级和生态金字塔

营养级（trophic level）的概念是在食物链和食物网的基础上提出来的，是为了使生物之间复杂的营养关系变得更加简明和便于定量地对能量流动和物质循环进行分析。一个营养级是指处于食物链某一环节上的全部生物种的总和，例如：所有绿色植物都位于食物链的起点，它们构成了第一个营养级；所有以植物为食的动物都归属第二个营养级，即食植动物营养级；第三个营养级则包括全部以食植动物为食的食肉动物；以此类推可以有第四个和第五个营养级等（图40.3）。由于

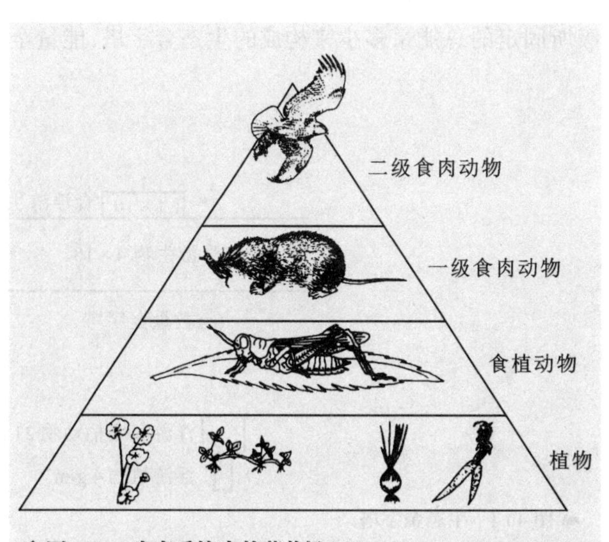

⬆图40.3 生态系统中的营养级（改绘自 Ricklefs & Miller，1999）

食物链的环节数目是有限的，所以营养级的数目也是有限的，通常是4～5个。一般说来，营养级的位置越高，归属于这个营养级的生物种类和数量就越少，当少到一定程度的时候就不可能再维持另一个营养级中生物的生存了。

生态金字塔（ecological pyramid）是指各营养级之间的特定数量关系，这种数量关系可以采用个体数量单位、生物量单位或能量单位表示，采用这些单位所构成的生态金字塔分别称为数量金字塔、生物量金字塔和能量金字塔（图40.4）。数量金字塔是埃尔顿（Charles Elton，1900—1991）首先提出来的，他曾指出在食物链不同环节上生物的数量存在明显差异。通常在生物链的起点生物个体数量最多，在往后的各个环节上生物个体数量逐渐减少，到了顶位食肉动物数量就会变得极少，因此数量金字塔一般是呈下宽上窄的正锥体（图40.4a）。有人曾仔细统计过0.1 hm^2草原上各个营养级的生物数量，结果有草150万株、食草动物20万只（包括鼠、兔、羊和各种食植性昆虫等）、一级食肉动物9万只（包括鼬、狐、狼和各种捕食性昆虫）和顶级食肉动物1只。数量金字塔在有些情况下可以呈现出倒锥形，例如，在森林中树木的株数就比食植动物的个体数量少得多，表现为明显的上宽下窄的倒金字塔。

生物量金字塔是以生物的干重表示营养级中生物的总重量（即生物量），一般说来，植物的生物量要大于食植动物的生物量，而食植动物的生物量又会大于食肉动物的生物量，因此生物量金字塔的图形通常是上窄下宽的正锥体（图40.4b），但是在海洋生态系统中常常表现为一个倒锥体生物量金字塔，如英吉利海峡的生物量金字塔（图40.4c）。能量金字塔是利用各营养级所固定的总能量多少来构成的生态金字塔，能量金字塔总是呈正锥体图形（图40.4d）而绝不会出现倒锥体，因为绿色植物所固定的能量绝不会少于靠吃它们为生的食植动物所含有的能量，食肉动物所含有的能量是靠吃食植动物获得的，因此它们的能量也绝不会多于食植动物。总之，能量从一个营养级流向另一个营养级总是逐渐减少的，这一点在任何生态系统中都是一样的。

40.1.3 营养级之间自下而上和自上而下的调控

一个群落中相邻营养水平相互影响。植物和食植者动物之间有三种可能关系：植物→食植者，植物←食植者，植物←→食植者。箭头表示一个营养级水平生物量的变化会导致另一个营养级水平的变化。植物→食植者意味着植物生物量的增加会增加食植者动物的数量或生物量，反之亦然。在这种情况下，食植者受到植物的限制，但植物不受食植者的限制。相比之下，植物←食植者意味着食植者的增加将减少植物的生物量。双箭头表示每个营养级水平对另一个营养级水平的生物量变化都很敏感。

在一个群落内，常见的营养级之间的调控模式有两种：自下而上的模式（bottom-up model）和自上而下的模式（top-down model）。

植物→食植者表示自下而上的模式，假设从低营养级水平到高营养级水平的单向影响。在这种情况下，环境矿质营养成分调控了植物的生物量，而植物的生物量控制着食植者，进而控制了捕食者的生物量。一个简化的自下而上模型用环境矿质营养成分→植物→食植者→捕食者表示。要改变一个自下而上调控的群落的结构，可以从改变低营养级水平的生物量开始，这

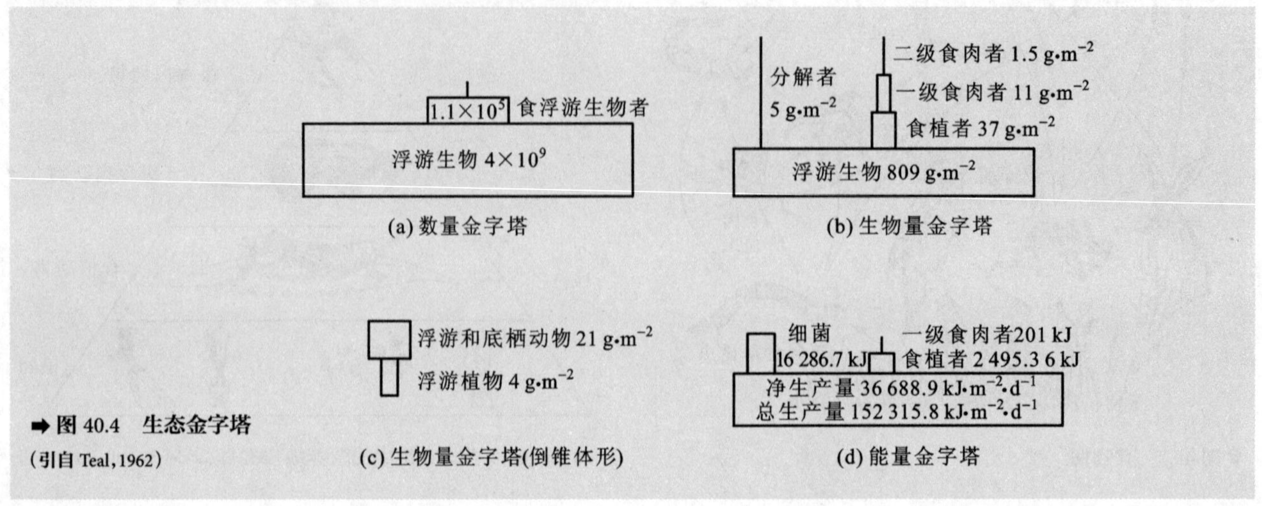

➡图 40.4 生态金字塔
（引自 Teal，1962）

些变化将通过食物网向上传播。例如，添加土壤中的营养物质将改善植物的生长，上一营养级的食植者的生物量也相应增加。

自上而下的调控模式则描述了相反的情形：群落的组织结构主要受到捕食的调控，捕食者限制了食植者，食植者限制了植物，植物对营养成分的吸收又限制了土壤矿质营养成分水平。简化的自上而下模型用环境矿质营养成分←植物←食植者←捕食者表示，也称为营养级联模型。在具有四个营养水平的湖泊群落中，根据该模型，去除顶级捕食者将增加初级捕食者的丰度，进而减少食植动物的数量，增加浮游植物的丰度，降低矿质营养物质的水平。因此，这种效应以交替的 +/- 效应向下逐级影响营养级水平。

生态学家可以利用群落中自上而下的营养级之间的生物量制约关系，通过改变高营养级消费者的生物量来防止水华，实现水质的生物治理（图 40.5）。在一个具有三个营养级（藻类←浮游动物←鱼类）的湖泊中，减少鱼类的数量，将使浮游动物生物量增大，从而降低了藻类的生物量。在有四个营养级的湖泊生物群落中（藻类←浮游动物←次级捕食者←顶级捕食者），为实现相同的控制藻类量的目的，则需要增加顶级捕食者的数量。中国科学家投放以浮游藻类为食的鲢鱼来控制藻类水华，取得了很好的效果，也是利用了藻类←鱼类营养级别这一关系。

40.1.4 生物圈是地球上最大的生态系统

生物圈是指地球有生物存在的部分，它是地球表面不连续的一个薄层，其高度最高可达到离地面 10 km 处或更高，最低可达到地下植物最深的根际处、地下洞穴的最深处和海底热火山口的深度。在深海地壳的裂口处有热气和热水喷涌而出，那里聚集着令人难以置信的海洋生物，例如一些具有独特适应性的瓣鳃类、多毛类和甲壳类动物，它们能生活在完全黑暗、压力极大和温度极高的环境中。这一海底生物世界与已知地球表面的生物圈完全不同，主要表现在能源和代谢途径的差异上，它从根本上改变了我们关于生物生存地点和如何生存的概念。图 40.6 是生物圈的一个垂直剖面图。

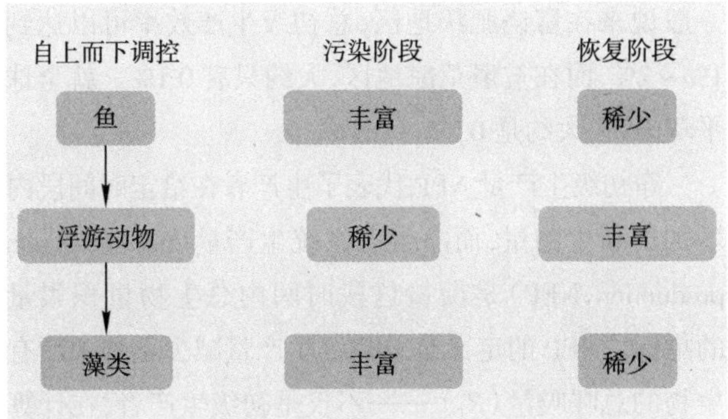

图 40.5 利用群落自上而下的营养级水平调控模式对富营养化的湖泊进行水质生物治理（引自 Urry 等，2017）

此外，地球上的很多地方是没有生物的，如果有也十分稀少或只是暂时存在，难以形成永久性的生物群落，在两极环境极端恶劣的地区、在最干旱的广大荒漠腹地、在终年覆盖着冰雪的高山峰顶、在被有毒废物严重污染了的某些陆地和水域以及大部分深海水域中是找不到任何生物的，因此那里也就谈不上生物圈的存在。

如果用一座 8 层楼的高度（约 30 m 高）代表地球的直径，那么整个生物圈的厚度就相当于楼顶上约 4 cm 厚的一个薄层，而生物圈中有生物生产力的厚度就只相当于一张纸的厚度（约 0.3 mm），地球上最适宜的栖息地如清澈的珊瑚海和热带雨林就分布在这一薄薄的生物圈层中，而与人类关系重大的陆地生物圈只占地球表面的不到 1/4，而且还经常受到人类活动的损害。这个生物圈是整个人类的生命维持系统，它为我们生产氧气、制造食物、处理废物和维持其他所有生物的生存。生物圈是一个无限复杂的生物化学系统，

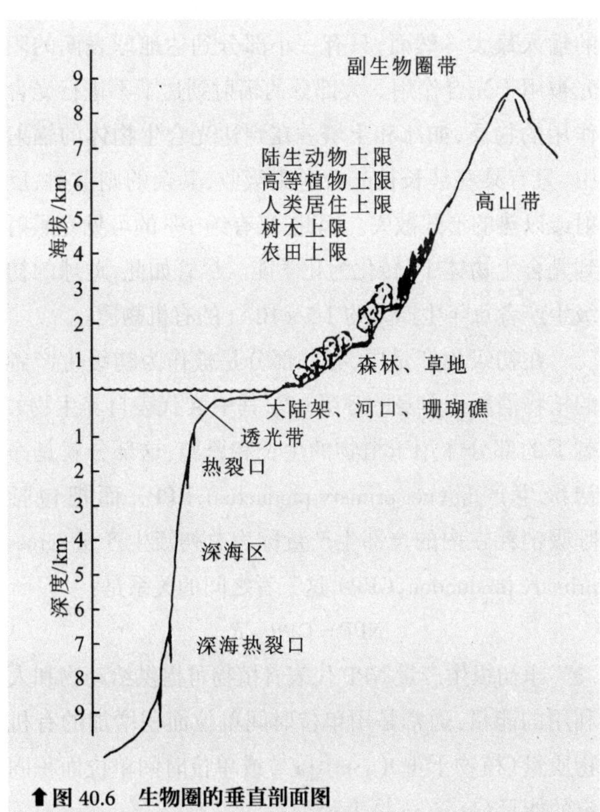

图 40.6 生物圈的垂直剖面图
副生物圈带中主要是细菌和真菌孢子。

它借助于多样性的生物而吸收、转化、加工和贮存太阳能。当生物圈遭到破坏时，环境条件就更可能趋向于极端，正常的平衡状态就会被打破。当草原过牧和陆地被过度开垦和滥用的时候，自然干旱周期就会大大缩短，这将是一场灾难性的气候变化。当森林受到破坏时，高温和低温之间的差异就会比有森林存在时大得多。当水源林遭到砍伐时，洪水的威胁就更加凶险。1998 年我国长江流域的大洪水就与长江上游水源林遭砍伐有直接关系。要想在地球上保持适宜的气候就必须保持生物圈和生态系统的完整性，使其免遭破坏。

40.2 生态系统中的生物生产量

40.2.1 初级生产量是生态系统的基石

初级生产量或称第一生产量(primary production)，是指绿色植物借助光合作用所制造的有机物质总量，因为这是生态系统中最基本的能量固定，所以具有奠基石的作用，所有消费者和分解者都直接或间接依赖初级生产量为生，因此没有初级生产量就不会有消费者和分解者，也就不会有生态系统。

每天，地球大气接受大约 10^{22} J 的太阳辐射。按照 2013 年的能源消耗水平，这足以满足全人类 19 年的需求。到达地球的太阳能强度随纬度而变化，热带地区的输入最大。然而，只有一小部分到达地球表面的阳光被用于光合作用。大部分的辐射到达了不进行光合作用的物质，如冰和土壤。在到达光合生物体的辐射中，只有某些波长被光合色素吸收，其余的则散射、反射或以热的形式散失。因此，只有约 1% 的可见光照射到光合生物体中，转化为化学能。尽管如此，地球的初级生产者每年生产大约 1.5×10^{11} t 的有机物质。

在初级生产量中，有一部分是被作为初级生产者的植物消耗于自身的呼吸(R_A，其中 A 代表自养生物)，剩下的部分才用于植物的生长和繁殖，这部分就是净初级生产量(net primary production，NPP)，而把包括呼吸消耗在内的全部生产量称为总初级生产量(gross primary production，GPP)，这三者之间的关系是：

$$NPP = GPP - R_A$$

净初级生产量 NPP 代表着植物可提供给动物和人利用的能量，通常是用单位时间单位面积增加的有机物质量(植物干重)($g \cdot m^{-2} \cdot a^{-1}$)或单位时间单位面积固定的能量($J \cdot m^{-2} \cdot a^{-1}$)表示。

由于净初级生产量是用于植物的生长和繁殖，因此随着时间的推移，植株越长越大，株数越来越多，而构成植物体的有机物质(根、茎、叶、花、果实等)也就越积越多。逐渐积累下来的这些净生产量就称为生物量，可见生物量实际上就是单位面积随时间累积的有机物质量或能量。生物量的单位通常是用 $g \cdot m^{-2}$ 或 $J \cdot m^{-2}$ 表示。显然如果 $GPP - R_A > 0$，则生物量增加；若 $GPP - R_A < 0$，则生物量减少；$GPP = R_A$ 则生物量不变。生物量的概念也可以应用于动物，通过动物生物量的计算可以推测各类动物在生态系统中的相对重要性。

地球各地不同生态系统的净初级生产量和生物量随温度和雨量的不同而有很大差异。在陆地生产系统中净初级生产量最高的是热带雨林，其平均值为 2 000 $g \cdot m^{-2} \cdot a^{-1}$，生物量也是热带雨林最大，平均值为 45 000 $g \cdot m^{-2}$。河口和珊瑚礁也有很高的净初级生产量，但它们对全球总量的贡献较小，因为这些生态系统覆盖面积只有热带雨林覆盖面积的十分之一。开阔大洋的净初级生产量很低，平均只有 125 $g \cdot m^{-2} \cdot a^{-1}$。全球海洋净初级生产量平均值虽然只有陆地的一半，但由于海洋面积是陆地面积的两倍，整个海洋贡献的净初级生产量与陆地的相当。

生态学家 Edgar Transeau(1875—1960)曾对一块面积为 0.405 hm^2 的玉米田在一个生长季内(100 d)的初级生产效率进行了研究，他发现这块玉米田只能把总入射日光能的 1.6% 转化为总初级生产量，其中的 23.4% 用于呼吸代谢，其余 76.6% 转化为净初级生产量，约相当总入射日光能的 1.2%。在差不多相同的气候条件下，Frank Golley(1930—2006)曾对一块长满了一年生禾本科植物和阔叶草本植物的荒地进行了类似的研究，结果表明这块荒地的总初级生产效率约为 1.2%，而净初级生产效率约为 1%。自 20 世纪 40 年代以来，对各种生态系统的初级生产效率所做的大量研究表明，在自然条件下总初级生产效率很难超过 3%。一般说来在富饶肥沃地区，总初级生产效率可以达到 1% ~ 2%，而在贫瘠荒凉地区，大约只有 0.1%。就全球平均来讲，大约是 0.2% ~ 0.5%。

净初级生产量 NPP 代表了生产者在给定时间段内增加的新生物量，而净生态系统生产量(net ecosystem production，NEP)是衡量这段时间内总生物量积累量的指标。NEP 的定义是总初级生产量减去系统中所有生物的总呼吸量(R_T)——不仅是初级生产者，在计算 NPP 时，还包括分解者和其他异养生物：

$$NEP = GPP - R_T$$

NEP的值决定了一个生态系统的碳量随着时间的推移是增加还是减少。一个森林生态系统的NPP可能为正值,但如果异养生物释放二氧化碳的速度比初级生产者将其纳入有机化合物的速度更快,那么它仍然会损失碳,这便是当前全球碳排放管理的生态学理论基础。

40.2.2 次级生产量是消费者生产的有机物质

次级生产量或称第二生产量(secondary production)是指动物靠摄食植物、其他动物以及一切现成有机物质而生产出来的有机物,包括动物的肉、蛋、奶、毛皮、血液、蹄、角以及内脏器官等。这类生产在生态系统中是有机物质的再生产,所以称为次级生产量,归根结底次级生产量还是要依靠植物在光合作用中所生产的有机物质。所有消费者和分解者(包括大多数细菌和真菌)都属于次级生产者,因为它们都是异养生物。

从理论上讲,植物的全部净生产量都可被消费者和分解者利用并转化为次级生产量,但实际上任何一个生态系统中的净初级生产量,都因消费者数量不足而没有被充分利用,常常是大部分没被利用。此外还有很多植物是因为不可食或生长在动物根本到达不了的地方而无法被利用。被动物摄入的食物也会有一部分将通过动物的消化管原封不动地排出体外,鼠类可消化它们吃进食物的85%~90%,而蝗虫只能消化30%。可见在动物摄入的食物中并不能全部被同化和利用。在已被同化的能量中也还会有一部分用于动物的呼吸代谢和生命的维持(包括基础代谢、运动和各种日常活动如捕食、战斗、求偶等),这部分能量是无形的和看不见的,最终将以热的形式释放。除此之外剩下的部分才能用于动物身体各种器官组织的生长和产生新的个体,这些看得见摸得着的有形的东西才是我们所说的次级生产量。图40.7显示了次级生产量的具体生产过程。该图适用于任何一种动物,对食植动物来说,食源是初级生产量(即植物);对食肉动物来说,食源是次级生产量(即作为猎物的其他动物)。动物捕到猎物后往往不是全部吃下去,总是剩下毛皮、骨头和内脏,这也属于能量的丢弃和损失。

显然,在所有生态系统中次级生产量都要比净初级生产量少得多,例如,全球热带雨林的年净初级生产量为1.53×10^{10} t碳,而其次级生产量为1.1×10^{8} t碳,又如全球温带草原的年净初级生产量为2.0×10^{9} t碳,而其次级生产量只有3.0×10^{7} t碳。海洋生态系统的

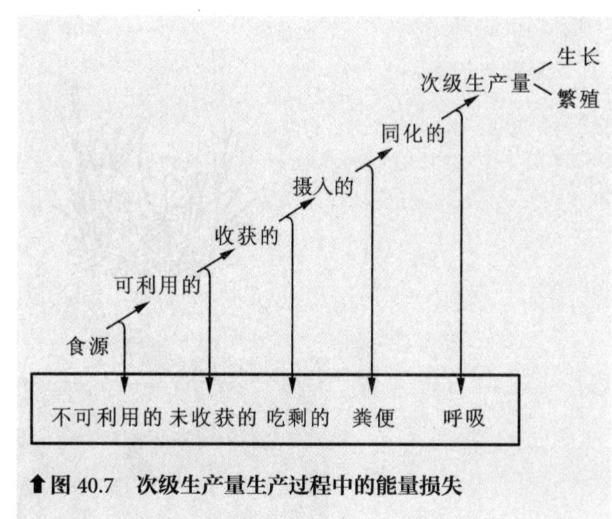

图40.7 次级生产量生产过程中的能量损失

一个显著特点是食植动物有极高的取食效率,海洋动物利用海洋植物和原生生物(主要是单细胞藻类)的效率约相当于陆地动物利用陆地植物(主要是纤维素含量极高的维管植物)效率的5倍。正是由于这一特点,海洋初级生产量的总和虽然只同陆地初级生产量相当,但海洋次级生产量却相当于陆地次级生产量的3倍多。研究海洋的次级生产量具有重要的实用意义,因为这个问题与海洋鱼产量有着密切关系。John H. Ryther(1922—2006)根据海洋初级生产量及其转化效率推算,海洋鱼类的最大生产量是2.4×10^{8} t鲜鱼,但人类显然不能把它们全都捕捞上来,因为海洋里还有很多以鱼为食的动物,此外,一部分生产量还必须用于鱼类自身的更新。据估计,人类每年只能从海洋中捕捞大约10^{8} t鱼,这可能就是海洋鱼类的最大持续产量。当然,还有一些种类的鱼目前尚未被食用,这些鱼大约还可提供$2.0\times10^{7}\sim5.0\times10^{7}$ t的产量,这就是说,人类每年从海洋中捕捞鱼的极限是$1.2\times10^{8}\sim1.5\times10^{8}$ t。

40.3 生态系统中的能量流动和物质循环

40.3.1 能量在流动过程中的传递效率很低

当能量沿着一个食物链流动时,测定食物链每一个环节上的能量值就可以获得生态系统内一系列特定点上能流的准确资料。Golley曾对一个由植物、田鼠和鼬三个环节组成的食物链进行了定量的能流分析(图40.8和图40.9)。从图中可以看出,食物链每个环节上的净初级生产量(NPP)都只有很小的一部分得到了利用,例如,99.7%的植物没有被田鼠利用,其中包括未被

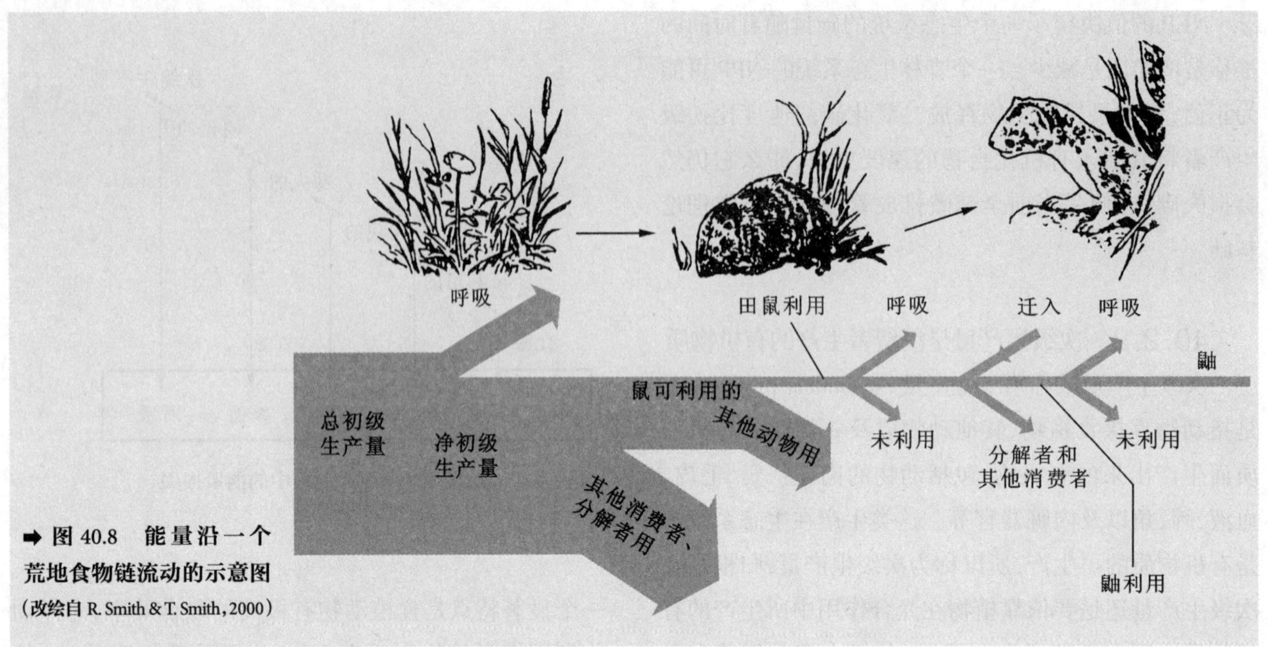

➡ **图 40.8　能量沿一个荒地食物链流动的示意图**（改绘自 R. Smith & T. Smith，2000）

取食的（$b=99.6\%$）和取食后未被消化的（$c=0.1\%$），而田鼠本身（包括外地迁入的）也有62.8%没有被鼬利用，其中包括未被捕食的（$b=61.5\%$）和吃下后未被消化的（$c=1.3\%$）。

能量流动过程中能量损失的另一个重要方面是生物的呼吸消耗（R），植物的呼吸消耗比较少，只占总初

食物链环节	未利用	GPP和NPP	R	NPP/GPP
Ⅰ(植物)	49.3×10^6 (99.6%-b) 74×10^3 (0.1%-c)	GPP=59.3×10^6 NPP=49.5×10^6	8.8×10^6	0.85
Ⅱ(田鼠)	12×10^3 (61.5%-b) 2.6×10^2 (1.3%-c)	GPP=176×10^3 NPP=6×10^3 (+13.5×10^3输入)	170×10^3	0.03
Ⅲ(鼬)		GPP=55.6×10^2 NPP=1.3×10^2	54.3×10^2	0.02

⬆ **图 40.9　能量沿荒地食物链流动的定量分析**（改绘自 Golley，1960）
单位：$cal\cdot hm^{-2}\cdot a^{-1}$，1 cal=4.18 J。

级生产量（GPP）的 15%，但田鼠和鼬的呼吸消耗相当多，分别占各自总次级生产量的 97% 和 98%，而只有很小一部分转化形成了净次级生产量。由于能量在沿食物链从一种生物到另一种生物的流动过程中未被利用的能量和因呼吸而损失的能量极多，致使鼬的数量不可能很多，因此鼬的潜在捕食者（如猫头鹰）即使能够存在的话，也要在该研究地区以外的更大范围内捕食才能维持生存。

生态学也研究能量如何沿着营养级流动，即从一个营养级流向另一个营养级。图 40.10 展示了美国明尼苏达州 Cedar Bog 湖能量沿营养级流动的定量分析。从图中可以看出，入射该湖的日光能总量是 497 360 $J\cdot cm^{-2}\cdot a^{-1}$，湖中生产者的总初级生产量是 463 $J\cdot cm^{-2}\cdot a^{-1}$，其能量固定效率大约是 0.1%。在生产者所固定的能量中有 96 $J\cdot cm^{-2}\cdot a^{-1}$（约占 GPP 的 21%）是被生产者自己的呼吸代谢消耗掉了，被食植动物吃掉的只有 63 $J\cdot cm^{-2}\cdot a^{-1}$（约占 NPP 的 17%），被分解者分解的只有 13 $J\cdot cm^{-2}\cdot a^{-1}$（约占 NPP 的 3.5%）。其余没有得到利用的 NPP 竟多达 291 $J\cdot cm^{-2}\cdot a^{-1}$（约占 NPP 的 79.3%），这些没有被利用的 NPP 最终都沉到湖底形成沉积物。显然在 Cedar Bog 湖中没有被动物利用的净初级生产量要比被利用的多得多。

在食植动物所利用的 63 $J\cdot cm^{-2}\cdot a^{-1}$ 的能量中，有 18.8 $J\cdot cm^{-2}\cdot a^{-1}$（占总次级生产量的 30%）用在了自己的呼吸上，其余的 44.2 $J\cdot cm^{-2}\cdot a^{-1}$（占 70%）从理论上讲都可以被食肉动物所利用，但实际上食肉动物只利

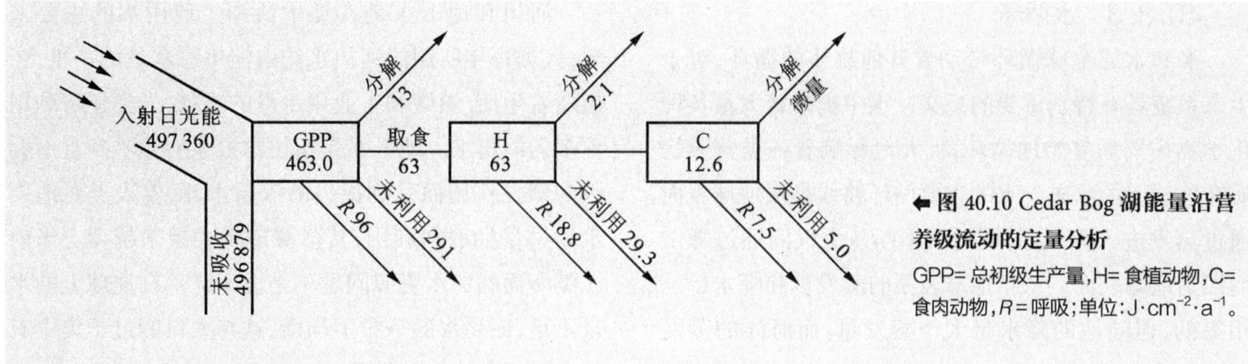

⬅ **图 40.10 Cedar Bog 湖能量沿营养级流动的定量分析**

GPP= 总初级生产量，H= 食植动物，C= 食肉动物，R = 呼吸；单位：$J \cdot cm^{-2} \cdot a^{-1}$。

用了 12.6 $J \cdot cm^{-2} \cdot a^{-1}$（占可利用量的 28.5%），这个利用率虽然比净初级生产量的利用率高，但还是相当低的。在食肉动物的总次级生产量中，呼吸代谢大约要消耗掉 60% 即 7.5 $J \cdot cm^{-2} \cdot a^{-1}$，这种消耗比食植动物（30%）和植物（21%）的呼吸消耗要高得多。其余的 5.0 $J \cdot cm^{-2} \cdot a^{-1}$（占 40%）大都没有被更高位的食肉动物所利用，而每年被分解者分解掉的又微乎其微，所以大都作为动物有机残体沉积到了湖底。

从对 Cedar Bog 湖各营养级之间能量流动的定量分析中可以看出两个重要特点：首先，能量流动是单方向的和不可逆的，所有能量迟早都会通过生物呼吸被耗散掉；其次，能量在流动过程中会急剧减少，主要是因为资源利用率不高和生物的呼吸消耗。因此，任何生态系统都需要不断得到来自外部的能量补给，如果在一个较长时期内断绝对一个生态系统的能量输入，这个生态系统就会自行消亡。

40.3.2 物质循环的三种不同类型

能量流动和物质循环是生态系统的两大基本功能（图 40.11）。能量流动是单方向不可逆的，而物质的流动则是循环式的。各种物质和元素是不灭的，都可借助其完善的循环功能被生物反复利用，因此对于一个封闭的和功能完善的生态系统来说，无须从外界获得物质补给就可长期维持其正常功能。地球生物圈就是这样一个自给自足、自我维持的最大生态系统。

生态系统中的物质循环又称为生物地球化学循环（biogeochemical cycle），简称生物地化循环，可分为三种基本类型，即水循环、气体型循环（gaseous cycle）和沉积型循环（sedimentary cycle）。在气体型循环中，物质的主要储存库是大气圈和海洋，其循环与大气圈和海洋密切相关，具有明显的全球性，循环性能最为完善。凡属于气体型循环的物质，其分子或化合物常以气体形式参与循环过程。属于气体型循环的物质有氧、二氧化碳、氮、硫、氯、溴和氟等。属于沉积型循环的物质，其分子或化合物几乎无气体形态，这些物质主要是通过岩石的风化和沉积物的分解转变为可被利用的营养物质，而海底沉积物转化为岩石圈成分则是一个缓慢的单向的物质移动过程，时间要以数千年计。沉积型循环物质的主要储存库是土壤、沉积层和岩石圈，因此，这类物质循环的全球性不明显，循环性能也不完善。属于沉积型循环的物质主要有磷、钙、钾、钠、镁、铁、锰、碘、铜和硅等，其中磷是最典型的沉积型循环物质，它从岩石中经风化和开矿释放出来，最终又沉积在海底转化为新的岩石。气体型循环和沉积型循环虽然各有特点，但都受能流的驱动并都依赖于水的循环。

人类在生物圈水平上对物质循环过程的干扰在规模上与自然过程相比是有过之而无不及，而且人类的影响已扩展到作为生物主要构成成分的碳、氧、氮、磷和水的全球循环，这些物质或元素的自然循环过程只要稍受干扰就会对人类本身产生深远影响。

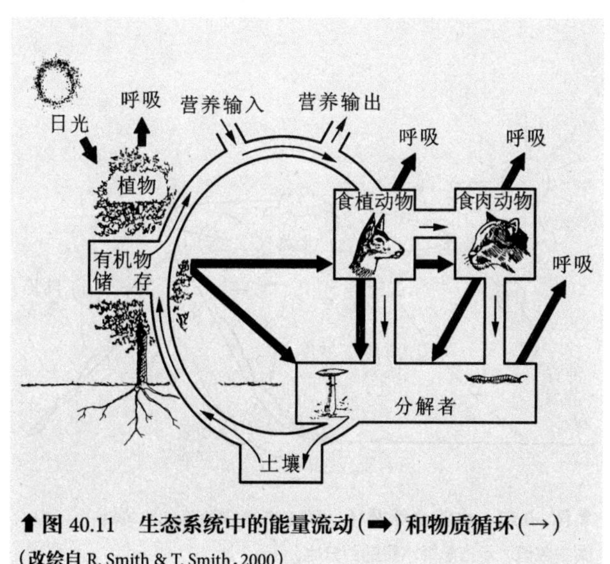

⬆ **图 40.11　生态系统中的能量流动（➡）和物质循环（→）**
（改绘自 R. Smith & T. Smith，2000）

40.3.3 水循环

水和水的全球循环带动着其他物质的循环，对于生态系统具有特别重要的意义。水中携带着大量各种化学物质周而复始地循环，极大地影响着各类营养物质在地球上的分布。水的主要循环路线是从地球表面通过蒸发进入大气圈，同时又不断从大气圈通过降水而回到地球表面。每年地球表面的蒸发量和降水量是相等的，但陆地的降水量大于蒸发量，而海洋的蒸发量大于降水量，因此陆地每年都把多余的水通过江河源源不断地输送给大海，以弥补海洋大量的亏损(图 40.12)。生物在全球水循环中所起的作用很小，虽然植物在光合作用中要吸收大量的水，但通过呼吸和蒸腾作用又把大量的水送回了大气圈。

地球上的淡水大约只占地球总水量的 3%，其中的 75% 又都被冻结在两极的冰盖和冰川中。如果地球上的冰雪全部融化，其水量可盖满地球表面 50 m 厚，虽然地球的全年降水量多达 5.2×10^8 km^3，但是大气圈中的含水量却是微不足道的，地球全年的降水量约等于大气圈含水量的 35 倍，这表明大气圈含水量只够 11 天降水用，平均每过 11 天，大气圈中的水就会周转一次。

水循环的另一个特点是每年降到陆地上的水大约有 1/3 又以地表径流的形式流入了海洋。地表径流能够溶解和携带大量营养物质，把它们从一个生态系统搬运到另一个生态系统，这对补充某些生态系统营养物质的不足起着重要作用。由于水总是从高处向低处流动，所以高地往往比较贫瘠，而低地比较肥沃，如沼泽地和大陆架就是这种最肥沃的低地，也是地球上生产力最高的生态系统之一。

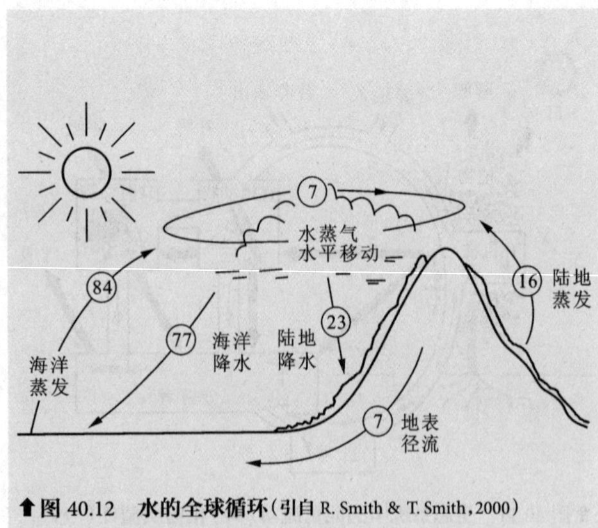

图 40.12 水的全球循环(引自 R. Smith & T. Smith，2000)

图中数值表示占总降水量的百分比。

河川和地下水是人类生活和生产用水的主要来源，人类每年所用的河川水约占河川总水量的一半，今后随着生活、灌溉和工业用水量的增加，人类还将利用更多的河川水。地下水是指植物根系所达不到且不会因为蒸发作用而受到损失的深层水，随着人类对地下水的过量抽取和利用，其蕴藏量将会越来越少。当前人类所面临的水资源问题不是由于降落在地球上的水量不足，而是水的分布不均衡，这与人口的过于集中有关。由于人类已经强烈地参与了水的全球循环，致使自然界可以利用的水资源已经大为减少，水的质量也已明显下降，现在水的自然循环过程已不足以弥补人类活动对全球水资源所造成的有害影响。

40.3.4 碳循环

碳的全球循环对生命至关重要。碳对生物个体和生态系统的重要性仅次于水，它构成生物体干重的 49%。碳原子独一无二的特性就是可以形成一个长的碳链，这个碳链为各种复杂的有机分子(蛋白质、脂质、糖类和核酸等)提供骨架。碳不仅构成生命物质，还构成各种非生命化合物。地球上最大量的碳被固结在岩石圈中，其次是在化石燃料中，仅煤和石油中的含碳量就相当于全球生物含碳量的 50 倍。在生物学上有重要作用的两个碳库是水圈和大气圈(主要以 CO_2 的形式)。光合作用从大气中摄取碳的速率和呼吸作用把碳释放给大气的速率大体相等。CO_2 是含碳的主要气体，也是碳参与全球循环的主要形式。碳循环的基本路线是从大气圈到植物和动物，再从植物和动物通向分解者，最后又回到大气圈(图 40.13)。此外，非生物的燃

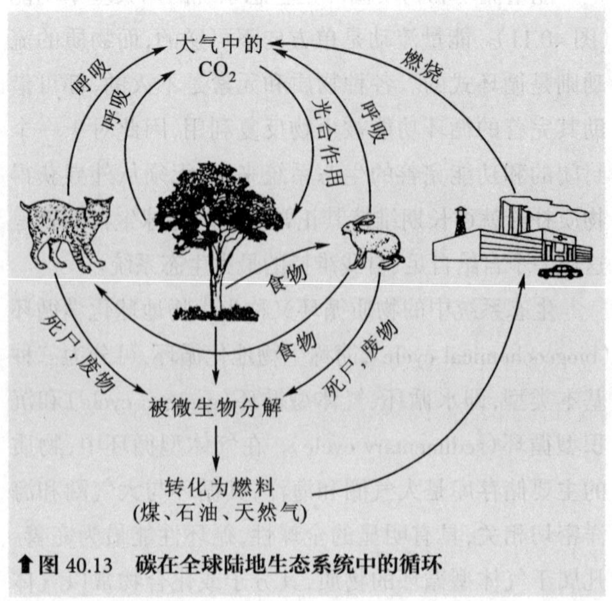

图 40.13 碳在全球陆地生态系统中的循环

烧过程（如煤、石油、天然气的燃烧）也使大气圈中 CO_2 的含量增加。在这个循环路线中，大气圈是碳的储存库（以 CO_2 的形式），CO_2 在大气中的平均体积分数是 0.032%。但由于一些地理因素和其他因素影响着光合作用和呼吸作用，所以大气中 CO_2 的含量有着明显的日变化和季节变化。

除了大气圈以外，碳的另一个储存库是水圈，其含碳量是大气圈含碳量的 50 倍，它对调节大气圈的含碳量起着非常重要的作用。根据目前的研究结果，海洋对全球碳循环的贡献与陆地生态系统相当。

CO_2 在大气圈和水圈之间的界面上通过扩散作用而互相交换着，如果大气圈中的 CO_2 发生局部短缺就会引起一系列的补偿反应，水圈里溶解态的 CO_2 就会更多地进入大气圈。同样，如果水圈中的 HCO_3^- 在光合作用中被植物耗尽，也可及时从大气圈中得到补充。总之，碳在生态系统中的含量过高或过低，都能通过碳循环的自我调节机制而得到调整并恢复到原来的平衡状态。在大气圈和水圈之间，每年大约要相互交换 10^3 t 的 CO_2。在陆地和大气圈之间，碳的交换大体上也是平衡的。陆地植物的光合作用每年约从大气圈吸收 1.5×10^{10} t 碳，生物死亡后分解约可释放 1.7×10^{10} t 碳。森林是碳的主要吸收者，每年约可吸收 3.6×10^9 t 碳，相当其他植物吸收碳量的两倍。森林也是地球最主要的生物碳库，约储存着 4.82×10^{11} t 碳，相当于目前地球大气圈含碳量的 2/3。

由于人类每年约向大气圈排放 2×10^{10} t CO_2，从而严重干扰了陆地、海洋和大气之间 CO_2 交换的平衡，致使大气圈中 CO_2 的含量每年增加 7.5×10^9 t，这仅是人类排放到大气中 CO_2 的 1/3，其余则被海洋和陆地植物所吸收。

40.3.5 氮循环

氮是构成生命蛋白质和核酸的主要元素，因此它与碳、氢、氧一样在生物学上具有非常重要的意义。在各种元素的生物地球化学循环中，氮的循环是最复杂的，其循环功能极为完善（图 40.14）。虽然氮在大气圈中的含量远远高于 CO_2，但大气中的氮（N_2）却不能直接被植物利用。

由于大气成分的 78% 是氮气，所以大气圈是氮最重要的储存库。虽然地壳岩石等也含有大量的氮，但是这些氮不参与氮循环。大气中的氮气只有被固定为无机氮化合物（主要是硝酸盐和氨）才能被植物所利用。虽然有物理化学（如放电过程产生的固氮）和生物两种固氮途径，但以生物固氮法最为重要。据估算全球每年的生物固氮量是 5.4×10^7 t，约为物理化学固氮量的 7 倍。此外，人类每年约合成氮肥 3×10^7 t，这也是一个不小的数量。

根瘤菌可把氮气转化为能被植物利用的氨（NH_3），而植物蛋白质中的氮又可直接被食植动物所利用，而动植物死后又可被分解者利用。溶解在水里的氨或铵

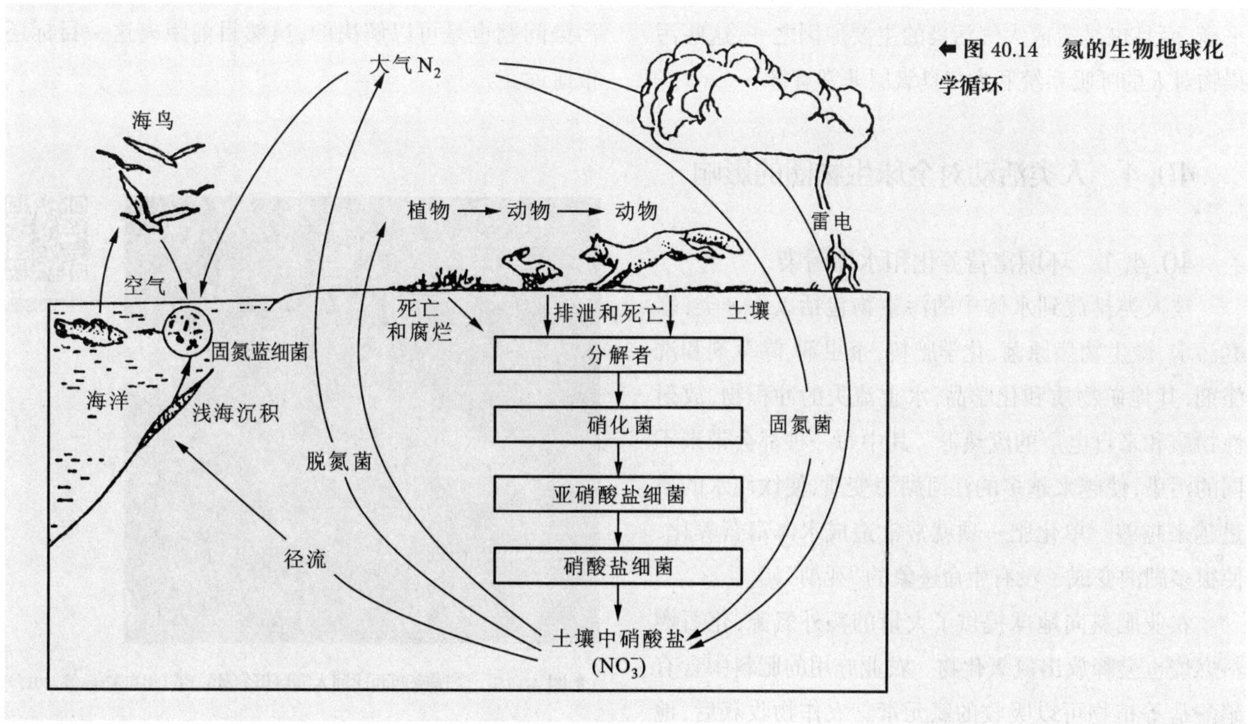

图 40.14 氮的生物地球化学循环

可以被植物吸收或进一步经过硝化作用形成硝酸根(NO_3^-),然后再被植物的根吸收,硝化作用的化学表达式是:

$$NH_4^+ \longrightarrow NO_2^- \longrightarrow NO_3^-$$

硝化作用的反过程是反硝化作用(也称脱氮作用),反硝化作用是在无氧条件下由反硝化菌和真菌完成的,可把硝酸盐等较复杂的含氮化合物转化为 NO、N_2O 和 N_2,其中最重要的终结产物是氮气(N_2)。这个过程具有重要的生态学意义,氮就是通过这个过程回到了大气圈的。从全球范围看,每年通过固氮作用从大气圈拿走的氮约是 9.2×10^7 t(其中生物固氮 5.4×10^7 t,工业固氮 3×10^7 t,光化学固氮 7.6×10^6 t 和火山活动固氮 2×10^5 t)。但是通过反硝化作用每年送还给大气圈的氮只有约 8.3×10^7 t(其中陆地 4.3×10^7 t,海洋 4×10^7 t 和沉积层 2×10^5 t)。

两个过程的差额是 9×10^6 t,这种不平衡主要是由工业固氮量的日益增长引起的,作为化肥使用的这些氮也是造成水体污染的一个主要因素。

氮有很多循环路线,而且每一条路线都受生物或非生物机制所调节,正是因为氮循环有着这么多的自我调节机制和反馈机制,所以才能基本保持全球氮循环的平衡,即固氮过程将能被反硝化过程所抵消。但如果工业固氮量增长太快,而反硝化作用的速度又跟不上的话,那么全球氮循环的平衡就可能受到破坏。另外,来自汽车和其他机动车所排放的 NO_2 和其他含氮气体,如果数量急剧增加的话,不仅会干扰全球的氮平衡,而且也是造成大气污染的主要原因之一,这些污染物对人的呼吸系统和大气臭氧层非常有害。

40.4 人类活动对全球生物圈的影响

40.4.1 环境富营养化和水体污染

被人类排放到水体中的污染物包括以下 8 类:家庭污水,微生物病原菌,化学肥料,杀虫剂、除草剂和洗涤剂,其他矿物质和化学品,水土流失的冲积物,放射性物质和来自电厂的废热等。其中每一种都会带来不同的污染,使越来越多的江河湖海变质,使饮用水的质量越来越差。单化肥一项就常常造成水体富营养化,使很多湖泊变成了没有生命迹象的“死湖”。

农业肥料向地球提供了大量的额外氮源,化石燃料燃烧也会释放出氮氧化物。农业施用的肥料中含有硝酸盐等植物可以吸收的氮元素。农作物收获后,地表矿物质没有植物吸收,硝酸盐会从生态系统中流失。这些氮氧化物进入大气并通过降水以硝酸盐的形式回到生态系统。土壤中含氮化合物超过临界负荷最终会渗入地下水或流入淡水和海洋生态系统,污染水源并杀死鱼类等水生生物。在 20 世纪的欧洲和美国,许多河流被农业和工业污水中的硝酸盐和铵所污染,流入大西洋,其中携带污染物最高的河流来自北欧和美国中部。密西西比河将氮污染流入墨西哥湾,每年夏天都会导致浮游植物大量繁殖。当浮游植物死亡时,在好氧性细菌的分解作用下,氧气大量消耗,在沿海地区形成了一个广泛的低氧死亡带(图 40.15),造成鱼类和其他海洋动物大规模死亡。

地球上一些著名的大河,如泰晤士河、密西西比河、莱茵河和我国的长江、黄河都曾受到过严重污染,虽然经过治理情况已有很大改善,但全球河流受到普遍污染的现状仍未根本改变。海洋污染也举世瞩目,日益增多的海运事故和石油从钻井、港口和油轮漏入大海,已对海洋生态系统构成了严重威胁,这种污染对海洋生物带来的灾难是难以估计的。

由于水体污染造成了严重的后果,很多国家已采取措施对江河湖海进行保护和治理,如严格控制污染源,发展生产工艺无害化、工业用水封闭化,采用无水造纸法、无水印染法和建立污水处理厂等。由于采取了这些措施,从全球尺度而言,部分地区的水质已经开始恢复,一度绝迹的生物又重新出现,有的地区甚至已变成了风景宜人的旅游区。这说明只要认真治理,水污染问题也是可以解决的,虽然目前距离这一目标还很遥远。

扫码见彩图

⬆图 40.15 美国密西西比河入海区低氧死亡带(引自 Urry 等,2017)

40.4.2 温室气体与气候变化

人类活动向大气层释放出大量废气。人们曾经认为,浩瀚的大气层可以无限地吸收这些物质,但现在学者和公众逐渐形成共识,这种增加会导致气候变化。与天气的短期波动不同,气候变化指的是持续30年或更长时间的,表现为一定趋势的全球性气候变化。

长期以来大气中CO_2的体积占比是0.028%,但从工业革命以来,特别是20世纪以来,主要由于煤、石油和天然气的大量燃烧,CO_2的全球平衡受了严重干扰。根据美国夏威夷Mauna Loa监测点的数据,在排除了正常季节性波动影响之后,大气中CO_2体积占比从1958年到2015年呈稳步上升的趋势(图40.16)。到2020年地球大气中CO_2的体积占比已从0.028%增加到了0.04%。2020年全球CO_2排放量为3.2×10^{10} t。

大气中CO_2增加会通过温室效应(图40.17)影响地球的热平衡,使地球变暖。20世纪初与20世纪60年代相比,北半球的平均温度上升了0.5℃。从1958年到2015年,尽管全球平均气温波动很大,但是仍可看出明显的变暖趋势(图40.16)。按目前趋势发展下去,到2100年地球温度可能要上升3~4℃。地球温度升高首先会使南极的冰盖开始融化,据科学家研究,在过去40年间已经有4.1×10^4 km^3的冰融化,使地球海平面上升了13 cm。根据联合国专家推算,海平面只要升高50 cm就将使5000万至1亿人口受到海潮和水灾的威胁,一些岛屿将会被淹没,热带疾病的传播范围将扩大等。地球变暖还会引起大气环流气团向两极推移,改变全球降雨格局,影响农业生产。

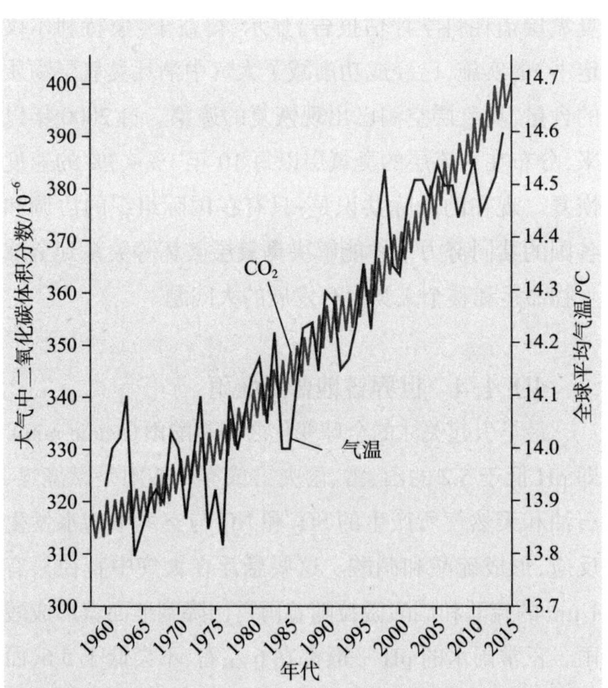

⬆图40.16 1958—2015年大气中二氧化碳含量以及全球平均气温同步增加的趋势(引自Urry等,2017)

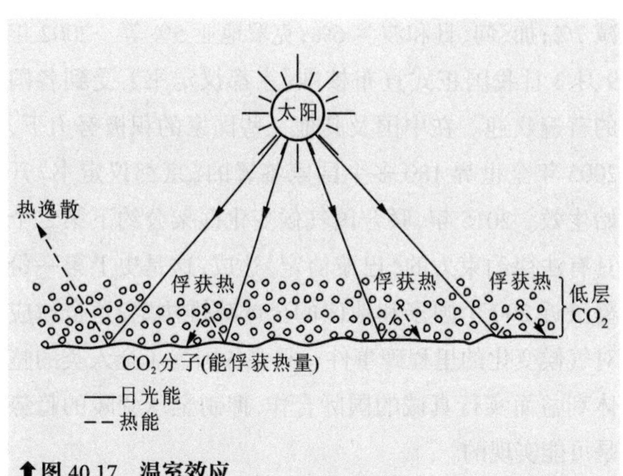

⬆图40.17 温室效应

CO_2分子吸收地球的反射热,使地球升温。

气候变化正在显著地影响地球上许多生态系统甚至整个生物圈。例如,在欧洲和亚洲,一些植物在春季的萌发时间更早,而在热带海域,随着水温的升高,一些种类的珊瑚的生长和存活率也相应下降。许多生物,特别是那些无法长距离快速扩散的植物,可能无法在全球变暖所导致的快速气候变化中生存下来。

我们需要采取措施来减缓全球变暖以及极端气候变化。通过更有效地利用能源,用可再生的太阳能和风能以及更具争议性的核能取代化石燃料,目前已经取得迅速的进展。不过至今,煤、汽油、木材和其他有机燃料仍然是工业化社会的核心。稳定二氧化碳排放需要国际社会共同努力,改变个人生活方式和工业流程。

减缓气候变化的另一个重要方法是减少世界各地的森林砍伐,特别是在热带地区。森林砍伐目前约占温室气体排放量的10%。最近的研究表明,补偿不砍伐森林的国家可以在10到20年内将森林砍伐率降低一半。减少森林砍伐不仅可以减缓大气中温室气体的积累,而且可以维持森林和保护生物多样性,这对世界都是一个振奋人心的结果。

为了切实减少CO_2的排放量和保护全球环境,联合国于1997年12月在日本京都召开了气候变化框架公约缔约方会议并达成了具有法律约束力的《京都议定书》,规定了对38个主要工业发达国家CO_2排放量的削减量,其中英、法、德、意等26国削减8%;美国削减 7%;加、匈、日和波兰 6%;克罗地亚 5% 等。2002 年 9 月 3 日我国正式宣布核准《京都议定书》,受到各国的普遍欢迎。在中国及其他一些国家的积极努力下,2005 年全世界 180 多个国家签署的《京都议定书》开始生效。2015 年,联合国气候变化框架公约下第二个具有法律约束力的《巴黎协定》达成,这是史上第一份覆盖近 200 个国家和地区的全球减排协定,是全球应对气候变化的里程碑事件。只要各国为了全人类的整体利益而实行真诚的国际合作,抑制全球变暖的趋势是可能实现的。

40.4.3 臭氧减少是潜在的全球性生态灾难

在距地球表面 15 ~ 20 km 处的平流层中,臭氧(O_3)的含量非常丰富,它有选择地吸收对人体和生物有致癌和杀伤作用的紫外线、X 射线和 γ 射线,从而保护着人类和其他生物免受短波辐射的伤害。

最近数十年的研究表明,人类的活动正在干扰和破坏着大气圈上层臭氧的自然平衡(图 40.18),使臭氧的分解过程大于生成过程,从而正在造成一种潜在的全球性环境危机。这源于人类使用一类危险的化合物氟利昂($CFCl_3$ 和 CF_2Cl_2),它们被广泛用于各种喷雾器的雾化剂、除臭剂和制冷剂。这些化合物很稳定、不活泼也不易分解,但大量氟利昂逸散之后最终将会到达大气圈上层并在强紫外线的照射下通过化学反应使臭氧量减少。

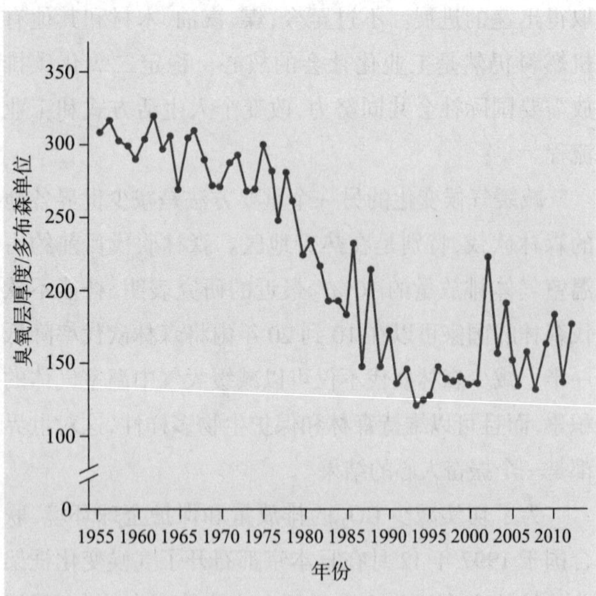

图 40.18 1955—2012 年从南极洲监测点记录的臭氧层厚度(引自 Urry 等,2017)

1985 年人类首次发现南极上空出现臭氧层空洞,1978—1987 年国际臭氧趋势观察小组曾坚持长达 10 年的高空飞行观察,在此期间南纬 39°—60° 臭氧层减少了 5% ~ 10%,北纬 40°—64° 减少了 1.2% ~ 1.4%,我国华南地区减少了 3.1%,东北地区减少了 3.0%。如果按这一减少趋势计算,到 2075 年时臭氧将比 1985 年减少 40%,那时全球皮肤癌患者可能达到 1.5 亿,农作物产量将减少 7.5%,水产品损失 25%,人体免疫功能将明显减退。据研究,平流层中的臭氧每减少 1%,到达地球表面的紫外线辐射强度就会增加 2%,这必将会导致人类皮肤癌患者数量的增加,如果失去了臭氧层屏障的保护,那对地球上生物界和人类来说都是灾难性的。

针对臭氧层中臭氧浓度日趋下降的严酷现实,国际上开展了一系列的活动并采取了许多对应措施:1977 年通过了《保护臭氧层行动世界计划》并成立了国际臭氧层协调委员会;1985 年通过《保护臭氧层国际公约》,明确了保护臭氧层的原则;1989 年又通过了《关于消耗臭氧层物质的蒙特利尔议定书》,对氟利昂的生产和消费作了限制性规定;1990 年缔约国通过了《蒙特利尔议定书》修正案,规定 2000 年 1 月 1 日全部淘汰氟利昂。此后又召开过多次国际会议,包括 1999 年在北京举行的一次会议,加快了限制破坏臭氧层的进程。2018 年世界气象组织和联合国环境署发布的《2018 年臭氧层消耗科学评估报告》显示,得益于《蒙特利尔议定书》的实施,已经成功削减了大气中消耗臭氧层物质的含量,臭氧层空洞已出现恢复的迹象。自 2000 年以来,分布在平流层的臭氧层以每 10 年 1% ~ 3% 的速度恢复。现在的国际共识是:只有在国际组织的协调和各国的共同努力下才能解决臭氧层破坏等关系到全球生物命运和整个人类生存发展的大问题。

40.4.4 世界各地普降酸雨

最早引起关注的全球变化之一是酸雨(acidic rain),即 pH 低于 5.2 的雨、雪、雨夹雪或雾。酸雨是燃烧煤、石油和天然气所产生的 SO_2 和 NO 与空气中的水发生反应,形成硫酸和硝酸。这些悬浮在大气中直径只有 1 μm 的硫酸和硝酸微粒随着雨雪回降到地面就形成酸雨。正常雨水的 pH 一般都在 6 左右,不会低于 5.6,而目前有些地区雨水的酸度已下降到了 pH 2 ~ 5,酸雨有时竟比番茄汁和柠檬汁还要酸,甚至和醋一样酸。

自从 1872 年酸雨最早于北欧发现到现在,人类为自己制造的酸雨付出了巨大的代价。世界各地已普降酸雨，我国下酸雨的频率和酸度自北向南逐渐加重，有的地区酸雨出现频率高达80%以上。酸雨不仅能杀死水生生物、破坏水体生态平衡，而且还能伤害陆地植物、农作物和各种树木，破坏土壤肥力，使树木生长缓慢并易感病害，同时还能腐蚀金属、建筑物和历史古迹，酸雨中含有的少量重金属对人体健康也会带来不利影响。

随着工业的发展，人类将会燃烧更多的煤和石油，因此今后酸雨对环境的污染和对人类的威胁也可能更加严峻。防治酸雨最有效的办法是限制SO_2和NO的排放量，或者从燃料中将这些物质清除。据联合国环境规划署估计，全球每年排放的SO_2为1.51×10^9 t，20世纪70年代的10年间，SO_2的排放量平均每年增长5%，10年共增长了40%~50%。近几十年来，环境法规和新兴技术使许多国家能够减少SO_2的排放。在美国，SO_2排放量在1990至2013年间降低了75%以上，酸雨的酸度也在逐渐降低。然而，生态学家估计仍然需要至少几十年才能使已经受到严重影响的环境恢复到原来的状态。

40.5 生态系统的恢复

生态系统受到干扰之后有时可以通过生态演替而自然恢复。然而，当环境已经严重恶化的时候，这种自然恢复的过程可能长达数百年。恢复生态学（restoration ecology）致力于启动或加速恢复与重建受到严重破坏的生态系统。生态恢复的基本假设是生态系统受到的损害至少是部分可逆的，而且不是无限弹性的，因此可以利用生态系统的自我调节和恢复能力，辅以人工措施，使遭到破坏的生态系统逐步恢复或向良性循环方向发展。

面对一个已经破坏殆尽的环境，在生态恢复之前可能需要首先进行水文土壤等物理性修复。例如，在美国新泽西州一处沙石开采场进行恢复时，使用了重型机械设备对土地进行分级重建缓坡，并在边坡摊铺表土（图40.19）。下一步是生态修复，通常有两种途径：生物修复和生物强化。

利用生物（通常是原核生物、真菌或植物）来解毒被污染的土壤和水被称为生物修复（bioremediation）。例如，细菌*Shewanella oneidensis*可利用乙醇作为能源，在代谢过程中将可溶的铀、铬和氮转化为不溶形式，从而阻断了对于溪流或地下水的污染。美国田纳西州橡树岭国家实验室的研究人员通过向被铀污染的地下水中添加乙醇来刺激*S. oneidensis*以及其他铀还原细菌的生长。仅仅五个月，生态系统中可溶铀的浓度就下降了80%。

生物增强（biological augmentation）是利用生物为退化的生态系统添加必要的元素，从而加快生态系统恢复的进程。适应生长于贫瘠土壤的先锋植物物种通常可以加速生态演替过程。在一些高山生态系统中，羽扇豆等固氮植物经常被种植于受到采矿等人类活动破坏的环境中以提高土壤的氮含量，这有助于其他本地物种的定植和生长。

恢复生态系统的物理结构和植物群落并不总是保证原有的动物物种会重新定居繁衍。生态学家有时通过建造生态廊道连接栖息地、建立人工巢穴、野外重引入等途径帮助野生动物到达和使用恢复的生态系统，这些策略可以加快恢复生物多样性的过程，将生态系统尽可能恢复到更自然的状态。

生态恢复工程实施前（1991年）

生态恢复工程竣工前（2000年）

图40.19 美国新泽西州一处沙石开采场进行生态恢复的前后（引自Urry等，2017）

思考题

1 什么是生态系统,生态系统包括哪些成分?

2 生态系统中的生产者、消费者和分解者各有什么功能?

3 陆地生态系统和海洋生态系统的食物链有何异同?

4 什么是营养级和生态金字塔?生态金字塔有哪三种类型?

5 为什么说初级生产量是生态系统的基石?

6 什么是次级生产量和生物量,各用什么单位表示?

7 能量流动有什么特点?从中能得到什么启示?

8 物质循环分哪几种类型?它们各有什么特点?

9 为什么说碳的全球循环对生命至关重要?

10 为什么说 CO_2 和其他温室气体的排放导致了全球气候变暖?

11 全球气候变暖已经带来和将会带来什么严重的生态后果?人类应当如何应对?

12 先绘出一幅生态系统及其中主要成分的框图,再用线条和箭头表示出能量流动和物质循环的路线、方向和归宿。

13 人类活动对生物圈产生了什么全球性影响?

14 对一个废弃的露天采矿场进行生态修复,需要经历哪些过程,可以实施哪些方法?

41

生物多样性与保护生物学

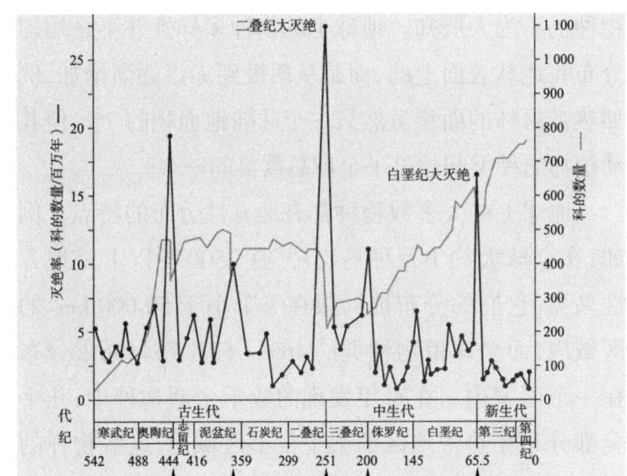

地球生命历史上的五次生物大灭绝（仿自 Urry 等，2017）

人类活动正在影响我们以及其他所有生物赖以生存的地球生物圈。我们已经改变了全球近一半的陆地表面，使用了超过一半的地表淡水，并可能正在加剧更多物种的消亡。

生物的形成和灭绝是生命历史上的自然现象。化石记录显示绝大多数曾经生活在地球上的生命已经不复存在。生物类群的兴衰，取决于每个类群中物种形成和灭绝的速率。当物种灭绝的速率突然急剧增加时，称为“生物大灭绝”（mass extinction）。化石记录显示，地质史上发生过五次生物大灭绝，每一次都导致地球上超过一半的物种灭绝，一些在灭绝前占主导地位的族群再也没能东山再起，同时也为随后填补空白生态位的适应性辐射演化营造了舞台。然而，在过去的400年间，估计已有超过1000种物种从地球上消失，今天的物种灭绝速度是化石记录的背景灭绝率的100到1000倍。种种证据表明，目前的地球生物圈可能正在经历一次比6600万年前以恐龙灭绝为标志的白垩纪大灭绝更为严重的灾难。然而与以前相比有很大不同，这次的原因不是陨星撞击地球，也不是海平面或气候的自然周期波动，而是一次由于人类活动在各个层面威胁着地球的生物圈和生物多样性导致的生物大灭绝。

保护生物学（conservation biology）是在当今所面临的前所未有的生物多样性危机下应运而生的学科。该学科整合了生态学、生理学、分子生物学、遗传学和演化生物学等生命科学的相关领域，也将生命科学与社会科学、经济学和人文科学等联系起来，致力于从各个层次保护生物多样性，减少威胁生物多样性的压力、提倡可持续利用自然资源、维持生态系统功能、促进物种和遗传多样性，并探索同时增加全人类福祉的途径。

41.1　生物多样性的三个层次

41.1.1　遗传多样性

从物种水平上看，遗传多样性是指种内可遗传变异的丰度。遗传多样性的表现是多层次的，可以表现在形态或生理层面、染色体层面、蛋白质（如同工酶）层面或DNA水平层面，所以对遗传多样性的评估或研究也在这些层面上开展。但目前开展最多也最深入的是在DNA水平上的遗传多样性研究。

遗传多样性不仅包含种群内部个体的变异，也包括种群之间的遗传变异，这种变异通常与地域适应性相联系。如果一个种群灭绝了，那么一个物种就会丧失一定遗传多样性，而这些遗传多样性往往是微演化发生的基础。整个物种多样性的下降将会降低该物种的适应潜力，并可加速正在逐渐变小的种群走向灭绝。

41.1.2　物种多样性

地球上已定名的物种大约180万种，每年仍有增加的新物种，但实际存在的物种是已知物种数目的好多倍，可能有1000万种甚至更多，可以说绝大多数的物种仍不为人所知。地球上的物种多样性并不是均匀分布在地球表面上的，而是从两极到赤道逐渐增加，例如热带雨林的面积虽然只占全球陆地面积的7%，但其动植物的种类却超过了全球总数目的一半。

地球上的大多数物种都有地方性分布的特点。例如，在全球大约1万种鸟类中，有2500种以上是地方性鸟类，它们的分布被局限在一个小于50 000 km^2的区域内，而全球植物种类的46%～62%都只局限分布在一个国家内。在每年发现的数千个新物种中，几乎全都分布在热带地区的某个很小区域内，这些物种的有限分布使得它们对人类的活动极为敏感，而人类的活动常常会使它们的生境受到破坏。

世界自然保护联盟（International Union for Conservation of Nature，IUCN）的评估显示，自1900年以来，人类已经使80种鸟类、69种哺乳动物、24种爬行类以及149种两栖类动物灭绝。在全球1万种鸟类和6000种哺乳动物中，分别有13%和26%的种类处于濒危状态。全球37%的软骨鱼类、21%的爬行类和41%的两栖类动物面临灭绝的危险或正处于灭绝的边缘。实际上已经灭绝或濒临灭绝的无脊椎动物和植物的数量要比脊椎动物多得多，单是被子植物就有大约22 880种受到威胁，约占被子植物总数的6%。根据IUCN的估计，全球的濒危物种有4万多种，而这仅是基于全世界28%的物种进行评估的结果。

物种的灭绝有可能是局域性的，例如，一个物种在一条河流中消失了，却在另一条河流中生存了下来，但一个物种的全球性灭绝意味着它从所有生态系统中的永远消失。

41.1.3　生态系统多样性

生态系统的多样性是生物多样性的第三个层次。由于生态系统中不同物种之间的许多相互作用，一个物种或种群的灭绝可能会对生态系统中的其他物种产生负面影响。每个生态系统都有独一无二的生物群落，都有自身所特有的能量流动和物质循环模式，而且每个生态系统对整个生物圈都有特定的影响。例如，海洋生态系统中的浮游植物通过大量吸收大气中的CO_2而有助于缓解温室效应的有害影响，被吸收的CO_2被用于海洋植物的光合作用，并可用于构建微小浮游动物的外壳（建壳作用）。

由于在一个生态系统中不同物种的种群之间存在着各种相互关系，所以其中一个物种的灭绝常常会给生态系统中其他物种造成影响。例如，有一种狐蝠是太平洋诸岛上植物的传粉者和种子散布者，但由于它们的肉味鲜美而遭到当地人的捕猎，其种群数量日渐减少。保护生物学家担心，这种蝙蝠的灭绝会威胁到当地植物的生存，因为当地有45种植物要依靠该物种为其传粉和传播种子。

41.2　保护生物多样性的意义

包括生态系统多样性、物种多样性和遗传多样性在内的全球生物多样性的下降是目前人类所面临的全球性环境问题。现代生态学告诉我们，野生生物对人类的价值远不止从它们身上拿取的那些东西如食物、衣料、药品、工业原料、遗传素材和实验材料等。野生生物在科学、美学和实用方面的近期和长远价值，以及它们对保持生态平衡和生态系统稳定性所起的重要作用，还远未被我们充分认识。

41.2.1　物种和遗传多样性及人类福祉

生物多样性是一种重要的自然资源。许多受威胁的物种可能是药物、食物和纤维的原材料。从阿司匹林到抗生素等许多药物都是从天然资源中提取的。如果失去与农业物种密切相关的野生植物种群，也就失去了可以用来提高作物品质的遗传资源。例如，在20世纪70年代，针对水稻（*Oryza sativa*）矮缩病毒的暴发，科学家们对7000个水稻居群或者品系进行了病毒抗性筛选，在印度水稻（*Oryza nivara*）的一个居群中发现了对于这种病毒的抗性，并成功地将该性状通过杂交选育形成一个新的水稻品系，到今天最早的这个抗矮缩病毒的水稻居群已经野外灭绝了。

市面上大量处方药品含有植物源性物质。从菊科蒿属植物黄花蒿（*Artemisia annua*）提取的青蒿素及其衍生物，是现今全球范围内治疗疟疾的标准方法，我国科学家屠呦呦也因此获得2015年诺贝尔生理学或医学奖。著名的抗癌药物紫杉醇，就是来自于从红豆杉属植物提取的化学成分。研究人员从马达加斯加岛的玫瑰果中发现了含有抑制癌细胞生长的生物碱，对于霍奇金淋巴瘤和儿童白血病两种癌症的治疗具有优良的药效。聚合酶链式反应（PCR）是现代分子生物实验里最常用的技术之一，其具有热稳定性的关键酶Taq聚合酶就是最早从美国黄石国家公园的热泉中发现的一种细菌 *Thermus aquaticus* 提取而来的。生活在各种环境中的许多其他原核生物的DNA也被大量用于新药、食品、石油替代品、工业化学品和其他产品的生产。每一个物种的消失都意味着其独特基因或性状的丢失，也意味着失去它们可能提供的各种潜在价值。

现在我们既不能预测人类将来需要哪些生物，也不能预测哪些生物将为我们提供新的药物、新的原料和新的食物来源。但是我们知道，作物和家畜品种很少是永恒不变的。因此，人类得不断利用野生生物的遗传性对它们加以改良。每一种野生生物都是一个独一无二的基因库，其特性决不会同其他任何生物重复。一种现在认为是毫无用处的物种，将来很可能会出人意料地成为极有利用价值的生物。因此，保持野生生物的多样性为人类提供了广泛的选择余地，以应对未来世界变化的挑战。

41.2.2 生态系统服务的价值

单个物种给人类带来的好处是巨大的，但拯救单个物种只是保护生态系统的一部分原因。人类是从地球的生态系统中演化而来的，我们依靠这些系统而生存。生态系统服务（ecosystem service）包括自然生态系统帮助维持人类生命的所有过程。生态系统净化我们的空气和水；它们可以解毒和分解我们的废物，减少极端天气和洪水的影响；生态系统中的生物为我们的农作物授粉，控制害虫，创造和保护我们的土壤。此外，这些多样化的服务是免费提供的。

1997年，科学家估计地球生态系统服务价值为每年33万亿美元，几乎是当时地球上所有国家国民生产总值（18万亿美元）的两倍。1996年，美国纽约市投资超过10亿美元在卡茨基尔山区购买土地并进行生态恢复。卡茨基尔山是纽约大部分饮用水的水源地，这项投资是由于污水、杀虫剂和化肥对淡水的污染日益严重而引起的。通过利用生态系统服务自然净化水，纽约节省了80亿美元，否则建造一座新的水处理厂，每年运行成本高达3亿美元。

越来越多的证据表明，生态系统的功能及其提供服务的能力与生物多样性的水平有关。人类活动减少了生物多样性，正在降低地球生态系统的功能，而这些功能对于人类自身生存是至关重要的。

除此以外，自然的丰富多彩给人类生活带来极大的美感和乐趣，并已成为世界旅游业最吸引人的内容之一，也是各国人民的一种娱乐和旅游资源，当前以自然环境为基础的旅游业是很多国家的主要外汇收入之一，而且随着人类文明的发展，野生生物的美学价值也会越来越大。对待自然的态度已经成为衡量一个国家和民族文化水平和精神文明的一个重要标志。

41.3 生物多样性下降的原因

人类活动对于全球生物多样性造成重大影响，导致或加速了许多野生生物的灭绝。旅鸽一度是地球上数量最多的鸟类，19世纪初其数量曾多达50亿只，但到1900年野生旅鸽就已完全绝迹了，最后一只旅鸽也于1914年9月1日死于辛辛那提动物园。大海雀曾广泛栖息在从纽芬兰至斯堪的那维亚一带的大西洋岛屿上，人们为了获取它的肉和油脂曾无情地持续狩猎达300年之久，最后终于在1844年将大海雀全部杀光。19世纪末在北美大草原生活着6000多万头美洲野牛，人们为了猎取牛皮而大量猎杀，最后一头野牛于1889年在科拉罗多被射杀。1741年首次在白令海峡发现的大海牛是世界上体型最大的海牛，但是只经过了二十几年的掠夺性捕杀，到了1768年就被人类全部捕尽杀绝了。我国原来的特有动物麋鹿（四不像）、首先在我国发现的普氏野马以及欧洲野牛和黇鹿都遭到了和美洲野牛同样的厄运，普氏野马自从1947年捉到最后一匹就再也没有过野外记录。全世界已知的9个虎亚种中，已经有3个（爪哇虎、巴厘虎和里海虎）从地球上消失，华南虎在野外已经杳无踪迹，当前仅存于圈养种群中，而其他5个亚种（东北虎、孟加拉虎、马来虎、印支虎和苏门答腊虎）的野生种群，无一例外均处于濒临灭绝的状态。其他一些大型猫科动物如云豹、雪豹、猎豹、美洲豹和豹猫，也由于人们对其毛皮的需要而被大量猎杀。云豹在我国已十分罕见，台湾最后一次捕杀云豹的记录是在1972年，此后在台湾就再无确切报道。当今世界最大的动物蓝鲸现存大约10 000～25 000头，仅为其一个世纪以前种群数量的3%～11%。除蓝鲸外其他大型鲸类也面临灭绝的危险，直至今天每年仍有大约1200头惨遭捕杀（图41.1）。所幸现阶段大多数国家都已经在20世纪80年代全面禁止了商业捕鲸，停止了捕鲸业的持续发展，然而一些捕鲸大国（例如日本、挪威和冰岛）仍未停止捕鲸。

人类活动在局域、区域和全球范围内威胁着生物多样性。这些活动造成的威胁包括五种主要类型：生境破坏、外来物种的引入、过度捕猎和利用、环境污染以及全球变化。

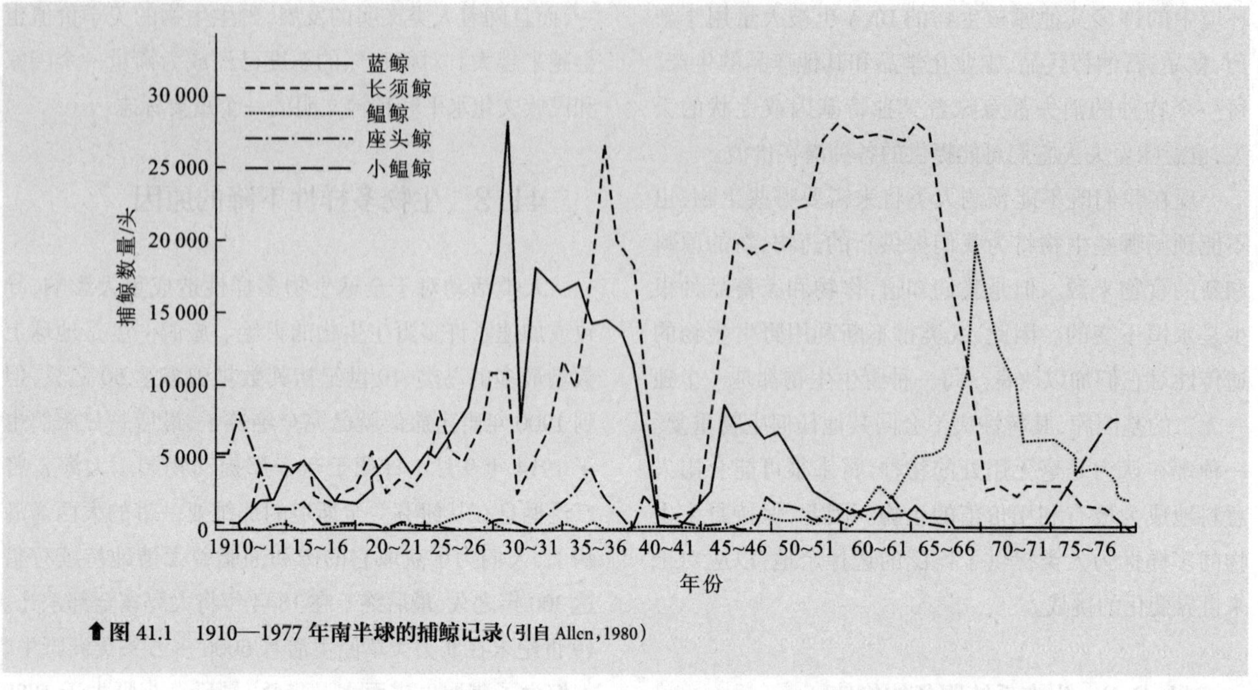

图 41.1　1910—1977 年南半球的捕鲸记录（引自 Allen，1980）

41.3.1　栖息地破坏

人类对于栖息地的改变是对整个生物圈生物多样性的最大威胁。由于农业、城市发展、林业、采矿和污染等因素，造成了栖息地的丧失。当没有可供选择的栖息地或一个物种无法移动时，栖息地的丧失可能意味着灭绝。世界自然保护联盟认为栖息地的破坏是导致 73% 的物种灭绝、濒危、脆弱或稀有的原因之一。

在全球范围内，每年约有 $14\times10^4\ km^2$ 的热带雨林遭到砍伐。在巴西的亚马孙河流域，热带雨林的面积已经从 $100\times10^4\ km^2$ 下降到了 $5\times10^4\ km^2$；在非洲的马达加斯加，森林砍伐已造成 90% 以上原始森林的消失。可以说，热带雨林的破坏几乎已成了生物多样性下降的同义词。随着人类活动对温带和热带森林压力的增加，那些曾经连成一片的森林地区也会变得越来越破碎。

由于人类活动而受到严重破坏的另一个生境类型是温带草原。天然草原曾占有地球陆地面积的 42%，后由于转用于农田和牧场，现已减少为 12%。在北美洲现存的草原面积已严重破碎化，被广大的农田分隔为孤岛状。草原生境的现状使草原生物多样性面临严重危机。

栖息地破坏也是水生生物多样性所面临的主要威胁。珊瑚礁是地球上物种最丰富的水生群落，但已有大约 93% 受到了人类活动的破坏，如果以目前的破坏速度继续下去，那么只需 30 ~ 40 年时间，现存珊瑚礁的 40% ~ 50% 就会消失，而那里栖息着三分之一的海洋鱼类。淡水生境也正在遭到破坏，农用化肥、洗涤剂、废水和工业废物的排放使淡水生境中的氮和磷大量增加并导致了水体富营养化，造成大量水生生物的死亡。

41.3.2　外来物种的引入

人类常常有意或无意地把很多种植物和动物带出它们的自然分布区，并把它们散布到世界各地。在摆脱了原生境中的竞争者、捕食者和寄生生物所施加的压力后，一些物种反而能更好地在新生境中定居下来并向周围扩散。入侵的动物物种常常能通过捕食、牧食、竞争和使生境发生改变而导致本地物种灭绝。岛屿物种受外来物种入侵的危害最大。例如，夏威夷群岛在过去的 200 年间已有 263 个本地物种消失，有 300 个物种被列入濒危物种名单，在该群岛的 111 种鸟类中已有 51 种灭绝，40 种处于濒危状态。来自新几内亚岛的黑尾林蛇（*Boiga irregularis*）自从被偶然运上关岛以后，已使当地 12 种鸟类中的 9 种、12 种本地蜥蜴中的 6 种和 3 种食果蝙蝠中的 2 种灭绝。

入侵的植物物种有些是作为园艺植物或观赏植物被引进的，它们常与当地植物竞争并占据优势，这种情况是夏威夷群岛植物灭绝和濒危的重要原因。在该群岛，当地的 1126 种开花植物中已有 93 种灭绝，还有 40 种处于濒危状态。外来物种入侵不仅限于陆地生境，在我国云南滇池，外来鱼类的入侵已导致当地鱼类种群的急剧下降，有些已处于濒危状态。据不完全统计，滇池引入的外来鱼种已不下 30 种，目前外来鱼的种数和种群数量已占据优势，而当地鱼种已被逼入濒危状态。据2008年对滇池的调查发现，湖区的当地鱼类仅有鲫鱼、黄鳝、银白鱼、侧纹南鳅和泥鳅5种，其余的20种当地鱼类均已从湖区消失。有一种小鲤曾生活在滇池，人们最后一次见到它是在20世纪60年代，此后小鲤就再也没有出现过。

丽鱼（*Cichla ocellatus*）是亚马孙河流域的一种本地鱼，曾偶然地被带入了巴拿马运河区的Gatun湖，这是外来入侵动物如何能改变当地群落结构的一个典型事例。丽鱼既是一种垂钓和食用鱼类，也是一种捕食者，它的存在曾对当地鱼类种群造成了灾难性影响，而对群落结构的影响也非常大（图41.2）。在Gatun湖中，丽鱼主要是捕食*Melaniris*属的成年鱼，造成其种群数量下降，也间接导致了以*Melaniris*成年鱼为食的其他捕食性动物数量的减少，如北梭鱼、黑燕鸥和鹭等。总体影响是使一个原来非常复杂的群落结构变得极其简单化，原来很常见的6～8种鱼类现在已完全消失或极为少见，使整个群落只保留了一个顶级食肉物种，即原来群落所没有的外来物种丽鱼。

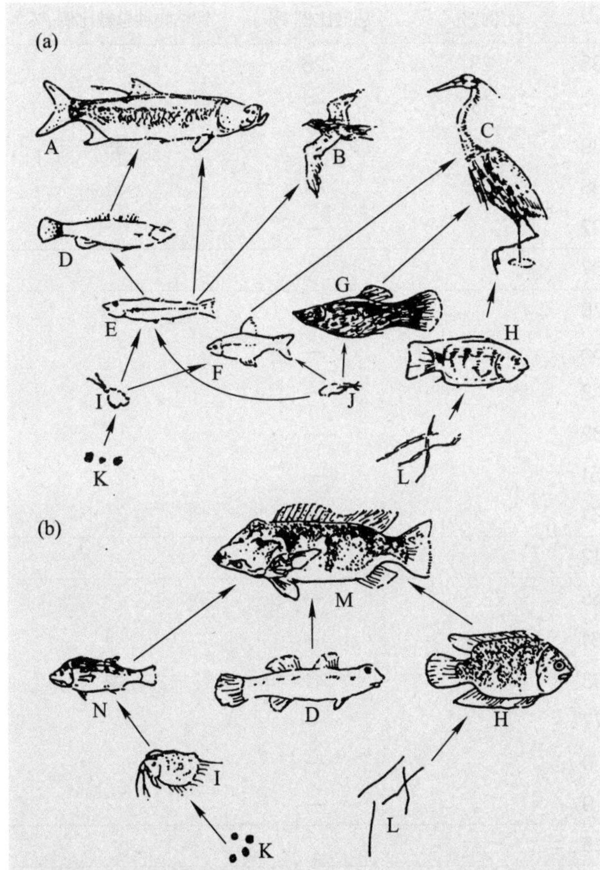

⬆图41.2 Gatun湖的食物网（引自Zaret & Paine，1973）

（a）引入丽鱼前。（b）引入丽鱼后。主要物种：A. 北梭鱼；B. 黑燕鸥；C. 几种鹭和翠鸟；D. 虎鱼；E. *Melaniris chagresi*；F. 四种脂鲤；G. 两种花鳉；H. *Chichlasoma maculicauda*；I. 浮游动物；J. 昆虫；K. 微小浮游植物；L. 丝状绿藻；M. 成年丽鱼；N. 幼年丽鱼。

41.3.3 过度捕猎和利用

过度捕猎和利用是指人类利用野生生物的强度超过了这些野生生物种群自然恢复的能力。对于那些分布在很小面积（如小岛）上的生物来说，它们对人类的过度利用尤其敏感。大海雀就是这样的一个物种，这是一种栖息在北太平洋岛屿上不能飞翔的海鸟，人类因需要它的羽毛、鸟蛋和肉，早在19世纪40年代就将其杀绝。还有那些体形很大但生殖力很低的动物也对过度开发和利用比较敏感，如象、鲸和犀牛等。陆地最大动物非洲象数量的减少就是这方面一个很好的实例，由于象牙贸易使得非洲象在长达50年的时间里种群数量持续下降。

过度开发利用既破坏了生境又造成了物种引入问题，很多动物的数量经过商业大量捕杀和体育狩猎而大大减少了，如鲸、美洲野牛、加拉帕戈斯陆龟和大量鱼类。很多鱼类都因人类的过度捕捞而减少到了难以再开发利用的程度。除了具有重要经济价值的种类外，还有很多其他种类常常因捕捞工具和捕捞方法而被意外杀害，如海豚、海龟和海鸟等。不计其数的大量无脊椎动物也常被海底的大渔网杀死。包括犀牛角、象牙和熊胆在内的野生动物产品贸易也威胁到了很多野生物种的生存。

41.3.4 环境污染和全球变化

对生物多样性最大尺度的威胁来自于人类活动引起的环境污染和全球变化，改变了地球生态系统从局域到全球的结构，降低了地球的自我修复和维系生命的能力。人类活动引起的环境变化正在带来新的挑战，包括环境富营养化和毒素积累、普降酸雨、气候变化和臭氧层消耗等从大气到土壤的影响。这些全球性环境变化不仅影响城市乡镇等人类主导的生态系统中，甚至也波及地球上最人迹罕至的地区。

41.4 生物多样性保护的策略

41.4.1 濒危物种的鉴别和定级

为了反映生物多样性保护的迫切性，协助避免全球物种灭绝危机，世界自然保护联盟濒危物种红色名录（IUCN Red List of Threatened Species，简称IUCN红色名录）从1963年开始编纂。为了全面反映全球有灭绝危险或濒临灭绝的生物类群，IUCN 提出了一个量化的评估原则，该评估分级的依据是该物种（或亚种）的灭绝概率，包括以下三个级别：

① 极危物种（critically endangered）：该物种（或亚种）在 10 年或 3 代内灭绝的概率大于或等于 50%；

② 濒危物种（endangered）：该物种（或亚种）在 20 年或 5 代内灭绝的概率达到 20%；

③ 易危物种（threatened）：该物种（或亚种）在 100 年内灭绝的概率大于或者等于 10%。

尽管任何这样的分类系统都有其局限性，但这一分类系统的优点是提供了一个标准的、量化的分类方法，借助于这一指标，人们可以对各种保护野生动物的决策进行评估，对于那些其生活史几乎尚未被知晓的物种来说，特别有用的是生境状况和生境丧失的情况。

IUCN 联合全世界相关领域的保护生物学者，根据上述濒危级别评估标准在全球规模上对主要分类类群中的物种生存状况和保护现状进行了评估，特别突出了那些有灭绝危险的生物类群和物种。经过半个多世纪的努力，IUCN 红色名录成为反映全球生物多样性状况的权威指标，相应的名录也在持续更新中（表 41.1）。

41.4.2 小种群的保护

由于有灭绝危险的物种常常是由一个或少数几个种群所构成的，因此保护种群就成了保护这些濒危物

表 41.1 全球有灭绝危险或濒危生物类群和物种数目名录（引自 IUCN 红色名录，2021 年）

生物类群		已定名物种数	已评估物种数(2021)	已评估物种数占已定名物种数比例/%	评估有灭绝危险的物种数(2021)	有灭绝危险物种比例		
						最低估计（占已评估物种总数比例/%）	最优估计（占数据充分已评估物种总数比例/%）	最高估计（有灭绝危险及数据不足物种数占已评估物种总数比例/%）
脊椎动物	哺乳类	6 578	5 968	91	1 333	23	26	37
	鸟类	11 162	11 162	100	1 445	13	13	14
	爬行类	11 690	10 148	87	1 839	18	21	33
	两栖类	8 395	7 296	87	2 488	34	41	51
	鱼类	36 058	22 581	63	3 332		—	
	类群合计	73 883	57 155	77	10 437			
无脊椎动物	昆虫	1 053 578	12 100	1.1	2 270		—	
	软体动物	83 706	9 019	11	2 385		—	
	甲壳动物	80 122	3 189	4	743		—	
	珊瑚类动物	5 610	848	15	232		—	
	蛛形动物	110 615	441	0.40	251		—	
	其他	157 755	917	0.58	161		—	
	类群合计	1 491 386	26 514	2	6 042			
植物	苔藓	21 925	282	1.3	165		—	
	蕨类	11 800	739	6	281		—	
	裸子植物	1 113	1 016	91	403	40	41	42
	种子植物	369 000	56 232	15	22 477		—	
	绿藻	12 090	16	0.1	0		—	
	红藻	7 445	58	0.8	9		—	
	类群合计	423 373	58 343	14	23 335			
真菌和原生生物	地衣	17 000	76	0.4	56		—	
	真菌	120 000	474	0.4	208		—	
	褐藻	4 381	15	0.3	6		—	
	类群合计	141 381	565	0.4	270			
	总计	2 130 023	142 577	7	40 084			

种的关键因素。小种群很容易受到近亲繁殖和遗传漂变的影响，这会使种群在灭绝漩涡中越陷越深，直到种群消失殆尽(图 41.3)。导致灭绝漩涡的一个关键因素是遗传多样性的丧失，遗传多样性是生物的环境适应性的基础，比如抵抗新现病原体的入侵等。近亲繁殖和遗传漂变都会导致遗传多样性的降低甚至丧失，随着种群的萎缩，它们的影响会变得更为有害。近亲繁殖的后代所携带的遗传缺陷往往会降低个体的适合度，使小种群陷入灭绝风险。

值得注意的是并不是所有的小种群都会因为遗传多样性降低而注定灭绝。例如，19 世纪 90 年代对北象海豹(*Mirounga angustirostris*)的过度捕杀使其数量急剧下降，到了岌岌可危的 20 只，这样的种群瓶颈效应导致了遗传多样性的快速下降。然而，从那时起，北象海豹的数量至今已经反弹到 15 万只左右，尽管它们的遗传多样性仍然相对较低。

为了确保一个物种的有效生存所需要的个体数量必须足够多，以便应对种群生存和灭亡过程的意外变化，保护生物学家把确保一个物种长期存活所必需的个体数量称为最小存活种群(minimum viable population，MVP)。MVP 的概念可使保护生物学家定量地评估出一个种群必须保持怎样的大小才能确保其长期存活。MVP 通常是通过综合多种因素的计算机模型来估计给定物种的 MVP。例如，这个计算包括对一小种群中有多少个体可能死于暴风雨等自然灾害的估计。一旦进入灭绝漩涡，连续两三年的恶劣天气可能导致一个低于 MVP 的种群灭绝。

对于脊椎动物物种来说，实际种群数量少于 1000 个个体的种群，对灭绝是极为敏感的，而对于无脊椎动物和一年生植物来说，其 MVP 必须保持 1 万个个体或更多。尽管将一个物种的 MVP 定量化是很难的，但这个概念对于物种保护和生物多样性保护来说却是极为重要的。

对于大型食肉动物来说，维持一个最小存活种群所需要的面积是很大的。据野生生物学家 Reed Noss 估算，要保护一个含有 1000 只棕熊的种群，大约需要 2×10^6 km^2 的陆地面积，这就是为什么那些大型的食肉动物种群大都处于濒危状态的原因，如狮、虎和灰狼等，这些物种只能生活在足够大的栖息地或自然保护区内。

关于最小存活种群数量的一个经典研究实例是 Joel Berger 对于栖息在北美洲西部的大角羊(*Ovis canadensis*)种群的研究。在整合了来自 120 个种群的数据基础上，他发现所有数量不超过 50 头个体的种群都会在 50 年内灭绝。与此相反的是，所有含有 100 头或更多个体的种群，其种群存活期都会超过 50 年并具有很大概率继续生存下去(图 41.4)。

然而，仅关注一个种群的绝对种群数量可能有误导性，因为一个种群中可能只有一些成员实现繁殖并将其基因遗传给后代。因此，一个有意义的 MVP 估计需要研究者根据种群的繁殖潜力来估计其有效种群规模(effective population size)。

以下等式说明了估算有效种群规模的一种方法，缩写为 N_e：

小种群

近交，遗传漂变

遗传多样性丧失

种群继续减小

个体适合度和种群适应性降低

繁殖力下降，死亡率升高

⬆图 41.3　一个小种群的灭绝危机(改绘自 Urry 等，2017)

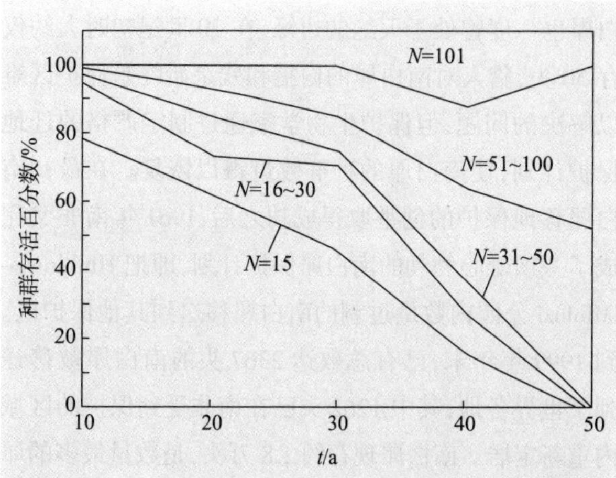

⬆图 41.4　大角羊种群大小与能存活时间(年)之间的关系(引自 R. Smith & T. Smith，2000)

N 代表种群大小(头数)，几乎所有包含有 100 头或更多个体的种群都能存活 50 年以上，而少于 50 头的种群都活不到 50 年。

$$N_e = \frac{4N_f N_m}{N_f + N_m}$$

其中 N_f 和 N_m 分别是成功繁殖的雌性和雄性数量。

如果我们把这个等式应用到一个总规模为 1000 个个体的理想种群中，如果每个个体都繁殖并且性别比为 500 个雌性对 500 个雄性，那么 N_e 也将是 1000 个。在这种情况下，$N_e = (4 \times 500 \times 500)/(500 + 500) = 1000$。任何偏离这些条件（不是所有的个体都繁殖或者没有 1∶1 的性别比例）都会降低 N_e。例如，如果总种群规模为 1000，但只有 400 只雌性和 400 只雄性繁殖，则 $N_e = (4 \times 400 \times 400)/(400 + 400) = 800$，或总种群规模的 80%。影响 N_e 的因素很多。估计 N_e 的替代公式考虑了成熟年龄、群体成员之间的遗传相关性、基因流的影响和种群波动等因素。

在实际的研究种群中，N_e 只占种群的一小部分。因此，简单地确定一个小种群中个体的总数并不一定能很好地衡量种群是否足够大以避免灭绝。只要有可能，保护计划都试图维持总的种群规模，其中至少包括最小数量的繁殖活跃个体。维持有效种群规模（N_e）高于 MVP 的保护目标源于人们对种群保留足够的遗传多样性以适应环境变化的担忧。

在有些情况下，一些物种可能已处于个体数量正无可挽回地下降并走向灭绝的状态。在这种情况下，保护生物学家必须果断地采取新措施，即通过迁地和再引入而建立新种群。在这方面分布在非洲南部的白犀（*Ceratotherium simum*）提供了一个很好的实例。白犀是现存体型最大的犀牛之一，分为北白犀和南白犀两个亚种。北白犀目前仅存两只个体且均为雌性。南白犀也一度曾处于灭绝的边缘，在 20 世纪初时大约仅存 50 头，猎人对南白犀的偷猎和残杀始终是保护区难以解决的问题，但保护生物学家通过制定严格的迁地保护计划，使南白犀的种群数量得以恢复。在最初南白犀移地保护的创举取得成功之后，1961 年南非又完成了一项雄心勃勃的南白犀保护计划，即把 Hluhluwe-iMfolozi 公园内数量过剩的南白犀移送到其他保护区。到 1999 年年末，已有总数达 2367 头的南白犀被移送到了世界各地，其中 1262 头已在南非受到保护的区域内重新定居。南白犀现存约 1.8 万头，是数量最多的犀牛种群。

有些物种的种群恢复通过将人工繁育的个体释放到野生栖息地而实现了成功。在这方面一些成功的案例包括鸟类中的美洲鹤、白喉鹑、夏威夷黑雁、游隼和加州神鹫，以及哺乳动物中的黑足鼬、狼和野牛等。目前我国正在对獐、普氏野马和麋鹿（四不像）等进行一些探索性尝试，而对朱鹮从人工繁育到野外放归的试验已取得了巨大的成功，朱鹮的野生种群数量已从 1981 年仅存的 7 只增长到了 2022 年的 9000 余只，栖息地面积由不足 5 km^2 扩大到约 1.6×10^4 km^2，从而将这种曾经是全世界最濒危的鸟类从灭绝的边缘拯救回来。把人工繁殖的个体释放到野生栖息地，必须具备释放前和释放后的各种条件，包括捕食能力的训练，学会找到隐蔽和庇护场所，能够与该种其他个体顺畅相处，以及学会警惕和回避人类等。目前这方面的工作已取得了一定成果，使一些珍稀濒危物种避免了灭绝的命运。

41.4.3 从局域到全球尺度的生物多样性保护

在资源有限的现实中，人类社会不可能拯救每一个濒危物种，因此必须确定哪些物种对保护整个生物多样性最为重要。在很多情况下，保护生物学家的视野超越了单一物种，将整个群落、生态系统甚至全球生物圈视为生物多样性保护的单元。

人类活动造成了生境的支离破碎，许多野生动植物栖息地的丧失或者片段化，增加了被隔离的小种群灭绝的风险。廊道就是把各个保护区连接起来的陆地通道，这些通道有利于植物和动物从一个保护区向另一个保护区扩散和移动。廊道也有利于物种在不同的栖息地之间迁移以便获得食物和进行繁殖。在自然的景观中，河岸栖息地经常担当着廊道的角色，一些国家和地区的政府明令禁止改变这些廊道地区。在人类活动频繁的地区，有时会建造生态设计的桥梁、涵洞或隧道等人工廊道，以期降低野生动物穿越公路的伤亡。目前人类保护自然的努力也体现在改进现存的保护区，如通过提供缓冲带和建立生境廊道可以把一些比较小的自然保护区和其他保护区组合成一个更大的自然保护区，从而增强其保护价值。生态廊道的建设，可以促进隔离种群之间的迁徙和交流，成为当前保护生物学和景观生态学一个活跃的领域。

当前对于生物多样性的保护，日益依赖于保护地的建立和管理，以庇护野生生物的栖息地甚至整个生态系统。IUCN 按照主要管理目标的分类，将保护地分为严格的自然保护区、国家公园、自然历史遗迹或地貌保护地、生境或物种保护地、陆地或海洋景观保护地以及资源管理保护地等 6 种类型。世界保护地数据库(World Database on Protected Areas, WDPA)的统计显示,截至 2022 年 4 月,全球陆地保护地共 251 947 个,总面积 2.13×10^7 km^2,大约占地球陆地面积的 15.73%;海洋保护地共 17 720 个,总面积 2.63×10^7 km^2,大约占地球海洋面积的 7.93%(表 41.2)。

1988 年,Norman Myers 提出了生物多样性热点(biodiversity hotspot)的概念。生物多样性热点的定义包括两方面:首先是指在一个相对较小的区域内包括 1500 种以上本地(或特有)植物物种,其次是区域内 70% 以上的生境受到威胁。例如,全部鸟类物种的近 30% 只分布在大约 2% 的陆地上,全部植物的 20%(约 5 万种)只分布在占全球陆地面积 0.5% 的地区中。之所以选用植物作为评议热点区域的标志,是因为植物既容易调查和鉴定,又是其他生物类群多样性的基础。

目前,全球确定了 36 个生物多样性热点区域(图 41.5)。它们仅占地球表面积的 2.4%,但这里却生活着世界一半以上的植物特有种(即未在其他地方发现的物种)和近 43% 的鸟类、哺乳动物、爬行动物、两栖动物特有种。中国是全球生物多样性最丰富的国家之一,全球 36 个热点区域在我国境内或者部分在我国境内的有 4 个:中国西南山地、印缅地区、中亚山地、东喜马拉雅山地。这些区域在全球生物多样性研究和保护中扮演着至关重要的角色。

由于特有种只分布在特定的地区,所以它们对生

表 41.2 全球自然保护地的数量、面积和分布

地区	保护地数量	陆地保护地面积 /km^2	陆地保护地比例 /%	海洋保护地面积 /km^2	海洋保护地比例 /%
亚太	35 474	4 788 319	15.38	11 694 939	19.06
非洲	8 772	4 246 548	14.19	2 534 643	17.06
欧洲	162 391	3 778 523	13.59	1 572 091	8.96
拉美	10 017	4 982 301	24.25	5 322 119	23.24
极地	34	904 615	41.76	3 000 426	43.84
北美	51 828	2 421 267	12.45	2 141 254	14.97
西亚	380	137 982	3.90	17 177	1.19
全球	268 896	21 259 555	15.73	26 282 649	7.93

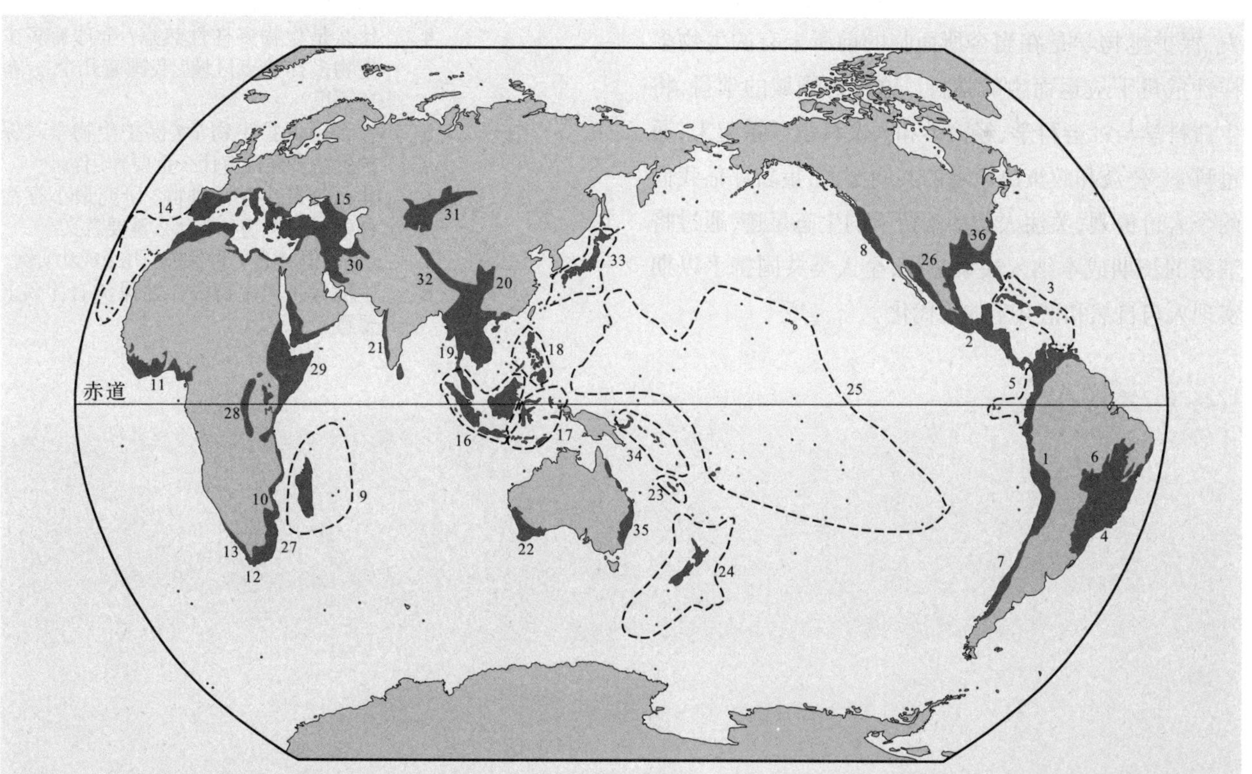

图 41.5 全球生物多样性热点分布图

1. 赤道安第斯山;2. 中美洲;3. 加勒比群岛;4. 大西洋沿岸森林;5. 通贝斯－乔科－马格达莱纳;6. 巴西高原萨瓦纳植被带;7. 智利巴尔迪维亚冬雨林;8. 加利福尼亚植被区系;9. 马达加斯加和印度洋岛屿;10. 东非沿岸森林;11. 西非几内亚森林;12. 开普省植被带;13. 肉质植物高原台地;14. 地中海沿岸;15. 高加索;16. 巽他古陆;17. 华莱士地区;18. 菲律宾群岛;19. 印缅地区;20. 中国西南山地;21. 西高止山脉和斯里兰卡;22. 西南澳大利亚;23. 新喀里多尼亚;24. 新西兰;25. 波利尼西亚和密克罗尼西亚;26. 马德雷松栎林;27. 马普托兰－蓬多兰－奥尔巴尼地区;28. 东部赤道非洲山地;29. 非洲之角;30. 伊朗－安纳托利亚地区;31. 中亚山地;32. 东喜马拉雅山地;33. 日本;34. 东美拉尼西亚;35. 东澳大利亚森林;36. 北美沿海平原。

境的破坏极为敏感,这36个生物多样性热点区域因人类的活动而丧失了约85%的原始生境,如果以这样的速度消失下去,那么在今后几十年内就将会导致热点中有一半以上的物种灭绝,可见生物多样性热点也是生物灭绝的热点。这也就是为什么生物多样性热点区域是最需要全球努力作出强有力保护的地区。

人类对海洋环境的保护远远滞后于对陆地环境的保护。我国的东海和南海每年都规定有几个月的休渔期,在休渔期内禁止一切捕捞活动。这样可以避免海洋资源的枯竭,保证海洋资源的持续利用。

41.4.4 可持续发展与地球生物圈的未来

随着生境的日益丧失和破碎,地球物理环境和气候的变化,以及人口的增加,我们在管理世界资源方面面临着困难的博弈和权衡。如果我们期望在不影响人类福祉的前提下实现生物多样性保护,就需要了解生物圈的相互联系。为此,许多国家、科学社会和其他团体都接受了可持续发展的概念,亦即在保护生物多样性的同时,也满足当今人们经济发展的需求。

为了维持生态系统的进程和阻止生物多样性的丧失,保护生物学是在当今所面临的前所未有的生物多样性危机下应运而生的学科。这门跨领域的学科,将生命科学与社会科学、经济学和人文科学联系起来,通过科学、公众和政策决策者的共同努力,重新评估我们的个人价值观,关注人类活动留下的生态足迹,通过将消费的长期成本纳入决策过程,全人类共同携手以期实现人与自然和谐共生的现代化。

尽管和狩猎采集的远古祖先相比,现代人类的生活已经有了天翻地覆的变化,不过从工业文明开始导致现代人居生活逐渐远离自然,在生命演化的历史长河中,其实还是极为短暂的篇章。我们的祖先从生物多样性丰富的环境中走到今天,仍然有亲近生命和大自然的本能,我们的行为和心理还保留着人类与自然以及其他生命千丝万缕的联系,这都是生物演化所留下的印迹。生物学是我们了解地球生命的科学。我们最有可能保护我们所欣赏的,也最有可能欣赏我们所理解的。通过探索生命的过程和多样性,我们也将明悉人类在地球和演化史中的地位。这样的共识将有助于现代人类社会共同修复并维系和生物圈的关系,以尊重、理性、科学的态度来对待自然,希望这将伴随你一生的历练。

思考题

1. 生物多样性包括哪几个层次?其中最常提到的是哪一个层次?
2. 造成生物多样性下降的原因是什么?人类应采取什么措施应对?
3. 自然保护国际联盟提出的稀有和濒危物种量化分类法包括哪几个级别,它们是如何划分的?
4. 什么是生物多样性热点?全球有多少生物多样热点区域?我国有几个,分布在哪里?
5. 什么是保护生物学?保护生物学对保护生物多样性有什么重要作用?
6. 什么是最小存活种群?研究最小存活种群对保护物种有什么重要意义?
7. 请举出国内外物种保护的几个成功实例。
8. 生境保护对生物多样性保护有什么重要意义?

索　引

D

J

S